개정증보 제6판

산업안전보건법

정 진 우

중대재해처벌법 해설 반영

중앙경제

산업안전보건법

초판발행 2016년 1월 29일
개정증보 제6판 발행 2024년 8월 14일

지은이 정진우
펴낸이 김남진
펴낸곳 중앙경제

디자인 이지훈, 최가영
마케팅 신석재, 김성울, 이소영, 윤지희, 김선혜
경영지원 이상훈, 박세라, 조용환

출판등록 80.6.21 제2-66호
주소 서울시 중구 다산로11길 19(신당동 355-8) 백석빌딩 신관 4층
전화 02)2231-7293
팩스 02)2235-5344
홈페이지 www.elabor.co.kr

ISBN 978-89-7017-560-7 (93360)
정가 55,000원

산업안전보건법

정 진 우

중앙경제

개정증보 제6판 머리말

중대재해처벌법으로 인해 아이러니하게 산업안전보건법에 대한 실질적인 관심이 줄어들고 있는 것 같다. 기업들은 중대재해처벌법으로 처벌되지 않는다면 산업안전보건법으로 처벌되는 것은 대수롭지 않게 생각하고, 사회적 관심이 중대재해처벌법에 쏠리면서 정부의 산업안전보건법 정비에 대한 책임감이 되레 약해졌다는 느낌이 많이 든다. 개인들의 산업안전보건법 학습에 임하는 자세도 개선되기는커녕 허세를 부리는 모습이 적지 않게 보인다.

산업재해 예방을 위해서는 산업안전보건의 기본법에 해당하는 산업안전보건법을 정교하고 실효성 있게 정비하고 학습하는 것이 매우 중요함에도, 이념, 입장에 관계없이 우리 사회가 온통 형사처벌 대응에 매몰되면서 정작 중요한 산재예방법제 개선작업과 학습이 소홀히 되고 있는 것은 큰 문제라고 하지 않을 수 없다.

중대재해처벌법 이후 산업안전보건법과 안전원리를 전공하거나 이론적으로 제대로 학습하지 않은 얼치기 교수·컨설턴트들, 특히 고용노동부와 안전보건공단 출신들이 산업안전보건업무를 피상적으로 경험한 것만을 내세워 산업안전보건법 전문가 행세를 하는 일이 많아진 것은 산업안전보건의 발전에 우려할 만한 현상이다. 게다가 기업들을 대상으로 논란이 많은 사항에 대해 관련 지식과 문제의식 없이 "법으로 정해져 있으니 당연히 그대로 따라야 한다."는 식의 설명을 하고 다니는 사람들이 적지 않다. 산업안전보건법의 적용을 오염시키고 현장의 안전보건을 뒤틀리게 하고 있다고 해도 과언이 아니다. 이러한 사람들에게 휘둘리지 않기 위해서라도 산업안전보건법을 깊이 있게 학습해야 한다.

무엇이든지 기본을 탄탄히 다지지 않고는 현장적용, 응용에 문제가 생기거나 잘못된 관점과 방향성을 갖기 십상이다. 본서가 산업안전보건법의 구체적 내용뿐만 아니라 그 취지, 원리, 입법사상 등을 정확하게 이해하는 데 있어

기본서로서 도움이 되기를 바라는 이유이다. 특히 산업안전보건을 공부하는 대학생·대학원생과 정부정책 및 집행 담당자, 산업현장 실무자들이 산업안전보건법 이론을 체계적으로 구축하는 데 많은 도움이 되었으면 한다.

이번 개정판에서는 제5판 이후 개정된 산업안전보건법령 및 행정규칙(고시, 예규, 훈령)을 모두 반영하는 한편, 의미 있는 새로운 판결을 추가·보충하였다. 그리고 산업안전보건법이 안전원리 및 법리 측면에서 많은 문제를 가지고 있는 만큼, 연구하는 학자로서 산업안전보건법에 대한 해석론을 넘어 법 개정을 위한 입법론에 대해서도 필자의 견해를 곳곳에서 제시하였다. 산업안전보건법이 산업현장에서 실효성 있게 작동하도록 하기 위해서는 그 문제점까지도 알고 있을 필요가 있다. 법규정에 문제가 있는데도 불구하고 이를 현장에 기계적으로 적용하는 것은 자칫 산업현장의 산업안전보건을 뒤틀리게 하고 산업안전보건법에 대한 냉소적인 반응을 초래할 수 있기 때문이다. 아울러 독자들의 산업안전보건법에 대한 이해를 돕기 위하여 책의 관련되는 부분에 〈참고〉를 새롭게 추가하였고, 지난 판 이후에 작성한 [칼럼]도 추가하였다.

전체적으로 내용을 많이 보강하다 보니 종전 판의 편집 기준으로 책의 분량이 50쪽 이상 늘어나게 되었다. 그래서 글자 크기를 조금 줄여 책이 많이 두꺼워지는 것을 최소화하였다.

책은 독자들의 관심과 사랑에 의해 성장하고 발전한다. 이 책을 읽으면서 의문점이 있거나 건의 또는 비판할 부분이 있으면 어떠한 의견이라도 소중한 밑거름으로 삼을 것이니 기탄없이 제시해 주기 바란다(jjjw35@hanmail.net).

이번 개정판에서도 오탈자와 오류를 많이 잡아주는 수고를 아낌없이 해 준 세종사이버대학교 산업안전공학과 최재광 교수와 산업안전보건법에 해박한 지식을 갖고 있는 유동현 노무사, 그리고 방대한 개정내용의 편집에 정성을 쏟아준 중앙경제 이지훈 과장님에게 감사의 말씀을 드린다. 변함없이 학문적인 내조를 충실히 해준 사회학 박사인 아내에게도 깊은 고마움을 전한다.

2024년 7월 20일

정진우

개정증보 제5판 머리말

개정증보 제4판을 출간한 지 7개월이 채 안 되어 개정5판을 내놓게 되었다. 전문서적이 이렇게 짧은 기간에 품절된 것은 흔히 있는 일은 아니어서 필자로서 매우 기쁜 마음이다. 법규에 대한 구체적인 분석과 논증 없이 행정해석, 정부지침 등을 사실상 거의 그대로 옮겨 놓았을 뿐인 다른 책과는 달리 안전원리와 법리를 바탕으로 치밀하게 분석·해설한 점에 대해 독자분들이 높이 평가해 준 것 같다. 이 자리를 빌려 독자들의 관심에 감사의 말씀을 드리고 싶다. 한편으로는 얼마 지나지 않아 새로운 판을 내게 되어 독자 여러분께 죄송스러운 마음이 들기도 한다.

이번 판에서는 개정증보 제4판 출간 이후 7.31 현재까지 산업안전보건법령은 타법개정 외에는 사실상 개정이 없었지만, 일부 행정규칙에 많은 개정이 있어 이를 반영하였고, 조만간(2022년 8월) 시행될 법령(시행령, 시행규칙, 산업안전보건기준에 관한 규칙) 개정사항(2022.7.31 현재 개정절차 진행중에 있다) 중 사실상 확정적인 내용도 미리 반영하였다. 그리고 입법론적 관점에서 여러 군데 설명을 추가하였으며, 주목할 만한 최근의 새로운 판결을 반영하는 한편, 중대재해처벌법 부분의 분석에 해당하는 내용을 적지 않게 보필(補筆)하였다. 산업안전보건법정책에 관하여 본인이 최근에 일간지, 전문지에 투고된 칼럼도 여러 곳에 추가하였다. 또한 오탈자 교정과 윤문을 포함하여 책의 내용을 전체적으로 다듬었다.

최근 몇 년 사이에 산업안전보건법의 체계성과 내용적 완성도가 올라가기는커녕 오히려 점점 떨어지고 행정기관에 의한 자의적 법집행이 횡행하고 있다는 지적이 많다. 그 결과, 산업안전보건법의 해석을 둘러싸고 산업현장에서는 어느 때보다도 많은 혼란이 발생하고 있다. 이는 기업들의 산업안전보건법에 대한 이해 부족에도 기인하지만, 무엇보다 집행기관의 산업안전보건법에 대한 전문성과 투철성 부족에 기인하는 측면이 크다.

현실적으로 산업안전보건법이 여러 가지로 문제가 많은 만큼, 산업안전보건법의 입법취지와 원리를 정확히게 이해하는 것이 중요하나. 복삽하고 어렵다고 하여 산업안전보건법을 기계적으로만 이해하다 보면, 행정기관의 잘못된 법해석과 집행에 억울한 일을 당할 수 있을 뿐만 아니라, 산업안전보건법이 산업현장에 안전원리와 맞지 않게 잘못 적용되거나 누구도 보지 않는 무미건조한 법이 되어 버릴 가능성이 크다.

아무쪼록 본서가 산업안전보건법과 직간접적으로 관련되는 분들에게 산업안전보건법의 내용 자체뿐만 아니라 입법사상과 철학까지를 깊이 있게 이해하는 데 도움이 되기를 바라는 마음 간절하다. 현실이 난마처럼 꼬여 있을수록 기본과 원칙에 충실할 필요가 있기 때문이다.

이 책의 내용에 대해 의문이 있거나 지적할 사항이 있으면 언제든지 기탄없이 말씀해 주기 바란다(jjjw35@hanmail.net). 질문이든 의견이든 독자들의 의견은 본서의 완성도를 높이는 데 많은 도움이 되고 있다.

이 책이 5판까지 나오는 데는 필자의 지도교수이신 고려대학교 법과대학 박종희 교수님의 자상한 지도와 같은 학교의 하경효 명예교수님, 박지순 교수님의 학은(學恩)에 힘입은 바가 크다. 강의시간과 사석에서의 한 말씀 한 말씀이 필자에게는 큰 가르침이자 자극이었다. 항상 감사하는 마음이다.

이번 개정에도 세종사이버대학교 산업안전공학과 최재광 교수는 오탈자와 법조문의 오류를 바로잡는 데 적지 않은 도움을 주었다. 그리고 빠른 속도로 책을 깔끔하게 편집해 준 중앙경제 이지훈 과장님에게도 감사의 뜻을 전한다.

2022년 8월

공릉동 연구실에서

정진우

개정증보 제4판 머리말

개정증보 제3판 이후에 짧은 기간이지만 그 사이 산업안전보건법 시행령, 시행규칙 및 산업안전보건기준에 관한 규칙의 일부개정이 있었고 중대재해처벌법 시행령이 확정·공포되었다.

이에 따라 이번 개정증보 제4판에서는 최근에 개정된 산업안전보건법령을 모두 반영하였고, 산업안전보건법과 별개의 법이지만 밀접한 관련이 있는 중대재해처벌법 해설을 하나의 장(제10장)으로 추가하였다. 그리고 산업안전보건법의 문제점과 개선방안에 관한 입법론에 해당하는 설명을 여러 군데(도급, 발주, 물질안전보건자료 등)에서 보필(補筆)하였다. 또한 최근에 일간지와 전문지에 실렸던 산업안전보건법과 중대재해처벌법에 관한 필자의 칼럼을 관련되는 부분에 소개하였다.

중대재해처벌법은 국제적으로 유례를 찾아볼 수 없는 입법례이다. 중대산업재해의 경우는 산업안전보건법에 부족한 것이 있다고 하면 산업안전보건법을 개정하여 보완하는 접근이 타당하다. 그런데 정치권의 생색내기, 정부의 무지, 일부 시민·노동단체의 무모함이 합작하여 중대재해처벌법이라는 '이상한 법'을 만들어내고 말았다.

사실 산업안전보건법 전부개정에 의한 산업안전보건법 개악과 산업안전보건법의 문제 있는 규정의 방치, 엉성한 법집행이 중대재해처벌법을 불러온 측면이 크다는 점에서 중대재해처벌법의 제정에는 정부의 책임이 적지 않다. 산업안전보건법과 다분히 중복되는 중대재해처벌법 제정으로 앞으로 산업현장은 안전원리와 법리를 둘러싸고 큰 혼란이 예상된다.

무엇보다 우려스러운 점은 실질보다는 형식이 지배하게 되지 않을까 싶다. 전문성과 논리는 온데간데없고 보여주기와 감성이 지배하면서 산업안전보건이라는 배가 산으로 향해 가고 있다는 느낌을 지울 수 없다. '촛불정부'를 자임한 문재인 정부가 안전원리와 법리를 이렇게 망가뜨리다니 역사의 아이러니가 아닐 수 없다. 어떤 일이든 실력과 진정성이 없는 상태에서 이념만으로 밀어붙이는 것이 얼마나 위험한지를 다시 한 번 깨닫게 해주는 사례라고 할 수 있다.

중대재해처벌법이 제정되면서 산업안전보건법에 대한 관심이 확연히 줄어들고 있다. 한마디로 중대재해처벌법이 산업안전보건법을 삼켜버린 양상이다. 정부부터가 중대재해처벌법을 억지로 부각시키기 위해 산업안전보건법을 구체적인 안전보건조치만을 규율하는 '기술법'이라고 왜소화시키는 황당한 인식이 이러한 분위기를 부채질하고 있다.

전부개정 산업안전보건법도 엉성하고 불명확한 내용이 많은 문제투성이인데 설상가상으로 안전원리에 맞지 않고 더 모호한 중대재해처벌법까지 제정되어 법집행(수사)기관의 자의적 법집행이 횡행할 것으로 예상된다. 앞으로 이현령비현령식의 법집행을 방지하고 예측 가능하고 산업재해 예방에 도움이 되는 법집행이 되도록 하는 것이 산업안전보건 영역의 큰 과제가 될 것 같다.

산업안전보건법과 중대재해처벌법이라는 많은 문제를 가지고 있더라도 두 개 법은 싫든 좋든 현장에서 막강한 영향을 미치고 있고 앞으로도 큰 영향을 끼칠 것 같다. 그런 만큼 이 법들의 내용뿐만 아니라 그 한계까지도 구체적이고 정확하게 이해하는 것이 필요하다. 법의 문제점을 모른 채 현장에 그대로 적용하거나 적용하도록 하는 것은 현장관계자들의 안전에 대한 냉소적인 반응을 일으킬 뿐만 아니라 수범자의 안전역량 향상으로 이어지지도 못할 것이다.

아무쪼록 이 책이 산업안전보건법과 중대재해처벌법을 올바르게 이해하고 산업안전보건 영역의 법치주의를 실현하는 데 미력하나마 기여했으면 하는 바람이다.

제4판에 대해서도 독자 여러분의 기탄없는 의견과 지적을 기대한다(jjjw35@hanmail.net). 독자들의 책에 대한 관심이 필자에게는 많은 격려와 자극이 되고 있다.

이번 개정에도 세종사이버대학교 산업안전공학과 최재광 교수가 바쁜 와중에도 여러모로 많은 도움을 주었다. 산업재해 사건에 밝으신 법무법인 대륙아주의 김영규 변호사님께서는 책 전체를 꼼꼼하게 읽고 예리한 코멘트를 해주시는 수고를 아끼지 않으셨다. 이 자리를 빌려 다시 한 번 감사의 뜻을 전하면서 앞으로 많이 제기될 산업재해 소송에서 훌륭할 역할을 해주실 것을 기대해 마지 않는다. 그리고 개정증보 제4판의 편집에 정성을 아끼지 않은 중앙경제 편집부 이지훈 과장님에게도 감사의 말씀을 드린다.

2021년 12월

공릉동 연구실에서

정 진 우

개정증보 제3판 머리말

2019년 1월 15일 산업안전보건법 전부개정(시행 2020년 1월 16일) 이후 개정판 출간에 대한 독자들의 문의와 요구가 많았지만, 전부개정 산업안전보건법의 조악함에 기인한 심드렁과 바쁜 사정으로 인해 이제야 전부개정법을 반영한 개정판을 내놓게 되었다.

전부개정 산업안전보건법령이 체계와 내용에 있어 많은 문제점을 가지고 있지만 엄연히 실정법으로 현장에 많은 영향을 미치고 있는 만큼, 그럴수록 법리에 기초한 교과서적 해설서가 절실히 요구되는 현실을 무시할 수 없었다. 또 전부개정 산업안전보건법령에는 이해하기에 어려운 부분이 더욱 많아져 이에 대한 정확한 이해를 돕기 위해서라도 개정판을 내놓아야겠다는 생각을 하게 되었다.

이러한 점을 감안하여 이번 개정판에서는 전부개정된 산업안전보건법령의 내용을 모두 반영하고 독자들이 보다 쉽게 이해할 수 있도록 최대한 상세한 설명을 하고자 하였다. 그리고 전부개정 이후에도 몇 차례 부분개정이 있어 그 내용 또한 모두 반영하였다. 금년 1월 제정된 중대재해 처벌 등에 관한 법률도 산업안전보건법과 밀접한 관련을 가지는 만큼 해당되는 부분에서 간단하게나마 소개하였다.

우리나라 산업안전보건법이 과학, 법리 및 실효성에 기초하지 않고 감성과 이념과잉 및 생색내기로 흐르고 있는 데에는 정치권과 행정부의 책임이 가장 크다고 할 수 있지만, 학계의 안전보건에 대한 전문성 부족과 무비판적 자세 또는 이념중심적 접근도 한 몫을 하고 있다고 생각한다. 산업안전보건법정책을 이론적으로 선도·견인하기는커녕 뒤따라가지도 못하고 있는 것이 작금의 우리나라 안전보건학계의 엄연한 현실이다. 학계의 존재이유에 대해 묻지 않을 수 없다. 전 세계 어느 나라보다 산업안전보건 관련학과가 많이, 그것도 압도적으로 많이 있음에도 불구하고, 산업안전보건관리와 산업안전보건기술 모두에 있어 학문적 기여도가 매우 낮은 상태임을 누구도 부정할 수 없을 것이다.

시중에 산업안전보건법 책이 여러 권 나와 있지만 산업안전보건을 잘 알면서 법학을 전공한 연구자가 저술한 책을 찾아보기 어려운 것이 사실이다. 산업안전보건법이 기술적인 성격이 강하다고는 하지만 엄연히 노동조건을 규율하는 법률의 하나이기 때문에, 법에 대한 전문지식 없이는 산업안전보건법 해설이 기술적이고 평면적인 기술로 그칠 수밖에 없다. 또 산업안전보건에 대한 전문지식 없이는 산업안전보건법 해설이 안전보건에 대한 철학, 안전보건원리, 제도의 취지 등에 대한 설명 없이 무미건조한 서술로 머물 것이다. 그리고 법을 전공했다고 해도 산업안전보건법에 대한 심도 있는 연구를 하지 않은 사람이 이에 대한 해설서를 저술한다는 것은 여러 가지 면에서 위험하기 짝이 없다.

대부분의 안전보건 관련 자격시험 서적이 그러하듯이, 내용적으로 부실하고 부정확한 책은 안전보건에 대한 지식을 오염시킬 수 있어 차라리 없느니보다 못한 것과 마찬가지로, 현재 발간되어 있는 산업안전보건법 책들이 과연 산업안전보건법 발전에 도움이 될 수 있는지에 대해 독자 여러분들의 냉철한 판단이 필요하다. 산업안전보건법 해설서는 산업안전보건법의 성격상 법과 산업안전보건 양쪽에 대한 전문지식을 바탕으로 해야 한다. 어느 한 쪽만의 전문지식으로 산업안전보건법 해설서를 저술하는 것은 독자들로 하여금 산업안전보건법에 대해 피상적으로 접근하거나 산업안전보건법을 잘못 이해하게 할 수 있다.

이번 개정증보 제3판은 원고를 작성할 때 이상의 점을 초지일관 염두에 두고 산업안전보건원리와 법이론에 충실하게 접근하고자 하였다. 이번 개정 3판에서 역점을 두고 수정·보완한 내용은 다음과 같다.

첫째, 법 해설서이자 교과서의 성격을 가지고 있는 점을 감안하여, 일반법 원칙과 더불어 산업안전보건법의 철학, 입법사상, 각 제도의 도입취지, 배경 등을 설명하는 데 초점을 맞추고자 하였다. 법의 흠결이 적지 않고 법리와 현실에 맞지 않는 사항이 많은 우리나라 산업안전보건법에서 이러한 원리는 산업안전보건법을 정확하고 심층적으로 이해하는 데 중요한 기초가 될 것이다.

둘째, 산업안전건법과 연관되어 있는 다른 법들과 학제적으로 접근하여 설명하고자 하였다. 헌법, 형법, 민법, 행정법, 노동법 등 산업안전보건법과 밀접하게 관련되어 있어 산업안전보건법을 이해하는 데 있어 필수불가결한 법들과 최대한 접목시켜 산업안전보건법을 입체적이고 종합적으로 설명하고자 하였다.

셋째, 현재 우리 사회에서 산업안전보건법의 쟁점이 되고 있는 사항들에 대해 자세하고 생동감 있게 설명하고자 하였다. 또 이 쟁점들에 대해 독자들의 이해를 돕기 위해 필자가 최근에 일간지, 전문지에 투고하였던 칼럼들을 관련되는 부분에 삽입하였다. 산업안전보건법에 대한 기계적인 이해를 넘어 산업안전보건법을 넓고 멀리 볼 수 있는 안목을 길러줄 것이다.

넷째, 연구하는 학자로서 산업안전보건법에 대한 해석론을 넘어 법제도 개선을 위한 입법론도 곳곳에서 함께 개진을 하였다. 전문성, 정교성 및 논리성이 부족한 우리나라 정부(고용노동부)의 행정해석이나 지침을 단순히 소개하는 것으로는 학자로서의 책무를 다하는 것이라고 할 수 없기 때문이다.

아무쪼록 본서가 독자 여러분의 산업안전보건법에 대한 궁금증을 해소하고 산업안전보건법에 대해 올바르게 이해하는 데 도움이 되기를 바란다. 나아가 산업안전보건법이 정법(正法)으로 개선되도록 하는 데 많은 관심을 가져주길 기대한다.

책의 내용 중 개정이 필요한 부분은 앞으로 계속 수정·보완할 것을 독자들에게 약속드린다. 본서의 내용에 대해 독자 여러분의 기탄없는 질의, 견해 또는 비판을 적극 환영한다(jjjw35@hanmail.net).

이번 개정증보 제3판의 출간을 위하여 세종사이버대학교 산업안전공학과 최재광 교수는 바쁜 와중에 이 책의 원고 전체를 정독하면서 어색한 문투와 법조문의 오류를 바로잡아 주었다. 자신의 일처럼 세심하고도 정성스러운 교정작업을 해 준 최교수에게 감사의 말을 전하고자 한다. 그리고 복잡하게 개필·수정된 내용과 새로 추가된 원고를 깔끔하게 잘 정리해 준 중앙경제 이지훈 과장님에게도 감사의 뜻을 전한다.

2021년 8월

공릉동 연구실에서

정 진 우

개정판 머리말

모름지기 법이란 체계적이고 법리를 압축하고 명징화한 것이어야 한다. 그렇지 못한 법은 좋은 법이라 할 수 없다.

금년 1월 15일 전부개정된 「산업안전보건법」은 체계와 법리 측면에서뿐만 아니라 내용과 실효성 면에서도 법으로서 갖추어야 할 기본을 갖추지 못한 졸속 입법이 되고 말았다. 우리나라 행정부와 국회의 저급한 전문성과 땜질 처방식의 접근을 적나라하게 드러낸 것 같아 못내 아쉬울 뿐이다. 28년만의 전부개정이라는 미명하에 오히려 개악되거나 누더기가 된 사항도 곳곳에서 적지 않게 발견된다.

「산업안전보건법」의 규범력과 산재예방행정에 대한 신뢰가 더욱 저하되지 않을까 걱정이 앞선다. 그런 만큼 앞으로 「산업안전보건법」의 입법사상, 목적에 충실한 법리의 개발과 해석이 더욱 중요해질 것 같다. 다른 것도 마찬가지이지만, 특히 법의 경우 기본에 충실하지 못하고 기계적으로 해석·적용하는 접근으로는 수범자에 의한 철저한 준수라고 하는 소기의 목적을 결코 달성할 수 없다.

이번 개정판에서는 전부개정된 「산업안전보건법」의 내용을 반영하지는 않았다. 법률은 이미 개정되어 시행(2020.1.16)을 앞두고 있지만, 책의 많은 내용을 차지하게 될 하위법령과 행정규칙이 아직 개정되지 않았기 때문이다.

그래서 내용적으로는 2019.6.30 현재 개정·시행되고 있는 법령 및 행정규칙까지만을 반영하고, 주로 법의 철학, 입법사상, 취지 등 입법방향성과 관련되는 내용에 초점을 맞추어 개정·보필하였다. 그리고 초판에서 미처 발견하지 못한 오탈자를 모두 찾아 교정하고 표현에 있어 난해하다고 생각되는 부분은 최대한 알기 쉽게 다듬었다.

아무쪼록 정부관계자를 비롯한 안전보건관계자들이 「산업안전보건법」을 기계적·단편적으로 이해하거나 감성적으로 접근하는 방식에서 벗어나, 법적 논리에 터를 잡고 「산업안전보건법」을 체계적·종합적으로 이해·접근하는 데 본서가 조금이라도 도움이 되었으면 하는 바람이다.

끝으로, 어려운 출판사정하에서도 이 책의 개정판 발행을 흔쾌히 허락해 준 중앙경제 김태윤 상무님과 이 책을 멋지게 편집해 준 한지희 대리님께 감사의 말씀을 전하고 싶다.

2019년 6월

정 진 우

머리말(초판)

「산업안전보건법」이 제정된 지 약 35년이 흘렀다. 산업현장의 안전보건은 아직 개선되어야 할 부분이 많지만, 그동안 여러 가지 면에서 많은 발전이 있어 왔다. 하지만 「산업안전보건법」에 대한 우리 사회의 학문적 축적과 논의수준은 그 역사에 걸맞지 않게 매우 낮은 상태이다.

그 이유로는 여러 가지가 있겠지만, 사회 전반적으로 「산업안전보건법」이 왜 중요한지에 대한 인식이 결여되어 있고, 이론적 기초를 제공하는 마땅한 해설서가 나와 있지 않은 것이 주된 이유이지 않을까 생각한다. 「산업안전보건법」의 중요성과 그 내용을 잘 모르고 있는 것은 산업안전보건 관련 자격증을 취득한 사람도, 대학에서 관련 학과를 나온 사람도 크게 다르지 않다. 기업에서 실무를 담당하고 있는 안전보건관계자도 마찬가지 상태이다.

「산업안전보건법」은 '재해자의 피로 쓴 문자'라 할 수 있다. 그리고 국내외에서 발생한 산업재해의 경험을 바탕으로 만들어진 산업재해 예방대책의 결정체(結晶體)이기도 하다. 따라서 「산업안전보건법」에 대한 이해가 없는 상태에서 산업재해 예방활동을 한다는 것은 난센스에 가깝다.

선진외국에서는 산업안전보건 관련 자격·면허시험 및 안전보건교육에서 「산업안전보건법」을 필수과목으로 삼는 등 「산업안전보건법」을 사업장 안전관리의 가장 중요한 수단으로 보고 있는 데 반해, 우리나라에서는 사업장뿐만 아니라 학계도, 정부도 표면적으로는 「산업안전보건법」을 중요하다고 하면서 실제로는 경원시하거나 소홀히 취급하고 있는 게 엄연한 현실이다.

우리 사회의 「산업안전보건법」에 대한 인식과 이해를 높이기 위해서는 무엇보다도 「산업안전보건법」을 체계적으로 해설한 책을 출간하는 것이 가장 시급하고 효과적이라고 생각한다.

시중에 「산업안전보건법」에 관한 책이 여러 권 나와 있지만, 조문이나 행정해석을 옮겨 놓는 수준에서 크게 벗어나지 못한 경우가 많고, 법리적 관점에서 저술되어 있는 책은 찾아보기 어렵다.

그렇다 보니 사업장의 안전보건관계자를 포함하여 많은 사람들이 법의 체계, 목적, 원리와 각 조항의 취지, 배경 등을 이해하는 데 많은 어려움을 겪고 있을 것으로 생각된다. 그리고 정부의 산업안전보건담당 근로감독관들로부터도 「산업안전보건법」을 체계적으로 학습하기 위한 책이 없다고 하소연하는 이야기를 자주 들어 왔다.

그래서 저자는 법의 철학과 입법사상 등을 담아 「산업안전보건법」을 체계적이고 법리적으로 설명한 책이 필요하다고 생각하고, 오래전부터 해설서의 집필을 구상하여 왔다. 국내 자료만으로는 부족하여 선진외국의 자료를 집중적으로 조사하고 탐독하였다. 몇 년 전에 펴낸 '산업안전보건법론'(한국학술정보(주))과 더불어 이 책은 그 결과물 중의 하나이다.

그리고 고용노동부에서 산업안전보건 분야에 오랫동안 종사한 것은 「산업안전보건법」에 관한 이론과 실무에 깊이 있는 이해를 할 수 있는 좋은 기회가 되었다. 또한 학교로 전직하면서 「산업안전보건법」을 가르치며 연구에 집중할 수 있었던 것은 이 책을 생각보다 빨리 마무리할 수 있게 해 주었다.

이 책은 「산업안전보건법」의 입법사상, 기본원리와 조문의 취지와 배경 등에 초점을 맞추면서도 기본적으로 개론서의 성격을 가지고 있다. 아울러 현행 우리나라 「산업안전보건법」이 해석론만으로 접근하기에는 문제가 많은 점을 고려하여 입법론적 관점에서 법적 불비(不備)와 문제점도 곳곳에서 지적함으로써, 우리나라 「산업안전보건법」의 현주소를 파악하는 데도 유용하도록 하였다.

이러한 집필 목적하에, 기업 현장의 안전보건관계자, 공인노무사, 안전보건 컨설팅업무 종사자, 안전보건 관련학과 학생 등에게 「산업안전보건법」 학습의 기본서로, 그리고 「산업안전보건법」을 집행하는 위치에 있는 산업안전보건 담당감독관 등에게는 「산업안전보건법」 집행의 지침서로 활용할 수 있도록 배려하였다.

이번 초판에서는 2016년 2월 기준으로 이때까지 제・개정된 법령 및 행정규칙 등을 모두 반영하였다. 2016년 1월 27일에 개정된 「산업안전보건법」도 비록 시행일이 2016년 10월 28일이지만, 법령의 최신성을 유지한다는 차원에서 개정내용을 반영하였다.

이 책은 그동안 '산업보건'(대한산업보건협회 발행)과 '안전기술'(대한산업안전협회 발행)에 기고해 온 글에 터 잡아 이를 책 형식에 맞게 전체적으로 다듬고 내용을 추가·보완하여 완성되었다. 하루빨리 책을 세상에 내놓는 것이 좋겠다는 주변의 권유와 필자의 조급한 생각으로 내용이 충분히 숙성되지 않은 채 나왔다는 느낌이 없지 않아 있다. 따라서 이 책에 아직은 여러 가지로 부족한 점이 많을 것이라 생각한다. 부족한 점은 앞으로의 연구를 통하여 계속 보완해 나갈 것임을 약속드리며, 독자 제현의 기탄없는 지적과 비판을 기대한다.

「산업안전보건법」을 학습하는 인프라가 척박한 상황에서, 이 책이 앞으로 사업장 안전보건에 관여하고 있는 많은 분들의 「산업안전보건법」에 대한 이해를 높이고 산업안전보건법제를 개선해 나가는 데 도움이 되는 자양분이 되었으면 하는 바람이다.

끝으로 이 책을 출간하는 데 있어 많은 분들의 도움이 있었다. 먼저 서울과학기술대학교의 재정지원에 감사한다. 신임교수인 필자에게 연구에 전념할 수 있도록 항상 따듯하게 격려를 해 주신 안전공학과 교수님들께도 감사를 드린다. 그리고 이 책의 출판을 흔쾌히 승낙해 주신 중앙경제 김태윤 상무님과 본서의 편집을 맡아 주신 이지훈, 한지희 대리님께 사의를 표한다.

2016년 1월 8일

공릉로 연구실에서

정 진 우

목 차

제1장 산업안전보건법 개관

제2장 총 칙

제3장 안전보건관리체제

제4장 산업안전보건조치

제5장 유해·위험기계 등 및 유해·위험물질에 관한 규제

제6장 근로자의 보건관리

제7장 심사 및 감독·명령 등

제8장 벌 칙

제9장 파견사업에서의 산업안전보건법 적용의 특례

제10장 중대재해처벌법 – 중대산업재해 –

찾아보기

제1장

산업안전보건법 개관

Ⅰ. 산업재해 예방 입법의 전개과정
Ⅱ. 산업안전보건법의 체계
Ⅲ. 산업안전보건법의 특징
Ⅳ. 기업과 산업안전보건법
Ⅴ. 안전과 보건
Ⅵ. 산업재해

I. 산업재해 예방 입법의 전개과정

1. 산업재해의 보상에서 예방으로

인간의 안전과 건강을 지키는 것, 모든 법제도는 이 목표를 근저에 두어야 한다. 「산업안전보건법」은 전형적으로 직장에서의 근로자의 안전과 건강을 지키는 것을 직접적인 목적으로 하는 법이다. 물론, 임금, 근로시간, 휴게, 휴가 등의 일반적 근로조건의 최저기준 등을 정하는 법도 산업안전보건의 확보에 기여하는 바가 큰 법이라는 것은 말할 필요도 없지만, 근로자의 안전보건관리체제, 근로자의 위험 또는 건강장해 방지조치, 기계 및 유해물에 관한 규제, 근로자의 근로에 있어서의 조치 및 건강진단을 포함한 건강증진을 위한 조치 등을 정하여 근로자의 안전과 건강을 확보하는 것을 전적(全的)이고 직접적인 목적으로 하는 산업안전보건법이 필요하다는 것은 두말할 필요가 없다.

산업재해에 관한 제도로서는, 방지보다도 보상의 입법이 선행하였다고 말할 수 있다. 1884년의 독일 산업재해보상보험법을 시작으로 선진적인 서구 국가들에서 19C말부터 20C에 걸쳐 상당히 체계화된 형태의 산업재해보상 입법이 이루어졌고, 나아가 제2차 세계대전 후인 1940년대 후반에는 일본 등 후발 선진국들에서 사회보험화되었다.[1] 우리나라의 경우는 1963년에 산업재해보상보험법이 제정되었다.

한편, 산업재해 예방을 직접적인 목적으로 하는 종합적 산업안전보건 입법이 이루어진 것은 선진국에서도 1970년대에 들어와서부터이다. 미국의 「산업안전보건법」(OSHAct, 1970년), 일본의 「노동안전위생법」(1972년), 영국의 「직장에서의 보건안전법」(HSWAct, 1974년), 프랑스의 「산업재해 예방의 추진에 관한 법률」(1976년)은 모두 이 연대의 것이다.

---

1) 일본은 1947년에 우리나라의 「산업재해보상보험법」에 해당되는 「노동재해보상보험법」이 제정되었다.

이와 같이 산업재해 예방 입법이 늦어진 원인은, 그 기술적 방법의 미개발도 하나의 원인이지만, 주로 산업재해의 피재자, 유족을 구제하는 것이 사업주뿐만 아니라 국가에게도 급선무이었다는 점과 이들의 사업주 등에 대한 금전상의 요구에 무언가 대처하려고 하는 움직임이 선행한 것에 의한 점이라고 생각된다. 이와 같이 하여, 산재보험료는 생산비용에 포함되고, 다른 한편으로 대부분의 산재보상(산재보험)의 입법례에서 산업재해를 이유로 하는 사업주 등에 대한 민사배상청구가 금지되게 된 것이다.

반면, 산재예방(산업안전보건) 입법은 아무리 완성도가 높은 것이라 하더라도 확실하고 빠른 효과를 내기 어렵고, 또 실제로 안전보건대책을 취하려면 막대한 비용을 요하기 때문에, 안전보건은 생산비용과 균형이 이루어지지 않는다거나 채산성이 맞지 않는다고 하여 연기하게 된 것이다.

본격적인 산업안전보건 입법이 나타난 것은 선진제국(先進諸國) 모두에 있어서 고도경제성장이 시작되고 난 후 얼마간 지나고 나서이다.

2. 우리나라에서의 산업안전보건법제의 발전

가. 정부수립 전 산업안전보건 관계 입법

우리나라에서 최초의 산업안전보건 입법은 일제시기인 1930년대에 이루어졌다. 중일전쟁을 계기로 제정된 1938년의 「조선광부노무부조규칙」은 20명 이상 사용하는 광산근로자에 대한 고용, 해고, 임금 외에 근로시간, 산업재해에 관한 약간의 보호규정을 두고 있었다.[2)]그리고 같은 해 시행된 「공장취업시간령」에서는 군수산업의 경우 1일 12시간, 매월 2일 휴무제를 규정하

2) 이 부조규칙의 안전보건과 관련된 주요내용은, i) 광업권자에 대한 고용노무규칙 작성의 의무화, ii) 광부의 1일 최고노동시간의 10시간 초과 금지, iii) 14세 미만자와 여자의 갱내 취업 금지, iv) 광부에 대한 재해부조 등이다(박상필, 『한국노동법(전정판)』, 대왕사, 1993, 65쪽 참조).

였다.[3] 그러나 이 규칙과 명령은 근로자 보호 입법으로서의 성격보다는 전쟁의 수행을 위한 노동력을 확보하기 위한 전쟁입법의 성격이 강하였고, 감독의 소홀로 전혀 실효를 거두지 못하였다.

1945년 해방과 함께 미군정은 일제시대의 법령을 모두 폐기하고 일련의 노동보호법령을 제정・공포하였다. 그중 산업안전보건 입법으로는 군정법령 제102호(1946.9.18)에 의한 「아동노동법규」[4]와 군정법령 제121호(1946.11.7)에 의한 「최고노동시간에 관한 법령」[5]이 제정되었다. 그 후 남조선과도정부입법의원(南朝鮮過渡立法議院)[6]에서는 위 「아동노동규칙」에 관한 규정상의 미비점을 보완하여 법률 제4호로 「미성년자노동보호법」(1947.5.16)을 제정하였다. 그러나 이들 법령은 노동법 성립의 기반을 결여한 가운데 미군정에서 다분히 그 당시의 정세에 대응하기 위하여 행정편의적으로 제정된 것으로서 그 실효성은 크지 않았다.

3) 이병태, 『최신노동법(2002년 전정판)』, 중앙경제, 2002, 23쪽.

4) 이 규칙의 안전보건과 관련된 주요내용은, i) 의무교육 학령에 해당하는 14세 미만의 아동의 경우는 공・사 기업을 막론하고 상공업이나 기타 그와 관련되는 작업장에는 아예 취업을 할 수 없다, ii) 14세 이상 16세 미만의 아동은 공・사를 막론하고 중공업 및 유해한 사업에는 취업할 수 없다, iii) 16세 이상 18세 미만의 아동은 신체적으로 위험하거나 또는 건강상으로나 도덕적으로 유해한 사업에는 취업할 수 없다 등이다(이대근, 「해방 후 1950년대의 경제 공업화의 사적 배경 연구」, 삼성경제연구소, 2002, 115쪽 참조).

5) 이 법령의 안전보건과 관련된 주요내용은, i) 1일 노동시간의 8시간제를 확립하고, ii) 주 노동시간을 48시간으로 하되, iii) 노사의 협정이 있는 경우에는 주 60시간까지 연장할 수 있으나 48시간을 초과하는 시간에 대하여는 임금을 기본급의 15할 이상으로 지급할 것과, iv) 법정공휴일을 유급휴일로 할 것 등이다(박상필, 『한국노동법(전정판)』, 대왕사, 1993, 66쪽 참조).

6) 한국인이 요구하는 법령을 한국인 스스로가 제정하는 입법기관을 창설한다는 취지로, 1946년 8월 24일 군정법령 제118호로 남조선과도입법의원 창설이 발표되었고, 1946년 12월 12일에 개원되었다.

나. 근로기준법상의 산업안전보건

1948년에 제정된 대한민국 「헌법」(제1공화국 헌법) 제17조의 "근로조건의 기준은 법률로써 정한다."를 받아 한국전쟁 중인 1953년 5월 10일에 「근로기준법」이 제정되었다. 「근로기준법」이 제정·공포됨에 따라 미군정 때 제정된 위 법령들은 같은 법 부칙 제114조에 의해 모두 폐지되었다. 「근로기준법」은 근로자의 기본적 생활을 보장, 향상시키기 위해 필요한 근로조건의 하나로 안전보건을 위치지우고 있다(제1조 참조).

즉, 「근로기준법」은 제6장에 안전과 보건에 관한 부분을 두고, 위험방지, 안전조치, 특히 위험한 작업, 유해물, 위험작업물의 취업제한, 안전위생교육, 병자의 취업금지, 건강진단, 안전관리자와 보건관리자, 감독상의 행정조치 등 10개의 조문을 규정하였다.

그 후, 「근로기준법」은 1981년 12월 31일 「산업안전보건법」 제정 시까지 3차례 개정이 있었지만, 안전과 보건에 관한 규정은 실질적인 개정 없이 약 28년간 지속되었다.

한편, 「근로기준법」의 위임을 받아 1961년 9월 11일에 「근로보건관리규칙」[각령(閣令)[7)]이 제정되었다. 동 규칙은 1969년 11월 10일에 전부개정되었고, 1975년 4월 17일에는 「근로보건관리규정」(대통령령)으로 개명(改名)되면서 일부개정이 있었으며, 그 후 1975년 11월 13일에 또 한 차례의 개정이 있었다. 산업안전보건법령이 제정·시행되면서 1982년 8월 9일 폐지되었다.

그리고 1962년 5월 7일에는 마찬가지로 「근로기준법」의 위임을 받아 「근로안전관리규칙」(각령)이 제정되었다. 동 규칙은 1969년 11월 10일에 전부개정되었고, 1975년 4월 17일에 「근로안전관리규정」(대통령령)으로 개명(改名)되면서 일부개정이 있었다. 산업안전보건법령이 제정·시행되면서 1982년 8월 9일 폐지되었다.

---

7) 지금의 대통령령(시행령)에 해당하고, 각령이라는 명칭은 나중에 모두 대통령령으로 바뀌었다.

「근로보건관리규칙」은 전문 5개 장(Chapter), 61개 조문으로 구성되어 있었다. 그 내용은 제1장 보건관리자(제1조~제8조), 제2장 건강진단(제9조~제14조), 제3장 취업 금지(제15조), 제4장 보건기준(제16조~제59조), 제5장 잡칙(제60조~제61조)으로 구성되어 있었다. 이 중 제4장 보건기준은 제1절 유해물, 제2절 보호구, 제3절 고기압, 제4절 기적 및 환기, 제5절 채광 및 조명, 제6절 기온 및 습도, 제7절 휴양, 제8절 청결, 제9절 식당 및 취사장, 제10절 구급용구로 되어 있었다.

그리고 「근로안전관리규칙」은 전문 3개 장(Chapter), 122개 조문으로 구성되어 있었다. 그 내용은 제1장 총칙(제1조~제21조), 제2장 안전기준(제22조~제120조), 제3장 보칙(제121조~제122조)으로 구성되어 있었다. 이 중 제1장 총칙은 제1절 안전관리, 제2절 안전장치, 제3절 성능검사, 제4절 취업 제한 및 금지, 제5절 보칙으로 되어 있었고, 제2장 안전기준은 제1절 원동기 및 동력전도장치, 제2절 기계장치, 제3절 통로 및 작업장, 제4절 비계, 제5절 추락방지, 제6절 붕괴 및 낙하의 예방, 제7절 전기, 제8절 보호구 기타, 제9절 화재 및 폭발의 방지, 제10절 건조실로 되어 있었다.

다. 산업안전보건법의 제정

중화학공업의 추진 등 급격한 산업화에 따라 위험한 기계·기구의 사용 증가, 새로운 공법의 채용 등에 의한 산업재해의 대형화와 빈발, 유해물질의 대량 사용 및 작업환경의 다양화에 따른 직업병의 발생 증가에 효율적으로 대처하기 위하여, 종래의 산업안전보건체제의 근본적 변화 및 「근로기준법」에서 분리된 독립법 제정의 필요성이 인식되기에 이르렀다.

당시 우리나라의 산업재해 발생현황을 살펴보면, 산업재해로 인한 부상자수, 사망자수, 질병자수 모두 산재보험 적용 사업장을 기준으로 할 때 매년 크게 증가하고 있었다.

이와 같은 상황을 토대로 1981년 12월 31일에 「산업안전보건법」이 제정되어 1982년 7월 1일에 시행되었다. 이 법은 1981년 11월 29일 국회 보건사회위원회 소속 김집 의원 외 35명의 발의로 국회에 제안되고 심의를 거쳐 1981년 12월 18일에 국회 본회의에서 통과되었고, 1981년 12월 31일에 공포되었다.

이렇게 제정된 「산업안전보건법」은 본문 7개 장(Chapter), 48개 조문 및 부칙으로 구성되어 있었고, 총칙(제1조~제11조), 안전・보건관리체제(제12조~제16조), 유해위험예방조치(제17조~제30조), 근로자의 보건관리(제31조~제34조), 감독과 명령(제35조~제37조), 보칙(제38조~제43조), 벌칙(제44조~제48조) 등에 대하여 정하고 있었다. 그리고 같은 법에서 위임된 사항과 그 시행에 관하여 필요한 사항을 정한 대통령령인 시행령은 26개 조문으로 구성되어 있었고, 노동부령으로 규정하고 있는 시행규칙은 본문 484개 조문, 부칙으로 구성되어 있었다.

1981년에 제정된 「산업안전보건법」의 주요내용은 다음과 같다.

첫째, 산업재해 예방을 위한 사업주 및 근로자의 기본적 의무를 명시하였다.

둘째, 노동부에 산업안전보건정책심의위원회[8]를 두어 산업재해 예방에 관한 주요정책을 심의・조정하도록 하였다.

셋째, 유해・위험성이 있는 사업에는 안전보건관리책임자와 안전관리자・보건관리자를 선임하게 하고, 산업안전보건위원회를 설치하도록 하며, 안전보건관계자 및 근로자에 대한 안전보건교육을 실시하도록 하였다.

넷째, 작업환경이 인체에 해로운 작업장에 대하여는 작업환경측정을 의무화하고, 근로자의 직업병을 조기에 발견・예방하기 위하여 특수건강진단 제도 등을 도입하였다.

---

8) 2009.10.9 「산업안전보건법」 개정(2010.4.10 시행)으로 「산업안전보건법」에 따른 산업안전보건정책심의위원회는 산업재해보상보험심의위원회와 통합되어 「산업재해보상보험법」에 따른 산업재해보상보험및예방심의위원회로 개편되었다.

다섯째, 산업재해 예방시설의 종류와 설치, 운영방법 및 정부의 지원육성 방안을 정하고 산업재해 예방에 관한 과학기술의 진흥과 연구개발을 추진하여 그 성과를 보급할 수 있도록 하였다.

한편, 1981년에 「산업안전보건법」이 제정되기는 하였지만, 「근로기준법」 제6장(제65조~제73조)에도 근로자의 안전과 보건에 관한 여러 조문이 두어져 있어, 근로자의 안전과 보건에 관해서는 과도기적으로 「근로기준법」과 「산업안전보건법」의 이중적 규율체제를 취하고 있었다. 즉, 1981년 「산업안전보건법」 제정 당시에는 「산업안전보건법」은 독립법으로서의 실체를 온전히 갖추고 있지는 못하였다.

이러한 한계는 있었지만 「산업안전보건법」이 별도법으로 제정되면서 이 법에 부속된 시행령, 시행규칙을 별도로 갖추게 되었다. 시행령은 1982년 8월 9일에, 시행규칙은 1982년 10월 29일에 각각 제정・시행되었다.

그러다가 1990년 1월 13일에 「근로기준법」과 「산업안전보건법」이 개정되어(산업안전보건법은 전부개정되었다), 「근로기준법」에서는 제6장(제76조)을 "근로자의 안전과 보건에 관하여는 「산업안전보건법」에서 정하는 바에 따른다."라고 규정하는 형태로 안전과 보건에 관한 조문이 삭제되면서, 근로자의 안전과 보건에 관하여는 「산업안전보건법」에서 일원적으로 규율하는 「산업안전보건법」 단일체제로 되었다. 다시 말하여, 1990년 「근로기준법」과 「산업안전보건법」의 개정에 의하여, 「산업안전보건법」은 「근로기준법」으로부터 독립한 법으로서 「근로기준법」의 '부속법' 또는 '자매법'이라 부를 수 있는 체계가 되었다.[9), 10)]

---

9) 정진우, 『산업안전보건법론』, 한국학술정보, 2014, 48쪽 참조.

10) 2019.1.15에도 「산업안전보건법」이 전부개정되었지만, 개정의 필요성과 내용 등의 측면에서 볼 때 1990.1.13 전부개정된 「산업안전보건법」과는 달리 전부개정할 만한 이유는 발견되지 않는다. 법률의 전부개정은 법에 대한 수범자의 이해도가 저하되고 그동안 축적된 많은 판례, 행정해석, 학설 등이 무용지물이 될 수 있는 등 부작용이 적지 않기 때문에 매우 신중해야 한다. 특히 조문 체계와 순서 전체를 바꾸는 개정은

「산업안전보건법」이 명실상부한 독립법으로서의 실체를 갖추게 되면서, 같은 법의 하위법령은 후술하듯이 「산업안전보건법 시행령」(대통령령), 「산업안전보건법 시행규칙」(노동부령), 「산업안전기준에 관한 규칙」(노동부령), 「산업보건기준에 관한 규칙」(노동부령), 「유해・위험작업의 취업 제한에 관한 규칙」(노동부령)의 편제를 갖추게 되었다.

「산업안전보건법」은 사업장의 안전보건 확보를 위한 독립적이고 종합적인 법제로 입법된 것으로서, 그 목적을 실현하기 위해서는 단순히 최저기준의 확보에 그쳐서는 안 되고, 사업장 안전보건 전체를 아우르는 종합적이고 시스템적인 접근이 반드시 필요한 과제를 안게 되었다.

[칼럼] 산업안전보건법 졸속 개정을 경계한다[11)]

최근 과거 권위주의 정부에서조차 없었던 일이 벌어지고 있다. 산업안전보건법 전부개정안이 갑작스럽게 입법예고됐다. 입법예고 전에 으레 거치는 전문가・노사단체 의견수렴 절차 없이 졸속 추진되고 있는 것이다. 더욱 놀라운 것은 전면개정에 따른 시행령・시행규칙 등 하위법령 개정안이 입법예고된 이후인 현재까지 초안조차 만들어지지 않았다는 점이다. 관계공무원들이 과연 제정신인지 묻고 싶다.

이번 사건은 정권이 바뀌어도 공무원은 쉽게 변하지 않는다는 것, 그래서 공무원에 대한 민주적 통제가 필요하다는 것을 여실히 보여 주는 사례다. 산업안전보건법을 공무원 사유물로 생각하지 않고서는 이렇게 번갯불에 콩 볶아 먹듯 법 개정을 일방통행 식으로 밀어붙일 수 없다.

모름지기 법률을 전부개정하려면 선행적으로 전문가를 대상으로 TF를 구성하고 많은 사람들의 광범위한 의견수렴을 하는 것이 관례다. 당연히 그렇게 해야 개정 내용의 품질과 실효성을 담보할 수 있다. 특히 산업안

하지 않는 것이 원칙이다. 우리나라보다 「산업안전보건법」의 역사가 깊은 선진국 어느 나라에서도 「산업안전보건법」을 전부개정한 사례가 발견되지 않는 것도 이런 이유에서이다.

11) 정진우, 매일노동뉴스, 2018.3.22.

전보건법과 같이 전문적이고 복잡한 성격의 법률은 충분히 의견을 수렴하고 논의하는 절차를 거쳐야 한다. 이런 절차는 아무리 강조해도 지나치지 않다.

그럼에도 이런 과정이 생략된 채 밀실에서 전부개정안을 마련하고, 이렇게 마련된 전부개정안에 대해 사안별로든 전체적으로든 입법예고 전에 간담회 · 공청회 등을 단 한 차례도 거치지 않은 것은 절차상 하자가 있다고 지적하지 않을 수 없다. 법령을 일부 개정할 때도 입법예고 전에 통상적으로 학계 · 노사단체 등 관계단체 간담회를 한다. 의견수렴을 단 한 차례도 하지 않은 것에 대해 학계에서는 행정이 거꾸로 가는 것 아니냐는 우려를 표명하고 있다. 노동계 · 경영계 또한 전례가 없는 일이어서 어안이 벙벙한 상태다.

절차만의 문제가 아니다. 내용 면에서 산업안전보건법을 누더기로 만들어 놓았다는 것이 중론이다. 논리적 기준이나 체계적 정합성 없이 조문순서를 뒤죽박죽으로 해 놓았고 노동자 개념을 확대하는 '일하는 사람'이라는 용어는 용두사미로 끝나고 말았다. 법리를 면밀히 따지지 않고 무작정 기업 의무 확대와 처벌 강화를 하다 보니 헌법의 일반원칙에 위배되는 조항이 곳곳에서 발견된다.

게다가 그동안 사회적으로 많은 논란이 됐던 도급인 의무는 오히려 약화시켰다. 개정안대로라면 공장 유지 · 보수작업에 대한 도급인 의무는 사라지게 된다. 발주자 의무는 신설됐지만 핵심 내용은 빠져 있다. 그리고 개정안이 기업 현장에 어떠한 영향을 미칠지, 현장에서 제대로 작동할지 고민한 흔적을 찾아볼 수 없다는 의견이 지배적이다. 졸속 추진에 따른 당연한 결과라고 할 수 있다. "선무당이 사람 잡는다"는 말은 딱 이런 경우를 두고 하는 말이다. 그렇다 보니 전부개정안을 보이콧해야 한다는 말이 힘을 얻고 있다.

기존 법률의 조문순서까지 바꾸는 전부개정은 그동안 축적된 관련 판례 · 법리 · 실무관행 등을 상당히 허물고 법에 대한 이해도를 떨어뜨릴 수 있어 신중하게 접근해야 한다. 전부개정을 할 때 충분한 의견수렴과 논의를 거쳐야 하는 이유가 여기에 있다.

올해 1월 30일 문재인 대통령은 장차관 워크숍에서 "정책이 현장에서 어떻게 받아들여질 것인지를 섬세하게 살피면서 모든 정책을 추진해야 한다"며 "충분한 설득과 공감의 과정이 선행돼야 한다"고 공론화 중요성을 강조했다. 정책 수요자인 국민을 설득하고 공감을 얻는 과정이 충실해야 효과를 거둘 수 있으며, 연구용역을 맡기거나 형식적인 토론회만으로 여론 수렴 절차를 마무리하는 기존 관행을 타파할 것을 역설했다.

그런데 지금까지 정부가 보여 준 산업안전보건법 전부개정 절차는 대통령의 이러한 주문사항에 아랑곳하지 않고 제 갈 길을 가겠다는 태도다. 대통령 주문사항을 떠나 실질적인 의견수렴은 민주주의 사회에서 당연히 요구되는 것이고 결과의 타당성 · 수용도와도 밀접하게 연결된다.

지금부터라도 전부개정안을 처음부터 다시 만든다는 생각으로 충분한 의견수렴을 거칠 것을 당부한다. 법을 개정하는 것이 중요한 게 아니라 잘 개정하는 것이 중요하다. '개선'이 아니라 '개악'도 있기 때문이다. 정부가 앞으로도 의견수렴 절차를 요식행위 정도로만 생각한다면 역사의 준엄한 심판을 받을 것이다. 훗날 '적폐'로 평가받는 일이 없기를 바란다.

Ⅱ. 산업안전보건법의 체계

1. 근로기준법에서 산업안전보건법으로

「근로기준법」 제정 당시 이 법은 개별적 근로관계법의 거의 대부분의 영역을 커버하고 있었지만, 사회경제정세 등의 변화에 따라 그중에서 몇 개의 분야가 개별 법률로 점차 분리·독립되어 갔다.

1981년에는 산업안전보건에 관한 부분이 「산업안전보건법」으로, 1986년에는 최저임금에 관한 부분이 「최저임금법」 등의 형태로 독립하였다.

특히 근로자의 안전보건에 관한 사항을 「근로기준법」에서 분리시키는 것에 대해서는, 법의 이념상, 법의 적용·시행 면에서의 일체성, 종합성, 근로조건성의 상실, 안전보건에 대해 「근로기준법」 제1조, 제3조~제5조의 이른바 노동헌장적 부분이 적용되지 않게 될 수 있다는 우려가 제기될 수도 있었지만, 당시 국회는 산업안선보선에 관한 단독법을 제정할 필요에 대해 크게 다음과 같은 4가지 이유를 제시하였다.[12)]

① 규제의 대상을 직접적인 고용(사용종속)관계만으로 한정해서는 재해를 효과적으로 방지할 수 없다, ② 산업재해를 방지하기 위해서는 최저기준의 설정 및 확보에 머물러서는 안 되고, 보다 적극적이고 종합적인 재해예방대책의 추진을 필요로 한다, ③ 중소기업 등에 대해서는 단속뿐만 아니라 산업재해를 방지하기 쉬운 여건을 마련할 필요가 있다, ④ 「근로기준법」의 체계로는 산업안전보건에 관한 사항(조문수)을 충분하게 규정하기 어렵다.

「산업안전보건법」이 근로기준법과 별개의 법률로 성립되었다고 하더라도, 예컨대 「근로기준법」 제17조 제1항에 근거한 같은 법 시행령 제8조 제1항 제2호에서 근로계약을 체결할 때에 사용자가 근로자에게 명시하여야 하는 근로조건의 하나로서 '안전과 보건에 관한 사항'이 규정되어 있고, 같은 법 제93조 제9호에서 '안전과 보건에 관한 사항'이 취업규칙의 필요(필수적) 기재사항으로 규정되어 있는 등 안전보건에 관한 사항이 근로조건의 중요한 일익을 차지하고 있는 점에는 변함이 없다.

따라서 「산업안전보건법」을 해석・운용할 때에는, 「산업안전보건법」과 「근로기준법」은 일체의 관계에 있는 것이고, 「근로기준법」의 노동헌장적 부분은 「산업안전보건법」의 시행에 있어서도 당연히 그 기본이 되는 것으로 보아야 할 것이다.

---

12) 제11대 국회 제108회 제19차 보건사회위원회(1981년 12월 7일) 회의록 8쪽 이하 ; 제11대 국회 제108회 제20차 보건사회위원회(1981년 12월 9일) 회의록 11쪽 이하.

2. 산업안전보건법의 구성과 위상

이상과 같이 성립한 「산업안전보건법」은 사업장에서의 근로자의 안전과 건강을 확보하는 것을 주된 목적으로 하는 법으로서, 1981년 제정 당시에는 목적, 적용범위, 각 주체의 의무, 법령요지의 게시 등을 규정하는 제1장부터 시작하여 총 7장으로 구성되어 있었고, 1990년 전부개정 시에는 총 9장으로 변경되었으며, 2019년 전부개정을 통해 총 12장으로 구성되는 체계가 되었다.

「산업안전보건법」의 규정의 대부분은 사업주와 그가 사용하는 근로자 간의 근로계약관계를 전제로 하고 있지만, 일부의 규정은 어떤 장소, 물질 또는 행위에 관계되는 자이면 누구라도 규제의 대상으로 되어 있다.

「산업안전보건법」은 명시적으로 헌법적 근거를 가지고 있는데, 「근로기준법」과 동일하게 '근로조건기준 법정주의'를 규정한 「헌법」 제32조 제3항을 그 근거로 하고 있다.

「산업안전보건법」의 하위(下位)에는 1개 대통령령(시행령), 3개 고용노동부령(산업안전보건법 시행규칙, 산업안전보건기준에 관한 규칙, 유해・위험작업의 취업 제한에 관한 규칙)과 약 60개의 행정규칙[고시(告示)・예규[13]・훈령[14]] 등으로 구성되어 있다. 「산업안전보건법 시행령」은 법령의 적용범위・종류 등 법에서 위임된 사항과 그 시행에 필요한 사항에 대해 규정하고 있다. 고용노동부령의 하나인 「산업안전보건법 시행규칙」은 중대재해의 유형(시행규칙 제2조 제1항) 등 「산업안전보건법」 및 「산업안전보건법 시행령」이 위임한 사항과 그 시행에 필요한 사항을 규정하고 있다. 나머지 고용노동부령인 「산업안전보건기준에 관한 규칙」과 「유해・위험작업의 취업 제한에 관한 규칙」은 법령에서 위임한 산업안전보건기준 등 전문기술적 내용에 관한

13) 예규는 행정사무의 통일을 기하기 위하여 상급관청이 하급관청에 대하여 감독권의 발동으로서 발하는 것으로서 반복적 행정사무의 기준을 제시하는 것이다.

14) 훈령은 상급관청이 하급관청에 대하여 상당히 장기간에 걸쳐서 그 권한의 행사를 지휘・감독하기 위하여 내리는 명령을 말한다.

사항을 규율하고 있다. 그리고 법령의 원활한 시행을 위해 기술 또는 작업환경에 관한 표준[15)](비상제석)과 그 밖에 법령에 근거한 많은 상제석·비상제적 행정규칙[16)]이 다양하게 마련되어 있다. 나아가, 수많은 행정해석(유권해석 또는 질의회시)[17)]도 나와 있다. 이상의 기준들이 각각 유기적인 연계를 가지면서 전체적으로 근로자의 안전보건에 관한 하나의 거대한 법체계를 만들고 있다.

그러나 근로자의 안전보건과 관련하여 「산업안전보건법」에서 커버되지 않고 다른 개별입법에 의해 처리되고 있는 부분도 다소 발견된다. 「근로기준법」의 갱내근로의 금지(제72조), 부속 기숙사의 설치·운영기준 및 유지관리의무(제100조, 제100조의2)를 비롯하여 「산업안전보건법」의 부속법(진폐의 예방과 진폐근로자의 보호 등에 관한 법률, 파견근로자 보호 등에 관한 법률), 「산업안전보건법」의 특별법(선원법, 광산안전법) 등이 그것이다. 또한 「고압가스 안전관리법」, 「도시가스사업법」, 「총포·도검·화약류 등의 안전관리에 관한 법률」 등과 같은 이른바 공중(公衆)에게도 적용되는 안전관계법도 그것이 산업노동의 장에 적용되는 한, 사업장에서의 근로자의 안전과 건강의 확보에 매우 큰 역할을 하게 된다. 그 외에 환경법이라고 총칭되는 일군(一群)의 법률도 사업장 내에서의 근로자의 건강보호에 기여할 수 있다.

---

15) 이것은 2019.1.15 「산업안전보건법」 전부개정 전에는 '기술상의 지침 및 작업환경의 표준'(밑줄은 필자)이라는 명칭으로 되어 있었다. 이것은 법령의 기준을 구체적·추가적으로 설명·안내하는 성격을 가지고 있기 때문에, 표준(Standard)보다는 지침(Guideline)이라는 명칭이 적합하다. 따라서 기술 또는 작업환경에 관한 '표준'으로의 명칭 변경은 이것의 성격에 대한 잘못된 이해에서 비롯된 개악이라고 볼 수 있다.

16) 이 행정규칙(고시·예규·훈령)에는 미 준수 시 처벌이 수반되는 강제적인 것도 있고, 처벌이 수반되지 않는 지도·권고 목적의 비강제적인 것도 있다.

17) 행정(유권)해석의 권한은 법치행정의 원칙상 법령상의 문언과 목적에 부합하는 한도 내에서 행사되어야 한다. 그렇지 않은 행정적 유권해석은 위법적인 해석으로 무효에 해당한다. 그리고 행정해석은 대외적(법률적) 구속력은 없기 때문에 법원, 수범자가 참고는 할 수 있지만 이를 따라야 할 의무는 없다.

3. 안전보건관계규칙의 정비와 체계

“안전보건관계규칙(safety and health regulations)은 성장하는 규칙(growing regulations)이다.” 또는 “안전보건관계규칙은 선인(先人)들의 피로 쓴 문자이다.”라는 말이 있듯이, 안전보건관계규칙은 기술의 진보, 재해의 발생상황, 기타 산업노동의 장에서 제반 사정의 변화를 배경으로 하여 부단한 진화를 하여 온 것이다. 선진국의 안전보건관계규칙에 관한 입법사를 보면, 수차례의 개정, 많은 신(新)규칙의 분리 독립, 신규 분야에서의 규제를 위한 신규칙의 제정이 이루어져 가는 과정이었다.

우리나라에서의 안전보건관계규칙은 「근로기준법」에 근거한 「근로안전관리규칙」(대통령령)과 「근로보건관리규칙」(대통령령)이 그 시초이다. 양 규칙의 제정은 그 이후의 「산업안전보건법」의 제정과도 비견할 수 있는 중요한 의의를 가지는 것이라고 말할 수 있다.

양 규칙은 1981년 12월 31일 「산업안전보건법」 제정으로 「산업안전보건법 시행령」(이하 ‘시행령’이라 한다) 및 「산업안전보건법 시행규칙」(이하 ‘시행규칙’이라 한다)이 제정되면서 이에 흡수되는 형태로 폐지되었다. 그 후 1990년 1월 13일 「산업안전보건법」 전부개정에 따라, 종전의 시행규칙 중 제2편 안전기준을 분리하는 형태로 「산업안전기준에 관한 규칙」(노동부령)이 1990년 7월 23일 별도의 규칙으로 제정되었고, 종전의 「시행규칙」 중 제3편 보건기준 또한 「시행규칙」에서 분리되어 「산업보건기준에 관한 규칙」(노동부령)이 1990년 7월 23일 별도의 규칙으로 제정되었다.[18), 19)]

---

18) 「산업안전기준에 관한 규칙」과 「산업보건기준에 관한 규칙」은 2011.7.6 「산업안전보건기준에 관한 규칙」으로 통합되었다. 통합되면서 내용적으로 크게 달라진 것은 없고, 즉 화학적 통합까지 한 것은 아니고, 2개의 규칙이 단순히 물리적으로 통합된 측면이 크다.

19) 1990.1.13 「산업안전보건법」 전부개정은 방대한 양의 기술기준에 해당하는 규칙을 대폭적으로 보강(전부개정)하는 것으로 이어진 반면, 2019. 1.15 「산업안전보건법」 전부개정은 이 기술기준에 해당하는 「산업안전보건기준에 관한 규칙」에 대해서는

그리고 「산업안전보건법」 제47조[20]의 규정에 근거하여 유해하거나 위험한 작업의 취업 제한에 관한 사항을 별도의 규칙으로 제정하기 위하여 「유해·위험작업의 취업 제한에 관한 규칙」(노동부령)이 1992년 3월 21일 별도로 제정되었다.

4. (구체적인) 법적 기준과 자율규제(자율안전보건관리)의 관계

자율규제(self-regulation)에 대한 법적 개념은 아직 정립되어 있지는 않지만, 일반적으로 정부(행정)규제에 대비되는 개념으로 사용되고 있다. 자율규제는 규제의 주체가 정부가 아니고 규제의 상대방인 피규제 사업자(단체)이고, 준수해야 할 기준(규제)을 이들로 하여금 자율적으로 정하도록 하는 법정책 수단으로서 여러 분야에서 널리 활용되고 있다.[21]

자율규제를 통해서 규제완화(또는 규제개혁)을 도모할 수는 있으나 자율규제 자체가 규제완화를 의미하는 것은 아니다. 따라서 규제완화의 대안으로서 자율규제를 논할 수는 있지만, 자율규제를 하는 것 자체가 반드시 규제완화로 이어지는 것은 아니다. 종전의 정부규제는 그대로 두고 자율규제를 신규 또는 추가로 도입할 수도 있기 때문이다.

안전보건 분야에서도 자율규제는 규제의 실효성을 높이는 방법으로 일찍이 영국의 로벤스 보고서에 기초한 산업안전보건법(1974년) 등 많은 국가의 법제에 채택되어 왔다. 기업(사업장)의 안전보건관리를 내실화하기 위해서는 구체적인(specific) 법적 기준과 자율규제라고 하는 산업안전보건의 양대 축이 필요하기 때문이다. 여기에서 구체적 기준이라 함은 난간·방호장치 설

전부개정은커녕 거의 손대지 않았다는 점에서 볼 때도 법률을 전부개정할 필요성 자체에 의문이 남을 수밖에 없다.

20) 현행 「산업안전보건법」 제140조에 해당한다.

21) 이런 의미에서 자율규제는 포괄적 규제와는 그 성격이 다른 것이다.

치기준, 작업계획서 작성방법 등과 같은 산업안전보건법령, 엄밀히는 사업장 안전보건관계법령상의 세세한 기준을 의미하고, 자율규제라 함은 구체적인 법적 기준을 상회하는 안전보건관리를 의미하는 것으로서 안전보건 영역에서는 '자율안전보건관리(축약하여 자율관리)'라고도 불린다.

구체적인 법적 기준은 명령・통제기준(command and control regulation)이라고도 하며, 안전보건을 확보하기 위한 최저기준(minimum standard)에 해당하는 것이다. 그런데 구체적인 법적 기준은 전통적으로 일률적(획일적)이며 일반적인 내용으로 구성되어 있는 특징을 가지고 있어 개별 사업장의 구체적인 실정(상황)을 반영・고려하기 어렵다는 한계가 있다. 또한 법규의 특성상 기술변화 등을 신속하게 반영하지 못하는(사후대응적) 한계도 가지고 있다. 즉, 구체적인 법적 기준은 매우 중요한 내용이지만 이것만 잘 준수한다고 하여 근로자의 안전과 보건이 충분히 확보되는 것은 결코 아니다.

자율안전보건관리(자율관리)는 안전보건 영역에서 이러한 구조적 한계를 극복하기 위해 등장한 것이다. '자율'이라는 수식어가 붙어 있어 많은 사람들이 이를 기업에서 구체적인 법적 기준과 관계없이 임의대로 하는 것, 즉 하면 좋고 안 해도 되는 것으로 오해하는 경향이 있다.

그러나 안전보건 분야에서의 자율관리(자율규제)는 그 등장 배경에서 알 수 있는 것처럼 구체적인 법적 기준을 보완하기 위한 것으로서, 이 기준의 준수를 대전제로 하는 것이다.[22] 따라서 양자는 상호보완적 관계에 있지 상호대체적 관계에 있는 것이 아님에 유의할 필요가 있다.

자율관리(자율규제)라고 해서 전적으로 기업의 자율에 맡겨져 있는 것은 아니다. 자율관리(자율규제) 중 중요한 사항은 구체적인 법적 기준과 마찬가지로 그 이행이 산업안전보건법에서 강제화되어 있다. 다만, 자율관리(자율

22) 자율규제가 발달된 영국을 비롯한 산재예방선진국 모두 정도 차이가 있을 뿐 방대한 양에 걸쳐 구체적인 법적 기준을 갖추고 있으며, 이 기준 중 상당 부분은 강제성을 가지고 있다.

규제)는 그 강제방식이 프레임(틀)만 강제하고 세부적인 사항은 기업의 선택(자율)에 맡겨져 있다는 점에서 구체적인 법적 기준의 강제방식과 다르다. 자율관리(자율규제) 중 현행 산업안전보건법에서 강제하고 있는 것은 제2장 제1절의 안전보건관리체제, 제2장 제2절의 안전보건관리규정, 제36조의 위험성평가 등이며, 이 사항을 준수하지 않으면 직·간접적으로 벌칙(과태료) 부과가 수반되는 것으로 되어 있다.

자율관리(자율규제) 관련 규정의 취지는 사업장의 구체적인 실정을 토대로 구체적인 법적 기준에서 포괄하지 못하는 사항까지를 반영하여 안전보건관리를 하여야 한다는 것이다. 다만, 구체적인 내용까지 법령에서 세세하게 정하고 있는 구체적인 법적 기준과는 달리, 자율관리(자율규제)는 세세한 방법·절차 등에 대해서는 기업의 자율(선택)에 맡기고 있다는 차이를 가진다.

이처럼 자율관리(자율규제)는 사업장 안전보건을 확보하는 데 있어 중요한 위상을 가지고 있는 것으로서, 현행 산업안전보건법은 사업주에게 이의 형식적인 구축·운영이 아니라 '실질적인' 구축·운영을 분명히 요구하고 있다.

[칼럼] 김용균 없는 산업안전보건법, 누구의 책임인가[23]

산업안전보건법 전부개정안을 두고 "김용균이 없다" "핵심이 빠졌다" "이런 법으로는 산업재해 예방 효과를 기대할 수 없다" 등등 많은 불만이 쏟아져 나오고 있다. 심지어는 "국민을 현혹시킨 헛구호였다" 같은 거친 말이 현장에서 표출되고 있다.

그런데 정부에서는 산업안전보건법 전부개정안이 원청을 비롯한 기업의 책임을 강화한 것이 큰 특징이라고 주장한다. 과연 그럴까. 개악된 부분이 많이 있지만 정부가 전부개정안의 대표 브랜드로 내걸고 있는 도급부분을 보면 정부 주장과는 달리 도급 규제를 멀쩡한 부분까지 삭제하거나 누락시킨 부분이 적지 않다.

23) 정진우, 매일노동뉴스, 2019.9.3.

먼저 용균이가 '없는' 정도가 아니라 용균이를 '배제'하거나 '무시'한 법이라는 점을 지적하지 않을 수 없다. 개정안에 따르면 용균이가 작업한 낙탄 처리를 포함하는 유지 · 보수작업과 같은 발주(도급)업무는 대부분 50억원 미만 건설공사로 분류돼 법 적용에서 빠진다. 현행법에서 적용됐던 유지 · 보수공사 등에 대한 도급인의 의무가 애꿎게 삭제된 황당한 일이 벌어진 것이다. 입법자의 명백한 실수다. 아니 정확하게는 '외면'이다. 업종을 불문하고 외주업체에 의한 유지 · 보수공사가 가장 위험한 작업이라는 사실을 모른단 말인가.

이것은 하위법령 문제가 아니다. 법에서 이미 예견됐다. 개정안은 도급인에서 발주자를 제외하고 발주자에게는 적정 비용과 공기 보장, 적격 수급인 심사 · 선정에 대한 구체적 의무 등과 같은 핵심적 내용은 뺀 채 속빈 강정에 해당하는 의무만을 부과하고, 그마저도 적용 대상을 일정 규모 이상 공사로 한정했다. 중소 · 하청업체가 안전하게 작업하기 위한 '여건 조성'에 해당하는 내용은 반영한 게 없는 셈이다.

그리고 파견근로자 보호 등에 관한 법률(파견법)과의 관계를 잘못 이해한 나머지 도급인의 안전조치의무에서 수급인 및 그 노동자에 대한 법 위반 시정조치의무, 안전교육에 대한 지도의무, 하청노동자에 대한 구체적인 관리 · 감독의무 등을 강제규정에서 삭제하거나 임의규정으로 완화시키는 무모한 일을 저지르고 말았다. 하청노동자의 재해예방을 위한 중요한 무기를 빼앗은 꼴이다.

하청노동자 산재예방을 목적으로 하는 안전보건총괄책임자 안전보건에 관한 총괄관리의무의 경우 그 직무수행 위반에 대해서는 아무런 제재가 없다. 정부의 도급규제에 대한 무인식과 무능을 엿볼 수 있는 대목이다.

이러한 상태에서 하청노동자 재해를 예방하겠다고 하는 것은 난센스다. '차 떼고 포 뗀' 상태에서 도급작업의 위험에 어떻게 대처하겠다는 것인가. 법적 구성요건이 허술한 상태에서는 원청 처벌을 강화하겠다는 주장 또한 구두선에 그칠 것이다. 기업들도 개정안에 공포탄만 있고 실탄이 없다는 것을 곧 알게 될 것이다.

도급에 대한 강화된 규제는 실효성이 없고, 강화해야 할 약한 고리에 해당하는 부분에 대한 규제는 아무런 이유 없이 오히려 약화됐다. 기업

관계자들조차 이해할 수 없다는 입장이다. 원청책임을 강화하겠다고 떠들더니 정작 알맹이가 없으니 말이다. 한마디로 '태산명동서일필'이다. 어설픈 법 개정의 초라한 결과이기도 하다. 법이 이렇게 개정된 것은 정부와 국회에 모두 책임이 있지만, 책임의 강도로 보면 정부 책임이 더 크다. 개정 과정에서 이러한 문제가 수차례 지적됐음에도 내용은 묻지 않고 법안 통과라는 생색내기에만 급급해 외부 지적을 받아들일 의지도 능력도 없었기 때문이다.

용균이를 비롯한 수많은 하청노동자의 죽음을 헛되지 않게 하려면 이제라도 개정안의 허술함을 인식하고 법을 보완해야 한다. 법 개정 없이 기업을 윽박지르는 땜질 처방으로 어물쩍 넘어가려는 것은 법치행정에 어긋날 뿐만 아니라 재해예방 효과도 거둘 수 없다.

민주적 절차가 결여된 무책임한 행정체제하에서 '입법참사'는 언제든지 발생할 수 있다. 행정을 전문화하고 책임행정을 구현하는 것이 중요한 해법이다. 이것이야말로 이 땅의 수많은 용균이와 그 가족을 진정으로 위로하는 길이다.

Ⅲ. 산업안전보건법의 특징

1. 근로기준법과의 유기적 연계성

「산업안전보건법」이 제정되고 독립법으로 단일체계가 된 후에도 「근로기준법」에서는 '제6장 제76조 안전과 보건'에서 "근로자의 안전과 보건에 관하여는 「산업안전보건법」에서 정하는 바에 따른다."라는 규정을 여전히 두고 있다.

「산업안전보건법」은 근로조건의 기준을 정함으로써 근로자의 기본적 생활을 보장, 향상시키는 것 등을 목적(근로기준법 제1조)으로 최저기준을 정하고 있는(근로기준법 제3조) 「근로기준법」과 동일하게 사용자(사업주)[24]에 대하여 행정기관의 지도·감독, 벌칙 등을 토대로 최저기준을 준수하도록 하기 위한 감독(단속)법[25]으로서, 산업재해를 예방하고 쾌적한 작업환경을 조성함으로써 근로자의 안전과 보건을 유지·증진할 목적(산업안전보건법 제1조)으로, 사업주에 대하여 산업재해 예방을 위한 기준을 지키고, 해당 사업장의 안전·보건에 관한 정보를 근로자에게 제공하며, 쾌적한 작업환경을 조성하고 '근로조건을 개선'하는 의무를 부과하고 있다(산업안전보건법 제5조 제1항). 요컨대, 「산업안전보건법」은 제5조 제1항에서 사업주의 의무로 '근로조건의 개선'을 통한 근로자의 안전과 건강의 유지·증진을 명시적으로 규정하고 있다.

한편, 이와 같은 근로자의 안전과 보건의 유지·증진은 근로조건의 중요한 일부인 만큼 근로자와 사용자가 동등한 지위에서 자유의사에 따라 결정하여야 한다(근로기준법 제4조).

근로자의 안전과 보건은 「산업안전보건법」에서 주로 규율하고 있지만, 「근로기준법」상의 임금, 근로시간과 휴식·휴게 등의 근로조건도 근로자의 안전보건과 밀접한 관련이 있다. 예를 들면, 임금이 낮은 것 때문에 장시간근로를 하고, 또 근로시간이 긴 것은 집중력의 저하로 연결되어 산업재해 발생의 한 요인이 되는 일이 자주 발생하고 있다. 따라서 근로자의 안전보건권의 실현을 위해서는 「산업안전보건법」의 기준과 「근로기준법」의 기준의 공조체제가 필요하다.

다만 후술하듯이 「산업안전보건법」에는 「근로기준법」과 달리 최저기준뿐만 아니라 최저기준을 초과한 '작업환경의 쾌적'을 추구하는 기준 또는 적극적으로 근로자의 '건강증진'을 도모하는 기준 등 사업주의 폭넓고 유연한 행동을 촉구하는 규정이 다수 포함되어 있다. 이를 위해 「산업안전보건법」은

---

24) 후술하지만 「산업안전보건법」은 사용자(사업주) 외에도 여러 주체에게 의무를 부과하고 있다.

25) 물론 「산업안전보건법」이 최저기준을 준수하도록 하기 위한 감독(단속)법의 성격만을 가지고 있는 것은 아니다. 이에 대해서는 후술한다.

기술 또는 작업환경의 표준[26]을 정하여 사업주에게 지도・권고하는(제13조 제1항) 등 다양한 이행방법을 규정하고 있다. 또한 중소기업 등의 사업주에 대한 보조・지원 등을 규정하고 있는 점도 「근로기준법」에서는 볼 수 없는 「산업안전보건법」의 특징이라고 할 수 있다.

2. 전문기술성

산업현장에서 사용되는 각종 기계・설비, 건설물 및 원재료 등에 의한 유해・위험요소를 제거하기 위해서는 전문기술성이 필수적이다. 산업안전보건을 확보하기 위해서는 학문적으로 공학(기계, 전기, 화학, 건축・토목 등), 이학(화학, 생물학 등), 의학, 행동과학(심리학, 사회학 등), 법학 등 다양한 지식이 배경지식으로 필요하다. 따라서 산업안전보건법령에도 전문기술적 사항들이 다수 포함되어 있다. 특히 고용노동부령인 「산업안전보건기준에 관한 규칙」[27]에 전문기술적 내용들이 많이 규정되어 있다.

3. 복잡・방대성

「산업안전보건법」은 산업현장의 다종다양한 유해・위험요인에 대한 전문적・기술적인 조치를 사전적이고 구체적으로 규정하여야 하기 때문에 복잡하고 방대한 점을 주요한 특징으로 한다.

기본적으로 「산업안전보건법」은 모든 업종을 대상으로 하여 근로자의 안전과 건강을 확보하려고 하는 산업안전보건의 일반법이라고 하는 기본적 성

---

26) 전술한 바와 같이 해당 조항의 취지와 성격으로 볼 때 표준(Standard)은 적합한 명칭이라고 볼 수 없고 지침(Guideline)이 적합한 표현이다.

27) 전술한 대로 「산업안전보건기준에 관한 규칙」은 종전 「산업안전기준에 관한 규칙」과 「산업보건기준에 관한 규칙」이 2011.7.6 전부개정되면서 통합되어 제정된 규칙이다.

격을 가지고 있다. 즉, 모든 업종에서의 모든 업무에서 발생하는 모든 종류의 산업재해 전반을 대상으로 하여 필요한 규제·제도를 마련하고, 이것을 「산업안전보건법」이라고 하는 하나의 용기에 집어넣은 것이기 때문에, 「산업안전보건법」이 복잡하고 방대해진 것은 불가피한 면이 있다. 이 점은 외국의 산업안전보건법령에서도 공통적으로 발견되는 현상이다.

우리나라 산업안전보건법령 역시 「산업안전보건법」 그 자체와 이에 부속된 「시행령」·「시행규칙」, 「산업안전보건기준에 관한 규칙」(이하 '안전보건기준규칙'이라 한다), 「유해·위험작업의 취업 제한에 관한 규칙」(이하 '취업제한규칙'이라 한다)의 조문 수를 모두 합하면 1,200개 조문을 상회한다. 그 밖에 법령에 근거한 고시, 예규, 훈령 등의 행정규칙이 60개 이상 제정되어 있는바,[28] 이 행정규칙까지를 포함하면 2,000개 조문을 상회할 정도로 그 양이 매우 방대하다는 특징을 가지고 있다.[29]

4. 의무주체의 다양성

「산업안전보건법」상의 의무주체는 다음과 같이 크게 3가지로 분류된다. i) 근로자를 사용하여 사업을 행하는 사업주, ii) 사업주에 사용되는 근로자, iii) 사업주·근로자와 그 외에 근로자의 안전과 보건의 확보에 관계있는 자가 그것이다. 「산업안전보건법」 규정의 대부분은 사업주와 그가 사용하는 근로자 간의 근로계약관계를 전제로 하고 있지만, 몇몇 조항은 일정한 장소, 물질 또는 행위에 관계하는 자이면 누구라도 규제의 대상으로 삼고 있는데, 이것은 iii)의 자와 관련이 있다.

이 중 「산업안전보건법」의 의무를 부담하는 중심적 존재는 근로자를 사용하여 사업을 행하는 '사업주'이다. 즉 「산업안전보건법」에서는 사용종속관계

28) 고시, 예규, 훈령 중에서 고시가 약 60개로 가장 많다.
29) 우리나라에서 단일법령으로는 산업안전보건법령의 양이 가장 방대하다.

에 주목하여 '사업주'에게 자기의 사업을 위하여 사용하는 근로자에 대한 안전보건 확보의무를 부과하는 것을 목적으로 '사업주'를 그 중심적인 의무수체로 하고 있다. 따라서 「산업안전보건법」의 대부분의 조문은 "사업주는…… 하여야 한다."는 형식을 취하고 있다. 「산업안전보건법」에서 「근로기준법」과 달리 사업주라는 용어를 사용하는 이유는 사업경영의 이익의 귀속주체를 「산업안전보건법」의 의무주체로 함으로써 산업안전보건상의 책임소재를 명확히 하기 위해서이다. 이 사업주라 함은 법인기업이면 법인 자체로서 법인의 대표자(대표이사)[30]를 의미하지 않으며, 개인기업의 경우에는 경영자 개인을 가리킨다. 「근로기준법」에서의 '사용자'는 "사업주 또는 사업 경영 담당자, 그 밖에 근로자에 관한 사항에 대하여 사업주를 위하여 행위하는 자를 말한다."라고 되어 있기 때문에 법인 그 자체는 물론 사장, 부장, 과장 모두가 포함될 수 있다. 그러나 이렇게 되면 본래의 책임자이어야 할 사업주의 책임이 불명확하게 되는 경우도 있을 것이다. 의무주체가 기업 내부에서의 그 이행의 실질적인 '의무의 위임'과 '권한의 부여' 상황 여하에 따라 상대적으로 흔들리게 되고, 경우에 따라서는 기업관리조직의 말단에 위치하는 계장도 사용자에 해당하는 경우도 있을 수 있다. 이에 반해 「산업안전보건법」에서는 주된 의무주체를 사업주로 함으로써 사업 경영과 근로자의 안전보건 확보가 일체적으로 전개되어야 한다는 것을 법률상 명확히 하였다.

한편, 산업안전보건상의 목적을 완전하게 달성하기 위해서는 위험한 기계, 유해한 물질 등이 유통되는 것을 근원적으로 억제하는 것이 가장 효과적이다. 이를 위해서는 이와 같은 기계, 물질 등이 제조되거나 판매되는 것 등을 금지할 필요가 있다. 「산업안전보건법」 제5조 제2항에 의하면, 기계・기구와 그 밖의 설비를 설계・제조 또는 수입하는 자, 원재료를 제조・수입하는 자, 건설물을 발주・설계・건설하는 자[31]는 발주・설계・제조・수입 또

30) 법인의 경우 그 대표자(대표이사)는 위반행위자가 될 수 있을 뿐 사업주가 될 수는 없다.

는 건설을 할 때 이 법과 이 법에 따른 명령으로 정하는 기준을 지켜야 하고, 발주・설계・제조・수입 또는 건설에 사용되는 물건으로 인하여 발생하는 산업재해를 방지하기 위하여 필요한 조치를 하여야 한다.

사업주에게 부과하고 있는 의무를 보다 실효성 있게 하고 산업노동현장에서 발생하는 여러 가지 종류의 산업재해를 확실하고 효과적으로 방지하기 위하여, 「산업안전보건법」에서는 가장 적당한 자에게 가장 적절한 조치를 강구하도록 사업주 이외의 자를 광범한 범위에 걸쳐 다면적으로 의무주체로 설정하고 있는 것이다. 이와 같이 사업주뿐만 아니라 산업재해의 예방에 관계가 있는 자를 폭넓게 규제하고 있는 점 역시 「산업안전보건법」이 「근로기준법」 등 다른 노동관계법과 다른 점이라 할 수 있다.[32] 현재 「산업안전보건법」에서 사업주 이외의 자로서 산업재해 예방의 의무주체로 설정하고 있는 자를 구체적으로 살펴보면 다음과 같다.

사업장 내의 작업을 타인에게 도급하는 자(제63조부터 제66조까지, 제71조, 제73조), 건설공사를 발주하는 자(제67조부터 제70조까지), 동력으로 작동하는 기계・기구 등을 양도・대여하는 자(제80조), 기계・기구・설비 및 건축물 등을 타인에게 대여하거나 대여받는 자(제81조), 안전인증 대상 기계・기구 등을 제조・수입하는 자(제84조), 자율안전확인 대상 기계・기구 등을 제조・수입하는 자(제89조), 신규화학물질을 제조하거나 수입하려는 자

31) 「산업안전보건법」 제5조 제1항의 사업주 개념에 '시공하는 자'는 이미 포함되어 있기 때문에, 제5조 제2항에서 규정하고 있는 '건설하는 자'는 사업주에 해당하는 시공하는 자가 아니라 발주하는 자를 의미한다. 따라서 2019.1.15 전부개정된 「산업안전보건법」(이하 '전부개정 산업안전보건법'이라 한다)에서 '발주하는 자'를 추가한 것은 건설하는 자의 의미에 대한 몰이해에서 비롯된 잘못된 개정이라고 할 수 있다.

32) 다른 노동관계법에서 사업주 또는 사용자 외의 자에게 사전 의무를 부과하고 있는 것은 「근로기준법」 제9조 '중간착취의 배제'["<u>누구든지</u> 법률에 따르지 아니하고는 영리로 다른 사람의 취업에 개입하거나 중간인으로서 이익을 취득하지 못한다."(밑줄은 필자)]와 같은 법 제67조 '근로계약'["<u>친권자나 후견인</u>은 미성년자의 근로계약을 대리할 수 없다."(밑줄은 필자)] 정도이다.

(제108조), 황린성냥 등 특히 해롭다고 인정되는 물질을 제조 등 하는 자(제117조), 디클로로벤지딘 등 허가기준에 해당하는 물질을 제조하는 자(제118조), 건축물이나 설비를 철거하거나 해체하려는 건축물이나 설비의 소유주 또는 임차인 등(제119조, 제122조), 화학물질 또는 화학물질을 함유한 혼합물(mixture)[33]을 양도하거나 제공하는 자(제111조, 제115조), 건강진단 등을 하는 과정에서 업무상 비밀을 알게 된 자(제162조) 등이 그것이다.

그리고 「파견근로자 보호 등에 관한 법률」에서도 파견근로자와 고용관계에 있지 않은 사용사업주에게 「산업안전보건법」상의 의무가 부과되어 있다(제35조).

이상과 같이 사업주 이외의 다양한 자를 의무주체로 하고 그들에게 의무규정을 적용하고 있는 것은, '가장 적당한 자에게 가장 적절한 조치를 강구하게 한다'는 「산업안전보건법」 입법사상에 근거한 것이다.

한편, 직장에서 근로자의 안전과 건강을 확보하기 위해서는 이상에서 열거한 자만의 노력으로는 한계가 있고, 예를 들면, 고소작업 시 추락을 방지하기 위해 사업주가 근로자에 대해 안전대를 착용하도록 지시하더라도 근로자가 그것에 협력하여 안전대를 착용하지 않으면 추락재해를 완전히 방지하는 것은 불가능하다. 따라서 「산업안전보건법」은 직장에서의 근로자의 안전과 건강을 확보하기 위하여 근로자에 대해서도 규제조항을 두고 있다. 근로자에게 의무를 부과하는 점 역시 「근로기준법」 등 다른 노동관계법에서는 찾아볼 수 없는 「산업안전보건법」만의 고유한 특징이라고 할 수 있다.

---

33) 종전 「산업안전보건법」에서는 '혼합물(mixture)'이라는 용어 대신에 '제제(製劑)'라는 용어가 사용되었었다.

[칼럼] 표류하는 산재예방정책[34)]

산재예방행정이 방향성을 잃은 채 표류하고 있다. 종전에 비해 몇 배의 행정인력과 예산을 쏟아 붓고 있는데도 산업재해가 감소하기는커녕 증가하고 있다. 덩치는 커졌지만 전문성과 의지는 그대로인 불균형이 심각한 상태이다. 한마디로 시스템이 고장 났다고 할 수 있다. 기업으로 치면 영락없이 부실기업이다.

문제는 현재의 상태에 대한 진지한 반성과 성찰이 부족하고 앞으로 나아질 전망이 보이지 않는다는 점이다. 어느샌가 우리 사회에서 안전문제에 대한 논의가 담론과 이성보다는 즉흥적 분노와 감성에 의존하고 정치권과 행정이 이를 조장하고 있는 점도 심각한 문제이다.

최근의 산재예방행정을 보노라면, 산업안전보건의 취지와 원리에 대해 무지한 상태에서 보여주기 식으로 밀어붙이는 것을 능사로 여긴다. 또 시스템을 개선하고 인프라를 확충하는 데는 관심 없고 강제 · 처벌, 단발성 이벤트사업과 같은 손쉬운 방법에만 의지하려고 한다. 전문성에 바탕을 두고 정교하고 실효성 있는 접근은 실종된 지 오래이다.

품질을 고려하지 않은 거친 규제와 처벌 중심의 산재예방정책으로 그 사이 안전원리는 왜곡되고 산재예방 법제도는 누더기가 되었다, 정부의 책임을 묻지 않을 수 없는 대목이다. 산재예방행정이 어쩌다가 이런 지경이 되었는가. 어디에서부터 단추를 잘못 꿰었을까.

여러 가지 요인이 있겠지만, 산재예방의 원칙과 기본에 해당하는 '역할과 책임의 명확한 설정'에 대한 정부의 무지와 무시를 가장 큰 원인으로 꼽을 수 있다. 역할과 책임의 명확한 설정은 최근 안전보건의 메가트렌드로 자리 잡고 있는 안전보건관리시스템에서 강조되고 있는 사항이기도 하다.

산재예방은 그 내용은 다르지만 모든 계층과 부서의 역할과 책임이라는 것이 국제원칙이다. 정부는 이러한 원칙을 도외시하고 산재예방이 마치 특정계층의 문제인 양 산재예방 의무주체를 경영책임자 한 명으로 한

34) 정진우, 에너지경제, 2021.9.29.

정시켜 버렸다. 중대재해처벌법에서 산재예방의 역할과 책임을 경영책임자라는 특정인의 문제로 좁혀버린 것이다. 전 세계 유일한 입법 체계이자 내용이다.

또한 산업안전보건법과 중대재해처벌법에는 특수형태근로종사자, 자영업자, 하청근로자를 보호의 대상으로만 생각하고 의무주체라는 인식은 결여되어 있거나 매우 부족하다. 외국법의 전체적인 체계와 원리를 이해하지 못한 채 외형만 흉내 낸 탓이다.

하청근로자의 경우는 멀쩡하게 있던 의무도 삭제하였다. 게다가 원청과 하청에 역할과 책임에 맞는 의무를 부과하는 상식은 온데간데없고 원청이 상대적으로 크고 조직·인원에 여유가 있으니 원청이 하나부터 열까지 다 하라는 식이다. 특히 원청과 재하청 사이에 있는 하청은 책임에서 완전히 비켜나 있다.

원청에게 하청과 동일한 의무를 부과하면서 원청의 하청근로자에 대한 지휘·감독과 불법파견의 관계에 대해서 정부는 모르쇠로 일관하고 있다. 기업 측에서는 오래 전부터 이의 관계에 대해 공식적이고 구체적인 입장을 요청해 왔지만, 정부는 오랫동안 답변을 회피하다가 파견지침에서 간단한 설명을 내놓고 있을 뿐이다.

원청과 하청의 역할과 관련해서는 중대재해처벌법과 산업안전보건법 간에 많은 착종이 발생하고 있다. 수범자 입장에서는 누가 무엇을 어떻게 해야 하는지 알 수 없는 상태이다. 동일하거나 유사한 사항에 대해 산업안전보건법에서는 하청에게 의무가 부과되어 있는 반면에, 중대재해처벌법에서는 원청에게 의무가 부과되어 있다. 반대로 산업안전보건법에서는 원청에게 의무가 부과되어 있는데, 중대재해처벌법에서는 하청에게 의무가 부과되어 있는 경우도 발견된다. 이처럼 혼란스러운 상태에서 법을 잘 지키라고 요구하는 것은 매우 무책임한 일이다. 내로남불 법이라고 평가받는 이유이다.

산재예방 주체의 역할과 책임이 불명확하고 준수 의지가 있어도 준수가 불가능한 거친 규제로는 책임과 처벌을 강화한들 산업재해를 줄이기 어렵다. 그간의 경험으로 보건대 비용만 크게 늘리고 범법자만 양산할 뿐이다.

산재예방은 어떤 분야보다도 과학적이고 체계적인 접근과 철학이 요구되는 분야이다. 정부는 행정편의적이고 생색내기 식의 행정으로는 산업재해를 줄일 수 없다는 역사적 교훈을 외면해서는 안 된다. 정부의 무지와 위선은 산재예방에서도 '독'임을 명심할 일이다.

5. 강행성

산업현장에서 산업재해를 예방하기 위해서는 임의적 규정을 두어 계몽하는 것만으로는 그 실효성을 담보하기 어렵다. 따라서 산업안전보건법령은 당사자의 의사에 관계없이 의무적으로 적용되는 강행성을 강하게 가지고 있다. 이 강행성은 다른 노동관계법에서도 공통적으로 보이는 특징이지만, 노동관계법 중에서도 「산업안전보건법」에는 형사처벌, 과태료 부과 외에 명령적 행정행위(처분)가 다양하게 규정되어 있는 등 강행성의 성격이 매우 강하다. 이는 「산업안전보건법」이 임금, 근로시간, 휴가・휴게, 고용 등과는 달리 원상회복이 어려운(즉 비가역적인) 근로자의 건강과 생명을 규율하고 있는 특성을 반영하는 것이라고 할 수 있다.

6. 최저기준법적 성격을 기본으로 소프트한 기법을 부가

「근로기준법」은 대부분의 규정이 위반 시 벌칙을 수반하고 있는 최저기준적 성격을 가지고 있고, 이를 담보로 하여 이행을 도모하는 것으로 하고 있다. 그러나 「산업안전보건법」에서는 최저기준적 성격을 기본으로 하면서도, 사업주 등에게 선언적 의무를 부과하는 한편(제5조), 사업주의 자율적인 산업안전보건경영(관리)체제(Occupational Safety and Health Management System) 확립을 위한 지원(제4조 제1항 제4호), 산업안전보건에 관한 의식을 북돋우기 위한 홍보・교육 등 안전문화 확산 추진(제4조 제1항 제5호), 고용노동부장관에 의한 기술 또는 작업환경에 관한 표준의 제정과 이에 근거한 지도・권고(제13조), 산업안전・보건지도사에 의한 평가・지도(제142조), 산업재해 예방활동의 촉진을 위한 정부의 보조・지원(제158조) 등 사업주의 자율적 이행에 대한 조력, 정책유도조치와 같은 소프트한(soft) 기법을 플러스알파(+α)로 규정하고 있다. 이와 같이 「산업안전보건법」에서는 최저기준인 '안전보건기준의 확립'과 아울러 소프트한 기법을 구사하여 보다 다양한 형태로, 보다 실효성이 있는 안전보건대책을 강구하는 것이 예정되어 있다.

7. 근로자 참가의 보장과 촉진

사업장에서 산업재해에 의해 실제로 부상을 입고 질병에 걸리거나 또는 사망하는 것은 그곳에서 일하는 근로자이고, 또 작업을 수행하는 데 있어 그 위험의 유무, 그 정도를 가장 잘 알고 있는 것도 실제로 일하고 있는 근로자이다. 그런 의미에서 근로자에게 사업장에서의 안전보건대책에 대해 발언하는 기회를 보장하는 등 사업장의 안전보건대책에 근로자의 참가를 보장하는 것은 안전보건대책을 항상 계속해서 살아 있고 활발한 것으로 하기 위한 기본이라 할 수 있다.

「산업안전보건법」에서 근로자가 능동적으로 이니셔티브를 취할 수 있는 제도로는 신고권과 더불어 근로자 참가를 들 수 있는데, 이 참가제도의 대표적인 것이 산업안전보건위원회, 근로자대표[35]이다.[36]

「산업안전보건법」 제24조의 산업안전보건위원회는 근로자 참가의 보장과

35) 근로자의 과반수로 조직된 노동조합이 있는 경우에는 그 노동조합을, 근로자의 과반수로 조직된 노동조합이 없는 경우에는 근로자의 과반수를 대표하는 자를 말한다(산업안전보건법 제2조 제5호).

36) 근로자대표가 아닌 개별근로자의 참여를 보장하는 규정도 두고 있다. 예컨대, 「산업안전보건법」 제36조 제2항에서 위험성평가 과정에 해당 작업장의 근로자를 참여시켜야 한다고 규정하고 있다.

촉진을 위한 대표적인 규정이다. 「산업안전보건법」에서는 산업안전보건위원회를 법률상의 제도로 의무화하는 한편, 이를 사업장의 안전보건관리체제의 중요한 구성요소이자 근로자의 사업장 내에서의 안전보건대책에의 참가를 위한 장치로 위치지우고 있다.

근로자대표에게는 안전보건에 관한 다양한 사항을 사업주에게 요청할 수 있는 권한(산업안전보건법 제35조), 작업환경측정 시 사업주에게 근로자대표(관계수급인의 근로자대표를 포함한다)의 참석을 요청할 권한(제125조 제4항), 건강진단을 실시한 건강진단기관에게 건강진단 결과에 대한 설명을 요청할 권한(산업안전보건법 제132조 제2항) 등이 부여되어 있는 한편, 안전보건개선계획 수립 시 산업안전보건위원회가 설치되어 있지 아니한 사업장의 경우 근로자대표의 의견을 청취하도록 규정하고 있다(산업안전보건법 제49조 제2항).[37)]

[칼럼] 산재예방정책, 정상으로 되돌려야[38)]

"얻은 것은 엄벌만능주의 이념이고 잃은 것은 안전원리이다." 문재인 정부의 산재예방행정은 한 마디로 이렇게 요약할 수 있을 것이다. 과학안전은 뒷전으로 하고 정치안전에 올인한 때문이다. 시스템으로 일하지 않고 대증요법으로 일관하였다.

사고발생의 원인이 기업에게만 있는 것으로 생각하면서 처벌을 높이고 행정조직 · 인력을 늘리는 데만 열을 올렸다. 안전원리와 법리를 뒤틀리게 하고 사회적 비용을 대폭 늘려 놓았을 뿐 산재예방의 시스템과 법기준을 선진화하는 일은 소홀히 했다. '행정'에 의한 산재예방 효과는 투자에 대비할 때 결코 좋지 못했다.

산업안전에서 막무가내식 법정책은 민주당과 국민의 힘이 '도긴개긴'이

37) 근로자대표 제도는 근로자대표의 선출절차가 어느 법령에도 규정되어 있지 않고 활동 보장에 관한 사항도 전혀 규정되어 있지 않아 사실상 형해화되어 있는 실정이다.
38) 정진우, 에너지경제, 2022.3.31.

었다. 국민의 힘은 여당과 행정부를 견제하기는커녕 부화뇌동하였다.

대통령 당선인이 국민의힘 의원들에 포위돼서는 안 되는 이유이다. 산재예방에서 현 정부의 실패를 답습하지 않기 위해 당선인이 명심해야 할 점을 몇 가지 주문하고자 한다.

첫째, 겁박과 감성이 아닌 과학과 이성에 입각한 접근을 해야 한다. 보여주기와 군기잡기가 아닌 실효성을 최우선으로 삼아야 한다. 안전사고 영역에선 엄벌보단 정부의 체계적인 예방조치와 충실한 예방인프라 조성이 우선되어야 한다. 거칠고 엉성한 행정은 산업현장에 큰 혼란과 형식적 대응을 조장한다는 점을 명심해야 한다.

둘째, 안전원리와 현실에 맞지 않는 법기준을 합리성과 보편성을 갖춘 내용으로 대대적으로 정비해야 한다. 현 정부는 '위험의 외주화'라는 프레임에 갇혀 말의 성찬만 있었을 뿐 하청노동자 재해예방에 퇴행적 규제를 남발하곤 했다. 또 누가 무엇을 어떻게 해야 할지 예측하기도 이행하기도 어려운 법기준을 양산하고 방치했다. 산재예방 효과를 거두기 위해선 법기준의 예측가능성과 이행가능성 확보가 필수적이다. 중대재해처벌법과 산업안전보건법을 대대적으로 손질해야 하는 까닭도 여기에 있다.

셋째, 산재예방행정시스템을 선진화하여 '고비용 저효과' 행정을 타파해야 한다. 현 정부는 일부 노동·시민단체와 얼치기 전문가의 이념적 주장을 조율할 생각을 하기는 커녕 이에 편승하면서 엄벌만능주의에 매달렸다. 사망재해를 절반 감소한다고 행정자원을 파격적으로 늘렸지만 목표에 턱없이 미달된 것도 행정시스템 선진화는 소홀히 한 채 오합지졸 양산과 밑빠진 독에 물 붓기를 한 결과이다. 선무당이 사람 잡는 우를 되풀이하지 않기 위해선 행정시스템을 선진화하는 일에 역점을 둬야 한다.

넷째, 법치행정에 입각해야 한다. 현 정부는 중대재해가 발생할 때마다 들끓는 여론을 잠재우고 자신에게 향할 비난의 화살을 피하기 위해 융단폭격식 제재를 하기에 바빴다. 그 과정에서 법적 절차를 다반사로 무시하였다. 예컨대 중대재해 발생 기업의 궁박한 처지를 이용해 법적 근거 없이 사업장 전면 작업중지명령을 남용하고 해제조건을 충족했는데도 노동조합의 눈치를 보며 해제하지 않았다. 현장에선 작업중지 해제를 사실상 노동조합이 정하고 있다는 비아냥이 많이 들린다. 이런 행태를 종식하기 위해선 법치행정을 대놓고 무시한 관료들에게 응당 책임을 물어야 한다.

다섯째, 처벌보단 예방행정에 집중해야 한다. 지금은 고용부가 자신의 역할이 주로 처벌에 있는 것으로 생각하고 일반경찰 흉내를 내고 있다. 예방기관으로서의 정체성을 잊고 처벌기관의 단맛에 취해 있는 것 같다. 근로감독관 본연의 역할을 하도록 해야 한다. 중대재해가 발생하면 법 위반 사항을 수백 건 적발하는 것이 자랑인 양 생각하는 잘못된 관행에 제동을 걸어야 한다. 감독 때마다 수백 건 위반이 반복적으로 나온다는 건 그간 예방지도가 부실했다는 방증이다. 그런데 고용부는 반성은커녕 잘못을 기업 탓으로만 돌려왔다. 남의 탓만 하는 접근을 혁파하지 않고선 실질적인 산재감소 효과는 기대난망이다.

현 정부가 산재예방행정에서 적은 비용으로 효과적인 대책을 추진할 기회가 많았는데도 무능과 위선으로 가득 찼던 것은 전문성과 진정성의 부족에 기인한다. 전문성이 없다 보니 엄벌과 인원 · 예산증가와 같은 손쉬운 방법에만 의존하였고, 진정성이 없다 보니 정작 해야 할 일은 하지 않고 미봉책으로 일관한 것이다. 당선인이 산재예방에서 현 정부의 전철을 밟지 않기 위해선 행정의 전문성과 진정성 확보를 최우선 과제로 삼아야 하는 이유이다.

Ⅳ. 기업과 산업안전보건법

최근 산업재해 예방을 위해 안전보건점검 등 자율적 안전보건활동이 다양한 형태로 이루어지고 있다. 특히 대기업에서는 여러 가지 형태로 이루어지고 있는 것 같다. 전문지, 각종 자료 등에서도 자율적 안전보건활동을 확실하게 추진하기 위한 정밀한 체크리스트를 자주 발견할 수 있는데, 그 내용은 점점 정밀하고 방대한 항목이 되어 가고 있는 추세이다.

그런데 기업의 현실을 보면, 기본적이고 중요한 체크리스트 항목을 빠뜨려 비참한 산업재해가 발생하는 경우도 종종 목격되고 있다. 시간경과와 함께 매너리즘에 빠지거나 형식적으로 체크하다 보면 체크리스트에서 확인(check)이 누락되는 경우조차 발생할 수 있다.

자율적 안전보건활동은 그 목적이 단지 법규 준수만으로 한정되지 않고, 법규 준수 이상의 안전보건 확보를 위해 추진하는 활동이다. 그런데 이처럼 유효한 자율적 안전보건활동이 산업재해가 다발하고 있는 중소기업에서는 왜 그다지 실시되고 있지 않는 것일까. 답은 간단하다. 중소기업에서는 일손이 부족하고 바빠서 일(생산)하는 것에만 몰두하고 있기 때문이다. 자율적 안전보건활동은 많은 시간이 요구되는 것도 아니고 특별히 비용이 소요되는 것도 아닌데도 잘 이루어지고 있지 않는 것이다. 자율적 안전보건활동은커녕 많은 소음이 발생하는데도 귀마개도 하지 않거나 안전장치를 해제한 상태에서 일하는 경우도 종종 발견된다.

이것은 근로자가 난청이 되어도 좋다는 것인가, 또 죽어도 좋다는 뜻인가라고 노사에게 물어보면, 노사 모두 이에 대해 크게 반대를 한다. 아무래도 모순이지만 이것이 중소기업의 현실이다.

이와 같은 중소기업에서 안전보건활동을 어떻게 추진할 것인가는 큰 숙제이다. 구체적으로 어떻게 하면 좋은 것인가. 대기업과 비교하여 본 경우에 중소기업의 안전보건관리 면에서의 약점의 하나는 대기업과 달리 안전보건을 이행하기 위한 조직이나 인력이 부족하다는 것이다.

그러나 중소기업이라 하더라도 자율적 안전보건활동은 몰라도 안전보건대책의 최저기준인 「산업안전보건법」을 모르고 있어서는 안 된다. 법치주의 국가에서 기업의 당연한 의무이기 때문이다.

그런데 「산업안전보건법」은 「안전보건기준규칙」, 행정규칙(고시 · 예규 · 훈령)까지를 포함하면 약 2,000개 조문을 상회할 만큼 방대하다. 이 중에서 자신의 기업에 관계있는 조문을 선별하는 것조차 용이하지 않다. 거기에다가 선별하여 읽어보아도 무미건조하고 모래를 씹는 기분일 것이다.

이 점을 고려하여, 「산업안전보건법」에서는 정부로 하여금 특히 중소기업의 「산업안전보건법」에 대한 접근성 제고를 위하여 사업장 안전보건관리에 대한 기술지원, 산업안전보건 관련 교육 등에 대한 지원을 하도록 규정하고 있다(산업안전보건법 제158조). 그리고 정부에서는 중소기업 등의 「산업안전보건법」 준수의 향상을 비롯한 각종 지도·지원을 전문적으로 실시하기 위하여 한국산업안전보건공단(이하 '안전보건공단'이라 한다)을 설립하여 운영하고 있다(한국산업안전보건공단법 참조).

이상에서는 중소기업의 관점에서 본 「산업안전보건법」에 대하여 설명하였다. 그럼 대기업에 대해서는 「산업안전보건법」은 거의 필요 없는 것일까. 대기업은 현재 실시하고 있는 자율적 안전보건활동을 계속하여 실시하고 있으면 그것으로 충분한 것일까. 물론 실효성 있는 활동을 계속한다면 그것으로 좋을 것이다. 그런데 문제는 '자율적' 안전보건활동이라는 이름하에 「산업안전보건법」을 제대로 반영하지 않고 이와 별개로 안전보건활동이 이루어지고 있다는 것이다. 즉, 자율적이라는 말을 잘못 이해하여 자율적 안전보건활동에 대해 기업에서 안전보건활동을 기업의 특성에 따라 '임의대로', '자의적으로' 추진하여도 무방한 것이라고 이해하고 있는 것이다.

이것이 대기업을 위시한 우리 사회의 통념이라고 할 수 있지만, 이는 자율적 안전보건활동의 개념에 대한 잘못된 생각이다. 이론적으로 볼 때, 자율적 안전보건활동은 어디까지나 「산업안전보건법」의 준수를 대전제로 하는 것이다. 「산업안전보건법」이 일률적·획일적·일반적이라는 한계를 가지고 있는 점을 고려하여, 이 한계를 보완하기 위하여 등장한 것이 사업장의 개별적이고 구체적인 특성을 반영한 자율적 안전보건활동이라는 것을 유념할 필요가 있다.

「산업안전보건법」은 안전보건대책에 있어서는 지식의 보고(寶庫)라 할 만한다. 그간의 국내외의 많은 산업재해 경험을 토대로 작성된 것이므로 당연한 것이라 할 수 있다.[39] 법령, 고시까지를 자세히 읽어보면, 거기에는 산업재해를 방지하기 위한 방법이 대부분 포함되어 있다고 해도 과언이 아니다. 이것의 취지와 배경까지를 고려하여 잘 활용하면, 보는 기계·설비, 유해물질 등에 대한 안전보건대책을 대체로 정확히 정할 수 있다.

그런데 기업은 산업재해를 예방하기 위해서는 「산업안전보건법」 이외에도 이행하여야 할 것이 많이 있다. 산업재해가 발생한 때에 제기되는 손해배상청구 민사소송에서 자주 문제가 되는 기업 측의 안전배려의무(보호의무)[40]에도 「산업안전보건법」에 규정되어 있지 않은 여러 가지 안전보건조치가 포함된다는 것이 판례와 학설의 입장이다. 즉, 「산업안전보건법」을 철저히 준수하는 것만으로는 손해배상의무를 면제받을 수 없다. 따라서 기업은 「산업안전보건법」을 반영할 뿐만 아니라 이것을 초과하는 자율적 안전보건활동을 충실하게 전개할 필요가 있다.

한편, 현실에서는 굴지의 대기업조차 「산업안전보건법」의 준수에 있어 여전히 적지 않은 누락(위반)이 존재한다.[41] 그리고 이 작은 틈새 때문에 또는 작은 틈새를 통하여 중대재해가 발생하는 경우도 왕왕 있다. 따라서 「산업안전보건법」의 이해와 준수는 기업 규모에 관계없이 기업을 운영하는 데 있어 최소한의 요건이라 할 수 있다.

---

39) 이론적으로는 그러하지만, 실제에 있어서는 그렇지 못한 측면이 많은 것이 우리나라 산업안전보건법령의 현주소이다.

40) 안전배려의무(보호의무)란 피용자(근로자)가 노무(근로)를 제공하는 과정에서 생명·신체·건강을 해치는 일이 없도록 인적·물적 환경을 정비하는 등 필요한 조치를 강구하여야 할 보호의무로서, 실질적인 고용계약의 특수성을 고려하여 신의칙상 인정되는 부수적 의무라고 할 수 있다(대법원 1997.4.25. 96다53086 판결).

41) 「산업안전보건법」에 현실적으로 준수할 수 없는 규정이 적지 않은 것도 그 이유 중의 하나이다.

V. 안전과 보건[42)]

안전과 보건은 무엇일까. 「산업안전보건법」 중에 안전과 보건에 대한 정의는 없다. 그러나 안전과 보건의 구별은 실무상으로는 매우 중요하다.

어떠한 경우에 안전과 보건을 구별할 필요가 있는 것인가. 가장 가까운 예로서, 안전관리자와 보건관리자의 직무(책임)범위의 문제가 있다. 그리고 산안법 제38조(안전조치)와 제39조(보건조치)에 의해 각각 위임을 받은 규정의 범위의 문제가 있다.

그럼, 「산업안전보건법」의 조문 중에서 안전과 보건에 관계가 있는 표현을 찾아보기로 하자. 제38조에서는 '위험으로 인한 산업재해의 예방'이라는 표현을 사용하고 있고, 제39조에서는 '건강장해의 예방'이라는 표현을 사용하고 있다.

이것을 생각하여 보면, 입법자는 위험의 방지가 '안전'이고, 건강장해의 방지가 '보건'이라고 생각하였던 것 같다. 그렇다면, 이것으로 안전과 보건의 구별이 명확하게 되었다고 볼 수 있을까. 반드시 그렇지는 않다.

예를 들면, 「안전보건기준규칙」에 따르면, '밀폐공간'의 정의가 산소결핍, 유해가스로 인한 화재·폭발 등의 위험이 있는 장소라고 되어 있는데(제618조 제1호), 이에 대한 예방업무를 안전관리자와 보건관리자 중 어느 쪽의 직무로 보아야 할까. 산소결핍증, 황화수소중독에 의한 '위험'을 방지한다는 관점에서는 안전관리자의 직무이지만, 「안전보건기준규칙」의 장(제10장) 제목(밀폐공간작업으로 인한 건강장해의 예방)에서 알 수 있듯이 '건강장해'를 예방한다는 관점에서는 보건관리자의 직무가 된다. 그리고 유해가스를 취급하는 업무의 경우, 유해가스는 건강장해를 일으킬 수 있지만, 화재·폭발을 야기할 수도 있다. 그렇다면, 유해가스는 '건강장해'를 초래하는 관점에서는 보

---

42) 정진우, 『산업안전관리론 - 이론과 실제 - (개정5판)』, 중앙경제, 2023, 16~18쪽 참조.

건의 대상이고, '화재 · 폭발'을 초래하는 관점에서는 안전의 대상이 된다. 중량물취급작업의 경우도 마찬가지이다. 부자연스러운 자세의 지속 등에 의한 요통과 같은 '건강장해' 예방의 관점에서는 보건의 문제이지만, 낙하, 충돌, 급작스러운 동작 등과 같은 '위험'을 방지한다는 관점에서는 안전의 문제이다.

이와 같이 안전과 보건의 개념을 둘러싸고 복잡한 문제가 발생하는데, 이것의 개념 정의에 대해서는 아무런 행정해석이 나와 있지 않다.

그럼, 안전과 보건에 대하여 어떻게 생각하는 것이 좋을까. 여기에서 산업재해의 발생 메커니즘에 대하여 생각해 보면, 산업재해는 통상(通常)의 상태, 즉 사고가 발생하지 않은 상태에서 발생하는 경우와 이상(異狀)한 상태에서 발생하는 경우로 구분할 수 있다. 만성요통, 경견완증, 진폐, 소음성난청, 만성중독 등은 모두 통상의 작업상태에서 발생한다. 즉 사고가 발생하지 않은 상태에서 발생한다. 이와 같은 통상(이상이 없는 것)의 작업상태에서 발생하는 산업재해를 예방하는 것이 '보건'이 아닐까. 바꾸어 말하면, 산업재해를 예방하기 위하여 통상의 작업상태를 개선하는 것을 '보건'이라고 할 수 있다.

이에 반해, 폭발, 누전 또는 추락 등의 이상한 현상(사고라고 표현할 수도 있다)이 원인이 되어 발생하는 산업재해를 예방하는 것이 '안전'은 아닐까. 바꾸어 말하면, 산업재해를 방지하기 위하여 이상한 현상(사고)이 발생하지 않도록 하는 것을 '안전'이라고 할 수 있다. 이 경우에 이상(異狀)은 근로자가 일하는 대상인 기계 · 설비, 원재료, 화물 등의 대상물 측에서 발생하는 경우도 있지만, 근로자의 작업자세가 흐트러지거나 근로자가 동작을 잘못하여 높은 곳에서 추락하는 것처럼 근로자 측에서 발생하는 경우도 있다.

이상과 같이 안전과 보건을 이해하면, 「안전보건기준규칙」 중 어느 하나의 장(chapter)을 전체적으로 일괄하여 안전관계기준 또는 보건관계기준으로 구분할 수 없는 경우도 있다. 예를 들면, 관리 대상 유해물질에 의한 건강장해의 예방규정[안전보건기준규칙 제3편(보건기준) 제1장]은 일반적으로는 보건관계기준으로 취급되고 있지만, 전술한 접근방법으로 판단하면, 이 장(제3편 제1장)에 있는 관리 대상 유해물질에 의한 '사고 시의 대피 등'(안전보건기준규칙 제438조)의 규정은 보건관계기준이 아니라 안전관계기준에 해당하고, 따라서 당해 업무의 담당은 보건관리자가 아니라 안전관리자가 되어야 할 것이다.

요컨대, 안전개념과 보건개념은 상호 간에 무 자르듯이 명확하게 나누어지지 않아 종합적인 접근이 필요한 경우가 적지 않다고 할 수 있다. 즉, 사업주는 기본적으로 관리감독자로 하여금 산업안전보건에 대한 안전과 보건의 통합적 접근을 하도록 할 필요가 있다. 따라서 사업장에서는 안전관리와 보건관리 간에 적절한 역할분담을 하는 한편 유기적인 협력관계가 형성되도록 하여 종합적인 안전보건관리가 이루어지도록 해야 한다. 이것은 안전보건관리에 공백이 발생하지 않기 위해서도 필요하다.

Ⅵ. 산업재해[43)]

산업재해라고 하면, 기계에 협착되거나 높은 곳에서 추락하는 것과 같은 안전의 문제와 관련된 재해를 떠올리는 사람들이 많은 것 같다. 그리고 산업재해라는 말을 그런 식으로 사용하고 있는 경우도 많다. 이것은 노동조합의 경우에도 그렇다고 말할 수 있다. 노동조합의 슬로건, 전단지에 '산업재해, 직업병'이라고 쓰여 있는 것을 자주 볼 수 있다. 즉, 산업재해에는 직업병은 포함되지 않는다고 생각하는 것 같다. 물론 산업재해라는 말에 어떤 의미를

43) 정진우, 『산업안전관리론 - 이론과 실제 - (개정5판)』, 중앙경제, 2023, 10~12쪽 참조.

부여하여 사용해도 그것은 자유이지만, 산업재해 예방을 위한 대책이나 조치를 논의하는 데 있어 상호 간에 그 의미가 정확히 전달되기 위해서는, 일차적으로 산업재해의 정의를 명확히 해 두는 것이 필요하다.

「산업안전보건법」에서는 '산업재해'라는 말에 어떤 의미를 부여하고 있는가 하면, 제2조 제1호에 다음과 같이 설명하고 있다. "노무를 제공하는 사람[44]이 업무에 관계되는 건설물·설비·원재료·가스·증기·분진 등에 의하거나 작업 또는 그 밖의 업무로 인하여 사망 또는 부상하거나 질병에 걸리는 것을 말한다." 산업재해의 정의를 위해 여러 가지 어려운 말이 쓰여 있지만, 결국 업무에 기인한 근로자(노무제공자)의 부상, 질병, 사망을 총칭하여 산업재해라고 규정하고 있다. 이는 산재보험의 업무상의 재해(산업재해보상보험법 제5조 제1호)와 같은 의미라고 볼 수 있다. 그렇다고 하면, 업무에 기인한 질병의 하나인 직업병도 당연히 산업재해에 포함되게 된다. 직업병이 업무에 기인한 질병의 일종이라고 하면, 업무에 기인한 질병 중에는 직업병 외의 것도 있는 것이 당연하다.

그럼, 그것에는 어떤 것이 있을까. 예를 들면, 최근 자주 문제가 되고 있는 것에 작업관련 근골격계질환·뇌심혈관계질환이 있다. 이 질환들도 업무에 기인하는 것이 분명한 것은 산업재해에 해당한다. 만약 사망에까지는 이르지 않은 단계의 뇌출혈 등의 경우는 직업병에는 해당하지 않지만, 업무상의 사

44) 산업재해의 정의에서의 대상자가 '근로자'에서 '노무를 제공하는 사람'으로 바뀌었다. 산업재해의 정의가 산업재해 예방을 규정하고 있는 「산업안전보건법」과 산업재해 보상을 규정하고 있는 「산업재해보상보험법」[업무상의 재해란 업무상의 사유에 따른 근로자의 부상·질병·장해 또는 사망을 말한다(제5조 제1호)(밑줄은 필자)] 간에 그 대상이 다르게 되었다. 그러나 산업재해 보상(보험)은 「산업재해보상보험법」의 적용을 받기 때문에 이것의 실제 대상은 종전과 달라지는 것은 없고 동일하다. 그리고 「산업안전보건법」상 산업재해 (예방조치)라는 표현을 사용하고 있는 조항(예 : 제38조, 제39조)에서 해당 규정의 의무주체가 사업주로 되어 있는 경우, 동 규정의 실제 (보호) 대상은 「산업안전보건법」 전부개정 전과 마찬가지로 근로자로 한정된다.

유에 따른 질병에는 해당한다. 따라서 「산업안전보건법」에서 말하는 산업재해에 포함되는 것은 당연하다.

그렇다고 하면, 업무에 기인한 뇌출혈(산업재해)을 예방하는 것은 안전보건의 문제이다. 이 때문에 「산업안전보건법」 제132조 제4항에는, 사업주는 건강진단의 결과 근로자의 건강을 유지하기 위하여 필요하다고 인정할 때에는 작업장소 변경, 작업 전환, 근로시간의 단축, 야간근로(오후 10시부터 오전 6시까지 사이의 근로를 말한다)의 제한, 작업환경측정 또는 시설・설비의 설치・개선 등 적절한 조치를 하여야 한다고 규정하고 있다. 그리고 「산업안전보건법」 제138조에 근거한 「시행규칙」 제220조 제3호에서는, 심장・신장・폐 등의 질환이 있는 사람으로서 근로에 의하여 병세가 악화될 우려가 있는 자에 대해서는 의사의 진단에 따라 근로를 금지하거나 제한하여야 한다."고도 규정하고 있다. 요컨대, 업무적 요인과 개인적(비업무적) 요인이 복합적으로 작용하여 발생하는 질환도 기업의 안전보건대책에 포함되어야 한다.

또한 산업재해에는 '자살'도 있다. 통상의 경우, 자살은 본인이 고의로 행하는 것이기 때문에 원칙적으로는 업무 외(業務外)이다. 그러나 역으로 말하면, 산업재해 등에 의해 정신이상의 상태가 되고 판단력을 잃어 자살한 경우에는 업무상(산업재해)으로 된다. 그리고 질병에 의해 자살을 원망(願望)하는 병상(病狀)을 드러내는 경우도 있는데(예컨대, 우울증), 이 질병이 업무에 기인한다고 판단되는 경우에는(업무상질병), 자살을 하여도 업무상으로 인정된다. 즉, 그러한 자살은 역시 산업재해에 해당된다. 그렇다고 하면, 이와 같이 산업재해에 해당하는 자살의 예방까지도 안전보건관계자의 담당업무에 들어오게 된다. 즉, 자살 등을 포함한 정신건강대책도 안전보건대책의 하나라고 말할 수 있다.

이상에서 설명한 바와 같이 산업재해라고 해도 여러 가지 재해가 포함되어 있어 복잡한 양상으로 나타난다. 「산업안전보건법」은 이 복잡한 산업재해를 없애려고 하는 것이다. 그러나 제1조(목적)에도 기술되어 있듯이 단순히 소극적으로 산업재해를 방지하여 사업장에서의 근로자의 안전과 건강을 확보하는 것뿐만 아니라, 더 나아가 적극적으로 쾌적한 작업환경을 조성하는 것까지를 목적으로 하고 있다.

예를 들면, 「안전보건기준규칙」 제8조에 규정되어 있는 바에 의하면, 작업면 조도는 정밀작업에서도 최저 300럭스이면 무방한 것으로 되어 있다. 그러나 이 기준으로는 고령자가 일하는 작업장에서는 조도가 부족할 가능성이 높다. 따라서 사업주로서는 단순히 적법한 상태 또는 산업재해 방지로 만족할 것이 아니라, 더 나아가 적극적으로 쾌적한 상태가 될 때까지 안전보건수준이 향상되도록 노력하여야 할 것이다.

[칼럼] 망신주기 청문회로는 산업재해 못 줄인다[45)]

"산업재해 예방은 과학이자 예술이다."

산업재해 예방의 아버지라 불리는 허버트 윌리엄 하인리히가 1931년 자신의 저서 서문에서 밝힌 말이다. 산업재해에 과학적으로 접근하기보다는 엄벌만능주의와 면박주기가 능사가 되고 있는 우리 사회의 모습과 극명하게 대비된다.

최근 국회는 중대재해가 발생한 대기업을 대상으로 산업재해청문회를 열기로 했다. 중소기업, 행정기관, 공기업은 제외하고 대기업만 부르는 이유가 무엇일까. 생명에도 기업의 성격이나 규모에 따라 차이가 있는 것인가. 선거를 앞두고 산업재해 영역에서의 '욕받이 만들기'라는 의구심이 나오고 있다.

하지만 '네 죄를 네가 알렸다'식 추궁으로 산업재해 문제가 해결될 것 같으면 진작 해결됐을 것이다. 문제는 실질적 효과가 없는 보여주기식 쇼에 의존할수록 정작 산업재해 문제 해결과 멀어진다는 점이다. 청문회로 정치권이 산업재해 해결에 의지를 가지고 있다는 심리적 효과를 얻을 순 있겠지만, 근본적인 대책을 마련해야 할 국회가 오히려 책임을 회피하는

45) 정진우, 동아일보, 2021.2.17.

눈가림으로 작용할 수도 있다. 과학적으로 접근해야 할 산업재해 문제까지 이념과 과시로 치환하려는 식의 움직임은 선진국에서는 찾아보기 어렵다.

심각한 것은 여야가 경쟁이라도 하듯 도가 지나칠 정도의 강공책으로 치닫고 있다는 점이다. 표심을 노린 정치적 퍼포먼스가 아닌가 하는 의심이 들 수밖에 없는 이유다. 국회 환경노동위원회가 억지로나마 존재감을 보여주려는 발상이 아닌가 싶기도 하다. 과학적이고 이성적인 접근보다 감성적이고 비이성적인 접근에 능숙한 정치권의 자화상을 보는 듯해 못내 씁쓸하다.

국회는 이미 기업인에 대한 강력한 처벌 조항을 담은 '중대재해처벌법'이라는 전 세계 유례없는 법을 만들었다. 이마저도 모자라 이제는 군기잡기를 대표 브랜드로 내세울 기세다. 진정성과 실력이 없으니 잡도리로 대신하려고 하는 속셈이지 않나 싶다. 산업안전 분야의 잘못으로 따지면 기업도 문제가 많지만 국회의 잘못이 더 클 수도 있다. 산업안전보건법을 온갖 허술한 규제로 점철된 누더기로 바꾸고(소위 '김용균법'), 준법 의지가 강한 기업조차도 지키기 어려운 중대재해처벌법을 만든 장본인이 국회가 아니던가. 법 공동체의 공동책임과 책임정치 태도는 보이지 않으면서 '군기반장'을 자임하고 있다.

산업재해를 효과적으로 줄일 수 있는 인프라를 구축하거나 시스템을 혁신하려는 노력 대신 비현실적이고 실효성이 낮은 입법을 양산하면서 책임은 기업에 떠넘기는 데 급급한 '내로남불' 정치로는 산업재해를 줄일 수 없다.

국민들은 여론에 즉자적으로 편승하는 국회가 아니라 문제의 원인을 차분하게 진단하고 진정성을 갖고 예방책을 고민하는 국회, 선거용이 아니라 상시적으로 대안을 제시하는 공부하는 국회, 정치공학이 아닌 실사구시의 국회를 보고 싶어 한다. 이런 국회가 되도록 우리 모두 두 눈 부릅뜨고 감시해야 한다. 무책임의 정치를 더 이상 하지 못하도록.

제2장

총 칙

Ⅰ. 산업안전보건법의 목적
Ⅱ. 법의 적용
Ⅲ. 사업주의 의무
Ⅳ. 근로자의 의무
Ⅴ. 정부 및 관계자의 의무
Ⅵ. 산업재해 기록 · 보존 및 보고
Ⅶ. 기타

Ⅰ. 산업안전보건법의 목적

「산업안전보건법」은 산업안전보건에 관한 기준을 확립하고 그 책임의 소재를 명확하게 하여 산업재해를 예방하고 쾌적한 작업환경을 조성함으로써 노무제공자[46]의 안전과 보건을 유지·증진함을 목적으로 한다(제1조).

어느 법이든 목적 조항은 법의 기본방향을 제시하는 것으로서 철학과 입법사상이 반영되어 있는 중요한 조항이다. 그런데 이 목적 조항이 크게 잘못 규정되어 있다. 산업안전보건관리의 양대 축인 최저기준으로서의 산업안전보건기준 확립과 자율적 안전보건활동(재해예방활동) 중 후자가 빠져 있고, 책임추궁에만 집중하는 집행이 조장되고 있기 때문이다.

사업장에서 일하는 데 있어서는, 근로자에게 위험, 건강장해를 초래하는 요소가 존재한다. 예를 들면, 작업시설·설비, 기계·기구 등의 생산설비, 원재료 등에 불비(不備), 결함이 있고 유해·위험한 것인 경우에는, 근로자가 작업을 하는 과정에서 산업재해(직업성 질병을 포함한다)를 입고 직업병 등 업무상 질병에 이환될 가능성이 있다. 마찬가지로, 근로자가 작업을 하는 데 있어 안전하지 않은 작업방법·행동을 하는 경우에는 그것이 원인이 되어 산업재해가 발생하는 경우도 적지 않게 있다. 나아가, 복수의 근로자가 각각 별개 작업을 하고 있는 경우에, 근로자의 작업 간 연락조정이 적절하게 이루

---

46) 「전부개정 산업안전보건법」에서는 보호 대상을 '근로자'에서 '노무를 제공하는 사람'으로 확대하였다. 그러나 근로자 외에 법의 보호범위 안으로 실제로 새롭게 들어온 자는 노무를 제공하는 사람 모두가 아니라 9개 직종(현재는 14개 직종)의 특수형태근로종사자, 배달종사자, 가맹점사업자에 불과하다(현장실습생은 2020.3.31 개정에 의해 산업안전보건법 적용 대상이 되었다). 그리고 본문의 대부분의 규정, 특히 핵심적인 규정[안전조치(제38조), 보건조치(제39조) 등]에서 근로자만을 보호 대상으로 하고 있는 점을 고려할 때, 본 조항은 선언적인 성격이 다분하다. 즉, 목적에서는 모든 노무제공자를 보호 대상으로 설정하고 있지만, 본문에서는 대부분의 규정에서 근로자만을 보호 대상으로 설정하고 있어 목적과 본문 간에 불일치가 발생하고 있다. 이하에서는 특별한 경우를 제외하고는 「산업안전보건법」의 보호 대상으로 '근로자'라는 용어를 사용하기로 한다.

어지지 않아 산업재해가 발생하는 경우도 있다.

근로자의 안전과 건강을 확보하기 위해서는, 위험 및 건강장해 방지를 위한 사업장 안전보건기준을 확립하는 것은 물론, 사업장 내에서의 안전보건관리체제 등의 책임체제를 명확히 하는 것이 중요하다.

「산업안전보건법」은 소극적으로 '산업재해 예방(방지)'을 하는 것과 함께, 적극적으로 '쾌적한 작업환경의 조성'을 촉진하는 것을 목적으로 하고 있다. 쾌적한 작업환경 조성은 다른 말로 말하면 인간다운 노동, ILO가 말하는 괜찮은 노동(Decent work)이라 할 수 있다. 결국, 「산업안전보건법」은 소극적으로 산업재해 예방에 머무는 것이 아니라, 근로자가 쾌적한 환경에서 일함으로써 근로자의 안전과 건강을 유지하고 증진할 수 있는 조건을 적극적으로 조성하는 것을 그 목적으로 한다고 말할 수 있다.

재해예방선진국의 「산업안전보건법」의 역사를 보더라도, 이 법의 목적이 초기에는 근로자의 재해예방에 머물러 있던 것이, 사회의 근로자 안전보건에 대한 관심의 증가와 함께 쾌적한 작업환경 조성 또는 인간다운 노동까지를 포함하는 것으로 발전해 왔다는 것을 알 수 있다.

「산업안전보건법」은 궁극적으로 근로자의 안전보건을 유지・증진함을 목적으로 할진대, 그 목적 달성을 위해서는 산업안전보건기준 확립과 책임의 소재(책임체제) 명확화[47] 외에 사업주의 자율적 재해예방활동 촉진(활성화)이 수단으로서 필수불가결하다. 이 관점에서 볼 때, 「산업안전보건법」의 목적에 사업주의 '자율적 재해예방활동 촉진'이 규정되어 있지 않은 것은 매우 큰 입법적 불비라 할 수 있다.[48), 49)] 「산업안전보건법」의 목적에 해당하는, 즉

---

47) '책임의 소재 명확화'라는 표현은 '사후적 책임(accountability)'을 묻는다는 의미로만 좁게 해석될 소지가 크다. 따라서 사후적 책임뿐만 아니라 '사전적 책임(responsibility)'까지를 포괄하는 의미를 갖는 '책임체제 명확화'라는 표현이 보다 적절하다. 이 부분 역시 「산업안전보건법」의 목적에 규정되어 있는 매우 중요한 사항인 만큼 조속히 정비되어야 할 것이다.

48) 자율적 재해예방활동에 대한 집행기관(고용노동부)의 몰인식은 「산업안전보건법」을

법의 철학 및 입법사상과 관련되는 매우 중요한 사항인 만큼 조속히 개정되어야 할 부분이다.[50)]

참고로, 우리나라 「산업안전보건법」의 모델이 됐던 일본 「노동안전위생법」은 법의 목적에 기업의 '자율적 활동의 촉진'을 명확히 규정하고 있고 '책임체제'의 명확화로 표현하고 있다. 즉, 「노동안전위생법」 제1조(목적)는 "이 법은 … (중략) … 노동재해 방지를 위한 위해방지기준의 확립, 책임체제의 명확화 및 자주적 활동의 촉진을 강구하는 등 … (중략) … 직장에서의 노동자의 안전과 건강을 확보함과 아울러, 쾌적한 직장환경의 형성을 촉진하는 것을 목적으로 한다."고 명시하고 있다. 현행 「산업안전보건법」은 1990년 전부개정 때 규정된 제1조 목적 조항을 그대로 유지하고 있는바, 1990년 「산업안전보건법」 전부개정 당시에 '자율적 재해예방활동'과 '책임'의 의미와 중요성을 이해하지 못하고 「산업안전보건법」은 곧 처벌법이라는 생각을 하다 보니 잘못 규정한 것으로 판단된다.

규제와 처벌을 위한 법으로만 생각하고 재해예방의 인프라 조성이나 지원 등은 「산업안전보건법」에서 중요하게 요구되는 역할이 아니라고 생각하는 것으로 이어지고 있다.

49) 그 결과, 산업안전보건정책의 기조와 방향설정에서 많은 혼선이 초래되고 있고 갈팡질팡하는 모습이 자주 발견된다.

50) 사업장 작업환경의 다양성과 급격한 기술변화 등을 고려할 때, 최저기준 확보에 중점을 둔 규제적 방법만으로는 산업재해 발생에 효과적으로 대처할 수 없다. 사업주가 사업장의 구체적 상황을 고려해 자율적 안전보건활동을 활성화하는 조치가 반드시 필요하다. 특히 쾌적한 작업환경 조성이라는 법의 목표는 주로 사업주의 자율적 재해예방활동을 통해 달성될 수 있다. 이에 부합하기 위해서라도 자율적 재해예방활동의 촉진조치는 반드시 명시적으로 규정되어야 한다.

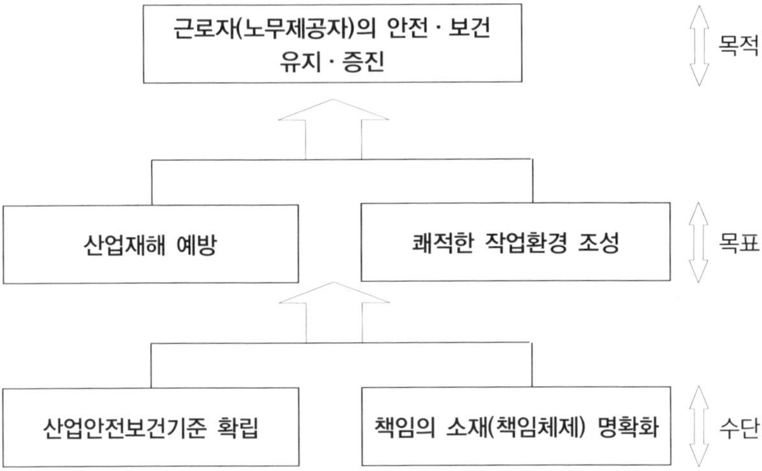

[그림 1] 현행 산업안전보건법의 목적-목표-수단

한편, 「산업안전보건법」의 목적과 관련하여 「산업안전보건법」의 「근로기준법」과의 관계에 대해서는, 「근로기준법」에 '제6장 안전과 보건'이 남겨져 있고, 같은 법 제76조에서 "근로자의 안전과 보건에 관하여는 「산업안전보건법」에서 정하는 바에 따른다."고 규정되어 있으므로, 「산업안전보건법」에서 정하고 있는 안전보건에 관한 최저기준은 「근로기준법」에서 규정하고 있는 근로조건의 최저기준의 일부를 이룬다는 점이 명확하다고 볼 수 있다. 이 규정에 의해 「근로기준법」의 목적 등 총칙적 규정(노동헌장적 부분)은 「산업안전보건법」에서 정하는 안전보건에 관한 최저기준에 대해서도 적용된다고 보아야 한다.

[칼럼] 엉터리 산재예방법 정비 서둘러야[51]

2001년 노벨경제학상을 수상한 조지 에컬로프 교수가 케인즈 이후 가장 혁명적인 저작이라고 극찬한 '자본주의 미래'를 저술한 옥스퍼드대학의 폴 콜리어 교수는 21세기 가장 경계해야 할 지도자 유형으로 이데올로기의 열렬한 신봉자와 포퓰리스트를 꼽았다.

안타깝게도 최근 몇 년 사이 산재예방 영역에서 여야 정치권이 행정부를 행동대원으로 하여 이 두 가지 경향을 거센 기세로 몰아붙이고 있다. 실용적인 해법은 보이지 않고 이념과 구호가 난무하고 있다. 실효성을 거두기 위한 심도 있는 고민과 관심은 없고 '아니면 말고' 식이다.

이러한 접근은 단기적으로 효과를 못 내는 것으로 끝나지 않는다. 산재예방법제를 난마처럼 얽히고 뒤틀리게 만들었다. 전문가조차 어디에서부터 손을 대야 할지 해법을 제시하기가 어렵게 누더기가 되고 말았다. 실효성을 고려하지 않은 거친 규제와 처벌에 지나치게 의존한 참담한 결과이다. 문재인 정부 들어 산재예방행정에 많은 인원과 예산을 투자했지만 공급자 중심의 아마추어와 생색내기 행정에 머물다 보니 어찌 보면 예견된 일이라고 할 수 있다.

가장 큰 문제는 불명확하고 모호한 규정을 두어 기업에서 무엇을 어떻게 해야 하는지 예측을 하기 어려운 규제를 양산하고 있다는 점이다. 정부 규제개혁위원회는 허수아비로 전락한 지 오래이다. 이로 인해 행정기관의 자의적인 공권력 행사가 판을 치고 있다. 어느 법보다 모호한 중대재해처벌법이 조만간 시행되면 자의적 행정은 목불인견이 될 것이라는 우려가 많다.

자의적인 행정에는 전문성과 진정성의 부족이 배경으로 자리 잡고 있다. 전문성이 없다 보니 적발 위주의 거친 법집행을 하고, 진정성이 없다 보니 나중에 어떻게 되든 일단 저지르고 보는 '먹튀행정'이 반복된다.

최근에 제정된 중대재해처벌법, '김용균법'으로 불리는 전부개정 산업안전보건법과 조만간 제정될 예정인 건설안전특별법을 보면 하나같이 현장 작동성과 실효성은 안중에도 없고 오로지 처벌과 보여주기에 목적을 두고

---

51) 정진우, 에너지경제, 2021.11.26.

있는 듯하다.

시간이 다소 걸리더라도 지속적으로 주력해야 할 시스템 · 인프라 개선은 하지 않고 밑 빠진 독에 물 붓기 식의 단순 물량 투입과 처벌 강화에만 '몰빵'하고 있다. 말로는 진보정권이라고 주장하면서 실제는 신자유주의 이데올로기에 집착하는 행태를 보이고 있다. 좌측 깜박이를 켜고 우회전하는 차량과 데칼코마니다. 안전철학의 빈곤 탓이다.

산재예방의 실효성을 거두기 위해선 의무주체부터 명확하게 설정해야 한다. 그런데 이에 대한 법규정은 엉터리로 만들어 놓고 법적 근거도 없이 대표이사가 무조건 책임을 져야 한다는 억지를 부리고 있다. 법률 간에 의무주체가 상충되기도 한다. 게다가 현실적 가능성과 실효성은 따지지 않고 하청은 능력이 없으니 무조건 원청이 하나부터 열까지 다 하라는 식이다. 엄연한 하나의 사업체인 하청의 안전에 대한 자율성을 송두리째 부정하는 방식으로 과연 하청노동자의 안전을 확보할 수 있을까. 안전의 현장 작동 메커니즘과 안전원리에 대해선 도대체 알려고 하지 않고 이념에만 매달리다 보니 헛발질만 하고 있는 것이다. 무지이자 무능이다.

정부 관계자는 며칠 전 한 포럼에서 산업안전보건법은 구체적인 안전조치만을 규정하고 있을 뿐 안전보건관리체계에 대해선 규정하지 않고 있어 중대재해처벌법이 제정되었다는 식의 발표를 하였다. 중대재해처벌법을 부각시키기 위해 기본법에 해당하는 산업안전보건법을 하찮은 기술법으로 왜소화시키고 안전보건관리체계를 중대재해처벌법의 규정사항으로 협소하게 생각하는 '몰이해'에 아연실색했다. 중대재해처벌법과 산업안전보건법의 집행기관이 양법의 성격과 안전보건관리체계에 대해 이처럼 기본적인 이해도 못 하고 있으니 한심하다. 산재예방행정이라는 배가 산으로 가지 않을까 우려하지 않을 수 없다.

세간에서는 산재예방에 관한 비체계적인 법제와 무능한 집행기관을 두고 있는 우리나라에서는 절대로 안전 일류기업이 출현할 수 없다는 말이 나오고 있다. 법제와 집행기관이 산업안전의 발전에 오히려 걸림돌이 된다는 이야기이다. 정부는 국제원자력기구(IAEA)에서 "기업의 안전문화가 조성되기 위해서는 규제기관부터 안전문화가 조성되어야 한다"고 강조한 이유를 되새겨볼 필요가 있다.

[칼럼] 역주행해 온 산업안전정책 정상화해야[52)]

산업재해 감소에 반대할 사람은 아무도 없다. 문제는 '어떻게' 감소시키느냐이다. 지난 정부는 사망사고를 절반 감소시킨다는 목표하에 행정 인력과 예산을 2~3배 늘리면서 '윽박지르기'에 주로 의존하였다. 시스템 개선은 하지 않고 처벌을 위해서라면 불법적인 방법의 사용도 서슴지 않았다.

지난 정부 산업안전정책의 또 다른 특징은 실효성 없는 대책을 남발했다는 점이다. 정작 행정기관이 해야 할 역할은 방기한 채 산업현장의 안전을 뒤틀리게 하는 대책을 양산했다. 심지어는 얼치기 컨설팅기관의 돈벌이 거간꾼 노릇을 한다는 비판에도 아랑곳하지 않고 안전진단명령과 같은 엉터리 대책을 확대해 왔다. 오죽하면 일선 직원들로부터 '삽질' 좀 그만하라는 볼멘소리가 터져 나오겠는가.

문제는 터무니없는 정책들이 정부가 바뀐 후에도 버젓이 계속되고 있다는 점이다. 새 정부가 전문성을 바탕으로 산업안전정책을 잘 챙기지 않으면 지난 정부처럼 관료들에게 휘둘릴 수 있음을 보여주는 대목이다. 지난 정부에선 정치권은 요란만 했지 관료들의 권한(조직)만 키워주고 산업안전이라는 배를 산으로 향하게 했다.

지난 정부는 산업안전보건청을 신설하겠다고 발표하면서 그 준비를 한다는 명목으로 노동부의 국을 본부로 크게 확대했다. 그런데 민주당이 발표 뒤 청 설치에 관심을 보이지 않는 '먹튀정치'를 하자 정부는 조직만 늘려놓고 청 신설 약속은 헌신짝처럼 버렸다. 국민을 우롱하고 기만하는 처사이다. 전문성 확보를 위한 시스템은 구축하지 않고 조직이 확대된 것에만 취해 있다면 '고비용 저효과' 행정이 심화될 것이다. 이미 산업안전행정조직은 부처 간, 산하기관 간, 부처 내 부서 간에 기능이 많이 중첩되면서 심각한 비효율을 낳고 있다. 청을 만들 것이 아니라면 관계공공조직의 인력을 대폭 슬림화해야 한다.

이처럼 지난 정부에서 산업안전정책은 줄곧 안전원리에 역주행하는 방향으로 달려왔다. 이를 올바른 방향으로 나아가도록 하려면, 새 정부는 무

52) 정진우, 글로벌 건설리더스 2022.4(Vol. 203).

엇을 어떻게 해야 할까.

먼저 산업안전행정조직의 전문성과 신뢰성을 높이는 일에 집중해야 한다. 현재 정부의 산업안전 전문성은 심각한 수준이다. 현장전문가들은 "아마추어 정책 목불인견이다."라는 말을 공공연히 하고 있다. 공공기관의 산업안전인력은 양적으론 선진국과 비교해(근로자 1만명당) 3-4배 이상 많지만 전문성은 크게 낮은 수준이다. 최근엔 오히려 퇴보하고 있다. 산업안전에 대한 기본적인 지식조차 갖추진 못한 자들이 한 나라의 정책을 주무르고 있다는 건 얼마나 아이러니한 일인가. 전문성이 없다 보니 물량 위주의 실효성 없는 정책을 양산하고 법리에 맞지 않는 정책을 남발하고 있는 것이다. 행정기관의 비전문성은 기업에 대한 거친 규제와 처벌 위주의 자의적 법집행으로 이어지기 마련이다. 나아가 행정에 대한 신뢰성 추락을 초래하고 있다. 새 정부는 행정기관의 전문성 문제를 해결하지 않고선 백약이 무효라는 생각으로 접근해야 한다.

법제를 하루빨리 예측 가능하고 이행할 수 있도록 정비해야 한다. 즉 안전원리와 법리에 맞는 법제로 혁신해야 한다. 산업안전보건법과 중대재해처벌법과 같이 준법의지가 강한 기업조차 지킬 수 없는 법규가 많은 상태에서는 아무리 처벌을 강화한들 법 준수도를 높일 수 없다. 예방기준의 규범력을 높이지 않고선 기업은 법을 위반하고도 죄책감을 느끼기는커녕 법집행에 대한 불만만 갖게 될 것이다. 처벌을 강화하는 것보다 예방기준을 올바르게 정비하는 것이 훨씬 정의로운 일이고 준수도를 높이는 데 효과적이다. 법제의 선진성을 평가할 때 처벌강도가 아니라 규범력으로 평가하는 이유도 여기에 있다.

새 정부는 정부 본연의 역할의 하나인 산업안전의 인프라 확충을 하는 데 주력해야 한다. 기업들이 법기준을 잘 준수할 수 있도록 산재예방의 구체적인 가이드라인을 생산하는 일을 획기적으로 강화해야 한다. 산업안전정책에서 매우 취약한 부분이다. 그간 정부는 자신의 책무인 기술상의 지침 제·개정업무조차 방치해 왔다. 기업들의 안전역량을 끌어올리기 위한 프로그램을 개발하고 보급하는 일도 크게 강화해야 한다. 지난 정부에선 사망사고 감소에 당장 도움이 되지 않는다는 이유로 그나마 있던 안전역량 강화프로그램조차 없애는 우를 범했다. 정부가 왜 존재하는지를 묻고 싶다. 감독과 처벌 외에는 정부의 존재감이 보이지 않는다. 처벌이 정부의 중심적 역할이라고 하면 산업안전행정조직은 없애도 된다. 처벌은 일반경찰이 훨씬 잘 하니까. 산업안전의 인프라를 확충하는 일은 정부의 선택이 아니라 의무이다.

기업의 안전문화가 조성되려면 규제기관부터 안전문화가 조성돼야 한다. 오죽하면 "정부야말로 산업안전을 망치는 주범이다." "우리나라 산업안전정책하에선 세계적인 안전기업이 나오기 어렵다"라는 말이 나오겠는가. 기업의 안전수준을 높이기 위해선 정부부터 똑똑해지고 올바른 태도를 가져야 한다. 대형사고가 발생할 때마다 정부 스스로는 반성하지 않고 모든 책임을 기업에게 떠넘기는 무책임한 행태부터 바꿔야 한다.

전문성이 없으면 진정성이라도 갖출 필요가 있다. 지난 정부가 국민으로부터 외면 받은 이유도 실력은 없으면서 오만과 독선에 빠졌기 때문이다. 산업안전 분야에선 정치권뿐만 아니라 행정도 똑같은 행태를 보였다. 아니 오히려 상황을 악화시켰다. 산업안전보건법을 누더기로 만든 전부개정은 관료가 주도했고 중대재해처벌법 제정과정에도 관료가 깊숙이 관여하지 않았던가. 산업안전을 관료에게만 의지하고 챙기지 않으면 새 정부 역시 비슷한 전철을 밟을 수도 있다는 점을 유의해야 한다. 현재 산업안전 행정은 곪아터지기 직전이다. 기업이라면 이미 도산했을 것이다. 가성비가 형편없기 때문이다. 이 상황을 타개하기 위해선 전문성과 진정성을 바탕으로 관료들을 민주적으로 통제해야 한다.

Ⅱ. 법의 적용

1. 법 적용의 범위 및 제외

「산업안전보건법」은 일반 사업장뿐만 아니라 국가, 지방자치단체 및 「공공기관의 운영에 관한 법률」 제5조에 따른 공기업을 포함하여 모든 사업 또는 사업장에 적용된다(산업안전보건법 제3조). 따라서 원칙적으로 중앙・지방공무원,[53] 군인, 교사, 공사(공기업)・공단 등의 직원에 대해서도 「산업안전보건법」이 적용된다는 점에 유의할 필요가 있다. 다만, 유해・위험의 정도, 사업의 종류, 사업장의 상시 근로자 수(건설공사의 경우에는 건설공사 금액) 등을 고려하여 일부 사업 또는 사업장에 대해서는 「산업안전보건법」의 일부를 적용하지 아니한다(산업안전보건법 제3조 단서, 시행령 제2조).[54]

「산업안전보건법」은 산업재해 예방에 관한 일반법이자 사업장 안전보건에 관한 기본법에 해당한다. 따라서 이 법률(또는 이 법률에 따른 명령) 또는 다른 법률에 의해 적용 제외로 되어 있지 않은 한, 각 조문에서 수범자로 되어 있는 자에 대해서는 모두 적용되게 된다. 다만, 동일 사항에 대하여 다른 법률이 있는 경우에는, 중복을 피하기 위하여 필요한 한도에서 「산업안전보건법」의 적용 제외가 이루어지게 된다.

---

53) 국가 및 지방자치단체 공무원은 임금을 목적으로 근로를 제공하는 「근로기준법」상의 근로자라 할 것이므로, 그들에 대해서도 별도의 규정이 없는 한 「산업안전보건법」(근로기준법)이 적용된다고 해석된다(대법원 1987.2.24. 86다카1355 판결 참조). 현재 「국가공무원법」, 「지방공무원법」에는 공무원의 안전보건에 관하여 별도로 규정되어 있는 내용이 없다. 「국가공무원법」(제52조 제1항)과 「지방공무원법」(제77조 제1항)에서는 중앙인사관장기관의 장 또는 지방자치단체의 장으로 하여금 공무원의 안전보건에 대한 기준을 설정하도록 규정하고 있지만 지금까지 이를 정하고 있지 않다. 이러한 입법 태만의 결과, 공무원의 특성에 맞는 안전보건규정이 적용되지 않고 「산업안전보건법」이 공무원에 대해 그대로 적용되는 것이다.

54) 「산업안전보건법」의 일부를 적용하지 아니하는 사업 또는 사업장의 범위 및 해당 사업 또는 사업장에 적용되지 않는 법 규정의 범위는 「시행령」 별표 1(제2조 제1항 관련)에 규정되어 있다.

이 적용 제외는 인(보호 대상 근로자), 물(규제 대상 기계 등) 또는 장소 등에 대하여, 각각의 해당 규정의 적용 제외를 행하는 형태로 이루어지고 있다.

가. 인적 적용 제외

인적 적용 제외란, 「산업안전보건법」의 주된 의무주체인 사업주 의무 규정의 보호 대상인 근로자에서 '당해 근로자를 제외한다'는 취지이고,[55] 이들 근로자를 사용하는 사업주를 「산업안전보건법」의 적용에서 완전히 제외한다는 의미는 아니다.

「산업안전보건법」에서 누구인지를 묻지 않고 수규 대상자로 하여 규제하고 있는 조문, 예컨대 유해하거나 위험한 기계·기구에 대한 방호조치(제80조), 안전인증(제84조), 자율안전확인의 신고(제89조), 유해·위험물질의 제조 등 금지(제117조), 유해·위험물질의 제조 등 허가(제118조), 물질안전보건자료의 작성 및 제출(제110조), 물질안전보건자료대상물질 용기 등의 경고표시(제115조) 등의 제조·유통규제의 경우, 당연히 적용 제외되는 근로자를 사용하는 사업주에 대해서도 적용된다.

그리고 「산업안전보건법」상 사업주를 의무주체로 하는 규정의 경우에도, 적용 제외되는 근로자 이외의 근로자를 사용하고 있는 한, 당연히 이들 근로자에 관해서는 「산업안전보건법」상 사업주에 해당하고, 따라서 「산업안전보건법」이 적용된다.

인적 적용범위와 관련하여 논란이 될 수 있는 것은 동거하는 친족[56]만을 사용하는 사업과 가사사용인이다. 「근로기준법」에서는 제11조(적용범위) 단서에서 이 두 가지를 제외한다고 명시하고 있지만, 「산업안전보건법」에서는

---

55) 「산업안전보건법」의 보호 대상은 근로자가 중심을 이루고 있지만, 근로자 신분이 아닌 자도 부분적으로 보호 대상으로 설정되어 있다(14개 직종 특수형태근로자, 배달종사자, 가맹점사업자, 현장실습생).

56) 친족이란 「민법」 제777조의 친족의 범위, 즉 8촌 이내의 혈족, 4촌 이내의 인척, 배우자에 해당하는 자를 말한다.

이에 대해 아무런 규정을 두고 있지 않기 때문에 친족만을 사용하는 사업과 가사사용인은 「산업안전보건법」의 적용 대상이 된다고 보아야 할 것이다. 다만, 대부분의 가사사용인은 개인에 의해 가사(조리, 청소, 간병, 육아 등)를 돕게 할 목적으로 사용되는 자로서 '업(業)'으로서 계속적으로 이루어지는 것을 전제로 하는 '사업 또는 사업장'에 근로를 제공하는 것이 아니어서 일반적으로 근로자에 해당하지 않을 것이므로, 결과적으로 대부분의 가사사용인은 「산업안전보건법」이 적용되지 않을 것이다. 그러나 가사사용인이라 하더라도, 회사에 고용되어 사장 등 임원의 가정에서 가사 일반에 종사하고 있는 자는 근로자에 해당되어 「산업안전보건법」의 적용을 받는다고 보아야 할 것이다.[57] 그리고 개인 가정에서 가사를 사업으로서 도급받는 자에게 고용되어 그의 지휘·명령하에서 당해 가사를 행하는 자는 「근로기준법」상의 근로자이고 같은 법에서 말하는 가사사용인에는 해당하지 않아[58] 당연히 「산업안전보건법」이 적용된다. 한편, 동거하는 친족만을 사용하는 사업 또는 사업장에 대해서는, 동거하는 친족이 사업주의 지휘·명령에 따라 일하는 등 근로자의 개념을 충족한다면, 동거하는 친족만을 사용하는 사업 또는 사업장을 법 적용에서 명시적으로 제외하고 있는 「근로기준법」과는 달리 「산업안전보건법」은 적용된다고 보아야 할 것이다. 친족 간이라고는 하나 「산업안전보건법」을 적용 제외할 합리적인 이유는 없다고 판단된다.

---

57) 가사사용인에 대하여 국가적 규제나 감독을 하는 것이 곤란하고 부적절하다고 보아 법 적용을 하지 않는 것이 입법취지라고 한다면, 입법적으로 가사사용인에 대하여 「산업안전보건법」을 적용하지 않거나 「산업안전보건법」상의 근로자에 해당하지 않는다고 명시하는 것이 바람직하다. 그렇지 않으면, 회사가 고용한 사장집의 가사사용인 등과 같은 경우에는 다른 가사사용인과 달리 근로자로 인정될 수도 있기 때문이다. 참고로, 독일, 일본 등의 「산업안전보건법」에서는 가사사용인에 대하여 법 적용을 하지 않거나 근로자로 보지 않는다고 명시하고 있다.

58) 고용노동부의 질의회시 또한 개인 가정에서 요양업무를 수행하는 요양보호사라 하더라도 그가 임금을 목적으로 종속적인 관계에서 근로를 제공하였다고 하면, 「근로기준법」상의 근로자에 해당한다고 보고 있다(근로기준과-5361, 2009.12.30). 즉, 「근로기준법」상의 가사사용인에 해당하지 않는다고 보고 있는 것이다.

「선원법」의 적용을 받는 선원에 대해서는, 같은 법 제5조에서 「근로기준법」 제76조(안전과 보건)를 적용하지 않는다고 규정하고 있기 때문에, 선원법상의 안전보건에 관한 규정이 적용되고 「산업안전보건법」은 적용되지 않는다고 해석하여야 할 것이다.

나. 물적 적용 제외

물적 제용 제외는 기계・기구・설비, 화학물질에 관한 규제에 대해 규정되어 있다. 이것은 어떤 의미에서는 단순하다. 물(物) 그 자체에 대한 인증, 검사, 조사 등의 규제만이 적용 제외로 된다. 사람에 대한 규제가 적용 제외로 되는 것은 아님에 유의할 필요가 있다.

「산업안전보건법」상의 안전인증(제84조), 자율안전확인의 신고(제89조), 안전검사(제93조)의 적용 대상 기계・기구・설비의 경우, 전기사업법, 항만법, 건설기계관리법 등과의 중복규제를 배제하기 위해 이들 법률의 적용을 받는 것에 대해서는 「산업안전보건법」의 해당 규제의 적용이 제외되고 각각의 적용법률에 의해 규제를 받는다(시행규칙 제109조, 제119조, 제125조).

그리고 「산업안전보건법」에 의한 신규화학물질의 유해성・위험성 조사(제108조), 물질안전보건자료의 작성 및 제출(제110조), 물질안전보건자료대상물질 용기 등의 경고표시(제115조)의 대상물질에서, 노동관계와는 관련이 없는 주로 일반 소비자의 생활용으로 제공하기 위한 물질, 위해의 정도가 작다고 인정되는 물질 등은 「산업안전보건법」의 적용에서 제외되어 있다.

다. 장소적 적용 제외

「시행령」 별표 1(제2조 제1항 관련)에서는 「광산안전법」 적용사업(광업 중 광물의 채광・채굴・선광 또는 제련 등의 공정으로 한정하며, 제조공정은 제외한다)에 대해, 「산업안전보건법」 제2장 제1절(안전보건관리체제) 중 안전보건관리책임자(제15조), 관리감독자(제16조), 안전관리자(제17조), 안전관리자 등의 지도·조언(제20조 제1호), 안전관리전문기관 등(제21조), 산업안전보건위원회(제24조) 규정과 제2장 제2절(안전보건관리규정)의 모든 규정(제25조~제28조) 및 제31조, 제38조, 제55조, 제58조부터 제60조까지, 제62조, 제63조, 제64조(제1항 제6호는 제외), 제65조, 제66조, 제72조, 제75조, 제88조, 제103조부터 제107조까지 및 제160조(제21조 제4항 및 제88조 제5항과 관련되는 과징금으로 한정) 규정은 적용되지 않는 것으로 정하고 있고, 제29조(근로자에 대한 안전보건교육), 제30조(근로자에 대한 안전보건교육의 면제 등), 제51조(사업주의 작업중지), 제52조(근로자의 작업중지), 제53조(고용노동부장관의 시정조치 등), 제54조(중대재해 발생 시 사업주의 조치)의 경우는 안전관계사항은 적용되지 않고 보건관계사항만 적용되는 것으로 정하고 있다.

또한「원자력안전법」적용사업(발전업 중 원자력 발전설비를 이용하여 전기를 생산하는 사업장으로 한정한다)과「항공안전법」적용사업(항공기, 우주선 및 부품제조업과 창고 및 운수관련 서비스업, 여행사 및 기타 여행보조 서비스업 중 항공 관련 사업은 각각 제외한다),「선박안전법」적용사업(선박 및 보트 건조업은 제외한다)에 대해서도「광산안전법」적용사업과 동일하게「산업안전보건법」의 일부 규정을 적용 제외하고 있다.[59]

59) 입법적으로 볼 때,「광산안전법」,「원자력안전법」,「항공안전법」,「선박안전법」에는「산업안전보건법」상의 안전보건관리체제 중 안전보건관리책임자, 안전보건총괄책임자, 산업안전보건위원회 등에 관한 규정과 작업중지에 관한 규정 등이 없는데도 이를 적용 제외한 것은 문제가 있는 것으로 보인다. 특히「항공안전법」은 항행의 안전을 목적으로 하고 있는 법이어서 산업재해 예방에 관한 규정은 불충분할 수밖에 없는데도 산업보건에 관한 규정만을 중심으로 적용되고 안전관리시스템, 산업안전조치 규정 등 많은 규정을 적용 제외하고 있는 것은 입법적으로 문제가 있다. 고용노동부는 이 법 적용의 공백을 행정해석을 통해 해결하려고 하고 있는데(유추해석금지 원칙의 위반), 이는 법령 '해석'을 통해 해결될 문제가 아니라 법령 '개정'을 통해 해결되어야 한다.

그 밖에 동 별표 1에서는 특정 업종에 속하는 일부 업종의 상시 근로자[60] 50명 미만 사용 사업장 해당 사업장, 상시 근로자 5명 미만 사용 사업장, 사무직에 종사하는 근로자만을 사용하는 사업장 등에 대해서도 「산업안전보건법」의 일부 규정의 적용을 제외하고 있다.[61] 또한 개별 조항에서 일정 규모 미만 사업장에 대해서는 그 적용을 제외하고 있는 경우도 있다. 예컨대 안전보건관리체제, 안전보건관리규정을 정하고 있는 조항의 경우 업종 기준으로는 적용되더라도 상시 근로자 수 또는 공사금액이 일정 기준에 해당하지 않는 경우에는 해당 조항이 적용되지 않는다.

라. 기타 적용 제외

「산업안전보건법」(제115조)에 의해 화학물질을 담은 용기 및 포장에 경고

---

60) '상시 근로자'에서 '상시'라 함은 '상태(常態)'라는 의미이며, '상시 근로자 수'란 상시 근무하는 근로자 수를 뜻하는 것이 아니고, 사용하는 근로자가 '상태적'으로 몇 명인지를 의미한다(대법원 2000.3.14. 99도1243 판결 ; 대법원 1987.4.14. 87도153 판결 등). 그리고 사업장에서 사용되고 있는 근로자라면, 임시직·일용직 근로자, 단시간 근로자 등 고용형태를 불문하며, 파견근로자도 사용사업주의 상시 근로자에 포함된다(노동부 질의회시, 산보 68340-125, 2000.2.17). 상시 근로자와 관련해서는, 「근로기준법」(근로기준법 제11조 제3항 및 같은 법 시행령 제7조의2)과 달리 「산업안전보건법」에서는 「시행규칙」 별표 1의 사고사망만인율 계산식을 제외하고는 별도로 규정하고 있지 않지만, 「산업안전보건법」(제2조 제3호)이 「근로기준법」상의 근로자 정의를 원용하고 있는 점을 감안할 때, 「산업안전보건법」의 상시 근로자 산정방법도 「근로기준법」의 상시 근로자 산정방법을 그대로 사용하는 것이 무방할 것이다. 다만, 파견근로자에 대해서는 「파견근로자 보호 등에 관한 법률」 제35조 제1항에서 사용사업주를 「산업안전보건법」의 사업주로 보기 때문에, 「산업안전보건법」에서는 「근로기준법」(근로기준법 시행령 제7조의2 제4항)과 달리 파견근로자도 상시 근로자에 포함되는 것으로 보아야 하고, 동거하는 친족 근로자 역시 위에서 설명한 바와 같이 「산업안전보건법」에서는 제외하여야 할 이유가 없기 때문에, 동거하는 친족 근로자도 「산업안전보건법」에서는 「근로기준법」(근로기준법 시행령 제7조의2 제4항)과 달리 다른 근로자의 종사 여부에 관계없이 상시 근로자에 포함되어야 할 것이다.

61) 안전보건관리책임자 선임, 안전관리자 선임, 보건관리자 선임 및 산업안전보건위원회 설치 대상 사업장의 경우에는, 「시행령」 별표 2, 별표 3, 별표 5에서 별도로 각각 일정한 업종 및 규모(상시 근로자 수 기준)에만 적용하는 것으로 규정되어 있다.

표시를 하여야 하는 경우, 다른 법률에 따라 해당하는 표시를 한 경우에는 「산업안전보건법」의 경고표시를 한 것으로 간주되어 「산업안전보건법」의 경고표시 규정의 적용이 제외된다(시행규칙 제170조 제1항 단서).

그리고 「산업안전보건법」(제129조 제1항)에 의해 일반건강진단을 실시하여야 하는 경우, 다른 법률에 따른 건강진단을 실시한 경우에는 그 건강진단을 받은 근로자는 「산업안전보건법」에 따른 일반건강진단을 실시한 것으로 간주되어 「산업안전보건법」의 일반건강진단 규정의 적용이 배제된다(산업안전보건법 제129조 제1항 단서, 시행규칙 제196조).

[표 1] 법의 일부를 적용하지 않는 사업 또는 사업장 및 적용 제외 규정(시행령 별표 1)

대상 사업 또는 사업장	적용 제외 법 규정
1. 다음 각 목의 어느 하나에 해당하는 사업 가. 「광산안전법」 적용 사업(광업 중 광물의 채광·채굴·선광 또는 제련 등의 공정으로 한정하며, 제조공정은 제외한다) 나. 「원자력안전법」 적용 사업(발전업 중 원자력 발전설비를 이용하여 전기를 생산하는 사업장으로 한정한다) 다. 「항공안전법」 적용 사업(항공기, 우주선 및 부품 제조업과 창고 및 운송관련 서비스업, 여행사 및 기타 여행보조 서비스업 중 항공 관련 사업은 각각 제외한다) 라. 「선박안전법」 적용 사업(선박 및 보트 건조업은 제외한다)	제15조부터 제17조까지, 제20조제1호, 제21조(다른 규정에 따라 준용되는 경우는 제외한다), 제24조(다른 규정에 따라 준용되는 경우는 제외한다), 제2장제2절, 제29조(보건에 관한 사항은 제외한다), 제30조(보건에 관한 사항은 제외한다), 제31조, 제38조, 제51조(보건에 관한 사항은 제외한다), 제52조(보건에 관한 사항은 제외한다), 제53조(보건에 관한 사항은 제외한다), 제54조(보건에 관한 사항은 제외한다), 제55조, 제58조부터 제60조까지, 제62조, 제63조, 제64조(제1항제6호는 제외한다), 제65조, 제66조, 제72조, 제75조, 제88조, 제103조부터 제107조까지 및 제160조(제21조제4항 및 제88조제5항과 관련되는 과징금으로 한정한다)
2. 다음 각 목의 어느 하나에 해당하는 사업 가. 소프트웨어 개발 및 공급업 나. 컴퓨터 프로그래밍, 시스템 통합 및 관리업	제29조(제3항에 따른 추가교육은 제외한다) 및 제30조

다. 영상·오디오물 제공 서비스업 라. 정보시비스업 마. 금융 및 보험업 바. 기타 전문서비스업 사. 건축기술, 엔지니어링 및 기타 과학 기술 서비스업 아. 기타 전문, 과학 및 기술 서비스업(사진 처리업은 제외한다) 자. 사업지원 서비스업 차. 사회복지 서비스업	
3. 다음 각 목의 어느 하나에 해당하는 사업으로서 상시 근로자 50명 미만을 사용하는 사업장 가. 농업 나. 어업 다. 환경 정화 및 복원업 라. 소매업 ; 자동차 제외 마. 영화, 비디오물, 방송프로그램 제작 및 배급업 바. 녹음시설 운영업 사. 라디오 방송업 및 텔레비전 방송업 아. 부동산업(부동산 관리업은 제외한다) 자. 임대업 ; 부동산 제외 차. 연구개발업 카. 보건업(병원은 제외한다) 타. 예술, 스포츠 및 여가관련 서비스업 파. 협회 및 단체 하. 기타 개인 서비스업(세탁업은 제외한다)	
4. 다음 각 목의 어느 하나에 해당하는 사업 가. 공공행정[청소, 시설관리, 조리 등 현업업무에 종사하는 사람으로서 고용노동부장관이 정하여 고시[62]하는 사람은 제외한다], 국방 및 사회보장 행정 나. 교육 서비스업 중 초등·중등·고등 교육기관, 특수학교·외국인학교 및	제2장제1절·제2절 및 제3장(다른 규정에 따라 준용되는 경우는 제외한다)

대안학교[청소, 시설관리, 조리 등 현업업무에 종사하는 사람으로서 고용노동부장관이 정하여 고시[63]하는 사람은 제외한다]	
5. 다음 각 목의 어느 하나에 해당하는 사업 가. 초등·중등·고등 교육기관, 특수학교·외국인학교 및 대안학교 외의 교육서비스업(청소년수련시설 운영업은 제외한다) 나. 국제 및 외국기관 다. 사무직에 종사하는 근로자만을 사용하는 사업장(사업장이 분리된 경우로서 사무직에 종사하는 근로자만을 사용하는 사업장을 포함한다)	제2장제1절·제2절, 제3장 및 제5장제2절(제64조제1항제6호는 제외한다). 다만, 다른 규정에 따라 준용되는 경우는 해당 규정을 적용한다.
6. 상시 근로자 5명 미만을 사용하는 사업장	제2장제1절·제2절, 제3장(제29조제3항에 따른 추가교육은 제외한다), 제47조, 제49조, 제50조 및 제159조(다른 규정에 따라 준용되는 경우는 제외한다)

※ 비고 : 제1호부터 제6호까지의 규정에 따른 사업에 둘 이상 해당하는 사업의 경우에는 각각의 호에 따라 적용이 제외되는 규정은 모두 적용하지 않는다.

2. 법 적용의 단위

가. 사업장

(1) 기본적인 적용단위

「산업안전보건법」의 일종의 모법에 해당하는 「근로기준법」은 1953년 제정 이래 '사업장'을 단위로 근로자의 근로관계를 근로자 보호의 관점에서 규제하는 구조를 취하여 왔다. 이것은 국가의 노동주무관청의 특별행정기관으

---

62) 공공행정 등에서 현업업무에 종사하는 사람의 기준(고용노동부 고시) 제2조.
63) 공공행정 등에서 현업업무에 종사하는 사람의 기준(고용노동부 고시) 제3조.

로서 전국에 배치된 지방노동관서가 관할구역 내의 사업장을 물리적으로 파악하여 이 법의 근로조건의 기준을 준수하게 하려는 근로기준감독행정의 체제에 대응한 체계이다.

「산업안전보건법」은 「근로기준법」과 동일하게 사업장을 단위로 하여 그 업종, 규모에 따라 안전보건관리체제, 유해위험방지계획서의 제출 등의 규정이 적용된다. 그 의미에서 '사업장'은 조직을 구성하는 단위로서 「산업안전보건법」의 기본적인 적용단위라고 말할 수 있다.[64]

「산업안전보건법」의 적용단위인 사업장에 대한 접근방법은 원칙적으로 「근로기준법」에서의 그것과 동일하다. 즉, 사업장이란 어떤 사업의 활동이 이루어지는 일정한 장소로서(사전적 의미), 구체적으로는 공장, 건설현장, 광산, 사업소, 지사(지점) 등처럼 하나의 장소에서 상호 관련된 조직하에 계속적으로 이루어지는 작업의 일체를 말한다. 따라서 하나의 사업장인지 여부는 주로 장소적 관념에 따라 결정해야 할 것이므로, 동일한 장소에 있으면 원칙적으로 하나의 사업장으로 보고, 장소적으로 분산되어 있으면 원칙적으로 별개의 사업장으로 본다.

다만, 동일한 장소에 있더라도 근로(작업)의 양태가 현저히 다르고 노무관리 등이 명확하게 구분되는 부문이 있는 경우, 주된 부문과 분리하여 취급하는 것이 「산업안전보건법」이 보다 적절하게 운용될 수 있다면 해당 부문을 독립된 사업장으로 본다.[65] 예를 들면, 공장 내 부속의원・식당, 학교에 설치된 급식당, 자동차판매회사에 부속된 자동차정비공장, 지방자치단체의 환경미화부서 등이 이것에 해당한다. 따라서 주된 부문과 동일한 장소에 있더라도 독립된 사업장으로 판단되는 부문은 주된 부문의 업종이 아니라 해당 부문의 업종에 기초하여 법 적용 여부를 판단하여야 한다.[66]

---

64) 「산업안전보건법」에 사업장이 아닌 기업을 적용단위로 하고 있는 조항이 전혀 없는 것은 아니다. 법 제14조의 '이사회 보고 및 승인 등'이 그 예이다.

65) 고용노동부, 사업장 판단 철저(지침), 산재예방정책과-1068, 2013.2.27 ; 고용노동부, 질의회시, 산재예방정책과-4065, 2012.7.30.

그리고 장소적으로 분산되어 있더라도 소규모의 공장, 출장소, 사업소, 지점 등으로서 업무처리능력, 조직적 관련성, 규모 등을 감안할 때 하나의 사업장이라고 말할 정도의 독립성[67), 68)]이 없는 경우로서 직근(直近) 상위의 조직(기구)과 일괄하여 하나의 사업장으로 취급하는 것이 「산업안전보건법」이 보다 적절하게 운용될 수 있다면 직근 상위의 조직(기구)과 일괄하여 하나의 사업장으로 보아야 한다.[69)] 어떤 장소에 대해 사업자등록번호가 별도로 부여되어 있는지 여부는 하나의 사업장인지를 판단하는 데 있어 참고사항에 불과하다.

(2) 사업장의 업종 파악방법

「산업안전보건법」의 적용단위인 사업장이 어떤 업종에 해당하느냐는 해

---

66) 예를 들면, 지방자치단체의 환경미화부서가 하나의 독립된 사업장으로 판단되는 경우 환경미화부서는 지방자치단체가 속한 업종이 아니라 환경미화사업이 속한 업종에 근거하여 법 적용 여부를 판단하여야 한다.

67) 하나의 사업장에 해당하는지 여부를 판단할 때의 독립성은 인사, 회계 등의 완전한 독립성을 의미하는 것이 아니라, 업무처리능력, 조직적 관련성, 규모 등으로 보아 하나의 사업장이라고 볼 수 있을 정도의 독립성을 의미한다. 인사, 회계 등의 완전한 독립성을 의미한다면, 장소적으로 분리되어 있는 어느 공장, 현장도 하나의 사업장에 해당될 수 없다. 기업이 여러 개 공장, 현장을 운영하고 있는 경우, 각 공장, 현장 어느 것도 인사, 회계 등에 있어 완전한 독립성을 갖추고 있지 않기 때문이다. 이렇게 해석하면 '기업(사업)' 개념만 존재할 수 있고 '사업장'의 개념은 설 땅이 없어지게 된다.

68) 공장, 건설현장, 지사(지점) 등은 인사, 회계 면에서 완전한 독립성을 갖추고 있지 않지만, 이것들을 하나의 사업장으로 보는 데에는 이견이 없다. 예컨대, 삼성전자, 하이닉스, 기아자동차, 한국타이어, 빙그레, 동원 F&B 등의 경우 전국에 여러 공장이 소재하고 있는데, 이들 공장을 하나의 사업장으로 보는 것은 널리 인정되고 있다. 건설업체의 경우에도 전국에 다수의 건설현장이 운영되고 있는데, 이들 건설현장을 하나의 사업장으로 보는 데에는 아무런 이의가 제기되지 않고 있다.

69) 고용노동부, 사업장 판단 철저(지침), 산재예방정책과-1068, 2013.2.27 ; 고용노동부, 질의회시, 산재예방정책과-4065, 2012.7.30 ; 김형배, 『근로기준법(제8판)』, 박영사, 2002, 45쪽 ; 임종률, 『노동법(제18판)』, 박영사, 2020, 33~34쪽 참조.

당 사업장이 「산업안전보건법」의 어떤 규정을 적용받게 되느냐, 즉 전면적으로 적용 받느냐, 일부규정만을 적용 받느냐를 결정짓는 중요한 문제이다. 그런데 사업장의 업종 판단기준에 대해 「산업안전보건법」은 전혀 규정하고 있지 않다. 그렇다면 「산업안전보건법」에서의 사업장의 업종은 어떤 식으로 판단하여야 할까.

개별 사업장에 대하여 「산업안전보건법」을 적용할 때에는 당해 사업장의 명칭 또는 경영주체 등에 관계없이 상호 관련하에 일체를 이루는 작업(근로)의 양태(樣態)에 의해 결정한다. 따라서 일정한 사업장의 사업자등록증 또는 산재보험성립신고서상의 업종과 작업(근로)실태에 따른 업종이 서로 다른 경우, 사업장의 업종 구분에 있어서는 해당 사업장의 업태(業態), 즉 작업(근로)실태에 의해 판단하여야 한다. 다시 말해서, 「산업안전보건법」 적용에 있어서는 형식적인 종별(種別)에 관계없이 어디까지나 근로실태에 근거하여 타당한 취급을 하여야 한다. 이와 같이 실질적인 관점에서 판단하는 것이 유해·위험으로부터 근로자를 보호하고자 하는 「산업안전보건법」의 취지에도 부합하고 법 적용을 회피하기 위한 편법을 방지할 수 있기 때문이다.

따라서 경영, 인사 등의 관리사무를 전적으로 하고 있는 본사·지점 등은 그 관리하는 계열의 사업장의 업종과는 무관하게 결정된다. 예를 들면, 제철소는 제조업이지만, 당해 제철소를 관리하는 본사는 '기타 업종'으로 된다.

한편, 하나의 사업장에서 근로의 양태 등이 현저히 다르지는 않지만 업종이 다르다고 생각되는 활동(작업)이 병행하여 이루어지는 경우[70]에 당해 사업장의 업종판단은 어떻게 하여야 할까. 매출액, 판매고 등의 비율이 아니라 종사 근로자의 인수(人數)의 다소(多少)에 의해 결정하는 것이 타당할 것이다. 「산업안전보건법」의 목적이 유해·위험으로부터 근로자를 보호하는 것이라는 점에 비추어볼 때, 유해·위험에 얼마나 많은 근로자가 노출되어 있

70) 다시 말해서, 동일한 장소에 존재하는 업종이 다른 부문이 각각 하나의 사업장으로 볼 정도는 아닌 경우를 말한다.

는지가 가장 중요한 판단기준이 되어야 한다고 생각되기 때문이다.

동일한 사업주가 하나의 장소에서 사업의 종류가 다른 사업을 둘 이상 하는 경우에는 일차적으로 그중 근로자 수가 많은 사업을 주된 사업으로 하여 그 사업에 적용되는 산재보험료율을 그 장소의 모든 사업에 적용한다고 규정하고 있는 점도 참고할 필요가 있다(고용보험 및 산업재해보상보험의 보험료 징수 등에 관한 법률 시행령 제14조).

한편, 「시행령」에서 사업,[71] 즉 업종의 분류는 「통계법」에 따라 통계청장이 고시한 한국표준산업분류에 따른다고 규정하고 있다(제2조 제2항). 그리고 사업 또는 사업장에 대하여 「산업안전보건법」을 적용할 때에는 「시행령」 별표 1에 따른 법의 일부 적용 제외 대상 사업 또는 사업장인지 여부를 확인할 필요가 있다.

나. 작업장

「산업안전보건법」에서는 장소적 개념을 나타내는 단어로서 사업장 외에 '작업장'이라는 문언도 자주 사용하고 있다.[72]

구체적으로 보면, 작업장이라는 표현은 「산업안전보건법」 제25조(안전보건관리규정의 작성), 제36조(위험성평가), 제64조(도급에 따른 산업재해 예방조치), 제107조(유해인자 허용기준의 준수), 제114조(물질안전보건자료의 게시 및 교육), 제124조(석면농도기준의 준수), 제125조(작업환경측정), 「안전보건기준규칙」 제2장(작업장) 등에서 사용되고 있다.[73]

71) 산업안전보건법령에서 사업의 의미는 업종, 산업의 의미로 사용되는 경우가 있는가 하면, 작업, 업무, 일의 의미로 사용되는 경우도 있다.

72) 하위법령에도 '작업장'이라는 표현이 적지 않게 규정되어 있다.

73) 법령 요지를 게시・비치하는 단위장소가 종전에는 작업장으로 되어 있었으나(종전법 제11조), 「전부개정 산업안전보건법」에서는 사업장으로 바뀌었는바(산업안전보건법 제34조), 작업장 단위로 게시・비치하는 것이 근로자의 알 권리의 충실한 보장을 위하여 당연히 바람직하다는 점에서 개악이라고 할 수 있다. 이에 대한 상세한 설

작업장이란 사업장 내에서의 세분화된 법의 적용단위를 표현하는 것으로서, 구체적으로는 사업장 내에서 밀접한 관련하에 작업이 이루어지고 있는 개개의 작업현장을 말하는 것으로 이해되고, 주로 건물별 등에 의해 판정하여야 한다. 요컨대, 작업장은 사업장의 일부분으로서 작업장이 모여 사업장이 이루어진다고 할 수 있다.

작업장이라고 표현하고 있지는 않지만, 「산업안전보건법」 제10조(산업재해 발생건수 등의 공표) 제2항에 규정되어 있는 "도급인이 제공하거나 지정한 경우로서 도급인이 지배・관리하는 대통령령으로 정하는 '장소'", 같은 법 제64조(도급에 따른 산업재해 예방조치) 제1항 제7호에 규정되어 있는 "같은 '장소'에서 이루어지는 도급인과 관계수급인 등의 작업에 있어서 관계수급인 등의 작업시기・내용, 안전조치 및 보건조치 등의 확인", 같은 법 제68조(안전보건조정자)에 규정되어 있는 "2개 이상의 건설공사를 도급한 건설공사발주자는 그 2개 이상의 건설공사가 같은 '장소'에서 행해지는 경우에"에서의 '장소'라는 개념도 위에서 설명한 개개의 작업현장을 가리키는 의미이므로 작업장에 해당하는 것이라고 할 수 있다.

3. 용어의 정의

'산업재해'란 노무를 제공하는 사람[74]이 업무에 관계되는 건설물・설비・원재료・가스・증기・분진 등에 의하거나 작업 또는 그 밖의 업무로 인하여 사망 또는 부상하거나 질병에 걸리는 것을 말한다(산업안전보건법 제2조 제1

명은 후술한다.

74) 「산업안전보건법」상 산업재해 정의에서 종전의 '근로자'가 '노무를 제공하는 사람'으로 바뀌었지만, 본문에서 근로자(관계수급인 등의 근로자를 포함한다) 외에 정작 산업안전보건의 보호 대상으로 하고 있는 것은 14개 직종(종전에는 9개 직종)의 특수형태근로종사자(제77조)와 배달종사자(제78조), 가맹점사업자(제79조), 현장실습생(제166조의2)으로 한정되어 있다.

호). 이것은 「산업재해보상보험법」에서 말하는 '업무상의 재해' 개념인 '업무상의 사유에 따른 근로자의 부상 · 질병 · 장해 또는 사망'과 사실상 같은 의미이다.[75), 76)]

'중대재해'란 산업재해 중 사망 등 재해 정도가 심한 것으로서, i) 사망자가 1명 이상 발생한 재해, ii) 3개월 이상의 요양이 필요한 부상자가 동시에 2명 이상 발생한 재해, iii) 부상자 또는 직업성 질병자가 동시에 10명 이상 발생한 재해를 말한다(산업안전보건법 제2조 제2호 및 시행규칙 제3조). 이 개념은 학문적으로 정립된 것은 아니고 다분히 행정상의 편의를 위하여 정해진 것이다. 참고로, 미국, 영국, 일본, 등에서는 중대재해의 개념을 법에서 규정하고 있지는 않으며, 중대재해의 범위도 우리나라와 다르게 보고 있다.

'근로자'란 「근로기준법」 제2조 제1항 제1호에 따른 근로자를 말한다(산업안전보건법 제2조 제3호). 즉 「산업안전보건법」상의 근로자 개념은 「근로기준법」상의 근로자 개념을 그대로 사용한다.[77)]

---

75) 「산업재해보상보험법」에서는 산업재해와 동일한 의미를 가지고 있는 '업무상 재해'라는 표현을 사용하고 있는데, 이에 대해 "업무상의 사유에 따른 <u>근로자</u>의 부상 · 질병 · 장해 또는 사망을 말한다."(밑줄은 필자)고 정의하면서(제5조 제1호) 적용 대상을 여전히 근로자로 한정하고 있다. 근로자에 해당하지 않는 노무제공자(18개 직종), 현장실습생, 학생연구자, 중소기업 사업주 등은 특례 형태로 「산업재해보상보험법」의 적용을 받는 것으로 규정하고 있다(제91조의15, 제123조, 제123조의2, 제124조).

76) 종래에는 특수형태근로종사자가 산업재해보상보험을 적용받기 위해서는 '특정 사업에의 전속성' 요건을 충족해야 했는데, 배달앱 등 온라인 플랫폼 등을 통해 복수의 사업에 노무를 제공하는 경우에는 이러한 요건을 충족하지 못하여 산업재해보상보험의 적용을 받지 못하는 일이 발생하였다. 또한 특수형태근로종사자가 '특정 사업에의 전속성' 요건을 충족하더라도, 주된 사업장 외의 보조사업장에서 업무상 재해를 입은 경우에는 산업재해보상보험이 적용되지 않았다. 이에 산업재해보상보험의 전속성 요건을 폐지하고 기존 특수형태근로종사자 및 온라인 플랫폼 종사자 등을 포괄하는 개념으로 '노무제공자'의 정의를 신설하여 산업재해보상보험의 적용을 받을 수 있도록 하였다(2023.7.1 시행). 특수형태근로종사자와 관련하여, 「산업재해보상보험법」의 적용 대상자는 이처럼 확대되었지만, 「산업안전보건법」의 적용 대상자는 종전 「산업재해보상보험법」상의 특수형태근로종사자로 여전히 제한되어 있어, 보상대상자와 예방 대상자 간의 미스매치가 발생하고 있다.

'사업주'란 근로자를 사용하여 사업을 하는 자를 말한다(산업안전보건법 제2조 제4호). 즉, 「산업안전보건법」에서는 주된 의무주체로서 「근로기준법」상의 사용자 개념[78]보다 그 범위가 좁은 사업주라는 개념을 사용하고 있다. 회사, 기타 법인의 경우에는 법인 그 자체를 가리키고, 개인기업의 경우에는 경영주 개인(사장, 대표)을 가리킨다. 사업주는 근로자를 사용하는 자로 한정되어 있으므로, 사업주만으로 사업을 하고 있는 자, 근로자가 아닌 자만을 사용하는 사업주는 본법의 사업주가 되지 않는다.[79]

'근로자대표'란 근로자의 과반수로 조직된 노동조합이 있는 경우에는 그 노동조합을, 근로자의 과반수로 조직된 노동조합이 없는 경우에는 근로자의 과반수를 대표하는 자를 말한다(산업안전보건법 제2조 제5호).

'도급'이란 명칭에 관계없이 물건의 제조·건설·수리 또는 서비스의 제공, 그 밖의 업무를 타인에게 맡기는 계약을 말한다(산업안전보건법 제2조 제6호). 「산업안전보건법」 전부개정 전에는 별도의 정의가 없었기 때문에 계약의 일반법인 「민법」의 도급 개념을 그대로 차용하였었는데, 「전부개정 산업안전보건법」에서는 도급에 대해 별도의 개념 정의를 하고 있다. 업무를 타인에게 맡기는 계약은 모두 포함되기 때문에, 「민법」의 도급 개념[제664조(도급의 의의) 도급은 당사자 일방이 어느 일을 완성할 것을 약정하고 상대방이 그 일의 결과에 대하여 보수를 지급할 것을 약정함으로써 그 효력이 생긴다]과 비교할 때, 노무공급(제공) 서비스의 일종인 고용과 위임을 포함하는 등 민법상의 도급보다 그 범위가 훨씬 넓다고 할 수 있다.

'도급인'이란 물건의 제조·건설·수리 또는 서비스의 제공, 그 밖의 업무를 도급하는 사업주를 말한다. 다만, 건설공사 발주자는 제외한다(산업안전보건법 제2조 제7호). 도급인은 근로자를 사용하여 사업을 하는 자인 '사업

77) 「산업안전보건법」상의 근로자 개념에 대해서는 뒤에서 상술한다.

78) 사업주 또는 사업 경영 담당자, 그 밖에 근로자에 관한 사항에 대하여 사업주를 위하여 행위하는 자를 말한다(근로기준법 제2조 제1항 제2호).

79) 「산업안전보건법」상의 사업주 개념에 대해서는 뒤에서 상술한다.

주'임을 전제로 하기 때문에 근로자를 사용하지 않는 개인사업자는 포함되지 않는다.

'건설공사 도급인'이란 건설공사 발주자로부터 해당 건설공사를 최초로 도급받은 수급인 또는 건설공사의 시공을 주도하여 총괄·관리하는 자를 말한다(산업안전보건법 제69조 제1항). 건설공사의 시공을 주도하여 총괄·관리하는 자는 '자기공사자'[80]를 가리킨다(건설업 산업안전보건관리비 계상 및 사용기준 제4조 제1항).

'수급인'이란 도급인으로부터 물건의 제조·건설·수리 또는 서비스의 제공, 그 밖의 업무를 도급받은 사업주를 말한다(산업안전보건법 제2조 제8호). 수급인 역시 도급인과 마찬가지로 근로자를 사용하여 사업을 하는 자인 '사업주'임을 전제로 하기 때문에 근로자를 사용하지 않는 개인사업자는 포함되지 않는다.

'관계수급인'이란 도급이 여러 단계에 걸쳐 체결된 경우에 각 단계별로 도급받은 사업주 전부를 말한다(산업안전보건법 제2조 제9호). 이는 관계수급인에 수급인뿐만 아니라 하수급인, 재하수급인 등까지 모두 포함된다는 점을 명확히 한 것으로서, 내용적으로는 「산업안전보건법」 전부개정 전[구(舊)법 제18조(안전보건총괄책임자) 제1항]과 거의 동일하다. 다만, 「산업안전보건법」 전부개정 전에는 수급인에 '하수급인'만을 포함하는 것으로 규정하고 있었으나, 「전부개정 산업안전보건법」에서는 하수급인 외에 재하수급인 등 모든 단계의 수급인을 포함하는 것으로 확대된 점에 차이가 있다.

'건설공사 발주자'란 건설공사를 도급하는 자로서 건설공사의 시공을 주도하여 총괄·관리하지 아니하는 자, 즉 건설공사의 시공을 주도하여 총괄·관리해야 할 지위에 있지 않는 자[81), 82)]를 말한다(산업안전보건법 제2조 제10

---

80) 건설업체가 다른 자로부터 발주 받지 않고 자체 공사를 하는 경우를 의미한다. 즉, 건설공사를 자체 사업으로 하는 자를 말한다.

81) 울산지방법원 2021.11.11. 2021고단1782 판결 ; 대전지방법원 홍성지원 2022.8.31. 2021고단249 판결. 공장동 지붕 및 벽체 일부 보수공사 중 수급인의 근로자가 사망

호). 건설공사를 도급하는 자 중에서 건설공사의 시공을 주도하는 총괄・관리를 하지 않는 자, 환언하면 건설공사의 시공을 주도하고 총괄・관리까지를 하는 지위에 있지 않는 자가(지위에 있지 않으면) 건설공사 발주자에 해당한다는 해석이 법문에서 명확히 도출된다.[83), 84)] 여기에서 '주도'는 사전적으로

한 사건을 다룬 울산지방법원의 판결은 「산업안전보건법」상의 건설공사 발주자의 개념 자체에 대해 1심이긴 하지만 판례로서는 처음으로 구체적인 기준을 제시하였다고 볼 수 있지만, (건설공사 발주자가 아닌) 도급인에 해당하는 자로 보는 세부기준[i) 도급하는 건설공사가 도급인의 사업의 일부를 구성하고 도급인의 사업과 같은 장소에서 이루어짐에도 불구하고 이를 외주화하여 도급에 의해 행하는 경우, 또는 ii) 도급인이 건설공사의 시공을 주도하여 총괄・관리하지 않고서는 수급인이 산업안전보건법이 정한 안전보건조치를 실질적으로 이행하는 것이 현저히 곤란하고 도급인의 총괄・관리가 필수적인 경우, 또는 iii) 도급인에게는 건설공사의 시공을 주도하여 총괄・관리할 능력이 있는 반면에 수급인에게는 산업안전보건법이 정한 안전보건조치를 스스로 이행할 능력이 없음이 도급인의 입장에서 명백한 경우]의 설시에 있어서는, 법률에 기술된 문언의 의미는 도외시하고 다분히 주관적인 법 개정의 취지(판사는 도급인의 범위를 최대한 넓히고 건설공사 발주자의 범위를 최대한 좁히는 것이 법 개정의 취지라고 판단하였다)만을 강조하는 나머지, '문언의 가능한 의미 내'라고 하는 한계선을 훌쩍 넘어서는 자의적인 해석[법창조(입법)에 해당하는 해석]을 하고 말았다.

82) 인천지방법원 2023.9.22. 2023노2261 판결. 인천항만공사의 갑문 정기보수공사 중 수급인의 근로자가 사망한 사건을 다룬 이(항소심) 판결은 처음으로 「산업안전보건법」상의 건설공사 발주자의 요건에 대해 구체적으로 설시하였는바[상기 울산지방법원 사건의 항소심 판결도 건설공사 발주자의 개념에 대해 판단하기는 하였지만 구체적인 설시는 없었다], 건설공사 발주자의 개념을 상기 울산지방법원의 입장과 기본적으로 동일하게 '건설공사의 시공을 주도하여 총괄・관리할 지위에 있지 않는 자'라고 보면서 건설공사 발주자와 도급인의 지위를 구분하는 기준에 대해 법문과 법의 취지를 고려하여 비교적 상세하게 분석・해석하였다는 점에서 의미 있는 판결이라고 할 수 있다.

83) 고용노동부는 '시공을 주도하여 총괄・관리하는지 여부는 당해 건설공사가 사업의 유지 또는 운영에 필수적인 업무인지, 상시적으로 발생하거나 이를 관리하는 부서 등 조직을 갖췄는지, 예측 가능한 업무인지 등 다양한 요인을 종합적으로 고려하여 판단'하여야 한다고 설명하고 있지만(도급 시 산업재해예방 운영지침, 2020.3, 15쪽), 대기업인 비건설업체 발주자는 대부분 일정한 기계・설비 등을 갖추고 있기 때문에, i) 기계・설비 등의 유지보수공사는 모든 사업장의 유지 또는 운영에 필수적일 것이고, ii) 기계・설비 등 유지보수공사를 관리하는 부서가 어떠한 형태로든 존재할 것이며, iii) 유지보수공사는 대부분 계획적인 예방정비업무로서 거의 모두가 예측 가능한 업무라는 점에서, 고용노동부의 이 기준에 따르면 대부분의 비건설업체 건설공사 발주자는

또는 관용적인 사용례상 주동적인(어떤 일을 중심이 되어 맡아 처리하는) 처지가 되어 이끈다는 의미이다. 따라서 '안전보건업무'에 대해 관리하거나 감독하는 것을 '시공'을 주도하는 것의 징표로 삼는 것은 개념적으로 타당하지 않다.[85), 86)] 한편, 도급받은 건설공사를 다시 도급하는 자는 건설공사 발주자

사실상 무조건적으로 시공을 주도하여 총괄·관리하는 자가 되어 도급인 개념이 자의적으로 지나치게 확장되고(유추해석금지의 원칙 위반), 그 결과 대부분의 비건설업체에 대해서는 건설공사 발주자의 개념이 들어설 여지가 없게 된다. 참고로, 고용노동부의 위 지침은 아무런 법적 근거 없는 지침으로서 대외적 구속력이 없다.

84) 위 고용노동부 지침 9쪽에 따르면, '건설공사의 시공을 주도하여 총괄·관리하는 자'를 "자신의 주도하에 건설공사를 시공하는 자로서 자체사업으로 건설공사를 총괄·관리하며 시공하는 자(자기공사자)를 의미"(밑줄은 필자)한다고 설명하고 있고, 같은 지침 15쪽에서는 "도급을 준 공사의 시공을 주도하여 총괄·관리한다면(자기공사자) 도급인 책임을, 그렇지 않다면 건설공사 발주자 책임을 지게 됨"이라고 설명하고 있는바, 이 설명에 따르더라도 비건설업체가 건설공사를 도급하는 경우 '시공'은 도급을 받은 업체가 하는 것이므로 비건설업체를 '자신의 주도하에 건설공사를 시공하는 자'(밑줄은 필자)라고는 도저히 볼 수 없는 것이고, 비건설업체가 시공업체에게 의뢰한 작업의 설계, 안전관리, 공정관리, 품질관리 등에 관여할 수는 있지만 그 성격상 '시공'을 주도할 수는 없다. 따라서 비건설업체로서 건설공사를 도급하는 자는 '도급인'으로서의 책임이 아니라 '건설공사 발주자'로서의 책임을 지게 된다고 보지 않을 수 없다.

85) 이 문구를 역으로 해석할 경우, 건설공사를 도급하는 자로서 시공을 주도하여 총괄·관리하면 건설공사 발주자에 해당하지 않는다. 건설공사 발주자에 해당하지 않으려면(도급인에 해당하려면) 일차적으로 건설공사의 시공을 주도해야 하고, 이차적으로 건설공사의 시공을 총괄·관리해야 한다. 건설공사를 도급하는 자 중에서 이 두 가지 요건 모두를 충족하지 않으면 (두 가지 요건 중 한 가지 요건만을 충족하면, 즉 두 가지 요건 중 한 가지 요건이라도 충족하지 않으면) 건설공사 발주자에 해당하게 된다. 예컨대, 시공을 주도하지 않고 시공을 총괄·관리만 하거나 시공을 주도하지만 시공을 총괄·관리하지 않으면 건설공사 발주자에 해당하게 된다.

86) 발주하는 자의 사업장 '밖'에서 이루어지는 건설공사 발주(예 : 공공기관의 토목공사 발주)뿐만 아니라, 발주하는 자의 사업장 '내'에서 이루어지는 건설공사 발주(예 : 제조업체의 기계·설비 유지보수공사 발주)의 경우도 「산업안전보건법」에서 말하는 건설공사 발주자가 발주(건설공사 도급)하는 것에 해당한다. 제조업체(예 : 화학공장, 발전소, 제철소, 조선소, 식품공장), 서비스업체(예 : 백화점, 대형마트, 물류창고, 학교) 등에서 외부업체에 예컨대 건설공사의 일종인 유지보수공사를 도급(발주)하는 경우, 이들 제조업체나 서비스업체는 해당 유지보수공사의 특성상 총괄·관리 여부를 떠나 시공을 주도(주동적인 처지가 되어 이끎)하는 위치에 있지 않고 현실적으로 시공을 주도하기도 어렵기 때문에[제조업체나 서비스업체가 협력사에게 의뢰한 작

에서 제외한다(산업안전보건법 제2조 제10호 단서).[87)]

건설공사 기획, 설계 및 점검·관리와 같은 업무는 건설공사 발주자의 업무 영역에 속하는 것이기도 하므로,[88)] 도급을 준 자가 이들 업무를 수행했다고 하여 이를 건설공사의 시공을 주도한 징표로 삼거나 건설공사의 시공을 주도하였음을 뒷받침하는 사정, 나아가 도급인으로 간주하는 것은 불합리하다. 건설공사 발주자가 수급인 근로자의 산업재해 예방을 위한 활동을 하여 온 사정을 시공을 주도하여 총괄·관리하였다는 근거로 삼는다면, 이는 실제 건설공사 발주자인 자로 하여금 수급인 근로자의 안전보건관리업무에서 오히려 멀어지게 하는 역효과를 초래할 가능성이 높다. 환원하면, 건설공사 발주자가 시공을 주도하여 총괄·관리하는 지위에 있지 않음에도 관계수급인 근로자의 재해예방을 위하여 자율적으로 (시공을 주도하지는 않고) 총괄관리한 것을 이유로 도급인이라고 간주하는 것은 건설공사 발주자의 관계수급인 근로자에 대한 자율적인 안전보건관리를 위축·저하시키는 부작용을 초래할 수 있다.

일반적으로는 발주도 도급의 일종이고 발주자도 도급하는 자(도급인)의 일종이므로, 건설공사 발주도 도급의 일종이고 건설공사 발주자도 도급인에 해당한다. 그런데 「산업안전보건법」에서는 조작적 정의를 통해 건설공사 발주자를 도급인에서 제외하였다. 이는 도급인과 건설공사 발주자에 대해 적용하는 의무를 달리하기 위한 것으로 판단된다.[89)]

업의 설계, 안전관리, 품질관리, 공정관리 등에 관여하는 것을 이유로(설령 깊숙이 관여한다고 하더라도) 이들 업체가 '시공'을 주도한다고 할 수는 없기 때문에, 즉 시공을 주도하는 것은 시공업체이기 때문에] 건설공사 발주자에 해당한다. 만약 유지보수공사와 같은 건설공사를 도급하는 자인 비건설업체가 시공을 주도한다고 보면, 시공업체의 존재 자체가 무색해진다(즉, 시공업체가 설 땅이 없게 된다).

87) 종합건설업체가 전형적으로 이에 해당한다.

88) 산업안전보건법, 건설산업기본법, 건설기술 진흥법 등 여러 법에서는 건설공사 발주자에 대해 안전보건에 관한 기획, 설계 및 점검·관리 등의 업무를 의무적으로 이행하도록 규정하고 있기도 하다.

89) 도급인과 건설공사 발주자를 인위적으로 분리함으로써 비건설업체의 사업장에서 이루어지는 각종 유지보수공사, 설치·해체공사와 같은 수많은 건설공사가 대부분 법

신축·증축공사와 같은 전형적인 건설공사에서도 공공 발주와 대기업(비건설업종) 발주의 경우, 발주자 측에서 설계 및 시공과정에 공정, 품질, 안전보건 등의 확보를 위하여 구체적으로 관여를 하는 경우가 많은데, 그렇다고 하여 이런 경우에 대해 어느 누구도 발주자가 시공을 주도한다고 보지는 않는다. 즉, 발주자가 공정, 품질 및 안전보건 등의 관리를 위하여 설계 및 시공과정에 구체적으로 관여한다고 하여 이것을 이유로 발주자가 시공을 주도하는 위치에 있게 되는 것은 아니다. 그리고 공정관리, 품질관리뿐만 아니라 안전관리 또한 도급인과 건설공사 발주자의 양자택일 식으로 접근하는 것은 논리적으로나 현실적으로 타당하지 않다. 도급(발주)을 받는 측에 대한 안전관리는 도급인만 하는 것이 아니라 건설공사 발주자도 하는 것이기 때문이다. 「산업안전보건법」상 도급인과 건설공사 발주자를 가르는 중요한 기준은 시공을 주도하면서까지 총괄·관리를 하느냐 여부이다.

한편, 법률(건설산업기본법 제16조, 전기공사업법 제4조, 소방시설공사업법 제4조 등)에 따라 어떠한 건설공사를 시공할 '자격'이 없거나, 일정한 건설공사에 대한 전문성을 갖추고 있지 않아 그 건설공사를 직접 수행할 '능력'이 없는 경우에는, 해당 건설공사를 다른 자에게 도급하지 않고서는 건설공사 시공을 할 수 없다. 건설공사를 시공할 자격이나 능력이 없는 자라면, 그 자는 시공의 총괄·관리 여부를 떠나 당연히 건설공사의 시공을 주도하는 지위에 있을 수 없을 것이다.

'건설공사'란 다음 각 목의 어느 하나에 해당하는 공사를 말한다(산업안전보건법 제2조 제11호). 「건설산업기본법」 등에서 말하는 건설공사는 그 범위가 한정되어 있지 않은 매우 넓은 개념으로서, 여기에는 시설물(공작물)의 설치·유지·보수공사, 각종 기계·설비(장비) 및 기구장치, 구조물 등의 설치(제작·조립)·해체(철거) 및 이전공사, 내장, 유리, 도색, 도배 등의 기타

적용에서 제외되어 커다란 입법 공백이 발생하고 있다. 이에 대한 상세한 설명은 후술한다.

전문 제공사, 그 밖의 각종 건설공사 등이 포함된다.

가. 「건설산업기본법」 제2조 제4호에 따른 건설공사[90)]

나. 「전기공사업법」 제2조 제1호에 따른 전기공사

다. 「정보통신공사업법」 제2조 제2호에 따른 정보통신공사

라. 「소방시설공사업법」에 따른 소방시설공사

마. 「문화재수리 등에 관한 법률」에 따른 문화재수리공사

'안전보건진단'이란 산업재해를 예방하기 위하여 잠재적 위험성을 발견하고 그 개선대책을 수립할 목적으로 고용노동부장관이 지정하는 자가 하는 조사·평가를 말하며(산업안전보건법 제2조 제12호), 사업장에서 스스로 또는 안전보건전문기관을 통해 자율적으로 실시하는 것도 모두 안전보건진단이라고 할 수 있으나, 「산업안전보건법」에서의 안전보건진단은 기업(사업장)에서 자율적으로 실시하는 것이 아니라 행정기관에서 기업(사업장)에 대해 명령적 행정행위(처분) 형태로 강제하여 실시되는 것을 말한다.

'작업환경측정'이란 작업환경 실태를 파악하기 위하여 해당 근로자 또는 작업장에 대하여 사업주가 유해인자에 대한 측정계획을 수립한 후 시료(試料)를 채취하고 분석·평가하는 것을 말한다(산업안전보건법 제2조 제13호).

'안전보건표지'란 유해하거나 위험한 장소·시설·물질에 대한 경고, 비상시에 대처하기 위한 지시·안내 또는 그 밖에 근로자의 안전 및 보건 의식을 고취하기 위한 사항 등을 그림, 기호 및 글자 등으로 나타낸 표지를 말한다(산업안전보건법 제37조 제1항).

---

90) "건설공사"란 토목공사, 건축공사, 산업설비공사, 조경공사, 환경시설공사, 그 밖에 명칭과 관계없이 시설물을 설치·유지·보수하는 공사(시설물을 설치하기 위한 부지조성공사를 포함한다) 및 기계설비나 그 밖의 구조물의 설치 및 해체공사 등을 말한다. 다만, 다음 각 목의 어느 하나에 해당하는 공사는 포함하지 아니한다.

가. 「전기공사업법」에 따른 전기공사

나. 「정보통신공사업법」에 따른 정보통신공사

다. 「소방시설공사업법」에 따른 소방시설공사

라. 「문화재 수리 등에 관한 법률」에 따른 문화재 수리공사

Ⅲ. 사업주의 의무

1. 사업주란

「산업안전보건법」의 대부분의 조문은 모두(冒頭)에 "사업주는"으로 되어 있고,[91] 마지막에는 대체로 "하여야 한다."로 끝을 맺고 있다. 따라서 가장 중요한 것은 '사업주'란 어떤 자를 가리키는가이다. 「근로기준법」에서는 '사업주'라는 표현은 없고, 전적으로 '사용자'라는 표현이 사용되고 있는 것은 주지의 사실이다.

그러면 「산업안전보건법」에서 사용되고 있는 '사업주'란 어떤 자일까. 이것을 국문 해석적으로 생각하면, 문자 그대로 '사업'을 행하는 '자'이다. 그러나 이것만으로는 불충분하고, 보다 깊이 들어가면 '자'라는 것은 법률상으로는 자연인과 법인을 가리키므로, 결국 사업을 행하는 자연인과 법인이 사업주에 해당하게 된다.

그런데 '사업'이라는 것도 자주 사용되는 표현이지만, 이것 역시 간단하지는 않다. 사업이라고 말하는 이상은 그 활동이 계속적으로 이루어져야 한다. 샐러리맨이 일요일에 하는 집안 목수일이 건설의 '사업'에 해당하지 않은 것을 생각하면 잘 이해할 수 있을 것이다. 단, 영리적인지 여부는 사업이라는 것과 관계가 없다. 공익'사업'도 많이 존재하기 때문이다.

한편, 「산업안전보건법」의 적용을 받는다고 말하려고 하면, 단순히 계속적인 활동을 하는 자연인 또는 법인인 것만으로는 충분치 않다. 중요한 것은 「근로기준법」 제2조(정의) 제1호에 해당하는 근로자를 사용하여야 한다는 것이다. 「산업안전보건법」은 근로자의 생명과 건강을 지키기 위하여 사업주가 준수하여야 할 산업안전보건기준을 정하고 있는 것이기 때문이다.

---

91) 「산업안전보건법」 외에도 「남녀고용평등과 일·가정 양립 지원에 관한 법률」, 「임금채권보장법」, 「고용정책기본법」, 「근로자직업능력 개발법」, 「고용보험법」 등의 경우에는 '사용자'라는 용어 대신에 '사업주'라는 용어를 사용하고 있다.

따라서 「산업안전보건법」 제2조 제4호에서는 사업주에 대해 "근로자를 사용하여 사업을 하는 자"라고 정의하고 있다. 주식회사 등 법인인 경우에는 법인 그 자체를 가리키고, 개인회사 등 개인인 경우에는 경영주 개인(사장, 대표)을 가리킨다.

「안전보건기준규칙」 제254조(화상 등의 방지)에는 "사업주는 용광로, 용선로 또는 유리 용해로, 그 밖에 다량의 고열물을 취급하는 작업을 하는 장소에 대하여 해당 고열물의 비산 및 유출 등으로 인한 화상이나 그 밖의 위험을 방지하기 위하여 적절한 조치를 하여야 한다."고 규정하고 있다. 만약 용광로 작업을 하는 사업주가 개인경영자가 아니라 법인인 ○○주식회사이었다고 하자. 그렇다면 이 제254조는 "○○주식회사는 용광로 작업을 할 때에는 화상이나 그 밖의 위험을 방지하기 위하여 적절한 조치를 하여야 한다."로 바꾸어 읽을 수 있다.

이 회사에서 만약 용광로 작업을 하는 현장의 과장이 화상 등의 위험을 방지하기 위해 아무런 조치를 하지 않았다고 가정하자. 이 경우에 조문대로 하면, ○○주식회사가 「산업안전보건법」 제168조의 규정에 의해 5년 이하의 징역 또는 5천만원 이하의 벌금을 부과받게 된다. 그러나 육체가 없는 법인을 교도소에 넣는 것은 물리적으로 불가능하기 때문에 벌금만을 부과하게 될 것인데, 그것만으로는 무엇인가 석연치 않은 점이 있다. 즉, 실제로 「산업안전보건법」의 위반행위를 실행한 현장의 과장이 무죄방면되기 때문이다. 그렇게 되면 법인만을 여러 번 처벌하여도 위반행위는 없어지지 않을 것이다.

그래서 이와 같은 불합리가 발생하지 않도록 「산업안전보건법」 제173조(양벌규정)에서는 법인의 대표자나 법인 또는 개인의 대리인, 사용인, 그 밖의 종업원이 그 법인 또는 개인의 업무에 관하여 위반행위를 하면 '그 행위자를 벌하는' 외에 그 법인 또는 개인에게도 해당 조문의 벌금형을 과한다고 규정하고 있다.

이것을 앞의 과장의 경우로 바꾸어 읽어 보면, 과장은 ○○주식회사의 "사용인, 그 밖의 종업원"에 해당하므로 과장이 ○○주식회사의 업무에 관하여 위반행위를 한 경우에는 과장을 벌하는 외에 ○○주식회사에 대해서도 벌금형을 과하게 된다.

이것으로 「안전보건기준규칙」 제254조의 규정을 위반하여 화상이나 그 밖의 위험을 방지하기 위한 아무런 조치를 하지 않은 과장은, 이것에 의한 피해의 유무에 관계없이 「산업안전보건법」 제168조에 규정되어 있는 5년 이하의 징역 또는 5천만원 이하의 벌금형에 해당하게 된다.

지금까지 살펴본 바에 의하면, 사용자를 사업주로 변경하더라도 처벌 면에서는 차이가 없는 것은 아닐까라는 의문이 생긴다. 이것은 전적으로 그렇다고 할 수 있다. 법 위반이 있는 경우의 법 적용은 「근로기준법」과 다른 점은 없는 것이다. 그렇다면, 「산업안전보건법」에서는 「근로기준법」과 달리 왜 사업주라는 용어를 일부러 사용하였는가라는 의문이 생기게 된다. 그것은 '사업경영의 이익의 귀속주체(사업의 실시주체)' 그 자체를 의무주체로 포착하여, 안전보건상의 책임을 명확히 하기 위해서라고 설명할 수 있을 것이다.

이것에 의해, 사업경영과 근로자의 안전보건확보는 일체가 되어 이루어져야 한다는 것이 법률상으로 명확하게 되었고, 「근로기준법」 시대와는 획기적으로 다른 의무체제를 갖추게 된 것이다. 다시 말해서, 「근로기준법」의 사용자는 사업주를 대신하여 행위하는 자이기 때문에, 법인 그 자체는 물론 사장, 부장, 과장 모두가 포함될 수 있는데, 이러한 사용자의 개념으로는 근로자의 안전과 건강을 확보하는 데 있어 본래의 책임자이어야 할 사업주의 책임이 불명확해질 경우도 있을 수 있어, 「산업안전보건법」에서는 사업의 경영주체인 사업주를 의무주체로 한 것이다.

2. 사업주의 의무내용

사업수는 근로자의 안전과 보건에 대하여 어떠한 책임이 있는 것일까. 여기에서 안전보건 앞에 일부러 '근로자의'라는 보충어를 넣은 것은 실은 이유가 있다. 그 이유는 「산업안전보건법」의 목적을 정하고 있는 제1조에 적혀 있다. 즉, 「산업안전보건법」 제1조(목적)에서는 근로자(노무를 제공하는 사람)의 안전과 보건을 유지·증진함을 목적으로 한다고 규정하고 있다. 결국, 「산업안전보건법」이 상정하고 있는 사업주의 책임이라는 것은 원칙적으로 근로자에 대한 것이고 근로자가 아닌 자에 대해서는 원칙적으로 책임이 없다고 할 수 있다.

그렇다면, 근로자에 대해 사업주에게는 어떤 책임, 어떤 의무가 있을까. 그에 대해서는 많은 조문이 있지만, 「산업안전보건법」 제5조(사업주 등의 의무) 제1항에 사업주의 책무에 대하여 구체적인 방향이 제시되는바, 그 내용은 다음과 같다.

① 산업안전보건법령으로 정하는 산업재해 예방을 위한 기준을 지킬 것
② 근로자의 신체적 피로와 정신적 스트레스 등을 줄일 수 있는 쾌적한 작업환경을 조성하고 근로조건을 개선할 것
③ 해당 사업장의 안전보건에 관한 정보를 근로자에게 제공할 것

즉, 사업주에게는 「산업안전보건법」에 근거한 산업재해 예방을 위한 최저기준 준수와 관련된 여러 가지 의무가 부과되어 있지만, 사업주는 단순히 법에서 정하는 최저기준을 준수하여야 할 뿐만 아니라, 쾌적한 작업환경 조성과 근로조건 개선을 통하여 직장에서의 근로자의 안전과 건강을 확보하여야 한다.

이와 같이 사업주의 의무내용으로서 법의 목적에서 규정된 내용과 동일하게 산업재해의 예방 외에 쾌적한 작업환경의 조성이 규정되어 있다. 그리고 임금, 근로시간, 휴게, 그 밖의 일반적인 근로조건에 대해서도 산업재해와의 관련이 고려되어야 함을 분명히 하고 있다. 예를 들면, 저임금 때문에 장시간 노동을 하고, 그 결과 집중력 저하로 인한 산업재해가 발생할 수 있다. 이와

같은 관점에서 볼 때, 산업재해를 예방하기 위해서도 일반적인 근로조건의 개선이 필요하기 때문에, 「산업안전보건법」은 사업주에게 이를 위한 노력을 요구하고 있는 것이다(산업안전보건법 제5조 제1항 제2호).

한편, 「산업안전보건법」 제5조 제1항의 규정은 사업주의 일반적인 행동기준을 정하고 있을 뿐이고 위반에 대해 벌칙은 규정되어 있지 않다. 사업주의 구체적인 조치기준은 「산업안전보건법」 제2장~제8장에 규정되어 있고, 그곳의 대부분의 조항에 대해서는 위반 시 벌칙(형사처벌, 과태료)이 수반되어 있다.

중요한 것은, 「산업안전보건법」에 규정되어 있는 사업주가 준수하여야 할 의무는 직접적으로는 국가에 대한 의무이고 근로자에 대한 의무는 아니라는 것이다. 예를 들면, 「안전보건기준규칙」 제94조(작업모 등의 착용)에는 "사업주는 동력으로 작동되는 기계에 근로자의 머리카락 또는 의복이 말려 들어갈 우려가 있는 경우에는 해당 근로자에게 작업에 알맞은 작업모 또는 작업복을 착용하도록 해야 한다."고 규정하고 있다. 이 경우에, 근로자에게 작업모 또는 작업복을 착용하도록 해야 하는 사업주의 의무는 직접적으로는 국가에 대한 것이고, 머리카락 또는 의복이 기계에 말려 들어갈 우려가 있는 작업에 종사하는 근로자에 대한 것은 아니다.

따라서 설령 작업에 종사하는 근로자가 작업모 또는 작업복의 착용을 필요하지 않다고 주장하더라도 그것만으로는 사업주의 「안전보건기준규칙」 제94조 위반의 책임이 면제되는 것은 아니다.

그렇다면, 사업주는 근로자에 대하여 직접적으로는 아무런 의무도 없는 것인가 하면, 그렇지는 않다. 「산업안전보건법」에 정해진 국가에 대한 의무와는 별개로, 사업주에게는 근로자에 대해 근로계약에 수반하는 안전배려의무가 있다는 것은 많은 판례[92]와 학설이 인정하고 있는 바이다. 예를 들면,

92) 대법원 2013.11.28. 2011다60247 판결 ; 대법원 2006.9.28. 2004다44506 판결 ; 대법원 2002.11.26. 2000다7301 판결 ; 대법원 2001.7.27. 99다56734 판결 ; 대법원 2000.5.16. 99다47129 판결 ; 대법원 1999.2.23. 97다12082 판결 ; 대법원 1998.1.23. 97다44676 판결 ; 대법원 1997.4.25. 96다53086 판결 ; 대구고등법원 2011.6.29.

머리카락 또는 의복이 기계에 말려 들어갈 우려가 있는 작업에 근로자를 종사시키고 있는 사업주는 안전배려의무로서 근로자에게 작업에 알맞은 작업모 또는 작업복을 착용하도록 하여야 한다.

「산업안전보건법」에 구체적으로 규정되어 있는 사업주의 대부분의 안전보건조치의무는 사업주의 근로자에 대한 안전배려의무의 구체적인 내용으로 되는 경우가 많다. 다시 말해서, 「산업안전보건법」상의 사업주의 의무규정이 근로계약의 내용으로 되는 데 적합한 경우 사업주의 안전배려의무가 된다. 그리고 사업주가 철저한 안전보건대책을 실시하는 데 있어 「산업안전보건법」은 사업주에게 적절한 방향과 방법을 제공한다. 다만, 「산업안전보건법」은 일반적으로는 사업주가 준수하여야 할 안전보건대책의 최저기준을 정한 것이므로, 안전배려의무가 「산업안전보건법」보다 그 범위가 훨씬 넓을 것이다. 즉, 「산업안전보건법」은 안전배려의무의 최저기준이 된다고 볼 수 있다.

따라서 「산업안전보건법」을 100% 준수하고 있으면 법 위반으로 형사책임을 추궁 받거나 과태료를 부과 받는 일은 없겠지만, 그것만으로는 현실적으로 산업재해가 발생한 경우의 민사책임을 완전히 면제받는 것은 곤란한 경우가 많을 것이다.

산업재해로 피재한 근로자나 사망한 근로자의 유족은 산재보험에 의한 보상을 받는 외에, 위에서 설명한 채무불이행(고의·과실로 안전배려의무의 채무의 내용에 좇은 이행을 하지 아니하는 것, 민법 제390조)이 있는 경우에는 사업주를 상대로 손해배상을 청구할 수 있다.[93] 이와 같은 손해배상을 청구

10나9475 판결 ; 서울고등법원 1999.2.12. 98나9276 판결 ; 광주지방법원 2014.2.19. 2013노2217 판결 ; 청주지방법원 2013.1.9. 2012가합4524·4531 판결 ; 대구지방법원 2010.11.9. 2009가단1723 판결 등.

93) 피재근로자나 유족은 안전배려의무 위반=채무불이행으로 인한 손해배상이 아니라 불법행위(고의·과실에 의한 위법행위, 민법 제750조)로 인한 손해배상을 청구할 수 있고, 또는 채무불이행으로 인한 손해배상과 불법행위로 인한 손해배상을 경합적으로 청구할 수도 있다.

하는 재판에서 사업주에게는 "근로자의 생명, 신체, 건강 등을 위험으로부터 보호하도록 배려하여야 할 의무", 즉 안전배려의무가 있다는 것이 확립되어 있다. 따라서 민사상의 손해배상(민사소송 또는 합의)의 문제를 발생시키지 않기 위해서는, 벌칙이 수반되어 있는 「산업안전보건법」상의 기준을 준수하는 것을 넘어, 벌칙이 없는 기준, 나아가 「산업안전보건법」에 규정되어 있지 않은 기본적(또는 중요한) 사항에 대해서까지 산업재해 예방을 위해 철저히 노력할 필요가 있다.

예를 들면, 「안전보건기준규칙」 제669조(직무스트레스에 의한 건강장해 예방조치)에는 "사업주는 근로자가 장시간근로, 야간작업을 포함한 교대작업, 차량운전 및 정밀기계 조작작업 등 신체적 피로와 정신적 스트레스 등(이하 '직무스트레스'라 한다)이 높은 작업을 하는 경우에 「산업안전보건법」 제5조 제1항에 따라 직무스트레스로 인한 건강장해 예방을 위하여 다음 각 호의 조치를 하여야 한다."고 규정하고 있다. 이 규정은 위반하더라도 사업주에게 처벌은 따르지 않지만, 안전배려의무 위반이 되어 민사상의 손해배상의 문제가 발생할 수 있다.

따라서 근로자가 직무스트레스가 높은 작업을 하는 경우 해당 사업주는 내실 있는 안전보건관리를 하기 위해 종업원에 대해 작업환경, 작업내용, 근로시간 등 직무스트레스 요인에 대해 평가하고 근로시간 단축, 작업자 휴식의 적절한 배분 등 근로시간과 관련된 근로조건을 개선하는 등 직무스트레스로 인한 건강장해 예방을 위한 조치를 취할 필요가 있다. 다시 말해서, 사업주로서 안전배려의무를 다하기 위해서는 벌칙이 부과되어 있지 않은 규정에 대해서도 적극적으로 활용을 도모하고 안전보건관리의 철저를 기해야 한다.

사업주의 「산업안전보건법」 위반에 대해서는, 종전에는 벌칙이 대부분 형사처벌하는 것으로 되어 있었지만, 2000년대 초 범정부적인 행정형벌의 행정질서벌화 정책에 따라 현재는 「산업안전보건법」 위반에 대해 과태료를 부과하는 것으로 되어 있는 조항도 적지 않다.

[칼럼] 산업안전보건법상의 의무주체와 행위(범죄)주체[94)]

행정형법[95)]인 산업안전보건법에서는 법적 의무주체와 행위(범죄)주체가 분리되어 있는 것이 특징이다. 법인사업주의 경우는 의무주체이더라도 범죄주체는 될 수 없다. 범죄주체는 법인으로부터 위임을 받은 행위자이다.

그런데 산업안전보건법상의 의무이행의 위임은 사업주가 특정의 의무이행을 관리·감독자 등 종업원의 임무로 정하는 것만으로는 충분치 않고, 의무의 이행을 가능하게 하기 위한 기타의 조건을 충족하여야 한다(권한의 부여). 정당하게 의무이행의 위임이 이루어져 있는 경우에는 위임에 의해 사업주를 위해 의무를 이행하는 임무를 지는 종업원이 의무자가 되고, 사업주는 그 선임·감독에 대해 주의의무를 부담하지만 본래의 의무에서는 벗어난다.

산업안전보건법의 형사책임은 사업주(법인의 경우는 법인기업 그 자체)가 지는 것으로 되어 있지만, 실제는 회사라고 하는 법인 그 자체는 손도 발도 없기 때문에 법적 조치는 실행할 수 없다. 따라서 대표자가 일응 법인을 대신하여 법적 의무조치에 대한 실행책임과 형사책임을 부담한다.

그러나 대표자인 사장 본인이 매일 제조공장, 건설현장 등에 나가 직접 조치의무를 실행하는 것은 특히 대기업과 같은 경우는 곤란하다. 이 때문에 사업주가 조치의무를 진다고 해도, 실제로는 사업주인 법인의 산업안전보건법상의 조치의무를 이행하는 사람은 기업조직상 법인으로부터 그 의무에 대한 권한을 위임받고 있는 '대리인, 사용인, 그 밖의 종업원'이다(법 제173조).

사장 → 공장장 → 제조부장 → 기계과장 식으로 의무(권한)가 위임(사무분장)되고 누가 그 의무를 이행해야 할지가 결정된다. 그리고 그 의무를 위임받고 있는 사람이 해당 의무를 이행하지 않으면, 그에게 부작위의무에

---

94) 정진우, 안전저널, 2018.12.14.

95) 행정형법이란 행정법적 성격의 법률 중 일부에(대부분 법률의 마지막 부분에 벌칙의 형식으로) 규정되어 있는 범죄와 형벌에 관한 규정을 말한다. 예컨대, 행정법적 성격의 법률인 「산업안전보건법」은 제167조부터 제173조까지에서 범죄와 형벌에 관한 규정을 두고 있는데, 이 부분이 행정형법이다.

대한 형사책임이 물어진다.

개인기업이든 법인기업이든 기업조직의 내부에서는 사업주의 권한은 분할되고 순차적으로 조직 하부의 자에게 그 권한이 위임되어, 이들 권한을 위임받은 자들이 각각의 업무를 수행하고, 사업주는 이와 같은 유기적인 조직체인 기업 전체를 총괄관리하여 사업을 행한다. 사업주가 스스로 조치를 이행하지 않을 경우에는, 사업주의 책임으로 조치를 이행해야 할 자를 정하고 그 자로 하여금 이행하게 하는 것도 인정하고 있다.

사업주 자신은 스스로에게 부과된 조치의무에 대하여 그 이행을 제3자에게 위임할 수 있고, 현실적으로 제3자에게 그 이행방법을 위임하더라도 조치를 강구할 의무가 소멸하는 것은 아니며, 어디까지나 법률상의 의무자임에도 불구하고, 사업주로부터 조치의 이행을 위임받은 자는 그에 대하여 사업주를 위하여 조치를 행할 의무를 질 뿐만 아니라, 양벌규정의 적용에 의해 산업안전보건법상의 의무자가 된다.

한편, 산업안전보건법상 위험방지를 위한 각종의 조치의무를 이행하여야 할 책임을 지고 있는 사업주(법인인 경우는 대표자)가 같은 법상의 의무를 태만히 하였다고 하여 형사책임을 추궁받는 경우는 다음과 같은 3가지로 정리될 수 있다.

첫째, 종업원(법인의 대표자 제외)에게 의무이행의 위임을 하고 있지 않은 경우에, 사업주 스스로가 의무에 위반하는 행위를 하였을 때이다.

둘째, 종업원에게 의무이행의 위임을 하고 있지만, 그 이행에 필요한 권한을 종업원에게 주고 있지 않은 경우에, 의무위반이 발생한 때이다.

셋째, 유효한 의무이행의 위임이 이루어지고 있어도, 사업주 자체에게 위반행위가 있다고 평가할 수 있는 때이다. ① 사업주가 부작위의무에 위반한 경우, ② 종업원에게 의무이행의 위임이 이루어진 후, 사업주가 종업원에 의한 의무위반이 행해지려고 하거나 의무위반이 계속되고 있음에도 불구하고 이것을 방치(묵인)하거나 또는 종업원에게 의무위반행위를 지시하는 등의 행위에 나선 경우 등이다.

Ⅳ. 근로자의 의무

1. 산업재해 예방과 근로자의 역할

「산업안전보건법」의 직접적인 목적은 제1조에도 쓰여 있듯이 '근로자(노무를 제공하는 사람)의 안전과 보건의 유지·증진'이다. 그런데 사업주가 아무리 노력해도 근로자의 협조 등 노력이 없으면 산업재해 예방이 사업주의 짝사랑으로 끝나고 충분한 효과를 거두기 어렵게 된다.

근로자가 안전대의 사용을 사업주로부터 지시받았는데도 이것을 사용하지 않고 고소작업에 종사하다가 추락하여 사망한 사례를 자주 접하곤 한다. 또한 방진마스크가 있는데도 불구하고 이것을 사용하지 않고 분진작업에 종사한 결과, 현재의 의학으로는 치료방법이 없는 진폐증에 이환되거나, 또는 이미 갖추어져 있는 귀마개를 하지 않고 소음작업에 종사하다가 마침내 소음성난청(이것도 현대의학으로는 치료방법이 없다)에 걸리는 경우도 자주 접하곤 한다.

이러한 경우에 안전대, 방진마스크 또는 귀마개의 사용을 사업주가 강제하려고 하여도 이것에는 한계가 있다. 폭력에 호소하여 강제할 수는 없고, 설령 그렇게 강제해 보아도 근로자에게 착용(사용)할 마음이 없으면, 근로자는 감독자가 자리에 없는 순간에 사용을 그만 둘 것이다.

이와 같이 사업주가 행하는 안전보건대책 중에는 근로자의 협조 등 노력이 없으면 도저히 그 효과를 거둘 수 없는 것이 있다.

그래서 「산업안전보건법」은 제6조(근로자의 의무)에 근로자의 의무로 "근로자는 이 법과 이 법에 따른 명령으로 정하는 기준 등 산업재해 예방에 필요한 사항을 지켜야 하며, 사업주 또는 근로감독관, 공단 등 관계자가 실시하는 산업재해 방지에 관한 조치에 따라야 한다."라고 벌칙은 없지만 일반적인 의무를 부과하고 있다. 즉, 산업재해의 방지에 대하여 근로자에게도 의무가 있다는 것을 선언하고 있는 것이다.[96)]

이 제6조는 추상적인 훈시규정에 불과하지만, 「산업안전보건법」에는 근로자에게 구체적인 의무를 규정하고 있는 조문도 있다. 즉, 제40조(근로자의 안전조치 및 보건조치 준수)에는 "근로자는 제38조(안전조치) 및 제39조(보건조치)에 따라 사업주가 한 조치로서 고용노동부령으로 정하는 조치사항을 지켜야 한다."고 규정하고 있다. 이 조문에는 제6조와는 달리 300만원 이하의 과태료도 규정되어 있다. 그리고 제133조에는 근로자의 건강진단 수진의무가 있다. 이 조항에 대해서도 위반이 있으면 300만원 이하의 과태료가 부과될 수 있다.[97]

사업주는 「산업안전보건법」 제39조의 규정에 따라 분진에 의해 발생하는 근로자의 건강장해의 방지에 필요한 조치를 강구하여야 한다. 구체적으로는, 「안전보건기준규칙」 제617조(호흡용 보호구의 지급 등) 제1항의 규정에 근거하여 일정한 분진작업을 하는 경우에는 해당 작업에 종사하는 근로자에게 적절한 호흡용 보호구를 지급하여 착용하도록 하여야 한다. 만약 착용하도록 하지 않으면, 사업주는 5년 이하의 징역 또는 5천만원 이하의 벌금에 해당하는(제168조 제1호) 형사처벌의 대상이 된다. 그런데 전술한 바와 같이 착용을 강제하는 데에는 한계가 있다.

이 점을 감안하여 「안전보건기준규칙」 제617조 제3항에는, 근로자가 사업주로부터 호흡용 보호구의 착용을 지시받았을 때에는 그 지시에 따라 호흡용 보호구를 착용하여야 한다고 규정하고 있다.

그런데 이와 같은 근로자의 의무는 사업주에 대한 것은 아니다. 어디까지

---

96) 산업안전보건 영역에서 근로자는 보호 대상이면서 의무주체이기도 한 '이중적 지위'에 있다고 할 수 있다.

97) 산업안전보건 영역에서 근로자에 대해서도 의무를 부과하는 것은 모든 나라의 산업안전보건법에서 공통적으로 발견되는 보편적인 기준이다. 대부분의 국가에서 산업안전보건에 관하여 근로자의 의무를 노사 자치의 영역(사업주의 자기규율 영역)으로만 맡기지 않고 법으로 강제하고 있는 이유는 근로자 준수의무의 중요성을 사회적으로 강조하는 한편, 중소기업의 경우 근로자의 의무가 현실적으로 노사 자치에 의해 담보되기 어려운 점을 고려한 것이라고 할 수 있다.

나 국가에 대한 것이다. 이것은 앞에서 설명한 사업주의 의무와 동일하다.

그렇다면, 근로자는 사업주에 대해 직접적으로 의무를 부담하는 것은 없는 것일까. 그것이 없다고 하게 되면, 이것은 불공평한 것이라 할 수 있다. 사업주 측은 근로자에 대해 학설과 판례 모두 인정하고 있는 안전배려의무를 부담하기 때문이다. 사업주가 채무자로서 안전배려의무를 부담한다고 하면, 근로자도 채권자로서 사업주(채무자)의 안전배려의무 이행에 협력할 의무가 있다고 해야 할 것이다. 그 의무의 구체적 내용에는 「산업안전보건법」에 규정되어 있는 근로자의 의무가 포함된다고 보아야 한다.

따라서 사업주가 분진작업 종사자에 대하여 진폐증에 이환되는 것을 방지하기 위하여 방진마스크(호흡용 보호구의 일종)의 착용을 지시한 경우에는, 근로자는 「안전보건기준규칙」 제617조 제3항 규정의 유무에 관계없이 방진마스크를 착용하여야 할 것이다.

이는 사업장의 안전보건관리규정(또는 취업규칙) 등에 방진마스크의 착용의무에 대하여 설령 규정되어 있지 않더라도 마찬가지라고 해석된다. 단, 분진의 발생원에서의 방지대책이 설비적으로 가능한 경우에는 사업주로서는 안이하게 방진마스크에 의지하는 것이 바람직하지 않은 것은 당연하다.

2. 근로자란

「산업안전보건법」상의 근로자는 「근로기준법」 제2조 제1항 제1호에 따른 근로자를 말한다. 즉, 「산업안전보건법」상의 근로자는 "직업의 종류에 관계없이 임금을 목적으로 사업이나 사업장에 근로를 제공하는 자"로 정의된다. 이 근로자의 정의(개념)는 i) 임금, ii) 사업 또는 사업장, iii) 근로의 제공이라는 3가지 지표로 구성되어 있다고 할 수 있다. 이 지표에 대해 각각 설명한다.

가. 임금

임금이란 통화만을 의미하지 않는다. 「근로기준법」 제2조 제1항 제5호에 "임금이란 사용자가 근로의 대가로 근로자에게 임금, 봉급 그 밖에 어떠한 명칭으로든지 지급하는 일체의 금품을 말한다."고 되어 있다. 「근로기준법」 제43조의 '통화 지불의 원칙'에 위반하고 있는지 여부는 문제가 되지 않는다. 문제는 근로의 대가로 받았는지 여부이다. 만약 근로의 대가로 무언가를 받고 있으면(체불의 경우를 포함하여), 근로자로서의 하나의 조건을 충족하게 된다. 「근로기준법」상의 근로자는 '임금을 목적으로 근로를 제공하는 자'라야 하므로 무상으로 또는 임금 이외의 이익을 목적으로 근로를 제공하는 자는 근로자가 아니다. 예컨대, 자원봉사자는 복지시설 내에서 지휘·감독을 받아 봉사를 하더라도, 근로의 대가를 받지 않으므로 「산업안전보건법」이 적용되는 근로자는 아니다.

나. 사업 또는 사업장

여기에서 말하는 '사업 또는 사업장'이란 '사업'이라는 말로 총칭되는 것으로서 「산업안전보건법」(근로기준법)의 '적용 대상'으로서의 의미를 가지고 있다.[98] 총칭으로서의 '사업'이란 공장, 건설현장, 사무소, 지점 등과 같이 일

98) 「산업안전보건법」(근로기준법)의 '적용 대상'으로서의 '사업 또는 사업장'이라는 표현과 「산업안전보건법」(근로기준법)의 '적용단위'로서의 '사업장'이라는 표현 간에 혼동을 피하기 위해서는, 법 적용 대상을 가리킬 때는 '사업'이라는 표현을, 법 적용단위를 가리킬 때는 '사업장'이라는 표현을 각각 단독으로 사용하는 것이 타당하다. 법 적용 대상을 가리킬 때는 '사업장'이라는 말을, 법 적용단위를 가리킬 때에는 '사업'이라는 말을 사용하는 것이 실익이 없거나 바람직하지 않기 때문이다. 예컨대 법의 일부를 적용 제외시키고자 할 때는, 상시 근로자 ○명 미만을 사용하는 '사업'이라는 표현으로 충분한바, 이 경우 '사업장'이라는 표현을 사용하게 되면 법 적용의 사각지대를 불필요하게 확대하는 문제를 초래할 수 있다. 즉, 대기업에서도 작은 규모의 사업장을 가지고 있을 수 있는데, 이런 사업장까지도 법 적용에서 제외되는 문제가 발생하게 된다.

정한 장소에서 상호 관련된 조직하에 업(業)으로서 계속적으로 하는 작업의 일체를 말한다. 즉, 사업이라고 하려면 영리 · 비영리를 불문하고 어느 정도의 업으로서의 계속의사가 있는 것이 필요하다.

영리 목적을 가지고 있는지 여부는 묻지 않기 때문에 비영리 · 공익 목적의 사업(비영리 · 공익단체)도 포함된다. 따라서 국가 · 지방자치단체 및 정부출연 · 투자기관의 사업, 사회사업 · 복지사업, 종교활동, 정당활동, 노동조합활동 등이라 하더라도 계속적인 활동을 하면 「산업안전보건법」상의 사업에 해당한다. 그리고 허가 등의 유무, 적법 유무 등도 관계없다. 따라서 예컨대, 「식품위생법」 제37조 제1항에 따른 지방자치단체의 허가를 받지 않은 음식점이라도 근로자를 1명이라도 사용하고 있으면 사업에 해당하여 「산업안전보건법」이 적용된다.[99] 그러나 개인이 집수리, 이사, 간병 등의 집안일 때문에 타인을 일시적으로 사용하는 경우에는, 「민법」상의 고용계약이 될 수는 있어도 업으로서의 계속성을 결여하고 있기 때문에 사업에 사용한다고는 볼 수 없어, 여기에 고용된 사람은 「산업안전보건법」상의 근로자에는 해당하지 않는다. 따라서 고용한 측에게는 안전배려의무는 있을지 모르지만, 「산업안전보건법」에 근거한 안전보건조치를 강구할 의무는 없다.

「산업안전보건법」은 국내에서 적용되는 강행적 법질서로서 사업이 국내에서 영위되는 한, 사업주가 한국인인지 외국인인지, 한국법인인지 외국법인인지를 묻지 않고 적용된다. 반대로, 국외에서 영위되는 사업에 대해서는 속지주의 원칙에 의해 그 사업주가 한국인 또는 한국법인이라 하더라도 적용되지 않는다.[100]

---

99) 다만, 도둑질을 하는 기업과 같이 존재하는 것(사업의 목적) 자체가 인정되지 않는 불법적인 사업이 있다고 하면, 그것은 「산업안전보건법」상의 사업에 포함되지 않을 것이다. 근로자도 사업주가 범죄를 행하고 있다는 것을 알고 이것에 협력하고 있다면, 근로자 자신이 공동정범 또는 종범으로서의 책임을 지는 것이고, 이와 같은 경우에 대해서까지 「산업안전보건법」이 관여할 이유는 없기 때문이다.

100) 그러나 국내에 본사(기업체)가 있고 그 출장소 · 지점 등이 법인이 아닌 형태로 외

다. 근로의 제공[101)]

(1) 근로는 정신노동과 육체노동을 모두 포함한다(근로기준법 제2조 제1항 제3호). 그러나 독립적 노동이 아니라 종속적 노동만을 의미한다. 따라서 사업 또는 사업장에 고용(사용)되어 종속적 근로를 제공하는 관계에 있는 자, 즉 사용종속적 관계에 있는 자라야 근로자가 된다. 따라서 타인에게 노무를 제공하더라도 사용종속적 관계에 있지 않은 변호사, 세무사 등은 독립사업자에 속하며 「산업안전보건법」상의 근로자는 아니다. 즉, 도급계약 또는 위임계약에 따라 타인에게 독립적으로 노무를 제공하는 자는 자영업자에 속하고 근로자에는 해당하지 않는다. 계약서의 존부, 계약의 형식은 관계가 없고, 실태의 존부가 중요하다. 도급이나 위임이라 하더라도, 사용종속적 관계에 있는 실태가 있으면 근로자의 조건으로는 충분하다.

(2) 사업이나 사업장에 근로를 제공한다는 것은, 단순히 사업이나 사업장을 근로제공의 장소로 한다는 것이 아니라, 사업이나 사업장의 사업주에 고용되어 그를 위하여 근로를 제공하는 것을 말한다. 따라서 실업자는 사업이나 사업장에 근로를 제공하는 자가 아니므로 「근로기준법」상의 근로자에 해당하지 않는다.

또 사업이나 사업장에 근로를 제공하기 위하여 체결한 근로계약이 적법·유효하지 않더라도 사실상 사업이나 사업장에 근로를 제공하는 이상 근로자로 인정된다. 예컨대, 15세 미만 근로자, 불법체류 외국인 근로자의 경우가 그렇다.

(3) 임금을 목적으로 사업이나 사업장에 근로를 제공하는 자이면 족하고, 직업의 종류, 계약기간의 유무 또는 장단, 근로시간의 장단 등은 관계없다.

국에 있는 경우에는 그 출장소·지점 등에 근무하는 근로자에 대해 「산업안전보건법」, 「근로기준법」, 「산업재해보상보험법」 등이 적용된다(대법원 1970.5.26. 70다523·524 판결 등 참조).

101) 임종률, 『노동법(제18판)』, 박영사, 2020, 34~35쪽 참조.

(4) 법인의 임원이라 하더라도 대표이사, 업무집행권을 가지고 있는 이사 등의 지휘·감독을 받아 근로를 제공하고 그 대가로서 임금을 받고 있는 자는 「산업안전보건법」(근로기준법)상의 근로자로 취급된다. 따라서 법인 등기부에 등재되는 이사와 달리 집행이사는 그 실질에 있어 사업 또는 사업장에 있는 임금을 목적으로 종속적인 관계에서 사용자에게 근로를 제공하는 「산업안전보건법」(근로기준법)상의 소정의 근로자에 해당한다.

라. 근로자성 판단기준[102)]

도급적 노무자가 「근로기준법」상의 근로자에 해당하는지 여부가 많이 다투어지고 있다. 이에 대해 판례와 학설은 계약의 형식이 아니라 그 실질에 있어 사업 또는 사업장에 임금을 목적으로 종속적 관계에서 근로를 제공하는지 여부에 따라 결정해야 한다고 보고 있다. 판례·학설이 제시하는 종속적 관계의 판단기준을 정리하여 제시하면 다음과 같다.

① 사용자가 업무의 내용을 결정하고 업무수행과정에서 '상당한 지휘·감독'[103)]을 하는지, ② 취업규칙이나 복무규정 등이 적용되는지, ③ 사용자가 근무시간·장소를 지정하고 노무제공자가 이에 구속받는지, ④ 노무제공자가 스스로 비품, 원자재, 작업도구 등을 소유하거나 제3자를 고용하여 업무를 대행하게 하거나 업무에 따른 수익·손실의 위험을 스스로 지는 등 독립하여 자신의 계산으로 사업을 할 수 있는지, ⑤ 보수의 노무대가성 유무와 기본급·고정급 유무, ⑥ 노무제공관계의 계속성과 상대방에의 전속성 유무와 그 정도, ⑦ 근로소득세의 원천징수와 사회보장법상 근로자 인정 여부 등의 조건을 종합적으로 고려하여 판단해야 한다. 다만, 기본급·고정급 유무, 근로소득세의 원천징수와 사회보장법상 근로자 인정 여부 등의 조건은 사용자가 경제적으로 우월한 지위를 이용하여 임의로 정할 여지가 크기 때문에

---

102) 임종률, 『노동법(제18판)』, 박영사, 2020, 39쪽 참조.

103) 판례에 따라서는 '구체적·개별적인 지휘·감독'이라는 표현을 사용하기도 한다.

그러한 조건이 인정되지 않는다는 것만으로는 근로자성이 쉽게 부정되는 것은 아니다.[104)]

3. 산업안전보건법상의 근로자 의무

산업재해 예방의 책임은 당연히 그 대부분을 사업주가 부담하여야 하지만, 작업의 성질상 근로자의 협력이 수반되어야 하는 측면도 있다. 즉, 근로자는 산업재해의 발생으로부터 보호를 받는 입장에 있지만, 근로자 또한 산업재해 예방에 대해서 함께 노력하지 않으면 산업재해를 예방하는 것이 곤란할 수 있다. 그래서 「산업안전보건법」은 근로자에 대해 많은 의무를 규정하고 있다.

산업재해 예방은 사업주만의 일방적 행태에 달려 있는 것이 아니라 근로자와 사업주의 공동협력에 의해서만 달성될 수 있다는 이념은 「산업안전보건법」에서 분명하게 선언되고 있다. 본법 제6조는 근로자의 일반적 의무로 "근로자는 이 법과 이 법에 따른 명령으로 정하는 기준 등 산업재해 예방에 필요한 사항을 지켜야 하며, 사업주 또는 근로감독관, 공단 등 관계자가 실시하는 산업재해 방지에 관한 조치에 따라야 한다."고 규정하고 있다.

한편, 사업주가 근로자에 대해 근로계약상의 의무인 안전배려의무를 이행하는 것과 관련하여, 「민법」상 신의성실의 원칙에 따라 근로자는 안전배려의무의 채권자로서 사업주의 동 의무 이행에 협력하는 것이 필요하다. 이에 따라 근로자에게는 사업주에 대해 안전보건에 대한 계약(사법)상의 의무로서 주의의무가 발생한다고 할 수 있다.

근로자가 재해예방을 위해 구체적으로 이행하여야 할 의무는 대부분 「산업안전보건법」 제40조에 근거하여 「안전보건기준규칙」에 규정되어 있다. 동

104) 대법원 2006.12.7. 2004다29736 판결과 그 이후 판결의 대부분이 이러한 입장을 취하고 있다.

규칙에서는 보호구, 안전장치, 작업행동 등 근로자의 협력이 강하게 요구되는 것을 중심으로 근로자의 의무를 정하고 있다.

근로자의 의무와 관련하여 주의하여야 할 것은, 산업재해 예방의 성격상 대부분의 조문이 근로자에게만 단독으로 의무를 부과하지 않고, 사업주의 의무를 먼저 규정하고 근로자가 그것에 따라야 한다는 형식을 취하고 있는 경우가 많다는 점이다.

근로자의 의무내용에 대한 보다 상세한 설명은 제4장 산업안전보건조치의 'Ⅲ. 근로자의 준수사항' 부분에서 하는 것으로 한다.

〈참고〉「안전보건기준규칙」상의 근로자의 의무

제32조(보호구의 지급 등) ② 사업주로부터 제1항에 따른 보호구를 받거나 착용지시를 받은 근로자는 그 보호구를 착용하여야 한다.

제40조(신호) ② 운전자나 근로자는 제1항에 따른 신호방법이 정해진 경우 이를 준수하여야 한다.

제98조(제한속도의 지정 등) ③ 운전자는 제1항과 제2항에 따른 제한속도를 초과하여 운전해서는 아니 된다.

제99조(운전위치 이탈 시의 조치) ② 차량계 하역운반기계 등, 차량계 건설기계의 운전자는 운전위치에서 이탈하는 경우 제1항 각 호의 조치를 하여야 한다.

제172조(접촉의 방지) ② 차량계 하역운반기계 등의 운전자는 제1항 단서의 작업지휘자 또는 유도자가 유도하는 대로 따라야 한다.

제183조(좌석 안전띠의 착용 등) ② 제1항에 따른 지게차를 운전하는 근로자는 좌석 안전띠를 착용하여야 한다.

제200조(접촉 방지) ② 차량계 건설기계의 운전자는 제1항 단서의 유도자가 유도하는 대로 따라야 한다.

제221조의3(좌석안전띠의 착용) ② 굴착기를 운전하는 사람은 좌석안전띠를 착용해야 한다.

제245조(화기사용 장소의 화재 방지) ② 화기를 사용한 사람은 불티가 남지 않도록 뒤처리를 확실하게 하여야 한다.

제317조(이동 및 휴대장비 등의 사용 전기작업) ② 제1항에 따라 사업주가 작업지시를 하면 근로자는 이행하여야 한다.

제344조(굴착기계 등의 유도) ② 운반기계 등의 운전자는 유도자의 유도에 따라야 한다.

제375조(굴착기계 등의 유도) ② 굴착기계 등의 운전자는 유도자의 유도에 따라야 한다.

제438조(사고 시의 대피 등) ③ 근로자는 제2항에 따라 출입이 금지된 장소에 사업주의 허락 없이 출입해서는 아니 된다.

제446조(출입의 금지 등) ③ 근로자는 제1항 또는 제2항에 따라 출입이 금지된 장소에 사업주의 허락 없이 출입해서는 안 된다.

제447조(흡연 등의 금지) ② 근로자는 제1항에 따라 흡연 또는 음식물의 섭취가 금지된 장소에서 흡연 또는 음식물 섭취를 해서는 아니 된다.

제450조(호흡용 보호구의 지급 등) ⑤ 근로자는 제1항, 제2항 및 제4항에 따라 지급된 보호구를 사업주의 지시에 따라 착용하여야 한다.

제451조(보호복 등의 비치 등) ④ 근로자는 제1항 및 제2항에 따라 지급된 보호구를 사업주의 지시에 따라 착용하여야 한다.

제457조(출입의 금지) ③ 근로자는 제1항 및 제2항에 따라 출입이 금지된 장소에 사업주의 허락 없이 출입해서는 아니 된다.

제458조(흡연 등의 금지) ② 근로자는 제1항에 따라 흡연 또는 음식물의 섭취가 금지된 장소에서 흡연 또는 음식물 섭취를 해서는 아니 된다.

제469조(방독마스크의 지급 등) ③ 근로자는 제1항에 따라 지급된 방독마스크 등을 사업주의 지시에 따라 착용하여야 한다.

제470조(보호복 등의 비치) ② 근로자는 제1항에 따라 지급된 보호구를 사업주의 지시에 따라 착용하여야 한다.

제491조(개인보호구의 지급 · 착용) ② 근로자는 제1항에 따라 지급된 개인보호구를 사업주의 지시에 따라 착용하여야 한다.

제492조(출입의 금지) ② 근로자는 제1항에 따라 출입이 금지된 장소에 사업주의 허락 없이 출입해서는 아니 된다.

제493조(흡연 등의 금지) ② 근로자는 제1항에 따라 흡연 또는 음식물의 섭취가 금지된 장소에서 흡연 또는 음식물 섭취를 해서는 아니 된다.

제505조(출입의 금지 등) ③ 근로자는 제1항 및 제2항에 따라 출입이 금지된 장소에 사업주의 허락 없이 출입해서는 아니 된다.

제506조(흡연 등의 금지) ② 근로자는 제1항에 따라 흡연 또는 음식물의 섭취가 금지된 장소에서 흡연 또는 음식물 섭취를 해서는 아니 된다.

제510조(보호복 등) ③ 근로자는 제1항에 따라 지급된 보호구를 사업주의 지시에

따라 착용하여야 한다.

제511조(호흡용 보호구) ② 근로자는 제1항에 따라 지급된 보호구를 사업주의 지시에 따라 착용하여야 한다.

제516조(청력보호구의 지급 등) ③ 근로자는 제1항에 따라 지급된 보호구를 사업주의 지시에 따라 착용하여야 한다.

제542조(화상 등의 방지) ④ 근로자는 고압작업장소에 화기 등 불이 날 우려가 있는 물건을 지니고 출입해서는 아니 된다.

제550조(출입의 금지) ② 근로자는 제1항에 따라 출입이 금지된 장소에 사업주의 허락 없이 출입해서는 아니 된다.

제569조(출입의 금지) ② 근로자는 제1항에 따라 출입이 금지된 장소에 사업주의 허락 없이 출입해서는 아니 된다.

제572조(보호구의 지급 등) ③ 근로자는 제1항에 따라 지급된 보호구를 사업주의 지시에 따라 착용하여야 한다.

제575조(방사선관리구역의 지정 등) ③ 근로자는 제2항에 따라 출입이 금지된 장소에 사업주의 허락 없이 출입해서는 아니 된다.

제587조(보호구의 지급 등) ③ 근로자는 제1항에 따라 지급된 보호구를 사업주의 지시에 따라 착용하여야 한다.

제590조(흡연 등의 금지) ② 근로자는 제1항에 따라 흡연 또는 음식물의 섭취가 금지된 장소에서 흡연 또는 음식물 섭취를 해서는 아니 된다.

제596조(환자의 가검물 등에 의한 오염방지조치) ② 근로자는 제1항에 따라 지급된 보호구를 사업주의 지시에 따라 착용하여야 한다.

제597조(혈액노출 예방 조치) ③ 근로자는 제1항에 따라 흡연 또는 음식물 등의 섭취 등이 금지된 장소에서 흡연 또는 음식물 섭취 등의 행위를 해서는 아니 된다.

제600조(개인보호구의 지급 등) ② 근로자는 제1항에 따라 지급된 보호구를 사업주의 지시에 따라 착용하여야 한다.

제601조(예방 조치) ③ 근로자는 제1항 제1호에 따라 지급된 보호구를 사업주의 지시에 따라 착용하여야 한다.

제617조(호흡용 보호구의 지급 등) ③ 근로자는 제1항에 따라 지급된 보호구를 사업주의 지시에 따라 착용하여야 한다.

제622조(출입의 금지) ② 근로자는 제1항에 따라 출입이 금지된 장소에 사업주의 허락 없이 출입해서는 아니 된다.

제623조(감시인의 배치 등) ② 제1항에 따른 감시인은 밀폐공간에 종사하는 근로자에게 이상이 있을 경우에 구조요청 등 필요한 조치를 한 후 이를 즉시 관리감독

자에게 알려야 한다.
제624조(안전대 등) ③ 근로자는 제1항에 따라 지급된 보호구를 착용하여야 한다.
제629조(용접 등에 관한 조치) ② 근로자는 제1항 제2호에 따라 지급된 보호구를 사업주의 지시에 따라 착용하여야 한다.
제634조(가스배관공사 등에 관한 조치) ② 근로자는 제1항 제2호에 따라 지급된 보호구를 사업주의 지시에 따라 착용하여야 한다.
제635조(압기공법에 관한 조치) ③ 근로자는 제2항에 따라 출입이 금지된 장소에 사업주의 허락 없이 출입해서는 아니 된다.
제639조(사고 시의 대피 등) ③ 근로자는 제2항에 따라 출입이 금지된 장소에 사업주의 허락 없이 출입해서는 아니 된다.
제643조(구출 시 공기호흡기 또는 송기마스크의 사용) ② 근로자는 제1항에 따라 지급된 보호구를 착용하여야 한다.
제654조(보호구의 지급 등) ③ 근로자는 제1항에 따라 지급된 보호구를 사업주의 지시에 따라 착용하여야 한다.

4. 근로자 의무위반의 법적 효과

근로자가 안전보건에 관한 의무를 위반할 경우에는 여러 가지 법적 효과가 발생하게 된다. 이하에서는 이에 대하여 설명하는 것으로 한다.

가. 산업안전보건법에 의한 효과

사업주가 「산업안전보건법」에 규정되어 있는 각종의 의무규정을 위반한 경우에는 그에 따른 법적 효과가 발생하는데, 근로자의 경우에도 동일하다. 즉, 근로자가 「산업안전보건법」상 벌칙이 수반되어 있는 규정에 저촉되는 행위를 하는 경우에는 근로자 또한 처벌될 수 있다.

예를 들면, 「안전보건기준규칙」을 보면, 동일한 조문의 제1항에 사업주의 의무를 규정하고, 그 제2항에는 근로자의 의무를 규정하고 있는 경우가 많다. 그 한 예로 제491조(개인보호구의 지급・착용)를 보면, 제1항에는 석면

제거・해체작업에 종사하도록 하는 사업주의 의무로서 근로자에게 개인보호구를 착용하게 하는 것을 규정하고 있다. 그리고 제2항은 이것을 받아 근로자의 착용의무에 대하여 규정하고 있다. 이 경우에, 만약 근로자가 개인보호구를 착용하지 않으면, 산업재해 발생 여부에 관계없이 근로자는 300만원 이하의 과태료를 부과 받게 된다(산업안전보건법 제40조, 제175조 제6항 및 시행령 제119조).[105]

나. 형법에 의한 효과

경우에 따라서는 근로자에게 「형법」 제268조(업무상과실・중과실치사상)의 업무상과실치사상죄[106]가 성립하는 경우도 있다. 「형법」 제268조에는 업무상과실 또는 중대한 과실로 인하여 사람을 사상하게 한 자는 5년 이하의 금고 또는 2천만원 이하의 벌금에 처한다고 규정하고 있다.

예를 들면, 「안전보건기준규칙」 제98조(제한속도의 지정 등)의 규정에 따라 근로자인 운전자는 차량계 하역운반기계, 차량계 건설기계를 사용하여 작업을 하는 경우 미리 정해진 제한속도를 초과하여 운전해서는 안 된다. 만약 근로자인 운전자가 굴삭기를 사용하여 굴착작업을 하고 있다고 가정하자. 사업주는 굴삭기 운전자가 제한속도를 초과하여 운전하는 경우가 있을 수 있다는 것을 우려하여 운전자에게 제한속도를 초과하지 않도록 주의를 주었다고 하자. 그런데 운전자가 사업주의 주의를 귀담아 듣지 않고 제한속도를 초과하여 운전하다가 굴착작업을 하고 있던 인근의 다른 근로자를 치어 그 근로자가 사망하거나 부상을 입었다고 하면, 당해 운전자는 업무상과실의 책임(업무상과실치사상죄)을 지게 될 가능성이 높다.

---

105) 「시행령」 별표 35(제119조 관련) 과태료 부과기준에서는 근로자의 의무(산업안전보건법 제40조) 위반에 대하여 1차 5만원, 2차 10만원, 3차 15만원의 과태료를 부과하는 것으로 규정하고 있다.

106) 업무상과실로 사람을 사망하게 하거나 신체에 상해를 입히는 경우에 성립하는 범죄로서, 보호법익은 사람의 생명 또는 신체이다.

다. 산업재해보상보험법에 의한 효과

근로자 측에 일정한 문제가 있는 때에는 업무상의 재해 인정에 영향을 미치는 경우가 있다. 근로자의 고의·자해행위나 범죄행위 또는 그것이 원인이 되어 발생한 부상·질병·장해 또는 사망은 업무상의 재해로 인정되지 아니한다. 다만, 그 부상·질병·장해 또는 사망이 정상적인 인식능력 등이 뚜렷하게 저하된 상태에서 한 행위로 발생한 경우로서 일정한 사유[107)]가 있으면 업무상의 재해로 본다(산업재해보상보험법 제37조 제2항).

한편, 「산업재해보상보험법」에서는 「근로기준법」과는 달리 근로자의 '중대한 과실'에 의해 산재보험급부의 원인이 되는 사고를 발생시킨 경우 산재보험급부의 전부 또는 일부를 지급하지 않는다는 규정은 두고 있지 않다.

라. 근로기준법에 의한 효과

「근로기준법」 제81조에 의하면, 근로자가 '중대한 과실'로 업무상 부상 또는 질병에 걸린 경우에는, 사용자가 그 과실에 대하여 노동위원회의 인정을 받으면, 휴업보상이나 장해보상을 하지 않아도 무방한 것으로 되어 있다.

「산업재해보상보험법」의 적용범위가 대부분의 사업으로 확대되고 산재보험의 급여가 「근로기준법」의 보상을 크게 상회하고 있는 지금에 있어서는 「산업재해보상보험법」이 「근로기준법」을 대신하여 산재보상의 대부분의 기능을 담당하고 있다. 따라서 「근로기준법」의 재해보상 규정은 사실상 i) 산재보험이 적용되지 않는 사업, ii) 산재보험이 적용되는 사업이라 하더라도 「산업재해보상보험법」 제40조 제3항 또는 제52조 단서의 규정에 따라 산재보험급

107) 일정한 사유란 다음의 어느 하나에 해당하는 경우를 말한다(산업재해보상보험법 시행령 제36조). i) 업무상의 사유로 발생한 정신질환으로 치료를 받았거나 받고 있는 사람이 정신적 이상 상태에서 자해행위를 한 경우, ii) 업무상의 재해로 요양 중인 사람이 그 업무상의 재해로 인한 정신적 이상 상태에서 자해행위를 한 경우, iii) 그 밖에 업무상의 사유로 인한 정신적 이상 상태에서 자해행위를 하였다는 상당인과관계가 인정되는 경우.

여가 지급되지 않는 3일 이내의 요양재해 또는 휴업재해에 대해서만 적용되는 규정이라고 할 수 있다.

마. 민법에 의한 효과

사업주 측의 안전배려의무 위반(채무불이행, 민법 제390조), 불법행위(민법 제750조), 사용관계에 있는 피용자의 선임・감독 주의의무 위반(민법 제756조), 공작물 등의 설치 또는 보존의 하자(민법 제758조)로 산업재해가 발생한 경우에는, 사업주에게 손해배상을 행할 책임이 있는 것은 당연하다. 그런데 이 경우에 산업재해를 입은 근로자 측에 과실이 있으면, 과실상계[108]되어 손해배상액이 감액될 수 있다(민법 제396조).

예를 들면, 소음성난청의 청력장해를 입은 근로자의 손해배상청구에 대하여, 당해 근로자가 개인보호구(귀마개)를 착용하기 위해 아무런 노력을 하지 않은 잘못을 들어 60%의 과실상계를 한 판례,[109] 사출기에서 이물질을 제거하려다 손목골절 등의 재해를 입은 파견근로자가 사용사업주의 안전배려의무 위반을 이유로 손해배상을 청구한 사건에서 당해 근로자 또한 안전장치가 제대로 작동되는지를 확인하는 등의 안전조치를 소홀히 한 잘못이 있다고 하여 30%의 과실상계를 한 판례,[110] 특고압이 흐르는 전주 및 전선을 철거하는 작업을 하다가 양측 상지 전기화상 등의 재해를 입은 근로자가 자신의 사업주와 도급인을 상대로 불법행위에 기한 손해배상청구사건에서 근로자도 위 작업을 함에 있어 주의를 살펴 자신의 안전을 스스로 도모하여야 함에도 불구하고 전류가 끊어졌는지 여부를 제대로 확인하지 아니한 채 감전방지용 활

108) 과실상계란 사고발생에 피해자도 기여하였다면 형평의 원칙에 입각하여 기여한 만큼에 해당하는 금액(과실비율 해당액)을 손해배상액에서 공제(감액)하는 것이다. 피해자에게도 과실이 존재하고 피해자의 과실과 손해 발생 사이에 상당인과관계가 존재하여야 한다.

109) 대법원 1989.8.8. 88다카33190 판결.

110) 대구고등법원 2011.6.29. 2010나9475 판결.

선장갑을 벗고 위 전선을 만진 잘못이 있다고 하여 30%의 과실상계를 한 판례[111] 등이 있다.

이상과 같이, 사업주뿐만 아니라 근로자도 산업재해 방지 노력을 하지 않으면 많은 불이익을 감수하여야 하는 경우가 있다. 따라서 근로자도 산업재해를 방지하기 위해서뿐만 아니라 산업재해에 따른 불이익을 받지 않기 위해서라도 산업재해 방지에 적극적으로 협조하는 것이 필요하다.

V. 정부 및 관계자의 의무

1. 정부 및 지방자치단체의 책무

산업재해로 인한 피해는 인적·물적 손실에만 그치는 것이 아니라 많은 경제·사회적 문제를 야기하는 요인이 될 수 있다. 그리고 근로자의 안전과 건강을 확보하기 위해서는 정부의 정책적·재정적·기술적 조치 등을 통한 산업안전보건 기반이 조성되고 확충될 필요가 있다.

이에 따라 「산업안전보건법」은 제4조 제1항에서 정부에 대해서도 산업재해 예방과 관련된 기본적인 책무를 규정하고 있다. 또한 관련 조항에서 정부에 대하여 건강관리카드(제137조), 산업재해 예방활동의 보조·지원(제158조) 등의 각종 의무를 구체적으로 규정하고 있다.

고용노동부장관은 「산업안전보건법」 제4조(정부의 책무) 제1항 각 호의 정부의 책무 중 제2호부터 제7호까지 및 제9호의 사항에 관한 업무는 안전보건공단, 비영리법인 또는 관계 전문기관에 위탁할 수 있다(산업안전보건법 제165조 제2항 제1호).

한편, 「산업안전보건법」에 지방자치단체 차원에서 산업재해 예방을 위한

111) 광주고등법원 1999.4.16. 99나273 판결.

활동 수행의 법적 근거가 없어 각 지역별 특성에 맞는 산업재해 예방대책 수립 및 업무수행에 어려운 문제점이 있어, 2021년 5월 18일 「산업안전보건법」을 개정(2021.11.19 시행)하여 지방자치단체가 관할 지역의 산업재해를 예방하기 위한 대책을 수립·시행하고, 산업재해 예방을 위한 계획수립, 홍보 및 사업장 지도 등 필요한 조치를 할 수 있는 근거를 새롭게 규정하였다.

지방자치단체는 제4조 제1항에 따른 정부의 정책에 적극 협조하고, 관할 지역의 산업재해를 예방하기 위한 대책을 수립·시행하여야 한다(산업안전보건법 제4조의2).

지방자치단체의 장은 관할 지역 내에서의 산업재해 예방을 위하여 자체 계획의 수립, 교육, 홍보 및 안전한 작업환경 조성을 지원하기 위한 사업장 지도 등 필요한 조치를 할 수 있다(산업안전보건법 제4조의3 제1항). 정부는 제1항에 따른 지방자치단체의 산업재해 예방 활동에 필요한 행정적·재정적 지원을 할 수 있다(산업안전보건법 제4조의3 제2항). 제1항에 따른 산업재해 예방 활동에 필요한 사항은 지방자치단체가 조례로 정할 수 있다(산업안전보건법 제4조의3 제3항).

[칼럼] 정부가 산업재해 예방의 걸림돌이 되어서야[112)]

일찍이 몽테스키외는 '법의 정신'에서 "훌륭한 입법자는 죄에 대해 벌하기보다 그것을 예방하는 일에 힘쓰고, 신체형을 가하기보다 양속이 뿌리내리도록 하는 일에 힘쓴다"고 역설했다. 이 경구는 산재예방 분야에 대해서도 그대로 적용될 수 있다. 몽테스키외가 이 말을 한 지 270여년이 지난 지금 우리나라의 산재예방행정은 어떠한가.

문재인 정부의 산재예방행정은 한마디로 안전에 대한 철학이 빈곤하고 '기승전-처벌'과 실효성 없는 규제에 지나치게 의존한다고 평가할 수 있다. 철학이 없다 보니 처벌과 실효성 없는 규제에 의존하는 경향이 심해지

112) 정진우, 에너지경제, 2021.10.25.

는 양상이다.

벡카리아는 근대형사법의 철학이 농축돼 있는 '범죄와 형벌'에서 "범죄를 예방하는 가장 효과적인 방법은 형벌의 잔혹성이 아니라 형벌의 확실성에 있다"는 유명한 주장을 한 바 있다. 1%의 법 위반을 100으로 처벌하는 것보다 100%의 법 위반을 1로 처벌하는 것이 효과적일 수 있다는 말이다.

엄벌은 일부 대기업에겐 법 준수의 기강을 잡는 데 효과가 있을지 모르지만 대부분의 중소기업에겐 효과를 거두기 어렵다. 중대재해처벌법이 제정되었지만 중소기업은 이 법에 대해 잘 알지 못하고 관심도 없는 것에서 이를 쉽게 엿볼 수 있다.

중소기업의 산업재해를 잡지 않고는 전체 산업재해를 줄일 수 없다. 중소기업에 대해선 엄벌보단 필벌이 효과적이다. 그 외에 다양한 인센티브를 통해 안전역량을 강화하는 일에도 역점을 둬야 한다. 그러나 현 정부는 산업재해를 감독과 사후처벌이라는 손쉬운 방식에 의존한 채 중소기업이 안전법을 잘 준수할 수 있는 여건을 조성하고 안전역량을 높이는 일에는 소홀히 해왔다.

무재해 배수 인정이 산재은폐를 부추긴다는 이유로 배수 인정뿐만 아니라 무재해운동 자체를 없애버렸다. 아기를 목욕시킨 후 목욕물만 버려야 하는데 아기까지 버린 꼴이다. 정부 차원에서 기업을 대상으로 실효적인 산재예방 기법을 개발하고 지도홍보하는 일에는 손을 놓고 있다.

종전보다 훨씬 많은 인원과 예산을 쏟아부으면서도 산재예방의 실적은 초라하기 그지없다. 패트롤 점검과 같은 이벤트성과 물량떼기 방식에 집중하고 감독은 생색내기와 면피에 좋은 대기업에 집중한 결과이다. 재해의 대부분이 발생하는 중소기업에 대해선 감독뿐만 아니라 지도홍보가 턱없이 부족한 실정이다.

최근 매스컴에서 크게 보도된 중소업체 사고만 하더라도 정부가 예방지도를 단 한 차례도 한 적이 없거나 형식적으로 실시했을 뿐이다. 현장실습에서 잠수작업을 하다 숨지는 사고가 발생한 요트업체와 평택항에서 아르바이트를 하던 대학생이 사망하는 사고가 발생한 업체에 대해선 사고 발생 전에 현장점검은 커녕 서류상의 지도도 없었다. 고층아파트에서 유리창

청소를 하던 20대 근로자가 사망한 현장의 경우 안전보건공단에서 맹탕 지도를 한 것뿐이다. 중소기업에서 발생한 사망사고에서 정부의 사전예방은 보이지 않고 사후감독·처벌만 보인다.

이처럼 정부의 산재예방정책이 보여주기와 사후적발 방식에서 탈피하지 못한다면 당장 실효성을 거두기도 어렵거니와 특히 중장기적으로 심각한 후과를 초래하지 않을까 우려된다. 정부는 준법의지가 강한 기업조차도 도저히 준수할 수 없고 실효성 없는 규정들을 줄이기는 커녕 양산하는 데 급급하고 있다. 마치 산재예방보다는 새로운 규제를 만들었다는 것의 홍보를 목적으로 삼고 있는 듯하다. 중복점검·규제와 규제 간 충돌문제도 심각해지고 있다. 안전법규의 예측가능성과 규범력은 현 정부 내내 역주행한 결과 안전법규는 현장에서 더이상 예방기준으로 작용하지 못하고 있다.

국제원자력기구(IAEA)는 기업의 안전문화 조성을 위해선 규제기관부터 안전문화가 조성되어야 한다고 강조하고 있다. 정치권과 관료들이 귀담아 들어야 할 말이다. 사실인즉 전문적인 예방보다는 사고발생 후 감독·처벌에만 집중할 것 같으면 고용부가 존재할 필요가 없다. 경찰과 그 역할이 별반 다르지 않기 때문이다.

현재와 같은 산재예방 기조가 계속된다면 정부는 산재예방에 도움이 되기보다는 오히려 걸림돌이라는 현장의 냉혹한 평가를 피하기 어렵다. 산재예방에 대한 전문성과 진정성으로 무장해야만 맹목적인 산재예방행정에서 벗어날 수 있다. 그렇지 않으면 나침반 없이 항해하는 배나 다름없다. 그대로 놔두기엔 너무 위험하다.

[칼럼] 고용노동부 산업안전보건본부 출범에 부쳐[113)]

고용노동부 산업안전보건본부가 7월 1일 출범하게 된다. 이로써 우리나라는 재해예방선진국 어느 나라보다도 큰 산재예방행정 조직과 인원을 갖게 되었다. 문제는 방대한 산재예방행정조직이 구축되었다고 해서 산재예방 효과를 자동적으로 낼 수 있는 것이 아니라는 점이다. 행정인원으로 보면 노동자 1만명당 근로감독관수에 있어 우리나라는 이미 미국의 4배, 일본의 3배가 넘는다. 준정부조직인 산업안전보건공단 직원수까지를 고려하면 우리나라 산재예방행정인력은 전 세계에서 가장 많은 축에 속한다.

따라서 정부는 산재예방행정 조직과 인원이 양적으로 확대된 것에 만족해서는 안 된다. 산업안전보건청이 원래의 취지대로 연착륙할 수 있도록 산재예방행정시스템을 질적으로 개선할 수 있는 마스터플랜을 수립하고 이를 착실히 이행해 나가야 한다.

이를 위해선 먼저 산업안전보건청을 설립하는 취지에 대한 철학을 가져야 한다. 청 설립에 대한 원칙과 비전 없이 행정조직의 단순한 외형적 확대에 머문다면 산재예방 효과는 거두지 못하고 환경변화에 부응하지 못하는 규제기관으로 전락할 수 있다.

영국의 산업안전보건법과 산재예방행정조직(보건안전청)의 인큐베이터 역할을 한 로벤스 보고서(Robens Report)와 영국의 산재예방행정체계의 작동원리와 배경을 배워야 한다. 특히 현재 많은 부처로 난립되어 있는 규제와 감독을 통폐합하여야 한다. 로벤스 보고서에서 가장 강조했던 사항이기도 하다. 우리나라의 현 상황은 로벤스 위원회(Robens Committee)가 출범했던 영국의 1970년 상황보다 더 많은 행정기관으로 복잡하게 산재(난립)되어 있다. 사회적으로 파장이 큰 사고가 날 때마다 법규제가 중복적이고 비효율적으로 확대 · 재생산되어 온 이유이기도 하다. 이러한 무분별한 규제가 산재예방에 큰 질곡으로 작용하는 경우가 적지 않다. 이 문제를 해결하지 않고는 청 설립 취지는 무색해질 수밖에 없다. 다른 부처와의 기능조정이 중요한 이유가 여기에 있다.

---

113) 정진우, 매일노동뉴스, 2021.7.1.

준정부기관 산업안전보건공단과의 기능조정도 큰 숙제이다. 이를 소홀히 하면 산업안전보건본부(청)와 산업안전보건공단의 기능은 상당 부분 중복되어 전체적으로 지나치게 비대한 조직이 될 수 있다. 청을 운영하고 있는 국가들 모두 우리나라 산업안전보건본부와 산업안전보건공단을 합쳐 놓은 조직으로 단일화되어 있음을 명심해야 한다. 산업안전보건본부 내의 부서 간에 기능이 중첩되고 있는 것도 이 문제의 중요성을 부각시킨다. 나중에 인위적인 고용조정의 대상이 되지 않기 위해서라도 양 기관의 업무를 어떻게 조정할지에 대해 심도 있는 검토가 필수적이다.

산업안전보건본부가 업무기능 면에서 감독과 처벌에 다분히 기울어져 있는 부분도 우려되는 대목이다. 역량 강화보다는 사후제재에 집중하겠다는 것으로 읽힌다. 민주당에서 청 설립을 들고나온 배경이 중대재해처벌법이라는 점에서 그 연장선상이 아닌가 하는 우려를 씻을 수 없다. 이렇게 되면 현재 산재예방행정이 안고 있는 문제가 해결되기는커녕 오히려 악화되는 방향으로 작용할 수 있다.

규범력이 땅으로 추락한 산업안전보건법규를 현실적이고 예측가능한 기준으로 개선하는 것도 산업안전보건본부가 해야 할 중요한 과제 중 하나이다. 현재는 수범자가 도저히 지킬 수 없거나 실효성이 없는 법기준이 적지 않고 기반 조성에 해당하는 부분은 방치되어 있는 상태이다. 청이 출범하기 전에 이 과제를 게을리하면 청을 설립한 효과는 더디고 퇴색할 수밖에 없다.

산업안전보건본부가 출범하면서 양적 확대에 안주한 채 이상에서 지적한 문제를 제대로 해결하지 않으면 산업안전보건수준을 높이기는커녕 산업안전보건행정의 발전에 오히려 걸림돌이 될 수도 있음을 유념해야 한다. 그만큼 우리는 지금 산업안전보건행정의 역사에서 중요한 기로에 놓여 있다.

2. 관계자의 의무

「산업안전보건법」은 사업주 여부와 관계없이 기계・기구와 그 밖의 설비를 설계・제조 또는 수입하는 자, 원재료 등을 제조・수입하는 자 또는 건설물을 발주・설계・건설하는 자[114)]는 그 설계・제조・수입 또는 건설을 함에 있어서 이 법과 이 법에 따른 명령에서 정하는 기준을 준수하여야 하고, 그 물건을 사용함으로 인하여 발생하는 산업재해를 방지하기 위하여 필요한 조치를 하여야 한다고 규정하고 있다(산업안전보건법 제5조 제2항). 산업안전보건의 목적을 달성하기 위해서는, 위험한 기계・설비, 유해한 물질이 유통되는 것을 최초 단계에서 억제하는 것이 가장 효과적이다. 이를 위해서는 기계・설비, 물질이 제조되거나 판매되는 것을 규제할 필요가 있다.

다시 말해서, 위험한 기계・설비, 유해한 원재료 등에 의한 산업재해를 적확하게 방지하기 위해서는, 이들을 사용하는 사업주가 산업재해 예방조치를 강구하는 것이 가장 중요하지만, 그것만으로는 충분한 조치를 강구하는 것이 곤란한 경우가 많다. 예를 들면, 기계에는 미리 안전장치를 장착하여 두는 것이 필요하다.

이 때문에 「산업안전보건법」 제5조 제2항에서는 이들 기계・설비 등이 사용되기 전에 설계자, 제조자 등에게 각각 산업재해를 예방하기 위하여 필요한 조치를 하도록 요구하고 있는 것이다. 「산업안전보건법」 제5조 제2항은 설계자, 제조자・수입자 등의 포괄적인 노력을 요구하는 것으로서, 본법 제

---

114) 여기에서 '건설물을 건설하는 자'란 당해 건설물의 건설을 시공하는 자(사업주)가 아니라 발주하는 자를 가리킨다. 「산업안전보건법」 제5조 제1항이 '사업주'의 의무를 규정하고 있는 점을 고려하면, 제2항은 '사업주 외의 자'에 대한 의무를 규정하고 있는 것으로 보는 것이 타당하다. 이 규정과 관련하여 우리나라 「산업안전보건법」과 동일한 내용으로 표현되어 있는 일본 「노동안전위생법」에 대한 일본 후생노동성의 행정해석 또한 건설물을 건설하는 자를 건설물의 건설을 발주한 자로 보고 있다(1972.9.18. 基発602). 따라서 전술한 바와 같이 「전부개정 산업안전보건법」에서 발주하는 자를 추가한 것은 건설하는 자의 의미에 대한 몰이해에서 비롯된 것이다.

80조, 제84조, 제89조, 제108조, 제117조, 제118조 등에서는 구체적으로 제조자·수입자 등에 대하여 일정한 조치를 의무 지우고 있다.

「산업안전보건법」에서 사업주, 근로자 외의 자에 대해 규제를 하고 있는 사항은 다음과 같다.

① 관계수급인 근로자가 도급인의 사업장[115]에서 작업을 하는 경우의 도급인(제62조부터 제64조까지, 제66조)

② 화학물질 또는 화학물질을 함유한 혼합물을 제조·사용·운반 또는 저장하는 설비를 개조·분해·해체 또는 철거하는 작업 및 그 설비 내부 작업, 질식 또는 붕괴의 위험이 있는 작업을 도급하는 자(제65조 제1항)

③ 건설공사 발주자 또는 건설공사 도급인(제67조부터 제73조까지, 제75조부터 제76조까지)

④ 동력으로 작동하는 기계·기구를 양도, 대여, 설치 또는 사용에 제공하거나 양도·대여의 목적으로 진열하는 자(제80조)

⑤ 동력으로 작동하는 기계·기구로서 작동부분의 돌기부분, 동력전달부분이나 속도전달부분 또는 회전기계의 물림점을 가진 것을 양도, 대여, 설치 또는 사용에 제공하거나 양도·대여의 목적으로 진열하는 자(제80조 제2항)

⑥ 근로자의 안전보건에 필요하다고 인정되는(안전인증 대상) 유해·위험한 기계·기구·설비 등을 제조하거나 수입하는 자(제84조)

⑦ 자율안전확인 대상 기계·기구·설비 등을 제조하거나 수입하는 자(제89조)

⑧ 누구든지 금지 대상 유해물질을 제조·수입·양도·제공하려는 자(제117조)

⑨ 허가 대상 유해물질을 제조하려는 자(제118조)

---

115) 도급인이 제공하거나 지정한 경우로서 도급인이 지배·관리하는 대통령령으로 정하는 장소(시행령 제11조)를 포함한다(산업안전보건법 제10조 제2항).

⑩ 건축물이나 설비를 철거하거나 해체하려는 건축물이나 설비의 소유주 또는 임차인 등(제119조, 제122조)

⑪ 신규화학물질을 제조하거나 수입하려는 자(제108조 제1항)

⑫ 화학물질 및 화학물질을 함유한 혼합물 중 물질안전보건자료대상화학물질을 양도하거나 제공하는 자(제111조, 제115조)

[칼럼] 쿼바디스 산재예방행정?[116)]

문재인 정부 들어 전에 없이 산재예방행정에 많은 예산과 인원이 투여되고 있다. 공공분야의 산재예방행정 인원은 근로자 1만명을 기준으로 할 때 대략 미국의 7배, 일본의 4배이고 관할범위가 훨씬 넓은 영국보다도 1.5배 많은 정도이다. 그럼에도 통계상으로뿐만 아니라 체감적으로도 산업재해가 감소하기는커녕 증가하고 있는 실정이다.

산재예방에 많은 자원을 쏟아붓고 있지만, 산재예방행정이 마치 처벌기관인 것처럼 인식되고 일반경찰과의 차별성을 잃으면서 '예방'행정의 존재감과 기여도가 위축됐다. 게다가 법치주의는 실종되고 법행정이 거꾸로 가면서 '고비용 저효과' 행정이 고착화돼 가는 모습이다. 왜 이렇게 된 것일까.

전문성뿐만 아니라 진정성마저 부족한 것에 일차적인 원인을 찾을 수 있다. 전문성과 진정성의 부족은 실효성보다는 보여주기 정치 · 행정으로 연결되고 있다. 안전의 모든 책임을 기업에 떠넘기는 '책임의 외주화'와 스스로의 잘못은 모르쇠로 일관하는 '내로남불' 행정이 계속되고 있다. 중대재해의 주된 원인인 비현실적이고 엉성한 법기준을 바로잡으려는 노력은 좀처럼 보이지 않는다.

시스템을 개혁하지 않고 조직 · 인원과 물량투입을 늘리는 데 집중하고 있는 것도 큰 문제다. 부처 간, 부처 내, 부처와 산하기관 간에 역할과 기능이 많이 중복돼 행정기관의 감독에 대한 피로도가 극심한 상태다. 기업, 특히 중소기업의 안전역량을 강화하는 프로그램은 찾아볼 수 없고 단발성

116) 정진우, 전기신문, 2021.10.8.

사업과 처벌만 보인다.

준비 없는 중대재해처벌법 시행으로 중복수사 문제도 심각할 것으로 예상된다. 행정력의 초점을 중대재해의 대부분이 발생하고 안전역량이 약한 중소기업에 맞추지 않고 생색내기에 도움이 되는 대기업에 맞추고 있는 것도 비판받아야 할 대목이다. 2023년 1월 설립한다고 공언해 놓은 산업안전보건청은 더 이상 상품성이 없다고 생각해서인지 '나 몰라라' 하고 있는 무책임한 모습을 보이고 있다. '먹튀정치'의 한 단면을 보는 것 같다.

거친 규제와 처벌 강화라는 손쉬운 방법에만 과도하게 의존하는 현상이 심해지고 있다. 기업을 적으로 생각하지 않고는 생각할 수 없는 안전관계 법들이 경쟁적으로 입법되고 있다. 산업안전보건법 전부개정, 중대재해처벌법 제정에 이어 조만간 제정 예정인 건설안전특별법 등 '불량안전법'이 양산되고 있는 것이다. 법원리와 보편적 원칙을 무시하고 외국에서는 유례를 찾아볼 수 없는 법들이 '개혁'이라는 탈을 쓰고 제 · 개정되고 있다. 실효성 확보에는 관심이 없고 행정기관의 권한 확대와 미봉적 대책에 급급하다. 그 결과 안전원리는 뒤틀리고 법은 어떻게 손을 대야 할지 막막할 정도로 난삽한 상태가 됐다. 법령 자체의 엉성함을 집행기관의 자의적 해석으로 메우는 비정상이 당연시되고 있다.

전문성이 없다 보니 현실 인식 자체부터가 단선적이고 이념에 치우치고 있다. 그렇다 보니 중심을 잡아야 할 정부가 노동 · 시민단체에서 주장하는 이념적 프레임이나 구호를 그대로 사용하면서 헛발질을 하거나 갈지자 행보를 하고 있다. 하청근로자 보호를 강화한다고 해놓고 진단과 처방을 엉뚱하게 하면서 그 보호를 오히려 후퇴시킨 '전부개정 산업안전보건법'이 그 전형이다. 비현실적이고 실효성 없는 규제의 남발은 법의 실질적인 준수로 이어지지 못하고 조직적 · 재정적 여력이 없는 중소기업에게는 체념을 불러오고, 여력이 있는 대기업에게는 안전수준 향상보다는 감독대비용의 형식적 준수로 대응하게 한다. 중대재해처벌법 시행을 앞두고 대기업에서 안전역량을 제고하기보다는 안전에 문외한인 법무법인에 법의 형식적 요건을 중심으로 의뢰하고 있는 현상에서도 그 폐해를 쉽게 엿볼 수 있다.

법 자체에 규범력이 없으면 법에 대한 신뢰가 생기지 않고, 그렇게 되면 범법자는 법을 위반하고도 부끄러움을 느끼지 않는다. 이래서는 법이 예방효과를 거둘 수 없다. 전문성과 진정성의 결여는 실효성 없는 법정책과 기승전-처벌 구도를 심화시키기 십상이다. 그 피해는 고스란히 기업과 근로자에게 갈 것이다. 정부의 법정책에 '선구안'을 가져야 하는 이유이다.

Ⅵ. 산업재해 기록 · 보존 및 보고[117)]

1. 산업재해 기록 · 보존

사업주는 산업재해가 발생한 때에는 i) 사업장의 개요 및 근로자의 인적사항 ii) 재해 발생의 일시 · 장소 iii) 재해발생의 원인 · 과정 iv) 재해 재발방지 계획을 기록해야 하며(산업안전보건법 제57조 제2항, 시행규칙 제72조 본문) 이를 3년간 보존해야 한다(산업안전보건법 제164조 제1항 제4호). 다만, 산업재해조사표 사본을 보존하거나 요양신청서 사본에 재해 재발방지계획을 첨부하여 보존하는 경우는 산업재해를 별도로 기록 · 보존하지 않아도 된다(시행규칙 제72조 단서).

사업주는 산업재해가 발생하였을 때에는 그 발생 사실을 은폐해서는 아니 된다(제57조 제1항). 이를 위반하여 산업재해 발생 사실을 은폐한 자 또는 그 발생사실을 은폐하도록 교사하거나 공모한 자는 1년 이하의 징역 또는 1

117) 「산업안전보건법」 제57조에 규정되어 있는 '산업재해 발생 은폐 금지 및 보고 등'은 산업재해 발생 사실을 기록 · 보존하고 보고하는 것에 주안점이 있으므로 이를 '유해 · 위험방지조치' 장(Chapter)에 배치하여 규정한 것은 「산업안전보건법」의 전체 체계상 전혀 맞지 않는 것으로서 잘못된 것이다. 「전부개정 산업안전보건법」에는 이외에도 장(Chapter)과 개별조항 간에 정합성이 결여되거나 부족한 부분이 적지 않다.

천만원 이하의 벌금에 처한다(산업안전보건법 제170조 제3호). 이 조항은 신분이 있어야 성립되는 범죄에 신분 없는 사람이 가담한 경우에도 공범으로 처벌하겠다는 규정이다. 즉 신분이 없는 자라 하더라도(예컨대, 원청관계자, 변호사, 노무사, 의사 등), 신분이 있는 자와 범죄행위를 공동으로 하는 공동정범이나 신분 있는 자를 부추겨 범죄를 실행시키는 교사범을 신분 있는 자의 범죄의 공범으로 처벌하는 규정을 두고 있다.

2. 산업재해 발생 보고

사업주는 산업재해로 사망자가 발생하거나 3일 이상의 휴업이 필요한 부상 또는 질병에 대하여는 그 발생 개요·원인, 재해 재발방지계획, 사업장 및 재해 정보 등을 포함한 산업재해조사표(시행규칙 별지 제30호 서식)를 작성하여 해당 산업재해가 발생한 날부터 1개월 이내에 관할 지방고용노동관서장에게 제출(전자문서로 제출하는 것을 포함한다)하여야 한다(산업안전보건법 제57조 제3항, 시행규칙 제73조 제1항).[118] 이때 산업재해조사표 제출기간(산업재해 발생 보고기간)의 기산점은 보험급여(보상) 결정일이 아니라 산업재해 발생일이라는 점에 유의해야 한다. 정황상 산업재해 발생이 분명함에도 보상 결정일을 보고기한의 기산점으로 삼을 요량으로 보상 결정일까지 산업재해 발생 사실을 기록·보존하지 않으면 산재은폐에 해당한다.

근골격계질환과 같은 업무상 질병은 만성적으로 발생하는 경우가 많지만, 업무상 부상(중량물 취급, 무리한 동작을 포함한다)이 원인이 되어 급성적으로 발생하는 경우도 적지 않다. 급성적으로 발생하는 경우나 만성적으로 발생한 것이라 하더라도 산업재해에 해당하는 것이 명백한 경우에 대해서까지

118) 2014. 3. 12 산업안전보건법령 개정 이전에는 근로자 또는 유족이 「산업재해보상보험법」에 의한 요양급여 또는 유족급여를 근로복지공단에 신청(산재보상 신청)하는 것으로 산업재해조사표의 제출을 갈음할 수 있었다.

업무상 질병이라고 해서 기계적으로 산업재해 보고 여부를 근로복지공단의 보상 인정 여부에 맡기고 산업재해 발생 보고기간의 기산점을 근로복지공단의 보상 결정일로 삼는다면, 이는 산업재해 발생 보고제도의 취지에도 맞지 않고 산업재해 은폐를 조장할 수 있는 잘못된 법해석임에 유의할 필요가 있다.

산업안전보건법 제57조 제3항에 따른 보고(제출)를 하지 아니 하거나 거짓으로 보고한 자 중 중대재해 발생 사실을 보고하지 아니하거나 거짓으로 보고한 자에게는 3천만원 이하의 과태료를 부과하고, 그 외의 자에게는 1천500만원 이하의 과태료를 부과한다(산업안전보건법 제175조 제2항 제2호, 제3항 제2호). 이 경우 산업재해조사표에 근로자대표의 확인을 받아야 하며, 그 기재내용에 대하여 근로자대표의 이견이 있는 경우에는 그 내용을 첨부해야 한다. 다만, 근로자대표가 없는 경우에는 재해자 본인의 확인을 받아 산업재해조사표를 제출할 수 있다(시행규칙 제73조 제3항).

사업주는 중대재해가 발생한 사실을 알게 된 경우에는 사업장 소재지를 관할하는 지방고용노동관서장에게 지체 없이 전화, 팩스 또는 그 밖의 적절한 방법으로 i) 발생 개요 및 피해 상황 ii) 조치 및 전망 iii) 그 밖의 중요한 사항을 보고해야 한다. 다만, 천재지변 등 부득이한 사유가 발생한 경우에는 그 사유가 소멸되면 지체 없이 보고하여야 한다(산업안전보건법 제54조 제2항, 시행규칙 제67조).[119)]

산업재해조사표를 작성하여 지방고용노동관서장에게 보고하는 것은 근로복지공단에 산재보상(요양급여 · 유족급여 신청)을 신청하는 것과는 별개의 절차로서, 재해가 발생한 사업장뿐만 아니라 정부기관에게도 필요한 것이다.

재해가 발생한 사업주의 입장에서는 자신의 사업장에서 발생한 재해의 원인을 면밀하게 조사 · 분석하여 그 결과를 유사재해의 방지에 활용하는 것이

---

119) 중대재해 발생 사실을 보고하지 않거나 거짓으로 보고한 자에게는 3천만원 이하의 과태료를 부과한다(산업안전보건법 제175조 제2항 제2호).

목적이고, 정부기관의 입장에서는 발생한 재해의 내용을 신속히 파악하여 재해발생 현황을 상세하게 분석하고 유사재해의 방지를 위한 재해예방대책 수립이나 감독 대상 선정 등에 활용하는 것이 목적이다.

다시 말해서, 산업재해조사표 작성・제출의무는 단순한 보고의무로 그치는 것이 아니라 사업주의 산업재해에 대한 인식과 산업재해 예방활동 강화에 도움이 될 수 있고, 정부기관의 산업재해 방지대책에도 여러 가지 측면에서 기여할 수 있는 제도라 할 수 있다.

이 점을 감안하여 산업재해조사표에는 재해 발생 개요 및 재해 발생 원인과 재발 방지계획 등을 작성방법에 따라 필수적으로 기재하도록 되어 있다.

산업재해조사표를 작성할 때 특히 유의하여야 할 점은 재해 발생 원인을 인적 요인(무의식 행동, 착오, 피로, 연령, 커뮤니케이션 등), 설비적 요인(기계・설비의 설계상 결함, 방호장치의 불량, 작업표준화의 부족, 점검・정비의 부족 등), 작업・환경적 요인(작업정보의 부적절, 작업자세・동작의 결함, 작업방법의 부적절, 작업환경 조건의 불량 등), 관리적 요인(관리조직의 결함, 규정・매뉴얼의 불비・불철저, 안전교육의 부족, 지도감독의 부족 등)으로 구분하여 기재해야 한다는 점이다(산업재해조사표 서식 작성방법). 그리고 재발방지 계획은 이 재해 발생 원인을 토대로 작성해야 한다. 발생한 재해의 정확한 원인 분석이 전제되지 않은 재발방지 계획은 그 실효성을 확보하기 어려울 것이기 때문이다.

산업재해조사표 작성방법은 「시행규칙」 별지 제30호(뒷면)에 자세히 설명되어 있다.

■ 산업안전보건법 시행규칙 [별지 제30호서식] <개정 2021. 11. 19.>

산업재해조사표

※ 뒤쪽의 작성방법을 읽고 작성하시기 바라며, [ ]에는 해당하는 곳에 √ 표시를 합니다. (앞쪽)

Ⅰ. 사업장 정보	①산재관리번호 (사업개시번호)		사업자등록번호	
	②사업장명		③근로자 수	
	④업종		소재지	(-)
	⑤재해자가 사내 수급인 소속인 경우(건설업 제외)	원도급인 사업장명	⑥재해자가 파견근로자인 경우	파견사업주 사업장명
		사업장 산재관리번호 (사업개시번호)		사업장 산재관리번호 (사업개시번호)
	건설업만 작성	발주자	[ ]민간 [ ]국가·지방자치단체 [ ]공공기관	
		⑦원수급 사업장명	공사현장 명	
		⑧원수급 사업장 산재관리번호(사업개시번호)		
		⑨공사종류	공정률 %	공사금액 백만원

※ 아래 항목은 재해자별로 각각 작성하되, 같은 재해로 재해자가 여러 명이 발생한 경우에는 별지에 추가로 적습니다.

Ⅱ. 재해 정보	성명		주민등록번호 (외국인등록번호)		성별	[ ]남 [ ]여
	주소				휴대전화	- -
	국적	[ ]내국인 [ ]외국인 [국적:	⑩체류자격:]		⑪직업	
	입사일	년 월 일	⑫같은 종류업무 근속기간			년 월
	⑬고용형태	[ ]상용 [ ]임시 [ ]일용 [ ]무급가족종사자 [ ]자영업자 [ ]그 밖의 사항 [ ]				
	⑭근무형태	[ ]정상 [ ]2교대 [ ]3교대 [ ]4교대 [ ]시간제 [ ]그 밖의 사항 [ ]				
	⑮상해종류 (질병명)		⑯상해부위 (질병부위)		⑰휴업예상 일수	휴업 [ ]일
					사망 여부	[ ] 사망

Ⅲ. 재해 발생 개요 및 원인	⑱ 재해 발생 개요	발생일시	[ ]년 [ ]월 [ ]일 [ ]요일 [ ]시 [ ]분
		발생장소	
		재해관련 작업유형	
		재해발생 당시 상황	
	⑲재해발생원인		
Ⅳ. ⑳재발 방지 계획			

※ ⑳재발방지 계획 이행을 위한 안전보건교육 및 기술지도 등을 한국산업안전보건공단에서 무료로 제공하고 있으니 즉시 기술지원 서비스를 받으려는 경우 오른쪽에 √ 표시를 하시기 바랍니다.	즉시 기술지원 서비스 요청 [ ]
※ 근로복지공단은 재해자의 개인정보를 활용하는 것에 동의하는 사람에 한정하여 해당 재해자에게 산재보험급여의 신청방법을 안내하고 있으니 관련 안내를 받으려는 재해자는 오른쪽에 √ 표시를 하시기 바랍니다.	산재보험급여 신청방법 안내를 위한 재해자의 개인정보 활용 동의 [ ]

작성자 성명

작성자 전화번호　　　　　　　　　　작성일　　년　　월　　일

사업주　　　　(서명 또는 인)

근로자대표(재해자)　　　　(서명 또는 인)

( )지방고용노동청장(지청장) 귀하

재해 분류자 기입란 (사업장에서는 적지 않습니다)	발생형태	□□□	기인물	□□□□□
	작업지역·공정	□□□	작업내용	□□□

210mm×297mm[백상지(80g/㎡) 또는 중질지(80g/㎡)]

(뒤쪽)

작 성 방 법

Ⅰ. 사업장 정보

①산재관리번호(사업개시번호): 근로복지공단에 산업재해보상보험 가입이 되어 있으면 그 가입번호를 적고 사업장등록번호 기입란에는 국세청의 사업자등록번호를 적습니다. 다만, 근로복지공단의 산업재해보상보험에 가입이 되어 있지 않은 경우 사업자등록번호만 적습니다.

※ 산재보험 일괄 적용 사업장은 산재관리번호와 사업개시번호를 모두 적습니다.

②사업장명 : 재해자가 사업주와 근로계약을 체결하여 실제로 급여를 받는 사업장명을 적습니다. 파견근로자가 재해를 입은 경우에는 실제적으로 지휘·명령을 받는 사용사업주의 사업장명을 적습니다. [예: 아파트를 건설하는 종합건설업의 하수급 사업장 소속 근로자가 작업 중 재해를 입은 경우 재해자가 실제로 하수급 사업장의 사업주와 근로계약을 체결하였다면 하수급 사업장명을 적습니다.]

③근로자 수: 사업장의 최근 근로자 수를 적습니다(정규직, 일용직·임시직 근로자, 훈련생 등 포함).

④업종: 통계청(www.kostat.go.kr)의 통계분류 항목에서 한국표준산업분류를 참조하여 세세분류(5자리)를 적습니다. 다만, 한국표준산업분류 세세분류를 알 수 없는 경우 아래와 같이 한국표준산업명과 주요 생산품을 추가로 적습니다.

[예: 제철업, 시멘트제조업, 아파트건설업, 공작기계도매업, 일반화물자동차 운송업, 중식음식점업, 건축물 일반청소업 등]

⑤재해자가 사내 수급인 소속인 경우(건설업 제외): 원도급인 사업장명과 산재관리번호(사업개시번호)를 적습니다.

※ 원도급인 사업장이 산재보험 일괄 적용 사업장인 경우에는 원도급인 사업장 산재관리번호와 사업개시번호를 모두 적습니다.

⑥재해자가 파견근로자인 경우: 파견사업주의 사업장명과 산재관리번호(사업개시번호)를 적습니다.

※ 파견사업주의 사업장이 산재보험 일괄 적용 사업장인 경우에는 파견사업주의 사업장 산재관리번호와 사업개시번호를 모두 적습니다.

⑦원수급 사업장명: 재해자가 소속되거나 관리되고 있는 사업장이 하수급 사업장인 경우에만 적습니다.

⑧원수급 사업장 산재관리번호(사업개시번호): 원수급 사업장이 산재보험 일괄 적용 사업장인 경우에는 원수급 사업장 산재관리번호와 사업개시번호를 모두 적습니다.

⑨공사 종류, 공정률, 공사금액 : 수급 받은 단위공사에 대한 현황이 아닌 원수급 사업장의 공사 현황을 적습니다.

가. 공사 종류: 재해 당시 진행 중인 공사 종류를 말합니다. [예: 아파트, 연립주택, 상가, 도로, 공장, 댐, 플랜트시설, 전기공사 등]

나. 공정률: 재해 당시 건설 현장의 공사 진척도로 전체 공정률을 적습니다.(단위공정률이 아님)

Ⅱ. 재해자 정보

⑩체류자격: 「출입국관리법 시행령」 별표 1에 따른 체류자격(기호)을 적습니다.(예: E-1, E-7, E-9 등)

⑪직업: 통계청(www.kostat.go.kr)의 통계분류 항목에서 한국표준직업분류를 참조하여 세세분류(5자리)를 적습니다. 다만, 한국표준직업분류 세세분류를 알 수 없는 경우 알고 있는 직업명을 적고, 재해자가 평소 수행하는 주요 업무내용 및 직위를 추가로 적습니다.

[예: 토목감리기술자, 전문간호사, 인사 및 노무사무원, 한식조리사, 철근공, 미장공, 프레스조작원, 선반기조작원, 시내버스 운전원, 건물내부청소원 등]

⑫같은 종류 업무 근속기간: 과거 다른 회사의 경력부터 현직 경력(동일·유사 업무 근무경력)까지 합하여 적습니다.(질병의 경우 관련 작업근무기간)

⑬고용형태: 근로자가 사업장 또는 타인과 명시적 또는 내재적으로 체결한 고용계약 형태를 적습니다.

가. 상용: 고용계약기간을 정하지 않았거나 고용계약기간이 1년 이상인 사람

나. 임시: 고용계약기간을 정하여 고용된 사람으로서 고용계약기간이 1개월 이상 1년 미만인 사람

다. 일용: 고용계약기간이 1개월 미만인 사람 또는 매일 고용되어 근로의 대가로 일급 또는 일당제 급여를 받고 일하는 사람

라. 자영업자: 혼자 또는 그 동업자로서 근로자를 고용하지 않은 사람

마. 무급가족종사자: 사업주의 가족으로 임금을 받지 않는 사람

바. 그 밖의 사항: 교육·훈련생 등

⑭근무형태 : 평소 근로자의 작업 수행시간 등 업무를 수행하는 형태를 적습니다.

가. 정상: 사업장의 정규 업무 개시시각과 종료시각(통상 오전 9시 전후에 출근하여 오후 6시 전후에 퇴근하는 것) 사이에 업무수행하는 것을 말합니다.

나. 2교대, 3교대, 4교대: 격일제근무, 같은 작업에 2개조, 3개조, 4개조로 순환하면서 업무수행하는 것을 말합니다.

다. 시간제 : 가목의 '정상' 근무형태에서 규정하고 있는 주당 근무시간보다 짧은 근로시간 동안 업무수행하는 것을 말합니다.

다. 그 밖의 사항: 고정적인 심야(야간)근무 등을 말합니다.

⑮상해종류(질병명): 재해로 발생된 신체적 특성 또는 상해 형태를 적습니다.

[예: 골절, 절단, 타박상, 찰과상, 중독·질식, 화상, 감전, 뇌진탕, 고혈압, 뇌졸중, 피부염, 진폐, 수근관증후군 등]

⑯상해부위(질병부위): 재해로 피해가 발생된 신체 부위를 적습니다.

[예: 머리, 눈, 목, 어깨, 팔, 손, 손가락, 등, 척추, 몸통, 다리, 발, 발가락, 전신, 신체내부기관(소화·신경·순환·호흡배설) 등]

※ 상해종류 및 상해부위가 둘 이상이면 상해 정도가 심한 것부터 적습니다.

⑰휴업예상일수: 재해발생일을 제외한 3일 이상의 결근 등으로 회사에 출근하지 못한 일수를 적습니다.(추정 시 의사의 진단 소견을 참조)

Ⅲ. 재해발생정보

⑱재해발생 개요: 재해원인의 상세한 분석이 가능하도록 발생일시[년, 월, 일, 요일, 시(24시 기준), 분], 발생 장소(공정 포함), 재해관련 작업유형(누가 어떤 기계·설비를 다루면서 무슨 작업을 하고 있었는지), 재해발생 당시 상황[재해 발생 당시 기계·설비·구조물이나 작업환경 등의 불안전한 상태(예시: 떨어짐, 무너짐 등)와 재해자나 동료 근로자가 어떠한 불안전한 행동(예시: 넘어짐, 끼임 등)을 했는지]을 상세히 적습니다.

[작성예시]

발생일시	2013년 5월 30일 금요일 14시 30분
발생장소	사출성형부 플라스틱 용기 생산 1팀 사출공정에서
재해관련 작업유형	재해자 000가 사출성형기 2호기에서 플라스틱 용기를 꺼낸 후 금형을 점검하던 중
재해발생 당시 상황	재해자가 점검중임을 모르던 동료 근로자 000가 사출성형기 조작 스위치를 가동하여 금형 사이에 재해자가 끼어 사망하였음

⑲재해발생 원인: 재해가 발생한 사업장에서 재해발생 원인을 인적 요인(무의식 행동, 착오, 피로, 연령, 커뮤니케이션 등), 설비적 요인(기계·설비의 설계상 결함, 방호장치의 불량, 작업표준화의 부족, 점검·정비의 부족 등), 작업·환경적 요인(작업정보의 부적절, 작업자세·동작의 결함, 작업방법의 부적절, 작업환경 조건의 불량 등), 관리적 요인(관리조직의 결함, 규정·매뉴얼의 불비·불철저, 안전교육의 부족, 지도감독의 부족 등)을 적습니다.

Ⅳ. 재발방지계획

⑳ "19. 재해발생 원인"을 토대로 재발방지 계획을 적습니다.

Ⅶ. 기타

1. 법령 요지의 게시

사업주는 이 법과 이 법에 따른 명령[120]의 요지 및 안전보건관리규정을 각 사업장의 근로자가 쉽게 볼 수 있는 장소에 게시하거나 갖추어 두어 근로자에게 널리 알려야 한다(산업안전보건법 제34조).[121]

종전에는 법령 요지를 게시 또는 비치하여야 할 단위장소가 '사업장'이 아니라 '작업장'이었는데, 2019년 1월 15일 전부개정된 「산업안전보건법」에서 게시 또는 비치의 대상을 안전보건관리규정과 통합하여 규정하면서 게시 또는 비치의 단위를 사업장으로 바꾸었다. 작업장별로 작업특성과 이에 따른 유해·위험요인이 다른 점을 고려할 때 법령 요지의 게시 또는 비치는 안전보건관리규정과 달리 작업장 단위로 하는 것이 바람직하다. 법령 요지의 게시 또는 비치 규정의 취지와 근로자의 알 권리에 대한 몰이해에서 비롯된 후퇴라고 할 수 있다. 그리고 종전에는 법령 요지를 근로자로 하여금 '알게 하여야 한다'로 규정되어 있었는데, 이를 '널리 알려야 한다'로 개정(2019.1.15. 전부개정 시)한 것 역시 근로자의 알 권리(right to know) 관점에서 보면 크게 후퇴한 것이라고 할 수 있다.

산업안전보건법령이 정비되었다고 하더라도 이 법령을 근로자에게 주지시키지 않는 한 효과적으로 산업재해 예방의 실효를 거두는 것은 불가능하다. 산업안전보건법령은 전문적·기술적인 사항이 많고 관계조문도 방대한 수에 이르는 데다가 매우 복잡하다. 그래서 본 조문에서 사업주에게 이 법령의 요지를 근로자가 쉽게 볼 수 있는 장소에 게시하는 등의 방법으로 근로자에게 주지시켜야 한다고 규정한 것이다.

---

120) 이 법과 이 법에 따른 명령을 합하여 '법령'이라고 부른다.

121) 이를 위반한 자에게는 5백만원 이하의 과태료를 부과한다(산업안전보건법 제175조 제5항 제3호).

이 법에 따른 명령(법규명령)으로는 대통령령에 해당하는 「시행령」과 고용노동부령에 해당하는 「시행규칙」, 「안전보건기준규칙」, 「취업제한규칙」이 있다. 즉, 「산업안전보건법」의 법규명령은 대통령령 1개와 고용노동부령 3개가 있다.

사업주는 이들 법령의 모든 내용을 게시·비치하는 것이 아니라, 이들 법령 중 작업장의 작업내용, 작업양태 등을 감안하여 당해 작업장에 관계있는 내용이 근로자에게 용이하게 이해될 수 있도록 발췌하여 정리한 것을 근로자가 쉽게 볼 수 있는 장소에 게시·비치하여야 한다.

이와 같이 근로자에게 법령을 주지시키는 것은 근로자의 권리와 의무를 미리 이해시킴으로써 적정한 노무관리, 불필요한 분쟁의 방지 등에 기여할 수 있고, 이는 또 산업재해를 방지하기 위한 가장 기본적인 조치의 하나라고 말할 수 있다. 이와 같은 규정은 ILO협약, 선진제국의 산업안전보건법령에서 공통적으로 발견되는 것으로서 근대 노동보호법의 중요한 내용이라고 할 수 있다.

본 조항의 이행방법과 관련해서는, 사내 전산망에 법령의 요지를 기록·등재하고 각 작업장에서 근로자가 당해 기록·등재된 내용을 상시 확인할 수 있도록 하는 전산장비를 갖추어 두는 방법도 무방하다.

2. 근로자대표의 통지 요청

근로자대표는 산업안전보건위원회(또는 노사협의체) 의결사항, 안전·보건진단결과, 안전보건개선계획의 수립·시행내용, 「산업안전보건법」 제64조 제1항 각 호에 따른 도급인의 산업재해 예방조치, 물질안전보건자료 및 작업환경측정에 관한 사항을 통지하여 줄 것을 사업주에게 요청할 수 있고,[122] 사업주는 이에 성실히 따라야 한다(산업안전보건법 제35조).[123]

위 사항에 대한 사업주의 정보제공(통지)은 근로자대표의 요청(청구)을 전제로 하고 있어 근로자대표의 요청에 관계없이 사업주가 의무적으로 해야 하는 것은 아니다. 그리고 근로자대표는 사업주를 단위로 두도록 되어 있기 때문에, 도급인의 산업재해 예방조치의 경우, 도급인의 근로자대표만 도급인에 대해 청구할 수 있고, 관계수급인의 근로자대표는 해당 수급인에 대해 청구할 수 있을 뿐 도급인에 대해서는 청구할 수 없다.

3. 안전보건표지의 설치 · 부착

사업주는 사업장의 유해하거나 위험한 시설 및 장소에 대한 경고, 비상시에 대처하기 위한 지시 · 안내 또는 그 밖에 근로자의 안전 및 보건 의식을 고취하기 위하여 안전보건표지를 설치하거나 부착하여야 한다(산업안전보건법 제37조).[124] 이 규정은 주로 근로자의 휴먼에러를 방지하기 위하여 마련된 것이라고 볼 수 있다.

안전보건표지는 금지표지, 경고표지, 지시표지, 안내표지, 출입금지표지로 구분되고 있다.

안전보건표지를 설치하거나 부착할 때에는 근로자가 쉽게 알아볼 수 있는 장소 · 시설 또는 물체에 설치하거나 부착하여야 하고(시행규칙 제39조 제1항), 흔들리거나 쉽게 파손되지 아니하도록 견고하게 설치하거나 부착하여야 한다(시행규칙 제39조 제2항). 그리고 안전보건표지는 그 표시내용을 근로자가 빠르고 쉽게 알아볼 수 있는 크기로 제작하여야 하고(시행규칙 제40조

122) 「산업안전보건법」 제35조 제7호에서는 "그 밖에 고용노동부령으로 정하는 안전 및 보건에 관한 사항"도 근로자대표의 통지 요청 대상으로 정하고 있지만, 지금까지 고용노동부령(시행규칙)에서 이에 대해 정하고 있지 않다.

123) 이를 위반하여 근로자대표에게 알리지 않은 자에게는 3백만원 이하의 과태료를 부과한다(산업안전보건법 제175조 제6항 제2호).

124) 이를 위반한 자에게는 5백만원 이하의 과태료를 부과한다(산업안전보건법 제175조 제5항 제1호).

제2항), 쉽게 파손되거나 변형되지 않는 재료로 제작해야 한다(시행규칙 제40조 제4항). 또한 안전보건표지 속의 그림 또는 부호의 크기는 안전보건표지의 크기와 비례하여야 하며, 안전보건표지 전체 규격의 30% 이상이 되어야 하고(시행규칙 제40조 제3항), 야간에 필요한 안전보건표지는 야광물질을 사용하는 등 쉽게 알아볼 수 있도록 제작하여야 한다(시행규칙 제40조 제5항).

안전보건표지의 종류·형태, 종류별 용도, 설치·부착장소, 형태 및 색채, 색도기준 및 용도, 기본모형 등에 대하여는 「시행규칙」 별표 6, 별표 7, 별표 8, 별표 9에서 각각 규정하고 있다.[125)]

4. 산업재해 공표

사업주의 명예·신용에 대한 침해 위협을 통해 산업재해 예방에 대한 사업주의 관심과 의지를 제고시키기 위해 2002년 12월 30일 산업안전보건법 개정 시 산업재해에 관한 공표제도를 도입하였다. 이에 따라 고용노동부장관은 산업재해를 예방하기 위하여 필요하다고 인정하는 때에는 사업장의 산업재해 발생건수, 재해율 또는 그 순위 등을 관보, 일반일간신문, 인터넷 등을 통해 공표할 수 있다(산업안전보건법 제10조, 시행규칙 제8조).

공표 대상 사업장은 다음과 같다(시행령 제10조 제1항).

① 산업재해로 인한 사망자(이하 '사망재해자'라 한다)가 연간 2명 이상 발생한 사업장

② 사망만인율(연간 상시 근로자 1만명당 발생하는 사망재해자 수의 비율

125) 안전보건표지의 상세한 사항을 법령에서 특정적으로 규정하고 이의 위반 시 과태료를 부과하는 것은 사업장의 다양하고 특수한 상황을 반영하지 못하게 하는 부작용이 적지 않을 것으로 생각된다. 안전보건표지의 상세한 내용은 강제성이 없는 가이드라인으로 규정하는 것이 합리적이다. 재해예방선진국 어느 나라도 안전보건표지의 형태, 색채, 색도기준, 기본모형 등을 강제기준으로 규정하여 운영하고 있지 않다.

을 말한다)이 규모별 같은 업종의 평균 사망만인율 이상인 사업장

③ 「산업안전보건법」 제44조 제1항 전단에 따른 중대산업사고가 발생한 사업장

④ 「산업안전보건법」 제57조 제1항을 위반하여 산업재해 발생 사실을 은폐한 사업장

⑤ 「산업안전보건법」 제57조 제3항에 따른 산업재해의 발생에 관한 보고를 최근 3년 이내 2회 이상 하지 않은 사업장

①, ②, ③에 해당하는 사업장은 해당 사업장이 관계수급인의 사업장으로서 법 제63조에 따른 도급인이 관계수급인 근로자의 산업재해 예방을 위한 조치의무를 위반하여 관계수급인 근로자가 산업재해를 입은 경우에는 도급인의 사업장[도급인이 제공하거나 지정한 경우로서 도급인이 지배·관리하는 「시행령」 제11조(도급인이 지배·관리하는 장소) 각 호에 해당하는 장소를 포함한다]의 산업재해 발생건수 등을 함께 공표한다(시행령 제10조 제2항).

5. 통합 산업재해 공표

고용노동부장관은 도급인의 사업장(도급인이 제공하거나 지정한 경우로서 도급인이 지배·관리하는 대통령령으로 정하는 장소를 포함한다) 중 대통령령으로 정하는 사업장에서 관계수급인 근로자가 작업을 하는 경우에 도급인의 산업재해 발생건수 등에 관계수급인의 산업재해 발생건수 등을 포함하여 「산업안전보건법」 제10조 제1항에 따라 공표하여야 한다(산업안전보건법 제10조 제2항).

여기에서 '대통령령으로 정하는 사업장'이란 도급인이 사용하는 상시 근로자 수가 500명 이상인 i) 제조업, ii) 철도운송업, iii) 도시철도운송업, iv) 전기업의 어느 하나에 해당하는 사업이 이루어지는 사업장으로서 도급인 사업장의 사고사망만인율(질병으로 인한 사망재해자를 제외하고 산출한 사망

만인율을 말한다)보다 관계수급인의 근로자를 포함하여 산출한 사고사망만인율이 높은 사업장을 말한다(시행령 제12조).

도급인의 사업장(도급인이 제공하거나 지정한 경우로서 도급인이 지배·관리하는 시행령 제11조 각 호에 해당하는 장소)과 관계수급인의 범위가 불명확하여[상주하지 않는 수급인(작업을 위해 일시적으로 출입하는 수급인 등)의 포함 여부] 해당 근로자를 분모로 하여 산출되어야 하는 '사망만인율', '사고사망만인율', '규모별 같은 업종의 평균 사망만인율' 자체의 산정이 불가능하거나 자의적으로 이루어질 가능성이 높음에 유의할 필요가 있다.

6. 산업재해 예방계획의 수립·공표

산업재해의 방지대책을 종합적이고 계획적으로 추진하기 위해서는 정부가 산업재해 예방에 대한 계획을 수립하고, 그것을 기반으로 하여 구체적인 대책을 강구하는 한편, 이것을 사업주, 기타 관계자에게 주지하고, 관민일체가 되어 그것을 추진해 나갈 필요가 있다. 이를 위하여 「산업안전보건법」 제7조 제1항에서는 고용노동부장관은 산업재해 예방에 관한 기본계획을 수립하여야 한다고 규정하고 있다.

본 조문을 근거로 5개년의 산업재해 예방계획이 수립되어 실시되어 왔다. 현재 2020년을 시작 연도로 하는 제5차 '산재예방 5개년 계획'이 수립되어 실시되고 있다.

7. 협조의 요청 등

가. 협조요청 및 규제협의

고용노동부장관은 수립된 산업재해 예방계획을 효율적으로 시행하기 위하여 필요하다고 인정할 때에는 관계행정기관의 장 또는 「공공기관의 운영에 관한 법률」 제4조에 따른 공공기관의 장에게 다음 사항의 협조를 요청할 수 있다(산업안전보건법 제8조 제1항 및 시행규칙 제4조).

① 안전·보건 의식 정착을 위한 안전문화운동의 추진
② 산업재해 예방을 위한 홍보 지원
③ 안전·보건과 관련된 중복규제의 정비
④ 안전·보건과 관련된 시설을 개선하는 사업장에 대한 자금융자 등 금융·세제상의 혜택 부여
⑤ 사업장에 대하여 관계 기관이 합동으로 하는 안전·보건점검의 실시
⑥ 「건설산업기본법」 제23조에 따른 건설업체의 시공능력 평가 시 별표 1 제1호에서 정한 건설업체의 산업재해발생률에 따른 공사 실적액의 감액(산업재해발생률의 산정 기준 및 방법은 별표 1에 따른다)
⑦ 「국가를 당사자로 하는 계약에 관한 법률 시행령」 제13조에 따른 입찰 참가업체의 입찰참가자격 사전심사 시 가감점 부여
⑧ 산업재해 또는 건강진단 관련 자료의 제공
⑨ 정부포상 수상업체 선정 시 산업재해발생률이 같은 종류 업종에 비하여 높은 업체(소속 임원을 포함한다)에 대한 포상 제한에 관한 사항
⑩ 「건설기계관리법」 제3조 또는 「자동차관리법」 제5조에 따라 각각 등록한 건설기계 또는 자동차 중 법 제93조에 따라 안전검사를 받아야 하는 유해하거나 위험한 기계·기구·설비가 장착된 건설기계 또는 자동차에 관한 자료의 제공
⑪ 「119구조·구급에 관한 법률」 제22조 및 같은 법 시행규칙 제18조에 따른 구급활동일지와 「응급의료에 관한 법률」 제49조 및 같은 법 시행규칙 제40조에 따른 출동 및 처치기록지의 제공
⑫ 그 밖에 산업재해 예방계획을 효율적으로 시행하기 위하여 필요하다고 인정하는 사항

행정기관의 장은 사업장의 안전 및 보건에 관하여 규제를 하려면 미리 고용노동부장관과 협의하여야 한다(산업안전보건법 제8조 제2항). 고용노동부장관이 이 협의과정에서 해당 규제에 대한 변경을 요구하면 행정기관의 장은 이에 따라야 하며, 고용노동부장관은 필요한 경우 국무총리에게 협의·조정 사항을 보고하여 확정할 수 있다(제8조 제3항).

위 조항들은 사업장 안전보건에 대해서는 고용노동부가 주무부처이고 사업장 안전보건에 관한 기본법은 「산업안전보건법」인 것에 기인한다.

나. 권고·요청

정부의 산업재해 예방계획의 실시 등 산업재해 예방대책에 대해서는 사업주를 비롯하여 관계자의 협력 없이는 그 충분한 성과를 거두는 것이 불가능하다.

따라서 「산업안전보건법」 제8조 제4항은 고용노동부장관이 산업재해 예방계획 등 산업재해 예방대책을 정확하고 원활하게 실시하는 등 산업재해 예방을 위하여 필요하다고 인정할 때에는 사업주, 사업주단체, 그 밖의 관계인에게 산업재해 예방에 관한 사항에 대하여 필요한 권고 또는 협조요청을 할 수 있다는 것을 정한 것이다.

"산업재해 예방을 위하여 필요하다고 인정할 때"로는, 정부의 산업재해 예방계획에 제시된 목표·방향과 사업주 등 관계인의 산업재해 예방대책의 실시상황 또는 실시하려고 하는 대책 간에 차이가 있고 관계인에게 그 변경을 요구할 필요가 있다고 인정될 때 등이 있다.

그 밖의 관계인에는 산업재해 예방단체, 노동조합, 중앙행정기관, 지방자치단체 등이 있다.

한편, 고용노동부장관은 산업재해 예방을 위하여 중앙행정기관, 지방자치단체 또는 공단 등 관련 기관·단체의 장에게 다음 각 정보 또는 자료의 제공 및 관계 전산망의 이용을 요청할 수 있다. 이 경우 요청을 받은 중앙행정기관의 장과 지방자치단체의 장 또는 관련 기관·단체의 장은 정당한 사유가 없으면 그 요청에 따라야 한다(산업안전보건법 제8조 제5항).

① 「부가가치세법」 제8조 및 「법인세법」 제111조에 따른 사업자등록에 관한 정보

② 「고용보험법」 제15조에 따른 근로자의 피보험자격의 취득 및 상실 등에 관한 정보

③ 그 밖에 산업재해 예방사업을 수행하기 위하여 필요한 정보 또는 자료로서 대통령령(제8조의2)으로 정하는 정보 또는 자료[126]

다. 건설업체 산업재해 발생률 조사

(1) 취 지

건설업체 산업재해 발생률 조사는, 건설업체별 산업재해 발생률을 조사하여 발표함으로써 사업주의 안전의식을 고취시키고, 산업재해 발생률이 낮은 업체에 대하여 입찰참가자격 사전심사(PQ : Pre-Qualification)[127] 시 가점 부여, 지도·감독 면제 등 각종 혜택을 부여하는 한편, 산업재해 발생률이 높은 업체에 대해서는 시공능력 평가 시 공사실적액의 감액 등 불이익 조치를 취함으로써, 기업의 자율적인 재해예방활동을 활성화시키기 위해 도입한 것이다(시행규칙 제4조 제6호 및 제7호).

건설업체의 산업재해 발생률은 당초에는 재해강도를 반영하기 위해 일반

126) 1. 「전기사업법」 제16조 제1항에 따른 기본공급약관에서 정하는 사업장별 계약전력 정보(산업안전보건법 제42조 제1항에 따른 유해위험방지계획서의 심사를 위하여 필요한 경우로 한정한다)
2. 「화학물질관리법」 제9조 제1항에 따른 화학물질확인 정보(화학물질관리법 제52조 제1항에 따른 자료보호기간 중에 있는 정보는 제외한다)

127) 공공기관이 발주하는 대형공사의 입찰에 참가할 자격이 있는지를 입찰 전에 심사하는 제도로서, 과당경쟁으로 인한 덤핑입찰 및 이에 따른 부실공사를 사전에 방지하기 위해 도입된 제도이다. 경영상태, 기술능력, 시공경험, 신인도 등을 평가한다.

재해율과는 달리 사망자에 가중치를 부여한 '환산재해율'로 별도 산정되었었다. 1992년 30대 종합건설업체를 대상으로 산입재해 발생률 조사·발표를 시작하였고, 매년 조사 대상을 확대하여 2004년에는 시공능력평가액 순위 1,000대 종합건설업체까지 확대되었다.

2019년부터는 산업재해 발생률 산정기준이 '환산재해율'에서 근로자 1만 명 당 사고사망자 수를 따지는 '사고사망만인율'로 바뀌었다. 대상은 시공능력평가액 순위 1,000대 종합건설업체에서 모든 종합건설업체(약 12,000개)로 확대되었다.

(2) 산업재해 발생률 산정방법(시행규칙 별표 1)

산업재해 발생률 및 산업재해 발생 보고의무 위반에 따른 가감점 부여 대상이 되는 건설업체는 매년 「건설산업기본법」 제23조에 따라 국토교통부장관이 시공능력을 고려하여 공시하는 건설업체 중 고용노동부장관이 정하는 업체로 한다.

(가) 사고사망만인율 산출방법

건설업체의 산업재해 발생률은 다음의 계산식에 따른 사고사망만인율로 산출한다.

$$\text{사고사망만인율}(‱) = \frac{\text{사고사망자 수}}{\text{상시 근로자 수}} \times 10,000$$

(나) 사고사망자 수

1) 사고사망자 수는 사고사망만인율 산정 대상 연도의 1월 1일부터 12월 31일까지의 기간 동안 해당 업체가 시공하는 국내의 건설현장(자체사업의 건설현장은 포함한다)에서 사고사망재해를 입은 근로자 수를 합산하여 산출한다. 다만, 별표 18 제2호 마목에 따른 이상기온에 기인한 질병사망자는 포함한다.

① 건설산업기본법 제8조에 따른 종합공사를 시공하는 업체의 경우에는 해당 업체의 소속 사고사망자 수에 그 업체가 시공하는 건설현장에서 그 업체로부터 도급을 받은 업체(그 도급을 받은 업체의 하수급인을 포함한다)의 사고사망자 수를 합산하여 산출한다.

② 건설산업기본법 제29조 제3항에 따라 종합공사를 시공하는 업체(A)가 발주자의 승인을 받아 종합공사를 시공하는 업체(B)에 도급을 준 경우에는 해당 도급을 받은 종합공사를 시공하는 업체(B)의 사고사망자 수와 그 업체로부터 도급을 받은 업체(C)의 재해자 수를 도급을 한 종합공사를 시공하는 업체(A)와 도급을 받은 종합공사를 시공하는 업체(B)에 반으로 나누어 각각 합산한다. 다만, 그 산업재해와 관련하여 법원의 판결이 있는 경우에는 산업재해에 책임이 있는 종합공사를 시공하는 업체의 사고사망자 수에 합산한다.

③ 「시행규칙」 제73조 제1항에 따른 산업재해조사표를 제출하지 않아 고용노동부장관이 산업재해 발생연도 이후에 산업재해가 발생한 사실을 알게 된 경우에는 그 알게 된 연도의 사고사망자 수로 산정한다.

2) 둘 이상의 업체가 국가를 당사자로 하는 계약에 관한 법률 제25조에 따라 공동계약을 체결하여 공사를 공동이행방식으로 시행하는 경우 해당 현장에서 발생하는 사고사망자 수는 공동수급업체의 출자 비율에 따라 분배한다.

3) 건설공사를 하는 자(도급인, 자체사업을 하는 자 및 그의 수급인을 포함한다)와 설치, 해체, 장비 임대 및 물품 납품 등에 관한 계약을 체결한 사업주의 소속 근로자가 그 건설공사와 관련된 업무를 수행하는 중 사망한 경우에는 건설공사를 하는 자의 사고사망자 수로 산정한다.

4) 사고사망자 중 다음의 어느 하나에 해당하는 경우로서 사업주의 법 위반으로 인한 것이 아니라고 인정되는 재해에 의한 사망자는 사망자 수 산정에서 제외한다.

① 방화, 근로자 간 또는 타인 간의 폭행에 의한 경우

② 「도로교통법」에 따라 도로에서 발생한 교통사고에 의한 경우(해당 공사의 공사용 차량·장비에 의한 사고는 제외한다)

③ 태풍·홍수·지진·눈사태 등 천재지변에 의한 불가항력적인 재해의 경우

④ 작업과 관련이 없는 제3자의 과실에 의한 경우(해당 목적물 완성을 위한 작업자 간의 과실은 제외한다)

⑤ 그 밖에 야유회, 체육행사, 취침·휴식 중의 사고 등 건설작업과 직접 관련이 없는 경우

(다) 상시 근로자 수 산출방법

위 사고사망만인율 계산식에서 상시 근로자 수는 다음과 같이 산출한다.

$$\text{상시 근로자 수} = \frac{\text{연간 국내공사 실적액} \times \text{노무비율}}{\text{건설업 월평균임금} \times 12}$$

1) '연간 국내공사 실적액'은 「건설산업기본법」에 따라 설립된 건설업자의 단체, 「전기공사업법」에 따라 설립된 공사업자단체, 「정보통신공사업법」에 따라 설립된 정보통신공사협회, 「소방시설공사업법」에 따라 설립된 한국소방시설협회에서 산정한 업체별 실적액을 합산하여 산정한다.

2) '노무비율'은 「고용보험 및 산업재해보상보험의 보험료징수 등에 관한 법률 시행령」 제11조 제1항에 따라 고용노동부장관이 고시하는 일반 건설공사의 노무비율(하도급 노무비율은 제외한다)을 적용한다.

3) '건설업 월평균임금'은 「고용보험 및 산업재해보상보험의 보험료징수 등에 관한 법률 시행령」 제2조 제1항 제3호 가목에 따라 고용노동부장관이 고시하는 건설업 월평균임금을 적용한다.

라. 건설재해 예방을 위한 유관기관 협조

전술한 바와 같이 고용노동부장관은 산업재해 예방계획을 효율적으로 시행하기 위하여「산업안전보건법」제8조 제1항에 따라 관계 행정기관의 장 또는 공공기관의 장에게 필요한 협조를 요청할 수 있는바, 같은 조항에 따라 고용노동부장관은 건설재해 예방을 위해 행정기관의 장 또는 공공기관의 장에게 다음 사항에 대한 협조를 요청할 수 있다(시행규칙 제4조 제1항).

①「건설산업기본법」제23조에 따른 건설업체의 시공능력 평가 시「시행규칙」별표 1(제4조 관련) 제1호에서 정한 건설업체의 산업재해 발생률에 따른 공사실적액의 감액(이 경우 산업재해 발생률 산정기준 및 방법은「시행규칙」별표 1에 따른다)(제6호)

②「국가를 당사자로 하는 계약에 관한 법률 시행령」제13조에 따른 입찰참가업체의 입찰참가자격 사전심사 시 다음의 사항(제7호)

◦ 별표 1 제1호에서 정한 건설업체의 산업재해 발생률 및 산업재해 발생 보고의무 위반에 따른 가감점 부여(이 경우 건설업체의 산업재해 발생률 및 산업재해 발생 보고의무 위반건수의 산정 기준과 방법은「시행규칙」별표 1에 따른다)

◦ 사업주가 안전보건교육을 이수하는 등「시행규칙」별표 1 제1호에서 정한 건설업체의 산업재해 예방활동에 대하여 고용노동부장관이 정하여 고시[128]하는 바에 따라 그 실적을 평가한 결과에 따른 가점 부여

위의 ①(시행규칙 제4조 제1항 제6호)에 따라, 최근 3년간 건설공사실적의 연차별 가중평균액에 다음 표에 따른 감산비율을 곱한 금액을 뺀다[건설산업기본법 제23조 및 같은 법 시행규칙 별표 1(제23조 제2항 관련) 제1호 라목 (5)].

---

128)「건설업체의 산업재해예방활동 실적 평가기준」(고시).

구분	사망만인율	감산비율
종합건설 사업자	평균 사망만인율의 1배 이상 1.5배 이하	5/100
	평균 사망만인율의 1.5배 초과 2배 이하	7/100
	평균 사망만인율의 2배 초과	9/100

※ 비고

1. "사망만인율"이란 사망재해자 수를 연간 상시근로자 1만명당 발생하는 사망재해자 수로 환산한 것을 말한다.
2. "평균 사망만인율"이란 평가 연도 직전년도에 고용노동부장관이 산정한 건설사업자의 평균 사망만인율을 말한다.

위의 ②(시행규칙 제4조 제1항 제7호)에 따라, 최근 3년간 고용노동부장관이 산정한 사고사망만인율(사고사망자 수/상시 근로자 수×10,000)의 가중평균이 평균사고사망만인율의 가중평균 이하이거나 가중평균을 초과한 업체에 대해 PQ 시 최대 ±1.0까지 가감점이 부여되고, (과태료 처분을 받은) 산업재해 발생 보고의무 위반에 대해 PQ 시 최대 -2.0점까지 감점이 부여되며, 건설업체의 산업재해 예방활동 실적평가 점수에 따라 PQ 시 최대 +1.0까지 가점이 부여된다[입찰참가자격사전심사요령(기획재정부 계약예규) 별표 2(제6조 제5항 제1호의 경우에 적용), 별표 3(제6조 제5항 제2호의 경우에 적용)].[129), 130)]

---

129) 「입찰참가자격사전심사요령」에는 「시행규칙」 제4조 제1항 제7호에 따른 위 3가지 요소 외에, 최근 1년간 산업안전보건관리비 부적정 사용(목적 외 사용금액이 1천만원을 초과하거나 사용내역서를 미작성·미보존한 경우) 요소(-1점), 최근 1년간 산업안전보건법령 위반 건수(동일 현장에서 벌금 이상의 행정형벌을 2회 이상) 요소(-1점)가 추가 반영되어 있다(별표 2, 3).

130) 「조달청 입찰참가자격사전심사기준」(조달청지침) 별표 3 신인도 평가(제6조 관련)에서는 「입찰참가자격사전심사요령」(기획재정부 계약예규)을 근거로 평점(배점)을 등급에 따라 구체적으로 정하고 있다. 입찰참가자격사전심사요령은 「국가를 당사자로 하는 계약에 관한 법률 시행령」 제13조 및 「국가를 당사자로 하는 계약에 관한 법률 시행규칙」 제23조 및 제23조의2를 근거로 하고 있다.

[칼럼] 산업안전 규제도 품질 고려해야[131)]

지난해 정부의 산재 사망사고 절반 줄이기 대책에도 불구하고 산재 사고로 사망한 근로자는 오히려 증가했다. 산재 예방을 위한 행정적 자원과 인원이 크게 늘어났음에도 초라한 성적을 거둔 것이다. 기업으로 치면 유례없이 큰 적자가 발생한 셈이다.

게다가 이 실적은 중대재해 발생 공장 전체에 대한 초법적인 작업중지 명령 등으로 어느 때보다 기업에 큰 비용을 치르게 하면서 나온 것이어서 심각하게 받아들여야 할 일이다. 산재 예방정책의 접근방식에 대한 많은 반성과 대대적인 수술이 필요하다는 점을 방증하는 것이다.

그러나 1월에 전면 개정된 산업안전보건법과 최근 입법예고를 거쳐 규제개혁위원회의 심의를 앞두고 있는 하위법령 개정안은 사망사고 감소를 위한 진지한 성찰이 부족하고 법의 취지와 실효성에 대한 고려 없이 행정편의주의와 제재 일변도의 접근을 되풀이하겠다는 것이어서 우려를 금할 수 없다.

그중 대표적인 것이 작업중지명령 부분이다. 입법예고안과 같이 과도하게 광범한 작업중지명령 규정을 두고 있는 나라는 어디에서도 찾아볼 수 없다. 그마저도 불명확하고 모호한 표현으로 가득 차 있어 행정기관의 자의적 집행이 불을 보듯 훤하다. 작업중지명령 요건의 대부분에는 법령이 아니라 행정기관이 제멋대로 정하겠다는 행정독재의 그림자가 짙게 드리워져 있다. 법규가 애매하거나 그 적용범위가 지나치게 불명확한 것은 법치주의의 핵심이자 민주주의 원리인 명확성 원칙에 정면으로 위반된다. 그리고 작업중지명령 해제를 작업중지의 취지인 급박한 위험의 제거와 무관하게 안전조치의 '충분한' 개선을 전제로 하겠다는 것은 기업이 졸속으로 안전조치를 수립하도록 조장할 것이다. 이는 재해 예방에 도움은커녕 기업의 안전관리를 왜곡하는 결과를 초래한다. 또한 급박한 위험을 제거할 수 있는 다른 '소프트'한 방법이 있는데도 재해원인을 따지지도 않고 무작정 작업중지를 하겠다는 것은 초법적 발상이다. 예방이 목적인 작업중지를 제

131) 정진우, 서울경제, 2019.7.25.

재 목적으로 오용하려는 데서 기인한다.

이번 개정안에는 법을 준수하게 하는 것이 목적인지, 처벌하는 것이 목적인지를 의심케 하는 규정도 적지 않다. 대표적인 것이 도급 관련 규정이다. '위험의 외주화'라는 프레임에 갇혀 원청업체에 '묻지마 규제'를 하는 데에만 골몰하고 있을 뿐 명분으로 내걸고 있는 하청근로자 보호 효과를 실제로 거두기에는 매우 엉성한 접근을 하고 있다. 전문가조차 도급작업에서 누가 어떤 안전조치를 어떻게 해야 할지를 예측 · 판단할 수 없는 상황인데, 규제가 현장에서 작동되기를 기대하는 것은 연목구어나 다름없다. 준법 의지가 강한 기업조차도 제대로 준수할 수 없다는 것은 명확성 원칙 위반 이전에 법의 규범력에 큰 손상을 입힐 것이다. "도대체 누구를 위한 법 개정인가"라는 장탄식이 현장에서 나오는 이유이다.

정부가 진정 사망사고 절반 줄이기에 의지가 있다면 보여주기 식의 조잡한 규제를 양산하는 데 급급할 것이 아니라 기업이 법을 잘 준수할 수 있는 여건을 조성하는 데 집중해야 한다. 분별력을 갖춘 자조차도 지킬 수 없고 품질을 도외시한 불합리한 규제로는 범법자만 양산하고 많은 사회적 비용만 초래할 뿐이다.

독일의 형법학자 프란츠 폰 리스트가 "최고의 형사정책은 사회정책이다"라고 설파했듯이 산재 예방에서도 중요한 것은 기업에 책임을 떠넘기는 '책임의 외주화'와 처벌에 안이하게 의존하는 것이 아니라 기업의 준법 실천력을 높일 수 있는 인프라를 구축하는 정책이다. 그것의 첫걸음은 정교하고 실효적인 법규를 만드는 것이다.

일찍이 산재 예방의 아버지라 불리는 허버트 윌리엄 하인리히는 "산재 예방은 과학이자 예술"이라고 주장했다. 88년 전의 이 말이 이제라도 우리나라 산재 예방정책에는 통할 수 없을까.

〈참고〉 명확성의 원칙

명확성의 원칙은 법령은 행정과 사법에 의한 법 적용의 기준이 되므로, 명확한 용어 등으로 분명하게 규정해야 한다는 원칙이다. 이 원칙은 규율 내용의 성격이나 기본권 제한의 정도에 따라 다른 기준이 적용되는데, 특히 형사법 등 침익적 성격의 법령에 대해서는 보다 엄격한 기준이 적용된다.

「헌법」 제75조는 '법률에서 구체적으로 범위를 정하여 위임받은 사항'에 관하여 대통령령을 발할 수 있다고 규정하고 있다. 이는 법률에 하위법령에 위임하는 규정의 내용과 범위가 구체적이고 명확하게 규정되어 있어서 법률 그 자체로부터 하위법령에 규정될 내용의 대강을 예측할 수 있어야 하는 것을 의미한다.

물론 법령에 불확정개념을 사용하게 되는 경우도 인정되지만, 그러한 경우에도 자의적 해석 소지는 없어야 한다. 따라서 권리를 제한하거나 의무를 부과하는 입법은 '규율 대상자(수범자)'에게는 무엇이 금지되는 행위이고 무엇이 허용되는 행위인지 미리 알 수 있도록 하고, '법 집행자'에게는 객관적 판단지침이 무엇인지를 알 수 있도록 함으로써 법적 안정성과 예측 가능성을 확보할 수 있도록 해야 한다.

입법내용이 불명확하다면 무엇이 금지되거나 요구되는지 제대로 알 수 없게 되어 의사결정규범·행위규범으로서 기능할 수 없고 법집행자의 자의적 취급을 초래하게 된다. 이는 권력분립과 민주주의, 그리고 법치주의를 근간으로 하는 헌법 시스템을 오작동하게 하는 것이므로 명확성의 원칙은 아무리 강조해도 지나친 것이 아니다.

다만, 명확성의 원칙은 모든 법령에 동일한 정도로 요구되는 것은 아니며, 규율 내용의 성격, 기본권 제한의 정도 등에 따라 요구되는 정도가 달라진다. 어떠한 규정이 침익적 성격을 가지는 경우에는 수익적 성격을 가지는 경우에 비하여 명확성의 원칙이 더욱 엄격하게 요구된다. 특히 죄형법정주의가 지배하는 형사 관련 법률에서는 명확성의 정도가 강하게 요구되어 엄격한 기준이 적용된다.

헌법재판소는 법규범이 명확한지를 판단하는 기준으로 ① 그 법규범이 수범자에게 법규의 의미내용을 알 수 있도록 공정한 고지를 하여 예측가능성을 주고 있는지 여부(예측가능성) 및 ② 그 법규범이 법을 해석·집행하는 기관에게 충분한 의미내용을 규율하여 자의적인 법해석이나 법집행이 배제되는지 여부(자의적 법집행 배제)를 제시하고 있다.[132)]

입법기술상의 한계로 인하여 불확정개념의 사용이 불가피한 경우가 적지 않으나, 가능하면 장차 법을 적용할 국가기관이나 법의 적용대상이 되는 국민이 그 의미를 정확하게 이해할 수 있도록 법문을 명료하고 평이하게 표현하도록 노력해야 한다.

불확정개념의 사용이 불가피한 경우라도 '용어의 개념 정의', '한정적인 수식어의 사용', '적용 한계 조항의 설정' 등의 방법을 강구하여 법령이 자의적으로 해석될 수 있는 소지를 없애도록 해야 한다. 또한 명확성 여부를 판단할 때에는 해당 규정에서 사용된 개념만을 따로 떼어내서 볼 것이 아니고, 그 개념이 그동안 그 법률이나 다른 법률에서 사용되어 오는 과정에서 혼란의 소지가 없이 일관된 의미로 해석·적용되어 왔는지도 고려해야 할 것이다.

법치주의를 엄격하게 관철하기 위해서는 행정재량의 소지가 있는 사항과 관련해서는 행정기관의 해석 여지가 없을 만큼 행정기관의 행위 요건과 그 효과를 일의적으로 정하는 것이 이상적이다.

그러나 원래 법령이 입법 후의 모든 경우를 예상하여 빠짐없이 규정을 두는 것은 입법기술상 매우 어렵고 끊임없는 사회변천에 맞추어 대응해야 하는 행정의 사명에 비추어 보아도 맞지 않다. 따라서 입법자는 행정행위의 요건을 정할 때에 불확정개념을 사용하거나 행위효과를 정할 때에 행위 여부를 선택하거나 수 개의 행위 중에서 선택할 수 있는 여지를 행정기관에 주는 경우가 적지 않다.

이처럼 재량권이 인정되는 취지는 행정의 대상이 되는 사실은 매우 다양하므로 구체적인 상황에 맞는 합목적적이고 구체적 타당성이 있는 행정권의 행사가 가능하도록 하기 위한 것이다. 일반적으로 행정기관의 재량과 관련하여 문제가 되는 것은 재량이 불충분한 경우가 아니고 과도한 재량권의 행사 또는 재량권의 일탈·남용이 문제된다. 따라서 입법 단계에서부터 필요한 정도 이상으로 행정기관에 재량을 주지 않도록 하고, 재량을 주더라도 그 행사를 투명하게 하도록 해서 재량권이 일탈·남용될 소지를 원천적으로 줄여나가는 것이 중요하다.[133)]

132) 헌재 2021.11.25, 2019헌바446 ; 헌재 2010.11.25, 2009헌바27.

133) 법제처, 『법령입안 심사기준』, 2023, 41쪽.

제3장

안전보건관리체제

Ⅰ. 총 설

사업장의 안전보건관리를 효과적이고 계속적으로 실시하기 위해서는 그것을 추진하는 조직이 필요하다. 우리나라에서는 「산업안전보건법」에 기본적인 안전보건관리체제를 규정하고 사업장 안전보건관리의 총책임자가 사업주(현실적으로는 최고경영자)라는 것을 명확히 규정하고 있다.

현행 「산업안전보건법」은 제2장 제1절(안전보건관리체제)과 제2장 제2절(안전보건관리규정)에서 사업장의 자율적 안전보건관리를 위해 사업주에게 사업장의 안전보건관리체제를 구축하도록 규정함으로써 사업장을 단위로 산업재해 예방활동이 체계적이고 효율적으로 이루어지도록 규정하고 있다.

사업장에서는 먼저 「산업안전보건법」에 규정되어 있는 안전보건관리체제를 이해하고 필요한 적격의(competent) 안전보건관계자를 사업장에 배치하는 것이 필요하다.

ILO 가이드라인, ISO 45001 등에 제시되어 있는 안전보건관리시스템(OSHMS : Occupational Safety and Health Management System)[134]도 안전보건관리를 추진하는 체제(시스템)이지만, 이것은 사업장의 자율적인 프로그램에 해당하는 것으로서, 최저한으로 준수하여야 할 사항으로 법령에서 강제하고 있는 안전보건관리체제와는 다소 성격이 다르다.

「산업안전보건법」상의 안전보건관리체제는 크게 개별 사용종속관계에 착안한 것과 하청(도급)작업관계에 착안한 것으로 구분된다. 전자에는 안전보건관리책임자(산업안전보건법 제15조), 관리감독자(산업안전보건법 제16조), 안전・보건관리자(산업안전보건법 제17조・제18조), 산업보건의(산업안전보건법 제22조), 사업장 안전보건에 관한 노사 심의・의결기구인 산업안전보건위원회(산업안전보건법 제24조)가 있고, 후자에는 안전보건총괄책

---

134) OSHMS는 우리나라에서는 대체로 '안전보건경영시스템' 또는 '안전보건경영체제'라고 번역・사용되고 있다.

임자(산업안전보건법 第62조)가 있다. 「산업안전보건법」 제64조 제1항 제1호의 안전 및 보건에 관한 협의체와 「산업안전보건법」 제75조에 규정된 안전 및 보건에 관한 노사협의체도 후자에 포함된다고 할 수 있다.

그리고 광의의 안전보건관리체제에는 사업장 안전보건에 관한 노사 심의·의결기구인 산업안전보건위원회와 안전보건관리체제를 문서로 규정하는 안전보건관리규정(제2장 제2절)이 포함된다.

이러한 「산업안전보건법」상 안전보건관리체제를 구축하고 운영할 의무는 사업주에게 있다. 즉, 사업주는 안전보건관리체제를 구축하는 것뿐만 아니라 이것이 제대로 운영될 수 있도록 여건을 조성할 의무가 있다. 결국 사업주에게는 법령에 규정되어 있는 구체적인 안전보건조치를 하여야 할 의무 외에도 개별 사업장의 실정과 특성에 적합한 안전보건관리, 즉 자율적 안전보건관리를 할 의무가 부과되어 있는 것이다. 따라서 사업장의 자율적 안전보건관리 추진은 기업 경영에 있어 법적으로도 필수적 요소라고 할 수 있는 것이다.

한편, 산업재해 발생내용을 조사해 보면, 산업재해는 단일의 원인과 요인이 아니라 여러 가지 원인과 요인에 의해 발생한다는 것을 알 수 있다. 그리고 기계·설비 등의 대규모화, 화학물질의 다양화 추세 등으로 산업재해 발생원인도 한층 복잡한 양상을 띠고 있다. 이러한 산업재해를 미연에 방지하기 위해서는, 과거의 산업재해를 교훈으로 삼아 「산업안전보건법」 등에 규정되어 있는 구체적인 기준을 준수하는 것은 물론, 사업장에 잠재하는 유해·위험요인을 일상의 안전보건활동 중에서 노사가 협력하여 파악하고 이것을 제거하는 적절한 안전보건대책을 실시하는 시스템을 구축하는 것이 중요하다. 안전보건관리체제는 사업장에서 이를 자체적으로 실현하기 위한 핵심적이고 기본적인 수단이라고 말할 수 있다.

2013년 6월 12일 개정된 「산업안전보건법」에서는 이러한 안전보건관리체제의 취지를 살려 사업주에게 안전보건관리체제를 구축·운영할 의무가 있음을 명확히 규정하였다. 즉 개정법에 의하면, 「산업안전보건법」상 사업주는 안전보건관계자를 선임・지정하는 의무뿐만 아니라 이들이 해당 업무를 충실히 수행할 수 있도록 여건을 조성하고 지도・관리할 의무가 있다. 지금까지 많은 사업주는 사업장의 안전보건관리가 사업주 자신들의 일(책임)이라는 생각을 하지 못하고(안전보건관계자를 선임・지정한 것으로 사업주의 의무를 다했다고 생각하고) 안전보건관계부서 또는 안전・보건관리자(안전・보건관리전문기관[135])의 일이라고 치부하여 왔다.

「산업안전보건법」의 취지를 고려할 때, 사업장 안전보건관리체제가 이처럼 운영되는 것이 확인되면, 구체적인 안전보건조치의무 위반에 대한 사법조치와는 별도로, 안전보건관리체제 운영 위반에 대한 책임을 물어 처벌[136] 대상으로 할 뿐만 아니라, 당연히 법 위반 상태의 제거를 위해 시정(개선)명령의 대상으로 할 필요가 있다.[137]

---

135) 2013.6.12 개정・공포된 「산업안전보건법」은 사업주의 안전・보건관리에 대한 책임성을 강화하기 위한 조치의 일환으로 안전・보건관리대행기관의 명칭을 안전・보건관리전문기관으로 수정하였다.

136) 현행법하에서는 안전보건관리체제의 적용 대상이 주로 중대규모 업체임에도 그 구축・운영 위반 시 (업체의 규모로 볼 때) 업체(법인)에 대해 적은 금액(500만원 이하)의 과태료(행정질서벌)를 부과하는 것으로 규정되어 있어 법위반에 대해 억제력이 매우 약한 실정이다. 안전보건관리체제 규정의 실효성 확보를 위해서는 그 구축・운영 위반에 대해 법위반 행위자(경영책임자를 포함한 개인)를 형사처벌하는 것이 타당하다. 예컨대, 안전보건관리책임자 선임 및 지휘・감독에 관한 규정 위반 시 경영책임자에 대해 형사처벌을 하는 것으로 해야 법위반 억제력이 담보될 수 있다. 안전보건관리체제 구축・운영 위반에 대한 미약한 법위반 억제력이 전 세계에 유례없는 「중대재해 처벌 등에 관한 법률」(이하 '중대재해처벌법'이라 한다)의 제정을 불러온 측면이 크다.

137) 종전에는 사업주가 안전보건관리체제를 부실하게 운영한 것이 확인되는 경우, 즉 안전보건관계자를 선임하고 이들에 대해 지휘・감독을 하지 않거나 업무수행 여건 조성(권한 부여 등)을 해태한 경우, 과태료 부과와 아울러 시정명령을 부과할 수 있었는데, 「산업안전보건법」 전부개정으로 시정명령을 할 수 있는 근거가 사라지고 말았다(산업안전보건법 제53조 및 시행규칙 제63조 참조). 이 또한 근로자 안전보건 측면에서 큰 후퇴라고 아니할 수 없다.

[칼럼] 안전보건관리체제와 노동조합의 역할[138)]

안전보건관리시스템 또는 안전보건관리체제는 Occupational Safety & Health Management System의 번역어로서 안전보건관리 프로그램 자체는 아니고 안전보건관리를 효과적으로 실시하기 위한 수단과 방법(method)이다. 안전보건관리에 접근하는 수단과 방법 중 시스템적으로 접근하는 것이 가장 효과적이라는 관점에서 안전보건관리를 시스템적으로 구축하고 운영하고자 하는 것이 안전보건관리시스템이다. 현재 안전보건관리시스템은 산업안전보건 분야에서 국제적으로 메가트렌드라 할 수 있을 만큼 기본적인 제도로 평가받고 있다. 위험성평가도 안전보건관리시스템의 중요한 일부이다.

용어 통일조차 안 된 안전보건관리시스템

최근 중대재해처벌법 제정으로 인해 사회적으로 안전보건관리시스템에 대한 관심이 많아지고 있다. 정부에서도 종종 안전보건관리시스템이라는 단어를 사용하고 있다. 문제는 정부부터가 안전보건관리시스템이 어떤 의미를 담고 있는지에 대해 제대로 이해하고 있지 못하다는 점에 있다. 그렇다 보니 안전보건관리시스템에 대한 표현이 통일되어 사용되지 못하고 특별한 이유도 없이 중구난방으로 사용되고 있다.

중대재해처벌법에서부터 '안전보건관리체계'라는 표현이 무엇을 의미하는지 그 내용과 범위가 매우 불명확하다. 이에 대한 용어 정의도 없다. 그 범위와 내용에 대해 학문적 · 실무적으로 합의된 개념도 아니어서 혼란이 심한 상태이다.

산업안전보건법(제2장)에서는 '안전보건관리체제'라는 용어를, 같은 법 시행령(제4조)에서는 '산업안전보건경영체제'라는 표현을 각각 사용하고 있고, 고용노동부의 공공기관의 안전활동 수준평가에 관한 고시(제6조 제1호)에서는 '안전보건체제'라는 용어를 사용하고 있으며, 기획재정부의 공공기관의 안전관리지침(제19조 제2항)에서는 '안전경영시스템'이라는 용

138) 정진우, 월간 한국노총 2021.10(Vol. 575).

어를 사용하고 있는 등 유사한 용어가 서로 다른 표현으로 혼재되어 사용되고 있는 실태다.

게다가 '안전보건관리체계'라는 표현은 안전관리론이라는 학문에서 일반적으로 '안전보건관리체제', '안전보건관리(경영)시스템' 등의 표현을 사용하고 있는 것과도 부합하지 않는다. 특히, 이러한 용어들은 강제기준으로 사용할 때와 임의기준으로 사용할 때 그 내용과 범위가 달라질 수밖에 없는 점도 유념해야 한다.

안전보건관리시스템에 대한 국제기준으로는 ILO-OSH 2001, ISO 45001이 있다. ILO-OSH 2001은 ILO가 2001년에 제정한 가이드라인으로서 방침(안전보건방침, 노동자 참가), 조직화(사전의무 및 성과책임, 능력 및 교육훈련, 문서, 커뮤니케이션), 계획의 작성 및 실시(초기조사, 계획 · 개발 · 실시, 안전보건목표, 유해위험요인에 대한 대책), 평가(실시상황의 조사 및 측정, 작업 관련 부상, 질병 및 사고 그리고 이것들의 안전보건성과에의 영향, 감사, 경영진 검토), 개선조치(방지조치 및 시정조치, 계속적인 개선)로 구성되어 있다.

ISO 45001은 ISO가 제정한 국제규격으로서 조직의 상황(조직 및 그 상황의 이해, 취업자 및 기타 이해관계자의 수요 및 기대의 이해, 안전보건관리시스템 적용범위의 결정, 안전보건관리시스템), 리더십(리더십 및 의지 표명, 산업안전보건방침, 조직의 역할, 책임 및 권한, 취업자의 협의 및 참가), 계획(리스크 및 기회에의 대응, 산업안전보건목표 및 그것을 달성하기 위한 계획수립), 지원(자원, 역량, 인식, 커뮤니케이션, 문서화된 정보), 운영(운영계획 · 관리, 긴급사태에의 준비 및 대응), 성과평가(모니터링, 측정, 분석 및 성과평가, 내부감사, 경영진 검토), 개선(일반, 사고, 부적합 및 시정조치, 조직적 개선)으로 구성되어 있다.

정부는 안전보건관리시스템에 대한 의지 부족과 몰이해로 이를 방치하고 있다가 산업안전보건법령을 전부 개정하면서 이에 대한 법적 근거를 아예 삭제하고 말았다. 안전보건관리시스템을 활성화시키기는 커녕 법적 근거를 삭제하는 우를 범한 것이다. 그간 정부 차원에서 기업의 안전보건관리시스템을 활성화하기 위한 가이드라인을 제정한 적도 없고 기업을 대상으로 지도 · 홍보하는 것에도 매우 소홀히 해왔다.

정부의 안전보건관리시스템에 대한 무지와 무관심 탓에 안전보건관리시스템은 곧 인증이라는 잘못된 등식이 정착되어 버렸다. 그리고 정부는 그동안 안전보건관리시스템 업무를 정부의 일이 아닌 산업안전보건공단의 인증업무로 축소시키고, 민간기관의 인증업무에 대해서는 아무런 역할을 하지 않는 등 손을 놓고 있었다고 해도 과언이 아니다. 그 결과, 현재 우리나라 대부분의 기업에 구축되어 있는 안전보건관리시스템은 관공서용 또는 마케팅용으로 전락되었고, 실질적인 안전보건관리에 도움이 되지 않는 장식물에 지나지 않는 것이 엄연한 현실이다.

산업안전보건법상의 안전보건관리체제는 안전보건관리시스템의 일부분에 해당하는 안전보건관리 추진조직에 해당하는 것을 규정한 것이다. 안전보건관리책임자, 관리감독자, 안전관리자, 보건관리자, 안전보건관리담당자, 산업보건의, 산업안전보건위원회, 안전보건총괄책임자, 안전보건협의체가 그것이다. 안전보건관리책임자, 관리감독자, 안전관리자, 보건관리자, 산업보건의, 산업안전보건위원회는 지휘종속관계에 착안한 안전보건관리 실시조직이고, 안전보건총괄책임자, 안전보건협의체는 도급관계에 착안한 안전보건관리 실시조직이다. 문제는 정부나 기업에서 안전보건관리 추진조직을 입법 취지와 다르게 선임 · 지정 여부만 확인하는 등 외형을 갖추는 데만 초점을 맞추고 형식적으로 운영하고 있다는 점이다.

이번 중대재해처벌법 제4조 및 같은 법 시행령(입법예고안) 제4조에 규정된 안전보건관리체계라고 하는 것 역시 안전보건관리시스템의 일부분에 해당하는 것을 규정한 것이라고 볼 수 있다. 사업 및 사업장의 안전보건에 관한 목표와 경영방침 설정, 유해 · 위험요인 확인 · 점검 및 개선에 대한 업무절차 마련 및 이행상황 점검, 안전보건 전문인력 배치 및 충실한 수행, 안전보건업무 전담조직 설치, 종사자의 의견청취 및 필요시 개선방안 마련, 중대산업재해 발생의 급박한 위험이 있는 경우 및 중대산업재해 발생 시 대응절차 마련 및 확인 · 점검, 제3자에게 도급, 용역, 위탁 시 수급업체의 재해예방조치능력 · 기술 및 적정한 안전보건 관리비용과 수행기간을 확인하기 위한 평가기준과 절차 마련 및 이행상황 확인 · 점검이 그것이다.

문제는 중대재해처벌법의 위 내용이 산업안전보건법상의 안전보건관리체제 및 안전보건관리규정과 상당 부분 중복되어 있다는 점과 위 내용이 여러 가지 면에서 명확하지 않아 경영책임자가 무엇을 어떻게 이행해야 하는지에 대한 예방지침으로 작용하지 못할 가능성이 크고, 이에 따라 현장에서 많은 혼선이 발생할 수 있다는 점이다. 게다가 안전보건 전담 조직 설치, 위험성평가 실시, 의견 청취 등만으로는 실효성을 보장하지 못하고 지금까지의 경험에서 알 수 있는 것처럼 형식적으로 흐를 수 있다.

노동조합의 적극적 역할 필요

다른 문제와 마찬가지로 안전보건관리시스템의 경우에도 노동조합의 올바른 이해가 뒷받침되지 않는다면, 기업에 대한 실질적인 모니터링를 하지 못하고 자칫 안전보건관리시스템을 잘못된 방향으로 유도하는 부작용을 초래할 수 있다.

따라서 노동조합에서는 안전보건관리시스템이 실질적으로 구축 · 운영될 수 있도록 올바른 이해를 바탕으로 많은 관심을 가져야 한다. 노동조합의 목소리가 관철되도록 하기 위해선 노동조합에서 우선적으로 안전보건관리시스템의 도입 취지, 위상과 그것이 담고 있는 의미와 내용을 학습해야 한다. 그리고 이에 기초해 안전보건관리시스템이 실질적으로 작동될 수 있도록 의지와 주인의식을 가지고 적극적인 역할을 할 필요가 있다.

Ⅱ. 이사회 보고 및 승인 등[139)]

「상법」 제170조에 따른 주식회사 중 i) 상시 근로자 500명 이상을 사용하는 회사, ii) 「건설산업기본법」 제23조에 따라 평가하여 공시된 시공능력[140)]

139) 「산업안전보건법」 제14조에 규정되어 있는 것으로써 같은 법 전부개정 시(2019. 1.15)에 새로 추가된 내용이다.

140) 「건설산업기본법」 시행령 별표 1(제7조 관련)의 종합공사를 시공하는 업종의 건설업종란 제3호에 따른 토목건축공사업에 대한 평가 및 공시로 한정한다.

의 순위 상위 1천위 이내의 건설회사의 대표이사(상법 제408조의2 제1항 후단에 따라 대표이사를 두지 못하는 회사의 경우에는 같은 법 제408조의5에 따른 대표집행임원을 말한다)는 매년 회사의 정관에서 정하는 바에 따라 i) 안전 및 보건에 관한 경영방침, ii) 안전·보건관리 조직의 구성·인원 및 역할, iii) 안전·보건 관련 예산 및 시설 현황, iv) 안전 및 보건에 관한 전년도 활동실적 및 다음 연도 활동계획을 포함한 회사의 안전 및 보건에 관한 계획을 수립하여 이사회에 보고하고 승인을 받아야 한다(산업안전보건법 제14조 제1항, 시행령 제13조). 그리고 대표이사는 이 안전보건에 관한 계획을 성실하게 이행하여야 한다(산업안전보건법 제14조 제2항).[141]

안전 및 보건에 관한 '계획'에는 상위법 개념의 의미·내용을 구체화하는 한계를 명백히 벗어나지만 안전 및 보건에 관한 전년도 활동'실적'이 포함되어 있는 점에 유의할 필요가 있다.

안전보건 관련 예산 및 시설의 경우 '안전보건'과 '다른 부문' 간의 구분이 분명하지 않은 경우가 많아 각 기업에서 안전보건에 관한 비용, 시설, 인원을 어떻게, 어느 정도까지 포함해야 할지 상당히 혼란스럽고 기업마다 그 판단이 다를 것으로 예상된다. 예컨대, LED 조명 설치는 품질, 효율에도 해당하고 안전에도 해당하고, 설비의 유지보수는 제조(생산)에도 해당되고 안전에도 해당하며, 시설의 경우에도 대부분 안전교육 외에 다른 용도로도 사용되고 있기 때문이다.

안전보건관리 조직의 구성·인원 및 역할과 관련해서도 안전보건관리의 범위가 분명하지 않아 각 기업마다 범위에 대한 판단이 제각각일 것으로 예상된다.

요컨대, 안전 및 보건에 관한 계획의 작성내용을 놓고 큰 혼란이 발생하거

141) 안전보건에 관한 계획을 이사회에 보고하지 아니하거나 승인을 받지 아니한 자(제1항)에 대해서만 1천만원 이하의 과태료(산업안전보건법 제175조 제4항 제2호)가 부과되고, 계획의 미이행(제2항)에 대해서는 벌칙이 없다.

나 각 기업에서 임의대로 작성하는 관계로 개별기업 또는 국가의 입장에서 볼 때 실효성 있는 내용이 작성되기는 어려울 것으로 판단된다.

[칼럼] 이사회 보고 및 승인 등 신설, 어떻게 봐야 하는가[142)]

전부개정 산업안전보건법에서는 회사 대표이사의 안전보건에 관한 의무와 책임을 강화할 목적으로 대표이사의 이사회 보고 및 승인 등에 관한 규정(제14조)을 신설하였다(시행일 : 2021.1.1). 그 내용은 다음과 같다.

제1항에 따르면, 상법 제170조에 따른 주식회사 중 ① 상시 근로자 500명 이상을 사용하는 회사, ② 건설산업기본법 제23조에 따라 평가하여 공시된 시공능력(토목 · 건축공사업) 순위 상위 1천위 이내 건설회사의 대표이사(대표이사가 없는 회사의 경우에는 대표집행임원)는 회사의 정관에서 정하는 바에 따라 ① 안전 · 보건에 관한 경영방침, ② 안전 · 보건 관리조직의 구성 · 인원 및 역할, ③ 안전 · 보건 관련 예산 및 시설 현황, ④ 안전 · 보건에 관한 전년도 활동실적 및 다음 연도 활동계획을 포함한 회사의 안전 · 보건계획을 수립하여 이사회에 보고하고 승인을 받아야 한다. 이를 위반한 경우에는 1천만원 이하의 과태료가 부과된다. 그리고 제2항에서는 대표이사는 제1항에 따른 안전 · 보건계획을 성실하게 이행해야 한다고 규정하고 있다. 이를 위반한 경우에 대해서는 벌칙이 부과되어 있지 않다.

이처럼 안전 · 보건에 관한 계획을 이사회에 보고하지 아니하거나 승인을 받지 아니한 자(제1항)에 대해서만 벌칙이 있고, 계획을 이행(제2항)하지 않거나 불성실한 이행에 대해서는 아무런 벌칙이 없다. 즉, 법령에서 규정하고 있는 사항을 포함하는 내용으로 안전 · 보건에 관한 계획을 수립하여 이사회에 보고하여 승인을 받는 형식적 요건을 충족하면 지방관서로부터 제재를 받을 일은 없다. 만약 회사에서 법적 기준을 형식적으로 이행하는 것을 목적으로 삼으면 그 실효성은 매우 적을 것으로 판단된다. 결국 이 조항은 회사의 자율적인 의지가 뒷받침되지 않으면 단순한 서류 작성으로 그칠 공산이 매우 큰 상태라고 말할 수 있다.

142) 정진우, 안전저널, 2020.4.17.

한편, 안전보건에 관한 시설 및 비용의 경우 '안전보건'과 '다른 부문' 간의 구분이 분명하지 않은 경우가 많아, 각 기업에서 안전보건에 관한 비용, 시설, 인원을 어떻게, 어느 정도까지 포함해야 할지 매우 난감해 할 것으로 예상된다. 예를 들면, LED 조명 설치는 품질, 효율에도 해당하고 안전에도 해당된다. 그리고 설비의 유지보수는 제조(생산)에도 해당되고 안전에도 해당한다. 시설의 경우에도 대부분 안전교육 외에 다른 용도로도 사용되고 있는 경우가 적지 않다. 안전·보건관리 조직의 구성·인원 및 역할이라는 표현 역시 불명확하고 모호하여 각 기업마다 판단이 제각각일 것으로 예상된다.

고용부에서 안전보건계획 작성에 대한 해설가이드가 나오지 않으면 작성내용(범위와 수준)을 놓고 큰 혼란이 발생하거나 각 기업에서 임의대로 작성할 것으로 예상된다. 그렇게 되면 이 조항을 둔 실익을 거두지 못할 뿐만 아니라 의미 없는 보고서를 또 하나 만들게 되었다는 냉소적인 반응이 기업들 사이에 팽배해지지 않을까 우려된다.

또한 안전·보건에 관한 '계획'에 전년도 안전·보건활동 '실적'을 포함하도록 규정하고 있는 것은 상위법개념·규범의 의미·내용을 구체화하는 한계를 명백히 벗어나 있다. 전년도 활동 '실적'이 필요하다면 법률 개정을 통해 법적 근거를 마련하는 것이 정석이다.

법개정의 취지와는 달리 이 조항으로 인해 대표이사의 책임이 강화되는 효과는 사실상 없을 것으로 생각된다. 안전·보건계획의 보고·승인의무 위반에 대해서만 벌칙이 있고 이행에 대해서는 벌칙이 없는데다가, 대표이사가 아닌 회사에 대해 그것도 형벌이 아닌 과태료를 부과하는 것으로 규정되어 있어 대표이사 개인에 대해서는 위하력을 발휘하지 못할 것이기 때문이다. 대표이사의 책임을 강화할 생각이었으면 이런 규정을 둘 것이 아니라 안전보건관리체제의 구축·운영 위반에 대한 벌칙을 현행 과태료에서 형벌로 바꾸는 것이 훨씬 효과적이다. 번지수를 잘못 찾아도 단단히 잘못 찾은 듯하다. 가뜩이나 부족한 산업안전보건법에 대한 신뢰감이 더욱 약해지지 않을까 걱정이 앞선다.

Ⅲ. 안전보건관계자[143)]

이하에서 설명하는 안전보건관계자에 대한 의무는 사업주의 의무 형식으로 규정되어 있지 안전보건관계자의 의무 형식으로 규정되어 있는 것이 아니다. 안전보건관계자 제도의 취지는 사업주로 하여금 적격 안전보건관계자를 선임 또는 지정하게 하는 것뿐만 아니라 이들이 해당 직무를 충실하게 수행하도록 지휘·감독과 여건 조성(권한 부여 등)에 철저를 기하도록 하는 것이다.

1. 안전보건관리책임자

산업재해를 예방하기 위해서는 무엇보다도 최고경영자가 안전보건을 스스로의 문제로 인식하고 솔선하여 노력할 필요가 있고, 사업장에서의 안전보건을 확보하기 위한 관리체제를 확립하는 것이 중요하다.

이를 위하여 「산업안전보건법」(제15조)에서는 안전보건관리가 기업의 생산라인과 일체적으로 운영되는 것을 기대하여, 일정 규모 이상(업종에 따라 상시 근로자 50명, 100명 또는 300명 이상)의 사업장(건설업의 경우 공사금액이 20억원 이상인 현장)[144), 145)]에서 해당 사업의 실시를 실질적으로 총괄하

---

143) 현행 「산업안전보건법」에서는 안전보건관계자 관련 규정을 위반한 경우 과태료를 부과하는 것으로 규정하고 있지만, 비교법적으로 보거나 이 규정의 중요성, 실효성 및 벌칙의 위하력 등을 고려할 때, 형사처벌의 대상으로 하는 것이 타당하다. 최근 안전보건관리체제의 중요성이 강조되고 있음에도 정부가 그 의미를 제대로 이해하고 있지 못하고 있다는 점은 과태료를 고집하고 있는 것에서도 여실히 드러나고 있다. 정부의 이러한 나태하고 잘못된 접근이 국제적으로 전례가 없고 체계와 내용에 있어 조잡한 「중대재해처벌법」을 불러온 측면이 크다.

144) 구체적으로는 시행령 별표 2(제14조 제1항 관련) 참조.

145) 사무직에 종사하는 근로자만을 사용하는 사업장(사업장이 분리된 경우로서 사무직에 종사하는 근로자만을 사용하는 사업장을 포함한다) 등 일부 사업 또는 사업장은 적용되지 아니한다[시행령 별표 1(제2조 제1항 관련)].

여 관리하는 권한과 책임이 있는 자를 안전보건관리책임자로 선임하도록 하고, 이 자로 하여금 안전관리자와 보건관리자를 지휘・감독하는 것과 아울러 당해 사업장의 안전보건에 관한 업무를 총괄관리하게 하는 것을 사업주에게 의무화하고 있다.

안전보건관리책임자는 사업장을 단위로 선임되어야 하고(산업안전보건법 제15조 제1항) 공장장 등 명칭에 관계없이 사업장을 실질적으로 총괄하여 관리하는 사람, 즉 해당 사업장에서 그 사업을 실질적으로 총괄하여 관리하는 사람이어야 한다(산업안전보건법 제15조 제1항 참조). 사업을 실질적으로 총괄관리하는 사람이란, 공장장, 현장소장, 지점장 등 명칭의 여하를 묻지 않고 해당 사업장에서 그 사업의 실시를 실질적으로 총괄관리하는 권한과 책임을 가지고 있는 자를 말한다.[146)]

안전보건관리책임자는 '사업장'의 안전보건관계업무를 전체로서(총괄적으로) 도맡아 관리하는 자로서, 이 자가 선임된 것에 의해 '사업주'가 강구하여야 할 안전보건조치의 이행책임이 안전보건관리책임자로 이전되거나 면제되는 것은 아니다. 즉, 사업주는 안전보건관리책임자를 선임한 후에도 그가 해당 업무를 충실하게 수행하도록 지휘・감독해야 하는 등 사업주로서의 의무가 그대로 남아 있다는 점에 유의해야 한다. 따라서 사업주가 안전보건관리책임자를 선임하였다고 하여 그것을 이유로 사업주가 안전보건조치 이행책임으로부터 벗어나는 것은 아니다.

그러나 고용노동부나 많은 안전보건관계자들은 이 점을 제대로 이해하지 못하여 산업안전보건법 위반행위자에 대한 책임자를 안전보건관리책임자로 등치시키는 잘못을 저지르고 있다. 그렇다 보니 산업안전보건법은 구조적으로 사업주(법인인 경우에는 실제에 있어 대표이사)를 처벌하지 못하고 기껏해야 안전보건관리책임자에 해당하는 자만을 처벌할 수 있는 법이라는 잘못된 인식이 팽배해 있다.[147)] 산업안전보건법의 취지, 구조 등 법리에 대한 무

146) 대법원 2004.5.14. 2004도74 판결 참조.

지에서 비롯된 크게 왜곡된 법해석·집행이라고 하지 않을 수 없다.

안전보건관리책임자 제도는 철저한 안전보건관리를 하기 위해서는 본래의 지휘·명령 계통을 통하여 행하는 것이 효과적이라는 점에 착안하여, 사업장의 경영책임자인 공장장 등을 안전보건관리책임자로 선임하여 라인(계선)을 통한 안전보건관리를 하도록 할 목적으로 제정된 것이다. 사업장의 최고책임자(Top)이면 그 사업장의 모든 근로자에 대해서도 상사일 것은 틀림없는 사실일 것이기 때문이다.

안전보건관리책임자는 ① 사업장의 산업재해 예방계획의 수립, ② 안전보건관리규정의 작성 및 그 변경, ③ 근로자의 안전보건교육, ④ 작업환경측정 등 작업환경의 점검 및 개선, ⑤ 근로자의 건강진단 등 건강관리, ⑥ 산업재해의 원인조사 및 재발 방지대책의 수립, ⑦ 산업재해에 관한 통계의 기록 및 유지, ⑧ 안전장치 및 보호구 구입 시 적격품 여부 확인, ⑨ 「산업안전보건법」 제36조에 따른 위험성평가의 실시, ⑩ 「안전보건기준규칙」에서 정하는 근로자의 위험 또는 건강장해의 방지 등에 관한 사항을 총괄관리[148]한다(산업안전보건법 제15조 제1항, 시행규칙 제9조).

안전보건관리책임자는 위에서 열거한 업무가 적절하고 원활하게 실시되도록 필요한 조치를 강구하고 그 실시상황을 감독하는 등 당해 업무에 대하여 책임을 지고 총괄하는 것 외에, 안전관리자와 보건관리자를 지휘·감독하여야 한다.

본 조항의 취지는 사업주가 안전보건관리책임자로 하여금 사업장의 안전보건관리업무를 총괄관리하도록 하는 것이다. 즉, 본 조항의 의무주체는 안전보건관리책임자가 아니라 사업주임에 유의해야 한다. 안전보건관리책임

147) 2021.1.26 제정·공포된 「중대재해처벌법」의 제정 배경에도 이러한 잘못된 인식이 자리 잡고 있다.

148) '총괄관리'란 안전보건관리책임자의 법적 업무가 적절하고 원활하게 실시되도록 필요한 조치를 강구하고, 그 실시상황을 감독하는 등 당해 업무에 대해 책임을 지고 총괄하는 것을 의미한다.

자로 하여금 총괄관리하도록 하기 위해 사업주는 안전보건관리책임자가 책임을 충분히 다할 수 있도록 그에게 필요한 권한 부여 및 지원을 하고 그 직무수행상황에 대해 충분히 지휘·감독할 필요가 있다.

「시행령」에서는 이러한 점을 고려하여, 사업주에게 안전보건관리책임자가 법 제15조 제1항에 따른 업무를 원활하게 수행할 수 있도록 권한을 부여하고 시설·장비·예산 등에 대한 지원을 하도록 확인적으로 규정하고 있다(제14조 제2항).[149)]

안전보건관리책임자가 해당 직무를 제대로 수행하지 않거나 태만히 한 사실이 드러난 경우, 사업주가 안전보건관리책임자로 하여금 해당 업무를 실시하도록 하는 데 있어 지휘·감독이나 여건 조성(권한 부여 등) 등을 태만히 한 것으로 확인되면, 과태료가 부과될 수 있다.[150), 151)]

한편, 사업주는 안전보건관리책임자를 선임한 사실 및 「산업안전보건법」 제15조 제1항 각 호에 따른 업무의 수행내용을 증명할 수 있는 서류를 갖춰 두어야 한다(시행령 제14조 제3항).

---

149) 「시행령」 제14조 제2항에서는 "…… 권한·시설·장비·예산, 그 밖에 필요한 지원을 해야 한다."고 표현하고 있는데, '권한·시설·장비·예산'이라는 목적어와 '해야 한다'는 술어가 서로 조응되지 않으며, 권한은 부여하는 것이고 시설·장비·예산은 지원하는 것이어서 권한이라는 단어와 시설·장비·예산이라는 단어는 동렬로 놓일 관계는 아니다. 전부개정 산업안전보건법령에는 이러한 비문(非文)과 오자가 많이 발견된다.

150) 안전보건관리책임자 관련 규정을 위반한(안전보건관리책임자를 선임하지 않거나 그로 하여금 해당 업무를 총괄하여 관리하도록 하지 않은) 자에게는 5백만원 이하의 과태료를 부과한다[산업안전보건법 제175조 제5항 제1호 및 시행령 별표 35(과태료 부과기준, 제119조 관련) 4. 개별기준 다.].

151) 전술한 대로 종전에는 사업주가 안전보건관리책임자에 대해 해당 업무를 부실하게 수행한 것이 확인되는 경우, 과태료 부과와 아울러 시정명령을 부과할 수 있었는데, 「산업안전보건법」 전부개정으로 시정명령을 할 수 있는 근거가 사라지고 말았다(산업안전보건법 제53조 및 시행규칙 제63조 참조). 이 또한 근로자 안전보건 측면에서 큰 후퇴라고 아니할 수 없다.

[칼럼] 총괄적 안전보건관리의 중요성[152)]

모름지기 사업장의 안전보건은 사업장 각 부문의 안전보건(전기안전, 가스안전, 소방안전, 설비안전, 보건, 위생 등)을 망라하여 종합적으로 관리되어야 한다. 이를 위해서는 사업장 안전보건관리를 총괄적으로 관리하는 기능이 구심점을 가지고 작동되어야 한다. 그러나 현재는 각 분야의 안전·보건담당자가 구심점 없이 기술적 안전조치를 중심으로 각 개별법에 따라 분절적으로 관리되고 있는 양상이다. 그렇다 보니 협력사의 보수공사와 같은 국소적인 작업에 대한 안전보건관리가 포괄되지 못하는 등 안전보건관리가 종합적이고 시스템적으로 이루어지지 못하고 있다.

종합적 안전보건관리가 필요하다는 관점은 근로자 안전보건과 시민 안전보건을 말할 때도 적용된다. 사실 이 둘은 동전의 양면인 경우가 많다. 근로자 안전보건을 확보하는 것이 시민 안전보건을 확보하는 첩경인 경우가 많다는 의미이고, 거꾸로 말하면 근로자 안전보건을 확보하지 못하면 그것이 시민 안전보건에 큰 구멍이 생길 수 있다는 것이다. 이러한 점을 고려하여 산업안전보건법에서는 오래 전부터, 예컨대 안전보건관리책임자(제15조)의 법정 직무로 산재예방계획의 수립, 안전보건관리규정의 작성, 위험성평가 실시 등을 규정하고 있는데, 이들 모두 직접적으로는 근로자 안전보건을 대상으로 하지만 결과적으로는 시민의 안전보건과도 밀접한 관련이 있다.

2017년 12월 발생한 충북 제천시 스포츠센터 화재사고의 경우 주차장 천장 열선작업을 잘못한 것이 직접적 원인이었고, 경남 밀양시 세종병원의 화재사고(2018년 1월)는 응급실 천장에서의 전기합선이 주된 원인으로 추정되고 있는바, 이 두 참사 모두 근로자 안전의 부실이 시발점이거나 그것과 직결되어 있었다. 또한 2018년 2월 발생한 울산 뉴코아 아울렛 화재사고, 2014년 5월 고양종합터미널 화재사고 모두 용접작업이 직접적 원인으로 작용했는데, 사업장 안전관리의 부실 때문에 사고가 발생한 것이라고 할 수 있다. 다중이용시설에서 사고가 날 경우 주로 소방관서의 잘못된

---

152) 정진우, 안전저널, 2020.7.17.

대처와 소방업체의 부실점검이 문제로 다루어지지만, 그 이전에 사업장의 전체적인 안전보건관리 기능(협력사 포함)이 작동되지 않은 것이 보다 근본적인 문제라는 점에 대해서는 어디에서도 지적되지 않고 있다.

한편 근로자의 안전보건을 제대로 확보하기 위해서는, 산업안전보건법상 구체적 기준이 설정되어 있는 부분뿐만 아니라, 근로자의 안전보건과 관련된다면 구체적인 기준이 설정되어 있지 않은 부분에 대해서까지 포함하여 총괄적으로 관리를 해야 하는바, 이것 역시 안전보건관리책임자 제도의 입법취지이자 내용에 해당한다. 따라서 산업안전보건법 외의 법에 규정되어 있는 사항이라 하더라도 근로자의 안전보건과 관련이 된다면 사업주는 안전보건관리책임자를 통해 사업장의 안전보건에 관한 사항을 총괄적으로 관리하도록 하여야 한다.

그리고 사업장의 자체적인 안전보건 매뉴얼로 기능하는 안전보건관리규정(법 제25조) 역시 산업안전보건법규 사항 외에 사업장의 안전보건을 포괄적으로 취급하기 위한 문서화된 수단에 해당한다. 그리고 노 · 사 간에 안전보건문제를 심의 · 의결하기 위한 사업장의 자율적 기구인 산업안전보건위원회(법 제24조)에서 다루는 안건 또한 산업안전보건법규 사항으로 국한되지 않는다.

이상의 제도는 사업장의 안전보건문제를 총괄적으로 다루기 위한 중요한 수단임에도 불구하고, 행정기관 스스로 이들 제도의 취지, 배경 등에 대한 이해도가 매우 낮고 제도 자체에 대해서도 문제의식이 결여되어 있어, 사업장의 총괄적 안전보건관리기능이 정상적으로 운용되는 데 커다란 걸림돌로 작용하고 있다.

2. 관리감독자

무릇 사업장에서 안전보건은 생산과 분리될 수 없고 생산과 일체로 운용되어야 한다. 그런 만큼 사업장 안전보건의 실효성을 확보하기 위해서는 생산활동에서 작업자들을 지휘 · 통솔하는 관리감독자로 하여금 안전보건에 대한 관심을 가지고 책임을 다하도록 하는 것이 중요하다. 이 경우의 관리감독자는 관리자와 감독자를 통틀어 일컫는 의미이다.

일반적으로 관리자란 조직에서 간부식에 있는 사람으로서 다수의 부하직원에 대한 지휘·감독과 인사고과, 업무분장 등에 관한 권한을 갖고 있는 자로서 사장·임원·공장장·부장·과장 등이 이에 속한다.[153] 그리고 감독자는 작업자를 직접 지휘하는 계장·직장·반장 등으로서 일선감독자 또는 현장감독자라고 일컫고 관리자와는 당연히 그 역할이 다르다.

그러나 일정한 직급이나 직책에 따라 일률적으로 관리자, 감독자가 되는 것은 아니고, 실제 수행하는 역할과 부여받은 권한을 토대로 판단되어져야 한다. 부서장의 명칭이 팀장, 부장, 과장, 차장이라 하더라도 경영조직에서 생산과 관련되는 업무와 그 소속 직원을 직접 지휘·감독하는 일을 한다면 직책명에 관계없이 그는 관리자가 아닌 감독자에 해당할 것이다.

이러한 관리감독자에 대하여 산업안전보건법령에서는 어떻게 규정하고 있을까. 「산업안전보건법」 제16조(관리감독자)에서는 “사업장의 생산과 관련되는 업무와 그 소속 직원을 직접 지휘·감독하는 직위에 있는 사람”으로 정의하고 있고, 「안전보건기준규칙」 제35조(관리감독자의 유해·위험 방지 업무 등)에서는 “건설업의 경우 직장·조장 및 반장의 직위에서 그 작업을 직접 지휘·감독하는 관리감독자”라고 규정하고 있다.

여기에서 ‘생산’이란 사전적 의미로 볼 때 사람이 그의 정신적·육체적 노동을 직접적 또는 간접적으로 노동 대상에 투입시킴으로써 유형의 재화 또는 무형의 서비스(용역)를 만들어내는 활동을 의미한다. 따라서 생산은 물건을 제조하는 것만이 아니라 서비스(용역)를 제공하는 것도 포함하므로, 제품을 직접 생산하는 업무는 물론 제품생산을 위한 원재료를 운반하는 부서, 기계·설비를 유지보수(보전)하는 부서, 생산기기 등을 관리하는 지원부서도 포

153) 관리자는 상급관리자(경영진), 중간관리자, 하급(초급)관리자로 구분하기도 하고, 상급관리자에서 최고경영자를 분리하여 최고경영자, 상급관리자(경영진), 중간관리자, 하급(초급)관리자로 구분하기도 하며, 상급관리자에서 경영진을 분리하여 경영진, 상급관리자, 중간관리자, 하급(초급)관리자로 구분하기도 한다.

함되고, 제조업에만 해당하는 것이 아니라 대부분의 업종에 적용된다.[154)]

'직접' 지휘 · 감독하는 직위에 있는 사람이란 부서장의 명칭을 가지고 있는지 여부에 관계없이 어떠한 형태로든 현장의 작업 또는 작업자를 직접 지휘 · 감독하는 역할을 부여받고 있는 자를 말한다. 따라서 '생산과 관련되는 업무와 그 소속 직원을 직접 지휘 · 감독하는 직위에 있는 사람'이란 '현장감독자'를 의미하는 것으로서 영어의 supervisor, foreman에 해당한다. 하인리히(Herbert William Heinrich)는 이들이 사업장 안전보건관리를 하는 데 있어 독특하고 중요한 위치에 있다고 보고 이들을 '산업재해 예방의 키맨'이라고 부르고 있다. 요컨대, 「산업안전보건법」 제16조(관리감독자)에서 말하는 관리감독자는 스태프조직의 하나인 안전관리자, 보건관리자와 달리 라인(계선)조직의 담당자로서 직장, 조장, 반장 등 작업근로자를 직접 지휘 · 감독하는 현장감독자를 가리킨다.

따라서 영어의 manager로 번역되는 (일반적 의미의) 관리자에 해당하는 자는 '직접' 지휘 · 감독하는 위치에는 있지 않기 때문에 「산업안전보건법」 제16조에서 말하는 관리감독자에는 해당되지 않는다.[155)] 그렇다면 「산업안전보건법」상 관리자는 아무런 역할이 주어져 있지 않는 것일까. 그렇지는 않다. 관리자는 스스로가 근로자로서 사업주에 의한 법적 보호 대상이기도 하고, 다른 한편으로는 사업주를 대리하는 자로서 그의 법적 의무를 이행하기도 하여야 한다.

1인 사업자를 제외하곤 기업은 권한의 위임이라는 원리에 따르지 않을 수 없다. 이에 따라 사업주의 법적 의무는 사업주가 직접 이행하는 것이 아니라 관리자, 감독자를 통해 이행된다. 따라서 관리자와 감독자에게는 설령 법에서 명시적으로는 의무가 부과되어 있지 않더라도(즉, 법령상의 규정과 관계

154) 사무직에 종사하는 근로자만을 사용하는 사업장(사업장이 분리된 경우로서 사무직에 종사하는 근로자만을 사용하는 사업장을 포함한다) 등 일부 사업 또는 사업장은 적용되지 아니한다[시행령 별표 1(제2조 제1항 관련)].

155) 따라서 「산업안전보건법」 제16조에서의 '관리감독자'라는 표현은 그 개념에 부합하게 감독자, 작업주임자 등으로 변경하는 것이 바람직하다.

없이) 각자의 소관 업무영역에서 사업주의 법적 의무가 자신의 의무가 되기 때문에 사업주를 대리하여 그의 법적 의무를 이행하여야 한다.

따라서 관리자, 감독자가 자신의 소관 업무영역에서 「산업안전보건법」에 규정된 사업주의 의무를 이행하지 않으면, 「산업안전보건법」과 「형법」에 의해 위반행위자로 처벌될 수 있다. 관리자, 감독자가 「산업안전보건법」 위반죄, 「형법」상의 업무상과실치사상죄 등으로 실제 종종 처벌되는 것도 그들이 사업주를 대리하여 일정한 역할을 하여야 하는 위치에 있기 때문이다.[156)]

결국 「산업안전보건법」에 설령 관리감독자에 관한 규정이 없다고 하더라도 관리감독자는 소관 업무범위 내에서 「산업안전보건법」상의 각종 의무를 이행해야 하는 책임이 있다. 그렇다면 「산업안전보건법」상의 관리감독자(현장감독자) 규정을 어떻게 이해하여야 할까. 입법적으로 정비하여야 하는 과제가 있지만, 현 상태에서는 현장감독자의 역할과 책임 중에서 특별히 강조하여야 할 사항을 확인하는 형태로 규정해 놓은 것이라고 보아야 할 것이다.[157)]

관리감독자의 경우 별도의 지정행위가 있어야 하는 것은 아니다. 따라서 사업주가 관리감독자를 지정했다는 것을 증빙하는 서류를 별도로 구비할 법적 의무는 없다. 관리감독자를 임명·배치하면 자연스럽게 지정한 것이 되기 때문이다.

관리감독자에 관한 「산업안전보건법」상의 사업주의 의무규정에 대해 중요한 사항을 중심으로 설명하면 다음과 같다.

---

156) 실무적으로 보면, 「산업안전보건법」 위반죄로는 관리자에 해당하는 자(안전보건관리책임자) 한 명이 단독범으로 처벌되고, 업무상과실치사상죄로는 관리자, 감독자에 해당하는 여러 명이 공범으로 처벌되는 것이 일반적이다.

157) 산업현장에서는 관리감독자의 개념과 범위를 둘러싸고 많은 혼란이 있는 상태이다. 고용노동부부터 관리감독자의 취지와 위상을 제대로 이해하지 못하고 있어 그 개념(범위)에 대해 명확한 입장(해석)을 내놓지 못하고 사안에 따라[안전보건관리체제의 구성요소(산업안전보건법 제16조), 관리감독자 안전보건교육(산업안전보건법 제29조), 유해·위험 방지 및 작업시작 전 점검(안전보건기준규칙 별표 2, 3) 등] 관리감독자의 개념(범위)을 달리(일관성 없이) 해석하고 있기 때문이다.

사업주는 라인(Line)을 통한 안전보건관리를 철저히 하기 위하여(관리감독자가 안전보건업무를 원활하게 수행할 수 있도록) 관리감독자에게 업무수행에 필요한 권한을 부여하고 시설·장비·예산, 그 밖의 업무수행에 필요한 지원을 하여야 한다(시행령 제15조 제2항).[158]

관리감독자가 해당 직무를 수행하지 않거나 태만히 한 사실이 드러난 경우, 사업주가 관리감독자에 대해 제대로 지휘·감독을 하지 않거나 업무수행 여건 조성(권한 부여, 시설·장비·예산 지원 등)을 해태한 것으로 확인되면, 과태료가 부과될 수 있다.[159], [160]

관리감독자는 자신의 업무영역에서 산업안전보건에 관한 업무를 수행하여야 하는데, 산업안전보건법령에서는 다음과 같은 업무를 수행하도록 규정하고 있다. ① 사업장 내 관리감독자가 지휘·감독하는 작업과 관련되는 기계·기구 또는 설비의 안전·보건점검 및 이상 유무의 확인, ② 관리감독자에게 소속된 근로자의 작업복·보호구 및 방호장치의 점검과 그 착용·사용에 관한 교육·지도, ③ 해당 작업에서 발생한 산업재해에 관한 보고 및 이에 대한 응급조치, ④ 해당 작업의 작업장 정리·정돈 및 통로확보에 대한 확인·감독, ⑤ 사업장의 안전관리자(또는 안전관리전문기관의 해당 사업장 담

---

158) 종전에는 사업주가 관리감독자에 대해 해당 업무를 부실하게 수행하도록 한 것이 확인되는 경우, 과태료 부과와 아울러 시정명령을 부과할 수 있었는데, 「산업안전보건법」 전부개정으로 시정명령을 할 수 있는 근거가 사라지고 말았다(산업안전보건법 제53조 및 시행규칙 제63조 참조). 이 또한 근로자 보호에 있어 큰 후퇴라고 아니할 수 없다.

159) 관리감독자 관련 규정을 위반한 관리감독자에게 해당 직무와 관련된 산업안전보건 업무를 수행하도록 하지 않은 자에게는 5백만원 이하의 과태료를 부과한다[산업안전보건법 제175조 제5항 제1호 및 시행령 별표 35(과태료 부과기준, 제119조 관련) 4. 개별기준 라.].

160) 전술한 대로 종전에는 사업주가 관리감독자에 대해 해당 업무를 부실하게 수행한 것이 확인되는 경우, 과태료 부과와 아울러 시정명령을 부과할 수 있었는데, 「산업안전보건법」 전부개정으로 시정명령을 할 수 있는 근거가 사라지고 말았다(산업안전보건법 제53조 및 시행규칙 제63조 참조). 이 또한 근로자 보호에 있어 큰 후퇴라고 아니할 수 없다.

당자), 보건관리자(보건관리전문기관의 해당 사업장 담당자), 안전보건관리 담당자, 산업보건의의 지도·조언에 대한 협조, ⑥「산업안전보건법」 제36조에 따른 위험성평가에 관한 업무 중 유해·위험요인의 파악에 대한 참여, 개선조치의 시행에 대한 참여, ⑦ 그 밖에 해당 작업의 안전 및 보건에 관한 사항으로서 고용노동부령으로 정하는 사항[161]이 그것이다(산업안전보건법 제16조 및 시행령 제15조).

관리감독자는 사업주(법인 또는 개인)로부터 위임을 받은 업무의 영역에서 사업주의 산업안전보건법령상의 의무를 대신하여 수행하는 위치에 있기 때문에, 관리감독자의 업무가 위에 열거된 업무로 한정되지 않는다는 것은 당연하다. 즉, 산업안전보건법령에서 관리감독자의 업무로 열거되어 있는 것은 관리감독자의 본래 업무 중 특히 중요하다고 생각되는 업무를 예시한 것에 불과하고, 관리감독자는 산업안전보건법령상의 사업주 의무 중에서 위에 열거된 업무 외의 업무도 수행해야 하는 것이다. 사업주의 입장에서는 관리감독자로 하여금 산업안전보건법령상의 사업주 의무 중에서 위에 열거된 업무 외의 업무도 수행하도록 해야 한다. 이는 관리감독자가 회사라는 사회의 구성원으로서 산업안전보건법령 외에 사회생활상 요구되는 「형법」상의 업무상 주의의무까지를 다해야 하기 때문이기도 하다.

요컨대 조직에서 이론적으로 관리감독자에 해당하는 자(산업안전보건법상의 관리감독자에 해당하는 자를 말하는 것이 아니다)는 조직을 위하여 일하는 자로서 산업안전보건법상의 규정에 관계없이 그리고 직책의 명칭에 관계없이 응당 그 지위와 위상에 따른 산업안전보건업무를 수행하도록 요구받는다. 이를 수행하지 않는 경우에는 「산업안전보건법」으로는 문제가 되지 않더라도 「형법」상의 업무상 주의의무를 이행하지 않은 것으로 간주되어 관계 근로자의 부상이나 사망 발생 시 업무상과실치사상죄로는 처벌될 수 있음에 유의할 필요가 있다.

161) 「안전보건기준규칙」 제1편 제5장 제35조.

3. 안전 · 보건관리자(안전 · 보건관리전문기관)

「산업안전보건법」은 사업장 내 안전보건에 관한 전문 · 기술적인 사항에 관하여 사업주 또는 안전보건관리책임자를 보좌하고 관리감독자에게 지도 · 조언을 하도록 하기 위해 안전 · 보건관리자 제도를 규정하고 있다(산업안전보건법 제17조, 제18조). 건설업을 제외한 사업으로서 상시 근로자 300명 미만을 사용하는 사업장의 사업주는 안전 · 보건관리자를 자체 선임하지 않고 안전 · 보건관리 업무를 전문적으로 수행하는 기관인 안전 · 보건관리전문기관[162]에 안전 · 보건관리 업무를 위탁할 수 있다(산업안전보건법 제17조 제5항, 제18조 제5항 및 시행령 제19조 제2항, 제23조 제3항).

안전 · 보건관리자의 선임의무는 「시행령」으로 정하는 일정한 업종으로서 상시 근로자 50명[건설현장의 경우 공사금액 기준으로 안전관리자는 50억원 이상(관계수급인은 100억원 이상),[163] 보건관리자는 800억원(건설산업기본법 시행령 별표 1의 토목공사업의 경우에는 1천억원)] 이상인 사업장을 그 대상으로 하고 있다.[164]

종전에는 많은 사업장에서 안전 · 보건관리자를 선임(안전 · 보건관리 외

162) 안전관리전문기관 또는 보건관리전문기관은 지방고용노동청에 의해 지정되는바, 동 기관에 대하여 업무의 정지를 명하여야 하는 경우에 그 업무정지가 이용자에게 심한 불편을 주거나 공익을 해칠 우려가 있다고 인정하면 업무정지 처분을 갈음하여 10억원 이하의 과징금을 부과할 수 있다(산업안전보건법 제160조).

163) 건설업 안전관리자 선임 대상 확대는 다음 구분에 따른 날부터 적용한다[부칙(제30256호, 2019.12.14) 제2조 제4항].
1. 공사금액 100억원 이상 공사의 경우 : 2020년 7월 1일
2. 공사금액 80억원 이상 100억원 미만 공사의 경우 : 2021년 7월 1일
3. 공사금액 60억원 이상 80억원 미만 공사의 경우 : 2022년 7월 1일
4. 공사금액 50억원 이상 60억원 미만 공사의 경우 : 2023년 7월 1일

164) 「산업안전보건법」상 건설업의 경우 공사금액이 800억원(토목공사업의 경우에는 1천억원) 미만인 건설현장은 보건관리자 자체 선임이든 보건관리전문기관 외부위탁이든 아무런 의무가 부과되어 있지 않다. 산업보건 측면에서 건설현장은 다른 업종에 비해 관리해야 할 일이 많음에도 불구하고 산업보건업무의 전문적 관리에 있어 공백상태로 남아 있는 것은 문제라고 할 수 있다.

부위탁)하기만 하면 그것으로 의무를 이행한 것으로 생각하고 안전・보건관리자의 업무 수행 자체에 대해서는 관심이 없어 동 업무가 형식적으로 이루어지는 경우가 많았다.

이러한 문제를 해결하기 위해 2013년 6월 12일 개정된 「산업안전보건법」에서는 사업주에게 안전・보건관리자를 선임할 의무뿐만 아니라 해당 업무를 수행하도록 지휘・감독하고 업무수행 여건을 조성(권한 부여, 시설・장비・예산 지원 등)해 줄 의무 또한 있음을 명확히 하고(산업안전보건법 제17조 제1항, 제18조 제1항 참조), 안전・보건관리자가 해당 업무를 수행하지 않거나 태만히 한 사실이 드러나면, 해당 사업주는 안전・보건관리자로 하여금 해당 업무를 제대로 실시하도록 하지 않은 것으로 되어, 해당 사업주에게는 과태료가 부과되는 한편 시정(개선)명령이 부과될 수 있도록 하였다. 다시 말해서, 개정된 「산업안전보건법」에서는 안전・보건관리자의 충실한 업무수행에 대한 책임이 궁극적으로 사업주에게 있음을 분명히 하였다.

그러나 「전부개정 산업안전보건법」에서 사업주로 하여금 안전・보건관리자를 선임하도록만 규정하고 사업주에게 안전・보건관리자의 업무를 '수행하도록 하는' 표현이 삭제되어, 선임만 하면 관련 의무를 다한 것으로 오해를 불러일으키고 있다. 게다가 안전・보건관리자가 해당 업무를 수행하지 않거나 태만히 한 사실이 드러날 경우 이에 대해 시정명령을 할 수 있는 근거 또한 삭제되고 말았다. 이는 안전・보건관리자 제도의 유명무실화를 조장하는 매우 잘못된 개정이다. 조속히 원상 복귀되어야 한다.

한편, 사업주는 선임된 안전・보건관리자(안전・보건관리전문기관을 포함한다. 이하 동일하다)로 하여금 대통령령으로 정하는 안전・보건관리자의 업무를 종합적으로 수행하도록 하여야 한다(시행령 제18조 제1항, 제22조 제1항 참조). 따라서 안전・보건관리자의 업무 중 일부 업무만 수행하도록 하는 것은 법 위반이 된다. 업무의 특성상 고도로 전문적인 안전・보건관리가 필요한 사항에 대해서는, 자체적으로 이미 선임된 안전・보건관리자가 있다하더라도 필요한 업무내용에 따라 안전·보건관리자를 추가로 선임하거나 외부에 안전·보건관리 업무를 부분적으로 위탁할 필요가 있다.[165] 결과적으로 사업장 차원에서 안전·보건관리 업무가 누락 없이 모두 이루어져야 하기 때문이다.

사업장에서 연장근로·야간근로 또는 휴일근로 등이 이루어질 때에는 안전·보건관리자 배치 시 이러한 작업형태를 고려해야 한다(시행령 제18조 제2항, 제22조 제4항).

사업주는 안전·보건관리자가 해당 업무를 수행할 수 있도록 필요한 권한을 부여하고, 시설·장비·예산, 그 밖에 업무수행에 필요한 지원을 하여야 한다(시행령 제18조 제5항, 제22조 제3항).

안전·보건관리자가 해당 직무를 수행하지 않거나 태만히 한 사실이 드러난 경우, 해당 사업주가 안전·보건관리자에 대해 제대로 지휘·감독을 하지 않거나 업무수행 여건 조성(권한 부여, 시설·장비·예산 지원 등)을 해태한 것으로 확인되면, 해당 사업주에 대해 과태료가 부과될 수 있다.[166]

한편, 사업주는 안전·보건관리자의 업무수행 내용을 기록·유지하여야 한다(시행령 제18조 제1항 제9호, 제22조 제1항 제13호).

지방고용노동관서장은 산업재해 예방을 위하여 필요하다고 인정할 때에는 안전·보건관리자를 정수 이상으로 늘리거나 교체하여 임명할 것을 명할 수 있다(산업안전보건법 제17조 제4항, 제18조 제4항)[167]. 산업재해 예방을 위하여 필요하다고 인정되는 사유는 다음 어느 하나에 해당하는 경우이다(시

165) 사업주는 안전·보건관리 업무의 원활한 수행을 위하여 외부전문가의 평가·지도를 받을 수 있다고 규정하고 있는 것(시행령 제18조 제3항, 제22조 제4항)도 이러한 점을 고려한 것이다.

166) 안전·보건관리자 관련 규정을 위반한 자에게는 5백만원 이하의 과태료를 부과한다[산업안전보건법 제175조 제5항 제1호 및 시행령 별표 35(과태료 부과기준, 제119조 관련) 4. 개별기준 마.].

167) 명령을 위반한 자에게는 5백만원 이하의 과태료를 부과한다(산업안전보건법 제175조 제5항 제2호).

행규칙 제12조 제1항).

① 해당 사업장의 연간재해율이 같은 업종의 평균재해율의 2배 이상인 경우

② 중대재해가 연간 2건 이상 발생한 경우. 다만, 해당 사업장의 전년도 사망만인율이 같은 업종의 평균 사망만인율 이하인 경우는 제외한다.

③ 관리자가 질병이나 그 밖의 사유로 3개월 이상 직무를 수행할 수 없게 된 경우

④ 화학적 인자[시행규칙 별표 22(제201조 관련) 제1호]로 인한 직업성 질병자가 연간 3명 이상 발생한 경우[168), 169)]

안전·보건관리자를 두어야 할 사업의 종류와 사업장의 상시 근로자 수, 안전·보건관리자의 수 및 선임방법은 「시행령」 별표 3(제16조 제1항 관련)과 별표 5(제20조 제1항 관련)에서 각각 정하고 있다.[170)]

「시행령」으로 정하는 사업의 종류 및 사업장의 상시 근로자 수에 해당하는 사업장의 사업주는 안전관리자에게 그 업무만을 전담하도록 하여야 하는 바(산업안전보건법 제17조 제3항),[171)] 안전관리자를 두어야 하는 사업 중 상시 근로자 300명 이상을 사용하는 사업장[건설업의 경우에는 공사금액이 120억원(건설산업기본법 시행령 별표 1의 토목공사업의 경우에는 150억원) 이상인 사업장]에는 해당 사업장에서 「산업안전보건법」상의 안전관리자의 업무(시행령 제18조 제1항 각 호에 규정된 업무)만을 전담하는 안전관리자를 두

---

168) 이 경우 직업성 질병자 발생일은 「산업재해보상보험법 시행규칙」 제21조 제1항에 따른 요양급여의 결정일로 한다(시행규칙 제12조 제1항 제4호 후단).

169) 직업성 질병자 발생 당시 사업장에서 해당 화학적 인자를 사용하지 않은 경우에는 그러하지 아니하다(시행규칙 제12조 제1항 단서).

170) 사무직에 종사하는 근로자만을 사용하는 사업장(사업장이 분리된 경우로서 사무직에 종사하는 근로자만을 사용하는 사업장을 포함한다) 등 일부 사업 또는 사업장은 적용되지 아니한다[시행령 별표 1(제2조 제1항 관련)].

171) 이를 위반한 자에게는 5백만원 이하의 과태료를 부과한다(산업안전보건법 제175조 제5항 제1호).

어야 한다(시행령 제16조 제2항).[172)]

「시행령」으로 정하는 사업의 종류 및 사업장의 상시 근로자 수에 해당하는 사업장의 사업주는 보건관리자에게 그 업무만을 전담하도록 하여야 하는 바(산업안전보건법 제18조 제3항),[173)]보건관리자를 두어야 하는 사업 중 상시 근로자 300명 이상을 사용하는 사업장[건설업의 경우에는 공사금액이 800억원(건설산업기본법 시행령 별표 1의 토목공사업의 경우에는 1천억원) 이상이거나 상시 근로자 600명 이상을 사용하는 사업장]에는 해당 사업장에서 「산업안전보건법」상의 보건관리자의 업무(시행령 제22조 제1항 각 호에 규정된 업무)만을 전담하는 보건관리자를 두어야 한다(시행령 제20조 제2항).

다만, 안전관리자의 경우 상시 근로자 300명 이상 사업장이라 하더라도 「기업활동 규제완화에 관한 특별조치법」(제29조)에 의해 일정한 요건하에 다른 업무의 겸직이 허용되고 있다.[174)] 그러나 다른 업무의 겸직이 허용되더라도, 사업주가 안전관리자를 선임하는 것으로 그쳐서는 안 되고 안전관리자로 하여금 해당 업무를 충실히 수행하도록 하여야 한다는 의무 내용은 달라지지 않는다.

건설업을 제외한 사업으로서 상시 근로자 300명 미만을 사용하는 사업장의 사업주는 안전·보건관리전문기관에 안전·보건관리자의 업무를 위탁할 수 있다(산업안전보건법 제17조 제5항, 제18조 제5항 및 시행령 제19조 제1

---

172) 「산업안전보건법」상 공사금액 800억원 미만 120억원(토목공사업의 경우에는 150억원) 이상인 건설현장의 경우 안전관리자가 안전관리업무를 '전담'해야 한다. 그런데 이 건설현장에서는 보건관리자 선임(또는 보건관리전문기관 위부위탁)이 의무화되어 있지 않아, 현실에서는 안전관리자가 보건관리자 업무를 겸임하여 수행하는 경우가 허다하다. 오래전부터 법 위반이 공공연하게 저질러지고 있는데도 행정당국에서 손을 놓고 있어 좀처럼 시정되지 않고 있다.

173) 이를 위반한 자에게는 5백만원 이하의 과태료를 부과한다(산업안전보건법 제175조 제5항 제1호).

174) 보건관리자의 경우에는 안전관리자와 달리 상시 근로자 300명 미만 사업장에 한해 일정한 요건하에 다른 업무의 겸직이 허용되고 있다(기업활동 규제완화에 관한 특별조치법 제29조 제4항·제5항, 같은 법 시행령 제12조 제7항 참조).

항, 제23조 제2항 제1호).[175)]

사업주는 안전·보건관리자를 선인(다시 선임한 경우를 포함한다)하거나 안전·보건관리 업무를 위탁(위탁 후 수탁기관을 변경한 경우를 포함한다)한 경우에는 지방고용노동관서장에게 선임 보고서를 제출해야 한다(시행규칙 제11조).

한편, 도급사업의 안전·보건관리자 선임방법과 관련해서는, 안전보건총괄책임자 지정 대상사업(시행령 제52조)으로서 도급인의 사업장에서 이루어지는 도급사업의 공사금액 또는 관계수급인의 상시 근로자는 각각 해당 사업의 공사금액 또는 상시 근로자로 본다. 다만, 수급인이 「산업안전보건법」상 안전·보건관리자 선임의무 대상(시행령 별표 3, 5)에 해당하는 경우에는 안전·보건관리자를 각각 별도로 선임하여야 한다(시행령 제16조 제3항, 제20조 제3항).

그리고 도급인의 사업장에서 이루어지는 도급사업에서 도급인인 사업주가 i) 도급인인 사업주 자신이 선임하여야 할 안전관리자 또는[176)] 보건관리자를 두고, ii) 안전관리자 또는 보건관리자를 두어야 할 수급인인 사업주의 사업종류별로 상시 근로자 수(건설공사의 경우에는 건설공사 금액)를 합계하여 그 상시 근로자 수 또는 공사금액에 해당하는 전담 안전관리자 또는 보건관리자를 추가로 선임한 경우에는, 해당 사업의 관계수급인은 해당 도급사업에 대한 안전관리자 또는 보건관리자를 선임하지 않을 수 있다(시행령 제16조 제5항, 제20조 제3항 및 시행규칙 제10조).

---

175) 종전에는 「기업활동 규제완화에 관한 특별조치법」 제40조 제1항 제1호 및 제2호에 의해 위 규정에도 불구하고 사업장 규모에 관계없이 안전·보건관리전문기관에 위탁할 수 있었지만, 2020년 10월 21일부터는 상시 근로자 300명 이상 사업장은 안전·보건관리전문기관에 위탁할 수 없게 되었다. 비교법적으로 볼 때, 안전·보건관리업무의 외부위탁을 일률적으로 금지하고 있는 입법례는 보이지 않는다.

176) 법문에는 '및'으로 되어 있지만, 도급인이 안전관리자와 보건관리자 중 어느 하나만을 대신 선임할 수도 있기 때문에 '또는'이 올바른 표현이다.

한편, 안전·보건관리자(안전·보건관리전문기관을 포함한다)가 안전보건관리책임자의 업무(산업안전보건법 제15조 제1항 각 호의 사항) 중 안전보건에 관한 기술적인 사항에 관하여 사업주 또는 안전보건관리책임자를 보좌하고 관리감독자에게 지도·조언하는 경우에 사업주, 안전보건관리책임자 및 관리감독자는 이에 상응하는 적절한 조치를 하여야 한다(산업안전보건법 제20조). 그리고 안전·보건관리자는 각자의 업무를 수행할 때 상호 협력하여야 한다(시행령 제18조 제4항, 제22조 제2항).

4. 안전보건관리담당자

사업주(산업안전보건법 제17조에 따른 안전관리자, 제18조에 따른 보건관리자가 있거나 이를 두어야 하는 경우에는 그러하지 아니하다)는 사업장에 안전·보건에 관하여 사업주를 보좌하고 관리감독자에게 지도·조언하는 업무를 수행하는 사람으로서 '안전보건관리담당자'를 두어야 한다(산업안전보건법 제19조 제1항).

본 규정은 50명 미만 사업장에서 전체 재해의 약 80% 이상이 발생하고 있을 정도로 동 사업장이 다른 사업장에 비해 상대적으로 산업재해에 보다 취약한 상황임에도 불구하고, 이들 사업장에 대해 법적으로 의무화하고 있는 자율안전보건관리 추진체제는 매우 빈약한 상태인 점을 감안하여, 2016년 1월 「산업안전보건법」 개정에 의하여 새롭게 도입된 것이다.

요컨대, 안전보건관리담당자는 안전관리와 보건관리에 관한 사항에 대해 사업주를 보좌하여 업무를 수행하는 자로서, 본 제도는 50명 미만 사업장의 안전보건관리체제를 법적으로 강화함으로써 동 사업장의 산업재해 예방을 활성화하려는 목적에서 도입된 것이라고 할 수 있다.

안전보건관리담당자는 i) 「산업안전보건법」 제29조에 따른 안전보건교육 실시, ii) 「산업안전보건법」 제36조에 따른 위험성평가, iii) 「산업안전보건법」 제125조에 따른 작업환경측정 및 개선, iv)「산업안전보건법」 제129조로부터 제131조까지에 따른 건강진단, v) 산업재해 발생의 원인조사, 산업재해 통계의 기록 및 유지, vi) 산업안전보건과 관련된 안전장치 및 보호구 구입 시 적격품 선정에 관한 각각의 보좌 및 지도・조언의 업무를 수행한다(시행령 제25조).[177)]

한편, 「전부개정 산업안전보건법」에서 사업주로 하여금 안전보건관리담당자를 선임하도록만 규정하고 사업주에게 안전보건관리담당자의 업무를 '수행하도록 하는' 표현이 삭제되어, 선임만 하면 관련 의무를 다한 것으로 오해를 불러일으키고 있다. 게다가 안전보건관리담당자가 해당 업무를 수행하지 않거나 태만히 한 사실이 드러날 경우 이에 대해 시정명령을 할 수 있는 근거 또한 삭제되고 말았다. 이는 안전보건관리담당자 제도의 유명무실화를 조장하는 매우 잘못된 개정이다. 이 또한 조속히 원상 복귀되어야 한다.

사업주는 산업안전보건법령에 명시적 규정은 없지만[178)] 안전보건관리담당자가 해당 업무를 수행할 수 있도록 필요한 권한을 부여하고, 시설・장비・예산, 그 밖에 업무수행에 필요한 지원을 하여야 한다.

안전보건관리담당자가 해당 직무를 수행하지 않거나 태만히 한 사실이 드러난 경우, 사업주가 안전보건관리담당자에 대해 제대로 지휘・감독을 하지 않거나 업무수행 여건 조성(권한 부여, 시설・장비・예산 지원 등)을 해태한 것으로 확인되면, 해당 사업주에 대해 과태료가 부과될 수 있다.[179)]

---

177) 안전보건관리담당자의 업무에 안전・보건관리자의 업무와 달리 그의 핵심적인 업무 중의 하나라고 볼 수 있는 '산업안전보건법령으로 정한 안전보건에 관한 사항의 이행'에 관한 보좌 및 지도・조언 업무가 규정되어 있지 않은 것은 입법적 불비에 해당한다.

178) 안전・보건관리자 등 다른 안전보건관계자와 달리 안전보건관리담당자에 대해서는 권한 부여 및 시설・장비・예산 지원 등에 관한 규정을 두고 있지 않는바, 입법적 불비라고 할 수 있다.

179) 안전보건관리담당자 관련 규정을 위반한 자에게는 5백만원 이하의 과태료를 부과한다[산업안전보건법 제5항 제1호 및 시행령 별표 35(과태료 부과기준, 제119조

안전보건관리담당자 선임 대상은 i) 제조업, ii) 임업, iii) 하수, 폐수 및 분뇨 처리업, iv) 폐기물 수집, 운반, 처리 및 원료 재생업, v) 환경 정화 및 복원업으로서 상시 근로자 20명 이상 50명 미만인 사업장이다. 그리고 안전보건관리담당자의 수·자격·업무·권한·선임방법, 그 밖에 필요한 사항은 대통령령으로 정한다(산업안전보건법 제19조 제2항).[180]

안전보건관리담당자는 해당 사업장 소속 근로자로서 다음 어느 하나에 해당하는 요건을 갖추어야 한다. i) 「시행령」 제17조에 따른 안전관리자의 자격을 갖출 것, ii) 「시행령」 제21조에 따른 보건관리자의 자격을 갖출 것, iii) 고용노동부장관이 인정하는 안전·보건교육을 이수했을 것(시행령 제24조 제2항).

안전보건관리담당자의 증원·개임 및 업무위탁 등에 관하여는 안전관리자, 안전관리전문기관의 규정을 준용한다(산업안전보건법 제19조 제3항). 그리고 안전보건관리담당자 업무는 안전·보건관리자 선임 대상 사업장의 안전·보건관리업무와 마찬가지로 안전·보건관리전문기관에 위탁하는 것이 가능하다(산업안전보건법 제19조 제4항).

한편, 안전보건관리담당자가 안전보건관리책임자의 직무 중 안전보건에 관한 기술적인 사항에 관하여 사업주를 보좌하고 관리감독자에게 지도·조언하는 경우에 사업주 및 관리감독자는 이에 상응하는 적절한 조치를 하여야 한다(산업안전보건법 제20조).

사업주는 안전보건관리담당자를 선임한 사실 및 「시행령」 제25조 각 호에 따른 업무를 수행했음을 증명할 수 있는 서류를 갖춰 두어야 한다(시행령 제24조 제4항).

관련) 4. 개별기준 마.].

180) 사무직에 종사하는 근로자만을 사용하는 사업장(사업장이 분리된 경우로서 사무직에 종사하는 근로자만을 사용하는 사업장을 포함한다) 등 일부 사업 또는 사업장은 적용되지 아니한다[시행령 별표 1(제2조 제1항 관련)].

5. 산업보건의

사업주는 근로자의 건강관리나 그 밖의 (의사가 아닌) 보건관리자의 업무를 지도하기 위하여 산업보건의를 선임 또는 위촉하여야 한다(산업안전보건법 제22조 제1항). 산업보건의의 자격은 의료법에 따른 의사로서 직업환경의학과 전문의, 예방의학 전문의 또는 산업보건에 관한 학식과 경험이 풍부한 자이다(시행령 제30조).

산업보건의의 직무는, ① 건강진단 실시결과의 검토 및 그 결과에 따른 작업배치·작업전환·근로시간의 단축 등 근로자의 건강보호조치, ② 근로자의 건강장해의 원인조사와 재발 방지를 위한 의학적 조치, ③ 그 밖에 근로자의 건강유지와 증진을 위하여 필요한 의학적 조치에 관하여 고용노동부장관이 정하는 사항[181]이다(시행령 제31조 제1항).

「산업안전보건법」상의 산업보건의에 관한 규정은 기업의 경우에는 「기업활동 규제완화에 관한 특별조치법」에 의해 강제적인 사항은 아닌 것으로 되었지만,[182] 근로자의 건강관리의 내실화를 위해서는 자율적으로 산업보건의를 자체 선임하거나 외부에 위촉할 필요가 있다.

산업보건의를 두어야 하는 사업의 종류와 사업장은 보건관리자를 두어야 하는 사업으로서 상시 근로자 수가 50명 이상인 사업장이다.[183] 다만, i) 의사를 보건관리자로 선임한 경우, ii) 보건관리전문기관에 보건관리자의 업무를 위탁한 경우에는 그렇지 않다(시행령 제29조 제1항). 산업보건의는 외부에서

---

181) 이에 대해서는 현재까지 고용노동부장관이 정하고 있는 사항은 없다.

182) 「기업활동 규제완화에 관한 특별조치법」은 기업(법인기업 또는 개인기업)에 대해서만 적용되기 때문에, 기업이 아닌 기관[중앙부처, 지방자치단체, 공공기관(공기업 제외)]에 대해서는 적용된다. 그럼에도 현재 대부분의 중앙부처, 지방자치단체, 공공기관(공기업 제외)에서는 산업보건의를 두고 있지 않다(즉, 법을 위반하고 있는 상태가 방치되고 있다).

183) 사무직에 종사하는 근로자만을 사용하는 사업장(사업장이 분리된 경우로서 사무직에 종사하는 근로자만을 사용하는 사업장을 포함한다) 등 일부 사업 또는 사업장은 적용되지 아니한다[시행령 별표 1(제2조 제1항 관련)].

위촉할 수 있다(시행령 제29조 제2항).

사업주는 산업보건의를 선임하거나 위촉(다시 선임하거나 위촉하는 경우를 포함한다)하는 경우에는 지방고용노동관서장에게 선임 등 보고서를 제출해야 한다(시행규칙 제11조).

6. 안전보건총괄책임자[184]

도급인은 관계수급인인 근로자가 도급인의 사업장[도급인이 제공하거나 지정한 경우로서 대통령령으로 정하는 장소(시행령 제11조)를 포함한다(시행령 제10조 제2항)[185]]에서 작업을 하는 경우에는 그 사업장의 안전보건관리책임자를 도급인의 근로자와 관계수급인 근로자의 산업재해를 예방하기 위한 업무를 총괄하여 관리하는 안전보건총괄책임자로 지정하여야 한다. 이 경우 안전보건관리책임자를 두지 아니하여도 되는 사업에서는 그 사업장에서 사업을 총괄관리 하는 자를 각각 안전보건총괄책임자로 지정하여야 한다(산업안전보건법 제62조 제1항).[186]

안전보건총괄책임자로 지정해야 하는 사업의 종류 및 사업장의 상시 근로

184) 안전보건총괄책임자는 전술한 바와 같이 안전보건관리체제 중 하청(도급)작업관계에 입각한 안전보건관리체제에 속하는 것이다. 하청(도급)작업에 입각한 안전보건관리체제는 당연히 사용종속관계에 입각한 안전보건관리체제와 밀접한 관련성을 가지고 있다. 그런데 「전부개정 산업안전보건법」에서는 안전보건총괄책임자를 '안전보건관리체제'에서 분리시켜 '도급인의 안전보건조치'라는 특정 안전보건조치 부분으로 이동시켰다. 사업장의 자체적인 안전보건관리와 도급작업에 대한 안전보건관리의 유기적 연계성을 깨뜨린 것이다. 「산업안전보건법」의 전체 체계와 안전보건관리체제의 성격에 대한 몰이해에서 비롯된 대단히 잘못된 개정이라고 할 수 있다.

185) '도급인의 사업장'의 범위라는 형사처벌과 직결되는 사항을 도급작업과 관련 없는 조항에 찾기 어렵게 규정한 것은 수범자의 이해 가능성이라는 측면에서 볼 때 대단히 부적절한 입법기술 방식이다.

186) 이를 위반한 자에게는 5백만원 이하의 과태료를 부과한다(산업안전보건법 제175조 제5항 제1호).

자 수는 관계수급인에게 고용된 근로자를 포함한 상시 근로자의 합계가 100명(선박 및 보트 건조업, 1차 금속 제조업 및 토사석 광업의 경우에는 50명) 이상인 사업장이나 관계수급인의 공사금액을 포함한 해당 공사의 총 공사금액이 20억원 이상인 건설현장이다(시행령 제52조). 다만, 「광산안전법(일부 공정으로 한정)」, 「원자력안전법(일부 사업장으로 한정)」, 「항공안전법(일부 사업 제외)」, 「선박안전법(일부 사업 제외)」 적용 사업 및 사무직에 종사하는 근로자만을 사용하는 사업장(사업장이 분리된 경우로서 사무직에 종사하는 근로자만을 사용하는 사업장을 포함한다) 등 일부 사업 또는 사업장은 안전보건총괄책임자 관련 규정을 포함한 도급인의 안전보건조치 부분(산업안전보건법 제5장 제2절)[187]이 적용되지 않는다[시행령 별표 1(제2조 제1항 관련) 제1호, 제5호].

안전보건총괄책임자를 두어야 할 사업주는, 「산업안전보건법」 제62조 제1항에서 규정하는 안전보건총괄책임자의 지정 업무를 감안할 때, 사업의 일부를 도급한 발주자 또는 사업의 전부를 도급받아 그중 일부를 하도급에 의하여 행하는 수급인 등 사업의 전체적인 진행과정을 총괄하고 조율할 능력이나 의무가 있는 사업주를 의미한다. 따라서 사업의 i) 발주자 또는 ii) 수급인이 동일한 장소에서 행하여지는 사업의 일부를 도급에 의하여 행하는 경우에 그 수급인으로부터 사업의 일부를 하도급 받은 하수급인은 안전보건총괄책임자를 두어야 할 사업주에 해당하지 아니한다.[188]

안전보건총괄책임자의 선임 대상인 '도급인의 사업장'과 관련하여 여기에서 말하는 사업장이라 함은 앞의 '법 적용단위'에서 이미 설명한 바와 같이, 도급인의 구내 또는 부지내(premises)에 있더라도 근로(작업)의 양태가 현저히 다르고 노무관리 등이 명확하게 구분되는 부문이 있는 경우, 주된 부문과 분리하여 취급하는 것이 「산업안전보건법」이 보다 적절하게 운용될 수 있다

187) 제64조 제1항 제6호는 제외한다.
188) 대법원 2010.6.24. 2010도2615 판결 참조.

면 해당 부문을 독립된(별개의) 사업장으로 보아야 할 것이다. 예를 들면, 공장 내 부속의원·식당, 학교에 설치된 급식당, 자동차판매회사에 부속된 자동차정비공장, 지방자치단체의 환경미화부서, 공장 안에 소재한 계열사·자회사 등이 이것에 해당한다.

수급인이 도급인의 사업장에 들어와 작업을 하는 경우, 수급인이 작업하는 공간은 도급인이 소유하고 있는 사업장 내라고 하더라도 점유의 관점에서는 수급인의 사업장이라고도 할 수 있다. 수급인의 도급작업이 도급인의 사업장 안에서 작업이 이루어진다고 하더라도 수급인의 작업현장은 도급인의 통제 여부에 관계없이 (설령 도급인의 일부 통제하에 작업이 이루어지더라도) 수급인의 관리범위 안에 있는(수급인이 점유하고 있는) 수급인의 사업장에 속한다고 할 수 있기 때문이다.[189] 다시 말해서, 도급작업이 이루어지는 현장은 도급인의 사업장(소유의 관점)이면서 수급인의 사업장(점유의 관점)인 경우가 일반적이다. 예를 들면, 도급인의 공장 안에서 신축공사가 이루어지는 경우에 해당 신축공사 현장은 도급인(소유자)의 사업장이면서 수급인(점유자)의 사업장이기도 하다. 외부협력사가 도급인의 공장 내 시설을 유지보수하는 경우에 이 유지보수작업이 이루어지는 당해 건설현장 또한 도급인의 사업장이면서 수급인의 사업장이기도 하다.

수급인이 도급인의 사업장 안에서 작업을 하는 경우, 당해 사업장을 도급인이 소유하고 있다면 '소유'의 관점에서는 도급인이 지배하는 사업장(도급인의 사업장)이라고 할 수 있지만, 만약 수급인의 작업장소가 도급인의 사업장 내 다른 장소와 공간적으로 확연히 구분되어 있다면 당해 장소는 수급인이 점유하고 있기 때문에 '점유'의 관점에서는 수급인이 지배하는 사업장(수급인의 사업장)이라고 볼 수도 있다. 즉, 어느 관점에서 보느냐에 따라 도급인의 사업장일 수도 있고 수급인의 사업장일 수도 있다. 사업장은 사전적 의미로 "어떤 사업의 활동이 이루어지는 일정한 장소"를 가리키므로, 수급인이

189) 수원지방법원 2018.6.11. 2017노1871 판결.

어떤 작업을 한다면 어디에서 작업을 하든 수급인에게도 사업장이 존재할 수밖에 없다. 따라서 수급인의 작업이 도급인의 사업장 내에서 이루어지더라도, 그 작업의 장소가 도급인의 다른 장소와 공간적으로 확연히 구분되면서 수급인의 작업양태가 도급인의 그것과 현저히 다르고 노무관리 등이 명확하게 구분되는 경우에는 해당 작업장소는 수급인의 사업장이기도 하고 그 관리범위는 수급인에게 있다고 볼 수 있다. 즉, 경우에 따라서는 도급인의 사업장 안에서 이루어지는 수급인의 작업장소는 수급인의 사업장에 속한다고 할 수 있다.[190)]

따라서 현재처럼 도급인의 '사업장'이라고만 표현하면 도급인과 수급인(하수급인) 중 누가 법적 의무주체인지가 불명확해진다. 그리고 수급인의 사업장이 존재하지 않는 것으로 보게 되면, 수급인의 안전보건조치의무가 부정되어 수급인에게는 안전보건책임을 묻는 것이 불가능해지는 불합리가 발생할 수 있다. 수급인의 사업장의 존재 여부를 둘러싼 논란을 피하기 위해서라도, '사업장'이라는 표현보다는 (도급인의 근로자와 수급인의 근로자의 작업이 상호 관련되어 혼재적으로 이루어지는) '하나의 장소'라고 표현하는 것이 여러 가지 면에서 적절한 표현이라고 할 수 있다.

한편, 도급인의 사업장에는 도급인이 제공하거나 지정한 경우로서 도급인이 지배・관리하는 「시행령」 제11조 각 호에 해당하는 장소가 포함되기 때문에, 도급인의 근로자가 전혀 없고 도급인의 사업장에서 아무리 원거리에 있다고 하더라도 도급인의 사업장에 해당될 수 있다. 따라서 도급인의 사업장 내부가 아니더라도 도급인이 지배・관리하는 장소에 대해서는 안전보건총괄책임자의 직무를 수행해야 한다는 점에 유의해야 한다.

안전보건총괄책임자로 지정된 자는 i) 「산업안전보건법」 제36조에 따른 위험성평가의 실시, ii) 「산업안전보건법」 제51조 및 제54조에 따른 작업의 중지, iii) 「산업안전보건법」 제64조에 따른 도급 시 산업재해 예방조치, iv)

---

190) 수원지방법원 2018.6.11. 2017노1871 판결 참조.

「산업안전보건법」 제72조 제1항에 따른 산업안전보건관리비의 관계수급인 간의 협의·조정 및 그 집행의 감독, v) 안전인증 대상 기계·기구 등과 자율안전확인 대상 기계·기구 등의 사용 여부 확인에 관한 직무를 총괄관리한다(시행령 제53조).

종전에는 많은 사업장에서 안전보건총괄책임자를 지정하기만 하면 그것으로 의무를 이행한 것으로 생각하고 안전보건총괄책임자의 업무수행 자체에 대해서는 관심이 없어 동 업무가 형식적으로 이루어지는 경우가 많았다. 이러한 문제를 해결하기 위해 2013년 6월 12일 개정된 「산업안전보건법」에서는 사업주에게 안전보건총괄책임자를 지정하는 의무뿐만 아니라 이 자가 해당 업무를 충실하게 수행하도록 지휘·감독하고 업무수행의 여건을 조성하는 의무 또한 있음을 명확히 규정하였었다.

그러나 「전부개정 산업안전보건법」에서 사업주로 하여금 안전보건총괄책임자를 지정하도록만 규정하고 사업주에게 안전보건총괄책임자의 업무를 수행하도록 하는 표현이 삭제되어, 선임만 하면 관련 의무를 다한 것으로 오해를 불러일으키고 있다. 게다가 안전보건총괄책임자가 해당 업무를 수행하지 않거나 태만히 한 사실이 드러난 경우 이에 대해 시정명령을 할 수 있는 근거 또한 삭제되고 말았다. 이는 안전보건총괄책임자 제도의 유명무실화를 조장하는 매우 잘못된 개정이다. 이 또한 조속히 원상 복귀되어야 할 것이다.

사업주는 안전보건총괄책임자가 해당 업무를 수행할 수 있도록 필요한 권한을 부여하고, 시설·장비·예산 그 밖에 업무수행에 필요한 지원을 하여야 한다(시행령 제53조 제2항).

안전보건총괄책임자 제도의 취지로 볼 때 그가 해당 직무를 수행하지 않거나 태만히 한 사실이 드러난 경우, 사업주가 안전보건총괄책임자에 대해 제대로 지휘·감독을 하지 않거나 업무수행 여건 조성(권한 부여, 시설·장비·예산 등 지원)을 해태한 것으로 확인되면, 해당 사업주에 대해 과태료가 부과될 수 있다.[191]

사업주는 안전보건총괄책임자를 선임한 사실 및 「시행령」 제53조 제1항 각 호에 따른 업무의 수행내용을 증명할 수 있는 서류를 갖춰 두어야 한다(시행령 제53조 제3항).

Ⅳ. 산업안전보건위원회

사업장에서의 안전보건의 확보는 본래 사업주의 책임으로 실시되어야 하는 사항이지만, 산업재해의 발생원인에는 여러 가지가 있고, 효과적인 안전보건대책을 추진하기 위해서는 근로자의 의견을 파악하고 이를 대책에 반영하는 것이 필요하다. 「산업안전보건법」에서는 사업장의 안전보건문제에 관하여 근로자의 의견을 반영하는 등 근로자 참가의 중심이 되어야 할 기관으로서 산업안전보건위원회를 규정하고 있다(산업안전보건법 제24조).

따라서 산업안전보건위원회는 단순히 사업주의 자문에 응하는 것으로 그치지 않고, 스스로의 발의하에 사업장의 안전보건문제를 조사·심의하는 한편, 위원회의 이름으로 사업주에게 의견을 제시하고 협의하며, 나아가 의결까지 할 수 있는 기관으로서의 성격이 부여되어 있다고 할 수 있다.[192)]

한편, 산업안전보건위원회는 단체교섭을 하는 장은 아니고, 노사가 서로 협력하여 당해 사업장의 안전보건 및 건강관리 문제에 대하여 충분히 심의하여 의결하는 장이다. 따라서 그 운영에 있어서는 단체교섭의 장과는 달리 노

191) 전술한 바와 같이 규정상으로는 안전보건총괄책임자를 지정하는 의무만 부과하고 있고 그로 하여금 해당 직무를 수행하도록 하지 않은 경우에 대한 벌칙 규정은 별도로(명시적으로) 두고 있지 않은 입법적 불비가 있기는 하다.

192) 비교법적으로 보면, 재해예방선진국의 경우 산업안전보건위원회는 심의기능만 부여되어 있고 의결기능까지는 부여되어 있지 않다. 단체교섭의 장으로 오용될 수 있는 점을 고려한 것으로 보인다.

사로서의 입장의 틀을 넘어 노사가 충분히 협의하여 사업장에서의 산업재해 예방과 쾌적한 작업환경 조성을 위한 방향을 정하고 그 추진을 도모하는 것을 목적으로 할 필요가 있다.[193)]

「산업안전보건법」에서는 상시 근로자 100명 또는 300명 이상을 사용하는 사업장(단, 유해·위험업종은 상시 근로자 50명 이상 사용하는 사업장) 또는 공사금액이 120억원 이상인 건설현장(토목공사업에 해당하는 공사의 경우에는 150억원 이상인 건설현장)[194)]에 대하여 산업안전보건위원회를 설치·운영하도록 의무화하고 있다[시행령 별표 9(제34조 관련)].[195)]

산업안전보건위원회는 근로자와 사용자가 같은 수로 구성하여 설치·운영하여야 한다(산업안전보건법 제24조 제1항). 근로자위원은 근로자대표, 명예산업안전감독관, 근로자대표가 지명하는 9명 이내의 해당 사업장의 근로자로 구성되고, 사용자위원은 사업의 대표자(같은 사업으로서 다른 지역에 사업장이 있는 경우에는 그 사업장의 안전보건관리책임자를 말한다), 안전관리자 1명, 보건관리자 1명, 산업보건의 1명, 해당 사업의 대표자가 지명하는 9명 이내의 해당 사업장 부서의 장으로 구성된다(시행령 제35조). 회의는 분기별로 정기회의를 개최하고, 위원장이 필요하다고 인정할 때에는 임시회의

---

193) 현실에서는 산업안전보건위원회의 '의결' 대상에 예컨대 후술하는 '안전보건관리규정'의 작성 및 변경에 관한 사항이 포함되다 보니, 노동조합이 강한 기업(사업장)에서는 안전보건관리규정에 관한 사항이 산업안전보건위원회에서 분쟁화될 것을 우려하여 안전보건관리규정의 범위 자체를 좁게 설정하려는 경향(부작용)이 있다. 안전보건관리(경영)시스템 매뉴얼이 안전보건관리규정의 일종임에도 불구하고 이를 안전보건관리규정과 별개로 취급하고 있는 것도 안전보건관리(경영)시스템 매뉴얼이 안전보건관리규정에 포함되는 것으로 보게 되면 그 작성·변경 시 산업안전보건위원회에서 '의결'까지 거쳐야 하기 때문이다.

194) 사무직에 종사하는 근로자만을 사용하는 사업장(사업장이 분리된 경우로서 사무직에 종사하는 근로자만을 사용하는 사업장을 포함한다) 등 일부 사업 또는 사업장은 적용되지 아니한다[시행령 별표 1(제2조 제1항 관련)].

195) 이를 위반한 자에게는 5백만원 이하의 과태료를 부과한다(산업안전보건법 제175조 제5항 제1호).

를 소집할 수 있다.

산업안전보건위원회의 위원장은 위원 중에서 호선한다. 이 경우 근로자위원과 사용자위원 중 각 1명을 공동위원장으로 선출할 수 있다(시행령 제36조). 산업안전보건위원회의 회의는 근로자위원 및 사용자위원 각 과반수의 출석으로 개의하고 출석위원 과반수의 찬성(동의)으로 의결한다(시행령 제37조 제2항).

산업안전보건위원회의 의결 시 근로자위원 측이 의결권(집단적 동의권)을 행사할 때는 신의성실의 원칙과 권리남용금지 원칙(동의권 남용 법리)이 적용되어야 한다.[196] 따라서 근로자위원 측이 의결권을 남용하였다고 볼 만한 특별한 사정이 있는 경우에는 출석위원 과반수의 찬성이 없더라도 산업안전보건위원회의 의결을 유효하다고 볼 수 있다. 여기에서 근로자위원이 의결권을 남용한 경우란 관계 법령이나 근로관계를 둘러싼 사회 환경의 변화로 의결할 필요성이 객관적으로 명백히 인정되고, 나아가 근로자위원 측의 동의를 구하고자 하는 사용자의 진지한 설득과 노력이 있었음에도 불구하고 근로자위원 측이 합리적 근거나 이유 제시 없이 의결에 반대하였다는 등의 사정이 있는 경우를 말한다. 다만, 산업안전보건위원회의 의결을 거치도록 한 산업안전보건법 제24조 제2항의 입법 취지와 절차적 권리로서 의결권이 갖는 중요성을 고려할 때, 근로자위원 측이 의결권을 남용하였는지는 엄격하게 판단할 필요가 있다.[197]

산업안전보건위원회에서는 ① 사업장의 산업재해 예방계획의 수립, ② 안전보건관리규정의 작성 및 변경, ③ 근로자의 안전보건교육, ④ 작업환경측정 등 작업환경의 점검 및 개선, ⑤ 근로자의 건강진단 등 건강관리, ⑥ 중대재해의 원인조사 및 재발 방지대책의 수립, ⑦ 산업재해 통계의 기록·유지,

196) 신의성실의 원칙과 권리남용금지 원칙은 민사법의 중요한 원칙이자 법질서를 전체를 관통하는 일반원칙으로서 실정법을 형식적이고 경직적으로 해석할 때 생길 수 있는 부당한 결과를 막고 구체적 타당성을 확보하는 역할을 한다.

197) 대법원 2023.5.11. 2017다35588, 35595 전원합의체 판결 참조.

⑧ 유해하거나 위험한 기계·기구·설비를 도입한 경우 안전보건 관련 조치 등에 관한 사항을 심의·의결한다(산업안전보건법 제24조 제2항).

산업안전보건위원회의 위원장은 위원회에서 심의·의결된 내용 등 회의 결과와 중재 결정된 내용 등을 사내방송, 사내보, 게시 또는 자체 정례조회, 그 밖의 적절한 방법으로 근로자에게 신속히 알려야 한다(시행령 제39조). 그리고 사업주와 근로자는 본 위원회에서 심의·의결한 사항을 성실하게 이행하여야 한다(산업안전보건법 제24조 제4항).[198)]

공사금액이 120억원(건설산업기본법 시행령 별표 1(제2조 제1항 관련)에 따른 토목공사업은 150억원) 이상인 건설공사의 건설공사 도급인은 해당 건설공사 현장에 근로자위원과 사용자위원이 같은 수로 구성되는 안전 및 보건에 관한 협의체(노사협의체)를 구성·운영하는 경우에는 산업안전보건위원회 및 「산업안전보건법」 제64조 제1항 제1호에 따른 안전 및 보건에 관한 협의체를 각각 설치·운영하는 것으로 본다(산업안전보건법 제75조 제1항·제2항).

건설공사 도급인이 안전 및 보건에 관한 협의체(산업안전보건법 제64조 제1항 제1호)를 구성한 경우에는 협의체에 i) 도급 또는 하도급 사업을 포함한 전체 사업의 근로자대표, 명예산업안전감독관 및 근로자대표가 지명하는 해당 사업장의 근로자(근로자위원), ii) 도급인 대표자, 관계수급인의 각 대표자 및 안전관리자(사용자위원)을 포함하여 산업안전보건위원회를 구성할 수 있다(시행령 제35조 제3항).

198) 이를 위반한 자에게는 5백만원 이하의 과태료를 부과한다(산업안전보건법 제175조 제5항 제1호).

Ⅴ. 안전보건관리규정

안전보건관리규정은 사업장의 자율적인 산업재해 예방을 위한 관리책임체제의 명확화 및 안전보건기준의 설정, 안전보건활동의 추진에 의하여 근로자의 안전과 건강을 확보하는 것을 목적으로 한다.

상시 근로자 100명 또는 300명 이상을 사용하는 사업장[시행규칙 별표 2(제25조 제1항 관련)][199]의 사업주는 산업안전보건위원회가 설치되어 있는 사업장의 경우에는 본 위원회의 심의・의결을 거쳐야 하고, 산업안전보건위원회가 설치되어 있지 아니한 사업장의 경우에는 근로자대표의 동의를 받아야 한다(산업안전보건법 제26조).[200], [201] 사업장의 특성에 맞는 안전보건관리규정을 작성 또는 변경한 후 이를 각 사업장의 근로자가 쉽게 볼 수 있는 장소에 게시하거나 갖추어 두어 근로자에게 널리 알려야 한다고 규정하고 있다(산업안전보건법 제25조 제1항 및 법 제34조).[202]

이는 안전보건관리규정의 성과에 근로자의 이해가 큰 영향을 미치는 점을 고려한 것이다. 위 사업주는 안전보건관리규정을 작성하여야 할 사유가 발생한 날부터 30일 이내에 안전보건관리규정을 작성하여야 하고, 이를 변경하여야 할 사유가 발생한 경우에도 또한 같다(시행규칙 제25조 제2항). 이와 같이 안전보건관리규정 작성 자체와 그 절차가 법에 의해 직접적으로 강제되어 있다.

---

199) 사무직에 종사하는 근로자만을 사용하는 사업장(사업장이 분리된 경우로서 사무직에 종사하는 근로자만을 사용하는 사업장을 포함한다) 등 일부 사업 또는 사업장은 적용되지 아니한다[시행령 별표 1(제2조 제1항 관련)].

200) 근로자 측이 의결권(집단적 동의권)을 남용한 경우에는 의결 또는 동의를 거치지 않아도 해당 안전보건관리규정은 유효하고 사업주의 고의 또는 과실이 없으므로 과태료 부과도 되지 않는다. 전술한 근로자 측의 동의권 남용 법리는 근로자 측의 동의가 요건으로 되어 있는 다른 사항(규정)에도 일반적으로 적용된다.

201) 이를 위반한 자에게는 5백만원 이하의 과태료를 부과한다(산업안전보건법 제175조 제5항 제1호).

202) 이를 위반한 자에게는 5백만원 이하의 과태료를 부과한다(산업안전보건법 제175조 제5항 제1호).

한편, 「근로기준법」 제93조에서는 상시 10명 이상의 근로자를 사용하는 사용자로 하여금 '안전과 보건에 관한 사항'을 반드시 포함하여 취업규칙을 작성하고, 이를 행정관청(관할지방고용노동관서)에 제출하도록 규정하고 있다. 다시 말해서, 근로자의 '안전과 보건에 관한 사항'이 취업규칙의 필수적 기재사항으로 되어 있다. 따라서 안전보건관리규정을 별도로 작성하도록 의무화되어 있지 않은 사업장에서도 안전보건에 관한 사항을 어떤 형태로든 취업규칙에 포함하여[취업규칙의 세칙(일부)으로] 규정하여야 한다. 이 경우 안전보건에 관한 규정은 취업규칙의 일부로서 근로자가 자유롭게 열람할 수 있는 장소에 항상 게시하거나 갖추어 두어 근로자에게 널리 알려야 한다(근로기준법 제14조 제1항).[203)]

생산시스템, 기계・설비의 진보가 현저하게 진행되는 상황에서는 법령에 새롭게 발생하는 문제의 해결을 포함하여 모든 대책을 망라하는 것은 어렵다. 그리고 최저기준으로서의 법령에 규정된 사항을 준수하는 것만으로는 다종다양한 원인으로 발생하는 산업재해를 온전히 예방하는 것은 불가능하다. 따라서 사업주의 충실한 자율적 안전보건관리활동이 불가결하다. 안전보건관리규정은 그 구체화의 하나라고 말할 수 있다.

이와 같이 안전보건관리규정은 사업장의 자율적 안전보건관리활동을 적절하게 하기 위하여 문서로 작성된 규정으로서, '사업장 내의 산업안전보건법' 또는 '안전보건관리에 관한 취업규칙'이라고 말할 수 있다. 그리고 안전보건관리규정은 취업규칙과의 관계에서는 취업규칙의 부속규정 또는 세칙이라는 위상을 가지고 있고,[204)] 안전작업절차서, 작업매뉴얼 등을 작성하는 근

---

203) 재해예방선진국의 경우 취업규칙에 해당하는 회사 내부규정에서 안전보건에 관한 사항이 가장 많은 비중을 차지하고 있다. 이들 선진국의 경우 안전보건관리규정을 법으로 강제하고 있지 않음에도 사업장에서 잘 작동되고 있는 반면, 우리나라는 법으로 강제하고 있음에도 유명무실하게 작동되고 있다. 법적 강제가 내실화를 보장하는 것은 아니라는 점을 잘 보여주는 사례라고 할 수 있다.

204) 이와 같이 안전보건관리규정이 취업규칙의 일부로서 취업규칙과 동등한 위상을 가

거가 되기도 한다. 사업주와 근로자는 제정된 안전보건관리규정을 준수할 의무가 있다(산업안전보건법 제27조).[205]

안전보건관리규정의 내용으로는, 안전보건관리조직과 그 직무에 관한 사항, 안전·보건교육에 관한 사항, 작업장 안전관리에 관한 사항, 작업장 보건관리에 관한 사항, 사고조사 및 대책수립에 관한 사항, 그 밖에 안전보건에 관한 사항을 포함하여야 한다(산업안전보건법 제25조 제1항). 그리고 안전보건관리규정의 세부내용은 다음과 같다[시행규칙 별표 3(제25조 제2항 관련)].

[표 2] 안전보건관리규정의 세부내용(시행규칙 별표 3)

1. 총칙
   가. 안전보건관리규정 작성의 목적 및 적용 범위에 관한 사항
   나. 사업주 및 근로자의 재해 예방 책임 및 의무 등에 관한 사항
   다. 하도급 사업장에 대한 안전·보건관리에 관한 사항

2. 안전·보건 관리조직과 그 직무
   가. 안전·보건 관리조직의 구성방법, 소속, 업무 분장 등에 관한 사항
   나. 안전보건관리책임자(안전보건총괄책임자), 안전관리자, 보건관리자, 관리감독자의 직무 및 선임에 관한 사항
   다. 산업안전보건위원회의 설치·운영에 관한 사항
   라. 명예산업안전감독관의 직무 및 활동에 관한 사항
   마. 작업지휘자 배치 등에 관한 사항

3. 안전·보건교육
   가. 근로자 및 관리감독자의 안전·보건교육에 관한 사항
   나. 교육계획의 수립 및 기록 등에 관한 사항

지고 있다고 볼진대, 「산업안전보건법」(제25조 제2항)에서 "안전보건관리규정이 취업규칙에 반할 수 없다."고 규정하고 있는 것은 법리적으로 타당하지 않다.

205) 이 조문의 위반에 대해서는 처벌규정을 두고 있지 않다. 이는 안전보건관리규정의 세부내용이 사업주에 의해 자율적으로 정해지는 점을 감안한 것이다. 만약 안전보건관리규정을 지키지 않은 것을 이유로 처벌한다면 안전보건관리규정이 법이 허용하는 최소한의 내용으로만 규정되는 부작용이 초래될 것이다.

4. 작업장 안전관리
   가. 안전·보건관리에 관한 계획의 수립 및 시행에 관한 사항
   나. 기계·기구 및 설비의 방호조치에 관한 사항
   다. 유해·위험기계등에 대한 자율검사프로그램에 의한 검사 또는 안전검사에 관한 사항
   라. 근로자의 안전수칙 준수에 관한 사항
   마. 위험물질의 보관 및 출입 제한에 관한 사항
   바. 중대재해 및 중대산업사고 발생, 급박한 산업재해 발생의 위험이 있는 경우 작업중지에 관한 사항
   사. 안전표지·안전수칙의 종류 및 게시에 관한 사항과 그 밖에 안전관리에 관한 사항

5. 작업장 보건관리
   가. 근로자 건강진단, 작업환경측정의 실시 및 조치절차 등에 관한 사항
   나. 유해물질의 취급에 관한 사항
   다. 보호구의 지급 등에 관한 사항
   라. 질병자의 근로 금지 및 취업 제한 등에 관한 사항
   마. 보건표지·보건수칙의 종류 및 게시에 관한 사항과 그 밖에 보건관리에 관한 사항

6. 사고 조사 및 대책 수립
   가. 산업재해 및 중대산업사고의 발생 시 처리 절차 및 긴급조치에 관한 사항
   나. 산업재해 및 중대산업사고의 발생원인에 대한 조사 및 분석, 대책 수립에 관한 사항
   다. 산업재해 및 중대산업사고 발생의 기록·관리 등에 관한 사항

7. 위험성평가에 관한 사항
   가, 위험성평가의 실시 시기 및 방법, 절차에 관한 사항
   나. 위험성 감소대책 수립 및 시행에 관한 사항

8. 보 칙
   가. 무재해운동 참여, 안전·보건 관련 제안 및 포상·징계 등 산업재해 예방을 위하여 필요하다고 판단하는 사항
   나. 안전·보건 관련 문서의 보존에 관한 사항
   다. 그 밖의 사항

사업장의 규모·업종 등에 적합하게 작성하며, 필요한 사항을 추가하거나 그 사업장에 관련되지 않은 사항을 제외할 수 있다.

산업안전보건법령에 규정된 안전보건관리규정의 내용은 기본적인 틀만을 세시한 것이다. 따라서 각 기업에서는 사업장의 규모·업종 등을 고려하여 사업장의 실정에 적합한 상세내용을 작성하여야 하고, 사업장의 특성에 따라 「시행규칙」에 제시된 사항 외의 사항을 추가하거나 당해 사업장에 관련되지 않은 사항을 제외할 수 있다. 요컨대, 안전보건관리규정에 담아야 할 상세한 내용은 사업장의 실정·특성에 입각하여 실질적으로 이행될 수 있도록 작성(반영)되어야 한다.

[칼럼] 안전보건관리체제에 대한 철학의 빈곤[206)]

2017년 1월 고용부 본부에서는 안전보건관리체제 위반과 관련하여 처벌을 삼가라는 내용의 지침을 지방관서에 시달하였다. 처벌을 삼가야 하는 이유와 내용으로 다음과 같은 논리가 제시되었다.

"안전보건관계자의 법정 업무 중 개별 1~2개 업무가 수행되지 않은 경우, 반드시 전반적인 업무수행실태를 확인하여 사업주가 해당 안전보건관계자에게 업무를 수행하도록 권한을 부여하거나 업무 여건을 조성하였는지 판단한 후, 사업주가 업무수행 권한을 부여하지 않았거나 전반적인 권한을 부여하였다 하더라도 안전보건관리 외 타 업무 부과가 현저히 많아 정상적인 안전·보건업무 수행이 불가능하다고 판단되는 경우에만 과태료를 부과하고, 특히 위험성평가 미실시의 경우 위험성평가 조항(법 제41조의2[207)]) 자체에 처벌규정이 없으므로 안전보건관계자에 의한 위험성평가의 미수행만을 이유로 과태료를 부과해서는 안 된다."

산안법에서는 안전보건관리책임자, 안전보건총괄책임자, 관리감독자, 안전관리자, 보건관리자 등 안전보건관계자에 대한 각각의 법정 직무가 정해져 있고, 사업주가 이들로 하여금 해당 직무를 수행하도록 하지 않은 경우에는 과태료를 부과하도록 명시하고 있다. 그런데 본 지침에서는 1~2개 업무가 수행되지 않았음에도 사업주가 안전보건관계자에게 업무수행

---

206) 정진우, 안전저널, 2020.7.31.

207) 현행「산업안전보건법」제36조에 해당한다.

권한을 부여하고 다른 업무를 현저하게 부과하지 않았다면 처벌해서는 안 된다고 하고 있다.

이는 사업주의 안전보건관계자에 대한 의무에는 업무수행권한 부여 등 직무수행여건 조성뿐만 아니라 안전보건관계자의 해당 직무에 대한 지도감독 등의 의무까지 있다는 것을 제대로 이해하지 못한 것에 따른 매우 잘못된 논리이다. 사업주가 안전보건관계자에게 업무수행권한을 부여하고 다른 업무를 지나치게 많이 주지 않았지만 해당 업무에 대해 지도감독이나 기타 예방조치를 하지 않는 경우에 대해 법 위반으로 보지 않겠다는 것에 다름 아니다. 이런 논리라면, 사업주가 안전보건관계자에게 업무수행권한 부여 후 이들의 업무수행을 방치하였더라도, 이런 경우에 대해 책임을 물을 수 없게 된다. 이렇게 되면 사업장의 안전보건관계자의 직무수행이 부실해질 것은 불을 보듯 훤하다. 이러한 논리가 산안법상 안전보건관리체제의 취지와 내용에 전혀 부합하지 않는다는 것은 말할 나위가 없다.

그리고 산안법에서 위험성평가 조항(현행 제36조, 개정 전 제41조의2) 자체는 처벌은 수반되어 있지 않지만, 모든 안전보건관계자의 직무에 위험성평가가 명시적으로 포함되어 있는 이상, 사업주가 안전보건관계자에게 위험성평가를 실시하도록 직무수행 여건을 조성하지 않았거나 지도감독 등을 하지 않았다면 비록 하나의 업무 미수행이라 하더라도 당연히 과태료 부과 대상이 된다고 보는 것이 타당한 법해석이다. 따라서 위험성평가 미수행만을 이유로 과태료를 부과해서는 안된다는 주장은 법리에 전혀 맞지 않는 해석이라고 말하지 않을 수 없다.

안전보건관계자의 직무에 포함되어 있는 업무는 하나하나가 중요한 업무이기 때문에 법령에 명시적으로 규정되어 있는 것이다. 따라서 1~2개 업무를 하지 않은 것에 대해서도 처벌을 해야 한다는 게 산안법의 취지이자 논리임에 틀림없다. 그런데 위 고용부 지침에 따르면, 1~2개의 업무 미실시는 위법하지 않고 3~4개의 업무 미실시는 위법하다는 것인데, 이러한 해석은 어디에서도 근거를 찾을 수 없는 불합리한 논리라 하지 않을 수 없다.

지금은 거의 잊혀져 가고 있지만, 고용부 지침은 행정권이 법의 취지와 내용의 근간을 무너뜨리는 위법적인 법해석을 한 전형적인 예라고 할 수 있다. 그리고 안전보건관리체제에 대한 철학의 빈곤과 몰이해가 낳은 예고된 참사이다. 안전보건관리체제는 기업의 자율적인 안전보건관리가 실질적으로 작동되도록 하는 핵심적인 장치이다. 행정기관이 이를 활성화하지는 못할망정 걸림돌이 되어서야 되겠는가.

[칼럼] 민주노총의 '선택적 정의'를 사회가 용인할 수 없는 이유[208)]

휴대폰 사용을 놓고 민주노총과 쿠팡 간에 논란이 뜨겁다. 민주노총은 쿠팡의 '물류센터 내 휴대전화 반입 금지' 조치에 대한 철회를 촉구하면서 작업장에 휴대폰을 가져가지 못하게 하는 것은 노동자의 인권과 안전하게 일할 권리를 훼손할 소지가 있다고 비판하고 있다. 반면, 쿠팡 측은 근로자의 안전사고 방지를 위해 작업 중에만 휴대폰 사용을 제한하는 것이고, 국내외 여러 기업에서도 안전을 위해 같은 정책을 실행하고 있다고 반박하고 있다.

어느 쪽의 말이 맞을까. 어떠한 권리이든 규범 조화적으로 접근해야 하는 것은 상식이다. 근로자의 권리 역시 절대적인 것은 아니다. 작업특성상 안전을 확보하기 위해 필요하다면 근로자의 권리는 과도하지 않은 범위 내에서 제한될 수 있다. 기업은 기업질서유지의 일환으로 작업자 자신과 동료의 안전을 확보하기 위해 안전규칙을 설정할 수 있고, 안전배려의무를 이행하기 위해서라도 이를 설정해야 할 의무가 있다.

이런 관점에서 보면 쿠팡의 휴대폰 반입금지조치는 기업의 안전배려의무를 충실히 이행하는 조치로 보인다. 선제적인 안전조치를 하고 있다고 칭찬을 받아야 할 조치가 노조 측으로부터 근로자의 인권을 무시하는 기업으로 비판받는 것 자체가 아이러니한 일이다.

물류창고 내에는 지게차, 롤테이너, 전동 핸드자키 등 물품을 적재하거나 운반하기 위한 장비들이 24시간 운영된다. 대형 간선트럭들이 수시로 드나들면서 수백 킬로그램이 넘는 물품이 운반된다.

---

208) 정진우, 한국경제, 2021.9.8.

이 같은 환경에서 잠깐의 방심은 큰 재해로 이어질 수 있다. 실제로 안타까운 사고가 적지 않게 발생하고 있다. 미국의 한 물류센터에서 지게차 운전자가 운전 도중 문자메시지 알람이 뜬 것을 보고 고개를 내려서 휴대폰을 봤고, 이로 인해 동료 직원이 지게차 앞으로 걸어 나오는 것을 발견하지 못해 사망한 사례도 있다. 작업 중 휴대폰 사용이 위험하다는 것은 연구결과를 통해서도 증명되고 있다. 미국의 통계분석 및 리서치 전문기관인 '스타크 스태티스티컬(Stark Statistical)'이 지난해 4월 실시한 설문조사에 따르면, 작업장에서의 휴대전화 사용 사고 중 50%가 인명피해, 59%가 재산피해로 이어졌다.

쿠팡이 휴대폰 반입 자체를 금지하는 것도 아닐진대 작업 중 휴대폰 사용금지를 비판하는 것은 노조가 위험감수성이 부족하다고 비판받을 수 있는 대목이다. 휴대폰을 휴식시간 등에는 자유롭게 사용할 수 있되 작업시간 중에만 개인사물함에 보관토록 하는 조치가 인권에 역행한다는 주장은 '선택적 정의'이다. 업무시간 내에도 연락할 일이 있으면 휴대폰이나 유선통선장비를 자유롭게 사용할 수 있고, 외부에서 작업자에게 급하게 전달할 일이 있으면 물류센터를 통해 연락이 닿을 수 있는데도 이를 반대하는 것은 안전을 고려한 균형 잡힌 사고라고 볼 수 없다.

실제 국내외의 적지 않은 선진기업에서 안전사고 방지와 보안 등의 이유로 작업장 내 휴대폰 사용이 금지되고 있거나 사용금지가 용인되고 있다. 세계 최대 항공기 제조업체인 미국 보잉(Boeing)사는 '노 카메라 룰(No Camera Rule)'을 시행하고 있다. 사업장 내에서 휴대폰을 비롯한 다른 기계를 사용하는 것을 엄격히 금지하는 규칙이다. 미국 연방노동관계위원회(NLRB)는 근로자 안전 보호와 회사의 보안 유지가 필요하다는 점을 들어 휴대폰 반입 금지 조치의 정당성을 인정했다.

국내에서도 볼보건설기계코리아가 작업자의 주의 분산으로 인한 안전사고 방지를 위해 작업장 내 휴대폰 반입을 금지하고 있다. 근무 중에는 휴대폰을 개인 사물함에 보관하고, 휴식시간 및 퇴근 시간에 자유롭게 사용할 수 있도록 하고 있다. SK하이닉스와 삼성바이오로직스 등도 보안상의 이유로 생산시설이나 연구실 출입 시 휴대폰 반입을 일절 금지하고 있다.

물류센터는 최대 11t에 달하는 간선트럭과 지게차 등이 수시로 드나드는 위험한 공간이다. 이러한 공간에서 휴대폰을 사용하는 것은 대형사고로 이어질 수 있는 위험천만한 행동이다. 작업자의 편의를 위해 안전을 볼모로 삼는 일만큼은 우리 사회가 용인해서도 안 되고 타협해서도 안 된다.

제4장

산업안전보건조치

Ⅰ. 총 설
Ⅱ. 안전보건조치기준
Ⅲ. 근로자의 준수사항
Ⅳ. 작업거절(중지 · 대피)
Ⅴ. 기술 또는 작업환경에 관한 표준
Ⅵ. 도급 시의 안전 · 보건조치
Ⅶ. 안전보건에 관한 노사협의체 구성 · 운영
Ⅷ. 건설공사 발주자에 관한 의무
Ⅸ. 건설재해예방전문지도기관
Ⅹ. 그 밖의 고용형태에서의 산업재해 예방
XI. 안전보건교육
XII. 무자격자 등의 취업 제한
XIII. 위험성평가

Ⅰ. 총 설

「산업안전보건법」뿐만 아니라 광의의 사업장 안전보건법 일반에 통하는 원칙은 방지하고자 하는 재해에 대응한 규제기준으로서 산업안전보건조치(산업재해 예방조치)를 규정하고 그 준수를 철저히 하는 것을 기본으로 하고 있는 점이다.

현행 「산업안전보건법」은 제1조(목적)에서 본법의 목적을 달성하기 위한 중요한 수단을 2가지 제시하고 있는데,[209) 그중 하나로 '산업안전보건에 관한 기준의 확립'을 제시하고 있는 것도 그러한 취지에서이다. '사업주'[준(準)사업주를 포함한다. 이하 이 절에서 같다]의 관점에서는 근로자의 재해를 예방하는 데 있어 산업안전보건기준(산업재해 예방기준) 등 산업안전보건조치의 확보가 가장 기본적인 것이다.

이 산업안전보건조치와 관련하여, 「전부개정 산업안전보건법」은 제4장(유해·위험 방지조치)에서 산업안전보건조치에 해당하는 각종 규제기준을 정하고 있는바,[210) 이 장 중 제34조(법령 요지 등의 게시), 제35조(근로자대표의 통지 요청), 제36조(위험성평가의 실시), 제37조(안전보건표지의 설치·부착), 제38조(안전조치), 제39조(보건조치), 제40조(근로자의 안전보건조치 준수), 제41조(고객의 폭언 등으로 인한 건강장해 예방조치), 제42조·제43조(유해위험방지계획서), 제44조~제46조(공정안전보고서), 제51조(사

---

209) 입법적으로는 전술한 바와 같이 '자율적 예방활동 촉진조치'를 포함하여 3가지로 제시하는 것이 타당하다.

210) '유해·위험 방지조치' 장(제4장)에 안전보건진단(제47조·제48조), 안전보건개선계획서(제49조·제50조), 고용노동부의 시정조치 등(제53조), 중대재해 발생 시 고용노동부장관의 작업중지 조치(제55조), 중대재해 원인조사 등(제56조) 등과 같은 정부의 명령에 해당하는 규정들이 다수 포함되어 있는바, 이 규정들은 사업주 차원의 산업재해 예방조치에 해당하는 다른 규정들과 연계성이 많이 부족하고 성격도 확연히 다르다는 점에서 이 규정들을 같은 장에 편제한 것은 법체계상 큰 문제가 있다. 그리고 산업재해 발생 은폐 금지 및 보고 등(제57조) 조항 역시 그 성격상 유해·위험 방지조치 장에 들어갈 하등의 이유가 없어 보인다.

업주의 작업중지), 제52조(근로자의 작업중지), 제54조(중대재해 발생 시 사업주의 조치) 등이 그것이다. 산업안전보건조치에 해당하는 규정은 제4장의 위 규정들 외에 다른 장에서도 다수 발견된다. 제1장(총칙) 제13조(기술 또는 작업환경의 표준), 제3장(안전보건교육), 제5장(도급 시 산업재해 예방) 제1절(도급의 제한) · 제2절(도급인의 안전조치 및 보건조치) · 제3절(건설업 등의 산업재해 예방) · 제4절(그 밖의 고용형태에서의 산업재해 예방), 제8장(근로자 보건관리) 등이 그것이다. 이상의 규정들은 '사업주' 입장에서 산업재해 예방의 기초가 되는 산업안전보건조치에 관한 사항을 정한 것으로서 안전보건관리체제(안전보건관리규정 포함) 부분과 더불어 「산업안전보건법」에서 가장 핵심적이고 광범위한 부분이라고 할 수 있다.

산업안전보건조치에는 i) 사용종속관계에 착안한 규제, ii) 도급관계에 착안한 규제, iii) 기타 고용형태에 착안한 규제가 있다.

먼저 사용종속관계에 착안한 규제로는, 사업주가 강구해야 할 조치(제34조~제46조), 안전보건교육(제3장), 근로자 보건관리(제8장) 및 고용노동부장관이 지도 · 권고사항으로 정하고 있는 기술상의 지침(제13조) 등이 있다. 그러나 이 같은 사용종속관계에 입각한 규제만으로는 다발하는 산업재해에 100% 효과적으로 대응할 수 없다. 예를 들면, 동일한 장소에서 도급관계에 기초하여 작업이 이루어지는 과정에서 발생할 수 있는 산업재해의 경우에는 직접적으로 고용관계에 있는 사업주와의 관계에만 착안하여 규제하는 것으로는 안전보건의 실태에 충분히 부응하지 못하는 경우가 많다.

이 점을 감안하여 「산업안전보건법」에서는 직접적인 고용관계가 아닌 도급관계에 있는 자를 대상으로 한 규제, 즉 도급규제에 착안한 규제를 두고 있는바, 이에 해당하는 규제로는, 도급 시 산업재해 예방(제5장), 도급인의 작업환경측정 실시의무(제125조 제2항) 등이 있다.

그리고 기타 고용형태에 착안한 규제로는, 특수형태근로종사자에 대한 안전조치 및 보건조치 등(제77조), 제78조(배달종사자에 대한 안전조치), 제79

조(가맹본부의 산업재해 예방조치), 제166조의2(현장실습생에 대한 특례) 등이 있다.

이와 같이 「산업안전보건법」에서는 전술한 바와 같이 산업안전보건조치 확보라는 대원칙에 따라 의무주체의 다양화가 도모되고 있고, 이러한 것이 유기적으로 일체가 되어 효과적인 산업재해 예방으로 이어지는 것을 기대하고 있다.

[칼럼] 현장의 안전이 멍들고 있다[211)]

세월호 침몰사고와 같은 대참사를 막기 위해 중대재해처벌법까지 제정했는데 이를 비웃기라도 하듯 서울 이태원에서 대참사가 발생하고 말았다. 아이러니컬하게도 이번 참사의 한 원인을 제공한 것은 중대재해처벌법이지 않나 싶다. 이 법이 예방역량 강화보다는 공포감 조성에 초점을 맞추다 보니, 지자체를 포함한 많은 수범기관이 당장 발등에 떨어진 불을 끄고 보자는 생각과 처벌을 피하는 일에만 골몰한 것이 이번 사고에 별다른 대비를 하지 못하게 된 하나의 요인이 아닌가 싶다.

중대재해처벌법이 시행된 이후 수범자들에게 안전조치가 예방에 도움이 되는지에 대한 생각은 한가한 일이 돼버렸다. 이 법에 규정된 의무사항만을 형식적으로 준비하는 것이 초미의 관심사가 됐기 때문이다. 실효성 있는 안전조치를 면밀히 강구하기보다는 처벌 회피용 서류작업 작성에 매몰됐다. 실질적 안전이 있어야 할 곳에 '보여주기 식'의 형식적 안전이 자리 잡았다. 현장의 안전이 멍들어 가고 있는 것이다. 입법기관과 행정(수사)기관은 처벌하는 것에만 집중했지, 예방기준을 실효성 있게 만들거나 정교화하고 예방지도를 하는 일에는 무관심했다. 이러한 부작용은 시민안전 영역뿐만 아니라 산업안전 영역에서도 마찬가지로, 아니 더 심하게 발생하고 있다.

지난 정부에선 큰 사고가 터질 때마다 시스템을 개선할 생각은 하지 않

211) 정진우, 오피니언뉴스, 2022.10.31.

고 처벌의 희생양을 만들고 행정인력 · 예산을 늘리는 즉자적이고도 손쉬운 대응으로만 일관했다. 산재예방 행정조직이 비대해질 대로 비대해져 행정조직 간에 조직과 기능이 중복되고 심지어 방만한 상태가 된 것은 예견된 일이었다. 사고가 터질수록 인력이 늘어나는 도덕적 해이에 빠져, 행정기관은 툭하면 사고발생의 책임을 인력부족 탓으로 돌리고 대책을 세울 때마다 인력증원 타령을 해왔다.

기업을 포함한 수범자들도 안전조직 · 인력을 늘리는 일에만 혈안이 됐고, 정작 현장의 안전역량을 높이는 일은 등한시하고 있다. 안전의 이행과 실천은 현장에서 이뤄지는데도 불구하고 현장의 안전을 강화할 생각은 하지 않았다. 현장인력을 빼 안전인력만 늘리다 보니, 안전부서와 현장부서 간 분절이 심화되고 현장안전은 중대재해처벌법 제정 전보다 오히려 약화되고 있다.

산재예방 행정조직의 전문성 역시 오히려 확연히 뒷걸음질하고 있다. 행정인력이 늘어나고 교육기간도 늘어났지만 인력은 '오합지졸' 수준이고 교육훈련 프로그램은 부실하기 짝이 없다. 처벌만 잘하면 중대재해가 줄어들 거라는 생각에 처벌을 위한 조직과 인원을 늘리는 데만 골몰할뿐, 예방역량을 강화하는 일에는 의지도 전문성도 부족했다. 산업안전보건청을 만들겠다는 민주당의 대국민 약속은 헌신짝처럼 내팽겨쳐진 지 오래다. 또 한 번의 '먹튀정치'다. 사람의 생명에 직결되는 문제를 정치적 이해득실에만 이용하는 모습은 혐오스럽기 그지없다. 국민을 우롱하는 정치권은 더 이상 안전을 이야기할 자격이 없다.

행정기관이 기본적인 제 역할조차 못하고 있는 부분 역시 비판 받아 마땅하다. 산업현장에서 재해예방에 대한 행동기준을 제시해 주는 기능을 하는 질의회시 행정이 몇 년 전부터 무너졌다는 이야기가 이곳저곳에서 들려온다. 어떻게 해야 할지 궁금한 사항에 대해 정부에 질문을 하더라도 묵묵부답이거나 무책임한 답변 일색이라고 한다. 수범자의 기초적인 요구에도 모르쇠로 일관하면서 모든 책임을 기업에만 돌리는 '내로남불' 행정을 혁신하지 않고는 산업현장 안전의 미래는 암울할 수밖에 없다.

처벌수준을 높이는 일에만 의지를 보일 뿐 엉성하고 모호한 법령을 정비할 생각은 하지 않고 자의적인 지침으로 땜질을 하려다 보니, 일선행정기관조차 우왕좌왕하면서 갈지자 법집행을 남발하고 있다. 산업현장에서는 "도대체 '무엇'을 '어떻게' 하란 말이냐"라는 볼멘소리가 터져 나오고 있는데도 귓등으로 들을 뿐이다. 기업에서는 예측 가능성이 없다 보니 실질적 안전을 하기보다는 '감독 대비용' 안전을 하고 있다. 기업 스스로의 예방역량을 올릴 생각은 하지 않고 돈벌이에 혈안인 로펌 등 외부기관에 '묻지마' 컨설팅을 의뢰하면서 할 일을 다하고 있다고 생각한다. 재해예방에 많은 비용을 들이고 있지만, 안전역량의 향상과 재해예방 성과로 이어지지 못하고 있는 이유다.

고비용 저효과의 안전이 고착화된 데에는 무엇보다 재해예방의 조타수 역할을 하여야 할 행정부와 정치권의 기능이 먹통이 되어 버린 탓이 가장 크다. 희생양 만들기와 창피주기, 군기잡기가 본연의 역할이라는 착각에 빠져 있는 것 같다. 우리나라의 안전이 어쩌다 이 지경이 됐는가. 행정부와 정치권의 처절한 반성과 성찰 없이는 안전선진국으로 발전하기는커녕 '안전후진국'이라는 오명에서 벗어나기도 쉽지 않다.

Ⅱ. 산업안전보건조치기준

1. 취 지

「산업안전보건법」은 '사업주가 하여야 할 조치'로서 대표적으로 제38조와 제39조에 다음과 같은 규정을 두고 그 사용하는 근로자의 산업재해를 방지하기 위하여 필요한 조치를 하여야 하는 것을 사업주에게 의무 지우고 있다.[212), 213)]

212) 이를 위반한 자는 5년 이하의 징역 또는 5천만 이하의 벌금에 처한다(산업안전보건법 제168조 제1호).

213) 이를 위반하여 근로자를 사망에 이르게 한 자는 7년 이하의 징역 또는 1억원 이하의 벌금에 처한다(산업안전보건법 제167조 제1항).

제38조(안전조치) ① 사업주는 다음 각 호의 어느 하나에 해당하는 위험으로 인한 산업재해를 예방하기 위하여 필요한 조치를 하여야 한다.

1. 기계·기구, 그 밖의 설비에 의한 위험
2. 폭발성, 발화성 및 인화성 물질 등에 의한 위험
3. 전기, 열, 그 밖의 에너지에 의한 위험

② 사업주는 굴착, 채석, 하역, 벌목, 운송, 조작, 운반, 해체, 중량물 취급, 그 밖의 작업을 할 때 불량한 작업방법 등에 의한 위험으로 인한 산업재해를 예방하기 위하여 필요한 조치를 하여야 한다.

③ 사업주는 근로자가 다음 각 호의 어느 하나에 해당하는 장소에서 작업을 할 때 발생할 수 있는 산업재해를 예방하기 위하여 필요한 조치를 하여야 한다.

1. 근로자가 추락할 위험이 있는 장소
2. 토사·구축물 등이 붕괴할 우려가 있는 장소
3. 물체가 떨어지거나 날아올 위험이 있는 장소
4. 천재지변으로 인한 위험이 발생할 우려가 있는 장소

제39조(보건조치) ① 사업주는 다음 각 호의 어느 하나에 해당하는 건강장해를 예방하기 위하여 필요한 조치(이하 "보건조치"라 한다)를 하여야 한다.

1. 원재료·가스·증기·분진·흄(fume, 열이나 화학반응에 의하여 형성된 고체증기가 응축되어 생긴 미세입자를 말한다)·미스트(mist, 공기 중에 떠다니는 작은 액체방울을 말한다)·산소결핍·병원체 등에 의한 건강장해
2. 방사선·유해광선·고온·저온·초음파·소음·진동·이상기압 등에 의한 건강장해
3. 사업장에서 배출되는 기체·액체 또는 찌꺼기 등에 의한 건강장해
4. 계측감시(計測監視), 컴퓨터 단말기 조작, 정밀공작(精密工作) 등의 작업에 의한 건강장해
5. 단순반복작업 또는 인체에 과도한 부담을 주는 작업에 의한 건강장해
6. 환기·채광·조명·보온·방습·청결 등의 적정기준을 유지하지 아니하여 발생하는 건강장해

이 구체적 조치의 내용은, "사업주가 하여야 하는 안전조치에 관한 구체적인 사항은 고용노동부령으로 정한다.", "사업주가 하여야 하는 보건조치에 관한 구체적인 사항은 고용노동부령으로 정한다."라는 방법으로, 주로 「산업안전보건법」 제38조 제4항과 제39조 제2항의 위임규정에 근거하여 「안전보

건기준규칙」에서 정하는 것으로 되어 있다.[214)]

이 고용노동부령에는 사업주를 의무주체로 할 수 있는 한 산업재해의 방지를 위하여 필요한 구체적인 조치는 모두 규정할 수 있는 것으로 해석되고 있다. 즉, 「산업안전보건법」은 주로 제38조와 제39조에서 사업주를 수범자로 하여 그 사용하는 근로자의 산업재해를 예방하기 위하여 필요한 구체적인 조치를 하여야 한다는 것을 의무 지우고 있다.

이를 전체적으로 정리해 보면, 「산업안전보건법」상의 사업주가 지고 있는 산업재해 예방조치 의무는 제38조와 제39조의 다소 추상성이 높은 규정을 중심으로 매우 넓은 범위에 걸쳐 있다는 것을 알 수 있다.

「산업안전보건법」 제정 전의 「근로기준법」에서는 근로자의 안전에 필요한 조치와 보건에 필요한 조치를 별개의 조문으로 구분하여 규정하지 않고 1개 조문[제64조(위험방지)]으로 규정했었다. 「산업안전보건법」에서는 「근로기준법」 제64조에서 규정하고 있던 위험방지조치를 안전에 대응하는 "위험을 예방하기 위한 조치"와 보건에 대응하는 "건강장해를 예방하기 위해 필요한 조치"로 구분하여, 전자를 현행 제38조(안전조치)[215)]에서, 후자를 현행 제39조(보건조치)[216)]에서 각각 규정하고 있다. 그리고 종전 「근로기준법」 제64조에서는 사용자가 필요한 조치를 하여야 할 대상을 위험하거나 유해한 「시설」로 한정하여 규정하고 있었지만, 「산업안전보건법」에서는 근로자의 위험과 건강장해를 방지하기 위하여 현행 제38조(안전조치)에서 물적 위험(위험요인), 위험작업방법 및 위험장소 등에 대하여, 현행 제39조(보건조치)에서 여

---

214) 고용노동부령에는 「안전보건기준규칙」, 「시행규칙」, 「취업제한규칙」이 있지만, 「산업안전보건법」 제38조, 제39조에서 말하는 고용노동부령은 「안전보건기준규칙」만을 가리킨다. 「시행규칙」과 「취업제한규칙」은 「산업안전보건법」 제38조 및 제39조를 위임 조문으로 규정하고 있지 않기 때문이다.

215) 「산업안전보건법」 제정 당시에는 제17조(안전상의 조치), 1990.1.13 전부개정 후부터 2019.1.15 전부개정 전까지는 제23조(안전조치).

216) 「산업안전보건법」 제정 당시에는 제18조(보건상의 조치), 1990.1.13 전부개정 후부터 2019.1.15 전부개정 전까지는 제24조(보건조치).

러 건강장해요인, 작업환경의 부적절 등에 대하여 각각 사업주가 취해야 할 조치에 관한 사항을 규정하고 있다.

2. 구 조

「산업안전보건법」상 사업주가 강구하여야 할 구체적 조치의 내용은, 기술적이고, 그 대상의 변화가 심하며, 광범위한 분야에 걸쳐 있기 때문에, 그 세부적인 부분에 이르기까지 법률로 정하는 것은 거의 불가능에 가깝다고 말하지 않을 수 없다. 원래 이러한 종류의 규정은 그때그때의 필요, 기술의 진전 등에 따라 지속적으로 추가(신설)되고 개정되어 나가야 한다.

「산업안전보건법」에서는 제반 사정의 변화에 기민하게 대응하여 적시에 적절하고 효과적인 조치를 강구할 수 있도록 많은 곳에서 법규명령 및 행정규칙으로의 위임이라는 방법이 채용되어 있다.

이 점은 「산업안전보건법」 제38조 제1항부터 제3항까지, 제39조 제1항의 규정에서 가장 현저하고, 이들 규정에서는 전술한 바와 같이 사업주에게 그 사용하는 근로자의 산업재해를 방지하기 위하여 필요한 조치를 강구하는 것을 추상적으로 의무 지우고 있을 뿐이고, 사업주가 강구하여야 할 구체적인 조치내용은 거의 백지로 되어 있으며, 「산업안전보건법」 제38조 제4항, 제39조 제2항에 의해 고용노동부령으로 위임되어 있다.[217)]

사업주를 의무주체로 할 수 있는 한 산업재해의 방지에 필요한 조치는 대부분 「산업안전보건법」 제38조 제1항부터 제3항까지, 제39조 제1항의 어느 하나를 근거로 하여 대응할 수 있는 것이라고 하면, 이들 규정을 토대로 한,

---

217) '고용노동부령'이 「안전보건기준규칙」만을 의미하는지, 「시행규칙」도 포함하는지에 대해서는 사물의 변별능력을 제대로 갖춘 일반인도 도저히 이해할 수 없다는 문제를 가지고 있다. 고용노동부는 관행적으로 '고용노동부령'이 「안전보건기준규칙」만을 의미한다고 보고 있지만, 실제 감독에서는 「시행규칙」도 포함하여 해석 · 집행하는 경우도 종종 발견되고 있다.

「산업안전보건법」 제38조 제4항과 제39조 제2항의 위임에 따른 고용노동부령으로 정하는 재해예방기준이 매우 광범위하고 다기(多技)하게 걸쳐 있다는 것은 지극히 당연하다고 할 것이다.

「산업안전보건법」 제38조 제4항과 제39조 제2항 등에 근거하여 규정된 고용노동부령으로서 「안전보건기준규칙」이 제정되어 있다. 그리고 「산업안전보건법」에 근거한 별도 규칙으로는, 이 「안전보건기준규칙」 외에 「산업안전보건법」 제140조 제3항에 근거하여 제정된 「취업제한규칙」이 있다. 이 두 개의 규칙에 규정된 조문수를 세어보면 가지 조문을 제외하고 673개와 12개로서, 이를 합하면 약 685개 조문에 이를 정도로 방대한 것으로 구성되어 있다.

「산업안전보건법」은 제38조 및 제39조에서 근로자의 위험 또는 건강장해를 방지하기 위하여 사업주가 행하여야 할 조치를 크게 위험 방지조치와 건강장해 방지조치로 나누어 규정을 하고 있다. 이에 대하여 살펴보면 다음과 같다.

3. 근로자의 위험 유형

「산업안전보건법」 제38조는 크게 세 가지의 위험을 방지하는 조치로 나뉜다. 제1항에서는, 기계, 기구, 그 밖의 설비, 폭발성·발화성·인화성 물질 등 및 전기에너지 등에 의한 근로자의 위험을 방지하기 위하여, 그리고 제2항은 굴착, 채석 등의 작업에서의 작업방법 등으로 인하여 발생하는 근로자의 위험을 방지하기 위하여, 제3항은 추락, 토사 붕괴 등의 우려가 있는 장소에서의 근로자의 위험을 방지하기 위하여, 각각 사업주가 필요한 조치를 해야 할 것을 정하고 있다.

가. 근로자의 물적 위험(위험요인)

사업주가 행하여야 하는 조치의 첫 번째가 물적인 위험(위험요인)을 방지하기 위한 조치이다. 이 물적인 위험(위험요인)은 다음과 같이 분류된다.

(1) 기계·기구, 그 밖의 설비에 의한 위험(법 제38조 제1항 제1호)

「산업안전보건법」 제38조 제1항 제1호에서는 "기계·기구, 그 밖의 설비에 의한 위험"을 규정하고 있는데, 그 '위험'의 범위는 광범위하게 걸쳐 있는 것이다.

일반적으로, 기계 등에 의한 위험에는 기계 특유의 작업부분 및 동력전달부분에 근로자의 신체의 일부가 접촉하거나 말려들어가는 경우에 발생하는 기계적 위험 외에, 기계 등이 행하는 작업에 의한 원재료, 가공물 등의 비래 등의 물리적 위험, 항타기의 도괴, 보일러의 파열 등의 구조적 위험 등도 포함된다.

기계·기구, 그 밖의 설비에 의한 위험을 정리하면 다음과 같다.

위험의 종류	사고의 유형	위험이 많은 기계 등의 예
접촉적 위험	협착, 말림	원동기, 동력원동기계, 공작기계, 엘리베이터
	베임, 찰상	공작기계, 식품기계, 동력공구 등
	충돌(접촉)	건설기계, 크레인, 하역운반기계 등
물리적 위험	낙하, 비래(飛來)	금속공작기계, 건설기계, 크레인 등
	전도(顚倒), 전락(轉落), 추락	하역운반기계 등
구조적 위험	파열, 파단	보일러, 압력용기, 배관, 고속회전기계 등
	도괴	항타기, 비계 등
	절단	와이어로프 등

이 때문에, 사업주는 이와 같은 기계·기구, 그 밖의 설비에 의한 위험을 방지하기 위하여 필요한 조치를 하여야 한다(산업안전보건법 제38조 제1항 제1호).

(2) 폭발성, 발화성 및 인화성 물질 등에 의한 위험(법 제38조 제1항 제2호)

「산업안전보건법」 제38조 제1항 제2호의 "폭발성, 발화성 및 인화성 물질 등에 의한 위험"은 이들 물질의 폭발, 화재, 누출 등의 화학적 위험을 말하는 것이다.

'폭발성 물질'은 초산에스텔류, 니트로화합물과 같이 가연성 물질이면서 동시에 산소공급물질이며, 가열·충격·마찰 등에 의해 다량의 열과 가스가 발생하여 강력한 폭발을 일으킨다.

'발화성 물질'은 통상의 상태에서도 발화하기 쉽고, 이것에는 카바이드나 금속나트륨과 같이 물과 접촉하여 가연성 가스를 발생시킴으로써 발열·발화하는 물질, 황린과 같이 공기(산소)와 접촉하여 발화하는 물질 등이 있다.

'인화성 물질'은 에틸에테르, 가솔린과 같이 불을 일으키기 쉬운 가연성의 액체로서, 액체가 직접 인화하여 화재를 발생시킬 위험성 외에, 그 액체 표면에서 증발한 가연성의 증기와 공기의 혼합기(混合氣)에 무언가의 점화원이 작용하게 되면 폭발을 일으킬 위험성이 있고, 인화성 물질을 공기와 접촉한 상태로 서서히 가열하면 직접 화기를 근접시키지 않아도 발화하기에 이른다.

"폭발성, 발화성 및 인화성 물질 등"의 '등'에는 염소산칼륨, 과산화나트륨과 같이 단독으로는 발화, 폭발 등의 위험은 없지만, 가연성 물질, 환원성 물질과 접촉한 경우엔 충격, 점화원에 의해 발화, 폭발 등을 일으키는 산화성 물질, 가연성 가스·분진, 황산, 그 밖의 부식성 액체 등이 포함된다.

본 호에 열거되어 있는 것은 예시적인 것이고, 사업장에서 제조하거나 취급하는 물질이 일정한 조건하에서 폭발, 화재, 누출 등을 일으키고 근로자에게 위험을 미치게 하는 성상을 가지고 있다고 인정되면 당해 물질은 본 호에 해당하는 물질이라고 판단된다.

폭발성, 발화성 및 인화성 물질 등에 의한 위험을 정리하면 다음과 같다.

종 류	물질의 예	성 질
폭발성	초산에스테르류, 니트로화합물, 유기과산화물 등	가연성이면서 산소공급성이 있고, 가열, 충격, 마찰 등에 의해 다량의 열과 가스를 발생시켜 강한 폭발을 일으킨다.
발화성	알칼리금속, 인, 인화합물, 셀룰로이드, 카바이드 등	통상의 상태에서도 발화하기 쉽고, 물과 접촉하여 가연성가스를 발생시켜 발열·발화를 일으킨다. 공기와 접촉하여 발화하는 경우도 있다.
인화성	가솔린, 메탄올 등	불꽃을 일으키기 쉬운 가연성으로서, 그 표면에서 증발한 가연성의 증기와 공기의 혼합기체에 점화원이 작용하면 폭발을 일으킨다.
산화성	염소산염류, 과염소산염류, 무기과산화물 등	단독으로는 발화·폭발의 위험은 없지만, 가연성의 물질, 환원성물질과 접촉한 때에는 충격, 점화원 등에 의해 발화·폭발을 일으킨다.
가연성	수소, 아세틸렌, 메탄, 가연성분진(알루미늄, 유황, 석탄, 소맥분 등) 등	공기 중 또는 산소 중에서 어떤 일정 범위의 농도에 있을 때에 점화원에 의해 발화·폭발을 일으킨다.

이 때문에, 사업주는 이와 같은 폭발성 물질, 발화성 물질, 인화성 물질 등에 의한 위험을 방지하기 위하여 필요한 조치를 하여야 한다(산업안전보건법 제38조 제1항 제2호).

(3) 전기, 열, 그 밖의 에너지에 의한 위험(법 제38조 제1항 제3호)

「산업안전보건법」 제38조 제1항 제3호의 "전기, 열, 그 밖의 에너지에 의한 위험"은 전기, 열 등의 에너지에 의한 위험이고, 전기설비의 충전부, 누전부위에 접촉하는 것을 통해 감전위험 외에, 아크용접 등에 보이는 전화성(電火性) 안염, 과열이나 누전에 의한 화재, 용융고열물 등에 의한 화상 등의 위험이 있다.

"전기, 열, 그 밖의 에너지에 의한 위험"의 '그 밖의 에너지'에는 아크 등의 빛, 폭발 시의 충격파 등의 에너지가 포함된다.

전기, 열, 그 밖의 에너지에 의한 위험을 정리하면 다음과 같다.

위험의 종류	사고의 유형	위험요인의 예
전기에 의한 위험	감전(전격)	전기기계·기구, 송배전선, 배선
	발열	
	발화	전기불꽃, 정전기 방전
	눈 장해	아크
열, 기타 에너지에 의한 위험	화상	용융고열물, 보일러, 화학설비, 건조설비
	방사선 장해	엑스선, 중성자선
	눈 장해	레이저광선

이 때문에, 사업주는 이와 같은 전기, 열, 그 밖의 에너지에 의한 위험을 방지하기 위하여 필요한 조치를 하여야 한다(제38조 제1항 제3호).

나. 작업방법 등으로 인하여 발생하는 위험

「산업안전보건법」 제38조 제2항의 "불량한 작업방법 등"의 '등'에는 작업행동이 포함된다고 볼 수 있다.[218] 즉, 「산업안전보건법」 제38조 제2항은 불량한 작업방법과 불안전한 행동에 의해 발생하는 산업재해를 방지하기 위한 조치에 대한 근거를 규정한 것이다.

(1) 작업방법으로 인하여 발생하는 위험(법 제38조 제2항)

굴착, 채석, 하역, 벌목, 운송, 조작, 해체, 중량물 취급 등의 작업에서는 그 작업방법을 잘못하면 산업재해로 연결되는 위험이 발생하는 경우가 많다. 굴착·채석작업에서는 토석의 붕괴, 지하매설물, 옹벽의 손괴 등의 위험, 하역작업에서는 화물의 붕괴, 낙하 등의 위험, 벌목작업에서는 버팀목, 주위목 등의 위험이 있다.

---

218) 이렇게 보지 않으면, 불안전한 작업행동에 의한 산업재해를 방지하기 위한 기준을 정할 법적 근거가 없게 된다. 입법적으로는 작업행동에 의한 산업재해를 방지하기 위한 조치에 대한 근거를 명시적으로 규정하는 것이 바람직하다.

이와 같은 작업방법에서 발생하는 위험은 건설업, 운송업, 임업 등의 옥외 산업적 작업에 많지만, 공장 등에서도 기계 등의 조립, 해체, 수리 등에서 많이 볼 수 있다.

이와 같은 작업방법에서 발생하는 위험을 정리하면 다음과 같다.

사고의 유형	위험한 작업의 예
추락, 전도	건축작업, 토목작업, 운반작업, 기계의 설치·철거작업
비래, 낙하	건축작업, 토목작업, 벌목·집재(集材), 토석채취작업
충돌	운송작업, 하역작업
협착, 말림	제조작업, 토목작업, 운반작업

이 때문에, 사업주는 굴착, 채석, 하역, 벌목 등의 업무에서의 작업방법으로 인하여 발생하는 위험을 방지하기 위하여 필요한 조치를 하여야 한다(산업안전보건법 제38조 제2항).

(2) 작업행동으로 인하여 발생하는 위험(법 제38조 제2항)

「산업안전보건법」 제38조와 제39조에서 근로자의 위험 또는 건강장해를 방지하기 위하여 사업주가 필요한 조치를 하여야 한다는 것을 다양한 관점에서 정하고 있지만, 이들 조치에 의해 작업상의 위해(재해)요인의 모든 것이 배제되는 것은 아니다.

특히, 어떤 종류의 산업재해는 행동양식을 확립하고, 이에 따라 근로자가 정확하게 행동하지 않으면 좀처럼 방지할 수 없다. 예를 들면, 중량물의 운반 등이 그것인데, 이 작업에 수반하는 요통 등의 방지는 근로자가 행동양식을 엄중하게 지키는 것에 의해 확보할 수 있는 경우가 적지 않다. 따라서 사업주에게 이러한 종류의 산업재해를 방지하기 위한 적절한 조치를 취하여야 한다는 것을 의무 지울 필요가 있다. 즉, 사업주는 근로자의 실수, 위반 등의 형태로 나타나는 근로자의 잘못된 작업행동을 방지하기 위해 필요한 조치를 취하여야 한다.

근로자의 잘못된 작업행동에는, 안전장치를 무효로 하는 행동, 안전장치를 작동하지 않는 행동, 불안전한 상태를 방치하는 행동, 위험한 상태를 만드는 행동, 기계·장치 등을 지정 외로 사용하는 행동, 기계·장치 등의 운전 중에 청소, 주유, 수리, 점검 등을 행하는 행동, 보호구·복장이 부적절한 행동, 위험한 장소 등에 접근하는 행동, 탈것의 운전 실패, 잘못된 자세·동작 등이 있다.

이 때문에, 사업주는 근로자의 작업행동으로 인하여 발생하는 산업재해를 방지하기 위하여 필요한 조치를 하여야 한다(산업안전보건법 제38조 제2항).

다. 작업장소에서 발생하는 위험(법 제38조 제3항)

산업재해는 물(物)에 의한 위험 또는 작업방법에서 발생하는 위험을 방지하는 것만으로는 유효하게 방지할 수 없고, 작업장소 자체가 위험하여 발생하는 경우도 있다. 예를 들면, 근로자가 추락할 위험이 있는 장소, 토사·구축물 등이 붕괴할 우려가 있는 장소, 물체가 떨어지거나 날아올 위험이 있는 장소 등에 관련된 위험이 그것이다. 또 옥외작업으로서 천재지변(폭풍, 지진, 폭우, 폭설 등)으로 인하여 작업수행상 위험 발생이 예상되는 장소도 있다. 이러한 위험은 중력에 의해 발생하는 위험이 대표적인 것이고, 추락, 붕괴, 도괴, 낙하, 비래 등과 같은 재해를 발생시킨다. 일반 작업장소에서도 근로자가 작업을 행하는 주변의 정리·정돈이 부적절하거나 작업환경이 어둡거나 한 경우에는 위험하다고 할 수 있다.

이와 같은 작업장소에서 발생하는 위험을 정리하면 다음과 같다.

사고의 유형	위험한 작업의 예
추락	작업바닥, 작업발판, 지붕, 사다리
전도	작업바닥, 통로
붕괴, 비래	재료적치, 토사채취현장, 갓길
충돌	하역현장, 도로

이 때문에, 사업주는 근로자가 추락할 위험이 있는 장소, 토사·구축물 등이 붕괴할 우려가 있는 장소, 물체가 떨어지거나 날아올 위험이 있는 장소, 그 밖에 작업 시 천재지변으로 인한 위험이 발생할 우려가 있는 장소에는 그 위험을 방지하기 위하여 필요한 조치를 하여야 한다(산업안전보건법 제38조 제3항).

[칼럼] 사다리작업 금지지침에 대한 소고[219)]

고용노동부에서 올해부터 적용하겠다고 발표한 사다리작업 금지지침을 놓고 현장에서 많은 혼란이 발생하고 있다. 청와대에 청원이 제기되는 등 현장의 불만이 하늘을 찌를 듯하다. 많은 비판에 직면한 이후 고용노동부가 최근 지침의 내용과 적용을 일부 완화하겠다고는 밝혔지만, 미봉적인 데다가 명확하지 않고 일관성이 없는 상태이다.

결론부터 이야기하면, 이번 지침(최근의 완화된 해석과 적용을 감안하더라도)은 실체적 측면과 절차적 측면 모두에서 매우 잘못되었다. 의욕만 앞세운 비전문성이 초래한 또 하나의 대표적인 정부 실패이다.

안전대책은 리스크에 기반하여야 한다. 리스크가 수반된다고 하여 해당 작업을 아예 금지하는 것은 매우 단선적인 접근이다. 리스크에 기반하지 않는 접근은 비효율적이고 비현실적인 정책을 생산하게 된다. 게다가 안전규제 전체에 대한 부정적이고 시니컬한 반응을 불러일으키기까지 한다.

영국, 미국, 일본 등 안전선진국 어느 나라도 사다리작업 자체를 무조건 금지하고 있지 않다. 사다리작업이라 하더라도 안전성을 확보할 수 있도록 하면서 허용하고 있는 것이 보편적인 입법례이다. 영국의 경우 사다리에서 일시적인 작업을 하거나 낮은 위험의 작업을 하는 것이 명시적으로 인정되고 있다. 미국, 일본의 경우에는 1.8m, 2m 이하 높이에서의 작업에 대해서는 사다리에서의 작업도 일정한 조건하에 허용되고 있다.

비계를 설치할 수 없는 비좁은 곳에서, 바닥이 경사진 곳에서, 높낮이 조절이 필요한 곳 등에서 안전대를 착용하지 않고는 사다리에서 작업하는 것을 금지한다거나 아주 일시적인 작업 또는 낮은 높이에서 작업을 할 때

---

219) 정진우, 안전저널, 2019.3.5.

에도 안전대 착용 없이 사다리를 사용하는 것을 금지하는 것은 사실상 일을 하지 말라는 것이나 마찬가지다. 또한 모든 기업을 범법자로 만드는 것이며 오히려 작업위험을 높일 수 있다.

작업성과 효율성을 무시한 안전대책은 현장에서 이행되지도 이행될 수도 없을 뿐만 아니라, 안전대책 전체에 대한 신뢰와 규범력을 무너뜨리는 부작용을 초래한다.

고용노동부는 현행 산업안전보건기준에 관한 규칙상의 사다리 관련 규정이 옳다는 전제하에 사다리 지침이 문제 없다는 반응이지만, 유감스럽게도 현행 산업안전보건기준에 관한 규칙 자체에 많은 문제가 있다. 추락방지를 위한 기술적 안전조치의 대상인 2m라는 기준을 아무런 대안 없이 삭제하는 바람에 2m 이하의 작업, 예컨대 아무리 낮은 높이에서의 작업이라 하더라도 추락을 방지하기 위하여 기술적인 안전조치를 하여야 한다는 무리한 해석이 도출되는 것이다. 그리고 작업발판에 설치되는 안전난간이 산업안전보건기준에 관한 규칙 제13조의 안전난간 기준을 충족하여야 한다는 것도 다른 나라에서는 찾아볼 수 없는 불합리한 규정이자 해석이다.

법규 자체가 현실적으로 준수할 수 없는 것이면 신속하게 바로잡아야 한다. 개정되기 전까지는 무리가 없는 범위에서 해석을 하는 등 유연하고 실효성 있게 대응하는 것이 행정의 역할이자 책무이다. 악법적인 규정인데도 법령에 규정되어 있으니 무작정 준수해야 한다는 태도는 실질적 법치주의와는 거리가 멀다. 비현실적인 기준은 밀어붙인다고 하더라도 고의가 성립되지 않거나 기대가능성이 없어 법 위반으로 처벌되지도 않을 것이다. 결국 혼란만 초래할 뿐 행정목적을 달성하지 못할 것이라는 이야기이다.

행정절차법(제46조)에 따르면 많은 국민에게 불편이나 부담을 주는 사항은 행정예고를 하여 국민의 의견을 수렴하도록 되어 있다. 절차적 정당성을 강조하는 이유는 정책의 민주성뿐만 아니라 실효성을 확보하기 위해서이다. 그러나 사다리작업 금지지침은 이런 절차를 거치지 않다 보니, 의도하지는 않았겠지만 현실과 턱없이 괴리된 지침을 내놓게 된 것이다. 중요한 정책을 수립하기 전에 응당 거쳐야 할 외국사례 파악과 현장조사를 제대로 했더라면 지금과 같은 혼란은 발생하지 않았을 것이라는 점에서 매우 아쉬울 따름이다.

행정은 책임윤리가 요구되는 직업이다. 의도와 관계없이 결과에 대해 온당히 책임을 지는 것이 공직자에게 요구되는 덕목이라는 점을 명심해야 할 것이다.

4. 근로자의 건강장해 유형

근로자가 근로하는 작업장소, 취급·조작을 하는 기계, 기구 등의 설비, 취급하는 원재료, 또는 작업의 성질 등에 따라 산업보건 측면에서의 충분한 배려가 이루어지지 않으면, 관계근로자는 여러 가지 건강장해를 입게 된다. 「산업안전보건법」 제39조 제1항에서는, 본법이 사업주에게 의무 지우고 있는 건강장해 방지 조치의 일환으로, 이를 건강장해의 종별에 따라 강구하여야 할 조치 및 작업환경 측면에서 필요한 조치로 대별하여, 전자를 제39조 제1항 제1호부터 제5호까지에서, 후자를 법 제39조 제1항 제6호에서 각각 규정하고 있다.

「산업안전보건법」(제39조 제1항)이 상정하고 있는 근로자의 건강장해에는 다음과 같은 것이 있다.

① 원재료, 가스, 증기, 분진, 흄, 미스트, 산소결핍, 병원체 등에 의한 건강장해(제1호)

② 방사선, 유해광선, 고온, 저온, 초음파, 소음, 진동, 이상기압 등에 의한 건강장해(제2호)

③ 사업장에서 배출되는 기체, 액체 또는 찌꺼기 등에 의한 건강장해(제3호)

④ 계측감시, 컴퓨터단말기 조작, 정밀공작 등의 작업에 의한 건강장해(제4호)

⑤ 단순반복작업 또는 인체에 과도한 부담을 주는 작업에 의한 건강장해(제5호)

⑥ 환기, 채광, 조명, 보온, 방습, 청결 등의 적정기준을 유지하지 아니하여 발생하는 건강장해(제6호)

가. 근로자의 주요 건강장해(법 제39조 제1항 제1호~제5호)

①(제39조 제1항 제1호)은 유해가스, 증기, 분진 등에 의한 중독(호흡에 의해 체내에 흡입), 피부장해(유해물이 피부에 접촉), 산소결핍현상에 의한 산소결핍증 또는 병원체에 의한 질병 등 이른바 화학적 요인에 의한 건강장해를 열거하고 있다. 본 호에 열거되어 있는 것은 예시적인 것이고, 공장, 기타 사업장에서 근로자가 작업하는 과정에서 이와 유사한 건강장해를 근로자에게 미치는 것은 모두 본 조에 의한 건강장해 방지의 조치를 하여야 할 대상에 포함된다고 보아야 할 것이다.[220)]

②(제39조 제1항 제2호)는 전리방사선에 의한 피부, 혈액 등에 미치는 방사선장해, 고온에 의한 화상・열중독, 저온에 의한 동상・냉방병, 초음파에 의한 피부심부 등에의 장해, 소음에 의한 난청증, 진동에 의한 백랍병 등의 진동장해, 또는 이상기압에 의한 감압증 등 이른바 물리적인 요인에 의한 건강장해를 예시적으로 열거하고 있다. 본 호에 열거되어 있는 건강장해와 유사한 건강장해를 근로자에게 미치는 것은 모두 본 조에 의한 건강장해 방지의 조치를 하여야 할 대상에 포함된다고 보아야 할 것이다. 예를 들면, 적외선, 자외선, 레이저광선, 방전아크에 의한 광선, 플라즈마에 의한 광선에 의한 건강장해도 이것에 해당한다.

---

220) 화학물질은 산업의 발전, 윤택한 생활의 실현에 크게 공헌하고 있고, 현대 사회생활에는 필수불가결한 것으로 되어 있지만, 다른 한편으로 i) 작업환경 중의 가스, 증기, 분진을 흡입하거나, ii) 피부에 접촉하는 것에 의해 흡수하거나, 또는 iii) 유해물질에 오염된 것을 먹는 경로를 통해 근로자가 유해한 화학물질에 폭로됨으로써 건강장해를 일으킬 우려가 있다. 그러나 화학물질에 의한 건강장해는 시각, 청각 등 감각적으로 그 유해성을 판단하는 것이 곤란하고, 게다가 폭로 후 단시간에 건강장해가 발생하는 것이 있는가 하면, 상당시간의 경과 후에 건강장해가 발생하는 것도 있는 등 다양하다.

③(제39조 제1항 제3호)은 유해물 등을 함유하는 배기, 배액 또는 찌꺼기 등에 의한 건강장해에 대해 포괄적으로 정하고 있다. 납, 카드뮴 등의 유해한 물질에 대하여 이들의 가스, 증기 또는 분진이 국소배기장치, 생산설비 등으로부터 그대로 배출되는 경우에는 작업장의 재오염, 이들 물질을 함유하는 배액에 의한 유해한 가스 등의 이상발생 또는 지하수 등의 오염을 발생시킬 우려가 있다. 그리고 이것들은 사업장 부근 일대의 환경을 오염시키고, 이른바 공해를 일으키기도 한다. 본 호에 열거되어 있는 건강장해와 유사한 건강장해를 근로자에게 미치는 것은 모두 본 조에 의한 건강장해 방지의 조치를 하여야 할 대상에 포함된다고 보아야 할 것이다.

④(제39조 제1항 제4호)는 계기감시의 작업, 정밀공작의 작업과 같이 고도의 신경긴장, 정신적 활동의 지속을 필요로 하는 특수한 작업에서의 스트레스 등에 관련된 건강장해와 컴퓨터 단말기 조작 작업에 의한 영상표시단말기(Visual Display Terminal, VDT)[221] 증후군(Syndrome)[222]을 예시적으로 열거하고 있다. 예를 들면, 정밀공작의 작업에 대해서 보면, 시(視)기능의 과중부담을 발생시키기 쉽고, 이것에 의해 시력의 저하 외에 시신경의 피로, 대뇌피로에 관련된 건강장해를 발생시킬 우려가 있다. 본 호에 열거되어 있는 건강장해와 유사한 건강장해를 근로자에게 미치는 것은 모두 본 조에 의한 건강장해 방지의 조치를 하여야 할 대상에 포함된다고 보아야 할 것이다.

⑤(제39조 제1항 제5호)는 자동차·전자부품조립 등의 단순반복작업 또는 중량물을 들어 올리는 작업 등의 인체에 과도한 부담을 주는 작업에 의한 근

221) 영상표시단말기란, 음극선관(Cathode, CRT)화면, 액정표시(Liquid Crystal Display, LCD)화면, 가스플라즈마(Gasplasma)화면 등을 말한다[영상표시단말기(VDT) 취급근로자 작업관리지침 제2조 제1항 제1호].

222) 컴퓨터 단말기 증후군이라고도 한다. 사무자동화로 퍼스널컴퓨터·워크스테이션 등 브라운관이 부착된 VDT가 많이 사용됨에 따라서 이 컴퓨터 등의 디스플레이를 장시간 보면서 작업하는 사람들에게 눈이 피로해지거나 침침해지며 또는 아프거나 시력이 떨어지는 등의 증세, 머리가 아프거나 무거워지는 증세, 그리고 구토와 불안감 등 전신에 걸친 증세가 나타날 수 있다.

골격계질환을 열거하고 있다. 본 호에 열거되어 있는 건강장해와 유사한 건강장해를 근로자에게 미치는 것은 모두 본조에 의한 건강장해 방지의 조치를 하여야 할 대상에 포함된다고 보아야 할 것이다. 예를 들면, 부적절한 작업자세에 의한 근골격계질환도 이것에 해당한다.

이 때문에, 사업주는 근로자가 종사하는 작업에 따라 상기 ①에서부터 ⑤까지의 건강장해를 방지하기 위하여 필요한 조치를 하여야 한다(산업안전보건법 제39조 제1항 제1호부터 제5호까지).[223)]

나. 작업환경의 부적절에 의한 건강장해(법 제39조 제1항 제6호)

「산업안전보건법」 제39조 제1항 제1호부터 제5호까지가 주로 원재료, 기계·기구·설비 및 정신피로 등을 수반하는 작업에 의해 발생하는 건강장해를 유형적으로 규제하고 그 방지를 도모하는 것을 목적으로 하고 있는 것에 대하여, 같은 조 같은 항 제6호는 작업환경의 부적절이 원인이 되어 발생할 수 있는 건강장해를 방지하는 것을 목적으로 하여, 사업주가 안전하고 위생적인 작업환경을 유지하기 위하여 필요한 조치를 하여야 한다는 것을 규정한 것이다.

⑥(제39조 제1항 제6호)은 근로자가 일하는 건설물, 기타 작업장에서 환기, 채광, 조명, 보온, 방습, 청결 등의 부적절에 의해 작업조건이 불량하게 되고, 이것이 원인이 되어 발생할 수 있는 건강장해를 예시적으로 열거하고 있다. 그 대상은 근로자가 업무에 종사하는 건설물, 기타 작업장으로서 옥내, 옥외를 불문한다. 사업장 내의 건설물 중 부속 기숙사의 안전과 보건에 대해서는 「근로기준법」 제99조부터 제100조의2까지에 규정되어 있다. 본 호에 열거되어 있는 건강장해와 유사한 건강장해를 근로자에게 미치는 것은 모두

223) 「안전보건기준규칙」 제669조의 '직무스트레스에 의한 건강장해 예방조치'는 그 법적 근거가 제39조가 아니라 제5조 제1항이다. 따라서 이 조문 위반에 대해서는 처벌은 수반되지 않는다.

본조에 의한 건강장해 방지의 조치를 하여야 할 대상에 포함된다고 보아야 할 것이다.[224)]

이 때문에, 사업주는 근로자가 종사하는 작업에 따라 상기 ⑥의 건강장해를 방지하기 위하여 필요한 조치를 하여야 한다(산업안전보건법 제39조 제1항 제6호).

단, 작업환경(시설)의 일부분인 휴게시설은 다른 작업환경시설기준(세면・목욕시설, 세탁시설, 탈의시설, 수면시설 등)과 마찬가지로 구체적인 기준이 이미 「안전보건기준규칙」에 규정되어 있고(추가적으로 규정할 수도 있다) 규정의 성격도 서로 매우 유사함에도, 그 위임근거가 논리적 이유 없이 「산업안전보건법」 제39조(보건조치) 제2항과 별도로 같은 법 제128조의2(휴게시설의 설치)에 마련되었다.[225)] 즉, 휴게시설의 설치・관리기준[226)]이 「안전보건기준규칙」 제79조(휴게시설) 외에 「시행규칙」 별표 21의2(제194조의2 관련)에 별도로 규정되게 되었다. 위반 시 벌칙 또한 논리적 이유 없이 「산업안전보건법」 제39조 제2항 위반에 대해서는 5년 이하의 징역 또는 5천만원 이하의 벌금이 부과되고(제168조), 같은 법 제128조의2 위반에 대해서는 1천5백만원의 과태료(휴게시설 미설치) 또는 1천만원 이하의 과태료(휴게시설 설치・관리기준 미준수)가 부과되는 것으로(제175조 제3항 제2호의3, 제175조 제4항 제6호의2) 달리 규정되게 되었다.[227)]

---

224) 현재 「안전보건기준규칙」에는 통로, 바닥, 계단 등 건설물, 기타 작업장의 구조상의 결함에 의한 위험과 건강장해를 방지하기 위한 조치가 규정되어 있음에도 불구하고, 현행 「산업안전보건법」(제38조와 제39조)에는 이에 대한 법적 근거가 규정되어 있지 않다. 입법적 불비라고 생각한다.

225) 적용 대상 사업장은 「시행령」 제96조의2에, 규정되어 있다.

226) 휴게시설의 크기, 위치, 온도, 습도, 조명 등에 대해 가이드라인이 아닌 강제기준으로 구체적 수치까지 제시하면서 세세하게 규정하는 입법례는 외국에서는 찾아볼 수 없다. 현실에 부합하지 않는 세부기준이 많아 법 위반자를 양산하고 있는 실정이다.

227) 작업환경시설의 일종인 휴게시설에 대해서만 다른 작업환경시설기준과 달리 위임근거를 「산업안전보건법」 제39조(보건조치) 제2항 외에 별도 조항[산업안전보건법

5. 근로자의 위험 · 건강장해 방지조치

근로자를 산업재해의 위험 또는 건강장해로부터 보호하기 위하여 사업주가 하여야 할 '필요한 조치', 즉 사업주에게 의무 지워져 있는 위험 또는 건강장해 방지조치[228]란 현실적으로 그 조치를 하는 것이 필요한 것이고, 단순히 그 조치를 하기 위하여 노력한 것만으로는 충분하지 않다. 그리고 객관적으로 효과를 기대할 수 있는 구체적인 조치이어야 한다. 예컨대, 사업주가 단순히 「산업안전보건법」 제38조 제1항부터 제3항까지 또는 제39조 제1항의 위반이 되지 않도록 하라고 근로자에게 주의를 주었을 뿐인 경우에는, 구체적이고 상당한 수단 · 방법에 의해 위반방지를 위해 노력한 것으로는 인정되지 않고, 따라서 법이 요구하는 '필요한 조치'를 한 것으로 인정되지 않는다.

6. 고객의 폭언 등으로 인한 건강장해 예방조치 등[229]

사업주는 주로 고객을 직접 대면하거나 「정보통신망 이용촉진 및 정보보호 등에 관한 법률」 제2조 제1항 제1호에 따른 정보통신망을 통하여 상대하면서 상품을 판매하거나 서비스를 제공하는 업무에 종사하는 고객응대근로자에 대하여 고객의 폭언, 폭행, 그 밖에 적정 범위를 벗어난 신체적 · 정신적 고통을 유발하는 행위(이하 '폭언 등'이라 한다)로 인한 건강장해를 예방하기 위하여 다음 조치를 하여야 한다(산업안전보건법 제41조 제1항, 시행규칙 제

제128조의2(휴게시설의 설치) 제2항]을 두고 있는 것은 법체계상 맞지 않고 법집행 과정에서도 혼란을 초래할 것이다. 최근의 「산업안전보건법」 개정이 법체계, 논리적 정합성 등을 고려하지 않고 '땜질' 식으로, 그것도 보여주기 식으로 이루어지는 것은 법의 규범력 관점에서 우려스러운 일이라 하지 않을 수 없다.

228) 이에 대한 구체적인 내용은 「안전보건기준규칙」에 규정되어 있다.

229) 소위 '감정노동자'의 권익을 보호하기 위해 2018.4.17 「산업안전보건법」 일부 개정(2018.10.18 시행) 시에 도입되었다. 이 「산업안전보건법」 개정안을 「감정노동자 보호법」이라고 부르기도 한다.

41조).[230]

① 「산업안전보건법」 제41조 제1항에 따른 폭언 등을 하지 않도록 요청하는 문구 게시 또는 음성 안내

② 고객과의 문제 상황 발생 시 대처방법 등을 포함하는 고객응대업무 매뉴얼 마련

③ ②에 따른 고객응대업무 매뉴얼의 내용 및 건강장해 예방 관련 교육 실시

④ 그 밖에 「산업안전보건법」 제41조 제1항에 따른 고객응대근로자의 건강장해 예방을 위하여 필요한 조치

사업주는 업무와 관련하여 고객 등 제3자의 폭언 등으로 근로자[231]에게 건강장해가 발생하거나 발생할 현저한 우려가 있는 경우에는 업무의 일시적 중단 또는 전환 등 다음 조치 중 필요한 조치를 하여야 한다(산업안전보건법 제41조 제2항, 시행령 제41조).[232]

① 업무의 일시적 중단 또는 전환

② 「근로기준법」 제54조 제1항에 따른 휴게시간의 연장

③ 「산업안전보건법」 제41조 제1항에 따른 폭언 등으로 인한 건강장해 관련 치료 및 상담 지원

④ 관할 수사기관 또는 법원에 증거물·증거서류를 제출하는 등 「산업안전보건법」 제41조 제2항에 따른 폭언 등으로 인한 고소, 고발 또는 손해배상 청구 등을 하는 데 필요한 지원

주로 고객을 직접 대면하거나 정보통신망을 통해 상품을 판매하거나 서비

230) 이 규정의 위반에 대해서는 벌칙이 수반되어 있지 않다.

231) 「산업안전보건법」 제41조 제2항은 제41조 제1항과 달리 고객응대근로자로 한정되어 있지 않다. 제41조 제2항 도입 당시(2018.4.17 산업안전보건법 개정 시)에는 제26조의2 제2항)에는 '고객응대근로자'로 한정되어 있었다.

232) 이를 위반한 자에게는 1천만원 이하의 과태료를 부과한다(산업안전보건법 제175조 제4항 제3호).

스를 제공하는 업무에 종사하는 고객응대근로자뿐만 아니라, 주로 고객을 응대하는 근로자에 해당하지 않더라도 업무를 수행하는 과정에서 고객의 폭언, 폭행 등에 노출될 수 있는 근로자에 대한 보호조치를 사업주에게 의무화하고 있다.

근로자[233)]는 사업주에게 위 제2항에 따른 조치를 요구할 수 있고, 사업주는 근로자의 요구를 이유로 해고 또는 그 밖의 불리한 처우를 해서는 아니 된다(산업안전보건법 제41조 제3항).[234)]

Ⅲ. 근로자의 준수사항[235)]

1. 서 설

산업재해의 방지책임은 두말할 것도 없이 대부분은 사업주가 져야 하는 것이지만, 산업재해의 특성상 근로자의 협력에 기대지 않으면 안 되는 측면도 있다. 그리고 많은 안전사고와 직업병은 근로자의 부주의한 행동에서도 기인한다고 보고되고 있다.[236)] 그렇다면 산업안전보건 확보를 위한 책임을 전적으로 사업주에게만 부과하는 것은 안전사고와 직업병을 감소하는 데 한계가 있을 것이다. 다시 말하면, 사업주의 노력에 추가하여 근로자의 주의의무가 수반되지 않으면 안전사고와 직업병은 여전히 발생할 수 있다는 것이다.

233) 「산업안전보건법」 제41조 제3항도 제41조 제1항과 달리 고객응대근로자로 한정되어 있지 않다. 제41조 제3항 도입 당시(2018.4.17 산업안전보건법 개정 시에는 제26조의2 제3항)에는 '고객응대근로자'로 한정되어 있었다.

234) 이를 위반한 자는 1년 이하의 징역 또는 1천만원 이하의 벌금에 처한다(산업안전보건법 제170조 제1호).

235) 정진우, 『산업안전보건법론』, 한국학술정보, 2014, 81쪽 이하 참조.

236) J. R. Chellius, Workplace safety and Health : The Role of Workers' Compensation, 1977, pp. 8~9.

산업안전보건 분야에서의 근로자의 의무는 실정법상의 의무와 근로계약상의 의무로 나눌 수 있다. 먼저 실정법상의 의무는 산업안전보건법령에서 사업주의 의무와 함께 다양한 형태와 내용으로 규정되어 있다. 그리고 근로계약상의 의무는 비교법적으로 보면, 주된 급부의무인 근로제공의무 외에 근로계약상의 부수적 의무의 문제로 논의되고 있다. 우리나라에는 근로자가 이 부수적 의무를 부담하는 근거가 되는 노동법상의 실체규정은 존재하지 않지만, 근로자는 근로제공의무의 수행에 있어 「민법」 제2조의 신의칙의 적용을 받고, 그 결과 근로제공의무에 부수하는 의무로서 성실(충실)의무(Treuepflicht)[237]를 진다는 것은 많은 연구자들에 의해 인정되고 있다.[238]

산업안전보건에서의 근로자의 의무의 내용을 가장 종합적이고 압축적으로 제시한 것은 1989년 6월에 채택된 「직장에서의 근로자의 안전과 보건의 개선을 촉진하는 조치의 도입에 관한 기본지침」(Rahmenrichtlinie)(89/391/EWG, 이하 'EU 안전보건 기본지침'이라 한다)이다. 「EU 안전보건 기본지침」 제13조는 근로자의 의무로서 근로자 자신의 안전보건뿐만 아니라 자신의 행위에 의해 영향을 받는 다른 근로자들의 안전보건을 위하여 특히 그들의 사업주에 의해 실시되는 훈련과 지도에 따라 가능한 한 모든 주의를 기울여야 할 의무를 부과하고 있다. 구체적으로는 다음과 같다. ① 기계, 장비, 기구, 위험물질, 운반장구 및 다른 생산수단을 정확하게 사용하여야 한다. ② 근로자에게 지급되는 개인보호구를 정확하게 착용 또는 사용하여야 하며, 사용 후 적절한 장소에 보관하도록 하여야 한다. ③ 기계, 장비, 기구, 공장이나 시설물에 부착된 각종 안전장치를 임의로 분리·제거하거나 변형시키지 않고 정확히 사용하여야 한다. ④ 중대하고 급박한 위험이 있다고 판단할 만한 합리적 근거가 있는 작업상황과 안전보건상 보호조치의 결함에 대하여 사업

237) 이 의무는 사업주의 안전배려의무(보호의무)에 대비되는 의무라고 할 수 있다.
238) 곽윤직, 『채권각론(제6판)』, 박영사, 2005, 245쪽 ; 김형배, 『노동법(제27판)』, 박영사, 2021, 363쪽 ; 이영희, 『노동법』, 법문사, 2001, 469쪽 ; 이정, 『노동법 강의』, 한국외국대학교출판부, 2009, 67쪽 ; 임종률, 『노동법(제18판)』, 박영사, 2020, 360~362쪽 등.

주 및/또는 근로자의 안전보건에 일정한 책임을 지고 있는 근로자에게 이를 즉시 알려야 한다. ⑤ 근로자의 안전보건을 확보하기 위하여 관계당국에 의해 부과된 임무와 요건이 이행될 수 있게 하는 데 필요한 한 국가의 관행에 따라 사업주 및/또는 근로자의 안전보건에 대해 일정한 책임을 지고 있는 근로자와 협력하여야 한다. ⑥ 사업주로 하여금 근로자들의 직무영역에서 작업환경과 작업조건이 안전하고 위험에 노출되지 않는 것을 보장하도록 하기 위해 필요한 범위에서 국가의 관행에 따라 사업주 및/또는 근로자들의 안전보건에 일정한 책임을 지고 있는 근로자들과 협력하여야 한다.

2. 산업안전보건법상 근로자의 준수의무

「산업안전보건법」 제6조는 근로자의 일반적 의무에 대하여, "근로자는 이 법과 이 법에 따른 명령으로 정하는 산업재해 예방을 위한 기준을 지켜야 하며, 사업주 또는 「근로기준법」 제101조에 따른 근로감독관, 공단 등 관계인[239)]이 실시하는 산업재해 예방에 관한 조치에 따라야 한다."라고 규정하고 있다. 벌칙은 수반되어 있지 않지만 근로자의 의무에 관한 「산업안전보건법」의 성격을 이해하는 데 있어 중요한 규정이다.

한편 「근로기준법」 제5조는 "근로자와 사용자는 각자가 단체협약, 취업규칙과 근로계약을 지키고 성실하게 이행할 의무가 있다."라고 규정하고 있는데, 이는 근로자가 사용자와 함께 산업재해 방지와 같은 근로조건 확보에 대해 중요한 당사자임을 확인하는 규정이라 할 수 있다.

「산업안전보건법」 제6조에서 규정하고 있는 근로자의 준수의무는 두 개의 유형으로 나눌 수 있다. 하나는 산업재해 예방을 위하여 산업안전보건법령으로 정하고 있는 기준을 준수하여야 할 의무이고, 다른 하나는 사업주 및 기타

239) 이 관계인에는 국가, 지방자치단체, 산재예방단체, 노동조합 등 근로자의 산업재해를 방지하기 위하여 활동하고 있는 모든 단체가 포함된다.

관계인이 실시하는 각종 산업재해 예방조치에 협력하여야 할 의무이다. 후자의 의무가 사업주 등의 조치를 전제로 이에 협력해야 하는 '대응의무'라고 한다면, 전자의 의무는 다른 자의 조치와는 관계없이 근로자가 독자적으로 취해야 하는 '독립의무'이다.

이러한 「산업안전보건법」상 근로자의 준수의무는 근로관계의 당사자 쌍방이 상대방의 이익을 고려하고 성실하게 행동하는 것이 요청되는 「민법」상 신의성실의 원칙에서도 도출될 수 있는 의무이다. 특히 후자의 의무는 근로계약상의 안전배려의무의 채권자인 근로자도 근로계약의 상대방(채무자)인 사용자(사업주)의 이익을 배려하여 형평에 어긋나거나 신뢰를 저버리는 내용 또는 방법으로 권리를 행사하거나 의무를 이행하여서는 안 된다는 의미의 신의성실의 원칙[240]에 따라야 한다는 것을 확인하는 의무라고 할 수 있다.

먼저 전자에 해당하는 것으로서, 「산업안전보건법」에서 현재 근로자에게 부과되어 있는 의무는 다음과 같다. 산업안전보건위원회가 심의·의결 또는 결정한 사항을 성실하게 이행할 것(산업안전보건법 제24조 제4항), 안전보건관리규정을 준수할 것(산업안전보건법 제27조), 산업재해가 발생할 급박한 위험으로 인하여 작업을 중지하고 대피하였을 때에는 지체 없이 그 사실을 관리감독자 또는 그 밖의 부서의 장에게 보고할 것(산업안전보건법 제52조 제2항), 건설업 안전 및 보건에 관한 협의체(노사협의체)가 심의·의결 또는 결정한 사항을 성실하게 이행할 것(산업안전보건법 제75조 제6항), 건강관리카드를 타인에게 양도하거나 대여하지 않을 것(산업안전보건법 제137조 제3항), 방호조치를 해체하고자 할 경우 사전에 사업주의 허가를 받아 해체하고, 방호조치를 해체한 후 그 사유가 소멸한 경우 지체 없이 원상으로 회복시키며, 방호조치의 기능이 상실된 것을 발견한 경우 지체 없이 사업주에게 신고할 것(시행규칙 제99조), 공정안전보고서의 내용을 준수할 것(산업

---

240) 대법원 1989.5.9. 87다카2407 판결 ; 대법원 1992.5.22. 91다36642 판결 ; 대법원 1993.2.9. 92다30382 판결 등 참조.

안전보건법 제46조 제1항), 안전보건개선계획서를 준수할 것(산업안전보건법 제50조 제3항) 등이 있다.

후자에 해당하는 규정으로서는, 사업주가 한 조치로서 고용노동부령인 「안전보건기준규칙」에서 정하는 조치사항[241]을 준수할 것(산업안전보건법 제40조)[242], 기계·기구 및 설비의 대여를 받은 자가 주지시키는 사항을 준수할 의무(시행규칙 제102조),[243] 석면이 함유된 건축물이나 설비를 철거하거나 해체하는 자가 근로자에게 한 조치로서 「안전보건기준규칙」에서 정하는 조치사항을 준수할 것(산업안전보건법 제123조 제2항), 사업주가 실시하는 건강진단을 받을 것(산업안전보건법 제133조, 시행규칙 제195조 제2항), 고용노동부장관이 실시하는 역학조사에 적극적으로 협조할 것(산업안전보건법 제141조 제2항) 등이 있다.

이상의 의무는 「산업안전보건법」상 근로자가 부담하는 의무, 즉 공법상의 의무로서, 근로자가 동 의무를 위반한 경우 원칙적으로 공법상의 처벌(과태료)을 받게 된다. 나아가, 「산업안전보건법」의 이중적 효력에 의하여 공법상의 의무는 사법상의 의무, 즉 근로계약상의 의무로 전환되어 동 의무를 위반한 근로자는 계약법상의 불이익을 부담할 수도 있다. 즉 근로자가 사업주 또는 제3자(예컨대, 동료근로자나 고객)의 생명·신체·건강 등에 손해를 끼친 경우, 원칙적으로 「민법」상의 책임규정에 따라 인과관계가 있는 모든 손해에 대하여 손해배상(민법 제390조, 제750조)을 해야 하고, 동 의무 위반이 사내

241) 「안전보건기준규칙」에는 보호구 착용, 유해·위험장소 출입금지, 흡연 및 음식물섭취 금지 등 근로자에 대하여 많은 의무가 규정되어 있다. 산업보건 분야는 2010. 7.12 동 규칙의 개정으로 종전의 근로자 의무의 입법적 불비를 전체적으로 해소하였으나, 산업안전 분야는 근로자의 의무가 제대로 정비되어 있지 않다. 향후에 전체적으로 검토하여 정비될 필요가 있다.

242) 이를 위반한 근로자에게는 3백만원 이하의 과태료를 부과한다(산업안전보건법 제175조 제6항 제3호).

243) 이 의무는 반드시 근로관계를 전제로 하는 것은 아니다. 즉, 근로자 여부에 관계없이 기계·기구 및 설비를 조작하는 자인 것으로 충분하다.

의 안전보건기준 위반에 해당하는 경우 당해 근로자는 취업규칙, 안전보건관리규정[244] 등의 사규에 의하여 징계 대상이 될 수도 있다.

그러나 근로자가 안전보건에 관한 의무를 부담한다고 하여 이것이 사업주의 의무가 배제되거나 축소되는 변명거리로 이용될 수는 없다.[245] 근로자가 부담하는 의무는 사업주의 안전보건조치의무를 보충하거나 지원하는 성격을 가진다. 근로자의 의무위반이 성립하기 위해서는 근로자는 그와 같은 의무의 존재를 알았거나 알 수 있어야 한다. 따라서 근로자가 정상적으로 안전보건에 관하여 교육을 받고 또한 사업주의 지시를 받아 이를 숙지하고 있는 상태이어야 한다. 이를 위하여 사업주는 미리 안전보건에 관한 법령의 게시나 설명, 교육 등 자신의 의무를 이행하여야 한다.[246]

한편, 근로자의 고의・자해행위나 범죄행위 또는 그것이 원인이 되어 발생한 부상・질병・장해 또는 사망은 「산업재해보상보험법」 제37조 제2항의 규정에 의하여 업무상의 재해로 보지 아니한다. 그리고 산업재해 발생이 근로자의 과실에 원인이 있는 경우로서 타인에게까지 피해가 미치면 「형법」상의 업무상과실 책임이 추궁되는 경우가 있을 수 있고, 민사적 측면에서는 과실상계로 손해배상액이 감액되는 경우도 있다. 이러한 근로자의 불이익을 「산업안전보건법」에서 경감시키는 것은 불가능한 것일까. 근로자가 「산업안전보건법」에 규정된 의무를 이행하지 않은 경우에는 물론 처벌의 대상이 될 것이다.[247] 그러나 사업주에 대하여 강구하여야 할 구체적 조치가 법령에 규

244) 안전보건관리규정은 안전보건에 관한 취업규칙이라고 할 수 있다.

245) Vgl. N. Kollmer, Arbeitsschutzgesetz und -verordnungen - Ein Leitfaden für die betriebliche Praxis, 3. Aufl., Verlag C. H. Beck, 2008, Rdnr. 211.

246) Richardi/Wlotzke(Hrsg.), Münchener Handbuch zum Arbeitsrecht, 2. Aufl., 2000, §209 Rdnr. 53 참조.

247) 비교법적으로 보면, 근로자의 「산업안전보건법」상의 의무 불이행에 대해 형사처벌하는 국가가 있는가 하면(영국, 일본 등), 과태료를 부과하는 국가도 있다(우리나라). 독일은 중한 위반에 대해서는 형사처벌, 경한 위반에 대해서는 과태료를 부과하고 있다. 미국은 근로자에게 의무만 부과하고 벌칙은 규정하고 있지 않지만, 정책

정되어 있고 근로자에 대해서는 이것에 대응하는 의무가 규정되어 있지 않은 경우에, 사업주가 조치를 강구하지 않은 것에 의해 산업재해가 발생한 때에는 근로자에게 설령 과실이 있었다고 하더라도, 그것은 '허용된 과실'로서 「산업안전보건법」뿐만 아니라 업무상과실치사상죄에 의해서도 처벌되지 않는 것이 타당하다고 생각된다.

3. 업무상 주의의무

근로자 역시 사회생활상의 지위에서 계속적·반복적으로 종사하는 일인 '업무'를 하는 데 필요한 주의의무를 다하여야 한다. 근로자[248]가 업무상의 과실, 즉 업무상의 주의의무 위반으로 다른 사람(근로자 여부를 불문한다)을 사상에 이르게 하는 경우, 근로자도 업무상과실치사상죄로 처벌될 수 있다(형법 제268조).

업무상 주의의무는 결과발생예견의무와 결과발생회피의무를 그 내용으로 하며, 그 범위는 산업안전보건법 등 법규에 규정된 내용에 한정되지 않고 관습, 조리(條理)[249], 판례상 요구되는 주의의무에 미친다. 따라서 법규에 규정된 의무를 다한 것만으로 업무상 과실책임을 면할 수는 없고, 행위 당시의 사정에 비추어 관습, 조리, 판례상 발생하는 구체적인 '업무상 주의의무'까지도 준수해야 한다. 다만, 결과발생을 예견하고 회피할 모든 주의의무가 아니라, '사회적으로 상당한 범위'의 주의의무만이 요구된다.[250]

적으로 조직의 내부규정에 근로자 안전수칙(safety rule)을 포함하고 근로자가 이를 위반할 경우 시정·징계할 것을 강조하고 있다.

248) 업무상 주의의무의 수범자는 근로자로 한정되지 않고 근로자가 아닌 자(개인사업자, 특수형태근로종사자 등)도 포함된다.

249) 조리는 일반사회의 정의감에 비추어 반드시 그리하여야 할 것이라고 인정되는 것을 가리킨다. 판례에서도 '종종 사회통념에 비추어', '사회일반의 정의관념에 비추어 보아'라는 표현이 보이는바, 이는 조리의 존재를 예정하고 있는 것이라고 볼 수 있다.

업무상 주의의무를 제한하는 원칙으로서 오늘날 판례와 학설에 정착된 신뢰의 원칙이 있다. 이 원칙에 따르면, 스스로 주의의무를 다하여 행위하는 사람은 다른 참여자들도 그렇게 하리라는 것을 신뢰할 수 있으며, 그렇게 믿고 행위한 경우 구성요건에 해당하는 결과가 발생하더라도 업무상 과실이 되지 않는다. 신뢰의 원칙은 2명 이상이 분업적 공동작업을 하는 경우에도 적용될 수 있다. 예컨대 검사업무의 경우에 A근로자는 함께 작업을 하는 다른 근로자 B가 건네주는 도공구가 검사업무에 적합한 것으로 신뢰해도 무방하다.

근로자의 업무상 주의의무 또한 산업안전보건법상의 근로자의 의무와 마찬가지로 사업주의 안전보건조치의무에 협력(대응)해야 할 의무와 사업주의 의무와 별개로 근로자가 독자적으로 취해야 할 의무로 대별될 수 있다.

4. 근로계약상 근로자의 주의의무

근로자는 근로계약에 근거하여 근로제공의무를 부담하는 동시에, 이것에 부수하여 사용자(사업주)의 정당한 이익을 부당하게 침해하여서는 안 되는 배려의무로서 성실의무(Treuepflicht)를 부담한다. 근로제공의무가 근로수행에 관한 기본적 의무(급부의무)인 데 대하여, 성실의무는 근로수행 이외의 근로자의 행동 일반을 규율하는 의무이고, 기업 밖의 행동에도 미친다. 근로계약은 계속적 관계의 전형이고, 노사 간의 인적 신뢰관계의 요청을 내재하고 있기 때문에 근로자는 신의칙상 사업주의 이익을 부당하게 침해해서는 안 되는 의무(성실의무)를 부담한다. 성실의무는 근로계약의 체결에 의하여 당연히 발생하는 의무이고, 그 내용은 취업규칙에 명시되는 경우가 많지만, 해당 규정이 없어도 성실의무는 일정한 범위에서 발생한다.

한편, 성실의무는 근로자의 근로시간 외 및 기업 밖의 행동을 규율하는 기

250) 임웅/이현정/박성민, 『형법각론(제14정판)』, 법문사, 2024, 105쪽 참조.

능을 가지기 때문에 이것을 무제한으로 인정하면 사생활의 자유 등의 근로자의 이익을 부당하게 침해하는 결과가 발생할 수 있다. 따라서 성실의무에 대해서는 근로자의 자유・이익과 적절히 조정하는 것이 불가결하게 된다. 즉, 성실의무를 구성하는 개개의 의무마다 사업주의 이익을 구체적으로 확정하면서 근로자의 자유・이익을 부당하게 침해하지 않도록 필요하고 합리적인 범위로 한정해석할 필요가 있다.[251]

사업장 안전보건과 관련된 근로자의 성실의무는 '주의의무(Sorgepflicht)'로도 표현될 수 있으며, 이는 대별하여 사업주에 대한 협력의무, 근로자 자신에 대한 건강관리의무 및 고지・설명의무로 구체화된다고 말할 수 있다.

가. 사업주에 대한 협력의무

우리나라에서도 사업주의 안전배려의무는 학설, 판례 모두에 의해 인정되고 있다. 그런데 근로자에게도 안전보건상 일정한 행위가 요구되는 경우에는, 사업주가 아무리 안전배려의무를 다하더라도 근로자가 자신의 의무를 이행하지 않으면, 산업재해도 건강장해도 방지할 수 없다. 이것은 건설현장에서 사업주가 지급・착용하도록 한 안전대, 안전모 등을 근로자가 착용하지 않는 경우 등에서 쉽게 인식할 수 있다. 사업주의 안전보건조치에 대해 근로자의 이러한 협력행위가 제대로 이루어지지 않게 되면, 이것은 근로자 자기 자신과 경우에 따라서는 동료근로자의 노무급부의 결과까지도 위태롭게 함으로써, 결과적으로 사업주의 급부이익의 침해로 연결될 수도 있다.

나. 근로자 자신에 대한 건강관리의무

안전배려의 하나로서 건강배려의 측면에서는 최근 생활습관대책이 상징하고 있듯이 직장을 벗어난 사생활시간에서의 음식, 생활리듬, 과도한 흡연

251) 土田道夫, 『労働契約法(第2版)』, 有斐閣, 2016年, 115~116頁.

・운동 등의 자기건강관리가 뇌・심장질환 등의 건강유지에 큰 영향을 주고 있다. 안전배려의무가 기본적으로 사업주에게 있다고 하더라도, 회사에 출근하고 있는 시간은 8시간이고 나머지 근로자 생활의 3분의 2를 점하는 시간은 본인의 사생활시간인 만큼, 근로자의 건강을 유지・확보하는 데 있어서 근로자 자신의 역할 또한 무시할 수 없다. 다시 말해서, 건강관리는 회사에 출근하고 있는 동안은 물론 근로자의 전 생활시간에 걸치지 않으면 그 목적을 달성할 수 없고, 가족생활, 식생활, 수면, 기타 사생활과 밀접한 관계가 있으며, 사업주의 안전배려조치만으로는 그 목적을 달성할 수 없는 특징을 가지고 있다.

또한 건강은 본인의 신체, 정신 등 본인 자체의 내부문제이고, 건강장해의 사전징후인 자각증상 등도 본인이 아니면 알지 못하는 근로자 자신의 문제임과 동시에 건강진단, 직장체조, 보호구 등의 사용, 기타 사업주의 건강관리조치에 대해서는 근로자의 협력이 없으면 실효를 기대할 수 없다. 나아가 사생활의 자유를 이유로 제멋대로 건강을 해하는 행위를 예사롭게 행하는 것도 '신의칙'상 허용되지 않을 것이다.

이 점과 관련하여 본래 근로자는 근로계약에 의해 사업주에게 노무제공을 약속하고 이행해야 하는 것이기 때문에, 채무의 내용에 좇은 노무를 제공하지 않으면 근로계약의 불이행이 될 것이다. '채무의 내용에 좇은 노무의 제공'이라는 것은 단지 회사에 출근하기만 하면 무방한 것은 아니고 완전한 노무가 가능한 심신의 상태로 근로를 제공하여야 한다는 것을 의미하며, 근로자의 기업 외의 사생활에서 채무의 내용에 좇은 이행을 할 수 없는 건강상태의 악화를 초래하는 것은 근로계약 위반이 된다고도 말할 수 있다.

따라서 근로자는 자기의 생활을 규율하고 휴식을 제대로 취하며 근로의 피로를 회복함으로써 '심신 모두 완전한 근로'의 제공이 가능하도록 자기 자신의 건강을 관리할 의무가 있다고 보아야 할 것이다. 근로자의 자기건강관리의무는 취업규칙이나 근로계약에 명문의 정함이 없는 경우라도 「민법」 제

2조의 '신의칙상의 의무'로서, 그리고 「산업안전보건법」에 의한 보호정신에 의해, 그 피보호자인 근로자에 대해 당연히 요청되는 의무이고, 그 점에 대해서 「산업안전보건법」 제40조가 "근로자는 …… 사업주가 한 조치로서 고용노동부령으로 정하는 조치사항을 지켜야 한다."라고 규정하고 근로자에게 본법의 준수의무를 벌칙을 수반하여 인정하고 있는 것도 이와 같은 이유 때문이며, 특히 생활습관과 관련된 건강장해 방지에는 근로자 자신의 행위도 중요성을 갖고 있다. 대표적인 예로서, 작업관련질환은 근로자의 사생활상의 요인에 작업상의 요인이 공동으로 작용하여 발생하거나 악화되는 질환이라는 점으로부터, 근로자 자신의 건강의식이 희박한 상태로는 직장(사업주 측)에서 대책을 아무리 강구한다고 하더라도 본질적 대책이 될 수 없고 근로자 자신의 안전보건의식의 고양과 이에 따른 활동이 병행적으로 필요하다.

근로자가 채무자로서 주된 채무인 근로제공의무를 그 본래의 채무의 내용대로 실현하기 위하여 안전보건기준을 준수하는 등 적절한 배려와 주의를 베풀어야 한다는 것은 급부의 결과 내지 급부의 이익을 보호하기 위하여 필요한 일이다. 이와 같은 배려의무 내지 주의의무는 법률이나 계약에 명시적으로 규율되어 있지 않더라도 계속적 채권관계인 고용관계의 성질로부터 신의칙상 당연히 요청되는 것이라고 할 수 있다.[252] 따라서 근로자 자신의 건강에 대한 적절한 배려·주의의무 역시 사업주에 대한 협력의무와 마찬가지로 신의칙상의 의무(성실의무)로부터 도출된다고 보아야 할 것이다.[253] 물론 근로자의 이러한 의무 역시 기대가능성의 범위에서 판단되어야 한다.

---

252) 김형배, 『채권총론(제2판)』, 박영사, 1999, 34쪽 참조.

253) 김형배, 『노동법(제27판)』, 박영사, 2021, 366쪽 ; 하경효, 「민법 제655조 주해」, 『주석민법[채권각칙(4)](제3판)』, 한국사법행정학회, 1999, 70쪽 참조.

다. 고지 · 설명의무

「산업안전보건법」에 명문으로는 규정되어 있지 않지만 근로자에게는 근로계약상의 의무로서 고지 · 설명의무가 있다고 할 수 있다. 일반적으로 근로자는 사업주에 의하여 제공된 기계, 원료 및 설비 등에 하자나 결함을 발견한 때에는 지체 없이 이를 사업주에게 고지하고 적절한 조치를 취하여야 할 의무를 부담하는 것으로 이해되고 있다.[254] 따라서 근로자는 기대가능성의 범위에서 사업주, 제3자 또는 근로자 자신에게 발생할 수 있는 안전보건상의 중대한 결함 · 문제 등을 발견한 경우 사업주가 적절한 대책을 강구할 수 있도록 이를 지체 없이 사업주에게 고지할 의무를 부담한다고 해석될 수 있다. 그리고 근로자는 근로계약 체결의 교섭단계에서 사업주에게 계약 성립에 필요한 정보의 고지나 설명을 할 신의칙상의 의무가 있다.[255] 예컨대, 자신이 입사하고자 하는 회사의 업무와 관련하여 본인이 당해 업무를 제대로 수행하는 데 지장이 있을 수 있는 건강상의 문제를 가지고 있거나, 동료나 고객의 생명 · 건강과 관련되는 전염병에 이환되어 있는 경우에는 이를 사업주 측에 사전에 고지할 의무가 있다고 보아야 할 것이다.

라. 정리

이상에서 설명한 근로자의 3가지 의무 중 사업주에 대한 협력의무는 사업주의 선행적인 안전보건조치에 근로자가 협력하는 성격의 의무에 해당하고, 자기건강관리의무와 고지 · 설명의무는 사업주의 선행조치와 관계없이

254) 김형배, 『노동법(제27판)』, 박영사, 2021, 371쪽 ; 이정, 『노동법 강의』, 한국외국대학교출판부, 2009, 70쪽 ; 임종률, 『노동법(제18판)』, 박영사, 2020, 361쪽 ; 하경효, 「민법 제655조 주해」, 『주석민법[채권각칙(4)](제3판)』, 한국사법행정학회, 1999, 71쪽 등.

255) 사용자(사업주)에게도 동일한 의무가 발생한다는 것은 말할 필요도 없다. 片岡昪(村中孝史補訂), 『労働法(1)(第4版)』, 有斐閣, 2007年, 130頁 ; 김형배, 『채권각론[계약법[(신정판)』, 박영사, 2001, 139쪽.

근로자가 독자적으로 부담하는 성격의 의무에 해당한다. 근로자가 부담하는 안전보건에 대한 이러한 의무들은 전술한 바대로 근로자의 성실의무의 일부를 구성하는 것으로서 근로자의 주의의무(Sorgepflicht)에 해당한다고 말할 수 있다.

5. 사업주 준수의무와 근로자 준수의무의 차이

근로자 측의 주의의무(성실의무)는 그것이 이루어지지 않는 경우에 직접적으로 사업주 측에 손해가 발생하지 않고 그 의무의 불이행에 의해 근로계약의 본지(本旨)인 노무공급이 제대로 되지 않게 되는 일이 발생하는 경우 비로소 문제가 되는 반면, 사업주에게 요구되는 주의의무(안전배려의무)는 당해 의무를 해태한 경우의 손해가 직접적으로 근로자의 건강침해로 현실화된다는 점에서 양자 간에 차이가 있다. 이러한 의미에서 근로자 측과 사업주 측의 준수의무는 양과 질 모두에 있어서 커다란 차이가 있다고 할 수 있다.

6. 근로자의 준수의무 위반에 따른 불이익

근로자의 준수의무 위반에 따른 불이익에 대해서는 제2장 Ⅳ. 4(근로자 의무위반의 법적 효과)에서 이미 자세히 설명하였지만, 부연 설명하면 다음과 같다.

근로자가 자신의 귀책사유로 부수적 의무인 주의의무를 위반한 경우, 공법(산업안전보건법)상의 규정사항에 대해서는 처벌(과태료)을 받게 되고, 그 외에 사법상의 효과로서 채무불이행 또는 불법행위에 의한 손해배상청구, 징계처분, 나아가 해고가 발생할 수 있다. 특히 징계처분이 중요한 문제인바, 근로자의 주의의무 위반 자체는 근로계약상의 의무 위반이고, 그것을 이유로 징계처분을 부과하기 위해서는 주의의무 위반에 의한 직장규율(기업질서)의 침해가 그 요건이 된다.[256] 현실적으로, 근로자가 준수하여야 할 부수의무로서의 이 주의의무는 직장규율(기업질서)의 일부분을 구성하는 것으로서 취업규칙 중 안전보건에 관한 사항(부분) 또는 안전보건관리규정에 기재될 수 있다.

전술한 바와 같이 근로자(특히 현장작업자)의 의무는 사업주의 안전보건조치의무의 이행을 전제로 이에 대응(협력)하는 성격의 것도 있지만, 그렇지 않은 의무, 즉 사업주의 안전보건조치의무의 이행을 전제로 하지 않고 근로자가 독자적으로 취할 필요가 있는 것도 있다. 근로자가 후자의 의무를 이행하지 않은(위반한) 경우에는, 사업주가 설령 소정의 안전보건조치의무를 이행하지 않았다고(위반하였다고) 하더라도 이것을 이유로 근로자가 면책되는 것은 아니다. 즉, 근로자는 사업주에 대한 처벌과는 별개로 「산업안전보건법」 위반죄(과태료)[257] 또는 (주로) 「형법」상의 업무상 과실치사상죄로 처벌될 수 있다.

한편, 근로자의 준수의무 위반의 법적 효과로서 사업주의 준수의무 위반이 면책된다는 의견이 있을 수 있다. 그러나 근로자의 준수의무 위반이 있다고 하여 바로 사업주의 준수의무 위반에 대한 책임이 면제되는 것은 아님에 유의할 필요가 있다. 근로자의 준수의무와 사업주의 준수의무는 그 내용이 다르기 때문에 준수의무 위반의 요건 또한 원칙적으로 별개로 판단되어야 한다. 예를 들면, 근로자의 보호구 착용의무 위반이 있는 경우 사업주의 의무(보호구 지급 및 착용지시 의무) 위반 여부는 이와 별개로 판단되어야 한다. 즉, 사업주가 근로자에게 보호구를 지급하였는지, 그리고 근로자에게 보호구를 착용하도록 지시하였는지를 판단하여야 한다. 보호구 착용지시에 대해

---

256) 이정, 『노동법 강의』, 한국외국대학교출판부, 2009, 70쪽 참조.

257) 실무적으로는 근로자 사상사고가 발생했을 때 이 사상사고와 관련 있는 다른 현장작업자에게 「산업안전보건법」 위반을 이유로 과태료를 부과하는 일은 거의 없다.

서는, 일회성의 지시로 그쳐서는 안 되고 근로자가 보호구를 착용하도록 지속적으로 교육・지도하는 한편, 보호구를 착용하는지를 지속적으로 확인하고 위반을 발견하였을 때는 이의 시정을 위한 조치(징계를 포함한다)를 하여야 한다.

[칼럼] 산업안전, 근로자 책임도 강화해야[258)]

"산업재해 예방은 모든 계층과 부서의 책임이다." 산업안전보건 국제기준에 해당하는 국제노동기구(ILO) 가이드라인에서 강조하는 사항이다. "조직의 각 계층의 근로자들은 자신이 컨트롤하는 안전보건관리시스템 부분에 대한 책임을 져야 한다." 이것은 산업안전보건의 또 다른 국제기준인 ISO 45001에서 역설하는 문구이다.

이들 국제기준이 전하고자 하는 말은 근로자는 보호 대상이자 책임주체라는 것이다. 근로자가 산업재해 예방의 중요한 주체이기도 하다는 사실을 강조하는 이유는 근로자에게 책임을 떠넘기려는 것이 아니라 산업재해 예방의 실효성을 높이기 위해서이다. 근로자 스스로와 다른 근로자를 산업재해로부터 보호하기 위해선 근로자의 역할과 책임이 필수불가결하기 때문이다.

그런데 최근 몇 년간 정부는 근로자를 단순히 보호 대상이라고만 여기면서 근로자의 권리만을 강조했을 뿐 책임의 일단이기도 하다는 사실을 외면해 왔다. 아니 근로자의 위상과 역할이 무엇인지에 대한 기본적인 인식조차 부족했던 것 같다. 산업안전보건법을 전부개정하면서 부족하게나마 있던 근로자 의무의 핵심내용을 없앤 정부가 아니었던가. 근로자의 위상과 역할에 대한 정부의 잘못된 인식이 강성노조가 있는 사업장에서 노조원의 중요하거나 반복적인 안전수칙 위반에 대해서조차 어떠한 징계도 할 수 없는 분위기를 조장해 왔다.

지난 정부에서 나온 어느 산업재해 예방대책에서도 근로자의 권리 외에 책임을 실질적으로 강조하는 문구는 발견되지 않는다. 근로자의 권리도 종

258) 정진우, 에너지경제, 2022.6.21

전부터 당연히 인정되던 것을 새롭게 창설된 권리인 양 사실을 호도했다. 정부의 산업안전보건에 대한 철학의 빈곤이 초래하는 폐해는 근로자의 역할과 책임을 둘러싸고도 산업현장 이곳 저곳에서 나타나고 있다.

중대재해처벌법이 경영책임자 한 사람의 책임만 규정할 뿐 다른 주체의 책임에 대해서는 일언반구 규정하고 있지 않은 원맨(one-man)법이 되고 만 것도 정부의 산업안전 기초원리에 대한 철학의 빈곤 탓이다. 산업재해 예방에서 최고경영진의 역할이 중요하다는 건 불문가지의 사실이지만, 경영책임자 한 사람의 역할만 강제하는 것은 도무지 안전원리에 맞지 않는다. 경영책임자와 관리감독자를 포함한 근로자를 분절시키는 것이다. 나아가 산업안전보건에서 근로자를 대상화 · 수동화하는 것이다. 중대재해처벌법이 전 세계 어느 나라에서도 찾아볼 수 없는 기이한 법이 된 이유 중 하나이다.

우리나라 산업안전보건법은 근로자의 의무 위반에 대해 과태료만을 규정하고 있다. 이마저도 지난 정부에선 근로자 의무 위반에 대한 단속이 사실상 없어 과태료 부과 실적이 미미했다. 반면에 산재예방선진국으로 손꼽히는 영국 · 독일 · 일본은 산업안전보건법에서 근로자의 의무 위반을 과태료가 아닌 형사처벌 대상으로만 규정하거나, 중한 위반에 한정하여 형사처벌 대상으로 규정하고 있다. 형사처벌을 한다는 것은 근로자의 의무 위반을 범죄로 여길 만큼 중요한 문제로 취급한다는 이야기이다.

근로자의 위상과 역할에 대한 철학의 빈곤은 근로자의 일부인 관리감독자의 역할에 대한 인식의 부족으로 이어지고 있다. 안전보건에서 '라인' 중심의 관리(Line management)가 이뤄져야 한다는 것은 국제기준이다.

그런데 정부는 여전히 '안전보건부서' 중심의 안전을 되뇌고 있다. 이것이 현장의 안전보건을 뒤틀리게 하고 망가뜨리고 있다는 것이 산업현장과 전문가의 공통된 인식이다. 정부는 안전보건부서의 확대를 안전역량 강화로 착각하고 기업에 연신 잘못된 시그널을 보내고 있다. 안전보건의 발전에 가장 큰 걸림돌이 정부라는 비아냥을 들을 만도 하다. 얼마나 어처구니없는 일을 하고 있는지 모르고 있는 건 정부와 사이비 전문가뿐이다.

중대재해처벌법에 관리감독자를 포함한 근로자의 책임은 보이지 않고 경영책임자의 책임만 오롯이 보이는 갈라파고스법이 되고 만 것도 안전철학 없는 아마추어행정이 불러온 측면이 크다. 산업안전보건 영역에서 행정부가 정치권에 휘둘리지 않고 중심을 잡으려면 전문성에 기초한 철학으로 무장해야 한다. 그렇지 않으면 근로자를 산업재해 예방의 책임주체로 끌어내기는커녕 산업재해로부터 근로자를 실질적으로 보호하는 일마저 멀어져만 갈 것이다.

Ⅳ. 작업거절(중지 · 대피)[259)]

1. 서 설

작업 중에 급박한 위험 등이 있는 때에는 근로자가 작업을 거절(중지 · 대피)하는 것 외에 달리 사고를 면할 수 있는 방법이 없는 경우도 있다. 이와 같은 경우에는 근로자는 작업을 거절할 수 있는 것일까. 이 문제는 오래 전부터 노동계와 경영계 모두에게 큰 관심사이고, 특히 노동계에서 많은 관심을 가지고 있는 것으로서, 지금도 매년 노사단체 양측의 단체협약 지침 등 각종 방침의 중요내용으로 포함되어 있다.

근로자가 안전사고의 위험을 이유로 사업주가 지시하는 근로의 전부 또는 일부를 거부하는 작업거절권(작업중지 · 대피권)의 법리가 긍정되면, 근로자는 실정법적 근거와 관계없이 이행청구권의 법리와 함께 사업주를 대상으로 산업재해 예방에의 대처를 적극적으로 요구할 수 있는 법적 권리를 가질 수 있게 된다.[260)] 이 점에 대해, 생명 · 신체 · 건강에 대한 급박한 위험이 있을 때에는 근로자에게 긴급피난으로서 작업거절권이 인정된다는 것에 대해서는 이견이 없을 것이다. 문제는 생명 · 신체 · 건강에 대한 급박한 위험이 없더라

---

259) 정진우, 『산업안전보건법론』, 한국학술정보, 2014, 73~79쪽, 386~389쪽 참조.

260) 대법원은 근로자 작업거절권의 근거를 실정법인 「산업안전보건법」상의 규정에서 찾고 있을 뿐이다(대법원 2023.11.9. 2018다288662 판결).

도 어떠한 경우에 어떠한 근거에 의해 작업거절권을 가지는가이다.

독일, 미국, 일본에서는 이미 오래전부터 작업거절권을 인정하는 구체적 법리가 전개되고 있지만, 우리나라에서는 아직까지 작업거절권 법리에 대한 구체적인 논의는 전개되고 있지 않다.[261)]

이하에서는 우리나라에서 인정될 수 있는 작업거절권 법리로서 그 법적 근거와 요건 및 효과를 논구하기로 한다.

2. 법적 근거

현행 「산업안전보건법」은 제51조(사업주의 작업중지)에서 근로자의 작업중지·대피에 대해 사업주의 의무 형식으로 "사업주는 산업재해가 발생할 급박한 위험이 있을 때에는 즉시 작업을 중지시키고 근로자를 작업장소에서 대피시키는 등 안전 및 보건에 관하여 필요한 조치를 하여야 한다."라고 규정하고 있다.[262)] 본조는 산업재해 발생의 급박한 위험이 발생한 경우에, 사업주에게 바로 작업을 중지하고 근로자의 대피 등 필요한 조치를 하여야 할 것을 정한 것으로서, 사업주의 작업중지·대피의무에 대한 법률상의 근거규정이라 할 수 있다.

그리고 사업주의 작업중지·대피에 대한 구체적인 의무는 「안전보건기준규칙」에서 별도로 규정하고 있다.[263)] 「안전보건기준규칙」 제37조(악천후 및

261) 김형배 교수와 많은 민법 학자는 논증에 차이는 있지만 작업거절권을 인정하고 있다(김형배, 『노동법(제27판)』, 박영사, 2021, 362~363쪽 ; 이은영, 「산업재해와 안전의무」, 『인권과 정의』 1991년 9월호, 변호사협회, 1991, 27쪽 ; 송오식, 「사용자의 안전배려의무」, 『법률행정논총』 제23집 제1호, 2003, 157쪽 ; 최창렬, 「안전배려의무에 관한 연구」, 『부동산법학』 제10집, 2004, 126쪽 등).

262) 이를 위반한 자는 5년 이하의 징역 또는 5천만원 이하의 벌금에 처한다(산업안전보건법 제168조 제1호).

263) 「산업안전보건법」 제51조(사업주의 작업중지)에 의해 사업주가 구체적으로 하여야 할 안전보건상의 조치사항은 현재 고용노동부령(안전보건기준규칙)에 규정되어 있

강풍 시 작업중지), 제57조(비계 등의 조립·해체 및 변경) 제4호, 제141조(조립 등의 작업 시 조치사항) 제3호, 제162조(조립 등의 작업) 제3호, 제279조(대피 등) 제1항, 제296조(지하작업장 등) 제2호, 제333조(조립·해체 등 작업 시의 준수사항) 제2호, 제334조(콘크리트의 타설작업) 제2호, 제349조(작업중지 및 피난) 제1항, 제360조(작업의 중지 등) 제1항, 제383조(작업의 제한), 제384조(작업중지), 제438조(사고 시의 대피 등) 제1항, 제554조(사고가 발생한 경우의 조치) 제1항, 제635조(압기공법에 관한 조치) 제2항, 제639조(사고 시의 대피 등) 제1항이 그것이다.

이 사업주의 「산업안전보건법」상의 작업중지·대피의무에 대응하여 근로자에게는 「산업안전보건법」의 사법적(私法的) 효력[264]에 의하여 작업거절권으로서 작업중지·대피권이 발생한다고 할 수 있다. 「산업안전보건법」 제52조 제1항의 "근로자는 산업재해가 발생할 급박한 위험이 있는 경우에는 작업을 중지하고 대피할 수 있다."는 규정은 이 근로자의 작업중지·대피권을 공법적으로 확인하는 규정에 불과하다. 다시 말해서, 근로자에게는 「산업안전보건법」 제52조(근로자의 작업중지) 제1항이 규정되어 있지 않더라도 같은 법 제51조에 의해 작업거절권이 이미 보장되어 있는 것이다.[265] 따라서 근로자의 작업거절권이 「산업안전보건법」 제52조 제1항에 의해 비로소 창설되었다고 주장하는 것은 잘못된 이해에서 비롯된 것이다.[266]

지만, 이에 대한 법적 근거는 「산업안전보건법」 제51조에 규정되어 있지 않은바, 입법적 흠결이라고 할 수 있다.

264) 「산업안전보건법」상의 의무는 그것이 근로계약의 내용이 되기에 적합한 한 사업주와 근로자 간의 의무가 된다. 즉, 「산업안전보건법」상의 의무는 그것이 안전배려의무의 구체화에 적합한 경우 그대로 근로계약의 내용이 된다. 따라서 「산업안전보건법」상의 사업주의 의무는 근로자에게는 권리가 된다.

265) 따라서 「산업안전보건법」 제52조 제1항은 같은 법 제51조와 중복되는 규정이라고 할 수 있다.

266) 「산업안전보건법」의 내용을 위 제52조 제1항처럼 근로자의 권리 형식으로 규정하게 되면 벌칙을 둘 수 없어 실효성을 확보할 수 없게 되는 문제가 발생한다. 그래서 「산업안전보건법」을 포함한 노동관계법은 근로자의 권리를 사업주(사용자)의 의무

한편, 사업주는 근로자와 「산업안전보건법」 제51조에 반하는 근로계약을 체결할 수 없고, 근로자는 사업주에 대하여 제51조 및 제52조 제1항을 근거로 본 조항의 요건을 충족하는 상황에서는 작업을 정당하게 거절할 수 있다고 보아야 할 것이다. 따라서 당해 작업거절을 이유로 근로자에 대하여 불이익처분을 하는 것은 위법이 된다. 「산업안전보건법」 제52조 제4항의 "사업주는 산업재해의 급박한 위험이 있다고 믿을 만한 합리적인 이유가 있을 때에는 제1항에 따라 작업을 중지하고 대피한 근로자에 대하여 해고나 그 밖의 불리한 처우를 해서는 아니 된다."는 규정은 이 불이익처분 금지를 공법적으로 확인하는 규정이라 할 수 있다.

요컨대, 「산업안전보건법」 제51조는 입법형식상 사업주 의무의 형태로 되어 있지만, 사법(계약법)으로의 전환에 적합한 공법규정의 하나로서 사업주의 계약상의 의무로 전환될 수 있기 때문에, 근로자의 관점에서는 사업주에 대하여 작업거절을 할 수 있는 '권리'의 근거가 되기도 한다.

그런데 근로자가 작업을 거절할 수 있는 구체적 범위에 대해서는 논란이 있을 수 있다. 「산업안전보건법」은 이에 대한 하나의 중요한 기준이 될 수 있다고 생각된다. 먼저, 전술한 「안전보건기준규칙」의 조항에 규정된 급박한 위험상황,[267] 즉 근로자에게 의무적으로 작업중지·대피를 하도록 하여야 할 급박한 위험이 있는 상황이 근로자가 작업을 거절할 수 있는 대표적인 대상이 될 것이다.

다음으로, 근로자가 다음과 같이 위법한 명령을 받은 경우 당해 작업명령은 위법한 명령으로서 무효라고 할 수 있으므로 해당 근로자는 그 명령에 대해서 작업을 거절할 수 있다고 보아야 할 것이다.[268]

형식으로 규정하여 보장하고 있는 것이다.

267) 「안전보건기준규칙」 제37조, 제57조 제4호, 제141조 제3호, 제162조 제3호, 제279조 제1항, 제296조 제2호, 제333조 제2호, 제334조 제2호, 제349조 제1항, 제360조 제1항, 제383조, 제384조, 제438조 제1항, 제554조 제1항, 제635조 제2항, 제639조 제1항.

작업이 제한되어 있는 업무(산업안전보건법 제140조 제1항 및 취업제한규칙)에 부자격자인데 작업을 하도록 명령받은 경우가 전형적인 예이다. 그리고 금지되어 있는 작업방법(안전보건기준규칙 제389조 등)에 의해 작업을 하도록 명령받은 경우, 출입이 금지되어 있는 장소(안전보건기준규칙 제622조 등)에 출입을 하도록 명령받은 경우 또는 착용의무가 있는 보호구(안전보건기준규칙 제32조 등)를 착용하지 않은 채 작업을 하도록 명령받은 경우 등도 이에 해당하는 예가 될 것이다.

또한 안전장치를 장착시켜야 할 기계에 장착하지 않은 상태에서 그것을 사용하여 작업하도록 명령받은 경우, 안전인증을 받지 않은 기계・기구・설비 등(산업안전보건법 제84조)의 사용을 명령받은 경우, 규정된 방호장치를 구비하지 않은 기계 등(산업안전보건법 제80조)을 사용하여 작업하도록 명령받은 경우, 제조 등이 금지된 물질(산업안전보건법 제117조)의 취급을 명령받은 경우, 특별교육을 행하여야 할 유해・위험업무(산업안전보건법 제29조 제3항)에 종사하기 전에 교육을 실시하지 않고 작업하도록 명령받은 경우, 보호복을 갖추어 두어야 할 작업(안전보건기준규칙 제451조 등)에 그것을 갖추지 않고 작업하도록 명령받은 경우, 밀폐설비 또는 국소배기장치를 설치하여야 할 분진작업을 행하는 실내작업장(안전보건기준규칙 제607조)에서 국소배기장치 등이 없거나 가동되지 않는 유해환경하에서 작업하도록 명령받은 경우 등 또한 작업거절을 할 수 있는 사례에 해당된다고 보아야 할 것이다.

한편, 근로자는 「산업안전보건법」에 규정된 것과 같은 급박한 위험이 있는 경우가 아니더라도 통상적인 위험에 대해서도 이를 무릅쓰면서까지 근로

---

268) 1981년 6월에 채택된 '직업상의 안전보건 및 작업환경에 관한 ILO 협약'(제155호) 제13조는 "생명 또는 건강에 절박하고 중대한 위험이 존재한다고 생각하기에 합리적인 정당성이 있는 작업상황으로부터 이탈한 근로자는 국내조건 및 국내관행에 따라 부당한 결과로부터 보호되어야 한다."라고 규정하고 있다. 우리나라는 본 협약을 2008년 2월에 비준하였다.

할 의무는 없기 때문에, 작업을 거절할 수 있는 범위는 「산업안전보건법」상의 규정으로 한정되지 않고 이보다 넓게 인정될 수 있다. 이러한 입장은 근로자의 권리가 경우에 따라서는 공법인 「산업안전보건법」의 규정을 넘어 발생할 수 있다는 법리로부터 도출될 수 있다. 다시 말해서, 산업재해 발생의 급박한 위험이 있는 경우 외에도 생명·건강에 대한 위험이 현실적으로 존재하고 있는 경우에는 산업재해 발생의 위험이 급박하지 않더라도 작업을 거절하는 권리가 채권법상의 구성, 즉 안전배려의무의 법리로부터 도출될 수 있다.

이 점과 관련해서는, 안전배려의무는 노무급부의무와 대가적 견련관계에 있는 것은 아니지만 안전배려의무를 다하지 않는 경우에는 근로자는 노무제공을 거절할 정당한 이유가 있다고 판단된다. 사업주가 안전배려의무를 이행하지 않으면서 근로자의 근로를 청구하는 것은 공평에 반한다고 해석하는 것이 상당하기 때문에, 사업주의 안전배려의무와 근로자의 근로제공 채무는 쌍무적 견련관계에는 있지 않지만 공평의 관념과 신의칙을 근거로 하는 「민법」 제536조 제1항의 동시이행의 항변권을 유추적용하여,[269] 생명·신체·건강의 위험을 회피하기 위하여 그 한도에서 근로자에게 작업거절권이 있다고 보아야 할 것이다.

이 경우 안전배려의무에 대해 급부의무 구성을 하지 않고 별도의 법적 구성을 하더라도 작업거절권은 인정될 수 있다. 안전배려의무는 '사업주가 근로자의 생명, 건강 등을 유해·위험으로부터 보호하기 위해 배려할 의무'라고 정의할 수 있다. 따라서 근로자에게 근로제공의 의무는 있지만, 건강·생명의 위험이 수반될 수 있는 업무에 대해서는 아무리 사업주의 업무명령이라 하더라도 해당 작업을 거절할 수 있다는 것은 안전배려의무에서 충분히 도출될 수 있기 때문에, 안전배려의무를 급부의무가 아닌 부수적 의무로 구성하

---

269) 곽윤직, 『채권각론(제6판)』, 박영사, 2005, 61~62쪽 ; 이은영 『채권각론(제5판)』, 박영사, 2005, 168~189쪽 ; 대법원 1992.8.18. 91다30927 판결 ; 1993.2.12. 92다23193 판결 등 참조.

더라도 근로자의 작업거절권은 인정된다고 보는 것이 타당할 것이다.

[칼럼] 근로자와 정부의 작업중지[270)]

작업중지는 크게 두 가지 종류가 있다. 근로자가 급박한 위험이 있을 때 권리 차원에서 행사할 수 있는 것과 정부가 급박한 위험이 있을 때 명령적 행정행위 차원에서 강행적으로 행사하는 것이 그것이다.

전자는 법령에 명시되어 있지 않더라도 사업주의 작업중지·대피 등의 의무 규정 또는 판례·학설에 의하여 당연한 권리로 인정되어 왔다. 전부개정 산업안전보건법(이하 '개정법') 제52조 제1항의 근로자의 작업중지 규정은 이를 확인하는 조항에 불과하다. 즉, 개정법이 근로자의 작업중지 규정을 신설하였지만, 이는 법령에 의해 창설된 권리는 아니고 이 조항에 관계없이 종전부터 인정되던 권리를 확인적으로 규정한 것에 불과하다.

후자는, 개정법에 따르면 중대재해 발생 시 사업장 전체 등에 대한 작업중지명령과 중대재해 발생 여부와 관계없이 급박한 위험이 있을 때 사업장 일부에 대해 내릴 수 있는 작업중지명령으로 구분된다. 종전법에서는 급박한 위험이 있는 해당 기계·설비에 대해서만 작업중지명령을 할 수 있었는데, 개정법에서는 작업중지명령의 일반규정 외에 중대재해 발생 시 중대재해가 발생한 해당 작업 또는 이와 동일한 작업에 대한 작업중지명령의 근거를 추가·신설하였다. 이것만 보면 종전법보다 작업중지명령이 강화된 것으로 보인다. 그러나 산재예방이라는 관점에서 보면 오히려 후퇴된 측면이 강하다. 일반적인 작업중지명령, 즉 중대재해 발생 여부와 관계없이 급박한 위험이 있을 때 내릴 수 있는 작업중지명령의 대상이 대폭 축소되었다.

종전법에서는 중대재해 발생 여부, 시정조치명령 이행 여부, 법령 위반 여부와 관계없이 급박한 위험이 있을 때에는 작업중지, 사용중지, 시정조치 등의 명령을 내릴 수 있었는데, 개정법에서는 작업중지명령 발령요건을 중대재해 발생 시와 그렇지 않은 경우로 구분하면서, 중대재해가 발생하지

270) 정진우, 안전저널, 2020.3.2.

않은 경우에는 사업주가 '법령상의 조치'를 하지 아니하여 근로자에게 '현저한' 위험이 초래될 우려가 있다고 판단될 때에만 해당 기계 · 설비 등에 대한 시정조치명령을 내릴 수 있고, 게다가 이 '시정조치명령을 이행하지 아니하여' 위험상태가 해소 또는 개선되지 아니하거나 근로자에 대한 위험이 현저히 높아질 우려가 있는 경우에만 해당 기계 · 설비 등과 관련된 작업중지를 명할 수 있는 것으로 개정되었다.

다시 말해, 개정법하에서는 '법령'을 위반하지 아니하거나 법령을 위반했더라도 '현저한' 위험이 초래될 우려가 없는 상황에서는 현행법과는 달리 시정조치명령을 내릴 수 없고, 작업중지명령(중대재해 발생을 전제로 하지 않는)은 사업주가 이 시정조치명령을 이행하지 않는 경우에만 내릴 수 있게 바뀌었다. 결국 중대재해가 발생하지 않은 경우에는 아무리 급박한 위험이 현존하더라도 사전에 법 위반을 전제로 한 시정조치명령을 내리지 않은 이상은 작업중지명령을 내릴 수 없게 되었다.

본래 작업중지명령은 중대재해가 발생하지 않았다 하더라도 그리고 법령 위반이 없더라도, 급박한 위험이 현존하면 내릴 수 있어야 하고, 또 작업중지명령은 급박한 위험을 제거하기 위한 목적으로 내려지는 특성상 행정기관의 시정조치명령 없이도 내릴 수 있어야 함에도 개정법하에서는 그럴 수 없게 되었다.

다양한 상황에 대해 다양한 형태로 발령되어야 하는 시정조치명령 제도와 중대재해 발생, 법 위반 여부와 관계없이 급박한 상황에 대해 발령되어야 하는 작업중지명령 제도의 취지와 특성을 몰각한 개정이라고 하지 않을 수 없다.

한편, 전부개정법 제55조 제1항에 따라 '사업장의 일부분'에 대해 작업중지명령을 발령하였는데, 사업주가 이를 위반한 경우에는 형사처벌이 이루어진다. 그런데 같은 조 제2항에 따라 '사업장 전체'에 대해 내려진 작업중지명령을 위반한 경우에 대해서는 아무런 처벌규정이 없다. 전자에 대해서만 처벌을 하고 위반의 정도가 심한 후자에 대해서는 처벌이 없는 것은 부정할 수 없는 입법실수이다.[271]

271) 2020.6.9「산업안전보건법」제55조 제2항 위반에 대해서도 형사처벌을 하는 것으

3. 법적 요건

작업거절권의 경우 우리나라의 법제하에서 작업거절권이 인정된다고 하더라도 중요한 것은 이론적 근거와 법적 요건이라 할 수 있다.

먼저, 이론적 근거와 관련하여 「산업안전보건법」 제52조 제1항의 규정은 별론으로 하고 제51조의 규정에 의한 작업거절권과 채권법상의 구성에 의한 작업거절권의 관계가 문제로 될 수 있다. 「산업안전보건법」 제51조의 규정은 일응 사업주의 공법적 의무를 정한 규정이지만 사법(私法)적 효력도 아울러 가지고 있기 때문이다. 이것에 대해서는 「산업안전보건법」 제51조의 규정이 민법 이론 등으로부터 인정되는 작업거절권과 달리 사업주의 의무위반 유무에 관계없이 일정한 기준을 일탈하는 위험에 대하여 배타적으로 부여되는 작업거절권을 규정한 것이라고 해석함으로써 양자는 구분될 수 있다.

그리고 채권법상의 구성에 의해 도출될 수 있는 작업거절권의 근거에 대해서는 우리나라의 학설과 판례에서는 어떠한 이론도 전개되고 있지 않지만, 사업주의 안전배려의무는 근로자의 노무급부의무와 대가적인 견련관계에 있는 것은 아니라 하더라도 노무급부의 특수성으로부터 근로자 보호를 위하여 양자에 이행상의 견련관계를 긍정하는 방식으로 작업거절권을 도출하는 것이 법리적으로 가장 정합성을 가진다고 생각된다.[272] 다시 말해서, 동시이행의 항변권(민법 제536조)은 공평의 관념과 신의칙에 근거하는 것이므로 이것을 폭넓게 적용할 수 있는 것으로 하여 작업거절권을 인정하는 것, 즉 작업거절권을 동시이행의 항변권의 일종으로 보거나 이것과 유사한 계약상의 권리

로 「산업안전보건법」을 일부개정하였다.

272) 이은영, 『채권각론(제5판)』, 박영사, 2005, 168~189쪽 ; 대법원 1992.8.18. 91다30927 판결 참조. 특히 이은영 교수는 당사자가 부담하는 각 채무가 쌍무계약에 있어 고유의 대가관계가 있는 채무가 아닌 '부수의무'에 불과하더라도, 구체적인 계약관계에서 각 당사자가 부담하는 채무에 관한 약정내용에 따라 그것이 대가적 의미가 있어 이행상의 견련관계를 인정하여야 할 사정이 있는 경우에는 동시이행의 항변권이 인정된다고 하여, '부수의무'에 대해서도 동시이행항변권을 명시적으로 인정한다.

의 성질을 가지고 있는 것으로 보고 이것으로부터 작업거절권을 도출하는 것이 타당하다고 판단된다. 여기에서는 기본적으로 이와 같은 입장에 서서 작업거절권의 법적 요건을 시론적으로 제시하고자 한다.

산업재해 발생의 위험이 현실적으로 존재하고 있는 것이 제1의 요건이다. 이것과 관련하여 문제가 되는 것은 그 위험의 정도이다. 이에 대해 미국의 산업안전보건청(Occupational Safety and Health Administration : OSHA) 규칙(OSHA regulations)은 '사망 또는 중대재해의 현실적 위험', 독일의 「산업안전보건법」은 '직접적이고 중대한 위험', 그리고 일본의 「노동안전위생법」과 우리나라의 「산업안전보건법」은 '급박한 위험'이라고 각각 규정하고 있다. 이러한 산업안전보건법규, 즉 공법상의 규정만으로 판단하면, 경미한 위험의 경우에는 작업거절권은 행사할 수 없다고 해석될 수 있다. 그러나 해석론으로는, 근로계약상 근로자는 노동력을 사용자(사업주)에게 제공하여야 할 의무는 있지만 휴식・휴게 등에 의해 회복할 수 없는 신체적 또는 정신적 손상을 입는 것은 그 의무내용으로 되어 있지 않으므로 경미한 정도의 위험도 그 성격에 따라서는 작업거절의 이유가 될 수 있을 것이다. 경미한 위험을 간과하고 근로를 계속하는 것이 사망 또는 중대재해로 연결될 수 있는 경우도 있기 때문이다.

우리나라(산업안전보건법 제51조, 제52조 제1항)를 포함한 위험의 정도에 관한 각국의 위 요건은 공법상의 최저기준에 지나지 않는 것이라고 보아야 할 것이다. 또한 동시이행의 항변권을 법적 기초로 하는 채권법상의 구성에 의해서도 근로자는 산업재해 발생의 위험이 급박하거나 중대한 상황에 이르지 않은 경우, 즉 경미한 위험의 경우라 하더라도 작업거절을 할 수 있다고 볼 수 있을 것이다. 다만, 동시이행의 항변권이 공평의 관념과 신의칙이라는 관점에서 인정된 제도라는 것을 감안하면, 산업재해 발생의 위험이 현실적으로 존재하지 않는 사업주의 사소한(경미하고 단기간에 그치는) 안전배려의무 위반을 이유로 작업거절권을 행사하는 것은 근로자 측에 허용되지 않는다고 생각된다.[273] 다시 말해서, 작업거절권의 법적 근거를 동시이행의 항변권으로 한다 하더라도 작업거절권의 행사를 위해서는 산업재해 발생의 위험이 현실적으로 존재하여야 한다고 본다.

다음으로, 근로자의 위험성의 존재에 대한 판단과 관련해서는, 근로자가 위험이 있다고 생각하기에 상당한 이유가 있으면 충분하다고 해야 할 것이다. 이것은 사전의 판단이고 사후적인 판단은 아니다. 다시 말해서, 사후적으로 사고가 발생하지 않더라도 무방하고 사전적 판단으로서 산업재해가 발생할 것이라고, 즉 위험이 존재한다고 신뢰하기에 상당한 이유가 있으면 충분하다고 해석하여야 할 것이다. 이 경우, 이 상당한 이유에 대한 판단은 개별 근로자의 이성적 판단이어야 한다. 이 점에 대하여 우리나라의 「산업안전보건법」 제51조는 언급하고 있지 않지만, 미국법령에서는 이에 대해 '합리적인 근로자'로 규정하고 있고, 일본의 후생노동성 통달 역시 '개별 근로자'의 판단으로 충분하다는 것을 시사하고 있다.[274] 근로자에게는 숙련, 경험, 감성 등에 개인차가 있기 때문에 평균적인 근로자의 이성적 판단이 아니라 개별 근로자의 이성적 판단으로 족하다고 해석하여야 할 것이다.

마지막으로, 산업재해 발생의 위험이 급박한 경우에는 근로자가 「산업안전보건법」 제51조 및 제52조 제1항의 규정을 기다릴 것까지 없이 사업주의 허가를 얻지 않고 그의 자율적 판단에 의하여 작업중지 및 대피를 하는 것이 허용된다고 해석되어 왔다. 그러나 산업재해 발생의 위험이 급박하지 않은 경우에는, 근로자는 동시이행의 항변권의 요건상 작업거절 전에 사업주에게 안전배려의무의 이행을 요구하고 사업주가 이것에 응하지 않는 경우에 비로

273) 같은 취지 : 김형배, 『노동법(제27판)』, 박영사, 2021, 363쪽[사용자의 안전배려의무 위반이 경미하고 단기간에 그치는 것이어서 근로자에게 손해를 끼칠 염려가 거의 없는 때에는, 근로자의 노무제공 거부는 신의칙에 반한다고 보아야 한다. 근로자는 신체·건강에 대한 안전상의 위험이 없는 한 사업장의 손해 발생 방지에 협력할 부수적 의무(신의칙상의 충실의무)를 부담한다].

274) 野原石松, 『新版わかりやすい労働安全衛生法』, 労務行政研究所, 1979年, 123頁.

소 작업거절을 할 수 있다고 해석하여야 할 것이다.[275] 다시 말해서, 급박한 상황이 아닌 통상적인 상황에서는 사업주가 위험을 제거할 기회를 가질 수 있도록 근로자가 작업거절권을 행사하기 전에 사업주에게 안전배려의무의 이행을 청구하고 이를 불이행할 경우에 작업을 거절한다는 통지를 하는 것이 '균형' 또는 '형평'의 원칙상 필요하다고 본다.

한편, 작업거절권은 근로자의 '권리'이지 '의무'가 아니다. 따라서 위험발생을 사전에 예측할 수 없었던 경우는 물론이고 그것을 어느 정도 예측하면서 감히 작업한 결과 사고발생에 이른 경우에도 손해발생에 대해 근로자에게 고의 또는 중대한 과실이 없는 한 사업주의 안전배려의무의 면책이나 책임경감 또는 과실상계의 대상이 되는 것은 아니라고 보아야 할 것이다.

4. 법적 효과

근로자의 작업거절권 행사와 관련하여 문제가 될 수 있는 것은 임금 미지급과 해고, 기타 불이익처분일 것이다.

가. 임금청구권

먼저 임금지불과 관련해서는, 작업거절이 「근로기준법」 제46조(휴업수당)에서 말하는 사용자의 귀책사유에 의한 휴업에 해당하는 경우에는 휴업수당으로서 평균임금의 100분의 70 이상의 청구권이 발생하고, 「민법」 제538조 제1항의 채권자 귀책사유로 인한 이행불능에 해당하는 경우에는 근로자에게 임금 전액에 대한 청구권이 발생한다.[276] 따라서 사용자의 고의·과실이 인

---

275) 채무자가 상대방의 이행청구를 거절하기 위해서는 '상대방이 채무를 이행할 때까지 자신의 채무를 거절한다'는 취지의 주장을 하여야 한다(山本敬三, 『民法講義Ⅳ-1』, 有斐閣, 2005年, 84頁).

276) 이 두 제도의 관계를 명확하게 이해하기 위해서는 첫째, 「근로기준법」 제46조의 귀

정되는 사유에 의한 작업거절의 경우에는 「근로기준법」 제46조에 의한 휴업수당 청구권과 「민법」의 규정에 의한 임금 전액에 대한 청구권이 동시에 발생되어 이 두 청구권은 경합관계에 서게 된다. 이때에 휴업수당 지급청구권을 행사하여 휴업수당이 지급된 한도 내에서는 「민법」상의 청구권은 소멸하고, 나머지 임금부분에 관해서는 「민법」상의 청구권이 성립한다.[277] 요컨대, 정당한 작업거절은 사업주(사용자)의 귀책사유에 의한 노무의 수령불능으로서 사업주가 그 위험을 부담해야 하기 때문에 근로자는 노무급부를 거절하더라도 채무불이행책임을 지지 않고 임금청구권을 상실하지 않는다. 그리고 그 당시에 제공되지 않은 노무는 사장되어 소멸한다고 해석된다. 후일에 제공되는 노무는 그 날분의 노무이지 전일분의 노무는 아니다.[278]

나. 불이익처분

근로자의 정당한 작업거절로 인해 해고, 기타 불이익 문제가 발생할 경우에는 우선적으로 공서양속 위반에 해당하는 것으로 보아 「민법」 제103조의 반사회질서의 법률행위를 적용할 수 있으나, 근로자의 구제가 용이하게 될 수 없는 문제가 있다. 이 점을 고려하여 현행 「산업안전보건법」(제52조 제4항)은 작업거절과 이것에 의한 불이익취급의 금지에 관한 조항을 명문으로 규정하고 있다.[279] 그런데 이 불이익취급 금지규정은 작업거절권의 보장 속에 포함되는 불

책사유에는 「민법」상의 귀책사유(고의·과실 또는 이것과 동등시할 만한 사유)에 해당될 수 없는 경영상의 장애 등과 같이 사용자의 지배범위에 속하는 사유까지도 포함되어 있다는 점과, 둘째 「민법」상의 귀책사유의 요건이 갖추어진 경우에 「근로기준법」 제46조는 근로자가 임금 전액을 청구하는 것을 막지 않는다는 점에 주의해야 한다(김형배, 『노동법(제27판)』, 박영사, 2021, 443쪽 참조).

277) 김형배, 『노동법(제27판)』, 박영사, 2021, 443쪽.

278) 이은영, 『채권각론(제5판)』, 박영사, 2005, 502쪽.

279) 작업중지에 관한 규정은 1981.12.31 「산업안전보건법」 제정 시부터 규정되어 있었고, 불이익취급 금지 규정은 1996.12.31 「산업안전보건법」 제6차 개정 시에 반영되었다.

이익취급 금지의 사법규범을 공법적으로 확인한 것이라고 해석된다.

한편, 근로자의 개인적인 작업거절은 쟁의행위가 아니므로 쟁의행위가 금지되어 있는 근로자도 작업거절이 당연히 가능하다고 보아야 할 것이다.

V. 기술 또는 작업환경에 관한 표준[280)]

1. 취 지

근로자의 위험과 건강장해를 방지하기 위하여 사업주가 강구하여야 할 구체적인 조치는 「산업안전보건법」 제38조 제4항 및 제39조 제2항 등에 근거하여 고용노동부령(안전보건기준규칙) 등에 다양하게 규정되어 있다. 그러나 그 적용 대상이 되는 사업장의 업종, 규모, 작업양태 등이 천차만별임에도 불구하고, 법령은 그 본래 가지고 있는 제약 때문에 일정 정도는 획일적・일반적・추상적일 수밖에 없다. 따라서 법령을 개개의 사업장에 적용하는 경우, 법령은 아무리 해도 자세하고 친절하다고는 말하기 어려운 측면이 있고, 법령만으로는 산업재해를 실제로 감소시키는 것은 좀처럼 용이하지 않다.

산업재해의 감소를 위한 정책을 유효하게 추진하기 위해서는, 이러한 법정사항을 더욱 구체화하고 많은 현장에 바로 적용시킬 수 있는 방법을 확립

280) 기술 또는 작업환경에 관한 표준(종전 : 기술상의 지침 및 작업환경의 표준)이 법령상의 기준을 보충하고 구체화하는 성격의 지침에 해당한다는 점을 감안하면, 이것은 안전조치(제38조), 보건조치(제39조) 등 유해・위험 방지조치의 성격을 가지고 있는 조항과 더불어 '유해・위험 방지조치'의 장(제4장)에 규정되는 것이 타당하다. 그런데 「전부개정 산업안전보건법」에서는 이것을 안전조치, 보건조치 등의 조항과 분리하여 총칙(제1장)에 규정한 것은 기술 또는 작업환경에 관한 표준(종전 : 기술상의 지침 및 작업환경의 표준)의 성격을 제대로 이해하지 못한 탓이다.

시키는 것이 필요하다. 이와 같은 방법은 본래 사업장이 각기 궁리하여야 하는 것이고, 이를 위해 현재에도 사업장 차원에서 여러 가지 노력이 이루어지고 있다. 그러나 실제문제로서 중소기업 등에서는 개개의 사업장의 능력을 초과하는 경우도 있으므로, 법령의 취지를 보다 효과적으로 실현하기 위해서는 좀 더 구체적이고 개별적인 내용의 방안(대책)을 국가로서도 적극적으로 제시하는 것이 필요하다.

이러한 생각에 기초하여, 「산업안전보건법」에서는 제13조 제1항에 근거하여 산업현장의 특성을 고려하면서 법적 기준의 취지를 살린 구체적인 지침(Guideline)으로서 '기술상의 지침 또는 작업환경의 표준'(이하에서는 '기술상의 지침'이라 한다)[281]을 고시하는 것으로 하였다. 요컨대, '기술상의 지침'은 「산업안전보건법」에 따른 법적 기준이 「산업안전보건법」 적용 대상인 현장에 원활하게 적용되도록 하기 위하여 이 법적 기준과 현장 간의 '가교' 역할을 하는 것이라고 할 수 있다.

재해예방 선진국[282]일수록 강제적인 기준 외에 이러한 정보제공의 성격을 가진 지침(가이드라인)적 기준의 개발과 지도에도 역점을 두고 있는 것은 이러한 이유에서이다.

---

281) 「전부개정 산업안전보건법」에서는 '기술 또는 작업환경에 관한 표준'이라는 명칭을 사용하고 있지만, 현재 제정되어 있는 고시의 성격과 이 조문이 예상하고 있는 내용이 전술한 바대로 사업주 등에 의한 안전보건조치의 적절하고 효과적인 실시를 위한 설명적 지침(Guideline)이고, 실제 제정되어 있는 고시 모두 '…지침'이라는 명칭을 사용하고 있는 점을 감안할 때, '표준'이 아니라 '지침'이라는 표현이 적합하다.

282) 이러한 성격의 지침은 영국, 독일, 일본, 미국 등 재해예방 선진국 법제에서도 공통적으로 발견된다.

2. 제정 대상 및 형식

고용노동부장관이 기술상의 지침으로 제정할 대상은 다음과 같다(산업안전보건법 제13조 제1항).[283)]

① 기계·기구와 그 밖의 설비를 설계·제조 또는 수입하는 자, 원재료 등을 제조·수입하는 자, 건설물을 발주·설계·건설하는 자가 산업재해를 방지하기 위하여 하여야 할 조치(산업안전보건법 제13조 제1항 제1호)[284)]

②「산업안전보건법」제38조(안전조치), 제39조(보건조치)에 따라 사업주가 하여야 할 조치(산업안전보건법 제13조 제1항 제2호)

현재 제정되어 운영되고 있는 기술상의 지침은 다음과 같다.[285)] 이것들은 모두 고용노동부 고시의 형식을 취하고 있다.

① 가설공사 표준안전작업지침

② 추락재해방지 표준안전작업지침

③ 굴착공사 표준안전작업지침

④ 콘크리트공사 표준안전작업지침

---

283) 안전보건공단에서 제정·운영하고 있는 KOSHA GUIDE는 이 자체만으로는「산업안전보건법」에 법적 근거를 두고 있는 것(법적 효력을 갖고 있는 것)은 아니며, 안전보건공단에서 자체적으로 제정·운영하고 있는 것에 불과하다. 따라서 KOSHA GUIDE가 재판에서 다루어진다고 하더라도 고시 등 행정규칙과는 달리 법원(法源)으로 인정받을 수 없다.

284) 현행 기술상의 지침은 모두「산업안전보건법」제13조 제1항 제2호에 근거하여 제정된 것이고, 같은 법 같은 조 같은 항 제1호에 근거하여 제정된 것은 없는바, 입법태만이라고 할 수 있다.

285) 현재 기술상의 지침은 고용노동부에서 그 취지와 중요성이 제대로 인식되지 않고 있고, 그 결과 지방고용노동관서에 의해 기업(사업장)을 대상으로 이 지침 및 표준에 대한 지도·권고가 전혀 이루어지지 않고 있으며, 그렇다 보니 기업현장에서는 이 지침 또는 표준의 존재 자체를 대부분 인식하지 못하고 있거나 이를 활용하는 사례를 거의 찾아볼 수 없다.「산업안전보건법」이 현장에서 작동되지 않고 있는 것의 대표적인 사례 중 하나로서, 법 집행기관의 역할이 얼마나 중요한지를 역설적으로 말해주는 사례라고 할 수 있다.

⑤ 철골공사 표준안전작업지침

⑥ 해체공사 표준안전작업지침

⑦ 터널공사 표준안전작업지침(NATM 공법)

⑧ 사무실공기관리지침

⑨ 발파작업 표준안전작업지침

⑩ 운반하역 표준안전작업지침

⑪ 벌목 표준안전작업지침

⑫ 영상표시단말기(VDT) 취급근로자 작업관리지침

⑬ 철강업에 있어서 수증기 폭발 및 고열물 접촉 위험방지 기술상의 지침

⑭ 정전기재해 예방을 위한 기술상의 지침

⑮ 저압산업용 기계기구의 부속전기설비의 전기재해예방을 위한 기술상의 지침

⑯ 감전재해 예방을 위한 기술상의 지침

⑰ 가스누출감지경보기 설치에 관한 기술상의 지침

⑱ 제1차 금속산업 안전작업지침

⑲ 공작기계 안전기준 일반에 관한 기술상의 지침

3. 필요한 지도 · 권고

기술상의 지침에 의한 산업재해 예방의 실효를 거두기 위하여, 고용노동부장관은 이를 제정 · 고시한 경우, 필요하다고 인정되는 때에는, 사업주[286]에게 이의 준수를 지도 · 권고할 수 있다(산업안전보건법 제13조 제1항 참조).

---

286) 기술상의 지침의 이행주체가 사업주(제13조 제2호)뿐만 아니라 그 외의 자(제13조 제1호)도 얼마든지 될 수 있고 또 그렇게 하는 것이 바람직한 만큼, 지도 · 권고의 대상을 사업주로 한정하고 있는 것은 입법적으로 문제가 있다.

따라서 사업주는 구체적인 상황에서 안전보건조치를 실제적으로 이행하는 데 있어 이 지침을 유용하게 활용할 수 있다. 지방고용노동관서 또한 사업주로 하여금 안전보건조치를 실질적으로 이행하도록 하는 데 있어 이 지침을 적극적으로 활용할 수 있다.

이 지침 자체는 강제적인 것은 아니고, 따라서 이것들을 위반하더라도 직접적으로 처벌되지는 않는다. 그러나 산업재해가 발생하였을 경우 사업주 등이 이것들을 위반한 것으로 밝혀지면, 해당 사업주 등은 민사상 안전배려의무 위반으로 손해배상책임이 물어질 수 있다.[287)]

4. 표준제정위원회의 구성 · 운영

기술상의 지침을 정할 때, 고용노동부장관은 지침을 자체적으로 제 · 개정할 수도 있지만, 필요하다고 인정할 때에는 해당 분야별로 표준제정위원회[구(舊) 기준제정위원회][288)]를 구성 · 운영하여 제 · 개정할 수도 있다(산업안전보건법 제13조 제2항 참조). 본 위원회의 구성 · 운영과 그 밖에 필요한 사항은 고용노동부장관이 따로 정하고 있다(산업안전보건법 제13조 제3항). 이에 근거하여 현재 「산업안전 · 보건표준제정위원회 규정」이 고용노동부 예규로 제정되어 있다.

표준제정위원회는 본위원회와 다음과 같은 5개 전문위원회[289)]로 구성된다

---

287) 하지만 지침 또는 표준에 대해 정부의 역할이 없다 보니, 안전배려의무 소송에서 이 지침 또는 표준이 거의 인용되고 있지 않다.

288) 앞에서 지적한 것과 동일한 이유로 '산업안전 · 보건표준제정위원회'(밑줄은 필자)는 타당하지 않고 '산업안전 · 보건기준제정위원회''(밑줄은 필자)라는 종전의 명칭이 타당하다.

289) 종전에는 10개 전문분야로 구성되어 있었다. 산업보건분야를 4개에서 1개로 축소하고('산업'을 삭제한 채로) 기계분야와 전기분야를 통합하였으며, 리스크관리분야를 폐지하였다. 산업보건분야의 전문성을 몰각한 개정이라고 판단된다.

(산업안전·보건표준제정위원회 규정 제3조 제1항).

① 산업안전일반분야 전문위원회

② 기계전기안전분야 전문위원회

③ 건설안전분야 전문위원회

④ 화학안전분야 전문위원회

⑤ 보건위생분야 전문위원회

표준제정위원회는 위원장 1명과 부위원장 1명을 포함한 당연직위원 및 외부위원으로 구성한다(산업안전·보건표준제정위원회 규정 제4조 제1항). 위원장은 「고용노동부와 그 소속기관 직제 시행규칙」 제8조 제1항에 따른 산업안전보건본부장으로 하고, 부위원장은 같은 조 제2항에 따른 산업안전보건정책관으로 한다(산업안전·보건표준제정위원회 규정 제4조 제2항).

위원장과 부위원장 이외의 당연직위원은 다음 각 호의 어느 하나에 해당하는 사람으로 한다. 다만, 부득이한 사유로 그 직무를 수행할 수 없을 때에는 당연직위원이 미리 지명한 위원이 그 직무를 대행한다(산업안전·보건표준제정위원회 규정 제4조 제4항).

① 「고용노동부와 그 소속기관 직제 시행규칙」 제8조 제5항에 따른 산업안전보건본부 각 과·팀의 장

② 안전보건공단의 1급 이상 직원으로서 위원장이 지명한 사람

표준제정위원회의 외부위원은 다음 어느 하나에 해당하는 사람 중에서 고용노동부장관이 위촉하는 사람으로 한다(산업안전·보건표준제정위원회 규정 제4조).

① 위원회와 관련된 「정부조직법」 제2조 제2항에 따른 중앙행정기관의 5급 이상 공무원

② 2년제 이상의 대학에서 산업안전보건분야의 전문직 연구 또는 강의 경력이 5년 이상인 조교수급 이상인 사람

③ 위원회와 관련된 「공공기관 운영에 관한 법률」 제4조에 따른 공공기관

에서 7년 이상 근무한 사람

④ 위원회와 관련된 단체의 해당 기술분야에서 7년 이상 근무한 사람

⑤ 그 밖에 ①~④에 상당하는 학식과 경험이 있다고 위원장이 인정하는 사람

표준제정위원회의 구성・운영은 「산업안전보건법」 제165조의 업무위탁 규정에 의해 안전보건공단에 위탁할 수 있는 것으로 되어 있다(산업안전보건법 제165조 제2항 제3호, 시행령 제116조 제1항).[290] 그러나 2024년 2월 27일 「산업안전・보건표준제정위원회 규정」 개정으로 고용노동부가 직접 구성・운영하는 것으로 바뀌었다.[291]

고용노동부장관이 일정한 기술상의 지침의 제・개정을 표준제정위원회에 의뢰하면, 위원회에서 지침의 제・개정안을 심의・확정한 후 고용노동부장관에게 제출하는 절차를 거친다. 고용노동부장관은 제출받은 위원회 제・개정안을 토대로 지침을 최종적으로 확정하여 고시하게 된다.[292]

290) 그간 구성・운영이 안전보건공단에 위탁되어 온 표준제정위원회는 전적으로 KOSHA GUIDE 제・개정 중심으로 운영되어 왔고, 본래 목적이라고 할 수 있는 기술상의 지침(고시) 제・개정을 위한 심의는 전혀 이루어지지 않아 왔다. 「산업안전보건법」의 본래 취지에서 벗어나 운영되어 온 대표적인 사례 중의 하나이다.

291) 전문성이 부족한 고용노동부가 표준제정위원회를 제대로 운영할지는 앞으로 지켜봐야겠지만 많은 의문이 드는 것은 사실이다.

292) 오래전부터 고용노동부 고시(기술상의 지침)의 제・개정을 위한 표준제정위원회가 전혀 개최되지 않고 있고, 그 결과 동 위원회를 통한 고시 제정이 단 한 건도 없다는 것은 산업안전보건 인프라 구축이라는 관점에서 볼 때 심각한 문제가 아닐 수 없다.

[칼럼] 기술상의 지침의 '비정상의 정상화'[293)]

개정 산업안전보건법 제13조(종전 산업안전보건법 제27조)에 의하면, 고용노동부장관은 기술 또는 작업환경에 관한 표준을 정하여 사업주에게 지도 · 권고할 수 있고, 이 표준(종전 기술상의 지침)을 정할 때 필요하다고 인정하면 해당 분야별로 표준제정위원회(종전 기술제정위원회)를 구성 · 운영할 수 있다. 그리고 표준(기준)제정위원회는 그 구성 · 운영이 안전보건공단에 위탁되어 있다.

본 조문은, 산업안전보건법의 적용 대상이 되는 사업장의 업종, 규모, 작업양태 등이 천차만별임에도 불구하고, 법령(법률, 대통령령, 부령)은 그것이 본래 가지는 제약상 상당한 정도 획일적 · 일반적일 수밖에 없어 개별 사업장에 적용하는 경우에는 결코 친절하고 상세하다고는 말하기 어려운 면이 많고, 이 때문에 법령만으로는 산업재해를 감소시키는 데 많은 한계가 있는 점을 고려하여 1990년 산업안전보건법 전면개정 시에 규정된 것이다.

산업재해의 감소를 위한 정책을 유효하게 추진하기 위해서는 법정사항을 보다 구체화하고 많은 현장에 바로 적용시킬 수 있는 방법을 확립시키는 것이 필요하다. 이러한 방법은 본래 사업장이 강구하여야 하지만 실제적인 문제로서 중소기업 등에서는 개별 사업장의 능력을 넘는 것이기 때문에, 법령이 취지로 삼고 있는 바를 보다 효과적으로 실현하기 위해서는 좀 더 구체적이고 개별적인 대책으로서 지침, 가이드 등을 '정부' 차원에서 적극적으로 제시하는 것이 필요하다.

그런데 우리나라의 경우 본 조문에서 말하는 표준(기준)제정위원회가 구성은 되어 있으나, 본 위원회에서 본래의 취지와는 달리 안전보건공단 가이드(KOSHA GUIDE)를 제 · 개정하는 엉뚱한 일을 중심으로 수행하고 있고, 본 조문에서 말하는 고용노동부의 고시(告示) 형태로 기술상의 표준(지침)을 제정하거나 개정하는 활동은 전혀 수행하고 있지 않다. 한마디로 기술상의 표준(지침) 제 · 개정의 개점휴업 상태가 고착화되어 있다. KOSHA

293) 정진우, 안전저널, 2020.7.3.

GUIDE는 산업안전보건법상 법적 근거가 전혀 없는 것이고 안전보건공단에서 자체적으로 제정·운영하고 있는 것에 불과하다.

이러한 운영은 본 조문의 제정취지에 전혀 맞지 않은 것으로서 고용노동부와 산업안전보건공단 모두의 명백한 책임방기라 할 수 있다. 표준(기준)제정위원회는 기술상의 표준(고시) 초안을 제정하라고 구성된 것이지 KOSHA GUIDE를 제정하라고 구성된 것이 아니라는 점을 명심해야 한다. 더욱 심각한 것은 고용노동부와 안전보건공단 모두 자신들이 무엇을 잘못하고 있는지 인식조차 하지 못하고 있다는 점이다.

이와 같은 지도·권고(지침·표준)와 관련된 규정의 제·개정활동의 부재는 사업장의 산업안전보건법의 실질적인 이행의 어려움을 초래하는 것으로 그치지 않고, 일선현장에서 지방고용노동관서를 오로지 법 위반을 적발하여 처벌하는 기관인 것으로 잘못 생각하게 하는 또 하나의 원인을 제공하고 있는 것이기도 하다.

처벌을 강화하는 것만으로는 한 나라의 산업안전보건수준을 결코 선진국 수준으로 끌어올릴 수 없다. 산업안전보건법의 목적은 처벌이 아니라 예방에 있음은 널리 알려져 있는 상식이다. 우리나라의 산업안전보건수준을 선진화하고 이 상식을 실현하기 위해서는 정부부터 산재예방의 인프라를 확충하는 자신의 역할에 충실하여야 한다. 이런 노력 중 가장 초보적인 것이 기술·환경변화에 맞추어 기술상의 표준(지침)의 제·개정을 활발하고 내실 있게 하는 것이다.

그런데 최근 고용노동부는 많은 것을 법령이나 행정규칙(고시 등)에 규정하지 않고 법적 근거 없는 자체지침이나 KOSHA GUIDE로 어물쩍 넘어가려는 경향이 지나치다. 일정한 법적 절차를 거쳐야 하는 행정규칙[기술상의 표준(지침)]의 형식을 취하는 정도(正道)를 걷지 않고 내용을 자의적으로 정하기 쉬운 법적 근거 없는 지침을 남발하고 있는 것이다. 비정상(deviance)이 정상화되어 있는 형국이다. 기술상의 표준(지침)의 제·개정에 대한 정상화를 촉구한다.

Ⅵ. 도급 시의 안전 · 보건조치

1. 유해한 작업의 도급금지

가. 의 의

기업의 경영 필요성 또는 중소기업의 육성 등의 측면에서 생산에 필요한 일부분을 도급이라는 형식을 통하여 조달하게 하는 것은 기업 자체의 생산성 또는 산업의 경쟁력 강화 등을 위하여 불가피한 측면이 있다.

그러나 이와 같은 경영상의 필요 외에 안전보건관계법 등의 법적 규제와 책임을 회피할 목적으로 유해 · 위험작업 등을 도급하는 경우가 업종을 불문하고 발생하고 있다. 이로 인하여 하청업체에 소속된 근로자의 안전보건문제가 사회문제화되는 등 안전보건 측면에서도 부정적인 점이 다양한 형태로 나타나고 있다.

이에 「산업안전보건법」에서는 도급인의 사업장에서 도급이 이루어지는 작업으로서 대체로 영세하고 수급업체의 독자적인 노력만으로는 당해 작업과 관련된 작업환경개선을 할 수 없는 유해하거나 위험한 작업에 대해서는 수급업체 근로자의 안전보건을 위하여 도급인의 사업장 내에서 도급 주는 것을 금지하고 있다(제58조 제1항).[294)]

이 규정은 종전의 '도급인가' 제도가 「산업안전보건법」 전부개정을 통해 내용의 실질적 변경 없이 '도급금지' 제도로 바뀐 것에 불과하다. 당초 이 규정은 1988년 5월 문송면 수은 중독사고[295)]를 비롯하여 1980년대 후반 잇달아 발생한 중금속 중독사고[296)] 예방 차원에서 1990.1.13 「산업안전보건법」 전부

294) 이를 위반한 경우에는 10억원 이하의 과징금을 부과한다(산업안전보건법 제161조 제1항 제1호).

295) 1988년 5월 온도계 제조공장에서 일하던 15세 소년이 취업 두 달 여만에 수은중독으로 사망한 사건.

296) 이 중금속 중독사고는 중소사업장에서의 사내하도급의 한 형태인 소사장제의 모습을 띠고 있던 곳에서 주로 발생하였었다.

개정 시 도입된 것이다. 그렇다 보니 안전사고가 아닌 직업병 예방에 초점이 맞추어져 있는 것이고, 다른 작업과 비교하여 재해율이 높거나 리스크가 특히 높은 작업을 대상으로 하고 있는 것도 아니다.

이와 같이 본 조항의 작업에 대해 도급규제 중 가장 강한 규제인 도급 자체의 금지 대상으로 할 만한 논리적 근거나 이유가 전혀 발견되지 않음에도, 이 작업을 다분히 정치적 논리로 도급금지의 대상으로 한 것은 입법론적으로 큰 문제가 있다고 할 수 있다.

나. 도급금지 대상작업

안전보건상 유해하거나 위험한 작업으로서 다음 어느 하나에 해당하는 작업은 도급인의 사업장에서 수급인의 근로자에게 하도록 해서는 안 된다(산업안전보건법 제58조 제1항).

① 도금작업[297]

② 수은, 납, 카드뮴의 제련, 주입, 가공 및 가열 작업

③ 「산업안전보건법」 제118조 제1항[298]에 따른 허가 대상 유해물질을 제조하거나 사용하는 작업

다만, 다음 어느 하나에 해당하는 경우 사업주는 위 도급금지 대상작업을 도급하여 자신의 사업장에서 수급인의 근로자로 하여금 그 작업을 하도록 할 수 있다(산업안전보건법 제58조 제2항).

① 일시·간헐적으로 하는 작업을 도급하는 경우

② 수급인이 보유한 기술이 전문적이고 사업주(수급인에게 도급을 한 도급인으로서의 사업주를 말한다)의 사업 운영에 필수 불가결한 경우로

---

297) 금속 표면에 다른 금속을 입히는 본 작업뿐만 아니라 해당 작업의 부수작업(전처리, 마무리 등)으로서 근로자가 사용·취급하는 화학물질 등에 노출되거나 노출될 가능성이 있는 작업도 포함된다(고용노동부, 도급 시 산업재해예방 운영지침, 2020.3, 3쪽).

298) α-나프틸아민 및 그 염, 디클로로벤지딘 및 그 염, 베릴륨, 비소 및 그 무기화합물, 염화비닐, 크롬산 아연 등(시행령 제88조).

서 고용노동부장관의 승인[299]을 받은 경우[300]

일시・간헐적 작업을 도급하는 경우를 도급금지 대상에서 제외한 것은 작업수요가 일시・간헐적이어서 상시 인력을 두기 어려워 도급을 금지할 경우 오히려 사고위험이 높아질 수 있기 때문이다.

일시・간헐적으로 하는 작업에 대한 해석기준이 법령이나 행정규칙(고시)이 아닌, 법적 근거 없는 운영지침(도급 시 산업재해예방 운영지침)[301]으로 제시되어 있다.

이 지침에서는 '일시적 작업'은 30일 이내 종료되는 1회성 작업으로, '간헐적 작업'은 연간 총 작업일수가 60일을 초과하지 않는 작업으로 제한하고 있다. '전문적 기술'에 대해선 도급인이 습득・보유하기 어려운 전문적인 기술임이 지정, 고시, 공고, 인증, 특허 등에 의해 객관적으로 확인 가능한 경우라고 보고 있다.[302]

허가 대상 유해물질(예 : 비소화합물)의 경우 촉매 교체 작업은 약 10개월마다 이루어지고(통상 작업기간은 약 40일 소요) 특수장비가 필요하여 도급하는 것이 일반적인데, 촉매 교체도 제조・사용으로 해석하여 도급금지의 대상에 해당하는 것으로 해석하고 있음에 유의할 필요가 있다.

299) 승인의 유효기간은 3년의 범위에서 정한다(산업안전보건법 제58조 제4항).

300) 승인을 받지 아니하고 도급한 경우 10억원 이하의 과징금을 부과한다(산업안전보건법 제161조 제1항 제2호).

301) 이 지침은 도급과 관련하여 「전부개정 산업안전보건법」상의 법리적으로 불합리하거나 엉성한 부분을 메우기 위해 마련된 것이다. 법리적으로 문제가 있다고 하면 법령을 개정해야지 아무런 법적 근거 없는 지침으로, 그것도 자의적인 내용으로 채우는 것은 법치행정의 원칙을 정면으로 훼손하는 것이다.

302) 고용노동부, 「도급 시 산업재해예방 운영지침」, 2020.3, 4쪽.

다. 도급금지 적용제외 승인 등의 절차 · 방법

「산업안전보건법」 제58조 제2항 제2호에 따른 승인, 같은 조 제5항 또는 제6항에 따른 연장승인 또는 변경승인을 받으려는 자는 도급승인 신청서(시행규칙 별지 제31호), 연장신청서(시행규칙 별지 제32호) 및 변경신청서(시행규칙 별지 제33호)에 다음 서류를 첨부하여 관할 지방고용노동관서장에게 제출해야 한다.

① 도급 대상 작업의 공정 관련 서류 일체(기계 · 설비의 종류 및 운전조건, 유해 · 위험물질의 종류 · 사용량, 유해 · 위험요인의 발생 실태 및 종사 근로자 수 등에 관한 사항이 포함되어야 한다)

② 도급작업 안전보건관리계획서(안전작업절차, 도급 시 안전 · 보건관리 및 도급작업에 대한 안전 · 보건시설 등에 관한 사항이 포함되어야 한다)

③ 안전 및 보건에 관한 평가(시행규칙 제74조)에 따른 결과(산업안전보건법 제58조 제6항에 따른 변경승인은 해당되지 않는다)

지방고용노동관서장은 필요한 경우 승인, 연장승인 또는 변경승인을 신청한 사업장이 도급승인 기준(시행규칙 제75조 제2항)을 준수하고 있는지 안전보건공단으로 하여금 확인하게 할 수 있다(시행규칙 제75조 제3항).

도급승인 신청을 받은 지방고용노동관서장은 제2항에 따른 도급승인 기준을 충족한 경우 신청서가 접수된 날부터 14일 이내에 승인서(별지 제34호)를 신청인에게 발급해야 한다(시행규칙 제75조 제4항).

고용노동부장관은 승인의 유효기간이 만료되는 경우에 사업주가 유효기간의 연장을 신청하면 승인의 유효기간이 만료되는 날의 다음 날부터 3년의 범위에서 그 기간의 연장을 승인할 수 있다. 이 경우 사업주는 제3항에 따른 안전 및 보건에 관한 평가를 받아야 한다(산업안전보건법 제58조 제5항).

사업주는 승인을 받은 사항 중 i) 도급공정, ii) 도급공정 사용 최대 유해화학 물질량, iii) 도급기간(3년 미만으로 승인 받은 자가 승인일부터 3년 내에서 연장하는 경우만 해당한다)을 변경하려는 경우에는 변경에 대한 승인을 받아야 한다(시행규칙 제76조).

라. 안전보건평가

사업주는 수급인이 보유한 기술이 전문적이고 사업주(수급인에게 도급을 한 도급인으로서의 사업주)의 사업 운영에 필수 불가결한 경우로서 고용노동부장관의 승인을 받으려는 경우에는 고용노동부령으로 정하는 바에 따라 고용노동부장관이 실시하는 안전 및 보건에 관한 평가를 받아야 한다(산업안전보건법 제58조 제3항).

사업주는 「산업안전보건법」 제58조 제2항 제2호에 따른 승인 및 같은 조 제5항에 따른 연장승인을 받으려는 경우 고용노동부장관이 고시하는 기관[303]을 통하여 안전 및 보건에 관한 평가를 받아야 한다(시행규칙 제74조 제1항). 안전 및 보건에 관한 평가에 대한 내용은 「시행규칙」 별표 12(제74조 제2항 및 제78조 제4항 관련)에서 정하고 있다.

마. 도급금지 적용제외 승인 등의 기준

「산업안전보건법」 제58조 제2항 제2호에 따른 승인, 같은 조 제5항 또는 제6항에 따른 연장승인 또는 변경승인의 작업별 도급승인 기준은 다음 과 같다(시행규칙 제75조 제2항).

① 공통 : 작업공정의 안전성, 안전보건관리계획 및 안전 및 보건에 관한 평가 결과의 적정성

② 「산업안전보건법」 제58조 제1항 제1호 및 제2호에 따른 작업 : 「안전보건기준규칙」 제5조, 제7조, 제8조, 제10조, 제11조, 제17조, 제19조, 제21조, 제22조, 제33조, 제72조부터 제79조까지, 제81조, 제83조부터

303) 고용노동부장관의 업무를 위탁할 수 있는 안전보건공단, 비영리법인, 관계 전문기관의 지정 및 그 업무 위탁에 관하여 필요한 사항은 「업무위탁기관의 지정 등에 관한 규정」(고시)에서 정하고 있다.

제85조까지, 제225조, 제232조, 제299조, 제301조부터 제305조까지, 제422조, 제429조부터 제435조까지, 제442조부터 제444조까지, 제448조, 제450조, 제451조 및 제513조에서 정한 기준

③ 「산업안전보건법」 제58조 제1항 제3호에 따른 작업 : 「안전보건기준규칙」 제5조, 제7조, 제8조, 제10조, 제11조, 제17조, 제19조, 제21조, 제22조까지, 제33조, 제72조부터 제79조까지, 제81조, 제83조부터 제85조까지, 제225조, 제232조, 제299조, 제301조부터 제305조까지, 제453조부터 제455조까지, 제459조, 제461조, 제463조부터 제466조까지, 제469조부터 제474조까지 및 제513조에서 정한 기준

바. 도급금지 적용제외 승인 등의 취소

고용노동부장관은 승인, 연장승인 또는 변경승인을 받은 자가 도급승인 기준(시행규칙 제75조 제2항)에 미달하게 된 경우에는 승인, 연장승인 또는 변경승인을 취소하여야 한다(산업안전보건법 제58조 제7항).

고용노동부장관은 승인, 연장승인 또는 변경승인을 받은 자가 다음 어느 하나에 해당하는 경우에는 승인을 취소해야 한다(시행규칙 제77조).

① 도급승인 기준(시행규칙 제75조 제2항)에 미달하게 된 때

② 거짓이나 그 밖의 부정한 방법으로 승인, 연장승인, 변경승인을 받은 경우

③ 연장승인(산업안전보건법 제58조 제5항) 및 변경승인(산업안전보건법 제58조 제6항)을 받지 않고 사업을 계속한 경우

[칼럼] '위험의 외주화'라는 말의 부정확성과 무용성[304)]

우리 사회에서 '위험의 외주화'라는 말이 당연히 맞는 표현인 양 널리 사용되고 있다. 심지어는 판결문에서까지 공공연히 등장할 정도이다. 그런데 선진외국에서는 이러한 류의 말을 발견할 수 없다. 이 말이 과연 올바를까.

모든 사물에는 많든 적든 정도 차이가 있을 뿐 위험을 가지고 있기 마련인 점을 감안하면, 외주(아웃소싱)되는 모든 작업에는 위험이 수반될 수밖에 없다. 따라서 위험의 외주화라는 말은 현실을 정확하게 반영한 말도 아니고 아무런 의미가 없는 당연한 말이라고도 할 수 있다. 사물을 이분법적이고 단선적으로 바라보는 시각의 전형적인 산물이다.

외주는 기업 간 분업의 일종이다. 외주에 부정적인 측면도 있을 수 있지만, 그렇다고 외주 자체를 나쁘다고 보는 것은 분업, 즉 전문성이 필요하거나 효율성 때문에 외부에게 맡기는 것을 부정하는 것이나 다름없고, 나아가 현대 사회의 경제생활을 도외시하는 것이나 진배없다. 법령으로 일정한 자격을 갖춘 업체만 할 수 있도록 규정돼 있는 전문적인 작업은 외주를 하지 않을 수 없다. 외주를 금지하면 대기업이 중소기업의 영역을 침범하는 의도치 않은 부작용도 생길 수 있다. 소기업이 각종 유지보수업무를 중견기업, 대기업에 외주하거나 개인 · 자영업자가 리모델링이나 A/S를 외부업체에 맡기는 경우도 적지 않은데, 이러한 현실은 어떻게 설명할 것인가?

위험의 외주화라는 말은 탄생 배경과 뉘앙스상 '외주는 나쁘다'는 의미를 담고 있다. 그리고 외주가 위험을 떠넘기는 것을 목적으로 이루어지는 것처럼 오해를 불러일으킨다. 이러한 시각은 급기야 「산업안전보건법」에 '도급의 금지'를 규정하는 황당한 일로 이어지기도 했다. '도급의 승인' 규정도 외주 자체를 최대한 막기 위한 억지스러운 노력의 결과물이라고 할 수 있다. 외주를 받아 작업하는 업체가 엄연히 있음에도 안전조치만큼은 외주를 주는 업체가 다 해야 한다는 식의 투박한 규제도 외주를 부정적으로 바라보는 시각의 자연스러운 산물이라고 할 수 있다.

외주를 부정적인 시각에서 획일적으로 보는 사람들은 외주 자체를 아예 금지하거나 실효성을 따지지 않고 통제하는 일에 '몰빵'한다. 외주를 어떻

---

304) 정진우, 안전저널, 2024.6.10.

게든 막거나 최대한 막는 데 집중한다. 정작 외주에 따른 위험을 정교하게 관리(안전관리)하는 본질은 소홀히 한다.

외주 자체가 나쁜 것이 아니라 외주에 따른 안전관리의 불량이 나쁘다는 시각이 올바르다. 즉, 외주를 인정하되 외주에 따른 부작용을 최소화하는 데 지혜를 모으는 것이 현명하다. 외주를 하지 않더라도 안전관리가 불량하다면 수주(하청)업체 근로자 대신에 직영 근로자가 위험에 노출되게 된다. 외주 자체를 부정적으로 보는 것에만 매몰되어 안전관리의 실효성을 등한시하면 위험에 노출되는 대상이 달라질 뿐 누군가는 위험에 노출된다는 점을 놓칠 수 있다.

외주를 하더라도 외주에 수반되는 위험을 철저하게 관리(안전관리)하도록 하는 것이 효과적이고 비교법적으로 보편적이며 올바른 관점이다. 외주하는 쪽에게는 모든 안전관리 의무가 아니라 그 지위와 위상에 걸맞은 안전관리 의무를 부과하고, 외주를 받아 작업을 하는 쪽은 작업자를 고용하고 있는 업체로서의 지위와 위상에 맞는 안전관리 의무를 철저히 이행하도록 할 필요가 있다.

외주 자체를 부정적으로, 그것도 단면만 보게 되면, 관련되는 각 주체의 지위와 위상에 맞는 안전관리 의무를 실효성 있게 부과하는 일의 중요성을 간과하고 외주하는 측에 막무가내의 거친 규제를 하는 우를 범할 수 있다. 실제 현실로 나타난 대표적인 사례가 「산업안전보건법」에서 도급인에게 그의 지위와 위상뿐만 아니라 도급작업의 유형과 성격을 고려하지 않은 채 획일적으로 수급인과 동일한 의무(공동의무가 아니다), 그 결과 사실상 이행 불가능한 의무를 부과하고 있는 것이다. 선진외국에서는 찾아볼 수 없는 '갈라파고스 규제'이다. 이런 실효성이 없고 무모한 규제는 하청업체 근로자의 재해 예방에 도움이 되기는커녕 되레 부정적 영향을 끼칠 뿐만 아니라 많은 기업과 그 관계자를 애꿎게 범법자로 내몰고 있기까지 하다.

요컨대, 위험의 외주화라는 말은 현실에 바탕을 두지 않은 공허한 이념적 표현으로서 안전관리에 많은 허점을 드러내고 있고, 안전에 대한 소모적인 비용지출과 냉소적인 생각을 조장하는 등 여러 면에서 나쁜 영향을 미치고 있다. 무지보다 잘못된 지식이 더 위험하다는 버나드 쇼의 아포리즘을 곱씹어 볼 일이다.

2. 도급의 승인

가. 도급승인 대상작업

사업주는 자신의 사업장에서 안전 및 보건에 유해하거나 위험한 작업 중 급성중독, 피부부식성 등이 있는 물질의 취급 등 대통령령으로 정하는 작업, 즉 i) 중량비율 1퍼센트 이상의 황산, 불화수소, 질산 또는 염화수소를 취급하는 설비를 개조・분해・해체・철거하는 작업 또는 해당 설비의 내부에서 이루어지는 작업(다만, 도급인이 해당 화학물질을 모두 제거한 후 증명자료를 첨부하여 고용노동부장관에게 신고한 경우는 제외), ii) 그 밖에 산업재해보상보험및예방심의위원회의 심의를 거쳐 고용노동부장관이 정하는 작업[305]을 도급하려는 경우에는 고용노동부장관의 승인을 받아야 한다.[306] 이 경우 사업주는 위에서 설명한 안전보건평가를 받아야 한다(산업안전보건법 제59조 및 시행령 제51조).

여기에서의 승인에 관하여는 앞의 '1. 유해한 작업의 도급금지'에서 설명한 승인에 관한 설명(제58조 제4항부터 제8항까지)을 준용한다.

도급승인이 도급금지보다 약한 규제임에도, 일시・간헐적 작업에 대해 도금금지 조항과 달리 도급승인 예외규정을 두고 있지 않은 점과 '임시작업/단시간작업'과 '극소량'의 화학물질 취급작업에 대해서까지 예외 없이 도급승인을 받아야 한다는 점은 입법적으로 문제가 있다.

그리고 본 도급승인 조항과 「화학물질관리법」의 도급신고 의무(제31조)가 다분히 중복되지만(즉 화학물질관리법의 도급신고 제도가 본 조항의 도급승인 대상작업을 모두 포괄하지만), 「화학물질관리법」에 따라 신고 및 조치를 하였다고 하더라도, 본 조항의 도급승인을 받지 않아도 된다는 갈음조항이 없기 때문에, 도급승인 대상작업이면 「산업안전보건법」에 따라서도 별도로

---

305) 이에 대해서는 현재까지 고용노동부장관이 정하고 있는 작업은 없다.

306) 도급승인 대상작업을 이와 같이 정한 과학적 근거는 어디에서도 제시하지 못하고 있다.

도급승인 신청을 해야 한다는 점에 유의해야 한다.

나. 도급승인 등의 신청

「산업안전보건법」 제59조에 따른 안전 및 보건에 유해하거나 위험한 작업의 도급에 대한 승인, 연장승인 또는 변경승인을 받으려는 자는 도급승인 신청서(별지 제31호), 연장신청서(별지 제32호) 및 변경신청서(별지 제33호)에 다음 서류를 첨부하여 관할 지방고용노동관서장에게 제출해야 한다(시행규칙 제78조 제1항).

① 도급 대상 작업의 공정 관련 서류 일체(기계·설비의 종류 및 운전조건, 유해·위험물질의 종류·사용량, 유해·위험요인의 발생 실태 및 종사 근로자 수 등에 관한 사항이 포함되어야 한다)

② 도급작업 안전보건관리계획서(안전작업절차, 도급 시 안전·보건관리 및 도급작업에 대한 안전·보건시설 등에 관한 사항이 포함되어야 한다)

③ 안전 및 보건에 관한 평가 결과(변경승인은 해당되지 않는다)

그럼에도 불구하고 산업재해가 발생할 급박한 위험이 있어 긴급하게 도급을 해야 할 경우에는 ①, ③의 서류를 제출하지 않을 수 있다(시행규칙 제78조 제2항).[307)]

「산업안전보건법」 제59조에 따른 승인, 연장승인 또는 변경승인의 작업별 도급승인 기준은 다음과 같다(시행규칙 제78조 제3항).

① 공통 : 작업공정의 안전성, 안전보건관리계획 및 안전 및 보건에 관한 평가 결과의 적정성

② 시행령 제51조 제1호에 따른 작업 : 「안전보건기준규칙」 제5조, 제7조, 제8조, 제10조, 제11조, 제17조, 제19조, 제21조, 제22조, 제33조, 제

---

307) 산업재해가 발생할 급박한 위험이 있어 긴급하게 도급을 해야 할 상황임에도 (①, ③의 서류 제출은 생략되지만) 도급작업 안전보건관리계획서를 작성하여 지방고용노동관서장에게 제출하고 승인(최대 14일 소요)까지 받도록 하는 것은 난센스이다.

42조부터 제44조까지, 제72조부터 제79조까지, 제81조, 제83조부터 제85조까지, 제225조, 제232조, 제297조부터 제299조까지, 제301조부터 제305조까지, 제422조, 제429조부터 제435조까지, 제442조부터 제444조까지, 제448조, 제450조, 제451조, 제513조, 제619조, 제620조, 제624조, 제625조, 제630조 및 제631조에서 정한 기준

③ 시행령 제51조 제2호에 따른 작업 : 고용노동부장관이 정한 기준

여기에서의 안전 및 보건에 관한 평가, 도급승인의 절차, 변경 및 취소 등에 관하여는 앞의 '1. 유해한 작업의 도급금지'에서 설명한 승인에 관한 규정(시행규칙 제74조, 제75조 제3항・제4항, 제76조 및 제77조)을 준용한다(시행규칙 제78조 제4항).

다. 도급의 승인 시 하도급 금지

「산업안전보건법」 제58조 제2항 제2호에 따른 승인, 같은 조 제5항 또는 제6항(제59조 제2항에 따라 준용되는 경우를 포함한다)에 따른 연장승인 또는 변경승인 및 제59조 제1항에 따른 승인을 받은 작업을 도급받은 수급인은 그 작업을 하도급할 수 없다(산업안전보건법 제60조). 그 당부는 별론으로 하고,[308] 여기에서 열거된 도급작업, 즉 이미 승인 및 연장・변경승인을 받은 작업에 대해서는 하도급이 전면적으로 금지되고 조건부로도 하도급을 줄 수 없음에 유의할 필요가 있다.

라. 적격 수급인의 선정 의무

사업주는 산업재해 예방을 위한 조치를 할 수 있는 능력을 갖춘 사업주에게 도급하여야 한다(산업안전보건법 제61조). 도급인이 도급을 할 때 안전보

308) 하도급 금지를 무조건적으로 금지하고 있는 사례는 재해예방선진국의 법과 우리나라의 다른 법에서는 발견되지 않는다.

건에 관한 역량을 갖춘 수급인이 선정될 수 있도록 도급계약을 체결하는 과정에서 안전보건에 관한 사항까지를 고려하여 심사·평가하여야 한다는 취지의 규정으로서 「산업안전보건법」 전부개정 시(2019.1.15)에 도입된 규정이다. 그러나 법률에서 추상적으로 규정하고 있을 뿐 하위법령이나 행정규칙(고시 등) 어디에서도 이에 대해 구체적인 사항을 규정하고 있지 않아 실제 현장에 적용하여 작동하게 하는 데에는 많은 한계가 있다.

3. 도급인의 안전보건조치

가. 취 지

도급인과 같은 장소에서 수급인을 사용하는 것이 최근에는 건설업, 조선업, 화학공업뿐만 아니라 대부분의 업종에서 일반적인 현상이 되고 있다. 즉, 같은 장소에서 복수의 사업주(Multi-employer)가 작업을 하는 현상이 일반적이 되고 있다. 이들 수급인의 안전보건상태는 통상적으로 도급인의 그것에 비해 열악하기 때문에 재해율 또한 도급인에 비해 상당히 높은 실정이다.

도급인과 같은 사업장에서 작업하는 수급인은 도급인의 사업장에 있는 설비의 수리, 원재료·제품의 운반·포장 등 비교적 유해·위험성이 높은 작업을 분담하는 경우가 많고, 나아가 그 작업장소가 도급인의 구내이기 때문에, 수급인의 자율적인 노력만으로는 충분한 재해방지의 실효를 거둘 수 없는 면이 있다. 그리고 건설업, 조선업 등을 위시하여 많은 업종에서는 도급계약에 의해 같은 장소에 여러 개의 수급인이 들어와 작업을 하는 경우가 많은데, 이 경우에 같은 장소에서 작업하는 수급인 상호 간에 작업에 관한 연락조정이 불충분한 것 등을 원인으로 하여 산업재해가 발생할 수 있다.

따라서 도급인의 근로자와 수급인의 근로자가 같은 장소에서 작업을 할 때에 발생하는 산업재해를 방지하기 위해서는, 당해 사업 수행의 전반에 대해 권한과 책임을 가지고 있는 도급인에게 같은 장소에서 여러 개의 사업, 즉 복수의 사업주의 근로자가 혼재하여 일을 하는 것에서 발생하는 산업재해를 방지하기 위하여 필요한 조치를 마련하도록 할 필요가 있다.

나. 도급인이 안전보건조치를 해야 하는 도급작업 장소

「산업안전보건법」 제63조(도급인의 안전조치 및 보건조치)에 따라 의무적으로 안전보건조치를 해야 하는 도급작업은 도급인의 사업장에서 행하여지는 작업을 말한다(산업안전보건법 제63조). 도급인의 사업장에는 도급인이 제공하거나 지정한 경우로서 도급인이 지배·관리하는 대통령령으로 정하는 장소가 포함된다(산업안전보건법 제10조 제2항). 대통령령으로 정하는 장소란 다음 어느 하나에 해당하는 장소를 말한다(시행령 제11조).

① 토사(土砂)·구축물·인공구조물 등이 붕괴될 우려가 있는 장소
② 기계·기구 등이 넘어지거나 무너질 우려가 있는 장소
③ 안전난간의 설치가 필요한 장소
④ 비계(飛階) 또는 거푸집을 설치하거나 해체하는 장소
⑤ 건설용 리프트를 운행하는 장소
⑥ 지반(地盤)을 굴착하거나 발파작업을 하는 장소
⑦ 엘리베이터홀 등 근로자가 추락할 위험이 있는 장소
⑧ 석면이 붙어 있는 물질을 파쇄하거나 해체하는 작업을 하는 장소
⑨ 공중 전선에 가까운 장소로서 시설물의 설치·해체·점검 및 수리 등의 작업을 할 때 감전의 위험이 있는 장소
⑩ 물체가 떨어지거나 날아올 위험이 있는 장소
⑪ 프레스 또는 전단기(剪斷機)를 사용하여 작업을 하는 장소
⑫ 차량계(車輛系) 하역운반기계 또는 차량계 건설기계를 사용하여 작업하는 장소
⑬ 전기 기계·기구를 사용하여 감전의 위험이 있는 작업을 하는 장소

⑭ 「철도산업발전기본법」 제3조 제4호에 따른 철도차량(도시철도법에 따른 도시철도차량을 포함한다)에 의한 충돌 또는 협착의 위험이 있는 작업을 하는 장소

⑮ 그 밖에 화재·폭발 등 사고발생 위험이 높은 장소로서 고용노동부령으로 정하는 장소

위 ⑮에서의 "고용노동부령으로 정하는 장소"란 다음 어느 하나에 해당하는 장소를 말한다(시행규칙 제6조).

① 화재·폭발 우려가 있는 다음 각 목의 어느 하나에 해당하는 작업을 하는 장소

i) 선박 내부에서의 용접·용단작업

ii) 「안전보건기준규칙」 제225조 제4호에 따른 인화성 액체를 취급·저장하는 설비 및 용기에서의 용접·용단작업

iii) 「안전보건기준규칙」 제273조에 따른 특수화학설비에서의 용접·용단작업

iv) 가연물(可燃物)이 있는 곳에서의 용접·용단 및 금속의 가열 등 화기를 사용하는 작업이나 연삭숫돌에 의한 건식연마작업 등 불꽃이 발생할 우려가 있는 작업

② 「안전보건기준규칙」 제132조에 따른 양중기(揚重機)에 의한 충돌 또는 협착(狹窄)의 위험이 있는 작업을 하는 장소

③ 「안전보건기준규칙」 제420조 제7호에 따른 유기화합물 취급 특별장소

④ 「안전보건기준규칙」 제574조 제1항 각 호에 따른 방사선 업무를 하는 장소

⑤ 「안전보건기준규칙」 제618조 제1호에 따른 밀폐공간

⑥ 「안전보건기준규칙」 별표 1에 따른 위험물질을 제조하거나 취급하는 장소

⑦ 「안전보건기준규칙」 별표 7에 따른 화학설비 및 그 부속설비에 대한

정비・보수 작업이 이루어지는 장소

'지배・관리'는 불명확하고 모호한 표현으로서 이 표현만으로는 형벌법규의 규정으로 사용하기에는 부적합하다. 이 단어의 구체적인 의미에 대해 법령이나 행정규칙 어디에서도 규정하고 있지 않고 고용노동부의 지침[309]에서 "지배・관리란 도급인이 해당 장소의 유해・위험요인을 인지하고 이를 관리・개선하는 등 통제할 수 있음을 의미"한다고 설명하고 있을 뿐이다.[310), 311)] 그런데 이 지침은 전술한 바와 같이 아무런 법적 근거가 없어 재판규범이 되지 못하고 법적 구속력이 있는 것도 아니다. 그렇다고 이 지침이 법리적으로나 현실에 적합하게 설명하고 있는 것도 아니어서 현장에서는 적지 않은 혼란이 초래되고 있는 상태이다.

'지배・관리' 개념과 관련하여 가장 문제되는 것은 지배・관리의 의미가 '지배하에 관리하는 행위'를 뜻하는지, 아니면 '지배하거나 관리하는 행위'를 뜻하는지 매우 불명확하다는 점이다. '지배・관리'는 엄격해석에 입각해야 하는 형벌법규 해석의 원칙상 '지배 또는(or) 관리'가 아니라 '지배 및(and) 관리'의 의미로 해석되어야 한다. 즉, 지배하고 관리하는 경우에만 의무주체가 된다고 보아야 한다. 지배・관리를 '지배 또는 관리'로 해석하고 있는 고

309) 고용노동부 산재예방보상정책국, 「도급 시 산업재해예방 운영지침」, 2020.3, 22~24, 39~41쪽.

310) 유해・위험요인 인지와 이에 대한 관리・개선 등 통제는 도급인 측뿐만 아니라 수급인 측에서도 가능하고, 수급인 측이 작업을 하므로 유해・위험요인에 따라서는 수급인 측이 오히려 유해・위험요인 인지와 이에 대한 관리・개선 등 통제를 용이하게 또는 효과적으로 할 수 있는 측면도 있다. 따라서 지배・관리에 대한 고용노동부의 해석은 지나치게 자의적인 것으로서 행위유형을 정형화하거나 한정할 합리적인 판단기준을 제시한 것이라고 도저히 말할 수 없다.

311) '지배・관리'라는 요건은 형벌법규의 구성요건으로서는 지나치게 불명확하고 모호한바, 사물의 변별능력을 제대로 갖춘 일반인의 이해와 판단으로서도 그 구성요건 요소에 해당하는 행위유형을 정형화하거나 한정할 합리적 해석기준을 찾기 어려우므로, 죄형법정주의가 요구하는 형벌법규의 명확성의 원칙에 반한다(대법원 1998. 6.18. 97도2231 판결 참조).

용노동부의 해석은 엄격해석의 원칙에 정면으로 위배된다.[312)]

장소를 지배·관리하는 자가 장소의 소유자를 가리키는지, 점유자를 가리키는지도 불명확하다. 소유의 관점에서 보면 소유자가 장소를 지배·관리하는 자인 것으로 해석되고, 점유의 관점에서 보면 점유자가 장소를 지배·관리하는 자인 것으로 해석된다. 예를 들면, 도급인이 소유하는 일정한 장소를 수급인이 점유하고 있는 경우에 도급인과 수급인 중 누구를 해당 장소를 지배·관리하는 자로 보아야 하는지가 매우 불명확하다.[313)]

그리고 '사업장'을 그 소유자인 도급인이 지배·관리하고 있다고 보더라도, 사업장의 일부에 해당하는 작업'장소'에 대해서는 수급인이 점유자로서 지배·관리하고 있다[314)]고 볼 수 있는 여지가 큰 점도 의무주체의 특정을 혼

312) 대법원도 형벌법규에 표현되어 있는 가운뎃점을 '와/과'의 의미로 해석하고 있다. 즉, "가운뎃점(·)은 단어 사이에 사용할 때 일반적으로 '와/과'의 의미를 가지는 문장부호이다. 따라서 위 조항(저작권법 제2조 제24호 : "발행"은 저작물 또는 음반을 공중의 수요를 충족시키기 위하여 복제·배포하는 것을 말한다)에서 말하는 '복제·배포'는 그 문언상 '복제하여 배포하는 행위'라고 해석할 수 있다. (중략) 죄형법정주의의 원칙상 형벌법규는 문언에 따라 해석·적용하여야 하고 피고인에게 불리한 방향으로 지나치게 확장해석하거나 유추해석해서는 안 된다. 이러한 견지에서 '복제·배포'의 의미를 엄격하게 해석하여야 한다. 결국 저작물을 '복제하여 배포하는 행위'가 있어야 저작물의 발행이라고 볼 수 있고, 저작물을 복제한 것만으로는 저작물의 발행이라고 볼 수 없다."고 판시한 바 있다(대법원 2018.1.24. 2017도18230 판결). 게다가 '지배·관리'를 '와/과'의 관계가 아닌 '또는'의 관계로 보게 되면, 예컨대 지배하는 자(A)와 관리하는 자(B)가 따로 존재하는 경우 작위의무에 해당하는 예방(이행)의무의 주체(현실의 행위책임자)를 특정하는 것이 곤란하여 '예방(이행)의무'의 주체가 누구인지 매우 모호해진다. 관계자들이 '공동의무'를 부담한다는 말도 없기 때문이다.

313) 예방의무주체의 특정과 관련하여 '지배'라는 표현만 하더라도 애매하고 불분명하여 신축이 자유로운 개념이다. 소유자와 점유자가 다른 경우 누구를 지배하는 자로 보아야 할지 불명확한 사례가 많기 때문이다. 시설이나 설비, 장비 등을 임대차한 경우, 일반적으로 소유의 관점에서는 임대인이 지배하는 자에 해당하고 점유의 관점에서는 임차인이 지배하는 자에 해당한다.

314) 도급인의 사업장 안에서 수급인이 작업을 하는 경우, 전술한 바와 같이 도급작업의 성격·양태에 따라서는 수급인의 '작업장소(작업장)'임과 동시에 수급인의 '사업장'이라고도 볼 수 있다.

란스럽게 하는 부분이다. 요컨대, 「산업안전보건법」 제10조 제2항의 "도급인이 지배・관리하는 대통령령으로 정하는 장소"라는 규정은 명확성의 원칙에 위배된다고 볼 수 있다.

설령 일정한 장소를 지배・관리하고 있는 자를 도급인이라고 보더라도, 이것만을 이유로 도급인에게 도급인의 시설(장소)에 대한 안전보건조치의무 외에 수급인의 기계・설비, 작업계획・방법・절차 등에 대해서까지 안전보건조치의무의 이행을 강제하는 것은 과잉금지의 원칙에 위배될 소지가 크다. 즉, 수급인 근로자와 고용관계(작업위험을 직접 관리하는 지위)에 있지 않은데도 해당 장소를 지배・관리한다는 사실만을 이유로 도급인의 지위에 있는 자에게 수급인 근로자와 고용관계에 있는 자(관계수급인)와 '동일한' 의무를 부과하는 것은 수급인 근로자의 산업재해 예방의 실효성을 거두기 어려울 뿐만 아니라 과잉금지의 원칙에 위반될 소지가 매우 크다.[315)]

[칼럼] 문제투성이 중대재해처벌법, 시행령마저 모호해서야[316)]

"법치주의는 불명확한 형벌규정을 통해 무너진다." 지난 세기 독일의 가장 유명한 형법학자인 벨첼(Welzel)을 비롯한 수많은 형법학자가 강조해 온 경구다.

입법예고에 들어간 중대재해처벌법 시행령안 전체적으로 이 상식을 담으려는 진정성과 전문성을 찾아보기 어렵다. 법률에 지나치게 광범위하고 불분명한 부분이 많은 상태임에도 시행령에서 그 불명확성이 거의 해소되지 않았다. 법의 의무주체인 경영책임자부터가 구체적으로 누구를 가리키는지 전문가조차도 알 수 없다. 게다가 시행령에는 '적정한' '필요한' '충분하게' '종사자의 안전보건에 관계되는 법령' 등 애매모호한 표현이 곳곳에

315) 도급인에게 의무를 부과하더라도 도급인의 위상과 역할에 맞는 의무를 부과하는 것이 헌법상의 원칙에 부합하고 재해예방의 실효성도 확보할 수 있다. 이에 대해서는 바로 뒤(4. 관계수급인과 동일한 안전보건조치의무)에서 상세하게 설명하기로 한다.

316) 정진우, 매일경제, 2021.7.28.

산재해 있다.

법의 불명확한 부분을 시행령에서 보충적으로라도 해석하거나 설명하고 있지 않아 법의 위헌성이 그만큼 더 커지고 확실해졌다. 준법의지가 아무리 강한 경영책임자라도 누가 무엇을 어떻게 해야 할지 판단할 수 없는 규정이 수두룩하다.

잔인한 형벌을 규정한 법보다 더 무서운 법이 명확하지 않은 법이다. 무엇이든 걸기만 하면 걸리니 마음대로 적용하고 처벌할 수 있다. 그래서 공포정치의 가장 유용한 도구로 사용됐던 것이 바로 불명확한 법이다. 불명확한 법은 예측 가능성을 주지 못해 처벌을 강화하더라도 실효성을 거두기 어렵고 집행기관의 이현령비현령 해석에 날개를 달아주게 된다.

또한 죄질과 비난 가능성에 비추어 볼 때 산업안전보건법 등 기존 안전 관계법보다 강하게 처벌할 규범적 근거가 매우 부족하여 형벌체계의 정당성과 균형을 상실한 부분이 적지 않다. 중대재해처벌법은 시행령안의 내용으로 보더라도 상당수가 보호법익 측면에서 산업안전보건법의 내용과 별반 다를 게 없는데 처벌만 크게 상향시켜 놓고 있다. 예컨대, 동일한 사항의 위반에 대해 산업안전보건법에서는 과태료를 부과할 뿐인데 중대재해처벌법에서는 강한 형사처벌을 하겠다고 한다.

법 위반자와 위반 여부 자체가 확정되지도 않았는데 중대재해가 발생했다는 이유만으로 수강명령을 강제하는 건 무죄추정의 원칙에 위반될 소지가 크다. 수강명령을 사실상 처벌의 연장수단으로 악용하겠다는 것이나 다름없다.

'실질적으로 지배 · 운영 · 관리하는 사업 · 사업장 또는 책임'이라는 표현도 다양하고 복잡한 현실에서 누구를 가리키는지 도무지 알 수 없는 문제투성이 규정이다. 이런 상태에서 법을 지키라고 하는 건 너무도 무책임한 일이다. 이를 모른다면 무지이고 알고도 이런 내용으로 시행령을 강행한다면 위선이다.

불명확한 부분을 법령으로 정하지 않고 지침이나 매뉴얼 따위로 땜질하려고 하는 것은 법치행정이 아닌 자의적 행정을 하겠다는 매우 부끄러운 처사이다. 강한 형벌이 수반될수록 처벌 대상 행위가 무엇인지를 충분히 예측할 수 있을 만큼 구체적이어야 한다는 것은 법치주의의 기본이다.

정부는 진정 훗날 처벌과 규제만 잔뜩 늘린 무능한 정부, 안전의 원리를 망가뜨린 무책임한 포퓰리즘 입법의 주역으로 기억되고 싶은가. 당장 입법 절차의 벽은 넘을지 모르겠지만, 가깝게는 위헌소송, 멀게는 '역사의 심판'이라는 관문은 쉽게 통과하지 못할 것이라는 점을 유념해야 할 것이다.

다. 도급인의 개념

「전부개정 산업안전보건법」에 의하면, '도급'이란 명칭에 관계없이 물건의 제조·건설·수리 또는 서비스의 제공, 그 밖의 업무를 타인에게 맡기는 계약을 말한다(제2조 제6호). 「산업안전보건법」에서는 「민법」의 도급 개념[제664조(도급의 의의) 도급은 당사자 일방이 어느 일을 완성할 것을 약정하고 상대방이 그 일의 결과에 대하여 보수를 지급할 것을 약정함으로써 그 효력이 생긴다]과 다른 개념(위임 등을 포함한다)을 사용하고 있다.

그리고 '도급인'이란 물건의 제조·건설·수리 또는 서비스의 제공, 그 밖의 업무를 도급하는 사업주를 말한다. 다만, 건설공사 발주자는 제외한다(제2조 제7호). 도급인의 사업장에서 행하여지는 사업으로서, 당해 사업의 일부를 도급 주는 계약이 두 건 이상이어서 도급을 주는 지위에 있는 자가 둘 이상 있게 되는 경우 「산업안전보건법」상 의무가 부과되는 도급인은 가장 선차(先次)의 도급계약에서의 도급인, 즉 원도급인(또는 원수급인)[317)]이다.[318), 319)]

317) 다른 자로부터 도급(주문)을 받지 않고 사업의 전부 또는 일부를 처음으로 도급하는 자는 발주자(주문자) 또는 원도급인이라고 하고, 사업의 전부를 도급(주문)받아 그중 일부를 하도급하는 자(건설공사에서 흔히 보인다)는 원수급인(제1차 수급인) 또는 원청(元請)(업체)이라고 한다. 따라서 누군가로부터 사업을 도급(주문)받지 않고 도급을 주기만 한 업체(예 : 석유화학업체, 제철소)는 발주자 또는 원도급인이라고는 할 수 있지만 원청(업체)이라고 부르는 것은 맞지 않다. 현재 정부를 포함하여 세간에서는 이 두 가지를 구분하지 않고 이를 통틀어 원청(업체)이라고 부르고 있는데, 어법이 잘못 사용되고 있는 대표적인 예라 할 수 있다.

318) 「전부개정 산업안전보건법」 이전 판례도 「산업안전보건법」상의 도급인은 사업의 일부를 도급한 발주자 또는 사업의 전부를 도급받아 그중 일부를 하도급에 의하여 행하는 수급인 등 사업의 전체적인 진행과정을 총괄하고 조율할 능력이나 의

여기에서 유의할 것은 일반적 통념과는 달리 도급인에서 건설공사 발주자가 작위적으로 제외되어 있다는 점이다.

건설공사 발주자란 건설공사[320]를 도급하는 자로서 건설공사의 시공을 주도하여 총괄·관리[321]하지 아니하는 자를 말하고, 다만 도급받은 건설공사를 다시 도급하는 자는 제외된다. 도급받은 건설공사를 다시 도급하는 자는 원수급인을 의미하는바, 종합건설사가 전형적으로 이에 해당한다. 건설공사의 시공을 주도하여 총괄·관리하는 자란 자기공사자가 전형적으로 이에 해당한다(산업안전보건법 제69조 및 건설업 산업안전보건관리비 계상 및 사용기준 제4조 제1항 참조). 비건설업체(예 : 철강업체, 화학공장, 식품공장, 발전사)가 시설물의 설치·유지·보수공사 및 기계설비나 그 밖의 구조물의 설치·해체공사를 발주하는 경우, 이들 공사를 주도하는 것은 공사(시공)업체이고, 이들 공사의 발주자인 비건설업체는 시공을 주도하여 총괄·관리하는

무가 있는 사업주를 가리킨다고 판단하였다(대법원 2010.6.24. 2010도2615 판결 참조).

319) 도급인이 원도급인 또는 원수급인을 가리키는 것으로 해석되기 때문에 중간의 도급인(수급인)에게는 「산업안전보건법」상 아무런 의무가 없는 것으로 해석된다. 즉, 중층하도급 구조하에서 관계수급인 근로자에 대한 의무주체에 있어 현행 「산업안전보건법」에서는 원도급인(또는 원수급인)과 해당 근로자를 사용하는 수급인에게만 의무가 부과되어 있고 중간의 도급인(수급인)에게는 아무런 의무가 부과되어 있지 않다(이에 대한 상세한 설명은 후술한다). 입법적으로 반드시 개선되어야 할 부분이다.

320) i) 「건설산업기본법」 제2조 제4호에 따른 건설공사, ii) 「전기공사업법」 제2조 제1호에 따른 전기공사, iii) 「정보통신공사업법」 제2조 제2호에 다른 정보통신공사, iv) 「소방시설공사업법」에 따른 소방시설공사, v) 「문화재 수리 등에 관한 법률」에 따른 문화재수리공사 중 어느 하나에 해당하는 공사를 말한다(산업안전보건법 제2조 제11호).

321) 법문에서의 '총괄'과 '관리'는 '총괄하여 관리'한다는 의미이기 때문에, '총괄'과 '관리'는 총괄·관리와 같이 병렬적으로 표현할 것이 아니라 '총괄'이 '관리'를 수식하는 형태(즉, 총괄관리)로 표현하는 것이 타당하다. 따라서 '총괄'과 '관리' 사이의 가운뎃점은 빠지는 것이 맞다. 현행 「산업안전보건법」 제15조(안전보건관리책임자) 및 제62조(안전보건총괄책임자)에서는 "총괄하여 관리"[구(舊) 산업안전보건법에서는 "총괄관리"]라고 표현되어 있다.

위치에 있지 아니하므로, 당연히 「산업안전보건법」상의 건설공사 발주자에 해당하게 된다.

비건설업체 사업주가 건설공사(유지 · 보수공사 등)를 외부업체에 맡기는 경우, 특별한 경우를 제외하고는 발주하는 업체가 시공의 총괄 · 관리에 관계없이 시공을 주도하는 일은 있을 수 없으므로, 동 사업주는 건설공사 발주자에 해당할 것이다.[322] 따라서 이런 경우에 비건설업체 사업주는 도급인으로서의 규제를 적용받지 않고 건설공사 발주자로서의 규제를 적용받게 된다.

고용노동부에서는 "시공을 주도하여 총괄 · 관리하는지 여부는 당해 건설공사가 사업의 유지 또는 운영에 필수적인 업무인지, 상시적으로 발생하거나 이를 관리하는 부서 등 조직을 갖췄는지, 예측 가능한 업무인지 등 다양한 요인을 종합적으로 고려하여 판단"한다고 설명하고 있지만,[323] 이는 형법 해석의 원칙인 문언해석의 원칙[324]에 정면으로 위배되는 해석으로서 지나치게 자의적인 해석이자 모호하고 불명확한 해석이다.[325] 따라서 이러한 해석은

---

322) 건설공사를 도급하는 자로서 건설공사 발주자에 해당하지 않고 도급인에 해당하기 위해선 건설공사의 시공을 주도하여 총괄 · 관리하여야 하는바, 시공을 주도하지 않으면 건설공사 발주자에 해당하게 된다, 즉, 건설공사를 도급하는 자 중 시공을 주도하여 총괄 · 관리를 하면 도급인에 해당하게 되고, 총괄 · 관리를 하더라도 시공을 주도하지 않으면 건설공사 발주자에 해당하게 된다. 건설공사를 도급하는 자로서 시공을 주도하지도 않고 총괄 · 관리하지도 않는 자는 당연히 건설공사 발주자에 해당한다.

323) 고용노동부 산재예방보상정책국, 「도급 시 산업재해예방 운영지침」, 2020.3, 15쪽.

324) 형법규정의 해석의 기본원칙으로서, 법률에 사용된 문언의 가능한 의미범위라는 한계선을 넘어서는 안 된다는 원칙을 말한다. 문언의 통상적인 의미를 넘어가는 확장해석은 유추해석으로서 행위자(피고인)에게 불리하다면 허용되지 않는다. 형벌법규는 확장해석을 하더라도 '문언의 가능한 의미 내'라고 하는 한계선을 넘어서는 안 된다는 점에 유의하여야 한다. 문제된 해석이 확장해석에 속한다고 강변하더라도, '문언의 가능한 의미범위를 벗어나서' 행위자(피고인)에게 불리한 결과를 초래한다면 죄형법정주의의 파생원칙인 유추해석금지의 원칙에 위반하여 허용될 수 없다(임웅/김성규/박성민, 『형법총론(제14정판)』, 법문사, 2024, 36쪽).

325) 법해석은 법개념 또는 법규범의 의미내용을 분명히 하고자 하는 것이므로 문언적

산업현장에 큰 혼란을 초래하고 일선기관의 무분별하고 자의적인 해석을 조장하고 있을 뿐만 아니라 법원에서 인정받기도 어려울 것이다.[326]

고용노동부에서 이러한 억지해석을 하는 이유는, 비건설업체의 유지보수공사 등을 발주하는 자를 건설공사 발주자로 보게 되면, 건설공사 발주자에 대한 규제가 총 공사금액이 50억원 이상인 경우에만 적용되는 것으로 규정되어 있는 상태(시행령 제55조)에서, 업종을 불문하고 많이 이루어지고 있고 이론적·경험적으로 가장 위험한 작업에 속하는 외부업체에의 발주 건설공사의 경우 그 금액이 50억원 미만인 경우가 대부분이어서 결국 비건설업체에 의한 건설공사 발주는 도급인에 대한 규제와 건설공사 발주자에 대한 규제 모두에서 그 적용이 배제되는 입법 사각지대가 발생하기 때문이다.

이 문제는 「전부개정 산업안전보건법」을 통해 도급인의 개념(범위)에서 건설공사 발주자를 작위적으로 분리함으로써 초래된(예상할 수 있었던) 것[327]으로서 명백히 입법적 불비(흠결)에 해당한다. 입법적 불비는 법령 개정

의미라고 하는 한계를 벗어나서는 안 된다. 법문의 외연을 확장하고 법의 흠결을 충전하는 것은 (법관에 의한) 법형성이나 법창조이고 일종의 입법에 속하는 것으로서 법해석의 범위를 뛰어넘는 것이고, 죄형법정주의의 원칙상 금지되는 유추해석에 해당하는 것이기도 하다(대법원 1994.12.20. 94모32 전원합의체 판결 참조).

326) 고용노동부의 법적 근거 없는 자의적인 해석은 도급인과 건설공사 발주자에 대한 법원의 판결이 엎치락뒤치락하는 데에도 주된 원인을 제공하고 있다. 후술하는 인천항만공사 사건 1심 판결과 중부발전 사건 2심 판결은 피고인(인천항만공사, 중부발전)을 도급인으로 판단한 반면, 인천항만공사 사건 2심 판결과 중부발전 1심 판결은 피고인을 건설공사 발주자로 판단하였다. 「산업안전보건법」 전부개정 후의 한국전력 사건들에 대해선 법원은 같은 법 전부개정 전에는 도급인으로 보던 것과 달리 일관되게 한국전력을 건설공사 발주자로 판단하고 있다. 「전부개정 산업안전보건법」이 전부개정 당시 고용노동부가 내건 명분(수급인 근로자 보호 강화)과 다르게 수급인 근로자의 산업재해 예방에 치명적인 공백을 초래하고 있음을 드러내는 사례라고 할 수 있다.

327) 수급인의 근로자 보호의 측면에서도 크게 개악된 법 개정이라고 할 수 있다. 법 개정 과정에서 이에 대한 강한 문제제기가 있었음에도 고용노동부와 국회, 특히 고용노동부는 이를 도외시하였다. 무지와 무책임이 근로자의 안전보건에 큰 공백을 초래한 대표적인 사례이다.

을 통해서 해결하는 것이 정석이고, 억지해석 또는 법창조(법형성)적 해석에 의한 미봉적인 접근은 법리적으로 올바르지 못할 뿐만 아니라 현장의 산업안전보건에 많은 혼란과 역기능을 초래할 수 있다.[328]

형벌법규의 해석은 엄격해석을 원칙으로 하고 '입법자'의 의사(의도)보다는 '법률'의 의사, 즉 문언의 의미를 중시하여야 하므로, 법규정을 (객관적으로 파악하기 어려운) 입법자의 의사를 내세우며 문언의 통상적인 의미를 벗어나 해석하는 것은 엄격히 금지된다는 점에 유의해야 한다.[329] 즉, 형벌법규의 입법취지와 목적, 입법연혁 등을 고려한 목적론적 해석도 해당 법률문언의 통상적인 의미 내에서만 가능하다.[330] 입법 취지 등에 아무리 합치된다고 하더라도 법문의 가능한 의미 속에 들어올 수 없는 것은 처벌될 수 없는 것이다.[331] 따라서 해석이 올바르게 이루어졌는가를 판단함에 있어 최후에 주목

328) 입법론적으로는 도급인의 수급인의 근로자에 대한 안전보건조치의무 대상을 「산업안전보건법」 전부개정 전의 규정처럼 같은 장소에서 행하여지는 사업으로서 "사업의 일부를 분리하여 도급을 주는 경우"(전문분야의 공사로 이루어져 시행되는 경우 각 전문분야에 대한 공사의 전부를 도급을 주는 경우를 포함한다)로 규정하는 것이 수급인의 근로자를 보호하는 데 효과적이라고 판단된다. 대법원이 「산업안전보건법」 전부개정 전 제29조의 '도급사업 시의 안전・보건조치' 규정의 적용 여부와 관련하여 한국전력공사의 지장철탑 이설공사 도급작업 판결(대법원 2022.3.31. 2020도12560), SK하이닉스의 유기화합물 저감설비 설치공사 도급작업 판결(대법원 2021.3.11. 2018도10353)에서 한국전력공사와 SK하이닉스가 각각 도급인의 지위에 해당한다고 판단하는 등 도급인의 범위를 폭넓게 인정해 온 반면, 「산업안전보건법」 전부개정 후에는 수급인에 의한 배전공사에서 법원은 한국전력의 지위를 일관되게 건설공사 발주자로 보고 있는 점을 보더라도 도급에 대한 규제가 「전부개정 산업안전보건법」으로 인해 오히려 대폭 후퇴되었다는 것을 알 수 있다.

329) 법률 해석의 목표는 법률의 의사, 즉 문언의 의미를 정확히 밝히는 것을 목표로 하는 것이 타당하다. 의회민주주의 정치체제에서 한 사람의 입법자(의원)와 같은 존재를 상정할 수 없고, 다수의 입법자를 생각할 때 누구를 기준으로 할 것인가도 문제이며, 입법 당시에 인식하지 못했던 사태의 발생이나 사정 변화가 일어날 수 있다는 점에서 입법자의 의사보다 법률의 의사를 중시해야 한다(이재상/장영민/강동범, 『형법총론(제11판)』, 박영사, 2022, 33쪽).

330) 대법원 2013.6.27. 2013도4279 판결 ; 같은 취지 : 대법원 2018.7.24. 2018도3443 판결 ; 대법원 2003.1.10. 2002도2363 판결.

해야 할 척도는 법문언의 의미한계이다. 문리적 해석방법은 법해석의 출발점이자 여타 해석방법에 대하여 최후의 한계로 기능하기도 한다. 해석을 통하여 얻어진 법적 표현의 의미내용은 어떠한 형태로든지 법문언과 조화를 이루지 않으면 안 되기 때문이다.[332]

한편, 건설공사 발주자에 해당하는 자를 제외하고는 물건의 제조·건설·수리 또는 서비스의 제공, 그 밖의 업무를 도급하는 사업주에 해당하는 한, 업종을 불문하고 「산업안전보건법」 제2조 제7호에서 말하는 도급인이 된다. 건설업 등과 같이 도급계약이 중층적으로 존재하는 경우에는 그와 같은 자가 복수(複數)로 존재하는 경우가 있는데, 그와 같은 경우에는 당해 여러 도급계약의 발주(도급)계열에 착안하여 그들 중 최상위의 도급계약의 주문자가 같은 조항(제2조 제7호)에서 말하는 도급인이 된다.

라. 도급인의 사업장

종전(2019.1.15 전부개정[333] 전)의 「산업안전보건법」 제29조 제1항에서 말하는 '같은 장소'의 범위는, 도급계약관계에 있는 여러 개의 사업에 의해 일이 서로 관련되어 혼재적으로 이루어지는 각 작업현장을 '같은 장소'로 취급하는 것이 원칙이고, 구체적으로는 근로자들의 작업의 혼재성, 시간적·장소적 근접성 등을 고려하여 수 개의 사업에 대한 누락 없는 종합적인 안전보건관리를 통한 재해방지라고 하는 「산업안전보건법」의 취지에 입각하여 목적론적 견지에서 정해지는 것으로 해석되었었다.

331) 법의 불비를 시정할 필요가 있거나 행정상 필요하다는 사실만으로(정책목적을 달성하기 위하여) 형벌법규를 문언의 통상적인 의미(언어의 일상적인 사용례 또는 통상 관용적으로 사용되는 용례)를 벗어나 해석하는 것은 죄형법정주의 원칙상 허용될 수 없고, 나아가 심각한 사법 불신과 저항을 불러와 결국 법적 안정성을 훼손하는 결과를 초래한다.

332) 신동운, 『형법총론(제15판)』, 법문사, 2023, 17쪽.

333) 이하 '전부개정'은 '2019.1.15 산업안전보건법 전부개정'을 가리킨다.

그런데 「전부개정 산업안전보건법」에서는 위 '같은 장소'라는 표현과 더불어 '사업의 일부'라는 표현은 삭제되고, '도급인의 사업장에서 작업을 하는 경우'로 변경되었다. 이에 따라 「전부개정 산업안전보건법」상 도급인의 안전보건조치의무는 관계수급인의 근로자가 도급인의 사업장에서 어떤 형태로든(노무제공의 종류에 관계없이) '노무를 제공하기만' 하면 도급인과 관계수급인 간의 업무적 연관성, 도급인 근로자와 관계수급인 근로자 간의 시간적·공간적 혼재성 등을 고려하지 않고 모두 적용되는 것으로 해석된다. 따라서 과잉금지의 원칙에 위반될 소지가 크다.[334)]

'도급인의 사업장' 여부의 판단과 관련해서는, 수급인이 당해 도급작업을 어디에서 하느냐가 중요한 기준이고, 수급인의 사무실이 어디에 있느냐는 본 조항의 적용과 아무런 관계가 없다. 이에 대한 판단은 앞(제3장 Ⅲ. 6. 안전보건총괄책임자)에서의 '도급인의 사업장'에 관한 설명을 기초로 하여 도급인의 사업장에 해당하는지, 도급인의 사업장과 별개의 사업장에 해당하는지를 기준으로 판단하는 것이 타당하다. 예컨대, 식품제조공장 내에서 운영되는 식당, 은행의 일이나 화학공장 내 부지(premises)에서의 건설물 신축현장의 일은 식당, 은행, 건설현장 자체가 식품제조공장 또는 화학공장과는 근로의 양태가 현저히 다르고 노무관리 등이 명확하게 구분되므로 도급인의 사업장과는 별개의 사업장을 이룬다고 보아 도급인의 사업장이 아닌 수급인의 사

334) 수급인의 근로자가 도급인의 사업장에서 근로를 제공하더라도 도급인이 수급인의 작업에 대하여 구체적으로 지시·감독할 수 있는 지위에 있지 아니한 경우에는, 도급인에게 수급인에 대해 작업방법·순서를 정하여 알려 주거나 작업상 요구되는 안전보건조치를 강구할 구체적이고 직접적인 주의의무가 있다고 볼 수 없다. 도급인의 사업장에서 도급인의 근로자가 수급인의 근로자와 함께 있었고, 수급인의 근로자가 도급인의 장비를 사용하더라도 그러한 사정만으로는 도급인에게 구체적이고 직접적인 주의의무가 있다고 인정할 수 없다. 이는 2019.1.15 전부개정 전 「산업안전보건법」에 관련된 판결(대법원 2015.10.29. 2015도5545)에서 제시된 입장이지만, 현행 「산업안전보건법」을 합헌적으로 해석한다면 동일하게 적용될 수 있는 논리이다.

업장이라고 보는 것이 타당할 것이다.

도급인의 사업장에서의 작업 여부는 업무수행시간(기간)을 요건으로 하고 있지 않기 때문에, 상시적으로 필요한 업무인지, 기계・설비 등의 개조・수리・청소 등과 같이 일시적으로 필요한 업무인지는 묻지 않는다. 즉, 도급인의 사업장에서의 작업은 정상(定常, normal=routine)작업, 비정상(非定常, abnormal=non-routine)작업을 불문한다. 따라서 사업장 내에 상주하는 수급인[335]의 작업만으로 한정되는 것은 아니며, 사업장 밖에 소재하는 수급인이 작업을 위하여 도급인의 사업장 안으로 들어와 정기적이든 비정기적이든 일시적 또는 간헐적으로 실시하는 작업도 포함된다.

한편, 「전부개정 산업안전보건법」은 제62조(안전보건총괄책임자), 제63조(도급인의 안전조치 및 보건조치), 제64조(도급에 따른 산업재해 예방조치) 및 제66조(도급인의 관계수급인에 대한 시정조치)에서 도급인의 안전보건조치의무가 부과되는 요건을 '도급인의 사업장'에서 작업을 하는 경우로 규정하고 있다. 이 경우 도급인은 건설공사 발주자를 제외한 자로서 물건의 제조・건설・수리 또는 서비스의 제공, 그 밖의 업무를 타인에게 맡기는 사업주를 말한다(산업안전보건법 제2조 제6호 및 제7호). '도급인의 사업장'이라 함은 업종과 작업의 종류를 불문하고 도급을 준 자의 사업장이기 때문에, 이를 고용노동부의 입장[336]대로 물리적인 장소만을 기준으로 보면서 도급인의 범위를 지나치게 넓게 보면[337], 예컨대 은행・증권사 등에서 CCTV 설치, 엘리베이터 유지보수 등의 작업을 외부업체에 도급을 주어 그 업체가 은행・

335) 사업장 내에 상주하는 수급인을 일반적으로 '사내하청업체'라고 부른다. 따라서 사내하청업체에는 일반적으로 도급인의 사업장에 상주하지 않으면서 작업을 위해 도급인의 사업장으로 일시적으로 또는 간헐적으로 들어와 작업을 하는 외부업체는 포함되지 않는 것으로 보고 있다.

336) 고용노동부, 고용노동부, 산업안전보건법 전부개정법률 주요내용 설명자료, 2019, 45-46쪽 ; 「도급 시 산업재해예방 운영지침」, 2020.3, 12쪽 이하 참조.

337) 도급인을 범위를 자의적으로 지나치게 넓게 해석하는 고용노동부의 입장에 대한 비판은 '제2장 Ⅱ. 3. 용어의 정의' 부분을 참조하기 바란다.

증권사 등이 소유하거나 점유하는 건물 안으로 들어와 작업하는 경우에는 은행·증권사 등이 도급인이 되고 그들의 건물은 도급인의 사업장이 된다. 은행·증권사 등으로부터 도급을 받은 자(1차 수급인=원수급인)가 도급작업을 직접 수행하는 경우뿐만 아니라, 도급작업의 일부를 하수급인에게 하도급 주는 경우에도 (최상위의) 도급인인 은행·증권사 등이 「산업안전보건법」상의 도급인의 의무를 지게 된다. 후자의 경우, 위험작업에 대한 안전보건조치를 실질적으로 이행하여야 할 1차 수급인(도급인으로부터 작업을 도급받아 그 작업의 일부를 하수급인에게 도급하는 자)은 「산업안전보건법」상 아무런 의무(책임)를 지지 않고,[338] 해당 작업의 성격상 직접 안전보건조치를 하거나 관계수급인(근로자)을 대상으로 구체적인 지휘·감독을 하는 것이 사실상 불가능한 (최상위의) 도급인에게만 「산업안전보건법」상의 의무가 부과되는 큰 불합리가 발생하게 된다.[339]

---

338) 하수급인은 자신의 작업자에 대한 '사업주'로서의 의무(책임)를 진다.

339) 전부개정 「산업안전보건법」이 얼마나 졸속으로 개정되었는지를 적나라하게 드러내는 또 하나의 사례라고 할 수 있다. 고용노동부(본부)는 이러한 경우에 대해 명확한 입장을 밝히지 않고 수수방관하고 있다. 그러다 보니 지방고용노동관서에서는 법규정을 자의적으로 해석하고 제각기 다른 기준으로 법집행을 하고 있는 큰 혼란이 발생하고 있다. 도급 관련 규정의 목적이 예방이 아니라 처벌 자체가 되어 버린 형국이다.

[칼럼] 법리보다 감정이 앞선 인천항만공사 판결340), 341)

2023. 6. 7 전례 없이 중한 처벌을 선고한 산업안전보건법 위반사건 판결이 나왔다. 2020년 6월 인천항만공사(이하 '항만공사') 갑문 정기보수공사 현장에서 수급인(하청업체) 소속 근로자 A 씨가 18m 아래 갑문 바닥으로 추락해 사망한 사고에서 인천지방법원(1심)은 항만공사 사장 최 모 씨에게 징역 1년 6개월, 수급인 사장에게 징역 1년을 각각 선고하고 법정구속하는 한편, 항만공사에 벌금 1억 원, 수급인에 벌금 5000만 원을 각각 부과했다.

판결문을 보자마자 '네가 네 죄를 알렸다'는 식의 분기탱천하는 '원님재판' 느낌을 받았다. '엄벌이 곧 정의'라는 엄벌만능주의가 법원에까지 침투됐다는 점에서 섬뜩하기까지 했다. 한 사람의 인생에 막대한 영향을 미치는 형사판결에서 구체적 논증 없이 감정을 앞세워 선고한 것은 무책임하다는 생각마저 든다. 합리적 의심의 여지가 없을 정도로 입증함으로써 실체적 진실을 발견해야 한다는 형사소송의 최고이념은 애당초 관심 밖이었던 것 같다.

판결에서 가장 기본적인 건 사건의 구체적인 사실관계를 토대로 법리에 충실한 판단을 해야 한다는 점이다. 특히 형사사건은 합리적 의심의 여지가 없을 정도로 입증돼야 한다. 그런데 판결문 어디에도 '건설공사 발주자'가 아니라 '도급인'으로 봐야 할 합리적 논거는 제시돼 있지 않다.

2020년 1월 시행된 전부개정 산업안전보건법(이하 '전부개정법')에 따르면, '도급인'에서 '건설공사 발주자'는 제외된다. 건설공사 발주자는 건설공사를 도급하는 자로서 건설공사의 시공을 주도해 총괄 · 관리해야 할 지위에 있지 않는 자를 말한다. 건설공사를 도급하는 자 중에서 건설공사의 시공을 주도할 뿐만 아니라 총괄 · 관리를 하는 지위에 있지 않는 자가 건설공사 발주자이다. 여기에서 '주도'는 주동적인 처지가 돼 이끈다는 의미

340) 정진우, 월간 노동법률, 2023.7(Vol. 386).

341) 이 글에서 분석한 1심 판결(인천지방법원 2023.6.7. 2022고단1878 판결)은 2심 판결(인천지방법원 2023.9.22. 2023노2261 판결)에서 파기되었고, 인천항만공사 측에 대해서는 무죄가 선고되었다. 검찰에서 상고하여 현재 대법원에 계류 중이다.

이다. 따라서 '안전'에 대해 관리감독하는 것을 '시공'을 주도하는 것의 징표로 삼는 건 논리적으로 타당치 않다. 건설공사 발주자에 해당하지 않으려면(도급인에 해당하려면) 일차적으로 시공을 주도해야 하고, 이차적으로 시공을 총괄·관리도 해야 한다. 건설공사를 도급하는 자 중에서 이 두 가지 요건 모두를 충족하지 않으면 건설공사 발주자에 해당한다.

비(非)건설업체가 건설공사를 도급하는 경우, '시공'은 도급을 받은 업체가 하는 것이므로 비건설업체를 '자신의 주도하에 건설공사를 시공하는 자'라고는 도저히 볼 수 없는 것이고, 비건설업체가 수급인에게 의뢰한 작업의 설계, 안전관리, 공정관리 등에 관여할 수는 있지만 그 성격상 시공을 '주도'할 수는 없다. 따라서 건설공사를 도급하는 비건설업체는 도급인이 아니라 건설공사 발주자로서의 책임을 진다는 점은 법문에서 명확히 도출된다.

항만공사는 보수공사의 특성상 총괄·관리 여부를 떠나 시공을 주도하는 위치에 있지 않고 주도하기도 어렵기 때문에 건설공사 발주자에 해당한다. 만약 보수공사와 같은 건설공사를 도급하는 자인 항만공사가 시공을 주도한다고 보면 시공업체의 존재 자체가 무색해진다. 요컨대, 건설공사를 도급하는 자이지만 시공을 주도하지 아니하는 항만공사는 건설공사 발주자인 것이다.

갑문 정기보수공사가 항만공사의 '핵심적이고 본질적인 사업'의 하나이기 때문에 도급인이라고 본 것은 문언의 가능한 의미라고 하는 한계선을 훌쩍 넘어 범죄구성요건을 유추적용하는 것으로 허용될 수 없다. 법률에 기술된 문언의 의미는 도외시하고 다분히 주관적인 법 개정의 의도만을 강조하는 건 법률에 명시되지 아니한 행위가 법관의 자의로 처벌되는 결과를 초래할 수 있다. 형벌법규 해석은 엄격 해석을 원칙으로 하고 '입법자'의 의도가 아닌 '법률'의 의사인 문언의 의미를 중시해야 한다. 법원이 필요하다는 사정만으로 처벌을 하는 건 법치주의에 배치된다.

법문의 외연을 확장하고 법의 흠결을 충전하는 것은 법관에 의한 '법창조'이자 법해석의 범위를 뛰어넘는 것으로서 죄형법정주의가 금지하는 '유추해석'에 해당한다. 법에 흠결이 있다면 법해석으로 충전하려고 해서는 안 되고 법 개정을 통해 해결해야 한다.

판결은 항만공사가 자율적으로 수급인 측을 대상으로 안전관리를 한 것도 도급인이라고 봐야 할 이유로 삼고 있다. 이런 식의 논리라면 수급인 근로자의 재해예방을 위해 법적 기준 이상으로 수급인을 대상으로 지도 · 조언, 점검(확인) 등을 한 것이 되레 도급을 주는 측을 옭아매는 빌미가 될 것이다. 이는 도급을 주는 측의 선의적인 자율안전관리를 위축시키는 역기능을 초래할 수 있다.

판결은 항만공사를 도급인라고 판단한 이유의 하나로 고용노동부의 도급 지침(2020.3)을 제시하고 있지만, 이 지침은 아무런 법적 근거도 없거니와 법의 흠결을 자의적 해석으로 덮으려는 문제투성이 지침이다. 지침의 성격과 내용을 면밀히 살펴보지 않고 이를 논거로 삼은 법관의 판단력과 진정성에 의문을 품게 한다. 이 지침에 따르면, 대부분의 비건설업체 발주자는 아무런 논거 없이 무조건적으로 시공을 주도해 총괄 · 관리하는 자가 돼 도급인 개념이 무한정 확대되고, 그 결과 건설공사 발주자의 개념이 들어설 여지가 없게 된다.

전부개정법 전에는 대부분 도급인으로 해석됐던('사업의 일부'를 요건으로 정하고 있었다) 유지보수공사 성격의 건설공사 발주자가 전부개정법에선 도급인의 개념에서 제외됐다. 경험적 · 이론적으로 가장 위험한 작업에 해당하는 비건설업체 발주공사가 법적 보호의 사각지대가 되는 '입법참사'가 발생한 것이다. 그러나 통상적 법 감정에 반한다고 하더라도 법관은 법 개정에 의한 입법적 해결이 있을 때까지 기다려야 한다. 법관이 이를 대신하려고 하는 건 삼권분립 정신에 어긋난다.

그밖에 판결문이 항만공사를 도급인으로 판단한 근거를 살펴보면, 수급인의 인력, 재정 등이 항만공사에 비해 비교할 수 없을 정도로 열악하다는 점, 수사에 관여한 근로감독관과 안전보건공단 직원의 진술 정도이다. 그러나 이러한 것이 합리적 근거가 될 수는 없다. 큰 업체는 도급작업에 전문적일 것이고 작은 수급인은 전문성이 떨어질 거라는 생각은 현실과 동떨어진 인식이다. 정부 입장을 대변할 행정관계자의 주장을 논거로 삼은 것 또한 납득할 수 없다. 꿰맞추기식의 책상물림 판결이라는 비판을 들을 만하다.

판결은 항만공사와 수급인의 역할과 책임을 제대로 구분하지 않고 항만공사의 인력과 재정 등이 우월하니 구체적 · 직접적인 안전보건조치도 항만공사에게 주된 책임이 있다는 식이다. 안전원리, 안전 이행 메커니즘,

실제 작업 상황 등을 알려고 한 고민의 흔적이 보이지 않는다. 갑문 보수공사를 도급 준 것 자체가 나쁘다는 선입견에 치우친 판단을 했다. 항만공사가 갑문 보수공사를 직접 할 수 있는지, 그것이 타당한지에 대해선 검토하지 않은 것 같다.

법원이 사고 당시 부임한 지 두 달 반밖에 지나지 않은 항만공사 사장 등에게 중형을 선고하고 법정구속까지 했다는 점은 헌법 원리인 책임 원칙을 크게 벗어났다는 비판에서 자유로울 수 없을 것이다. 참혹한 사고인데도 무죄를 주장했다는 이유로 '괘씸죄'가 적용된 것 아닌가라는 생각을 지울 수 없다. 양형이유에서 '안전불감증'(위험불감증의 잘못된 표현이다), '위험의 외주화'(도급 자체가 나쁜 건 아니고 불량한 안전관리가 나쁘다는 점과 모든 작업에는 위험이 수반된 점을 고려할 때 비과학적인 표현이다), '갑질'과 같은 매스컴에서나 사용되는 용어를 그대로 인용하는가 하면, '참혹하게 신체가 손상됐다', '유족이 인생을 대신 살아줄 수 없어 처벌 불원서를 밝힌 유족이 진정한 유족인지 의문스럽다', '위험의 외주화가 수많은 근로자를 죽음으로 내모는 사회구조적 문제를 야기한다', '도급인으로 보지 않으면 참을 수 없는 부당한 해석결론에 이르게 된다'는 류의 감정적 표현을 쏟아냈다.

판결에는 항만공사를 도급인으로 보아 엄벌을 내려야겠다는 결연한(?) 의지가 엿보인다. 엄벌만이 재해를 줄일 수 있다는 엄벌만능주의 사고가 양형이유에 노골적으로 드러나 있다. 재해 예방을 위해선 무엇이 필요한지에 대한 진지하고 학습하는 자세는 찾아볼 수 없다. 그렇다 보니 판결문인지 격문인지 헷갈릴 정도이다. 그 결과가 합리성을 결한 '답정너' 양형이다.

전문법률에 관한 판결의 경우에는 감정에 휩싸이지 않고 겸허한 자세로 피고인 측의 주장에도 귀를 기울이면서 신중하게 임해야 한다. 이번 판결은 피고인 측에겐 귀를 닫아버렸다는 느낌이 든다. 책임의 정도를 훨씬 초과하는 처벌이 부과되는 건 예정된 수순이었다. 이번 판결이 상급심에서 유지되긴 어려울 것이다.

이러한 무모한 판결이 나온 배경은 예측가능성과 이행가능성이 결여된 전부개정법의 도급규정임을 지적하지 않을 수 없다. 엉터리 법이 자의적 행정을 낳았고 자의적 행정이 자의적 수사로 이어졌고 자의적 수사가 급기야 부실한 판결의 단초를 제공했다고 할 수 있다. 그런 만큼 원인제공을 한 정부가 정교하고 실효적인 법 개정으로 결자해지해야 한다. 그렇지 않으면 제2, 제3의 황당한 판결이 언제라도 나올 수 있다.[342)]

[칼럼] '도급인', 억지와 유추로 가득 찬 중부발전 항소심 판결[343), 344)]

산업안전보건법상 '도급인'인지 '건설공사발주자'인지를 놓고 판결이 엎치락뒤치락하고 있다. 2020년 4월 10일 충남 서천군 서면 신서천 화력발전소 건설공사 현장에서 전기 아크가 폭발하여 건설업체 소속 40대 근로자가 온몸에 3도 화상을 입고 병원으로 옮겨졌으나 치료 도중 숨진 사고에서 1심(대전지방법원 홍성지원)은 중부발전을 건설공사발주자로 보았으나 항소심(대전지방법원)은 도급인으로 판단했다. 인천항만공사 사건에서 1심(2023. 6)이 인천항만공사를 도급인으로, 항소심(2023. 9)이 건설공사발주자로 본 판결과 정반대의 양상을 보였다.

중부발전 항소심(이하 '항소심') 판결은 ① 사업의 주목적을 수행함에 있어 필수불가결한 업무를 수행하기 위한 공사이거나, ② 예산, 인력, 기술적 측면 등을 종합적으로 고려할 때 상당한 전문성을 보유하고 있음에도 예산 절감 또는 위험 회피 등을 이유로 도급하는 경우, ③ 사업의 일부를 분리하여 도급함으로써 사업의 전체적 진행과정을 총괄하고 조율할 능력이나 의무가 있는 경우, ④ 작업상 유해위험요소에 대한 실질적 관리 권한이 있고 관계수급인이 임의로 유해위험요소를 쉽게 제거할 수 없는 경우 등의 어느 하나에 해당하면 도급인으로 보아야 한다고 설시했다.

배연탈황설비공사를 포함한 피고인 발전소의 건설공사는 피고인 전력

---

342) 중부발전 사건 2심 판결(대전지방법원 2024.4.4. 2022노2555 판결) 또한 이 인천항만공사 1심 판결과 마찬가지로 법창조에 가까운 유추해석(자의적 해석)을 통해 피고인(중부발전)을 건설공사 발주자가 아닌 도급인으로 보았다. 반면, 중부발전 사건 1심 판결은 피고인(중부발전)을 건설공사 발주자로 판단하였다. 중부발전 사건 판결에 대한 분석은 바로 뒤의 칼럼을 참조하기 바란다.

343) 정진우, 월간 노동법률, 2024.8(Vol. 399).

344) 항소심 판결에 대해 중부발전에서 상고하여 현재 대법원에 계류 중이다.

사업의 주목적을 수행함에 있어 필수불가결한 공사에 해당하고, 피고인은 이 공사에 대한 상당한 전문성도 보유하고 있으며, 발전소 건설사업을 분리·도급주어 시공하면서 별도 조직을 갖춰 이를 총괄·관리하는 한편, 피고인 사업장 내에 있는 공사현장을 실질적으로 지배·관리하면서 고압전력 공급에 따른 위해위험요소를 관리해 온 사정을 피고인을 도급인으로 보는 구체적 근거로 삼았다.

항소심 판결 전체적으로 형벌법규는 '문언의 가능한 의미 내'라는 한계선을 넘어 해석해서는 안 된다는 원칙과 기본적으로 '엄격해석'에 입각해야 한다는 원칙에 따르기보다는 행정실무상의 필요를 앞세웠다는 느낌과 산업안전의 원리와 현실에 대한 식견이 부족하다는 인상이 많이 든다.

'건설공사발주자'란 산업안전보건법의 문언상 건설공사를 도급하는 자로서 건설공사의 '시공을 주도'하여 총괄 · 관리하지 아니하는 자, 즉 건설공사의 시공을 주도하여 총괄 · 관리해야 할 '지위'에 있지 않는 자를 의미하는 것이 명백하다. 건설공사를 도급하는 자 중에서 건설공사의 시공을 주도하는 총괄 · 관리를 하지 않는 자, 환언하면 건설공사의 시공을 주도하고 총괄 · 관리까지 하는 지위에 있지 않으면 건설공사발주자에 해당한다는 해석이 법문에서 명확히 도출된다. 여기에서 '주도'는 사전적으로 또는 관용적인 사용례상 주동적인(어떤 일을 중심이 되어 맡아 처리하는) 처지가 되어 이끈다는 의미이다. 따라서 '안전보건'에 대해 관리하거나 감독하는 것을 '시공'을 주도하는 것의 징표로 삼는 것은 개념적으로 타당하지 않다.

신축 · 증축공사와 같은 전형적인 건설공사에서도 공공 발주와 대기업(비건설업종) 발주의 경우, 발주자 측에서 설계 및 시공과정에 공정, 품질, 안전보건 등의 확보를 위해 구체적으로 관여하는 경우가 많은데, 그렇다고 하여 이런 경우에 대해 어느 누구도 발주자가 시공을 주도한다고 보지는 않는다. 즉, 발주자가 공정, 품질 및 안전보건 등의 관리를 위하여 설계 · 시공과정에 구체적으로 관여한다고 하여 이것을 이유로 발주자가 시공을 주도하는 위치에 있게 되는 건 아니다. 그리고 공정관리, 품질관리뿐만 아니라 안전관리도 도급인과 건설공사발주자의 양자택일 식으로 접근하는 건 논리적으로나 현실적으로 타당하지 않다. 도급(발주)을 받는 측에 대한 안전관리는 도급인만이 아니라 건설공사발주자도 하는 것이기 때문이다.

산업안전보건법상 도급인과 건설공사발주자를 가르는 중요한 기준은 시공을 주도하면서까지 총괄 · 관리를 하느냐 여부이어야 한다.

법률에 따라 어떠한 건설공사를 시공할 '자격'이 없거나 일정한 건설공사에 대한 전문성을 갖추고 있지 않아 그 건설공사를 직접 수행할 '능력'이 없는 경우에는, 해당 건설공사를 다른 자에게 도급하지 않고서는 건설공사 시공을 할 수 없다. 건설공사를 시공할 자격이나 능력이 없는 자라면, 그 자는 시공의 총괄 · 관리 여부를 떠나 당연히 건설공사의 시공을 주도하는 지위에 있을 수 없을 것이다.

제조업체, 서비스업체 등에서 외부업체에 예컨대 건설공사의 일종인 유지보수공사를 도급(발주)하는 경우, 이들 업체는 해당 유지보수공사의 특성상 총괄 · 관리 여부를 떠나 시공을 주도하는 위치에 있지 않고 현실적으로 시공을 주도하기도 어렵기 때문에(이들 업체가 협력사에 의뢰한 작업의 설계, 안전관리, 품질관리, 공정관리 등에 관여하는 것을 이유로 이들 업체가 '시공'을 주도한다고 할 수는 없기 때문에, 즉 시공을 주도하는 것은 시공업체이기 때문에) 건설공사발주자에 해당한다. 만약 유지보수공사와 같은 건설공사를 도급하는 자인 비건설업체가 시공을 주도한다고 보면, 시공업체의 존재 자체가 무색해지고 시공업체가 설 땅이 없게 된다.

그럼에도 항소심 법원에서 중부발전을 법리적 근거를 전혀 제시하지 않은 채 도급인으로 본 것은 고용노동부의 잘못된 행정지침이 그 단초를 제공했다. 고용노동부는 아무런 법적 근거 없는 행정지침(2020. 3)으로 "시공을 주도하여 총괄 · 관리하는지 여부는 당해 건설공사가 사업의 유지 또는 운영에 필수적인 업무인지, 상시적으로 발생하거나 이를 관리하는 부서 등 조직을 갖췄는지, 예측 가능한 업무인지 등 다양한 요인을 종합적으로 고려하여 판단"한다고 설명하고 있다. 유추해석(적용)금지의 원칙에 정면으로 위배되는 지나치게 자의적이고 모호한 해석이다.

고용노동부에서 이러한 무작스러운 해석을 하는 이유는, 비건설업체의 유지보수공사 등을 발주하는 자를 건설공사발주자로 보게 되면, 건설공사발주자에 대한 규제가 총 공사금액이 50억원 이상인 경우에만 적용되는 것으로 규정되어 있는 상태에서, 업종을 불문하고 많이 이뤄지고 있고 이론적 · 경험적으로 가장 위험한 작업에 속하는 외부업체에의 발주 건설공사의 경우 그 금액이 50억원 미만인 경우가 대부분이어서 비건설업체에 의한 건설공사 발주는 도급인 규제와 건설공사발주자 규제 모두에서 그 적용이 배제되는 입법 사각지대가 발생하기 때문이다. 산업안전보건법 전부개정을 하면서 '입법참사'라고 부를 정도로 개악된 대표적인 부분이다.

법률의 입법취지, 목적 등을 고려한 형벌법규의 목적론적 해석도 해당 법률문언의 통상적인 의미 내에서만 가능한 것으로, 법률문언의 통상적인 의미를 벗어나는 해석은 죄형법정주의의 원칙상 허용될 수 없다는 것이 대법원의 입장이다. 법의 불비를 시정하거나 입법정책적 목적을 달성하기 위해 법률문언을 벗어나 법을 해석하는 것은 피고인이 법원의 자의로 처벌될 수 있어 개인의 자유와 권리 보장이 위태롭게 될 수 있다. 특히 형벌법규의 경우에는 명문규정의 의미를 피고인에게 불리한 방향으로 지나치게 확장해석해서는 안 된다.

현행 산업안전보건법은 도급인에게 수급인과 '동일한' 의무(공동의무가 아니다)를 부과하고 있어 이를 그대로 적용할 경우 피고인에게 과도한 처벌로 받아들여질 수 있다. 문제 있는 법은 가능한 한 그 적용범위를 제한하는 방향으로 좁게 해석할 필요가 있다. 그래야만 악법의 폐해를 조금이라도 줄일 수 있기 때문이다. 또 문제 있는 법은 정비하기 전에라도 실체법적으로 법개념을 좁게 제한적으로 해석하거나, 절차법적으로 엄격증명의 요구 등 절차규칙을 엄격하게 적용해야 한다. 이러한 방향을 갖지 못할 때 법집행기관과 법관은 실정법의 노예라는 비난을 면하기 어렵고 악법에 부화뇌동하는 꼴이 되어 정의로운 일을 한다는 직업적 자긍심을 가질 수 없을 것이다.

법률 해석의 목표는 '입법자'의 의사가 아니라 '법률'의 의사, 즉 문언의 의미를 목표로 하는 것이 타당하다. 의회민주주의 정치체제에서 한 사람의 입법자와 같은 존재를 상정할 수 없고, 다수의 입법자(의원)를 생각할 때 누구를 기준으로 할 것인가도 문제이므로, 입법자의 의사보다 법률의 의사를 중시해야 한다. 형사법의 경우에는 특히 그러하다.

법해석자들이 가능한 문언의 의미를 넘어 유추적용을 하는 이유 중의 하나는 법의 흠결로 말미암아 처벌받아야 한다고 생각되는 행위를 처벌할 수 없어서 그 결론이 상식에 어긋나고, 따라서 당해 사건의 구체적 타당성 있는 해결이 불가능하다고 생각하기 때문일 것이다. 그러나 설령 법감정과 형평에 반하다고 생각되더라도 법적용이 마땅하지 않은 경우에는 법창조(입법)나 다름없는 유추해석으로 벌할 것이 아니라 법을 개정하여 해결해야 한다.

그러나 항소심은 형벌규정 해석에 관한 일반적인 법리를 깡그리 무시하고 도급 관련 규정을 자의적으로 해석하는 큰 잘못을 저지르고 말았다. 피고인을 처벌해야겠다는 의지(선입견)가 다분히 작용한 것으로 보인다. 중부발전을 도급인으로 보지 않으면, 즉 건설공사발주자로 보게 되면 처벌할 수 없기 때문이다. 법리에 입각하여 처벌 여부를 판단한 것이 아니라 처벌하는 것이 마땅하다는 결론을 미리 내려놓고 이에 꿰맞춰 억지논리를 전개했다는 합리적 의심이 든다. 항소심의 이러한 무리한 해석은 산업안전보건법의 엉성한 규제에 근본원인이 있다. 그런데도 정부는 이를 방치하고 있다. 이 문제를 모른다면 정부로서의 자격이 없는 것이고, 문제를 알고서도 개정할 생각을 하지 않는다면 무책임을 넘어 비겁하다고까지 할 수 있다.

항소심은 '위험의 외주화'라는 말을 공공연히 판결문에 쓰면서 외주는 나쁜 것이라는 편견에 사로잡혀 있는 것 같다. 재판부에 경영 마인드가 있는지 의문스럽다. 외주는 분업의 일종이다. 외주에 부정적인 측면도 있을 수 있지만, 그렇다고 외주 자체를 나쁘다고 보는 것은 분업을 부정하는 것이나 다름없고 현대 사회의 경제생활을 도외시하는 것이나 진배없다. 법령으로 일정한 자격을 갖춘 업체만 할 수 있도록 규정돼 있는 전문적인 작업은 외주를 하지 않을 수 없다.

외주 자체가 나쁜 것이 아니라 외주에 따른 안전관리의 불량이 나쁘다는 시각이 올바르다. 외주를 하더라도 외주에 수반되는 위험을 철저하게 관리하도록 하는 것이 효과적이고 비교법적으로 보편적이며 올바른 관점이다. 외주하는 자에게는 모든 안전관리의무가 아니라 그 지위와 위상에 걸맞은 안전관리의무를 부과하는 것이 실효적이다. 외주 자체를 부정적으로, 그것도 단면만 보게 되면, 관련되는 각 주체의 지위와 위상에 맞는 안전관리의무를 실효성 있게 부과하는 일의 중요성을 간과하고 외주하는 측에 거친 규제를 하는 우를 범할 수 있다. 그 대표적 사례가 항소심이 다룬 산업안전보건법상의 도급인의 의무 규정이다. 이 규정은 도급인에게 그의 지위와 위상뿐만 아니라 도급작업의 유형과 성격을 고려치 않은 채 획일적으로 수급인과 동일한, 그 결과 사실상 이행 불가능한 의무를 부과하고 있다. 선진외국에서는 찾아볼 수 없는 '갈라파고스 규제'이다.

항소심은 이러한 실효성 없고 무모한 규제가 하청 근로자의 재해예방에 도움이 되는커녕 되레 부정적 영향을 끼칠 뿐만 아니라 많은 기업을 애꿎게 범법자로 내몰고 있는 현실에 대한 인식이 부족한 것 같다. 재판부의 전문법률과 현실에 대한 무지의 민낯이 그대로 드러났다고 할 수 있다. 법관이 사전 지식과 경험이 없는 사건을 다루게 되면 진정성을 가지고 학습하는 자세가 반드시 필요하다. 한 사람의 인생에 지대한 영향을 미치는 판결을 어찌 이렇게도 가볍게 한다 말인가. 항소심 판결을 접하면서 무식하면 용감하다는 '더닝 크루거 효과(Dunning Kruger effect)'를 떠올리는 것은 필자만일까. 일부 판사들에 해당하는 이야기이지만, 사회가 복잡해짐에 따라 전문법률에 대한 판사들의 전문성과 책임성을 높이는 것은 시대적 과제이다.

4. 관계수급인과 동일한 안전보건조치의무

도급인은 관계수급인 근로자가 도급인의 사업장에서 작업을 하는 경우에 자신의 근로자와 관계수급인 근로자의 산업재해를 예방하기 위하여 안전 및 보건 시설의 설치 등 필요한 안전조치 및 보건조치[345)]를 하여야 한다(산업안

345) '안전조치'라 함은 사업주가 「산업안전보건법」 제38조 제1항부터 제3항까지의 규정에 따라 하여야 하는 조치를 가리키고(산업안전보건법 제38조 제4항), '보건조치'라 함은 사업주가 「산업안전보건법」 제39조 제1항 각 호의 어느 하나에 해당하는 건강장해를 예방하기 위하여 필요한 조치를 가리키는바(산업안전보건법 제39조 제1항), 「산업안전보건법」 제63조에서 "필요한 안전조치 및 보건조치"에 관한 구체적인 사항은 하위법령에서 정한다고 위임도 하고 있지 않아 이 '필요한 안전조치 및 보건조치'라는 개념이 애매하고 그 적용범위가 지나치게 광범위하여 구체적으로 무엇을 의미하는지 매우 불분명하다. 고용노동부는 아무런 법적 근거 없이 「산업안전보건법」 전부개정 전의 관행에 따라 필요한 안전조치 및 보건조치의 구체적인 의무는 「안전보건기준규칙」에 따른다고 설명하고 있지만(고용노동부, 산업안전보건법 전부개정법률 주요내용 설명자료, 2019.1, 46쪽), 법문의 가능한 의미를 훌쩍 벗어나는(문언 해석의 원칙에 명백히 위배되는) 지나치게 자의적인 해석이다. 결국, 광범위한 개념인 '필요한 안전조치 및 보건조치'에 관하여 구체적인 기준이나 범위를 정하지 않고 (위임근거도 없이) 사실상 그 내용을 모두 「안전보건기준규칙」에 포괄적으로 위임함으로써, 수범자로 하여금 '필요한 안전조치 및 보건조치'와 관련

전보건법 제63조 본문).

도급인이 취해야 할 안전보건조치와 관련해서는, 그 의무내용에 대해 하위규정(고용노동부령)에서 별도로 규정하고 있지 않아, 결과적으로 도급인과 관계수급인 간의 역할과 책임이 구분되어 있지 않다. 구체적으로 말하면, 도급인이 관계수급인과 공동으로 안전보건조치를 해야 하는지, 도급인 단독으로 안전보건조치를 해야 하는지, 아니면 관계수급인의 안전보건조치에 대하여 지도감독(관리)을 해야 하는지 등 도급인이 해야 할 의무의 내용에 대해 별도로 규정하고 있지 않다.

산업안전보건법령에서는 도급인이 어디에서부터 어디까지, 어떤 의무를, 어떻게 이행해야 하는지에 대한 기준을 전혀 제시하지 않고 있다. 도급인은 관계수급인이 취해야 할 안전보건조치(수급인, 하수급인 등의 자신의 근로자에 대한 안전보건조치)와 '동일한'('공동'이 아니다) 안전보건조치를 이행해야 하는 것으로 해석되는 등 불합리하게 해석될 가능성이 매우 많다.[346)]

도급인의 사업장이라 하더라도 도급인과 수급인, 하수급인 등은 주체가

하여 준수해야 할 사항의 내용이나 범위를 구체적으로 예측할 수 없게 하고, 나아가 헌법이 예방하고자 하는 (행정부의) 자의적인 행정입법을 초래할 여지가 있으므로, 헌법상 포괄위임금지원칙 및 죄형법정주의의 명확성 원칙에 위반된다고 볼 수 있다(헌법재판소 2000.7.20. 99헌가15 결정 참조).

346) 고용노동부는 「산업안전보건법」 제63조의 도급인의 의무를 수급인과 동일한 의무로 해석하고 있다(고용노동부, 산업안전보건법 전부개정법률 주요내용 설명자료, 2019.1, 52쪽). 도급인에게 관계수급인 근로자의 산업재해를 예방하기 위하여 관계수급인의 의무와 동일한 의무를 부과하는 것은, 도급인의 의무내용을 형법법규의 구성요건요소로서는 지나치게 불명확하게 한다고 할 것인바, 산업안전보건법령의 입법목적이나 전체적인 내용, 구조 등을 살펴보아도 '사물의 변별능력을 제대로 갖춘 일반인의 이해와 판단'으로서 도급인의 의무내용에 해당하는 행위유형을 정형화하거나 한정할(관계수급인의 의무가 엄연히 별도로 있는 상태에서 도급인의 의무내용이 어디에서부터 어디까지인지) 합리적인 해석기준을 찾기 어려우므로, 죄형법정주의가 요구하는 형벌법규의 명확성의 원칙에 반한다(대법원 1998.6.18. 97도2231 전원합의체 판결 참조). 이처럼 지나치게 불명확한 규정은 수범자로 하여금 구체적인 경우에 어떠한 조치(행위)를 해야 하는지를 예측할 수 없게 하고 그 적용범위를 법 집행기관의 자의적 판단과 해석에 맡기는 결과를 초래하여 죄형법정주의를 위태롭게 한다.

다른 만큼, 공동으로 해야 하는 일은 있을 수 있어도 기본적으로 그 위상과 역할이 동일할 수는 없음에도 불구하고, 도급인에게 관계수급인과 '동일한' 조치를 하도록 하는 것[347]은 비현실적이고 불합리하다. 이렇게 해석된다면 이는 헌법상의 원칙인 명확성의 원칙, 과잉금지의 원칙, 자기책임의 원칙에도 위반될 소지가 매우 클 뿐만 아니라, 재해예방에 관련된 각 주체의 위상과 역할에 맞는 의무를 부과해야 한다는 안전관리의 원칙[348]에도 정면으로 배치되어 재해예방의 실효성을 거두기도 어렵다.[349], [350]

도급인의 안전보건조치 중에 '보호구 착용의 지시 등 관계수급인 근로자의 작업행동에 관한 직접적인 조치'는 불법파견의 소지 등을 이유로 제외되어 있다(산업안전보건법 제63조 단서).[351] 이 단서규정은 도급인이 관계수급인

347) 도급인에게 관계수급인과 '동일한' 의무를 부과하는 것은 도급인과 관계수급인 모두의 역할과 책임을 모호하게 함으로써 도급인의 의무이행에 큰 차질을 빚게 하는 것으로 그치지 않고 수급인의 의무이행에도 큰 문제를 일으킨다.

348) 관계자의 역할과 책임을 명확히 설정해야 한다는 원칙은 안전관리의 원칙일 뿐만 아니라 조직관리에서도 기본원칙에 해당하는 것이다. 이 원칙은 조직 내부는 물론 이거니와 조직 간에도 적용되는 것이다.

349) 도급인, 관계수급인(수급인, 하수급인 등) 중 누가 어떤 안전보건조치를 취하여야 하는지를 구분하여 규정하지 않으면, 도급인이 관계수급인이 이행해야 할 안전보건조치를 직접 모두 이행해야 하는 것으로 해석되는 불합리와 비현실성이 발생하고, 이로 인해 정작 집중해야 할 도급인으로서의 의무 이행에 큰 공백이 생길 가능성이 높다. 요컨대, 도급인과 관계수급인 각각의 역할과 책임을 명확히 설정하는 규정을 두지 않으면, 도급인이 관계수급인의 의무와 동일한 의무를 이행해야 하는 것으로 해석되고, 현재 고용노동부에서 그렇게 해석하고 있다(고용노동부, 산업안전보건법 전부개정법률 주요내용 설명자료, 2019.1, 52쪽). 후술하듯이 법문에서 도급인과 수급인의 공동의무라고 규정하지 않고 있는 이상 형벌법규 해석의 원칙(엄격해석)상 수급인과의 공동의무라고 해석할 수도 없다. 이에 따라 도급인 어느 누구도 「산업안전보건법」상의 의무규정을 온전히 이행할 수 없어, 결과적으로 모든 도급인이 잠재적 범죄자가 되고 도급규제의 규범성이 상실되는 문제를 초래할 가능성이 매우 크다.

350) 비교법적으로 보더라도 도급인에게 수급인과 동일한 의무를 부과하고 있는 입법례는 발견되지 않는다. 독일, 일본, 영국, 미국 등 산재예방선진국 모두 도급인에게는 관계수급인과의 협력·조정, 관계수급인에 대한 지도·관리, 정보제공 등 도급인의 '지위와 위상'에 걸맞은 역할과 의무만을 부여·부과하고 있다.

351) 고용노동부는 도급인이 수급인 근로자의 작업행동에 관하여 지시를 하는 경우 불법

근로자의 작업행동에 대한 직접적인 조치를 할 필요가 없거나 또는 해서는 안 된다는 식으로 이해되고 있어 도급인으로서의 역할에 많은 혼선을 일으키고 있다. 도급인이 관계수급인 근로자의 보호를 위해 취할 필요가 있는 조치 중의 상당부분이 근로자의 작업행동에 대한 직접적인 조치에 해당하는 것일진대, 불법파견의 소지 등을 이유로 이를 하지 않게 되면 관계수급인 근로자의 보호에 큰 공백이 생길 수밖에 없을 것이다.[352), 353)]

한편, 도급인의 사업장에는 전술한 대로 도급인이 제공하거나 지정한 경우로서 도급인이 지배・관리하는 (대통령령으로 정하는) 장소까지가 포함되므로(산업안전보건법 제10조 제2항 참조), 이러한 사업장에 대해서도 도급인의 사업장과 마찬가지로 산업안전보건법령에 규정되어 있는 도급인으로서의 안전보건조치를 모두 이행하여야 하는 것으로 이해되고 있다.

따라서 도급인이 제공하거나 지정한 경우로서 도급인이 지배・관리하는 장소에 대해서도, 도급인은 앞에서 설명한 관계수급인과 동일한 안전보건조치 외에 다음의 5절에서 설명하는 도급인의 독자적인 안전보건조치, 예컨대 안전 및 보건에 관한 협의체의 구성・운영(시행규칙 제79조), 합동 안전보건점검(시행규칙 제82조), 순회점검(시행규칙 제80조) 등을 이행하여야 함에 유의해야 한다.

파견의 소지 등이 있어 수급인 근로자에 대하여 직접 지시하는 조치는 제외됨을 명확히 하였다고 설명하고 있다(고용노동부, 산업안전보건법 전부개정법률 주요내용 설명자료, 2019.1, 45~46쪽).

352) 도급인의 안전보건조치와 불법파견의 관계에 대해서는 뒤에서 상세하게 설명하기로 한다.

353) 관계수급인 근로자의 작업행동에 관한 직접적인 조치를 도급인의 의무로 규정하더라도, 이의 위반에 대해 반드시 처벌규정을 두어야 한다는 의미는 아니다. 의무화하더라도 처벌규정을 두는 것이 바람직하지 않은 경우도 얼마든지 있을 수 있다. 어떠한 의무 위반에 대해 처벌규정을 둘지 여부는 해당 규정내용의 성격에 따라 신중하게 판단할 필요가 있다. 즉, 도급인의 관계수급인 근로자의 작업행동에 관한 직접적인 조치는 의무화를 하되, 당해 규정내용의 성격상 처벌규정을 두는 것은 바람직하지 않다.

〈참고〉 포괄위임금지의 원칙

포괄위임금지의 원칙은 법률이 위임하는 사항과 범위를 구체적으로 한정하지 않고, 특정 행정기관에 입법권을 일반적·포괄적으로 위임하는 것이 금지된다는 원칙을 말한다. 즉, 입법사항을 하위법령에 위임할 경우에는 구체적으로 범위를 정하여 일반적·포괄적 위임이 되지 않도록 해야 한다. 이는 법률에 하위법령(대통령령, 총리령·부령, 대법원규칙, 헌법재판소규칙, 중앙선거관리위원회 규칙 등)으로 규정될 내용과 범위의 기본적인 사항들을 가능하면 구체적이고 명확하게 규정하여, 누구라도 그 법률로부터 하위법령에 규정될 내용의 대강을 예측할 수 있어야 한다는 것을 의미한다.

포괄위임금지의 원칙은 행정부에 입법을 위임하는 수권법률의 명확성의 원칙에 관한 것으로서 '법률의 명확성 원칙'이 행정(위임)입법에 관하여 구체화된 원칙인데, 법률의 수권(授權)은 그 내용, 목적, 범위에 있어서 제한되어 있어서, 국민이 상위법령만으로 행정의 행위를 어느 정도 예측할 수 있어야 한다[354]는 것을 의미한다. 따라서 위임을 할 때에 아무런 제한 없이 "대통령령으로 정한다."라고만 규정하는 것은 결과적으로 포괄위임이 될 수 있다.

입법권은 국회에 속하지만(헌법 제40조), 합의제 대의기관으로서 국회가 갖는 전문성의 취약점 등의 제약요인에 따라 그 입법 기능에는 일정한 한계가 있다. 따라서 오늘날에는 국회의 입법 기능을 보완하기 위해 행정입법이 양적·질적으로 증대되고 있는데, 이와 같은 행정입법을 어떻게 통제하느냐와 관련된 것이 포괄위임금지의 원칙이다.[355]

헌법재판소는 이와 같은 위임입법의 구체성, 명확성의 요구 정도는 그 규율 대상의 종류와 성격에 따라 달라질 것이지만, 특히 국민의 기본권을 직접적으로 제한하거나 침해할 소지가 있는 법규에서는 구체성과 명확성의 요구가 강화되어 그 위임의 요건과 범위가 일반적인 급부행정법규의 경우보다 더 엄격하게 제한적으로 규정되어야 하는 반면에, 규율 대상이 지극히 다양하거나 수시로 변화하는 성질의 것일 때에는 위임의 구체성, 명확성의 요건이 완화될 수 있다고 판시하고 있다.[356]

처벌법규에 있어서는 구체성과 명확성의 요구가 강화되어 위임의 근거 규정인 법률의 규정 그 자체에서 위임의 범위를 명확히 함과 동시에 구체적으로 위임된 사항의 처리기준과 처리지침을 제시하거나 적어도 그 처리에 대한 대강을 예측할 수 있을 정도로 정해야 한다. 즉, 처벌법규의 구성요건이 되는 준수의무 및 안전조치 의무 등을 하위법령에 위임하는 경우에도 예시나 한정적 문구 등을 사용하여 그 대강을 법률에서 직접 규정한 후 세부사항을 위임해야 한다.[357]

---

354) 예측 가능성의 유무는 특정 조항만을 가지고 판단하는 것이 아니라, 관련 법조항 전체를 유기적·체계적으로 종합하여 판단하며, 각 대상 법률의 성질에 따라 구체적·개별적으로 검토할 필요가 있다.

355) 법제처, 『법령입안 심사기준』, 2023, 42쪽.

[칼럼] 도급운영지침 어떻게 바라봐야 할까(1)[358)]

고용부의 '도급 시 산재예방 운영지침'(이하 '지침')이 인터넷 개인블로그에 돌아다니고 있다. 지방관서에도 2월에 시달된 것으로 알고 있다. 그러나 어찌된 영문인지 고용부 홈페이지에는 어디에도 올라와 있지 않다. 도급 관련 법규에 불명확하고 모호한 부분이 너무 많아 기업에서 궁금한 점이 한두 가지가 아닐 텐데, 아직까지 기업들에게는 공식적으로 알리고 있지 않은 것이다.

기업 등에서 준비를 하는 시간까지를 감안하면 개정법이 시행되기 몇 달 전에는 의무주체들에게 널리 알렸어야 하는데, 법이 개정된 지 한 달이 지나서야 지침을 내놓은 것은 늦어도 너무 늦었다. 더군다나 지침을 지방관서에만 보내고 당사자들에게는 알리지 않고 있다니 행정의 무인식과 무능에 다시 한 번 실망을 금할 수 없다. 적극적으로 홍보를 해도 모자랄 판에 이를 하지 않고 있는 것이다.

한편, 행정청은 법령 등의 단순한 집행을 위한 경우를 제외하고는 정책, 제도 및 계획을 수립 · 시행하거나 변경하려는 경우에는 미리 이를 예고해야 한다(행정절차법 제46조). 이번 지침이 법령 등의 단순한 집행을 위한 경우가 아닌 것이 명백한 이상, 당연히 행정예고를 했어야 하는데도 이를 거치지 않았다. 법을 모범적으로 준수하여야 할 행정기관이 법을 어긴 것이다. 입만 뻥긋하면 법과 원칙의 준수를 외치면서 정부 스스로는 준수할 생각이 없는 '내로남불'이라고 하지 않을 수 없다.

고용부가 하청노동자에 대한 진정한 보호의지가 있는지 의문이 들기도 한다. 도급인 등이 하청근로자에 대한 보호를 어떻게 해야 하는지를 이들에게 충분히 그리고 구체적으로 알려 주어야 보호조치가 제대로 이행될

---

356) 헌법재판소 1999.1.28. 97헌가8 결정.

357) 급부행정법규의 경우에는 입법자에게 광범위한 입법재량이 부여되는 정치적인 성격이 강한 영역이므로 이에 대한 결정은 1차적으로는 입법적인 정책판단에 유보될 수밖에 없고, 급부행정은 사회적 · 경제적 여건에 따라 적절히 대처할 필요성이 있어서 미리 법률에 상세하게 규정하는 것은 입법기술상 매우 어렵다는 점에서 위임의 구체성 · 명확성이 완화되는 경우도 있다.

358) 정진우, 안전저널, 2020.3.13.

수 있을 것 아닌가.

이러한 절차적 문제보다 더 심각한 것은 지침의 내용이다. 지침의 내용에 법리적 면에서 맞지 않고 논리적 면에서 납득이 가지 않는 부분이 적지 않다. 산업안전보건법이 무작스럽게 개정되어 그 해석에 어려움이 클 것이라는 점을 고려하더라도, 내용과 논리에 있어 법적 상식과 괴리가 크고 거칠다. 사다리작업 금지 지침, 작업중지명령 지침 등 종전에 고용부에서 시달된 함량 미달의 지침을 보는 듯한 데자뷔(기시감)가 든다.

게다가 수범자의 입장에서 어떻게 해야 법 위반이 안 되는지를 예측할 수 있도록 해주어야 하는데, 그런 행동기준을 제시하지 못하고 있다. 지방관서에서도 문제의식을 가지고 있는 감독관들은 어떻게 집행하라는 것인지 도무지 헷갈린다는 입장이다. 현장에서 '예방'지침으로는 작동되지 않고 '처벌'지침으로 작동될 가능성이 매우 크다. 지침내용에서 가장 큰 문제점은 '도급인'과 '건설공사 발주자'를 구분하는 기준에 관한 해석부분이다.

죄형법정주의의 한 원칙인 유추적용금지의 원칙에 정면으로 위배되는 해석이 곳곳에서 발견된다. 형벌이 수반되는 법문 해석은 문언에서 출발하여 문언에서 끝나야 한다. 형벌 수반 규정 해석의 한계는 '문언의 가능한 의미범위'에 있다. 그런데 지침에서는 '공사의 시공을 주도하여 총괄 · 관리하는지' 여부에 대한 판단을 '건설공사가 사업의 유지 또는 운영에 필수적인 업무인지, 상시적으로 발생하거나 이를 관리하는 부서 등 조직을 갖췄는지, 예측 가능한 업무인지 등'과 같은 법문과 전혀 관계없는 사항을 제시하고 있다.

여기에 열거된 고려사항과 법문상의 "공사의 시공을 주도하여"라는 의미는 아무런 관계가 없다. 즉 '시공을 주도'한다는 문언에서는 지침에서 제시된 항목을 확대해석은커녕 유추하는 것조차도 불가능하다. 법문에 근거가 전혀 없는데도 행정이 필요하다고 판단되는 사항을 자의적으로 갖다 붙여 해석하고 있는 것이다. 법의 흠결을 행정에 의한 법창조(입법)로 메우려는 월권에 해당한다. 아무리 양보한다 하더라도 지나친 확장해석이자 문언의 가능한 의미 내를 훌쩍 벗어나는 해석이라 하지 않을 수 없다.

이처럼 문제가 많은 해석은 집행과정에서 많은 혼란을 초래할 뿐 검찰이나 법원에서는 수용되거나 적용될 리 만무하다는 점을 유념할 필요가 있다.

[칼럼] 도급운영지침 어떻게 바라봐야 할까(2)[359)]

행정권의 발동에는 법령의 근거가 있어야 하며, 법령의 근거가 없는 경우에는 행정개입의 필요가 있더라도 행정권이 발동될 수 없다. 즉, 행정상 필요하다는 사실만으로 행정권은 행사될 수 없고 법적 근거가 있어야 행정권 행사가 가능하다. 이 법률유보의 원칙은 국민의 인권보장 및 민주행정의 실현에 그 의의가 있다.

따라서 법령으로 규정하여야 할 것을 법령에 해당하지 않는, 더구나 행정규칙도 아닌 지침으로 운영할 경우, 법원에서 이에 대해 법적 효력을 인정하지 않을 가능성이 매우 높다. 게다가 이번 지침에는 그 내용에 있어서 법적 근거 없는 자의적 해석이 차고 넘친다.

지침에서 가장 큰 문제는 도급인에게 수급인의 의무와 동일한 의무가 부과되고 있는 것을 전제로 하고 있는 점이다. 즉, 도급인의 의무 자체가 매우 불명확한 상태이다. 수급인과 공동으로 안전보건조치를 하라는 말도 없고, 수급인에 대해 관리감독을 하라는 말도 없으며, 도급인이 단독으로 하라는 말도 없다. 이번 지침 역시 도급인은 어디에서부터 어디까지 어떤 의무를 해야 하는지가 전혀 제시되어 있지 않다.

하나의 조직 내에서도 안전보건의 출발점은 구성원의 역할과 책임을 명확히 설정하는 것이다. 하물며 의무주체가 다른 도급인과 수급인 간에 이를 구분해 놓지 않으면 도급인에게 수급인과 동일한 의무를 이행하라는 것은 법리적으로도 현실적으로도 가능하지 않은 주문이다.

이 문제는 도급인이 제공 · 지정하는 경우로서 지배 · 관리하는 장소에서 더욱 심각해진다. 지침대로라면 대한민국에서 기업을 영위하는 사람들은 누구나 다 언제든지 범법자가 될 리스크를 안게 된다. 죄형법정주의를 무시한 억지해석을 적용하게 되면, 대기업은 소송을 통해 면책되고 소송능력이 없는 중소기업만 애꿎게 범법자가 될 가능성이 높다. 고용부는 나쁜 의도 없이 개구리에게 돌을 던진 것에 불과하지만, 개구리에게는 생사가 달린 문제가 될 수 있다.

359) 정진우, 안전저널, 2020.4.3.

이러한 지침이 나온 배경에는 법의 무작스러운 개정이 있음은 주지의 사실이다. 법에 문제가 있는 경우에 행정부가 해야 할 일은 이를 솔직하게 인정하고 조속히 법을 개정하는 것이다.

근본원인에 해당하는 것은 손대지 않고 얼버무리게 되면 문제가 해결은 되지 않고 난마처럼 뒤엉켜 현장에서 큰 혼란을 초래하고 법집행력도 크게 훼손될 수 있다. 법령으로 정하여야 할 것을 지침으로 운영하는 것 자체도 문제인데, 내용까지 이처럼 법리적으로 많은 문제가 있다면, 실효성을 거두기는 기대난망이라 할 수 있다.

한편 도급인의 순회점검, 협의체, 합동점검의 경우, 많은 논란이 있는 도급인의 지배 · 관리장소에 대해서는 아무런 설명이 없는 것도 문제이다. 특히 합동점검의 경우, 실시주체가 법령에 안전보건관리책임자로 특정적으로 명시되어 있어 지배 · 관리하는 장소에 대해서는 그곳이 아무리 멀리 떨어져 있어도 그가 직접 합동점검을 해야 하는 것으로 해석되는 문제가 고스란히 남아 있다. 그리고 도급인이 지배 · 관리하는 장소에서 도급이 이루어지는 경우에도 건설공사 발주자에 해당하면 도급인 관련규정이 적용되지 않을 텐데, 지침에서는 이 경우에 대해서도 무조건 도급인 관계규정이 적용되는 것인 양 잘못 설명하고 있다.

지침에서 사례를 들어 설명하고는 있는데, 문제는 내용이 빈약하고 엉성하다는 것이다. 특히 지배 · 관리의 의미가 너무 모호하다. 그리고 그 범위와 관련하여, 예컨대 ▲시설과 일부 기계 · 설비는 도급인이 소유하는데 다른 기계 · 설비는 수급인이 소유하는 경우 ▲도급인이 시설과 기계 · 설비를 소유하고 있는데 이에 대한 관리는 도급인과 수급인이 둘 다 관여하는 경우 ▲일부 기계 · 설비는 수급인이 소유 · 관리하는 경우 ▲기계 · 설비에 대한 전체적인 관리는 수급인이 하는데 유지보수 소요비용은 도급인이 부담하는 경우 ▲시설은 제3자나 수급인이 소유하고 있는데 도급인이 기계 · 설비운영에 대해 상당한 지휘 · 감독을 하는 경우 등 도급을 둘러싸고 발생하고 있는 다양한 사례에 대해 도급인에게 해당 장소 전체에 대한 의무가 있는지, 있다면 구체적으로 어떤 의무가 있는지 등에 대해 답을 주지 못하고 있다. 중앙부처의 지침이라고 하기에는 함량미달이다. 현장은 이래저래 답답할 따름이다.

5. 도급인의 법적 의무와 자율적 안전보건관리

기업 등이 건설공사를 도급 주는 경우 「산업안전보건법」상 도급인이냐 건설공사 발주자이냐의 논란과 관련하여, 기업 등에서는 자율적으로 실시하는 안전보건관리인지, 제정법상의 명시적인 의무로 실시하는 안전보건관리인지 그 성격을 명확히 구분해 놓는 것이 바람직하다. 그렇지 않으면 「산업안전보건법」상 건설공사 발주자의 입장에서 수급인의 근로자에 대해 '자율적으로' 안전보건관리를 실시하는 것 때문에, 해당 기업 등은 건설공사 발주자가 아닌 도급인에 해당하는 것으로 오해받을 소지가 있기 때문이다. 한편, 건설공사를 도급 주는 기업 등이 업무상과실치사상죄로 처벌되지 않기 위해선 제정법상의 명시적인 의무가 없더라도 주의의무를 다하기 위하여 수급인의 근로자에 대해 자율적으로 안전보건관리를 충실히 할 필요가 있는바, 해당 기업 등은 수급인의 근로자에 대해 실시하는 안전보건관리가 도급인의 입장에서의 제정법에 따른 의무적인 것이 아니라 건설공사 발주자의 입장에서의 자율적인 것이라는 입장을 명확히 해놓고 있는 것이 바람직하다.

6. 도급인의 독자적인 안전보건조치의무

「산업안전보건법」 제64조부터 제66조까지 및 제69조에서는, 관계수급인의 근로자가 도급인의 사업장에서 작업을 하는 경우 도급인의 독자적인 의무로서 도급인에게 협의체의 구성·운영, 순회점검, 관계수급인의 안전보건교육에 대한 지원, 정보제공, 시정조치 등 다양한 조치를 하도록 의무화하고 있다.

가. 안전보건에 관한 협의체의 구성 및 운영[360)]

도급인은 도급인과 수급인을 구성원으로 하는 안전 및 보건에 관한 협의체를 구성 및 운영하여야 한다(산업안전보건법 제64조 제1항 제1호). 이 협의체는 도급인 및 그의 수급인[361)] 전원으로 구성해야 한다(시행규칙 제79조 제1항).

안전 및 보건에 관한 협의체는 ① 작업의 시작시간, ② 작업 또는 작업장 간의 연락방법,[362)] ③ 재해발생 위험이 있는 경우 대피방법, ④ 작업장에서의 「산업안전보건법」 제36조에 따른 위험성평가의 실시에 관한 사항, ⑤ 도급인과 수급인 또는 수급인 상호 간의 연락방법[363)] 및 작업공정의 조정 등을 협의하여야 한다(시행규칙 제79조 제2항).

그리고 안전 및 보건에 관한 협의체는 매월 1회 이상 정기적으로 회의를 개최하고 그 결과를 기록·보존하여야 한다(시행규칙 제79조 제3항).

협의체 회의의 경우 뒤에서 설명하는 합동 안전보건점검(시행규칙 제82조)과 달리 사업장의 최고책임자(안전보건관리책임자)가 직접 실시해야 한다는 명시적 규정이 없기 때문에, 협의체 회의는 최고책임자(안전보건관리책임자)가 반드시 직접 주재하지 않아도 무방한 것으로 해석된다.

---

360) 이를 위반한 자는 5백만원 이하의 벌금에 처한다(산업안전보건법 제172조).

361) 다른 곳에서는 대부분 '관계수급인'으로 표현되어 있는데, 이곳은 '수급인'으로 표현되어 있다. 따라서 하수급인은 협의체에 포함시키지 않아도 무방하다.

362) 법문에는 '연락방법'으로 표현되어 있으나, 해당 규정의 취지로 볼 때 협의사항을 '연락방법'으로 한정하는 것은 맞지 않고 '연락(Communication)'으로 표현하는 것이 타당하다.

363) 이곳도 마찬가지로 협의사항을 '연락'으로 표현하는 것이 타당하다. 그리고 내용적으로 ②와 ⑤는 중복되는바, 입법적으로 ⑤는 협의사항으로 규정할 것이 아니라 '연락 및 조정의 실시' 자체를 의무화할 필요가 있다. 한편, 2021.5.18 「산업안전보건법」 일부개정(2021.11.19. 시행)에 의해 도급인에 대해 "대통령령으로 정하는 위험이 발생할 우려가 있는 경우 관계수급인 등의 작업시기·내용의 조정"의무가 신설되었지만(제64조 제1항 제8호), 조정보다 중요하다고 할 수 있는 '연락'은 규정되지 않았다.

협의체는 도급인과 그의 수급인(작업 중인 외부협력사를 포함한다) 전원으로 구성되어야 하고 정기적으로 회의를 개최하여야 하지만, 회의 시마다 모든 수급인이 전원 참가해야 한다는 규정은 없으므로, 도급인 측에서 모든 수급인을 대상으로 참가하도록 미리 충분한 조치를 하였음에도 불구하고 수급인 측의 사정상 협의체에 참석하지 못한 것에 대해서는 도급인에게 책임을 물을 수 없다고 해석된다.

고용노동부에서는 「도급 시 산업재해예방 운영지침」[364]을 통해 안전 및 보건에 관한 협의체 구성・운영 대상에서 다음 작업(업무)은 제외되는 것으로 보고 있다.[365]

① 30일 이내에 종료되는 일시적 작업

② 연간 총 작업일수가 60일을 초과하지 않는 간헐적 작업

③ 출장, 위탁, 등 성격의 업무

- ► 자재・부품 납품, 우편물 배달 등
- ► 제품 구매 후 납품 및 이에 따른 설치・하자보수 등
  - * 온・오프라인을 통한 사무용품(책상, 컴퓨터 등) 구매 시 납품, 설치, 하자보수 등
- ► 용역제공 관련 회의 등 각종 회의 참석
- ► 사업장 내 정수기 설치, 생수공급 및 이와 유사한 업무
- ► 위험기계・기구 정기검사, 안전・보건관리대행, 안전보건・경영진단(평가), 컨설팅, 행사, 교육 및 강의 등 사업장 내에서 수행하는 위탁업무
- ► 기타 위와 유사한 출입업체가 수행하는 업무

---

364) 고용노동부 산재예방보상정책국, 「도급 시 산업재해예방 운영지침」, 2020.3, 31쪽. 전술한 바와 같이 이 지침은 아무런 법적 근거가 없어 법적 구속력이 없다.

365) 여기에 열거된 작업(업무)이 협의체 구성・운영 대상에서 제외되어야 할 법리적 근거는 전혀 없다. 이 지침에서도 그 근거를 제시하지 않고 있다.

나. 작업장 순회점검[366)]

도급인은 「산업안전보건법」 제64조(도급에 따른 산업재해 예방조치) 제1항 제2호에 따른 작업장 순회점검을 다음과 같은 구분에 따라 실시해야 한다(시행규칙 제80조 제1항).

① 건설업, 제조업, 토사석 광업, 서적, 잡지 및 기타 인쇄물 출판업, 음악 및 기타 오디오물 출판업, 금속 및 비금속 원료 재생업 : 2일에 1회 이상

② 위의 사업을 제외한 사업 : 1주일에 1회 이상

관계수급인은 도급인이 실시하는 순회점검을 거부·방해 또는 기피하여서는 아니 되며, 점검결과 도급인의 시정요구가 있는 때에는 이에 따라야 한다(시행규칙 제80조 제2항).

작업장 순회점검의 경우 뒤에서 설명하는 합동 안전보건점검(시행규칙 제82조)과 달리 사업장의 최고책임자(안전보건관리책임자)가 직접 실시해야 한다는 명시적 규정이 없는 점, 순회점검은 그 실시주기가 대부분의 업종에서 2일에 1회이므로 현실적·이론적으로 그 사업장의 최고책임자(안전보건관리책임자)가 직접 실시하는 것은 불가능한 점을 고려하면, 순회점검은 소속 종업원에게 위임이 가능한 것으로 해석된다.

다. 관계수급인의 안전보건교육에 대한 지원·확인[367)]

도급인은 관계수급인이 근로자에게 하는 안전보건교육(산업안전보건법 제29조 제1항부터 제3항까지)을 위한 장소 및 자료의 제공 등 지원[368)]을 하여야 한다(제64조 제1항 제3호). 이를 구체적으로 설명하면, 도급인은 「산업안전보건법」 제64조 제1항 제3호에 따라 관계수급인이 행하는 근로자의 해당

366) 이를 위반한 자는 5백만원 이하의 벌금에 처한다(산업안전보건법 제172조).

367) 이를 위반한 자는 5백만원 이하의 벌금에 처한다(산업안전보건법 제172조).

368) 안전보건교육에 대한 '지도'는 「산업안전보건법」 전부개정 시 불법파견 소지를 이유로 삭제되었다.

안전보건교육에 필요한 장소 및 자료의 제공 등을 요청받은 경우 협조하여야 한다(시행규칙 제80조 제3항).

종전(전부개정 전)에는 관계수급인 측의 요청에 관계없이 도급인 측이 안전보건교육에 필요한 장소 및 자료의 제공 등을 하여야 한다고 규정되어 있었던 것과 비교하면, 이 부분 역시 관계수급인의 근로자 보호 측면에서 역시 크게 후퇴한 것이라고 할 수 있다. 실제 건설현장과 같은 곳에서는 관계수급인이 교육할 만한 마땅한 장소가 없어 식당, 휴게실 등을 이용하여 교육하는 일이 다반사로 발생하고 있는 점을 고려할 때, 관계수급인의 요청이 있는 경우에만 도급인이 이에 협조하는 식으로 대응하도록 한 것은 입법적으로도 문제가 있다고 할 수 있다.

그리고 도급인은 「산업안전보건법」 제64조 제1항 제4호에 따라 관계수급인이 근로자에게 하는 '유해하거나 위험한 작업에 필요한 안전보건교육'[369](산업안전보건법 제29조 제3항)의 실시를 확인하여야 한다(산업안전보건법 제64조 제1항 제4호).

라. 경보체계의 운영과 대피방법 등 훈련[370]

도급인은 작업장소에서 발파작업을 하는 경우나 작업장소에서 화재・폭발, 토사・구축물 등의 붕괴 또는 지진 등이 발생한 경우에 대비한 경보체계 운영과 대피방법 등 훈련을 실시하여야 한다(산업안전보건법 제64조 제1항 제5호).

369) 유해하거나 위험한 작업에 필요한 안전보건교육을 약칭하여 '특별교육'이라고 한다(시행규칙 제26조 제1항 참조).

370) 이를 위반한 자는 5백만원 이하의 벌금에 처한다(산업안전보건법 제172조).

마. 관계수급인 등의 작업시기·내용 조정[371)]

관계수급인 근로자가 도급인의 사업장에서 작업을 하는 경우로서 도급인과 관계수급인 등의 작업이 같은 장소에서 이루어지는 때에는, 도급인은 관계수급인 등의 작업시기·내용, 안전보건조치 등을 확인하고(산업안전보건법 제64조 제1항 제7호), 확인 결과 관계수급인 등의 작업 혼재로 인하여 '화재·폭발 등 대통령령으로 정하는 위험이 발생할 우려가 있는 경우'에는 관계수급인 등의 작업시기·내용 등을 조정하여야 한다(산업안전보건법 제64조 제1항 제8호).[372), 373)]

'화재·폭발 등 대통령령으로 정하는 위험이 발생할 우려가 있는 경우'란 다음 각 호의 경우를 말한다(시행령 제53조의2).

1. 화재·폭발이 발생할 우려가 있는 경우
2. 동력으로 작동하는 기계·설비 등에 끼일 우려가 있는 경우
3. 차량계 하역운반기계, 건설기계, 양중기(揚重機) 등 동력으로 작동하는 기계와 충돌할 우려가 있는 경우
4. 근로자가 추락할 우려가 있는 경우
5. 물체가 떨어지거나 날아올 우려가 있는 경우
6. 기계·기구 등이 넘어지거나 무너질 우려가 있는 경우

371) 이를 위반한 자는 5백만원 이하의 벌금에 처한다(산업안전보건법 제172조).

372) 이 규정은 2021년 5월 18일 「산업안전보건법」 개정 시에 추가되었는데, 이미 「시행규칙」 제79조 제2항에서 도급인에 의한 안전 및 보건에 관한 협의체의 필수적 협의사항으로 "도급인과 수급인 또는 수급인 간의 상호 간의 연락(방법) 및 작업공정의 조정"을 규정하고 있는바, 이것과 다분히 중복되는 규정이다. 본 규정을 신설한 이유로 "현재 건설업, 제조업 등의 사업장에서 관계수급인의 혼재작업으로 인한 안전사고가 발생하고 있는 만큼 이에 관한 도급인의 구체적인 역할이 필요하나, 현행법에서는 이에 관한 별도의 규정이 없다"라고 밝히고 있는바, 이는 산업안전보건법령을 전체적으로 이해하지 못한 설명이다. 정부는 법령 간의 중복, 같은 법령 안에서의 조문 간의 중복이 법의 실효성을 떨어뜨리는 주범임을 인식할 필요가 있다.

373) 이를 위반한 자는 5백만원 이하의 벌금에 처한다(산업안전보건법 제172조).

7. 토사·구축물·인공구조물 등이 붕괴될 우려가 있는 경우
8. 산소결핍이나 유해가스로 질식이나 중독의 우려가 있는 경우

복수의 사업주가 작업하는 장소에서는 산업재해 예방을 위하여 관계사업주 간에 작업시기·내용 등을 '연락 또는 협력'을 하는 것이 중요한데, 이 '연락 또는 협력'은 빠지고 '조정'만 규정된 것은 입법적으로 문제가 있다.

바. 도급사업의 합동 안전보건점검

도급인은 그의 근로자, 관계수급인, 도급인 및 관계수급인의 근로자와 함께 정기적으로 또는 수시로 작업장의 안전 및 보건에 관한 점검(합동 안전보건점검)을 하여야 한다(산업안전보건법 제64조 제2항).[374)]

(1) 점검반 구성

도급인이 합동 안전보건점검을 할 때에는 다음의 자로 점검반을 구성하여야 한다(시행규칙 제82조 제1항).

① 도급인(같은 사업 내에 지역을 달리하는 사업장이 있는 경우 그 사업장의 안전보건관리책임자)[375), 376)]

② 관계수급인(같은 사업 내에 지역을 달리하는 사업장이 있는 경우 그 사업장의 안전보건관리책임자)

③ 도급인 및 관계수급인의 근로자 각 1명(관계수급인의 근로자의 경우에

---

374) 이를 위반한 자는 5백만원 이하의 벌금에 처한다(산업안전보건법 제172조).

375) 안전보건관리책임자가 상시 근로자 수 기준으로 일정 규모 이상 사업장에서만 선임하도록 되어 있어 안전보건관리책임자가 선임되어 있지 않은 사업장도 있을 수 있기 때문에, 안전보건관리책임자라는 표현보다 종전(전부개정 전)대로 그 사업장의 '최고책임자'라는 표현이 타당하다.

376) 합동 안전보건점검의 경우 협의체 회의 또는 순회점검과는 달리 사업장의 최고책임자(안전보건관리책임자)가 직접 실시해야 한다고 명시적으로 규정되어 있는 점을 고려하면, 합동 안전보건점검은 소속 종업원에게 위임할 수 없는 것으로 해석된다.

는 해당 공정만 해당한다)

(2) 안전보건점검의 실시횟수

「산업안전보건법」 제64조 제2항에 따른 정기적 합동 안전보건점검의 횟수는 건설업과 선박 및 보트 건조업의 경우 2개월에 1회 이상, 기타 사업은 분기에 1회 이상이다(시행규칙 제82조 제2항).

합동 안전보건점검의 경우 도급인 사업장의 최고책임자(안전보건관리책임자)가 직접 점검해야 하는바, 협력사(수급인, 하수급인 등)가 아무리 많은 대형 사업장이라 하더라도 예외규정을 두고 있지 않기 때문에, 개별 관계수급인별로 또는 유사 수급인 그룹별로 구분해서라도 도급인 사업장의 최고책임자(안전보건관리책임자)가 직접 점검을 실시하여야 함에 유의할 필요가 있다.

외부협력사가 도급인 사업장에서 합동 안전보건점검 시 일시적으로 도급받아 작업을 하고 있으면 그 기간의 장단에 관계없이 「전부개정 산업안전보건법」상 도급(제2조 제6호) 및 관계수급인(제2조 제9호)에 해당되므로 합동 안전보건점검의 대상에 포함되는 것으로 해석된다.

다만, 고용노동부의 「도급 시 산업재해예방 운영지침」[377]에 따르면, 다음 작업(업무)은 합동 안전보건점검 대상에서 제외되는 것으로 해석된다.[378), 379)]

① 30일 이내에 종료되는 일시적 작업

② 연간 총 작업일수가 60일을 초과하지 않는 간헐적 작업

---

377) 고용노동부 산재예방보상정책국, 「도급 시 산업재해예방 운영지침」, 2020.3, 31쪽.

378) 여기에 열거된 작업(업무)이 협의체 구성・운영 대상에서 제외되어야 할 법리적 근거는 전혀 없다. 이 지침에서도 그 근거를 제시하지 않고 있다.

379) 아래 ①, ② 작업(업무)의 경우, 위 지침에서 적용 제외 대상으로 명시하고 있지는 않지만, 합동 안전보건점검(2개월 또는 분기)보다 실시주기가 짧은 안전 및 보건에 관한 협의체 구성・운영(매월 1회 이상) 대상에서 제외되어 있는 취지를 고려하면, 합동 안전보건 점검 대상에서도 제외되는 것으로 보는 것이 논리적으로 타당하다.

③ 출장, 위탁, 등 성격의 업무

▸ 자재・부품 납품, 우편물 배달 등

▸ 제품 구매 후 납품 및 이에 따른 설치・하자보수 등

* 온・오프라인을 통한 사무용품(책상, 컴퓨터 등) 구매 시 납품, 설치, 하자보수 등

▸ 용역제공 관련 회의 등 각종 회의 참석

▸ 사업장 내 정수기 설치, 생수공급 및 이와 유사한 업무

▸ 위험기계・기구 정기검사, 안전・보건관리대행, 안전보건・경영진단(평가), 컨설팅, 행사, 교육 및 강의 등 사업장 내에서 수행하는 위탁업무

▸ 기타 위와 유사한 출입업체가 수행하는 업무

사. 안전보건에 관한 정보제공 등[380)]

다음 ①~③의 어느 하나에 해당하는 작업을 도급하는 자[381)]는 해당 작업을 수행하는 수급인[382)]의 근로자의 산업재해를 예방하기 위하여, i) 「안전보건기준규칙」 별표 7에 따른 화학설비 및 그 부속설비에서 제조・사용・운반 또는 저장하는 위험물질 및 관리 대상 유해물질의 명칭과 그 유해성・위험성, ii) 안전보건상 유해하거나 위험한 작업에 대한 안전보건상의 주의사항,

---

380) 본 의무는 '도급인의 사업장'이라는 요건은 규정되어 있지 않지만, 해당되는 도급작업이 도급인의 사업장에서 이루어질 수밖에 없는 점을 감안할 때, '도급인의 사업장'이라는 요건이 사실상 규정되어 있는 것이나 마찬가지라고 할 수 있다.

381) 「산업안전보건법」 제65조는 도급과 관련된 다른 조항(제62조, 제63조, 제64조, 제66조)과 달리 의무주체가 '도급인'이 아니라 '도급하는 자'로 표현되어 있는 점에 유의할 필요가 있다(조문 제목은 '도급인'으로 표현되어 있어 혼선을 빚고 있다). 도급인이라고 하면 「산업안전보건법」 제2조 제7호 단서에 따라 '건설공사 발주자'가 제외되지만, '도급하는 자'인 경우에는 도급인뿐만 아니라 건설공사 발주자에 해당하는 자도 발주가 도급의 일종인 이상 본조의 의무주체가 될 수 있다. 결국 누가 해당 작업(전체 공사가 아니라)을 도급 주느냐에 따라 의무주체가 결정된다고 보아야 한다.

382) '관계수급인'이 아니라 '수급인'으로 규정되어 있음에 유의할 필요가 있다.

iii) 안전보건상 유해하거나 위험한 물질의 유출 등 사고가 발생한 경우에 필요한 조치의 내용을 각각 적은 문서를 해당 도급작업이 시작되기 전까지 수급인에게 제공하여야 한다(산업안전보건법 제65조 제1항, 시행령 제54조, 시행규칙 제83조~제85조).[383)]

① 폭발성 · 발화성 · 인화성 · 독성 등의 유해성 · 위험성이 있는 화학물질 또는 그 화학물질을 함유한 혼합물(안전보건기준규칙 별표 1 및 별표 12에 따른 위험물질 및 관리 대상 유해물질)을 제조 · 사용 · 운반 또는 저장하는 반응기 · 증류탑 · 배관 또는 저장탱크로서「안전보건기준규칙」별표 7에 따른 화학설비 및 그 부속설비를 개조 · 분해 · 해체 또는 철거하는 작업

② ①에 따른 설비의 내부에서 이루어지는 작업

③ 산소결핍, 유해가스 등으로 인한 질식의 위험이 있는 장소로서「안전보건기준규칙」별표 18(제618조 제1호 관련)에 따른 밀폐공간에서 이루어지는 작업과 토사 · 구축물 · 인공구조물 등의 붕괴 우려가 있는 장소에서 이루어지는 작업

위의 수급인이 도급받은 작업을 하도급하는 경우에는 위에서 제공받은 문서의 사본을 해당 하도급작업이 시작되기 전까지 하수급인에게 제공하여야 한다(시행규칙 제83조 제2항).

위에 따라 도급(또는 하도급)하는 작업에 대한 정보를 제공한 자는 수급인(또는 하수급인)이 사용하는 근로자가 제공된 정보에 따라 필요한 조치를 받고 있는지 확인하여야 하며, 확인을 위하여 필요한 때에는 해당 조치와 관련된 기록 등 자료의 제출을 수급인 또는 하수급인에게 요청할 수 있다(시행규칙 제83조 제3항).

383) 이를 위반한 자는 1년 이하의 징역 또는 1천만원 이하의 벌금에 처한다(산업안전보건법 제170조 제4호).

아. 수급인에 대한 시정조치

도급인은 관계수급인의 근로자가 도급인의 사업장에서 작업을 하는 경우에 관계수급인 또는 관계수급인 근로자가 도급받은 작업과 관련하여 이 법 또는 이 법에 따른 명령(시행령, 시행규칙, 안전보건기준규칙, 취업제한규칙)을 위반하면 관계수급인에게 그 위반행위를 시정하도록 필요한 조치를 할 수 있다. 이 경우 관계수급인은 정당한 사유가 없으면 그 조치에 따라야 한다(산업안전보건법 제66조 제1항).[384)]

본래 도급인은 그의 관계수급인과 그 근로자에 대하여 사용자 대 근로자의 관계에서와 같은 지휘·명령권을 갖고 있지 않기 때문에, 도급인에게 「산업안전보건법」 제62조 등에서 그에게 부과된 총괄관리 의무를 이행하기 위하여 필요한 조치(지시 등)를 고용관계에 있지 않은 관계수급인 및 그 근로자에 대하여 행하는 것을 인정함으로써 관계수급인 근로자에 대한 재해예방의 실효성을 확보할 필요가 있다.

즉, 도급인은 그 위상에 부합하게 관계수급인이 산업안전보건법령을 위반하지 않도록 필요한 지도를 하고, 위반하고 있다고 인정될 때에는 그 위반행위의 시정을 위해 필요한 조치(지시 등)를 할 필요가 있는바, 이를 충실히 이행하기 위해서는 순회점검, 회의, 연락 및 조정 등을 통해 관계수급인의 산업안전보건법령 준수상태를 수시로 확인할 필요가 있다.

그런데 도급인의 관계수급인과 그의 근로자에 대한 종전(전부개정 전)의 강제적 성격의 시정조치의무가 시정조치를 할 수 있다는 임의적 성격의 조치로 변경되고, '근로자'에 대한 시정조치는 아예 삭제되었다. 고용노동부에 따르면, 임의적 성격의 조치로 변경한 것은 「산업안전보건법」 제63조에 따라 도급인에게 관계수급인 근로자의 산업재해 예방을 위해 안전보건조치의무를 직접 하도록 하고 있어(즉, 관계수급인과 동일한 안전보건조치의무를 부과하

384) 이를 위반한 자에게는 5백만원 이하의 과태료를 부과한다(산업안전보건법 제175조 제5항 제1호).

고 있어) 이중제재가 될 수 있는 점을 고려한 것이라고 한다.[385] 이는 도급인과 관계수급인의 위상과 역할을 구분하지 못한 데서 기인하는 개악이라고 할 수 있다. 도급인에게는 관계수급인과 동일한 의무를 부과할 것이 아니라, 도급인의 위상에 맞는 역할을 명확하게 설정하여 부과하는 것이 도급규제의 실효성을 위해 바람직하다. '근로자'에 대한 시정조치 삭제는 「파견근로자 보호 등에 관한 법률」과의 충돌을 의식하여 삭제한 것으로 판단된다.[386] 이 또한 「산업안전보건법」과 「파견근로자 보호 등에 관한 법률」의 관계에 대한 잘못된 이해에서 비롯된 개악이라고 할 수 있다. 산업안전보건법령에서 관계수급인 근로자의 산업재해 예방을 위하여 별도로 정하고 있으면, 「파견근로자 보호 등에 관한 법률」에 대한 특례규정이 되어 이것이 우선적으로 적용되는 것으로 해석되므로, 애초에 양법이 충돌하는 문제는 발생하지 않기 때문이다.

자. 관계수급인 근로자에 대한 위생시설 제공

현행 산업안전보건법령상 세척시설, 휴게시설과 같은 위생시설 등 설치의무의 주체는 근로자를 직접 고용한 사업주이지만, 당해 시설의 특성상 도급인의 협조나 배려 없이는 관계수급인이 해당 의무를 이행하기가 곤란한 경우가 많기 때문에, 관계수급인의 당해 시설에 대한 설치의무의 실효성을 확보하기 위해서는 도급인에게 당해 시설의 설치에 대해 협조를 하도록 할 필요가 있다.

이에 「산업안전보건법」에서는 사업을 타인에게 도급하는 자에게 관계수급인의 근로자의 건강을 보호하기 위하여 관계수급인이 위생시설 등(휴게시설, 세면·목욕시설, 세탁시설, 탈의시설, 수면시설)[387]에 관하여 고용노동

385) 고용노동부, 산업안전보건법 전부개정법률 주요내용 설명자료, 2019, 59쪽.

386) 이러한 개정은 도급인 측에서 관계수급인의 근로자가 법령 위반을 하지 않도록 사전에 지도하거나 법령에 위반하는 행동 발견 시 시정지시하는 행위 등에 대해 불법파견의 지표가 될 수 있다는 의중이 깔려 있다.

부령(안전보건기준규칙)으로 정하는 기준을 준수할 수 있도록 관계수급인에게 이 위생시설 등의 설치 등을 위하여 필요한 장소를 제공하거나 도급인이 설치한 위생시설 등을 관계수급인의 근로자가 이용할 수 있도록 협조하여야 할 의무를 부과하고 있다(산업안전보건법 제64조 제1항 제6호).[388]

본 규정은 관계수급인의 업무(작업) 수행 장소가 도급인의 사업장 내인 경우뿐만 아니라, 예컨대 지자체의 환경미화업무와 같이 도급인의 사업장 밖인 경우라도, 업무의 개시 준비와 마무리 등이 도급인의 사업장 내에서 이루어지는 관계로, 관계수급인이 위생시설 등에 관한 법적 기준을 준수하기 위해서는 불가피하게 도급인의 '장소적 협조'가 필요한 경우까지도 염두에 둔 규정이지만, 그 목적과 취지에 있어 관계수급인의 법령 준수에 도급인의 장소적 협조가 필요하지 않은 일반적인 사외도급관계에 있는 근로자까지를 보호하기 위한 것은 아니다.

이 의무는 「산업안전보건법」 전부개정 전에는 '같은 장소에서 사업의 일부'를 도급 주는 경우로 한정되어 있지 않아 관계수급인의 근로자가 도급인의 사업장에서 일을 하지 않는 경우에도 적용되었다. 그런데 전부개정 후에는 '도급인의 사업장에서'라는 전제가 있어 공원, 도로에서의 환경미화작업과 같이 도급인의 사업장(대통령령으로 정하는 장소 21개소 포함)이 아닌 곳에서 작업을 하는 경우에는 법 적용 대상에서 제외된다. 이 또한 관계수급인 근로자 보호의 측면에서 별다른 이유 없는 후퇴라고 할 수 있다.

차. 공사기간 단축 및 공사변경 금지

건설공사 발주자 또는 건설공사 도급인(건설공사 발주자로부터 해당 건설공사를 최초로 도급받은 수급인 또는 건설공사의 시공을 주도하여 총괄・관

387) 「시행규칙」 제81조 제1항 제1호부터 제5호까지.

388) 이를 위반한 자에게는 1천5백만원 이하의 과태료를 부과한다(산업안전보건법 제175조 제3항 제2호의2).

리하는 자[389]를 말한다)은 설계도서 등에 따라 산정된 공사기간을 단축해서는 아니 된다(산업안전보건법 제69조 제1항).[390] 그리고 건설공사 발주자 또는 건설공사 도급인은 공사비를 줄이기 위하여 위험성이 있는 공법을 사용하거나 정당한 사유 없이 정해진 공법을 변경해서는 아니 된다(산업안전보건법 제69조 제2항).[391]

종전(전부개정 전)에는 본 조항은 건설공사[392] 이외의 도급인도 그 대상에 포함되고, 반드시 발주자에 한정되는 것은 아니며, 예컨대 건설공사의 원수급인(원청)이 하수급인(하청)에게, 그리고 하수급인(하청)이 재하수급인(재하청)에게 해당 건설공사의 일부를 도급 주는 경우도 포함하고 있었으나, 「산업안전보건법」 전부개정에 의해 본 규정의 적용 대상이 건설공사로 한정되고(건설공사에 해당하지 않는 도급작업은 제외된다), 의무주체가 건설공사 발주자 및 원수급인 또는 자기공사자로 좁혀졌다. 즉, 법 개정으로 하수급인, 재하수급인에 의한 건설공사는 본 규정의 적용 대상에서 아예 제외되었다. 이 개정도 본 규정의 취지를 충분히 이해하지 못한 데에서 기인하는 개악이라고 할 수 있다.

389) 자기공사자를 말한다(건설업 산업안전보건관리비 계상 및 사용기준 제4조).

390) 이를 위반한 자는 1천만원 이하의 벌금에 처한다(산업안전보건법 제171조 제1호).

391) 이를 위반한 자는 1천만원 이하의 벌금에 처한다(산업안전보건법 제171조 제1호). 현재는 본 조항의 적용요건이 너무 협소하여 이제까지 본 조항 위반으로 실제 처벌된 사례는 발견되지 않고 있다. 입법론적으로 볼 때, 위반 시 현행 형사처벌 규정을 과태료 규정으로 전환해서라도 본 조항의 적용 대상이 확장될 수 있도록 적용요건을 완화할 필요가 있다.

392) "건설공사"란 토목공사, 건축공사, 산업설비공사, 조경공사, 환경시설공사, 그 밖에 명칭에 관계없이 시설물을 설치·유지·보수하는 공사(시설물을 설치하기 위한 부지조성공사를 포함한다) 및 기계설비나 그 밖의 구조물의 설치 및 해체공사 등을 말한다(건설산업기본법 제2조 제4호 본문).

카. 기계·기구 등에 대한 건설공사 도급인의 안전조치

건설공사 도급인은 자신의 사업장에서 타워크레인, 건설용 리프트, 항타기[393] 및 항발기[394]가 설치되어 있거나 작동하고 있는 경우 또는 이를 설치·해체·조립하는 등의 작업이 이루어지고 있는 경우에는 필요한 안전조치 및 보건조치[395]를 하여야 한다(산업안전보건법 제76조, 시행령 제66조).[396] 건설공사 도급인의 안전조치 대상 기계·기구 또는 설비가 4종으로 특정되어 있다.

「산업안전보건법」 제76조에 따라 건설공사 도급인은 「시행령」 제66조에 따른 기계·기구 또는 설비가 설치되어 있거나 작동하고 있는 경우 또는 이를 설치·해체·조립하는 등의 작업을 하는 경우에는 다음의 각 사항을 실시·확인 또는 조치해야 한다(시행규칙 제94조).

① 작업시작 전 기계·기구 등을 소유 또는 대여하는 자와 합동으로 안전점검 실시

② 작업을 수행하는 사업주의 작업계획서 작성 및 이행 여부 확인(시행령 제66조 제1호 및 제3호에 한정한다)

③ 작업자가 「산업안전보건법」 제140조에서 정한 자격·면허·경험 또는 기능을 가지고 있는지 여부 확인(시행령 제66조 제1호 및 제3호에 한정한다)

④ 그 밖에 해당 기계·기구 또는 설비 등에 대하여 「안전보건기준규칙」에서 정하고 있는 안전보건조치

⑤ 기계·기구 등의 결함, 작업방법과 절차 미준수, 강풍 등 이상 환경으

393) 해머나 동력을 사용하여 말뚝을 박는 기계를 말한다.

394) 박힌 말뚝을 빼내는 기계를 말한다.

395) 위임근거는 불명확하고 엉성하지만, 이에 관한 구체적인 사항은 「시행규칙」 제94조에서 정하고 있다.

396) 이를 위반한 자는 3년 이하의 징역 또는 3천만원 이하의 벌금에 처한다(산업안전보건법 제169조 제1호).

로 인하여 작업수행 시 현저한 위험이 예상되는 경우 작업중지 조치

건설공사 도급인이 취해야 하는 '필요한 안전조치 및 보건조치'의 구체적인 사항이 도급인의 안전조치 및 보건조치(산업안전보건법 제63조), 특수형태근로종사자의 노무를 제공받는 자의 안전조치 및 보건조치(산업안전보건법 제77조), 물건의 수거・배달 등을 중개하는 자의 안전조치(산업안전보건법 제78조)와는 달리 「안전보건기준규칙」이 아닌 「시행규칙」에서 정하고 있음에 유의할 필요가 있다.

그 밖에 해당 기계・기구 또는 설비 등에 대하여 「안전보건기준규칙」에서 정하고 있는 안전보건조치(시행규칙 제94조 제4호)의 경우, 「안전보건기준규칙」에서는 크레인에 관한 안전조치의 의무주체가 사업주로 규정되어 있는데, 여기(시행규칙)에서는 건설공사 도급인에게 사업주와 동일한 의무를 부과하고 있어,[397] 「안전보건기준규칙」상의 안전보건조치의 의무주체가 구체적으로 누구인지[도급인인지 관계수급인(수급인, 하수급인 등)인지]를 아는 것이 사실상 불가능하다. 결국 도급인과 관계수급인 중 누가 무엇을 어떻게 안전보건조치를 해야 하는지가 매우 불명확한 상태이다.

[칼럼] 도급인의 불명확하고 모호한 의무와 책임(1)[398]

"전부개정 산업안전보건법에서 도급인에 대한 의무가 강화된 것 같은데 무엇을 어떻게 해야 할지 모르겠어요", "수범자인 우리에게 구체적인 행동기준을 제시하지 않고 있습니다. 정말 무책임한 것 같습니다", "정부기관 자신들은 도급인으로서의 의무를 전혀 하지 않으면서 우리한테만 윽박지르고 있는 것은 너무 불공정한 것 아닙니까", "도급인의 의무를 준수하기

397) 건설공사 도급인에게 사업주(관계수급인)에 대해 지도・감독, 조정・협력 등의 의무를 이행하라고 규정하고 있는 것도 아니고, 그와 공동의 의무를 이행하도록 규정하고 있는 것도 아니어서, 그와 동일한 의무를 부과하고 있는 것으로 해석할 수밖에 없다.

398) 정진우, 안전저널, 2020.1.17.

위한 여건은 마련해 주지 않으면서 처벌하는 데만 급급한 모습을 보이고 있어 답답하기 그지없습니다”

전부개정 산업안전보건법이 본격 시행됐지만 도급인에 해당하는 기업들, 그것도 준법의지가 있는 기업들로부터 쏟아져 나오고 있는 아우성들이다. 문제는 정부에서 현장의 목소리를 들을 생각을 하지 않고 해결의지도 없다는 점이다. 산업현장에서 가장 뜨거운 감자에 해당하는 도급규제에 어떤 문제가 있고 이를 어떻게 바라보아야 할까.

전부개정 산업안전보건법 제38조 제4항 및 제39조 제2항에서는 안전조치와 보건조치에 관한 구체적인 사항은 ‘고용노동부령’으로 정한다고 규정하고 있다. 그런데 수급인(하수급인을 포함한다)과 구별되는 도급인의 안전보건조치에 대해서는 아무런 사항을 규정하지 않고 있다. 즉, 도급인과 수급인(하수급인을 포함한다) 간의 역할과 책임을 구분하는 규정을 두고 있지 않다. 그리고 ‘고용노동부령’이 ‘산업안전보건기준에 관한 규칙’만을 의미하는지, ‘시행규칙’도 포함하는지에 대해서는 준법정신을 가진 사회의 평균적 일반인조차 이해 · 판단할 수 없다.

그렇다 보니 전부개정법하에서는 도급인이 수급인(하수급인을 포함한다)과 공동으로 안전보건조치를 해야 하는지, 도급인 단독으로 안전보건조치를 해야 하는지, 아니면 수급인(하수급인을 포함한다)의 안전보건조치에 대하여 지도감독(관리)을 해야 하는지 매우 불명확하다. 다시 말해서, 전부개정법은 도급인이 어디에서부터 어디까지(의무범위), 어떤 의무를(의무내용), 어떻게 이행해야 하는지(의무이행방법)에 대한 기준을 전혀 제시하지 않고 있다. 결국 수범자의 입장에서는 전문가 등의 조언을 구하여도 자신이 구체적으로 무엇을 해야 하는지를 정확히 예측할 수 없기 때문에 당해 법 규정은 헌법상의 원칙인 명확성 원칙에 위반될 소지가 크다(헌법재판소 2005.3.31. 2003헌바12 결정 참조).

전부개정법 제38조 제4항 및 제39조 제2항의 규정대로라면 법령의 해석 · 집행과정에서 도급인은 수급인 및 하수급인의 의무에 해당하는 모든 의무(수급인 및 하수급인의 의무와 동일한 조치)를 이행해야 하는 것으로 운영될 가능성이 크다. 그런데 같은 사업장이라 하더라도 도급인과 수급인, 하수급인은 주체가 다른 만큼 공동으로 해야 하는 일은 있을 수 있어도 기본적으로 그 역할이 동일할 수는 없는데도 도급인에게 수급인(하수급인)과 동일한 조치를 하라는 것은 비현실적이고 불합리하다. 이렇게 해석된다면 이는 헌법상의 원칙인 자기책임의 원칙에도 위반될 소지가 크다.

특히, '도급인의 사업장'에는 도급인이 제공하거나 지정한 경우로서 도급인이 지배 · 관리하는 (대통령령으로 정하는) 장소까지를 포함하는바(법 제10조 제2항 참조), 이러한 사업장에서 도급인, 수급인(하수급인) 중 누가 어떤 안전보건조치를 취하여야 하는지를 구분하지 않으면, 도급인이 수급인, 하수급인이 이행해야 할 안전보건조치를 직접 모두 이행해야 하는 것으로 해석되는 불합리와 비현실성이 발생하고, 이로 인해 정작 집중해야 할 도급인으로서의 의무 이행에 큰 공백이 생길 가능성이 높다.

요컨대, 도급인과 수급인(하수급인) 간의 역할과 책임을 구분하는 규정을 두지 않으면, 도급인이 수급인의 의무와 동일한 의무를 이행해야 하는 것으로 해석될 수 있고, 이에 따라 도급인 어느 누구도 이를 온전히 이행할 수 없어, 결과적으로 모든 수범자(도급인)가 범법자가 되고 도급규제의 규범성이 상실되는 문제를 초래할 가능성이 크다.

[칼럼] 도급인의 불명확하고 모호한 의무와 책임(2)[399)]

산업안전보건관리에서 각 주체의 역할과 책임을 명확히 설정하는 것은 안전보건관리의 실효성을 확보하기 위해 준수되어야 할 기본적인 원칙에 해당한다.

재해예방 선진국의 경우 도급인의 안전보건조치를 수급인의 안전보건조치와 구분하지 않은 채 불명확하게 안전보건조치를 법적으로 강제하고 있지 않는다는 점을 유념할 필요가 있다. 도급인에 대한 불명확한 역할과 책임 설정은 외양적으로만 도급인에게 많은 의무를 부과하는 것 같은 착시현상을 불러일으킬 뿐, 수급인 근로자의 안전보건에 대한 도급인의 실제적인 이행은 담보하지 못하는 결과로 연결될 가능성이 크다.

---

399) 정진우, 안전저널, 2020.2.19.

전부개정법 시행령 제11조(도급인이 지배 · 관리하는 장소)는 산업안전보건법 제10조 제2항의 '도급인의 사업장'에 대한 확장개념인 "도급인이 제공하거나 지정한 경우로서 도급인이 지배 · 관리하는 대통령령으로 정하는 장소" 중 '장소'(토사 · 구축물 · 인공구조물 등이 붕괴될 우려가 있는 장소, 기계 · 기구 등이 넘어지거나 무너질 우려가 있는 장소, 안전난간의 설치가 필요한 장소 등 21개 장소)에 대해서만 규정하고 있을 뿐이고 '제공하거나 지정한 장소'가 구체적으로 어떤 것인지, '지배 · 관리'가 구체적으로 무엇을 의미하는지에 대해서는 아무런 기준을 제시하지 않고 있다.

그런데 도급인이 '제공하거나 지정한 경우'에서 '지정'이라는 표현과 '지배 · 관리'라는 표현 모두 추상적이고 모호할 뿐만 아니라 적용범위가 너무 광범위하고 자의적으로 해석될 소지가 크기 때문에, 이에 대한 기준을 법령에서 제시하지 않으면 건전한 상식과 통상의 판단능력을 가진 도급인조차도 어느 장소에 대해 안전보건조치를 하여야 하는지를 예측 · 판단하기 어렵다.

이와 같이 국민의 권리와 의무에 해당하는 중요한 내용, 그것도 위반 시 무거운 형사처벌이 수반되는 사항에 대해 법령에서 지나치게 포괄적이고 광범위하게 규정하는 것은 헌법원칙인 죄형법정주의가 요구하는 형벌법규의 명확성의 원칙에 반하는 것이다. 그리고 구체적인 기준을 시행령이 아닌 행정지침으로 정하게 된다면, 이는 구체적인 기준을 시행령에서 정하도록 규정하고 있는 모법의 위임범위를 벗어난 것일 뿐만 아니라 행정기관의 자의적인 법해석 · 집행으로 이어질 위험이 매우 크다.

보다 심각한 문제는 아직까지 이 부분에 대해 지침조차도 전혀 제시하지 않고 있다는 것이다. 설마 21개 장소에 해당되면 무조건 지배 · 관리하는 장소라고 해석하는 것은 아닌지 의구심마저 든다. 만약 그렇다면 아무런 도급인이 제공하거나 지정하기만 하면 21개 장소는 모두 도급인의 사업장에 해당하게 된다. 당연히 명확성의 원칙에 명백히 위배된다.

'도급인의 사업장'에 대한 확장된 개념의 '지배 · 관리하는'이라는 표현은 당초 전부개정 산업안전보건법 입법예고안에는 없었던 것인데, 당초 규정의 지나친 광범위함과 불명확성 때문에 국회 심사과정에서 추가된 규정이다. 그런데 행정부가 그 입법취지를 무시하면서 사실상 '지배 · 관리하는'이라는 한정적 수식어를 제거하고 도급인의 사업장을 자의적으로 무한정 확대해석하려는 의도를 가지고 있는 것이라는 합리적 의심이 충분히 가능하다.

이렇게 되면 이는 수범자인 도급인에게 예상 가능한 행동기준을 제시하지 못하고 있기 때문에 도급인의 사업장에 대한 확장된 개념으로서 실효성을 기대할 수 없을 뿐만 아니라 정작 처벌하기도 어려울 것이다(물론 항변할 지식과 돈이 없는 중소기업들은 처벌되겠지만). 그리고 산업안전보건법 역시 그 준수가 목적이 되어야지 처벌이 목적인 양 운영되어서는 안 된다.

법집행기관인 행정기관이 생명처럼 여겨야 하는 것은 예측가능성이다. 헌법원칙으로 명확성의 원칙이 강조되는 것도 이 때문이다. 헌법은 법치주의의 근간이 되는 법이다. 헌법을 한낱 액세서리 정도로 생각하면 법치주의는 무너지게 된다. 진정 하청근로자를 보호하겠다는 생각을 가지고 있다면 행정기관도 법치주의를 존중하여야 한다. 법치주의는 민주주의 원리이자 법의 실효성을 확보하기 위해서도 필수불가결하다. 도급인에게 하청근로자를 보호하기 위해 무엇을 어떻게 해야 할지 구체적인 예방기준을 제시해야 하는 이유이다.

7. 도급인의 안전보건조치와 불법파견

가. 도급인의 안전보건조치와 불법파견의 관계를 둘러싼 문제

이론적으로 볼 때 산업안전보건법령에서 도급인으로 하여금 관계수급인과 그 근로자에게 이행하도록 의무화하고 있는 사항은 법정 의무인 만큼 근로자파견(불법파견)과의 관계에서 특별규정에 해당하고, 따라서 「산업안전보건법」상의 의무내용이 근로자파견에 대한 행정부와 법원의 판단기준의 내용에 우선한다고 볼 수 있다. 결국 도급인이 관계수급인의 근로자에 대해 지도·감독하는 내용이 법정 의무[400]에 해당하는 경우, 이 안전보건조치는 근로자파견의 징표가 될 수 없다.

그런데 「전부개정 산업안전보건법」은 이 점을 간과하고 불법파견의 소지를 이유로 도급인의 의무를 대폭적으로 후퇴시켰다. 도급인의 안전조치의무에서 관계수급인에 대한 법 위반의 시정조치의무를 임의규정으로 변경하고, 시정조치 대상에서 근로자는 아예 삭제하였다(산업안전보건법 제66조). 그리고 도급인의 의무에서 보호구 착용의 지시 등 관계수급인 근로자의 작업행동에 관한 직접적인 조치를 제외시켰고(산업안전보건법 제63조 단서),[401] 안전보건교육의 경우 도급인의 관계수급인에 대한 지원의무만 남기고 지도의무는 삭제하였다(산업안전보건법 제64조 제1항 제3호). 이는 관계수급인의 근로자에 대한 구체적인 관리감독의무 등을 강제규정에서 삭제하거나 임의규정으로 완화시킨 것으로, 관계수급인 근로자의 산업재해 예방을 위한 중요한 수단이 사라진 셈이다.

나. 도급인의 안전보건조치와 불법파견의 관계에 대한 올바른 접근

산업안전보건법규에서는 도급인에게 하청근로자의 산업재해 예방을 위하여 다음과 같은 다양한 의무를 부과하고 있다.

① 도급인으로서 고용노동부령(안전보건기준규칙)에서 정하는 구체적인 안전보건조치를 하여야 한다(산업안전보건법 제63조). 산업안전보건법령에서는 도급인과 관계수급인의 의무를 구분하여 규정하고 있지 않지만, 도급인이 관계수급인을 대신하여 법령상의 모든 안전조치를 직

---

400) 법정 의무에는 산업안전보건법규에 명시적으로 규정된 의무뿐만 아니라, 「형법」상의 업무상과실치사상죄의 업무상과실에 해당하지 않기 위해 업무상 필요한 명시적이지 않은(구체적 상황에 비추어 필요한) '주의의무'도 포함된다.

401) 전술한 바와 같이, 관계수급인의 근로자의 작업행동에 대한 도급인의 직접적인 조치의무를 제외시킬 것이 아니라, 벌칙을 수반하지 않는 의무 형식으로 도급인에게 관계수급인과 그 근로자가 도급업무에 관하여 법령의 규정에 위반하지 않도록 필요한 지도를 하여야 한다는 의무를 부과하는 것이 입법론적으로 바람직하다.

접 이행할 수는 없기 때문에 불가피하게 도급인은 관계수급인 근로자의 재해예방을 위하여 다양한 관리감독을 할 수밖에 없다.

② 도급인은 관계수급인 근로자가 원청의 사업장에서 작업을 하는 경우에는 그 사업장의 안전보건관리책임자를 원청의 근로자와 관계수급인 근로자의 산업재해를 예방하기 위한 업무를 총괄하여 관리하는 안전보건총괄책임자로 지정하여야 한다(산업안전보건법 제62조 제1항). 다시 말하면, 도급인은 관계수급인 근로자의 산업재해 예방을 위해 안전보건총괄책임자로 하여금 총괄적으로 안전보건관리를 하도록 하여야 하고, 그 직무는 「시행령」 제53조에서 정하고 있다.

③ 관계수급인은 도급인이 실시하는 순회점검을 거부·방해 또는 기피하여서는 아니 되며, 점검 결과 원청의 시정요구가 있으면 이에 따라야 한다(시행규칙 제80조 제2항).

이처럼 산업안전보건법규에서 관계수급인 근로자의 산업재해 예방을 위하여 도급인에게 명시적으로 구체적인 안전보건조치, 위험성평가, 작업중지, 안전인증기준 등에 적합한 기계 등의 사용 여부 확인, 순회점검 등을 규정한 이상, 도급인은 관계수급인과 그 근로자를 대상으로 이들 사항에 대해 지도와 지시 등을 하지 않을 수 없다. 법규에서 명시하고 있는 규정이 법집행기관인 행정부와 법해석기관인 법원에서 제시하고 있는 근로자파견의 징표보다 우선하다는 것은 법치주의 원칙상 당연하기 때문에, 도급인은 실정법을 준수하기 위해서라도 관계수급인 근로자의 산업재해 예방을 위하여 관계수급인과 그 근로자에 대해 법규에서 규정하고 있는 지도·지시, 확인, 점검 등에 해당하는 안전보건조치를 하여야 하고, 따라서 이를 실제로 하더라도 무방하다고 보아야 할 것이다.

법원도 산업안전보건법규에서 규정하고 있는 안전보건조치는 법정 의무이기 때문에, 도급인은 산업안전보건법규상의 의무에 따라 관계수급인 근로자에게 출입증 발급을 위한 면접 시 안전교육을 실시하고, 월 1회 도급인이 실시하는 안전결의대회에 참여하도록 하는 것은 산업안전보건법규상 도급인의 당연한 의무라고 판시한 바 있다.[402] 산업안전보건법규에 규정된 도급인의 의무에 해당하는 관리감독조치는 설령 이것이 관계수급인의 근로자에 대해 직접 이루어졌다고 하더라도 법정 의무이기 때문에 「파견근로자 보호 등에 관한 법률」(이하 '근로자파견법'이라 한다)과의 충돌 문제가 생기지 않는다는 것이다.[403]

도급인을 포함한 일반국민은 다른 사람과 더불어 살아가므로 항상 자신의 행위로 인해 다른 사람이 피해를 입지 않도록 노력해야 할 의무가 있는데, 이를 주의의무라고 한다. 주의의무 위반으로 인해 타인의 법익을 침해하는 결과를 발생시키고 그로 인해 형사처벌되는 행위를 과실범이라고 하는데, 업무상 필요한 주의의무를 위반하여 사람의 생명·신체에 침해를 일으켰을 경우 「형법」상의 업무상과실치사상죄로 처벌된다. 도급인 역시 그 사회생활상의 지위에 기하여 주의의무를 지게 된다.

다시 말해서, 도급인이 「형법」상의 업무상과실치사상죄의 책임추궁을 당하지 않기 위해서는 (업무상) 산업안전보건법규상의 의무 외에도 관계수급인 근로자의 재해예방을 위한 업무상 주의의무까지 다하여야 한다. 일반적으로

402) 서울행정법원 2006.5.18. 2005구합11951 판결.

403) 근로자파견의 판단기준에 관한 지침 개정안(2019.12.30, 10쪽)에서는 "산업안전보건법 제63조(2020.1.16 시행)에 따라 도급인의 안전조치 및 보건조치를 해야 하는 경우에는 근로자파견의 징표에 해당한다고 보기 어렵다."고 설명하고 있다. 이러한 입장은 「산업안전보건법」 전부개정 시에 불법파견의 소지를 이유로 도급인의 관계수급인과 그 근로자에 대한 의무를 대폭 후퇴시켰던 당시의 입장과 많이 다른 것이다. 이는 「산업안전보건법」 전부개정 시에 밝혔던 불법파견 관련 개정내용이 잘못된 것이었음을 스스로 인정한 것이라고 할 수 있다. 참고로, 산업안전보건법규에 따른 도급인의 안전보건조치 중 근로자파견의 징표에 해당하지 않는다고 볼 필요가 있는 것은 제63조에 따른 조치만은 아니다. 도급인의 안전보건조치의무는 「산업안전보건법」 제63조 외에도 제62조, 제64조, 제66조 등에도 규정되어 있기 때문에 제63조에 따른 조치로 한정하는 것은 타당하지 않다. 이 점에서 고용노동부의 위 지침은 문제가 있다고 할 수 있다. 그 외의 문제에 대해서는 후술한다.

(학설, 판례) 주의의무의 근거는 산업안전보건법규 등 안전관계법규(제정법규) 외에 관습, 조리(條理)[404], 판례상 요구되는 주의의무 등도 고려된다. 예컨대 구의역 스크린도어 사고 판결에서 도급인은 지휘·감독권 행사를 통하여 수급인의 작업을 관리·감독함으로써 수급인의 근로자의 위험을 미연에 방지하여야 할 직접적이고 구체적인 주의의무가 있다고 판시하고 있다.[405] 이러한 의무는 제정법규상의 명시적 의무에서 도출되는 것이 아니라 조리상·경험칙상의 주의의무에서 도출되는 것이다. 세월호 침몰사고 판결에서도 작위의무는 법령, 법률행위, 선행행위로 인한 경우는 물론, 신의성실의 원칙이나 사회상규 혹은 조리상 작위의무가 기대되는 경우에도 인정된다고 판시하고 있다.[406]

따라서 도급인은 제정법규상의 명시적 의무를 준수하였다는 것만으로 법적 책임을 면할 수는 없고, 행위 당시의 사정에 비추어 관습, 조리, 판례에 근거하여 발생하는 구체적인 주의의무까지도 준수하여야 한다고 보아야 한다. 이 업무상 주의의무는 민사상의 안전배려의무와 동일한 수준은 아니지만 이에 상당부분 근접한 수준의 내용으로 구성된다고 할 수 있다. 즉, 도급인은 산업안전보건법규에 규정된 주의의무 외에 이를 넘어서는 사회상규에 해당하는 주의의무까지도 부담하는 것이다.

요컨대, 산업안전보건법규상의 명시적인 의무뿐만 아니라 「형법」의 업무상 주의의무를 구성하는 명시적이지 않은(행위 당시의 사정에 비추어 구체적

---

404) 조리는 일반 사회의 정의감에 비추어 반드시 그러해야 할 것이라고 인정되는 것을 말하며, 판례 중에 "사회통념에 비추어", "사회일반의 정의관념에 비추어" 등의 표현이 종종 보이는바, '사회통념', '사회일반의 정의관념'도 조리의 개념에 포함된다고 볼 수 있다. 조리의 내용은 영구불변적인 것은 아니고 시대와 사회에 따라 변동이 있을 수 있다. 조리는 법 해석의 기본원리가 되고 실정법의 흠결이 있는 경우에 최후의 보충적 법원(法源)으로서의 중요성을 가진다.(박윤흔/정형근, 『최신행정법강의(상)(개정30판)』, 박영사, 2009, 61~62쪽 참조).

405) 서울동부지방법원 2018.6.8. 2017고단1506 판결 참조.

406) 대법원 2015.11.12. 2015도6809 전원합의체 판결.

으로 발생하는) 의무도 법정 의무에 해당하기 때문에, 명시적이든 묵시적으로든 법규상 도급인에게 수급인 근로자에 대해 지휘·감독의무가 부과되어 있는 것으로 인정되는 경우에는, 이러한 의무는 「근로자파견법」의 특례규정으로 보아 그 의무 이행에 해당하는 안전보건조치가 근로자파견의 징표가 되어서는 안 된다고 보아야 할 것이다.

종전(전부개정 전)의 「산업안전보건법」 제29조 제6항에서는 도급인으로 하여금 관계수급인 또는 그 근로자가 해당 작업과 관련하여 산업안전보건법령을 위반한 경우에 그 위반행위를 시정하도록 필요한 조치(시정조치)를 하여야 한다고 규정하고 있었는데, 「전부개정 산업안전보건법」에서는 시정조치 대상에서 관계수급인의 근로자를 삭제하고 시정조치에 대한 의무규정을 자율규정으로 바꾸었다(제66조 제1항). 그리고 종전(전부개정 전)의 「산업안전보건법」에서는 제29조 제2항 제3호에 따라 도급인은 관계수급인이 그의 근로자에게 하는 안전보건교육에 대한 '지도'와 '장소·자료의 제공 등 지원'을 실시해야 했는데, 「전부개정 산업안전보건법」에서는 이를 '장소 및 자료의 제공 등 지원'으로 바꾸어 '지도'를 삭제하였다(제64조 제1항 제3호). 이는 「근로자파견법」과의 충돌문제를 의식하여 도급인의 의무에서 지시와 지도에 해당하는 사항을 삭제한 것으로 판단된다.

그러나 위에서 살펴본 것처럼 산업안전보건법규상의 도급인의 의무는 「근로자파견법」의 특례규정으로 보아야 하기 때문에 근로자파견의 징표가 되지 않는다는 점을 고려하면, 위 개정은 이 점에 대한 잘못된 이해로 인해 도급인의 의무를 대폭 축소시킨 것이라고 할 수 있다. 그리고 도급인의 관계수급인 근로자의 재해를 방지하기 위해서는 산업안전보건법령을 위반한 관계수급인과 그 근로자에 대한 시정조치와 관계수급인이 실시하는 안전보건교육에 대한 지도가 필요하다는 점을 고려할 때, 산업재해 예방의 실효성 측면에서도 이번 개정은 큰 후퇴라고 할 수 있고 불법파견을 둘러싼 현장에서의 혼란을 부추길 우려가 있다고 보여진다. 예를 들면, 「안전보건기준규칙」에서 사업주는 관리감독자로 하여금 작업자의 작업을 직접 지휘하는 일, 감독하는 일, 지시하는 일, 지도하는 일과 작업시작 전 점검을 하도록 규정하고 있는데도 (별표 2), 도급인은 관계수급인의 근로자에 대해 이러한 지휘, 감독, 지시, 지도, 점검 등의 업무를 '하지 않아도 된다' 또는 '하지 않아야 한다'는 메시지로 작용할 수 있다.

오히려 도급인에게 관계수급인 및 그 근로자가 당해 작업에 관하여 산업안전보건법령에 위반하지 않도록 필요한 (예방)지도를 실시하여야 한다는 의무[407]를 추가하는 것이 「근로자파견법」과의 충돌을 피하고 이를 둘러싼 현장에서의 혼란과 마찰을 피하기 위하여 필요하다고 할 수 있다.

「산업안전보건법」 외에 「중대재해처벌법」에서도 제4조와 제5조에서 도급인에게 관계수급인 근로자의 재해예방을 위하여 포괄적이면서 직접적인 안전보건조치의무를 부과하고 있고, 이 의무에는 관계수급인 근로자의 작업행동에 대한 것도 포함되어 있는바, 「중대재해처벌법」상 관계수급인 근로자의 작업행동에 대한 도급인의 의무도 법정 의무로서 「근로자파견법」의 특례규정으로 보아 근로자파견의 징표가 되어서는 안 된다고 보아야 한다.

전술한 바와 같이 고용노동부의 근로자파견의 판단기준에 관한 지침 개정안(2019.12.30)에서도 개정 전의 지침과는 달리 「산업안전보건법」 제63조(도급인의 안전조치 및 보건조치)에 따라 도급인의 안전보건조치를 해야 하는 경우에는 근로자파견의 징표에 해당한다고 보기 어렵다고 설명하고 있는바,[408), 409)] 산업안전보건법규상의 법정 의무에 대해 다소 진전된 입장을 제시

---

407) 이 경우 당해 의무의 포괄적 성격상 위반 시 벌칙규정은 두지 않는 것이 바람직하다.

408) 다만, ① 도급인 등은 도급작업의 범위를 특정하는 등 도급인 등의 권한에 속하는 정도의 지시만 할 뿐이고, 구체적인 작업내용, 작업방법 등은 수급인 등의 현장 책임자, 현장 대리인 등이 결정하여 지시하는 경우, ② 도급인 등이 수급인 등 소속 근로자에게 상시적으로 지시하는 것이 아니라 긴급상황이나 위험 상황 등에서 문제 해결을 위해 일시적으로만 지시하는 경우, ③ 「산업안전보건법」 제63조(2020. 1.16 시행)에 따라 도급인의 안전조치 및 보건조치를 해야 하는 경우에는 근로자파

하고 있다는 점도 참고할 필요가 있다.[410] 그러나 「산업안전보건법」 제63조 단서에서 "다만, 보호구 착용의 지시 등 관계수급인 근로자의 작업행동에 관한 직접적인 조치는 제외한다."고 규정하고 있어, 도급인이 관계수급인 근로자의 작업행동에 관한 직접적인 조치를 지휘·명령하는 것은 근로자파견의 징표가 될 수 있는 것으로 해석될 소지가 여전히 남아 있다. 다시 말해서, 위 지침의 문구만으로는 도급인이 관계수급인의 근로자에 대해 안전보건에 관한 구체적·개별적인 지휘·감독을 하는 것이 가능한 것인지, 금지되는 것인지가 불명확하다. 게다가 「산업안전보건법」 제63조의 도급인의 안전보건조치의무가 관계수급인의 의무와 동일한 의무를 부과하고 있어(즉, 관계수급인과의 공동의무를 규정한 것도 아니고[411] 관계수급인과 그 근로자에 대한 관리감독의무를 규정한 것도 아니어서), 위 지침의 근로자파견의 징표와 관련한 고용노동부의 해석은 법리적으로 부족한 점이 많다고 할 수 있다.[412]

견의 징표에 해당한다고 보기 어려움(고용노동부, 근로자파견의 판단기준에 관한 지침 개정안, 2019.12.30, 10쪽).

409) 도급인의 안전보건조치의무가 「전부개정 산업안전보건법」에서 제63조(도급인의 안전조치 및 보건조치)뿐만 아니라 제62조(안전보건총괄책임자) 등에도 규정되어 있음에도, 근로자파견의 판단기준에 관한 지침(개정안)에서 근로자파견의 징표에 해당한다고 보기 어려운 대상을 제63조만으로 한정하고 있는 것은 문제가 있다.

410) 고용노동부는 「전부개정 산업안전보건법」에서 도급인의 관계수급인의 근로자에 대한 지휘·감독, 지도에 해당하는 표현을 삭제한 이유로 도급인의 이러한 조치가 근로자파견의 징표에 해당될 수 있음을 제시하고 있다(고용노동부, 산업안전보건법 전부개정법률 주요내용 설명자료, 2019.1, 45, 46, 59쪽). 고용노동부는 「산업안전보건법」 전부개정 시만 하더라도 근로자파견의 징표와 법정 의무의 관계에 대해 이해가 부족했던 것으로 보인다.

411) 도급인의 의무(제63조)를 수급인과 공동으로 안전보건조치를 취해야 하는 의무(공동의무)로 해석하는 것은 '법문의 가능한 의미범위 내'라는 하는 한계선을 넘는 유추해석으로서 형벌법규 해석에서는 허용되지 아니한다. 즉, 도급인의 의무가 수급인과의 공동의무로 해석되기 위해서는 법문에 그런 의미를 나타내는 내용이 규정되어야 한다.

412) 도급인의 관계수급인 근로자에 대한 안전보건조치와 근로자파견의 징표 간의 관계에 대해 학계와 기업 측에서 고용노동부에 공식적이고 구체적 답변을 여러 차례 요구가 있었음에도, 고용노동부 산업안전보건 부서에서 이에 대해 지금까지 공식적인

[칼럼] 산업안전보건법 하위법령 개정안에 대한 소고(小考)[413)]

지난 해 12월 산업인진보건법(이하 '산안법') 전부개정안이 별다른 검토와 심사 없이 '날림입법'되었다. 법률의 많은 곳에서 하자가 발견되는 것은 어찌 보면 예고된 일이었다. 이처럼 산안법 자체가 졸속 개정된 상태에서 하위법령이 올바르게 개정되는 것은 기대난망이라 할 수 있다.

그러나 헌법원칙 등의 법리, 안전이론 및 실효성에 어긋나는 법률의 문제를 하위법령을 통해 다소나마 완화하는 것은 가능할 것이다. 그러나 입법예고된 하위법령 개정안은 부실공사된 산안법의 하자를 보수하기는커녕 하자를 눈가림하는 데 급급하였다는 흔적이 역력하다.

먼저, 산업안전보건법에서 액세서리 정도로 취급되었던 헌법원칙은 하위법령에서도 반영되지 않았다. 명확성의 원칙에 위반되는 법조항에 대한 구체화가 하위법령에서도 이루어지지 않고 있다. 예컨대, 작업중지명령의 경우 하위법령에서도 '급박한 위험', '동일한 작업', '불가피한 사유' 등에 대한 구체적인 기준이 전혀 제시되지 않고 있다. 그 결과, 작업중지명령 대상, 요건 등에 대한 집행기관의 자의적 판단과 무제한적인 작업중지명령이 행사될 가능성이 매우 크다. 한편, 작업중지명령은 급박한 위험이 있어 내려지는 것인 만큼 '급박한' 위험이 해소되었으면 바로 해제되어야 하는 것인데, 안전보건조치가 '충분할' 때에만 작업중지명령을 해제하겠다는 것은 헌법원칙인 권한남용금지원칙에 위배된다.

둘째, 도급인이 안전보건조치를 해야 하는 장소와 관련해서는 "도급인이 제공하거나 지정한 경우로서 도급인이 지배 · 관리하는 대통령령으로 정하는 장소" 중 '장소'에 대해서만 규정하고 있을 뿐 '제공하거나 지정한 장소'가 구체적으로 어떤 것인지, '지배 · 관리'가 구체적으로 무엇을 의미하는지에 대해서는 아무런 기준을 제시하지 않고 있다. 그렇다 보니 통상의 판단능력을 가진 도급인조차도 어느 장소에 대해 안전보건조치를 해야 하는지를 판단하는 것이 사실상 불가능하다.

셋째, 개정안에 따르면 도급인이 수급인(하수급인 포함)과 공동으로 안

지침을 제시하거나 발표한 적은 단 한 번도 없었다.

413) 정진우, 안전저널, 2019.7.12.

전보건조치를 해야 하는지, 도급인 단독으로 안전보건조치를 해야 하는지, 아니면 수급인의 안전보건조치에 대하여 지도감독(관리)을 해야 하는지 등 도급인이 이행해야 할 의무내용이 매우 불명확하다.

즉, 하위법령에서도 도급인이 어디에서부터 어디까지, 어떤 의무를, 어떻게 이행해야 하는지에 대한 기준을 전혀 제시하지 않고 있어, 사실상 도급인은 수급인 및 하수급인의 의무에 해당하는 모든 의무(수급인 · 하수급인의 의무와 동일한 조치)를 이행해야 하는 것으로 해석될 수밖에 없다. 그런데 같은 사업장이라 하더라도 도급인과 수급인, 하수급인은 주체가 다른 만큼 공동으로 해야 하는 일은 있을 수 있어도 기본적으로 그 역할이 동일할 수 없는데도 도급인에게 수급인과 동일한 조치를 하라는 것은 불합리하다.

개정 산안법의 많은 조문은 현장에서 어떻게 이행해야 할지 알 수 없어 상당 기간 많은 혼란이 발생될 것으로 예상된다. 그리고 법리적으로 많은 문제점을 가지고 있는 상태에서는 법의 신뢰도와 규범력에 큰 손상을 입게 되고, 결국 산안법은 현실적으로 준수할 수 없는 법이라는 인식이 사회 전반적으로 팽배해질 것으로 우려된다. 보다 심각한 문제는 규제를 터무니없이 강화한 부분에서 실효성을 기대하기 어렵다는 점이다.

산안법령 역시 단지 개정하는 것이 중요한 것이 아니고 또 그것으로 만족해서도 안 된다. 재해예방에 실질적으로 기여할 수 있는 올바른 기준으로 작용하는 개정이 이루어져야 한다. 이것이 실질적 법치주의의 내용이자 정신이다. 재해예방의 실효성을 따지지 않은 '묻지마 규제'는 기업에 비용만 초래할 뿐 정부가 목표로 하고 있는 사망재해 절반 감소에도 도움이 되지 못할 수 있다는 점을 유념할 필요가 있다.

8. 중층적 도급관계에서의 책임자

「산업안전보건법」 제63조 등에 따른 도급인의 범위에 원수급인으로부터 일정업무(공사)를 하도급 받고, 다시 이를 재하도급한 하수급인은 포함되는 것인지가 문제될 수 있다.

예컨대, 원수급인(제1차 수급인) → 제2차 수급인 → 제3차 수급인의 구조로 공사가 진행되던 중 제2차 수급인이 제3자 수급인 소속 근로자에 대해 「산업안전보건법」상의 안전보건조치를 하지 않았을 경우, 도급인의 안전보건조치 불이행 책임을 제2차 수급인에 대해서도 적용할 수 있는지가 문제될 수 있다.

건설공사 등의 경우 공사가 각 분야별로 하도급되더라도 원수급인 소속 현장소장이 하도급된 분야를 포함하여 공사 전반을 총괄하는 방식으로 공사가 이루어지는 것이 현실이고, 경우에 따라서는 원수급인과 제3차 수급인의 근로자 사이에 실질적인 고용관계가 인정되어 원수급인이 「산업안전보건법」 제63조의 도급인이 아닌 같은 법 제38조 · 제39조의 사업주로서의 책임을 부담하는 경우도 있으며, 이와 같이 실질적 고용관계가 인정된다면 제2차 · 제3차 수급인도 마찬가지로 같은 법 제38조 · 제39조에 의한 책임이 인정될 수 있을 것이다.

그런데 원수급인, 제2차 수급인과 제3차 수급인의 근로자 사이에 위와 같은 실질적 고용관계가 성립되지 않으면서 일부 사업의 도급 또는 전문공사 부분에 대한 전부도급 방식에 따라 공사가 이루어진 경우에는, 「산업안전보건법」 제38조 · 제39조에 의한 책임은 더 이상 문제되지 않고 같은 법 제63조의 도급인의 책임이 문제될 수 있다.

이에 대해, 대법원은 "산업안전보건법 제29조 제2항[414]의 사업주와 같은 법 제18조 제1항[415]의 사업주는 동일한 의미로 볼 수 있고, 한편 산업안전보건법 제18조 제1항에서 규정하는 안전보건총괄책임자의 지정 업무는 사업의 일부를 도급한 발주자 또는 사업의 전부를 도급받아 그중 일부를 하도급에 의하여 행하는 수급인 등 사업의 전체적인 진행과정을 총괄하고 조율할 능력이나 의무가 있는 사업주에게 해당하는 사항이라고 할 수 있으므로, 사업의

414) 현행 「산업안전보건법」 제63조와 유사하다.
415) 현행 「산업안전보건법」 제62조에 해당한다.

발주자 또는 수급인이 동일한 장소에서 행하여지는 사업의 일부를 도급에 의하여 행하는 경우에 그 수급인으로부터 사업의 일부를 하도급받은 하수급인은 산업안전보건법 제29조 제2항에 의하여 산업재해 예방조치를 취하여야 할 사업주에 해당하지 아니한다고 봄이 상당하다."고 판시한 바 있다.[416)]

이상의 점을 고려하건대, 현행 「산업안전보건법」 제63조 등의 도급인의 범위에 원수급인으로부터 일정업무(공사)를 하도급 받고 다시 이를 재하도급한 하수급인은 포함되지 않는다.

이러한 하수급인에게 책임을 묻기 위해서는 하수급인에게 일정한 안전보건조치의무를 부과하는 것이 전제되어야 하는바, 이 점에 있어서도 입법적으로 보완이 이루어질 필요가 있다.

[칼럼] 평택항 사망사고, 정부 책임 크다[417)]

평택항에서 꽃다운 나이의 청년이 덧없이 스러졌다.

이번 사고로 원청업체라 불리는 동방에 대한 여론이 들끓고 있다. 그러나 냉정하게 보면 과연 이 업체만의 책임일까. 평택항을 소유하고 전체적으로 관리하고 있는 정부와 항만공사는 책임이 없을까. 이선호군을 채용한 업체는 영세하다는 이유로 책임에서 자유로울까. 그리고 컨테이너의 소유자인 선박회사에는 문제가 없을까.

또 빼놓을 수 없는 곳이 있다. 고 이선호군의 부친이 지적했듯이 정치권과 감독기관이다. 책임의 경중을 따지면 이들이 가장 크다고 할 수 있다. 특히 고용노동부 산재예방정책부서의 책임을 묻지 않을 수 없다.

노동부는 이른바 '김용균 없는 김용균법'을 통해 원청에 대한 책임을 대폭 후퇴시켰다. 도급규제를 강화시킨다고 해 놓고 실제는 전혀 그렇지 못했다. 한마디로 요란한 빈 수레였다. 가장 위험한 유지보수작업, 설치 · 해체공사 등 건설공사에 대한 규제를 아무런 이유 없이 폐지하는 어처구니

416) 대법원 2010.6.24. 2010도2615 판결.
417) 정진우, 매일노동뉴스, 2021.5.21.

없는 실수를 저질렀다. 파견근로자 보호 등에 관한 법률(파견법)에 대한 잘못된 이해로 하청과 그 노동자에 대한 원청의 시정조치 등을 껍데기로 만들었다. 하청에 대한 원청의 안전보건 조치를 획일적으로 파견법 위반 소지가 있는 것으로 봤다.

사업장 안전관리의 기본인 안전보건관리체제도 형해화시켰다. 근로감독의 중요한 수단인 시정명령 대상을 대폭 축소시키고 중대재해 발생 후 작업중지명령에만 '몰빵'하느라 이보다 중요한 예방 목적의 작업중지명령을 유명무실하게 만들었다. 또 안전관리의 초석이라고 할 수 있는 위험성평가 미실시에 대해 처벌하지 말라는 뜬금없는 지침을 내려보내 위험성평가 제도를 무력화시켰다. 산업안전보건법을 28년 만에 전부개정한다고 호들갑을 떨면서 안전기준의 핵심인 '산업안전보건기준에 관한 규칙'의 수많은 문제는 개정하지 않고 방치했다.

다 열거하는 것이 매우 어려울 정도로 산업안전보건법제를 무장해제하거나 왜곡시킨 장본인이 바로 노동부다. 더 큰 문제는 이처럼 개악되고 문제투성이인 제도를 숨기고 나 몰라라 하고 있다는 점이다. 열심히 하고 있는 것이 있긴 하다. '엄포 놓기'와 '군기 잡기'다. 가장 쉽기도 하고 뭔가 하고 있는 것처럼 보이게 하는 데 이것만큼 좋은 것이 없기 때문이다.

엉성하고 조잡한 정책과 접근으로 중대재해가 줄어들기를 바라는 건 연목구어나 진배없다. 중대재해를 줄이는 강력하고 중요한 장치와 수단을 없애거나 약화시켜 놓고 무엇으로 중대재해를 줄일 수 있단 말인가. 밑 빠진 독에 물 붓기 식의 재정지원사업을 확대한들 효과가 있을까. '차 떼고 포 뗀' 상태에서 패트롤 점검과 같은 일회적이고 파편적인 방식으로 중대재해가 줄어들 수 있을까.

대형사고가 터질 때마다 얼치기 전문가를 앞세워 미봉적인 생색내기 대책으로 얼버무리는 행태를 바꾸지 않고는 평택항 사고 재발을 막을 수 없다. 구조적이고 본질적인 문제를 방치한 채 알맹이 없는 대책을 남발하는 구태를 고치지 않고는 중대재해 감소는 기대하기 어렵다.

무엇보다 법·제도를 누더기로 만들고 형해화시킨 이들의 무능력과 무책임성이 고김용균씨 사고를 헛되게 하고 이선호군의 죽음을 조장했다. 문재인 정부 들어 산재예방 공공인력과 예산이 대폭적으로 증가했는데도 중대재해 감소 성과를 내지 못하는 이유도 산재예방 관련 법과 정책이 뒷걸음질하면서 많은 공백과 빈틈을 만들어 내고 있기 때문이다.

업체도 응분의 책임을 져야겠지만 많은 대형사고를 겪고도 구조적인 문제를 해결하기는커녕 오히려 악화시킨 정부의 잘못을 따지지 않고는 정확한 사고조사라고 할 수 없을 것이다. 이번만큼은 현장업체에만 책임을 묻고 정부당국은 슬그머니 빠져나가는 일이 반복돼서는 안 된다. 이선호군의 죽음을 중대재해 예방의 밑거름이 되도록 하기 위해서는, 유족을 진정으로 위로하기 위해서는 잘못되고 뒤틀린 법 · 정책을 전면적으로 뜯어고치는 계기로 삼아야 한다.

정치권과 집행기관이 들끓는 여론 잠재우기에만 급급해 또다시 보여주기식 대증요법을 반복하지 않는지 두 눈 부릅뜨고 지켜봐야 한다. 이번에는 우리 사회가 이선호군 사고로부터 진정한 학습과 도약을 해야 한다. 그 첫발은 산재예방행정의 혁신과 정교하고 실효적인 법 · 제도 개선이다.

9. 컨소시엄으로 구성된 공사의 책임자

건설공사를 시공하는 원수급인이 1개사인 경우도 있으나, 건설공사의 규모에 따라서는 하나의 건설공사를 2개 이상의 건설업체가 컨소시엄, 즉 공동기업체(joint venture)를 구성하여 공동연대 방식으로 시공을 하는 것을 목적으로 각각 일정 비율로 출자하여 단체(독립 법인격을 갖고 있지는 않다)를 만들고, 이 단체가 발주자와 도급계약을 체결하고 구성업체들이 공동연대하여 특정 공사를 시공하되, 대표업체가 지명하는 현장소장을 안전보건총괄책임자로 하여 공사를 진행하는 경우가 적지 아니하다.[418)]

---

418) 이러한 방식을 일명 '공동시공방식'이라고 하며, 모든 구성업체가 각자의 자금, 인원, 기계 등을 각출하여 사실상 신조직을 만들고 합동계산에 의해 공사를 시공하는 방식을 말한다. 원래 의미의 joint venture에는 이 '공동시공방식' 외에, 각 구성업체가 공사의 장소를 분할하고, 각자의 분담공사에 대해 책임을 지고 시공하며, 공동경비를 지출하지만 손익에 대해서는 합동계산을 하지 않은 '분담시공방식'이 있다.

이러한 경우 하수급인의 근로자에 대해 안전보건조치를 하지 아니함으로써 구(舊) 「산업안전보건법」 제29조(도급 시의 안전・보건조치) 제3항[419]의 책임이 인정될 때는 공동 도급인으로서 위 현장소장의 선임에 관여한 것으로 보아 컨소시엄을 구성하는 도급인(법인) 모두를 입건하는 것이 상당하되, 실무상 투자비율에 따라 처벌의 정도를 달리하여 왔다.

그런데 대법원은 도급인인 법인의 현장소장이 도급인의 업무에 관하여 위험방지를 위하여 필요한 조치를 취하지 아니하여 구 「산업안전보건법」 제29조 제2항(현행 제63조와 유사) 위반행위[제68조 제1호(현행 제169조 제1호) 해당행위]를 하였다는 이유로 도급인인 법인의 책임을 물을 수 있는 요건에 대하여 아래와 같이 판시한 바 있다.[420]

"형벌의 자기책임원칙에 비추어 보면, 위반행위가 발생한 그 업무와 관련하여 법인이 상당한 주의 또는 관리감독 의무를 게을리 한 때에 한하여 위 양벌규정이 적용된다고 봄이 상당하며, 구체적인 사안에서 법인이 상당한 주의 또는 관리감독 의무를 게을리 하였는지 여부는 당해 위반행위와 관련된 모든 사정, 즉 당해 법률의 입법취지, 처벌조항 위반으로 예상되는 법익침해의 정도, 그 위반행위에 관하여 양벌규정을 마련한 취지 등은 물론 위반행위의 구체적인 모습과 그로 인하여 실제 야기된 피해 또는 결과의 정도, 법인의 영업규모 및 행위에 대한 감독가능성 또는 구체적인 지휘・감독의 관계, 법인이 위반행위 방지를 위하여 실제 행한 조치 등을 전체적으로 종합하여 판단하여야 한다."

따라서 대법원은 도급인인 법인의 현장소장의 행위가 해당 법률 위반죄에 해당한다는 이유만으로 법인의 주의의무 내용이나 그 위반 여부에 관하여 나아가 살피지 아니하고 위 양벌규정에 따라 법인을 처벌하는 것은 양벌규정의 사업주 책임에 관한 법리를 오해하거나 심리를 다하지 아니한 잘못이 있다고

419) 현행 「산업안전보건법」 제63조와 유사하다.
420) 대법원 2010.9.9. 2008도7834 판결.

일관되게 판시하고 있다.[421)]

요컨대, 위 대법원의 판시에 따라 컨소시엄을 구성한 도급인들에 대해 그 책임을 인정하기 위해서는, 각 도급인에게 양벌규정의 사업주 책임을 인정할 수 있는 요건을 확인하여야 하고, 만약 감독가능성, 지휘관계 등이 인정되기 어렵다면 주된 사업주가 아닌 업체(법인)에 대해서는 처벌하는 것이 사실상 어려울 것으로 전망된다.

10. 수급인 등의 안전보건조치

복수의 사업주에 의한 여러 작업이 혼재된 사업장에서의 산업재해를 효과적으로 방지하기 위해서는, 최상위의 도급인, 즉 원도급인[422)] 또는 원수급인[423)] 외에 관계수급인과 그에게 사용되는 근로자에게도 원도급인·원수급인의 조치에 대응하여 필요한 조치를 하도록 할 필요가 있다.

이에 따라 「전부개정 산업안전보건법」 전에는 관계수급인과 그의 근로자에게 정당한 사유가 없는 한 도급인의 조치에 따라야 한다는 의무를 규정하고[구(舊)법 제29조 제7항], 이를 위반한 경우에는 과태료를 부과하는 규정을 두고 있었다. 만약에 도급인은 법령상의 소정의 안전보건조치를 하였는데, 관계수급인 또는 그의 근로자가 도급인의 조치에 대응하여 필요한 조치를 하지 않았다면, 도급인은 처벌되지 않고 관계수급인 또는 그의 근로자만 처벌받는 것으로 해석되었다. 그러나 「전부개정 산업안전보건법」에서는 이러한 내용의 규정이 삭제되었다. 관계수급인과 그 근로자는 산업안전보건의

421) 대법원 2010.9.9. 2008도7834 판결 ; 대법원 2010.2.25. 2009도5824 판결 등.

422) 다른 자로부터 도급(주문)을 받지 않고 사업의 일부를 처음으로 도급(주문)하는 자(사업주)를 말한다.

423) 사업의 전부를 도급(주문)받아 그중 일부를 하도급에 의하여 행하는(일부는 스스로 행하는) 자(사업주)를 말한다.

보호 대상이면서 의무주체이기도 하다는 점을 이해하지 못한 것에 기인한 개악이라고 할 수 있다. 즉, 관계수급인과 그 근로자의 의무를 삭제함으로써 궁극적으로는 관계수급인 근로자의 보호에 역행하는 개정을 하고 만 것이다.

그러나 관계수급인은 도급인이 실시하는 순회점검을 거부·방해 또는 기피하여서는 아니 되며, 점검 결과 도급인인 사업주의 시정요구가 있으면 이에 따라야 한다는 규정(시행규칙 제80조 제2항)은 그대로 살아 있다. 이 조항은 도급인에게 본법에서 부과된 그의 의무를 제대로 이행할 수 있도록 관계수급인에 대하여 구체적인 지시 등을 행하는 것을 인정하는 성격의 규정이다. 그런데 위반 시 벌칙이 수반되어 있지 않아 강제력은 가지고 있지 않다는 한계가 있다.

[칼럼] 도급인(발주자) 의무와 책임의 빈약[424)]

오는 1월 16일이면 전부개정 산업안전보건법이 본격 시행된다. 전부개정법 중 많은 사람들이 특히 관심을 가지고 있는 부분이 도급관계규정이다. 정부에서 전부개정법이 도급인(발주자)에 대한 의무를 대폭 강화하였다고 많은 홍보를 하여 왔기 때문이다. 그런데 실은 그렇지 않은 사항이 많다는 점을 지적하고 싶다. 이하에서는 기업이 전부개정법만을 믿다가 도급안전관리에서 공백을 발생시키는 일이 없도록, 즉 법상의 도급안전관리의 공백을 자율규제로 충실히 메울 수 있도록 전부개정법의 도급규제에서 무엇이 문제이고 부족한지에 대해 설명하고자 한다.

도급인에서 건설공사 발주자를 제외하면서 건설공사 발주자에게 적정비용과 공기 보장, 적격 수급인 심사·선정에 대한 구체적 의무 등과 같은 핵심적 내용은 규정하지 않았다. 그마저도 적용 대상을 총 공사금액 50억원 이상 공사로 한정하고 있고, 적용 대상에 대한 의무내용도 서류 작성과 확인이 중심적인 내용이며, 게다가 기존의 다른 법조항으로 실시해 오던 사항들이 대부분이어서, 건설공사 발주자에 대한 의무내용이 빈약하다고

424) 정진우, 안전저널, 2020.1.3.

지적하지 않을 수 없다. 하청업체(수급인), 특히 중소하청업체가 안전하게 작업하기 위한 '여건 조성'에 해당하는 내용은 반영된 사항이 거의 없는 셈이다.

그리고 전부개정법령에서는 파견근로자 보호 등에 관한 법률(파견법)과의 관계를 잘못 이해한 나머지 도급인의 의무 중 수급인 또는 그의 근로자에 대해 지도 · 감독하는 내용에 해당하는 부분을 파견법과 충돌의 여지가 있다고 보고 삭제하거나 완화시켰다. 이론적으로 볼 때, 산업안전보건법에서 규정하고 있는 사항은 법정사항인 만큼 파견법과의 관계에서 특별규정에 해당하고(서울행정법원 2006.5.16. 2005구합11951 판결 참조) 따라서 산업안전보건법상의 의무내용이 불법파견에 대한 행정부와 법원의 판단기준의 내용에 우선한다고 볼 수 있다. 결국 도급인이 수급인 또는 그의 근로자에 대해 지도 · 감독하는 내용이 법정 사항에 해당하는 경우 이는 불법파견의 지표가 될 수 없다. 그런데 전부개정법은 이 점을 간과하고 도급인의 의무를 대폭적으로 후퇴시켰다. 도급인의 안전보건조치의무에서 수급인 및 그 근로자에 대한 법 위반의 시정조치의무를 임의규정으로 변경하고, 시정조치 대상에서 근로자는 아예 삭제하였다(법 제66조). 그리고 도급인의 의무에서 보호구 착용의 지시 등 관계수급인 근로자의 작업행동에 관한 직접적인 조치를 제외시켰고(법 제63조 단서), 안전보건교육의 경우 도급인의 수급인에 대한 지원의무만 남기고 지도의무는 삭제하였다(법 제64조 제1항). 이는 수급인의 근로자에 대한 구체적인 관리감독의무 등을 강제규정에서 삭제하거나 임의규정으로 완화시킨 것으로, 수급인 근로자의 재해예방을 위한 중요한 수단이 사라진 셈이다.

이와 같이 수급인 근로자의 안전보건을 확보하기 위하여 도급인이 할 수 있는 '권한'은 대폭 축소하면서, 도급인의 안전보건조치 의무(법 제63조) 위반으로 수급인 근로자가 사망한 경우, 도급인에 대해 사망근로자와 근로관계에 있는 수급인과 동일한 수준의 형벌을 규정한 것(법 제167조)은 당벌성을 넘어 서는 형벌로서 헌법상의 원칙인 책임주의 위반으로 연결될 수 있다.

또한 수급인 근로자의 산재예방을 목적으로 하는 안전보건총괄책임자의 안전보건에 관한 총괄관리 의무의 경우, 미 지정에 대해서만 제재규정을 두고 있고 정작 중요한 직무수행 위반에 대해서는 아무런 제재규정을 두고 있지 않다(시행령 별표 35 과태료의 부과 기준). 즉, 사업주가 안전보건총괄책임자를 지정하지 않은 것에 대해서만 과태료를 부과하도록 되어 있고, 해당 업무를 수행하도록 하지 않거나 부실하게 수행하도록 하는 것에 대해서는 다른 안전보건관계자의 경우와는 달리 과태료를 부과하고 있지 않다. 이러한 벌칙체계하에서는 안전보건총괄책임자 제도가 당초의 취지를 살리지 못하고 형식적으로 운영될 것이라는 점을 쉽게 예상할 수 있다.

[칼럼] 하청노동자 안전보호 역주행[425)]

"소문난 잔치에 먹을 것 없다." 개정 산업안전보건법 도급 관련 규제가 겉으로는 많이 강화된 듯이 보이지만 실은 그렇지 않다는 것을 두고 빗대어 하는 말이다. 입법예고 중인 산업안전보건법 하위법령 개정안도 음식 가짓수가 많을 뿐 기본이라 할 수 있는 밥과 국이 잔칫상에서 보이지 않는다.

정부가 산업안전보건법 개정 명분으로 내건 하청(수급인) 노동자 보호도 제대로 하지 못하고 도급인(원청) 사업주의 안전보건 실천도 이끌어내지 못할 것이라는 혹평이 나오는 이유는 무엇일까.

첫째, 건설업을 제외한 업종(제조업 · 전기통신업 등)에서 유지 · 보수공사 도급이 아무런 법적 보호도 받을 수 없게 됐다. 유지 · 보수공사는 이론적 · 경험적으로 사고발생위험이 가장 높은 작업에 해당한다. 가장 위험한 작업을 하는 하청노동자들이 법적 보호를 받지 못하는 아이러니가 생긴 것이다. 개정 산업안전보건법에서 '도급인'과 '건설공사 발주자'를 구분한 것부터가 화근이다. 개정 산업안전보건법에 따라 건설공사에 해당하는 유지 · 보수공사를 외부에 맡기는 기업은 건설공사 발주자에만 해당하고 도급인에는 해당하지 않아 각종 도급규제 적용을 받지 않는다. 그런데 이번 시행령 입법예고안에서 건설공사 발주자 적용 대상은 총 공사금액이 50억 원 이상의 공사로 한정돼 있다. 유지 · 보수공사는 대부분 총 공사금액이

425) 정진우, 매일노동뉴스, 2019.5.20.

50억원 이하인 점을 고려하면, 유지 · 보수공사를 하는 하청노동자는 사실상 도급규제 보호로부터 무장해제된 셈이다.

둘째, 개정 산업안전보건법은 도급인으로 하여금 수급인과 그 노동자의 산업안전보건법 준수 확인, 위반 시 시정조치를 하도록 한 강행규정을 임의규정으로 약화시켰다. 도급인으로서 해야 할 중요한 역할을 하지 않아도 되는 것으로 개악하는 우를 범한 것이다. 개정 산업안전보건법에 의하면 도급인에게 수급인을 대신해 선임할 수 있도록 한 안전 · 보건관리자가 정작 수급인 노동자에게 지도 · 조언을 할 수 없는 모순이 발생하게 된다. 또한 도급인에게 수급인 노동자의 산재예방을 위해 수급인과 동일한 의무와 책임을 부과하면서 도급인의 직원이 수급인 노동자에 대해 지도 · 감독을 할 수 없는 식으로 규정하고 있다. 파견근로자 보호 등에 관한 법률(파견법)과의 관계에 대한 고민 부족 탓이다.

셋째, 도급인 사업주에게 구체적 행동기준을 제시하지 못하고 행정편의적으로 접근했다. 준법의지가 있는 기업조차 도급인 사업주로서 어디부터 어디까지, 무엇을, 어떻게 해야 하는지 예상할 수 없다. 행정기관의 자의적 법해석과 집행이 불 보듯 훤하다. 범법자를 양산할 뿐 법 준수를 유도하지 못할 가능성이 높다. 도급인과 수급인(하수급인) 간의 역할과 책임을 구분하지 않고 도급인에게 수급인과 '동일한' 조치를 이행해야 하는 의무를 부과한 결과다. 도급작업이 실제 작동하는 메커니즘을 인식하지 못해 생긴 무지의 소치다.

입법예고안 어디에도 도급인이 수급인과 공동으로 안전보건조치를 해야 하는지, 도급인 단독으로 안전보건조치를 해야 하는지, 아니면 수급인의 안전보건조치에 대해 지도 · 감독을 해야 하는지 등 도급인이 해야 할 의무의 내용을 전혀 규정하고 있지 않다. 산업안전보건에 관한 공정한 룰의 설정이라는 정부의 중요한 책임을 태만히 하고 산업안전보건 책임을 모두 기업에 떠넘긴다는 의미의 '책임의 외주화'라는 힐난이 쏟아지는 이유다.

산업안전보건법을 개정한 가장 큰 이유는 하청노동자 보호를 강화하는 것이었다. 그런데 막상 뚜껑을 열어 보니 도급규제가 종전보다 오히려 후퇴했다. 재계는 그렇다 치더라도 노동계조차 후퇴된 부분에 대해 구체적 지적을 하고 있지 않은 것이 잘 이해되지 않는다. 악마는 디테일에 있다.

디테일에 약하면 설령 선한 의도를 가지고 있더라도 나쁜 결과를 낳을 수 있다. 도급인에게 강한 책임을 묻는 것 역시 의욕만으로 될 일이 아니다. 디테일이 뒷받침돼야 한다. 도급인 책임에 대한 구성요건을 통상적인 법감정을 가진 도급인이라면 이해할 수 있게끔 규정하지 않으면, 도급인에게 강한 책임을 묻지도 못할 뿐만 아니라 하청노동자를 재해로부터 제대로 보호하지도 못한다.

정부가 수급인 노동자를 산업재해로부터 보호하는 데 진정성이 있다면 입법예고된 하위법령을 현장에서 실효성 있게 작동될 수 있는 내용으로 정비해야 한다. 준수가 법의 목적이지 처벌이 법의 목적은 아니지 않은가.

11. 도급인의 형사책임

가. 개설

도급인이 그의 관계수급인이 사용하는 근로자에 대해 소정의 안전보건조치를 이행하지 않을 경우 「산업안전보건법」 제63조 등의 위반으로 형사처벌을 받을 수 있다. "사업주가 사업장에서 안전조치가 취해지지 않은 상태에서의 작업이 이루어지고 있고 향후 그러한 작업이 계속될 것이라는 사정을 미필적으로 인식하고서도 이를 그대로 방치하고, 이로 인하여 사업장에서 안전조치가 취해지지 않은 채로 작업이 이루어졌다면 사업주가 그러한 작업을 개별적·구체적으로 지시하지 않았더라도 위 죄[426]는 성립하며",[427] "위와 같은 법리는 동일한 장소에서 행하여지는 사업의 일부를 도급에 의하여 행하는 사업의 사업주[428]에 있어서 그의 수급인이 사용하는 근로자가 구(舊)법 제29조 제2항[429]에 규정된 산업재해 발생위험이 있는 장소에서 작업을 하는 경우인

426) 구(舊) 「산업안전보건법」 제29조 제2항, 현행 「산업안전보건법」 제63조 위반죄.
427) 대법원 2011.9.29. 2009도12515 ; 대법원 2010.11.25. 2009도11906 판결 등 참조.
428) 도급인 사업주를 가리킨다.
429) 현행 「산업안전보건법」 제63조에 해당한다.

구(舊)법 제68조 제1호[430](2007.5.17 법률 제8475호로 개정되어 2008.1.1 시행되기 전의 것, 이하 같다), 제29조 제2항[431] 위반죄에서도 마찬가지로 적용된다."[432]

그런데 위 위반죄는 도급인이 자신이 운영하는 사업장에서 「안전보건기준규칙」이 정하고 있는 바에 따른 안전보건조치를 취하지 않은 채 안전보건상의 위험성이 있는 작업을 하도록 지시하거나, 해당 안전보건조치가 취해지지 않은 상태에서 위 작업이 이루어지고 있다는 사실을 알면서도 이를 방치하는 등 그 위반행위가 도급인에 의하여 이루어졌다고 인정되는 경우에 한하여 성립되는 것이지, 단지 도급인의 사업장에서 위와 같은 위험성이 있는 작업이 필요한 안전보건조치가 취해지지 않고 이루어졌다는 사실만으로 성립하는 것은 아니라고 할 것이다.[433]

도급인에 의한 「산업안전보건법」 위반범죄가 성립하기 위해서는 도급인이 관계수급인 근로자의 산업재해 예방을 위한 일정한 안전보건조치의무 위반에 대해 고의가 있어야 한다. 즉, 의무위반계획을 알면서 그 방지에 필요한 조치를 하지 않거나, 의무위반이 계속되고 있음에도 이를 방치(묵인)하거나(의무위반행위를 알면서 그 시정에 필요한 조치를 하지 않거나), 또는 의무위반행위를 지시하는 등의 행위에 나서야 한다.[434]

나. 산업재해 발생 여부와 무관

도급인이 안전보건조치 의무를 위반하였지만 이 의무 위반으로 관계수급인의 근로자가 사망하거나 부상·질병을 입지 않은 경우에도, 도급인에 대해

430) 현행 「산업안전보건법」 제169조 제1호에 해당한다.
431) 여기에서는 이 조항의 내용적 타당성 여부는 별론으로 한다.
432) 대법원 2011.9.29. 2009도12515 판결.
433) 대법원 2022.7.14. 2020도9188 판결 ; 대법원 2011.9.29. 2009도12515 판결 ; 대법원 2009.5.28. 2008도7030 판결 등.
434) 대법원 2011.9.29. 2009도12515 판결 ; 대법원 2010.11.25. 2009도11906 판결.

안전보건조치의무 위반의 책임이 물어지는지가 문제될 수 있다.

이에 대해, 대법원은 육교의 도괴사고로 열차가 탈선하여 승객 등 41명이 부상을 입었으나 동 사고로 죽거나 다친 근로자는 발생하지 않은 사건에서 “이 사건 육교의 도괴사고로 사망 또는 부상당한 근로자가 없었다 하더라도 피고인은 산업안전보건법상의 위험발생의 방지에 필요한 안전조치의무의 이행을 다하지 않았다고 봄이 상당하다.”[435]고 판시하였다. 또한 대법원은 동 판결에서 “산업안전보건법이 제29조 제2항[436]을 위반한 행위를 처벌하는 것은 산업재해의 결과 발생에 대한 책임을 물으려는 것이 아니라 사업주 등이 산업안전보건법 제29조 제2항 등에 정한 필요한 조치를 이행하지 아니한 것에 대한 책임을 물으려는 것으로 보이고, 피고인이 관계법령상의 필요한 조치를 이행하지 아니하였다면 그 자체로 위반이 된다.”[437]라고 판시함으로써, 다시 한 번 재해 발생 여부에 관계없이 「산업안전보건법」과 그 법규명령에 규정된 안전보건조치의무 위반이 「산업안전보건법」의 처벌 대상임을 명확히 하였다.

다. 계약의 형식에 관계없이 책임

「산업안전보건법」상의 도급은 명칭에 관계없이 물건의 제조ㆍ건설ㆍ수리 또는 서비스의 제공, 그 밖의 업무를 타인에게 맡기는 계약을 말한다(산업안전보건법 제2조 제6호). 앞부분(용어의 정의)에서 설명한 것처럼, 「산업안전보건법」상의 도급 개념은 「민법」 상의 도급 개념에 고용, 위임 등을 추가한 것이라고 보면 된다. 그러나 산업안전보건과 관련해서는 「민법」상의 도급 개념으로 사실상 모두 커버될 수 있기 때문에 여기에서는 이를 중심으로 설명하는 것으로 한다.

435) 대법원 2008.8.11. 2007도7987 판결.
436) 현행 「산업안전보건법」 제63조에 해당한다.
437) 대법원 2008.8.11. 2007도7987 판결.

「민법」상 도급계약 역시 계약의 실질적인 내용에 의해 판단되는바, 실질적인 도급관계 유무는 용역계약, 임대차계약 등 계약의 형식에 좌우되는 것이 아니라 계약의 실질에 의해 판단된다. 따라서 「민법」 상의 도급은 어떤 일의 완성을 부탁받은 자(수급인)가 일을 하기로 약정하고, 부탁한 자(도급인)가 그 일이 완성되면 보수를 지급할 것을 약정함으로써 성립하는 계약이다(민법 제664조).[438] 따라서 발주, 주문, 용역 등의 형식을 취하였더라도, 당사자 일방이 일정한 일(작업)을 완성할 것을 약정하고, 상대방이 그 일의 결과에 대하여 일정한 대가(보수)를 지급할 것을 약정하였다면, 이는 「산업안전보건법」상의 도급 개념에 해당한다고 보아야 할 것이다. 따라서 사업장의 어떤 작업(계약)에 대해 일반적으로 사용되는 용어(표현)가 무엇이든 간에 당해 작업(계약)의 내용이 민법상 도급에 해당하면 「산업안전보건법」상의 도급에도 해당하게 된다.

한편, 장비에 대한 임대차(계약)와 더불어 전체 작업의 일부를 분리하여 도급을 준 경우에는 임대차계약과 도급계약이 동시에 체결된 것으로서, 이 경우에도 도급(계약)에 대해서는 「산업안전보건법」 상의 도급 개념에 해당한다고 해석하는 것이 상당하다. 즉, 도급계약은 그 성격이 다르다면 다른 계약, 예컨대 임대차계약과 마찬가지로 얼마든지 병존할 수 있다. 도급계약은 타인의 노무를 이용하는 인적 계약의 일종이지만, 임대차계약은 물적 계약의 일종으로서 양자는 성격이 다르기 때문에, 도급계약과 임대차계약은 양립이 가능한 것이다.

라. 업무상과실치사상에 대한 책임

어떠한 행위에 대하여 도급인에게 「산업안전보건법」 위반의 책임을 물을 수 없다면, 그는 아무런 책임을 지지 않아도 되는 것일까. 그렇지 않다. 「산

438) 「민법」상의 도급은 고용과 같이 노무의 제공 그 자체를 목적으로 하지 않고 노무를 가지고 어떤 일을 완성하는 것을 내용으로 하는 점에 특징이 있다.

업안전보건법」 위반 책임은 물어지지 않는다 하더라도 형법의 업무상과실치사상죄가 물어질 수 있다. 「산업안전보건법」 위반죄에서 안전보건소치 의무는 그 범위가 산업안전보건법령에 규정된 의무로 한정되어 있지만, 업무상과실치사상죄의 업무상 주의의무는 이보다 범위가 넓다.

업무상 주의의무의 범위는 전술한 바와 같이 관습, 조리, 판례상 요구되는 주의의무에까지 미친다. 조직(회사 등) 내부의 안전보건규정(매뉴얼)은 조리에 해당되는 것으로 인정되는 사항에 한하여 업무상 주의의무에 포함될 수 있다.[439)]

조직(회사 등) 내부 안전보건규정(매뉴얼)에 문제가 되고 있는 사상사고의 예방에 관한 내용 자체가 사회통념 또는 사회일반의 정의감에 맞지 않게 반영되어 있지 않거나, 반영되어 있긴 하지만 그 내용이 사회통념에 맞지 않게 부실하게 작성되어 있으면, 이에 대해 책임이 있는 자는 업무상 주의의무를 위반하였다고 판단될 소지가 있다.

그러나 어떠한 회사에서 다른 회사와 달리 의욕적·선도적으로 높은 수준의 안전보건사항을 정한 경우, 이러한 사항은 사회통념, 즉 조리에 해당하는 것이라고는 볼 수 없으므로 업무상 주의의무의 근거가 될 수는 없을 것이다. 따라서 조직이 자율적으로 규정한 높은 수준의 안전보건사항을 준수하지 않았다고 하여 이를 이유로 업무상과실치사상죄의 책임을 묻는 것은 타당하지 않다. 만약 그 책임을 묻는다면 조직에서 법적 기준을 상회하는 자율적 안전보건관리를 구축·운영하는 일에 막대한 부정적 영향을 미칠 것이기 때문이다.

업무상과실치사상죄는 과실범으로서 업무상 주의의무를 위반하여 사람을 사망에 이르게 하거나 사람의 신체를 상해에 이르게 한 경우에 그 책임이 물

---

439) 안전보건규정(매뉴얼)에 규정되어 있는 사항 모두가 조리에 해당되는 것은 아니고, 해당 조직의 관련 구성원에게 그 내용이 충분히 주지되고 실행가능성이 높은 등 사회통념(사회일반의 정의감)에 비추어 반드시 준수되어야 할 것이라고 인정되는 것이어야 조리에 해당되어 업무상 주의의무의 근거가 될 수 있을 것이다.

어질 수 있다. 즉, 「산업안전보건법」 위반사범은 고의범이지만 업무상과실치사상죄는 과실범이기 때문에 전자로는 문제가 되지 않는 경우에도 후자로는 문제가 될 수 있다.

이와 관련하여 대법원은 "같은 장소에서 사업에 대해 전부 도급을 준 도급인에게는 원칙적으로 수급인의 업무와 관련하여 사고방지에 필요한 안전조치를 취할 주의의무가 없으나, 법령에 의하여 도급인에게 수급인의 업무에 관하여 구체적인 관리·감독의무 등이 부여되어 있거나 도급인이 공사의 시공이나 개별 작업에 관하여 구체적으로 지시·감독하였다는 등의 특별한 사정이 있는 경우에는 도급인에게도 수급인의 업무와 관련하여 사고방지에 필요한 안전조치를 취할 주의의무가 있다고 할 것이다."라고 판시함으로써, 구(舊) 「산업안전보건법」 위반 책임이 인정되지 않는 도급인에 대해서도 구체적인 지시·감독을 한 경우 또는 법령상 수급인의 업무에 관하여 구체적인 관리·감독의무가 인정되는 경우에는 업무상과실치사상죄의 책임을 물을 수 있다고 판단하였다.[440]

마. 중대재해처벌법상의 책임

「중대재해처벌법」 제정에 따라, 도급인인 개인사업주 또는 도급인의 경영책임자 등[441]에 해당하는 자가 실질적으로 지배·운영·관리하는 사업 또는 사업장에서 일정한 안전보건조치(확보)의무(중대재해처벌법 제4조, 제5조, 제9조 제1항부터 제3항까지)[442]를 위반하여 종사자[443]를 중대산업재해[444]에

440) 대법원 2009.5.28. 2008도7030 판결.

441) 다음 어느 하나에 해당하는 자를 말한다. i) 사업을 대표하고 사업을 총괄하는 권한과 책임이 있는 사람 또는 이에 준하여 안전보건에 관한 업무를 담당하는 사람, ii) 중앙행정기관의 장, 지방자치단체의 장, 「지방공기업법」에 따른 지방공기업의 장, 「공공기관의 운영에 관한 법률」 제4조부터 제6조까지의 규정에 따라 지정된 공공기관의 장.

442) i) 재해예방에 필요한 인력 및 예산 등 안전보건관리체계의 구축 및 그 이행에 관한

이르게 하거나 원료나 제조물, 공중이용시설 또는 공중교통수단의 이용자나 그 밖의 사람을 중대시민재해[445]에 이르게 한 경우에는, 도급인인 개인사업주 또는 도급인의 경영책임자 등에 대해 중대재해의 유형에 따라 1년 이상의 징역 또는 10억원 이하의 벌금을 부과하거나 7년 이하의 징역 또는 1억원 이하의 벌금을 부과한다. 이 경우 징역과 벌금을 병과할 수 있다(중대재해처벌법 제6조, 제10조).

「중대재해처벌법」상 경영책임자에 대한 처벌요건은 안전보건조치의무 위반[고의범(미필적 고의범을 포함한다)]+중대재해(중대산업재해 또는 중대시민재해) 발생이다.

'고의의 기본행위 → 중한 결과의 발생'의 구조로 되어 있는 범죄를 결과적 가중범이라고 한다.[446), 447)] 즉, 결과적 가중범은 기본행위(기본범죄)에 의하

조치, ii) 재해 발생 시 재발방지 대책의 수립 및 그 이행에 관한 조치, iii) 중앙행정기관·지방자치단체가 관계 법령에 따라 개선, 시정 등을 명한 사항의 이행에 관한 조치, iv) 안전·보건 관계 법령에 따른 의무이행에 필요한 관리상의 조치.

443) i) 「근로기준법」상의 근로자, ii) 도급, 용역, 위탁 등 계약의 형식에 관계없이 그 사업의 수행을 위하여 대가를 목적으로 노무를 제공하는 자, iii) 사업이 여러 차례의 도급에 따라 행하여지는 경우에는 각 단계의 수급인 및 수급인과 가목 또는 나목의 관계가 있는 자를 말한다.

444) 「산업안전보건법」 제2조 제1호에 따른 산업재해 중 다음 어느 하나에 해당하는 결과를 야기한 재해를 말한다. i) 사망자가 1명 이상 발생, ii) 동일한 사고로 6개월 이상 치료가 필요한 부상자가 2명 이상 발생, iii) 동일한 유해요인으로 급성중독 등 대통령령으로 정하는 직업성 질병자가 1년 이내에 3명 이상 발생.

445) 특정 원료 또는 제조물, 공중이용시설 또는 공중교통수단의 설계, 제조, 설치, 관리상의 결함을 원인으로 하여 발생한 재해로서 다음 어느 하나에 해당하는 결과를 야기한 재해를 말한다. 다만, 중대산업재해에 해당하는 재해는 제외한다. i) 사망자가 1명 이상 발생, ii) 동일한 사고로 2개월 이상 치료가 필요한 부상자가 10명 이상 발생, iii) 동일한 원인으로 3개월 이상 치료가 필요한 질병자가 10명 이상 발생.

446) 「산업안전보건법」 제167조(벌칙) 제1항도 결과적 가중범을 규정하고 있다.

447) 일반적인 결과적 가중범은 고의의 기본행위인 기본범죄가 본래의 구성요건결과를 넘어 행위자가 예견하지 못한 결과를 발생시킨 경우에 형이 가중되는 범죄를 말하는바, 「중대재해처벌법」은 고의의 기본행위(법 제4조와 제5조, 제9조)를 범죄로 규

여 (행위자가 예견하지 않았던) 중한 결과가 발생한 때에 그 형이 가중되는 범죄이다(형법 제15조 제2항).[448] 그러나 중대재해처벌법은 일반적 결과적 가중범과는 달리 기본행위에 해당하는 '안전보건확보의무 위반'에 대하여 처벌규정을 두고 있지 않아 기본행위를 한 것만으로는 처벌할 수 없다. 기본행위(안전보건확보의무 위반)을 방지하기 위한 행정지도는 할 수 있으나, 중한 결과(중대재해)가 발생하지 않은 이상은 이에 따르지 않는다고 하더라도 어떠한 제재도 할 수 없다.[449]

「산업안전보건법」도 마찬가지이지만 「중대재해처벌법」의 결과적 가중범이 성립되기 위해서는, 객관적 구성요건으로 ① 고의(미필적 고의 포함)의 기본행위(산업안전보건법 : 제38조, 제39조, 제63조의 안전보건조치의무 위반행위, 중대재해처벌법 : 제4조, 제5조, 제9조의 안전보건조치의무 위반행위)가 있을 것, ② 중한 결과(산업안전보건법 : 사망, 중대재해처벌법 : 중대재해)가 발생할 것, ③ 기본행위와 중한 결과 사이에 상당인과관계[450]가 있을

정하고 있지 않다는 점에서 일반적인 결과적 가중범의 형태를 취하고 있지 않아 엄밀한 의미로 보아 결과적 가중범이라고 할 수 없지만, 기본범죄에 해당하는 내용이 본법은 아니지만 본법이 준거하고 있는 「산업안전보건법」 등 안전보건관계법에 이미 적지 않게 규정되어 있는 점을 고려할 때, 기본적으로 '결과 때문에 형이 무거워지는 죄'(형법 제15조 제2항 : 결과 때문에 형이 무거워지는 죄의 경우에 그 결과의 발생을 예견할 수 없었을 때에는 무거운 죄로 벌하지 아니한다)의 형태를 취하고 있다고 볼 수 있고 또 설명의 편의를 위하여, 이 책에서는 「중대재해처벌법」 제6조(중대산업재해 사업주와 경영책임자 등의 처벌) 및 제10조(중대시민재해 사업주와 경영책임자 등의 처벌)를 결과적 가중범 조항으로 보기로 한다.

448) 우리 형법전은 예외 없이 기본행위가 고의범인 결과적 가중범만을 규정하고 있으며 과실의 결과적 가중범은 인정하지 않는다. 그러나 행정형법의 영역에서는 기본행위가 '과실범'인 결과적 가중범도 있다(예 : 환경범죄 등의 단속 및 가중처벌에 관한 법률 제5조, 건축법 제107조 제2항).

449) 중대재해처벌법은 산업안전보건법 등 행정형법과는 달리 기본행위에 대하여 개선(시정)명령 등 명령적 행정행위(행정처분)을 규정하고 있지 않아, 설령 중한 결과(중대재해)가 발생하더라도 형사처벌을 할 수 있을 뿐 기본행위 방지의무의 준수를 강제할 방법은 없다.

450) 「형법」에서의 상당인과관계란 어느 행위로부터 어떠한 결과가 발생하는 것이 일반

것을 필요로 하고, 주관적 구성요건으로 중한 결과(중대재해)의 발생에 대하여 과실(예견가능성)이 있어야 한다. 중한 결과 발생의 예견가능성은 구체적인 예견가능성을 의미하며, 중한 결과 발생 자체와 중한 결과에 이르는 중요 과정(인과과정의 본질적 윤곽)에 대해서도 구체적 예견가능성이 있어야 한다. 중한 결과 발생에 대한 추상적 위구감 또는 막연한 불안감으로는 결과 발생에 대한 구체적인 예견 가능성을 인정하기는 어렵다.

행위 당시의 구체적 사정에 비추어 보아 구성요건에 해당하고 위법한 행위를 한 사람이 위법행위 대신에 적법행위로 나아갈 것을 기대할 수 없는 경우(기대가능성이 없는 경우)에는 책임이 조각되어 면책된다. 기대가능성은 '유무'의 판단뿐만 아니라 '정도'의 판단도 있을 수 있는 개념이다. 기대가능성의 '강약'은 행위자 개인에 대한 책임을 무겁게 하거나 감경시킴으로써 법관의 양형에 직접 영향을 주게 된다.

법인 또는 기관인 도급인의 경영책임자 등이 그 법인 또는 기관(도급인)[451]의 업무에 관하여 일정한 안전보건조치의무를 위반하는 행위(중대재해처벌법 제6조 또는 제10조에 해당하는 위반행위)를 하면, 양벌규정에 따라 위반행위자(도급인의 경영책임자 등)를 벌하는 외에 그 법인 또는 기관(도급인)에게 사망에 이른 중대재해(중대산업재해, 중대시민재해)의 경우에는 50억원 이하의 벌금형을, 사망에 이르지 않은 중대재해의 경우에는 10억원 이하의 벌금형을 부과한다(중대재해처벌법 제7조 및 제11조 본문). 다만, 법인 또는 기관(도급인)이 해당 위반행위를 방지하기 위하여 해당 업무에 관하여 상

인의 경험상 상당하다고 판단될 때 인정되는 인과관계이다. 이 경우 '경험상 상당하다'는 말은 어느 행위로부터 어느 결과가 발생할 것이 통상적이라고 판단되는 것을 말한다. 일상적인 생활경험의 범위 내에 속하지 않는 사태 진행은 모두 형법적 상당인과관계의 고찰 대상에서 제외된다. 결과 발생에 대하여 이례적인 조건이나 희귀한 조건, 또는 통상적인 사태 진행 과정에 속한다고 볼 수 있는 조건들은 발생된 결과에 대하여 인과관계가 부정된다(신동운, 『형법총론(제15판)』, 법문사, 2023, 188쪽).

451) 도급인이 '개인사업주'인 경우에는 중대재해처벌법상의 중대산업재해에 관한 규정(제2장)은 적용하지 아니한다(중대재해처벌법 제3조).

당한 주의와 감독을 게을리 하지 아니한 경우에는 벌칙의 적용이 면제될 수 있다(중대재해처벌법 제7조 및 제11조 단서).

[칼럼] 엄벌 만능주의와 책임의 외주화[452)]

'중대재해기업처벌법'(중대재해처벌법)으로 논란이 뜨겁다. 법안을 보자면 이념과잉을 넘어 섬뜩하다. 5개 법안 모두 전 세계 어느 기업도 준수할 수 없는 내용과 어느 나라에서도 유례를 찾아볼 수 없는 강한 처벌을 공통으로 담고 있다. 문명국가에서는 있을 수 없는 일이 정의라는 이름 아래 목전에서 벌어지고 있다.

최근 발의된 박범계 의원안도 법리적으로 문제가 많은 점에서는 다른 법안과 다르지 않다. 중대재해처벌법 주창자들에게는 재해감소라는 목적을 달성하기 위해서라면 과정과 수단은 중요하지 않은 것 같다. 민주주의 결정체인 헌법 원칙도 액세서리로밖에 보이지 않는가 보다.

그 누구도 지킬 수 없는 법을, 그것도 엄벌로 다스리겠다고 하는 것은 재해도 줄이지 못하고 애먼 사람만 처벌에 노출시킨다는 점에서 무책임하기까지 하다. 더 큰 문제는 책임회피용으로 입법을 주장하는 자들도 적지 않다는 점이다. 본질적이고 구조적인 문제해결을 게을리해온 자신들의 책임을 가리면서 자신들이 마치 정의의 사도인 양하는 데 여념이 없다. '책임의 외주화' 의도가 역력하다.

이념만으로는 재해를 감소시킬 수 없다. 재해예방시스템을 제대로 갖추지 않은 채 엄벌주의 접근을 하는 사회주의 국가가 재해예방 후진국으로 머물러 있는 현실을 직시할 필요가 있다. 경험적으로 보면 엄벌만능주의는 무능하고 문제해결에 진정성이 없는 정권이 즐겨 사용하는 접근법이기도 하다.

엉성한 범죄구성요건과 비현실적인 예방기준과 같은 재해예방시스템의 문제는 개선하지 않고 처벌강화에만 의존하려는 것은 우리 사회를 경찰국가로 만드는 길이다. 유념해야 할 것은 처벌이 강한 축에 속하는 국가의

452) 정진우, 한국경제, 2020.12.30.

경우 충실한 예방행정시스템을 대전제로 하고 있다는 점이다.

강한 처벌을 규정하더라도 지킬 수 없는 법으로는 '고기'는 잡힐지 모르겠지만, 안전역량 강화로는 이어지지 않는다는 건 그간의 경험이 웅변하고 있다. 처벌보다 예방행정의 역량과 노력이 큰 역할을 한다는 점은 안전학계에선 상식이다. 미국, 일본 등보다 훨씬 많은 행정인력으로도 수준을 올리지 못하고 있는 고장 난 예방행정시스템을 정상화하지 않고는 처벌을 강화한들 별무소용이다.

엄벌보다 더 무서운 것은 이 법이 불명확한 내용으로 가득 차 있다는 점이다. 준법의지가 강하더라도 어디서부터 어디까지 무엇을 어떻게 해야 하는지를 알 수 없다. 법 집행자에게는 이처럼 편리한 법이 없겠지만, 기업과 경영자의 인권은 무방비 상태에 놓이게 된다.

중대재해처벌법이 제정되면 고용노동부 특별사법경찰과 일반경찰이 산업안전보건법 위반을 중복 수사하게 된다는 점도 큰 문제다. 특별사법경찰이 하던 산업안전보건법 수사업무를 일반경찰이 중복 담당하고 사실상 대체하는 우스꽝스러운 일이 발생하게 된다. 소규모 사업장 적용 유예, 인과관계 추정 등 한두 개 조항의 문제가 아니다. 전체적으로 대폭 수정하지 않으면 위헌, 중복수사, 실효성 등의 문제가 해결될 수 없다.

정치권에 묻고 싶다. 본인이나 가족이 기업을 운영하더라도 중대재해처벌법에 찬성할 수 있는가. 당신들이라면 이 법에 규정된 안전기준을 준수할 수 있다고 자신할 수 있는가. 이 질문에 긍정적인 답변을 못 하면서 이 법을 찬성한다면 기업은 안중에도 없는 '내로남불'이다.

처벌을 대폭 강화한 '김용균법'을 졸속 통과시키면서 호들갑을 떤 것이 불과 2년 전이다. 그때 입법에 앞장선 자들은 이 법이 산재문제를 크게 개선시킬 거라고 나팔을 불어댔다. 그런데 결과는 초라하기 이를 데 없다. 중대재해처벌법을 발의하기 전에 김용균법이 왜 제대로 작동하지 않는지에 대해 진지한 고민과 반성을 한 번이라도 해봤는가. 기업은 실험대상이 아니다. 무책임하다고 비난받아 마땅한 이유다. 진정 누구를 위한 법인가?

Ⅶ. 안전보건에 관한 노사협의체 구성 · 운영

1. 노사협의체의 설치 대상 및 구성

대통령령으로 정하는 규모의 건설공사의 건설공사 도급인은 해당 건설공사 현장에 근로자위원과 사용자위원이 같은 수로 구성되는 안전보건에 관한 노사협의체(이하 '노사협의체'라 한다)를 대통령령으로 정하는 바에 따라 구성 · 운영할 수 있다(산업안전보건법 제75조 제1항).

여기서 말하는 '대통령령으로 정하는 규모의 건설공사'라 함은 '공사금액이 120억원(건설산업기본법 시행령 별표 1(제7조 관련)에 따른 토목공사업은 150억원) 이상인 건설업'을 말한다(시행령 제63조).

위 노사협의체를 구성함에 있어 근로자위원은 다음의 각 사람으로 구성한다(시행령 제64조 제1항 제1호).

① 도급 또는 하도급 사업을 포함한 전체 사업의 근로자대표

② 근로자대표가 지명하는 명예산업안전감독관 1명. 다만 명예산업안전감독관이 위촉되어 있지 아니한 경우에는 근로자대표가 지명하는 해당 사업장 근로자 1명

③ 공사금액이 20억원 이상인 공사의 관계수급인의 각 근로자대표

또한 위 노사협의체를 구성함에 있어 사용자위원은 다음의 각 사람으로 구성한다(시행령 제64조 제1항 제2호).

① 도급 또는 하도급 사업을 포함한 전체 사업의 대표자[453)]

② 안전관리자 1명

③ 보건관리자 1명(보건관리자 선임 대상 건설현장에 한한다)

④ 공사금액이 20억원 이상인 공사의 관계수급인의 각 대표자

노사협의체의 근로자위원과 사용자위원은 합의하여 노사협의체에 공사금액이 20억원 미만인 공사의 관계수급인 및 그 근로자대표를 위원으로 위촉할

---

453) 일반적으로 도급인 측의 현장소장을 가리킨다.

수 있다(시행령 제64조 제2항).

그리고 노사협의체의 근로자위원과 사용자위원은 합의하여 특수형태근로종사자로서 「건설기계관리법」 제3조 제1항에 따라 등록된 건설기계를 직접 운전하는 사람(시행령 제67조 제2호)을 노사협의체에 참여하도록 할 수 있다(시행령 제64조 제3항).

2. 노사협의체의 구성·운영의 특례

건설공사 도급인이 위에서 설명한 바에 따라 노사협의체를 구성·운영하는 경우에는, 산업안전보건위원회(산업안전보건법 제24조)와 안전 및 보건에 관한 협의체(산업안전보건법 제64조 제1항 제1호)를 각각 구성·운영하는 것으로 보아(산업안전보건법 제75조 제2항), 별도로 산업안전보건위원회나 안전 및 보건에 관한 협의체를 설치할 필요가 없다(산업안전보건법 제75조 제2항).

3. 노사협의체의 운영

노사협의체의 회의는 정기회의나 임시회의로 구분하되, 정기회의는 2개월마다 노사협의체의 위원장이 소집하며, 임시회의는 위원장이 필요하다고 인정할 때에 소집한다(시행령 제65조 제1항).

노사협의체의 위원장은 위원 중에서 호선하고, 이 경우 근로자위원과 사용자위원 중 각 1명을 공동위원장으로 선출할 수 있다[시행령 제65조 제2항(제36조)].

노사협의체 회의는 근로자위원 및 사용자위원 각 과반수의 출석으로 개의하고 출석위원 과반수의 찬성으로 의결한다[시행령 제65조 제2항(제37조 제

2항)].

근로자대표, 명예산업안전감독관, 해당 사업의 대표자, 안전관리자 또는 보건관리자는 회의에 출석할 수 없는 경우에는 해당 사업에 종사하는 사람 중에서 1명을 지정하여 위원으로서의 직무를 대리하게 할 수 있다[시행령 제65조 제2항(제37조 제3항)].

노사협의체는 개최 일시 및 장소, 출석위원, 심의 내용 및 의결・결정사항, 그 밖의 토의사항을 기록한 회의록을 작성하여 갖춰 두어야 한다[시행령 제65조 제2항(제37조 제4항).

노사협의체를 구성・운영하는 건설공사 도급인은 「산업안전보건법」 제24조 제2항 각 호의 사항에 대하여 노사협의체의 심의・의결을 거쳐야 한다(산업안전보건법 제75조 제3항).

노사협의체에서 위 대상 사항을 의결하지 못한 경우와 의결된 사항의 해석 또는 이행방법 등에 관하여 의견이 일치하지 않는 경우에는, 근로자위원과 사용자위원의 합의에 따라 노사협의체에 중재기구를 두어 해결하거나 제3자에 의한 중재를 받아야 한다[시행령 제65조 제2항(제38조 제1항)].

그 중재결정이 있는 경우에는 노사협의체의 의결을 거친 것으로 보며 사업주와 근로자는 그 결정에 따라야 한다[시행령 제65조 제2항(제38조 제2항)].

노사협의체의 위원장은 노사협의체에서 심의・의결된 내용 등 회의 결과와 중재 결정된 내용 등을 사내방송이나 사내보(社內報), 게시 또는 자체 정례조회, 그 밖의 적절한 방법으로 근로자에게 신속히 알려야 한다[시행령 제65조 제2항(제39조)].

노사협의체는 산업재해 예방 및 산업재해가 발생한 경우의 대피방법 등 고용노동부령으로 정하는 사항에 대하여 협의하여야 한다(산업안전보건법 제75조 제5항).

여기서 말하는 '고용노동부령으로 정하는 사항'이라 함은 ① 산업재해 예방방법 및 산업재해가 발생한 경우의 대피방법, ② 작업의 시작시간, 작업 및 작업장 간의 연락방법, ③ 그 밖의 산업재해 예방과 관련된 사항을 의미한다(시행규칙 제93조).

노사협의체를 구성·운영하는 건설공사 도급인과 근로자 및 관계수급인과 근로자는 노사협의체가 심의·의결한 사항을 성실하게 이행하여야 한다(산업안전보건법 제75조 제6항).[454]

또한 노사협의체 심의·의결 또는 결정은 산업안전보건법령, 단체협약, 취업규칙 및 「산업안전보건법」 제25조에 따른 안전보건관리규정에 반하여서는 아니 되고, 사업주는 노사협의체의 위원에 대하여 직무 수행과 관련한 사유로 불리한 처우를 해서는 아니 된다(산업안전보건법 제75조 제7항).

[칼럼] '위험의 외주화' 프레임에 갇힌 도급규제[455]

"선의에 찬 우행(愚行)은 악행으로 통한다." 소위 '위험의 외주화' 문제 역시 차가운 머리 없이 따뜻한 가슴만으로는 해결되기 어렵다. 하물며 따뜻한 가슴마저 없다면 문제해결은커녕 상황을 오히려 악화시킬 거라는 점은 쉽게 예상할 수 있다.

사고가 발생하면 정부는 실효성은 따지지 않고 무작정 처벌과 규제를 강화하는 입법과 정책을 남발하곤 한다. 그 과정에서 취약한 부문의 멀쩡한 규제를 해제시키는 어처구니없는 실수도 다반사로 저지르고 있다. 이에 대해 하청 근로자의 안전을 위한 조치라는 명분 프레이밍을 하지만 보여주기용 술수라고 느끼는 것은 필자만은 아닐 것이다.

하청 근로자의 재해가 다발하는 본질적 원인이 어디에 있는지를 찾아 근본적인 문제를 해결하려고 하기보다는 프레임을 씌우기에 바쁘다. 재해에 미봉적으로 대응하는 근시안과 대중영합주의가 결합된 정치적 제스처이기도 하다. 문제는 실질적 효과보다는 상징적 효과를 기대하는 수단에 의존하면 할수록 본질적인 해결책에서는 그만큼 멀어진다는 점이다.

---

454) 이를 위반한 자에게는 5백만원 이하의 과태료를 부과한다(산업안전보건법 제175조 제5항 제1호).

455) 정진우, 에너지경제, 2021.4.28.

국제적으로는 외주화 자체가 나쁜 것이 아니라 안전관리의 불량이 나쁜 것이라는 것이 상식이다. 외주화에 따른 위험이 크면 이를 고려하여 합리적으로 규제하면 된다. 안전관리가 불량하면 하청이든 원청이든 가리지 않고 재해로 이어질 수 있다. 외주화를 하지 않는다고 문제가 해결되는 것이 아니다. 하청 근로자가 입던 재해가 원청 근로자의 재해로 회귀할 뿐이다.

한 조직 내에서도 각 계층과 부서의 안전에 대한 역할과 책임을 명확히 설정하는 것은 안전관리의 기본요건이다. 원청과 하청의 관계라 하더라도 이런 원리를 무시하면서 둘 간의 역할 · 책임을 구분하지 않고 원청에 동일한 의무를 부과하면 하청 근로자에 대한 보호기제가 제대로 작동될 리 만무하다. 그런데도 안전법제는 이런 상식을 외면하고 있다. 원청이 크니까 막무가내로 원청이 다 하라는 식이다. 하청의 자율적 책임을 신장하거나 북돋는 법정책은 발견할 수 없다. 위험의 외주화 프레임에서 한 발짝도 나아가지 못하고 있는 것이다.

산업현장에선 도급안전규제가 누더기가 된 채 장식용으로 전락되어 있다는 시각이 팽배하다. 관념적 이념과 생색내기만 보일 뿐이다. 정교하고 세련되지 못한 도급안전규제로는 빈수레처럼 요란하기만 할 뿐 재해예방 효과를 거두지 못한다. 원청에 그 누구도 준수할 수 없는 비현실적 기준을 들이대면서 무엇을 어디서부터 어디까지 해야 하는지를 알려주지 못하고 있다. 그렇다 보니 현장에서는 준수하는 척만 하거나 준수를 아예 포기하고 있다. 정부만 이런 현실을 모르고 있는 것 같다. 아니 현실을 애써 무시하고 있다. 그렇다 보니 도급안전규제의 실효성을 높이려는 시도조차 하지 않는다. 무책임 행정의 표본을 보는 듯하다.

외주화 문제에서는 원청에 대한 처벌과 규제를 강화하는 것이 진보이자 정의인 것처럼 생각하는 얼치기 전문가들이 넘쳐난다. 이 문제를 해결할 실력과 진정성이 없는 정부는 자신들의 입맛에 맞게 떠들어 주는 사이비 전문가들이 고마울 따름이다.

도급이 무조건 나쁘다는 시각은 단선적인 접근이다. 현실을 직시하자. 도급을 금지한다고 해서 그 작업이 사라지는가. 원청이든 하청이든 누군가는 그 작업을 하게 되어 있다. 누가 하든 위험작업을 안전하게 관리하는 것이 중요하지, 위험한 부분이 있으니 하청이 하면 안 되고 원청이 직접 해야 한다는 식의 관점은 흑백논리이다. 이념과 허세가 사실을 이길 수는 없다.

이 정권의 도급안전규제는 애당초 도급을 주는 사람을 적대시하고 응징의 대상으로 삼을 뿐 재해예방 효과에는 도무지 관심이 없다. 도급에 따른 재해위험의 약한 고리가 어디인지에 대한 분석보다는 거친 규제를 쏟아내는 것으로 자신의 존재감을 드러내기에 바쁘다.

도급안전규제! 더이상 내지르는 식의 접근은 안 된다. 무능도 문제이지만 위선은 더 큰 문제이다. 이제라도 도급안전규제의 잘못과 허술함을 솔직하게 인정하고 실사구시의 접근을 해야 한다. 세월호 사고를 배경으로 탄생한 정부가 안전법제를 뒤틀리게 한 정부로 역사에 기록되는 일은 없어야 하지 않겠는가.

Ⅷ. 건설공사 발주자에 관한 의무[456)]

사전적 의미로나 실무에서는 건설공사 도급은 건설공사 발주의 일종으로서 상호 간에 유사한 개념이지만 「전부개정 산업안전보건법」에서는 도급인에서 건설공사 발주자를 제외하고(제2조 제7호) 건설공사를 도급하는 자 중에서 건설공사의 시공을 주도하여 총괄·관리하지 아니하는 자를 건설공사 발주자로 개념정의하면서(제2조 제10호) 건설공사 도급인과 건설공사 발주자

456) 「전부개정 산업안전보건법」은 제5장 제3절에 '건설업 등의 산업재해 예방'이라고 해서 건설업이라는 특정 업종을 주로 염두에 둔 절(section)을 규정하였는바, 하위규정이 아닌 법률에서 업종을 기준으로 장(chapter) 또는 절(section)을 편제하는 것은 법체계상 맞지 않을 뿐만 아니라 선진외국 입법례에서도 찾아볼 수 없다. 그리고 제5장 제3절(건설업 등의 산업재해 예방)의 조항이 건설업에만 해당하는 것이 아니고 조선업, 그 밖의 업종에도 공통적으로 적용되는 점을 고려하면(유지보수공사 등 건설공사는 모든 업종에서 이루어진다). 법체계에 혼란까지 초래하고 있다고 할 수 있다.

를 구분하고 이들에 대한 의무를 달리 정하고 있다.

이 절에서는 「산업안전보건법」에서 규정하고 있는 건설공사 발주자에 관한 각종 의무를 설명한다.

1. 건설공사 단계별 산업재해 예방조치

가. 취지

건설공사는 발주자의 요구에 의하여 계획, 설계, 시공이 진행되며, 불특정다수를 대상으로 한 시장생산이 아닌 발주자에 의한 주문생산을 특징으로 하기 때문에, 발주가 직접적으로 또는 간접적으로 사업 전반에 걸쳐 중요한 영향을 미친다. 즉, 건설공사의 경우 발주자의 주문에 의한 생산방식 때문에 설계자를 비롯한 많은 관계자들이 발주자의 요구, 의사결정으로부터 자유로울 수 없다.[457)]

따라서 건설공사의 재해를 감소시키기 위해서는 발주자의 산업재해 예방에 대한 역할이 강하게 요구되고 있다. 「산업안전보건법」 제67조는 이 점을 고려하여 「산업안전보건법」 전부개정 시 신설된 규정이다.

나. 산업재해 예방조치의 내용

총 공사금액이 50억원 이상인 건설공사의 발주자는 산업재해 예방을 위하여 건설공사의 계획, 설계 및 시공 단계에서 다음 구분에 따른 조치를 하여야 한다(산업안전보건법 제67조 제1항).[458)]

---

457) 건설공사 발주도 도급의 성질을 가지고 있지만, 이러한 점에서 일반적인 도급과는 그 성격이 다소 이질적이다.

458) 이를 위반한 자에게는 1천만원 이하의 과태료를 부과한다(산업안전보건법 제175조 제4항 제3호). 건설공사에 대한 전문성이 없는 발주자로 하여금 이 의무를 실질적으로 이행하도록 하기 위해서는 발주자가 이를 실질적으로 이행할 수 있는 제반 여

① 건설공사 계획단계 : 해당 건설공사에서 중점적으로 관리하여야 할 유해·위험요인과 이의 감소방안을 포함한 기본안전보건대장을 작성할 것

② 건설공사 설계단계 : 제1호에 따른 기본안전보건대장을 설계자에게 제공하고, 설계자로 하여금 유해·위험요인의 감소방안을 포함한 설계안전보건대장을 작성하게 하고 이를 확인할 것

③ 건설공사 시공단계 : 건설공사 발주자로부터 건설공사를 최초로 도급받은 수급인에게 제2호에 따른 설계안전보건대장을 제공하고, 그 수급인에게 이를 반영하여 안전한 작업을 위한 공사안전보건대장을 작성하게 하고 그 이행 여부를 확인할 것

「산업안전보건법」 제67조 제1항 제1호에 따른 기본안전보건대장에는 다음 각 사항이 포함되어야 한다(시행규칙 제86조 제1항).

① 건설공사 계획단계에서 예상되는 공사내용, 공사규모 등 공사 개요

② 공사현장 제반 정보

③ 건설공사에 설치·사용 예정인 구조물, 기계·기구 등 고용노동부장관이 고시[459]하는 유해·위험요인과 그에 대한 안전조치 및 위험성 감소방안

④ 산업재해 예방을 위한 건설공사 발주자의 법령상 주요 의무사항 및 이에 대한 확인

「산업안전보건법」 제67조 제1항 제2호에 따른 설계안전보건대장에는 다음 각 사항이 포함되어야 한다. 다만, 건설공사 발주자가 「건설기술 진흥법」 제39조 제3항 및 제4항에 따라 설계용역에 대하여 건설엔지니어링 사업자로

건·장치에 대해서도 함께 규정되어야 함에도 불구하고 의무부과에만 급급하고 여건·장치에 해당하는 내용에 대해선 규정하지 않아, 본 규정 역시 형식적으로 운영될 가능성이 매우 높은 상태이다. 실제로 본 규정의 조치는 외부 컨설팅업체에 전적으로 내맡겨지면서 서류작업(paper work)에 그치고 있다.

459) 건설공사 안전보건대장의 작성 등에 관한 고시 별지 제1호 서식 기본안전보건대장

하여금 건설사업관리를 하게 하고 해당 설계용역에 대하여 「건설기술 진흥법 시행령」 제59조 제4항 제8호에 따른 공사기간 및 공사비의 적정성 검토가 포함된 건설사업관리 결과보고서를 작성·제출받은 경우에는 아래 ①을 포함하지 않을 수 있다(시행규칙 제86조 제2항).

① 안전한 작업을 위한 적정 공사기간 및 공사금액 산출서
② 건설공사 중 발생할 수 있는 유해·위험요인 및 시공단계에서 고려해야 할 유해·위험요인 감소방안
③ 「산업안전보건법」 제72조 제1항에 따른 산업안전보건관리비의 산출내역서

「산업안전보건법」 제67조 제1항 제3호에 따른 공사안전보건대장에 포함하여 이행 여부를 확인해야 할 사항은 다음과 같다(시행규칙 제86조 제3항).

① 설계안전보건대장의 유해·위험요인 감소방안을 반영한 건설공사 중 안전보건 조치 이행계획
② 「산업안전보건법」 제42조 제1항에 따른 유해위험방지계획서의 심사 및 확인결과에 대한 조치내용
③ 고용노동부장관이 정하여 고시[460]하는 건설공사용 기계·기구의 안전성 확보를 위한 배치 및 이동계획
④ 「산업안전보건법」 제73조 제1항에 따른 건설공사의 산업재해 예방 지도를 위한 계약 여부, 지도결과 및 조치내용

「시행규칙」 제86조 제1항부터 제3항까지의 규정에 따른 기본안전보건대장, 설계안전보건대장 및 공사안전보건대장의 작성과 공사안전보건대장의 이행여부 확인 방법 및 절차 등에 관하여 필요한 사항은 고용노동부장관이 정하여 고시(건설공사 안전보건대장의 작성 등에 관한 고시)한다(시행규칙 제86조 제4항).

본 조항의 적용 대상은 건설공사(건설산업기본법상의 건설공사, 전기공사

460) 건설공사 안전보건대장의 작성 등에 관한 고시 별지 제3호 서식 공사안전보건대장

업법상의 전기공사, 정보통신공사업법상의 정보통신공사, 소방시설공사업법상의 소방시설공사, 문화재수리 등에 관한 법률상의 문화재수리공사)이다. 이 건설공사에 해당하지 않는 작업(건설공사가 아닌 운반작업, 기계수리・검사・점검・조립작업, 벌목작업, 전지작업, 청소작업, 시운전작업, 간단한 개보수작업 등)은 도급 관련 조항을 적용받게 된다.

본 조항의 적용 대상은 공사금액 50억 이상 건설공사이므로(시행령 제55조), 여기에 해당하지 않는 건설공사는 본 조항과 도급 관련 조항 모두를 적용받지 않게 되어 법적 보호의 사각지대가 발생하고 있다.

공사금액 50억 미만의 각종 유지・보수, 설치・해체 등의 공사에 대해「산업안전보건법」이 적용되지 않는다고 하더라도, 이러한 공사가 이론적・경험적으로 가장 위험한 작업인 만큼, 산업안전보건법령상의 기준과 별개로 사업장의 자체적인 기준 마련과 운영이 필수불가결하다.

위 건설공사 발주자는「시행령」(제55조의2)으로 정하는 안전보건 분야의 전문가[461]에게「산업안전보건법」제67조 제1항 각 호에 따른 대장(기본안전보건대장, 설계안전보건대장, 공사안전보건대장)에 기재된 내용의 적정성 등을 확인받아야 한다(산업안전보건법 제67조 제2항).[462), 463)] 이 규정은 2021년 5월 18일「산업안전보건법」개정으로 신설된 내용인바, 이 개정규정이 시행되는 2021년 11월 19일 이후 건설공사 발주자가 건설공사 설계에 관한 계약을 체결하는 경우부터 적용된다(법률 제18180호 부칙 제2조).

---

461) i)「산업안전보건법」제143조 제1항에 따른 건설안전 분야의 산업안전지도사 자격을 가진 사람, ii)「국가기술자격법」에 따른 건설안전기술사 자격을 가진 사람, iii)「국가기술자격법」에 따른 건설안전기사 자격을 취득한 후 건설안전 분야에서 3년 이상의 실무경력이 있는 사람, iv)「국가기술자격법」에 따른 건설안전산업기사 자격을 취득한 후 건설안전 분야에서 5년 이상의 실무경력이 있는 사람.

462) 이를 위반한 자에게는 1천만원 이하의 과태료를 부과한다(산업안전보건법 제175조 제4항 제3호)

463) 확인이 적절하게 이루어지도록 담보하는 장치가 없어 다분히 형식적으로 운영될 가능성이 높다.

2. 적정한 비용과 기간의 계상 · 설정

총 공사금액이 50억원 이상인 건설공사의 건설공사 발주자는 설계자 및 건설공사를 최초로 도급받은 수급인이 건설현장의 안전을 우선적으로 고려하여 설계 · 시공업무를 수행할 수 있도록 적정한 비용과 기간을 계상 · 설정하여야 한다(산업안전보건법 제67조 제3항).[464)]

건설공사 발주자로부터 도급받은 건설공사를 다시 도급하는 자는 제외되고(산업안전보건법 제2조 제10호 단서), 도급인 또한 제외되며(산업안전보건법 제2조 제7호 단서), 총 공사금액 50억원 미만인 건설공사의 발주자도 제외된다(산업안전보건법 제67조 제3항). 따라서 건설공사를 도급하는 자 중에서 이 규정의 적용을 받는 건설공사 발주자는 상당히 한정되어 있다고 할 수 있다.

어느 정도의 비용과 기간을 계상 · 설정해야 적정한지에 대해서는 산업안전보건법령 어디에서도 규정하고 있지 않고, 행정규칙(고시 등)에서 이를 구체화하기 위한 법적 위임근거도 마련되어 있지 않아, 적정한 비용과 기간의 계상 · 설정 규정이 실효성을 거두기는 어려울 것으로 보인다. 이 규정은 내용적으로는 「산업안전보건법」 제69조에 따른 공사기간 단축 및 공법 변경 금지 규정과 부분적으로 중복된다.

3. 안전보건조정자의 선임 또는 지정

2개 이상의 건설공사를 도급한 건설공사 발주자는 그 2개 이상의 건설공사가 같은 장소에서 행해지는 경우에 작업의 혼재로 인하여 발생할 수 있는 산업재해를 예방하기 위하여 건설공사 현장에 안전보건조정자를 두어야 한다(산업안전보건법 제68조 제1항).[465)] 1개의 건설공사만을 발주하는 경우에

---

464) 이 조항의 위반에 대해서는 벌칙이 규정되어 있지 않다.

는 아무리 대규모 공사이고 하수급인이 많이 투입되더라도 안전보건조정자 선임·지정 대상이 아니다.

분리발주된 건설현장은 복수의 시공업체가 같은 장소에서 혼재작업을 하는 과정에서 수급인 간 연락·조정의 부족으로 산업재해가 발생할 수 있다. 이런 문제를 해결하기 위하여, 분리발주를 통해 여러 업체에 도급을 준 발주자에게 안전보건조정자를 선임토록 하여 혼재작업으로 인한 산업재해를 예방하도록 의무화한 것이다.

이 안전보건조정자 선임의무는 2017년 4월 18일 개정된 「산업안전보건법」에 처음으로 전기공사, 통신공사에 한정하여 도입되었고, 「전부개정 산업안전보건법」에서 2개 이상 공사를 함께 발주하는 모든 경우로 확대되었다.

「산업안전보건법」 제68조 제1항에 따른 안전보건조정자를 두어야 하는 건설공사는 각 건설공사의 금액의 합이 50억원 이상인 경우를 말한다(시행령 제56조 제1항).

「시행령」 제56조 제1항에 따라 안전보건조정자를 두어야 하는 건설공사 발주자는 아래 제1호 또는 제4호부터 제7호까지에 해당하는 사람 중에서 안전보건조정자를 선임하거나 제2호 또는 제3호에 해당하는 사람 중에서 안전보건조정자를 지정해야 한다(시행령 제56조 제2항).[466]

① 「산업안전보건법」 제143조 제1항에 따른 산업안전지도사 자격을 가진

---

465) 이를 위반한 자에게는 5백만원 이하의 과태료를 부과한다(산업안전보건법 제175조 제5항 제1호). 안전보건조정자의 업무를 수행하도록 하지 않은 경우에 대해서는 아무런 벌칙도 규정하고 있지 않다.

466) 발주자에 대해 안전보건조정자를 선임 또는 지정하는 의무만 있고 해당 업무를 수행하도록 하는 의무는 부과되어 있지 않아 형식적으로 운영될 가능성이 매우 높다. 게다가 안전보건조정자 자격자가 해당 업무를 제대로 수행하기에는 역부족인 자들이어서 현실적으로 해당 역할을 충실히 수행하기 어렵거니와 이들에게 해당 업무를 충실히 수행할 여건을 보장하는 규정을 두고 있지도 않아 안전보건조정자 제도가 유명무실하게 운영될 가능성이 매우 크고 실제 형식적으로 운영되고 있는 상태이다.

사람

② 「건설기술 진흥법」 제2조 제6호에 따른 발주청이 발주하는 건설공사인 경우 발주청이 같은 법 제49조 제1항에 따라 선임한 공사감독자

③ 다음 어느 하나에 해당하는 사람으로서 해당 건설공사 중 주된 공사의 책임감리자

◦ 「건축법」 제25조에 따라 지정된 공사감리자

◦ 「건설기술 진흥법」 제2조 제5호에 따른 감리업무를 수행하는 사람

◦ 「주택법」 제44조 제1항에 따라 배치된 감리원

◦ 「전력기술관리법」 제12조의2에 따라 배치된 감리원

◦ 「정보통신공사업법」 제8조 제2항에 따라 해당 건설공사에 대하여 감리업무를 수행하는 사람

④ 「건설산업기본법」 제8조에 따른 종합공사에 해당하는 건설현장에서 안전보건관리책임자로서 3년 이상 재직한 사람

⑤ 「국가기술자격법」에 따른 건설안전기술사

⑥ 「국가기술자격법」에 따른 건설안전기사 또는 산업안전기사 자격을 취득한 후 건설안전 분야에서 5년 이상의 실무경력이 있는 사람

⑦ 「국가기술자격법」에 따른 건설안전산업기사 또는 산업안전산업기사 자격을 취득한 후 건설안전 분야에서 7년 이상의 실무경력이 있는 사람

「시행령」 제56조 제1항에 따라 안전보건조정자를 두어야 하는 건설공사 발주자는 분리하여 발주되는 공사의 착공일 전날까지 제2항에 따라 안전보건조정자를 선임하거나 지정하여 각각의 공사 도급인에게 그 사실을 알려야 한다(시행령 제56조 제3항).

안전보건조정자의 업무는 다음과 같다(시행령 제57조).

① 「산업안전보건법」 제68조 제1항에 따라 같은 장소에서 이루어지는 각각의 공사 간에 혼재된 작업의 파악

② 제1호에 따른 혼재된 작업으로 인한 산업재해 발생의 위험성 파악

③ 제1호에 따른 혼재된 작업으로 인한 산업재해를 예방하기 위한 작업의 시기·내용 및 안전보건 조치 등의 조정

④ 각각의 공사 도급인의 안전보건관리책임자 간 작업 내용에 관한 정보 공유 여부의 확인

안전보건조정자는 「시행령」 제57조 제1항의 업무를 수행하기 위하여 필요한 경우 해당 공사의 도급인과 관계수급인에게 자료의 제출을 요구할 수 있다(시행령 제57조 제2항).

4. 설계변경 및 공사기간 연장 요청 등

가. 설계변경의 요청

(1) 취지

건설공사 중 재해발생 위험이 높거나 지방고용노동관서로부터 건설공사 중지·계획변경의 명령을 받은 경우 등에는 설계 자체를 변경하지 않고는 공사의 안전을 확보하기 어려울 수 있다. 이러한 경우 건설공사의 안전 확보는 수급인의 노력으로는 불가능하고 설계변경의 권한을 가지고 있는 발주자의 협조가 절대적으로 필요하다. 「산업안전보건법」 제71조는 이 점을 고려하여 2013년 6월 12일 「산업안전보건법」 개정 시 신설된 규정이다.

(2) 설계변경의 요청

건설공사의 안전보건을 확보하기 위하여, 건설공사 도급인(건설공사 발주자로부터 해당 건설공사를 최초로 도급받은 수급인 또는 건설공사의 시공을 주도하여 총괄·관리하는 자를 말한다)은 다음 어느 하나에 해당하는 경우에는 건설공사 발주자(설계를 포함하여 도급하는 경우는 제외한다)에게 설계변경을 요청할 수 있다(산업안전보건법 제71조 제1항·제2항).

① 건설공사 중에 대통령령으로 정하는 가설구조물의 붕괴 등으로 산업재해가 발생할 위험이 있다고 판단되는 경우(이 경우 건설공사 도급인은 대통령령으로 정하는 전문가의 의견을 들어야 한다)
② 건설공사 도급인이 「산업안전보건법」 제42조(유해위험방지계획서의 제출 등) 제4항 후단에 따라 고용노동부장관으로부터 공사중지명령 또는 유해위험방지계획서 변경명령을 받은 경우로서 설계변경이 필요한 경우

건설공사의 관계수급인 또한 건설공사 중에 위 가설구조물의 붕괴 등으로 산업재해가 발생할 위험이 있다고 판단되면 「산업안전보건법」 제71조 제1항에 따른 전문가[(4) 전문가의 범위 참조]의 의견을 들어 건설공사 도급인에게 해당 건설공사의 설계변경을 요청할 수 있다. 이 경우 건설공사 도급인은 설계변경의 요청내용이 기술적으로 적용이 불가능한 것이 명백한 경우가 아니면 이를 반영하여 설계를 변경하거나 건설공사 발주자에게 설계변경을 요청하여야 한다(산업안전보건법 제71조 제3항).[467)]

(3) 설계변경 요청 대상

위 요청기준에서 대통령령으로 정하는 가설구조물이란 다음 어느 하나에 해당하는 것을 말한다(시행령 제58조 제1항).

① 높이 31미터 이상인 비계
② 작업발판 일체형 거푸집 또는 높이 5미터 이상인 거푸집 동바리[타설(打設)된 콘크리트가 일정 강도에 이르기까지 하중 등을 지지하기 위하여 설치하는 부재(部材)]
③ 터널의 지보공(支保工 : 무너지지 않도록 지지하는 구조물) 또는 높이 2미터 이상인 흙막이 지보공

467) 이를 위반한 자에게는 1천만원 이하의 과태료를 부과한다(산업안전보건법 제175조 제4항 제3호).

④ 동력을 이용하여 움직이는 가설구조물

(4) 전문가의 범위

건설공사 도급인이 의견을 들어야 하는 전문가란 안전보건공단 또는 다음 어느 하나에 해당하는 사람으로서 해당 건설공사 도급인 또는 관계수급인에게 고용되지 않은 사람을 말한다(시행령 제58조 제2항).

① 「국가기술자격법」에 따른 건축구조기술사(토목공사 및 터널의 지보공 또는 높이 2미터 이상인 흙막이 지보공은 제외한다)
② 「국가기술자격법」에 따른 토목구조기술사(토목공사로 한정한다)
③ 「국가기술자격법」에 따른 토질 및 기초기술사(터널의 지보공 또는 높이 2미터 이상인 흙막이 지보공으로 한정한다)
④ 「국가기술자격법」에 따른 건설기계기술사(동력을 이용하여 움직이는 가설구조물로 한정한다)

(5) 설계변경의 요청방법 등

수급인이 건설공사 중에 대통령령으로 정하는 가설구조물의 붕괴 등 산업재해가 발생할 위험이 있다고 판단되어 설계변경을 요청할 때에는 건설공사 설계변경 요청서(시행규칙 별지 제36호 서식)에 다음 각 서류를 첨부하여 건설공사 발주자에게 제출하여야 한다(시행규칙 제88조 제1항).

① 설계변경 요청 대상 공사의 도면
② 당초 설계의 문제점 및 변경요청 이유서
③ 가설구조물의 구조계산서 등 당초 설계의 안전성에 관한 전문가의 검토 의견서 및 그 전문가(전문가가 안전보건공단인 경우는 제외한다)의 자격증 사본
④ 그 밖에 재해발생의 위험이 높아 설계변경이 필요함을 증명할 수 있는 서류

건설공사 도급인이 「산업안전보건법」 제42조(유해위험방지계획서의 제출 등) 제4항 후단에 따라 설계변경을 요청할 때에는 건설공사 설계변경 요청서(별지 제36호 서식)에 다음 각 서류를 첨부하여 건설공사 발주자에게 제출하여야 한다(시행규칙 제88조 제2항).

① 「산업안전보건법」 제42조 제4항에 따른 유해위험방지계획서 심사결과 통지서

② 「시행규칙」 제42조 제4항에 따라 지방고용노동관서장이 명령한 공사 착공중지명령 또는 계획변경명령 등의 내용

③ 제1항 제1호 · 제2호 및 제4호의 서류

관계수급인이 설계변경을 요청할 때에는 건설공사 설계변경 요청서(별지 제36호 서식)에 「시행규칙」 제88조 제1항 각 호의 서류를 첨부하여 건설공사 도급인에게 제출해야 한다(시행규칙 제88조 제3항).

「시행규칙」 제88조 제3항에 따라 설계변경을 요청받은 건설공사 도급인은 설계변경 요청서를 받은 날부터 30일 이내에 설계를 변경한 후 건설공사 설계변경 승인 통지서(별지 제37호)를 건설공사의 관계수급인에게 통보하거나, 설계변경 요청서를 받은 날부터 10일 이내에 건설공사 설계변경 요청서(별지 제36호 서식)에 「시행규칙」 제88조 제1항 각 호의 서류를 첨부하여 건설공사 발주자에게 제출해야 한다(시행규칙 제88조 제4항).

「시행규칙」 제88조 제1항, 제2항 및 제4항에 따라 설계변경을 요청받은 건설공사 발주자는 설계변경 요청서를 받은 날부터 30일 이내에 설계를 변경한 후 건설공사 설계변경 승인 통지서(별지 제37호 서식)를 건설공사 도급인에게 통보해야 한다. 다만, 설계변경 요청의 내용이 기술적으로 적용이 불가능함이 명백한 경우에는 건설공사 설계변경 불승인 통지서(별지 제38호 서식)에 설계를 변경할 수 없는 사유를 증명하는 서류를 첨부하여 건설공사 도급인에게 통보해야 한다(시행규칙 제88조 제5항).

「시행규칙」 제88조 제3항에 따라 설계변경을 요청받은 건설공사 도급인

이 제5항에 따라 건설공사 발주자로부터 설계변경 승인 통지서 또는 설계변경 불승인 통지서를 받은 경우에는 통보 받은 날부터 5일 이내에 관계수급인에게 그 결과를 통보해야 한다(시행규칙 제88조 제6항).

나. 공사기간의 연장 요청 등

(1) 취지

건설공사 시공자(건설공사 도급인)의 입장에서는 당초 설정된 준공기한이 가장 중요한 고려사항이다. 따라서 공사가 설계변경, 기상악화, 천재지변 등에 의해 지연이 되는 경우에도, 시공자는 당초의 준공기한을 맞추기 위해 무리하게 공사를 진행하는 경우가 많고, 이것이 산업재해 발생으로까지 연결되는 경우가 종종 발생하고 있다.

따라서 건설공사의 효과적인 산업재해 예방을 위하여, 시공자의 통제범위를 벗어나는 불가항력적인 사유 또는 발주자의 귀책사유로 착공이 지연되거나 공사가 중단될 경우에는, 발주자로 하여금 공기연장 조치를 하도록 하는 것이 제도적으로 필요하다고 할 수 있다.

(2) 건설공사 기간의 연장

건설공사가 지연된 경우, 산업재해 예방을 위하여 당해 건설공사 도급인이 당해 건설공사 발주자에게 공사기간의 연장을 요청할 수 있는 사유는 다음과 같다(산업안전보건법 제70조 제1항).

① 태풍·홍수 기타 악천후, 전쟁·사변, 지진, 화재, 전염병, 폭동, 그 밖에 계약 당사자가 통제할 수 없는 사태의 발생 등 불가항력의 사유가 있는 경우

② 건설공사 발주자에게 책임 있는 사유로 착공이 지연되거나 시공이 중단된 경우

위의 사유로 공사기간 연장을 요청받은 건설공사 발주자는 특별한 사유가 없으면 공사기간을 연장하여야 한다(산업안전보건법 제70조 제1항).[468]

건설공사의 관계수급인은 ①에 해당하는 사유 또는 건설공사 도급인에게 책임이 있는 사유로 착공이 지연되거나 시공이 중단되어 해당 건설공사가 지연된 경우에 산업재해 예방을 위하여 건설공사 도급인에게 공사기간의 연장을 요청할 수 있다. 이 경우 건설공사 도급인은 특별한 사유가 없으면 공사기간을 연장하거나 건설공사 발주자에게 그 기간의 연장을 요청하여야 한다(산업안전보건법 제70조 제2항).[469]

건설공사 도급인의 건설공사 기간의 연장 요청 절차, 그 밖에 필요한 사항은 고용노동부령으로 정한다(산업안전보건법 제70조 제3항).

[칼럼] 전부개정 산안법에서의 직발주 건설공사 종사근로자에 대한 법적 보호[470]

전부개정법에서는 '도급인'에서 '건설공사 발주자'를 명시적으로 제외하면서(제2조 제7호), 건설공사 발주자에 대해 "건설공사를 도급하는 자로서 건설공사의 시공을 주도하여 총괄 · 관리하지 아니하는 자를 말한다. 다만, 도급받은 건설공사를 다시 도급하는 자는 제외한다."로 정의하고 있다(제2조 제10호). 건설공사 도급인 중에서 건설공사의 시공을 주도하여 총괄 · 관리하지 아니하는 자가 건설공사 발주자에 해당한다. 건설공사의 시공을 주도하여 총괄 · 관리하는 자의 전형적인 예는 종합건설업체이다. 건설공사를 도급하는 자이지만 건설공사의 시공을 주도(일반적으로 건설공사의 시공을 주도하는 자는 시공업체이다)하지 아니하는 자는 건설공사 발주자에 해당한다. 즉, 건설공사의 시공을 주도하지 않고 도급하는 비(非)건설

468) 이를 위반한 자에게는 1천만원 이하의 과태료를 부과한다(산업안전보건법 제175조 제4항 제3호).

469) 이를 위반한 자에게는 1천만원 이하의 과태료를 부과한다(산업안전보건법 제175조 제4항 제3호).

470) 정진우, 안전저널, 2019.12.16.

업체(제조업체, 발전소, 통신업체 등)는 모두 건설공사를 직발주하는 건설공사 발주자에 해당하게 된다.

전부개정법상의 건설공사란 건설산업기본법 제2조 제4호에 따른 건설공사, 전기공사업법 제2조 제1호에 따른 전기공사, 정보통신공사업법 제2조 제2호에 따른 정보통신공사, 소방시설공사업법에 따른 소방시설공사, 문화재수리 등에 관한 법률에 따른 문화재수리공사 중 어느 하나에 해당하는 공사를 말한다(법 제2조 제11호). 건설산업기본법 제2조 제4호에 따른 건설공사란, 토목공사, 건축공사, 산업설비공사, 조경공사, 환경시설공사, 그 밖에 명칭에 관계없이 시설물을 설치 · 유지 · 보수하는 공사 및 기계설비나 그 밖의 구조물의 설치 및 해체공사 등을 말한다. 즉, 건설산업기본법에서 말하는 건설공사는 매우 넓은 개념으로서 여기에는 건축물 등의 건설공사, 도로신설공사, 시설물의 설치 · 유지 · 보수공사, 각종 기계 · 기구, 구조물 등의 설치 · 해체공사, 기타 건설공사 등이 포함되고, 기타 건설공사에는 일반 경상보수의 용역사업까지 포함된다[건설업 산업안전보건관리비 계상 및 사용기준(고용노동부 고시) 별표 5]. 결국 공사의 성격, 금액 등에 관계없이 도급을 주는 각종 유형의 공사(작업) 대부분이 건설공사로 분류된다.

따라서 건설업체를 제외한 각종 제조업체, 발전소, 정보통신업체 등에서 외부업체에 유지 · 보수, 설치 · 해체 등의 공사를 도급을 줄 경우, 해당 도급인은 전부개정법상 건설공사 발주자에 해당하게 된다.

그런데 전부개정법 시행령안(제56조)에 따르면, 건설공사 발주자에 대한 의무는 총 공사금액이 50억원 이상인 건설공사에만 적용되기 때문에, 총 공사금액 50억원 미만인 건설공사는 건설공사 발주자 규정의 적용에서 제외되도록 되어 있다. 그런데 외부업체에 도급을 주는 유지 · 보수공사, 기계 · 설비의 설치 · 해체공사 등 건설공사의 대부분은 공사금액이 50억원 미만이다. 그렇다면 종전법에서는 제18조(안전보건총괄책임자), 제29조(도급사업 시의 안전 · 보건조치)가 적용되는 것으로 해석되었던 유지 · 보수공사, 기계 · 설비의 설치 · 해체공사 등 건설공사를 도급 주는 업체들이 전부개정법에서는 건설공사 발주자의 의무 대상에서 누락된다. 게다가 전부개정법에 따르면, 건설공사 발주자는 도급인의 개념에서 제외되도록 규정되어 있다(제2조 제7호). 결국 외부업체에 도급을 주는 도급인 사업주는 건설공사 발주자에도, 도급인에도 해당되지 않게 되어, 해당 공사의 수급인 근로자는 법적 보호에 있어 사각지대가 생길 수밖에 없다. 업종을 불문하고 외주업체에 의한 유지보수공사, 기계 · 설비의 설치 · 해체공사 등 건설공사는 경험적 측면뿐만 아니라 이론적 측면에서도 가장 위험한 작업에 해당한다는 점을 고려하면 입법상의 매우 큰 실수라고 하지 않을 수 없다.

그리고 전부개정법 제67조에 따라 건설공사 발주자에 부과되어 있는 산업재해 예방조치의 내용은 건설공사단계(계획 · 설계 · 시공단계)별로 안전보건대장 작성과 이의 확인에 대한 의무인바, 종전법상의 도급인에 대한 각종 의무(제29조)와 비교하여 상당히 약하게 규정되어 있다. 따라서 비(非)건설업체에서 건설공사 발주자에 대한 법 적용을 받는 공사(예컨대, 공사금액 50억원 이상인 대정비공사)의 경우에도 현행법과 비교하여 의무 내용이 오히려 대폭 약화되었다고 할 수 있다.

5. 산업안전보건관리비

가. 의의

산업안전보건관리비 제도는 건설업, 선박건조 · 수리업 등 유해 · 위험업종에 대해 도급금액 또는 사업비 중 일정금액을 산업재해 예방을 위한 비용으로 계상하여 안전관리자 인건비, 안전시설비 · 기술지도비 등 산업재해 예방관리에만 사용하도록 함으로써 해당 업종에서의 산업안전보건관리를 활성화하고 체계적으로 수행할 수 있도록 하기 위해 도입되었다.[471]

---

471) 산업안전보건관리비 계상 · 사용 제도는 외국법에서는 찾아볼 수 없는 우리나라에만 있는 독특한 법제도이다. 이 제도는 당사자들로 하여금 산업안전보건관리에 필요한 비용을 이 산업안전보건관리비로만 협소하게 생각하게 하고 '직접공사'에 반영되어야 할 산업안전보건비용에 대해서는 무관심을 조장하기도 하는 한편, 비율 산정 근거가 과학적이지 못하고 사용(불가)기준이 자의적이며 불명확한 등 산업재

동 제도는 1988년 「건설공사 표준안전관리비 산정기준」(고시, 1988.2.15)으로 제정되어 운영되다가 1990년 1월 「산업안전보건법」 전면개정 시 법정제도로 정해졌고, 1996년 12월 「산업안전보건법」 개정 시 도급이 많이 행해지고 재해율이 높은 선박건조·수리업 등으로 확대되었다. 그리고 2000년 1월 「산업안전보건법」 개정 시 '표준안전관리비'를 '산업안전보건관리비'로 변경하였다.

나. 산업안전보건관리비 계상의무

건설공사[472] 발주자가 도급계약을 체결하거나 건설공사의 시공을 주도하여 총괄·관리하는 자(건설공사 발주자로부터 건설공사를 최초로 도급받은 수급인은 제외한다)[473]가 건설공사 사업계획을 수립할 때에는 고용노동부장관이 정하는 바에 따라 산업재해 예방을 위한 산업안전보건관리비를 도급금액 또는 사업비에 계상하여야 한다(산업안전보건법 제72조 제1항).[474], [475]

선박의 건조 또는 수리를 최초로 도급받은 수급인 또한 사업계획을 수립할 때에는 고용노동부장관이 정하여 고시하는 바에 따라 산업안전보건관리비를 사업비에 계상하여야 한다고 규정하고 있으나(산업안전보건법 제72조 제4항), 하위규정에서 정하고 있는 바가 없어(즉, 산업안전보건관리비에 대한 고시가 제정되어 있지 않아) 실제로는 운영되고 있지 않다.[476]

해 예방에 순기능보다는 역기능이 크다고 할 수 있다.

472) 건설공사의 정의는 「산업안전보건법」 제2조 제11호에 규정되어 있다.

473) 자기공사자(건설업체가 다른 자로부터 발주받지 않고 자체공사를 하는 자. 즉, 건설공사를 자체사업으로 하는 자)를 가리킨다[건설업 산업안전보건관리비 계상 및 사용기준(고시) 제2조 제1항 제5호].

474) 이를 위반한 자에게는 1천만원 이하의 과태료를 부과한다(산업안전보건법 제175조 제4항 제3호).

475) 「전부개정 산업안전보건법」에서는 도급인을 건설공사 발주자와 구분되는 의무주체로 보고 있기 때문에(제2조 제7호), 도급인의 신분을 가지고 있는 자에게는 산업안전보건관리비 계상의무가 없다.

다. 산업안전보건관리비 계상 · 사용기준

고용노동부장관은 산업안전보건관리비의 효율적인 사용을 위하여 다음 사항을 정할 수 있다(산업안전보건법 제72조 제2항).

① 사업의 규모별 · 종류별 계상기준

② 건설공사의 진척 정도에 따른 사용비율 등 기준

③ 그 밖에 산업안전보건관리비의 사용에 필요한 사항

이에 따라 「건설업 산업안전보건관리비 계상 및 사용기준」(고시)에서 건설업의 산업안전보건관리비 계상 및 사용기준을 상세히 규정하고 있다.

(1) 적용범위

「건설업 산업안전보건관리비 계상 및 사용기준」(이 절에서 이하 '고시'라 한다)은 「산업안전보건법」 제2조 제11호의 건설공사 중 총 공사금액 2천만 원 이상인 공사에 적용한다. 다만, 다음 어느 하나에 해당하는 공사 중 단가계약에 의하여 행하는 공사에 대하여는 총 계약금액을 기준으로 적용한다(고시 제3조).

① 「전기공사업법」 제2조에 따른 전기공사로서 저압 · 고압 또는 특별고압 작업으로 이루어지는 공사

② 「정보통신공사업법」 제2조에 따른 정보통신공사

(2) 계상의무 및 기준

발주자가 도급계약 체결을 위한 원가계산에 의한 예정가격을 작성하거나, 자기공사자가 건설공사 사업계획을 수립할 때에는 산업안전보건관리비를 다

476) 「전부개정 산업안전보건법」에서는 조선업에 대해서도 산업안전보건관리비 제도를 적용하는 것으로 입법화되었으나(제72조 제4항), 최초로 도급하는 자(발주가)가 아닌 선박의 건조 또는 수리를 최초로 도급받은 수급인(조선소)을 의무주체로 하고 있어 건설업과의 형평성에도 맞지 않고 동 제도의 본래의 취지에서도 많이 벗어나 있다.

음과 같이 계상하여야 한다(고시 제4조 제1항).

① 산업안전보건관리비 대상액(재료비+직접노무비)이 5억원 미만 또는 50억원 이상인 경우에는 대상액에 별표 1(공사종류 및 규모별 산업안전보건관리비 계상기준표)에서 정한 비율을 곱한 금액

② 산업안전보건관리비 대상액(재료비+직접노무비)이 5억원 이상 50억원 미만인 경우에는 대상액에 별표 1에서 정한 비율을 곱한 금액에 기초액을 합한 금액

③ 대상액이 명확하지 않은 경우에는 도급계약 또는 자체 사업계획상 책정된 총 공사금액의 10분의 7에 해당하는 금액을 대상으로 하고 ①, ②에서 정한 기준에 따라 계상

[표 3] 공사종류 및 규모별 산업안전보건관리비 계상기준표(고시 별표 1)

구분 / 공사종류	5억원 미만	5억원 이상 50억원 미만		50억원 이상	보건관리자 선임 대상 건설공사
		비율(X)	기초액(C)		
건축공사	2.93%	1.86%	5,349천원	1.97%	2.15%
토목공사	3.09%	1.99%	5,499천원	2.10%	2.29%
중건설공사	3.43%	2.35%	5,400천원	2.44%	2.66%
특수건설공사	1.85%	1.20%	3,250천원	1.27%	1.38%

다만, 발주자가 재료를 제공하거나 일부 물품이 완제품의 형태로 제작·납품되는 경우에는 해당 재료비 또는 완제품의 가액을 대상액에 포함하여 산출한 산업안전보건관리비와 해당 재료비 또는 완제품 가액을 대상액에서 제외하고 산출한 산업안전보건관리비의 1.2배에 해당하는 값을 비교하여 그중 작은 값 이상의 금액으로 계상한다(고시 제4조 제1항 단서).

발주자는 고시 제4조 제1항에 따라 계상한 산업안전보건관리비를 입찰공고 등을 통해 입찰에 참가하려는 자에게 알려야 한다(고시 제4조 제2항).

발주자와 「산업안전보건법」 제69조에 따른 건설공사 도급인 중 자기공사

자를 제외하고 발주자로부터 해당 건설공사를 최초로 도급받은 수급인(도급인)은 공사계약을 체결할 경우 고시 제4조 제1항에 따라 계상된 산업안전보건관리비를 공사도급계약서에 별도로 표시하여야 한다(고시 제4조 제3항).

고시 별표 1의 공사의 종류는 고시 별표 5(건설공사의 종류 예시표)의 건설공사의 종류 예시표에 따른다. 다만, 하나의 사업장 내에 건설공사 종류가 둘 이상인 경우(분리발주한 경우를 제외한다)에는 공사금액이 가장 큰 공사 종류를 적용한다(고시 제4조 제4항).

발주자 또는 자기공사자는 설계변경 등으로 대상액의 변동이 있는 경우 고시 별표 1의3(설계변경 시 산업안전보건관리비 조정·계상방법)에 따라 지체 없이 산업안전보건관리비를 조정 계상하여야 한다. 다만, 설계변경으로 공사금액이 800억원 이상으로 증액된 경우에는 증액된 대상액을 기준으로 제1항에 따라 재계상한다(고시 제4조 제5항).

(3) 사용기준

도급인과 자기공사자는 산업안전보건관리비를 산업재해 예방 목적으로 사용기준에 따라 사용하여야 한다. 사용기준에 대해서는 고시 제7조(제1항~제3항, 제5항)에서 상세하게 정하고 있다.

도급인 및 자기공사자는 다음 어느 하나에 해당하는 경우에는 산업안전보건관리비를 사용할 수 없다(고시 제7조 제2항).

① 「(계약예규)예정가격작성기준」 제19조 제3항 중 각 호(단, 제14호는 제외한다)에 해당되는 비용
② 다른 법령에서 의무사항으로 규정한 사항을 이행하는 데 필요한 비용
③ 근로자 재해예방 외의 목적이 있는 시설·장비나 물건 등을 사용하기 위해 소요되는 비용
④ 환경관리, 민원 또는 수방대비 등 다른 목적이 포함된 경우

다만, 위 기준에도 불구하고 다음 어느 하나에 해당하는 경우에는 산업안

전보건관리비를 사용할 수 있다(고시 제7조 제2항 단서).

① 산업재해예방시설자금 융자금 지원사업 및 보조금 지원사업 운영규정(고용노동부 고시) 제2조 제12호에 따른 '스마트 안전장비 지원사업' 및 「건설기술 진흥법」 제62조의3에 따른 스마트 안전장비 구입·임대 비용의 5분의 1에 해당하는 비용. 다만, 고시 제4조에 따라 계상된 산업안전보건관리비 총액의 10분의 1을 초과할 수 없다(고시 제1항 제2호 나목)

② 용접작업 등 화재 위험작업 시 사용하는 소화기의 구입·임대비용(고시 제1항 제2호 다목)

③ 중대재해 목격으로 발생한 정신질환을 치료하기 위해 소요되는 비용(고시 제1항 제6호 나목)

④ 「감염병의 예방 및 관리에 관한 법률」 제2조 제1호에 따른 감염병의 확산 방지를 위한 마스크, 손소독제, 체온계 구입비용 및 감염병병원체 검사를 위해 소요되는 비용(고시 제1항 제6호 다목)

⑤ 「산업안전보건법」 제128조의2 등에 따른 휴게시설을 갖춘 경우 온도, 조명 설치·관리기준을 준수하기 위해 소요되는 비용(고시 제1항 제6호 라목)

⑥ 「산업안전보건법」 제36조에 따른 위험성평가 또는 「중대재해처벌법 시행령」 제4조 제3호에 따라 유해·위험요인 개선을 위해 필요하다고 판단하여 「산업안전보건법」 제24조의 산업안전보건위원회 또는 「산업안전보건법」 제75조의 노사협의체에서 사용하기로 결정한 사항을 이행하기 위한 비용. 다만, 고시 제4조에 따라 계상된 산업안전보건관리비 총액의 10분의 1을 초과할 수 없다(고시 제1항 제9호)

도급인 및 자기공사자는 고시 별표 3에서 정한 공사진척에 따른 안전보건관리비 사용기준을 준수하여야 한다. 다만, 건설공사 발주자는 건설공사의 특성 등을 고려하여 사용기준을 달리 정할 수 있다(고시 제7조 제3항).

[표 4] 공사진척에 따른 산업안전보건관리비 사용기준(고시 별표 3)

공정률 (기성공정률)	50퍼센트 이상 70퍼센트 미만	70퍼센트 이상 90퍼센트 미만	90퍼센트 이상
사용기준	50퍼센트 이상	70퍼센트 이상	90퍼센트 이상

도급인 및 자기공사자는 도급금액 또는 사업비에 계상된 산업안전보건관리비의 범위에서 그의 관계수급인에게 해당 사업의 위험도를 고려하여 적정하게 산업안전보건관리비를 지급하여 사용하게 할 수 있다(고시 제7조 제5항).

라. 목적 외 사용금지 등

건설공사 도급인[477] 또는 선박의 건조 또는 수리를 최초로 도급받은 수급인은 산업안전보건관리비를 산업재해 예방 외의 목적으로 사용해서는 아니 되며(산업안전보건법 제72조 제5항),[478] 건설공사 도급인은 산업안전보건관리비를 계상·사용기준(산업안전보건법 제72조 제2항)에 따라 사용하고, 고용노동부령이 정하는 바에 따라 그 사용명세서를 작성·보존하여야 한다(산업안전보건법 제72조 제3항).[479]

건설공사 도급인은 도급금액 또는 사업비에 계상된 산업안전보건관리비의 범위에서 그의 관계수급인에게 해당 사업의 위험도를 고려하여 적정하게 산업안전보건관리비를 지급하여 사용하게 할 수 있다(시행규칙 제89조 제1항).

건설공사 도급인은 해당 건설공사의 금액[고용노동부장관이 정하여 고시하는 방법(고시 제3조)[480]에 따라 산정한 금액을 말한다]이 4천만원 이상인

477) 여기에서의 건설공사 도급인은 건설공사 발주자로부터 해당 건설공사를 최초로 도급받은 수급인 또는 건설공사의 시공을 주도하여 총괄·관리하는 자(자기공사자)를 말한다(산업안전보건법 제69조 제1항).

478) 이를 위반한 자에게는 1천만원 이하의 과태료를 부과한다(산업안전보건법 제175조 제4항 제3호).

479) 이를 위반한 자에게는 1천만원 이하의 과태료를 부과한다(산업안전보건법 제175조 제4항 제3호).

480) 원칙적으로 당해 건설공사의 총 공사금액을 기준으로 하되, 전기공사로의 저압·고압

때에는 사용명세서를 매월(건설공사가 1개월 이내에 종료되는 경우에는 해당 건설공사가 끝나는 날이 속하는 달을 말한다) 작성하고, 건설공사 종료 후 1년 동안 보존해야 한다(시행규칙 제89조 제2항).

발주자는 도급인이 다른 목적으로 사용하거나 사용하지 않은 산업안전보건관리비에 대하여 이를 계약금액에서 감액조정하거나 반환을 요구할 수 있다(고시 제8조).

Ⅸ. 건설재해예방전문지도기관[481)]

1. 의 의

중소 건설공사의 건설공사 발주자 또는 건설공사의 시공을 주도하여 총괄・관리(엄밀하게는 전술한 대로 '총괄관리'라는 표현이 맞다)하는 자(자기공사자)는 해당 건설공사를 착공하려는 경우 고용노동부장관이 지정하는 전문기관(이하 '건설재해예방전문지도기관'이라 한다)과 건설 산업재해 예방을 위한 지도계약을 체결하여야 한다(산업안전보건법 제73조 제1항).[482), 483)]

또는 특별고압작업으로 이루어지는 공사와 정보통신공사 중 단가계약에 의하여 행하는 공사에 대하여는 총 계약금액을 기준으로 한다(고시 제3조).

481) 건설재해예방전문지도기관 제도는 소규모 건설공사 현장에 대해 의무적으로 노동부(현 고용노동부) 장관이 지정하는 외부전문기관으로부터 산업재해 예방지도를 받게 할 목적으로 1990.1.13 「산업안전보건법」 전부개정 시에 신설한 제도로서 앞에서 설명한 산업안전보건관리비 제도와 연계하여 도입되었다. 산업안전보건관리비와 마찬가지로 선진외국에서는 동일하거나 유사한 제도를 찾아볼 수 없는 우리나라에만 있는 제도로서 재해예방의 실효성을 거두지 못하고 있는 대표적인 제도 중 하나이다.

482) 이를 위반한 자에게는 3백만원 이하의 과태료를 부과한다(산업안전보건법 제175조 제6항 제6호).

483) 2021.8.17 「산업안전보건법」 개정(2022.8.18 시행)으로 산업재해 예방지도계약을

건설재해예방전문지도기관은 건설공사 도급인에게 산업재해 예방을 위한 지도를 실시하여야 하고, 건설공사 도급인은 그에 따라 적절한 조치를 하여야 한다(산업안전보건법 제73조 제2항).[484)]

2. 지도 대상

건설재해예방전문지도기관의 지도 대상은 공사금액 1억원 이상 120억원 [건설산업기본법 시행령 별표 1(제7조 관련)의 종합공사를 시공하는 업종의 건설업종란 제1호에 따른 토목공사업에 속하는 공사는 150억원] 미만인 공사를 하는 자[485)]와 「건축법」 제11조에 따른 건축허가의 대상이 되는 공사를 하는 자이다. 다만, 다음 어느 하나에 해당하는 공사를 하는 자는 제외한다(시행령 제59조).

① 공사기간이 1개월 미만인 공사

② 육지와 연결되지 않은 섬 지역(제주특별자치도는 제외한다)에서 이루어지는 공사

체결해야 하는 계약주체가 건설공사 도급인에서 건설공사 발주자 또는 건설공사의 시공을 주도하여 총괄·관리하는 자(자기공사자)로 변경되었다. 계약주체는 변경되었지만, 건설재해예방전문기관의 지도 대상이 건설공사 도급인인 것은 종전 그대로이다. 건설공사 발주자의 역량을 담보할 수 있는 장치가 마련되어 있지 않은 상태에서 이러한 제도 변경이 과연 효과를 거둘 수 있을지는 의문이다.

484) 이를 위반한 자에게는 3백만원 이하의 과태료를 부과한다(산업안전보건법 제175조 제6항 제6호의2).

485) 건설재해예방전문지도기관의 지도는 안전관리자 선임 대상이 아닌 건설현장을 그 대상으로 하는 것이 이 제도의 본래 취지인바(비건설업에서 안전·보건관리자 자체 선임 대신에 안전·보건관리전문기관에 위탁할 수 있는 것과 유사한 관계이다), 건설업 안전관리자 선임 대상이 공사금액 120억원(토목공사업의 경우에는 공사금액 150억원) 이상 현장에서 공사금액 50억원 이상 현장으로 하향 조정되었음에도 건설재해예방전문지도기관의 지도 대상이 50억원 미만 공사를 하는 자로 하향조정되지 않고 여전히 공사금액 120억원 미만 공사(안전관리자의 업무만을 전담하도록 하는 공사 제외)를 하는 자로 되어 있는 것은 안전관리자와 건설재해예방전문지도기관의 역할 중복 문제를 야기하는 등 논리적으로 맞지 않는다.

③ 사업주가 시행령 별표 4(제17조 관련)에 따른 안전관리자의 자격을 가진 사람을 선임(같은 광역지방자치단체의 구역 내에서 같은 사업주가 시공하는 셋 이하의 공사에 대하여 공동으로 안전관리자의 자격을 가진 사람 1명을 선임한 경우를 포함한다)하여 「시행령」 제18조 제1항 각 호에 따른 안전관리자의 업무만을 전담하도록 하는 공사
④ 「산업안전보건법」 제42조 제1항에 따라 유해위험방지계획서를 제출해야 하는 공사

3. 지도 기준[486)]

가. 지도 대상 분야

◦ 건설재해예방전문지도기관이 「산업안전보건법」 제73조 제2항에 따라 건설공사 도급인에 대하여 실시하는 지도(이하 '기술지도'라 한다)는 공사의 종류에 따라 건설공사(전기공사, 정보통신공사 및 소방시설공사는 제외한다) 지도 분야와 전기공사, 정보통신공사 및 소방시설공사 지도 분야로 구분한다.

나. 기술지도계약

◦ 건설재해예방전문지도기관은 건설공사 발주자로부터 기술지도계약서 사본을 받은 날부터 14일 이내에 이를 건설현장에 갖춰 두도록 건설공사도급인(건설공사 발주자로부터 해당 건설공사를 최초로 도급받은 수급인만 해당한다)을 지도하고, 건설공사의 시공을 주도하여 총괄・관리하는 자에 대해서는 기술지도계약을 체결한 날부터 14일 이내에 기술지도계약서 사본을 건설현장에 갖춰 두도록 지도해야 한다.

486) 「시행령」 별표 18(제60조 관련).

◦ 건설재해예방전문지도기관이 기술지도계약을 체결할 때에는 고용노동부 장관이 정하는 전산시스템(이하 '전산시스템'이라 한다)을 통해 발급한 계약서를 사용해야 하며, 기술지도계약을 체결한 날부터 7일 이내에 전산시스템에 건설업체명, 공사명 등 기술지도계약의 내용을 입력해야 한다.

다. 기술지도 수행방법

(1) 기술지도 횟수

◦ 기술지도는 특별한 사유가 없으면 다음의 계산식에 따른 횟수로 하고, 공사시작 후 15일 이내마다 1회 실시하되, 공사금액이 40억원 이상인 공사에 대해서는 「시행령」 별표 19 제1호 및 제2호의 구분에 따른 분야 중 그 공사에 해당하는 지도 분야의 같은 표 제1호 나목 지도인력기준란 1) 및 같은 표 제2호 나목 지도인력기준란 1)에 해당하는 사람이 8회마다 한 번 이상 방문하여 기술지도를 해야 한다.

$$\text{기술지도 횟수(회)} = \frac{\text{공사기간(일)}}{\text{15일}}$$ ※ 단, 소수점은 버린다.

◦ 공사가 조기에 준공된 경우, 기술지도계약이 지연되어 체결된 경우 및 공사기간이 현저히 짧은 경우 등의 사유로 기술지도 횟수기준을 지키기 어려운 경우에는 그 공사의 공사감독자(공사감독자가 없는 경우에는 감리자를 말한다)의 승인을 받아 기술지도 횟수를 조정할 수 있다.

(2) 기술지도 한계 및 기술지도 지역

◦ 건설재해예방전문지도기관의 사업장 지도 담당 요원 1명당 기술지도 횟수는 1일당 최대 4회로 하고, 월 최대 80회로 한다.

◦ 건설재해예방전문지도기관의 기술지도 지역은 건설재해예방전문지도기관으로 지정을 받은 지방고용노동관서의 관할지역으로 한다.

라. 기술지도 업무의 내용

(1) 기술지도 범위 및 준수의무

◦ 건설재해예방전문지도기관은 기술지도를 할 때에는 공사의 종류, 공사 규모, 담당 사업장 수 등을 고려하여 건설재해예방전문지도기관의 직원 중에서 기술지도 담당자를 지정해야 한다.

◦ 건설재해예방전문지도기관은 기술지도 담당자에게 건설업에서 발생하는 최근 사망사고 사례, 사망사고의 유형과 그 유형별 예방 대책 등에 대하여 연 1회 이상 교육을 실시해야 한다.

◦ 건설재해예방전문지도기관은 「산업안전보건법」 등 관계 법령에 따라 건설공사도급인이 산업재해 예방을 위해 준수해야 하는 사항을 기술지도 해야 하며, 기술지도를 받은 건설공사 도급인은 그에 따른 적절한 조치를 해야 한다.

◦ 건설재해예방전문지도기관은 건설공사 도급인이 기술지도에 따라 적절한 조치를 했는지 확인해야 하며, 건설공사 도급인 중 건설공사 발주자로부터 해당 건설공사를 최초로 도급받은 수급인이 해당 조치를 하지 않은 경우에는 건설공사 발주자에게 그 사실을 알려야 한다.

(2) 기술지도 결과의 관리

◦ 건설재해예방전문지도기관은 기술지도를 한 때마다 기술지도 결과보고서를 작성하여 지체 없이 다음의 구분에 따른 사람에게 알려야 한다.
  - 관계수급인의 공사금액을 포함한 해당 공사의 총 공사금액이 20억원 이상인 경우 : 해당 사업장의 안전보건총괄책임자
  - 관계수급인의 공사금액을 포함한 해당 공사의 총 공사금액이 20억원 미만인 경우 : 해당 사업장을 실질적으로 총괄하여 관리하는 사람

◦ 건설재해예방전문지도기관은 기술지도를 한 날부터 7일 이내에 기술지

도 결과를 전산시스템에 입력해야 한다.

◦ 건설재해예방전문지도기관은 관계수급인의 공사금액을 포함한 해당 공사의 총 공사금액이 50억원 이상인 경우에는 건설공사 도급인이 속하는 회사의 사업주와 「중대재해 처벌 등에 관한 법률」에 따른 경영책임자 등에게 매 분기 1회 이상 기술지도 결과보고서를 송부해야 한다.

◦ 건설재해예방전문지도기관은 공사 종료 시 건설공사의 건설공사 발주자 또는 건설공사 도급인(건설공사 도급인은 건설공사 발주자로부터 건설공사를 최초로 도급받은 수급인은 제외한다)에게 고용노동부령으로 정하는 서식에 따른 기술지도 완료증명서를 발급해 주어야 한다.

마. 기술지도 관련 서류의 보존

◦ 건설재해예방전문지도기관은 기술지도계약서, 기술지도 결과보고서, 그 밖에 기술지도업무 수행에 관한 서류를 기술지도계약이 종료된 날로부터 3년 동안 보존해야 한다.

[칼럼] 불량안전법으로는 건설재해 못 줄인다[487)]

건설안전에 관한 3대 불량법 체계가 갖춰지기 일보 직전이다. 3개 법 모두 세계적으로 유례없는 체계와 내용인 데다 난삽하기까지 하다는 점에서 데칼코마니다. 앞서 졸속 입법된 '전부개정 산업안전보건법'과 '중대재해처벌법'이라는 화염에 기름을 끼얹을 건설안전특별법 제정이 국회 통과를 눈앞에 두고 있다.

현 정부 들어 실효성에서 심각한 문제를 지닌 법이 양산되고 있다. 정치 · 행정의 무능에 위선이 조합된 결과다. 현장에서는 안전법이 안전에 도움이 되기는커녕 오히려 걸림돌이 되고 있다는 불만이 쌓여 가고 있다. 실질적인 안전에는 기여하지 못하고 법무법인 · 컨설팅기관의 비즈니스와

487) 정진우, 한국경제, 2021.10.11.

집행기관의 권한 확대에만 비단길을 깔아주고 있다.

일찍이 몽테스키외는 《법의 정신》에서 난폭한 정부는 기존의 법을 잘 집행하려 하기보다는 즉시 악을 억지한다는 명분으로 가혹한 형벌을 정하는 경향이 있다고 하면서 엄벌주의와 보여주기 법에 심각한 우려를 표했다. 최근 입법되고 있는 안전법을 보노라면 몽테스키외가 경계했던 병폐가 현실에서 일상이 되고 있다.

법이 조잡하게 입법화될 때 재해 예방에 어떤 역기능을 초래하는지에 대해 전부개정 산업안전보건법에서 교훈을 얻어야 한다. 가뜩이나 낮은 안전법규의 규범력과 신뢰를 땅으로 추락시키는 전철을 밟아서는 안 된다.

예측 가능성과 준수 가능성에서 심각한 결함이 있는 중대재해처벌법 시행을 목전에 두고 있는 마당에 건설안전특별법까지 기존 발의 내용으로 제정된다면 건설현장은 패닉 상태에 빠질 것으로 예상된다. 대형 건설사는 비용을 많이 들이면서도 재해 예방 효과를 거두지 못하고, 중소 건설사는 아예 체념하는 방향으로 움직이지 않을까 우려된다.

건설안전특별법은 외양적으로 건설안전 관계자별로 역할을 설정했다고 그럴듯한 주장을 하고 있다. 하지만 면밀히 살펴보면 체계와 내용 모두에서 문제투성이다. 먼저 명확성 원칙에 위반되는 사항이 곳곳에 있다. 명확성 원칙은 민주주의 원리다. 이에 위배되는 규정이 많다는 건 민주주의를 거역하는 것이나 진배없다. 법이 너무 모호하고 추상적이면 법의 생명이라고 할 수 있는 예측 가능성이 없게 된다. 이런 법에서 건설재해 예방의 실효성을 기대하는 건 연목구어나 다름없다.

둘째, 안전원리에 맞지 않는 부분도 적지 않다. 예컨대 원청이 하청근로자의 불안전행동에 대한 조치까지를 포함한 모든 안전조치를 직접 해야 한다는 식이다. 또 발주자 의무가 실효성을 담보하기엔 턱없이 부족하다. 그마저도 감리자와의 관계가 모호해 발주자는 책임에서 비켜나 있고 감리자에게 책임을 떠넘기는 폐해가 고착화될 것 같다.

셋째, 산업안전보건법과 중복되거나 충돌되는 내용이 상당수 규정돼 있다. 건설사는 어느 장단에 맞춰 춤을 춰야 할지 도무지 알 길이 없다. 무책임하다고 하지 않을 수 없다.

제재에 지나치게 의존하고 있는 것도 큰 문제다. 이중제재까지 발견된다. 가히 '기승전-처벌'이라고 할 만하다. 세련되고 실효적인 예방기준을 만드는 일은 등한시하고 처벌을 법정책의 최우선 수단으로 상정하는 정치적 퍼포먼스에 올인하고 있다.

건설재해를 줄이기 위해선 정치권과 행정부처가 '묻지마 규제'를 경쟁적으로 쏟아내는 고리부터 끊어내야 한다. 선무당이 사람 잡는 우를 재차 범해선 안 된다. 안전 문제에서 무능한 정치 · 행정은 위험하기 짝이 없다는 것이 역사의 교훈이다.

X. 그 밖의 고용형태에서의 산업재해 예방[488)]

1. 특수형태근로종사자

가. 서설

특수형태근로종사자는 근로자와 독립사업자의 중간영역에서 노무를 제공하는 자로서 사용종속관계가 없어 근로자가 아닌 개인사업자로 분류되고 근로자로서의 지위가 부인되긴 하지만 사회적 보호 필요성의 관점에서는 근로자와 유사한 요소를 지니고 있다.

「전부개정 산업안전보건법」에서 보호 대상을 '근로자'에서 '노무를 제공하는 사람'으로 확대하면서 특수형태근로종사자를 안전보건조치 대상에 새롭게 포함하게 되었다.

그러나 모든 특수형태근로종사자를 보호 대상으로 포함한 것은 아니며, 특수형태근로종사자 중에서 「산업안전보건법」 전부개정 당시 「산업재해보상보험법」에서 보호 대상으로 하고 있었던 9개 직종의 특수형태근로종사자

---

488) 「전부개정 산업안전보건법」에서 특수형태근로종사자, 배달종사자, 가맹점사업자 및 그 소속 근로자가 도급관계에 있는 것이 아님에도 이들의 산업재해 예방에 관한 규정을 '도급 시의 산업재해 예방(제5장)' 부분에 편제한 것은 법체계상 맞지 않는다.

를 보호 대상으로 하다가, 「산업재해보상보험법 시행령」(제125조)이 2020년 1월 17일, 2021년 1월 12일 각각 개정(2020년 7월 1일, 2021년 7월 1일 각각 시행)되어 방문판매업무 종사자, 제품 방문점검원, 가전제품 설치·수리원, 화물차주 및 소프트웨어기술자(5개 직종)가 산재보상보험의 적용을 받는 특수형태근로종사자의 범위에 추가됨에 따라 이에 맞추어 이 5개 직종을 「산업안전보건법」의 보호 대상으로 추가하는 「시행령」 개정안이 2021년 11월 19일 시행되었다.[489), 490)]

나. 특수형태근로종사자의 범위

계약의 형식에 관계없이 근로자와 유사하게 노무를 제공하여 업무상의 재해로부터 보호할 필요가 있음에도 「근로기준법」 등이 적용되지 아니하는 사람으로서 다음 각 요건을 모두 충족하는 사람(특수형태근로종사자)의 노무를 제공받는 자는 특수형태근로종사자의 산업재해 예방을 위하여 '필요한 안전조치 및 보건조치'[491)]를 하여야 한다(산업안전보건법 제77조 제1항).[492)]

---

489) 특수형태근로종사자 중 현행 「산업안전보건법」상 보호 대상으로 규정된 14개 직종보다 더 위험한 직종이 얼마든지 있거나 새롭게 생길 수 있는 점, 「산업재해보상보험법」상의 보호 대상에 의존하여 규정하게 되면 「산업재해보상보험법」이 개정될 때마다 개정해야 하는 입법기술적 난점, 실질적인 노동양태의 관점에서 볼 때 근로자로 판단될 수 있거나 판단되어야 하는 자들이 근로자가 아닌 자(특수형태근로종사자)로 잘못(전제하는 방향으로) 분류(고정)됨으로써 보호내용이 축소될 수 있는 점 등 때문에 일부 직종의 특수형태근로종사자를 보호 대상으로 규정한 방식의 타당성에 대해서는 많은 논란이 있다.

490) 「산업재해보상보험법 시행령」(제125조)이 2022.3.15 일부 개정(2022.7.1 시행)되어 택배 간선기사, 자동차·곡물 등(제13호 마목 및 바목) 특정 품목을 운송하는 화물차주와 물류센터·점포 또는 소비자에게 상품이나 식자재 등을 배송하는 유통배송기사 등(제15호)이 산업재해보상보험을 적용받는 특수형태근로종사자의 범위에 추가되었다. 그러나 「산업안전보건법」은 2022.7.31 현재까지 이들을 보호 대상으로 추가하는 개정이 이루어지지 않았다.

491) '필요한 안전조치 및 보건조치'에 관한 구체적인 사항은 「안전보건기준규칙」 제672조(특수형태근로종사자에 대한 안전조치 및 보건조치)에서 정하고 있지만, 「산업안

① 대통령령으로 정하는 직종에 종사할 것

② 주로 하나의 사업에 노무를 상시적으로 제공하고 보수를 받아 생활할 것

③ 노무를 제공할 때 타인을 사용하지 아니할 것

「산업안전보건법」 제77조(특수형태근로종사자에 대한 안전조치 및 보건조치 등) 제1항 제1호에 따른 요건을 충족하는 사람은 다음 어느 하나에 해당하는 사람으로 한다(시행령 제67조).

① 보험을 모집하는 사람으로서 다음 각 목의 어느 하나에 해당하는 사람

◦ 「보험업법」 제83조 제1항 제1호에 따른 보험설계사

◦ 「우체국예금 · 보험에 관한 법률」에 따른 우체국보험의 모집을 전업(專業)으로 하는 사람

② 「건설기계관리법」 제3조 제1항에 따라 등록된 건설기계[493]를 직접 운전하는 사람

③ 「통계법」 제22조에 따라 통계청장이 고시하는 직업에 관한 표준분류(이하 '한국표준직업분류표'라 한다)의 세세분류에 따른 학습지 교사

④ 「체육시설의 설치 · 이용에 관한 법률」 제7조에 따라 직장체육시설로 설치된 골프장 또는 같은 법 제19조에 따라 체육시설업의 등록을 한 골프장에서 골프경기를 보조하는 골프장 캐디

전보건법」에 위임근거는 규정되어 있지 않다. 게다가 광범위한 개념인 '필요한 안전조치 및 보건조치'에 관하여 구체적인 기준이나 범위를 정하지 않고 그 내용을 모두 「안전보건기준규칙」에 포괄적으로 위임함으로써, 수범자로 하여금 '필요한 안전조치 및 보건조치'와 관련하여 준수해야 할 사항의 내용이나 범위를 구체적으로 예측할 수 없게 하고, 나아가 헌법이 예방하고자 하는 행정부의 자의적인 행정입법을 초래할 여지가 있으므로, 헌법상 포괄위임금지원칙에 위반된다고 볼 수 있다(헌법재판소 2000.7.20. 99헌가15 결정 참고).

492) 이를 위반한 자에게는 1천만원 이하의 과태료를 부과한다(산업안전보건법 제175조 제4항 제3호).

493) 27종(특수건설기계 8종 별도 분류 시 34종).

⑤ 한국표준직업분류표의 세분류에 따른 택배원으로서 택배사업(소화물을 집화・수송 과정을 거쳐 배송하는 사업을 말한다)에서 집화 또는 배송 업무를 하는 사람

⑥ 한국표준직업분류표의 세분류에 따른 택배원으로서 고용노동부장관이 정하는 기준에 따라 주로 하나의 퀵서비스업자로부터 업무를 의뢰받아 배송 업무를 하는 사람

⑦ 「대부업 등의 등록 및 금융이용자 보호에 관한 법률」 제3조 제1항 단서에 따른 대출모집인

⑧ 「여신전문금융업법」 제14조의2 제1항 제2호에 따른 신용카드회원 모집인

⑨ 고용노동부장관이 정하는 기준에 따라 주로 하나의 대리운전업자로부터 업무를 의뢰받아 대리운전 업무를 하는 사람

⑩ 「방문판매 등에 관한 법률」 제2조 제2호 또는 제8호의 방문판매원이나 후원방문판매원으로서 고용노동부장관이 정하는 기준에 따라 상시적으로 방문판매업무를 하는 사람

⑪ 한국표준직업분류표의 세세분류에 따른 대여 제품 방문점검원

⑫ 한국표준직업분류표의 세분류에 따른 가전제품 설치 및 수리원으로서 가전제품을 배송, 설치 및 시운전하여 작동상태를 확인하는 사람

⑬ 「화물자동차 운수사업법」에 따른 화물차주로서 다음 각 목의 어느 하나에 해당하는 사람

i) 「자동차관리법」 제3조 제1항 제4호의 특수자동차로 수출입 컨테이너를 운송하는 사람

ii) 「자동차관리법」 제3조 제1항 제4호의 특수자동차로 시멘트를 운송하는 사람

iii) 「자동차관리법」 제2조 제1호 본문의 피견인자동차나 「자동차관리법」 제3조 제1항 제3호의 일반형 화물자동차로 철강재를 운송하는 사람

iv) 「자동차관리법」 제3조 제1항 제3호의 일반형 화물자동차나 특수용도형 화물자동차로 「물류정책기본법」 제29조 제1항 각 호의 위험물질을 운송하는 사람

⑭ 「소프트웨어 진흥법」에 따른 소프트웨어사업에서 노무를 제공하는 소프트웨어기술자

다. 특수형태근로종사자에 대한 안전보건조치

(1) 안전보건조치

「산업안전보건법」 제77조 제1항에 따른 특수형태근로종사자 중 「시행령」 제67조 제1호(보험을 모집하는 사람)·제3호(학습지 교사)·제7호(대출모집인), 제8호(신용카드회원 모집인) 및 제10호(방문판매업무원)에 해당하는 사람에 대한 안전보건조치는 다음과 같다(안전보건기준규칙 제672조 제1항).

① 제79조, 제647조부터 제653조까지 및 제667조에 따른 조치

② 「산업안전보건법」 제41조 제1항에 따른 고객의 폭언 등에 대한 대처방법 등이 포함된 대응지침의 제공 및 관련 교육의 실시

특수형태근로종사자 중 「시행령」 제67조 제2호(건설기계 운전자)에 해당하는 사람에 대한 안전보건조치는 제3조, 제4조, 제4조의2, 제5조부터 제62조까지, 제67조부터 제71조까지, 제86조부터 제99조까지, 제132조부터 제190조까지, 제196조부터 제221조까지, 제328조부터 제393조까지, 제405조부터 제413조까지 및 제417조부터 제419조까지의 규정에 따른 조치를 말한다(안전보건기준규칙 제672조 제2항).

특수형태근로종사자 중 「시행령」 제67조(특수형태근로종사자의 범위 등) 제4호(골프장 캐디)에 해당하는 사람에 대한 안전보건조치는 다음과 같다(안전보건기준규칙 제672조 제3항).

① 제38조, 제79조, 제79조의2, 제80조부터 제82조까지, 제86조 제7항, 제89조, 제171조, 제172조 및 제316조에 따른 조치

② 미끄러짐을 방지하기 위한 신발을 착용했는지 확인 및 지시
③ 고객의 폭언 등에 대한 대처방법 등이 포함된 대응지침의 제공
④ 고객의 폭언 등에 의한 건강장해가 발생하거나 발생할 현저한 우려가 있는 경우 : 「시행령」 제41조 각 호의 조치 중 필요한 조치

특수형태근로종사자 중 「시행령」 제67조 제5호(택배 집화・배송자)에 해당하는 사람에 대한 안전보건조치는 다음과 같다(안전보건기준규칙 제672조 제4항).

① 제3조, 제4조, 제4조의2, 제5조부터 제22조까지, 제26조부터 제30조까지, 제38조 제1항 제2호, 제86조, 제89조, 제98조, 제99조, 제171조부터 제178조까지, 제191조부터 제195조까지, 제385조, 제387조부터 제393조까지 및 제657조부터 제666조까지의 규정에 따른 조치
② 업무에 이용하는 자동차의 제동장치가 정상적으로 작동되는지 정기적으로 확인
③ 고객의 폭언 등에 대한 대처방법 등이 포함된 대응지침의 제공

특수형태근로종사자 중 「시행령」 제67조 제6호(퀵서비스 배송자)에 해당하는 사람에 대한 안전보건조치는 다음과 같다(안전보건기준규칙 제672조 제5항).

① 제32조 제1항 제10호에 따른 승차용 안전모를 착용하도록 지시
② 제86조 제11항에 따른 탑승 제한 지시
③ 업무에 이용하는 이륜자동차의 전조등, 제동등, 후미등, 후사경 또는 제동장치가 정상적으로 작동되는지 정기적으로 확인
④ 고객의 폭언 등에 대한 대처방법 등이 포함된 대응지침의 제공

특수형태근로종사자 중 「시행령」 제67조 제9호(대리운전자)에 해당하는 사람에 대한 안전보건조치는 고객의 폭언 등에 대한 대처방법 등이 포함된 대응지침을 제공하는 것을 말한다(안전보건기준규칙 제672조 제6항).

특수형태근로종사자 중 「시행령」 제67조 제11호(대여 제품 방문점검원)에

해당하는 사람에 대한 안전보건조치는 다음과 같다(안전보건기준규칙 제672조 제7항).

① 제31조부터 제33조까지 및 제663조부터 제666조까지의 규정에 따른 조치

② 고객의 폭언 등에 대한 대처방법 등이 포함된 대응지침의 제공 및 관련 교육의 실시

특수형태근로종사자 중 「시행령」 제67조 제12호(가전제품 설치 및 수리원)에 해당하는 사람에 대한 안전보건조치는 다음과 같다(안전보건기준규칙 제672조 제8항).

① 제31조부터 제33조까지, 제38조, 제42조, 제44조, 제86조, 제95조, 제96조, 제147조부터 제150조까지, 제173조, 제177조, 제186조, 제233조, 제301조부터 제305조까지, 제313조, 제316조, 제317조, 제319조, 제323조 및 제656조부터 제666조까지의 규정에 따른 조치

② 고객의 폭언 등에 대한 대처방법 등이 포함된 대응지침의 제공 및 관련 교육의 실시

특수형태근로종사자 중 「시행령」 제67조 제13호(화물차주)에 해당하는 사람에 대한 안전보건조치는 다음과 같다(안전보건기준규칙 제672조 제9항).

① 제32조, 제33조, 제38조, 제171조부터 제173조까지, 제177조, 제178조, 제187조부터 제189조까지, 제227조, 제279조, 제297조, 제298조 및 제663조부터 제666조까지의 규정에 따른 조치

② 고객의 폭언 등에 대한 대처방법 등이 포함된 대응지침의 제공

특수형태근로종사자 중 「시행령」 제67조 제14호(소프트웨어기술자)에 해당하는 사람에 대한 안전보건조치는 제79조, 제646조부터 제653조까지 및 제656조부터 제667조까지의 규정에 따른 조치로 한다(안전보건기준규칙 제672조 제10항).

앞의 안전보건조치에 관한 규정을 적용하는 경우에는 “사업주”는 “특수형

태근로종사자의 노무를 제공받는 자"로, "근로자"는 "특수형태근로종사자"로 본다(안전보건기준규칙 제672조 제11항).

(2) 안전보건교육

대통령령으로 정하는 특수형태근로종사자로부터 노무를 제공받는 자는 고용노동부령으로 정하는 바에 따라 안전 및 보건에 관한 교육을 실시하여야 한다(산업안전보건법 제77조 제2항).[494]

특수형태근로종사자로부터 노무를 제공받는 자가 「산업안전보건법」 제77조 제2항에 따라 특수형태근로종사자에 대하여 실시해야 하는 안전 및 보건에 관한 교육시간은 「시행규칙」 별표 4(제26조 제1항 관련)와 같고, 교육내용은 「시행규칙」 별표 5(제26조 제1항 관련)와 같다(시행규칙 제95조 제1항).

특수형태근로종사자로부터 노무를 제공받는 자가 「시행규칙」 제95조(교육시간 및 교육내용 등) 제1항에 따른 교육을 자체적으로 실시하는 경우 교육을 할 수 있는 사람은 「시행규칙」 제26조 제3항 각 호의 어느 하나에 해당하는 사람으로 한다(시행규칙 제95조 제2항).

특수형태근로종사자로부터 노무를 제공받는 자는 「시행규칙」 제95조 제1항에 따른 교육을 안전보건교육기관에 위탁할 수 있다(시행규칙 제95조 제3항).

「시행규칙」 제95조 제1항에 따른 교육을 실시하기 위한 교육방법과 그 밖에 교육에 필요한 사항은 고용노동부장관이 정하여 고시(안전보건교육규정)한다(시행규칙 제95조 제4항).

특수형태근로종사자의 교육면제에 대해서는 「시행규칙」 제27조 제4항을 준용한다. 이 경우 "사업주"는 "특수형태근로종사자로부터 노무를 제공받는 자"로, "근로자"는 "특수형태근로종사자"로, "채용"은 "최초 노무제공"으로 본다(시행규칙 제95조 제5항).

---

494) 이를 위반한 자에게는 5백만원 이하의 과태료를 부과한다(산업안전보건법 제175조 제5항 제1호).

2. 배달종사자

「이동통신단말장치 유통구조 개선에 관한 법률」 제2조(정의) 제4호에 따른 이동통신단말장치로 물건의 수거·배달 등을 중개하는 자는 그 중개를 통하여 「자동차관리법」 제3조(자동차의 종류) 제1항 제5호에 따른 이륜자동차로 물건을 수거·배달 등을 하는 사람의 산업재해 예방을 위하여 필요한 안전조치 및 보건조치[495), 496)]를 하여야 한다(산업안전보건법 제78조).[497)]

「산업안전보건법」 제78조(배달종사자에 대한 안전조치)에 따라 「이동통신단말장치 유통구조 개선에 관한 법률」 제2조 제4호에 따른 이동통신단말장치로 물건의 수거·배달 등을 중개하는 자는 이륜자동차로 물건의 수거·배달 등을 하는 사람의 산업재해 예방을 위하여 다음 각 조치를 해야 한다(안전보건기준규칙 제673조 제1항).

① 이륜자동차로 물건의 수거·배달 등을 하는 사람이 이동통신단말장치의 소프트웨어에 등록하는 경우 이륜자동차를 운행할 수 있는 면허 및 제32조 제1항 제10호에 따른 승차용 안전모의 보유 여부 확인

② 이동통신단말장치의 소프트웨어를 통하여 「도로교통법」 제49조에 따른 운전자의 준수사항 등 안전운행 및 산업재해 예방에 필요한 사항에 대한 정기적 고지

「안전보건기준규칙」 제673조 제1항에 따른 물건의 수거·배달 등을 중개하는 자는 물건의 수거·배달 등에 소요되는 시간에 대해 산업재해를 유발할 수 있을 정도로 제한해서는 안 된다(안전보건기준규칙 제673조 제2항).

---

495) 위임근거는 불명확하고 엉성하지만, 이에 관한 구체적인 사항은 「안전보건기준규칙」 제673조(배달종사자에 대한 안전조치 등)에서 정하고 있다.

496) 배달종사자를 규정하고 있는 「산업안전보건법」 제78조의 조문 제목(배달종사자에 대한 안전조치)이 본문에 보건조치에 관한 내용을 포함하고 있음에도 불구하고 다른 조문과 달리 안전조치로만 표현되어 있는 것은 잘못된 표현이다.

497) 이를 위반한 자에게는 1천만원 이하의 과태료를 부과한다(산업안전보건법 제175조 제4항 제3호).

3. 가맹점사업자와 그 근로자

「가맹사업거래의 공정화에 관한 법률」 제2조(정의) 제2호에 따른 가맹본부 중 대통령령으로 정하는 가맹본부는 같은 조 제3호에 따른 가맹점사업자에게 가맹점의 설비나 기계, 원자재 또는 상품 등을 공급하는 경우에 가맹점사업자와 그 소속 근로자의 산업재해 예방을 위하여 다음 조치를 하여야 한다(산업안전보건법 제79조 제1항).[498]

① 가맹점의 안전 및 보건에 관한 프로그램의 마련・시행

② 가맹본부가 가맹점에 설치하거나 공급하는 설비・기계 및 원자재 또는 상품 등에 대하여 가맹점사업자에게 안전보건에 관한 정보의 제공

「산업안전보건법」 제79조(가맹본부의 산업재해 예방조치) 제1항 본문에서 "대통령령으로 정하는 가맹본부"란 「가맹사업거래의 공정화에 관한 법률」 제6조의2에 따라 등록한 정보공개서(직전 사업연도 말 기준으로 등록된 것을 말한다)상 업종이 다음 어느 하나에 해당하는 경우로서 가맹점의 수가 200개 이상인 가맹본부를 말한다(시행령 제69조).

① 대분류가 외식업인 경우

② 대분류가 도소매업으로서 중분류가 편의점인 경우

「산업안전보건법」 제79조 제1항 제1호에 따른 안전보건 프로그램에는 다음 사항이 포함되어야 한다(시행규칙 제96조 제1항).

① 가맹본부의 안전보건경영방침 및 안전보건활동 계획

② 가맹본부의 프로그램 운영 조직의 구성, 역할 및 가맹점사업자에 대한 안전보건교육 지원 체계

③ 가맹점 내 위험요소 및 예방대책 등을 포함한 가맹점 안전보건매뉴얼

④ 가맹점의 재해 발생에 대비한 가맹본부 및 가맹점사업자의 조치사항

가맹본부는 가맹점사업자에 대하여 「산업안전보건법」 제79조 제1항 제1

---

498) 이를 위반한 자에게는 3천만원 이하의 과태료를 부과한다(산업안전보건법 제175조 제2항 제1호).

호에 따른 안전보건 프로그램을 연 1회 이상 교육해야 한다(시행규칙 제96조 제2항).

가맹본부는 「산업안전보건법」 제79조 제1항 제2호의 안전보건에 관한 정보를 제공하려는 경우에는 다음 어느 하나에 해당하는 방법으로 제공할 수 있다(시행규칙 제97조).

① 「가맹사업거래의 공정화에 관한 법률」 제2조 제9호에 따른 가맹계약서의 관계 서류에 포함하여 제공
② 가맹본부가 가맹점에 설비·기계 및 원자재 또는 상품 등을 설치하거나 공급하는 때에 제공
③ 「가맹사업거래의 공정화에 관한 법률」 제5조 제4호의 가맹점사업자와 그 직원에 대한 교육·훈련 시에 제공
④ 그 밖에 프로그램 운영을 위하여 가맹본부가 가맹점사업자에 대하여 정기·수시 방문지도 시에 제공
⑤ 「정보통신망 이용촉진 및 정보보호 등에 관한 법률」 제2조 제1항 제1호에 따른 정보통신망 등을 이용하여 수시로 제공

4. 현장실습생

「산업안전보건법」에서는 산업체에서 현장실습을 실시하고 있는 현장실습생에 대해 근로자와 같은 수준으로 안전보건조치가 이루어지도록 하기 위하여 「산업안전보건법」상의 안전보건 관련 주요 조항을 현장실습생에 적용하도록 하고 있다(산업안전보건법 제166조의2). 2020년 3월 31일 산업안전보건법 개정에 의해 새롭게 반영된 규정이다.

「산업안전보건법」 제2조 제3호에도 불구하고 「직업교육훈련 촉진법」 제2조 제7호에 따른 현장실습을 받기 위하여 현장실습산업체의 장과 현장실습계약을 체결한 직업교육훈련생(현장실습생)에게는 제5조(사업주 등의 의

무), 제29조(근로자에 대한 안전보건교육), 제38조(안전조치)부터 제41조(고객의 폭언 등으로 인한 건강장해 예방조치)까지, 제51조(사업주의 작업중지)부터 제57조(산업재해 발생 은폐 금지 및 보고 등)까지, 제63조(도급인의 안전조치 및 보건조치), 제114조(물질안전보건자료의 게시 및 교육) 제3항, 제131조(임시건강진단명령 등), 제138조(질병자의 근로금지 · 제한) 제1항, 제140조(자격 등에 의한 취업 제한 등), 제155조(근로감독관의 권한)부터 제157조(감독기관에 대한 신고)까지를 준용한다. 이 경우 "사업주"는 "현장실습산업체의 장"으로, "근로"는 "현장실습"으로, "근로자"는 "현장실습생"으로 본다(산업안전보건법 제166조의2).

「산업재해보상보험법」에서는 이미 같은 법이 적용되는 사업에서 현장 실습을 하고 있는 학생 및 직업 훈련생(이하 '현장실습생'이라 한다) 중 고용노동부장관이 정하는 현장실습생(산업재해보상보험법 제6조 및 같은 법 시행령 제2조의 규정에 의한 적용사업장에서 직업교육훈련이나 현장실습수업 등을 이수하고 있는 자)[499]은 제5조 제2호[500]에도 불구하고 이 법을 적용할 때는 그 사업에 사용되는 근로자로 보고(제123조 제1항), 실습과 관련하여 입은 재해는 업무상의 재해로 보아 보험급여를 지급해 오고 있다(제123조 제2항).

499) 「현장실습생에 대한 산업재해보상보험 적용범위」(고용노동부 고시) 제2조.
500) "근로자" · "임금" · "평균임금" · "통상임금"이란 각각 「근로기준법」에 따른 "근로자" · "임금" · "평균임금" · "통상임금"을 말한다.

XI. 안전보건교육

1. 근로자 안전보건교육

가. 취 지

산업재해를 방지하기 위한 기본적 대책이 기계·설비, 작업조건, 작업환경 등의 물적 조건에 대해 철저한 안전화를 도모하는 것이라는 것은 말할 필요도 없다. Fail Safe, Fool proof라는 말은 이와 같은 것을 의미하는 것이다.

그러나 사업주가 이와 같은 물적 조건을 강구하는 것과 아울러, 근로자가 그 취급하는 기계·설비, 원재료 또는 작업환경 등의 유해·위험성을 인식하고 이들에 대한 적절한 대응을 충분히 이해한 후에 작업을 행하는 것 또한 산업재해 방지의 성과를 거양하는 데 있어 매우 중요하다. 특히, 크레인운전, 잠수작업 등의 유해·위험도가 높은 업무에 대해서는 작업에 종사하는 근로자의 지식·경험·기능의 부족이 산업재해로 직접 연결되는 경우도 적지 않다.

다시 말해서, 산업재해는 기계·설비, 작업조건, 작업환경 등의 불비(不備)와 같은 불안전한 상태와 더불어 근로자의 불안전한 행동이 관련되어 발생하는 경우가 대부분으로서, 근로자의 지식·경험·기능의 부족도 산업재해의 요인이 되는 경우가 적지 않다.

따라서 산업재해를 미연에 방지하기 위해서는 근로자가 업무에 종사할 때 필요한 안전보건에 관한 지식 등을 부여하는 안전보건교육의 실시 또한 매우 중요하다고 말할 수 있다.

특히, 기술혁신의 급속한 진전에 수반하는 작업형태, 작업방법 등의 변화, 고령근로자, 파트타임 근로자 등의 증가에 의한 고용형태의 다양화 속에서 안전보건수준을 향상시키기 위해서는 적절하고 효과적인 안전보건교육의 실시를 도모하는 것이 점점 중요해지고 있다.

「산업안전보건법」 제29조에서는 근로자의 지식·경험의 부족에 근거한 재해를 방지하기 위하여 근로자를 대상으로 교육하여야 할 경우를 크게 4가지로 나누어 정하고 있다. 즉, 정기교육 및 채용 시의 교육, 작업내용 변경 시의 교육, 일정한 유해·위험업무 종사 시 특별교육을 행할 것을 사업주에게 의무 지우고 있다.

사업주가 근로자에 대하여 행하여야 할 교육의 내용은 그 근로자가 담당하는 업무에 관하여 객관적으로 필요하다고 인정되는 정도로 구체적인 것이어야 하고, 단순히 일반적인 안전보건상의 주의를 환기하는 정도의 것이어서는 안 된다.

교육형태는 집체교육, 현장교육[501], 인터넷 원격교육, 비대면 실시간교육 중 어느 하나 또는 혼합한 방식으로 해야 한다. 다만, 관리감독자 정기교육은 해당연도 총 교육시간의 2분의 1 이상, 특별교육은 총 교육시간의 3분의 2 이상을 집체교육, 현장교육 또는 비대면 실시간교육으로 해야 한다[안전보건교육규정(고시) 제3조의2 제2항 제3호].

나. 계획적 실시

근로자 안전보건교육을 포함한 안전보건교육은 각 사업장에서 체계적이고 계획적으로 실시될 필요가 있다.

「산업안전보건법」에서는 사업주에게 안전보건교육계획의 수립을 직접적으로 의무 지우는 규정은 두고 있지 않지만, 안전교육계획과 보건교육계획의 수립이 안전관리자와 보건관리자의 업무에 각각 포함되어 있고 안전보건관리책임자의 업무와 산업안전보건위원회의 심의·의결사항에 안전보건교육에 관한 사항이 포함되어 있으므로, 사업주에게는 사실상 안전보건교육계획을 수립·실시할 의무가 있다고 할 수 있다.

501) '현장교육'이란 사업장의 생산시설 또는 근무장소에서 실시하는 교육을 말한다(위험예지훈련 등 작업 전·후 실시하는 단시간 안전보건 교육을 포함한다)[안전보건교육규정(고시) 제2조 제1항 제13호].

다. 안전보건교육과 근로시간

「산업안전보건법」 제29조·제32조의 안전보건교육은 근로자 및 안전보건관리책임자 등이 업무에 종사하는 과정에서 발생할 수 있는 산업재해의 방지를 도모하기 위하여 사업주의 책임하에 실시되어야 하는 것이다. 따라서 소정근로시간 내에 실시하는 것을 원칙으로 하여야 하며, 그 실시에 요하는 시간은 근로시간이라고 해석되므로, 당해 교육이 법정근로시간 외에 이루어진 경우에는 당연히 할증임금이 지불되어야 할 것이다.

라. 안전보건교육과 비용부담

「산업안전보건법」 제29조 및 제32조의 안전보건교육은 법정교육으로서 사업주의 책임하에 실시되어야 하는 것이므로, 기업 내에서 실시되는 경우를 포함하여 모두 사업주의 비용부담으로 실시되어야 한다. 이들 교육은 종종 당해 지역의 교육기관에 해당 근로자를 파견하여 수강하게 하는 경우가 있는바, 기업 밖에서 실시하는 경우의 교육비, 여비 등 역시 사업주가 부담하여야 하는 것은 당연하다.

마. 안전보건교육의 종류별 내용·시간(시기)

(1) 일반근로자 정기교육

사업주는 고용형태에 관계없이 해당 사업장의 일반근로자와 관리감독자에 대하여 정기적으로 안전보건에 관한 교육을 실시하여야 한다(산업안전보건법 제29조 제1항).[502]

정기교육은 일반근로자와 관리감독자로 구분되어 있다.[503] 일반근로자 대

502) 이를 위반한 자에게는 5백만원 이하의 과태료를 부과한다(산업안전보건법 제175조 제5항 제1호).

503) 2023.9.27 「산업안전보건법」 개정으로 안전보건교육 대상이 정기교육을 포함한 모

상 정기교육내용은 ① 산업안전 및 사고 예방에 관한 사항, ② 산업보건 및 직업병 예방에 관한 사항, ③ 위험성평가에 관한 사항, ④ 건강증진 및 질병 예방에 관한 사항, ⑤ 유해・위험 작업환경 관리에 관한 사항, ⑥ 산업안전보건법령 및 산업재해보상보험 제도에 관한 사항, ⑦ 직무스트레스 예방 및 관리에 관한 사항, ⑧ 직장 내 괴롭힘, 고객의 폭언 등으로 인한 건강장해 예방 및 관리에 관한 사항이다[시행규칙 별표 5(제26조 제1항 관련) 제1호 가목]. 관리감독자 대상 정기교육내용은 후술한다.

일반근로자 정기교육 대상별 교육시간은 다음과 같다[시행규칙 별표 4(제26조 제1항 관련) 제1호].[504]

<table>
<tr><th colspan="2">교육 대상</th><th>교육시간</th></tr>
<tr><td colspan="2">사무직 종사 근로자[505]</td><td>매반기 6시간 이상</td></tr>
<tr><td rowspan="2">그 밖의 근로자</td><td>판매업무에 직접 종사하는 근로자[506]</td><td>매반기 6시간 이상</td></tr>
<tr><td>판매업무에 직접 종사하는 근로자 외의 근로자</td><td>매반기 12시간 이상</td></tr>
</table>

든 교육에 있어 일반근로자와 관리감독자로 구분되었다. 그런데 「산업안전보건법」 제16조에서 말하는 관리감독자의 범위가 전술한 바와 같이 '현장감독자'로 한정되어 있어 관리감독자에서 일반적 의미의 '관리자'는 제외되어 있다. 대부분의 관리자가 관리자 이전에 「근로기준법」(산업안전보건법)상의 근로자에도 해당하는 점을 고려할 때, 현재의 규정하에서는 관리자는 관리감독자 교육이 아닌 일반근로자 교육의 대상이 되는 불합리한 해석이 도출될 수밖에 없다. 이러한 불합리함 때문인지 관리자가 관리감독자 교육과 일반근로자 교육 중 어떤 교육의 대상인지에 대해 주무부처(고용노동부)조차도 사실상 답변을 내놓지 못하고 있고, 이에 따라 산업현장은 큰 혼란을 겪고 있고 법집행이 자의적으로 이루어질 가능성 또한 매우 크다고 할 수 있다.

504) 법령에서 벌칙을 배경으로 정기교육 등의 시간까지를 특정하여 규정하고 있는 입법례는 재해예방선진국에서는 발견되지 않는다. 안전보건교육에 대한 이러한 과잉규제적 측면이 사업장에서의 안전보건교육의 경직적이고 형식적인 운영의 한 원인으로 작용하고 있다.

505) 공장 또는 공사현장과 같은 구역에 있지 아니한 사무실에서 서무・인사・경리・설계 등의 사무업무에 종사하는 근로자를 말한다(시행규칙 제197조 제1항 참조). 한편, 사무직 근로자만을 사용하는 사업(사업장이 분리된 경우로서 사무직 근로자만을 사용하는 사업장을 포함한다)은 「산업안전보건법」 제29조(안전・보건교육)를 적용받지 아니한다[시행령 별표 1(제2조 제1항 관련) 참조]. 결국, 사무직 근로자가 안

※ 비고

1. 위 표의 적용을 받는 "일용근로자"란 근로계약을 1일 단위로 체결하고 그 날의 근로가 끝나면 근로관계가 종료되어 계속 고용이 보장되지 않는 근로자를 말한다.
2. 일용근로자가 위 표의 나목 또는 라목에 따른 교육을 받은 날 이후 1주일 동안 같은 사업장에서 같은 업무의 일용근로자로 다시 종사하는 경우에는 이미 받은 위 표의 나목 또는 라목에 따른 교육을 면제한다.
3. 다음 각 목의 어느 하나에 해당하는 경우는 위 교육시간의 2분의 1 이상을 그 교육시간으로 한다.
   가. 영 별표 1 제1호에 따른 사업
   나. 상시 근로자 50명 미만의 도매업, 숙박 및 음식점업
4. 근로자가 다음 각 목의 어느 하나에 해당하는 안전교육을 받은 경우에는 그 시간만큼 해당 반기의 정기교육을 받은 것으로 본다.
   가. 「원자력안전법 시행령」 제148조 제1항에 따른 방사선작업종사자 정기교육
   나. 「항만안전특별법 시행령」 제5조 제1항 제2호에 따른 정기안전교육
   다. 「화학물질관리법 시행규칙」 제37조 제4항에 따른 유해화학물질 안전교육

사업주는 정기교육을 사업장의 실정에 따라 그 시간을 적절히 분할하여 실시할 수 있다[안전보건교육규정(고시) 제3조의2 제4항)]. 그리고 사업주가 고용노동부장관이 실시하는 재해예방사업과 관련한 교육을 근로자에게 이수하도록 한 경우 그 시간만큼 해당 분기(관리감독자의 지위에 있는 사람의 경우 해당 연도)의 정기교육을 받은 것으로 보고[안전보건교육규정(고시) 제9조 제2항], 직무교육대상자가 직무교육을 이수한 경우에는 그 시간만큼 해당 연도의 정기교육을 받은 것으로 보며[안전보건교육규정(고시) 제9조 제7항], 안전보건관리책임자, 안전관리자, 보건관리자, 안전보건담당자, 산업보건의가 근로자 안전보건교육의 강사로서 교육을 실시하는 경우 그 시간만큼 해당 분기의 정기교육을 받은 것으로 본다[안전보건교육규정(고시) 제9조 제8항].

전보건교육을 받아야 하는 경우는 당해 사업장에 사무직 근로자 외의 근로자가 있는 경우로 한정된다.

506) 도·소매 상점이나 유사 사업체 또는 거리 및 공공장소에서 상품을 판매하며, 상품을 광고하거나 예술 작품을 위하여 일정한 자세를 취하고 상품의 품질과 기능을 선전하는 등의 활동을 하는 근로자를 말한다.

한편, 사업주는 「산업안전보건법」 제11조 제1호에 따라 설치된 안전체험교육장(공공 안전체험교육장)에서 실시하는 체험교육 또는 민간이 설치·운영하는 안전체험교육장 중 안전보건공단 이사장이 인정하는 안전체험교육장(민간 안전체험교육장)에서 실시하는 체험교육을 이수한 근로자등에게 해당 교육시간을 2배로 인정하여 해당 연도의 정기교육시간으로 산정할 수 있다[안전보건교육규정(고시) 제9조 제4항].

관리감독자가 다음 어느 하나에 해당하는 교육을 이수한 경우 「시행규칙」 별표 4(제26조 제1항 관련)에서 정한 관리감독자 정기교육시간[507]을 면제할 수 있다(산업안전보건법 제30조 제1항 제3호, 시행규칙 제27조 제3항).

① 「산업안전보건법」 제32조 제1항 본문에 따라 「시행령」 제40조 제3항에 따른 직무교육기관(이하 '직무교육기관'이라 한다)에서 실시한 전문화교육

② 「산업안전보건법」 제32조 제1항 본문에 따라 직무교육기관에서 실시한 인터넷 원격교육

③ 「산업안전보건법」 제32조 제1항 본문에 따라 안전보건공단에서 실시한 안전보건관리담당자 양성교육

④ 「산업안전보건법」 제98조 제1항 제2호에 따른 검사원 성능검사 교육

⑤ 그 밖에 고용노동부장관이 근로자 정기교육 면제 대상으로 인정하는 교육[508]

전년도에 산업재해가 발생하지 않은 사업장의 사업주의 경우 「산업안전보건법」 제29조 제1항에 따른 근로자 정기교육을 그 다음 연도에 한정하여 「시행규칙」 별표 4(제26조 제1항 관련)에서 정한 실시기준 시간의 100분의 50 범위에서 면제할 수 있다(산업안전보건법 제30조 제1항 제1호, 시행규칙 제

507) 현행 「시행규칙」 제27조 제3항은 '근로자' 정기교육시간이라고 규정하고 있는바, 2023.9.27 「시행규칙」 개정으로 별표 4 근로자 정기교육에서 관리감독자 정기교육이 분리됨에 따라 '관리감독자' 정기교육시간이라고 개정했어야 했는데 그렇지 못한 입법상의 실수를 저질렀다.

508) 이에 대해서는 현재까지 고용노동부장관이 인정하고 있는 교육은 없다.

27조 제1항).

안전관리자 및 보건관리자를 선임할 의무가 없는 사업장의 사업주가 「산업안전보건법」 제11조 제3호에 따라 노무를 제공하는 사람의 건강 유지·증진을 위하여 설치된 근로자건강센터에서 실시하는 안전보건교육, 건강상담, 건강관리프로그램 등 근로자 건강관리 활동에 해당 사업장의 근로자를 참여하게 한 경우에는 해당 시간을 「시행규칙」 제26조 제1항에 따른 교육 중 해당 분기(관리감독자의 지위에 있는 사람의 경우 해당 연도)의 근로자 정기교육 시간에서 면제할 수 있다. 이 경우 사업주는 해당 사업장의 근로자가 근로자건강센터에서 실시하는 건강관리 활동에 참여한 사실을 입증할 수 있는 서류를 갖춰 두어야 한다(산업안전보건법 제30조 제1항 제2호, 시행규칙 제27조 제2항).

(2) 일반근로자 채용 시 교육

사업주는 근로자(일반근로자와 관리감독자)를 채용(산업안전보건법 제31조 제1항에 따른 안전보건교육을 이수한 건설 일용근로자를 채용하는 경우에는 제외한다)한 때에는, 당해 근로자를 직무 배치 전에 다음 사항[시행규칙 별표 5(제26조 제1항 관련)] 중 해당 작업에 필요한 사항을 교육하여야 한다(산업안전보건법 제29조 제2항).[509]

채용 시 교육은 일반근로자와 관리감독자로 구분되어 있다. 일반근로자 대상 채용 시 교육내용은 ① 산업안전 및 사고 예방에 관한 사항, ② 산업보건 및 직업병 예방에 관한 사항, ③ 위험성평가에 관한 사항, ④ 산업안전보건법령 및 산업재해보상보험 제도에 관한 사항, ⑤ 직무스트레스 예방 및 관리에 관한 사항, ⑥ 직장 내 괴롭힘, 고객의 폭언 등으로 인한 건강장해 예방 및 관리에 관한 사항, ⑦ 기계·기구의 위험성과 작업의 순서 및 동선에 관한 사항, ⑧ 작업 개시 전 점검에 관한 사항, ⑨ 정리정돈 및 청소에 관한 사항,

509) 이를 위반한 자에게는 5백만원 이하의 과태료를 부과한다(산업안전보건법 제175조 제5항 제1호).

⑩ 사고 발생 시 긴급조치에 관한 사항, ⑪ 물질안전보건자료에 관한 사항이다[시행규칙 별표 5(제26조 제1항 관련) 제1호 나목]. 관리감독자 대상 채용 시 교육내용은 후술한다.

일반근로자 채용 시 교육 대상별 교육시간은 다음과 같다[시행규칙 별표 4(제26조 제1항 관련) 제1호].

교육 대상	교육시간
일용근로자 및 근로계약기간이 1주일 이하인 기간제근로자	1시간 이상
근로계약기간이 1주일 초과 1개월 이하인 기간제근로자	4시간 이상
그 밖의 근로자	8시간 이상

※ 비고

1. 위 표의 적용을 받는 "일용근로자"란 근로계약을 1일 단위로 체결하고 그 날의 근로가 끝나면 근로관계가 종료되어 계속 고용이 보장되지 않는 근로자를 말한다.
2. 일용근로자가 위 표의 나목 또는 라목에 따른 교육을 받은 날 이후 1주일 동안 같은 사업장에서 같은 업무의 일용근로자로 다시 종사하는 경우에는 이미 받은 위 표의 나목 또는 라목에 따른 교육을 면제한다.
3. 다음 각 목의 어느 하나에 해당하는 경우는 위 교육시간의 2분의 1 이상을 그 교육시간으로 한다.
   가. 영 별표 1 제1호에 따른 사업
   나. 상시 근로자 50명 미만의 도매업, 숙박 및 음식점업
4. 근로자가 「항만안전특별법 시행령」 제5조 제1항 제1호에 따른 신규안전교육을 받은 때에는 그 시간만큼 채용 시 교육을 받은 것으로 본다.

사업주가 「산업안전보건법」 제4조 제1항 제5호에 따라 고용노동부장관이 실시하는 4시간 이상의 안전보건교육을 이수한 일용 근로자를 신규채용하는 경우에는 소속 사업장의 변경에도 불구하고 해당 근로자에 대하여 그 교육이수일부터 2년간 「산업안전보건법」 제29조 제2항에 따른 신규 채용 시의 교육을 실시한 것으로 본다(안전보건교육규정 제9조 제10항).

사업주는 「산업안전보건법」 제30조 제2항에 따라 해당 근로자가 채용되거나 변경된 작업에 경험이 있을 경우 채용 시 교육시간을 다음 기준에 따라 실시할 수 있다(시행규칙 제27조 제4항).

① 「통계법」 제22조에 따라 통계청장이 고시한 한국표준산업분류의 세분류 중 같은 종류의 업종에 6개월 이상 근무한 경험이 있는 근로자를 이직 후 1년 이내에 채용하는 경우 : 「시행규칙」 별표 4(제26조 제1항 관련) 제1호에서 정한 채용 시 교육시간의 100분의 50 이상
② 채용 시 교육을 이수한 근로자가 같은 도급인의 사업장 내에서 이전에 하던 업무와 동일한 업무에 종사하는 경우 : 소속 사업장의 변경에도 불구하고 해당 근로자에 대한 채용 시 교육 면제
③ 그 밖에 고용노동부장관이 채용 시 교육 면제 대상으로 인정하는 교육[510)]

(3) 건설업 기초안전보건교육

건설업의 사업주는 건설 일용근로자를 채용할 때에는 그 근로자로 하여금 고용노동부장관에게 등록한 기관(건설업 기초안전보건교육기관)이 실시하는 기초안전보건교육을 이수하도록 하여야 한다.[511)] 다만, 건설 일용근로자가 그 사업주에게 채용되기 전에 건설업 기초안전보건교육을 이수한 경우에는 그러하지 아니하다(산업안전보건법 제31조 제1항).

2012년 1월 26일 이전에는 개별 건설현장에서 일용근로자를 채용할 때마다 1시간 이상 실시하도록 되어 있던 '채용 시 안전보건교육'이 (건설)업종 차원에서 4시간 이상 실시하도록 하는 '기초안전보건교육'으로 변경되었다.[512)]

건설업 기초안전보건교육은 채용 시 안전보건교육을 대체하는 형태로 도입되었기 때문에 기초안전보건교육을 받으면 채용 시 안전보건교육을 받지 않아도 된다. 그리고 기초안전보건교육의 유효기간이 설정되어 있지 않기 때

---

510) 이에 대해서는 현재까지 고용노동부장관이 인정하고 있는 교육은 없다.

511) 이를 위반한 자에게는 5백만원 이하의 과태료를 부과한다(산업안전보건법 제175조 제5항 제1호).

512) 우리나라와 같이 건설업에서 채용 시 안전보건교육을 대체하는 형태의 기초안전보건교육을 도입·운영하고 있는 외국 입법례는 발견되지 않는다.

문에 동 교육을 한 번 받은 근로자는 어디에서 어떤 작업을 하더라도 재차 교육을 받을 법적 의무가 없다. 그러나 현실적 필요성으로 볼 때는, 현장별로 유해 · 위험상황이 각기 다르고 시간이 지남에 따라 교육받은 내용을 망각하게 될 수 있기 때문에, 기초안전보건교육 외에 현장의 실정을 반영한 교육이 추가적 · 반복적으로 실시될 필요가 있다.

건설업 기초안전보건교육에 소요되는 비용의 부담자에 대해서는 산업안전보건법령에서 정하고 있지 않다. 다만, 건설업 사업주는 동 비용(교육비, 출장비, 수당)을 산업안전보건관리비에서 사용할 수 있다[건설업 산업안전보건관리비 계상 및 사용기준(고시) 제7조 제1항 제5호)].

건설업 기초안전보건 교육내용 및 시간은 다음과 같다[시행규칙 별표 5(제28조 제1항 관련) 제2호].

교육 내용	교육시간
건설공사의 종류(건축 · 토목 등) 및 시공 절차	1시간
산업재해 유형별 위험요인 및 안전보건조치	2시간
안전보건관리체제 현황 및 산업안전보건 관련 근로자 권리 · 의무	1시간

건설업 기초안전보건교육을 하려는 기관은 인력 · 시설 · 장비 등의 요건[시행령 별표 11(제40조 제2항 관련)]을 갖추어 고용노동부장관에 등록하여야 한다(산업안전보건법 제33조 제1항 및 시행령 제40조 제2항).

(4) 일반근로자 작업내용 변경 시 교육

「산업안전보건법」 제29조 제2항은 작업내용 변경 시에도 변경된 작업을 수행하기 전에 사업주에게 근로자를 채용할 때와 동일한 안전보건교육을 실시할 것을 규정하고 있다.[513), 514)]

---

513) 이를 위반한 자에게는 5백만원 이하의 과태료를 부과한다(산업안전보건법 제175조 제5항 제1호).

514) 다만, 건설업 기초안전보건교육을 이수한 건설 일용근로자는 제외한다(산업안전보건법 제29조 제2항 단서). 채용 시에 기초안전보건교육을 이수하였다고 하여 채용 시

작업내용의 변경은 엄밀히 생각하면 매일 있는 것이라고 할 수 있지만, 본 조항에서 말하는 '작업내용을 변경할 때'란, 다른 작업으로 전환한 때, 작업기계설비, 작업방법 등에 대폭적인 변경이 있는 때 등, 즉 근로자의 안전보건을 확보하기 위해 교육이 실질적으로 필요한 때를 말하는 것이다. 따라서 작업내용이 경미하게 변경된 경우까지를 대상으로 삼으려는 취지는 아니라고 보아야 할 것이다.

작업내용 변경 시 교육은 일반근로자와 관리감독자로 구분되어 있다. 사업주는 사업장에서 일반근로자의 작업내용이 변경된 때에는, 변경된 작업을 하기 전에 (2) 일반근로자 채용 시 교육에서 열거한 교육내용[시행규칙 별표 5(제26조 제1항 관련) 제1호 다목] 중 해당 작업에 필요한 내용을 교육하여야 한다(산업안전보건법 제29조 제2항). 관리감독자 대상 작업내용 변경 시 교육내용은 후술한다.

일반근로자 작업내용 변경 시 교육 대상별 교육시간은 다음과 같다[시행규칙 별표 4(제26조 제1항 관련) 제1호].

교육 대상	교육시간
일용근로자 및 근로계약기간이 1주일 이하인 기간제근로자	1시간 이상
그 밖의 근로자	2시간 이상

※ 비고

1. 위 표의 적용을 받는 "일용근로자"란 근로계약을 1일 단위로 체결하고 그 날의 근로가 끝나면 근로관계가 종료되어 계속 고용이 보장되지 않는 근로자를 말한다.
2. 일용근로자가 위 표의 나목 또는 라목에 따른 교육을 받은 날 이후 1주일 동안 같은 사업장에서 같은 업무의 일용근로자로 다시 종사하는 경우에는 이미 받은 위 표의 나목 또는 라목에 따른 교육을 면제한다.
3. 다음 각 목의 어느 하나에 해당하는 경우는 위 교육시간의 2분의 1 이상을 그 교육시간으로 한다.

가. 영 별표 1 제1호에 따른 사업

교육 외에 작업내용 변경 시 교육까지 제외시키는 것은 법리적으로 문제가 있다.

나. 상시 근로자 50명 미만의 도매업, 숙박 및 음식점업

(5) 일반근로자 특별교육

「산업안전보건법」 제29조 제3항은 사업주에게 근로자를 유해·위험작업에 채용하거나 그 작업으로 작업내용을 변경할 때에는 채용 시 교육 및 작업내용 변경 시 교육 외에 유해·위험작업에 필요한 특별교육을 실시하여야 할 것을 규정하고 있다.[515)]

한편, 압력용기 취급작업, 비계의 조립·해체작업 등의 작업에 대해서는 자격·면허·경험 또는 기능의 자격요건이 정해져 있고, 이 자격요건을 구비하고 있지 않은 자의 취업(작업)은 금지되어 있다(산업안전보건법 제140조 제1항 및 취업제한규칙 제3조 참조). 특별교육은 유해·위험작업의 취업제한업무에 준하는 일정한 유해·위험한 작업에 대해서는 취업(작업) 제한의 체계와는 별도로, 안전보건교육의 일환으로 근로자에게 필요한 지식 및 기능을 적극적으로 사전에 습득하게 하는 것을 목적으로 하고 있다.

특별교육이 필요한 작업은 고압실내 작업 등 39개 작업이고, 교육내용은 공통내용과 작업별 개별내용으로 구성되어 있다[시행규칙 별표 5(제26조 제1항 관련) 제1호 라목].

특별교육내용에 있어 작업별 개별내용은 일반근로자와 후술하는 관리감독자 간에 다르지 않고, 공통내용은 각각의 채용 시 및 작업내용 변경 시 교육과 같은 내용이다.

특별교육 대상 및 시간은 다음과 같다[시행규칙 별표 4(제26조 제1항 관련) 제1호]. 특별교육은 원칙적으로 근로자가 최초 유해·위험한 작업에 종사하기 전에 실시되어야 한다. 다만, 단기간 작업 또는 간헐적 작업이 아닌 경우에는 최초 작업에 종사하기 전 4시간 이상 실시하고 12시간은 3개월 이

---

515) 이를 위반한 자에게는 3천만원 이하의 과태료를 부과한다(산업안전보건법 제175조 제2항 제1호).

내 분할하여 실시할 수 있다.

교육 대상	교육시간
일용근로자 및 근로계약기간이 1주일 이하인 기간제근로자 : 별표 5 제1호 라목(제39호는 제외한다)에 해당하는 작업에 종사하는 근로자에 한정	2시간 이상
일용근로자 및 근로계약기간이 1주일 이하인 기간제근로자 : 별표 5 제1호 라목 제39호에 해당하는 작업[516]에 종사하는 근로자에 한정	8시간 이상
일용근로자 및 근로계약기간이 1주일 이하인 기간제근로자를 제외한 근로자 : 별표 5 제1호 라목에 해당하는 작업에 종사하는 근로자에 한정	◦ 16시간 이상(최초 작업에 종사하기 전 4시간 이상 실시하고 12시간은 3개월 이내 분할하여 실시 가능) ◦ 단기간 작업 또는 간헐적 작업인 경우에는 2시간 이상

※ 비고

1. 위 표의 적용을 받는 "일용근로자"란 근로계약을 1일 단위로 체결하고 그 날의 근로가 끝나면 근로관계가 종료되어 계속 고용이 보장되지 않는 근로자를 말한다.
2. 일용근로자가 위 표의 나목 또는 라목에 따른 교육을 받은 날 이후 1주일 동안 같은 사업장에서 같은 업무의 일용근로자로 다시 종사하는 경우에는 이미 받은 위 표의 나목 또는 라목에 따른 교육을 면제한다.
3. 다음 각 목의 어느 하나에 해당하는 경우는 위 교육시간의 2분의 1 이상을 그 교육시간으로 한다.
   가. 영 별표 1 제1호에 따른 사업
   나. 상시 근로자 50명 미만의 도매업, 숙박 및 음식점업
4. 방사선 업무에 관계되는 작업에 종사하는 근로자가 「원자력안전법 시행규칙」 제138조 제1항 제2호에 따른 방사선작업종사자 신규교육 중 직장교육을 받은 때에는 그 시간만큼 위 표의 라목에 따른 특별교육 중 별표 5 제1호 라목의 33란에 따른 특별교육을 받은 것으로 본다.

516) 타워크레인을 사용하는 작업 시 신호업무를 하는 작업. 이 작업에 대해서만 교육시간을 달리 정할 이론적 논거는 미약하다.

그리고 사업주는「산업안전보건법」제30조 제2항에 따라 해당 근로자가 채용되거나 변경된 작업에 경험이 있을 경우 특별교육 시간을 다음 기준에 따라 조정[517]할 수 있다(시행규칙 제27조 제4항).

① 한국표준산업분류의 세분류 중 같은 종류의 업종에 6개월 이상 근무한 경험이 있는 근로자를 이직 후 1년 이내에 채용하는 경우 :「시행규칙」별표 4(제26조 제1항 관련)에서 정한 채용 시 교육시간의 100분의 50 이상

②「시행규칙」별표 5(제26조 제1항 관련) 라목의 특별교육 대상작업에 6개월 이상 근무한 경험이 있는 근로자가 다음 어느 하나에 해당하는 경우 :「시행규칙」별표 4(제26조 제1항 관련)에서 정한 특별교육 시간의 100분의 50 이상

- 근로자가 이직 후 1년 이내에 채용되어 이직 전과 동일한 특별교육 대상작업에 종사하는 경우
- 근로자가 같은 사업장 내 다른 작업에 배치된 후 1년 이내에 배치 전과 동일한 특별교육 대상작업에 종사하는 경우

③ 특별교육을 이수한 근로자가 같은 도급인의 사업장 내에서 이전에 하던 업무와 동일한 업무에 종사하는 경우 : 소속 사업장의 변경에도 불구하고 해당 근로자에 대한 특별교육 면제

④ 그 밖에 고용노동부장관이 특별교육 면제 대상으로 인정하는 교육[518]

(6) 관리감독자 교육

「산업안전보건법」제29조에 의한 안전보건교육 실시 대상으로서의 관리감독자는 조장, 반장, 직장, 라인장 등 명칭에 관계없이 사업장의 생산과 관련되는 업무와 그 소속 직원을 직접 지휘·감독하는 직위에 있는 사람(산업

517) 법문에는 '실시'라고 표현하고 있는데, 이는 어법상 맞지 않는다.
518) 이에 대해서는 현재(2021.12)까지 정하고 있는 것은 없다.

안전보건법 제16조 제1항)을 말한다.[519] 명칭에 관계없이 실제로 이와 같은 입장에 있는 자는 본조의 교육 대상이 된다. 구체적으로는 라인(Line)의 최말단의 감독자, 즉 현장감독자가 이에 해당한다. 그런데도 「산업안전보건법」 제29조에서 이런 자에 대해 '관리감독자'라고 명명하여 관리자도 포함되는 것인 양 표현하고 있는 것은 산재예방정책 및 산업현장에 많은 혼선을 초래하는 원인이 되고 있다.

이들 현장감독자는 항상 현장에 있고, 직접 근로자의 작업방법을 지도·감독하는 입장에 있다. 현장감독자는 직급은 낮지만 산업재해 예방의 키맨(Keyman)이라 불린다.[520] 현장감독자가 안전보건을 이해하고 있는지 여부가 그 작업장, 작업의 안전보건상태를 크게 좌우한다. 현실적으로 현장감독자에 의한 작업방법의 결정, 부하에 대한 지휘·감독 등이 부적절하여 산업재해를 초래한 예가 적지 않다. 이러한 실정을 감안하여, 본조는 현장감독자에 대하여 그들에게 필요한 일정 사항에 대한 안전보건교육을 실시할 것을 사업주에게 의무 지우고 있다.[521]

현장감독자의 직책을 맡게 되는 자는 일반적으로 그 사람이 담당하게 되는 현장작업에 대해서는 정통하다고 생각되므로, 이들에 대한 안전보건교육은

---

519) 일반적으로 이와 같은 입장에 있는 사람은 직장·조장·반장이라고 불린다. 「안전보건기준규칙」 제35조(관리감독자의 유해·위험 방지 업무 등) 제1항에서도 "건설업의 경우 직장·조장 및 반장의 지위에서 그 작업을 직접 지휘·감독하는 관리감독자를 말한다."라고 규정하고 있다.

520) H. W. Heinrich/Dan Petersen/Nestor Roos, Industrial Accident Prevention : A Safety Management Approach, 5th ed., McGRAW-Hill Book Company, 1980, p. 21.

521) 관리감독자의 교육시기와 관련해서는, 정기적으로 실시하도록 하는 것보다는 새롭게 해당 직위를 맡게 되었을 때 실시하도록 하는 것이 바람직하다. 일정한 기간 안에서 정기적으로 실시하도록 하면, 예컨대 소규모 공사(작업)와 같이 기간이 짧게 소요되는 공사(작업)의 경우에는 첫 번째 관리감독자 교육을 실시하기도 전에 공사(작업)가 종료될 수 있기 때문이다. 공사기간이 짧은(1년 이내) 건설공사의 관리감독자 교육이 형해화되어 있는 이유 중의 하나이다.

당해 작업에 대한 안전보건상의 지식을 부여하는 것보다도, 현장감독자로서 어떤 방법으로 작업절차를 정할지, 어떻게 부하 작업자를 지휘・감독할지 등에 중점이 두어질 필요가 있다.

관리감독자 대상 정기교육내용은 ① 산업안전 및 사고 예방에 관한 사항, ② 산업보건 및 직업병 예방에 관한 사항, ③ 위험성평가에 관한 사항, ④ 유해・위험 작업환경 관리에 관한 사항, ⑤ 산업안전보건법령 및 산업재해보상보험 제도에 관한 사항, ⑥ 직무스트레스 예방 및 관리에 관한 사항, ⑦ 직장 내 괴롭힘, 고객의 폭언 등으로 인한 건강장해 예방 및 관리에 관한 사항, ⑧ 작업공정의 유해・위험과 재해 예방대책에 관한 사항, ⑨ 사업장 내 안전보건관리체제 및 안전・보건조치 현황에 관한 사항, ⑩ 표준안전 작업방법 결정 및 지도・감독 요령에 관한 사항, ⑪ 현장근로자와의 의사소통능력 및 강의능력 등 안전보건교육 능력 배양에 관한 사항, ⑫ 비상 시 또는 재해 발생 시 긴급조치에 관한 사항, ⑬ 그 밖의 관리감독자의 직무에 관한 사항이다[시행규칙 별표 5(제26조 제1항 관련) 제1호의2 가목]. 이 중 ⑩, ⑪, ⑬은 관리감독자가 현장에서 직접 근로자의 작업 진행방법을 지휘・감독하는 위치에 있는 점을 고려하여 특별히 규정된 사항으로서 일반근로자의 교육내용과 질적으로 다른 사항이라 할 수 있다.

관리감독자 대상 채용 시 교육 및 작업내용 변경 시 교육내용은 ① 산업안전 및 사고 예방에 관한 사항, ② 산업보건 및 직업병 예방에 관한 사항, ③ 위험성평가에 관한 사항, ④ 산업안전보건법령 및 산업재해보상보험 제도에 관한 사항, ⑤ 직무스트레스 예방 및 관리에 관한 사항, ⑥ 직장 내 괴롭힘, 고객의 폭언 등으로 인한 건강장해 예방 및 관리에 관한 사항, ⑦ 기계・기구의 위험성과 작업의 순서 및 동선에 관한 사항, ⑧ 작업 개시 전 점검에 관한 사항, ⑨ 물질안전보건자료에 관한 사항, ⑩ 사업장 내 안전보건관리체제 및 안전・보건조치 현황에 관한 사항, ⑪ 표준안전 작업방법 결정 및 지도・감독 요령에 관한 사항, ⑫ 비상시 또는 재해 발생 시 긴급조치에 관한 사항, ⑬

그 밖의 관리감독자의 직무에 관한 사항이다[시행규칙 별표 5(제26조 제1항 관련) 제1의2호 나목]. 이 중 ⑪, ⑬은 관리감독자가 현장에서 직접 근로자의 작업 진행방법을 지휘·감독하는 위치에 있는 점을 고려하여 특별히 규정된 사항으로서 일반근로자의 교육내용과 질적으로 다른 사항이라 할 수 있다.

특별교육내용은 공통내용의 경우 채용 시 교육 및 작업내용 변경 시 교육과 같은 내용이고 작업별 개별내용의 경우는 일반근로자 대상 교육내용과 동일하다[시행규칙 별표 5(제26조 제1항 관련) 제1의2호 다목].

관리감독자 교육과정별 교육시간은 다음과 같다[시행규칙 별표 4(제26조 제1항 관련) 제1의2호].

교육과정	교육시간
정기교육	연간 16시간 이상
채용 시 교육	8시간 이상
작업내용 변경 시 교육	2시간 이상
특별교육	◦ 16시간 이상(최초 작업에 종사하기 전 4시간 이상 실시하고, 12시간은 3개월 이내에서 분할하여 실시 가능) ◦ 단기간 작업 또는 간헐적 작업인 경우에는 2시간 이상

바. 교육실시자의 자격기준

사업주가 근로자에 대한 안전보건교육을 자체적으로 실시하는 경우에 교육을 실시할 수 있는 사람은 다음 어느 하나에 해당하는 사람이어야 한다(시행규칙 제26조 제3항).

① 사업장의 안전보건관리책임자, 관리감독자, 안전관리자(안전관리전문기관의 종사자를 포함한다), 보건관리자(보건관리전문기관의 종사자를 포함한다), 안전보건관리담당자(안전관리전문기관 및 보건관리전문기관에서 안전보건관리담당자의 위탁업무를 수행하는 사람을 포함한다) 및 산업보건의

② 안전보건공단에서 실시하는 해당 분야의 강사요원 교육과정을 이수한

사람

③ 산업안전지도사 또는 산업보건지도사

④ 산업안전보건에 관하여 학식과 경험이 있는 사람으로서 다음 어느 하나의 기준에 해당하는 사람[안전보건교육규정(고시) 별표 1(제3조의2 제1항 제2호 관련)]

◦ 안전보건교육기관 및 직무교육기관의 강사와 같은 등급 이상의 자격을 가진 사람

◦ 사업장 내 관리감독자 또는 안전(보건)관리자 등 안전(보건)관계자의 지위에 있는 사람 또는 교육 대상 작업에 3년 이상 근무한 경력이 있는 사람으로 사업주가 강사로서 적정하다고 인정하는 사람

◦ 다음 어느 하나에 해당하는 사람으로서 실무경험을 보유한 자(강의는 유관분야에 한함)

- 안전관리전문기관·보건관리전문기관·건설재해예방전문지도기관·석면조사기관의 종사자로서 실무경력이 3년 이상인 사람
- 소방공무원 및 응급구조사 국가자격 취득자로서 실무경력이 3년 이상인 사람
- 근골격계 질환 예방 전문가(물리치료사 또는 작업치료사 국가면허 취득자, 1급 생활스포츠지도사 국가자격 취득자) 또는 직무스트레스예방 전문가(임상심리사, 정신보건임상심리사 등 정신보건 관련 국가면허 또는 국가자격·학위 취득자)
- 「의료법」에 따른 의사·간호사
- 공인노무사, 변호사
- 한국교통안전관리공단에서 교통안전관리 실무경력이 3년 이상인 사람
- 보건복지부에서 실시하는 자살예방 생명지킴이(게이트키퍼) 강사양성교육 과정 이수자 및 보고 듣고 말하기 강사양성교육 과정 이수자

사. 안전보건교육위탁기관

근로자 안전보건교육, 건설업 기초안전보건교육, 안전보건관계자(안전보건관리책임자, 안전관리자, 보건관리자, 안전보건관리담당자)에 대한 교육을 하려는 자는 대통령령(제40조)으로 정하는 인력·시설 및 장비 등의 요건을 갖추어 고용노동부장관에게 등록하여야 한다(산업안전보건법 제33조).

사업주는 근로자 안전보건교육(정기교육, 채용 시 교육, 작업내용 변경 시 교육, 특별교육)을 고용노동부장관에게 등록한 위 안전보건교육기관에 위탁할 수 있다(산업안전보건법 제29조 제4항).

중소규모 사업장 등은 여건상 안전보건교육을 자체적으로 실시하기 어려울 수 있고, 교육내용에 따라서는 외부의 전문적인 교육이 필요할 수 있다. 이 점을 고려하여 「산업안전보건법」에서는 사업주에게 외부 교육기관에 안전보건교육을 위탁할 수 있도록 하고 있는 것이다.

2. 안전보건관리책임자 등의 직무교육

가. 개요

안전보건관리책임자는 사업장에서 사업주의 위임을 받아 안전보건업무를 총괄관리하여야 하는 입장에 있다. 그리고 안전관리자, 보건관리자, 산업안전보건전문기관의 종사자는 사업장의 안전 또는 보건에 관한 기술적 사항을 관리하는 자로서, 즉 안전 또는 보건에 관한 전문가로서 전문적인 지식·기법 등을 갖추고 있어야 한다.

「산업안전보건법」 제32조에서는 이러한 취지에 따라, 사업주(해당 기관의 사업주)에게 i) 안전보건관리책임자(산업안전보건법 제15조), 안전관리자(산업안전보건법 제17조), 보건관리자(산업안전보건법 제18조), 안전보건관리담당자(산업안전보건법 제19조), ii) 안전관리전문기관·보건관리전문기관·

건설재해예방전문지도기관 · 안전검사기관 · 자율안전검사기관 · 석면조사기관의 종사자가 해당 직무를 충실하게 수행할 수 있도록 이들에 대하여 고용노동부장관이 실시하는 직무교육을 받도록 의무화하고 있다(산업안전보건법 제32조 제1항).[522)]

당해 직무교육의 의무주체가 사업주(해당 기관의 사업주)이고, 게다가 동 교육이 법정 직무를 수행하기 위한 목적의 교육인 점을 감안할 때, 교육시기는 원칙적으로 소정근로시간 내에 이루어져야 하고 교육비용도 사업주가 부담하여야 한다고 보아야 할 것이다.

나. 직무교육의 종류별 내용 · 시간(시기)

(1) 신규교육

신규교육의 대상별 교육내용은 「시행규칙」 별표 4(제29조 제2항 관련) 제2호에 규정되어 있다. 그리고 대상별 교육시간은 다음과 같다.

구분	안전보건 관리책임자	안전관리자	보건관리자	산업안전보건 전문기관 종사자
교육시간	6시간 이상	34시간 이상	34시간 이상	34시간 이상

해당되는 안전보건관계자는 해당 직위에 선임(위촉)되거나 채용된 후 3개월(의사인 보건관리자의 경우는 1년) 이내에 신규교육을 받아야 한다(시행규칙 제29조 제1항).

안전보건관리담당자, 안전관리자 양성교육 이수자[시행령 별표 4(제17조 관련) 제6호 및 제7호에 해당하는 사람]는 신규교육이 면제된다(시행규칙 제

522) 안전보건관리책임자, 안전관리자, 보건관리자, 안전보건관리담당자로 하여금 직무교육을 이수하도록 하지 않은 경우에는 5백만원 이하의 과태료를 부과하고(산업안전보건법 제175조 제5항 제1호), 안전관리전문기관 · 보건관리전문기관 · 건설재해예방전문지도기관 · 안전검사기관 · 자율안전검사기관 · 석면조사기관의 종사자에 대하여 직무교육을 이수하도록 하지 않은 경우에는 3백만원 이하의 과태료를 부과한다(산업안전보건법 제175조 제6항 제1호).

30조 제1항).

(2) 보수교육

보수교육의 대상별 교육내용은 「시행규칙」 별표 4(제29조 제2항 관련) 제2호에 규정되어 있다. 그리고 대상별 교육시간은 다음과 같다.

구분	안전보건 관리책임자	안전관리자	보건관리자	안전보건 관리담당자	산업안전보건 전문기관 종사자
교육시간	6시간 이상	24시간 이상	24시간 이상	8시간 이상	24시간 이상

해당되는 안전보건관계자는 신규교육을 이수한 후 매 2년이 되는 날을 기준으로 전후 6개월 사이에 보수교육을 받아야 한다(시행규칙 제29조 제1항).

「시행령」 별표 4(제17조 관련) 제8호 각 목의 어느 하나에 해당하는 사람, 「기업활동 규제완화에 관한 특별조치법」 제30조 제3항 제4호 또는 제5호에 따라 안전관리자로 채용된 것으로 보는 사람, 보건관리자로서 「시행령」 별표 6(제21조 관련) 제2호 또는 제3호에 해당하는 사람이 해당 법령에 따른 교육기관에서 「시행규칙」 제29조 제2항의 교육내용 중 고용노동부장관이 정하는 내용이 포함된 교육을 이수하고 해당 교육기관에서 발행하는 확인서를 제출하는 경우에는 직무교육 중 보수교육을 면제한다(시행규칙 제30조 제2항).

보수교육을 받아야 하는 사람으로서 보수교육을 받아야 할 기간 내에 다음 어느 하나에 해당되는 요건을 갖추면 보수교육을 이수한 것으로 본다(안전보건교육규정 제20조 제2항).

① 「고등교육법」에 따른 해당 분야 석사학위 이상을 취득한 경우

② 「국가기술자격법」에 따른 해당 분야 기술사를 취득한 경우

안전보건공단 또는 직무교육기관 등에서 관리위원회의 심의를 거친 「시행규칙」 제24조에 따른 전문화 교육을 24시간 이상(안전보건관리책임자는 6시간 이상, 안전보건관리담당자는 8시간 이상) 이수한 경우에는 보수교육을 면

제한다(시행규칙 제30조 제3항, 안전보건교육규정 제20조 제3항).

다. 직무교육과정 운영

고용노동부장관은 직무교육을 안전보건공단이나 인력·시설·장비를 갖춘 기관에 위탁하여 실시하고 있다(시행령 제116조 제2항). 직무교육을 위탁받고자 하는 기관은 일정한 자격·인력·시설·장비 등의 요건을 갖추어 고용노동부장관에게 등록하여야 한다(산업안전보건법 제33조 제1항). 직무교육을 위탁받을 수 있는 기관은 「시행령」 제40조에서 정하고 있다.

XII. 무자격자 등의 취업 제한[523)]

1. 취 지

「산업안전보건법」 제140조 제1항은 일정한 유해·위험한 작업을 수반하는 업무를 취업(작업)제한 업무로 설정하고, 이들 업무에 대해서는 일정한 자격 등을 가지는 자가 아니면 취업(작업)하게 해서는 안 되는 것으로 하고 있다.

한편, 이들 업무에 준하는 일정한 유해·위험업무에 대해서는, 취업(작업)제한의 체계와는 별도로 「산업안전보건법」 제29조 제3항에서 특별안전보건교육을 규정하여 근로자가 해당 업무에 관한 안전보건을 위해 필요한 지식 및 기능을 습득할 수 있도록 하고 있다.[524)]

---

523) 현행 「산업안전보건법」 제140조의 '자격 등에 의한 취업 제한' 조문은 유해하거나 위험한 작업에의 취업을 제한하는 규정인바, 동 조문이 본법의 '근로자의 보건관리' 의 장(제8장)에 포함되어 있는 것은 타당하지 않다.

524) 특별안전보건교육 제도는 취업 제한 제도와 상호 연결되도록 할 필요가 있다. 위험

2. 취업(작업) 제한 작업과 그 작업에 종사 가능한 자

취업(작업)제한의 대상 작업(작업명, 작업범위) 및 자격·면허·경험 또는 기능 등에 대한 세부사항은 「취업제한규칙」 별표 1(제3조 제1항 관련)에서 규정하고 있다(산업안전보건법 제140조 제1항 및 제3항). 다만, 취업(작업) 제한은 위 별표 1에 규정된 해당 법령에서 정하는 경우를 제외하고는 해당 작업을 직접 하는 사람에게만 적용하며 해당 작업의 보조자에게는 적용하지 아니 한다(취업제한규칙 제3조 제2항).

취업(작업)제한 작업으로는 현재 「고압가스 안전관리법」에 따른 압력용기 등을 취급하는 작업, 비계의 조립·해체작업 등 22개 작업이 정해져 있다.

취업(작업)제한 업무에 종사하는 것이 가능한 자격 등은 다음 6가지로 대별할 수 있다.

① 해당 면허를 받은 자

② 「근로자 직업능력 개발법」에 따른 해당 분야 직업능력개발훈련 이수자

③ 해당 자격을 가지고 있는 자

④ 해당 교육기관에서 교육을 이수한 자

⑤ 관련 법령에 따라 해당 작업을 할 수 있도록 허용된 자

⑥ 3개월 이상 해당 작업에 경험이 있는 자

도가 높은 순으로 면허·자격 취득자 → 직업능력개발훈련 이수자 → 특별안전보건교육 수료자와 같이 필요한 취업자격에 단계를 매길 필요가 있다. 현재는 면허·자격 취득자 또는 직업능력개발훈련 이수자에게도 특별안전보건교육을 받도록 하고 있어 면허·자격 취득 또는 직업능력개발훈련 이수를 유도하지 못하고 있고 특별안전보건교육의 형식화를 조장하는 측면도 있다.

3. 자격 등이 없는 자의 취업 금지

유해 또는 위험한 작업으로서 고용노동부령이 정하는 작업에 있어서는 그 작업에 필요한 자격・면허・경험 또는 기능을 가진 근로자가 아닌 사람[525]에게 해당 작업을 하게 하여서는 아니 된다(산업안전보건법 제140조 제1항).[526]

본 취업(작업)제한 규정(산업안전보건법 제140조 제1항)의 취지에 따르면, 사업주는 소정의 자격・면허・경험 또는 기능을 가지고 있지 않으면 누구라도 해당 작업을 하게 하여서는 아니 된다고 보아야 할 것이다. 이러한 취지를 살리기 위해서는 '…가진 근로자가 아닌 사람'을 '…가진 자가 아닌 사람'으로 개정할 필요가 있다.[527]

그리고 근로자와 근로자가 아닌 자(개인사업주, 지입차주) 모두 해당 자격・면허 등을 가지고 있지 않은 상태에서는 운전 등 작업을 해서는 안 된다는 규정을 두는 것이 필요하다. 즉, 사업주 외에 작업을 하는 위치에 있는 자에게도 자격・면허 등을 가지고 있지 않으면 작업을 해서는 안 된다는 의무를 부과할 필요가 있다.

---

525) '근로자'가 아닌 자에게 작업을 하게 하여서는 안 된다고 규정하고 있는 것은, 이를 반대로 해석하면 해당 자격 등을 가진 근로자에게만 작업을 하게 하여야 하는 것으로 해석된다. 그런데 현실적으로 당해 작업을 수행하는 자가 근로자 신분이 아닌 자(개인사업주, 지입차주)도 있을 수 있으므로 근로자로 한정하여 규정한 것은 입법적으로 문제가 있다.

526) 이를 위반한 자는 3년 이하의 징역 또는 3천만원 이하의 벌금에 처한다(산업안전보건법 제169조 제1호).

527) 형벌법규의 해석에서 법규정 문언의 가능한 의미를 벗어나는 경우에는 유추해석으로서 죄형법정주의에 위반하게 된다(대법원 2010.9.30. 2008도4762 판결). 유추해석은 형벌규정의 내용을 확대하고 수범자가 예상할 수 없는 형벌을 받을 가능성을 높이는 것으로서 법적 안정성과 형법의 보장적 기능을 침해한다. 이러한 이유에서 형벌법규의 해석은 엄격하게 해야 하고 피고인에게 불리한 유추해석이 금지된다는 원칙이 도출되는 것이다. 설사 반사회적이고 비난가능한 행위라고 하더라도 처벌법규가 없는 경우에는 유추해석으로 벌할 것이 아니라 새로운 처벌법규를 제정하여 해결해야 한다. 이 경우 처벌법규가 제정될 때까지는 비난가능한 행위를 처벌하지 못하는 문제가 있지만, 그것은 법의 해석・적용자가 아닌 입법부가 해결해야 할 문제이다(오영근/노수환, 『형법총론(제7판)』, 박영사, 2024, 48쪽).

4. 자격취득 등을 위한 교육기관

고용노동부장관은 자격·면허 취득 또는 근로자의 기능 습득을 위하여 교육기관을 지정할 수 있으며(산업안전보건법 제140조 제2항), 이와 관련된 세부사항은「취업제한규칙」제4조부터 제12조까지에서 규정하고 있다(산업안전보건법 제140조 제3항).

XIII. 위험성평가[528)]

1. 취 지

산업재해는 장기적으로는 감소하고 있지만, 여전히 많은 근로자가 산업재해를 입고 있고, 한 번에 2명 이상 사망하는 대형재해도 종종 발생하고 있다. 그리고 우리나라를 대표하는 기업에서도 누출, 폭발, 화재 등의 중대재해가 지속적으로 발생하고 있다. 이들 재해의 요인으로서는 위험성평가(Risk Assessment)의 불충분, 최고경영자의 노력의 부족, 지식·경험의 미흡 등이 지적되고 있다.

생산공정의 다양화, 복잡화가 진전되는 가운데 새로운 기계설비·화학물질이 도입되고 있으며, 사업장 내 유해·위험요인도 다양화되고 있고, 그 파악이 점점 곤란해지고 있다. 이러한 상황에서 사업장의 안전보건을 확실하게 확보하기 위해서는, 종전과 같이 법령에 규정된 최저한의 기준으로서의 세부적·기술적인 안전보건기준을 준수하는 것만으로는 부족하고, 기업이 각 사업장의 구체적인 실정에 입각하여 자율적인 안전보건관리를 충실하게 수행

528) 위험성평가에 대한 상세한 설명은 정진우,『위험성평가 해설[개정증보 제4판(보정)], 중앙경제, 2023 참조.

하는 것이 불가결하다.

이러한 필요에 따라, EU 회원국을 비롯한 많은 국가에서는 1990년대 초반부터 사업주에 대한 자율규제(Self-regulation)의 수단으로 위험성평가를 실시하는 의무를 자국의 산업안전보건법령에 도입하게 되었다.

이에 2013년 6월 12일 「산업안전보건법」을 개정하여 제41조의2[529)](위험성평가)를 사업주의 구체적 의무의 형태로 신설하였다. 이를 통해 사업주에게 건설물, 기계·기구, 설비, 원재료, 가스, 작업 등의 유해·위험요인(Hazard)을 파악하고 위험성을 추정·결정하는 한편, 그 결과에 따라 필요한 법령상의 조치와 필요 시 추가적인 안전보건조치를 하도록 의무화하였다.

2. 실시내용

사업주는 건설물, 기계·기구, 설비, 원재료, 가스, 증기, 분진, 근로자의 작업행동 또는 그 밖의 업무로 인한 유해·위험요인을 찾아내어 부상 및 질병으로 이어질 수 있는 위험성의 크기가 허용 가능한 범위인지를 평가하여야 하고 그 결과에 따라 이 법과 이 법에 따른 명령에 따른 조치를 하여야 하며, 근로자에 대한 위험 또는 건강장해를 방지하기 위하여 필요한 경우에는 추가적인 조치를 하여야 한다(산업안전보건법 제36조 제1항).

본조에 근거한 위험성평가는 특정 유해·위험요인만을 그 대상으로 하는 것이 아니라, "건설물, 기계·기구, 설비, 원재료, 가스, 증기, 분진, 근로자의 작업행동, 그 밖의 업무로 인한 유해·위험요인" 일반을 그 대상으로 하고 있다. 여기에서 이용되는 문언의 경우, "업무로 인한"까지는 「산업안전보건법」 제2조 제1호에서 규정하고 있는 '산업재해'의 정의에서 이용되고 있는 문언과 사실상 동일하다. 그런 의미에서 위험성평가를 실시하는 데 있어 시

529) 현재는 「산업안전보건법」 제36조에 위험성평가가 규정되어 있다.

야에 넣어야 할 범위는 「산업안전보건법」의 목적(노무를 제공하는 사람의 안전과 보건의 유지·증진) 및 같은 법 제5조 제1항에서 규정하고 있는 사업주의 의무의 범위와 동일하며, 안전배려의무의 범위와도 겹친다고 할 수 있다.

그리고 사업주는 유해·위험요인 파악(Hazard identification), 위험성 추정(Risk estimation)을 하고[530], 위험성의 크기가 허용 가능한 범위인지를 평가[위험성 결정(Risk evaluation)]하는 한편, 그 결과에 따라 이 법과 이 법에 따른 명령에 의한 조치를 하여야 하며, 근로자의 위험 또는 건강장해를 방지하기 위하여 필요한 경우에는 추가적인 조치를 하여야 한다. 이와 같이 위험성평가에 따라 실제로 이루어져야 하는 조치에 법적 기준의 이행이 포함되는 것은 당연한 것이고, 기타 법적 기준이 없는 분야 또는 법적 기준이 있다고 하더라도 그것을 상회하여 조치가 이루어질 필요가 있는 분야에 대해서도 앞에서 말한 범위 내의 것인 한에 있어서는 근로자의 위험 또는 건강장해를 방지하기 위해 필요한 조치가 취해져야 한다.

이와 같은 의미에서 「산업안전보건법」에 위험성평가가 구체적으로 규정된 것은 「산업안전보건법」의 이념과 패러다임의 커다란 전환이라고 말할 수 있다.

위험성평가를 실시한 사업주는 i) 위험성평가 대상의 유해·위험요인, ii) 위험성 결정의 내용, iii) 위험성 결정에 따른 조치의 내용, iv) 그 밖에 위험성평가의 실시내용을 확인하기 위하여 필요한 사항으로서 고용노동부장관이 정하여 고시하는 사항(위험성평가를 위해 사전조사한 안전보건정보, 그 밖에 사업장에서 필요하다고 정한 사항)을 3년간 기록·보존하여야 한다(산업안

530) 고용노동부는 2017.7.1 「사업장 위험성평가에 관한 지침」(고시)을 개정(2017.7.1 시행)하여 상시 근로자 수 20명 미만(총 공사금액 20억 미만의 건설공사)의 경우에는 위험성 추정을 생략할 수 있도록 하였다(제8조 단서). 위험성 추정이 위험성평가의 필수적인 절차인 점을 고려할 때 위험성 추정을 생략하는 것은 더 이상 위험성평가라고 할 수 없다는 점에서 이 개정은 위험성평가의 개념에 대한 몰이해에서 비롯된 개악이라고 할 수 있다. 이 잘못된 개정은 급기야 2023.5.22 위 고시 개정 시 위험성평가의 절차에서 위험성 추정을 삭제하는 것이나 다름없는(그 결과, 위험성평가 제도를 사실상 폐지하는) 터무니없는 개악으로 이어지는 단초를 제공하였다.

전보건법 제36조 제3항, 시행규칙 제37조, 사업장 위험성평가에 관한 지침 제14조).

3. 사업장 위험성평가에 관한 지침

「산업안전보건법」 제36조 제1항에 따른 위험성평가의 방법, 절차 및 시기, 그 밖에 필요한 사항을 정하기 위하여 「사업장 위험성평가에 관한 지침」(고시)이 제정되어 있다(산업안전보건법 제36조 제4항 참조). 이 지침은 사업장 위험성평가에 관한 표준적인 방법·절차 등을 설명하는 가이드의 성격을 가지고 있다.

[칼럼] 거꾸로 가는 위험성평가 정책[531)]

지난 7일 '사업장 위험성평가에 관한 지침'(고시) 개정안이 행정예고됐다. 그 내용을 보니 '선무당이 사람 잡는다'는 속담을 현실에서 증명이라도 하려는 듯하다. 고용노동부의 산업안전에 대한 비전문성을 또 한 번 적나라하게 드러내는 것 같다. 위험성평가를 얄팍하게 아는 자들의 졸작이라는 느낌이 드는 건 필자만의 생각일까.

고용노동부가 위험성평가의 원리·개념 등에 대한 기초지식 없이 개정안을 마련했다는 느낌을 지울 수 없다. 위험성평가를 단지 양적으로 확산해야 한다는 조바심도 크게 작용한 것 같다. 위험성평가를 내실화할 생각은 하지 않고 일상안전활동 수준에 해당하는 것을 위험성평가인 것으로 외피만 바꾸려 하고 있다.

위험성의 개념, 위험성평가의 절차 등을 글로벌 스탠더드에 맞지 않게 변형하거나 낮추는 것이 고용노동부가 이해하는 '자기규제'인지 묻지 않을 수 없다. 이것은 자율이 아닌 방종을 조장하는 것이다. 방향을 잘못 제시하면서 기업에 위험성평가를 올바로 실시하도록 주문하는 건 어불성설이다.

531) 정진우, 매일노동뉴스, 2023.3.13.

개선은 어렵지만 개악은 순식간이다. 행정예고안의 문제가 차고 넘치지만 굵직한 몇 가지만 지적하고자 한다.

먼저, 위험성 추정 절차를 생략한 것은 국제기준과 학문적 개념에 배치된다. 위험성평가의 핵심절차인 위험성 추정을 하지 않는다면, 이것은 안전활동의 일종이지 더 이상 위험성평가라 할 수 없다. 위험성 추정이야말로 위험성평가와 다른 안전활동을 차별화하는 핵심 절차이기 때문이다. 국제표준화기구(ISO) 규격인 ISO 45001 · 31000 · 12100 등 국제기준과 영국을 비롯한 선진국의 지침 · 규격 모두 위험성평가에 위험성 추정을 포함하고 있다. 고용노동부는 도대체 어떤 근거로 위험성 추정 절차를 없애려고 하는가. 위험성 추정이 반드시 빈도와 강도를 계량적으로 계산하는 것이라는 생각도 대단히 잘못됐다. 국제기준 어디에서도 위험성 추정을 계량적 방법으로 한정하고 있지 않다.

둘째, 위험성 추정이야말로 노동자 참여가 가장 필요한 절차인데, 이 절차가 빠져 버렸으니 노동자 참여는 허울에 지나지 않게 됐다. 위험성평가가 수박 겉핥기 식으로 이행되지 않도록 하려면 위험성 수준을 정하는 위험성 추정 과정에 해당 작업자들이 참여해 논의하는 것이 필수적이기 때문이다. 또 작업자 참여만을 강조한 나머지 위험성을 가장 잘 아는 위치에 있는 감독자의 참여가 소홀해질 수 있다. 노동자의 '형식적' 참여보다 위험성평가의 '정확한' 실시 장치가 훨씬 더 중요하다.

셋째, 위험성평가의 대표적인 방법으로 체크리스트법, 핵심요인 기술법 같은 정체불명의 방법을 제시하고 있는 것도 문제다. 국제기준과 실무 어디에서도 이러한 방법을 위험성평가 절차 전체를 포괄하는 방법이라고 하지 않는다. '유해위험요인 도출' 등 위험성평가의 일부 절차만 커버할 수 있을 뿐 '위험성평가' 방법과는 거리가 멀기 때문이다. 위험성평가 방법을 둘러싼 혼란이 가중될 가능성이 크다.

고용노동부는 위험성평가의 상향평준화를 위해 노력할 생각은 하지 않고 하향평준화하려고 작정한 듯하다. 위험성평가의 부실한 운영 현실에 굴복한 모양새다. 가이드라인에 불과한 지침의 내용을 이렇게 낮추는 것은 기업에 잘못된 위험성평가 방향을 제시하고 그 수준을 높이고자 했던 기업 의지에 찬물을 끼얹는 처사다.

그간 태만히 했던 위험성평가의 실질적 개선노력은 시도조차 하지 않고 있다. 대표적으로 2017년 1월 위험성평가를 무력화하는 '황당한' 지침(위험성평가 미실시를 처벌하지 말라는 내용의 지침)을 여태껏 철회하지 않고 있다. 위험성평가를 활성화하겠다고 하면서 이 잘못된 지침을 철회하지 않는 걸 보면 위험성평가에 과연 진정성이 있는지 의문을 갖지 않을 수 없다.

고용노동부의 산업안전부서가 몸집은 거구가 되었지만 실력은 예전보다도 못하다는 세평이 자자하다. 고용노동부 관료들은 산업안전을 망가뜨리는 주범이 고용노동부라는 현장의 목소리가 들리지 않는가. 고용노동부가 역사적 평가에 대한 감수성 없이 보여주기에 집착하면 그 피해는 고스란히 노동자에게 돌아간다. 노동자에 대한 눈속임은 이제 그만둘 때도 됐다.

부디 행정예고안을 전면 재검토하길 바란다. 합리적 손질 없이 행정예고안을 밀어붙인다면 훗날 가혹한 역사적 평가에 직면할 것이다. 잘했다는 평가는 못 받더라도 최소한 망가뜨렸다는 평가는 받지 말아야 할 것 아닌가.

4. 실시시기

위험성 평가는 최초평가[532] 및 수시평가, 정기평가로 구분하여 실시하여야 한다[사업장 위험성평가에 관한 지침(고시) 제15조].

수시평가는 다음 ①~④ 중 어느 하나에 해당하는 계획의 실행을 착수하기 전에 실시하는 것으로서 위험성 평가의 본질에 해당한다. 다만, ⑤에 해당하는 경우에는 사고·재해가 발생한 작업을 대상으로 작업을 재개하기 전에 실시할 필요가 있다[사업장 위험성평가에 관한 지침(고시) 제15조 제2항].

① 사업장 건설물의 설치·이전·변경 또는 해체

② 기계·기구, 설비, 원재료 등의 신규 도입 또는 변경

③ 건설물, 기계·기구, 설비 등의 정비 또는 보수(주기적·반복적 작업으

532) 최초평가는 수시평가의 일종이다. 따라서 최초평가는 기본적으로 수시평가와 동일한 접근방법을 취한다.

로서 이미 위험성 평가를 실시한 경우에는 제외)

④ 작업방법 또는 작업절차의 신규 도입 또는 변경

⑤ 중대산업사고 또는 산업재해(휴업 이상의 요양을 요하는 경우에 한정한다)의 발생

⑥ 그 밖에 사업주가 필요하다고 판단한 경우

사업주는 다음 사항을 고려하여 이미 실시한 위험성평가의 결과에 대한 적정성을 1년마다 정기적으로 재검토하여야 한다[사업장 위험성평가에 관한 지침(고시) 제15조 제3항].

① 기계・기구, 설비 등의 기간[533] 경과에 의한 성능 저하

② 근로자의 교체 등에 수반하는 안전・보건과 관련되는 지식 또는 경험의 변화

③ 안전・보건과 관련되는 새로운 지식의 습득(집적)

④ 현재 수립되어 있는 위험성 감소대책의 유효성 등

5. 위험성평가 실시의 강제성

위험성평가 규정(산업안전보건법 제36조) 위반 자체에 대해서는 벌칙은 마련되어 있지 않다. 그러나 안전보건관리책임자(산업안전보건법 제15조), 관리감독자(산업안전보건법 제16조), 안전관리자(산업안전보건법 제17조), 보건관리자(산업안전보건법 제18조), 안전보건총괄책임자(산업안전보건법 제62조) 등 안전보건관계자의 직무에 위험성평가 실시에 관한 사항이 각각 포함되어 있고, 이들 안전보건관계자의 교육내용에 위험성평가에 관한 사항이 반영되도록 규정되어 있다[시행규칙 별표 5(제29조 제2항 관련) 제3호 참조]. 그리고 안전보건관리규정에도 위험성평가에 관한 사항을 의무적으로 포

533) 기간은 작업, 기계・설비 등의 상황을 토대로 결정한다.

함하도록 하고 있다[시행규칙 별표 3(제25조 제2항 관련) 참조]. 사업주가 안전보건관계자로 하여금 해당 직무를 수행하도록 하지 않은 경우 해당 사업주에게 과태료를 부과하도록 규정되어 있는바[시행령 별표 35(제119조 관련)], 사업주가 안전보건관계자에게 그들의 직무 중의 중요한 사항인 위험성평가를 실시하도록 하지 않은 경우 과태료를 부과받게 된다.

요컨대, 사업장 위험성평가는 그 실시가 「산업안전보건법」상 사실상 강제화되어 있다고 말할 수 있다.[534)]

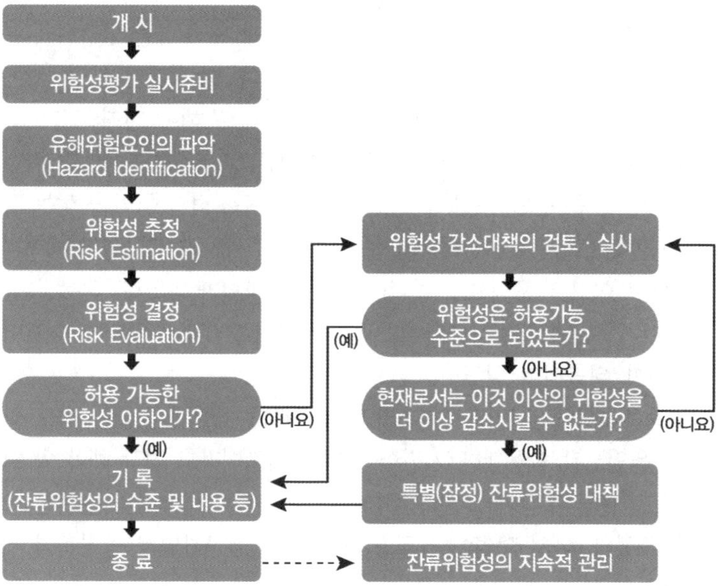

[그림 2] 위험성평가의 기본적인 흐름[535)]

534) 「산업안전보건법」상의 위험성평가의 강제성 여부에 대해 고용노동부 본부는 이상하리만치 모호한 태도를 취하고 있지만, 상당수의 지방고용노동관서에서는 위험성평가 미실시에 대해 안전보건관리체제 위반을 근거로 과태료를 부과하고 있다.

535) 정진우, 『위험성평가 해설[개정증보 제4판(보정)』, 중앙경제, 2023, 173쪽 참조.

[칼럼] 산재예방정책, 제대로 성과 내려면[536)]

'태산명동서일필(泰山鳴動鼠一匹)'

막을 내린 문재인 정부의 산재예방행정은 한마디로 이런 표현으로 압축할 수 있다. 핵심 국정과제로 산재 사망사고 절반 줄이기를 내걸면서 역대 정부와 비교할 수 없을 정도로 안전에 엄청난 자원을 투여했지만 결과는 목표에 크게 미달했다. 행정인원 · 예산을 2~3배 늘리고 법치를 무시하는 수단을 동원하면서까지 요란했지만 역대 정부의 산재 사망사고 감소실적과 별반 다르지 않은 초라한 성적을 거둔 것이다.

더 한심한 것은 감소 목표치에 한참 못 미치게 된 이유를 냉철하게 분석 · 성찰해야 함에도 그런 움직임이 없다는 점이다. 새 정부가 산재예방에서 성공을 거두기 위해선 이 분석 · 성찰부터 제대로 해야 한다.

문재인 정부는 법제의 실효성을 강화하려는 생각은 하지 않고 '위험의 외주화', '엄벌 곧 정의' 프레임에 갇혀 문제의 구조적인 원인을 찾는 진지한 노력을 하지 않은 점이 패착의 큰 요인이다. 사안의 복잡성과 메커니즘 등을 종합적이고 전문적으로 들여다 볼 실력 자체가 없었다. 선무당이 사람 잡는 일을 반복 재생산했다. 그 결과 산재예방법제는 난마처럼 꼬이고 안전원리가 뒤틀리고 말았다.

시스템을 개선할 생각은 하지 않고 보여주기 행정에 급급한 점도 실패의 주된 원인으로 작용했다. 시간이 걸리고 어렵더라도 정작 해야 할 일은 하지 않고, 물량 투입과 같은 땜질처방과 '기승전-처벌' 식의 손쉬운 방법에만 의존했다. 마치 엄벌이 유일한 처방인 양 접근하면서 융단폭격 제재를 퍼부었다. 모든 책임을 사고발생 기업으로만 돌리고 스스로는 반성한 적이 없다. '예방'행정은 존재감이 없었다.

새 정부가 이런 실패를 반복하지 않기 위해선 어떻게 해야 할까.

먼저, 산재예방에 대한 철학으로 무장해야 한다. 철학이 없는 건 나침반 없이 항해하는 것과 다름없다. 철학이 없다보니 방향성 없이 제재 위주의 행정을 하는 것이다. 철학을 바탕으로 산재예방법제를 정비하고 집행해야

536) 정진우, 에너지경제, 2022.5.19.

한다. 독·영·일 등 산재예방선진국의 산업안전보건법제에서 정작 배워야 할 건 산재예방에 대한 철학이다. 현재의 산재예방법제·행정에 철학을 불어넣어야 한다.

둘째, 실효성 없는 법정책을 혁신해야 한다. 정작 정의로운 건 처벌 강화가 아니라 처벌요건을 정교하고 실효성 있게 만드는 것이다. 처벌을 아무리 강화한들 처벌요건이 엉성하면 엄벌 자체도 이루어지지 않는다. 법정책이 실효성을 갖추어야 산재 감소뿐만 아니라 엄정한 법집행으로 이어질 수 있다. 이를 위해선 법정책의 예측가능성과 이행가능성을 대폭 높여야 한다.

셋째, 조직원리의 기본인 역할과 책임의 명확한 설정을 법규에 반영하고 실천해야 한다. 위험의 외주화라는 프레임에서 벗어나 원청의 위상과 역할에 걸맞은 의무를 부과하는 방향으로 법제를 개편해야 도급문제 해결의 실마리를 찾을 수 있다. 누가 무엇을 해야 하는지에 대해 명확히 제시하지 않고 법을 잘 지키라고 하는 건 문제를 해결하기는커녕 악화시키는 무책임한 일이다.

넷째, 산재예방행정조직을 전문화해야 한다. '산업안전보건청'을 설립해야 하는 이유이다. 진정성이 있어도 실력이 없으면 의도한 목표를 달성할 수 없다. 민주당은 2023년 1월에 산업안전보건청을 설립한다고 공언만 했을뿐 후속조치는 '나 몰라라' 하고 있다. 중대재해처벌법 제정 직후 여론의 환심을 사기 위해 즉흥적으로 청 설립을 발표하고 그 후엔 아무런 관심도 없고 준비도 하지 않았다. 국민을 우롱하고 무시하는 참으로 무책임한 처사이다. 새 정부는 민주당의 설익은 주장이긴 하지만 산업안전보건청이 산재예방행정을 선진화하기 위한 기본전제라고 생각하고 설립에 강한 드라이브를 걸어야 한다.

문재인 정부는 산재예방을 위해 외형적으론 열심히 노력했다고는 하지만 실력과 진정성 모두 부족했다. 실력과 진정성이 없는 개혁은 개선이 아닌 개악을 초래한다는 것이 역사의 교훈이다. 새 정부가 문재인 정부의 전철을 밟지 않기 위해선 진정성부터 가져야 한다. 관료에 끌려 다니는 행정을 해서는 안 된다. 산재예방선진국과 비교하여 행정의 전문성과 진정성이 심각하게 낮은 수준이다. 이를 위해선 전문성을 바탕으로 행정을 민주적으로 통제해야 한다. 어설픈 이념과 보여주기가 아닌 실효성을 행정의 요체로 삼도록 해야 한다.

산재예방정책에서 새 정부의 성공을 기대한다.

제5장

유해 · 위험기계 등 및 유해 · 위험물질에 관한 규제

Ⅰ. 유해 · 위험기계 등에 관한 규제
Ⅱ. 유해 · 위험물질에 대한 규제

Ⅰ. 유해·위험기계 등에 관한 규제

1. 개 요

유해하거나 위험한 작업을 필요로 하는 기계 등에 대해서는 이용에 제공되고 나서 안전보건상의 대책을 강구하기보다는 설계·제조 및 유통의 단계에서 제조자·수입자 등에게 필요한 조치를 강구하도록 하는 것이 보다 효과적이다.

이에 따라 「산업안전보건법」에서는 유해하거나 위험한 기계·기구의 방호조치(제80조), 기계·기구·설비 및 건축물의 관리권에 착안한 규제에 해당하는 기계·기구 등의 대여자 등의 조치(제81조)와 안전인증(제6장 제2절), 자율안전확인의 신고(제6장 제3절) 등을 규정하고 있다.

이를 통하여 기계 등이 설치된 후에 유해·위험예방조치를 취하는 것으로는 그 효과를 기대할 수 없는 것에 대하여 설계·제조, 유통 및 대여단계에서 필요한 규제를 하고 있다.

이에 추가하여 기계 등의 사용단계에서의 안전을 확보하기 위하여 안전검사(제6장 제4절) 등을 규정하고 있다.

2. 유해하거나 위험한 기계 등의 유통 시 방호조치

가. 양도 등의 제한

근로자에게 위해를 미칠 우려가 크거나 사용단계에서는 재해방지조치를 강구하는 것이 현저히 곤란한 기계 등에 대해서는 사용단계에 이르기 이전인 유통단계에서 방호조치를 할 필요가 있다.

이에 「산업안전보건법」 제80조 제1항에서는 누구든지 동력으로 작동하는 기계·기구[537]로서 대통령령이 정하는 것[6종 : 예초기, 원심기, 공기압축기,

금속절단기, 지게차, 포장기계(진공포장기, 래핑기)][538]은 고용노동부령으로 정하는 유해·위험방지를 위한 방호조치(위험기계·기구의 위험장소 또는 부위에 근로자가 통상적인 방법으로는 접근하지 못하도록 하는 제한조치를 말하며, 방호망, 방책, 덮개 또는 각종 방호장치 등을 설치하는 것을 포함한다)[539]를 하지 아니하고는 이를 양도, 대여, 설치 또는 사용에 제공[540]하거나, 양도·대여의 목적으로 진열하여서는 아니 된다고 규정하고 있다.[541]

본 조항에서 양도 또는 대여의 목적을 가진 진열까지 규제한 것은, 안전상 불비(不備)한 기계·기구의 양도, 대여를 금지하는 취지를 철저히 하기 위한 것이다. 실제로 기계·기구전시회 등에서 전시되고 있는 것은 단순한 시제품에 지나지 않고 실제로 판매되는 것은 동일 형식의 양산품인 경우가 많다. 이와 같은 경우라도 본 조항에서 말하는 "양도·대여의 목적으로 진열하여서는 아니 된다."는 금지규정이 적용된다고 보아야 할 것이다.

유해 또는 위험방지를 위한 방호조치 대상 기계 등은「시행령」별표 20(제70조 관련)에, 방호조치 대상 기계 등 유형에 따른 방호장치에 대해서는「시행규칙」제98조에 각각 규정되어 있다.

위의 방호장치에 필요한 사항(적용 대상, 방호장치, 설치방법)은「시행규칙」제98조 제3항에 따라 고용노동부 고시인「위험기계·기구 방호조치 기

537) 종전에는 '유해하거나 위험한 작업을 필요로 하는 기계·기구'도 본조의 방호조치 대상으로 규정하고 있었는데,「전부개정 산업안전보건법」에서 아무런 이유 없이 삭제되었다. 이 또한 개악이라고 할 수 있다.

538) 본 조항의 모태인 일본「노동안전위생법」규정은 그 대상 기계·기구를 50개로 설정하고 있는바, 우리나라「산업안전보건법」개정에 시사하는 점이 많다고 할 수 있다.

539) 위험기계·기구 방호조치 기준(고시)

540) 2013.6.12 개정 전의「산업안전보건법」제33조 제1항에서는 '사용'이라고 표현되어 있었지만, 대법원은 같은 조항의 취지 등을 고려할 때, 여기서 말하는 '사용'이란 '사용에의 제공'을 뜻하는 것이라고 보아야 한다고 판단한 바 있다(대법원 2006. 1.12. 2004도8875 판결).

541) 이를 위반한 자는 1년 이하의 징역 또는 1천만원 이하의 벌금에 처한다(산업안전보건법 제170조 제4호).

준」에 규정되어 있다.

나. 국소적 방호조치

동력으로 작동되는 기계·기구는 일반적으로 회전운동 또는 왕복운동을 수반하는 것이고, 그 작동부분상의 키, 볼트 등의 돌기물에 일정한 방호조치가 이루어지지 않는 경우에는, 이들 기계·기구를 사용하는 근로자의 의복 등이 그러한 위험부분에 말려들어가 불측(不測)의 재해를 입을 우려가 있다. 풀리, 회전축, 체인 등의 동력전달부분, 속도조절부분에 대해서도 동일한 문제가 있다.

종래에는 이러한 종류의 위험에 대해서는 사용자인 사업주에게 방호조치를 강구하는 것으로 하였지만, 산업재해 방지를 위해 충분한 효과를 거두기 위해서는 기계·기구가 사용자에게 공급되기 전의 유통단계에서 규제하는 것이 필요하다.

이에 「산업안전보건법」 제80조 제2항에서는 이상과 같은 위험부분에 대해 덮개를 부착하는 등의 필요한 방호조치가 되어 있지 않은 동력기계는 양도, 대여, 설치 또는 사용에 제공하거나, 양도·대여의 목적으로 진열할 수 없도록, 누구든지 동력으로 작동하는 기계·기구로서 작동부분의 돌기부분, 동력전달부분이나 속도조절부분 또는 회전기계의 물림점을 가진 것은 아래와 같은 '국소적' 방호조치(시행규칙 제98조 제2항)를 하지 아니하고는 양도, 대여, 설치 또는 사용에 제공하거나, 양도·대여의 목적으로 진열하여서는 아니 된다고 규정하고 있다.[542)]

① 작동부분상의 돌기부분은 묻힘형으로 하거나 덮개를 부착할 것

② 동력전달부분 및 속도조절부분에는 덮개를 부착하거나 방호망을 설치할 것

542) 이를 위반한 자는 1년 이하의 징역 또는 1천만원 이하의 벌금에 처한다(산업안전보건법 제170조 제4호).

③ 회전기계의 물림점(롤러나 톱니바퀴 등 반대방향의 두 회전체에 물려 들어가는 위험점)에는 덮개 또는 울을 설치할 것

다. 방호조치의 성능유지

근로자는 방호조치를 해체하고자 하는 경우 사업주의 허가를 받아야 하며, 방호조치를 해체한 후 그 사유가 소멸된 때에는 방호조치를 지체 없이 원상으로 회복시켜야 하며, 방호조치의 기능이 상실된 것을 발견한 때에는 지체 없이 사업주에게 신고해야 한다(시행규칙 제99조 제1항).

근로자가 방호조치의 기능이 상실된 것을 발견하고 이를 신고한 경우, 사업주는 즉시 수리, 보수 및 작업중지 등 적절한 조치를 취해야 한다(시행규칙 제99조 제2항).

라. 특 징

범죄로서의 「산업안전보건법」 위반의 실행행위는 말할 필요도 없이 각 규정에 위반하는 행위이지만, 「산업안전보건법」의 규정은 일정한 작위를 의무 지우는 명령규범과 일정한 부작위를 의무 지우는 금지규범으로 구분된다. 명령규범에 위반한 경우는 부작위범[543)]이 되고, 금지규범에 위반한 경우는 작위범[544)]이 된다. 「산업안전보건법」의 대부분의 규정이 부작위범(진정부작위

---

543) 부작위범은 기대되거나 요구되는 행위를 하지 않는 것, 즉 부작위에 의하여 성립하는 범죄이다. 구성요건이 당초부터 부작위의 형식으로 정해져 있는 경우(부작위에 의하여 부작위범의 구성요건을 실현하는 '부작위에 의한 부작위범')와 작위의 형식으로 규정되어 있는 구성요건이 부작위에 의하여 실현되는 경우(부작위에 의하여 작위범의 구성요건을 실현하는 '부작위에 의한 작위범')가 있다. 전자를 진정부작위범, 후자를 부진정부작위범이라 한다. 벌칙규정이 '…하지 아니한 자' 또는 '…하여야 할 의무를 위반한 자'라고 표현되어 있어 부작위가 구성요건(실행행위)으로 명시된 범죄는 진정부작위범이다.

544) 작위범은 '어떠한 행위를 해서는 안 된다'라는 금지규범을 위반하여 해서는 안 되는 행위를 한 것이다.

범)인 것과 달리, 「산업안전보건법」 제80조 제1항·제2항 규정의 위반범은 작위범이라는 점에 큰 특징이 있다.[545)]

그리고 본 조항은 「산업안전보건법」의 많은 규정들이 의무주체를 사업주로 설정하고 있는 것과 달리, 의무주체가 특정되어 있지 않고 '누구든지'로 되어 있어 모든 자가 의무주체에 해당된다. 즉, 본 조항은 사업주의 개념을 전제로 하고 있지 않으며, 유해·위험한 기계·기구·설비의 방호조치를 하여야 할 지위에 있는 자라면 누구라도 같은 조항의 의무를 부담하는 수범자가 될 수 있다.

3. 유해·위험기계·기구·설비 및 건축물의 대여 시 안전보건조치

가. 기계·기구·설비의 대여 시 조치

가동일수가 적은 대형기계·기구·설비(이동식 크레인, 차량계 건설기계 등)를 구입하는 것은 경제적으로 채산성이 맞지 않는 등의 사정 때문에 건설기계를 비롯한 여러 기계·기구·설비의 대여업이 발달되어 있다. 이들 리스업자가 기계·기구·설비를 대여하는 양태로는 크게 나누어 기계·기구·설비만을 대여하는 경우와 오퍼레이터(운전자)와 함께 대여하는 경우가 있다.

기계·기구·설비를 빌린 경우, 당해 기계·기구·설비에서 발생하는 산업재해를 방지하는 책임은 당연히 그 기계·기구·설비를 빌려 작업을 하는 측에 있지만, 소유권은 리스업자에게 있기 때문에, 대여를 받은 자는 충분한 관리권한을 갖지 않는 당해 기계·기구·설비에 대해 보수, 개조 등 산업재해를 방지하기 위한 조치를 충분하게는 강구하기 어려운 입장에 있는 것이 일반적이다.

---

545) 후술하는 「산업안전보건법」 제117조에 따른 '유해·위험물질의 제조 등 금지' 규정의 위반범 역시 작위범에 해당한다.

이에 「산업안전보건법」 제81조에서는 유해하거나 위험한 기계 · 기구 · 설비의 대여로 인한 재해를 예방하기 위하여 기계 · 기구 · 설비로서 대통령령이 정하는 것을 타인에게 대여하는 자와 타인으로부터 대여받는 자에게 고용노동부령이 정하는 유해 · 위험방지를 위한 필요한 조치를 하도록 규정하고 있다.[546]

(1) 대상 기계 · 기구 · 설비

대여 시 안전보건조치를 하여야 할 기계 · 기구 · 설비는 다음과 같다[시행령 별표 21(제71조 관련) 제2호~제5호[547]]. ① 이동식 크레인 ② 타워크레인 ③ 불도저 ④ 모터 그레이더 ⑤ 로더 ⑥ 스크레이퍼 ⑦ 스크레이퍼 도저 ⑧ 파워 셔블 ⑨ 드래그라인 ⑩ 클램셸 ⑪ 버킷굴착기 ⑫ 트렌치 ⑬ 항타기 ⑭ 항발기 ⑮ 어스드릴 ⑯ 천공기 ⑰ 어스오거 ⑱ 페이퍼드레인머신 ⑲ 리프트 ⑳ 지게차 ㉑ 롤러기 ㉒ 콘크리트 펌프 ㉓ 고소작업대, ㉔ 그 밖에 산업재해보상보험및예방심의위원회 심의를 거쳐 고용노동부장관이 정하여 고시하는 기계, 기구, 설비[548].

(2) 대여하는 자의 조치

위의 (1) 대상 기계 · 기구 · 설비[549](이하 '기계 등'이라 한다)를 타인에게

---

546) 이를 위반한 자는 3년 이하의 징역 또는 3천만원 이하의 벌금에 처한다(산업안전보건법 제169조 제1호).

547) 제1호(사무실 및 공장용 건축물)에 대해서는 바로 뒤에서 별도로 설명하기로 한다.

548) 이에 대해서는 현재까지 고용노동부장관이 고시하고 있는 것은 없다.

549) 「전부개정 산업안전보건법」에서 대여하는 자의 조치와 대여받는 자의 조치(시행규칙 제100조부터 제103조까지) 대상을 전부개정 전과 다르게 '건축물'까지 포함하는 것으로 규정한 것은 시행규칙 제100조부터 제103조까지의 취지와 내용을 이해하지 못한 데서 비롯된 큰 실수이다. 시행규칙 제100조부터 제103조까지는 건축물에 해당되지 않는 내용으로 되어 있어 건축물에는 적용할 수 없는 규정이다. 건축물에 대해서는 「시행규칙」 제105조와 제106조에서 별도로 정하고 있다.

대여하는 자는 다음의 각 조치를 하여야 한다(시행규칙 제100조).

① 해당 기계 등을 미리 점검하고 이상을 발견한 때에는 즉시 보수하거나 그 밖에 필요한 정비를 할 것

② 해당 기계 등을 받는 자에게 다음 사항을 적은 서면을 발급할 것

- 해당 기계 등의 성능 및 방호조치의 내용
- 해당 기계 등의 특성 및 사용 시의 주의사항
- 해당 기계 등의 수리·보수 및 점검 내역과 주요 부품의 제조일
- 해당 기계 등의 정밀진단 및 수리 후 안전점검 내역, 주요 안전부품의 교환이력 및 제조일

③ 사용을 위하여 설치·해체작업(기계 등을 높이는 작업을 포함한다. 이하 같다)이 필요한 기계 등을 대여하는 경우로서 해당 기계 등의 설치·해체작업을 다른 설치·해체업자에게 위탁하는 경우에는 다음의 각 사항을 준수할 것

- 설치·해체업자가 기계 등의 설치·해체에 필요한 법령상 자격을 갖추고 있는지와 설치·해체에 필요한 장비를 갖추고 있는지를 확인할 것
- 설치·해체업자에게 제2호 각 목의 사항을 적은 서면을 발급하고, 해당 내용을 주지시킬 것
- 설치·해체업자가 설치·해체 작업 시 「안전보건기준규칙」에 따른 산업안전보건기준을 준수하고 있는지를 확인할 것

④ 해당 기계 등을 대여받은 자에게 제3호 가목 및 다목에 따른 확인 결과를 알릴 것

그리고 기계 등을 대여하는 자는 해당 기계 등의 대여에 관한 사항을 '기계 등 대여사항 기록부'(시행규칙 별지 제39호 서식)에 기록·보존하여야 한다(시행규칙 제103조).

(3) 대여받는 자의 조치

기계·기구·설비를 대여받는 자는 그가 사용하는 근로자가 아닌 사람에게 해당 기계 등을 조작하도록 하는 경우에는 다음의 각 조치를 해야 한다(시행규칙 제101조 제1항).

① 해당 기계 등을 조작하는 사람이 관계법령에서 정하는 자격이나 기능을 가진 사람인지 확인할 것

② 해당 기계 등을 조작하는 자에 대하여 다음의 사항을 주지시킬 것

- 작업의 내용
- 지휘계통
- 연락·신호 등의 방법
- 운행경로·제한속도, 그 밖에 해당 기계 등의 운행에 관한 사항
- 그 밖에 해당 기계 등의 조작에 따른 산업재해를 방지하기 위하여 필요한 사항

타워크레인을 대여받은 자는 다음의 각 조치를 해야 한다(시행규칙 제101조 제2항).

① 타워크레인을 사용하는 작업 중에 타워크레인 장비 간 또는 타워크레인과 인접 구조물 간 충돌위험이 있으면 충돌방지장치를 설치하는 등 충돌방지를 위하여 필요한 조치를 할 것

② 타워크레인 설치·해체 작업이 이루어지는 동안 작업과정 전반(全般)을 영상으로 기록하여 대여기간 동안 보관할 것

해당 기계 등을 대여하는 자가 제100조 제2호 각 목의 사항을 적은 서면을 발급하지 않는 경우 해당 기계 등을 대여받은 자는 해당 사항에 대한 정보 제공을 요구할 수 있다(시행규칙 제101조 제3항).

기계 등을 대여받은 자가 기계 등을 대여한 자에게 반환하는 경우에는 해당 기계 등의 수리·보수 및 점검내역과 부품교체 사항 등이 있는 경우 해당 사항에 대한 정보를 제공해야 한다(시행규칙 제101조 제4항).

(4) 기계 등 조작자의 의무

기계 등을 조작하는 사람은 기계 등을 대여받은 자로부터 이의 조작을 위해 주지 받은 사항, 즉 i) 작업의 내용, ii) 지휘계통, iii) 연락·신호 등의 방법, iv) 운행경로·제한속도, 그 밖에 해당 기계 등의 운행에 관한 사항, v) 그 밖에 해당 기계 등의 조작에 따른 산업재해를 방지하기 위하여 필요한 사항(시행규칙 제101조 제1항 제2호 각 목에 규정된 사항)을 지켜야 한다(시행규칙 제102조).

나. 건축물의 대여 시 조치

최근 하나의 건축물을 복수의 사업주에게 대여하는 오피스텔, 공장형아파트 등이 증가하고 있다. 이와 같은 건축물의 일부를 대여받은 자에게 산업재해의 방지를 의무 지우더라도 그 내용에 따라서는 그 실효를 기대할 수 없는 경우가 적지 않다. 따라서 산업재해가 발생할 수 있는 일정한 건축물에 대해서는 그 관리에 대하여 권한을 가지고 있는 자(예컨대, 소유자)에게 일정한 조치의 이행을 의무 지우고, 당해 건축물에 의한 산업재해를 방지하도록 할 필요가 있다.

이에 「산업안전보건법」 제81조에서는 건축물의 대여로 인한 재해를 예방하기 위하여 대통령령이 정하는 건축물〈사무실 및 공장용 건축물[시행령 별표 21(제71조 관련) 제1호], 그 밖에 산업재해보상보험및예방심의위원회 심의를 거쳐 고용노동부장관이 정하여 고시하는 건축물[550][시행령 별표 21(제71조 관련) 제25호]〉을 타인에게 대여하거나 타인으로부터 대여받는 자[551]에게 고용노동부령이 정하는 유해·위험방지를 위한 필요한 조치를 하도록 규정하고 있다.[552]

---

550) 이에 대해서는 현재까지 고용노동부장관이 고시하고 있는 것은 없다.
551) 타인으로부터 대여받은 자에 대해서는 고용노동부령에서 의무를 부과하고 있지 않다.
552) 이를 위반한 자는 3년 이하의 징역 또는 3천만원 이하의 벌금에 처한다(산업안전보

본조의 규제 대상이 되는 것은 사무실 및 공장용 건축물로서 가설(假設)의 것도 포함되고, 도급인 사업주가 둘 이상의 수급인 사업주에게 가설의 건설 사무소를 대여하는 경우에도 적용된다. 이 경우 대여는 유상이든 무상이든 불문한다. 당해 건축물 대여자가 취하여야 할 구체적인 조치의 내용은 다음과 같다.

(1) 국소배기장치 등의 점검 · 보수

공용으로 사용하는 공장건축물로서 국소배기장치 · 전체환기장치 · 배기처리장치 중 하나의 장치를 설치한 것을 대여하는 자는 해당 건축물을 대여받은 자가 2명 이상인 경우로서 국소배기장치 · 전체환기장치 · 배기처리장치 중 하나의 장치의 전부 또는 일부를 공용으로 사용하는 경우에는 그 공용부분의 기능이 유효하게 작동되도록 하기 위하여 점검 · 보수 등 필요한 조치를 하여야 한다(시행규칙 제104조).

(2) 편의제공 요구에 응할 의무

건축물을 대여하는 자는 해당 건축물을 대여받은 사업주로부터 국소배기장치, 소음방지를 위한 칸막이벽, 그 밖에 산업재해를 방지하기 위하여 필요한 설비의 설치에 관하여 해당 설비의 설치에 수반된 건축물의 변경승인, 해당 설비의 설치공사에 필요한 시설의 이용 등 편의제공을 요구받은 경우에는 이에 따라야 한다(시행규칙 제105조).

다. 특징

「산업안전보건법」 제81조 위반 사례에 대한 판결은 현재까지 대법원은 물론 하급심에서도 발견되는 것이 드물고,[553] 실제로 본 조항 위반죄로 의율(擬

건법 제169조 제1호).

律)되어 송치되는 사례도 많지 않다.[554)]

그러나 크레인 등 건설현장에서 임대 형식으로 많이 사용되는 건설기계의 경우, 사업주가 「산업안전보건법」 제38조의 안전조치를 모두 이행하고 건설기계 자체에 같은 법 제80조 제1항·제2항의 방호조치를 모두 갖추었다 하더라도, 당해 건설기계에 대해 점검 또는 서면발급 등이 제대로 이루어지지 않는 경우가 적지 않을 것이다. 이와 같은 경우, 임대인 또는 임차인에 해당하는 자는 산업재해 발생 여부에 관계없이 유해·위험기계·기구·설비 대여 시의 안전보건조치 의무 불이행으로 처벌될 수 있다.

4. 안전인증

가. 개요

안전인증은 유해하거나 위험한 기계·설비의 사용 전 안전성을 확인하고 방호장치·보호구의 불량품 생산 및 유통을 근절하여 설계·제조단계에서부터 근원적인 안전성을 확보하기 위한 제도이다.

고용노동부장관은 유해하거나 위험한 기계·기구·설비 및 방호장치·보호구(이하 '유해·위험기계 등'이라 한다)의 안전성을 평가하기 위해 안전에 관한 성능과 제조자의 기술능력·생산체계 등에 관한 안전인증기준을 정하여 고시하여야 한다(산업안전보건법 제83조 제1항).

---

553) 하나의 사례로는 2008년 9월 대구 달성군 고속도로 확장공사 현장에서 건설기계 조종면허가 없는 근로자가 로울러기를 운전한 사안에서 로울러기를 대여한 건설기계 대여업자가 필요한 서면을 교부하지 않은 죄[제33조 제2항(현행 제81조) 위반]로, 로울러기를 대여받은 현장소장은 근로자의 자격을 확인하지 않은 죄[제33조 제2항(현행 제81조) 위반]로 각각 처벌된 사례가 있다(대구지방법원 서부지원 2009.5.22. 2009고약7021 판결 ; 대구지방검찰청 서부지청 2009형제4092호 사건).

554) 고용노동부의 정책부서 및 실무에서 본 조항의 취지와 내용에 대한 몰이해가 하나의 원인인 것으로 생각된다.

나. 안전인증 대상 기계 등

유해·위험기계 등으로서 근로자의 안전보건에 필요하다고 인정되어「시행령」제74조 제1항에서 열거하고 있는 것(이하 '안전인증 대상 기계 등'이라 한다)을 제조하거나 수입하는 자는 안전인증 대상 기계 등이 안전인증기준에 맞는지에 대하여 고용노동부장관[555]이 실시하는 안전인증을 받아야 한다(산업안전보건법 제84조 제1항).

안전인증 대상 기계 등의 안전인증기준은「위험기계·기구 안전인증 고시」,「방호장치 안전인증 고시」,「보호구 안전인증 고시」에서 각각 정하고 있다(시행령 제74조 제2항). 그리고 안전인증 대상 기계 등의 세부적인 종류, 규격 및 형식은「안전인증·자율안전확인 신고의 절차에 관한 고시」[별표 1(제2조 제1항 관련)]에서 정하고 있다.

[표 5] 안전인증 대상 기계 등(시행령 제74조 제1항)

1. 기계·설비 : ① 프레스 ② 전단기 ③ 절곡기 ④ 크레인 ⑤ 리프트 ⑥ 압력용기 ⑦ 롤러기 ⑧ 사출성형기, ⑨ 고소작업대, ⑩ 곤돌라
2. 방호장치 : ① 프레스 및 전단기 방호장치 ② 양중기용 과부하방지장치 ③ 보일러 압력방출용 안전밸브 ④ 압력용기 압력방출용 안전밸브 ⑤ 압력용기 압력방출용 파열판 ⑥ 절연용 방호구 및 활선작업용 기구 ⑦ 방폭구조 전기기계·기구 및 부품 ⑧ 추락·낙하 및 붕괴 등의 위험 방지 및 보호에 필요한 가설기자재로서 고용노동부장관이 정하여 고시하는 것,[556] ⑨ 충돌·협착 등의 위험방지에 필요한 산업용 로봇 방호장치로서 고용노동부장관이 정하여 고시하는 것[557]
3. 보호구 : ① 추락 및 감전 위험방지용 안전모 ② 안전화 ③ 안전장갑 ④ 방진마스크 ⑤ 방독마스크 ⑥ 송기마스크 ⑦ 전동식 호흡보호구 ⑧ 보호복 ⑨ 안전대 ⑩ 차광 및 비산물 위험방지용 보안경 ⑪ 용접용 보안면 ⑫ 방음용 귀마개 또는 귀덮개

---

555) 안전인증업무는「산업안전보건법」제165조 제2항 및「시행령」제116조 제2항 및「업무위탁기관의 지정 등에 관한 고시」에 따라 안전보건공단, 비영리법인 또는 관계전문기관에 위탁되어 있다.

여기에서 '제조'에는 다음에 해당하는 안전인증 대상 기계 등을 설치·이전하거나 주요구조부분을 변경하는 경우가 포함된다(산업안전보건법 제84조 제1항, 시행규칙 제107조).

① 설치·이전하는 경우 안전인증을 받아야 하는 기계 : 크레인, 리프트, 곤돌라

② 주요구조부분을 변경하는 경우 안전인증을 받아야 하는 기계 및 설비 : 프레스, 전단기, 절곡기, 크레인, 리프트, 압력용기, 롤러기, 사출성형기, 고소작업대, 곤돌라

안전인증 대상 기계 등이 아닌 유해·위험기계 등을 제조하거나 수입하는 자가 그 유해·위험기계 등의 안전에 관한 성능 등을 평가받으려면 고용노동부장관에게 안전인증을 신청할 수 있다(임의인증제도). 이 경우 고용노동부장관이 정하여 고시한 안전인증기준[558]에 따라 안전인증을 할 수 있다(산업안전보건법 제84조 제3항).

다. 안전인증 심사 및 확인

유해·위험기계 등이 안전인증기준에 적합한지를 확인하기 위하여 안전인증기관이 하는 심사는 다음과 같다(시행규칙 제110조 제1항 참조).

---

556) 「방호장치 안전인증」 고시 제36조(성능기준 및 시험방법) 및 「안전인증·자율안전확인신고의 절차에 관한 고시」 별표 1(제2조 제1항 관련) 제18호.

557) 「방호장치 안전인증」 고시 제36조(성능기준 및 시험방법) 및 「안전인증·자율안전확인신고의 절차에 관한 고시」 별표 1(제2조 제1항 관련) 제19호.

558) 「안전인증 대상 기계·기구 등이 아닌 기계·기구 등의 안전인증 규정」(고시) 제2장.

[표 6] 심사종류별 내용 및 시기

<table>
<tr><th colspan="2">심사종류</th><th>심사내용</th><th>심사시기</th></tr>
<tr><td colspan="2">예비심사</td><td>안전인증 대상 기계 등이 아닌 대상품이 안전인증 대상에 적합한지 여부(임의인증만 해당)</td><td>서면심사 실시 전</td></tr>
<tr><td colspan="2">서면심사</td><td>안전인증 대상 기계 등의 종류별 또는 형식별로 설계도면 등 기술문서가 안전인증기준에 적합한지 여부</td><td>생산 전</td></tr>
<tr><td colspan="2">기술능력 및 생산체계심사</td><td>안전인증 대상 기계 등의 안전성능을 지속적으로 유지·보증하기 위하여 사업장의 기술능력과 생산체계가 안전인증기준과 적합한지 여부</td><td>서면심사 합격 후 형식별 제품심사 실시 전</td></tr>
<tr><td rowspan="2">제품심사</td><td>형식별 제품심사</td><td>안전인증 대상 기계 등의 안전에 관한 성능이 안전인증기준에 적합한지 여부를 형식별로 표본을 추출하여 심사</td><td>출고 전</td></tr>
<tr><td>개별 제품심사</td><td>안전인증 대상 기계 등의 안전에 관한 성능이 안전인증기준에 적합한지 여부를 개별 제품별로 (제품 모두에 대하여) 심사</td><td>최초 설치 또는 이전 설치를 완료한 때(단, 압력용기는 출고 전)</td></tr>
<tr><td colspan="2">확인심사</td><td>제조자가 안전인증을 받을 당시 서면심사 내용 및 기술능력·생산체계를 지속적으로 유지하고 제품을 생산하고 있는지 여부 등을 심사</td><td>매년 실시(단, 임의인증 대상은 2년마다 실시)</td></tr>
</table>

안전인증 대상 기계 등의 종류별 또는 형식별 심사의 절차 및 방법에 대해서는 「안전인증·자율안전확인신고의 절차에 관한 고시」에서 정하고 있다(시행규칙 제110조 제2항)(표 7 참조). 이 안전인증 심사의 종류, 방법 및 시기는 대체로 고정식[정치식(定置式)], 이동식 여부에 따라 구분된다. 이동식은 형식별 제품심사와 기술능력 및 생산체계심사를 받고, 고정식은 개별 제품심사를 받는다.

안전인증을 받은 자는 안전인증기관으로부터 다음 사항을 확인받아야 한다(산업안전보건법 제84조 제4항 본문, 시행규칙 제111조 제1항).

① 안전인증서에 적힌 제조사업장에서 해당 유해·위험기계 등을 생산하고 있는지 여부

② 안전인증을 받은 유해·위험기계 등이 안전인증기준에 적합한지 여부

③ 제조자가 안전인증을 받을 당시의 기술능력·생산체계를 지속적으로

유지하고 있는지 여부

④ 유해·위험기계 등이 서면심사 내용과 같은 수준 이상의 재료 및 부품을 사용하고 있는지 여부

그리고 안전인증기관은 안전인증을 받은 자가 안전인증기준을 지키고 있는지를 2년에 1회 이상 확인하여야 한다. 다만, i) 최근 3년 동안 안전인증이 취소되거나 안전인증표시의 사용금지 또는 시정명령을 받은 사실이 없는 경우, ii) 최근 2회의 확인 결과 기술능력 및 생산체계가 고용노동부장관이 정하는 기준 이상인 경우 3년에 1회 이상 확인할 수 있다(산업안전보건법 제84조 제4항 본문, 시행규칙 제111조 제2항).

안전인증 대상 기계 등에 대하여 고용노동부장관이 정하여 고시하는 외국의 안전인증기관에서 인증을 받아 안전인증기관이 일부 항목에 한정하여 안전인증을 면제한 경우에는(이에 대해서는 후술한다) 외국의 해당 안전인증기관에서 실시한 안전인증 확인의 결과를 제출받아 고용노동부장관이 정하는 바(안전인증·자율안전확인신고의 절차에 관한 고시 제18조)에 따라 확인의 전부 또는 일부를 생략할 수 있다(산업안전보건법 제84조 제4항 단서, 시행규칙 제111조 제5항).

[표 7] 안전인증 대상 기계 등의 심사종류 및 시기(고시[559] 별표 4)

구분	서면 심사	기술능력 및 생산 체계심사	제품심사		확인심사	제품심사 시기
			개별 제품심사	형식별 제품심사		
1. 「시행령」 제74조 제1항 제1호의 기계·기구 및 설비						
가. 프레스	심사 대상	심사 대상	–	심사 대상	심사 대상	출고 전
나. 전단기	심사 대상	심사 대상	–	심사 대상	심사 대상	출고 전
다. 절곡기	심사 대상	심사 대상	–	심사 대상	심사 대상	출고 전
라. 크레인	심사 대상	심사 대상 (호이스트 및 차량탑재용 크레인)	심사 대상 (호이스트 및 차량탑재용 크레인을 제외한 모든 크레인)	심사 대상 (호이스트 및 차량탑재용 크레인)	심사 대상 (호이스트 및 차량탑재용 크레인)	–최초 설치 또는 이전 설치를 완료한 때(개별제품심사 대상) –출고 전(형식별 제품심사 대상)
마. 리프트	심사 대상	심사 대상 (이삿짐운반용 리프트)	심사 대상 (이삿짐운반용 리프트를 제외한 모든 리프트)	심사 대상 (이삿짐운반용 리프트)	심사 대상 (이삿짐운반용 리프트)	–최초 설치 또는 이전 설치를 완료한 때(개별제품심사 대상) –출고 전(형식별 제품심사 대상)
바. 압력용기	심사 대상	–	심사 대상	–	–	출고 전[560]
사. 롤러기	심사 대상	심사 대상	–	심사 대상	심사 대상	출고 전
아. 사출성형기	심사 대상	심사 대상	–	심사 대상	심사 대상	출고 전
자. 고소작업대	심사 대상	심사 대상	–	심사 대상	심사 대상	출고 전

559) 「안전인증·자율안전확인신고의 절차에 관한 고시」.

차. 곤돌라	심사 대상	심사 대상 (좌석식 곤돌라)	심사 대상 (좌석식 곤돌라 제외)	심사 대상 (좌석식 곤돌라)	심사 대상 (좌석식 곤돌라)	-최초 설치 또는 이전설치를 완료한 때(동일 사업장 내에서 이전 설치한 것을 제외한 개별 제품심사 대상) -출고 전(형식별 제품심사 대상)
2. 「시행령」 제74조 제1항 제2호의 방호장치	심사 대상	심사 대상 (제5조 규정에 의한 안전인증 대상 제품 제외)	-	심사 대상	심사 대상 (제5조 규정에 따른 안전인증 대상 제품 제외)	출고 전 (제15조에 따른 안전인증 대상 제품은 수입 시마다)
3. 「시행령」 제74조 제1항 제3호의 보호구	심사 대상	심사 대상 (제5조 규정에 의한 안전인증 대상 제품 제외)	-	심사 대상	심사 대상 (제5조 규정에 의한 안전인증 대상 제품 제외)	출고 전 (제15조에 따른 안전인증 대상 제품은 수입 시마다)
4. 법 제84조 제4항에 따른 안전인증을 신청할 경우	심사 대상	심사 대상	-	심사 대상	심사 대상	출고 전 또는 설치를 완료한 때

라. 안전인증의 전부 또는 일부의 면제

연구·개발을 목적으로 제조·수입하거나 수출을 목적으로 제조하는 경우, 「고압가스 안전관리법」 등 다른 법령[561]에 따른 검사 등을 받은 경우에는

560) 압력용기 중 대형압력용기는 설치공사 등이 적정하지 않으면 안전한 사용을 기대할 수 없기 때문에 크레인, 리프트 등 다른 개별 제품심사 대상과 마찬가지로 설치를 완료한 때에도 심사가 필요하다. 입법론적으로 볼 때 관련규정 개정이 필요하다고 생각된다.

561) 「고압가스 안전관리법」, 「에너지이용 합리화법」, 「전기사업법」, 「항만법」, 「광산안전법」, 「건설기계관리법」, 「선박안전법」, 「원자력안전법」, 「소방시설 설치 및 관리에 관한 법률」, 「방위사업법」, 「위험물안전관리법」.

안전인증을 전부 면제한다(산업안전보건법 제84조 제2항, 시행규칙 제109조 제1항).

안전인증 대상 기계 등이 다음 어느 하나에 해당하는 인증 또는 시험을 받았거나 그 일부 항목이 안전인증기준과 같은 수준 이상인 것으로 인정되는 경우에는 해당 인증 또는 시험이나 그 일부 항목에 한정하여 안전인증을 면제한다(산업안전보건법 제84조 제2항, 시행규칙 제109조 제2항).

① 고용노동부장관이 정하여 고시하는 외국의 안전인증기관[562]에서 인증을 받은 경우

② 국제전기기술위원회(IEC)의 국제방폭전기기계·기구 상호인정제도(IECEx Scheme)에 따라 인증을 받은 경우

③ 「국가표준기본법」에 따른 시험·검사기관에서 실시하는 시험을 받은 경우

④ 「산업표준화법」 제15조에 따른 인증을 받은 경우

⑤ 「전기용품 및 생활용품 안전관리법」 제5조에 따른 안전인증을 받은 경우

안전인증기관은 위 ①에 따라 일부 항목에 한정하여 안전인증을 면제한 경우에는 외국의 해당 안전인증기관에서 실시한 안전인증 확인의 결과를 제출받아 고용노동부장관이 정하는 바[563]에 따라 「산업안전보건법」 제84조 제4항에 따른 확인의 전부 또는 일부를 생략할 수 있다(산업안전보건법 제111조 제5항)

562) 고용노동부장관 또는 국내 안전인증기관이 상호인정협정을 체결한 외국의 안전인증기관(안전인증·자율안전확인신고의 절차에 관한 고시 제18조 제1항).

563) 이에 대해서는 현재까지 고용노동부장관이 정하고 있는 것은 없다.

마. 안전인증의 표시

안전인증을 받은 자는 안전인증을 받은 안전인증 대상 기계 등이나 이를 담은 용기 또는 포장에 고용노동부령으로 정하는 바에 따라 안전인증표시를 하여야 한다(산업안전보건법 제85조 제1항).[564]

• 안전인증(법 제85조 제1항) ※「시행규칙」 별표 14(제114조 제1항 관련)	
• 임의안전인증(법 제84조 제3항) ※「시행규칙」 별표 15(제114조 제2항 관련)	

안전인증을 받지 않은 안전인증 대상 기계 등은 안전인증표시 또는 이와 유사한 표시를 하거나 안전인증에 관한 광고를 할 수 없고(산업안전보건법 제85조 제2항),[565] 안전인증을 받은 안전인증 대상 기계 등을 제조·수입·양도·대여하는 자는 안전인증표시를 임의로 변경하거나 제거하여서는 아니 된다(산업안전보건법 제85조 제3항).[566]

고용노동부장관은 안전인증을 받지 않고 안전인증표시나 이와 유사한 표시를 한 경우와 안전인증이 취소되거나 안전인증표시의 사용금지명령을 받은 경우 안전인증표시 또는 이와 유사한 안전인증표시의 제거를 명하여야 한다(산업안전보건법 제85조 제4항).[567]

---

564) 이를 위반한 자에게는 1천만원 이하의 과태료에 처한다(산업안전보건법 제175조 제4항 제4호).

565) 이를 위반한 자는 1년 이하의 징역 또는 1천만원 이하의 벌금에 처한다(산업안전보건법 제170조 제4호).

566) 이를 위반한 자는 1년 이하의 징역 또는 1천만원 이하의 벌금에 처한다(산업안전보건법 제170조 제4호).

567) 명령을 위반한 자는 1년 이하의 징역 또는 1천만원 이하의 벌금에 처한다(산업안전보건법 제170조 제5호).

바. 안전인증의 취소

고용노동부장관은 안전인증을 받은 자가 거짓이나 그 밖의 부정한 방법으로 안전인증을 받은 경우 안전인증을 취소하여야 하고, 안전인증을 받은 유해·위험기계 등의 안전에 관한 성능 등이 안전인증기준에 맞지 아니하게 된 경우, 정당한 사유 없이 「산업안전보건법」 제84조 제4항에 따른 확인을 거부, 방해 또는 기피하는 경우 안전인증을 취소하거나 6개월 이내의 기간을 정하여 안전인증표시의 사용을 금지하거나 안전인증기준에 맞게 시정하도록 명할 수 있다(산업안전보건법 제86조 제1항).

사. 미인증품·부적합품에 대한 조치

누구든지 다음 어느 하나에 해당하는 안전인증 대상 기계 등을 제조·수입·양도·대여·설치·사용하거나 양도·대여의 목적으로 진열할 수 없다(산업안전보건법 제87조 제1항).[568)]

① 「산업안전보건법」 제84조 제1항에 따른 안전인증을 받지 아니한 경우(같은 조 제2항에 따라 안전인증이 전부 면제되는 경우는 제외한다)

② 안전인증기준에 맞지 아니하게 된 경우(미달된 경우)

③ 「산업안전보건법」 제86조 제1항에 따라 안전인증이 취소되거나 안전인증표시의 사용금지명령을 받은 경우.

고용노동부장관은 위 제1항을 위반하여 안전인증 대상 기계 등을 제조·수입·양도·대여하는 자에게 고용노동부령으로 정하는 바에 따라 그 안전인증 대상 기계 등을 수거하거나 파기할 것을 명할 수 있다.[569)]

568) 명령을 위반한 자는 3년 이하의 징역 또는 3천만원 이하의 벌금에 처한다(산업안전보건법 제169조 제1호).

569) 명령을 위반한 자는 3년 이하의 징역 또는 3천만원 이하의 벌금에 처한다(산업안전보건법 제169조 제2호).

아. 죄수

미인증품·인증취소품 등의 제조·수입 등의 죄(산업안전보건법 제169조 제1호)와 미인증품·인증취소품 등에 대한 고용노동부장관의 수거·파기명령 위반죄(산업안전보건법 제169조 제2호)는 구성요건을 달리하는 범죄로서 실체적 경합[570] 관계에 있다.

안전인증을 받지 않은 제품에 대하여 안전인증표시 또는 이와 유사한 표시를 한 죄(산업안전보건법 제170조 제4호)와 안전인증표시나 이와 유사한 표시에 대한 고용노동부장관의 제거명령 위반죄(산업안전보건법 제170조 제5호) 역시 구성요건을 달리하는 범죄로서 실체적 경합 관계에 있다.

5. 자율안전확인신고

가. 개요

자율안전확인신고는 안전인증과 마찬가지로 설계·제조단계에서의 근원적인 안전성을 확보하기 위한 제도로서 유해·위험한 기계 등 및 방호장치·보호구 중에서 그 위험도를 고려할 때 안전인증 심사까지는 불필요하다고 판단되는 제품에 대하여 안전인증 대상 기계 등과 차별화하여 제품의 특성에 맞는 효율적인 안전관리를 하기 위해 마련된 제도이다.

안전인증 대상 기계 등이 아닌 유해·위험한 기계·설비 및 방호장치·보호구로서 대통령령으로 정하는 것(이하 '자율안전확인 대상 기계 등'이라 한다)을 제조·수입하는 자는 그 안전에 관한 성능이 고용노동부장관이 정하여 고시하는 안전기준(이하 '자율안전기준'이라 한다)에 맞는지 확인(이하 '자율안전확인'이라 한다)하여 고용노동부장관[571]에게 신고하여야 한다(산업안전

570) 같은 행위자가 수 개의 행위로 여러 개의 죄를 실현하는 경우(형법 제37조)로서 한 개의 행위로 여러 개의 죄가 구성되는 상상적 경합(형법 제40조)과 구별된다.

보건법 제89조 제1항).

나. 자율안전확인 대상 기계 등

자율안전확인 대상 기계 등에 대해서는 「시행령」 제77조 제1항에서 규정하고 있다. 이들 자율안전확인 대상 기계 등의 자율안전기준은 「위험기계·기구 자율안전확인 고시」, 「방호장치 자율안전기준 고시」, 「보호구 자율안전확인 고시」에서 각각 정하고 있다. 그리고 자율안전확인 대상 기계 등의 세부적인 종류, 규격 및 형식은 「안전인증·자율안전확인신고의 절차에 관한 고시」에서 정하고 있다.

[표 8] 자율안전확인 대상 기계 등

1. 기계·설비 : ① 연삭기 또는 연마기(휴대형은 제외한다) ② 산업용 로봇 ③ 혼합기 ④ 파쇄기 또는 분쇄기 ⑤ 식품가공용기계(파쇄·절단·혼합·제면기만 해당한다) ⑥ 컨베이어 ⑦ 자동차정비용 리프트 ⑧ 공작기계(선반, 드릴기, 평삭·형삭기, 밀링만 해당한다) ⑨ 고정형 목재가공용기계(둥근톱, 대패, 루타기, 띠톱, 모떼기 기계만 해당한다) ⑩ 인쇄기
2. 방호장치 : ① 아세틸렌 용접장치용 또는 가스집합 용접장치용 안전기 ② 교류아크 용접기용 자동전격방지기 ③ 롤러기 급정지장치 ④ 연삭기 덮개 ⑤ 목재가공용 둥근톱 반발 예방장치 및 날 접촉 예방장치 ⑥ 동력식 수동대패용 칼날접촉 방지장치 ⑦ 추락·낙하 및 붕괴 등의 위험 방지 및 보호에 필요한 가설기자재(시행령 제74조 제1항 제2호 아목의 가설기자재는 제외한다)로서 고용노동부장관이 정하여 고시하는 것[572]
3. 보호구 : ① 안전모(시행령 제74조 제1항 제3호 가목의 안전모는 제외한다) ② 보안경(시행령 제74조 제1항 제3호 차목의 보안경은 제외한다) ③ 보안면(시행령 제74조 제1항 제3호 카목의 보안면은 제외한다)

---

571) 자율안전확인 신고에 관한 업무는 「산업안전보건법」 제165조 제1항, 「시행령」 제116조 제3항에 따라 안전보건공단에 위탁되어 있다.

572) 「방호장치 자율안전기준 고시」 제14조의2(성능기준 및 시험방법) 및 「안전인증·자율안전확인신고의 절차에 관한 고시」 별표 2(제2조 제2항 관련) 제17호.

자율안전확인 신고를 하여야 하는 자는 자율안전확인 대상 기계 등을 출고하거나 수입하기 전에 자율안전확인 신고서에 제품의 설명서, 자율안전확인 대상 기계 등의 자율안전기준을 충족하는 서류를 첨부하여 신고수리기관인 안전보건공단에 제출(전자문서로 제출하는 것을 포함한다)하여야 한다(시행규칙 제120조 제1항).

다. 자율안전확인 신고의 면제

다음 어느 하나에 해당하는 경우에는 자율안전확인 신고를 면제할 수 있다(산업안전보건법 제89조 제1항 단서 및 시행규칙 제119조).

① 연구개발을 목적으로 제조·수입하거나 수출을 목적으로 제조하는 경우

② 「산업안전보건법」 제84조 제3항에 따른 임의안전인증을 받은 경우(산업안전보건법 제86조 제1항에 따라 안전인증이 취소되거나 안전인증표시의 사용금지명령을 받은 경우는 제외한다)

③ 「농업기계화촉진법」에 따른 검정을 받은 경우

④ 「산업표준화법」에 따른 인증을 받은 경우

⑤ 「전기용품 및 생활용품 안전관리법」에 따른 안전인증 및 안전검사를 받은 경우

⑥ 국제전기기술위원회(IEC)의 국제방폭전기기계·기구 상호인정제도(IECEx Scheme)에 따라 인증을 받은 경우

라. 자율안전확인의 표시

자율안전확인의 신고를 한 자는 자율안전확인 대상 기계 등이나 이를 담은 용기 또는 포장에 고용노동부령으로 정하는 자율안전확인의 표시(이하 '자율안전확인표시'라 한다)를 하여야 한다(산업안전보건법 제90조 제1항).[573)]

• 자율안전확인 표시(법 제90조 제1항)[574]
※「시행규칙」 별표 14(제121조 관련)

신고된 자율안전확인 대상 기계・기구 등이 아닌 것은 자율안전확인표시 또는 이와 유사한 표시를 하거나 자율안전확인에 관한 광고를 할 수 없고(산업안전보건법 제90조 제2항),[575] 신고된 자율안전확인 대상 기계・기구 등을 제조・수입・양도・대여하는 자는 자율안전확인표시를 임의로 변경하거나 제거하여서는 아니 된다(산업안전보건법 제90조 제3항).[576]

고용노동부장관은 다음 어느 하나에 해당하는 경우에는 자율안전확인표시나 이와 유사한 표시를 제거할 것을 명하여야 한다(산업안전보건법 제90조 제4항).[577]

① 제2항을 위반하여 자율안전확인표시나 이와 유사한 표시를 한 경우
② 거짓이나 그 밖의 부정한 방법으로 자율안전확인 신고를 한 경우
③ 제91조 제1항에 따라 자율안전확인표시의 사용금지명령을 받은 경우.

마. 자율안전확인표시의 사용금지

고용노동부장관은 신고된 자율안전확인 대상 기계 등의 안전에 관한 성능이 자율안전기준에 맞지 아니하게 된 경우, 자율안전확인 신고를 한 자에게 6개월 이내의 기간을 정하여 자율안전확인표시의 사용을 금지하거나 자율안전기준에 맞게 시정하도록 명할 수 있다(산업안전보건법 제91조 제1항).

573) 이를 위반한 자에게는 5백만원 이하의 과태료를 부과한다(산업안전보건법 제175조 제5항 제1호).
574) 안전인증 마크와 동일하다.
575) 이를 위반한 자는 1천만원 이하의 벌금에 처한다(산업안전보건법 제171조 제1호).
576) 이를 위반한 자는 1천만원 이하의 벌금에 처한다(산업안전보건법 제171조 제1호).
577) 명령을 위반한 자는 1천만원 이하의 벌금에 처한다(산업안전보건법 제171조 제2호).

바. 미신고품·부적합품에 대한 조치

누구든지 다음 어느 하나에 해당하는 자율안전확인 대상 기계 등을 제조·수입·양도·대여·설치·사용하거나 양도·대여의 목적으로 진열할 수 없다(산업안전보건법 제92조 제1항).[578)]

① 자율안전확인 신고를 하지 아니한 경우(산업안전보건법 제89조 제1항 단서에 따라 신고가 면제되는 경우는 제외한다)

② 거짓이나 그 밖의 부정한 방법으로 자율안전확인의 신고를 한 경우

③ 「산업안전보건법」 제89조 제1항에 따라 고용노동부장관이 고시하는 자율안전인증기준에 맞지 아니한 경우(미달된 경우)

④ 「산업안전보건법」 제91조 제1항에 따라 자율안전확인표시의 사용금지 명령을 받은 경우.

고용노동부장관은 위 제1항을 위반하여 자율안전확인 대상 기계 등을 제조·수입·양도·대여하는 자에게 고용노동부령으로 정하는 바에 따라 그 자율안전확인 대상 기계 등을 수거하거나 파기할 것을 명할 수 있다(산업안전보건법 제92조 제2항).[579)]

사. 죄수(罪數)

미신고품·부적합제품의 제조·수입 등의 죄(산업안전보건법 제170조 제4호)와 미신고품·부적합제품에 대한 고용노동부장관의 수거·파기명령 위반죄(산업안전보건법 제170조 제5호)는 구성요건을 달리하는 범죄로서 실체적 경합 관계에 있고, 신고된 자율안전확인 대상 기계·기구 등이 아닌 제품에 대하여 자율안전확인표시나 이와 유사한 표시를 한 죄(산업안전보건법 제171조 제1호)와 자율안전확인표시나 이와 유사한 표시에 대한 고용노동부장

---

578) 이를 위반한 자는 1년 이하의 징역 또는 1천만원 이하의 벌금에 처한다(산업안전보건법 제170조 제4호).

579) 명령을 위반한 자는 1천만원 이하의 벌금에 처한다(산업안전보건법 제170조 제5호).

관의 제거명령 위반죄(산업안전보건법 제171조 제2호) 역시 구성요건을 달리하는 범죄로서 실체적 경합 관계에 있다.

6. 안전검사

가. 취지

크레인, 리프트 등 일정한 유해·위험기계 등에 대해서는 제조·수입 시, 설치·이전·주요구조부분변경 시 안전인증을 받거나 자율안전확인 신고를 받도록 하고 있다(산업안전보건법 제84조, 제89조). 그리고 공기압축기, 지게차 등의 유해·위험기계 등에 대해서는 일정한 방호조치를 하지 아니하고는 양도, 대여, 설치 또는 사용에의 제공 등이 금지되어 있다(산업안전보건법 제80조 제1항·제2항).

그러나 이들 유해·위험기계 등의 안전을 확보하기 위해서는, 이러한 조치에 추가하여 사업주가 당해 기계 등의 사용과정에서 일정 기간마다 주요구조, 기능 등의 안전성을 체크(확인)하여 이상의 조기발견과 보수를 하도록 할 필요가 있다.

안전검사제도는 이러한 취지에서 일정한 유해·위험기계 등에 대해 사업주에게 정기적으로 안전검사를 실시하도록 의무화함으로써 유해·위험기계 등의 사용에 동반하여 발생할 수 있는 산업재해를 방지하기 위한 제도이다.

유해하거나 위험한 기계·기구·설비로서 대통령령으로 정하는 것(이하 '안전검사 대상 기계 등'이라 한다)을 사용하는 사업주(근로자를 사용하지 아니하고 사업을 하는 자[580]를 포함한다)는 유해·위험기계 등의 안전에 관한 성능이 고용노동부장관이 정하여 고시[581]하는 검사기준에 맞는지에 대하여

580) 자영업자(1인 사업자)를 가리킨다.
581) 「안전검사 고시」

고용노동부장관이 실시하는 검사(안전검사)[582]를 받아야 한다.[583] 다만, 안전검사 대상 기계 등을 사용하는 사업주와 소유주가 다른 경우에는 소유자가 안전검사를 받아야 한다(산업안전보건법 제93조 제1항).

나. 안전검사 대상

안전검사 대상 기계 등은 「시행령」 제78조 제1항에서 규정하고 있고, 그 세부적인 종류, 규격 및 형식은 「안전검사 절차에 관한 고시」에서 정하고 있다.

[표 9] 안전검사 대상 기계 등

① 프레스 ② 전단기 ③ 크레인(정격 하중 2톤 미만인 것은 제외한다) ④ 리프트 ⑤ 압력용기 ⑥ 곤돌라 ⑦ 국소배기장치(이동식은 제외한다) ⑧ 원심기(산업용만 해당한다) ⑨ 롤러기(밀폐형 구조는 제외한다) ⑩ 사출성형기[형 체결력(型 締結力) 294킬로뉴톤(KN) 미만은 제외한다] ⑪ 고소작업대(자동차관리법 제3조제3호 또는 제4호에 따른 화물자동차 또는 특수자동차에 탑재한 고소작업대로 한정한다) ⑫ 컨베이어 ⑬ 산업용 로봇 ⑭ 혼합기 ⑮ 파쇄기 또는 분쇄기

다. 안전검사의 면제

「건설기계관리법」, 「고압가스 안전관리법」, 「광산안전법」, 「선박안전법」, 「에너지이용 합리화법」, 「원자력안전법」, 「위험물안전관리법」, 「전기사업법」,

582) 안전검사업무는 「산업안전보건법」 제165조 제2항(제17호) 및 「시행령」 제116조 제2항에 따라 안전보건공단·비영리법인 또는 관계 전문기관에 위탁되어 있다.

583) 이를 위반한 자에게는 1천만원 이하의 과태료를 부과한다(산업안전보건법 제175조 제4항 제3호).

「항만법」, 「소방시설 설치 및 관리에 관한 법률」, 「화학물질관리법」에 따른 검사 등을 받은 경우는 안전검사를 면제할 수 있다. 단, 「건설기계관리법」에 따라 제13조 제1항 제1호(신규 등록검사), 제2호(정기검사), 제4호(수시검사)에 따른 검사를 받은 경우에는 해당 주기의 안전검사만을 면제한다(산업안전보건법 제93조 제2항, 시행규칙 제125조).

라. 안전검사 합격표시

고용부장관은 안전검사 결과 안전검사기준에 적합한 경우에는 해당 사업주에게 안전검사 대상 기계 등에 직접 부착 가능한 안전검사 합격증명서를 발급하여야 하고, 이를 발급받은 사업주는 그 증명서를 안전검사 대상 기계 등에 부착하여야 한다(산업안전보건법 제94조).[584)]

이는 안전검사 대상 기계 등을 사용하는 사업주에게 안전검사 수검의무를 이행하도록 유인하고, 이를 사용하는 근로자에게는 안전한 기계 등을 사용하고 있다는 확신과 신뢰를 주기 위함이다.

안전검사기관은 안전검사 결과 안전검사기준에 부적합한 경우에는 해당 사업주에게 안전검사 불합격통지서에 그 사유를 밝혀 발급하여야 한다(시행규칙 제127조).

안전검사 합격표시 및 표시방법은 「시행규칙」 별표 16(제126조 제2항 및 제127조 관련)에서 정하고 있다.

마. 안전검사의 신청 및 절차

안전검사를 받고자 하는 자는 안전검사 신청서(시행규칙 별지 제50호 서식)를 해당 안전검사 대상 기계 등의 검사주기(시행규칙 제126조) 만료일 30

584) 이를 위반한 자에게는 5백만원 이하의 과태료를 부과한다(산업안전보건법 제175조 제5항 제1호).

일 전에 안전검사 업무를 위탁받은 기관(안전검사기관)[585]에 제출하여야 한다(시행규칙 제124조 제1항).[586]

안전검사 신청을 받은 안전검사기관은 검사주기 만료일 전후 각각 30일 이내에 해당 기계·기구 및 설비별로 안전검사를 실시하여야 한다(시행규칙 제124조 제2항).

바. 안전검사의 주기

안전검사주기는 안전검사 대상 기계 등의 종류, 사용연한 및 위험성을 고려하여 정한다(산업안전보건법 제93조 제3항). 구체적으로 안전검사 대상 기계 등의 검사주기는 다음과 같다(시행규칙 제126조 제1항).

① 크레인(이동식 크레인은 제외한다), 리프트(이삿짐 운반용 리프트는 제외한다) 및 곤돌라 : 사업장에 설치가 끝난 날부터 3년 이내에 최초 안전검사를 실시하되, 그 이후부터 2년마다(건설현장에 사용하는 것은 최초로 설치한 날부터 6개월마다)

② 이동식 크레인, 이삿짐 운반용 리프트 및 고소작업대 : 「자동차관리법」 제8조에 따른 신규등록 이후 3년 이내에 최초 안전검사를 실시하되, 그 이후부터 2년마다

③ 프레스, 전단기, 압력용기, 국소배기장치, 원심기, 롤러기, 사출성형기, 컨베이어, 산업용 로봇, 혼합기, 파쇄기 또는 분쇄기 : 사업장에 설

585) 산업안전보건업무 위탁기관 및 위탁업무내용 지정 현황은 「산업안전보건법」 제165조 제2항, 「시행령」 제116조 제3항, 「업무위탁기관의 지정 등에 관한 고시」 제6조에 따라 관보 또는 인터넷 홈페이지 등에 공고된다. 이에 따라 「산업안전보건업무 위탁기관 지정 현황」이 공고되어 있다.

586) 안전검사기관에 대해서는 업무수행기준은 정해져 있지 않고 행정처분기준만 정해져 있는바, 안전검사 위탁자인 사업주와의 법적 관계를 명확히 하기 위해서라도 안전관리전문기관 등 다른 기관과 마찬가지로 안전검사기관 역시 업무수행기준이 규정될 필요가 있다.

치가 끝난 날부터 3년 이내에 최초 안전검사를 실시하되, 그 이후부터 2년(공정안전보고서를 제출하여 확인을 받은 압력용기는 4년마다).

[표 10] 안전검사의 주기

안전검사 대상	검사주기
① 프레스	2년
② 전단기	2년
③ 크레인(이동식 크레인 제외)	건설현장 : 6개월, 그 외 : 2년
④ 이동식 크레인	2년
⑤ 리프트(이삿짐 운반용 리프트는 제외)	건설현장 : 6개월, 그 외 : 2년
⑥ 이삿짐 운반용 리프트	2년
⑦ 압력용기	2년(공정안전보고서 제출 확인 시 4년)
⑧ 곤돌라	건설현장 : 6개월, 그 외 : 2년
⑨ 국소배기장치	2년
⑩ 원심기	2년
⑪ 롤러기	2년
⑫ 사출성형기	2년
⑬ 고소작업대	2년
⑭ 컨베이어	2년
⑮ 산업용 로봇	2년
⑯ 혼합기	2년
⑰ 파쇄기 또는 분쇄기	2년

사. 미검사품 · 불합격품의 사용금지

안전검사를 받지 아니한 안전검사 대상 기계 등(산업안전보건법 제93조 제2항에 따라 안전검사가 면제되는 것은 제외한다)과 안전검사에 불합격한 안전검사 대상 기계 등은 사용해서는 아니 된다(산업안전보건법 제95조).[587)]

587) 이를 위반한 자에게는 1천만원 이하의 과태료를 부과한다(산업안전보건법 제175조 제4항 제3호).

7. 자율검사프로그램에 따른 안전검사

가. 의의

사업장에서 사용 중인 안전검사 대상 기계 등은 안전에 관한 성능에 대해 고용노동부장관(수탁기관 : 안전검사기관)이 실시하는 안전검사를 받아야 하지만, 사업주가 근로자대표와 협의하여 안전검사에 준하는 자율검사프로그램[588]을 정하고 고용노동부장관의 인정을 받아 그에 따라 유해·위험기계 등의 안전에 관한 성능검사를 하면 안전검사를 받은 것으로 본다(산업안전보건법 제98조 제1항).

나. 자율검사프로그램의 수행방법

자율검사프로그램에 따른 안전검사는, ① 고용노동부장관이 정하는 자격 및 경험을 가진 검사원[589]을 고용하여 수행하는 방법(산업안전보건법 제98조 제1항)과 ② 고용노동부장관이 지정하는 검사기관(지정검사기관)에 위탁하여 수행하는 방법(산업안전보건법 제98조 제4항) 중 어느 하나의 방법에 의해 수행될 수 있다.

다. 자율검사프로그램의 인정

사업주가 「산업안전보건법」 제98조 제1항에 따라 자율검사프로그램을 인정받기 위한 요건은 다음과 같다(시행규칙 제132조 제1항).

① 「시행규칙」 제130조의 자격기준을 갖춘 검사원을 고용하고 있을 것(제1호)

---

588) 「산업안전보건법」 제93조 제1항 전단에 따른 검사기준, 같은 조 제3항에 따른 검사주기, 검사합격 표시방법 등을 충족하는 검사프로그램을 말한다(산업안전보건법 제98조 제1항).

589) 「시행규칙」 제130조(검사원의 자격).

② 고용노동부장관이 정하여 고시[590]하는 바에 따라 검사를 할 수 있는 장비를 갖추고 이를 유지·관리할 수 있을 것(제2호)

③ 안전검사주기(시행규칙 제126조)의 1/2에 해당하는 주기(다만, 시행령 제78조 제1항 제3호의 크레인 중 건설현장 이외에서 사용하는 것은 6개월)마다 검사를 실시할 것(제3호)

④ 자율검사프로그램의 검사기준이 안전검사기준을 충족할 것(제4호)

자율검사프로그램은 근로자대표와 협의(근로자를 사용하지 아니하는 경우는 제외한다)하여 작성하여야 하며, 인정된 자율검사프로그램의 유효기간은 2년이다(산업안전보건법 제98조 제2항).

사업주가 자율검사프로그램에 따른 검사(자율안전검사)를 자율안전검사기관에 위탁하여 실시할 경우 검사원 및 장비 요건(시행규칙 제132조 제1항 제1호 및 제2호)을 충족한 것으로 본다(시행규칙 제132조 제1항 단서).

라. 자율검사프로그램의 신청

자율검사프로그램을 인정받으려고 하는 자는 자율검사프로그램 인정신청서[591]와 관련서류 2부를 첨부하여 자율검사프로그램 인정업무를 위탁받은 기관(자율검사프로그램 인정기관 : 안전보건공단)에 제출하여야 한다(시행규칙 제132조 제3항).

자율검사프로그램 인정기관은 제출된 자율검사프로그램에 대해 15일 이내 인정 여부를 결정해야 하고(시행규칙 제132조 제5항), 이를 인정하는 경우 자율검사프로그램 인정서[592]와 인정증명을 날인한 자율검사프로그램 1부를 신청자에게 발급하여야 한다(시행규칙 제132조 제6항).

---

590) 「안전검사 절차에 관한 고시」 제5조.

591) 「시행규칙」 제132조(자율검사프로그램의 인정 등) 제3항 별지 제52호.

592) 「시행규칙」 제132조(자율검사프로그램의 인정 등) 제6항 별지 제53호.

• 자율검사프로그램 인정필 표시 ※「안전검사 절차에 관한 고시」 별표 3(제7조 관련)	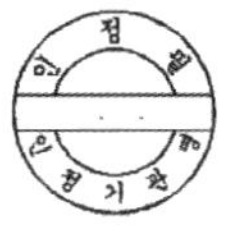

마. 자율검사프로그램에 따른 검사기록의 보존

사업주는 자율검사프로그램에 따른 검사(자율안전검사)를 받은 경우에는 그 검사결과에 대한 서류를 2년 동안 보존하여야 한다(산업안전보건법 제98조 제3항, 제164조 제2항).[593)]

바. 자율검사프로그램의 인정 취소

고용노동부장관은 자율검사프로그램의 인정을 받은 자가 다음 어느 하나에 해당하면 자율검사프로그램의 인정을 취소하거나 인정받은 자율검사프로그램의 내용에 따라 검사를 실시하도록 하는 등 시정을 명할 수 있다(산업안전보건법 제99조 제1항).

① 거짓이나 그 밖의 부정한 방법으로 자율검사프로그램을 인정받은 경우
② 자율검사프로그램을 인정받고도 검사를 하지 아니한 경우
③ 인정받은 자율검사프로그램의 내용에 따라 검사를 하지 아니한 경우
④「산업안전보건법」 제98조 제1항 각 호의 어느 하나에 해당하는 사람 또는 자율안전검사기관이 검사를 하지 아니한 경우

자율검사프로그램의 인정이 취소된 안전검사 대상 기계 등은 사용해서는 아니 된다(산업안전보건법 제99조 제2항).[594)]

---

593) 이를 위반한 자에게는 3백만원 이하의 과태료를 부과한다(산업안전보건법 제175조 제6항 제18호).

594) 이를 위반한 자에게는 1천만원 이하의 과태료를 부과한다(산업안전보건법 제175조 제4항 제3호).

사. 자율안전검사기관

자율안전검사기관으로 지정받으려는 자는 대통령령으로 정하는 인력・시설 및 장비[595]를 갖추어야 한다(산업안전보건법 제100조, 시행령 제81조).

자율안전검사기관으로 지정받으려는 자는 자율안전검사기관 지정신청서[596]에 소정의 서류를 첨부하여 지정받으려는 검사기관의 주된 사무소의 소재지를 관할하는 지방고용노동청장에게 제출하여야 한다(시행규칙 제133조 제1항).

자율안전검사기관은 검사결과 안전검사기준에 충족하지 못하는 사항을 발견하면 구체적인 개선의견을 그 사업주에게 통보하여야 하며, 기계・기구별 검사내용, 점검결과 및 조치사항 등 자체검사 업무의 수행결과를 기록・관리하여야 한다(시행규칙 제135조).

자율안전검사기관이 「산업안전보건법」 제21조 제4항에 해당하면 그 지정을 취소하거나 6개월 이내의 기간을 정하여 그 업무정지를 명할 수 있다(산업안전보건법 제100조 제4항, 제21조 제4항 및 시행령 제82조).[597]

8. 타워크레인 설치・해체업의 등록 등

타워크레인을 설치하거나 해체를 하려는 자는 인력・시설 및 장비 등의 요건[시행령 별표 22(제72조 제1항 관련)]을 갖추어 고용노동부장관에게 등록하여야 한다. 등록한 사항 중 업체의 명칭(상호), 업체의 소재지, 대표자의 성명을 변경할 때에도 또한 같다(산업안전보건법 제82조 제1항).

① 인력기준 : 다음 어느 하나에 해당하는 사람 4명 이상을 보유할 것

---

595) 「시행령」 별표 25(제81조 관련).

596) 「시행규칙」 제133조(지정검사기관의 지정신청 등) 제1항 별지 제6호 서식.

597) 자율안전검사기관을 포함한 각종 지정기관의 지정 등의 취소 또는 업무 등의 정지기준은 「시행규칙」 별표 26(제240조 관련)에서 정하고 있다.

- 「국가기술자격법」에 따른 판금제관기능사 또는 비계기능사의 자격을 가진 사람
- 「산업안전보건법」 제140조 제2항에 따라 지정된 타워크레인 설치·해체작업 교육기관에서 지정된 교육을 이수하고 수료시험에 합격한 사람으로서 합격 후 5년이 지나지 않은 사람
- 「산업안전보건법」 제140조 제2항에 따라 지정된 타워크레인 설치·해체작업 교육기관에서 보수교육을 이수한 후 5년이 지나지 않은 사람

② 시설기준 : 사무실

③ 장비기준

- 렌치류(토크렌치, 함마렌치 및 전동임팩트렌치 등 볼트, 너트, 나사 등을 죄거나 푸는 공구)
- 드릴링머신(회전축에 드릴을 달아 구멍을 뚫는 기계)
- 버니어캘리퍼스(자로 재기 힘든 물체의 두께, 지름 따위를 재는 기구)
- 트랜싯(각도를 측정하는 측량기기로 같은 수준의 기능 및 성능의 측량기기를 갖춘 경우도 인정한다)
- 체인블록 및 레버블록(체인 또는 레버를 이용하여 중량물을 달아 올리거나 수직·수평·경사로 이동시키는데 사용하는 기구)
- 전기테스터기
- 송수신기

사업주는 「산업안전보건법」 제82조 제1항에 따라 등록한 자로 하여금 타워크레인을 설치하거나 해체하는 작업을 하도록 하여야 한다(산업안전보건법 제82조 제2항).

「산업안전보건법」 제82조 제1항에 따라 타워크레인 설치·해체업을 등록하려는 자는 「시행규칙」 별지 제40호 서식의 설치·해체업 등록신청서에 다음 서류를 첨부하여 주된 사무소의 소재지를 관할하는 지방고용노동관서장에게 제출해야 한다(시행규칙 제106조 제1항).

① 「시행령」 별표 22(제72조 제1항 관련)에 따른 인력기준에 해당하는 사람의 자격과 채용을 증명할 수 있는 서류
② 건물임대차계약서 사본이나 그 밖에 사무실의 보유를 증명할 수 있는 서류와 장비 명세서

지방고용노동관서장은 제1항에 따른 타워크레인 설치·해체업 등록신청서를 접수하였을 때에 「시행령」 별표 22(제72조 제1항 관련)의 기준에 적합하면 그 등록신청서가 접수된 날부터 20일 이내에 「시행규칙」 별지 제41호 서식의 등록증을 신청인에게 발급해야 한다(시행규칙 제106조 제2항).

Ⅱ. 유해·위험물질에 대한 규제

1. 개 요

유해·위험물질은 때로 그 위험성·유해성의 유무가 확인되지 않은 채 이용됨으로써 건강장해 등의 문제를 일으키는 사례도 발견된다. 그와 같은 것에 대해서는 제조, 유통의 단계에서 필요한 조치를 강구하는 것이 필요한바, 「산업안전보건법」 제104조부터 제124조까지에서는 주로 제조·유통단계에서의 규제를 하고 있다.

먼저, 근로자의 건강에 특히 해롭거나 근로자에게 중대한 건강장해를 일으킬 우려가 있는 유해물질에 대해 원칙적으로 제조 등을 금지하고(제117조), 일정한 물질이 산업현장에서 필수적으로 요구되고 건강장해를 방지하기 위한 보호방법이 마련되어 있는 경우에는 엄격한 요건하에 그 제조·사용을 허가하고 있다(제118조). 아울러 근로자에게 중대한 건강장해를 일으키는 석면에 대해서는 건축물·설비의 철거·해체작업을 중심으로 준수하여야 할 사항을 별도로 규정하고 있다(제119조부터 제124조까지).

한편, 근로자에게 부상·건강장해를 일으키는 유해·위험물질(유해인자)을 정부 차원에서 체계적으로 분류·관리할 것을 정하고 있는 한편(제104조, 제105조), 유해인자의 노출기준 설정(제106조), 중대한 건강장해를 일으킬 우려가 있는 유해인자에 대한 허용기준 준수(제107조) 및 신규화학물질에 대한 유해성·위험성 조사(제108조)를 규정하고 있다.

또한 화학물질에 대한 유해성·위험성 정보의 충실한 유통과 제공을 위하여 물질안전보건자료와 경고표시 제도를 두고 있다(제110조부터 제116조까지).

2. 제조 등의 금지

「산업안전보건법」 제117조는 황린 성냥, 백연을 함유한 페인트 등의 제조 또는 취급(사용) 등의 과정에서 근로자에게 암 등 중대한 건강장해를 초래할 수 있는 물질이면서, 현재의 기술로는 그것에 의한 건강장해를 방지하는 충분한 보호방법이 없는 유해물질에 대해 그것의 제조 등의 금지를 규정한 것이다.

가. 금지 대상 유해물질

누구든지 i) 직업성 암을 유발하는 것으로 확인되어 근로자의 보건상 특히 해롭다고 인정되는 물질, ii) 「산업안전보건법」 제105조(유해인자의 유해성·위험성평가 및 관리) 제1항에 따라 유해성·위험성이 평가된 유해인자나 제109조(중대한 건강장해 우려 화학물질의 유해성·위험성 조사)에 따라 유해성·위험성이 조사된 화학물질 중 근로자에게 중대한 건강장해를 일으킬 우려가 있는 물질로서, 대통령령으로 정하는 물질은 제조·수입·양도·제공 또는 사용해서는 아니 된다(산업안전보건법 제117조 제1항).[598)]

「산업안전보건법」 제117조 제1항에 따라 제조·수입·양도·제공 또는 사용이 금지되고 있는 유해물질은 다음과 같다(시행령 제87조).

① β-나프틸아민과 그 염

② 4-니트로디페닐과 그 염

③ 백연을 포함한 페인트(포함된 용량비율이 2% 이하인 것은 제외한다)

④ 벤젠을 포함하는 고무풀(포함된 용량의 비율이 5% 이하인 것은 제외한다)

⑤ 석면

⑥ 폴리클로리네이티드 터페닐(PCT)

⑦ 황린(黃燐) 성냥

⑧ ①, ②, ⑤ 또는 ⑥에 해당하는 물질을 포함한 혼합물(포함된 중량의 비율이 1% 이하인 것은 제외한다)

⑨ 「화학물질관리법」 제2조 제5호에 따른 금지물질[599](같은 법 제3조 제1항 제1호부터 제12호까지의 규정에 해당하는 화학물질은 제외한다)

⑩ 그 밖의 보건상 해로운 물질로서 산업재해보상보험및예방심의위원회의 심의를 거쳐 고용노동부장관이 정하는 유해물질[600]

---

598) 이를 위반한 자는 5년 이하의 징역 또는 5천만원 이하의 벌금에 처한다(산업안전보건법 제168조 제1호).

599) '금지물질'이란 위해성이 크다고 인정되는 화학물질로서 모든 용도로의 제조, 수입, 판매, 보관·저장, 운반 또는 사용을 금지하기 위하여 환경부장관이 관계 중앙행정기관의 장과의 협의와 「화학물질의 등록 및 평가 등에 관한 법률」 제7조에 따른 화학물질평가위원회의 심의를 거쳐 고시한 것을 말한다(화학물질관리법 제2조 제5호).

600) 본 규정에 따라 「석면함유제품의 제조·수입·양도·제공 또는 사용금지에 관한 고시」(고용노동부 고시 제2015-18호, 2015.4.1) 제2조에서는 "누구든지 함유된 석면의 중량이 제품 중량의 1%를 초과하는 석면함유제품을 제조·수입·양도·제공 또는 사용하여서는 안 된다."고 규정하고 있다. 종전에는 제품중량의 0.1%를 초과하는 석면함유제품의 제조·수입·양도·제공 또는 사용을 금지하면서 다음 제품은 대체품 개발 시까지 적용 유예하고 있었다.
① 잠수함 및 미사일용 석면개스킷제품
② 미사일용 석면단열제품

여기에서 '혼합물(Mixture 또는 Preparation)'이란 두 가지 이상의 화학물질로 구성된 물질 또는 용액을 말하는 것으로서[화학물질의 분류·표시 및 물질안전보건자료에 관한 기준(고시) 제2조 제2호], 당해 물질의 유용성을 이용할 수 있도록 물리적으로 가공된 물질을 의미하고, 이용이 끝나 그 유용성을 상실한 것은 이것에 포함되지 않는다.

본조에 의해 금지되는 행위는 '제조·수입·양도·제공 또는 사용'이다. 여기에서 '양도'란 유상·무상을 불문하고 소유권의 이전을 동반하는 행위를 가리키고, '제공'이란 소유권을 유보한 채로 '건네는(넘기는)' 사실행위를 의미한다. 제공의 예로서는, 물품의 도장 수리의 경우에 그 물품의 소유자가 수리 공장에 도료를 인도(引渡)하고(넘겨주고) 그 도료를 수리에 사용할 것을 요청하는 경우의 인도 등이 있다.

나. 시험·연구를 위한 특례

벤지딘, β-나프틸아민 등은 염료를 제조할 때 중간체 등으로서 널리 사용되어 왔고, 앞으로도 시험·연구 또는 검사를 위하여 제조·사용되는 것이 예상된다.

이 점을 감안하여 「산업안전보건법」 제117조 제2항에서는 시험·연구 또는 검사의 목적으로 제조·수입·양도·제공 또는 사용하는 것에 대하여 다음 어느 하나에 해당하는 경우에는 특례로 제조 등 금지물질을 제조·수입·양도·제공 또는 사용할 수 있다고 규정하고 있다.

① 제조·수입 또는 사용을 위하여 고용노동부령으로 정하는 요건을 갖추어 고용노동부장관의 승인을 받은 경우

② 「화학물질관리법」 제18조 제1항 단서에 따라[601] 금지물질의 판매 허가

---

③ 화학공업 설비용으로서 100℃ 이상 온도의 부식성유체를 취급하는 부분에 사용되는 입경 1,400mm 이상의 석면조인트시트개스킷.

④ 화학공업 설비용으로 사용되는 입경 2,300mm 이상의 석면조인트시트개스킷

를 받은 자가 같은 항 단서에 따라 판매 허가를 받은 자나 제1호에 따라 사용 승인을 받은 자에게 제조 등 금지물질을 양도 또는 제공하는 경우

고용노동부장관이 승인 여부를 판단하는 데 있어서는 「안전보건기준규칙」(제33조 및 제499조부터 제511조까지의 규정)의 해당 규정이 그 기준이 된다.

고용노동부장관은 ①에 따라 승인을 받은 자가 ①에 따른 승인요건에 적합하지 아니하게 된 경우에는 승인을 취소하여야 한다(산업안전보건법 제117조 제3항).

①에 따라 승인을 받은 자가 할 수 있는 행위는 제조 등 금지물질의 제조·수입 또는 사용으로 제한되고 양도·제공은 할 수 없다. 이는 승인을 받은 자 이외에 제3자가 제조 등 금지물질을 취급하는 것을 방지하고자 하는 취지이다.

다. 승인 관련 위반에 대한 조치

제조 등 금지물질을 제조·수입·양도·제공 또는 사용한 자는 「산업안전보건법」 제117조 제1항 위반으로 처벌된다. 그리고 승인이 취소된 자가 제조 등 금지물질을 취급하는 경우에도 「산업안전보건법」 제117조 제1항 위반죄로 처벌된다.

또한 승인을 받은 자로부터 사용 승인 없이 제조 등 금지물질을 양도·제공받아 사용하는 경우 역시 제117조 제1항 위반죄에 해당되고, 승인을 받은 자가 제조 등 금지물질을 사용 승인을 받지 않은 제3자에게 양도·제공한 경우도 제117조 제1항 위반죄로 처벌된다.

「산업안전보건법」 제117조 제1항 위반범은 같은 법 제117조 조문 제목에서 알 수 있듯이 금지규정을 위반한 범죄로서 「산업안전보건법」의 몇 안 되는 작위범 중의 하나에 해당한다.

---

601) 「산업안전보건법」에서는 '따른'으로 표현되어 있는데 문맥상 '따라'가 맞다.

3. 제조 등의 허가

「산업안전보건법」 제118조는 디클로로벤지딘과 그 염 등 근로자에게 중대한 건강장해를 발생시킬 우려가 있는 물질의 제조·사용허가에 대하여 정한 것이다.

유해물질에 의한 건강장해의 방지에 대해서는 「산업안전보건법」 제39조(보건조치)와 그것에 근거한 「안전보건기준규칙」에서 상세한 건강장해 방지기준이 규정되어 있고, 이 기준의 준수에 의해 근로자의 건강이 기본적으로 확보될 수 있지만, 미량(微量)의 폭로에 의해서도 중대한 건강장해를 초래할 우려가 있는 유해물질에 대하여 건강장해 방지에 만전을 기하기 위해서는 제조·사용설비의 밀폐화, 당해 물질의 습윤화 또는 원격조작에 의한 취급 등 특별히 엄격한 조치가 필요하다.

이러한 점을 감안하여, 「안전보건기준규칙」에 의해 화학물질에 대해 일정한 규제가 이루어지고 있지만, 이 준수의 철저를 도모하기 위하여 제조·사용설비의 설계, 작업방법의 결정 등의 단계에서 사전에 그 계획을 고용노동부장관이 심사하는 한편, 제조·사용설비를 허가기준에 적합하도록 유지하여야 한다고 하는 허가 제도를 마련한 것이다.

가. 허가 대상 유해물질

「산업안전보건법」 제118조 제1항에 따라 i) 직업성 암을 유발하는 것으로 확인되어 근로자의 보건상 특히 해롭다고 인정되는 물질, ii) 「산업안전보건법」 제105조(유해인자의 유해성·위험성평가 및 관리) 제1항에 따라 유해성·위험성이 평가된 유해인자나 제109조(중대한 건강장해 우려 화학물질의 유해성·위험성 조사)에 따라 유해성·위험성이 조사된 화학물질 중 근로자에게 중대한 건강장해를 일으킬 우려가 있는 물질로서 대통령령으로 정하는 물질을 제조하거나 사용하려는 자는 고용노동부장관의 허가를 받아야 한다(산

업안전보건법 제118조 제1항).[602]

본 조항에 따라 제조·사용하고자 할 경우 허가를 받아야 하는 유해물질은 다음과 같다(시행령 제88조).

① α-나프틸아민 및 그 염

② 디아니시딘 및 그 염

③ 디클로로벤지딘 및 그 염

④ 베릴륨

⑤ 벤조트리클로라이드

⑥ 비소 및 그 무기화합물

⑦ 염화비닐

⑧ 콜타르피치 휘발물

⑨ 크롬광 가공(열을 가하여 소성 처리하는 경우만 해당한다)

⑩ 크롬산 아연

⑪ o-톨리딘 및 그 염

⑫ 황화니켈류

⑬ 제1호부터 제4호까지 또는 제6호부터 제12호까지의 어느 하나에 해당하는 물질을 포함한 혼합물(포함된 중량의 비율이 1퍼센트 이하인 것은 제외한다)

⑭ 제5호의 물질을 포함한 혼합물(포함된 중량의 비율이 0.5퍼센트 이하인 것은 제외한다)

⑮ 그 밖에 보건상 해로운 물질로서 산업재해보상보험및예방심의위원회의 심의를 거쳐 고용노동부장관이 정하는 유해물질

602) 이를 위반한 자는 5년 이하의 징역 또는 5천만원 이하의 벌금에 처한다(산업안전보건법 제168조 제1호).

나. 허가신청 및 허가기준

제조 등의 허가는 허가 대상 유해물질을 제조·사용하려고 하는 자라면 누구든지 받아야 한다. 제조·사용허가를 받으려는 자는 제조·사용허가신청서에 관련서류[사업계획서(제조·수입·사용의 목적·양 등에 관한 사항이 포함되어야 한다), 산업보건 관련조치를 위한 시설·장치의 명칭·구조·성능 등에 관한 서류, 해당 사업장의 전체 작업공정도, 각 공정별로 취급하는 물질의 종류·취급량 및 공정별 종사근로자 수에 관한 서류]를 첨부하여 관할 지방고용노동관서장에게 제출하여야 한다(시행규칙 제173조 제1항).

그리고 허가는 허가 대상 유해물질마다 그리고 설비(Plant)별로 받아야 한다. 예컨대, 사업장에서 2종류의 허가 대상 유해물질을 제조하는 경우에는 각각이 허가의 대상이 되고, 그것이 각각 2곳의 계열(系列)·공정에서 제조되는 경우에는 각각의 계열·공정마다 허가를 받아야 할 것이다.

허가 대상 유해물질의 제조·사용설비, 작업방법, 그 밖의 허가기준은 「안전보건기준규칙」[제33조, 제35조 제1항(별표 2 제16호 및 제17호에 해당하는 경우로 한정한다) 및 제453조부터 제486조까지]에 규정되어 있다(시행규칙 제173조 제2항 제2호 참조).

다. 허가기준의 유지의무

허가를 받은 자(허가 대상 유해물질 제조·사용자)는 제조·사용설비를 허가기준에 적합하도록 유지하여야 하며, 허가기준에 적합한 작업방법으로 제조·사용하여야 한다(산업안전보건법 제118조 제3항).[603)]

고용노동부장관은 제조·사용설비 또는 작업방법이 허가기준에 적합하지 아니하다고 인정할 때에는 그 기준에 적합하도록 제조·사용설비를 수리·

603) 이를 위반한 자는 3년 이하의 징역 또는 3천만원 이하의 벌금에 처한다(산업안전보건법 제169조 제1호).

개조 또는 이전하도록 하거나 그 기준에 적합한 작업방법으로 그 물질을 제조·사용하도록 명할 수 있다(산업안전보건법 제118조 제4항).[604)]

고용노동부장관은 허가 대상 유해물질 제조·사용자가 허가기준에 맞지 아니하는 등 다음 어느 하나에 해당하면 허가를 취소하거나 6개월 이내의 기간을 정하여 영업을 정지하게 할 수 있다(산업안전보건법 제118조 제5항).[605)]

① 거짓이나 그 밖의 부정한 방법으로 허가를 받은 경우(이 경우에는 허가 취소)
② 제2항에 따른 허가기준에 맞지 아니하게 된 경우
③ 제3항을 위반한 경우
④ 제4항에 따른 명령을 위반한 경우
⑤ 자체검사 결과 이상을 발견하고도 즉시 보수 및 필요한 조치를 하지 아니한 경우

지방고용노동관서장은 허가취소 또는 영업정지를 명한 때에는 해당 사업장을 관할하는 특별자치시장·특별자치도지사·시장·군수·구청장(자치구의 구청장을 말한다)에게 이를 통보하여야 한다(시행규칙 제174조).

4. 석면조사

「산업안전보건법」은 제119조에서 석면조사 제도를 두고 있다. 이에 따르면, 건축물이나 설비를 철거·해체하려는 경우에 건축물이나 설비의 소유주 또는 임차인 등(이하 '건축물·설비의 소유주 등'이라 한다)은 작업 전에 i)

---

604) 명령을 위반한 자는 3년 이하의 징역 또는 3천만원 이하의 벌금에 처한다(산업안전보건법 제169조 제2호).

605) 명령을 위반한 자는 5년 이하의 징역 또는 5천만원 이하의 벌금에 처한다(산업안전보건법 제168호 제2호).

해당 건축물이나 설비에 대하여 석면이 포함되었는지 여부, ii) 해당 건축물이나 설비 중 석면이 포함된 자재의 종류, 위치, 면적 등을 고용노동부령이 정하는 바에 따라 조사 등을 하도록 함으로써, 석면함유 건축물이나 설비의 철거·해체 작업으로 인한 근로자의 건강장해를 방지하여야 한다. 즉, 건축물이나 설비의 소유주 또는 임차인 등은 규모에 따라 '일반석면조사' 또는 '기관석면조사'를 실시하여야 한다.

건축물·설비의 소유주 등은 건축물·설비의 소유주, 임차인, 사업시행자, 재개발조합 등 건축물의 철거·해체권한이 있는 자를 의미한다. 석면해체·제거업자는 이에 해당되지 않는다.

가. 기관석면조사

일정 규모 이상의 건축물·설비의 소유주 등은 고용노동부장관이 지정하는 기관(이하에서는 '석면조사기관'이라 한다)[606]으로 하여금 i) 해당 건축물이나 설비에 대하여 석면이 포함되었는지 여부, ii) 해당 건축물이나 설비 중 석면이 포함된 자재의 종류, 위치, 면적, iii) 해당 건축물이나 설비에 포함된 석면의 종류 및 함유량을 조사하도록 한 후[607] 그 결과를 기록하여야 하고(산업안전보건법 제119조 제2항), 건축물·설비의 소유주 등과 석면조사기관은 이에 관한 서류를 3년간 보존하여야 한다(산업안전보건법 제164조 제3항).[608]

기관석면조사의 대상은 다음과 같다(시행령 제89조 제1항).

① 건축물(주택 및 그 부속건축물 제외한다)의 연면적 합계[609]가 50㎡ 이

---

606) 석면조사기관의 지정요건은 「시행령」 제90조에 규정되어 있다.

607) 기관석면조사를 하지 아니하고 건축물 또는 설비를 철거하거나 해체한 자에게는 5천만원 이하의 과태료를 부과한다(산업안전보건법 제175조 제1항 제1호).

608) 이를 위반한 자에게는 3백만원 이하의 과태료를 부과한다(산업안전보건법 제175조 제6항 제18호).

609) 여러 층으로 이루어진 건물의 경우 각층의 바닥 면적을 합한 수치이며, 여러 동의 건물들을 철거할 경우 해당 건물들의 바닥면적을 모두 합한 수치를 의미한다.

상이면서, 그 건축물의 철거·해체하려는 부분의 면적 합계가 50㎡ 이상인 경우

② 주택(건축법 시행령 제2조 제12호에 따른 부속건축물[610]을 포함한다)의 연면적 합계가 200㎡ 이상이면서, 그 주택의 철거·해체하려는 부분의 면적 합계가 200㎡ 이상인 경우

③ 설비의 철거·해체하려는 부분에 자재(단열재, 보온재, 분무재, 내화피복재, 개스킷, 패킹재, 실링재, 그 밖에 이와 유사한 용도로 사용되는 자재로서 고용노동부장관이 고시하는 자재[611])를 사용한 면적의 합이 15㎡ 이상 또는 부피의 합이 1㎥ 이상인 경우

④ 파이프 길이의 합이 80m 이상이면서, 그 파이프의 철거·해체 부분의 보온재로 사용된 길이의 합이 80m 이상인 경우

그리고 기관석면조사는 다음과 같은 방법으로 실시한다(산업안전보건법 제119조 제5항, 시행규칙 제176조 제1항).

① 건축도면, 설비제작도면 또는 사용자재의 이력 등을 통하여 석면 함유 여부에 대한 예비조사를 할 것

② 건축물이나 설비의 해체·제거할 자재 등에 대하여 성질과 상태가 다른 부분들을 각각 구분할 것

③ 시료채취는 성질과 상태가 다른 부분들로 구분한 자재의 각각에 대하여 그 크기를 고려하여 채취 수를 달리하여 조사할 것

이 경우 고형시료를 1개만 채취·분석하는 경우에는 그 1개의 결과를 기준으로 해당 부분의 석면함유 여부를 판정하여야 하며, 2개 이상의 고형 시료를 채취·분석하는 경우에는 석면함유율이 가장 높은 결과를 기준으로 해당 부분의 석면함유 여부를 판정하여야 한다(시행규칙 제176조 제2항). 그 밖에 기

610) 같은 대지에서 주된 건축물과 분리된 부속용도의 건축물로서 주된 건축물을 이용 또는 관리하는 데 필요한 건축물을 말한다.

611) 이에 대해서는 현재까지 고용노동부장관이 고시하고 있는 자재는 없다.

관석면조사 방법 및 판정의 구체적인 사항, 크기별 시료채취 수, 석면조사 결과서 작성 등은 「석면조사 및 안전성 평가 등에 관한 고시」에서 정하고 있다.

나. 일반석면조사

기관석면조사 대상이 아닌 건축물·설비의 소유주 등은 i) 해당 건축물이나 설비에 대하여 석면이 포함되었는지 여부, ii) 해당 건축물이나 설비 중 석면이 포함된 자재의 종류, 위치, 면적을 조사(일반석면조사)한 후 그 결과를 기록하여야 하고(산업안전보건법 제119조 제1항, 안전보건기준규칙 제488조),[612] 이에 관한 서류를 그 건축물이나 설비에 대한 해체·제거작업이 종료될 때까지 보존하여야 한다(산업안전보건법 제164조 제3항).[613]

다. 석면조사 생략

기관석면조사 대상 중 다음 사항의 경우에는 지방고용노동관서장에게 확인신청서를 제출하여 확인을 받은 후 석면조사를 생략할 수 있다(산업안전보건법 제119조 제2항 단서, 시행령 제89조 제2항).

① 건축물이나 설비의 철거·해체부분[614]에 사용된 자재가 설계도서, 자재이력 등 관련 자료를 통해 석면이 함유되지 않음이 명백하다고 인정되는 경우

② 건축물이나 설비의 철거·해체부분에 석면이 중량비율 1퍼센트가 넘게 포함된 자재를 사용하였음이 명백하다고 인정되는 경우

그리고 건축물·설비의 소유주 등이 「석면안전관리법」에 따라 건축물이

---

612) 일반석면조사를 하지 아니하고 건축물이나 설비를 철거하거나 해체한 자에게는 3백만원 이하의 과태료를 부과한다(산업안전보건법 제175조 제6항 제12호).

613) 이를 위반한 자에게는 3백만원 이하의 과태료를 부과한다(산업안전보건법 제175조 제6항 제18호).

614) '철거·해체부분'이란 철거·해체하고자 하는 모든 부분을 의미한다.

나 설비에 대한 석면조사를 실시한 경우에는 지방고용노동관서장에게 「석면안전관리법」에 따른 석면조사를 하였음을 표시하고 그 석면조사결과서를 첨부하여 석면조사의 생략 등 확인신청서를 제출한 경우 석면조사를 실시한 것으로 본다(산업안전보건법 제119조 제3항, 시행규칙 제175조 제2항). 다만, 「석면안전관리법 시행규칙」 제26조에 따라 건축물석면조사 결과를 관계 행정기관의 장[특별자치시시장 · 특별자치도지사 · 시장 · 군수 · 구청장(유아교육법 제7조에 따른 유치원, 초 · 중등교육법 제2조에 따른 학교의 경우에는 교육감 또는 교육장을 말한다]에게 제출한 경우에는 석면조사의 생략 등 확인신청서를 제출하지 아니할 수 있다(시행규칙 제175조 제2항 단서).

라. 석면조사 이행명령 및 작업중지명령

고용노동부장관은 건축물 · 설비의 소유주 등이 일반석면조사 또는 기관석면조사를 하지 아니하고 건축물이나 설비를 철거하거나 해체하는 경우에는 다음의 조치를 명할 수 있다(산업안전보건법 제119조 제4항).[615]

① 해당 건축물 · 설비의 소유주 등에 대한 일반석면조사 또는 기관석면조사의 이행명령

② 해당 건축물이나 설비를 철거하거나 해체하는 자에 대하여 ①에 따른 이행명령의 결과를 보고받을 때까지의 작업중지명령

615) 명령을 위반한 자는 3년 이하의 징역 또는 3천만원 이하의 벌금에 처한다(산업안전보건법 제169조 제2호).

5. 석면 해체·제거작업[616]기준[617]

석면이 함유된 건축물이나 설비를 철거하거나 해체하는 자는 고용노동부령으로 정하는 석면해체·제거 작업기준을 준수하도록 하고(산업안전보건법 제123조), 기관석면조사 대상으로서 대통령령으로 정하는 함유량과 면적 이상의 석면이 포함되어 있는 경우 해당 건축물·설비의 소유주 등은 고용노동부장관에게 등록한 자(이하 '석면해체·제거업자'라 한다)[618]를 통해 그 석면을 해체·제거하도록 하여야 한다(산업안전보건법 제122조 제1항). 그리고 석면해체·제거업자는 석면해체·제거작업을 하기 전에 고용노동부장관에게 신고하고,[619] 석면해체·제거작업에 관한 서류 중 i) 석면해체·제거작업장의 명칭 및 소재지, ii) 석면해체·제거작업 근로자의 인적사항(성명, 생년월일 등을 말한다), iii) 작업의 내용 및 작업기간을 보존하여야 한다[620](산업

616) '석면 해체·제거작업'이란 석면함유 설비 또는 건축물의 파쇄(破碎), 개·보수 등으로 인하여 석면분진이 흩날릴 우려가 있고 작은 입자의 석면폐기물이 발생하는 작업을 말한다(안전보건기준규칙 제452조 제4호).

617) 「산업안전보건법」의 체계로 볼 때 석면 해체·제거작업기준은 다른 유해요인에 대한 작업기준과 마찬가지로 법 제39조(보건조치)를 근거로 하고 구체적인 사항은 「안전보건기준규칙」에서 정하는 것이 타당하다. 다른 유해요인과 달리 석면 작업기준의 근거가 되는 조문(제122조~제124조)만을 제39조(보건조치)로부터 분리하여 별도로 규정할 논리적 근거는 없다.

618) 석면해체·제거업자의 등록요건은 「시행령」 제92조에 규정되어 있다. 석면해체·제거업자가 등록요건을 충족하지 못한 경우 등 일정한 사유에 해당하는 경우에는 그 등록을 취소하거나 6개월 이내의 기간을 정하여 그 업무의 정지를 명할 수 있다(산업안전보건법 제121조 제4항, 제21조 제4항 및 시행령 제93조). 다만, 「산업안전보건법」상 업무정지 처분에 갈음하여 과징금을 부과할 수 있는 대상은 안전관리전문기관·보건관리전문기관(산업안전보건법 제21조 제4항), 건설재해예방전문지도기관(산업안전보건법 제74조 제4항) 등으로 한정되어 있으므로(산업안전보건법 제160조 제1항), 석면해체·제거업자에 대해서는 업무정지 처분에 갈음하여 과징금을 부과할 수 없다(산업보건과-39, 2010.7.14 참조).

619) 이를 위반한 자에게는 3백만원 이하의 과태료를 부과한다(산업안전보건법 제175조 제6항 제13호).

620) 이를 위반한 자에게는 3백만원 이하의 과태료를 부과한다(산업안전보건법 제175조 제6항 제18호).

안전보건법 제122조 제3항, 제164조 제6항 및 시행규칙 제241조 제6항).

가. 석면 해체 · 제거작업기준의 준수

석면이 함유된 건축물이나 설비를 철거 · 해체하는 자는 「안전보건기준규칙」에서 정하는 석면해체 · 제거의 작업기준을 준수하여야 한다(산업안전보건법 제123조 제1항).[621] 이 석면해체 · 제거작업기준은 「안전보건기준규칙」 제489조(석면해체 · 제거작업 계획 수립)부터 제497조(잔재물의 흩날림 방지)까지에 상세하게 규정되어 있다.

근로자는 석면이 포함된 건축물이나 설비를 철거하거나 해체하는 자가 제1항의 작업기준에 따라 근로자에게 한 조치로서 고용노동부령으로 정하는 조치사항을 준수하여야 한다(산업안전보건법 제123조 제2항).[622], [623]

나. 석면 해체 · 제거업자를 통한 석면의 해체 · 제거

기관석면조사 대상으로서 대통령령으로 정하는 함유량과 면적 이상의 석면이 포함되어 있는 경우에는 석면 해체 · 제거업자로 하여금 그 석면을 해체 · 제거하도록 하여야 한다(산업안전보건법 제122조 제1항).[624] 석면 해체 · 제거업자를 통한 석면 해체 · 제거 대상은 다음 어느 하나에 해당하는 경

621) 이를 위반한 자는 3년 이하의 징역 또는 3천만원 이하의 벌금에 처한다(산업안전보건법 제169조 제1호).

622) 이를 위반한 자에게는 3백만원 이하의 과태료를 부과한다(산업안전보건법 제175조 제6항 제3호).

623) 석면해체 · 제거 작업기준 역시 다른 작업기준과 마찬가지로 구체적인 내용이 「안전보건기준규칙」에 규정되어 있고 규정의 성격도 서로 매우 유사함에도, 그 위임근거를 「산업안전보건법」 제38조(안전조치) 제4항이 아니라 이와 분리하여 같은 법 제123조(석면해체 · 제거 작업기준의 준수) 제1항으로 하고 있는 것은 법체계상 맞지 않는다.

624) 이를 위반한 자는 5년 이하의 징역 또는 5천만원 이하의 벌금에 처한다(산업안전보건법 제168조 제1호).

우를 말한다(시행령 제94조).

① 철거·해체하려는 벽체재료, 바닥재, 천장재 및 지붕재 등의 자재에 석면이 중량비율 1퍼센트가 넘게 포함되어 있고 그 자재의 면적의 합이 50㎡ 이상인 경우

② 석면이 중량비율 1퍼센트가 넘게 포함된 분무재, 내화피복재를 사용한 경우

③ 석면이 중량비율 1퍼센트가 넘게 포함된「시행령」제89조 제1항 제3호 각 목의 어느 하나(다목 및 라목은 제외한다)에 해당하는 자재의 면적의 합이 15㎡ 이상 또는 그 부피의 합이 1㎥ 이상인 경우

④ 파이프에 사용된 보온재에 석면이 중량비율 1퍼센트가 넘게 포함되어 있고 그 보온재 길이의 합이 80m 이상인 경우

다만, 건축물·설비의 소유주 등(석면해체·제거 작업을 스스로 하려는 자)이 석면해체·제거업자의 등록요건(인력·시설 및 장비)을 갖추고 증명서류를 첨부해 석면해체·제거작업 신고를 하는 경우는 스스로 석면을 해체·제거할 수 있다(산업안전보건법 제122조 제1항 단서, 시행령 제94조 제2항).

석면해체·제거는 해당 건축물이나 설비에 대하여 기관석면조사를 실시한 기관이 해서는 안 된다(산업안전보건법 제122조 제2항).[625]

다. 석면 해체·제거작업 신고절차 및 처리

석면해체·제거업자는 석면해체·제거작업을 하기 전(시작 7일 전)에 석면해체·제거 작업장의 소재지를 관할하는 지방고용노동관서장에게 석면해체·제거작업 신고를 하여야 하고(산업안전보건법 제122조 제3항, 시행규칙 제181조 제1항),[626] 석면해체·제거작업에 관한 서류를 보존하여야 한다(산

625) 이를 위반한 자에게는 5백만원 이하의 과태료를 부과한다(산업안전보건법 제175조 제5항 제1호).

업안전보건법 제122조 제3항). 이 경우 일반석면조사를 한 건축물・설비소유주 등은 그 결과에 관한 서류를 그 건축물이나 설비에 대한 해체・제거작업이 종료될 때까지 보존하여야 하고, 기관석면조사를 한 건축물・설비소유주등과 석면조사기관은 그 결과에 관한 서류를 3년 동안 보존하여야 한다(제164조 제3항).[627)]

라. 석면농도기준 준수

석면해체・제거업자는 석면해체・작업이 완료된 후 해당 작업장의 공기 중 석면농도가 고용노동부령으로 정하는 기준 이하가 되도록 하고(산업안전보건법 제124조 제1항),[628)] 석면농도를 측정할 수 있는 자로 하여금 작업완료 후 공기 중 석면농도를 측정하도록 한 후 그 결과를 지방고용노동관서장에게 제출하여야 한다(산업안전보건법 제124조 제1항, 시행규칙 제183조).[629), 630)]

석면해체・작업 완료 후 작업장의 공기 중 석면농도가 석면농도기준을 초과한 경우 건축물・설비의 소유주 등은 해당 건축물이나 설비를 철거나 해체해서는 아니 된다(산업안전보건법 제124조 제3항).[631)]

---

626) 이를 위반한 자에게는 3백만원 이하의 과태료를 부과한다(산업안전보건법 제175조 제6항 제13호).

627) 이를 위반한 자에게는 3백만원 이하의 과태료를 부과한다(산업안전보건법 제175조 제6항 제18호).

628) 이를 위반한 자에게는 5백만원 이하의 과태료를 부과한다(산업안전보건법 제175조 제5항 제1호).

629) 석면해체・제거작업 완료 후 공기 중 석면농도 측정은 실내 작업장을 대상으로 하므로, 옥외작업의 경우에는 석면농도 측정을 실시하지 않아도 무방하다(석면조사 및 안전성 평가 등에 관한 고시 제9조 참고).

630) 이를 위반한 자에게는 3백만원 이하의 과태료를 부과한다(산업안전보건법 제175조 제6항 제14호).

631) 이를 위반하여 건축물 또는 설비를 철거하거나 해체한 자는 5천만원 이하의 과태료를 부과한다(산업안전보건법 제175조 제1항 제2호).

6. 유해인자의 분류기준

고용노동부장관은 「산업안전보건법」 제104조(유해인자의 분류기준) 제1항에 따라 근로자에게 건강장해를 일으키는 화학물질(Chemical substance)[632] 및 물리적 인자 등(이하 '유해인자'라 한다)을 고용노동부령으로 정하는 유해성·위험성 분류기준을 마련하여야 한다.

유해인자는 화학물질, 물리적 인자, 생물학적 인자로 구분하여 다음과 같이 분류하고 있다[시행규칙 별표 18(제141조 관련)]. 이 유해인자 분류기준은 국제연합(UN)에서 정한 「화학물질의 분류 및 표시에 관한 세계조화시스템(Globally Harmonized System of Classification and Labelling of Chemicals : GHS)[633] 지침」을 따르고 있다.

---

632) 원소(Chemical element) 및 원소 간의 화학반응에 의하여 생성된 물질(화합물, Chemical compound)을 말한다[화학물질의 분류·표시 및 물질안전보건자료에 관한 기준(고시) 제2조 제1호]. 그리고 원소란 물질을 구성하는 가장 기본이 되는 성분으로서 어떤 방법으로도 분해되지 않는 가장 작은 단위의 성분을 가리키며, 보다 구체적으로 말하면, 한 종류의 원자(동위체의 구별은 묻지 않는다)로 구성된 물질의 모든 상태[여기 상태(Excited state), 라디컬(Radical) 등을 포함한다]를 말하고 단체(單體)를 포함한다.

633) 1992년에 시작되어 UN에 의해 2003년에 채택(제정)된 국제적으로 합의된 시스템이다. 여러 국가들에서 사용되고 있는 다양한 표시 및 분류 기준을 지구적 차원에서 통일된 기준으로 대체하는 것을 목적으로 하고 있다.

[표 11] 유해인자의 분류기준

유해인자	분류기준
화학물질[634](29종)	◦ 물리적 위험성(16종) – 폭발성 물질, 인화성 가스, 인화성 액체, 인화성 고체, 에어로졸, 물반응성 물질, 산화성 가스, 산화성 액체, 산화성 고체, 고압가스, 자기반응성 물질, 자연발화성 액체, 자연발화성 고체, 자기발열성 물질, 유기과산화물, 금속부식성 물질
	◦ 건강 및 환경 유해성(13종) – 급성독성, 피부 부식성 또는 자극성, 심한 눈손상성 또는 자극성, 호흡기 과민성, 피부 과민성, 발암성, 생식세포 변이원성, 생식독성, 특정 표적장기 독성(1회 노출), 특정 표적장기 독성(반복 노출), 흡인 유해성, 수생환경 유해성, 오존층 유해성
물리적 인자(5종)	소음, 진동, 방사선, 이상기압, 이상기온
생물학적 인자(3종)	혈액매개 감염인자, 공기매개 감염인자, 곤충 및 동물매개 감염인자

7. 유해성 · 위험성 평가 및 관리

고용노동부장관은 유해인자가 근로자의 건강에 미치는 유해성 · 위험성[635]을 평가하고, 그 결과를 관보 등에 공표할 수 있다(산업안전보건법 제105조 제1항).

「산업안전보건법」 제105조(유해인자의 유해성 · 위험성 평가 및 관리) 제1항에 따른 유해성 · 위험성 평가의 대상이 되는 유해인자의 선정기준은 다음과 같다(시행규칙 제142조 제1항).

634) 화학물질의 물리적 위험성 분류기준별 세부 구분기준과 건강 · 환경 유해성 분류기준의 단일물질 분류기준별 세부 구분기준 및 혼합물질의 분류기준은 「화학물질의 분류 · 표시 및 물질안전보건자료에 관한 기준」(고시)에서 정하고 있다.

635) 여기에서의 '위험성'은 Risk Assessment에서의 Risk(중대성과 가능성의 조합)를 의미하는 것은 아니며, 유해성(건강장해성)과 대비하는 의미에서의 '물리적 위험성'을 가리킨다.

① 「시행규칙」 제143조 제1항 각 호로 분류하기 위하여 유해성·위험성 평가가 필요한 유해인자
② 노출 시 변이원성(變異原性 : 유전적인 돌연변이를 일으키는 물리적·화학적 성질), 흡입독성, 생식독성(生殖毒性 : 생물체의 생식에 해를 끼치는 약물 등의 독성), 발암성 등 근로자의 건강장해 발생이 의심되는 유해인자
③ 그 밖에 사회적 물의를 일으키는 등 유해성·위험성평가가 필요한 유해인자

고용노동부장관은 제1항에 따라 선정된 유해인자에 대한 유해성·위험성 평가를 실시할 때에는 다음 각 사항을 고려해야 한다(시행규칙 제142조 제2항).

① 독성시험자료 등을 통한 유해성·위험성 확인
② 화학물질의 노출이 인체에 미치는 영향
③ 화학물질의 노출수준

유해성·위험성 평가의 세부방법 및 절차, 그 밖에 필요한 사항은 「화학물질의 유해성·위험성 평가에 관한 규정」(예규)으로 정하고 있다.

고용노동부장관은 「산업안전보건법」 제105조 제1항에 따른 유해성·위험성 평가 결과 등을 고려하여 다음 물질 또는 인자로 정하여 관리해야 한다(시행규칙 제143조 제1항).

① 「산업안전보건법」 제106조에 따른 노출기준(이하 '노출기준'이라 한다) 설정 대상 유해인자
② 「산업안전보건법」 제107조 제1항에 따른 허용기준(이하 '허용기준'이라 한다) 설정 대상 유해인자
③ 「산업안전보건법」 제117조에 따른 제조 등 금지물질
④ 「산업안전보건법」 제118조에 따른 제조 등 허가물질
⑤ 「시행규칙」 제186조 제1항에 따른 작업환경측정 대상 유해인자

⑥「시행규칙」 별표 22(제201조 관련) 제1호부터 제3호까지의 규정에 따른 특수건강진단 대상 유해인자
⑦「안전보건기준규칙」 제420조 제1호에 따른 관리 대상 유해물질
⑧「안전보건기준규칙」 제420조 제6호 별표 12에 따른 특별관리물질[636)]

8. 유해인자의 노출기준 설정·고시

고용노동부장관은 노출기준 설정 대상 유해인자의 노출기준을 정하여 관보 등에 고시한다(산업안전보건법 제106조). 노출기준이란 근로자가 유해인자에 노출되는 경우 노출기준 이하 수준에서는 거의 모든 근로자에게 건강상 나쁜 영향을 미치지 아니하는 기준을 말하며, 1일 작업시간동안의 시간가중평균노출기준(Time Weighted Average, TWA), 단시간노출기준(Short Term Exposure Limit, STEL) 또는 최고노출기준(Ceiling, C)으로 표시한다[화학물질 및 물리적 인자의 노출기준(고시) 제2조 제1항 제1호]. 2024년 5월 현재 화학물질 731종 및 소음(일반소음, 충격소음), 고온, 라돈에 대한 노출기준이 설정되어 있다[화학물질 및 물리적 인자의 노출기준(고시)].

가. 노출기준 설정 시 고려사항

노출기준을 정할 때에는 i) 해당 유해인자에 따른 건강장해에 관한 연구·실태조사의 결과, ii) 해당 유해인자의 유해성·위험성평가 결과, iii) 해당

636)「시행규칙」 별표 18(제141조 관련) 제1호 나목에 따른 발암성, 생식세포 변이원성, 생식독성 물질 등 근로자에게 중대한 건강장해를 일으킬 우려가 있는 물질로서「안전보건기준규칙」 별표 12(관리 대상 유해물질의 종류)에서 특별관리물질로 표기된 물질을 말한다. 현행「시행규칙」 제143조(유해인자의 관리 등) 제1항에서는 특별관리물질을 유해인자의 분류·관리 대상으로 별도 명기하고 있지 않지만 특별관리물질은 관리 대상 유해물질과 엄연히 구별되므로 별도로 분류하여 관리하는 대상으로 보는 것이 부합하는 해석이라고 판단된다.

유해인자의 노출기준 적용에 관한 기술적 타당성 등을 고려하여야 한다(시행규칙 제144조).

나. 노출기준 사용상의 유의사항

노출기준을 사용할 때에는 다음 사항에 유의하여야 한다[화학물질 및 물리적 인자의 노출기준(고시) 제3조].

① 각 유해인자의 노출기준은 해당 유해인자가 단독으로 존재하는 경우의 노출기준을 말하며, 2종 또는 그 이상의 유해인자가 혼재하는 경우에는 각 유해인자의 상가작용으로 유해성이 증가할 수 있으므로 제6조(혼합물)에 따라 산출하는 노출기준을 사용하여야 한다.

② 노출기준은 1일 8시간 작업을 기준으로 하여 제정된 것이므로 이를 이용할 경우에는 근로시간, 작업의 강도, 온열조건, 이상기압 등이 노출기준 적용에 영향을 미칠 수 있으므로 이와 같은 제반요인을 특별히 고려하여야 한다.

③ 유해인자에 대한 감수성은 개인에 따라 차이가 있고, 노출기준 이하의 작업환경에서도 직업성 질병에 이환되는 경우가 있으므로 노출기준은 직업병진단에 사용하거나 노출기준 이하의 작업환경이라는 이유만으로 직업성 질병의 이환을 부정하는 근거 또는 반증자료로 사용하여서는 아니 된다.

④ 노출기준은 대기오염의 평가 또는 관리상의 지표로 사용하여서는 아니 된다.

한편, 노출기준이 설정되지 않은 물질의 경우라 하더라도 이에 대한 노출이 가능한 한 낮은 수준이 되도록 관리하여야 한다.[637]

---

637) 「화학물질 및 물리적 인자의 노출기준」(고시) 별표 1(화학물질의 노출기준)(제5조 제1항 관련) 주(註) 8 참조.

다. 적용범위

노출기준은 「산업안전보건법」 제39조에 따른 작업장의 유해인자에 대한 작업환경개선기준과 같은 법 제125조에 따른 작업환경측정 결과의 평가기준으로 사용할 수 있다. 한편, 「화학물질 및 물리적 인자의 노출기준」에 유해인자의 노출기준이 규정되지 아니하였다는 이유로 산업안전보건법령의 적용이 배제되는 것은 아니며, 이와 같은 유해인자의 노출기준은 미국산업위생전문가협회(American Conference of Governmental Industrial Hygienists : ACGIH)에서 매년 채택하는 노출기준(TLVs)을 준용한다[화학물질 및 물리적 인자의 노출기준(고시) 제4조].

9. 유해인자 허용기준

사업주는 발암성 물질 등 근로자에게 중대한 건강장해를 유발할 우려가 있는 유해인자로서 시행령 별표 26(제84조 관련)으로 정하는 유해인자(38종)는 작업장 내의 노출농도를 고용노동부령으로 정하는 허용기준 이하로 유지하여야 한다(산업안전보건법 제107조 제1항).[638), 639)] 유해인자별 허용기준은 다음 표와 같다[시행규칙 별표 19(제145조 제1항 관련)].

---

638) 노출기준 위반에 대해서는 벌칙을 부과하지 않지만, 허용기준을 위반한 자에게는 1천만원 이하의 과태료를 부과한다(산업안전보건법 제175조 제4항 제3호).

639) 노출기준을 허용기준화하는 이 조항은 2005년 국내 전자부품업체(세척공정)에서 발생된 노말헥산에 의한 외국인 근로자(8명)의 다발성 신경장해 집단중독사고 발생을 계기로 2007.7.26.(2009.1.1. 시행) 신설되었다.

[표 12] 유해인자별 노출농도의 허용기준(시행규칙 별표 19)

유해인자		허용기준			
		시간가중평균값 (TWA)		단시간 노출값 (STEL)	
		ppm	mg/㎥	ppm	mg/㎥
1. 6가크롬[18540-29-9] 화합물 (Chromium VI compounds)	불용성		0.01		
	수용성		0.05		
2. 납[7439-92-1] 및 그 무기화합물(Lead and its inorganic compounds)			0.05		
3. 니켈[7440-02-0] 화합물(불용성 무기화합물로 한정한다)(Nickel and its insoluble inorganic compounds)			0.2		
4. 니켈카르보닐(Nickel carbonyl ; 13463-39-3)		0.001			
5. 디메틸포름아미드(Dimethylformamide ; 68-12-2)		10			
6. 디클로로메탄(Dichloromethane ; 75-09-2)		50			
7. 1,2-디클로로프로판(1,2-Dichloro propane ; 78-87-5)		10		110	
8. 망간[7439-96-5] 및 그 무기화합물 (Manganese and its inorganic compounds)			1		
9. 메탄올(Methanol ; 67-56-1)		200		250	
10. 메틸렌 비스(페닐 이소시아네이트)[Methylene bis(phenyl isocya nate) ; 101-68-8 등]		0.005			
11. 베릴륨[7440-41-7] 및 그 화합물(Beryllium and its compounds)			0.002		0.01
12. 벤젠(Benzene ; 71-43-2)		0.5		2.5	
13. 1,3-부타디엔(1,3-Butadiene ; 106-99-0)		2		10	
14. 2-브로모프로판(2-Bromopropane ; 75-26-3)		1			
15. 브롬화 메틸(Methyl bromide ; 74-83-9)		1			
16. 산화에틸렌(Ethylene oxide ; 75-21-8)		1			
17. 석면(제조·사용하는 경우만 해당한다) (Asbestos ; 1332-21-4 등)			0.1개/㎤		
18. 수은[7439-97-6] 및 그 무기화합물(Mercury and its inorganic compounds)			0.025		
19. 스티렌(Styrene ; 100-42-5)		20		40	

20. 시클로헥사논(Cyclohexanone ; 108-94-1)	25		50	
21. 아닐린(Aniline ; 62-53-3)	2			
22. 아크릴로니트릴(Acrylonitrile ; 107-13-1)	2			
23. 암모니아(Ammonia ; 7664-41-7 등)	25		35	
24. 염소(Chlorine ; 7782-50-5)	0.5		1	
25. 염화비닐(Vinyl chloride ; 75-01 -4)	1			
26. 이황화탄소(Carbon disulfide ; 75-15-0)	1			
27. 일산화탄소(Carbon monoxide ; 630-08-0)	30		200	
28. 카드뮴[7440-43-9] 및 그 화합물(Cadmium and its compounds)		0.01 (호흡성 분진인 경우 0.002)		
29. 코발트[7440-48-4] 및 그 무기화합물(Cobalt and its inorganic compounds)		0.02		
30. 콜타르피치[65996-93-2] 휘발물(Coal tar pitch volatiles)		0.2		
31. 톨루엔(Toluene ; 108-88-3)	50		150	
32. 톨루엔-2,4-디이소시아네이트 (Toluene-2,4-diisocyanate ; 584-84-9 등)	0.005		0.02	
33. 톨루엔-2,6-디이소시아네이트 (Toluene-2,6-diisocyanate ; 91-08-7 등)	0.005		0.02	
34. 트리클로로메탄(Trichloromethane ; 67-66-3)	10			
35. 트리클로로에틸렌(Trichloroethylene ; 79-01-6)	10		25	
36. 포름알데히드(Formaldehyde ; 50 -00-0)	0.3			
37. n-헥산(n-Hexane ; 110-54-3)	50			
38. 황산(Sulfuric acid ; 7664-93-9)		0.2		0.6

※ 비고

1. "시간가중평균값(TWA, Time-Weighted Average)"이란 1일 8시간 작업을 기준으로 한 평균노출농도로서 산출공식은 다음과 같다.

$$TWA\text{환산값} = \frac{C_1 \cdot T_1 + C_1 \cdot T_1 + \cdots\cdots + C_n \cdot T_n}{8}$$

주) C : 유해인자의 측정농도(단위 : ppm, mg/㎥ 또는 개/㎤)

T : 유해인자의 발생시간(단위 : 시간)

2. "단시간 노출값(STEL, Short-Term Exposure Limit)"이란 15분 간의 시간가중평균값으로서 노출 농도가 시간가중평균값을 초과하고 단시간 노출값 이하인 경우에는 ① 1회 노출 지속시간이 15분 미만이어야 하고, ② 이러한 상태가 1일 4회 이하로 발생해야 하며, ③ 각 회의 간격은 60분 이상이어야 한다.
3. "등"이란 해당 화학물질에 이성질체 등 동일 속성을 가지는 2개 이상의 화합물이 존재할 수 있는 경우를 말한다.

다만, 다음의 어느 하나에 해당하는 경우에는 허용기준을 준수하지 않을 수 있다(산업안전보건법 제107조 제1항 단서).

① 유해인자를 취급하거나 정화·배출하는 시설 및 설비의 설치나 개선이 현존하는 기술로 가능하지 아니한 경우
② 천재지변 등으로 시설과 설비에 중대한 결함이 발생한 경우
③ 고용노동부령으로 정하는 임시작업(안전보건기준규칙 제420조 제8호에 따른 임시작업)[640]과 단시간작업(안전보건기준규칙 제420조 제9호에 따른 단시간작업)[641]의 경우

그럼에도 불구하고 사업주는 유해인자의 노출 농도를 제1항에 따른 허용기준 이하로 유지하도록 노력하여야 한다(산업안전보건법 제107조 제2항).

허용기준 설정 대상 유해인자의 노출농도 측정에 관해서는 「시행규칙」 제189조(작업환경측정방법)을 준용한다(시행규칙 제145조 제2항).

10. 신규화학물질에 의한 건강장해 방지조치

근로자의 건강장해를 방지하기 위하여 화학물질을 규제하는 경우, 종래는 화학물질의 유해성·위험성이 판명된 시점에서 관계법규정을 개정하여 방지

640) 일시적으로 하는 작업 중 월 24시간 미만인 작업을 말한다. 다만, 월 10시간 이상 24시간 미만인 작업이 매월 행하여지는 작업은 제외한다.
641) 관리 대상 유해물질을 취급하는 시간이 1일 1시간 미만인 작업을 말한다. 다만, 1일 1시간미만인 작업이 매일 수행되는 경우는 제외한다.

조치를 취해 왔지만, 이런 방식으로는 행정이 사후대응적인 것이 되지 않을 수 없었다. 따라서 신규화학물질에 대해서는 제조·수입단계에서 유해성·위험성 조사를 제조·수입자에게 하도록 하는 한편(산업안전보건법 제108조), 암 등 중대한 건강장해를 일으킬 우려가 있는 기존화학물질에 대해서는 제조·수입자 또는 사용사업주에게 특별 유해성·위험성 조사를 의무 지우는 등의 제도를 마련하였다(산업안전보건법 제109조). 이를 통해 위험성·유해성이 판명된 화학물질에 대해서는 즉시 근로자의 건강장해를 방지하기 위한 조치를 취할 수 있는 기반이 마련되었다.

화학물질의 유해성·위험성 조사에 대해서는 OECD가 가맹국에 OECD 시험기준 및 OECD 우량시험실기준[GLP(Good Laboratory Practice : 시험시설 등이 구비해야 하는 기준)]을 채용해야 한다고 권고하고, GLP에 합치한 시설에서 시험기준에 따라 얻어진 화학물질의 안전성에 관한 데이터를 각국 간에 상호 수용해야 한다고 결정하였다.

가. 유해성·위험성 조사보고서 제출

「산업안전보건법」은 국내에서 최초로 제조되거나 수입되는 신규화학물질에 의한 근로자의 건강장해를 방지하기 위하여, 신규화학물질을 제조하거나 수입하려는 자(이하 '신규화학물질 제조자 등'이라 한다)로 하여금 유해성·위험성을 조사하고 그 조사보고서를 고용노동부장관에게 제출하도록 하고 있다(산업안전보건법 제108조 제1항).[642)]

본 조항의 신규화학물질에는 제조중간체(제품의 제조공정 중에 생성되어 같은 사업장 내에서 다른 화학물질로 변화하는 화학물질을 말한다), 부산물, 폐기물도 포함된다. 이것은 제조중간체 등이라 하더라도 근로자가 당해 제조중간체 등에 노출될 우려가 있기 때문이다.

---

642) 이를 위반한 자에게는 5백만원 이하의 과태료를 부과한다(산업안전보건법 제175조 제5항 제4호의2).

신규화학물질을 제조하거나 수입하려는 자는 제조하거나 수입하려는 날 30일(연간 제조하거나 수입하려는 양이 100킬로그램 이상 1톤 미만인 경우에는 14일) 전까지 신규화학물질 유해성·위험성[643] 조사보고서(시행규칙 별지 제57호 서식)에 필요한 서류(별표 20)[644]를 첨부하여 고용노동부장관에게 제출해야 한다. 다만, 그 신규화학물질을 「화학물질의 등록 및 평가 등에 관한 법률」 제10조에 따라 환경부장관에게 등록한 경우에는 고용노동부장관에게 유해성·위험성 조사보고서를 제출한 것으로 본다(시행규칙 제147조 제1항).

환경부장관은 「시행규칙」 제147조 제1항 단서에 따라 신규화학물질 제조자 등이 고용노동부장관에게 유해성·위험성 조사보고서를 제출한 것으로 보는 신규화학물질에 관한 등록자료 및 「화학물질의 등록 및 평가 등에 관한 법률」 제18조에 따른 유해성심사 결과를 고용노동부장관에게 제공해야 한다(시행규칙 제147조 제2항).

고용노동부장관은 신규화학물질 제조자 등이 「시행규칙」 별표 20에 따라 시험성적서를 제출한 경우(시행규칙 제147조 제1항 단서에 따라 고용노동부장관에게 유해성·위험성 조사보고서를 제출한 것으로 보는 경우를 포함한다)에도 신규화학물질이 「시행규칙」 별표 18 제1호 나목 7)에 따른 생식세포 변이원성 등으로 중대한 건강장해를 유발할 수 있다고 의심되는 경우에는 신규화학물질 제조자 등에게 별지 제58호 서식에 따라 신규화학물질의 유해성·위험성에 대한 추가 검토에 필요한 자료의 제출을 요청할 수 있다(시행규칙 제147조 제3항).

---

643) 여기에서의 위험성의 의미 역시 「산업안전보건법」 제105조 제1항과 마찬가지로 '물리적 위험성'을 가리킨다.

644) i) 「산업안전보건법」 제110조에 따른 물질안전보건자료, ii) 급성경구독성 또는 급성흡입독성 시험성적서, 복귀돌연변이 시험성적서, 시험동물을 이용한 소핵 시험성적서, iii) 제조 또는 사용·취급방법을 기록한 서류, iv) 제조 또는 사용 공정도 등.

나. 유해성 · 위험성조사 제외 대상 화학물질

① 원소

② 천연으로 산출된 화학물질[645]

③ 「건강기능식품에 관한 법률」 제3조 제1호에 따른 건강기능식품

④ 「군수품관리법」 제2조 및 「방위사업법」 제3조 제2호에 따른 군수품[군수품관리법 제3조에 따른 통상품(痛常品)은 제외한다]

⑤ 「농약관리법」 제2조 제1호 및 제3호에 따른 농약 및 원제

⑥ 「마약류 관리에 관한 법률」 제2조 제1호에 따른 마약류

⑦ 「비료관리법」 제2조 제1호에 따른 비료

⑧ 「사료관리법」 제2조 제1호에 따른 사료

⑨ 「생활화학제품 및 살생물제의 안전관리에 관한 법률」 제3조 제7호 및 제8호에 따른 살생물물질 및 살생물제품

⑩ 「식품위생법」 제2조 제1호 및 제2호에 따른 식품 및 식품첨가물

⑪ 「약사법」 제2조 제4호 및 제7호에 따른 의약품 및 의약외품(醫藥外品)

⑫ 「원자력안전법」 제2조 제5호에 따른 방사성물질

⑬ 「위생용품 관리법」 제2조 제1호에 따른 위생용품

⑭ 「의료기기법」 제2조 제1항에 따른 의료기기

⑮ 「총포 · 도검 · 화약류 등의 안전관리에 관한 법률」 제2조 제3항에 따른 화약류

⑯ 「화장품법」 제2조 제1호에 따른 화장품과 화장품에 사용하는 원료

⑰ 「산업안전보건법」 제108조 제3항에 따라 고용노동부장관이 명칭, 유해성 · 위험성, 근로자의 건강장해 예방을 위한 조치 사항 및 연간 제조

645) 광석, 원유, 천연가스, 기타 천연에 존재하는 그대로의 상태를 가지는 화학물질 및 쌀, 보리, 소고기, 기타 동식물로부터 얻어지는 1차 산품 또는 그 1차 산품을 이용하여 발효 등의 방법에 의해 제조되는 화학물질로서 분리정제가 이루어지지 않은 것을 말한다.

량·수입량을 공표한 물질로서 공표된 연간 제조량·수입량 이하로 제조하거나 수입한 물실

⑱ 고용노동부장관이 환경부장관과 협의하여 고시하는 화학물질 목록에 기록되어 있는 물질

신규화학 물질을 제조하거나 수입하려고 하는 경우이지만, 다음의 경우에는 유해성·위험성 조사를 실시하지 않아도 무방하다(산업안전보건법 제108조 제1항 단서).

(1) 일반소비자 생활용의 신규화학물질(산업안전보건법 제108조 제1항 단서 제1호)

일반 소비자의 생활용으로 제공하기 위하여 신규화학물질을 수입하는 경우로서 고용노동부장관의 확인을 받은 다음 어느 하나에 해당하는 경우(시행규칙 제148조 제1항)에는 신규화학물질 유해성·위험성 조사 대상 물질에서 제외된다.

① 해당 신규화학물질이 완성된 제품으로서 국내에서 가공하지 않는 경우

② 해당 신규화학물질의 포장 또는 용기를 국내에서 변경하지 아니하거나 국내에서 포장하거나 용기에 담지 않는 경우

③ 해당 신규화학물질이 직접 소비자에게 제공되고 국내의 사업장에서 사용되지 않는 경우

고용노동부장관에게 신규화학물질 유해성·위험성조사 제외 확인을 받으려는 자는 최초로 신규화학물질을 수입하려는 7일 전까지 '유해성·위험성 조사 제외확인신청서'(시행규칙 별지 제60호 서식)에 제외 대상 물질에 해당하는 사실을 증명하는 서류를 첨부하여 고용노동부장관에게 제출하여야 한다(시행규칙 제148조 제2항).[646]

(2) 수입량이 소량인 신규화학물질(산업안전보건법 제108조 제1항 단서 제2호)

신규화학물질의 연간 수입량이 100킬로그램 미만인 경우로서 고용노동부장관의 확인(1년간 유효)[647]을 받은 경우에는 신규화학물질 유해성·위험성 조사 대상에서 제외된다(시행규칙 제149조 제1항). 그러나 조사 제외 확인을 받은 자가 연간 수입량 100킬로그램 이상의 신규화학물질을 수입하였거나 수입하려는 경우에는, 그 사유가 발생한 날부터 30일 이내에 신규화학물질 유해성·위험성 조사보고서를 고용노동부장관에게 제출하여야 한다(시행규칙 제149조 제2항).

조사 제외 확인신청은 '일반소비자 생활용의 신규화학물질'에 대한 조사 제외 확인신청과 동일하다(시행규칙 제149조 제3항).[648]

(3) 그 밖에 위해의 정도가 적다고 인정되는 경우(산업안전보건법 제108조 제1항 단서 제2호)

다음 어느 하나에 해당하는 경우로서 고용노동부장관의 확인을 받은 경우에는 조사 대상에서 제외된다.

① 제조하거나 수입하려는 신규화학물질이 시험·연구를 위하여 사용되는 경우(시행규칙 제150조 제1항 제1호)

---

646) 「화학물질의 등록 및 평가 등에 관한 법률」 제11조에 따라 환경부장관으로부터 화학물질의 등록 면제확인을 통지받은 경우에는 「시행규칙」 제148조 및 제150조에 따른 확인을 받은 것으로 본다(시행규칙 제151조 제1항).

647) 다만, 신규화학물질의 연간 수입량이 100킬로그램 미만인 경우로서 「시행규칙」 제151조 제2항에 따라 확인을 받은 것으로 보는 경우에는 계속 유효한 것으로 본다(시행규칙 제149조 제4항).

648) 「화학물질의 등록 및 평가 등에 관한 법률」 제10조 제7항에 따라 환경부장관으로부터 화학물질의 신고를 통지받았거나 법률 제11780호 「화학물질의 등록 및 평가 등에 관한 법률」 부칙 제4조에 따라 등록면제 확인을 받은 것으로 보는 경우에는 「시행규칙」 제149조에 따른 확인을 받은 것으로 본다(시행규칙 제151조 제2항).

② 신규화학물질을 전량 수출하기 위하여 연간 10톤 이하로 제조하거나 수입하는 경우(시행규칙 제150조 제1항 제2호)

③ 신규화학물질이 아닌 화학물질로만 구성된 고분자화합물로서 고용노동부장관이 정하여 고시하는 경우(시행규칙 제150조 제1항 제3호)

조사 제외 확인신청은 '일반소비자 생활용의 신규화학물질'에 대한 조사 제외 확인신청과 동일하다(시행규칙 제150조 제2항).[649]

다. 시설·설비의 설치·정비 등 명령

고용노동부장관은 신규화학물질의 유해성·위험성 조사보고서를 검토한 결과 근로자의 건강장해 방지를 위하여 필요하다고 인정할 때에는 신규화학물질 제조자 등에게 시설·설비를 설치·정비하고 보호구를 갖춰 두는 등의 조치를 하도록 명령할 수 있다(산업안전보건법 제108조 제4항).[650]

고용노동부장관은 유해성·위험성 조사보고서 또는 「시행규칙」 제147조 제2항에 따라 환경부장관으로부터 제공받은 신규화학물질 등록자료 및 유해성심사 결과를 검토한 결과 「산업안전보건법」 제108조 제4항에 따라 필요한 조치를 명하려는 경우에는 「시행규칙」 제147조 제1항 본문에 따라 유해성·위험성 조사보고서를 제출받은 날 또는 「시행규칙」 제147조 제2항에 따라 환경부장관으로부터 신규화학물질 등록자료 및 유해성심사 결과를 제공받은 날부터 30일(연간 제조하거나 수입하려는 양이 100킬로그램 이상 1톤 미만인 경우에는 14일) 이내에 「시행규칙」 제147조 제1항 본문에 따라 유해성·위험성 조사보고서를 제출한 자 또는 「시행규칙」 제147조 제1항 단서에 따라 유해성·위험성 조사보고서를 제출한 것으로 보는 자에게 「시행규칙」 별지

---

649) 「화학물질의 등록 및 평가 등에 관한 법률」 제11조에 따라 환경부장관으로부터 화학물질의 등록 면제확인을 통지받은 경우에는 「시행규칙」 제148조 및 제150조에 따른 확인을 받은 것으로 본다(시행규칙 제151조 제1항).

650) 명령을 위반한 자는 1천만원 이하의 벌금에 처한다(산업안전보건법 제171조 제2호).

제59호 서식에 따라 신규화학물질의 유해성·위험성 조치사항을 통지해야 한다. 다만, 「시행규칙」 제147조 제3항에 따라 추가 검토에 필요한 자료제출을 요청한 경우에는 그 자료를 제출받은 날부터 30일(연간 제조하거나 수입하려는 양이 100킬로그램 이상 1톤 미만인 경우에는 14일) 이내에 「시행규칙」 별지 제59호 서식에 따라 유해성·위험성 조치사항을 통지해야 한다(시행규칙 제147조 제4항).

신규화학물질 제조자 등이 신규화학물질을 양도하거나 제공하는 경우에는 제4항에 따라 근로자의 건강장해 예방을 위하여 조치하여야 할 사항을 기록한 서류를 함께 제공하여야 한다(산업안전보건법 제108조 제5항).[651)]

지방고용노동관서장은 「산업안전보건법」 제108조 제4항 및 「시행규칙」 제147조 제4항에 따라 고용노동부장관 또는 제조·수입자로부터 유해성·위험성 조치사항 통보서를 통보받거나 「산업안전보건법」 제108조 제5항[652)]에 따라 신규화학물질 제조자 등으로부터 유해성·위험성 조사결과 조치사항 통보서를 제공받은 사업장에 대하여 근로자 건강장해 방지를 위하여 필요한 조치의 이행 여부 등을 지도·점검하여야 하며, 지방고용노동관서장은 신규화학물질 유해성·위험성 조사보고서를 제출한 자[653)]가 해당 신규화학물질을 다른 사업장에 양도 및 제공하는 경우에 「시행규칙」 제147조 제4항에 따른 유해성·위험성 조사결과 조치사항 통보서를 함께 교부하는지 여부를

---

651) 이를 위반한 자에게는 3백만원 이하의 과태료를 부과한다(산업안전보건법 제175조 제6항 제3호).

652) 「신규화학물질의 유해성·위험성조사 등에 관한 고시」 제10조 제1항에서 '제조·수입자로부터 유해성·위험성 조치사항 통지서를 제공받은 경우'에 대한 근거조항을 별도로 제시하지 않고 있는 것은 잘못된 것이다.

653) 「신규화학물질의 유해성·위험성조사 등에 관한 고시」 제10조 제2항에서 유해성·위험성 조사보고서 제출의 의무주체를 '사업주'로 표현하고 있는 것은, 유해성·위험성 조사보고서 제출의무주체의 경우 고용관계를 전제로 하지 않는다는 점을 이해하지 못한 명백히 잘못된 것으로서, 유해성·위험성 조사보고서를 제출한 '자'로 고쳐져야 한다.

확인하여야 한다. 이때 해당 신규화학물질을 양도 및 제공받은 사업장(양수자)이 관할 지역 밖에 소재하고 있을 경우 해당 지역 관할 지방관서장에게 이를 통보하여야 한다(신규화학물질의 유해성·위험성 조사 등에 관한 고시 제10조).

라. 신규화학물질의 명칭 등의 공표

고용노동부장관은 신규화학물질의 유해성·위험성 조사보고서가 제출되면 그 신규화학물질의 명칭, 유해성·위험성, 근로자의 건강장해 예방을 위한 조치사항 등을 공표하고 관계 부처에 통보하여야 한다(산업안전보건법 제108조 제3항).

고용노동부장관은 신규화학물질 제조자 등이 유해성·위험성 조사보고서를 제출하거나 환경부장관으로부터 신규화학물질 등록자료 및 유해성심사 결과를 제공받은 경우에는 이에 대하여 지체 없이 검토를 완료한 후 그 신규화학물질의 명칭, 유해성·위험성, 조치사항 및 연간 제조량·수입량을 관보 또는 「신문 등의 진흥에 관한 법률」 제9조 제1항에 따라 그 보급지역을 전국으로 하여 등록한 일반일간신문 등에 공표하고, 관계 부처에 통보해야 한다(시행규칙 제153조 제1항).

고용노동부장관은 「시행규칙」 제153조 제1항에도 불구하고 사업주가 신규화학물질의 명칭과 화학물질식별번호[CAS(Chemical Abstract Service) No.][654]에 대한 정보보호를 요청하는 경우 그 타당성을 평가하여 해당 정보보호기간 동안에 「화학물질의 등록 및 평가 등에 관한 법률」 제2조 제13호에 따른 총칭명(總稱名)으로 공표할 수 있으며, 그 정보보호기간이 끝나면 「시

654) 화학구조 또는 조성이 확정된 화학물질에 부여된 고유의 번호를 말한다. 미국 화학회(American Chemical Society)에서 모든 화학물질을 대상으로 부여하고 있다. 화학물질을 중복 없이 찾을 수 있으며, 각 화학물질은 11단위까지의 숫자로 표시된다. 국내에서는 안전보건공단에서 CAS번호 조회가 가능하다.

행규칙」 제153조 제1항에 따라 그 신규화학물질의 명칭 등을 공표해야 한다(시행규칙 제153조 제2항).

「시행규칙」 제153조 제2항에 따른 정보보호 요청, 타당성 평가기준 및 정보보호기간 등에 관하여 필요한 사항은 고용노동부장관이 정하여 고시(신규화학물질의 유해성·위험성조사 등에 관한 고시 제7조)한다(시행규칙 제153조 제3항).

마. 신규화학물질 제조자 등의 조치

신규화학물질 제조자 등은 유해성·위험성 조사결과에 따라 해당 신규화학물질에 의한 근로자의 건강장해를 예방하기 위하여 필요한 조치를 하여야 하는 경우 이를 즉시 시행하여야 한다(산업안전보건법 제108조 제2항).[655]

신규화학물질 제조자 등이 신규화학물질을 양도하거나 제공하는 경우에는 「산업안전보건법」 제108조 제4항에 따라 근로자의 건강장해 예방을 위하여 조치하여야 할 사항을 기록한 서류를 함께 제공하여야 한다(산업안전보건법 제108조 제5항).[656]

11. 기존화학물질에 의한 건강장해 방지조치

신규화학물질에 대해서는 종전부터 제조·수입자로 하여금 유해성·위험성을 조사하여 그 결과를 제출토록 하여 근로자 건강장해 방지조치를 도모하여 왔으나, 신규화학물질 이외의 화학물질, 즉 기존화학물질에 대해서는 법 개정 전까지는 유해성·위험성 조사명령 등을 할 수 있는 법적 근거가 없었다.

이에 2013년 6월 12일 「산업안전보건법」을 개정하여, 고용노동부장관으

655) 이를 위반한 자는 1천만원 이하의 벌금에 처한다(산업안전보건법 제171조 제1호).

656) 유해성·위험성 조사결과 또는 유해성·위험성평가에 필요한 자료를 제출하지 않은 자에게는 3백만원 이하의 과태료를 부과한다(산업안전보건법 제175조 제6항 제3호).

로 하여금 근로자의 건강장해를 예방하기 위하여 필요하다고 인정할 때에는 암 또는 그 밖에 중대한 건강장해를 일으길 우려가 있는 화학물질을 제조·수입하는 자 또는 사용하는 사업주에게 해당 화학물질의 유해성·위험성 조사와 그 결과의 제출 또는 「산업안전보건법」 제105조 제1항에 따른 유해성·위험성평가에 필요한 자료의 제출을 명할 수 있도록 하였다(산업안전보건법 제109조 제1항).[657)]

「산업안전보건법」 제109조 제1항에 따라 화학물질의 유해성·위험성 조사명령을 받은 자는 유해성·위험성 조사결과 해당 화학물질로 인한 근로자의 건강장해가 우려되는 경우 근로자의 건강장해를 예방하기 위하여 시설·설비의 설치 또는 개선 등 필요한 조치를 하여야 한다(산업안전보건법 제109조 제2항).[658)]

고용노동부장관은 「산업안전보건법」 제109조 제1항에 따라 제출된 조사결과 및 자료를 검토하여 근로자의 건강장해를 예방하기 위하여 필요하다고 인정하는 경우에는 해당 화학물질을 「산업안전보건법」 제105조 제2항에 따라 구분하여 관리하거나 해당 화학물질을 제조·수입한 자 또는 사용하는 사업주에게 근로자의 건강장해 예방을 위한 시설·설비의 설치 또는 개선 등 필요한 조치를 하도록 명할 수 있다(산업안전보건법 제109조 제3항).[659)]

「산업안전보건법」 제109조 제1항에 따라 화학물질의 유해성·위험성 조사결과의 제출을 명령받은 자는 「시행규칙」 별지 제61호 서식의 화학물질의 유해성·위험성 조사결과서에 다음 서류 및 자료를 첨부하여 명령을 받은 날부터 45일 이내에 고용노동부장관에게 제출해야 한다. 다만, 고용노동부장관은 독성시험 성적에 관한 서류의 경우 해당 화학물질의 시험에 상당한 시

657) 유해성·위험성 조사결과 또는 유해성·위험성평가에 필요한 자료를 제출하지 아니한 자에게는 5백만원 이하의 과태료를 부과한다(산업안전보건법 제175조 제5항 제4호의2)

658) 이를 위반한 자는 1천만원 이하의 벌금에 처한다(산업안전보건법 제171조 제1호).

659) 명령을 위반한 자는 1천만원 이하의 벌금에 처한다(산업안전보건법 제171조 제2호).

일이 걸리는 등 기한 내에 제출할 수 없는 부득이한 사유가 있을 때에는 30일의 범위에서 제출기한을 연장할 수 있다(시행규칙 제155조 제1항).

① 해당 화학물질의 안전·보건에 관한 자료

② 해당 화학물질의 독성시험 성적서

③ 해당 화학물질의 제조 또는 사용·취급방법을 기록한 서류 및 제조 또는 사용 공정도(工程圖)

④ 그 밖에 해당 화학물질의 유해성·위험성과 관련된 서류 및 자료

「산업안전보건법」 제109조 제1항에 따라 같은 법 제105조 제1항에 따른 유해성·위험성평가에 필요한 자료의 제출 명령을 받은 사람은 명령을 받은 날부터 45일 이내에 해당 자료를 고용노동부장관에게 제출해야 한다(시행규칙 제155조 제2항).

12. 물질안전보건자료 및 경고표시

가. 물질안전보건자료

(1) 취지

「산업안전보건법」상의 물질안전보건자료(MSDS : Material Safety Data Sheets. 이하 'MSDS'라 한다) 제도는 위험 또는 건강장해를 초래할 우려가 있는 화학물질에 관한 위험성 또는 유해성 등의 정보를 해당 화학물질을 취급하는 근로자에게 제공하는 것을 주된 목적으로 한다.[660] MSDS는 한마디로 '화학물질 취급설명서'라고 할 수 있다.

---

660) 국제적으로는 2003년에 사람의 건강 확보의 강화 등을 목적으로 화학물질의 위험성 및 유해성을 인화성, 폭발성, 발암성 등 약 30개 항목으로 분류한 후에 위험성·유해성의 정도에 따라 해골, 불꽃 등의 표장(標章)을 부착하고 취급상의 주의사항 등을 기재한 문서(MSDS)를 작성·교부할 것을 내용으로 하는 '화학물질의 분류 및 표시에 관한 세계조화시스템(GHS)'이 UN(국제연합)에 의해 권고되었다.

화학물질에 의한 산업재해는 여전히 많이 발생하고 있고, 이것을 방지하기 위해서는 산업현상에서 화학물질 등의 위험성 또는 유해싱 등의 징보를 확실하게 전달하고, 그 정보를 토대로 위험 또는 건강장해 방지를 위한 조치를 적절하게 강구할 필요가 있다. 이를 위하여 「산업안전보건법」 제111조에서는 화학물질 등에 의한 근로자의 위험 또는 건강장해의 방지에 도움이 되도록 하기 위해 화학물질 등을 양도하거나 제공할 때에 그 위험성 또는 유해성 등에 관한 사항이 양도 또는 제공받는 상대방에게 정확한 내용으로 확실하게 통지되도록 의무화하고 있다.

화학물질 또는 이를 함유한 혼합물(mixture)로서 유해인자의 유해성·위험성 분류기준(산업안전보건법 제104조 참조)에 해당하는 것(이하 'MSDS대상물질'이라 한다)을 양도[661]하거나 제공[662]하는 자는 주로 일반소비자의 생활용으로 제공되는 제제 등 대통령령으로 정하는 것을 제외하고, 이를 양도받거나 제공받는 자에게 MSDS를 작성하여 제공하여야 한다(산업안전보건법 제111조 제1항). MSDS대상물질을 양도하거나 제공하는 자는 MSDS의 기재사항 중 일정한 사항이 변경된 경우에는 이를 MSDS에 반영하여 MSDS대상물질을 양도 또는 제공받는 자에게 제공하여야 한다(산업안전보건법 제111조 제2항 및 제3항).

(2) MSDS 작성 및 정부 제출

MSDS대상물질을 제조하거나 수입하려는 자는 MSDS를 작성하여 고용노동부장관(안전보건공단)에게 제출하여야 한다(산업안전보건법 제110조 제1항).[663] 단, 다음에 열거하는 화학물질 또는 혼합물은 MSDS대상물질에서 제

661) 유상·무상을 불문하고 소유권의 이전을 동반하는 행위를 가리킨다.

662) 소유권을 유보한 채로 '건네는(넘기는)' 사실행위를 의미한다. 제공의 예로는, 물품의 도장 수리의 경우에 그 물품의 소유자가 수리 공장에 도료를 인도(引渡)하고, 그 도료를 수리에 사용할 것을 요청하는 경우의 인도 등이 있다.

663) 이를 위반한 자에게는 5백만원 이하의 과태료를 부과한다(산업안전보건법 제175조

외되어 있고, 따라서 MSDS의 작성 및 제출 대상이 아니다(산업안전보건법 제110조 제1항 및 시행령 제86조).

1. 「건강기능식품에 관한 법률」 제3조 제1호에 따른 건강기능식품 2. 「농약관리법」 제2조 제1호에 따른 농약 3. 「마약류 관리에 관한 법률」 제2조 제2호 및 제3호에 따른 마약 및 향정신성의약품 4. 「비료관리법」 제2조 제1호에 따른 비료 5. 「사료관리법」 제2조 제1호에 따른 사료 6. 「생활주변방사선 안전관리법」 제2조 제2호에 따른 원료물질 7. 「생활화학제품 및 살생물제의 안전관리에 관한 법률」 제3조 제4호 및 제8호에 따른 안전확인 대상 생활화학제품 및 살생물제품 중 일반소비자의 생활용으로 제공되는 제품 8. 「식품위생법」 제2조 제1호 및 제2호에 따른 식품 및 식품첨가물 9. 「약사법」 제2조 제4호 및 제7호에 따른 의약품 및 의약외품 10. 「원자력안전법」 제2조 제5호에 따른 방사성물질 11. 「위생용품 관리법」 제2조 제1호에 따른 위생용품 12. 「의료기기법」 제2조 제1항에 따른 의료기기 12의2. 「첨단재생의료 및 첨단바이오의약품 안전 및 지원에 관한 법률」 제2조 제5호에 따른 첨단바이오의약품 13. 「총포·도검·화약류 등의 안전관리에 관한 법률」 제2조 제3항에 따른 화약류 14. 「폐기물관리법」 제2조 제1호에 따른 폐기물 15. 「화장품법」 제2조 제1호에 따른 화장품과 화장품에 사용하는 원료 16. 제1호부터 제15호까지의 규정 외의 화학물질 또는 혼합물로서 일반소비자의 생활용으로 제공되는 것(일반소비자의 생활용으로 제공되는 화학물질 또는 혼합물이 사업장 내에서 취급되는 경우를 포함한다) 17. 고용노동부장관이 정하여 고시하는 연구·개발용 화학물질 또는 화학제품[664] (이 경우 법 제110조 제1항부터 제3항까지의 규정에 따른 자료의 제출만 제외된다) 18. 그 밖에 고용노동부장관이 독성·폭발성 등으로 인한 위해의 정도가 적다고 인정하여 고시하는 화학물질[665]

제5항 제5호).

664) 화학물질의 분류·표시 및 물질안전보건자료에 관한 기준(고시) 제19조.

665) i) 양도·제공받은 화학물질 또는 혼합물을 다시 혼합하는 방식으로 만들어진 혼합물. 다만, 해당 혼합물을 양도·제공하거나 제19조에 따른 화학물질 중에서 최종적으로 생산된 화학물질이 화학적 반응을 통해 그 성질이 변화한 경우는 제외한다. ii) 완제품으로서 취급근로자가 작업 시 그 제품과 그 제품에 포함된 MSDS대상물질에 노출될 우려가 없는 화학물질 또는 혼합물(다만, 「안전보건기준규칙」 제420조 제6호에 따른 특별관리물질이 함유된 것은 제외한다)[화학물질의 분류·표시 및 물질안전보건자료에 관한 기준(고시) 제3조].

그리고 MSDS대상물질을 제조하거나 수입하려는 자는 MSDS대상물질을 구성하는 화학물질 중 유해인자의 유해성·위험성 분류기준에 해당하지 아니하는 화학물질의 명칭 및 함유량을 고용노동부장관에게 별도로 제출하여야 한다.[666] 다만, 다음 어느 하나에 해당하는 경우는 그러하지 아니하다(산업안전보건법 제110조 제2항).[667]

① 제1항에 따라 제출된 MSDS에 이 항 본문에 따른 화학물질의 명칭 및 함유량이 전부 포함된 경우

② MSDS대상물질을 수입하려는 자가 MSDS대상물질을 국외에서 제조하여 우리나라로 수출하려는 자(이하 '국외제조자'라 한다)로부터 MSDS에 적힌 화학물질 외에는 제104조에 따른 분류기준에 해당하는 화학물질이 없음을 확인하는 내용의 서류를 받아 제출한 경우

MSDS대상물질을 제조하거나 수입한 자는 MSDS 기재사항 중 i) 제품명(구성성분의 명칭 및 함유량의 변경이 없는 경우로 한정한다), ii) MSDS대상물질을 구성하는 화학물질 중 제141조에 따른 분류기준에 해당하는 화학물질의 명칭 및 함유량(제품명의 변경 없이 구성성분의 명칭 및 함유량만 변경된 경우로 한정한다), iii) 건강 및 환경에 대한 유해성, 물리적 위험성이 변경된 경우 그 변경사항을 반영한 MSDS를 고용노동부장관에게 제출하여야 한다(산업안전보건법 제110조 제3항 및 시행규칙 제159조 제1항).[668] MSDS

666) 국제적으로 MSDS를 정부(노동주무부처)에 제출하도록 강제하는 규정을 두고 있는 것은 우리나라의 「산업안전보건법」이 유일하다. 「산업안전보건법」상의 MSDS 제도가 기본적으로 사업장에서 작업자를 유해·위험인자로부터 보호하는 작업관리를 그 취지로 하고 있는 점을 감안할 때, MSDS의 정부 제출 제도는 MSDS 제도의 본질을 훼손하고 초점을 흐리게 하며 유용하지도 않은 잘못된 입법이라고 할 수 있다. 게다가 불합리한 규정으로 인해 제조하거나 수입하려는 자에 의한 MSDS의 정부 제출이 제대로 되고 있는지 확인도 거의 이루어지지 않고 있다. MSDS의 정부 제출 제도 역시 「산업안전보건법」 전부개정 시에 새로 도입된 것이다.

667) 이를 위반한 자에게는 5백만원 이하의 과태료를 부과한다(산업안전보건법 제175조 제5항 제5호).

668) 이를 위반한 자에게는 5백만원 이하의 과태료를 부과한다(산업안전보건법 제175조

대상물질을 제조하거나 수입하는 자는 위 변경사항을 반영한 MSDS를 지체 없이 안전보건공단에 제출해야 한다(시행규칙 제159조 제2항).

한편, 국외제조자는 고용노동부령으로 정하는 요건을 갖춘 자를 선임하여 MSDS대상물질을 수입하는 자를 갈음하여 다음 업무를 수행하도록 할 수 있다(산업안전보건법 제113조 제1항).[669]

① MSDS의 작성・제출(제110조 제1항 또는 제3항 참조)

② 유해인자의 유해성・위험성 분류기준에 해당하지 아니하는 화학물질의 명칭 및 함유량(제110조 제2항 본문 참조), 또는 MSDS에 적힌 화학물질 외에는 유해인자의 유해성・위험성 분류기준에 해당하는 화학물질이 없음을 확인하는 내용의 서류(제110조 제2항 제2호 참조)의 제출

③ 대체자료 기재 승인(제112조 제1항 참조), 유효기간 연장승인(제112조 제5항 참조) 또는 이의신청(제112조의2 참조)

국외제조자에 의해 선임된 자는 고용노동부장관에게 MSDS를 제출하는 경우 그 MSDS를 해당 MSDS대상물질을 수입하는 자에게 제공하여야 한다(산업안전보건법 제113조 제2항).[670]

(3) 제공의무자

MSDS를 제공하여야 하는 자는 MSDS대상물질을 '양도하거나 제공하는 자'이다. 이 입장에 있는 자는 후술하는 경고표시와 마찬가지로 당해 물질의 제조자, 수입업자, 판매업자에 관계없이 모두 의무자이다(산업안전보건법 제111조 제1항).[671] MSDS대상물질이 유통과정에서 소정의 표시가 된 용기로

제5항 제5호).

669) 본 조항에 따라 선임된 자로서 같은 항 각 호의 업무를 거짓으로 수행한 자에게는 5백만원 이하의 과태료를 부과한다(산업안전보건법 제175조 제5항 제11호).

670) 이를 위반한 자에게는 5백만원 이하의 과태료를 부과한다(산업안전보건법 제175조 제5항 제12호).

671) 이를 위반하여 MSDS를 제공하지 아니한 자에게는 5백만원 이하의 과태료를 부과

부터 다른 용기로 분할되어 양도 또는 제공되는 경우에는 다른 용기로 분할하여 양도 또는 제공하는 자가 MSDS 제공의무자가 된다.

MSDS 기재사항 중 고용노동부령이 정하는 사항이 변경된 경우에는, MSDS 대상물질을 제조하거나 수입한 자는 이를 양도받거나 제공받은 자에게 변경된 MSDS를 제공하여야 한다(산업안전보건법 제111조 제2항).[672] MSDS대상물질을 양도하거나 제공한 자(MSDS대상물질을 제조하거나 수입한 자는 제외한다)는 변경된 MSDS를 제공받은 경우 이를 MSDS대상물질을 양도받거나 제공받은 자에게 제공하여야 한다(산업안전보건법 제111조 제3항).[673]

MSDS 제공 대상은 MSDS대상물질이므로 MSDS대상물질이 아닌 화학물질 또는 혼합물은 MSDS의 제공 대상이 아니다.

(4) 기재사항

MSDS 작성 시 기재되어야 할 항목은 총 16개로서 다음과 같다(산업안전보건법 제110조 제1항, 시행규칙 제156조 제2항, 화학물질의 분류·표시 및 물질안전보건자료에 관한 기준 제10조).[674]

① 화학제품과 회사에 관한 정보 ② 유해성·위험성 ③ 구성성분의 명칭 및 함유량 ④ 응급조치요령 ⑤ 폭발·화재 시 대처방법 ⑥ 누출사고 시 대처방법 ⑦ 취급 및 저장방법 ⑧ 노출방지 및 개인보호구 ⑨ 물리화학적 특성 ⑩ 안정성 및 반응성 ⑪ 독성에 관한 정보 ⑫ 환경에 미치는 영향 ⑬ 폐기 시 주의사항 ⑭ 운송에 필요한 정보 ⑮ 법적 규제 현황 ⑯ 그 밖의 참고사항

한다(산업안전보건법 제175조 제5항 제7호).

672) 이를 위반한 자에게는 3백만원 이하의 과태료를 부과한다(산업안전보건법 제175조 제6항 제9호).

673) 이를 위반한 자에게는 3백만원 이하의 과태료를 부과한다(산업안전보건법 제175조 제6항 제9호).

674) 화학물질 중에는 독성 등의 정보가 불충분한 것도 있으므로, MSDS를 과신하는 일이 없도록 주의할 필요가 있다.

(5) 비공개(영업비밀) 승인

영업비밀과 관련되어 MSDS대상물질을 구성하는 화학물질 중 유해인자의 유해성·위험성 분류기준에 해당하는 화학물질의 명칭 및 함유량[675]을 MSDS에 적지 아니하려는(영업비밀로 하려고 하는) 자는 고용노동부장관에게 신청하여 승인을 받아 해당 화학물질의 명칭 및 함유량을 대체할 수 있는 명칭 및 함유량(대체자료)으로 적을 수 있다(산업안전보건법 제112조 제1항). 다만, 근로자에게 중대한 건강장해를 초래할 우려가 있는 화학물질로서 i)「산업안전보건법」 제117조에 따른 제조 등 금지물질, ii)「산업안전보건법」 제118조에 따른 허가 대상 유해물질, iii)「안전보건기준규칙」 제420조에 따른 관리 대상 유해물질, iv)「시행규칙」 별표 21(제186조 제1항 관련)의 작업환경측정 대상 유해인자, v)「시행규칙」 별표 22(제201조 관련)의 특수건강진단 대상 유해인자, vi)「화학물질의 등록 및 평가 등에 관한 법률 시행규칙」 제35조 제2항 단서에서 정하는 화학물질은 그러하지 아니하다[화학물질의 분류·표시 및 물질안전보건자료에 관한 기준(고시) 제16조].[676]

「산업안전보건법」 제112조 제1항 본문에 따라 MSDS에 화학물질의 명칭

---

675) 영업비밀 대상으로 신청할 수 있는 것은 MSDS 기재사항 중 명칭 및 함유량에 한정된다. 즉, MSDS 기재사항 중 명칭 및 함유량 외의 항목은 영업비밀 신청 대상 자체가 아니다.

676) 그간 MSDS에 적지 아니할 수 있는 정보(영업비밀) 자체에 기인하여 직업성 질환이 발생한 사례가 없었음에도 불구하고[전부개정 산업안전보건법 이전에도 MSDS에 적지 아니할 수 있는 정보는 화학물질의 구성성분 및 함유량만이었고, 안전·보건상의 취급주의 사항, 건강 유해성 및 물리적 위험성, 독성에 관한 정보 등 정작 직업성 질환 예방에 필요한 정보(MSDS의 기타 기재사항)는 예외 없이 모두 기재하도록 되어 있었다], 과학적 근거 없이 MSDS의 정부로의 제출 및 영업비밀 승인에 주안점을 두는 방향으로 법제도를 개편한 결과, MSDS의 사용자로의 양도·제공 및 화학물질 취급 등의 과정에서 발생할 수 있는 MSDS 관련 기본적인 공백·결함문제는 상대적으로 법집행의 관심 밖이 되고 말았다. 2022년 초 창원의 두성산업, 김해의 대흥알앤티에서 잇따라 발생한 세척제(트리클로로메탄) 집단 급성중독 사고는 MSDS 관련 법제도의 개악으로 인한 문제를 고스란히 드러낸 것이라고 할 수 있다.

및 함유량을 대체할 수 있는 명칭 및 함유량(이하 '대체자료'라 한다)으로 적기 위하여 승인을 신청하려는 자는 MSDS대상물질을 제조하거나 수입하기 전에 MSDS시스템을 통하여 「시행규칙」 별지 제63호 서식에 따른 MSDS 비공개 승인신청서에 다음 각 정보를 기재하거나 첨부하여 공단에 제출해야 한다(시행규칙 제161조 제1항).

① 대체자료로 적으려는 화학물질의 명칭 및 함유량이 「부정경쟁방지 및 영업비밀 보호에 관한 법률」 제2조 제2호에 따른 영업비밀에 해당함을 입증하는 자료로서 고용노동부장관이 정하여 고시하는 자료[677)]

② 대체자료

③ 대체자료로 적으려는 화학물질의 명칭 및 함유량, 건강 및 환경에 대한 유해성, 물리적 위험성 정보

④ MSDS

⑤ 「산업안전보건법」 제104조에 따른 분류기준에 해당하지 않는 화학물질의 명칭 및 함유량. 다만, 「산업안전보건법」 제110조 제2항 각 호의 어느 하나에 해당하는 경우는 제외한다.

⑥ 그 밖에 화학물질의 명칭 및 함유량을 대체자료로 적도록 승인하기 위해 필요한 정보로서 고용노동부장관이 정하여 고시하는 서류[678)]

위 규정에도 불구하고 고용노동부장관이 정하여 고시하는 연구·개발용 화학물질 또는 화학제품[679)]에 대한 MSDS에 화학물질의 명칭 및 함유량을 대

---

677) 「화학물질의 분류·표시 및 물질안전보건자료에 관한 기준」(고용노동부 고시) 별표 7(제17조 제1항, 제2항 및 제3항 관련) 제1호에서 정한 자료를 말한다[화학물질의 분류·표시 및 물질안전보건자료에 관한 기준(고용노동부 고시) 제17조 제1항].

678) 이에 대해서는 현재까지 고용노동부장관이 정하고 있는 것은 없다.

679) 다음 어느 하나에 해당하는 것을 말한다[화학물질의 분류·표시 및 물질안전보건자료에 관한 기준(고용노동부 고시 제19조)]. ① 시약 등 과학적 실험·분석 또는 연구를 위한 경우, ② 화학물질 또는 화학제품 등을 개발하기 위한 경우, ③ 생산공정을 개선·개발하기 위한 경우, ④ 사업장에서 화학물질의 적용분야를 시험하기 위한 경우, ⑤ 화학물질의 시범제조 또는 화학제품 등의 시범생산을 위한 경우.

체자료로 적기 위해 승인을 신청하려는 자는 위 ①, ⑥의 자료를 생략하여 제출할 수 있다(시행규칙 제161조 제1항).

고용노동부장관은 승인 신청을 받은 경우 고용노동부령으로 정하는 바에 따라 화학물질의 명칭 및 함유량의 대체 필요성, 대체자료의 적합성 및 MSDS의 적정성 등을 검토하여 승인 여부를 결정하고 신청인에게 그 결과를 통보하여야 한다(산업안전보건법 제112조 제2항). 승인의 유효기간은 승인을 받은 날부터 5년이다(산업안전보건법 제112조 제4항).

(6) MSDS의 작성방법

MSDS대상물질을 제조·수입하려는 자가 MSDS를 작성하는 경우에는 그 MSDS의 신뢰성이 확보될 수 있도록 인용된 자료의 출처를 함께 적어야 한다(시행규칙 제156조 제1항). 그리고 MSDS는 한글로 작성하는 것을 원칙으로 하되, 화학물질명·외국기관명 등의 고유명사는 영어로 표기할 수 있다. 다만, 실험실에서 시험·연구목적으로 사용하는 시약으로서 MSDS가 외국어로 작성된 경우에는 한국어로 번역하지 아니할 수 있다[화학물질의 분류·표시 및 물질안전보건자료에 관한 기준(고시) 제11조 제1항 및 제2항].

MSDS의 세부작성방법·용어 등 필요한 사항은 화학물질의 분류·표시 및 물질안전보건자료에 관한 기준(고시) 제11조에 규정되어 있다. 각 작성항목은 빠짐없이 작성하여야 하지만, 부득이하게 어느 항목에 대해 관련 정보를 얻을 수 없는 경우에는 작성란에 '자료 없음'이라고 기재하고, 적용이 불가능하거나 대상이 되지 않는 경우에는 작성란에 '해당 없음'이라고 기재한다[화학물질의 분류·표시 및 물질안전보건자료에 관한 기준(고시) 제11조 제7항].

(7) 제공방법

MSDS를 제공하는 경우에는 MSDS시스템에 제출 시 부여된 번호를 해당 MSDS에 반영하여 MSDS대상물질과 함께 제공하는 방법 외에, 다음 어느 하나에 해당하는 방법으로(고용노동부장관이 정하여 고시하는 바에 따라) MSDS를 제공할 수 있다. 이 경우 MSDS대상물질을 양도하거나 제공하는 자는 상대방의 수신 여부를 확인하여야 한다[시행규칙 제160조 제1항 및 화학물질의 분류·표시 및 물질안전보건자료에 관한 기준(고시) 제13조 제1항].

① 등기우편

② 「정보통신망 이용촉진 및 정보보호 등에 관한 법률」 제2조 제1항에 따른 정보통신망 및 전자문서(MSDS를 직접 첨부하거나 저장하여 제공하는 것에 한한다)

동일한 상대방에게 같은 MSDS대상물질을 2회 이상 계속하여 양도하거나 제공하는 경우에는 해당 MSDS대상물질에 대한 MSDS의 변경이 없는 한 추가로 MSDS를 제공하지 않을 수 있다. 다만, 상대방이 MSDS의 제공을 요청한 경우에는 그렇지 않다(시행규칙 제160조 제2항).

(8) 게시·비치 방법

「산업안전보건법」 제114조 제1항에서는 근로자가 취급하는 물질의 성분, 건강 유해성 및 물리적 위험성, 취급상 주의하여야 할 사항 등을 당해 근로자에게 알리지 않아 발생할 수 있는 산업재해를 방지하기 위하여, MSDS를 근로자에게 게시 또는 비치의 방법에 의해 주지시키는 것을 의무화하고 있다.

MSDS대상물질을 취급하려는 사업주는 MSDS를 MSDS대상물질을 취급하는 작업장 내로서 이를 취급하는 근로자가 쉽게 볼 수 있는 장소(다음 어느 하나에 해당하는 장소 또는 전산장비)에 게시하거나 갖추어 두어야 한다(산업안전보건법 제114조 제1항, 시행규칙 제167조 제1항).[680] 다만, ③에 따른 장비에 게시하거나 갖추어 두는 경우에는 다음 조치를 해야 한다[시행규칙 제167조 제1항 단서 및 화학물질의 분류·표시 및 물질안전보건자료에 관한

680) 이를 위반한 자에게는 5백만원 이하의 과태료를 부과한다(산업안전보건법 제175조 제5항 제3호).

기준(고시) 제14조)].

① 물질안전보건자료를 확인할 수 있는 전산장비를 취급근로자(화학물질에 노출되는 근로자를 모두 포함한다. 이하 같다)가 작업 중 쉽게 접근할 수 있는 장소에 설치하여 가동하고 있을 것

② 해당 화학물질 취급근로자에게 물질안전보건자료의 프로그램 작동 방법, 제품명 입력 및 물질안전보건자료 확인 방법 등을 교육할 것

③「산업안전보건법」제114조 제2항 및「시행규칙」제168조 제1항에 따른 관리요령에 물질안전보건자료 검색방법을 포함하여 게시하였을 것

「시행규칙」제167조 제1항에도 불구하고 건설공사,「안전보건기준규칙」제420조 제8호에 따른 임시 작업 또는 같은 조 제9호에 따른 단시간 작업에 대해서는「산업안전보건법」제114조 제2항에 따른 물질안전보건자료대상물질의 관리요령으로 대신 게시하거나 갖추어 둘 수 있다. 다만, 근로자가 물질안전보건자료의 게시를 요청하는 경우에는「시행규칙」제167조 제1항에 따라 게시해야 한다(시행규칙 제167조 제2항).

① MSDS대상물질을 취급하는 작업공정이 있는 장소 ② 작업장 내 근로자가 가장 보기 쉬운 장소 ③ 근로자가 작업 중 쉽게 접근할 수 있는 장소에 설치된 전산장비

(9) 근로자에 대한 교육

사업주는 i) MSDS대상물질을 제조·사용·운반 또는 저장하는 작업에 근로자를 배치하게 된 경우, ii) 새로운 MSDS대상물질이 도입된 경우, iii) 유해성·위험성 정보가 변경된 경우에는 작업장에서 취급하는 MSDS대상물질의 MSDS에서 아래에 해당하는 내용[시행규칙 별표 5(제169조 제1항 관련) 제6호]을 근로자에게 교육하여야 한다.[681] 이 경우 교육받은 근로자에 대해

---

681) 이를 위반한 자에게는 3백만원 이하의 과태료를 부과한다(산업안전보건법 제175조

서는 해당 교육시간만큼 「산업안전보건법」 제29조에 따른 안전보건교육을 실시한 것으로 본다(산업안전보건법 제114조 제3항 및 시행규칙 제169조 제1항).

① MSDS대상물질의 명칭(또는 제품명) ② 물리적 위험성 및 건강 유해성 ③ 취급상의 주의사항 ④ 적절한 보호구 ⑤ 응급조치요령 및 사고 시 대처방법 ⑥ MSDS 및 경고표지를 이해하는 방법

사업주는 MSDS의 교육을 하는 경우에 유해성·위험성이 유사한 MSDS대상물질을 그룹별로 분류하여 교육할 수 있고(시행규칙 제169조 제2항), MSDS의 교육을 실시한 때에는 교육시간 및 내용 등을 기록하여 보존하여야 한다(시행규칙 제169조 제3항).

(10) 작업공정별 관리요령 게시

MSDS대상물질을 취급하려는 사업주는 MSDS대상물질을 취급하는 작업공정별로 MSDS대상물질의 관리요령을 게시하여야 한다(산업안전보건법 제114조 제2항).[682] 관리요령에는 i) 제품명, ii) 건강 및 환경에 대한 유해성, 물리적 위험성, iii) 안전 및 보건상의 취급주의 사항, iv) 적절한 보호구, v) 응급조치 요령 및 사고 시 대처방법을 포함하여야 한다. 작업공정별 관리요령을 작성할 때에는 MSDS에 적힌 내용을 참고하여야 한다(시행규칙 제168조 제2항). 그리고 작업공정별 관리요령은 유해성·위험성이 유사한 MSDS대상물질의 그룹별로 작성하여 게시할 수 있다(시행규칙 제168조 제3항).

(11) 대체자료 정보의 제공

다음 어느 하나에 해당하는 자는 근로자의 안전 및 보건을 유지하거나 직업성 질환 발생 원인을 규명하기 위하여 근로자에게 중대한 건강장해가 발생

제6항 제10호).

682) 이를 위반한 경우에 대해서는 벌칙이 규정되어 있지 않다.

하는 등 고용노동부령으로 정하는 경우[683]에는 MSDS대상물질을 제조하거나 수입한 자에게 제1항에 따라 대체자료로 적힌 화학물질의 명칭 및 함유량 정보를 제공할 것을 요구할 수 있다. 이 경우 정보 제공을 요구받은 자는 고용노동부장관이 정하여 고시하는 바에 따라 정보를 제공하여야 한다(산업안전보건법 제112조 제10항).[684]

① 근로자를 진료하는 「의료법」 제2조에 따른 의사
② 보건관리자 및 보건관리전문기관
③ 산업보건의
④ 근로자대표
⑤ 제165조 제2항 제38호에 따라 제141조 제1항에 따른 역학조사(疫學調査) 실시 업무를 위탁받은 기관
⑥ 「산업재해보상보험법」 제38조에 따른 업무상질병판정위원회

나. 경고표시

(1) 취지

경고표시 제도는 i) 근로자가 취급하는 물질의 유해성・위험성, 취급상의 주의사항 등을 사전에 알지 못하여 발생하는 폭발, 화재, 중독 등의 사고・재해를 방지하고, ii) 유해물질의 인체에 미치는 영향 및 초기 증상의 불분명

---

683) i) 「산업안전보건법」 제112조 제10항 제1호 및 제3호에 해당하는 자가 MSDS대상물질로 인하여 발생한 직업성 질병에 대한 근로자의 치료를 위하여 필요하다고 판단하는 경우, ii) 「산업안전보건법」 제112조 제10항 제2호에서 제4호까지의 규정에 해당하는 자 또는 기관이 MSDS대상물질로 인하여 근로자에게 직업성 질환 등 중대한 건강상의 장해가 발생할 우려가 있다고 판단하는 경우, iii) 「산업안전보건법」 제112조 제10항 제4호에서 제6호까지의 규정에 해당하는 자 또는 기관(제6호의 경우 위원회를 말한다)이 근로자에게 발생한 직업성 질환의 원인 규명을 위해 필요하다고 판단하는 경우 중 어느 하나에 해당하는 경우를 말한다(시행규칙 제165조).

684) 이를 위반한 자에게는 5백만원 이하의 과태료를 부과한다(산업안전보건법 제175조 제5항 제10호).

때문에 당해 유해물질의 폭로에 대한 처치 시기를 놓치는 것을 방지하기 위해, MSDS대상물질의 양도 또는 제공 시에 용기, 포장에 그 명칭, 유해·위험문구, 예방조치 문구 등을 표시하여야 한다는 내용을 정한 것이다.

MSDS가 사업주에 의한 근로자의 건강장해 및 위험 방지조치를 적절하게 하도록 하기 위해 '상세한' 정보를 제공하는 것 등을 목적으로 하는 것인 반면, 경고표시는 근로자에게 '필요 최저한'의 유해성·위험성 등의 정보를 알리는 것을 목적으로 하는 'MSDS의 요약'이라고 할 수 있다.

(2) 경고표시 의무자

MSDS대상물질을 담은 용기 및 포장[685]에 대한 경고표시를 하여야 하는 자는 원칙적으로 경고표시 MSDS대상물질을 '양도하거나 제공하는 자'이다(산업안전보건법 제115조 제1항). 이와 같은 지위에 있는 자는 당해 물질의 제조자, 수입업자, 판매업자에 관계없이 모두 의무자이다. 단, 동일한 MSDS대상물질의 용기 및 포장이 유통되고 2 이상의 자가 의무자로 되어 있는 경우, 선차(先次)의 의무자가 소정의 경고표시를 하였으면, 후차(後次)의 의무자가 중복하여 경고표시를 할 필요는 없다. 따라서 제1차적으로는 MSDS대상물질의 제조자 또는 수입자가 경고표시 의무자로 된다.

MSDS대상물질을 취급(사용·운반 또는 저장)하고자 하는 사업주는 용기에 이미 경고표시가 되어 있는 등 고용노동부령으로 정하는 경우[686]를 제외

685) 「산업안전보건법」 제115조(물질안전보건자료대상물질 용기 등의 경고표시) 제1항에서 예외 없이 용기와 포장 모두에 경고표시를 하도록 규정하고 있는 것은 과잉규제의 측면을 가지고 있다. 용기에 넣고 포장하여 양도·제공하는 경우에는 그 용기에만 경고표시를 하더라도 무방한 것으로 규정하는 것이 합리적이고 보편적이다. 한편, 「산업안전보건법」 제115조 제2항에서는 제1항과 다르게 '용기'에만 경고표시를 하더라도 무방한 것으로 규정하고 있다["사업주는 사업장에서 사용하는 MSDS대상물질을 담은 용기에 …… 경고표시를 하여야 한다."(밑줄은 필자)].

686) i) 「산업안전보건법」 제115조 제1항에 따라 MSDS대상물질을 양도하거나 제공하는 자가 MSDS대상물질을 담은 용기에 이미 경고표시를 한 경우, ii) 근로자가 경고표

하고는 작업장에서 사용하는 MSDS대상물질을 담은 용기에 경고표시를 하여야 한다(산업안전보건법 제115조 제2항).[687)]

따라서 MSDS대상물질을 사용·운반 또는 저장하고자 하는 사업주는 경고표지의 유무를 확인하여야 하고[화학물질의 분류·표시 및 물질안전보건자료에 관한 기준(고시) 제5조 제5항], 화학물질 양도·제공자가 경고표시를 하지 않은 경우에는 이를 이행토록 요청하여 경고표지가 부착되도록 하여야 하며[화학물질의 분류·표시 및 물질안전보건자료에 관한 기준(고시) 제5조 제5항 및 제6항 참조], 경고표시된 용기에서 다른 용기로 소분(小分)하여 취급하는 등의 경우에는 스스로 경고표시를 할 의무가 있다[산업안전보건법 제115조 제2항, 시행규칙 제170조 제4항, 화학물질의 분류·표시 및 물질안전보건자료에 관한 기준(고시) 제5조 제5항 참조].

(3) 경고표시의 내용

경고표지에는 MSDS대상물질의 명칭, 그림문자, 신호어, 유해·위험 문구, 예방조치 문구, 공급자 정보가 모두 포함되어야 한다. 구체적으로 경고표지에 포함되어야 할 사항은 다음과 같다(시행규칙 제170조 제2항).

① 명칭 : 제품명

② 그림문자 : 화학물질의 분류에 따라 유해·위험의 내용을 나타내는 그림

③ 신호어 : 유해·위험의 심각성 정도에 따라 표시하는 '위험' 또는 '경고' 문구

④ 유해·위험 문구 : 화학물질의 분류에 따라 유해·위험을 알리는 문구

시가 되어 있는 용기에서 MSDS대상물질을 옮겨 담기 위하여 일시적으로 용기를 사용하는 경우 중 어느 하나에 해당하는 경우를 말한다(시행규칙 제170조 제4항).

687) 이를 위반한 자에게는 3백만원 이하의 과태료를 부과한다(산업안전보건법 제175조 제6항 제11호).

⑤ 예방조치 문구 : 화학물질에 노출되거나 부적절한 저장·취급 등으로 발생하는 유해·위험을 방지하기 위하여 알리는 주요 유의사항

⑥ 공급자 정보 : MSDS대상물질의 제조자 또는 공급자의 이름 및 전화번호 등

경고표지의 그림문자, 신호어, 유해·위험 문구, 예방조치 문구, 경고표시 기재항목의 작성방법에 관하여 구체적인 내용은 화학물질의 분류·표시 및 물질안전보건자료에 관한 기준(고시) 제6조 및 제6조의2에서 정하고 있는바, 이를 소개하면 다음과 같다.

① 명칭은 MSDS상의 제품명을 기재한다.

② 그림문자는 별표 2(제6조 제1항 관련)에 해당되는 것을 모두 표시한다. 다만 다음 어느 하나에 해당되는 경우에는 이에 따른다.

- “해골과 X자형 뼈”와 “감탄부호(!)”의 그림문자에 모두 해당되는 경우에는 “해골과 X자형 뼈” 그림문자만을 표시한다.
- 부식성 그림문자와 피부자극성 또는 눈 자극성 그림문자에 모두 해당되는 경우에는 부식성 그림문자만을 표시한다.
- 호흡기 과민성 그림문자와 피부 과민성, 피부 자극성 또는 눈 자극성 그림문자에 모두 해당되는 경우에는 호흡기 과민성 그림문자만을 표시한다.
- 5개 이상의 그림문자에 해당되는 경우에는 4개의 그림문자만을 표시할 수 있다.

③ 신호어는 별표 2(제6조 제1항 관련)에 따라 “위험” 또는 “경고”를 표시한다. 다만, MSDS대상물질이 “위험”과 “경고”에 모두 해당되는 경우에는 “위험”만을 표시한다.

④ 유해·위험 문구는 별표 2(제6조 제1항 관련)에 따라 해당되는 것을 모두 표시한다. 다만, 중복되는 유해·위험문구를 생략하거나 유사한 유해·위험 문구를 조합하여 표시할 수 있다.

⑤ 예방조치 문구는 별표 2(제6조 제1항 관련)에 해당되는 것을 모두 표시한다. 다만, 다음 어느 하나에 해당되는 경우에는 이에 따른다.

◦ 중복되는 예방조치 문구를 생략하거나 유사한 예방조치 문구를 조합하여 표시할 수 있다.

◦ 예방조치 문구가 7개 이상인 경우에는 예방·대응·저장·폐기 각 1개 이상(해당문구가 없는 경우는 제외한다)을 포함하여 6개만 표시해도 된다. 이때 표시하지 않은 예방조치 문구는 MSDS를 참고하도록 기재하여야 한다.

MSDS대상물질의 내용량이 100그램(g) 이하 또는 100밀리리터(㎖) 이하인 경우에는 경고표지에 명칭, 그림문자, 신호어 및 공급자 정보만을 표시할 수 있다[화학물질의 분류·표시 및 물질안전보건자료에 관한 기준(고시) 제6조 제2항]. 그리고 MSDS대상물질을 해당 사업장에서 자체적으로 사용하기 위하여 담은 반제품용기에 경고표시를 할 경우에는 유해·위험의 정도에 따른 '위험' 또는 '경고'의 문구만을 표시할 수 있다. 다만, 이 경우 보관·저장장소의 작업자가 쉽게 볼 수 있는 위치에 경고표지를 부착하거나 MSDS를 게시하여야 한다[화학물질의 분류·표시 및 물질안전보건자료에 관한 기준(고시) 제6조 제3항].

(4) 경고표시의 방법

경고표지는 MSDS대상물질 단위로 작성하여 MSDS대상물질을 담은 용기 및 포장에 붙이거나 인쇄하는 등의 방법으로 유해·위험정보가 명확히 나타나도록 하여야 한다(시행규칙 제170조 제1항). 용기 및 포장에 경고표지를 부착하거나 경고표지의 내용을 인쇄하는 방법으로 표시하는 것이 곤란한 경우에는 경고표지를 인쇄한 꼬리표를 달 수 있다[화학물질의 분류·표시 및 물질안전보건자료에 관한 기준(고시) 제5조 제4항].

경고표지의 양식과 규격은 화학물질의 분류·표시 및 물질안전보건자료에 관한 기준(고시) 별표 3(제7조 관련)에서, 경고표지의 색상은 동 고시 제8조에서 각각 상세하게 규정하고 있다. 그리고 경고표지는 취급근로자가 사용 중에도 쉽게 볼 수 있는 위치에 견고하게 부착하여야 한다[화학물질의 분류·표시 및 물질안전보건자료에 관한 기준(고시) 제8조 제4항].

MSDS대상물질을 양도하거나 제공하는 자가 MSDS대상물질을 담은 용기에 이미 경고표시가 되어 있거나, 근로자가 경고표시가 되어 있는 용기에서 MSDS대상물질을 옮겨 담기 위하여 일시적으로 용기를 사용하는 경우에는 경고표시를 하지 아니할 수 있다(산업안전보건법 제115조 제2항 및 시행규칙 제170조 제4항). 또 다음 어느 하나에 해당하는 표시를 한 경우에는 경고표시를 한 것으로 본다(시행규칙 제170조 제1항).

① 「고압가스 안전관리법」 제11조의2에 따른 용기 등의 표시
② 「위험물 선박운송 및 저장규칙」 제6조 제1항 및 제26조 제1항에 따른 표시(동 규칙 제26조 제1항에 따라 해양수산부장관이 고시하는 수입물품에 대한 표기는 최초의 사용사업장으로 반입되기 전까지만 해당한다)
③ 「위험물안전관리법」 제20조 제1항에 따른 위험물의 운반용기에 관한 표시
④ 「항공안전법 시행규칙」 제209조 제6항에 따라 국토교통부장관이 고시하는 포장물의 표기(수입물품에 대한 표기는 최초의 사용사업장으로 반입되기 전까지만 해당한다)
⑤ 「화학물질관리법」 제16조에 따른 유해화학물질에 관한 표시

한편, 용기 및 포장에 담는 방법 외의 방법[688]으로 MSDS대상물질을 양도하거나 제공하는 경우에는, 이를 양도·제공받는 상대방이 당해 물질의 명칭 등을 알고 적절한 조치를 취하는 것이 필요하다. 이 때문에 「산업안전보건법」에서는 용기 및 포장에 담는 방법 외의 방법으로 MSDS대상물질을 양도하거나 제공하는 경우에는, '경고표시 기재항목을 적은 자료'를 MSDS대상

688) 파이프라인에 의한 수송, 탱크로리에 의한 수송 등을 말한다.

물질을 양도하거나 제공하는 때에 함께 제공하여야 한다고 규정하고 있다. 다만, 경고표시 기재항목이 MSDS에 포함되어 있는 경우에는 MSDS를 제공하는 방법으로 해당 자료를 제공할 수 있다[산업안전보건법 제115조 제1항 단서 및 화학물질의 분류·표시 및 물질안전보건자료에 관한 기준(고시) 제9조 제1항].

동일한 상대방에게 같은 MSDS대상물질을 2회 이상 계속하여 양도하거나 제공하는 경우에는 최초로 제공한 '경고표시 기재 항목을 적은 자료'의 기재 내용의 변경이 없는 한 추가로 해당 자료를 제공하지 아니할 수 있다. 다만, 상대방이 해당 자료의 제공을 요청한 경우에는 그러하지 아니하다[화학물질의 분류·표시 및 물질안전보건자료에 관한 기준(고시) 제9조 제2항].

그리고 해당 MSDS대상물질의 용기 및 포장에 한글로 작성한 경고표지(같은 경고표지 내에 한글과 외국어가 함께 기재된 경우를 포함한다)를 부착하거나 인쇄하는 등 유해·위험 정보가 명확히 나타나도록 하여야 한다. 다만, 실험실에서 시험·연구목적으로 사용하는 시약으로서 외국어로 작성된 경고표지가 부착되어 있거나 수출하기 위하여 저장 또는 운반 중에 있는 완제품은 한글로 작성한 경고표지를 부착하지 아니할 수 있다[화학물질의 분류·표시 및 물질안전보건자료에 관한 기준(고시) 제5조 제1항].

아울러 국제연합(UN)의 위험물 운송에 관한 권고(RTDG)에서 정하는 유해성·위험성 물질을 포장에 표시하는 경우에는 위험물 운송에 관한 권고(RTDG)에 따라 표시할 수 있고[화학물질의 분류·표시 및 물질안전보건자료에 관한 기준(고시) 제5조 제2항], 포장하지 않는 드럼 등의 용기에 국제연합(UN)의 위험물 운송에 관한 권고(RTDG)에 따라 표시를 한 경우에는 경고표지에 해당 그림문자를 표시하지 아니할 수 있다[화학물질의 분류·표시 및 물질안전보건자료에 관한 기준(고시) 제5조 제3항].

제6장

근로자의 보건관리

Ⅰ. 작업환경측정 · 관리
Ⅱ. 근로자 건강진단 · 관리
Ⅲ. 역학조사
Ⅳ. 건강관리카드 제도
Ⅴ. 질병자의 근로금지(제한)
Ⅵ. 근로시간의 제한

직장에서의 근로자의 건강의 유지증진을 도모하기 위해서는, 사업주에 의한 작업환경관리, 작업관리, 건강관리의 3가지의 산업보건관리(근로자의 보건관리)가 적절하게 실시되는 것이 필요하다.

이를 위하여, 「산업안전보건법」에서는 제8장에서 작업환경측정 · 관리(산업안전보건법 제125조부터 제128조까지), 건강진단 · 관리(제129조부터 제136조까지), 일정한 업무에 종사한 자에 대한 건강관리카드의 발급(제137조), 질병자의 근로금지 · 제한(제138조), 유해 · 위험작업에 대한 근로시간 제한 등(제139조), 자격 등에 의한 취업 제한 등(제140조),[689] 역학조사(제141조)에 대하여 규정하고 있다.

Ⅰ. 작업환경측정 · 관리

1. 취 지

작업환경측정 · 관리는 근로자의 건강을 보호하고 쾌적한 작업환경을 조성하기 위하여 작업환경 중의 유해인자를 감소시킴으로써 그 장소에서 일하는 근로자가 유해인자에 폭로(노출)될 가능성을 감소시키는 것을 목적으로 한다.

작업환경의 실태를 정확하게 파악하는 것은 직장에서의 작업관리, 건강관리의 제일보(第一步)이자 필수불가결한 것으로서 작업관리, 건강관리가 유효하게 이루어지도록 하기 위한 기초가 되는 것이다. 「산업안전보건법」 제125조에서는 작업환경관리를 할 필요성이 높은 유해한 작업을 행하는 일정

---

689) '자격 등에 의한 취업 제한 등' 규정은 근로자의 취업상의 안전보건조치와 관련된 조항으로서 이 조문이 '근로자 보건관리' 부분(제8장)에 들어가 있는 것은 「산업안전보건법」 체계상 전혀 맞지 않다.

한 작업장에 대하여 작업환경측정 및 이에 따른 사후관리를 의무 지우고 있다. 다만, 도급인의 사업장에서 관계수급인의 근로자가 작업을 하는 경우에는 도급인이 그 사업장에 소속된 사람 중 산업위생관리산업기사 이상의 자격을 가진 자로 하여금 작업환경측정을 하도록 하여야 한다(산업안전보건법 제125조 제2항, 시행규칙 제187조)[690].

작업환경관리는 작업환경의 측정 그 자체가 목적이 아니라(즉, 작업환경측정은 작업환경관리의 수단이다), 그 결과의 평가에 근거하여 필요한 조치를 마련하고 양호한 작업환경의 실현과 유지를 위하여 행하는 것이다.[691] 따라서 작업환경측정을 외부의 작업환경측정기관에 위탁하는 경우에도 측정결과를 올바르게 파악하고 이에 따라 적절한 조치를 실시하기 위해서는 작업환경측정기관과 충분한 의사소통을 도모하는 것이 필요하다.

2. 작업환경측정 대상

가. 측정 대상 작업장

사업주가 유해인자로부터 작업환경측정을 하여야 하는 단위는 사업장을 구성하는 각 작업장이다. 작업환경측정 대상 작업장은 「시행규칙」 별표 21(제186조 제1항 관련)의 작업환경측정 대상 유해인자(192종)에 노출되는 근로자가 있는 작업장을 말한다(산업안전보건법 제125조 제1항, 시행규칙 제186조 제1항).

690) 이를 위반한 자에게는 1천만원 이하의 과태료를 부과한다(산업안전보건법 제175조 제4항 제6호).

691) 그런 의미에서 「산업안전보건법」 제125조의 제목을 '작업환경측정'이라고 표현한 것은 대단히 잘못된 것이다. '작업환경관리'라고 표현하거나 전부개정 전과 같이 '작업환경측정 등'이라고 표현하는 것이 바람직하다.

[표 13] 작업환경측정 대상 유해인자(시행규칙 별표 21)

유해인자 분류		종류
화학적 인자	유기화합물	114종
	금속류	24종
	산 및 알칼리류	17종
	가스상태 물질류	15종
	「시행령」 제88조에 따른 허가 대상 유해물질	12종
	금속가공유	1종
	분진	7종
물리적 인자	8시간 시간가중평균 80dB 이상의 소음	1종
	「안전보건기준규칙」 제558조에 따른 고열	1종
		192종

나. 측정 대상 제외 작업장

다음 어느 하나에 해당하는 경우에는 작업환경측정을 하지 아니할 수 있다(시행규칙 제186조 제1항 단서).

① 「안전보건기준규칙」 제420조 제1호에 따른 관리 대상 유해물질의 허용소비량을 초과하지 아니하는 작업장(그 관리 대상 유해물질에 관한 작업환경측정에 한한다)

② 「안전보건기준규칙」 제420조 제8호에 따른 임시작업[692] 및 같은 조 제9호에 따른 단시간작업[693]을 하는 작업장[694](고용노동부장관이 고시하는

692) 일시적으로 행하는 작업 중 월 24시간 미만인 작업. 다만, 월 10시간 이상 24시간 미만인 작업이 매월 행하여지는 작업은 제외(안전보건기준규칙 제420조 제8호).

693) 「안전보건기준규칙」 별표 12에서 정한 관리 대상 유해물질을 취급하는 시간이 1일 1시간 미만인 작업. 다만, 1일 1시간 미만인 작업이 매일 수행되는 경우는 제외(안전보건기준규칙 제420조 제9호).

694) 특수건강진단의 경우에는 임시작업과 단시간작업에 대한 예외가 규정되어 있지 않다. 작업환경측정과 다르게 규정할 합리적 이유를 찾을 수 없는 점을 감안할 때, 특수건강진단에 대해서도 제외하는 것이 입법론적으로 타당하다고 본다.

물질[695]을 취급하는 작업은 제외한다)

③ 「안전보건기준규칙」 제605조 제2호에 따른 분진작업의 적용 제외 작업장(분진에 관한 작업환경측정에 한한다)

④ 작업환경측정 대상 유해인자의 노출수준이 고용노동부장관이 정한 노출기준에 비하여 현저히 낮은 경우로서 고용노동부장관이 정하여 고시하는 작업장[696]

3. 작업환경측정방법 · 횟수

가. 작업환경측정방법

사업주는 작업환경측정을 할 때에는 다음 사항을 지켜야 한다(시행규칙 제189조 제1항).

① 작업환경측정을 실시하기 전에 예비조사를 실시할 것

② 작업이 정상적으로 이루어져 작업시간과 유해인자에 대한 근로자의 노출정도를 정확히 평가할 수 있을 때 실시할 것

③ 모든 측정은 개인시료 채취방법으로 실시하되, 개인시료 채취방법이 곤란한 경우에는 지역시료 채취방법으로 실시할 것(이 경우 그 사유를 시행규칙 별지 제83호 서식의 작업환경측정결과표에 분명하게 밝혀야

---

695) 다음 어느 하나의 물질을 말한다. i) 「시행령」 제88조에 따른 허가 대상 유해물질, ii) 「안전보건기준규칙」 별표 12(제420조 관련)에 따른 특별관리물질(작업환경측정 및 정도관리 등에 관한 고시 제5조).

696) 현재 「석유 및 석유대체연료 사업법 시행령」 제2조 제3호에 따른 주유소만 해당한다. 다만, 다음 어느 하나에 해당하는 경우에는 1개월 이내에 측정을 실시하여야 한다. i) 근로자 건강진단 실시결과 직업병유소견자 또는 직업성 질병자가 발생한 경우, ii) 근로자대표가 요구하는 경우로서 산업위생전문가가 필요하다고 판단한 경우, iii) 그 밖에 지방고용노동관서장이 필요하다고 인정하여 명령한 경우(작업환경측정 및 정도관리 등에 관한 고시 제4조의2).

한다)

④ 「산업안전보건법」 제125조 제3항에 따라 작업환경측정기관에 위탁하여 실시하는 경우에는 해당 작업환경측정기관에 공정별 작업내용, 화학물질의 사용실태 및 MSDS 등 작업환경측정에 필요한 정보를 제공할 것

위의 예비조사를 실시하는 경우에는 다음 각 내용이 포함된 측정계획서를 작성하여야 한다. 단, 측정기관이 전회(前回)에 측정을 실시한 사업장으로서 공정 및 취급인자 변동이 없는 경우에는 서류상의 예비조사만을 실시할 수 있다(작업환경측정 및 정도관리 등에 관한 고시 제17조).

① 원재료의 투입과정부터 최종 제품생산 공정까지의 주요공정 도식

② 해당 공정별 작업내용, 측정 대상 공정, 공정별 화학물질 사용실태 및 그 밖에 이와 관련된 운전조건 등을 고려한 유해인자 노출 가능성

③ 측정 대상 공정, 측정 대상 유해인자, 유해인자 발생주기, 측정 대상 공정의 종사근로자 현황

④ 유해인자별 측정방법 및 측정 소요기간 등 작업환경측정에 필요한 사항

측정방법 중의 하나인 측정위치에 대해서는 유해인자 형태별로 다음과 같이 규정되어 있다(작업환경측정 및 정도관리 등에 관한 고시 제22조, 제24조, 제27조, 제31조).

① 입자상 물질, 가스상 물질 : 개인시료채취방법으로 작업환경측정을 하는 경우에는 측정기기를 작업 근로자의 호흡기 위치에 장착하여야 하며, 지역시료채취방법의 경우에는 측정기기를 발생원의 근접한 위치 또는 작업근로자의 주 작업행동 범위의 작업근로자 호흡기 높이에 설치하여야 한다.

② 소음 : 개인시료채취방법으로 작업환경측정을 하는 경우에는 소음측정기의 센서 부분을 작업 근로자의 귀 위치(귀를 중심으로 반경 30 cm인 반구)에 장착하여야 하며, 지역시료채취방법의 경우에는 소음측정기를

측정 대상이 되는 근로자의 주 작업행동 범위의 작업근로자 귀 높이에 설치하여야 한다.

③ 고열 : 단위작업 장소에서 측정 대상이 되는 근로자의 주 작업위치에서 측정하되, 측정기를 바닥 면으로부터 50cm 이상, 150cm 이하의 위치로 하여 측정한다.

이상의 측정방법 외에, 유해인자별 세부측정방법, 측정결과의 평가 등에 관하여 필요한 사항은 작업환경측정 및 정도관리 등에 관한 고시에서 정하고 있다.

나. 작업환경측정횟수

작업장 또는 작업공정이 신규로 가동되거나 변경되는 등으로 작업환경측정 대상 작업장이 된 경우에는 그 날부터 30일 이내에 작업환경측정을 실시하고, 그 후 반기[697]에 1회 이상 정기적으로 작업환경을 측정하여야 한다(시행규칙 제190조 제1항).

다만, 작업환경측정결과가 다음에 해당하는 작업장 또는 작업공정은 해당 유해인자에 대하여 그 측정일부터 3개월에 1회 이상 작업환경측정을 실시하여야 한다(시행규칙 제190조 제1항 단서).

① 작업환경측정 대상 유해인자 중 화학적 인자(고용노동부장관이 고시하는 물질[698]만 해당한다)의 측정치가 노출기준을 초과하는 경우

② 작업환경측정 대상 유해인자 화학적 인자(고용노동부장관이 고시하는 물질[699]은 제외한다)의 측정치가 노출기준을 2배 이상 초과하는 경우

---

697) 2020.12.26.「시행규칙」 전부개정 전에는 '6개월'로 규정되어 있었다. '반기'와 '6개월'은 큰 차이가 있는데, 이를 인식하고 개정했는지에 대해서는 많은 의문이 있다.

698) 다음 어느 하나의 물질을 말한다. i)「시행령」 제88조에 따른 허가 대상 유해물질, ii)「안전보건기준규칙」 별표 12(제420조 관련)에 따른 특별관리물질(작업환경측정 및 정도관리 등에 관한 고시 제5조).

699) 다음 어느 하나의 물질을 말한다. i)「시행령」 제88조에 따른 허가대상 유해물질,

최근 1년간 작업공정에서 공정 설비의 변경, 작업방법의 변경, 설비의 이선, 사용 화학물질의 변경 등으로 작업환경 측정결과에 영향을 주는 변화가 없는 경우로서 다음 어느 하나에 해당하는 경우에는 해당 유해인자에 대한 작업환경측정을 연 1회 실시할 수 있다. 다만 고용노동부장관이 정하여 고시(작업환경측정 및 정도관리 등에 관한 고시 제5조)하는 물질[시행령 제88조에 따른 허가 대상 유해물질, 안전보건기준규칙 별표 12(제420조 관련)에 따른 특별관리물질]을 취급하는 작업공정은 그렇지 않다(시행규칙 제190조 제2항).

① 작업공정 내 소음의 작업환경측정결과가 최근 2회 연속 85데시벨(dB) 미만인 경우

② 작업공정 내 소음 외의 다른 모든 인자의 작업환경측정결과가 최근 2회 연속 노출기준 미만인 경우

다. 작업환경측정자의 자격

작업환경측정의 적정한 실시를 공적으로 담보하기 위하여, 작업환경측정을 할 때에는 당해 사업장에 소속된 사람으로서 산업위생관리산업기사 이상의 자격을 가진 자로 하여금 자체적으로 실시하도록 하거나(산업안전보건법 제125조 제1항, 시행규칙 제187조),[700] 고용노동부장관이 지정하는 작업환경측정기관(지정측정기관)에 위탁하여 실시하여야 하는 것으로 되어 있다(산업안전보건법 제125조 제3항).

안전・보건관리와 마찬가지로 작업환경측정을 자체적으로 실시할 수도 있고(산업안전보건법 제125조 제1항) 작업환경측정기관에 위탁하여 실시할 수도 있다(산업안전보건법 제125조 제3항). 작업환경측정을 사업장 자체적

ii) 「안전보건기준규칙」 별표 12(제420조 관련)에 따른 특별관리물질(작업환경측정 및 정도관리 등에 관한 고시 제5조).

700) 현실에서는 작업환경측정을 기업(사업장) 자체적으로 실시하는 경우는 극히 드물다.

으로 실시하고자 하는 경우 사업장의 소재지를 관할하는 지방고용노동관서장으로부터 사업장 자체측정기관(부속기관)으로 지정받을 수도 있다(시행규칙 제193조).

4. 사업주의 의무

가. 작업환경측정 실시 및 사후관리

사업주는 작업환경측정 대상 작업장에 대하여 작업환경측정자의 자격을 가진 자로 하여금 작업환경측정을 하도록 하여야 한다(산업안전보건법 제125조 제1항).[701]

작업환경측정은 고용노동부장관이 정하는 작업환경측정기준에 따라 실시하여야 한다. 작업환경측정기준은 작업환경의 객관성 및 공정성을 담보하기 위하여 측정물질마다 시료채취 및 분석의 방법을 정한 것이다. 작업환경측정은 이 기준에 따라 실시되어야 하고, 그 이외의 방법으로 실시한 경우에는 산업안전보건법에 의한 작업환경측정을 실시한 것으로 보지 않는다.

나. 작업환경측정결과의 활용방법

작업환경측정은 작업환경이 양호한지 여부를 판정하는 수단이다. 작업환경은 양호한 상태로 유지할 필요가 있고, 측정결과를 평가하여 문제가 있으면 바로 그 원인을 조사하여 적절한 조치를 취하여야 한다. 그리고 측정결과는 그 때뿐만 아니라 매회의 측정결과를 계속적으로 기록하여 관리하는 것이 중요하다. 또한 측정결과에 따른 개선 등 관리사항은 산업안전보건위원회에서 심의·의결 등을 하는 것이 필요하다.

701) 이를 위반한 자에게는 1천만원 이하의 과태료를 부과한다(산업안전보건법 제175조 제4항 제6호).

작업환경측정 결과에 문제가 없더라도 건강관리, 작업관리는 적절하게 이루어져야 한다. 예를 들면, 맨손으로 재료를 취급하다가 피부로 화학물질이 흡수되는 경우, 측정결과의 평가가 양호하더라도 건강진단 결과에 이상이 나타나는 문제가 발생하기도 한다.

다. 사후관리

작업환경측정은 작업환경의 양부(良否)를 판정하고, 그 결과 당해 작업장에서 충분한 작업환경관리가 이루어지고 있지 않다고 판단되는 경우에는 그 원인을 규명하고 필요한 조치를 강구하여 양호한 작업환경을 실현하기 위하여 실시하는 것이다. 따라서 단순히 작업환경측정을 실시한 것만으로는 의미가 없고, 그 결과를 토대로 설비, 작업방법의 개선 등 필요한 조치를 하는 것이 필요하다.

이 점을 감안하여 산업안전보건법에서는 사업주에게 작업환경측정의 결과에 따라 해당 시설・설비의 설치・개선을 하고, 경우에 따라서는 건강진단을 재차 실시하는 등 적절한 조치를 하여야 한다는 것을 의무화하고 있다(산업안전보건법 제125조 제6항 참조).[702)]

특히, 노출기준을 초과한 작업공정이 있는 경우에는 해당 시설・설비의 설치・개선 또는 건강진단의 실시 등 적절한 조치를 하고 시료채취를 마친 날부터 60일 이내에 해당 작업공정의 개선을 증명할 수 있는 서류 또는 개선 계획을 관할 지방고용노동관서장에게 제출하여야 한다(시행규칙 제188조 제3항).

작업환경측정결과를 활용하는 경우 측정 대상에 따라서는 측정결과로 얻어진 수치 그것만으로는 작업환경의 양부(良否)를 나타내지 않고 있어, 일정한 방법에 의해 평가를 하는 것이 필요하다. 그리고 적절한 작업환경관리를

702) 이를 위반한 자는 1천만원 이하의 벌금에 처한다(산업안전보건법 제171조 제3호).

하기 위해서는 측정결과를 객관적인 기준에 따라 적정하게 평가하고, 그 결과를 토대로 필요한 조치를 하도록 하여야 한다. 이를 위하여, 작업환경측정 및 정도관리 등에 관한 고시 제2편 제4장 제6절에서 작업환경측정 결과의 평가방법을 정하고 있는바, 이 방법에 따라 평가가 이루어져야 한다.

사업주(보건관리자)는 작업환경측정 평가방법의 의미를 정확하게 이해한 후에 적절한 대책을 수립하여야 한다. 나아가, 측정결과가 작업장의 실태를 정확하게 나타내고 있는지 여부에 대해서도 살펴보는 것이 필요하다. 이를 위해서, 사업주(보건관리자)는 측정결과와 검진결과의 대비, 작업장의 실태, 작업방법 등을 종합적으로 검토하는 것이 필요하다.

라. 근로자 주지

작업자가 취급물질의 유해성에 대한 지식을 갖고 유해물질이 발산하지 않을 작업행동을 강구함으로써 유해물질에의 노출을 개선할 수 있다. 예를 들면, 작업 시마다 분진이 발밑에서 흩날리며 날아오르고 있음에도 전혀 개의치 않는 작업행동이 종종 눈에 띄는 경우가 있는데, 이와 같은 작업에서는 물을 뿌리는 등 약간의 궁리를 함으로써 분진의 날아오름에 의한 2차 분진 발생을 없앨 수 있다.

작업환경관리 분야에서 근로자의 올바른 작업행동을 이끌어내기 위해서는 근로자에게 작업환경상태를 알려주는 것이 우선적으로 필요하다. 이러한 점을 감안하여, 산업안전보건법에서는 사업주에게 작업환경측정의 결과를 해당 작업장의 근로자(관계수급인 및 관계수급인 근로자를 포함한다)에게 알려주도록 의무화하고 있다(산업안전보건법 제125조 제6항).[703)]

---

703) 이를 위반한 자에게는 1천만원 이하의 벌금에 처한다(산업안전보건법 제171조 제3호).

마. 작업환경측정결과의 보고

사업주는 작업환경측정을 실시한 때에는 산업안전보건법 제125조 제1항에 따라 작업환경측정 결과보고서에 작업환경측정 결과표를 첨부하여 시료채취를 마친 날로부터 30일 이내에 관할 지방고용노동관서장에게 제출(보고)하여야 한다(산업안전보건법 제125조 제5항, 시행규칙 제188조 제1항).[704) 다만, 사업주로부터 작업환경측정을 위탁받은 작업환경측정기관이 작업환경측정을 한 후 그 결과를 고용노동부장관(지방노동관서장)에게 제출한 경우에는 작업환경측정 결과보고를 한 것으로 본다(산업안전보건법 제125조 제5항). 이 경우, 작업환경측정기관은 시료채취를 마친 날부터 30일 이내에 작업환경측정 결과표를 제출하여야 한다(시행규칙 제188조 제2항). 기타 작업환경측정 결과의 보고내용 및 절차에 관하여는 「작업환경측정 및 정도관리 등에 관한 고시」에서 정하고 있다.

바. 기록 · 보존

사업주는 작업환경측정 결과를 기록하고 보존하여야 한다(산업안전보건법 제125조 제5항). 작업환경측정 결과의 기록에는 시료채취 시의 작업장 상황에 대한 기록을 동시에 첨부하여 놓는 것이 중요하다. 그것이 없으면 측정치의 변화가 무엇을 의미하는지가 불명확해지기 쉽고, 대책을 수립하는 데 있어 정확한 판단을 하지 못하게 될 수도 있다. 이러한 점을 감안하여 산업안전보건법에 따른 작업환경측정 결과표(별지 제83호 서식)에는 작업환경(작업실태)을 기록하도록 되어 있다.

서류의 보존의 경우 산업안전보건법 제125조에 따른 작업환경측정에 관한 서류는 3년간 보존하여야 하고(산업안전보건법 제164조 제1항 제6호), 작업

704) 작업환경측정결과를 지방고용노동관서장에게 보고를 하지 아니하거나 거짓으로 보고한 자에게는 3백만원 이하의 과태료를 부과한다(산업안전보건법 제175조 제6항 제15호).

환경측정결과를 기록한 서류는 5년간 보존(전자적 방법으로 하는 보존을 포함한다)하여야 한다(시행규칙 제241조 제1항 본문). 다만, 고용노동부장관이 고시(작업환경측정 및 정도관리 등에 관한 고시 제5조)하는 물질[시행령 제30조에 따른 허가 대상 유해물질, 안전보건기준규칙 별표 12(제420조 관련)에 따른 특별관리물질]에 대한 기록이 포함된 서류는 30년간 보존하여야 하는 것으로 규정되어 있다(산업안전보건법 제164조 제1항 단서, 시행규칙 제241조 제1항 단서).

사. 근로자 입회 및 설명회 개최

사업주는 근로자대표(관계수급인의 근로자대표를 포함한다)의 요구가 있을 때에는 작업환경측정 시 근로자대표를 참석시켜야 한다(산업안전보건법 제125조 제4항). 그리고 사업주는 산업안전보건위원회 또는 근로자대표의 요구가 있는 경우에는 작업환경측정결과를 직접 설명회 등을 개최하거나 작업환경측정을 실시한 기관으로 하여금 작업환경측정결과에 대한 설명을 하도록 하여야 한다(산업안전보건법 제125조 제7항).

5. 작업환경측정·분석능력의 평가

고용노동부장관(안전보건공단 산업안전보건연구원)은 정도관리(精度管理)[705]를 통해 작업환경측정기관의 측정·분석 결과에 대한 정확성과 정밀도를 확보하기 위하여 작업환경측정기관의 작업환경측정·분석능력을 확인하고, 작업환경측정기관을 지도하거나 교육할 수 있다. 이 경우 측정·분석능

705) 정도관리란 작업환경측정·분석결과에 대한 정확성와 정밀도를 확보하기 위하여 작업환경측정기관의 작업환경측정·분석능력을 평가하고, 그 결과에 따라 지도·교육 기타 측정·분석능력 향상을 위하여 행하는 모든 관리적 수단을 말한다(작업환경측정 및 정도관리 등에 관한 고시 제2조 제15호).

력의 확인, 작업환경측정기관에 대한 교육의 방법・절차, 그 밖에 필요한 사항은 고용노동부장관이 정하여 고시(작업환경측정 및 정도관리 등에 관한 고시)한다(산업안전보건법 제126조 제2항).

Ⅱ. 근로자 건강진단・관리

1. 취 지

건강진단은 개별근로자에 대하여 건강상태를 조기에 발견・파악하고 적절한 건강관리를 해 나가기 위해 필요한 한편, 근로자의 건강상황으로부터 직장의 유해인자를 발견하고 그 개선을 도모해 가기 위해서도 중요하다. 이 때문에 「산업안전보건법」 제8장 제2절에서는 사업주에게 각종의 건강진단의 실시와 이에 따른 건강관리를 의무 지우고 있다.

건강진단은 단순히 현재의 상태만을 보여줄 뿐 미래를 예측하는 것은 아니다. 현재는 이상이 없어도 불건강한 생활을 하다 보면 향후에는 이상이 생길 수 있다. 따라서 건강진단을 통해 건강상태의 경과를 관찰하여 건강의 변화를 아는 것이 필요하다. 특히 고혈압이나 당뇨 등 대사증후군과 관련된 기초질환의 경우 면밀한 관찰을 통해 생활습관개선 등을 통한 예방과 관리에 힘써야 한다.

「산업안전보건법」상 근로자에 대한 건강진단 종류로는, 건강진단의 실시 시기 및 대상을 기준으로 일반건강진단, 특수건강진단, 배치 전 건강진단, 수시건강진단 및 임시건강진단 5가지가 있다.

2. 근로자 건강진단의 종류 · 실시시기 및 대상

구 분	사무직에 종사하는 근로자	그 밖의 근로자	
		일반업무	유해업무[706]
신규로 작업에 배치하기 전			배치 전 건강진단
다른 작업으로 배치를 전환할 때			배치 전 건강진단
정기적으로	일반건강진단 (2년에 1회)	일반건강진단 (1년에 1회)	특수건강진단 (6개월·1년·2년에 1회)
직업병 의심 증상·소견 호소 시			수시건강진단
지방관서장의 명령	임시건강진단	임시건강진단	임시건강진단
이·퇴직 후			건강관리수첩 소지자 건강진단(1년에 1회)

[그림 3] 근로자 건강진단 종류별 대상, 시기 및 주기 비교

가. 일반건강진단

일반건강진단은 상시 사용하는 근로자의 건강관리를 위하여 사업주가 주기적으로 실시하는 건강진단을 말한다. 사업주는 상시 사용하는 근로자 중 사무직에 종사하는 근로자[공장 또는 공사현장과 같은 구역에 있지 아니한 사무실에서 서무 · 인사 · 경리 · 판매 · 설계 등의 사무업무에 종사하는 근로자를 말하며, 판매업무 등에 직접 종사하는 근로자는 제외한다(시행규칙 제197조 제1항)]에 대해서는 2년에 1회 이상, 그 밖의 근로자에 대해서는 1년에 1회 이상 주기적으로 일반건강진단을 실시하여야 한다.[707]

---

706) 특수건강진단 대상 유해인자(181종)에 노출되는 업무를 말한다.

다만, 사업주가 다음 어느 하나에 해당하는 법령의 규정에 따라 일반건강진단에 준하는 건강진단을 실시한 경우, 그 건강진단을 받은 근로자는 산업안전보건법에 따른 일반건강진단을 실시한 것으로 본다(산업안전보건법 제129조 제1항 단서, 시행규칙 제196조).

① 국민건강보험법에 따른 건강검진

② 선원법에 따른 건강진단

③ 진폐의 예방과 진폐근로자의 보호 등에 관한 법률에 따른 정기건강진단

④ 학교보건법에 따른 건강검사

⑤ 항공안전법에 따른 신체검사

⑥ 그 밖에 일반건강진단의 검사항목을 모두 포함하여 실시한 건강진단

나. 특수건강진단

특수건강진단은 i) 직업병 발생 원인이 되는 유해인자[시행규칙 별표 22(제201조 관련)에서 정하는 특수건강진단 대상 유해인자]에 노출되는 업무(특수건강진단 대상 업무)에 종사하는 근로자, ii) 근로자 건강진단 실시 결과 직업병 유소견자로 판정받은 후 작업전환을 하거나 작업장소를 변경하여 해당 판정의 원인이 된 특수건강진단 대상 업무에 종사하지 아니하는 사람으로서 해당 유해인자에 대한 건강진단이 필요하다는 의사의 소견이 있는 근로자를 대상으로 실시하는 건강진단을 말한다(산업안전보건법 제130조 제1항). 특수건강진단의 구체적인 대상 여부는 사업주가 물질안전보건자료 또는 작업환경측정 결과 등을 토대로 결정한다.

사업주는 특수건강진단 대상 업무에 종사하는 근로자에 대해서는 특수건강진단 대상 유해인자별로 정한 시기 및 주기에 따라 특수건강진단을 실시하여야 한다.[708] 다만, 사업주가 다음 어느 하나에 해당하는 건강진단을 실시한 경우에

707) 이를 위반한 자에게는 1천만원 이하의 과태료를 부과한다(산업안전보건법 제175조 제4항 제7호).

는 그 건강진단을 받은 근로자에 대해 해당 유해인자에 대한 특수건강진단을 실시한 것으로 본다(산업안전보건법 제130조 제1항 단서, 시행규칙 제200조).

① 원자력안전법에 따른 건강진단(방사선)

② 진폐의 예방과 진폐근로자의 보호 등에 관한 법률에 따른 정기건강진단(광물성 분진)

③ 진단용 방사선 발생장치의 안전관리규칙에 따른 건강진단(방사선)

④ 「동물 진단용 방사선 발생장치의 안전관리에 관한 규칙」에 따른 건강진단(방사선)

⑤ 그 밖에 다른 법령에 따라 「시행규칙」 별표 24에서 정한 특수건강진단의 검사항목을 모두 포함하여 실시한 건강진단(해당하는 유해인자만 해당한다)

「시행규칙」 별표 22(제201조 관련)에서는 특수건강진단 대상 업무와 관련되는 유해인자 181종을 상세히 규정하고 있다.

[표 14] 특수건강진단 대상 유해인자(시행규칙 별표 22)

특수건강진단 대상 유해인자		분류	종류
1	유기화합물	화학적 인자	109종
2	금속류	화학적 인자	20종
3	산 및 알카리류	화학적 인자	8종
4	가스상태 물질류	화학적 인자	14종
5	「시행령」 제88조의 규정에 따른 허가 대상 유해물질	화학적 인자	12종
6	금속가공유	화학적 인자	1종
7	분진	분진	7종
8	물리적 인자	물리적 인자	8종
9	야간작업[709)]	야간작업	2종
			181종

708) 이를 위반한 자에게는 1천만원 이하의 과태료를 부과한다(산업안전보건법 제175조 제4항 제7호).

특수건강진단은 배치 전 건강진단(해당 작업에 배치하기 전에 실시)을 실시하고 나서 유해인자별로 정해진 시기에 첫 번째로 실시하고, 이후에는 정해져 있는 주기에 따라 정기적으로 실시한다(시행규칙 제202조 제1항, 제204조 참조).

다만, 다음 어느 하나에 해당하는 근로자에 대하여는 관련 유해인자별로 다음 회에 한하여 특수건강진단 실시주기를 1/2로 단축하여야 한다(시행규칙 제202조 제2항).

① 작업환경측정 결과 노출기준 이상인 작업공정에서 해당 유해인자에 노출되는 모든 근로자

② 특수, 수시 또는 임시건강진단 실시결과 직업병 유소견자가 발견된 작업공정에서 해당 유해인자에 노출되는 모든 근로자. 다만 고용노동부장관이 정하는 바에 따라 특수건강진단·수시건강진단 또는 임시건강진단을 실시한 의사로부터 특수건강진단 주기를 단축하는 것이 필요하지 않다는 소견을 받은 경우는 제외한다.

③ 특수 또는 임시건강진단 실시결과 해당 유해인자에 대하여 특수건강진단 실시주기를 단축해야 한다는 의사의 판정을 받은 근로자

[표 15] 유해인자별 특수건강진단 시기·주기(시행규칙 별표 23)

구분	특수건강진단 대상 유해인자	시기 배치 후 첫 번째 특수건강진단	주기
1	N,N-디메틸아세트아미드 디메틸포름아미드	1개월 이내	6개월
2	벤젠	2개월 이내	6개월

709) 2013년 8월「시행규칙」개정 시 유해인자로 추가된 것으로서, 그동안의 다른 유해인자가 모두 '물질'이었던 것과 달리 야간작업은 '작업'에 해당한다는 점에서 다른 유해인자와 그 성격에 있어 큰 차이가 있다.

3	1,1,2,2-테트라클로로에탄 사염화탄소 아크릴로니트릴 염화비닐	3개월 이내	6개월
4	석면, 면 분진	12개월 이내	12개월
5	광물성 분진 나무 분진 소음 및 충격소음	12개월 이내	24개월
6	제1호부터 제5호까지의 규정의 대상 유해인자를 제외한 별표 22의 모든 대상 유해인자	6개월 이내	12개월

다. 배치 전 건강진단

배치 전 건강진단은 특수건강진단 대상 업무에 종사할 근로자에 대하여 배치예정업무에 대한 적합성 평가를 위하여 실시하는 건강진단으로서(산업안전보건법 제130조 제2항), 해당 작업에 배치하기 전에 실시하여야 하고,[710) 사업주는 특수건강진단기관에 해당 근로자가 담당할 업무나 배치하려는 작업장의 특수건강진단 대상 유해인자 등 관련정보를 미리 알려주어야 한다(시행규칙 제204조).

다만, 최근 6개월 이내에 해당 사업장 또는 다른 사업장에서 해당 유해인자에 대한 '배치 전 건강진단에 준하는 건강진단'을 받은 경우는 배치 전 건강진단이 면제된다(산업안전보건법 제130조 제2항 단서, 시행규칙 제203조). 여기에서 말하는 '배치 전 건강진단에 준하는 건강진단'은 i) 해당 유해인자에 대한 배치 전 건강진단, ii) 해당 유해인자에 대한 배치 전 건강진단의 제1차 검사항목을 포함하는 특수건강진단, 수시건강진단 또는 임시건강진단, iii) 해당 유해인자에 대한 배치 전 건강진단의 제1차 검사항목 및 제2차 검사항목을 포함하는 건강진단을 말한다(시행규칙 제203조).

710) 이를 위반한 자에게는 1천만원 이하의 과태료를 부과한다(산업안전보건법 제175조 제4항 제7호).

라. 수시건강진단

수시건강진단은 특수건강진단 대상 업무로 인하여 해당 유해인자로 인한 것이라고 의심되는 직업성 천식, 직업성 피부염, 그 밖에 건강장해 증상을 보이거나 의학적 소견이 있는 근로자를 대상으로 사업주가 실시하는 건강진단으로서, 해당 근로자의 신속한 건강관리를 위해 실시한다(산업안전보건법 제130조 제3항).[711)]

① 산업보건의, 보건관리자, 보건관리 업무를 위탁받은 기관이 필요하다고 판단하여 사업주에게 수시건강진단을 건의한 근로자

② 해당 근로자나 근로자대표 또는 「산업안전보건법」 제23조에 따라 위촉된 명예산업안전감독관이 사업주에게 수시건강진단을 요청한 근로자

수시건강진단은 수시건강진단 대상 근로자가 직접 또는 근로자대표나 명예산업안전감독관(산업안전보건법 제23조)이 사업주에게 수시건강진단을 요청하거나, 해당 사업장의 산업보건의, 보건관리자(보건관리전문기관을 포함한다)가 필요하다고 판단하여 사업주에게 해당 근로자에 대한 수시건강진단을 건의한 때 실시한다(시행규칙 제205조 제1항).

사업주는 위에 해당하는 근로자에 대해서는 지체 없이 수시건강진단을 실시해야 한다(시행규칙 제205조 제2항). 다만, 사업주가 수시건강진단의 실시를 서면으로 요청 또는 건의 받았으나, 특수건강진단을 실시한 의사로부터 해당 근로자에 대한 수시건강진단이 필요하지 않다는 소견(자문)을 받은 경우에는 해당 수시건강진단을 실시하지 아니할 수 있다(시행규칙 제205조 제1항 단서).

711) 이를 위반한 자에게는 1천만원 이하의 과태료를 부과한다(산업안전보건법 제175조 제4항 제7호).

마. 임시건강진단

임시건강진단이란 특수건강진단 대상 유해인자 또는 그 밖의 유해인자에 의한 중독 여부, 질병에 걸렸는지 여부 또는 질병의 발생원인 등을 확인하기 위하여 필요하다고 인정되는 경우로서 다음 어느 하나에 해당하는 경우에 지방고용노동관서장의 명령에 따라 사업주가 실시하는 건강진단을 말한다(산업안전보건법 제131조 제1항, 시행규칙 제207조 제1항).[712)]

① 같은 부서에 근무하는 근로자 또는 같은 유해인자에 노출되는 근로자에게 유사한 질병의 자각 및 타각증상이 발생한 경우

② 직업병 유소견자가 발생하거나 여러 명이 발생할 우려가 있는 경우

③ 그 밖에 지방고용노동관서장이 필요하다고 판단하는 경우

3. 건강진단 종류별 실시기관 · 검사항목 및 실시방법

가. 일반건강진단

일반건강진단은 특수건강진단기관 또는 건강검진기본법에 따른 건강검진기관(건강진단기관)에서 실시하여야 한다(산업안전보건법 제129조 제2항).

검사항목은 다음과 같다(시행규칙 제198조 제1항).

① 과거병력 · 작업경력 및 자각 · 타각증상(시진 · 촉진 · 청진 및 문진)

② 혈압 · 혈당 · 요당 · 요단백 및 빈혈검사

③ 체중 · 시력 및 청력

④ 흉부방사선 촬영

⑤ AST(SGOT) 및 ALT(SGPT), γ-GTP 및 총콜레스테롤

검사결과 질병의 확진이 곤란한 경우에는 제2차 건강진단을 받아야 하며,

---

712) 명령을 위반한 자는 3년 이하의 징역 또는 3천만원 이하의 벌금에 처한다(산업업안전보건법 제169조 제2호).

제2차 건강진단의 범위·검사항목·방법 및 시기 등은 고용노동부장관이 따로 정하여 고시[근로자 건강진단 실시기준(고시)]한다(시행규칙 제198조 제3항).

나. 배치 전 건강진단, 특수건강진단 및 수시건강진단

특수건강진단, 배치 전 건강진단 및 수시건강진단을 수행하려고 하는 경우에는 고용노동부로부터 특수건강진단기관으로 지정받아야 한다(산업안전보건법 제135조 제1항).

검사항목은 제1차 검사항목과 제2차 검사항목으로 구분하며, 유해인자별 세부검사항목은「시행규칙」별표 24(제206조 관련)에서 상세히 규정하고 있다(시행규칙 제206조 제1항).

제1차 검사항목은 해당 건강진단 대상자 모두에 대하여 실시하고, 제2차 검사항목은 제1차 검사항목에 대한 검사결과 건강수준의 평가가 곤란하거나 질병이 의심되는 사람에 대하여 고용노동부장관이 정하여 고시[근로자 건강진단 실시기준(고시)]하는 바에 따라 실시하되(시행규칙 제206조 제3항 본문), 건강진단을 실시하는 의사가 해당 근로자의 건강관리구분상 필요 없다고 판단하는 경우에는 그 사유를 기재하고 제2차 검사항목의 전부 또는 일부를 실시하지 아니할 수 있고[근로자 건강진단 실시기준(고시) 제4조 제3항], 건강진단 담당의사가 해당 유해인자에 대한 근로자의 노출 정도, 병력 등을 고려하여 필요하다고 인정하는 경우에는 제2차 검사항목의 일부 또는 전부에 대하여 제1차 검사항목을 검사할 때에 추가하여 실시할 수 있다[시행규칙 제206조 제3항 단서, 근로자 건강진단 실시기준(고시) 제4조 제4항].

「시행규칙」제196조 각 호 및 제200조 각 호에 따른 법령과 그 밖에 다른 법령에 따라「시행규칙」제206조 제1항 및 제2항에서 정한 검사항목과 같은 항목의 건강진단을 실시한 경우에는 해당 항목에 한정하여「시행규칙」제206조 제1항 및 제2항에 따른 검사를 생략할 수 있다(시행규칙 제206조 제4항).

다. 임시건강진단

임시건강진단 역시 특수건강진단기관에서 실시한다. 검사항목은 「시행규칙」 별표 24(제206조 관련)에 따른 특수건강진단의 검사항목 중 전부 또는 일부와 건강진단 담당의사가 필요하다고 인정하는 검사항목으로 한다(시행규칙 제207조 제2항).

4. 건강진단 결과의 보고 등

건강진단기관은 건강진단을 실시한 때에는 그 결과를 근로자 및 사업주에게 통보하고 고용노동부장관에게 보고하여야 한다(산업안전보건법 제134조 제1항).[713)]

이에 따라 건강진단기관은 건강진단을 실시한 때에는 그 결과를 고용노동부장관이 정하는 건강진단개인표(근로자건강진단 실시기준 별지 제5호 서식)에 기록하고, 이를 건강진단 실시일부터 30일 이내에 근로자에게 송부하여야 하며(시행규칙 제209조 제1항), 건강진단을 실시한 결과 질병 유소견자가 발견된 경우에는 건강진단을 실시한 날부터 30일 이내에 해당 근로자에게 의학적 소견 및 사후관리에 필요한 사항과 업무수행의 적합성 여부(특수건강진단기관인 경우에만 해당한다)를 설명하여야 한다. 다만, 해당 근로자가 소속한 사업장의 의사인 보건관리자에게 이를 설명한 경우에는 그렇지 않다(시행규칙 제209조 제2항).

건강진단기관은 건강진단을 실시한 날부터 30일 이내에 해당 건강진단 결과표[714)](건강진단 현황, 질병유소견자 현황, 사후관리 현황, 사후관리 소견서)를 사업주에게 송부하여야 한다(시행규칙 제209조 제3항).

---

713) 통보 또는 보고를 하지 아니하거나 거짓으로 통보 또는 보고한 자에게는 3백만원 이하의 과태료를 부과한다(산업안전보건법 제175조 제6항 제15호).

714) 「시행규칙」 별지 제84호 · 제85호 서식.

그리고 특수건강진단기관은 특수・수시・임시건강진단을 실시한 경우에는 건강진단을 실시한 날부터 30일 이내에 건강진단 결과표를 지방고용노동관서장에게 제출하여야 한다(산업안전보건법 제134조 제1항, 시행규칙 제209조 제4항). 다만, 건강진단개인표 전산자료를 안전보건공단에 송부한 경우에는 그러하지 아니하다(시행규칙 제209조 제4항 단서).

사업주는 일반적으로 일반건강진단 결과표를 제출할 의무는 없으나, 지방고용노동관서장은 근로자의 건강을 유지하기 위하여 필요하다고 인정하는 사업장의 경우, 해당 사업주에 대하여 일반건강진단 결과표(시행규칙 별지 제84호 서식)를 제출하게 할 수 있다(시행규칙 제199조).

「산업안전보건법」 제129조 제1항 단서에 따라 건강진단을 실시한 기관은 사업주가 근로자의 건강보호를 위하여 그 결과를 요청하는 경우 고용노동부령(시행규칙 제209조 제5항)으로 정하는 바에 따라 그 결과를 사업주에게 통보하여야 한다(산업안전보건법 제134조 제2항).[715)]

5. 사업주의 의무

가. 건강진단 실시 및 사후관리

사업주는 상시 사용하는 근로자의 건강관리를 위하여 일반건강진단을, 특수건강진단 대상 업무에 종사하는 근로자 등에 대하여 특수건강진단을 각각 실시하여야 한다(산업안전보건법 제129조 제1항, 제130조 제1항).[716)]

그리고 사업주는 산업안전보건법령 또는 다른 법령에 따른 건강진단결과 근로자의 건강을 유지하기 위하여 필요하다고 인정할 때에는, 작업장소의 변

715) 통보하지 아니하거나 거짓으로 통보한 자에게는 3백만원 이하의 과태료를 부과한다(산업안전보건법 제175조 제6항 제15호).

716) 이를 위반한 자에게는 1천만원 이하의 과태료를 부과한다(산업안전보건법 제175조 제4항 제7호).

경, 작업의 전환, 근로시간의 단축, 야간근로(오후 10시부터 오전 6시까지의 근로를 말한다)의 제한, 작업환경측정 또는 시설・설비의 설치 또는 개선 등 적절한 조치를 하여야 한다(산업안전보건법 제132조 제4항).[717)]

이에 따라 적절한 조치를 하여야 하는 사업주로서 특수건강진단, 수시건강진단, 임시건강진단의 결과 특정 근로자에 대하여 근로금지 및 제한, 작업전환, 근로시간 단축, 직업병 확진 의뢰 안내의 조치가 필요하다는 건강진단을 실시한 의사의 소견이 있는 건강진단 결과표를 송부받은 사업주는 이를 송부받은 날부터 30일 이내에 사후관리 조치결과 보고서(시행규칙 별지 제86호 서식)에 건강진단 결과표, 위의 사후관리조치의 실시를 증명할 수 있는 서류 또는 실시계획 등을 첨부하여 관할 지방노동관서에 제출하여야 한다(산업안전보건법 제132조 제5항, 시행규칙 제210조 제3항・제4항).[718)]

나. 근로자대표 입회 및 설명회 개최

사업주가 건강진단을 실시할 경우 근로자대표의 요구가 있을 때에는 건강진단에 근로자대표를 참석시켜야 한다(산업안전보건법 제132조 제1항).[719)]

그리고 사업주는 산업안전보건위원회 또는 근로자대표가 요구할 때에는 직접 또는 건강진단을 실시한 건강진단기관으로 하여금 건강진단결과에 대해 설명하도록 하여야 한다. 다만, 본인의 동의 없이는 개별근로자의 건강진단결과를 공개하여서는 아니 된다(산업안전보건법 제132조 제2항).[720)]

---

717) 이를 위반한 자는 1천만원 이하의 벌금에 처한다(산업안전보건법 제171조 제4호).

718) 이를 위반한 자는 3백만원 이하의 과태료를 부과한다(산업안전보건법 제175조 제6항 제15호).

719) 이를 위반한 자는 5백만원 이하의 과태료를 부과한다(산업안전보건법 제175조 제5항 제14호).

720) 이를 위반한 자는 5백만원 이하의 과태료를 부과한다(산업안전보건법 제175조 제5항 제1호).

다. 임시건강진단 실시명령 이행

사업주는 관할 지방고용노동관서장이 근로자의 건강을 보호하기 위하여 특정 근로자에 대한 임시건강진단 실시 기타 필요한 사항을 명령한 경우 이 명령에 따라야 한다(산업안전보건법 제131조 제1항 참조).[721]

라. 목적 외 사용 금지

사업주는 건강진단 결과를 근로자의 건강보호·유지 외의 목적으로 사용하여서는 아니 된다(산업안전보건법 제132조 제3항).[722] 따라서 건강진단 결과 요관찰자, 유소견자 등 건강진단 이상소견이 있는 자에 대해 이것만을 이유로 업무수행 적합 여부를 면밀히 따지지 않고 건강진단 결과를 채용, 재계약, 면직 등에 사용하는 것은 금지된다.

그러나 건강진단 결과를 근로자의 건강보호·유지를 목적으로 사용하는 것은 문제가 되지 않는다. 예를 들면, 객관적으로 보아 수행할 작업으로 인해 고혈압, 고지혈증 등 기초질환이 증악(增惡)될 가능성이 큰 경우에는 해당 근로자를 채용하지 않거나 해당 작업에 배치하지 않더라도 본 규정에 위배된다고 볼 수 없을 것이다.

마. 서류보존

사업주는 「산업안전보건법」 제129조부터 제131조까지의 규정에 따른 건강진단에 관한 서류는 3년간 보존하여야 한다[산업안전보건법 제164조 제1항(제7호) 본문]. 그리고 「시행규칙」 제209조 제3항에 따라 건강진단기관으로부터 송부 받은 건강진단결과표, 법 제133조 단서에 따라 근로자가 제출한

---

721) 이 명령을 위반한 자는 3년 이하의 징역 또는 3천만원 이하의 벌금에 처한다(산업안전보건법 제169조 제2호).

722) 이를 위반한 자는 3백만원 이하의 과태료를 부과한다(산업안전보건법 제175조 제6항 제3호).

건강진단결과를 증명하는 서류(이들 자료가 전산입력된 경우에는 전산입력된 자료)는 각각 5년간 보존하되(산업안전보건법 제164조 제1항 단서, 시행규칙 제241조 제2항 본문), 고용노동부장관이 정하여 고시[근로자 건강진단 실시기준(고시) 제2조 제3호]하는 물질[(i) 시행령 제87조의 규정에 따른 제조 등이 금지되는 유해물질, ii) 시행령 제88조의 규정에 따른 허가 대상 유해물질, iii) 안전보건기준규칙 별표 12(제420조 관련)에 따른 관리 대상 유해물질 중 특별관리물질에 해당하는 물질]을 취급하는 근로자에 대한 건강진단결과의 서류 또는 전산입력자료는 30년간 보존하여야 한다(산업안전보건법 제164조 제1항 단서, 시행규칙 제241조 제2항 단서).[723)]

바. 건강진단 실시시기의 명시

일반건강진단 또는 특수건강진단을 실시하여야 할 사업주는 건강진단 실시시기를 안전보건관리규정 또는 취업규칙에 규정하는 등 일반건강진단 또는 특수건강진단이 정기적으로 실시되도록 노력하여야 한다(시행규칙 제197조 제2항, 제202조 제4항).

6. 근로자의 의무

근로자는 「산업안전보건법」 제129조부터 제131조까지의 규정에 따라 사업주가 실시하는 건강진단을 받아야 한다.[724)] 다만, 사업주가 지정한 건강진단기관이 아닌 건강진단기관으로부터 이에 상응하는 건강진단을 받아 그 결과를 증명하는 서류를 사업주에게 제출하는 경우에는 사업주가 실시하는 건강진단을 받은 것으로 본다(산업안전보건법 제133조).

---

723) 이를 위반한 자는 3백만원 이하의 과태료를 부과한다(산업안전보건법 제175조 제6항 제18호).

724) 이를 위반한 자에게는 3백만원의 과태료를 부과한다(산업안전보건법 제175조 제6항 제3호).

7. 건강진단에 관한 비밀유지

건강진단을 하는 자는 건강진단을 실시하는 과정에서 알게 된 근로자의 심신의 결함, 기타 비밀을 누설하여서는 아니 된다(산업안전보건법 제162조 제11호). 다만 근로자의 건강장해를 예방하기 위하여 고용노동부장관이 필요하다고 인정하는 경우에는 그러하지 아니하다(산업안전보건법 제162조 단서).[725)]

이 규정은 건강진단을 실시하는 과정에서 건강진단업무 종사자가 근로자 개인의 질병(력) 등의 프라이버시에 접할 가능성이 높은 점을 감안하여, 개인의 비밀의 존중과의 조화를 도모하고 건강진단의 적정한 실시를 확보하기 위한 목적으로 마련되었다.

8. 건강진단 · 분석능력 평가

고용노동부장관(안전보건공단 산업안전보건연구원장)은 정도관리(精度管理)[726)]를 통해 특수건강진단기관의 진단 · 분석 결과에 대한 정확성과 정밀도를 확보하기 위하여 특수건강진단기관의 진단 · 분석능력을 확인하고, 특수건강진단기관을 지도하거나 교육할 수 있다. 이 경우 진단 · 분석능력의 확인, 특수건강진단기관에 대한 지도 및 교육의 방법, 절차, 그 밖에 필요한 사항은 고용노동부장관이 정하여 고시(특수건강진단기관의 정도관리에 관한 고시)한다(산업안전보건법 제135조 제3항).

---

725) 이를 위반한 자는 1년 이하의 징역 또는 1천만원 이하의 벌금에 처한다(산업안전보건법 제170조 제4호).

726) 정도관리란 특수건강진단의 정확성과 신뢰성을 확보하기 위하여 분석 · 진폐 · 청력 분야에 대한 검사 등 능력을 평가하는 것을 말한다(특수건강진단기관의 정도관리에 관한 고시 제2조 제1항).

Ⅲ. 역학조사

1. 취 지

「산업안전보건법」 제141조의 역학조사 규정은 고용노동부장관이 근로자가 노출되는 화학물질 또는 근로자가 종사하는 작업 등과 근로자의 질병의 상관관계를 파악하기 위하여 직업성 질환 역학조사(이하 '역학조사'라 한다)를 할 수 있다는 것을 정한 것이다.

역학조사란 일정한 집단에서의 특정 질병의 분포를 다각적[사람의 인자(성・연령・직업 등), 장소(지리적), 시간(연・월) 등]으로 관찰하고, 그 결과를 기초로 하여, 왜 그와 같은 분포를 하는가에 대한 이유(주로 그 질병의 발병의 원인)를 통계학적으로 해석하여 고찰하기 위한 조사를 말한다.

역학조사의 구체적인 방법으로는 코호트 연구(Cohort study),[727] 환자군-대조군 연구(Case-Control Study)[728] 등의 연구방법이 있고, 역학조사와 유사한 조사로서는 특정 역병(疫病, 주로 특이한 것)에 이환한 자 등에 대해 그 직업 및 취급물질 등 및 그 자 등의 병력, 기타 의학적 소견 등을 조사하고, 그 직업 및 취급물질 등이 그 질병의 발병의 원인이 되고 있는지 여부를 이미 갖고 있는 과학적 식견에 비추어 고찰하기 위한 사례조사(Case Study)

727) 코호트 연구는 동종의 직업 또는 업무 등에 종사한 근로자 등의 가능한 한 폭넓은 집단을 역학조사의 대상집단(코호트)으로 설정하고, 이 집단에 속하는 근로자 등의 사망원인 등의 소급조사 또는 장래에서의 사망원인 등의 추적조사를 하고, 그 집단에 속하는 근로자 등의 특정 사망원인 등에 관련된 사망률 등과 일반 인구에서의 그 사망원인에 관련된 수정사망률을 통계적으로 비교분석하는 것 등에 의하여, 특정 질병의 원인이 되는 인자를 해명하고자 하는 역학적 연구방법이다.

728) 환자군-대조군 연구는 특정 지역 등에서의 특정 질병에 이환된 자(Case)와 성, 연령 등이 동일한 자를 대상으로 무작위적으로 선정하고, 당해 질병에 이환된 자(Case) 및 무작위로 선정된 자(Control)가 종사한 직업 또는 업무 등의 이력을 조사하여, 그 Case군(群)과 Control군(群) 간의 특정 직업 또는 업무 등의 출현빈도의 차를 추계학적으로 검토한 후, 그 특정 질병과 그 특정 직업 또는 업무 등의 관련을 해명하려고 하는 역학적 연구방법이다.

가 있다.

고용노동부장관은 역학조사가 고도의 전문기술을 필요로 하므로, 역학조사의 실시에 관한 업무를 안전보건공단에 위탁하고 있고, 안전보건공단은 역학조사결과의 공정한 평가 및 그에 따른 근로자 건강보호방안 개발 등을 위하여 역학조사평가위원회를 설치·운영하여야 한다(시행규칙 제224조).

그리고 이 역학조사를 진행하기 위해서는 화학물질의 제조공정, 작업력, 생사 구별, 사인 등의 자료를 필요로 하기 때문에, 사업주, 근로자에 대하여 질문을 하고 보고 등을 요구하는 것이 가능하고(산업안전보건법 제141조 제2항 참조), 국민건강보험공단 등 관련기관에 건강검진 결과, 질병정보 및 사망원인 정보 등 역학조사에 필요한 자료의 제출을 요청할 수 있다(산업안전보건법 제141조 제5항).

2. 역학조사 대상

안전보건공단은 다음 어느 하나에 해당하는 경우에는 역학조사를 할 수 있다(시행규칙 제222조 제1항).

① 작업환경측정 또는 건강진단의 실시결과만으로 직업성 질환에 걸렸는지를 판단하기 곤란한 근로자의 질병에 대하여 사업주·근로자대표·보건관리자(보건관리전문기관을 포함한다) 또는 건강진단기관의 의사가 역학조사를 요청하는 경우

② 근로복지공단이 고용노동부장관이 정하는 바에 따라 업무상 질병 여부의 결정을 위하여 역학조사를 요청하는 경우

③ 안전보건공단이 직업성 질환의 예방을 위하여 필요하다고 판단하여 역학조사평가위원회의 심의를 거친 경우

④ 그 밖에 직업성 질환에 걸렸는지 여부로 사회적 물의를 일으킨 질병에 대하여 작업장 내 유해요인과의 연관성 규명이 필요한 경우 등으로서

지방고용노동관서장이 요청하는 경우

3. 역학조사의 절차

역학조사를 실시하는 경우 사업주 및 근로자는 이에 적극 협조하여야 하며, 정당한 사유 없이 이를 거부·방해하거나 기피하여서는 아니 된다(산업안전보건법 제141조 제2항).[729]

그리고 사업주 또는 근로자대표가 역학조사를 요청하는 경우에는 산업안전보건위원회의 의결을 거치거나 각각 상대방의 동의를 받아야 한다. 다만, 관할 지방고용노동관서장이 역학조사의 필요성을 인정하는 경우에는 그렇지 않다(시행규칙 제222조 제2항).

안전보건공단은 i) 사업주, ii) 근로자대표, iii) 해당 질병에 대하여 「산업재해보상보험법」 제36조 제1항 제1호 및 제5호에 따른 요양급여 및 유족급여를 신청한 자 또는 그 대리인(시행규칙 제222조 제1항 제2호에 따른 역학조사에 한한다)이 요구할 때는 이들에게 참석 시기와 장소를 통지한 후 해당 역학조사에 참석시킬 수 있다(산업안전보건법 제141조 제1항 후단, 시행규칙 223조).

4. 비밀유지

역학조사에 참여하는 자는 역학조사 참석과정에서 알게 된 비밀을 누설하거나 도용해서는 아니 된다(산업안전보건법 제141조 제4항, 제162조 제12호).[730] 다만 근로자의 건강장해를 예방하기 위하여 고용노동부장관이 필요

729) 역학조사를 정당한 사유 없이 거부·방해하거나 기피한 자에게는 1천5백만원 이하의 과태료를 부과한다(산업안전보건법 제175조 제3항 제3호).

하다고 인정하는 경우에는 그러하지 아니하다(산업안전보건법 제162조 단서).

이 규정은 역학조사를 하는 과정에서 역학조사업무 참여자가 개인의 사망 원인 등의 프라이버시, 기업의 노하우에 접할 가능성이 있는 점을 감안하여, 역학조사 제도의 원활한 운영을 도모하기 위한 목적으로 마련되었다.

Ⅳ. 건강관리카드 제도

1. 취 지

베타-나프틸아민, 벤지딘, 석면 등에 의한 암 등은 잠복기간이 20~30년으로 길고, 일단 발병하면 당해 근로자에게 중대한 건강장해를 초래한다. 따라서 이러한 유해물질의 제조·취급 등 업무에 종사한 근로자의 건강관리대책으로서 조기발견을 하는 것이 매우 중요하다. 이 때문에 관계업무에 종사한 자가 당해 업무를 떠난 후에도 장기간에 걸쳐 건강진단 등의 건강관리를 하는 것이 필요하다.

그런데 사업주에게 근로자 이직 후를 포함하여 장기간에 걸친 건강진단을 의무 지웠다고 하더라도 관련사업주가 영세한 경우가 많고 근로자가 퇴직한 사업장과의 접촉을 경원하는 등의 사정도 있어 그 실효를 기대하기 어렵다.

이 때문에, 그간 종사한 업무에 기인하여 발생하는 질병으로서 발병한 경우 암 등 중대한 건강장해를 초래할 가능성이 있는 질병의 조기발견을 위하여 '건강관리카드' 제도를 두어, 그와 같은 질병에 관련되는 업무(심각한 결과를 초래할 우려가 있는 업무로서 장기간의 건강관리를 필요로 하는 업무)에 종사하고 이직한 근로자에 대해 정부가 건강진단 등의 조치를 행하여 이

730) 이를 위반한 자는 1년 이하의 징역 또는 1천만원 이하의 벌금에 처한다(산업안전보건법 제170조 제4호).

들에 대한 건강관리에 만전을 기하는 것으로 하였다(산업안전보건법 제137조 제1항 참조).

2. 건강관리카드 발급 대상 및 절차

건강관리카드는 안전보건공단이 동 카드를 발급하여야 하는 건강장해가 발생할 우려가 있는 업무에 종사하였거나 종사하고, 해당 업무 이직 시 또는 이직 후에 아래 표[시행규칙 별표 25(제214조 관련)의 오른쪽 란에 제시한 요건을 갖춘 자에 대해 신청에 의하여 발급하고, 다만 재직 중인 근로자가 사업주에게 의뢰하는 경우에는 사업주가 안전보건공단에 발급을 신청할 수 있다(산업안전보건법 제137조 제1항, 시행규칙 제217조 제1항).

건강관리카드의 발급을 신청하려는 사람은 「시행규칙」 별지 제88호 서식의 건강관리카드 발급신청서에 「시행규칙」 별표 25(제214조 관련) 각 호의 어느 하나에 해당하는 사실을 증명하는 서류와 사진 1장을 첨부하여 안전보건공단에 제출(전자문서로 제출하는 것을 포함한다)해야 한다(시행규칙 제217조 제2항).

[표 16] 건강관리카드의 발급 대상(시행규칙 별표 25)

구분	건강장해가 발생할 우려가 있는 업무	대상 요건
1	베타-나프틸아민 또는 그 염(같은 물질 함유중량 1% 초과 제재 포함) 제조 또는 취급 업무	3개월 이상 종사한 사람
2	벤지딘 또는 그 염(같은 물질 함유중량 1% 초과 제재 포함) 제조 또는 취급 업무	3개월 이상 종사한 사람
3	베릴륨 또는 그 화합물(같은 물질 함유중량 1% 초과 제재 포함) 또는 그 밖에 베릴륨 함유물질(같은 물질 함유중량 3% 초과 물질만 해당) 제조 또는 취급 업무	제조하거나 취급하는 업무에 종사한 사람 중 양쪽 폐부분에 베릴륨에 의한 만성 결절성 음영이 있는 사람
4	비스-(클로로메틸) 에테르(같은 물질 함유중량 1% 초과 제재 포함) 제조 또는 취급 업무	3년 이상 종사한 사람

5	가. 석면 또는 석면방직 제품을 제조하는 업무	3개월 이상 종사한 사람
	나. 다음의 어느 하나에 해당하는 업무 1) 석면함유제품(석면방직제품을 제외한다)을 제조하는 업무 2) 석면함유제품(석면을 1% 초과하여 함유한 제품에 한함. 이하 다목에서 같음)을 절단하는 등 석면을 가공하는 업무 3) 설비 또는 건축물에 분무된 석면을 해체·제거 또는 보수하는 업무 4) 석면이 1% 초과하여 함유된 보온재 또는 내화피복제를 해체·제거 또는 보수하는 업무	1년 이상 종사한 사람
	다. 설비 또는 건축물에 포함된 석면시멘트, 석면마찰제품 또는 석면개스킷제품 등 석면함유제품을 해체·제거 또는 보수하는 업무	10년 이상 종사한 사람
	라. 나목 또는 다목 중 하나 이상의 업무에 중복하여 종사한 경우	다음의 계산식으로 산출한 숫자가 120을 초과하는 사람 : (나목의 업무에 종사한 개월수)×10+(다목의 업무에 종사한 개월수)
	마. 가목부터 다목까지의 업무로서 가목부터 다목까지의 규정에서 정한 종사기간에 해당하지 않는 경우	흉부방사선상 석면으로 인한 질병 징후(흉막반 등)가 있는 사람
6	벤조트리클로리드 제조(태양광선에 의한 염소화 반응에 의해 제조하는 경우만 해당)하거나 취급하는 업무	3년 이상 종사한 사람
7	가. 갱내에서 동력을 사용하여 토석(土石)·광물 또는 암석(습기가 있는 것은 제외한다. 이하 "암석등"이라 한다)을 굴착 하는 작업 나. 갱내에서 동력(동력 수공구(手工具)에 의한 것은 제외한다)을 사용하여 암석 등을 파쇄(破碎)·분쇄 또는 체질하는 장소에서의 작업 다. 갱내에서 암석 등을 차량계 건설기계로 싣거나 내리거나 쌓아두는 장소에서의 작업 라. 갱내에서 암석 등을 컨베이어(이동식 컨베이어는 제외한다)에 싣거나 내리는 장소에서의 작업	3년 이상 종사한 사람 중 흉부방사선 사진상 진폐가 있다고 인정되는 자(진폐의 예방과 진폐근로자의 보호 등에 관한 법률에 따라 건강관리카드를 발급받은 자는 제외)

마. 옥내에서 동력을 사용하여 암석 또는 광물을 조각 하거나 마무리하는 장소에서의 작업
바. 옥내에서 연마재를 분사하여 암석 또는 광물을 조각하는 장소에서의 작업
사. 옥내에서 동력을 사용하여 암석·광물 또는 금속을 연마·주물 또는 추출하거나 금속을 재단하는 장소에서의 작업
아. 옥내에서 동력을 사용하여 암석등·탄소원료 또는 알미늄박을 파쇄·분쇄 또는 체질하는 장소에서의 작업
자. 옥내에서 시멘트, 티타늄, 분말상의 광석, 탄소원료, 탄소제품, 알미늄 또는 산화티타늄을 포장하는 장소에서의 작업
차. 옥내에서 분말상의 광석, 탄소원료 또는 그 물질을 함유한 물질을 혼합·혼입 또는 살포하는 장소에서의 작업
카. 옥내에서 원료를 혼합하는 장소에서의 작업 중 다음의 어느 하나에 해당하는 작업
  1) 유리 또는 법랑을 제조하는 공정에서 원료를 혼합하는 작업이나 원료 또는 혼합물을 용해로에 투입하는 작업(수중에서 원료를 혼합하는 작업은 제외한다)
  2) 도자기·내화물·형상토제품(형상을 본떠 흙으로 만든 제품) 또는 연마재를 제조하는 공정에서 원료를 혼합 또는 성형하거나, 원료 또는 반제품을 건조하거나, 반제품을 차에 싣거나 쌓아 두는 장소에서의 작업 또는 가마 내부에서의 작업(도자기를 제조하는 공정에서 원료를 투입 또는 성형하여 반제품을 완성하거나 제품을 내리고 쌓아 두는 장소에서의 작업과 수중에서 원료를 혼합하는 장소에서의 작업은 제외한다)
  3) 탄소제품을 제조하는 공정에서 탄소원료를 혼합하거나 성형하여 반제품을 노(爐 : 가공할 원료를 녹이거나 굽는 시설)에 넣거나 반제품 또는 제품을 노에서 꺼내거나 제작하는 장소에서의 작업

	타. 옥내에서 내화 벽돌 또는 타일을 제조하는 작업 중 동력을 사용하여 원료(습기가 있는 것은 제외한다)를 성형하는 장소에서의 작업 파. 옥내에서 동력을 사용하여 반제품 또는 제품을 다듬질하는 장소에서의 작업 중 다음의 어느 하나에 해당하는 작업 1) 도자기·내화물·형상토제품 또는 연마재를 제조하는 공정에서 원료를 혼합 또는 성형하거나, 원료 또는 반제품을 건조하거나, 반제품을 차에 싣거나 쌓은 장소에서의 작업또는 가마 내부에서의 작업(도자기를 제조하는 공정에서 원료를 투입 또는 성형하여 반제품을 완성하거나 제품을 내리고 쌓아 두는 장소에서의 작업과 수중에서 원료를 혼합하는 장소에서의 작업은 제외한다) 2) 탄소제품을 제조하는 공정에서 탄소원료를 혼합하거나 성형하여 반제품을 노에 넣거나 반제품 또는 제품을 노에서 꺼내거나 제작하는 장소에서의 작업 하. 옥내에서 거푸집을 해체하거나, 분해장치를 이용하여 사형(似形 : 광물의 결정형태)을 부수거나, 모래를 털어 내거나 동력을 사용하여 주물모래를 재생하거나 혼련(열과 기계를 사용하여 내용물을 고르게 섞는 것)하거나 주물품을 절삭(切削)하는 장소에서의 작업 거. 옥내에서 수지식(手指式) 용융분사기를 이용하지 않고 금속을 용융분사하는 장소에서의 작업 너. 석탄을 원료로 사용하는 발전소에서 발전을 위한 공정[하역, 이송, 저장, 혼합, 분쇄, 연소, 집진(集塵), 재처리 등의 과정을 말한다] 및 관련 설비의 운전·정비가 이루어지는 장소에서의 작업	
8	가. 염화비닐을 중합(결합 화합물화)하는 업무 또는 밀폐되어 있지 않은 원심분리기를 사용하여 폴리염화비닐(염화비닐의 중합체를 말한다)의 현탁액(懸濁液)에서 물을 분리시키는 업무	4년 이상 종사한 사람

	나. 염화비닐을 제조하거나 사용하는 석유화학설비를 유지·보수하는 업무	
9	크롬산·중크롬산과 그 염(같은 물질 함유중량 1% 초과 제재 포함) 제조(광석으로부터 제조하는 경우에 국한) 또는 취급 업무	4년 이상 종사한 사람
10	삼산화비소를 제조하는 공정에서 배소(낮은 온도로 가열하여 변화를 일으키는 과정) 또는 정제를 하는 업무나 비소가 함유된 화합물의 중량 비율이 3퍼센트를 초과하는 광석을 제련하는 업무	5년 이상 종사한 사람
11	니켈(니켈카르보닐을 포함) 또는 그 화합물을 광석으로부터 제조하거나 취급하는 업무	5년 이상 종사한 사람
12	카드뮴 또는 그 화합물을 광석으로부터 제조하거나 취급하는 업무	5년 이상 종사한 사람
13	가. 벤젠을 제조하거나 사용하는 업무(석유화학업종에 한함) 나. 벤젠을 제조하거나 사용하는 석유화학설비를 유지·보수하는 업무	6년 이상 종사한 사람
14	제철용 코크스 또는 제철용 가스발생로를 제조하는 업무(코크스로 또는 가스발생로 상부에서의 업무 또는 코크스로에 접근하여 하는 업무만 해당)	6년 이상 종사한 사람
15	비파괴검사(X-선) 업무	1년 이상 종사한 사람 또는 연간 누적선량이 20mSv 이상이었던 사람

3. 건강관리카드 소지자에 대한 건강진단 등

안전보건공단은 건강관리카드를 발급한 경우에는 카드 소지자에게 건강진단을 받게 하거나 그 밖에 건강보호를 위하여 필요한 조치를 권고할 수 있다(시행규칙 제219조).

건강관리카드를 발급받은 근로자가 카드의 발급 대상 업무에 더 이상 종사하지 아니하는 경우에는 안전보건공단 또는 특수건강진단기관에서 실시하는 건강진단을 매년(카드 발급 대상 업무에서 종사하지 않게 된 첫 해는 제외한

다) 1회 무료로 받을 수 있다(산업안전보건법 제137조 제4항, 시행규칙 제215조 제1항]. 다만, 카드 발급 대상 업무와 같은 업무에 재취업하고 있는 기간 중에는 그렇지 않다.

건강관리카드 소지자가 건강진단을 받을 때에는 해당 건강진단을 실시하는 의료기관에 카드 또는 주민등록증 등 신분을 확인할 수 있는 증명서를 제시하여야 하고(시행규칙 제215조 제3항), 의료기관은 건강진단을 실시한 날로부터 30일 이내에 건강진단 실시결과를 카드 소지자 및 안전보건공단에 송부해야 한다(시행규칙 제215조 제4항).

제3항에 따른 의료기관은 건강진단 결과에 따라 카드소지자의 건강 유지를 위하여 필요하면 건강상담, 직업병 확진 의뢰 안내 등 고용노동부장관이 정하는 바에 따른 조치를 하고, 카드소지자에게 해당 조치 내용에 대하여 설명해야 한다(시행규칙 제215조 제5항).

카드 소지자에 대한 건강진단의 실시방법과 그 밖에 필요한 사항은 고용노동부장관이 정하여 고시[근로자 건강진단 실시기준(고시) 제2장 제3절]한다(시행규칙 제215조 제6항).

4. 건강관리카드의 용도

건강관리카드를 발급받은 자가 「산업재해보상보험법」에 따른 요양급여를 신청하는 경우에는 동 카드를 제출함으로써 해당 재해에 관한 의학적 소견을 적은 서류의 제출을 대신할 수 있다(산업안전보건법 제137조 제2항).

건강관리카드는 본래 교부받아야 하는 자 본인의 보호를 위한 것이고 타인이 이용하여야 하는 것은 아니므로, 이것을 타인에게 양도하거나 대여하는 것은 금지되고 있다(산업안전보건법 제137조 제3항).[731]

731) 이를 위반한 자에게는 5백만원 이하의 과태료를 부과한다(산업안전보건법 제175조 제5항 제1호).

V. 질병자의 근로금지(제한)

1. 취 지

「산업안전보건법」 제138조의 질병자의 근로금지·제한규정은 전염병 전파의 우려가 있는 전염성 질병에 걸린 자, 정신장해 때문에 현재 자상타해(自傷他害)의 우려가 있는 자, 근로 때문에 질병이 크게 악화될 우려가 있는 자 등을 근로하게 하면, 본인 자신의 건강을 악화시킬 뿐만 아니라, 다른 근로자의 건강을 해하거나 악영향을 미칠 우려가 있기 때문에 이들 질병자를 근로하게 하는 것을 금지(제한)[732]한 것이다.

위 질병자의 근로를 금지(제한)하려고 하는 경우에는, 그것이 신중하고 적정하게 이루어지도록 그 근로자의 질병의 종류, 정도 등에 대해 의사의 진단에 따라야 한다. 즉, 위 질병자에 대해서는 의사의 진단에 따라 근로를 금지하거나 제한하여야 한다(산업안전보건법 제138조 제1항).[733]

2. 근로를 금지(제한)해야 할 경우

고용노동부령(시행규칙 제220조 및 제221조)에서는 근로를 금지·제한하여야 할 질병의 종류 및 정도에 대하여 규정하고 있다. 일정한 질병에 대해서는 '업무의 종류에 관계없이' 일반적으로 근로를 금지하고 있고, 일정한 질병에 대해서는 '일정한 업무'에의 종사를 금지(제한)하고 있다.[734]

업무의 종류에 관계없이 근로 자체가 금지되는 자는 다음과 같다(시행규

---

732) 「산업안전보건법」(제138조)에서는 근로의 금지 또는 제한을 선택적으로 하는 것처럼 규정되어 있지만, 「시행규칙」(제220조 및 제221조)에서는 근로의 금지에 대해서만 규정하고 있고 근로의 제한은 규정하고 있지 않다.

733) 이를 위반한 자는 1천만원 이하의 벌금에 처한다(산업안전보건법 제171조 제1호).

734) 질병자의 근로금지·제한 규정을 위반한 자는 1천만원 이하의 벌금에 처한다(산업안전보건법 제171조 제1호).

칙 제220조 제1항).

① 전염될 우려가 있는 질병에 걸린 사람(다만, 전염을 예방하기 위한 조치를 한 경우는 제외한다)

② 조현병[735] · 마비성 치매에 걸린 사람

③ 심장 · 신장 · 폐 등의 질환이 있는 사람으로서 근로에 의하여 병세가 악화될 우려가 있는 사람

④ ①부터 ③까지에 준하는 질병으로서 고용노동부장관이 정하는 질병에 걸린 사람[736]

일정한 업무에의 종사가 제한(금지)되는 자는 유해물질 취급 · 노출업무에 종사 시 건강악화 우려가 있는 자와 고기압 업무로 인하여 건강 악화 우려가 있는 자로 구분된다.

전자와 관련하여, 사업주는 건강진단 결과 유기화합물 · 금속류 등의 유해물질에 중독된 사람, 해당 유해물질에 중독될 우려가 있다고 의사가 인정하는 사람, 진폐의 소견이 있는 사람 또는 방사선에 피폭된 사람을 해당 유해물질 또는 방사선을 취급하거나 해당 유해물질의 분진 · 증기 또는 가스가 발산되는 업무 또는 해당 업무로 인하여 근로자의 건강을 악화시킬 우려가 있는 업무에 종사하도록 하여서는 안 된다(시행규칙 제221조 제1항).

후자에 대해서는, 사업주는 다음에 해당하는 질병이 있는 근로자를 고기압 업무에 종사하도록 하여서는 아니 된다(시행규칙 제221조 제2항).

① 감압증이나 그 밖에 고기압에 의한 장해 또는 그 후유증

② 결핵 · 급성상기도감염 · 진폐 · 폐기종 기타 호흡기계의 질병

③ 빈혈증 · 심장판막증 · 관상동맥경화증 · 고혈압증 그 밖의 혈액 또는 순환기계의 질병

---

735) '정신분열증'이라는 단어 자체가 풍기는 부정적인 인상과 편견 때문에 2011년부터 '조현병'이라는 표현으로 병명이 바뀌었다.

736) 이에 대해서는 현재까지 고용노동부장관이 정하고 있는 것은 없다.

④ 정신신경증·알코올중독·신경통 기타 정신신경계의 질병
⑤ 메니에르씨병·중이염 그 밖의 이관(耳管)협착을 수반하는 귀 질환
⑥ 관절염·류마티스 그 밖의 운동기계의 질병
⑦ 천식·비만증·바세도우씨병 기타 알레르기성·내분비계·물질대사 또는 영양장해 등과 관련된 질병

3. 건강회복 시의 조치

사업주는 근로가 금지되거나 제한된 근로자가 건강을 회복하였을 때에는 지체 없이 취업하게 하여야 한다(산업안전보건법 제138조 제2항).[737)]

4. 근로금지·제한 및 재개 시의 절차

사업주는 근로를 금지하거나 근로를 다시 시작하도록 하는 경우에는 미리 보건관리자(의사인 보건관리자만 해당한다), 산업보건의 또는 건강진단을 실시한 의사의 의견을 들어야 한다(시행규칙 제220조 제2항).

사업주는 근로를 제한하거나 근로가 제한된 근로자 중 건강이 회복된 근로자를 다시 근로하게 하려는 경우에는 미리 보건관리자(의사인 보건관리자만 해당한다), 산업보건의 또는 건강진단을 실시한 의사의 의견을 들어야 한다(시행규칙 제221조 제3항).

737) 이를 위반한 자는 1천만원 이하의 벌금에 처한다(산업안전보건법 제171조 제1호).

Ⅵ. 근로시간의 제한

1. 취 지

건강상 유해한 업무 중에는 그 작업의 양과 질에 따라 그 유해한 업무에 직접 종사하는 시간 그 자체를 제한하지 않으면, 그 종사근로자의 건강을 해하고, 직업성 질병을 초래할 우려가 있는 경우가 있다. 특히 잠수업무, 고압하에서의 업무 등에 의한 질병과 같이 물리적인 요인에 의한 직업성 질병 중에는, 기기의 개량, 표준적인 작업방법의 확립 등의 대책과 아울러, 그 업무에 종사하는 작업시간을 제한하지 않으면, 효과적으로 유해요인에의 폭로를 줄여 직업성 질병을 방지하는 것이 불가능하다.

따라서 「산업안전보건법」 제139조에서는 사업주로 하여금 일정한 업무에 대해서는, 근로자의 건강을 유지하고 직업성 질병을 예방할 목적으로, 작업시간의 기준에 반하여 근로자를 그 업무에 종사하게 하는 것을 제한하고 있다. 이 경우 '작업시간'은 근로시간 중 직접 당해업무에 종사하고 있는 시간 및 당해 업무에 종사하는 것에 수반하여 건강장해를 방지하기 위하여 요구되는 시간, 예컨대 잠수업무로 말하면 잠수작업자가 잠강(潛降)을 개시한 때부터 부상(浮上)을 개시할 때까지의 시간 및 잠수작업자의 체내의 가스압계수를 감소시키기 위한 시간을 말한다. 따라서 본조는 「근로기준법」상의 근로시간의 제한에 관한 특례를 두려는 취지는 아니라고 보아야 한다.[738)]

2. 근로시간의 제한

근로시간의 제한의 대상이 되는 업무로는 잠함 또는 잠수작업 등 높은 기

---

738) 현행 「산업안전보건법」 제139조가 이러한 취지로 제정되었다고 볼진대, 본 조항의 '근로시간'이라는 표현은 잘못된 것이고 '작업시간'이라는 표현이 적절하다.

압에서 하는 작업이 정해져 있고(시행령 제99조 제1항), 잠함·잠수 작업시간, 가압·감압방법 등 해당 근로자의 안전과 보건을 유지하기 위하여 필요한 사항은 「안전보건기준규칙」 제376조부터 제378조까지에 규정되어 있다.

사업주는 위 작업에 종사하는 근로자에게는 1일 6시간, 1주 34시간을 초과하여 근로하게 하여서는 아니 된다(산업안전보건법 제139조 제1항).[739)]

3. 근로자의 건강보호조치 대상작업

사업주는 다음 어느 하나에 해당하는 유해·위험작업에 종사하는 근로자에게 필요한 안전보건조치 외에 작업과 휴식의 적정한 배분 및 근로시간과 관련된 근로조건의 개선을 통하여 근로자의 건강 보호를 위한 조치를 하여야 한다(산업안전보건법 제139조 제2항, 시행령 제99조 제3항).[740)]

사업주는 다음의 유해·위험작업에서 안전보건조치 외에 작업과 휴식의 적정한 배분, 그 밖에 근로시간과 관련된 근로조건의 개선을 통하여 근로자의 건강보호를 위한 조치를 하여야 한다(시행령 제99조 제3항).[741)]

① 갱(坑) 내에서 하는 작업

② 다량의 고열물체를 취급하는 작업과 현저히 덥고 뜨거운 장소에서 하는 작업

③ 다량의 저온물체를 취급하는 작업과 현저히 춥고 차가운 장소에서 하는 작업

④ 라듐방사선이나 엑스선, 그 밖의 유해방사선을 취급하는 작업

739) 이를 위반한 자는 3년 이하의 징역 또는 3천만원 이하의 벌금에 처한다(산업안전보건법 제169조 제1호).

740) 이 조항은 위반에 대해 벌칙이 부과되어 있지 않은 훈시적인 성격의 규정이다.

741) 이 규정은 법에 근거를 가지고 있지 않아 강제성이 있다고 볼 수 없고 훈시적인 규정에 불과하다.

⑤ 유리 · 흙 · 돌 · 광물의 먼지가 심하게 날리는 장소에서 하는 작업

⑥ 강렬한 소음을 발생하는 장소에서 히는 작입

⑦ 착암기(바위에 구멍을 뚫는 기계) 등에 의하여 신체에 강렬한 진동을 주는 작업

⑧ 인력으로 중량물을 취급하는 작업

⑨ 납 · 수은 · 크롬 · 망간 · 카드뮴 등의 중금속 또는 이황화탄소 · 유기용제, 그 밖에 고용노동부령으로 정하는 특정 화학물질의 먼지 · 증기 또는 가스가 많이 발생하는 장소에서 하는 작업

제7장

심사 및 감독·명령 등

Ⅰ. 유해위험방지계획서
Ⅱ. 공정안전관리
Ⅲ. 안전보건진단
Ⅳ. 안전보건개선계획 수립·시행
Ⅴ. 감독상의 조치
Ⅵ. 영업정지의 요청 등
Ⅶ. 과징금 처분
Ⅷ. 감독기관에 대한 신고
Ⅸ. 형벌과 수강명령 등의 병과

Ⅰ. 유해위험방지계획서

1. 취 지

「산업안전보건법」 제42조의 규정은 사업주가 일정한 공사 또는 작업을 개시하려고 할 때, 유해위험방지계획서를 사전에 고용노동부장관(안전보건공단이사장에 위탁)에 제출하여 심사를 받아야 한다는 것을 정한 것으로서, 근로자의 위험 및 건강장해 방지의 철저를 기하기 위하여 재해의 발생이 예상되는 설비가 설치되거나, 근로자의 안전보건을 해칠 수 있는 생산방법, 공법 등의 채용이 이루어지는 것을 미리 체크하려고 하는 것이다.

즉, 사업주는 다음과 같은 경우에 유해위험방지계획서를 일정한 기일까지 안전보건공단에 제출하여야 한다는 것을 정한 것이다.

① 일정한 업종 및 규모에 해당하는 사업장에서 건설물 또는 기계 등의 설치, 이전, 변경을 하려고 할 때

② 일정한 유해·위험한 기계 등의 설치, 이전, 변경을 하려고 할 때

③ 건설업의 작업으로 일정한 규모 또는 종류의 것을 개시하려고 할 때

안전보건공단은 유해위험방지계획서에 대하여 심사를 하고, 심사결과에 따라 적정, 조건부 적정, 부적정으로 구분·판정하고, 이 중 부적정 판정을 한 경우에는 지체 없이 유해위험방지계획서 심사결과(부적정) 통지서에 그 이유를 기재하여 지방고용노동관서장 등에게 통보하여야 한다. 이 통보를 받은 지방고용노동관서장은 사실 여부를 확인한 후 공사착공중지명령, 계획변경명령 등 필요한 조치를 하여야 한다.

2. 계획서 제출 대상

가. 일정한 업종 및 규모의 사업장에 관련된 제출

(1) 제출이 필요한 업종 · 규모

다음에 열거하는 업종(시행령 제42조 제1항)에 속하고 전기 계약용량이 300킬로와트 이상인 사업장의 사업주는 해당 제품생산 공정과 직접적으로 관련된 건설물[742] · 기계 · 기구 및 설비 등 일체를 설치 · 이전하거나[743] 그 주요 구조부분을 변경[744]할 때, 제조업 등 유해위험방지계획서를 작성하여 안전보건공단에 제출하고[745] 심사를 받아야 한다(산업안전보건법 제42조 제1항 제1호, 시행령 제42조 제1항).[746]

① 금속가공제품 제조업 : 기계 및 가구 제외
② 비금속 광물제품 제조업
③ 기타 기계 및 장비 제조업
④ 자동차 및 트레일러 제조업
⑤ 식료품 제조업

---

742) 만들어 세워 놓은 건축물이나 구조물, 시설 따위를 통틀어 가리킨다.

743) '사업장 전체'를 신규로 설치하거나 이전할 때만 유해 · 위험한 것이 아닐진대, 유해위험방지계획서 제출 대상을 건설물 · 기계 · 기구 및 설비 등 '일체'가 설치 · 이전될 때만으로 한정하여 규정하고 있는 것은 법리적으로 타당하지 않다.

744) '주요 구조부분 변경'이란, i) '제품생산공정과 관련되는 건설물 · 기계 · 기구 및 설비 등'의 증설, 교체 또는 개조 등에 의해 전기정격용량의 합이 100킬로와트 이상 증가되는 경우, 또는 ii) 전기정격용량의 합이 100킬로와트 이상 되는 규모의 '제품생산공정과 관련되는 건설물 · 기계 · 기구 및 설비 등'의 일부를 옮겨서 설치하는 경우를 말한다(제조업 등 유해위험방지계획서 제출 · 심사 · 확인에 관한 고시 제2조 제5호).

745) 유해위험방지계획서는 대부분 건설업체 스스로 작성하지 않고 외부기관에 전적으로 의뢰하다시피 하여 작성되고 있는 것이 엄연한 현실이다. 그렇다 보니 당해 건설공사의 특성이 제대로 고려되지 않고 다분히 형식적으로 작성되고 있다. 산업재해 예방보다는 제출하여 심사에 통과하는 것을 목적으로 작성되고 있는 셈이다.

746) 이를 위반한 자에게는 1천만원 이하의 과태료를 부과한다(산업안전보건법 제175조 제4항 제3호).

⑥ 고무제품 및 플라스틱제품 제조업
⑦ 목재 및 나무제품 제조업
⑧ 기타 제품 제조업
⑨ 1차 금속 제조업
⑩ 가구 제조업
⑪ 화학물질 및 화학제품 제조업
⑫ 반도체 제조업
⑬ 전자부품 제조업

(2) 제출서류

사업주가 유해위험방지계획서를 제출할 때에는 사업장별로 유해위험방지계획서(시행규칙 별지 16호 서식)에 다음 각 서류를 첨부하여 해당 작업 시작 15일 전까지 안전보건공단에 제출해야 한다(시행규칙 제42조 제1항).

① 건축물 각 층의 평면도
② 기계·설비의 개요를 나타내는 서류
③ 기계·설비의 배치도면
④ 원재료 및 제품의 취급, 제조 등의 작업방법의 개요
⑤ 그 밖에 고용노동부장관이 정하는 도면 및 서류[747)]

나. 유해·위험한 작업 또는 장소에서 사용하는 기계·기구 및 설비에 관련된 제출

(1) 제출이 필요한 기계·기구 및 설비

기계·기구 및 설비 중 i) 유해하거나 위험한 작업에서 사용하는 것,[748)] ii)

747) 「제조업 등 유해위험방지계획서 제출·심사·확인에 관한 고시」 별표 1(제4조 관련) 제1호.

유해하거나 위험한 장소에서 사용하는 것, 또는 iii) 건강장해를 방지하기 위하여 사용하는 것[749]으로서, 다음에 열거하는 것을 설치·이전하거나 그 주요 구조부분을 변경[750]하려고 할 때에는,[751] 사업장의 업종 및 규모에 관계없이 모든 사업주는 제조업 등 유해위험방지계획서를 안전보건공단에 제출하여야 한다(산업안전보건법 제42조 제1항 제2호, 시행령 제42조 제2항).[752]

① 금속이나 그 밖의 광물의 용해로

② 화학설비

③ 건조설비

④ 가스집합용접장치

⑤ 근로자 건강에 상당한 장해를 일으킬 우려가 있는 물질로서 고용노동부령으로 정하는 물질[753]의 밀폐·환기·배기를 위한 설비[754], [755]

---

748) 유해하거나 위험한 작업을 필요로 하는 것을 의미한다.

749) iii)은 앞의 i), ii)와 내용적으로 중복되는 사항으로서 사족이라고 할 수 있다.

750) '주요 구조부분을 변경'이란 다음과 같은 사항을 변경하는 경우를 말한다(제조업 등 유해위험방지계획서 제출·심사·확인에 관한 고시 제2조 제6호).

가. 금속이나 그 밖의 광물의 용해로 : 열원의 종류를 변경하는 경우

나. 화학설비 : 생산량의 증가, 원료 또는 제품의 변경을 위하여 대상 화학설비를 교체·변경 또는 추가하는 경우 또는 관리 대상 유해물질 관련 설비의 추가, 변경으로 인하여 후드 제어 풍속이 감소하거나 배풍기의 배풍량이 증가하는 경우

다. 건조설비 : 열원의 종류를 변경하거나, 건조 대상물이 변경되어 제3조 제3호 각 목의 어느 하나에 해당하는 변경이 발생하는 경우

라. 가스집합용접장치 : 주관의 구조를 변경하는 경우

마. 허가 대상·관리 대상 유해물질 및 분진작업 관련설비 : 설비의 추가, 변경으로 인하여 후드 제어풍속이 감소하거나 배풍기의 배풍량이 증가하는 경우

751) 기계·설비의 라이프사이클의 관점에서 볼 때, 설치·이전 또는 주요구조부분 변경 전에 심사를 받아야 하는 대상 기계·설비가 5개로 한정되어 있는 것은 기계·설비의 안전성 확보에 많은 사각지대를 발생시키고 있다. 심사 대상 기계·설비가 영국, 독일 등의 유럽 각국, 일본 수준으로 대폭 확대되어야 할 것이다.

752) 이를 위반한 자에게는 1천만원 이하의 과태료를 부과한다(산업안전보건법 제175조 제4항 제3호).

753) 고용노동부령이 정하는 물질이 구체적으로 무엇을 가리키는지 매우 불명확하다. 고용노동부령이 「시행규칙」을 가리키는지, 「안전보건기준규칙」을 가리키는지부터가

유해위험방지계획서 제출이 필요한 이 기계·기구 및 설비의 구체적인 대상은 「제조업 등 유해위험방지계획서 제출·심사·확인에 관한 고시」 제3조에서 정하고 있다.

매우 불명확하지만, 추정컨대 「안전보건기준규칙」을 가리키는 것으로 판단된다. 물질의 경우 「산업안전보건법」 전부개정 전의 「시행규칙」 제120조 제1항으로 추정하건대, 관리 대상 유해물질, 허가 대상 유해물질 및 분진을 의미하는 것으로 판단되지만, 문언으로만 보면 금지 대상 유해물질도 포함되는 것으로 해석될 수 있다.

754) 입법적 실수로 2019.12.24에 개정한 「시행령」에는 '제조 등 금지물질'이 불필요하게 들어가고 '관리 대상 물질 관련 설비'는 누락되어 있다. 그렇다 보니 「제조업 등 유해·위험방지계획서 제출·심사·확인에 관한 고시」 제3조 제5호 나목에서 관리 대상 물질 관련 설비에 관한 규정은 아무런 법령상의 근거가 없는 상태였다. 법률유보의 원칙(행정권의 발동에는 법령의 근거가 있어야 한다는 원칙)상 법령의 근거가 없는 경우에는 행정개입의 필요가 있더라도 행정권이 발동될 수 없고, 법률유보의 원칙에 반하는 행정권 행사는 무권한의 하자(위법) 있는 행위가 되기 때문이다. 뒤늦게나마 이 문제를 해소하는 내용을 반영한 「시행령」 개정안이 2021.11.19 시행되었고, 관련 고시(제조업 등 유해·위험방지계획서 제출·심사·확인에 관한 고시)가 2022.1.17 개정·시행되었다.

755) 「안전보건기준규칙」 제453조, 제471조, 제474조, 제480조, 제481조 및 제607조에 따른 국소배기장치(이동식은 제외한다), 같은 규칙 제481조 및 제607조에 따른 밀폐설비, 같은 규칙 제608조에 따른 전체환기설비(강제 배기방식의 것과 급기·배기 환기장치에 한정한다)로서 다음 각 목과 같다(제조업 등 유해·위험방지계획서 제출·심사·확인에 관한 고시 제3조 제5호).

가. 「안전검사 절차에 관한 고시」 별표 1(제3조 관련)의 제7호에 명시된 유해물질로부터 나오는 가스·증기 또는 분진의 발산원을 밀폐·제거하기 위해 설치하는 국소배기장치(이동식은 제외한다), 밀폐설비 및 전체환기장치. 다만, 국소배기장치 및 전체환기장치는 배풍량이 분당 60세제곱미터 이상인 것에 한정한다.

나. 가목에서 정한 유해물질 이외의 허가 대상 또는 관리 대상 물질로부터 나오는 가스·증기 또는 분진의 발산원을 밀폐·제거하기 위하여 설치하거나 「안전보건기준규칙」 별표 16(제605조 제2호 관련)의 분진작업을 하는 장소에 설치하는 국소배기장치(이동식은 제외한다), 밀폐설비 및 전체환기장치. 다만, 국소배기장치 및 전체환기장치는 배풍량이 분당 150세제곱미터 이상인 것에 한정한다(2021.12.15 현재 관련 고시가 개정되어야 함에도 개정되지 않아 2021.12.15 현재 시행 중인 고시 규정에 따른다).

(2) 제출서류(시행규칙 제42조 제2항)

사업주가 유해위험방지계획서를 제출할 때에는 사업장별로 유해위험방지계획서(시행규칙 별지 16호 서식)에 다음 각 서류를 첨부하여 해당 작업 시작 15일 전까지 안전보건공단에 2부를 제출해야 한다(시행규칙 제42조 제2항).

① 설치장소의 개요를 나타내는 서류

② 설비의 도면

③ 그 밖에 고용노동부장관이 정하는 도면 및 서류[756)]

다. 건설업에 관련된 제출

(1) 제출이 필요한 공사

「산업안전보건법」 제42조 제1항 제3호에 따라 다음과 같은 유해위험방지계획서 제출 대상 건설공사를 착공[757)]하려는 사업주는 고용노동부령으로 정하는 자격을 갖춘 자[758)]의 의견을 들은 후,[759)] 사업장별로 건설공사 유해위험방지계획서를 해당 공사의 착공 전날까지[760)] 안전보건공단에 제출하여야 한

---

756) 「제조업 등 유해위험방지계획서 제출・심사・확인에 관한 고시」 별표 1(제4조 관련) 제2호.

757) '착공'이란 유해위험방지계획서 작성 대상 시설물 또는 구조물의 공사를 시작하는 것을 말하며, 대지 정리 및 가설사무소 설치 등의 공사 준비기간은 착공으로 보지 아니한다(시행규칙 제42조 제3항).

758) i) 건설안전분야 산업안전지도사, ii) 건설안전기술사 또는 토목・건축분야 기술사, iii) 건설안전산업기사 이상의 자격을 취득한 후 건설안전 관련 실무경력이 7년(건설안전기사는 5년) 이상인 자(시행규칙 제43조).

759) 자격이 있는 자의 의견을 듣지 않고 유해위험방지계획서를 작성・제출한 자에게는 3백만원 이하의 과태료를 부과한다(산업안전보건법 제175조 제6항 제4호).

760) 유해위험방지계획서를 해당 공사의 착공 전날(1999.8.28 개정 전에는 공사 착공 30일전까지로 규정되어 있었다)까지 제출하도록 하는 규정은 본 규정의 개정 전에 유해위험방지계획서를 형식적으로 제출해 온 그간의 관행을 법이 그대로 인정하는 꼴이 되었고, (시행규칙 42조 제4항에 따라 해당 공사별 또는 해당 공사의 단위작업공사 종류별로 분리하여 제출할 수 있다고 하더라도) 유해위험방지계획서의 심사를 형해화하는 한 원인이 되고 있다.

다(산업안전보건법 제42조 제1항 제3호, 같은 조 제2항, 시행규칙 제42조 제3항 전단).[761] 이 경우 해당 공사가 「건설기술 진흥법」 제62조에 따른 안전관리계획을 수립해야 하는 건설공사에 해당하는 경우에는 유해위험방지계획서와 안전관리계획서를 통합하여 작성한 서류를 제출할 수 있다(시행규칙 제42조 제3항 후단).

① 다음 각 목의 어느 하나에 해당하는 건축물 또는 시설 등의 건설·개조 또는 해체(이하 '건설 등'이라 한다) 공사

가. 지상높이가 31미터 이상인 건축물 또는 인공구조물

나. 연면적 3만제곱미터 이상인 건축물

다. 연면적 5천제곱미터 이상인 시설로서 다음의 어느 하나에 해당하는 시설

1) 문화 및 집회시설(전시장 및 동물원·식물원은 제외한다)

2) 판매시설, 운수시설(고속철도의 역사 및 집배송시설은 제외한다)

3) 종교시설

4) 의료시설 중 종합병원

5) 숙박시설 중 관광숙박시설

6) 지하도상가

7) 냉동·냉장 창고시설

② 연면적 5천제곱미터 이상인 냉동·냉장 창고시설의 설비공사 및 단열공사

③ 최대 지간(支間)길이(다리의 기둥과 기둥의 중심사이의 거리)가 50미터 이상인 다리의 건설 등 공사

④ 터널의 건설 등 공사

⑤ 다목적댐, 발전용댐, 저수용량 2천만톤 이상의 용수 전용 댐 및 지방상

761) 유해위험방지계획서를 작성·제출 및 심사를 받지 않은 자에게는 1천만원 이하의 과태료를 부과한다(산업안전보건법 제175조 제4항 제3호).

수도 전용 댐의 건설 등 공사

⑥ 깊이 10미터 이상인 굴착공사

(2) 제출서류[시행규칙 별표 10(제42조 제3항 관련)]

① 공사 개요 및 안전보건관리계획

- 공사 개요서(별지 제101호 서식)
- 공사 현장의 주변 현황 및 주변과의 관계를 나타내는 도면(매설물 현황을 포함한다)
- 전체 공정표
- 산업안전보건관리비 사용계획서(별지 제102호 서식)
- 안전관리 조직표
- 재해 발생 위험 시 연락 및 대피방법

② 작업공사 종류별 유해·위험방지계획

산업재해발생률 등을 고려하여 고용노동부령[시행규칙 별표 11(제42조 제5항 관련)]으로 정하는 기준에 해당하는 건설업체(자체심사 및 확인업체)의 경우 유해위험방지계획서를 건설업체 자체적으로 심사하고 해당 공사의 착공 전날까지 유해위험방지계획서 자체심사서를 안전보건공단에 제출하는 것으로 유해위험방지계획서 심사를 갈음할 수 있다(산업안전보건법 제42조 제1항 단서, 시행규칙 제42조 제6항 참조).

같은 사업장 내에서 유해위험방지계획서 제출 대상 공사의 착공시기를 달리하여 행하는 사업의 사업주는 해당 공사별 또는 해당 공사의 단위작업공사 종류별로 유해위험방지계획서를 분리하여 제출할 수 있으며, 이 경우 이미 제출한 유해위험방지계획서의 첨부서류와 중복되는 서류는 제출하지 않을 수 있다(시행규칙 제42조 제4항).

3. 계획서 심사 등

가. 심사

안전보건공단은 유해위험방지계획서 및 그 첨부서류를 접수한 때에는 접수일부터 15일 이내에 심사하여 사업주에게 그 결과를 알려야 한다(시행규칙 제44조 제1항). 다만, 건설업 유해위험방지계획서의 경우 자체심사 및 확인업체가 유해위험방지계획서 자체심사서 등을 제출한 경우에는 심사를 하지 않을 수 있다(시행규칙 제44조 제1항 단서).

고용노동부장관이 정하는 건설물·기계기구 및 설비 또는 건설공사의 경우에는 고용노동부장관이 정하는 요건을 갖춘 지도사(산업안전보건법 제9장)에게 유해위험방지계획서에 대한 평가를 받은 후 별지 제19호 서식에 따라 그 결과를 제출할 경우, 안전보건공단은 그 내용이 적합하다고 인정되면 해당 평가결과서로 유해위험방지계획서의 심사를 갈음할 수 있다(시행규칙 제44조 제4항).

나. 심사결과 조치

안전보건공단은 계획서 심사결과에 따라 다음과 같이 구분·판정한다(시행규칙 제45조 제1항)

① 적정 : 근로자의 안전과 보건을 위하여 필요한 조치가 구체적으로 확보되었다고 인정될 때

② 조건부 적정 : 근로자의 안전과 보건을 확보하기 위하여 일부 개선이 필요하다고 인정될 때

③ 부적정 : 건설물·기계·기구 및 설비 또는 건설공사가 심사기준에 위반되어 공사착공 시 중대한 위험이 발생할 우려가 있거나 해당 계획에 근본적 결함이 있다고 인정될 때

안전보건공단은 심사 결과 적정 판정 또는 조건부 적정 판정을 한 경우에

는 심사 결과 통지서(시행규칙 별지 제20호 서식)에 보완사항을 포함(조건부 적정 판정을 한 경우만 해당한다)하여 해당 사업주에게 발급하고 지방고용노동관서장에게 보고해야 한다(시행규칙 제45조 제2항).

안전보건공단은 심사 결과 부적정 판정을 한 경우에는 지체 없이 심사 결과(부적정) 통지서(시행규칙 별지 제21호 서식)에 그 이유를 기재하여 지방고용노동관서장에게 통보하고 사업장 소재지 특별자치시장·특별자치도지사·시장·군수·구청장(자치구의 구청장을 말한다)에게 그 사실을 통보해야 한다(시행규칙 제45조 제3항).

통보를 받은 지방고용노동관서장은 사실 여부를 확인한 후 해당 사업주에게 공사착공중지명령 또는 계획변경명령 등 필요한 조치를 해야 한다(산업안전보건법 제42조 제4항 및 시행규칙 제45조 제4항).[762] 지방고용노동관서장으로부터 공사착공중지명령 또는 계획변경명령을 받은 사업주는 유해위험방지계획서를 보완하거나 변경하여 안전보건공단에 제출해야 한다(시행규칙 제45조 제5항).

4. 이행확인 및 조치

「산업안전보건법」 제42조 제1항 제1호 및 제2호에 따라 유해위험방지계획서를 제출한 사업주는 해당 건설물·기계·기구 및 설비의 시운전단계에서, 「산업안전보건법」 제42조 제1항 제3호에 따른 유해위험방지계획서 제출 대상 사업주는 건설공사 중 6개월 이내마다 다음 사항에 관하여 안전보건공단의 확인을 받아야 한다(산업안전보건법 제43조 제1항, 시행규칙 제46조 제1항).[763]

762) 중지 또는 변경명령을 위반한 자는 5년 이하의 징역 또는 5천만원 이하의 벌금에 처한다(산업안전보건법 제168조 제2호).

763) 이를 위반한 자에게는 3백만원 이하의 과태료를 부과한다(산업안전보건법 제175조

① 유해위험방지계획서의 내용과 실제 공사내용의 부합 여부
② 유해위험방지계획서의 변경사유가 발생하여 이를 보완한 경우 그 변경내용의 적정성
③ 추가적인 유해·위험요인의 존재 여부

「시행규칙」 제44조 제4항에 따른 건설물·기계·기구 및 설비 또는 건설공사의 경우 사업주가 고용노동부장관이 정하는 요건을 갖춘 지도사에게 확인을 받고 「시행규칙」 별지 제22호 서식에 따라 그 결과를 안전보건공단에 제출하면 안전보건공단은 제1항에 따른 확인에 필요한 현장방문을 지도사의 확인결과로 대체할 수 있다. 다만, 건설업의 경우 최근 2년간 사망재해[시행규칙 별표 1(제4조 관련) 제3호 라목에 따른 재해는 제외한다]가 발생한 경우에는 그렇지 않다(시행규칙 제46조 제3항).

제3항에 따른 유해위험방지계획서에 대한 확인은 제44조 제4항에 따라 평가를 한 자가 해서는 안 된다(시행규칙 제46조 제4항).

5. 자체심사 및 확인업체 제도

가. 취지

자체심사 및 확인업체 제도는 재해율이 낮은 안전관리 우수 건설업체에 대하여 정부(안전보건공단)에 의한 유해위험방지계획서 심사 및 확인을 면제하고 이를 건설업체 자체적으로 수행할 수 있도록 함으로써, 건설업체의 자율적인 안전관리를 적극적으로 유도하기 위해서 시행되고 있는 제도이다.

「산업안전보건법」 제42조 제1항 단서(시행규칙 제42조 제5항)에 규정되어 있는 "산업재해발생률 등을 고려하여 고용노동부령으로 정하는 기준에 해당하는 사업주"가 이 제도의 법적 근거이다.

제6항 제5호).

나. 자체심사 · 확인업체 기준

자체심사 및 확인업체에 해당하기 위해서는 다음 요건을 모두 충족하여야 한다. 다만, 「시행령」 제110조 제1호 및 「시행규칙」 제238조 제2항에 따른 동시에 2명 이상의 근로자가 사망한 재해(시행규칙 별표 1 제3호 라목의 재해는 제외한다. 이하 이 표에서 같다)가 발생하거나 그 밖에 부실한 안전관리 문제로 사회적 물의를 일으켜 더 이상 자체심사 및 확인업체로 둘 수 없다고 고용노동부장관이 인정하는 경우에는 즉시 자체심사 및 확인업체에서 제외된다[시행규칙 별표 11(제42조 제5항 관련) 제1호].

① 「건설산업기본법」 제8조 및 「건설산업기본법 시행령」 별표 1 제1호 다목에 따른 토목건축공사업에 대해 「건설산업기본법」 제23조에 따라 평가하여 공시된 시공능력의 순위가 상위 200위 이내인 건설업체

② 「시행규칙」 별표 1에 따라 산정한 직전 3년간의 평균산업재해발생률(직전 3년간의 사고사망만인율 중 산정하지 않은 연도가 있을 경우 산정한 연도의 평균값을 말한다)이 가목에 따른 건설업체 전체의 직전 3년간 평균 산업재해발생률 이하인 건설업체

③ 「시행령」 제17조에 따른 안전관리자의 자격을 갖춘 사람(시행령 별표 4 제8호에 해당하는 사람은 제외한다) 1명 이상을 포함하여 3명 이상의 안전전담직원으로 구성된 안전만을 전담하는 과 또는 팀 이상의 별도 조직을 갖춘 건설업체

④ 「시행규칙」 제4조 제1항 제7호 나목에 따른 직전년도 건설업체 산업재해예방활동 실적 평가 점수가 70점 이상인 건설업체

⑤ 해당 연도 8월 1일을 기준으로 직전 2년간 근로자가 사망한 재해가 없는 건설업체

다. 혜택

자체심사 및 확인업체의 사업주는 「시행규칙」 별표 11(제47조 제6항 관련)에 따라 해당 공사 준공 시까지 6개월 이내마다 「시행규칙」 제46조 제1항 각 호의 사항에 관하여 자체확인을 해야 하며, 안전보건공단은 필요한 경우 해당 자체확인에 관하여 지도·조언할 수 있다. 다만, 그 공사 중 사망재해[시행규칙 별표 1(제4조 관련) 제3호 라목에 따른 재해는 제외한다]가 발생한 경우에는 제46조 제1항에 따른 안전보건공단의 확인을 받아야 한다(시행규칙 제47조 제1항).

라. 자체심사·확인방법

자체심사는 임직원 및 외부 전문가 중 다음에 해당하는 사람 1명 이상이 참여하도록 해야 한다[시행규칙 별표 11(제42조 제6항 관련) 제2호 가목].

① 산업안전지도사(건설안전 분야만 해당한다)

② 건설안전기술사

③ 건설안전기사(산업안전기사 이상의 자격을 취득한 후 건설안전 실무 경력이 3년 이상인 사람을 포함한다)로서 안전보건공단에서 실시하는 유해위험방지계획서 심사전문화 교육과정을 28시간 이상 이수한 사람

자체확인은 위 인력기준(①~③)에 해당하는 사람이 실시하도록 해야 한다[시행규칙 별표 11(제42조 제6항 관련) 제2호 나목]. 자체확인을 실시한 사업주는 유해위험방지계획서 자체확인 결과서(별지 제103호 서식)를 작성하여 해당 사업장에 갖추어 두어야 한다[시행규칙 별표 11(제42조 제6항 관련) 제2호 다목].

6. 계획서의 비치

유해위험방지계획서 심사 대상 사업주는 「산업안전보건법」 제42조 제1항 단서에 따라 스스로 심사하거나 같은 조 제4항에 따라 고용노동부장관이 심사한 유해위험방지계획서와 그 심사결과서를 사업장에 갖추어 두어야 한다(산업안전보건법 제42조 제5항).[764)]

이에 따라 유해위험방지계획서 및 그 심사결과서를 사업장에 갖추어 둔 사업주는 해당 건설공사의 공법의 변경 등으로 인하여 그 유해위험방지계획서를 변경할 필요가 있는 경우에는 이를 변경하여 갖추어 두어야 한다(산업안전보건법 제42조 제6항).[765)]

7. 보 고

안전보건공단은 유해위험방지계획서의 작성・제출・확인업무와 관련하여 다음 어느 하나에 해당하는 사업장을 발견한 경우에는 지체 없이 해당 사업장의 명칭・소재지 및 사업주명 등을 구체적으로 적어 지방고용노동관서장에게 보고해야 한다(시행규칙 제49조).

① 유해위험방지계획서를 제출하지 않은 사업장
② 유해위험방지계획서 제출기간이 지난 사업장
③ 「시행규칙」 제43조 각 호의 자격을 갖춘 자의 의견을 듣지 않고 유해위험방지계획서를 작성한 사업장

764) 이를 위반한 자에게는 1천만원 이하의 과태료를 부과한다(산업안전보건법 제175조 제4항 제3호).
765) 이를 위반한 자에게는 1천만원 이하의 과태료를 부과한다(산업안전보건법 제175조 제4항 제3호).

Ⅱ. 공정안전관리

1. 취 지

화학업종 등 유해·위험설비를 보유한 사업장은 화재·폭발·누출 등에 따른 중대산업사고 발생우려가 높은 점을 고려하여, 「산업안전보건법」에서는 중대산업사고를 야기할 가능성이 있는 공정·설비 등을 체계적이고 지속적으로 관리하기 위해 공정안전관리(Process Safety Management : PSM) 제도를 규정하고 있다. 이 제도는 주로 미국 「산업안전보건법」(OSHAct)의 PSM 제도를 참고한 것으로서 1995년 1월 5일 「산업안전보건법」을 개정(1996년 1월 1일 시행)하여 도입한 것이다.[766]

「산업안전보건법」 제44조 제1항은 위험물질의 누출, 화재, 폭발 등으로 인하여 사업장 내의 근로자에게 즉시 피해를 주거나 사업장 인근지역에 피해를 줄 수 있는 사고로서, i) 근로자가 사망하거나 부상을 입을 수 있는 소정의 설비(시행령 제43조 제1항에 따른 설비. 단, 같은 조 제2항에 따른 설비는 제외한다)에서의 누출·화재·폭발사고, ii) 인근지역의 주민이 인적 피해를 입을 수 있는 소정의 설비(시행령 제43조 제1항에 따른 설비. 단, 같은 조 제2항에 따른 설비는 제외한다)에서의 누출·화재·폭발사고(이하 '중대산업사고'라 한다. 시행령 제43조 제3항)를 예방하기 위하여 당해 유해·위험설비를 보유한 사업장의 사업주로 하여금 공정안전보고서를 작성하고 이를 고용노동부장관(안전보건공단)에게 제출하여[767] 심사를 받도록 하

---

766) 우리나라 「산업안전보건법」과 달리 미국 「OSHAct」는 공정안전보고서를 정부에 보고하여 심사를 받거나 이행상태를 평가하는 제도를 두고 있지 않다. 지나친 규제가 법제도(재해예방)의 실효성을 떨어뜨리는 대표적인 예에 해당한다.

767) 공정안전보고서 역시 유해위험방지계획서와 마찬가지로 대부분 업체 스스로 작성하지 않고 외부기관에 전적으로 의뢰하다시피 하여 작성되고 있는 것이 엄연한 현실이다. 그렇다 보니 유해하거나 위험한 설비의 특성이 제대로 고려되지 않고 다분히 형식적으로 작성되고 있다. 중대산업사고 예방보다는 제출하여 심사에 통과하는 것을 목적으로 작성되고 있는 셈이다. 이러한 형식적 운영은 후술하는 이행상태 평

고 있다.

2. 공정안전보고서 제출 대상 사업장

가. 업종 기준

다음 어느 하나에 해당하는 사업을 행하는 사업장의 사업주(시행령 제43조 제1항)는 그 보유설비로부터의 중대산업사고를 예방하기 위하여 공정안전보고서를 작성・제출하여 안전보건공단으로부터 심사를 받아야 한다.[768)] 이 경우 공정안전보고서의 내용이 중대산업사고를 예방하기 위하여 적합하다고 통보받기 전에는 관련 설비를 가동하여서는 아니 된다(산업안전보건법 제44조 제1항).[769)]

① 원유정제 처리업

② 기타 석유정제물 재처리업

③ 석유화학계 기초화학물질 제조업 또는 합성수지 및 기타 플라스틱물질 제조업. 다만, 합성수지 및 기타 플라스틱물질 제조업은 「시행령」 별표 13 제1호(인화성 가스) 또는 제2호(인화성 액체)에 해당하는 경우에 한정한다.

④ 질소화합물, 질소, 인산 및 칼리질 화학비료 제조업 중 질소질 비료 제조

⑤ 복합비료 및 기타 화학비료 제조업 중 복합비료 제조(단순혼합 또는 배합에 의한 경우는 제외한다)

가로 인하여 더욱 심해지고 있다.

768) 이를 위반한 자에게는 1천만원 이하의 과태료를 부과한다(산업안전보건법 제175조 제4항 제3호).

769) 이를 위반한 자에게는 3년 이하의 징역 또는 3천만원 이하의 벌금에 처한다(산업안전보건법 제169조 제1호).

⑥ 화학 살균·살충제 및 농업용 약제 제조업[농약 원제(原劑) 제조만 해당한다]

⑦ 화약 및 불꽃제품 제조업

나. 유해·위험물질 기준

공정안전보고서 제출 대상 업종 이외의 사업을 행하는 사업장으로서 「시행령」 별표 13(제43조 제1항 관련)에 따른 유해·위험물질(51종) 중 하나 이상의 물질을 같은 표에 따른 규정량 이상 제조·취급·저장하는 설비 및 그 설비의 운영과 관련된 공정설비를 보유한 사업장의 사업주(시행령 제43조 제1항)는 당해 설비로부터의 중대산업사고를 예방하기 위하여 공정안전보고서를 작성·제출하여 안전보건공단으로부터 심사를 받아야 한다.[770] 이 경우 공정안전보고서의 내용이 중대산업사고를 예방하기 위하여 적합하다고 통보받기 전에는 관련된 유해하거나 위험한 설비를 가동해서는 아니 된다(산업안전보건법 제44조 제1항).[771]

다. 제출 제외 설비

다음의 설비는 공정안전보고서 제출 대상인 유해·위험설비로 보지 아니한다(시행령 제43조 제2항).[772]

① 원자력 설비

② 군사시설

770) 이를 위반한 자에게는 1천만원 이하의 과태료를 부과한다(산업안전보건법 제175조 제4항 제3호).

771) 이를 위반한 자에게는 3년 이하의 징역 또는 3천만원 이하의 벌금에 처한다(산업안전보건법 제169조 제1호).

772) 이들이 공정안전보고서 제출 대상에서 제외되어 있는 이유는 해당 시설·설비와 관련된 법령에서 공정안전보고서 제도와 유사한 제도가 마련되어 있거나 국가안보상의 이유 또는 난방용으로 사용하는 연료 등이라는 점이 감안된 것이다.

③ 사업주가 해당 사업장 내에서 직접 사용하기 위한 난방용 연료의 저장설비 및 사용설비
④ 도매·소매시설
⑤ 차량 등의 운송설비
⑥ 「액화석유가스의 안전관리 및 사업법」에 따른 액화석유가스의 충전·저장시설
⑦ 「도시가스사업법」에 따른 가스공급시설
⑧ 비상발전기용 경유의 저장탱크 및 사용설비[공정안전보고서 제출·심사·확인 및 이행상태 평가 등에 관한 규정(고시) 제2조의2]

3. 공정안전보고서의 내용

공정안전보고서에는 ① 공정안전자료, ② 공정위험성평가서 및 잠재위험에 대한 사고예방·피해최소화 대책,[773] ③ 안전운전계획, ④ 비상조치계획을 포함하여야 하며(시행령 제44조), 공정안전보고서에 포함되어야 할 세부내용은 다음과 같다(시행규칙 제50조).

[표 17] 공정안전보고서에 포함되어야 할 세부내용

분야(시행령 제44조)	세부 내용(시행규칙 제50조)
1. 공정안전자료	㉮ 취급·저장하고 있거나 취급·저장하려는 유해·위험물질의 종류 및 수량, ㉯ 유해·위험물질에 대한 MSDS, ㉰ 유해·위험설비의 목록 및 사양, ㉱ 유해·위험설비의 운전방법을 알 수 있는 공정도면, ㉲ 각종 건물·설비의 배치도, ㉳ 폭발위험장소 구분도 및 전기단선도, ㉴ 위험설비의 안전설계·제작 및 설치관련 지침서

773) 「시행령」 제44조 제1항 제2호에서는 '공정위험성평가서'로 표현하고 있고, 「시행규칙」 제50조 제1항 제2호에서는 '공정위험성평가서 및 잠재위험에 대한 사고예방·피해 최소화 대책'이라고 표현하고 있어 서로 불일치하게 규정되어 있다.

2. 공정위험성평가서 및 잠재위험에 대한 사고예방·피해 최소화 대책	공정위험성평가서는 공정의 특성 등을 고려하여 다음의 위험성평가 기법주) 중 한 가지 이상을 선정하여 위험성평가를 한 후 그 결과에 따라 작성(사고예방·피해최소화 대책은 위험성평가 결과 잠재위험이 있다고 인정되는 경우에만 작성) - 체크리스트(Check List), 상대위험순위 결정(Dow and Mond Indices), 작업자 실수 분석(HEA), 사고 예상 질문 분석(What-if), 위험과 운전 분석(HAZOP), 이상위험도 분석(FMECA), 결함 수 분석(FTA), 사건 수 분석(ETA), 원인결과 분석(CCA), 이상의 규정과 같은 수준 이상의 기술적 평가기법
3. 안전운전계획	㉮ 안전운전지침서, ㉯ 설비점검·검사 및 보수계획, 유지계획 및 지침서, ㉰ 안전작업허가, ㉱ 도급업체 안전관리계획, ㉲ 근로자 등 교육계획, ㉳ 가동 전 점검지침, ㉴ 변경요소 관리계획, ㉵ 자체감사 및 사고조사계획, ㉶ 그 밖에 안전운전에 필요한 사항
4. 비상조치계획	㉮ 비상조치를 위한 장비·인력 보유현황, ㉯ 사고발생 시 각 부서·관련기관과의 비상연락체계, ㉰ 사고발생 시 비상조치를 위한 조직의 임무 및 수행절차, ㉱ 비상조치계획에 따른 교육계획, ㉲ 주민홍보계획, ㉳ 그 밖에 비상조치 관련사항

주) '공정 위험성평가' 기법이라고 여기에 소개되어 있는 기법들은 국제기준에서 말하는 엄밀한 의미의 '위험성평가(risk assessment)' 기법이라고는 할 수 없고, 위험성평가의 일부에 해당하는 '유해위험요인 분석(Hazard analysis)'[774] 기법에 해당한다.[775] 즉, 유해위험요인 분석은 위험성평가와 동일한 것이 아님에 유의할 필요가 있다.

774) 공정 설비에 대해서는 'process hazard analysis(PHA)' 또는 'process hazard evaluation'이라고 한다.(Wikipedia, Process hazard analysis).

775) 유해위험요인 분석에서 예비적인 위험성 수준은 제공되지만, 정확한 예측(검증) 및 위험성 허용 여부(위험성 결정)는 위험성평가에서 정해진다(Wikipedia, Hazard analysis).

4. 공정안전보고서의 제출

사업주는 소정의 유해·위험설비를 설치[기존 설비의 제조·취급·저장 물질이 변경되거나 제조량·취급량·저장량이 증가하여 시행령 별표 13(제43조 제1항 관련)에 따른 유해·위험물질 규정량에 해당하게 된 경우를 포함한다]·이전하거나 고용노동부장관이 정하는 주요 구조부분을 변경할 때는, 해당 설비의 설치·이전 또는 주요 구조부분의 변경공사의 착공일[기존 설비의 제조·취급·저장 물질이 변경되거나 제조량·취급량·저장량이 증가하여 시행령 별표 13(제43조 제1항 관련)에 따른 유해·위험물질 규정량에 해당하게 된 경우에는 그 해당일을 말한다] 30일 전까지 공정안전보고서를 작성하여 안전보건공단에 제출하여 심사를 받아야 한다(시행령 제45조 제1항 및 시행규칙 제51조).

이 경우 「화학물질관리법」에 따라 사업주가 환경부장관에게 제출해야 하는 같은 법 제23조에 따른 화학사고예방관리계획서의 내용이 제44조에 따라 공정안전보고서에 포함시켜야 할 사항에 해당하는 경우에는 그 해당 부분에 대한 작성·제출을 같은 법 제23조에 따른 화학사고예방관리계획서 사본의 제출로 갈음할 수 있다(시행령 제45조 제1항 후단).

다만, 「고압가스 안전관리법」 제2조에 따른 고압가스를 사용하는 단위공정설비에 관한 것인 경우로서 해당 사업주가 같은 법 제11조 및 제13조의2에 따른 안전관리규정 및 안전성향상계획을 작성하여 안전보건공단 및 한국가스안전공사가 공동으로 검토·작성한 의견서를 첨부하여 허가관청에 제출한 때에는 해당 단위공정 설비에 관한 공정안전보고서를 제출한 것으로 본다(시행령 제45조 제2항).

5. 공정안전보고서의 심사 등

가. 심사

안전보건공단은 공정안전보고서 접수일로부터 30일 이내에 고용노동부장관이 정하는 심사기준에 따라 이를 심사하여 심사결과를 사업주에게 송부하고, 그 내용을 지방고용노동관서장(중대산업사고 예방센터)에게 보고하여야 한다(시행규칙 제52조 제1항).

그리고 안전보건공단은 심사결과 「위험물관리법」에 따른 화재의 예방·소방 등과 관련된 부분이 있다고 인정되는 경우에는 그 관련내용을 관할 소방관서장에게 통보해야 한다(시행규칙 제52조 제2항).

나. 심사결과 조치 및 이행

안전보건공단은 보고서 심사결과에 따라 적정, 조건부 적정, 부적정으로 구분·판정한다[공정안전보고서 제출·심사·확인 및 이행상태 평가 등에 관한 규정(고시) 제11조].

① 적정 : 보고서의 심사기준을 충족한 경우

② 조건부 적정 : 보고서 심사기준을 대부분 충족하고 있으나 부분적인 보완이 필요한 경우

③ 부적정 : 다음 어느 하나에 해당하는 경우

가. 심사 결과 조건부 적정 항목이 10개 이상인 경우

나. 공정안전보고서 제출·심사·확인 및 이행상태 평가 등에 관한 규정 제10조에 따른 서류보완을 기간 내에 하지 아니하여 심사가 곤란한 경우

다. 「안전보건기준규칙」 제225조부터 제300조까지, 제311조 또는 제422조 중 어느 하나를 준수하지 않은 경우

안전보건공단은 보고서를 심사한 결과 적정 또는 조건부 적정 판정을 하는

경우에는 공정안전보고서 심사결과 통지서(별지 제4호 서식) 및 심사필인(별표 1) 또는 서명이 날인된 보고서 1부를 첨부하여 해당 사업주에게 알리고, 지방고용노동관서장에게 보고하여야 한다[공정안전보고서 제출·심사·확인 및 이행상태 평가 등에 관한 규정(고시) 제12조 제1항].

부적정 판정을 하는 경우에는 공정안전보고서 심사결과 통지서(별지 제4호 서식)에 그 사유를 구체적이고 명확하게 작성하여 사업주에게 알려야 하며, 보고서 일체를 사업주에게 반려하는 한편, 공정안전보고서 심사결과 조치 요청서(별지 제5호 서식)에 그 사유를 구체적이고 명확하게 작성하여 지방고용노동관서장에게 보고하여야 한다[공정안전보고서 제출·심사·확인 및 이행상태 평가 등에 관한 규정(고시) 제12조 제2항·제3항].

보고를 받은 지방고용노동관서장은 보고를 받은 때로부터 7일 이내에 해당 사업주에게 보고서를 보완한 후 다시 제출하도록 조치하여야 하며(산업안전보건법 제45조 제1항, 공정안전보고서 제출·심사·확인 및 이행상태 평가 등에 관한 규정 제12조 제4항),[776] 보고서를 반려 받은 사업주는 보고서를 새로 작성하여 안전보건공단에 재심사를 신청하여야 한다[산업안전보건법 제46조 제3항, 공정안전보고서 제출·심사·확인 및 이행상태 평가 등에 관한 규정(고시) 제14조].

사업주와 근로자는 심사를 받은 공정안전보고서(산업안전보건법 제45조 제3항에 따라 보완한 공정안전보고서를 포함한다)의 내용을 지켜야 한다(산업안전보건법 제46조 제1항).[777]

---

776) 명령을 위반한 자는 3년 이하의 징역 또는 3천만원 이하의 벌금에 처한다(산업안전보건법 제169조 제2호).

777) 이를 위반한 자에게는 1천만원 이하의 과태료를 부과한다(산업안전보건법 제175조 제4항 제3호). 기업에서 자율적으로 작성한 공정안전보고서 내용의 미준수를 이유로 벌칙(과태료)을 부과하는 것은 공정안전보고서의 내용을 형식화(하향평준화)시키는 요인으로 작용할 가능성이 높다. 실제로 대상 기업들이 고용노동부 점검에 대비하여 공정안전보고서의 내용을 준수하기 용이한 내용을 중심으로 정하는 분위기, 즉 공정안전보고서를 높은 수준으로 정하는 것을 가로막는 역기능이 초래되고 있다.

사업주는 공정안전보고서의 내용을 변경하여야 할 사유가 발생한 경우에는 지체 없이 그 내용을 보완하여야 한다(산업안전보건법 제46조 제3항). 고용노동부장관은 이행상태를 평가한 결과 공정안전보고서의 내용의 변경사유에 대한 보완상태가 불량한 사업장의 사업주에 대하여 공정안전보고서를 다시 제출하도록 명할 수 있다(산업안전보건법 제46조 제5항).[778]

6. 이행 확인 및 조치

가. 시기별 이행 확인

공정안전보고서를 제출하여 심사를 받은 사업주는 공정안전보고서 내용의 실제 이행 여부에 대하여 다음 시기별로 안전보건공단의 확인을 받아야 한다(산업안전보건법 제46조 제2항 및 시행규칙 제53조 제1항).[779]

① 신규로 설치될 유해·위험설비에 대해서는 설치 과정 및 설치 완료 후 시운전단계에서 각 1회

② 기존에 설치되어 사용 중인 유해·위험설비에 대해서는 심사 완료 후 3개월 이내

③ 유해·위험설비와 관련한 공정의 중대한 변경이 있는 경우에는 변경 완료 후 1개월 이내

④ 유해·위험설비 또는 이와 관련된 공정에 중대한 사고 또는 결함이 발생한 경우에는 1개월 이내. 다만, 「산업안전보건법」 제47조에 따라 안전보건공단이 수행하는 안전·보건진단을 받은 사업장(다만, 안전·보건진단에 보고서 내용 및 이행 여부에 대한 진단이 포함된 경우로 한정

---

778) 명령을 위반한 자는 3년 이하의 징역 또는 3천만원 이하의 벌금에 처한다(산업안전보건법 제169조 제2호).

779) 이를 위반한 자에게는 3백만원 이하의 과태료를 부과한다(산업안전보건법 제175조 제6항 제5호).

한다)의 경우에는 안전보건공단의 확인을 생략할 수 있다.

다만, 화공안전분야 산업안전지도사, 대학에서 조교수 이상의 직에 재직하고 있는 자로서 화공 관련 교과를 담당하고 있는 사람, 그 밖에 자격 및 관련 업무 경력 등을 고려하여 고용노동부장관이 정하는 요건을 갖춘 자[공정안전보고서의 제출·심사·확인 및 이행상태평가 등에 관한 규정(고시) 제15조 제2항]에게 자체감사(시행규칙 제50조 제3호 아목)를 하게 하고 그 결과를 안전보건공단에 제출한 경우에는 안전보건공단의 확인을 생략할 수 있다(시행규칙 53조 제1항 단서).

확인의 절차 등에 관하여 필요한 사항은 「공정안전보고서의 제출·심사·확인 및 이행상태평가 등에 관한 규정」(고시)에서 정하고 있다(시행규칙 제53조 제3항).

나. 이행확인결과 조치

안전보건공단은 사업주로부터 확인요청을 받은 날부터 1개월 이내에 공정안전보고서의 세부내용 등이 현장과 일치하는지 여부를 확인하고, 그 결과를 적합, 조건부 적합, 부적합으로 구분한 후, 확인한 날부터 15일 이내에 그 결과를 사업주에게 통보하고 지방고용노동관서장에게 보고하여야 한다[시행규칙 제53조 제2항, 공정안전보고서의 제출·심사·확인 및 이행상태평가 등에 관한 규정(고시) 제16조 제1항].

① 적합 : 현장과 일치하는 경우

② 부적합 :

i) 현장과 일치하지 않은 사항이 10개 이상인 경우

ii) 「안전보건기준규칙」 제225조부터 제300조까지, 제311조 또는 422조 중 어느 하나를 준수하지 않는 경우

③ 조건부 적합 : 현장과 일치하지 않는 사항이 일부 있으나 부적합까지는 이르지 않은 경우

안전보건공단은 확인실시결과 부적합 또는 조건부 적합 판정을 한 경우에는 확인결과조치요청서(별지 제11호 서식)에 그 사유와 변경요구내용 등을 구체적이고 명확하게 작성하여 지방고용노동관서장에게 보고하여야 한다(공정안전보고서의 제출·심사·확인 및 이행상태평가 등에 관한 규정(고시)제16조 제3항). 보고를 받은 지방고용노동관서장은 7일 이내에 사업주에게 변경계획의 작성을 명하는 등 필요한 행정조치를 하여야 하며, 사업주는 행정조치를 받은 날로부터 15일 이내에 변경계획을 작성하여 지방고용노동관서장에게 제출하여야 한다[「공정안전보고서의 제출·심사·확인 및 이행상태평가 등에 관한 규정」(고시) 제16조 제4항].

7. 공정안전보고서 이행상태 평가

가. 평가의 종류 및 시기

지방고용노동관서장은 공정안전보고서의 확인(신규로 설치되는 유해·위험설비의 경우에는 설치 완료 후 시운전 단계에서의 확인을 말한다) 후 1년이 지난 날부터 2년 이내에 공정안전보고서 이행상태의 평가(이하 '이행상태평가'라 한다)를 해야 한다(산업안전보건법 제46조 제4항, 시행규칙 제54조 제1항). 이행상태평가의 종류 및 실시시기는 다음과 같다[시행규칙 제54조 제2항, 공정안전보고서의 제출·심사·확인 및 이행상태평가 등에 관한 규정(고시) 제54조 제1항].

① 신규평가 : 공정안전보고서의 심사 및 확인 후 1년이 경과한 날부터 2년 이내. 다만, 분사, 합병, 계열분리 또는 매각 등의 사유로 사업주가 변경되었으나 보고서 제출 대상인 유해·위험설비는 변경되지 않았음을 변경된 사업주가 관할 중대산업사고 예방센터가 설치된 지방고용노동관서장으로부터 인정받은 경우에는 사업주가 변경된 날부터 1년 이

내에 실시

② 정기평가 : 신규평가 후 4년마다. 다만, 제3호에 따라 재평가를 실시한 경우에는 재평가일을 기준으로 4년마다 실시

③ 재평가 : 제1호 및 제2호의 평가일부터 1년이 경과한 사업장에서 i) 사업주가 재평가를 요청하는 경우 : 요청한 날부터 6개월 이내 실시, ii) 평가결과가 P등급 또는 S등급인 사업장을 지도·점검한 결과 다음 어느 하나에 해당하는 경우 : 해당 사유 확인일부터 6개월 이내 실시

◦ 유해·위험시설에서 위험물질의 제거·격리 없이 용접·용단 등 화기작업을 수행하는 경우

◦ 화학설비·물질 변경에 따른 변경관리절차를 준수하지 않은 경우

이행상태평가는 사업장 단위로 실시함을 원칙으로 하되, 사업장의 규모가 크고 단위공장별로 공정안전관리체제를 구축·운영하고 있는 사업장에서 요청하는 경우 단위공장별로 이행상태를 평가할 수 있다[공정안전보고서의 제출·심사·확인 및 이행상태평가 등에 관한 규정」(고시) 제54조 제2항].

보고서를 이미 제출하여 평가를 받은 사업장이 「시행령」 제43조에 따른 유해·위험설비를 추가로 설치·이전하거나, 「공정안전보고서의 제출·심사·확인 및 이행상태평가 등에 관한 규정」(고시) 제2조 제1항 제1호에 따른 주요 구조부분의 변경에 따라 보고서를 추가로 제출하는 경우에는 평가를 면제할 수 있다[공정안전보고서의 제출·심사·확인 및 이행상태평가 등에 관한 규정(고시) 제54조 제3항].

그 밖에 이행상태평가에 필요한 세부적인 사항은 「공정안전보고서의 제출·심사·확인 및 이행상태평가 등에 관한 규정」(고시)에서 정하고 있다(시행규칙 제54조 제4항).

나. 평가결과

지방고용노동관서장은 평가기준에 의해 부여한 점수에 따라 사업장 또는

단위공장(단위공장별로 이행상태를 실시한 경우에 한정한다)별로 다음 어느 하나에 해당하는 등급을 부여하여야 한다[공정안전보고서의 제출·심사·확인 및 이행상태평가 등에 관한 규정(고시) 제58조 제1항].

① P등급(우수) : 환산점수의 총합이 90점 이상

② S등급(양호) : 환산점수의 총합이 80점 이상 90점 미만

③ M+등급(보통) : 환산점수의 총합이 70점 이상 80점 미만

④ M-등급(불량) : 환산점수의 총합이 70점 미만

지방고용노동관서장은 제1항의 평가등급, 평가점수 등 평가결과에 대한 소견서를 첨부하여 평가를 마친 날부터 1개월 이내에 사업주에게 알려야 하며 이를 다음 반기부터 적용한다[공정안전보고서의 제출·심사·확인 및 이행상태평가 등에 관한 규정(고시) 제58조 제2항].

8. 유해위험방지계획서와의 관계

사업주가 「산업안전보건법」 제44조 제1항에 따라 공정안전보고서를 제출한 경우에는 해당 유해·위험설비에 대해서는 「산업안전보건법」 제42조의 규정에 따른 유해위험방지계획서를 제출한 것으로 본다(산업안전보건법 제42조 제3항).

9. 보고서의 작성절차 및 비치

공정안전보고서는 근로자의 이해 여부가 그 성과에 큰 영향을 미치므로, 사업주는 공정안전보고서를 작성할 때에는 산업안전보건위원회의 심의를 거쳐야 하며,[780] 산업안전보건위원회가 설치되어 있지 아니한 사업장의 경우에

780) 산업안전보건위원회의 심의 대상은 작성하는 경우로 한정되어 있고 '변경'하는 경

는 근로자대표의 의견을 들어야 한다(산업안전보건법 제44조 제2항).

사업주는 공정안전보고서의 심사결과를 통보받으면 그 공정안전보고서를 사업장에 갖춰 두어야 한다(산업안전보건법 제45조 제2항).[781)]

[칼럼] 산업안전보건법 행정규칙의 법령과의 미스매치[782)]

공정안전관리(PSM) 대상설비에 대한 위험성평가가 공정위험성평가 중심으로만 이루어지는 문제점을 해결하기 위해, 고용노동부는 2017년에 '공정안전보고서의 제출 · 심사 · 확인 및 이행상태평가 등에 관한 규정'(고시)을 개정하여 작업위험성평가(JSA)를 새로 포함시켰다. 이는 PSM 대상설비의 유지보수 등의 작업에서 화재, 폭발, 누출뿐만 아니라 추락, 협착 등의 재해도 발생할 수 있고 실제로 많이 발생하고 있는 점을 고려한 것이다.

그런데 이 공정안전보고서 고시는 중대산업사고(화재 · 폭발 · 누출사고) 예방을 목적으로 하고 있는 산업안전보건법(이하 '산안법') 제44조(공정안전보고서의 작성 · 제출)를 근거로 하는 고시로서, 그 적용범위가 PSM 대상설비에서의 화재 · 폭발 · 누출사고 예방으로 한정되어 있기 때문에, 이 고시에 작업위험성평가를 규정하게 되면 화학설비 등의 설치, 개 · 보수 등의 교체 등 '작업'에 대한 위험성평가를 규정한 취지를 살리지 못하게 된다. 이는 산안법규의 전체 체계와 맥락을 이해 · 고려하지 않고 규정을 개정한 것에 따른 결과이다.

그리고 산안법 제42조(유해위험방지계획서의 작성 · 제출 등) 제1항 제1호에서는 제품생산공정과 직접적으로 관련된 건설물 · 기계 · 기구 및 설비 등 일체를 설치 · 이전하거나 그 '주요 구조부분을 변경'할 때 유해위험방지계획서를 제출하여 안전보건공단의 심사를 받도록 되어 있다. 그리고 이 주요 구조부분 변경에 대해 '제조업 등 유해 · 위험방지계획서 제출 · 심

우는 심의 대상이 아니다. 그리고 공정안전보고서 작성에 대해서는 산업안전보건위원회의 심의로 족하고 '의결'까지 거쳐야 하는 것은 아니다.

781) 이를 위반한 자에게는 1천만원 이하의 과태료를 부과한다(산업안전보건법 제175조 제4항 제3호).

782) 정진우, 안전저널, 2020.8.28.

사·확인에 관한 고시' 제2조 제1항 제5호에서는 "제품생산공정과 관련되는 건설물·기계·기구 및 설비 등의 증설, 교세 또는 개조 등에 의해 전기정격용량의 합이 100kW 이상 증가되는 경우 또는 전기정격용량의 합이 100kW 이상 되는 규모의 제품생산공정과 관련되는 건설물·기계·기구 및 설비 등의 일부를 옮겨서 설치하는 경우를 말한다"고 규정하고 있다.

그런데 주요 구조부분 변경에 대해, 구조 변경과 아무런 관련이 없는 '전기정격용량' 100kW 이상 증가 또는 건설물·기계·기구 및 설비 등의 '이전 설치'를 기준으로 하고 있는 것은 논리적인 근거가 없다. 주요 구조부분 변경은 전기정격용량 100kW 미만으로 증가되는 경우도 얼마든지 있을 수 있고, 건설물·기계·기구 및 설비 등의 일부를 옮겨서 설치하더라도 주요 구조부분 변경은 없을 수 있기 때문이다. 또 같은 조 제1항 제2호의 주요 구조부분 변경에 대해서는 같은 고시 제2조 제1항 제6호에서 열원의 종류를 변경하는 경우, 대상설비를 교체·변경 또는 추가하는 경우 또는 후드제어풍속이 감소하거나 배풍기의 배풍량이 증가하는 경우 등으로 정하고 있다. 법의 같은 조문 안에 있는 '주요 구조부분 변경'이라는 동일한 용어에 대해 하나의 고시에서 전혀 다른 해석을 하고 있는 것인데, 자의적인 해석을 하고 있음을 스스로 드러내고 있는 것이라고 할 수 있다.

또한 위 고시(제2조 제1항 제4호)에서는 "산안법 제42조 제1항 제1호 및 제2호에서 '이전'이란 건설물·기계·기구 및 설비 등 일체를 다른 단위공장 또는 다른 지역으로 옮겨서 설치하는 것을 말한다."고 규정하고 있는바, 제2호는 제1호와 달리 '일체를'이라고 한정되어 있지 않음에도 자의적으로 '이전'의 의미를 '일체'를 옮겨서 설치하는 것으로 대폭 축소하여 규정하고 있다.

그리고 '신규화학물질의 유해성·위험성 조사 등에 관한 고시'에서는 산안법 제108조에서 의무주체로 규정된 신규화학물질을 제조하거나 수입하는 '자'를 자의적으로 '사업주'로 축소하여(제10조 제2항) 근로자를 사용하는 자로 한정시키고 있다.

한편, 인증대상 기계·설비 등에 대한 인증절차를 규정하고 있는 행정규칙인 '안전인증·자율안전확인신고의 절차에 관한 고시'에서는 기계·설비 등의 '주요 구조부분의 변경'에 대한 심사시기·절차를 규정하고 있지 않는 등 주요 구조부분의 변경에 대한 규정을 마련해 놓고 있지 않다. 그 결과 주요 구조부분 변경에 대한 인증 자체가 누락되거나 개별심사의 취지와 달리 주요 구조부분 변경 완료 후의 심사가 전혀 이루어지지 않고 있다.

이상에서 지적한 문제는 공정안전관리, 유해위험방지계획서, 안전인증 등의 특정요소를 산안법의 철학, 입법사상 등이 포함된 전체적인 맥락 속에서 사고하지 않고 특정요소의 틀(범주) 안에서만 접근하는 파편적 사고방식, 즉 '시스템적 접근의 결여'와 법의 원리, 내용 등에 대한 몰이해에 연유하는 것으로 보인다.

[칼럼] 중대산업사고 예방센터 운영의 혼선[783)]

고용노동부 산재예방행정조직에는 중대산업사고 예방을 위한 '공정안전관리(PSM)'의 업무를 수행하기 위해 중대산업사고 예방센터(이하 '예방센터')가 별도로 설치되어 운영되고 있다. 그런데 이 예방센터와 지방관서의 업무경계가 모호하여 사업장에 대한 감독[근로감독관 집무규정(산업안전보건) 제9조], 점검[근로감독관 집무규정(산업안전보건) 제18조]이 중복적으로 이루어지는 경우가 다반사로 발생하고 있다. 예를 들면, '산업안전보건기준에 관한 규칙'상의 화재 · 폭발 · 누출사고 예방에 관한 규정(제2편 제2장)에 대해서는 지방관서에서도 감독을 하고 있지만 예방센터에서도 점검을 하고 있다. 예방센터에서 근거도 없이 소관업무도 아닌 사항에 대해 점검을 하고 있는 것인바, '중대산업사고 예방센터 운영규정'(예규) 어디를 보더라도 예방센터가 독자적으로 동 규칙상의 화재 · 폭발 · 누출사고 예방규정을 점검할 권한은 부여되어 있지 않다.

그리고 지방관서는 예방센터의 존재로 인하여 화학사고 예방업무를 중대산업사고 여부에 관계없이 예방센터에 미루면서 화학사고 예방업무 전반에 대해 무관심한 경향을 보이고 있다. 설령 지방관서에서 관심을 가지

---

783) 정진우, 안전저널, 2020.8.14.

고 있다 하더라도 화학사고 예방행정조직이 이원화되어 있어 하나의 사업장에 대해 감독(점검)이 종합적이고 시스템적으로 실시되지 않고 파편적이고 분절적으로 실시되고 있다. 결국 조직의 이원화가 화학사고 예방업무의 사각지대와 비효율적 감독(점검)을 초래하고 있다고 할 수 있다.

한편, '중대산업사고 예방센터 운영규정'(예규)상의 중대산업사고에 대한 용어 정의가 산업안전보건법령상의 용어 정의와 많이 다르다. 법령(시행령 제43조 제3항)에서는 "근로자가 사망하거나 부상을 입을 수 있는 일정한 위험설비에서의 누출·화재·폭발사고 또는 인근 지역의 주민이 인적 피해를 입을 수 있는 일정한 위험설비에서의 누출·화재·폭발사고"라고 정의하고 있는 반면에, 위 예규(제9조 표5)에서는 "대상설비, 대상물질, 사고유형, 피해정도 등이 모두 판단기준에 해당된 사고로 공정안전관리 사업장에서 발생한 사고"로 정의하면서, 피해정도란 "근로자는 1명 이상이 사망하거나 부상한 경우, 인근지역 주민은 피해가 사업장을 넘어서 인근지역까지 확산될 가능성이 높은 경우"라고 규정하고 있다. 전자는 (근로자의) 사망 또는 부상이 '발생할 가능성'을 전제로 한 정의이지만, 후자는 (근로자의) 사망 또는 부상이 실제 '발생한' 것을 전제로 한 정의이다. 그렇다 보니 예규에서는 중대산업사고와 별도로 '중대한 사고(또는 결함)'라는 법적 근거 없는 새로운 개념을 도입하여 법령과 예규 간의 개념 차이를 메우려고 하고 있지만, '중대한 사고(또는 결함)'에 대해서는 용어정의도 되어 있지 않는 등 현장에서 적지 않은 혼란을 초래하고 있다.

또한 중대산업사고에 대한 국내 규정의 용어정의는 국제기준상의 용어 정의와도 부합하지 않는다. ILO 협약(ILO, 1993) Article 3(d)에서는 "주요 위험시설 내에서 작업활동 중에 발생하고, 하나 이상의 위험물질들로 인해 즉시 또는 시간이 지난 후 근로자, 인근주민 혹은 환경에 대해 심각한 위험을 가져오는 화재, 폭발, 누출과 같은 급작스러운 사고"라고 정의하여 '심각한 위험'을 가져오는 것을 전제로 하고 있는 반면에, 국내 규정은 "대통령령으로 정하는 유해하거나 위험한 설비로부터의 위험물질 누출, 화재, 폭발 등으로 인하여 사업장 내의 근로자에게 즉시 피해를 주거나 사업장 인근지역에 피해를 줄 수 있는 사고로서 근로자가 사망하거나 부상을 입을 수 있는 위 설비에서의 누출·화재·폭발사고 또는 인

근지역의 주민이 인적 피해를 입을 수 있는 위 설비에서의 누출 · 화재 · 폭발사고(법 제44조 제1항 및 시행령 제43조 제3항)"라고 규정하여 '경미한 피해'까지도 포함될 수 있는 관계로 중대산업사고의 범위가 지나치게 넓다.

그 결과 화학사고 중 '중대'산업사고와 '일반'화학사고 간의 경계가 모호해져 중대산업사고를 별도로 개념정의한 당초의 취지가 무색해지고 있다. 예측가능성이 없고 합리적이지 않은 공급자 위주의 규정은 현장에서 실질적으로 이행되기 어렵다는 교훈을 명심할 필요가 있다.

Ⅲ. 안전보건진단

1. 취 지

사업장의 안전보건을 개선하기 위해서는 고도로 전문적인 지식을 필요로 하는 경우가 있을 수 있다. 그런데 사업장에 안전보건 개선사항에 관한 전문가가 항상 확보되어 있는 것은 아니다. 이와 같은 경우에 지방고용노동관서장은 안전보건 개선이 필요한 사업장을 대상으로 해당 사업장의 상태에 적합한 지식 · 경험을 가지고 있는 외부전문기관(안전보건진단기관)의 진단을 받아 그 전문적 의견을 듣고 보다 적절한 안전보건 개선이 이루어질 수 있도록 명령할 수 있다(산업안전보건법 제47조).

2. 진단명령 대상 사업장

지방고용노동관서장은 추락 · 붕괴, 화재 · 폭발, 유해하거나 위험한 물질의 누출 등 산업재해 발생의 위험이 현저히 높은 사업장의 사업주에게 안전보건진단기관이 실시하는 안전보건진단을 받을 것을 명할 수 있다(산업안전보건법 제47조 제1항).[784] 안전보건진단 명령을 받은 사업주는 15일 이내에 고용노동부장관으로부터 지정받은 안전보건진단기관[785]에 안전보건진단을 의뢰해야 한다(시행규칙 제56조).

3. 진단의 종류 및 내용

안전보건진단의 종류는 종합진단, 안전진단, 보건진단으로 구분되며, 진단 종류별 진단내용은 「시행령」 별표 14에서 정하고 있다(시행령 제46조 제1항).

종합진단은 i) 경영·관리적 사항에 대한 평가, ii) 산업재해 또는 사고의 발생원인(산업재해 또는 사고가 발생한 경우만 해당한다), iii) 작업조건 및 작업방법에 대한 평가, iv) 유해·위험요인에 대한 측정 및 분석, v) 보호구, 안전·보건장비 및 작업환경 개선시설의 적정성, vi) 유해물질의 사용·보관·저장, MSDS의 작성, 근로자 교육 및 경고표시 부착의 적정성, vii) 그 밖에 작업환경 및 근로자 건강유지·증진 등 보건관리의 개선을 위하여 필요한 사항을 그 내용으로 하고,[786], [787] 안전진단은 종합진단 내용 중 ii)·iii)의 사

---

784) 이 명령을 위반한 자에게는 1천만원 이하의 과태료를 부과한다(산업안전보건법 제175조 제4항 제4호).

785) 안전보건진단의 성격상 기업 스스로 및 공공기관에 의해서도 파악하기 어려운, 즉 고도로 전문적인 지식을 필요로 하는 경우도 있을 수 있는데, 안전보건진단을 고용노동부장관으로부터 지정받은 기관으로 한정하여 의뢰하도록 하는 것은 안전보건진단 제도의 취지에 맞지 않다. 그 결과, 해당 사업장에 대해 안전보건진단을 수행할 역량이 되지 않은 기관들에 의해 명령의 형식적인 이행 차원에서 기계적으로 수행되는 경우가 허다하다. 안전보건진단 규정의 모태인 일본 「노동안전위생법」 규정의 취지를 제대로 이해하지 못하여 잘못 도입·운영되고 있는 대표적인 사례에 해당한다.

786) 안전보건진단과 안전보건개선계획의 차별화를 위해 양자의 관계에 대한 입법적인 리모델링이 필요하다. 안전보건진단명령은 그 취지를 고려하건대, 안전보건개선계획수립명령과 달리 기업 및 공공기관에 의해 파악하기 어려운 경우, 즉 고도로 전

항, iv) 중 위험성 관련 사항, v) 중 안전 관련 사항을 그 내용으로 하며, 보건진단은 종합진단 내용 중 ii)・iii)의 사항, iv) 중 유해성 관련 사항, v) 중 보건 관련 사항, vi)・vii)의 사항을 그 내용으로 한다.

안전보건진단 명령을 할 경우 기계・화공・전기・건설 등 분야별로 한정하여 진단을 받을 것을 명령할 수 있다(시행령 제46조 제2항).

4. 진단 협조 및 결과보고서 제출

사업주는 안전・보건진단업무에 적극 협조하여야 하며, 정당한 사유 없이 이를 거부하거나 방해 또는 기피하여서는 아니 되고, 근로자대표가 요구할 때에는 안전・보건진단에 근로자대표를 참여시켜야 한다(산업안전보건법 제47조 제3항).[788]

안전・보건진단기관은 안전보건진단을 실시한 경우에는 「시행령」 별표 14(제46조 제1항 관련)의 진단내용에 해당하는 사항에 대한 조사・평가 및 측정결과와 그 개선방법이 포함된 보고서를 진단을 의뢰받은 날로부터 30일 이내에 해당 사업장의 사업주 및 지방고용노동관서장에게 제출(전자문서로 제출한 것을 포함한다)해야 한다(시행규칙 제57조).

문적인 지식을 필요로 하는 경우로 그 대상을 한정하고 안전보건진단의 내용도 그에 걸맞은 내용으로 개정하는 것이 필요하다.

787) 특히 종합진단의 경우 그 진단내용이 경영・관리적 사항에 대한 평가 등 안전보건에 관한 종합적인 것을 포함하고 있어 후술하는 안전보건개선계획의 수립에 대한 컨설팅과 실질적으로 차별성이 없다.

788) 이를 위반한 자에게는 1천5백만원 이하의 과태료를 부과한다(산업안전보건법 제175조 제3항 제1호).

Ⅳ. 안전보건개선계획 수립·시행

1. 취 지

「산업안전보건법」(제49조)에서는 지방고용노동관서장으로 하여금 산업재해의 효과적인 방지를 위하여 종합적인 개선조치를 강구하는 것이 적당한 사업장에 대하여 안전보건개선계획을 수립하여 시행할 것을 명할 수 있다고 규정하고 있다. 안전보건개선계획수립의 명령은 당해 사업장의 안전보건상태를 종합적으로 개선하려고 하는 것이기 때문에, 반드시 법 위반의 상태에 있는 것만을 전제로 하는 것은 아니다.

그리고 '종합적인 개선조치'란 산업재해의 방지를 도모하기 위한 설비, 관리, 교육 등 전반에 걸친 개선조치를 말하지만, 반드시 당해 사업장 전체에 관련된 개선조치일 필요는 없고, 사업장 중 어느 한 부분에 한정된 개선조치라 하더라도 무방하다고 할 수 있다.

2. 안전보건개선계획 수립·시행 대상 사업장

지방고용노동관서장은 산업재해 예방을 위하여 종합적인 개선조치를 할 필요가 있다고 인정할 때에는 해당 사업장의 사업주에게 그 사업장, 시설, 그 밖의 사항에 관한 안전보건개선계획의 수립·시행을 명할 수 있다(산업안전보건법 제49조 제1항).[789)]

이에 따라 지방고용노동관서장이 안전보건개선계획의 수립·시행을 명할 수 있는 사업장은 다음 어느 하나에 해당하는 사업장이다(산업안전보건법 제49조 제1항 전단).

---

789) 이 명령을 위반한 자에게는 1천만원 이하의 과태료를 부과한다(산업안전보건법 제175조 제4항 제4호).

① 산업재해율이 같은 업종의 규모별 평균 산업재해율보다 높은 사업장
② 사업주가 필요한 안전조치 또는 보건조치를 이행하지 아니하여 중대재해가 발생한 사업장
③ 직업성 질병자가 연간 2명 이상 발생한 사업장
④ 「산업안전보건법」 제106조에 따른 유해인자의 노출기준을 초과한 사업장

또한 지방고용노동관서장은 다음 어느 하나에 해당하는 사업장에 대해서는 안전보건진단을 받아 안전보건개선계획을 수립하여 시행할 것을 명할 수 있다(산업안전보건법 제49조 제1항 후단, 시행령 제49조).[790]

① 산업재해율이 같은 업종의 평균 산업재해율의 2배 이상인 사업장
② 사업주가 필요한 안전조치 또는 보건조치를 이행하지 아니하여 중대재해가 발생한 사업장
③ 직업성 질병자가 연간 2명 이상 (상시 근로자 1천명 이상 사업장의 경우 3명 이상) 발생한 사업장
④ 그 밖에 작업환경 불량, 화재・폭발 또는 누출 사고 등으로 사업장 주변까지 피해가 확산된 사업장으로서 고용노동부령으로 정하는 사업장[791]

3. 안전보건개선계획 수립절차 및 제출

안전보건개선계획은 당해 사업장이 양호한 안전보건상태로 도달하기 위한 구체적 개선방법을 내용으로 하는 것이고, 근로자의 이해 여부가 그 성과에 큰 영향을 미치므로, 사업주는 안전보건개선계획을 수립할 때 산업안전보건위원회의 심의를 거쳐야 하며, 산업안전보건위원회가 설치되어 있지 아니

790) 이 명령을 위반한 자에게는 1천만원 이하의 과태료를 부과한다(산업안전보건법 제175조 제4항 제4호).
791) 현재 정하고 있는 것이 없는 상태이다.

한 사업장에서는 근로자대표의 의견을 들어야 한다(산업안전보건법 제49조 제2항).[792)]

안전보건개선계획을 제출해야 하는 사업주는 안전보건개선계획의 수립·시행명령을 받은 날부터 60일 이내에 안전보건개선계획서를 작성하여 지방고용노동관서장에게 제출(전자문서로 제출하는 것을 포함한다)해야 한다(시행규칙 제61조 제1항)

4. 안전보건개선계획서에 포함되어야 할 내용

안전보건개선계획서에는 ① 시설, ② 안전보건관리체제, ③ 안전보건교육, ④ 산업재해 예방 및 작업환경의 개선을 위해 필요한 사항이 포함되어야 한다(시행규칙 제61조 제2항).

5. 안전보건개선계획 검토 및 보완명령

지방고용노동관서장은 안전보건개선계획서를 접수한 경우에는 접수일로부터 15일 이내에 심사하여 그 결과를 사업주에게 통보해야 한다(산업안전보건법 제50조 제2항 전단, 시행규칙 제62조 제1항). 지방고용노동관서장은 i) 시설, ii) 안전보건관리체제, iii) 안전보건교육, iv) 산업재해 예방 및 작업환경의 개선을 위해 필요한 사항이 적정하게 포함되었는지 검토하고(시행규칙 제62조 제2항 전단), 근로자의 안전 및 보건의 유지·증진을 위하여 필요하다고 인정하는 경우 해당 안전보건개선계획서의 보완을 명할 수 있다(산업안전보건법 제50조 제2항 후단).

---

792) 이를 위반한 자에게는 5백만원 이하의 과태료를 부과한다(산업안전보건법 제175조 제5항 제1호).

이 경우 지방고용노동관서장은 안전보건개선계획의 적정 여부 확인을 안전보건공단 또는 지도사에게 요청할 수 있다(시행규칙 제62조 제2항 후단).

6. 안전보건개선계획의 준수

안전보건개선계획을 제출한 사업주와 근로자는 수립한 안전보건개선계획의 실효를 거두기 위하여 심사를 받은 안전보건개선계획서(보완한 안전보건개선계획서를 포함한다)를 준수하여야 한다(산업안전보건법 제50조 제3항).[793)]

V. 감독상의 조치

1. 취 지

「산업안전보건법」 제155조(근로감독관의 권한)는 「산업안전보건법」의 실효성 있는 시행을 확보하기 위한 근로감독관의 행정상의 권한 행사에 대하여 규정한 것이다. 근로감독관의 사법경찰관으로서의 직무 및 권한 행사에 대해서는 「형사소송법」에 규정되어 있는데, 근로감독관과 사법경찰관은 엄격히 구별되어야 한다.

본조는 우리나라가 이미 비준한(1992년 12월) ILO 협약 제81호(근로감독협약) 제12조의 규정의 취지에 따른 것이다.

793) 이를 위반한 자에게는 5백만원 이하의 과태료를 부과한다(산업안전보건법 제175조 제5항 제1호).

2. 근로감독관의 권한

근로감독관은 산업안전보건법령을 시행하기 위하여 필요한 경우로서 고용노동부령이 정하는 경우[794]에 해당하는 때에는, 사업장 및 각종 기관,[795] 석면해체·제거업자, 지도사의 사무소에 출입하여 사업주, 근로자 또는 안전보건관리책임자(관계인)에게 질문을 하고, 장부, 서류, 그 밖의 물건의 검사 및 안전보건점검을 하며, 관계 서류의 제출을 요구할 수 있다(산업안전보건법 제155조 제1항).[796] 또한 근로감독관은 기계·설비 등에 대한 검사를 할 수 있으며, 검사에 필요한 한도 내에서 무상으로 제품·원재료 또는 기구를 수거할 수 있다.[797] 이 경우 근로감독관은 해당 사업주 등에게 그 결과를 서면으로 알려야 한다(산업안전보건법 제155조 제2항).

그리고 근로감독관은 이 법 또는 이 법에 따른 명령을 시행하기 위하여 위의 어느 하나에 해당하는 장소에 출입하는 경우에 그 신분을 나타내는 증표를 지니고 관계인에게 보여 주어야 하며, 출입 시 성명, 출입시간, 출입 목적 등이 표시된 문서를 관계인에게 내주어야 한다(산업안전보건법 제155조 제4항).

---

794) i) 산업재해가 발생하거나 산업재해 발생의 급박한 위험이 있는 경우, ii) 근로자의 신고 또는 고소·고발 등에 대한 조사가 필요한 경우, iii) 법 또는 법에 따른 명령을 위반한 범죄의 수사 등 사법경찰관리의 직무를 수행하기 위하여 필요한 경우, iv) 기타 고용노동부장관 또는 지방고용노동관서장이 법 또는 법에 따른 명령의 위반 여부를 조사하기 위하여 필요하다고 인정하는 경우(시행규칙 제235조).

795) 안전·보건관리전문기관, 건설재해예방전문지도기관, 안전보건교육위탁기관, 건설업 기초안전보건교육기관, 직무교육위탁기관, 안전인증기관, 안전검사기관, 지정검사기관, 석면조사기관, 지정측정기관, 건강진단기관, 안전보건진단기관를 말한다.

796) 근로감독관의 검사·점검 또는 수거를 거부·방해 또는 기피한 자에게는 1천만원 이하의 과태료를 부과한다(산업안전보건법 제175조 제4항 제8호). 그리고 근로감독관의 질문에 대하여 답변을 거부·방해 또는 기피하거나 거짓으로 답변한 자에게는 3백만원 이하의 과태료를 부과한다(산업안전보건법 제175조 제6항 제16호).

797) 근로감독관의 검사·점검 또는 수거를 거부·방해 또는 기피한 자에게는 1천만원 이하의 과태료를 부과한다(산업안전보건법 제175조 제4항 제8호).

본조에서 규정하고 있는 근로감독관의 출입, 검사, 점검 등의 권한은 범죄수사(형사책임의 추궁)를 목적으로 하여 정해진 것이 아니라 행정상의 감독을 위하여 정해진 것이다. 다만, 본조의 권한 행사가 범죄 발견의 단서가 되는 경우는 종종 있을 수 있다. 그러나 범죄의 수사는 형사절차로 이행하고 나서 착수하여야 하는 것이고, 근로감독관은 특별사법경찰관으로서 범죄의 수사를 비롯하여 「형사소송법」에 규정하고 있는 사법경찰관의 직무를 행할 수 있는 신분이기도 하므로, 본조의 근로감독관의 권한이 범죄의 수사를 위하여 인정된 것으로 해석되는 일이 없도록 유의할 필요가 있다.

한편, 「산업안전보건법」 위반의 사건은 그 내용이 고도로 전문적인 경우가 많아 그 수사에 있어 특별한 지식·경험을 필요로 하므로, 근로감독관으로 하여금 특별사법경찰관으로서의 직무를 수행하도록 하고 있다.[798)]

「산업안전보건법」을 담당하는 근로감독관의 직무집행에 필요한 사항을 규정하는 것을 목적으로 「근로감독관 집무규정(산업안전보건)」이 고용노동부 훈령으로 제정되어 운영되고 있다.

[칼럼] 헛다리 짚은 물류센터 온열질환 예방행정[799)]

92건 대 0건.

전자는 최근 7년간 여름철(6~8월) 건설업에서 발생한 온열질환 산업재해 건수이고, 후자는 같은 기간 물류센터업에서 발생한 산업재해 건수다.

2016년부터 올해 여름까지 건설업에서는 연평균 13명이 온열질환으로 쓰러진 반면 물류센터업에서는 단 한 명도 쓰러진 사람이 없었던 것이다. 이는 22일 국회 환경노동위원회 소속 이주환 국민의힘 의원이 관계기관에서 제출받은 자료를 통해서 알려졌다.

최근 들어 물류센터 작업환경에 대한 우려를 담은 보도가 잇달아 나왔

---

798) 그러나 현실에서는 근로감독관이 채용, 교육훈련, 경력관리 등의 문제로 제도의 취지와 달리 전문성을 확보하지 못하고 있다.

799) 정진우, 안전저널, 2022.9.26.

으나, 현실은 정반대였음을 보여준다. 민노총 공공운수노조 쿠팡물류센터 지부는 지난 6월부터 회사 측에 폭염 대책 및 임금인상 등을 요구하며 시위를 벌여 왔다. 회사 로비를 무단 점거하고 농성을 벌이기도 했다.

노동부는 이들의 주장에 맞장구라도 치듯 물류센터 작업환경에 큰 관심을 보였다. 이정식 노동부장관은 지난 7월과 8월 두 차례 물류센터 현장을 방문했다. 혹서기였긴 하지만 온열질환 대비 실태 점검을 위해 장관이 물류센터 사업장만을 연달아 방문한 것은 이례적이다.

그러나 이주환 의원실이 공개한 자료에 따르면, 노동부는 완전히 헛다리를 짚었다. 물류센터가 아닌 건설현장부터 챙겼어야 했다.

조사 대상 기간 온열질환 산재 건수는 전체의 절반이 건설업(92건)에서 발생하였고, 사망자 수는 건설업이 약 70%나 차지했다. 노동부에 따르면, 올해에도 지난 7월에만 건설현장에서 온열질환으로 의심되는 사망사고가 5건이나 발생하였다.

이 장관은 지난 5월 11일 취임 후 산업현장 여러 곳을 돌아다녔지만 온열질환 대응 목적으로는 물류센터를 제외하곤 어떤 현장도 방문한 적이 없다.

그러나 올여름은 특히나 무더웠기 때문에 옥외작업이 대부분이고 고령자, 만성질환자 등이 많은 건설현장을 더욱 신경 썼어야 마땅하다. 올해 첫 폭염특보가 지난해(7월 12일)보다 22일이나 빠른 6월 20일 발령되는 등 미리 경고신호도 울린 터였다.

노동부가 산업현장 상황을 진정성을 가지고 면밀히 들여다보았다면 장관의 행선지가 달라졌을 수도 있다. 폭염에 가장 취약한 건설현장을 방문하는 것이 온열질환 예방에 의미 있는 발걸음이 되지 않았을까. 장관이 정작 방문해야 할 곳은 목소리가 큰 곳이 아니라 세상의 주목은 받지 못하지만 가장 취약한 처지에 있는 사람들이 일하는 곳이다.

지난 정부에서는 특정 단체에 끌려다니는 보여주기 행정에 집착하는 일이 비일비재하였다. 그러나 불편부당해야 할 정부가 진영논리에 편승하거나 이해관계에 휘둘리는 것은 스스로의 본분과 존재이유를 망각하는 처사이다.

앞으로 이 장관이 어디를 방문하고 어떤 메시지를 보내는지 그 행보를 유심히 지켜볼 일이다.

3. 보고 · 출석명령

지방고용노동관서장은 이 법 또는 이 법에 따른 명령의 시행을 위하여 관계인(사업주, 근로자 또는 안전보건관리책임자)에게 보고 또는 출석을 명할 수 있다(산업안전보건법 제155조 제3항).[800] 근로감독관이 산업안전보건법령의 이행상황을 사업장 등에 출입하지 않고도 서류 등을 제출받아 확인할 수 있거나 그렇게 하는 것이 효율적일 때 활용할 수 있는 권한이다.

지방고용노동관서장이 관계인(사업주, 근로자 또는 안전보건관리책임자)에게 보고 또는 출석의 명령을 하려는 경우에는 긴급을 요하는 경우 외에는 7일 이상의 기간을 주어야 한다(시행규칙 제236조 제1항). 이 보고 또는 출석의 명령은 문서로 하여야 한다(시행규칙 제236조 제2항).

4. 안전보건공단 직원의 사업장 출입 등

고용노동부장관은 「산업안전보건법」 제165조 제2항에 따라 안전보건공단이 위탁받은 업무를 행사하기 위하여 필요하다고 인정할 때에는, 안전보건공단 소속 직원에게 사업장에 출입하여 산업재해 예방에 필요한 검사 및 지도 등을 행하게 하거나, 역학조사를 위하여 필요한 경우 관계자[801]에게 질문하거나 필요한 서류의 제출을 요구하게 할 수 있다(산업안전보건법 제156조 제1항).[802]

안전보건공단 소속 직원이 검사 또는 지도업무 등을 하였을 때에는 그 결

---

800) 명령을 위반하여 보고 또는 출석을 하지 아니하거나 거짓으로 보고한 자 자에게는 5백만원 이하의 과태료를 부과한다(산업안전보건법 제175조 제5항 제16호).

801) 제155조에서 규정하고 있는 '관계인'(사업주, 근로자 또는 안전보건관리책임자)이 아님에 유의할 필요가 있다.

802) 안전보건공단 직원의 검사 · 지도 등을 거부 · 방해 또는 기피한 자에게는 3백만원 이하의 과태료를 부과한다(산업안전보건법 제175조 제6항 제17호).

과를 고용노동부장관에게 보고하여야 한다(산업안전보건법 제156조 제2항).

5. 안전보건조치명령

「산업안전보건법」상 안전보건조치명령은 행정행위 또는 행정처분의 일종으로서 지방고용노동관서장의 재량행위 형식으로 규정되어 있다. 지방고용노동관서장에게 재량권이 부여되어 있지만 그 재량권은 무한정한 것은 아니며 재량권이 인정된 범위 내에서만 인정된다. 재량행위라 하여도 모든 부분이 재량인 것이 아니라 통상 재량권이 인정된 부분과 재량권이 인정되지 않고 법에 기속된 부분이 혼재한다. 재량권이 법적 한계를 넘은 경우(재량권의 일탈 또는 남용)에는 그 재량권의 행사는 위법한 것이 된다.

가. 시정조치명령

지방고용노동관서장은 사업주[803)]가 사업장의 건설물 또는 그 부속건설물·기계·기구·설비·원재료(이하 '기계·설비 등'이라 한다)에 대하여 안전보건에 관하여 고용노동부령으로 정하는 필요한 조치(시행규칙 제63조)를 하지 아니하여 근로자에게 현저한 유해·위험이 초래될 우려가 있다고 판단될 때에는, 해당 기계·설비 등에 대하여 사용중지·대체·제거 또는 시설의 개선, 그 밖에 안전 및 보건에 관하여 고용노동부령으로 정하는 필요한 조치(이하 '시정조치'라 한다)를 명할 수 있다(산업안전보건법 제53조 제1항).[804), 805)]

803) 「산업안전보건법」상의 의무주체가 다양한 점을 감안할 때, 안전보건조치명령의 대상을 '사업주'로 한정한 것은 입법적으로 타당하지 않다. 사업주 외의 의무주체에 대해서도 안전보건조치명령을 발할 수 있도록 개정되어야 한다.

804) 이 명령을 위반한 자는 3년 이하의 징역 또는 3천만원 이하의 벌금에 처한다(산업안전보건법 제169조 제2호).

805) 지방고용노동관서에서 사업장 점검·감독 후 사업장에 대해 '시정지시'를 하는 경우가 있는데, 이것은 법적 근거가 없는 것으로서 법적 구속력이 없는 행정지도 차

시정조치명령의 발령요건은 i) 고용노동부령으로 정하는 필요한 조치를 하지 아니하는 경우 + ii) 근로자에게 현저한 유해·위험이 초래될 우려가 있다고 판단되는 경우이다. 즉, 시정조치명령을 발령하기 위해서는 두 가지 요건이 충족되어야 한다.

이에 따라 시정조치명령을 받은 사업주는 기계·설비 등에 대하여 시정조치 명령의 내용을 시정할 때까지(시정조치를 완료할 때까지) 사업장 내 위반 장소 또는 사내 게시판 등 근로자가 쉽게 볼 수 있는 장소에 게시하여야 한다(산업안전보건법 제53조 제2항, 시행규칙 제66조).[806]

「산업안전보건법」 제53조 제1항에서 "안전 및 보건에 관하여 고용노동부령으로 정하는 필요한 조치"란 다음 어느 하나에 해당하는 조치를 말한다(시행규칙 제63조). 아래 ①의 조치 중 사용중지 또는 이와 동일한 의미인 사용금지가 규정되어 있는 사항(안전보건기준규칙 제91조 제2항, 제96조, 제112조, 제116조, 제167조, 제188조, 제210조, 제239조, 제242조, 제296조 제2호, 제315조, 제354조, 제387조, 제482조 제4호, 제597조 제2항 제2호)에 대한 조치명령 및 아래 ②~⑥의 조치명령은 후술하는 사용중지명령에 해당한다고 보아야 할 것이다.

① 「안전보건기준규칙」에서 건설물 또는 그 부속건설물·기계·기구·설비·원재료에 대하여 정하는 안전조치 또는 보건조치
② 「산업안전보건법」 제87조에 따른 안전인증 대상 기계 등의 사용금지
③ 「산업안전보건법」 제92조에 따른 자율안전확인 대상 기계 등의 사용금지

원에서 내려지는 것이다. 따라서 시정지시에 따르지 않는다고 하여 이것만을 이유로 처벌할 수는 없다. 상대적으로 경미한 법 위반사항에 대하여 즉시 처벌하는 대신에(즉 처벌을 유예하면서) 일정 기간 동안 시정할 기회를 부여하고 그 기간 동안 시정을 하면 처벌을 하지 않는 성격을 가지고 있다.

806) 이를 위반한 자에게는 5백만원 이하의 과태료를 부과한다(산업안전보건법 제175조 제5항 제4호).

④ 「산업안전보건법」 제95조에 따른 안전검사 대상 기계 등의 사용금지
⑤ 「산업안전보건법」 제99조 제2항에 따른 안전검사 대상 기계 등의 사용금지
⑥ 「산업안전보건법」 제117조 제1항에 따른 제조 등 금지물질의 사용금지
⑦ 「산업안전보건법」 제118조 제1항에 따른 허가 대상 유해물질에 대한 허가의 취득

「산업안전보건법」 전부개정 전에는 시정조치명령은 반드시 법령 위반을 전제로 하는 것은 아니었고, 그 대상도 몇 가지 사항으로 제한되어 있지도 않았다. 그런데 「전부개정 산업안전보건법」을 통해 시정조치명령의 대상이 법령 위반에 해당하는 7가지 사항으로 대폭 축소되었다. 시정조치명령은 안전보건조치기준 위반에 대하여 이것을 단순히 사후적으로 형벌권의 행사에 의해 처벌하는 것으로 그치지 않고, 산업재해를 미연에 방지하기 위해 위험한 상태를 바로 해소시키려고 하는 것이 그 취지임을 감안할 때, 시정조치명령의 대상을 대폭 축소한 것은 지방고용노동관서의 산업재해 예방행정이라는 본연의 역할을 방기하게 하는 대단히 잘못된 개정이다.

나. 사용중지명령

사용중지명령은 시정조치명령의 일종으로서 일반적인 시정조치명령(산업안전보건법 제53조 제1항)과 마찬가지로 지방고용노동관서장이 사업주가 사업장의 건설물 또는 그 부속건설물 및 기계·설비 등에 대하여 안전보건에 관하여 고용노동부령으로 정하는 필요한 조치(시행규칙 제63조)를 하지 아니하여 근로자에게 현저한 유해·위험이 초래될 우려가 있다고 판단될 때에, 해당 기계·설비 등에 대하여 고용노동부령으로 정하는 필요한 조치(시행규칙 제63조) 중에서 사용중지 또는 이와 동일한 의미인 사용금지가 규정되어 있는 사항(안전보건기준규칙 제91조 제2항, 제96조, 제112조, 제116조, 제167조, 제188조, 제210조, 제239조, 제242조, 제296조 제2호, 제315조, 제

354조, 제387조, 제482조 제4호, 제597조 제2항 제2호)에 대한 조치명령 및 「시행규칙」 제63조 제2호~제6호에서 정하고 있는 사용금지(=사용중지)명령을 발할 수 있다(산업안전보건법 제53조 제1항).

고용노동부장관은 사용중지를 명하려는 경우에는 사용중지명령서(별지 제27호 서식) 또는 고용노동부장관이 정하는 표지(이하 '사용중지명령서 등'이라 한다)를 발부하거나 부착할 수 있다(시행규칙 제64조 제1항).

지방고용노동관서장은 사용중지를 해제하는 경우 그 내용을 사업주에게 알려주어야 한다(시행규칙 제64조 제5항).

「산업안전보건법」 제53조 제1항에 따른 사용중지 명령을 받은 사업주는 그 시정조치를 완료한 경우에는 지방고용노동관서장에게 같은 조 제1항에 따른 사용중지의 해제를 요청할 수 있다(산업안전보건법 제53조 제4항).

지방고용노동관서장은 「산업안전보건법」 위 해제 요청에 대하여 시정조치가 완료되었다고 판단될 때에는 사용중지를 해제하여야 한다(산업안전보건법 제53조 제5항).

다. 일반작업중지명령

지방고용노동관서장은 사업주가 해당 기계·설비 등에 대한 시정조치 명령을 이행하지 아니하여 유해·위험상태가 해소 또는 개선되지 아니하거나 근로자에 대한 유해·위험이 현저히 높아질 우려가 있는 경우에는 해당 기계·설비 등과 관련된 작업의 전부 또는 일부의 중지를 명할 수 있다(산업안전보건법 제53조 제3항).[807] 즉, 작업중지명령의 발령요건은 i) 시정조치명령 불이행 + ii) 시정조치명령 불이행으로 인하여 유해·위험상태가 해소·개선되지 아니한 경우 또는 근로자에 대한 유해·위험이 현저히 높아질 우려가 있는 경우이다.[808]

---

807) 명령을 위반한 자에게는 5년 이하의 징역 또는 5천만원 이하의 벌금에 처한다(산업안전보건법 제168조 제2호).

고용노동부장관은 작업의 전부 또는 일부 중지를 명하려는 경우에는 작업중지명령서(별지 제27호 서식) 또는 고용노동부장관이 정하는 표지(이하 '작업중지명령서 등'이라 한다)를 발부하거나 부착할 수 있다(시행규칙 제65조 제1항).

지방고용노동관서장은 작업중지를 해제하는 경우 그 내용을 사업주에게 알려주어야 한다(시행규칙 제65조 제2항).

「산업안전보건법」 제53조 제3항에 따른 작업중지명령을 받은 사업주는 그 시정조치를 완료한 경우에는 지방고용노동관서장에게 같은 조 제3항에 따른 작업중지의 해제를 요청할 수 있다(산업안전보건법 제53조 제4항).

---

808) 「전부개정 산업안전보건법」에서는 작업중지명령 발령요건을 중대재해 발생 시(제55조 제1항·제2항)와 그렇지 않은 경우(제53조 제3항)로 구분하고, 중대재해가 발생하지 않은 경우에는 사업주가 '법령상의 조치'를 하지 아니하여 근로자에게 '현저한' 유해·위험이 초래될 우려가 있다고 판단될 때에만 해당 기계·설비 등에 대한 시정조치명령을 내릴 수 있고(제53조 제1항), 게다가 이 '시정조치명령을 이행하지 아니하여' 유해·위험 상태가 해소 또는 개선되지 아니하거나 근로자에 대한 유해·위험이 현저히 높아질 우려가 있는 경우에만 해당 기계·설비 등과 관련된 작업의 전부 또는 일부의 중지를 명할 수 있는(제53조 제3항) 것으로 개정되었다. 다시 말해서, 「전부개정 산업안전보건법」하에서는 '법령'을 위반하지 아니하거나 법령을 위반하였더라도 '현저한' 유해·위험이 초래될 우려가 없는 상황에서는 종전과는 달리 시정조치명령을 내릴 수 없고, 작업중지명령(중대재해 발생을 전제로 하지 않는)은 사업주가 이 시정조치명령을 이행하지 않는 경우에만 내릴 수 있는 것으로 바뀌었다. 결국 중대재해가 발생하지 않은 경우에는 아무리 급박한 위험이 현존하더라도 사전에 법령 위반을 전제로 한 시정조치명령을 내리지 않은 이상은 작업중지명령을 내릴 수 없게 되었다. 작업중지명령은 중대재해가 발생하지 않은 상황이라 하더라도, 그리고 법령 위반이 없더라도, 급박한 위험이 현존하면 내릴 수 있어야 하고, 또 작업중지명령은 급박한 위험을 제거하기 위한 목적으로 내려지는 특성상 행정기관의 사전 시정조치명령 없이도 내릴 수 있어야 함에도 「전부개정 산업안전보건법」하에서는 그럴 수 없게 되었다. 요컨대, 다양한 상황에 대해 다양한 형태로 발령되어야 하는 시정조치명령 제도와 중대재해 발생, 법 위반 여부와 관계없이 급박한 상황에 대해 발령되어야 하는 작업중지명령 제도 각각의 취지와 특성을 몰각한 역진적인 개정이라고 말하지 않을 수 없다. 중대재해 발생 시의 작업중지명령에 집중하다가 일반적인 작업중지명령, 시정조치명령 등의 명령적 행정행위 대상이 전체적으로 오히려 대폭 축소되는 아이러니한 일이 발생한 것이다.

지방고용노동관서장은 「산업안전보건법」 위 해제 요청에 대하여 시정조치가 완료되었다고 판단될 때에는 작업중지를 해제하여야 한다(산업안전보건법 제53조 제5항).

라. 중대재해 발생 시 작업중지명령

(1) 개요

고용노동부장관은 중대재해가 발생하였을 때 다음 어느 하나에 해당하는 작업으로 인하여 해당 사업장에 산업재해가 다시 발생할 급박한 위험이 있다고 판단되는 경우에는 그 작업의 중지를 명할 수 있다(산업안전보건법 제55조 제1항).[809)]

① 중대재해가 발생한 해당 작업

② 중대재해가 발생한 작업과 동일한 작업

고용노동부장관은 토사·구축물의 붕괴, 화재·폭발, 유해하거나 위험한 물질의 누출 등으로 인하여 중대재해가 발생하여 그 재해가 발생한 장소 주변으로 산업재해가 확산될 수 있다고 판단되는 등 불가피한 경우에는 해당 사업장의 작업을 중지할 수 있다(산업안전보건법 제55조 제2항).[810)]

이 중대재해 발생 시 작업중지명령 조항은 예방적 목적이 아니라 다분히 제재의 목적으로 규정된 것이다. 종전에는 중대재해가 발생한 상황에서 2차 사고 발생 등의 급박한 위험이 있는 경우 또한 예방적 성격의 작업중지명령 규정을 활용하여 작업중지명령을 내렸었다. 「산업안전보건법」 전부개정 전에도 중대재해가 발생한 경우로서 급박한 위험이 있으면 작업중지명령을 내릴 수 있었음에도, 「산업안전보건법」 전부개정을 통해 중대재해 발생 시 작

809) 명령을 위반한 자에게는 5년 이하의 징역 또는 5천만원 이하의 벌금에 처한다(산업안전보건법 제168조 제2호).

810) 명령을 위반한 자에게는 5년 이하의 징역 또는 5천만원 이하의 벌금에 처한다(산업안전보건법 제168조 제2호).

업중지명령 조항을 예방적 성격의 작업중지명령 조항에서 분리하여 따로 규정한 것은 다분히 작업중지명령을 예방적 목적이 아닌 제재 목적으로 운영하겠다는 취지이고, 또 중대재해가 발생하면 사실상 무조건적으로 작업중지명령을 내리겠다는 의도를 드러낸 것이라고 할 수 있다.

작업중지명령 제도는 본래 중대재해 발생 여부에 관계없이 급박한 위험이 있을 때 이를 제거하기 위해 발령하는 예방적 성격의 제도인 점을 고려할 때, 중대재해가 발생한 것을 이유로 작업중지명령에 관한 기준을 별도로 규정하는 것은 작업중지명령 제도의 취지에 맞지 않는다. ILO 협약, 재해예방선진국의 입법례 역시 중대재해 발생을 이유로 작업중지명령을 규정하고 있지 않다.

(2) 요 건

(가) 동일한 작업의 개념

「전부개정 산업안전보건법」 제55조 제1항에서의 '동일한 작업'의 개념과 범위에 대해 논란이 많다. 분명한 것은 '동일한' 작업에서 '유사한' 작업을 도출할 수는 없다는 점이다. 「전부개정 산업안전보건법」 제55조 제1항 위반 시 5년 이하의 징역 또는 5천만원 이하의 벌금이라는 형사처벌이 부과되는 점을 감안할 때, "중대재해가 발생한 작업과 동일한 작업"에서의 '동일한 작업'을 해석할 때 피고인에게 불리한 방향으로 유추해석하는 것은 금지된다. 형벌법규의 해석은 기본적으로 '엄격해석'에 입각해야 한다. 즉, 법문의 가능한 의미 내에서 해석이 이루어져야 한다. 문언의 가능한 의미범위를 벗어나서 수범자에게 불리한 결과를 초래한다면 죄형법정주의에 위배되는 해석이 된다. 따라서 동일한 작업을 유사한 작업까지로 확대하여 해석하는 것은 법형성 또는 법창조 행위에 해당하는 것이다.

동일한 작업은 작업수단(기계·설비 또는 물질), 작업방법·절차, 작업의 물리적 환경(작업공간 등)이 동일한 것을 의미한다. 즉, 기계·설비라면 동일한 기종이고 물질이라면 동일한 물질이어야 하며, 작업방법·절차, 작업의 물리적 환경도 동일한 것이어야 한다. 중대재해가 발생한 작업과 작업수단(기계·설비·공도구, 물질), 작업방법·절차, 작업의 물리적 환경이 동일한 경우, 이러한 경우를 비로소 중대재해가 발생한 작업과 동일한 작업이라고 볼 수 있다. 작업수단, 작업방법·절차, 작업의 물리적 환경 중 어느 하나라도 다르면 중대재해가 발생한 작업과 동일한 작업에 해당하지 아니하므로 작업중지명령의 대상이 될 수 없다고 보아야 한다.

그리고 동일한 작업이라 하더라도 해당하는 작업으로 '인하여' 해당 사업장에 산업재해가 다시 발생할 급박한 위험이 있다고 판단되는 경우에 한하여 작업중지를 명할 수 있는 것으로 해석되므로, 중대재해의 발생원인을 파악하는 것이 전제조건이고, 발생원인으로 비추어 볼 때 동일한 작업으로 인하여 산업재해가 다시 발생할 '급박한' 위험이 있다고 판단되는 경우에 한하여 작업중지를 할 수 있는 데 불과하다고 보아야 한다. 급박한 위험이라 함은 국어사전적 의미로는 "사태가 조금도 여유가 없이 매우 급한 상황"을 의미하므로, 본 조항에서의 급박한 위험은 개별구체적 상황이 재해로 직결되는 중대한 법기준을 위반하고 있거나 중요한 안전조치가 취해지지 않은 등 재해가 금방이라도 날 것 같은 상황을 의미한다고 보아야 할 것이다. 따라서 급박한 위험 여부는 동일한 작업이라 하더라도 개별구체적 상황에 따라 판단하여야지, 중대재해가 발생하였다고 하여 급박한 위험이 있다고 등치시켜서는 안 될 것이다. 만약 동일한 작업이라는 표현이 너무 좁다고 생각된다면, 이것은 법의 해석·적용자가 해결할 수 있는 문제가 아니고 입법부가 해결하여야 할 문제이다.

이 경우에도 과잉금지의 원칙(비례의 원칙)에 입각하여 해석·집행이 이루어져야 하므로, 시정명령, 사용중지명령 등으로도 급박한 위험을 제거할 수 있으면 작업중지명령을 내려서는 안 된다. 예컨대 발생원인이 작업자의 안전장치 해제와 같은 요인에 기인한 것이 명백한 경우에는 안전장치를 원래

대로 설치하면 산업재해가 발생할 급박한 위험이 없어지게 되므로 시정명령으로도 급박한 위험을 제기할 수 있는바, 이런 경우에 내해서까지 작업중지명령을 내리는 것은 명백히 과잉조치에 해당하게 된다. 그런데 「전부개정 산업안전보건법」이 시행되기도 전에 본법상의 작업중지명령 규정의 취지를 미리 반영하여 마련(개정)하였다고 하는 고용노동부의 작업중지명령 운영기준[811]은 이러한 과잉금지의 원칙을 전혀 고려(반영)하지 않고 있다.

(나) 중대재해 발생장소 주변으로 산업재해가 확산될 수 있다고 판단되는 등 불가피한 경우

「전부개정 산업안전보건법」 제55조 제2항에서는 중대재해 발생 시 '사업장 전면 작업중지명령'의 발령요건으로 "토사·구축물의 붕괴, 화재·폭발, 유해하거나 위험한 물질의 누출 등으로 인하여 중대재해가 발생하여 그 재해가 발생한 장소 주변으로 산업재해가 확산될 수 있다고 판단되는 등 불가피한 경우에는"이라고 규정하고 있다.

사업장 전면 작업중지명령을 내리기 위해서는, 우선 중대재해를 발생시킨 사고유형 중에서도 붕괴, 화재·폭발, 누출과 같이 중대재해 발생장소 외의 장소로 산업재해가 확산될 수 있는 성격의 사고가 발생하여야 하고, 그것도 사업장 전체의 작업을 중지해야 할 정도로 확산되어야 하며, 게다가 산업재해가 확산되는 상황을 막기 위해 '작업중지'를 하지 않으면 안 되는 경우에만 사업장 전체에 대한 작업중지명령을 할 수 있는 것으로 해석된다. 따라서 중대재해를 발생시킨 사고가 사업장 전체로 확산될 수 있는 성격이 아닌 경우에는 사업장 전면 작업중지명령을 내릴 수 없고, 시정명령, 사용중지명령 등 침해가 적은 다른 조치를 통해서도 확산되는 상황을 막을 수 있는 경우에는 사업장 전면 작업중지명령을 내려서는 안 된다. 그런데 고용노동부의 작업중

811) 고용노동부, 「중대재해 발생에 따른 작업중지의 범위·해제절차 및 심의위원회 운영기준」, 2019.5.

지명령 운영기준은 이 부분에 대해서도 비례의 원칙(과잉금지의 원칙)을 전혀 고려하지 않고 있다.

사업장 전면 작업중지가 현실적으로 가능한지도 의문이다. 사업장 전체로 확산될 수 있는 중대재해가 발생하였다고 하더라도 2차사고 방지, 확산을 방지하기 위한 작업을 수행할 필요성이 얼마든지 있을 수 있는데, 사업장 전체의 작업을 중지할 경우 이런 작업까지도 중지되기 때문이다. 따라서 엄밀한 의미에서의 사업장 전면 작업중지라는 것은 관념 속에서나 존재할 수 있는 것이라고 할 수 있다.

(3) 해제

고용노동부장관은 사업주가 「산업안전보건법」 제55조 제1항 또는 제2항에 따른 작업중지의 해제를 요청한 경우에는 작업중지 해제에 관한 전문가 등으로 구성된 심의위원회의 심의를 거쳐 고용노동부령으로 정하는 바에 따라 제1항 또는 제2항에 따른 작업중지를 해제하여야 한다(산업안전보건법 제55조 제3항).

「산업안전보건법」 제55조 제3항에 따라 사업주가 작업중지의 해제를 요청할 경우에는 작업중지명령 해제신청서(별지 제29호 서식)를 작성하여 사업장의 소재지를 관할하는 지방고용노동관서장에게 제출해야 한다(시행규칙 제69조 제1항).

사업주가 작업중지명령 해제신청서를 제출하는 경우에는 미리 유해·위험요인 개선내용에 대하여 중대재해가 발생한 해당작업 근로자의 의견을 들어야 한다(시행규칙 제69조 제2항).

지방고용노동관서장은 작업중지명령 해제를 요청받은 경우에는 근로감독관으로 하여금 안전·보건을 위하여 필요한 조치를 확인하도록 하고, 천재지변 등 불가피한 경우를 제외하고는 해제요청일 다음 날부터 4일 이내(토요일과 공휴일을 포함하되, 토요일과 공휴일이 연속하는 경우에는 3일까지만 포함한다)에 작업중지해제 심의위원회(이하 '심의위원회'라 한다)를 개최하여 심의한 후 해당조치가 완료되었다고 판단될 경우에는 즉시 작업중지명령을 해제해야 한다(시행규칙 제69조 제3항).

심의위원회는 지방고용노동관서장, 안전보건공단 소속 전문가 및 해당 사업장과 이해관계가 없는 외부전문가 등을 포함하여 4명 이상으로 구성해야 한다(시행규칙 제70조 제1항).

지방고용노동관서장은 심의위원회가 작업중지명령 대상 유해·위험업무에 대한 안전보건조치가 충분히 개선되었다고 심의·의결하는 경우에는 즉시 작업중지명령의 해제를 결정해야 한다(시행규칙 제70조 제2항).

(4) 작업중지명령과 비례의 원칙

비례의 원칙은 적합성의 원칙, 필요성의 원칙(최소침해의 원칙), 상당성의 원칙으로 구성된다.

적합성의 원칙이란 행정은 추구하는 행정목적의 달성에 적합한 수단을 선택하여야 한다는 원칙을 말한다. 필요성의 원칙은 적합한 수단이 여러 가지인 경우에 국민의 권리를 최소한으로 침해하는 수단을 선택하여야 한다는 원칙이다. 예를 들면, 건물에 붕괴위험이 있는 경우에 적절한 보수로 붕괴위험을 막을 수 있음에도 불구하고 철거라는 수단을 선택하여 철거명령을 내린 경우에 그 철거명령은 필요성의 원칙에 반하는 위법한 명령이다. 상당성의 원칙이란 행정조치를 취함에 따른 불이익이 그것에 의해 달성되는 이익보다 큰 경우에는 그 행정조치를 취해서는 안 된다는 원칙을 말한다.[812)]

이 비례의 원칙은 모든 행정분야 및 행정권 행사에 적용된다. 비례의 원칙은 주로 재량행위의 통제법리이며 기속행위의 경우에는 기속행위의 근거가 되는 법령에 대한 비례성 통제를 통하여 간접적으로 행해진다. 특히 재량권

---

812) 박균성, 『행정법론(상)(제23판)』, 박영사, 2024, 56쪽. ; 대법원 1997.9.26. 96누10096.

행사, 감독권 발동의 한계가 된다.

비례의 원칙은 헌법적 효력을 가진다. 비례의 원칙에 반하는 행정권 행사는 위법하고, 비례의 원칙에 반하는 법령은 위헌·무효가 된다. 따라서 작업중지명령의 근거가 산업안전보건법령에 규정되어 있더라도, 실제 작업중지명령이 비례의 원칙에 반하게 행사되면 위법을 면할 수 없다.

[칼럼] 무력화된 작업중지명령, 어찌할 것인가[813)]

"선무당이 사람 잡는다"는 속담이 있다. 전부개정 산업안전보건법을 두고 세간에서 하는 말이다. 시행일이 가까워짐에 따라 개정법의 실체를 알게 되면서 개정 내용의 엉성함과 정부 설명과 너무나 다른 사실에 불만이 쏟아져 나오고 있다. 작업중지명령에 관한 규정만 하더라도 작업중지명령 취지와 원리에 반하는 개정 내용에 황당하다는 반응이다.

종전 법에서는 ▲중대재해 발생 여부 ▲시정조치명령 이행 여부 ▲법령 위반 여부와 관계없이 급박한 위험이 있을 때에는 작업중지·사용중지·시정조치 등의 명령을 내릴 수 있었다. 전부개정법에서는 작업중지명령 발령요건을 중대재해 발생 시와 그렇지 않은 경우로 구분하면서 중대재해가 발생하지 않은 경우에는 "사업주가 '법령상의 조치'를 하지 않아 근로자에게 '현저한' 위험이 초래될 우려가 있다고 판단될 때"만 해당 기계·설비 등에 대한 시정조치명령을 내릴 수 있다. 게다가 이 "시정조치명령을 이행하지 않아" 위험상태가 해소 또는 개선되지 않거나 근로자에 대한 위험이 현저히 높아질 우려가 있는 경우에만 해당 기계·설비 등과 관련된 작업의 전부 또는 일부의 중지를 명할 수 있는 것으로 개정됐다.

다시 말해 개정법하에서는 '법령'을 위반하지 않거나 법령을 위반하더라도 '현저한' 위험이 초래될 우려가 없는 상황에서는 현행법과는 달리 시정조치명령을 내릴 수 없다. 작업중지명령(중대재해 발생을 전제로 하지 않는)은 사업주가 이 시정조치명령을 이행하지 않는 경우에만 내릴 수 있게 바뀌었다. 결국 중대재해가 발생하지 않은 경우에는 아무리 급박한 위험이

813) 정진우, 매일노동뉴스, 2020.1.9.

현존하더라도 사전에 법 위반을 전제로 한 시정조치명령을 내리지 않는 이상은 작업중지명령을 내릴 수 없게 됐다.

본래 작업중지명령은 중대재해가 발생하지 않았다 하더라도, 그리고 법령 위반이 없더라도 급박한 위험이 현존하면 내릴 수 있어야 하고 또 작업중지명령은 급박한 위험을 제거하기 위한 목적으로 내려지는 특성상 행정기관의 시정조치명령 없이도 내릴 수 있어야 함에도 개정법하에서는 그럴 수 없게 됐다.

다양한 상황에 대해 다양한 형태로 발령하는 시정조치명령 제도와 중대재해 발생, 법 위반 여부와 관계없이 급박한 상황에 대해 발령돼야 하는 작업중지명령 제도의 취지와 특성을 몰각한 역진적 개정이라고 하지 않을 수 없다. 중대재해 발생 시의 작업중지명령에 '몰빵'(?)하다가 작업중지명령 등 명령적 행정행위 대상이 오히려 대폭 축소되는 어처구니없는 일이 발생한 것이다.

한편 전부개정법 제55조 제1항에 따라 '사업장의 일부분'에 대해 작업중지명령을 발령했는데, 사업주가 이를 위반한 경우에는 형사처벌이 이뤄진다. 그런데 제55조 제2항에 따라 '사업장 전체'에 내려진 작업중지명령을 위반한 경우는 아무런 처벌규정이 없다. 전자에 대해서만 처벌하고 위반의 정도가 심한 후자에 대해서는 처벌이 없는 것은 명백한 입법 실수다.

입법예고 당시에는 한 개의 항으로 돼 있던 작업중지명령 규정이 심사과정에서 사업장 일부분에 대한 작업중지명령과 사업장 전체에 대한 작업중지명령으로 구분됐다. 분리돼 나온 제2항(사업장 전체에 대한 작업중지명령)에 대해 처벌규정을 두는 것을 생각하지 못하고 누락시킨 것이다. 법이 얼마나 졸속으로 개정됐는지를 방증하는 사례다.[814)]

전부개정법이 겉으로는 사업주의 의무를 강화한 것으로 보이지만 실제로는 작업중지명령과 같이 멀쩡한 내용을 이유 없이 무력화하거나 실효성이 없는 사항이 적지 않다. 전문가들 사이에서 다시 법 개정을 해야 한다

---

814) 본 칼럼 게재 후인 2020년 6월 9일 「산업안전보건법」이 개정되어 제2항에 대해서도 처벌규정을 두는 것으로 보완되었다.

는 이야기가 나오는 이유다. 경계해야 할 것은 문제가 명백함에도 개정한 지 얼마 안 됐다는 이유로 개정 요구를 묵살하는 것이다. 얼치기 법 개정의 또 하나의 폐해다. 이 모든 것을 방관하기에는 우리 앞에 놓인 현실이 엄혹하다.

[칼럼] '묻지마 작업중지명령', 산재예방에 도움 안 된다[815)]

이달 초 정부는 중대재해가 발생하면 반드시 작업중지명령을 내리겠다고 밝혔다. 각종 사고가 잇따르자 내놓은 해법이다.

하지만 중대재해 발생으로 정부기관에 쏟아질 비난을 피하기 위한 방패막이로 작업중지명령을 활용하는 것은 아닌지 의심스럽다. 사망재해가 발생했다고 해서 그 원인을 살펴보지도 않은 채, 작업중지명령부터 내리겠다는 발상은 상당히 우려스럽다. 게다가 중대재해 실정법을 도외시하는 초법적 발상이 아닐 수 없다.

특히 법령 어디에도 규정돼 있지 않음에도 정부는 작업중지명령 해제 조건으로 노동조합의 과반수 동의를 받아오라고 요구하는 사례가 적지 않다. 작업중지명령의 해제권을 사실상 노동조합에 주는 꼴이다.

예방적 목적으로 사용해야 하는 작업중지명령을 '제재' 목적으로 법에 규정하고 있는 국가는 우리나라가 유일하다. 산재예방선진국에서 작업중지명령은 법적 절차와 요건에 따라 '예방' 목적으로만, 그것도 신중하게 행사되고 있다. '묻지 마 작업중지명령'은 보수만으로도 충분히 붕괴 위험을 막을 수 있는 어떤 건물에 철거 명령을 내리는 것과 마찬가지이기 때문이다.

우리나라에서도 종전에는 작업중지명령이 급박하고 중대한 위험을 미연에 방지하기 위한 '예방적' 수단이었다. 그런데 그것이 현 정부에서 '제재' 목적으로 돌변하였다. 게다가 작업중지명령 해제도 산재 발생의 급박한 위험과 무관한 사안과 부당하게 결부시키고 있다. 기업에서는 작업중지

815) 정진우, 동아일보, 2021.6.29.

명령을 해제받기 위해 울며 겨자 먹기로 번갯불에 콩 볶듯이 재해방지 대책을 수립한다. 작업중지명령이 형식적인 안전조치와 인전관리의 왜곡을 조장하고 있는 셈이다.

중대재해가 발생하고 나서 사후 제재에만 몰두하고 중대재해 '예방'을 위한 구조적이고 본질적인 문제 해결 노력을 소홀히 하는 것은 무책임한 자세이다. 더욱이 제재에만 초점을 맞추고 재발방지를 위한 원인조사는 등한시하는 것은 재해로부터 재발 방지의 교훈을 이끌어내야 한다는 인도적 관점에서도 허용되기 어렵다. 작업중지명령과 그 해제 권한의 남용은 중대재해가 발생한 기업의 약점을 이용하여 법치 행정을 형해화하는 처사일 뿐 산업재해 예방에 미치는 부작용이 크다.

게다가 행정권은 법에 정해진 목적과 관련된 한도 내에서만 행사되어야 한다. 행정상 필요하다는 사실만으로 법적 근거 없이 행정권을 행사하는 건 자의적 권한 행사와 다름없다. 자의적 행정으로는 신뢰받는 행정을 기대할 수 없다. 상식적이고 실질적인 작업중지명령을 촉구한다.

마. 사업주의 의무

사업주가 사용중지명령서 등 또는 작업중지명령서 등을 받은 경우에는 관계 근로자에게 해당 사항을 알려야 하고(시행규칙 제64조 제2항 및 제65조 제2항), 그 개선이 완료되어 지방고용노동관서장이 사용중지명령 또는 작업중지명령을 해제할 때까지 해당 건설물 또는 그 부속건설물 및 기계·기구·설비·원재료를 사용해서는 안 되며(시행규칙 제64조 제3항 및 제65조 제2항), 발부되거나 부착된 사용중지명령서 등 또는 작업중지명령서 등을 해당 건설물 또는 그 부속건설물 및 기계·기구·설비·원재료로부터 임의로 제거하거나 훼손해서는 안 된다(시행규칙 제64조 제4항).

「산업안전보건법」 제53조 제1항에 따라 이 법 위반으로 고용노동부장관의 시정조치명령을 받은 사업주는 같은 법 제53조 제2항에 따라 해당 내용을 시정할 때까지 위반 장소 또는 사내 게시판 등에 게시해야 한다(시행규칙 제

66조).[816)]

바. 시정조치명령 등과 벌칙의 관계

시정조치명령 등(작업중지명령 등 각종 명령적 행정행위를 포함한다)은 법 위반의 상태를 포함한 불량한 안전보건상태를 개선하거나 제거하기 위한 것으로서, 법 위반에 대해 제재하기 위하여 부과하는 벌칙(형벌, 과태료)과 병행적으로 내려진다. 즉, 시정조치명령 등은 법 위반에 대한 벌칙과 별개로 법 위반 상태의 시정이 필요하거나 법에서 정하고 있지 아니한 사항 중 근로자의 안전보건을 위해 반드시 조치가 필요하다고 판단되는 경우에 발해진다.

사. 시정조치명령과 시정지시의 관계

시정조치명령은 「산업안전보건법」에 명시적 근거를 가지고 있는 것으로서, 처벌(범죄 인지 또는 과태료 부과)하지 않고 법 위반사항의 시정을 전제로 일정 기간 처벌을 유예하는 이른바 '시정지시'와는 구별되는 개념이다. 시정조치명령은 행정처분에 해당하는 것으로서 행정쟁송(행정심판, 행정소송)의 대상이 된다.

이에 반해, 시정지시는 「산업안전보건법」상 근거를 가지고 있지 않은[817)] 사실상 시정권고에 해당하는 것으로서 행정쟁송(행정심판, 행정소송)의 대상이 되지 않는다. 다시 말해서, 시정지시는 수범자가 법을 위반하고 있지만 바로 처벌(범죄 인지)하지 않고 그에게 법위반 상태를 시정할 수 있는 기회를 부여하기 위해 내리는 조치로서, 시정지시에 따라 법위반 상태를 해소하는

---

816) 작업중지명령을 받은 사업주에 대해서는 해당 내용을 게시하도록 하는 규정은 두고 있지 않다. 입법적 불비라고 할 수 있다.

817) 시정지시라는 용어는 산업안전보건법령에 나오는 용어(즉, 법령상의 용어)는 아니며, 고용노동부 훈령인 「근로감독관 집무규정(산업안전보건)」 (제16·17·21·31·41·48조)에서 사용되고 있는 용어이다.

것을 조건으로 처벌을 유예하는 조치라고 할 수 있다.

6. 명령적 행정행위와 행정절차

「산업안전보건법」은 불가역적인 성격을 가지고 있는 근로자의 건강과 생명을 다루는 법이니만큼, 법 위반에 대한 처벌과 별개로 시정명령을 비롯한 명령적 행정행위(처분)가 발달되어 있는 것이 그 특징 중 하나이다. 벌칙(형사처벌, 과태료)이 법을 위반한 것에 대해 대가를 치르게 하는 것인 반면, 이 명령적 행정행위는 산업재해를 미연에 방지하기 위하여 벌칙과 별개로 현재의 문제 있는 상태를 바로잡기 위한 것이다.

현행 「산업안전보건법」에는 시정(개선)명령, 사용중지명령, 작업중지명령, 안전보건진단명령, 안전보건개선계획수립명령 등 다양한 명령적 행정행위가 규정되어 있다. 이러한 명령적 행정행위의 법적 성질은 침해적 행정처분[818]에 해당하기 때문에, 명령적 행정행위는 행정절차법의 적용 대상이 되고 행정심판·행정소송의 대상이 된다. 그리고 명령적 행정행위가 재량행위[819]인 경우 비례의 원칙 등 재량권의 일탈·남용이 있으면 당해 명령적 행정행위는 위법하게 된다.

그런데 현실에서는 「산업안전보건법」상의 이러한 명령적 행정행위 중 상당수가 실체적 요건과 절차적 요건에 적합하지 않게 발령되고 있는데, 이는 큰 문제라고 할 수 있다.

---

818) 행정청이 행하는 구체적 사실에 관한 법 집행으로서의 공권력의 행사 또는 그 거부와 그 밖에 이에 준하는 행정작용을 말한다(행정절차법 제2조 제2호).

819) 재량행위는 행위의 요건이나 효과의 선택에 관하여 법이 행정청에게 판단의 여지 내지 재량권을 인정한 경우에 행해지는 행정청의 행정행위를 말한다. 반면, 기속행위란 법규상 구성요건에서 정한 요건이 충족되면 행정청이 반드시 어떠한 행위를 발하거나 발하지 말아야 하는 행위를 말한다. 기속행위는 법을 기계적으로 집행할 것을 요구한다.

국가권력이 행정 대상의 권익을 제한하는 경우에는 당사자의 권익을 보호하기 위한 적정한 절차를 거쳐야 한다는 적법절차의 원칙은 형사절차상의 영역에 한정되지 않고 명령적 행정행위와 같은 공권력의 작용에도 적용된다. 이 적법절차의 원칙은 헌법적 효력을 가지며 명령적 행정행위 절차에도 적용되는 것으로서 적법한 절차에 따르지 않는 명령적 행정행위는 위법하게 된다.

현행 「행정절차법」은 모든 행정작용에 관한 일반법으로서 처분에 해당하는 명령적 행정행위에 대해서도 거쳐야 할 여러 행정절차를 명시적으로 정하고 있으나, 현행법에 따라 발령되는 명령적 행정행위 실태를 보면, 「행정절차법」상의 행정절차를 거치지 않는 경우가 적지 않게 발견된다.

현행 「행정절차법」에 따르면, 행정청으로 하여금 당사자에게 의무를 부과하거나 권익을 제한하는 처분(명령)을 하는 경우에는, 처분하려는 원인이 되는 사실과 처분의 내용 및 법적 근거에 대하여 의견을 제출할 수 있다는 뜻과 의견을 제출하지 아니하는 경우의 처리방법, 의견제출기한 등을 미리 당사자에게 통지해야 하고(행정절차법 제21조 제1항), 행정청이 당사자에게 의무를 부과하거나 권익을 제한하는 처분을 할 때는 당사자에게 청문, 공청회 개최 또는 의견제출의 기회를 주어야 한다(행정절차법 제22조 제1항 내지 제3항). 이는 형사절차상의 기본적 원칙인 미란다 원칙(Miranda rights)에 해당한다.

사전통지를 하지 아니하는 경우 행정청은 처분을 할 때 당사자 등에게 통지를 하지 아니한 사유를 알려야 한다. 다만, 신속한 처분이 필요한 경우에는 처분 후에라도 그 사유를 알려야 한다(행정절차법 제21조 제6항).

또한 행정청이 처분을 할 때에는 당사자에게 그 처분에 관하여 행정심판 및 행정소송을 제기할 수 있는지 여부, 그 밖에 불복을 할 수 있는지 여부, 청구절차·기간, 그 밖에 필요한 사항을 알려야 하고(행정절차법 제26조), 행정청은 당사자가 말로 의견제출을 하였을 때에는 서면으로 그 진술의 요지와 진술자를 기록해야 한다(행정절차법 제27조 제3항)고 규정하고 있다.

이와 같이 이해관계인에게 의견진술의 기회를 부여하거나 처분에 이유를 제시하도록 하는 등의 절차를 거치도록 하는 것은 행정기관의 재량권 행사가 자의적으로 행사되는 것을 막고 합리적으로 행사되도록 하는 기능을 갖는다.

그러나 지방고용노동관서에서 광범위하게 내려지고 있는 작업중지명령, 안전보건진단명령, 시정명령 등 명령적 행정행위의 실제를 보면 「행정절차법」에서 정하고 있는 위의 해당 절차를 거치지 않는 경우가 대부분이다.[820)]

고용노동부(본부)의 지침에서 행정절차에 관한 일반법인 「행정절차법」상의 행정절차에 대해 아무런 설명이나 언급을 하지 않다 보니, 지방고용노동관서에서는 「산업안전보건법」상의 절차규정만을 생각하고 행정절차법상의 절차규정은 도외시하고 있는 것으로 보인다. 이는 기본적으로 행정절차의 일반법인 「행정절차법」에 대한 인식이 미흡하고, 행정의 민주화 및 적정화, 국민 권익의 보호의 요청 등에 대한 인식 또한 부족한 것에 기인한다고 판단된다.

적법절차의 원칙은 법적 요구사항으로 그치는 것이 아니라 행정기관이 기업 등 국민으로부터 신뢰를 받고 정책의 실효성과 투명성을 확보하기 위해서도 반드시 준수되어야 할 원칙이다.

7. 중대재해 원인조사 등

고용노동부장관은 중대재해가 발생하였을 때에는 그 원인 규명 또는 산업재해 예방대책 수립을 위하여 그 발생 원인을 조사할 수 있다(산업안전보건법 제56조 제1항).

고용노동부장관은 중대재해가 발생한 사업장의 사업주에게 안전보건개선

820) 2018년 6월에 고용노동부 담당부서에 최근 2년간 위의 해당 절차를 거친 사례가 있는지 구두로 확인한바, 고용노동부는 이에 대해 단 한 건도 제시하지 못했고, 실제 문서를 통해 확인한 바로도 2017.1.1~6.30 동안 발령된 각종 명령적 행정행위 중 위의 해당 절차를 따른 사례는 발견되지 않는다[고용노동행정개혁위원회, 『고용노동행정개혁위원회 활동결과보고서』, 2018, 277면(정진우 집필)]. 이러한 잘못된 관행은 다소 개선되었지만 지금까지도 크게는 달라지지 않은 것으로 판단된다.

계획의 수립·시행, 그 밖에 필요한 조치를 명할 수 있다(산업안전보건법 제56조 제2항).

누구든지 중대재해 발생 현장을 훼손하거나 「산업안전보건법」 제56조 제1항에 따른 고용노동부장관의 원인조사를 방해해서는 아니 된다(산업안전보건법 제56조 제3항).[821)]

「산업안전보건법」 제56조 제1항에 따라 중대재해 원인조사를 하는 때에는 현장을 방문하여 조사해야 하며 재해조사에 필요한 안전보건 관련 서류 및 목격자의 진술 등을 확보하도록 노력해야 한다. 이 경우 중대재해 발생의 원인이 사업주의 법 위반에 기인한 것인지 등을 조사해야 한다(시행규칙 제71조).

한편, 사업주는 중대재해가 발생하였을 때에는 즉시 해당 작업을 중지시키고 근로자를 작업장소에서 대피시키는 등 안전 및 보건에 관하여 필요한 조치를 하여야 한다(산업안전보건법 제54조 제1항).[822)]

Ⅵ. 영업정지의 요청 등

1. 취 지

대형 인명사고를 발생시키거나 중대산업사고로 사회적으로 큰 물의를 일으킨 사업주에 대해서는 일반적으로 형사처벌과 과태료가 부과되지만, 이러한 처벌만으로는 해당 사업주에게 충분한 제재가 되기 어렵고, 이에 따라 산업재해를 예방하는 효과가 충분하지 않을 수 있어, 「산업안전보건법」 제159

---

821) 이를 위반한 자에게는 1년 이하의 징역 또는 1천만원 이하의 벌금에 처한다(산업안전보건법 제170조 제2호).

822) 이를 위반한 자에게는 5년 이하의 징역 또는 5천만원 이하의 벌금에 처한다(산업안전보건법 제168조 제1호).

조에서는 위 처벌과 별개로 영업정지, 입찰참가자격 제한 등의 행정처분을 통해 법 위반의 정도에 상응하는 엄중한 책임을 묻고 있다.

2. 제재요청 대상 재해

고용노동부장관은 사업주가 중대한 사고를 발생시킨 경우에는 관계 행정기관의 장에게 관계 법령에 따라 해당 사업의 영업정지나 그 밖의 제재를 가할 것을 요청하거나, 공공기관의 장에게 그 기관이 시행하는 사업의 발주 시 필요한 제한을 해당 사업자에게 가할 것을 요청할 수 있다. 이에 따라 고용노동부장관이 관계 행정기관의 장에 제재 또는 제한을 요청할 수 있는 사고는 다음과 같다(산업안전보건법 제159조 제1항).

① 「산업안전보건법」 제38조(안전조치), 제39조(보건조치) 또는 제63조(도급인의 안전조치 및 보건조치)를 위반하여 많은 근로자가 사망하거나 사업장 인근지역에 중대한 피해를 주는 등 다음 어느 하나에 해당하는 산업재해를 발생시킨 경우(시행령 제110조).

- ◦ 동시에 2명 이상의 근로자가 사망하는 재해 : 해당 재해가 발생한 때부터 그 사고가 주원인이 되어 72시간 이내에 2명 이상이 사망하는 재해(시행규칙 제238조 제2항)
- ◦ 「시행령」 제43조 제3항 각 호에 따른 사고(중대산업사고)

② 「산업안전보건법」 제53조 제1항(시정조치명령) 또는 제3항(작업중지명령)에 따른 명령을 위반하여 근로자가 업무로 인하여 사망한 경우

근로자가 사망하거나 중대산업사고가 발생한 사실만으로 제재요청 대상이 되는 것은 아니고, 「산업안전보건법」상의 일정한 조항(제38조, 제39조, 제53조 제1항·제3항, 제63조)을 위반한 사실이 있어야 하고, 이 위반과 사망 또는 중대산업사고 간에 상당인과관계가 있어야 한다.[823)]

3. 제재조치의 유형

고용노동부장관이 관계 행정기관의 장 또는 「공공기관의 운영에 관한 법률」 제6조에 따라 공기업으로 지정된 기관의 장에게 요청할 수 있는 제재조치는 다음 어느 하나에 해당하는 처분으로 한다(시행규칙 제238조 제1항).

① 「건설산업기본법」 제82조 제1항 제7호에 따른 영업정지[824), 825)]

② 「국가를 당사자로 하는 계약에 관한 법률」 제27조(부정당업자의 입찰참가자격 제한), 「지방자치단체를 당사자로 하는 계약에 관한 법률」 제31조(부정당업자의 입찰참가자격 제한) 및 「공공기관의 운영에 관한 법률」 제39조(회계원칙 등)[826)]에 따른 입찰참가자격의 제한

---

823) 국가와 지방자치단체의 영업정지 등의 처분, 특히 지방자치단체의 영업정지 처분에 대해 건설업체에서 행정소송을 제기하는 경우가 많다.

824) 「건설산업기본법」 제82조 제1항(제7호)에서는 고용노동부장관이 국토교통부장관(시·도지사에게 위임)에게 「산업안전보건법」에 따른 중대재해(동시에 2명 이상의 근로자가 사망하는 재해)를 발생시킨 건설사업자에 대하여 영업정지를 요청한 경우, 국토교통부장관(시·도지사)은 6개월 이내의 기간을 정하여 그 건설사업자의 영업정지를 명하거나 영업정지를 갈음하여 1억원 이하의 과징금을 부과할 수 있도록 규정하고 있으나, 「건설산업기본법」 제84조(영업정지 등의 세부 처분기준) 및 「건설산업기본법 시행령」 별표 6(영업정지 및 과징금의 부과기준)(제80조 제1항 관련)에서는 영업정지(사망자수에 따라 3~5개월)만을 하도록 규정하고 있다(2~5명 : 3개월, 6~9명 : 4개월, 10명 이상 : 5개월). 그리고 국토교통부장관은 위반행위의 동기·내용 및 횟수, 위반행위와 관련된 공사의 특성 및 입찰방식 등을 고려하여 「건설산업기본법 시행령」 제80조 제1항에 따른 영업정지의 기간의 2분의 1의 범위에서 이를 가중 또는 감경할 수 있다(건설산업기본법 시행령 제80조 제2항 참조).

825) 행정처분은 위반행위별로 '해당 업종'에 한정하여 처분하도록 되어 있기 때문에[건설산업기본법 시행령 별표 6(제80조 제1항 관련) 제1호 가목], 건설업체가 여러 업종(토목공사업, 건축공사업, 산업·환경설비공사업, 조경공사업 등)을 운영하고 있는 경우에는 영업정지 등의 처분은 사망 또는 중대산업사고가 발생한 업종에 국한된다.

826) 공기업·준정부기관의 부정당업자에 대한 입찰참가자격의 제한에 관하여 필요한 사항은 기획재정부령인 「공기업·준정부기관 계약사무규칙」 제15조(부정당업자의 입찰참가자격 제한)에 규정되어 있다.

영업정지는 공사계약, 입찰참가, 견적제출 등을 포함한 영업 일체를 제한하는 것이므로 입찰참가자격 제한보다 제재의 강도가 훨씬 크다.

②의 입찰참가자격 제한은 공공공사에 국한되고, ①의 영업정지는 공공공사, 민간공사 모두를 대상으로 한다. ①의 영업정지 처분을 요청할 것인지 ②의 입찰참가자격 제한 처분을 요청할 것인지는 고용노동부장관의 재량에 속한다. 다만, 비례의 원칙, 평등의 원칙 등 법의 일반원칙에 반하는 등 재량권의 일탈·남용이 있으면 위법하다.

해당 사업주에 대하여 영업정지 요청을 할 것인지, 입찰참가자격의 제한 요청을 할 것인지에 대한 기준이 어디에도 설정되어 있지 않아, 실무에서는 제재의 형평성을 확보하고 제재의 실효성을 강화한다는 명분하에 영업정지로 통일하여 요청하고 있다.[827)]

4. 관계 행정기관 등의 의무

고용노동부장관으로부터 영업정지나 그 밖의 제재, 제한 요청을 받은 관계 행정기관의 장 또는 공공기관의 장은 정당한 사유가 없으면 이에 따라야 하며, 그 조치 결과를 고용노동부장관에게 통보하여야 한다(산업안전보건법 제159조 제2항).

827) 2013.11.18 공기업·준정부기관의 입찰참가자격 제한의 근거규정인 「공기업·준정부기관 계약사무규칙」(기획재정부령) 개정(제15조)으로 공기업·준정부기관 발주공사의 경우 「산업안전보건법」에 의한 안전보건조치를 소홀히 하여 근로자 등에게 사망 등 중대한 위해를 가한 사업자에 대해 입찰참가자격 제한을 할 수 없게 되었다.

Ⅶ. 과징금 처분

1. 과징금

가. 의의

과징금이란 행정법규 위반이나 행정법상의 의무 위반으로 경제상의 이익을 얻게 되는 경우에 당해 위반으로 인한 경제적 이익을 박탈하기 위하여 그 이익액에 따라 행정기관이 과하는 행정상 제재금을 말한다.

행정법규 또는 행정법상 의무의 위반으로 막대한 경제적 이익을 얻는 경우에 있어서는 행정벌만으로는 그 위반을 막을 수 없는 것이 현실이다. 과징금은 행정법규 위반으로 발생하는 경제적 이득을 박탈함으로써 행정법규 위반행위를 막는 효과를 갖는다.

과징금 중에는 공정거래법상 과징금과 같이 법규 위반으로 인한 경제적 이득을 환수하는 것을 주된 목적으로 하면서도 부수적으로 법규 위반행위에 대한 제재적 성격을 함께 갖는 과징금도 있다.[828)]

나. 변형된 과징금

(1) 의의

영업정지처분에 갈음하여 과징금을 부과할 수 있는 것으로 규정하고 있는 경우가 적지 않은데, 이와 같이 영업정지에 갈음하여 부과되는 과징금을 변형된 과징금이라 한다.

(2) 취지

변형된 과징금의 취지는 행정법규 위반에 대하여 영업정지를 명하여야 하

828) 박균성, 『행정법론(상)(제23판)』, 박영사, 2024, 678쪽.

는 상황에서, 행정법규 위반자인 사업자의 영업을 정지하게 되면 시민 등이 큰 불편을 겪거나 국민경제에 적지 않은 피해를 주는 등 공익을 해할 우려가 있는 경우에, 그 영업정지로 인하여 초래될 공익에 대한 침해 등의 문제를 고려하여 영업정지를 하지 않고 그 대신 그 영업으로 인한 이익을 박탈하는 과징금을 부과할 수 있도록 하는 것이다. 그런데 실정법상 공익성이 크지 않은 사업에 대하여도 영업정지에 갈음하는 과징금이 도입된 경우도 적지 않은데, 이는 문제라고 할 수 있다.

(3) 선택재량

영업정지처분에 갈음하는 과징금이 규정되어 있는 경우 과징금을 부과할 것인지 영업정지처분을 내릴 것인지는 통상 행정청의 재량에 속한다. 다만, 과징금부과처분을 하지 않고 영업정지처분을 한 것이 비례의 원칙, 평등의 원칙 등 법의 일반원칙에 반하는 등 재량권의 일탈·남용이 있으면 위법한 처분이 된다. 예를 들면, 과징금부과처분을 하지 않고 영업정지처분을 한 것이 심히 공익을 해하고 사업자에게도 가혹한 불이익을 초래하는 경우에는 비례의 원칙에 반한다.

다. 과징금 부과처분의 법적 규율

과징금부과행위의 법적 성질은 침해적 행정처분이다. 따라서 과징금부과처분 또한 행정절차법의 적용 대상이 되고 행정심판·행정소송의 대상이 된다. 그리고 과징금부과처분이 재량행위인 경우 비례의 원칙 등 재량권의 일탈·남용이 있으면 당해 과징금부과처분은 위법하게 된다.

한편, 과징금부과처분은 원칙적으로 또는 특별한 사정이 없는 한 위반자의 고의·과실을 요하지 아니하나,[829] 위반자의 의무 해태 또는 위반을 탓할

829) 대법원 2017.5.11. 2014두8773 판결 ; 대법원 2012.5.10. 2012두1297 판결 등.

수 없는 정당한 사유가 있는 등의 특별한 사정이 있는 경우에는 이를 부과할 수 없다.[830)]다시 말하면, 의무주체에게 어떠한 점을 예견하거나 결과 발생을 회피하기 어렵다고 인정할 만한 특별한 사정이 있어 그의 의무 위반을 탓할 수 없는 정당한 사유가 있는 경우에는 그에 대하여 과징금부과처분을 할 수 없다고 보아야 한다. 책임주의 원칙(비례의 원칙)[831)]에 비추어 결격사유의 발생을 회피하는 것을 당사자에게 기대하기 어려운 사정이 있거나 법령상 의무 위반을 비난할 수 없는 정당한 사유가 있는 경우까지 과징금부과처분을 할 수 있는 것은 아니라고 보아야 한다.[832)]

2. 업무정지 처분을 대신하여 부과하는 과징금

고용노동부장관은 제21조(안전관리전문기관 등) 제4항[833)][제74조(건설재

830) 대법원 2020.7.9. 2020두36472 판결 ; 대법원 2020.5.14. 2019두63515 판결 ; 대법원 2014.10.15. 2013두5005 판결 ; 대법원 2002.5.24. 2001두3952 판결 ; 대법원 2000.5.26. 98두5972 판결 등.

831) 책임원칙, 책임주의라고도 하고, '책임 없으면 형벌 없다'는 원칙으로 알려져 있다. 행위자에 대한 책임비난을 할 수 없는 경우에는 형벌을 부과해서는 안 된다는 원칙으로서, 부연하면 책임이 인정될 때 그리고 책임의 한도 내에서 형벌을 가해야 한다는 원칙이다. 죄형법정주의와 함께 형법이론의 근본원리로 되어 있다. 헌법재판소는 책임주의 원칙에 대해 형사법의 기본원리로서 헌법상 법치국가의 원리에 내재하는 원리인 동시에, 국민 누구나 인간으로서의 존엄과 가치를 가지고 스스로의 책임에 따라 자신의 행동을 결정할 것을 보장하고 있는 헌법 제10조(모든 국민은 인간으로서의 존엄과 가치를 가지며 행복을 추구할 권리를 가진다)의 취지로부터 도출되는 원리라고 판시하고 있다(헌법재판소 2007.11.29. 2005헌가10 결정). 이 책임주의 원칙은 법의 일반원칙이자 헌법상의 원칙인 과잉금지의 원칙(비례의 원칙)이 형법 영역에서 구체화된 표현이다. 즉, 비(非)형법(민사법, 행정법) 영역에서는 형법 영역의 책임주의 원칙에 상응하는 (법의 일반원칙인) 과잉금지원칙이 적용된다.

832) 대법원 2017.4.26. 2016두46175 판결 ; 대법원 2014.10.15. 2013두5005 판결 ; 대법원 1976.9.14. 75누255 판결 참조.

833) 고용노동부장관은 안전관리전문기관 또는 보건관리전문기관이 다음 어느 하나에 해

해예방전문지도기관) 제4항, 제88조(안전인증기관) 제5항, 제96조(안전검사기관) 제5항, 제126조(작업환경측정기관) 제5항 및 제135조(특수건강진단기관) 제6항에 따라 준용되는 경우를 포함한다]에 따라 업무정지를 명하여야 하는 경우에 그 업무정지가 이용자에게 심한 불편을 주거나 공익을 해칠 우려가 있다고 인정되면 업무정지 처분을 대신하여 10억원 이하의 과징금을 부과할 수 있다(산업안전보건법 제160조 제1항).

고용노동부장관은「산업안전보건법」제160조 제1항에 따른 과징금을 징수하기 위하여 필요한 경우에는 다음 각 사항을 적은 문서로 관할 세무관서의 장에게 과세 정보 제공을 요청할 수 있다(산업안전보건법 제160조 제2항).

① 납세자의 인적사항

② 사용 목적

③ 과징금 부과기준이 되는 매출 금액

④ 과징금 부과사유 및 부과기준

고용노동부장관은「산업안전보건법」제160조 제1항에 따른 과징금 부과처분을 받은 자가 납부기한까지 과징금을 내지 아니하면 국세 체납처분의 예에 따라 이를 징수한다(산업안전보건법 제160조 제3항).

과징금의 부과기준은「시행령」별표 33과 같다(시행령 제111조). 과징금의 부과 및 납부에 관해서는「시행령」제112조에 규정되어 있다.

당할 때에는 그 지정을 취소하거나 6개월 이내의 기간을 정하여 그 업무의 정지를 명할 수 있다. 다만, 제1호 또는 제2호에 해당할 때에는 그 지정을 취소하여야 한다.

1. 거짓이나 그 밖의 부정한 방법으로 지정을 받은 경우
2. 업무정지 기간 중에 업무를 수행한 경우
3. 제1항에 따른 지정 요건을 충족하지 못한 경우
4. 지정받은 사항을 위반하여 업무를 수행한 경우
5. 그 밖에 대통령령으로 정하는 사유에 해당하는 경우

3. 도급금지 등 의무위반에 따른 과징금

고용노동부장관은 사업주가 다음 어느 하나에 해당하는 경우에는 10억원 이하의 과징금을 부과·징수할 수 있다(산업안전보건법 제161조 제1항).

① 「산업안전보건법」 제58조 제1항을 위반하여 도급한 경우

② 「산업안전보건법」 제58조 제2항 제2호 또는 제59조 제1항을 위반하여 승인을 받지 아니하고 도급한 경우

③ 「산업안전보건법」 제60조를 위반하여 승인을 받아 도급받은 작업을 재하도급한 경우

고용노동부장관은 「산업안전보건법」 제161조 제1항에 따른 과징금을 부과하는 경우에는 다음 각 사항을 고려하여야 한다(산업안전보건법 제161조 제2항).

① 도급 금액, 기간 및 횟수 등

② 관계수급인 근로자의 산업재해 예방에 필요한 조치 이행을 위한 노력의 정도

③ 산업재해 발생 여부

고용노동부장관은 「산업안전보건법」 제161조 제1항에 따른 과징금을 내야 할 자가 납부기한까지 내지 아니하면 납부기한의 다음 날부터 과징금을 납부한 날의 전날까지의 기간에 대하여 내지 아니한 과징금의 연 100분의 6의 범위에서 대통령령으로 정하는 가산금을 징수한다. 이 경우 가산금을 징수하는 기간은 60개월을 초과할 수 없다(산업안전보건법 제161조 제3항).

고용노동부장관은 「산업안전보건법」 제161조 제1항에 따른 과징금을 내야 할 자가 납부기한까지 내지 아니하면 기간을 정하여 독촉을 하고, 그 기간 내에 같은 조 제1항에 따른 과징금 및 제3항에 따른 가산금을 내지 아니하면 국세 체납처분의 예에 따라 징수한다(산업안전보건법 제161조 제4항).

「산업안전보건법」 제161조 제1항에 따라 부과하는 과징금의 금액은 같은 조 제2항 각 호의 사항을 고려하여 「시행령」 별표 34의 과징금 산정기준을 적용하여 산정한다(시행령 제113조 제1항).

Ⅷ. 감독기관에 대한 신고

1. 개 설

본조는 「근로기준법」 제104조(감독기관에 대한 신고)와 동일하게 이 법 또는 이 법에 따른 명령에 위반하는 사실에 대하여 근로자가 근로감독기관에 신고할 수 있다는 것을 규정하는 한편(산업안전보건법 제157조 제1항), 사업주에 대하여 그 신고를 이유로 하는 해고 등의 불리한 처우를 금지하고 있다(산업안전보건법 제157조 제3항). 이를 위반한 자에게는 5년 이하의 징역 또는 5천만원 이하의 벌금에 처한다(산업안전보건법 제168조 제1호). 본조의 위반을 무거운 형사처벌 대상으로 하고 있는 것은 근로자의 신고권을 산업안전보건에 있어서 중요한 권리로 보겠다는 입법자의 의지가 반영된 것이라고 볼 수 있다.

본법의 적용이 되는 사업장 등은 매우 광범위하게 걸쳐 있고 그 규제의 양상도 복잡하기 때문에, 법의 준수를 근로기준감독기관에 의한 감독에만 맡겨서는 그 실효를 충분히 거두기 어렵다. 그래서 근로자로부터의 신고에 의해 근로기준감독기관의 권한의 발동을 촉구하고, 이로써 적정한 산업안전보건행정의 전개를 도모하려고 하는 것이다. 미국의 경우 감독행정기관의 감시의 한계를 이 신고에 의해 상당부분 커버하고 있고, 이를 위해 근로자의 신고권에 대한 많은 홍보를 하는 한편 감독행정기관의 감독에 적극적으로 활용하고 있다.

1923년 ILO 총회에서 채택된 '근로감독 권고'(제20호) 제19조는 "근로자 및 근로자대표는 그들이 고용된 사업장에서의 법령의 위반 또는 결함에 관하여 근로감독관과 자유롭게 소통하기 위한 모든 편의를 제공받아야 한다. 모든 이의제기는 근로감독관에 의해 가능한 한 신속하게 조사되어야 하고 절대적인 비밀사항으로 취급되어야 한다. 임검(臨檢)[834]이 진정의 접수 결과로 실

834) 즉시강제의 일종인 사실행위로서 행정기관의 직원이 행정목적을 달성하기 위하여

시되고 있다는 암시를 사용자 또는 그 임직원에게 주어서는 안 된다."고 규정하고 있다. 본조는 이 권고의 취지에 따른 것이다.

2. 신고의 의의

본조에서 말하는 신고란 근로자가 근로기준감독기관에 대하여 법률위반 등의 사실을 통고하여 그 권한의 발동을 촉구하는 것이다. 근로자로부터 신고가 있더라도 근로기준감독기관에게 감독 또는 조사의 실시가 법적으로 의무 지워지는 것은 아니지만, 신고를 받은 근로기준감독기관이 사안을 그대로 방치하지 않고 적절한 조치를 강구하는 것은 당연한 일이다.

본조의 신고는 일반적으로 「형사소송법」 제223조의 고소 및 제234조의 고발과 같이 해당 범죄의 소추를 요구하는 것은 아니다. 그러나 범죄의 소추를 요구하는 의사를 가지고 이루어진 신고라면, 「형사소송법」상의 고소 또는 고발에 해당하기 때문에, 이 경우에는 근로감독관은 사법경찰관으로서 「형사소송법」 제237조(고소, 고발의 방식) 이하의 절차에 따라 처리하여야 한다.

본조는 객관적으로 「산업안전보건법」 각 조항의 구성요건에 해당하는 사실이 있다고 인정되는 경우이면, 신고자 개인의 권리구제에 관한 것이든, 사업장의 근로자 전반에 관한 것이든 관계없이 적용된다. 그리고 본조에서 신고자는 근로자로 규정되어 있지만, 해당 사업장의 근로자로 한정되는 것은 아니다. 또한 고발에 해당하면 누가 신고하더라도 무방하다.

공장, 사무실, 영업소 등에 가서 업무의 실시상황이나 장부・서류, 기계・설비, 기타 물건을 조사하는 일을 가리킨다. 임검은 형사절차가 아닌 행정절차이므로 영장주의가 적용되지는 않는다. 다만, 담당공무원은 신분증명서를 휴대하고 이를 상대방에게 제시하여야 한다.

3. 본조 위반의 불이익조치의 효력

「산업안전보건법」 제157조(감독기관에 대한 신고) 제3항은 근로자가 자유롭게 신고할 수 있도록 하기 위하여 사업주에게 근로자가 신고한 것을 이유로 해고, 그 밖의 불리한 조치를 하는 것을 금지하고 있다. '신고한 것을 이유로 한 불리한 처우'에 해당하는지에 대해서는 신고한 것과 불리한 처우가 상관적으로 판단되어야 한다. 즉, 해당 불이익취급에 이른 경위, 다른 일반근로자와의 대비 등 여러 사정을 감안하여 객관적·종합적으로 판단하여야 한다.

본 조항은 강행규정으로서 이것에 위반하여 이루어진 해고 등 불리한 처우는 그 효력이 발생하지 않는 것으로 해석하여야 한다.

Ⅸ. 형벌과 수강명령 등의 병과

법원은 「산업안전보건법」 제38조 제1항부터 제3항까지[제166조의2(현장실습생에 대한 특례)에서 준용하는 경우를 포함한다], 제39조 제1항(제166조의2에서 준용하는 경우를 포함한다) 또는 제63조(제166조의2에서 준용하는 경우를 포함한다)를 위반하여 근로자를 사망에 이르게 한 사람에게 유죄의 판결(선고유예는 제외한다)을 선고하거나 약식명령을 고지하는 경우에는 200시간의 범위에서 산업재해 예방에 필요한 수강명령 또는 산업안전보건프로그램의 이수명령(이하 '이수명령'이라 한다)을 병과할 수 있다(산업안전보건법 제174조 제1항).

제1항에 따른 수강명령은 형의 집행을 유예할 경우에 그 집행유예기간 내에서 병과하고, 이수명령은 벌금 이상의 형을 선고하거나 약식명령[835]을 고

835) 약식명령이란 형사재판에서 공판절차 없이 약식절차에 따라 벌금, 과료 또는 몰수 등 재산형을 과하는 지방법원의 재판(판결)을 말한다. 약식명령은 검사의 약식명령

지할 경우에 병과한다(산업안전보건법 제174조 제2항).

제1항에 따른 수강명령 또는 이수명령은 형의 집행을 유예할 경우에는 그 집행유예기간 내에, 벌금형을 선고하거나 약식명령을 고지할 경우에는 형 확정일부터 6개월 이내에, 징역형 이상의 실형을 선고할 경우에는 형기 내에 각각 집행한다(산업안전보건법 제174조 제3항).

제1항에 따른 수강명령 또는 이수명령이 벌금형 또는 형의 집행유예와 병과된 경우에는 보호관찰소의 장이 집행하고, 징역형 이상의 실형과 병과된 경우에는 교정시설의 장이 집행한다. 다만, 징역형 이상의 실형과 병과된 이수명령을 모두 이행하기 전에 석방 또는 가석방되거나 미결구금일수 산입 등의 사유로 형을 집행할 수 없게 된 경우에는 보호관찰소의 장이 남은 이수명령을 집행한다(산업안전보건법 제174조 제4항).

제1항에 따른 수강명령 또는 이수명령은 다음 각 내용으로 한다(산업안전보건법 제174조 제5항).

① 안전 및 보건에 관한 교육

② 그 밖에 산업재해 예방을 위하여 필요한 사항

수강명령 및 이수명령에 관하여 이 법에서 규정한 사항 외의 사항에 대해서는 「보호관찰 등에 관한 법률」을 준용한다(산업안전보건법 제174조 제6항).

의 청구로 이루어지는데, 검사는 공판절차 없이 약식명령으로 하는 것이 적당하다고 인정되는 경우에는 지방법원에 공소제기와 동시에 서면으로 약식명령을 청구하게 된다(형사소송법 제448조부터 제450조까지). 약식기소, 약식명령을 인정하고 있는 이유는 약식기소의 대상인 '벌금, 과료에 처할 사건'에 대해서 서면심리만으로 신속하게 재판을 하고, 또 이렇게 함으로써 장기간이 소요되는 공판절차를 생략하여 피고인이 장기간 재판을 받게 되는 불이익과 고통을 덜어 주자는 데에 있다. 실무상으로는 약식기소가 청구되면 법원은 거의 대부분 검사의 청구대로, 검사가 구하는 벌금에 처하는 약식명령이 발부된다. 약식기소, 약식명령은 서면심리를 원칙으로 하므로 자신의 주장을 펼칠 수 없거나 유무죄를 다툴 수 없게 된 피고인에게 정식 재판 청구의 길을 열어 두고 있다. 즉 법원의 약식명령에 승복할 수 없는 피고인은 약식명령의 고지를 받은 날로부터 1주일 이내에 법원에 정식 재판을 청구할 수 있다(형사소송법 제453조).

「산업안전보건법」 제174조 제1항은 자유형(징역형, 금고형) 외에 약식명령(벌금형)에 대해서까지 수강명령 또는 이수명령을 광범위하게 내릴 수 있는 것으로 규정하고 있다.[836] 수강명령 또는 이수명령 병과는 강제적인 방식이 아니고 임의적인 방식으로 규정되어 있어 실제 수강명령 병과가 얼마나 이루어질지는 불확실하다.

사회봉사명령 등과는 달리 산업안전보건 수강명령과 이수명령은 높은 전문성을 요하는 것인데, 보호관찰소, 교정시설과 같은 산업안전보건 비전문기관이 집행하는 것은 창피주기 외에 산업재해 예방 효과는 미미할 것으로 판단된다.[837] 게다가 중소기업은 대표이사(사장)가 위반행위자인 경우가 많아 벌금형에 대해서까지 수강명령 또는 이수명령을 내리면 반발이 적지 않을 것으로 예상되어 대형사고가 아닌 한 수강명령 또는 이수명령이 내려지는 사례는 매우 적을 것으로 생각된다. 이런 이유 때문인지 현재까지 법원에 의해 수강명령 또는 이수명령이 실제 내려지는 경우는 거의 없는 상태이다.

---

836) 이와 별개로 「형법」에서는 형의 집행유예 시에 사회봉사명령 또는 수강명령을 내릴 수 있도록 규정하고 있다(제62조의2 제1항). 이는 1995년 「형법」 개정 시에 도입되었는바, 집행유예 선고를 하면서 이따금 사회봉사명령 또는 수강명령이 내려지고 있다.

837) 비교법적으로 보더라도 법원에서 사망재해 건에 대해 수강명령 또는 이수명령을 발령할 수 있다고 규정하고 있는 입법례는 발견되지 않는다.

제8장

벌 칙

Ⅰ. 총 설
Ⅱ. 행정형벌
Ⅲ. 행정질서벌(과태료)
Ⅳ. 양벌규정

Ⅰ. 총 설

행정법규는 국가가 특정목적을 달성하기 위하여 필요한 사항을 정한 것으로서, 여러 가지 제도를 정하거나 국민에 대하여 특정 행위를 하도록 명령하고 금지하는 규정을 두고 있다. 행정이 그 행정목적을 달성하기 위해서는 정해진 제도가 원활하게 기능하고 국민들이 이들 규정을 준수하는 것이 필요하다.

행정법규는 국민에 대한 명령 · 금지를 규정하고 있지만, 행정이 그것을 직접 국민에게 강제하는 것은 불가능하고[838], 행정으로서는 이들 명령 · 금지 규정이 준수되고 행정목적을 달성할 수 있도록 국민의 이해와 협력을 얻어야 하는 한편, 제도를 원활하게 운용하고 국민에 대하여 지도 · 계발을 하는 것이 중요하다.

그러나 국민에 대한 지도 · 계발에는 한계가 있고, 명령 · 금지가 확실히 실행되도록 하기 위해 이들 규정에 대해 위반하는 행위 중 엄정하게 준수하게 할 필요가 있는 것에 대해서는 형벌 등의 처벌을 하는 것으로 하고, 그 처벌의 위하력에 의해 국민에 대한 간접적인 강제력을 갖게 하는 것이 행정벌이다.

행정벌이란 행정법상의 의무위반행위(명령 · 금지위반행위)에 대하여 제재로서 과하는 처벌을 말하며, 이에는 행정형벌과 행정질서벌이 있다. 행정벌은 과거의 의무위반에 대한 제재를 직접적인 목적으로 하지만, 간접적으로는 의무자에게 심리적 압박을 가함으로써 행정법상의 의무이행을 확보하는 기능을 가진다.

「산업안전보건법」 역시 산업안전보건법령에 정해진 규정의 엄정한 이행을 담보하기 위하여, 위반행위에 대한 벌칙으로 8개 조문의 규정을 두고 있다. 이 벌칙은 크게 행정형벌(7개 조문)과 행정질서벌(과태료, 1개 조문)로 구분되고, 행정형벌은 다시 일반처벌규정과 양벌규정으로 구분된다.[839]

---

838) 명령 · 금지를 직접 강제하는 기관은 사법경찰관, 검사 및 법원이다.

839) 행정형법의 일종인 「산업안전보건법」 위반범죄 예방 · 수사업무는 근로감독관이 '특

행정형벌은 사법경찰관(일반사법경찰관, 특별사법경찰관)의 수사 및 사건송치 → 검사의 기소 → 법원의 재판 등의 절차를 거쳐 확정되고, 행정질서벌은 해당 법령 소관 행정관청이 부과・징수한다.

Ⅱ. 행정형벌

1. 개 설

행정형법은 전술한 바와 같이 행정법규 중 일부에(대부분 마지막 부분에 벌칙의 형식으로) 규정되어 있는 범죄와 형벌(행정형벌)에 관한 규정을 말한다. 행정법규의 일종인 「산업안전보건법」도 제167조에서부터 제173조까지 범죄와 형벌(행정형벌)에 관한 규정을 두고 있다. 행정형벌이란 이러한 행정법규 위반에 대하여 「형법」상의 형벌을 과하는 행정벌을 말한다. 현행 「형법」이 규정하고 있는 형벌에는 사형, 징역, 금고, 자격상실, 자격정지, 벌금, 구류, 과료 및 몰수 등 9가지 종류가 있다(형법 제41조).[840)]

「산업안전보건법」 제167조(벌칙), 제168조(벌칙), 제169조(벌칙), 제170조(벌칙), 제170조의2(벌칙), 제171조(벌칙), 제172조(벌칙) 및 제173조(양벌규정)에서는 같은 법의 위반에 대한 형벌, 즉 행정형벌을 경중에 따라 다음과 같이 7가지로 구분하여 규정하고 있다.

① 7년 이하의 징역 또는 1억원 이하의 벌금
② 5년 이하의 징역 또는 5천만원 이하의 벌금
③ 3년 이하의 징역 또는 3천만원 이하의 벌금

별사법경찰관'의 자격으로 담당한다.

840) 9가지 형벌 중 벌금 이상의 자격정지・자격상실・금고・징역・사형은 선고를 받게 되면 전과자가 된다. 벌금 미만의 형인 구류・과료・몰수를 선고받는 경우에는 전과자가 되지 않는다(형의 실효 등에 관한 법률 참조).

④ 1년 이하의 징역 또는 1천만원 이하의 벌금
⑤ 1천만원 이하의 벌금
⑥ 500만원 이하의 벌금
⑦ 양벌규정

2. 범죄의 성립요건

행정형벌은 행정법규 위반으로 성립되는 범죄(행정범)에 대한 법률상의 효과로서 범죄행위자에게 부과되는 제재이다.

이 경우 범죄란 구성요건에 해당하고 위법하며 유책한 행위를 말한다. 즉, 범죄개념은 구성요건해당성, 위법성, 책임성이라는 3가지 성립요건을 개념요소로 하고 있다. 「산업안전보건법」 위반죄도 그 성립을 위해서는 어떤 행위에 구성요건해당성과 위법성이 있어야 하며 행위자에게 책임을 물을 수 있어야 한다.[841)]

가. 구성요건해당성

「산업안전보건법」 위반죄는 「산업안전보건법」에 규정되어 있는 구성요건에 해당하는 행위이다. '구성요건'이란 통상적 의미로는 형벌을 부과할 행위를 유형적·추상적으로 파악하여 법률에 기술해 놓은 것을 말한다. 예컨대, 「산업안전보건법」 제171조 제3호에서 "제125조 제6항을 위반하여 해당 시설·설비의 설치·개선 또는 건강진단의 실시 등의 조치를 하지 아니한 자"라고 기술해 놓은 부분이 구성요건이다. 어떠한 사실이 구성요건에 해당하면 후술하는 위법성조각사유·책임조각사유가 존재하지 않는 한 범죄가 성립한다.

841) 이하는 주로 오영근/노수환, 『형법총론(제7판)』, 박영사, 2024, 77~79쪽 ; 임웅/김성규/박성민, 『형법총론(제14정판)』, 법문사, 2024, 95~97쪽 참조.

구체적 범죄사실(삼단논법에서의 소전제)이 추상적·법률적 구성요건(대전제)에 합치(포섭)되면 '구성요건해당성'(결론)이 '있다'고 하고, 합치되지 아니하면 구성요건해당성이 '없다'고 하거나 구성요건해당성이 '부정' 또는 '배제'된다는 표현을 사용한다. 그리고 구성요건에 해당하는 구체적 범죄사실을 '구성요건 해당사실'이라고 한다.

고의의 체계적 지위와 관련해서는, 과거에는 고의를 책임판단의 대상, 즉 책임요소로 이해하는 견해(책임요소설)가 많았으나, 오늘날은 이 주장을 지지하는 학자는 거의 없고, 고의를 주관적 '구성요건'요소(구성요건의 주관적 요소)로 파악하는 구성요건요소설이 설득력을 얻고 있다. 우리나라에서는 고의가 구성요건요소임과 동시에 책임요소이기도 하다는 고의의 이중적 기능을 인정하는 이중적 지위설이 다수설의 입장이다.[842)]

죄형법정주의에서는 구체적인 인간의 행위가 범죄로 되기 위해서는 가장 먼저 형벌법규가 규정하는 일정한 구성요건에 해당하여야만 한다. 법률상의 구성요건만이 범죄를 만들 수 있다. 따라서 아무리 반도덕적·반사회적인 행위라고 하더라도 법률이 정하는 구성요건에 해당하지 아니하면 범죄가 되지 아니한다.

나. 위법성

범죄는 '위법'한 행위이다. '위법성'이란 구성요건에 해당하는 행위가 법질서 전체적 관점에서 허용되지 아니한다는 부정적 가치판단을 말한다. 즉, 특정 구성요건에 해당하는 행위가 전체 법질서에 '모순', '배치'된다고 하는 성질을 의미한다. 따라서 위법성이란 구성요건에 해당하는 '행위'가 법에 어긋나는 것, 또는 구성요건에 해당하는 '행위'에 대한 비난(가능성)이라고 할 수 있다.

842) 김일수/서보학, 『새로쓴 형법총론(제13판)』, 박영사, 2018, 126쪽 ; 오영근/노수환, 『형법총론(제7판)』, 박영사, 2024, 151쪽 ; 임웅/김성규/박성민, 『형법총론(제14정판)』, 법문사, 2024, 169쪽 참조.

구성요건은 원래 위반행위를 유형적으로 규정해 놓은 것이므로 구성요건에 해당하는 행위는 일단 위법할 것이라고 '추정'될 수 있다. 그러나 법질서는 일정한 행위를 '금지·명령'하는 규범만으로 구성된 것은 아니고, 일정한 사정하에서의 행위를 '허용'하는 규범도 가지고 있다. 즉, 구성요건에 해당하는 행위가 일정한 사정하에서는 비난받지 않고 허용된다(구성요건에는 해당하지만 위법성이 없다). 따라서 위법성이 있는 행위는 모두 구성요건해당성이 있지만, 구성요건해당성이 있는 행위라고 하여 모두 위법성이 있는 것은 아니다. 논리적으로 표현하면, 구성요건해당성은 위법성의 필요조건에 불과하고 필요충분조건은 아니다.

일정한 행위의 허용규범, 즉 구성요건 해당행위를 위법하지 않도록 하는 조건을 '위법성조각사유' 또는 '정당화사유'라고 하고, 「형법」 제20조~제24조에 규정된 정당행위, 정당방위, 긴급피난, 자구행위, 피해자의 승낙에 의한 행위가 이에 속한다.

다. 책임성

범죄는 책임 있는, 즉 '유책(有責)'한 행위이다. 즉, 범죄가 성립하기 위해서는 일정한 행위가 구성요건에 해당하는 위법한 행위일 뿐만 아니라, 행위자 개인을 비난할 수 있는 유책한 행위이어야 한다. 책임성이란 위법행위를 한 '행위자 개인'에 대한 비난가능성을 말한다. 구성요건해당성과 위법성 판단의 대상이 행위인데 반해, 책임성 판단의 대상은 행위자이다.[843] 한편, 책임성 판단도 위법성 판단과 마찬가지로 법질서 전체적 관점에서의 평가이다.

행위자에 대한 비난을 '불가능'하게 하는 사유를 '책임조각사유' 또는 '면책사유'라고 하고, 비난의 정도를 '저하'시키는 사유를 '책임감경사유'라고 한다. 책임무능력(형법 제9조,[844] 제10조 제1항[845]), 강요된 행위(형법 제12조),

---

843) 다시 말해서, 책임성은 '행위자'에 대한 어떤 비난가능성인 반면에, 위법성은 '행위'에 대한 비난가능성이라는 점에서 차이가 있다.

정당한 이유 있는 위법성의 착오 또는 위법성 인식의 결여[846](형법 제16조), 기대불가능성[847), 848), 849)] 등이 책임조각사유가 되고, 한정책임능력(형법 제10

844) 형사미성년자(만 14세 되지 아니한 자).

845) 심신상실자.

846) 위법성의 착오라 함은 행위자에게 위법성의 인식이 결여된 경우를 의미한다. 다시 말하면, 구성요건사실에 대한 인식은 있었으나 착오로 그 사실의 위법성을 인식하지 못한 경우이다. 행위자는 자신이 무엇을 하고 있는지는 알고 있었지만(예컨대 방호장치를 설치하지 않고 있다는 사실에 대한 인식), 그것이 위법함을 몰랐던 상황, 즉 그러한 행위가 법적으로 허용되어 있는 것으로 잘못 생각한 경우가 여기에 해당한다. 형법 제16조는 "자기의 행위가 법령에 의하여 죄가 되지 아니하는 것으로 오인한 행위는 그 오인에 정당한 이유가 있는 때에 한하여 벌하지 아니한다"라고 규정하고 있다. "자기의 행위가 법령에 의하여 죄가 되지 아니하는 것으로 오인한 행위", 즉 위법성의 착오가 있는 행위는 "금지되지 않는 것으로 오인한 행위", "허용된 것으로 오인한 행위", "불법하지 않은 것으로 오인한 행위"를 의미한다. '위법성의 오인 또는 법의 오인'으로 인하여 위법성의 인식이 결여된 경우뿐만 아니라 '위법성의 부지(不知) 또는 법의 부지'로 인하여 위법성의 인식이 결여된 경우도 당연히 포함된다(당연해석). "그 오인에 정당한 이유가 있는 때"란 그 오인을 회피할 수 없었을 때, 비난할 수 없는 때 또는 상당한 이유가 있는 때를 의미한다. 산업안전보건법 위반범과 같은 행정범의 경우도 형사범과 마찬가지로 위법성 인식의 가능성이 없는 경우에는 책임이 조각되어 범죄가 성립하지 않게 된다.

847) 기대가능성이란 '행위 당시의 구체적 사정에 비추어 보아 행위자에게 위법행위 대신에 적법행위로 나아갈 것을 기대할 수 있는 것'을 말한다. 적법행위의 기대가능성이 있었음에도 불구하고 행위자가 위법행위로 나아갔을 때 행위자에게 책임비난이 가능하고, 만일 적법행위를 기대할 수 없는 사정에 처하여 불가피하게 위법행위를 한 것이라면 책임비난이 불가능해질 것이다. 따라서 기대불가능성은 책임조각사유가 된다. 우리나라 다수설과 판례(대법원 2015.2.12. 2014도12753 판결 ; 대법원 2010.1.21. 2008도942 전원합의체 판결 ; 대법원 1980.3.11. 80도141 판결 등)는 기대불가능성을 초법규적 책임조각사유로 이해하고 있다. '기대가능성'의 판단기준에 대해서는, 사회의 평균인을 기준으로 행위자가 그 상황에서 적법행위(위법행위와는 다른 행위)를 할 수 있었느냐의 여부를 판단하자는 '평균인표준설'이 다수설이자 판례(대법원 2008.10.23. 2005도10101 판결 ; 대법원 2004.7.15. 2004도2965 전원합의체 판결)의 입장이다. 다만, 평균인표준설에 있어서의 평균인은 보통사람이라는 의미의 평균인이 아니라 '양심적인' 평균인을 의미한다는 점에 유의해야 한다.

848) "안전보건규칙 제92조 제1항에 따르면, 사업주는 기계류의 검사작업을 할 때 근로자가 위험해질 우려가 있으면 해당 기계류의 운전을 정지하여야 한다. 그러나 위 규정을 기계류가 정상적으로 안전하게 작동하는지 여부를 검사하기 위하여 반드시 기

조 제2항,[850] 제11조[851])은 책임감경사유가 된다.

3. 산업안전보건법 위반범과 형법총칙

행정벌은 형사벌과는 상대적이나마 성질을 달리하지만, 행정범에 적용할 통칙적 규정은 없다. 그런데 행정형벌의 경우에는, 그 처벌수단의 점에서는

계류를 운전하면서 검사하여야 하는 경우에도 그러한 검사에 통상 수반될 수밖에 없는 근로자의 위험을 이유로 처음부터 기계를 운전하지 말아야 한다는 의미로 해석하는 것은 검사 자체를 불가능하게 하는 것이므로 채택할 수 없다."(울산지방법원 2019.5.30. 2018고단3335 판결). 즉, 기계류가 정상적으로 안전하게 작동하는지 여부를 검사하기 위하여 반드시 기계류를 운전하면서 검사하여야 하는 경우에는, 설령 「안전보건기준규칙」 제92조(정비 등의 작업 시의 운전정지 등) 제1항을 위반하더라도, 행위자에게 적법한 행위를 기대할 가능성이 없어(기대불가능성) 책임조각이 된다. "만약 이동식 사다리 등을 이용하여 작업하기만 하면 아무리 평탄한 바닥이라 할지라도 「안전보건기준규칙」 제42조가 규정하는 '근로자가 추락하거나 넘어질 위험이 있는 장소'로 보아 비계를 조립하는 등의 방법으로 작업발판을 설치하거나 안전방망을 설치할 의무 등을 인정한다면, 계단이나 탁자 위처럼 상당히 낮은 높이에서 행하여지는 간단한 작업 등의 경우에도 사업주는 표준·규격 등이 엄격하게 규정된 비계를 조립하거나 안전방망을 설치해야 할 것인데, 그것은 사업주에게 지나치게 높은 수준의 의무이행을 요구하는 것으로 보이고, 이를 전제로 하여 사업주에게 산업안전보건법 위반을 이유로 형벌을 부과하게 되면 이는 형사책임의 원칙에 부합하지 아니한다고 보여진다."(울산지방법원 2014.10.1. 2014노218 판결). 즉, 낮은 곳에서 경미한 작업을 하는 경우에 대해서까지 「안전보건기준규칙」 제42조(추락의 방지)의 규정을 준수하도록 하는 것은 행위자에게 적법한 행위를 기대할 수 없으므로(기대불가능성) 책임조각이 된다.

849) 우리나라의 산업안전보건법령 규정은 구성요건상의 문언이 불명확하고 치밀하지도 못하며 내용이 현실적이지 못한 경우도 적지 않아 이를 그대로 강행할 경우에 피고인에게는 과도한 처벌로 받아들여지기 쉬운 까닭에(형벌권의 남용 또는 과도한 형벌은 그 자체가 또 하나의 악이자 국가에 의해 저질러지는 범죄라는 인식이 있어야 한다), 구체적 사정에 따라 기대불가능성을 초법규적 책임조각사유로서 인정하며 형벌권력의 행사를 완화할 수 있는 통로를 열어 놓을 필요가 있다(판례, 다수설)[임웅/김성규/박성민, 『형법총론(제14정판)』, 법문사, 2024, 371쪽 참조].

850) 심신미약자.

851) 농아자.

형사벌과 공통되기 때문에, 행정범(산업안전보건법 위반범)에 대하여 어느 범위에서 형법총칙이 적용될 것인지가 문제된다.

형법 제8조는 "본법 총칙은 다른 법령에 정한 죄에 적용한다. 단, 그 법령에 특별한 규정이 있을 때에는 예외로 한다"고 규정하고 있다. 이는 행정범에 대하여도 원칙적으로 형법총칙이 적용됨을 정함과 동시에 행정범의 특수성에 기하여, 그 행정법령에 '특별한 규정'이 있으면 그 범위에서 형법총칙의 적용이 배제됨을 명시하고 있다.

문제는 행정범의 특수성에 비추어 명문의 규정이 없는 경우에도 형법총칙의 적용이 일부 배제되거나 또는 형법총칙 규정이 수정되어 적용될 것인가에 있다. 이 문제는 구체적으로는 형법 제8조의 '특별한 규정'의 해석과 관련이 있다.

통설은 행정범의 특수성에 비추어 제한적으로 형법총칙의 일부 배제를 인정하고 있다. 즉, 단순히 법령의 취지·목적 등에 기하여 형벌의 범위를 확대하거나 형벌을 가중하는 것은 죄형법정주의에 반하는 것으로 허용되지 않으나, 규정 자체의 해석[어구(語句)의 가능한 의미 내에서는 목적론적 해석]에 의해 형벌의 범위를 축소하거나 형벌을 감경하는 것은 죄형법정주의에 저촉되지 않으므로, 이런 경우에는 명문의 특별규정이 없더라도 규정의 성질을 고려하여 형법총칙의 적용을 배제하거나 제한할 수 있다고 본다.[852)]

요컨대, 죄형법정주의의 원칙에 비추어 형벌이 수반되는 산업안전보건법규의 해석·적용은 엄격해야 하지만, 형벌의 범위를 축소하거나 형벌을 감경하는 경우에는 행정형법인 산업안전보건법규의 특수성을 고려한 규정의 해석상 형법총칙 규정의 적용을 배제·제한할 수 있다고 할 것이다.

852) 김남진/김연태, 『행정법 I (제28판)』, 법문사, 2024, 620쪽 ; 박윤흔/정형근, 『최신 행정법강의(상)(개정30판)』, 박영사, 2009, 552쪽 등.

4. 산업안전보건법 위반범과 고의

행성범의 일종인 「산업안전보건법」 위반범의 경우 고의가 필요한지가 문제될 수 있다. 형사범의 성립에는 원칙적으로 고의가 있음을 요건으로 하고(형법 제13조 참조), 과실있는 행위는 법률에 특별한 규정이 있는 경우에 한하여 처벌된다(형법 제14조 참조). 「형법」의 원리인 책임주의의 당연한 귀결로서 원칙적으로 고의를 책임요소로 요구하는 것이며, 이 원리는 행정범의 성립에도 그대로 적용된다. 다만, 과실에 관한 특별한 규정의 의미를 어떻게 볼 것인지가 문제된다. 즉, 행정범에 있어서 명문의 규정이 없는 경우에도 과실행위가 처벌되는 경우가 있을 수 있는지가 문제이다.

판례는 "행정상의 단속을 주안으로 하는 법규라 하더라도 명문규정이 있거나 해석상 과실범도 벌할 뜻이 명확한 경우를 제외하고는 형법의 원칙에 따라 고의가 있어야 벌할 수 있다."는 입장이다.[853)]

오늘날의 통설 역시 행정범에서 i) 과실행위를 처벌한다는 명문의 규정이 있는 경우뿐만 아니라, ii) 관련 행정형벌법규의 해석에 의하여 과실행위도 처벌할 뜻이 명백한 경우 이외에는 과실범은 성립하지 않는다고 보고 있다.

요컨대, 위반 시 형벌이 부과되는 산업안전보건법규와 관련하여 과실행위도 벌한다는 특별규정이 있거나 해석상 과실행위도 처벌할 뜻이 명확한 경우를 제외하고는 「산업안전보건법」 위반범의 성립을 위해서는 고의가 있어야 한다.

판례는 「산업안전보건법」 위반죄가 고의범이라는 판단을 하고 있는 것으로 보인다. 대법원은 "사업주에 대한 산업안전보건법 제67조 제1호[854)], 제23조 제3항[855)] 위반죄는, 사업주가 자신이 운영하는 사업장에서 산업안전기준에 관한 규칙이 정하고 있는 바에 따른 안전조치를 취하지 않은 채 산업안전보건법 제23조 제1항에 규정된 안전상의 위험성이 있는 작업을 하도록 지시

853) 대법원 2010.2.11. 2009도9807 판결 ; 대법원 1986.7.22. 85도108 판결.
854) 현행 「산업안전보건법」 제168조 제1호.
855) 현행 「산업안전보건법」 제38조 제3항.

하거나, 그 안전조치가 취해지지 않은 상태에서 위 작업이 이루어지고 있다는 사실을 알면서도 이를 방치하는 등 그 위반행위가 사업주에 의하여 이루어졌다고 인정되는 경우에 한하여 성립하는 것이지, 단지 사업주의 사업장에서 위와 같은 위험성이 있는 작업이 필요한 안전조치가 취해지지 않고 이루어졌다는 사실만으로 성립하는 것은 아니다."[856]라고 판시하면서, 평소 폭발의 위험성 때문에 의뢰를 받더라도 작업을 거절하던 연료탱크의 용접작업을 피고인이 자리를 비운 사이에 공장장 A가 임의로 의뢰를 받은 다음, 폭발이나 화재의 예방을 위하여 필요한 안전조치를 취하지 아니한 채 그 용접작업을 실시하리라고 전혀 예상할 수 없었으므로 피고인에게 「산업안전보건법」 제23조[857] 제1항에 규정된 안전조치의무를 다하지 아니한 책임을 물을 수 없다는 이유로 무죄를 선고한바, 이는 사업주를 안전조치의무 위반으로 처벌하기 위해서는 법규에서 정한 안전조치를 취하지 아니한 채 위험성이 있는 작업을 하도록 지시하거나, 그 안전조치가 취해지지 않은 상태에서 위험성이 있는 작업이 이루어지고 있다는 사실을 알면서도 이를 방치하는 등 고의가 인정되어야 한다는 입장을 취함으로써 「산업안전보건법」 위반사범은 과실범이 아니라 고의범이라는 점을 확인하고 있다.[858]

---

856) 대법원 2007.3.29. 2006도8874 판결 ; 같은 취지 : 대법원 2022.7.28. 2021도11288 판결 ; 대법원 2022.7.14. 2020도9188 판결 ; 대법원 2020.4.9. 2016도14559 판결 ; 대법원 2010.9.9. 2008도7834 판결 ; 대법원 2009.5.28. 2008도7030 판결. 이들 판결과 달리 안전조치 위반죄가 단지 위험성 있는 작업이 필요한 안전조치(위험방지조치)가 취해지지 않은 상태에서 이루어졌다고 인정된다는 이유만으로 성립한다고 본 판결도 있다(대법원 2022.4.14. 2019도14416 판결 ; 2020.8.27. 2018도10845 판결 ; 대법원 2010.6.24. 2010도2615 판결 ; 2007.11.29. 2006도7733 판결). 후자의 판례는 고의범을 전제로 하는 산업안전보건법 위반죄를 사실상 과실범인 것으로 판단했다는 점에서 법리를 오해했다고 지적하지 않을 수 없다.

857) 현행 「산업안전보건법」 제38조.

858) 「산업안전보건법」 위반죄가 고의범이라는 입장을 취한 또 다른 판례로는 "고의로 불량한 작업방법에 기인하여 발생하는 위험을 방지하기 위하여 필요한 조치를 취하지 아니한 행위자라고 인정할 증거가 없다 하여 위 피고인에 대한 산업안전보건법 위반의 점은 범죄로 되지 아니하거나 범죄사실의 증명이 없는 경우에 해당한다

한편, 고의에는 확정적 고의뿐만 아니라 미필적 고의도 포함됨은 물론이다. 미필적 고의는 고의의 약화된 형태로서 조건적 고의라고도 하며, 확정적 고의와 달리 결과 발생에 대한 매우 낮은 정도의 인식과 의욕만 있는 경우를 말한다.[859)]「산업안전보건법」 위반사건에 관한 판례에서도 고의에 미필적 고의가 포함된다는 점을 확인하고 있다. "사업주가 사업장에서 안전조치가 취해지지 않은 상태에서의 작업이 이루어지고 있고 향후 그러한 작업이 계속될 것이라는 사정을 미필적으로 인식하고서도 이를 그대로 방치하고, 이로 인하여 사업장에서 안전조치가 취해지지 않은 채로 작업이 이루어졌다면 사업주가 그러한 작업을 개별적・구체적으로 지시하지 않았더라도 위 죄는 성립"한다거나, "사업주가 …(중략)… 그 안전조치를 하지 않은 상태에서 위 작업이 이루어지고 있다는 사실을 알면서 이를 방치하는 등 그 위반행위가 사업주에 의하여 이루어졌다고 인정되는 경우에 한하여 성립하는 것"이라고 판시한 바 있다.[860)]

는 이유로 무죄의 선고를 하였는바 관계증거를 기록과 대조하여 검토하여 보면, 원심의 이와 같은 인정판단은 정당한 것으로 수긍이 가고, 원심판결에 소론과 같이 채증법칙을 위반하여 사실을 잘못 인정한 위법이나 법리를 오해한 위법이 있다고 볼 수 없으므로 논지는 모두 이유가 없다."(밑줄은 필자)는 판결(대법원 1994.5.24. 94도660), "사업주가 사업장에서 안전조치가 취해지지 않은 상태에서의 작업이 이루어지고 있고 향후 그러한 작업이 계속될 것이라는 사정을 미필적으로 인식하고서도 이를 그대로 방치하고, 이로 인하여 사업장에서 안전조치가 취해지지 않은 채로 작업이 이루어졌다면, 사업주가 그러한 작업을 개별적・구체적으로 지시하지 않았더라도 위 각 죄가 성립한다."는 판결(대법원 2022.7.14. 2020도9188) 등이 있다.

859) 미필적 고의라 함은 결과의 발생이 불확실한 경우, 즉 행위자에 있어서 그 결과 발생에 대한 확실한 예견은 없으나 그 가능성은 인정하는 것으로, 이러한 미필적 고의가 있었다고 하려면 범죄사실의 발생 가능성에 대한 인식이 있음은 물론 나아가 범죄사실이 발생할 위험을 용인하는 내심의 의사가 있음을 요한다(대법원 2004.5.14. 2004도74 판결 ; 대법원 1987.2.10. 86도2338 판결 ; 대법원 1995.6.25. 85도660 판결 등). 다시 말해서, 일정한 결과를 발생시킬 만한 가능 또는 위험이 있음을 인식하거나 예견하면 족한 것이고, 그 인식이나 예견은 확정적인 것은 물론 불확정적인 것이라도 미필적 고의로 인정된다(대법원 2001.9.28. 2001도3997 판결).

860) 대법원 2011.9.29. 2009도12515 판결 ; 대법원 2010.11.25. 2009도11906 판결.

5. 산업안전보건법 위반과 재해 발생

「산업안전보건법」 위반죄는 근로자의 사망 또는 부상의 결과가 발생하지 않았다고 하더라도, 산업안전보건법령상의 안전보건조치 불이행 그 자체로 성립한다. 「산업안전보건법」 위반은 근로자의 사망 또는 부상이라는 산업재해 발생 여부와 무관하게 성립한다는 점에서, 사망 또는 부상이라는 결과 발생을 전제로 성립하는 「형법」상의 업무상과실치사상과 그 성질을 달리 한다.[861)]

판례도 자사 근로자와 관련하여 "사업주가 같은 법 제23조[862)] 제1항 각 호의 위험 예방을 위하여 필요한 조치를 취하지 아니하는 경우에는 이로 인하여 실제로 재해가 발생하였는지 여부에 관계없이 같은 법 제67조[863)] 제1호에 의한 산업안전보건법 위반죄가 성립한다고 보아야 할 것인바,……"라고 판시한 바 있고,[864)] 수급인의 근로자와 관련해서도 "산업안전보건법이 제67조[865)] 제1호, 제71조[866)]에서 제29조 제2항[867)]을 위반한 행위를 처벌하는 것은 산업재해의 결과 발생에 대한 책임을 물으려는 것이 아니라 사업주 등이 산업안전보건법 제29조 제2항 등에 정한 필요한 조치를 이행하지 아니한 것에 대한 책임을 물으려는 것으로 보이고, 따라서 피고인이 위와 같이 관계법령상의 필요한 조치를 이행하지 아니하였다면 그 자체로 산업안전보건법 제67조 제1호, 제71조 위반죄가 성립한다고 할 것이다."라고 판시하였다.[868)]

---

861) 후술하지만 「산업안전보건법」에서는 안전보건조치를 불이행하여 사망이라는 중한 결과에 이르게 하면 가중하여 처벌하는 결과적 가중범도 규정하고 있다(제167조).

862) 현행 제38조.

863) 현행 제168조.

864) 대법원 2006.4.28. 2005도3700 판결.

865) 현행 제168조.

866) 현행 제173조.

867) 현행 제63조.

868) 대법원 2008.8.11. 2007도7987 판결.

6. 업무상과실치사상죄와의 관계

「산업안전보건법」상의 안전보건조치의무 위반으로 산업재해가 발생한 경우 업무상과실치사상죄와의 관계가 문제가 된다.[869] 1개의 행위[870]가 수 개의 죄에 해당하는 「형법」 제40조(상상적 경합)[871]이 성립하는지 여부의 문제이다. 예를 들면, 덮개가 설치되지 않은 원동기에서 작업을 하다가 근로자가 끼임사고로 사망하였다고 가정하자. 이 경우 덮개를 설치하지 않는 것에 대해서는 「산업안전보건법」 제38조(안전보건기준규칙 제87조 제1항)를 위반한 것이 되어 5년 이하의 징역 또는 5천만원 이하의 벌금에 처해진다(제168조). 업무상과실(주의의무 위반)로 근로자를 사망하게 한 것은 「형법」 제268조(업무상과실치사상죄)에 해당하여 5년 이하의 금고 또는 2천만원 이하의 벌금에 처해진다.

「산업안전보건법」상의 안전보건조치의무를 위반한 것[사망재해가 발생하지 않은 경우와 사망재해가 발생했더라도 안전보건조치의무 위반과 사망재해 사이에 인과관계가 없거나 사망재해 발생에 사업주의 과실이 없는(즉, 결과적 가중범이 성립되지 않는) 경우를 상정한다][872]과 위험방지조치를 취하지 않은 업무상 과실로 근로자를 사망에 이르게 한 것이 1개의 행위라고 평가할 수 있으면 「형법」 제40조의 상상적 경합[873]이 되고,[874] 대개 보다 무거운

869) 업무상 주의의무 위반이 아닌 단순 주의의무 위반인 경우에는 업무상과실치사상죄가 아닌 과실치사상죄가 문제된다.

870) 1개의 행위라 함은 법적 평가를 떠나 사회관념상 행위가 사물자연의 상태로서 1개로 평가되는 것을 의미한다(대판 2017.9.21. 2017도11687 판결). 즉, 1개의 행위인지 수 개의 행위인지는 사회통념 또는 일반인의 생활경험에 비추어 판단된다.

871) 1개의 행위가 수 개의 죄에 해당하는 경우에는 가장 무거운 죄에 정한 형으로 처벌한다.

872) 다시 말해, 결과적 가중범 규정(산업안전보건법 제167조 제1항)이 적용되지 않는 경우를 상정한다. 만약 결과적 가중범이 성립되는 경우에는, 결과적 가중범의 구성요건이 업무상과실치사죄의 구성요건을 이미 포함하고 있으므로, 결과적 가중범과 업무상과실치사죄의 관계는 후술하듯이 '상상적 경합'이 아니라 '법조경합'의 관계에 있다고 해석하는 것이 타당하다.

873) 상상적 경합은 관념적 경합이라고도 하며, 전술한 바와 같이 1개의 행위가 수 개의

죄에 해당하는 「산업안전보건법」 위반죄의 형이 적용된다.[875] 양자가 달라 경합하지 않을 때에는(즉, 별개의 행위라고 평가되면) 양자가 배제관계에 있는 법조경합[876]이라고는 생각되지 않으므로 실체적 경합(경합범)[877]이 되어, 「형법」 제38조(경합범과 처벌례) 제1항 제2호의 규정에 따라 형을 가중한다.

실무에서는 양자를 상상적 경합 관계라고 보고 있다. 상상적 경합 관계는 「산업안전보건법」상 사망에 대한 결과적 가중범 규정(제167조 제1항)이 적용되지 않는 경우에 성립한다. 예를 들면, 안전인증기준에 맞지 않는 기계를 사용하다가(결과적 가중범 규정이 적용되지 않는 제87조 제1항 위반) 끼임사

죄에 해당하는 경우에 성립한다. 상상적 경합이 성립하면 경합한 범죄 중 가장 무거운 죄에 정한 형, 즉 실현된 구성요건 중에서 가장 중한 구성요건에 정한 형으로 처벌한다. 따라서 상상적 경합은 실질적으로 수죄(數罪)이지만 과형(科刑)상으로는 일죄(一罪)로 취급된다. 여기에서 형이란 법정형을 말하고, 죄의 경중은 형의 경중을 규정한 「형법」 제50조에 의거하여 정하게 된다.

874) 대법원 1991.12.10. 91도2642 판결. 그러나 판례는 「산업안전보건법」상의 안전보건조치의무 위반과 업무상과실치사상 간의 관계와 유사한 「도로교통법」 위반과 업무상과실치사상 간의 관계에 대해 「도로교통법」 위반범죄와 업무상과실치사상죄의 실체적 경합이 된다고 보고 있다(대법원 1972.10.31. 72도2001). 예컨대 무면허운전을 하다가 업무상과실치사상의 결과가 발생하면, 무면허운전행위 이외에 별개의 업무상과실행위가 존재한다고 보아 무면허운전죄(도로교통법 제152조 제1호)와 업무상과실치사상죄의 실체적 경합범이 성립한다고 보는 것이다.

875) 동일한 행위에 대하여 「산업안전보건법」 위반죄의 형이 업무상과실치사상죄의 형보다 무거운 경우가 많지만 그렇지 않은 경우도 있다.

876) 1개의 행위가 수 개의 범죄구성요건을 실현하였으나 구성요건 상호 간에 배척현상이 일어나서 하나의 구성요건만 적용되고 다른 구성요건의 적용이 배제되는 경우를 말한다. 법조경합은 외견상으로만 수 개의 구성요건에 해당할 뿐이고 실질적으로는 1개의 구성요건만 적용된다는 점에서 상상적 경합이나 실체적 경합과 구별되고, 이러한 의미에서 법조경합을 외형상의 경합 또는 부진정경합이라고도 한다. 1개 또는 수 개의 행위가 2개 이상의 형벌규정에 해당되는 외관을 지녀도 실은 그러한 형벌법규 상호 간의 관계상 그중 1개만이 적용되고 다른 것의 적용은 배척되는 경우이다. 법조경합의 경우에 일정한 구성요건이 어떠한 원리에 의해 다른 구성요건을 배척하고 우선적으로 적용할 것인가에 관하여 형법은 아무런 규정도 두고 있지 않아, 그 해결은 해석(이론)에 맡겨져 있다. 법조경합에는 특별관계, 보충관계, 흡수관계 및 택일관계가 있다.

877) 동일인이 수 개의 행위로 수 개의 죄를 실현하는 경우를 말한다(형법 제37조).

고로 사망한 경우, 안전인증기준에 맞지 않은 기계를 사용한 것과 위험방지 조치를 하지 않은 업무상과실로 근로자를 사망에 이르게 한 것은 1개의 행위로서 상상적 경합에 해당한다.

판례 또한 "도로공사의 현장소장은 지반의 붕괴 등에 의하여 근로자에게 위험을 미칠 우려가 있는 때에는 그 위험을 방지하기 위하여 지반을 안전한 경사로 하고 낙하의 위험이 있는 토석을 제거하거나 옹벽 및 흙막이 지보공 등을 설치하여야 함에도, 이러한 위험방지조치를 취하지 아니 함으로써, 산업안전보건법 제23조[878] 제3항의 규정에 위반하였다는 범죄사실과 위와 같은 위험을 방지하기 위하여 필요한 조치를 취하지 아니한 업무상과실로 인하여 위 근로자를 사망에 이르게 하였다는 범죄사실에 있어서, 위의 산업안전보건법상의 위험방지조치의무와 업무상 주의의무가 일치하고 이는 1개의 행위가 2개의 업무상과실치사죄와 산업안전보건법 위반죄에 해당하는 경우이다."[879] (밑줄은 필자)라고 판시하여 양자의 관계를 상상적 경합으로 보고 있다.[880]

양 죄가 상상적 경합 관계일 경우 양 죄는 동시에 처리되어야 한다. 그러지 아니하면 어느 한 죄가 기소될 경우 나머지 죄는 공소권이 소멸되기 때문이다. 지방고용노동관서에서는 양자의 병합처리를 위하여 업무상과실치사상죄를 수사 중인 경찰과 유기적으로 협조관계를 유지하되, 특히 수사 및 송치를 신속히 완료하여 「산업안전보건법」 위반의 죄가 업무상과실치사상죄와 반드

878) 현행 제38조.

879) 대법원 1991.12.10. 91도2642 판결.

880) 「산업안전보건법」 위반죄와 업무상과실치사죄를 상상적 경합으로 본 이 판결은 「산업안전보건법」에 결과적 가중범[고의 있는 산업안전보건법 위반에 의해 과실에 의한 중한 결과(사망)가 발생한 경우 그 형이 가중되는 범죄]이 신설(2006.3.24)되기 이전의 판결이다. 결과적 가중범이 신설된 이후에는 「산업안전보건법」상의 결과적 가중범과 업무상과실치사죄의 관계는 더 이상 상상적 경합의 관계라고 볼 수 없고 법조경합(특별관계)으로 보는 것이 타당하다. 결과적 가중범이 도입된 이후에도 판례가 최근까지 결과적 가중범이 도입되기 전의 위 대법원 판결(91도2642)을 답습하여 둘 간의 관계를 상상적 경합의 관계로 보고 있는 것은 명백히 법리를 오해한 것이다.

시 병합되어 공소가 제기되도록 하여야 한다.[881] 실무적으로는 특별사법경찰관인 근로감독관이 수사한 결과, 「산업안전보건법」 위반죄가 업무상과실치사상죄와 경합될 때에는, 구속을 요하는 사건은 검찰의 지휘를 받아 공조수사하고, 불구속사건은 근로감독관과 일반경찰이 각각 수사하되 양자가 병합되어 공소가 제기되도록 하고 있다.

한편, 판례는 "피고인 A가 작업의 편리성 등에 치중하여 3m 간격으로 설치되어 있던 추락방지망을 제거하고 매트리스를 설치하는 등의 추가적인 위험방지조치를 강구하지 않았다고 하더라도, 산업안전기준에 관한 규칙에서 그와 같은 추락방지망 등을 설치할 의무에 관하여 따로 규정하고 있지 않는 이상, 산업안전보건법 제23조[882] 제3항 소정의 안전조치 의무를 위반한 경우에 해당한다고 볼 수는 없다."고 하면서 피고인 A가 위 규칙 제372조[883] 각 호에 규정된 모든 안전조치를 다 이행하였고, 이 사건 작업현장에는 작업발판뿐만 아니라 2단 안전난간까지 설치되어 있었으나, 사고 당일 비계해체 작업을 위해 안전난간을 제거하였고, 피해자는 안전모, 안전대를 착용하고 있었으며, 안전요원과 지휘·감독자가 안전대 고리를 걸고 작업을 하도록 통제한 사실을 인정하고 피고인 A가 안전조치 의무를 위반하지 않았다고 판시하였다.[884]

이 판결은 피고인 A에 대하여 위와 같이 「산업안전보건법」 위반죄는 무죄를 선고하였으나, 업무상과실치사죄에 대해서는 불가항력적인 사고가 아니고 피고인 A의 과실로 인하여 발생한 것이라면서 유죄를 선고하였다. 이 판시를 통해 「산업안전보건법」에 대해서는 「안전보건기준규칙」 등 법령에 안전보건조치가 명시적으로 규정되어 있지 아니하면 처벌할 수 없지만, 업무상주의의무(업무상과실치사상죄)는 이보다 넓게 인정될 수 있음을 보여주고 있

881) 「형사소송법」 제327조(공소기각의 판결) 제3호에 의해 공소가 제기된 사건에 대하여 다시 공소가 제기되었을 때에는 판결로써 공소기각의 선고를 하여야 한다.

882) 현행 「산업안전보건법」 제38조.

883) 현행 「안전보건기준규칙」 제57조.

884) 대법원 2009.5.28. 2008도7030 판결.

다. 판례는 기본적으로 주의의무에 대해 반드시 개별적인 법령에서 일일이 그 근거나 내용이 명시되어 있어야만 하는 것은 아니며, 결과 발생에 즈음한 구체적인 상황에서 이와 관련된 제반사정들을 종합적으로 평가하여 결과 발생에 대한 예견 및 회피가능성을 기준으로 삼아 인정될 수 있는 것이라는 입장을 취하고 있다.[885]

「산업안전보건법」 위반죄와 업무상과실치사상죄를 비교하면 다음과 같다.

[표 18] 산업안전보건법 위반죄와 업무상과실치사상죄 비교

구분	산업안전보건법 위반죄	업무상과실치사상죄(형법)
범죄의 성격	고의범(대부분 미필적 고의범)	과실범
범죄 구성요건	산업안전보건기준 위반(사상자 발생과 무관) 단, 사망에 이르게 한 경우에는 가중처벌(결과적 가중범)	과실(주의의무 위반) +사상자 발생
처벌 대상	개인(위반행위자)+사업주[법인 : 법인 그 자체, 개인 : 개인경영주(사장)]	개인(위반행위자)

7. 결과적 가중범

결과적 가중범이란, 행위자가 의욕(인용)했던 결과보다 더 중한 결과가 발생함으로 인하여 가중처벌되는 범죄를 말하며, 결과 때문에 형이 무거워지는 죄이다(형법 제15조 제2항). 결과적 가중범은 기본범죄를 전제로 하고, 기본범죄의 형에 비하여 결과 발생을 이유로 형을 가중하는 범죄유형이다.[886]

885) 대법원 2009.4.23. 2008도11921 판결 등. 전술한 대로 학설의 입장이기도 하다.

886) 결과적 가중범에는 진정 결과적 가중범과 부진정 결과적 가중범이 있다. 전자는 고의에 의한 기본범죄에 기하여 과실로 중한 결과를 발생하게 한 결과적 가중범이며, 상해치사죄(형법 제257조) 등 대부분이 결과적 가중범이 이에 해당한다. 후자는 고의에 기한 기본범죄에 기하여 중한 결과를 과실로 발생하게 한 경우뿐만 아니라 고

결과적 가중범은 고의범인 기본범죄와 중한 결과를 발생시킨 과실범이 결합되어 있는 형태의 범죄(결합범)이고,[887] 두 죄의 실체적 경합 또는 상상적 경합에 비해 형벌이 현저히 무겁다.

「산업안전보건법」 제167조 제1항은 제38조(안전조치) 제1항부터 제3항까지 또는 제39조(보건조치) 제1항 또는 제63조(도급인의 안전조치 및 보건조치)를 위반하여 근로자를 사망에 이르게 한 자는 7년 이하의 징역 또는 1억원 이하의 벌금에 처한다고 규정하여 결과적 가중범[고의의 기본범죄+과실의 중한 결과(사망) 발생] 구조를 취하고 있다.

「산업안전보건법」 제38조는 사업주가 위험으로 인한 산업재해를 예방하기 위하여 필요한 조치(안전조치)를 규정하고 있고, 제39조는 건강장해를 예방하기 위하여 필요한 조치(보건조치)를 하도록 규정하고 있다. 또 제63조는 관계수급인 근로자의 산업재해를 예방하기 위하여 필요한 안전조치 및 보건조치를 규정하고 있다. 이와 같은 사업주의 안전보건조치의무 위반으로 인하여 근로자가 사망하는 산업재해가 발생한 경우, 사업주는 「산업안전보건법」 제167조 제1항에 의하여 가중처벌의 대상이 될 수 있다.

이 죄는 사업주의 안전보건조치의무 위반과 근로자의 사망(결과) 발생 사이

의로 발생하게 한 경우에도 성립하는 결과적 가중범을 말하며, 특수공무방해치상죄(형법 제144조 제2항 전문), 현주건조물방화치사죄(형법 제164조 제2항 전문), 교통방해치상죄(형법 제188조), 중상해죄(형법 제258조) 등이 이에 해당한다. 「산업안전보건법」상의 결과적 가중범은 진정 결과적 가중범이다.

887) 우리 형법전은 예외없이 기본행위(기본범죄)가 고의범인 결과적 가중범만을 규정하고 있고 과실의 결과적 가중범은 인정하지 않고 있지만, 행정형법의 영역에서는 기본행위(기본범죄)가 과실범인 결과적 가중범도 존재한다. 예를 들면, 「건축법」 제107조 제2항에서는 '업무상과실'로 제106조 제2항의 죄를 범한 자(제1항의 죄를 범하여 사람을 죽이거나 다치게 한 자)를 10년 이하의 징역이나 금고 또는 1억원 이하의 벌금에 처하고 있다. 그리고 「환경범죄 등의 단속 및 가중처벌에 관한 법률」 제5조는 '업무상과실 또는 중대한 과실'로 제3조의 죄를 범한 자(오염물질을 불법배출함으로써 사람을 죽거나 다치게 한 자 등)를 10년 이하의 징역 또는 1억 5천만원 이하의 벌금 등에 처하고 있다.

에 인과관계가 있고 사망 발생에 사업주 측의 과실이 긍정되는 경우에 한하여 성립하며, 만일 인과관계 또는 사망에 대한 과실을 인정할 수 없는 경우에는 「산업안전보건법」 제168조 등의 안전보건조치의무 위반죄만 성립하고, 사망에 대해서는 「형법」상 업무상과실치사 성립 여부만을 검토하여야 할 것이다.[888)]

「산업안전보건법」 제167조 제1항으로 의율하여 처벌하기 위해서는, 위반행위자에게 안전보건조치의무 위반에 대한 고의가 있어야 하며, 그 의무 위반으로 인하여 과실에 의한 사망재해가 발생하여야 한다. 즉, 고의에 의한 기본범죄인 안전보건조치의무 위반과 과실에 의한 사망결과 발생이라는 일종의 '결과적 가중범' 형태를 취하고 있다. 따라서 위반행위자에게 기본범죄에 대한 고의가 없는 경우에는 그것에 대하여 이 조항으로 처벌할 수 없다.

본 결과적 가중범은 자신이 이미 (사망에 이르게 하지 않은) 안전보건조치의무 위반죄(기본범죄)와 업무상과실치사죄의 구성요건을 포함하고 있기 때문에 안전보건조치의무 위반죄(기본범죄)와 업무상과실치사죄에 대해 특별관계[889)]를 가지는 법조경합 관계[890)]에 있다고 해석되어야 한다.[891)]

888) 사망사고가 발생한 경우 「산업안전보건법」상의 산업안전보건기준 위반만 성립하고 '산업안전보건기준 위반과 사망' 간 또는 '과실(주의의무 위반)과 사망' 간의 인과관계 등이 부정되어, 「산업안전보건법」의 결과적 가중범뿐만 아니라 「형법」의 업무상과실치사죄도 성립되지 않는 경우가 얼마든지 있을 수 있다. 즉, 사망사고가 발생하고 산업안전보건기준 위반이 있다고 해서 「산업안전보건법」의 결과적 가중범이나 업무상과실치사죄가 당연히 성립되는 것은 아니다.

889) 일정한 구성요건이 다른 구성요건의 모든 요소를 포함하고 그 밖의 특별한 표지까지 포함하고 있는 경우에 후자에 대한 전자의 관계를 말한다. 특별관계에서는 특별법 우선적용의 원칙에 따라 일반법의 적용은 배제된다(배종대, 『형법총론(제17판)』, 홍문사, 2023, 551~552쪽).

890) 상해치사죄(형법 제259조)가 상해죄(형법 제260조)와 과실치사죄(형법 제267조)에 대해서 특별관계에 있는 것(배종대, 『형법총론(제17판)』, 홍문사, 2023, 552쪽 ; 손동권/김재윤, 『새로운 형법총론』, 율곡출판사, 2011, 635쪽 ; 이재상/장영민/강동범, 『형법총론(제11판)』, 2022, 554쪽 ; 이주원, 『형법총론』, 박영사, 2022, 421쪽 ; 임웅/김성규/박성민, 『형법총론(제14정판)』, 법문사, 2024, 628~629쪽)과 동일한 구조이다.

891) 판례 또한 업무상과실치사죄와 「산업안전보건법」상의 결과적 가중범 간의 관계와

〈참고〉 산업안전보건법상의 결과적 가중범(제167조) 성립요건

1. 결과적 가중범 구성요건해당성
   ① 고의(미필적 고의를 포함한다)의 기본범죄가 있어야 한다. 산업안전보건법의 경우, 고의에 의한 제38조(안전조치) 제1항부터 제3항까지, 제39조(보건조치) 제1항 또는 제63조(도급인의 안전조치 및 보건조치)의 안전보건조치의무 위반이 있어야 한다.
   ② 중한 결과로서 사망이 발생하여야 한다.
   ③ 기본범죄와 중한 결과(사망) 사이에 인과관계가 있어야 한다. 판례[892]는 상당인과관계설[893]에 의해 기본범죄와 중한 결과(사망) 사이의 인과관계 존재 여부를 판단한다. 즉, 상당인과관계가 인정되지 않으면 결과적 가중범은 성립하

유사한 업무상과실치사죄와 위험운전치사죄의 관계에 대해, 업무상과실치사상죄를 내용으로 하는 「교통사고처리 특례법」 위반죄는 「특정범죄 가중처벌 등에 관한 법률」상의 위험운전치사상죄(제5조의11)에 '흡수'된다고 보고 있다. 위험운전치사상죄는 1개의 구성요건에 음주운전행위와 업무상과실치사상행위가 결합된 결합범으로서, 음주운전을 하다가 '치사상'의 결과가 발생하면, 업무상과실치사상죄는 별죄를 구성하지 아니하고 위험운전치사상죄만이 성립하게 된다.

892) 대법원 1996.7.12. 96도1142 판결 ; 대법원 1995.5.12. 95도425 판결 ; 대법원 1982.11.23. 82도1446 판결 ; 대법원 1978.7.11. 78도1331 ; 대법원 1968.5.21. 68도419 판결 ; 대법원 1967.10.31. 67도1151 판결 ; 대법원 1956.7.13. 4289형상129 판결.

893) 상당인과관계설에서는 행위와 결과 사이에 경험법칙상 상당성이 있을 때에만 인과관계를 인정한다. 상당성이란 높은 가능성, 즉 개연성(Wahrscheinlichkeit)을 의미한다. 일정한 행위가 있으면 일정한 결과가 발생할 '높은 가능성=개연성'이 있는 경우에만 인과관계를 인정하고 일정한 결과가 발생할 '가능성'(Möglichkeit)만 있는 경우에는 인과관계를 인정하지 않는다(오영근/노수환, 『형법총론(제7판)』, 박영사, 2024, 136쪽). 즉, 상당인과관계란 어느 행위로부터 어떠한 결과가 발생하는 것이 일반인 경험상 상당하다고 판단될 때 인정되는 인과관계이다. 이 경우 '경험상 상당하다'는 말은 어느 행위로부터 어느 결과가 발생하는 것이 통상적이라고 판단되는 것을 말한다. 상당인과관계설에 따르면, '상당한' 인과관계인가 아닌가 하는 문제는 사람들의 일상적인 경험에 비추어 판단된다. 일정한 행위가 있으면 문제의 구체적인 결과가 발생한다고 통상적으로 인정될 경우에 상당인과관계가 인정된다. 조건설은 "그 행위가 없으면 그 결과는 발생하지 않는가?"라는 소극적 판단공식을 사용하지만, 상당인과관계설은 "그 행위가 있으면 통상 그 결과가 발생하는가?"라는 적극적 판단공식을 사용한다고 말할 수 있다. 즉, 상당인과관계설은 행위와 결과 사이에 조건설에 의한 자연과학적 인과관계(조건관계)가 인정되더라도 그것으로 바로 형법적 인과관계를 인정하지 않는다. 상당인과관계설은 조건관계가 인정되는 경우에

지 않는다. 최근 학계에서는 중한 결과(사망)를 기본범죄에 객관적으로 귀속시키기 위해서는 지배가능성의 원칙과 위험실현의 원칙에 따른 객관적 귀속기준이 충족되어야 한다는 견해, 즉 결과적 가중범에 있어서는 기본범죄에 내포된 전형적인 위험이 실현되어 중한 결과(사망)가 발생하였다는 의미에서 직접성을 필요로 한다는 견해가 많다. 직접성이라는 요건은 인과관계에 조건설 또는 합법칙적 조건설을 취할 때는 필요로 하지만, 상당인과관계설을 취할 때에는 인과관계의 문제로 해소된다.[894] 직접성의 척도는 일상적인 경험을 판단기준으로 하는 인과관계의 상당성을 구체화한 것에 지나지 않는다고 볼 수 있다.[895]

④ 중한 결과(사망)의 발생에 대하여 예견가능성(과실)이 있었어야 한다. 중한 결과(사망)의 발생이 객관적으로 예견 가능한 경우에도 행위자 자신이 중한 결과(사망)를 예견할 수 없을 때에는 결과적 가중범으로 처벌하지 않는다. 과실은 주의의무 위반이다. 주의의무는 구성요건이 실현된다는 것을 예견하고 이를 회피해야 할 의무이다. 결과적 가중범에 있어서 주의의무는 중한 결과(사망)의 실현을 예견할 의무와 이를 회피해야 할 의무를 내용으로 한다. 그런데 중한 결과 발생은 고의의 기본범죄에서 비롯된 것이다. 중한 결과(사망) 발생을 회피하려면 처음부터 고의의 기본범죄를 범하지 말았어야 한다. 즉, 기본범죄를 범하였다면 그 자체가 이미 중한 결과(사망) 발생에 대한 회피의무를 위반한 것이다. 이제 남는 부분은 중한 결과(사망) 발생을 예견해야 할 의무이다. 중한 결과(사망) 발생에 대한 예견의무는 예견가능성을 전제로 한다. 예견가능성이 없는 경우에는 결과예견의무를 부과할 수 없다. 결국 결과적 가중범에 대한 책임판단의 토대는 중한 결과(사망)에 대한 예견가능성으로 집중된다. 우리나라 형법 제15조 제2항은 이러한 사정을 고려하여 "결과 때문에 형이 무거워지는 죄의 경우에 그 결과의 발생을 예견할 수 없었을 때에는 무거운 죄로 벌하지 아니한다."고 규정하고 있다.[896] 결과발생예견가능성은 '객관적 결과발생예견가능성'과 '주관적 결과발생예견가능성'을 모두 포함해야 하는바, 구성요건 단계에서는 객관적 결과발생예견가능성[평균적 일반인(평균인)을 기준으로 행위자가 처한 상황, 행위의 경과, 부수사정 등에

도 다시 사람들의 전체적 경험지식에 입각하여 그 행위가 결과를 야기하는 것이 일반적으로 상당하다고 생각되는가를 묻는다. 이 질문에 긍정적인 대답이 나올 때 행위와 결과 사이에 상당인관계가 있다고 판단된다(신동운, 『형법총론(제15판)』, 2023, 188~189쪽).

894) 오영근/노수환, 『형법총론(제7판)』, 박영사, 2024, 173쪽.

비추어 중한 결과의 발생(실현)을 예견할 수 있었음을 말한다]이,[897] 책임 단계에서는 주관적 결과발생예견가능성[구체적인 행위자가 중한 결과의 발생(실현)을 예견할 수 있었음을 말한다[898]]이 각각 문제된다. 즉, 객관적 결과발생예견가능성은 (주관적) 구성요건요소로서, 주관적 결과발생예견가능성은 책임요소로서 각각 검토된다.[899] 통설도 결과적 가중범의 결과발생예견가능성을 객관적으로 판단해야 하고, 주관적 예견가능성은 책임 단계나 양형 단계에서 고려하면 족하다고 보고 있다.[900]

2. 결과적 가중범이 위법하기 위해서는 기본범죄(기본행위)의 위법성과 중한 결과에 대한 과실범의 위법성이 동시에 있어야 한다. 기본행위가 위법성조각사유(정당행위, 정당방위, 긴급피난, 자구행위, 피해자의 승낙에 의한 행위 등)에 해당되면 중한 결과에 대한 과실범의 문제만 남는다. 반대로 기본행위가 위법하고 중한 결과 발생에 대한 과실이 없을 경우에는 기본범죄만 성립한다. 결과적 가중범의 책임표지는 일반범죄와 동일하다. 즉 책임능력, 위법성 인식, 기대가능성이 있어야 한다. 물론 이 요건은 기본행위와 중한 결과에 대한 과실범 모두에 고려되어야 한다.

---

895) 결과적 가중범을 책임주의 원칙에 부합하게 하기 위해서는 인과관계의 상당성이든 객관적 귀속기준으로서의 직접성의 원칙이든 이를 엄격하게 적용할 필요가 있다.

896) 「형법」 제15조 제2항은 인과관계에 대해서는 조건설을 전제로 한 것일 수도 있다. 판례 중에는 드물지만 인과관계는 인정하면서 예견가능성을 부정하는 것도 있다(대법원 2010.5.27. 2010도2680 판결 ; 대법원 1988.4.12. 88도178 판결 등).

897) 객관적 결과발생예견가능성은 평균인의 객관적 주의능력을 표준으로 한 가능성을 의미한다(통설, 판례). 여기에서의 평균인은 주의 깊은(사려 깊은, 신중한, 성실한) 평균인을 가리킨다. 이 평균인이 '행위 당시의' 구체적 상황과 '행위자가 속한 사회생활권'에 처하였을 경우에 준수해야 할 주의의무가 표준이 된다(임웅/김성규/박성민, 『형법총론(제14정판)』, 법문사, 2024, 559쪽). 결과발생예견의무는 결과발생예견가능성을 전제로 하는 만큼, 법관은 결과발생예견의무 위반 여부를 판단함에 있어 행위자의 행위 당시의 시점을 기준으로 삼아 장래전망적으로 검토를 해야 한다. 발생된 결과를 놓고 소급하여 이를 판단의 대상에 포함시켜서는 안 된다.

898) 아무리 객관적 예견가능성이 있더라도 행위자의 주관적 능력[결과 자체와 결과에 이르는 중요과정(사건진행과정의 본질적 부분=인과과정의 본질적 윤곽)을 예견할 수 있는 개인적 능력]을 벗어난 때에는 그의 책임으로 돌릴 수 없다.

899) 중한 결과 발생이 객관적으로 예견가능한 경우에도 행위자 자신이 그것을 예견할 수 없을 때(예견할 수 없는 특수한 사정이 있는 때)에는 결과적 가중범으로 처벌할 수 없다(배종대, 『형법총론(제17판)』, 홍문사, 2023, 519쪽 ; 신동운, 『형법총론(제15판)』, 법문사, 2023, 275쪽).

3. 자기의 행위가 법령에 의하여 죄가 되지 아니하는 것으로 오인한 행위는 그 오인에 정당한 이유가 있는 때에는 벌하지 아니힌다[형법 제16조(법률의 착오) 참조]. 즉, 행위자에게 위법성의 착오(위법성의 인식이 결여된 경우)가 있었던 경우에 이를 회피할 수 없었으면 책임이 조각(면책)된다. 오인에 정당한 이유가 있는지 여부는 행위자에게 자기 행위의 위법 가능성에 대해 심사숙고하거나 조회할 수 있는 계기가 있어 자신의 지적 능력을 다하여 이를 회피하기 위한 진지한 노력을 다하였더라면 스스로의 행위에 대하여 위법성을 인식할 수 있는 가능성이 있었음에도 이를 다하지 못한 결과 자기 행위의 위법성을 인식하지 못한 것인지 여부에 따라 판단하여야 할 것이고, 이러한 위법성의 인식에 필요한 노력의 정도는 구체적인 행위정황과 행위자 개인의 인식능력 그리고 행위자가 속한 사회집단에 따라 달리 평가되어야 한다.[901] 따라서 수범자는 자신의 행위의 적법여부를 의심할 만한 계기가 생긴다면, 관련 규정을 파악해야 할 문의(조사)의무가 있다. 법률전문가가 아닌 사람은 의문이 들 때 자신의 판단에 의지할 것이 아니라 필요한 정보를 얻도록 해야 한다. 관할행정기관, 자격 있는 법률전문가, 전문기관 등에 상세히 문의했다면 비록 잘못된 회답에 따랐다고 하더라도 필요한 문의의무를 이행한 것으로 인정될 수 있다.
4. 행위 당시의 구체적 사정에 비추어 보아 구성요건에 해당하고 행위자에게 주의의무(결과발생예견의무+결과발생회피의무)를 준수하는 것을 기대할 수 없는 경우(기대불가능성)에는 결과적 가중범의 책임조각(면책)사유에 해당한다. 기대가능성은 유무의 판단뿐만 아니라 정도의 판단도 있을 수 있는 개념이다. 기대가능성의 강약은 행위자 개인에 대한 책임을 무겁게 하거나 감경시킴으로써 법관의 양형에 직접 영향을 주게 된다.[902]
5. 결과적 가중범에 있어서 중한 결과(사망)에 대한 과실 유무의 판단의 기준시기는 기본범죄, 즉 기본적 구성요건의 실행행위 시이다.

---

900) 주관적 주의의무위반이란 '행위자의 개인적' 능력(지식, 경험, 연령, 지능, 신체조건 등)에 비추어 객관적 주의의무의 준수가 '가능'했음에도 주의하지 않았음을 의미한다.

901) 대법원 2006.3.24. 3005도3717 판결.

902) 우리나라 다수설과 판례는 기대불가능성을 초법규적 책임조각사유로 인정하고 있다.

[칼럼] 비현실적 '엄벌法'으론 재해 못 줄인다[903)]

'정부의 안전문화 조성 없이는 기업의 안전문화 조성도 어렵다.' 상식이다. 기업의 안전 수준을 높이기 위해선 정부의 예방 역량과 올바른 방향이 중요하다는 의미다. 그런데 정부는 재해 예방 기반 조성 같은 책무는 소홀히 한 채 기업에만 책임을 씌운다. '책임의 외주화'다. 이를 위해 곧잘 쓰는 수법이 감성에 호소하는 '엄벌주의'다. 그것도 지킬 수 없는 규제를 들이대며.

정부는 재해 예방을 위한 근본적인 문제의 해결보다는 엄벌이라는 손쉬운 방식에 지나치게 의존한다. 마치 엄벌만이 정의인 듯 생각하는 이념이 횡행한다. 사실, 엄벌주의는 미봉적 해결 수단으로, 권위주의 정부에서 자주 사용되는 접근이다. 뭔가 하고 있다는 정치적 제스처를 통해 실질적인 문제를 가리는 알리바이로 활용되는 경우가 많다. 더 큰 문제는, 중심을 잡아야 할 정부가 면피에 급급해 엄벌주의의 선봉대 역할을 자임하고 있다는 사실이다.

만약 어떤 조직에서 지킬 수 없는 규칙을 만들어 놓고 지키지 않는 구성원을 징계하겠다고 하면 어떻게 될까? 조직이 책임 떠넘기기에 혈안이라고 아우성일 것이다. 조직에 대해 무책임하다는 비난도 쇄도할 것이다. '중대재해기업처벌법'(중대재해처벌법) 제정 움직임에서 이런 비유를 떠올리는 사람은 단지 필자만이 아닐 것이다.

최근 중대재해처벌법을 둘러싼 정국을 보면, 2018년 12월 문제투성이의 '김용균법'을 놓고 연출된 상황의 데자뷔가 느껴진다. 그때도 정치권 등을 중심으로 산업안전보건법 개정안에 대해 '김용균법'이라는 레토릭을 통해 마치 산재 문제를 크게 개선하는 입법인 양 호도하면서 번갯불에 콩 볶듯 통과시켰다. 개악됐다는 사실이 속속 드러나고 중대재해를 줄이긴커녕 증가시키고 있는데도 입법에 앞장선 이들은 아무런 반성이 없다. 아니면 말고 식이다. 처벌을 대폭 강화해 놓고 또다시 이 정도로는 부족하니 문명국에서는 유례없는 입법으로 모든 기업과 경영자를 범법자로 삼겠다

---

903) 정진우, 문화일보, 2020.12.18.

고 한다. 이런 식이라면 나중엔 살인죄로 처벌하자고 나올 것이다.

처벌만 강화하면 진정 산재가 줄어들 것이라고 보는가? 그렇다면 중국, 북한과 같은 사회주의 국가가 이미 재해 예방 선진국이 돼 있어야 한다. 이젠 솔직해져야 한다. 산업 안전의 수준은 예방 시스템 여하에 달렸다는 상식을 외면하는 것인가, 아니면 모른단 말인가. 전자라면 무책임하고 후자라면 무능한 것이다.

과연 중대재해처벌법을 지킬 수 있는 기업이 있다고 생각하는가? 처벌에서 자유로울 수 있는 기업이 있을까? 단언컨대 어느 기업도 이 법을 다 준수할 수 없다. 누구도 지킬 수 없는 법을 악법이라고 한다. 좋은 명분만 내걸면 헌법 원칙은 내팽개치고 위법적 수단도 정당화되는 것인가. 목적만 정당하면 애먼 사람이 처벌돼도 무방한가. 그러면서 법치주의, 민주주의를 말할 자격이 있는가. '정의는 결과가 아닌 과정이다.'

정부는 엉성한 김용균법과 고비용 저효과 예방 시스템을 개선할 생각은 하지 않고 툭하면 엄벌에 의존하거나 인력을 늘리는 식의 보여주기에만 골몰한다. 중대재해처벌법이 '제2의 김용균법'이 돼선 안 된다. 들끓는 여론을 잠재우기 위해, 본질적인 문제 해결에는 눈감은 생색내기 입법은 재해로 희생된 분들에게도 몹쓸 일이다. 득표하는 데는 도움될지 모르나, '정권은 짧고 역사적 평가는 영원하다'는 사실을 명심해야 한다.

8. 처벌 대상자 선정기준

「산업안전보건법」 제173조 양벌규정에 따라 사업주가 아닌 법인의 대표자, 법인 또는 개인의 대리인, 사용인, 그 밖의 종업원이 피의자로 입건될 수 있다. 그러나 구체적인 사안에서 법인의 대표자를 입건하여야 하는지, 안전보건관리책임자인 현장소장을 입건하여야 하는지, 아니면 감독자의 위치에 있는 자를 입건하여야 하는지가 논란이 될 수 있다.

특히, 대기업처럼 전국에 여러 개의 사업장을 두고 사업장마다 공장장 등 책임자를 두고 있는 경우 누가 「산업안전보건법」상 형사책임을 지는지가 문제가 될 수 있다.

위반 시 형벌이 부과되는 「산업안전보건법」 위반죄의 경우 고의범이므로 안전보건조치위무 위반에 대한 고의가 있어야 한다. 법인인 사업주는 행위능력이 없으므로 위반행위는 법인 대표자, 종업원에 의하여 이루어지게 된다. 이 경우 누가 위반행위의 현실적인 주체인지를 확정하는 문제는, 사업주가 법인이든 개인이든 회사의 규모, 법인 대표자 또는 개인 경영자의 업무와 개별사업장의 업무 간 구체적인 업무분장 관계, 안전관리에 관한 업무의 실질적인 권한 위임(부여) 여부, 당해 사안에서의 관리·감독내역 등 여러 사정을 종합적으로 고려하여 개별 사안마다 구체적·개별적으로 판단한 다음, 대표자 또는 대리인, 사용인 등 종업원 중에서 실질적으로 위반행위를 주관하거나 관리·감독하는 위치에 있는 사람을 행위자로 입건하는 방식으로 처리하여야 할 것이다.

예를 들면, 여러 장소에 공사현장을 두고 있는 대규모 건설회사의 경우 현장에서 발생한 사망사고에 대하여 본사 대표이사를 형사피의자로 입건하기는 책임주의 원칙에 비추어 쉽지 않다. 이 경우에는 그 현장에서 안전보건관리책임자로 지정되어 안전보건업무를 실질적으로 총괄관리하는 위치에 있는 현장소장을 우선적으로 입건하여 위반행위를 하였는지 여부를 수사하여야 할 것이다.[904)]

그리고 대기업 제조업체도 본사와 장소적으로 분리되어 있는 제조공장에서 안전조치의무 위반으로 사고가 발생한 경우, 본사 대표이사보다는 안전보건업무를 실질적으로 총괄관리하고 있는 위치에 있는 당해 공장의 공장장을 우선적으로 입건한다.

요컨대, 우선적으로 입건 대상이 되는 것은, 상사의 지시에 따라 기계적으

---

904) 터널굴착공사에 있어 건설회사의 대표이사는 고의로 불량한 작업방법에 기인하여 발생하는 위험을 방지하기 위해 필요한 조치를 취하지 아니한 행위자라고 인정할 만한 증거가 없다는 이유로 대표이사의 「산업안전보건법」 위반에 대해 무죄를 선고한 사례가 있다(대법원 1994.5.24. 94도660 판결).

로 작업을 지시하는 중간관리자나 감독자가 아니라, 해당 사업장에서 안전보건조치에 대한 실질적인 의사결정권한과 집행권한을 가지고 있는 사이다.

작업 중 근로자가 추락할 위험이 있는 장소에서 추락방지를 위하여 필요한 조치를 이행하지 않은 것으로 인한 「산업안전보건법」 위반 사건에서 법인 대표이사가 유효하고 적절하게 피해자(근로자)에게 추락방지를 위하여 필요한 조치를 다하지 않은 행위자에 해당하는지가 다투어진바, 본 사건에서 대법원은 법인 대표이사를 「산업안전보건법」상 안전조치의무 위반행위의 행위자로 인정한 바 있다.[905] 이 외에도 법원은 심급을 막론하고 법인 대표이사가 사안에 따라 「산업안전보건법」상의 위반행위자가 얼마든지 될 수 있다고 보고 있다.[906]

근로감독관(산업안전보건) 집무규정(고용노동부 훈령)에서도 오래 전부터 "감독관은 산안법 제173조 또는 진폐법 제35조에 따른 양벌규정을 적용하는 경우에는 <u>사업주가 법인이면 특별한 사유가 없는 한 법인의 대표자</u>(대표자가 2명 이상인 경우에는 해당업무를 관장하는 사람을 말한다)<u>를 행위자로 본다</u>. 다만, 법인 또는 법인의 대표자에게 권한을 위임받은 경우에는 그 내용, 지위 및 책임 그 밖에 필요한 사항을 확인하여 행위자를 판단하여야 한다."(밑줄은 필자)고 규정하고 있다[제34조(법인에 대한 양벌규정 적용)].[907] 실무에서도 중소기업의 경우에는 일반적으로 법인 대표이사(법인이 아닌 경우에는 사장)를 「산업안전보건법」 위반행위자로 입건하여 처벌하고 있다.

다른 한편 하급심 중 일부 판결은 회사의 규모, 피고인의 업무와 회사의 개별현장에서 행하여지는 작업의 관계, 소속 근로자의 사고현장에서 이루어

---

905) 대법원 2011.9.29. 2009도12515 판결.

906) 대법원 2021.9.30. 2020도3996 판결 ; 울산지방법원 2021.11.4. 2021고단1588 판결 ; 울산지방법원 2021.9.9. 2021고단1202 판결 등.

907) 실무에서는 대기업의 경우 구성요건과 벌칙체계의 엉성함, 위임원리에 대한 이해 부족, 수사역량의 미흡에 따른 위법사실에 대한 증거 부족 등으로 이 규정이 제대로 집행되지 않고 있다.

진 회사의 작업에 대한 안전관리책임은 회사의 현장소장이 담당하고 있었던 점, 피고인과 현장소장 사이의 업무분담관계 등을 고려하여 볼 때, 당해 사고 현장에서 직접 근로자들을 지휘·감독하지 않았던 (법인) 대표이사인 피고인을 행위자로 볼 수 없다고 판시하기도 하였다.[908)]

9. 중대재해처벌법 시행 후 산업안전보건법 적용관계

「산업안전보건법」 등 대부분의 사업장 안전보건관계법(건설안전관계법, 화학물질관리법, 소방안전관계법, 가스안전관계법, 원자력안전관계법, 연구실 안전환경 조성에 관한 법률, 교육시설 등의 안전 및 유지관리 등에 관한 법률 등)[909)]은 위반행위자와 사업주(법인, 개인) 모두를 처벌하는 구조로 되어 있다.

「산업안전보건법」 등 사업장 안전보건관계법은 중대재해 발생 여부에 관계없이 안전보건조치의무 위반만으로 처벌하는 규정을 다수 두고 있지만, 안전보건조치의무 위반으로 사망사고 등 중대한 결과가 발생한 경우에는 가중처벌하는 규정도 아울러 두고 있는 경우가 많다(결과적 가중범).

안전보건조치의무 위반에 대한 형사처벌은 과실범도 처벌한다는 특별한 규정[910)]을 두고 있지 않는 한 고의범(대부분 미필적 고의범)이다. 전술한 바와 같이 「산업안전보건법」상 안전보건조치의무 위반도 고의범이다.

사망재해가 발생한 경우 「산업안전보건법」 위반죄 외에 「형법」상의 업무상과실치사죄의 적용이 문제가 된다. 업무상과실치사상죄는 직책에 관계없이 관계되는 자 모두가 처벌될 수 있다(공범이 성립하는 경우가 많다). 「형법」

908) 의정부지방법원 2005.3.31. 2004노1726 판결.

909) 형벌규정을 두고 있는 사업장 안전보건관계법은 좁게 잡아도 30여 개에 이른다.

910) 「산업안전보건법」에서는 양벌규정(제173조)의 단서가 과실범도 처벌한다고 규정하고 있는 예이다.

상의 업무상과실치사상죄는 사망 또는 부상이라는 결과 발생 시에만 성립하고 과실범(주의의무 위반)이다.

사망재해 발생으로 「산업안전보건법」상의 결과적 가중범이 성립하는 경우, 업무상과실치사죄는 그 죄에 흡수되어 별죄를 구성하지 아니한다고 보아야 할 것이다.[911] 즉, 「산업안전보건법」상의 결과적 가중범의 구성요건이 업무상과실치사죄의 구성요건을 이미 포함하고 있으므로(배척하므로), 양 죄는 법조경합 관계(특별관계)에 있다고 할 수 있다.[912]

「중대재해처벌법」 제정에 따라, 기업 등 조직에서 중대재해가 발생한 경우 경영책임자는 종전대로 「산업안전보건법」 위반죄와 「형법」상의 업무상과실치사죄로 처벌될 수 있을 뿐만 아니라, 「중대재해처벌법」 위반죄로도 처벌될 수 있다.

사망재해가 발생한 경우, 「산업안전보건법」 위반행위(결과적 가중범)와 「중대재해처벌법」 위반행위는 상호 관련되어 있는 부분이 있기는 하지만 그 구체적 내용이 엄연히 달라, 양법의 위반행위가 사회관념상(일반인의 생활경험에 비추어 볼 때 단일하고 동일하다고는(1개의 행위라고는) 볼 수 없으므로(수 개의 행위에 해당하므로),[913] 「산업안전보건법」상의 결과적 가중범과

---

911) 전술한 바와 같이 판례도 「산업안전보건법」상의 결과적 가중범과 유사한 위험운전치사상죄와 「교통사고처리특례법」 위반죄(업무상과실치사상죄)의 관계를 법조경합 관계로 설시하고 있다(대법원 2008.12.11. 2008도9182 판결). 판결에서 '흡수관계'라는 표현을 사용하고 있지만, 내용적으로 보면 '특별관계'에 해당한다.

912) 전술한 대로 「산업안전보건법」상의 안전보건조치의무 위반죄(사망에 이르게 하지 않은 경우)와 업무상 주의의무 위반죄(업무상과실치사죄)(전자)는 상상적 경합 관계에 있지만, 「산업안전보건법」상의 결과적 가중범과 업무상 주의의무 위반죄(후자)는 법조경합 관계에 있다고 보는 것이 타당하다. 일부 판례(대법원 2022.7.28. 2021도11288 판결 ; 대법원 2009.5.28. 2008도7030 판결 등)에서 결과적 가중범 조항이 신설(2006.3.24)되었는데도 방론으로나마 그 전의 관계(전자)에 대한 대법원 판결(대법원 1991.12.10. 91도2642)을 그 후의 관계(후자)에 그대로 원용하여 상상적 경합 관계로 보는 것은 전자와 후자를 구분하지 못한 잘못된 판단이라고 생각된다.

913) 대부분의 「산업안전보건법」 위반죄와 「중대재해처벌법」 위반죄와 같은 부작위범의

「중대재해처벌법」 위반죄는 실체적 경합 관계에 있다고 보아야 할 것이다.[914), 915)] 그리고 「형법」상의 업무상과실치사죄와 「중대재해처벌법」은 「중대재해처벌법」 위반죄의 구성요건이 업무상과실치사죄의 구성요건을 이미 포함하고 있으므로(배척하므로) 법조경합 관계에 있다고 할 수 있다.[916)]

경우, 행위가 한 개인지 수 개인지는 부작위의 동일성이 기준이 되는 것이 아니라 '기대되는 행위'의 동일성을 기준으로 판단하여야 한다.

914) 판례는 「도로교통법」 위반(음주운전)죄와 음주로 인한 「특정범죄가중처벌 등에 관한 법률」 위반(위험운전치사상)죄의 관계에 대해, 양 죄는 입법취지와 보호법익 및 적용영역을 달리하는 별개의 범죄이므로, 양 죄가 모두 성립하는 경우 두 죄는 실체적 경합 관계에 있다고 판단한 바 있다(대법원 2008.11.13. 2008도7143 판결).

915) 「중대재해처벌법」에 「산업안전보건법」과 일부 동일하거나 유사한 내용이 규정되어 있는 부분(중대재해처벌법의 안전보건관리체계와 산업안전보건법의 안전보건관리체제)도 있지만, 「산업안전보건법」상의 안전보건관리체제에 대한 위반은 형벌이 아닌 과태료를 부과하는 것으로 되어 있으므로, 설령 1개의 행위로 인정되더라도 수개의 '죄(범죄)'에는 해당될 수 없어 「중대재해처벌법」 위반죄와 「산업안전보건법」 위반죄(결과적 가중범 해당 여부를 불문한다)는 상상적 경합 관계가 될 수 없다. 이들의 관계를 상상적 경합 관계로 보고 있는 법원 판단의 문제점에 대한 비판은 바로 뒤에 소개되어 있는 칼럼('중대재해처벌법에 대한 함량 미달의 판결 - 대법원의 죄수 판단을 중심으로')을 참조하기 바란다.

916) 사망재해가 발생하였다고 가정하면, 「중대재해처벌법」상의 경영책임자(제2조 제9호)와 「산업안전보건법」상의 안전보건관리책임자(제15조)가 다른 경우에는(본사와 공장이 분리되어 있는 대기업이 전형적인 예이다), 경영책임자에 대해선 「중대재해처벌법」 위반죄가, 안전보건관리책임자에 대해선 「산업안전보건법」상의 결과적 가중범과 「형법」상의 업무상과실치사죄가 문제될 가능성이 높고, 「중대재해처벌법」상의 경영책임자와 「산업안전보건법」상의 안전보건관리책임자가 동일한 경우에는(대부분의 중소기업이 해당된다), 그는 「중대재해처벌법」 위반죄, 「산업안전보건법」상의 결과적 가중범, 「형법」상의 업무상과실치사죄가 모두 문제될 수 있다.

[칼럼] 무능 · 무책임이 낳은 중대재해처벌법 시행령[917)]

중대재해처벌법 시행령이 당초 계획보다 두 달 이상 늦게 입법예고되었다. 법률부터가 태생적 한계를 안고 있다보니 시행령 제정에 어려움이 컸을 것이다. 하지만 이 점을 감안하더라도 이번에 입법예고된 시행령은 체계와 내용의 조잡함과 무책임성으로 두고두고 문제가 될 것으로 보인다.

법을 따라야 할 수범자들은 의지와 비용의 리스크보다는 비현실성과 불명확성의 리스크를 떠안게 되었다. 준법의지가 강한 수범자조차도 지킬 수 없는 내용이 적지 않다는 점에서 중대재해처벌법령은 법령으로서의 기본요건을 갖추지 못하고 있다.

안전보건조치의무를 도급인(원청)이 해야 할지 수급인(하청)이 해야 할지 알 수 없는 곳이 한두 군데가 아니다. 법률과의 부정합성, 시행령 규정 간의 모순을 꼼꼼히 살피지도 않았고, 다른 법령과의 관계, 법리를 제대로 이해하지 못한 무능과 책상물림 냄새가 물씬 풍긴다. 실력 부족을 적나라하게 드러내고 있다.

시행령 전체가 불명확한 개념으로 도배되어 있다는 점은 실효성은 안중에 없고 모든 책임을 기업에 떠넘기겠다는 방증이다. 사람마다 다른 판단을 할 수밖에 없는 애매한 표현을 곳곳에서 사용하다 보니, 전문가조차도 누가 무엇을 어떻게 이행해야 할지 이해할 수 없다. 수범자 입장에서의 예측 가능성은 "내 알 바 아니다"라는 무책임감이 넘쳐난다. 판단을 자의적으로 하겠다는 행정독재의 그림자도 어른거린다.

시행령에 지나치게 광범위하고 비현실적인 규정이 많아 법률의 문제점을 해결하기는 커녕 상황을 더 악화시키고 있다. 원청이 하청 · 재하청의 근로자뿐만 아니라 하청 · 재하청과 업무상 관련된 독립사업자까지도 보호조치를 해야 하고, 이들의 안전보건에 관계되는 수많은(그러면서 해당 여부가 모호한) 법령이 규제 대상이다. 또한 질병에만 해당하면 1년 이내에 3명의 경증재해가 발생한 것만으로 무거운 형사처벌에 처하고, 출퇴근재해로 사망한 사고도 엄벌로 다스리겠다고 한다. 이런 식이라면 안전관리의 선택과 집중에 걸림돌이 될 수밖에 없다.

---

917) 정진우, 에너지경제, 2021.8.10.

시행령에는 동일한 위반사항에 대해 산업안전보건법보다 강하게 처벌할 규범적 근거가 없는데도 무작정 엄벌하려는 부분이 산재하고 있다. 죄질과 비난가능성에서 동일하거나 심지어 약한데도 불구하고 강하게 처벌하겠다는 것이다. '기승전 엄벌'인 셈이다. 엄벌 자체를 목적으로 하지 않는 이상 이처럼 법원칙을 무시한 내용을 입법예고하지는 않았을 것이다.

경제적 여유가 있는 기업들에 대해선 일시적으로 '군기' 잡는 효과는 있을 것이다. 그러나 거칠고 실효성 없는 내용으로는 형식적이고 수동적인 대응을 조장할 뿐 실질적인 안전역량 향상으로까지 이어지긴 어려울 것이다. 특히 중소기업의 경우에는 여전히 안전관리를 운수소관에 맡기고 자포자기로 대응할 가능성이 크다.

처벌이 기득권에서 비켜나 있는 중소기업으로 집중될 가능성이 큰 점도 문제이다. 웬만한 대기업들은 엉성한 법령의 틈새를 비집고 소송 등을 통해 적극 대응할 것이다. 종전에는 법 위반에 대해 벌금형을 받을 것으로 예상하고 무리한 수사에 대해서도 별다른 대응을 하지 않았지만, 1년 이상의 실형을 부과받을 수 있는 새로운 상황에서는 대기업들은 너나할 것 없이 소송제기를 할 것 같다. 반면, 준비와 여건이 되어 있지 않은 중소기업들은 산업안전보건법하에서도 주로 대표가 처벌되어 왔지만, 앞으로는 훨씬 심한 타격을 받게 될 것 같다.

우리나라 산업안전보건관계법이 어찌하여 이 지경이 되었는가. 무능과 위선의 조합, 처벌만능주의라는 이념과잉과 보여주기식 포퓰리즘의 결합이 낳은 산물이라고 할 수 있다. 그 원조는 소위 '김용균법'이라 불리는 전부개정 산업안전보건법이다. 전 세계 유례없는 무논리의 조잡한 법을 만들어 놓고도 하자보수에는 무관심했던 정부야말로 중대재해처벌법이라는 막무가내 입법을 불러온 장본인이다.

실효성 없는 규제와 엄벌에의 과도한 의존, 수범자의 준수 가능성에는 모르쇠로 일관하는 '내로남불' 법정책, 비용은 잔뜩 들이면서 효과는 내지 못하는 부실행정. 이런 접근으로는 안전에 대한 형식적 대응으로 이어질 뿐 효과적인 안전관리를 이끌어낼 수 없다.

역사에서 교훈을 배우지 못하면 역사로부터 가혹한 심판을 받게 된다. 역사로부터 배울 것인가, 아니면 역사의 심판을 받을 것인가. 산업안전정책이 어떤 선택을 하느냐에 따라 감당해야 할 몫은 확연히 달라질 것이다.

〈참고〉 중대재해처벌법에 대한 함량 미달의 판결 – 대법원의 죄수 판단을 중심으로[918)]

2023. 12. 28 중대재해처벌법 위반사건에 대한 첫 대법원 판결이 나왔다. 중대재해처벌법 위반사건 중 하급심에서 유일하게 실형이 선고된 사건이기도 해 판결 전부터 주목을 받았다.

하지만 필자는 중대재해처벌법 자체가 모호한 규정이 많은 데다가 법관들에게 생소한 법률이고 '10초 재판'이라는 말이 나올 정도로 대법원의 심리가 충실치 않아 판결에 큰 기대는 하지 않았다. 그럼에도 기초적인 것은 바로잡을 수도 있을 거라고 약간의 기대를 한 것도 사실이다. 뚜껑을 열어 본즉슨 헛된 기대를 했다는 생각을 넘어 대법원의 수준과 판결에 임하는 자세에 큰 실망과 회의(懷疑)를 느꼈다.

이번 판결이 비판받아 마땅한 것은 범죄의 수가 1개인가 수 개인가의 문제를 다루는 죄수론에 대한 함량 미달의 판단이다.

먼저, 판결은 중대재해처벌법과 산업안전보건법 모두 사람의 생명·신체의 보전을 보호법익으로 한다는 공통 목적을 가지고 있고, 양법의 위반행위 모두 같은 일시·장소에서 같은 피해자의 사망을 방지하지 못했다는 것을 근거로 이 둘을 1개의 행위(동일한 행위)라고 봤다. 이것은 실제와 맞지 않는 명백히 잘못된 판단이고 종전의 판례와도 맞지 않는다.

부작위범의 경우 행위의 동일성을 판단할 때에는 '기대되는 행위'의 동일성을 기준으로 해야 한다. 기대되는 행위인 작업계획서 작성과 안전보건관리체계 구축·이행이 사회통념상 1개의 행위라고 평가될 수 없다는 점은 산업안전에선 상식에 속한다. 이 둘은 일반인의 생활경험에 비춰볼 때 1개의 행위라고는 도저히 볼 수 없다. 게다가 작업계획서는 기본적으로 작업을 하는 하청업체가 작성하는 것이고 안전보건관리체계 구축은 원청업체의 몫이 크다. 대법원은 산업안전의 기초원리와 현실조차 파악하지 않은 채 판결을 한 것이다.

1개의 행위인지는 '실행행위'의 동일성이 기준이고 법의 목적과 결과 발생의 일시·장소, 피해자가 동일하다고 해 1개의 행위로 평가되지 않는다는 건 죄수론의 기초다. 작업계획서 미작성과 안전보건관리체계 미구축의 관계보다 훨씬 더 유사한 음주운전죄와 위험운전치상죄의 관계에 대해 입법취지, 보호법익 및 적용영역을 달리하는 별개의 범죄이므로 '실체적 경합' 관계에 있다고 판단한 종전의 대법원 판결(대법원 2008.12.11. 2008도9182)과도 부합하지 않는다.

근로자 사망으로 인한 산업안전보건법 위반죄(결과적 가중범)와 업무상과실치사죄를 상상적 경합 관계로 본 것도 명백히 잘못된 것이다. 법리상 상상적 경합이 되려면 한 구성요건이 다른 구성요건을 배척하는 법조경합 관계(특별관계)에 있어서

918) 정진우, 월간 노동법률, 2024.2(Vol. 393)

는 안 되는데, 두 죄는 죄수론상 법조경합 관계에 있다. 산업안전보건법의 결과적 가중범은 기본행위와 업무상과실치사행위의 결합범으로서 업무상과실치사죄는 전자에 흡수되기 때문이다. 이번 판결이 인용한 산업안전보건법 위반죄와 업무상과실치사죄를 상상적 경합범으로 본 종전 판결(대법원 1991.12.10. 91도2642)은 산업안전보건법에 결과적 가중범이 도입되기 이전의 판결로서 2006년 3월 산업안전보건법 개정으로 결과적 가중범이 새롭게 도입된 이후에는 그대로 원용될 수 없는 판결이다.

중대재해처벌법 위반죄도 기본행위와 업무상과실치사행위의 결합범이기 때문에 중대재해처벌법 위반죄만 적용되고 업무상과실치사죄의 적용은 배제되는 법조경합 관계(특별관계)에 있다고 봐야 한다. 상해치사죄가 과실치사죄에 대해 특별관계에 있는 것과 동일한 구조이다. 그런데 이번 판결은 상상적 경합 관계로 봤다. 죄수론의 기초에 반한다.

업무상과실치사죄와 근로자 사망으로 인한 산업안전보건법 위반죄·중대재해처벌법 위반죄 간의 관계와 유사한 업무상과실치사죄와 위험운전치사죄의 관계에 대해 종전의 판례는 업무상과실치사상죄를 내용으로 하는 교통사고처리 특례법 위반죄는 특정범죄 가중처벌 등에 관한 법률상의 위험운전치사상죄(제5조의11)에 흡수된다(법조경합 관계)고 보고 있다(대법원 2008.11.13. 2008도7143). 위험운전치사상죄는 1개의 구성요건에 음주운전행위와 업무상과실치사상행위가 결합된 결합범으로서 음주운전을 하다가 '치사상'의 결과가 발생하면 업무상과실치사상죄는 별죄를 구성하지 않고 위험운전치사상죄만이 성립하게 된다는 것이다.

요컨대, 이번 판결은 확립된 죄수이론뿐만 아니라 널리 인정되고 있는 종전 판례에도 배치된다고 할 수 있다. 중대재해처벌법 관련 죄수에 대한 대법원의 법리에 맞지 않는 판단은 중대재해처벌법과 산업안전보건법에 대한 전문성 부족과 판결에 임하는 무성의한 자세에 기인한 측면이 크다. 전문법률과 관련된 생소하거나 사전지식이 부족한 사건에 대해 판결을 할 때는 기본적인 것은 학습을 한 상태에서 판결을 해야 하는데 전혀 그렇지 않은 것 같다.

산업안전보건법과 유사한 중대재해처벌법 제정이 두 법 위반죄를 상상적 경합 관계로 보는 비상식적 판결을 하게 한 주된 원인으로 작용한 건 분명하다. 수사기관이 중대재해처벌법의 안전보건확보의무 위반과 중대재해 사이에 무리하게 산업안전보건법을 끼워 넣은 것 또한 상상적 경합범으로 잘못된 판단을 하는 데 있어 한 원인을 제공했다. 선고할 형벌수준을 미리 정해 놓고 이에 맞추기 위해(형을 가중하지 않기 위해) 법리에 대해 별다른 고민을 하지 않은 측면도 엿보인다. 결국 중대재해처벌법 자체가 자의적인 법해석의 단초가 된 것이다.

이번 판결로 보건대 하급심뿐만 아니라 대법원조차 국민들로부터 권위는 고사하고 신뢰도 인정받지 못하는 이유를 짐작할 수 있을 것 같다. 이 점은 2018년 6월 리얼미터에서 실시한 법원 판결에 대한 신뢰도 조사에서 응답자의 64%가 불신한다고 답변한 것으로도 확인된다. 또한 경제협력개발기구(OECD)에서 발간하는 '한 눈으로 보는 정부' 통계에서 우리나라의 사법시스템이 매년 최하위 수준인 것으로 조사되는 것에서도 대법원을 포함한 법원 판결에 심각한 문제가 있음을 알 수 있다.

부실한 심리와 판결이 계속된다면 재판을 차라리 AI한테 맡기는 것이 낫겠다는 세간의 비아냥이 드세질 것이다. 당사자의 운명을 결정짓는 판결이 졸속으로 이루어질 가능성이 높다는 건 국민들에겐 끔찍한 일이다. 법원의 전문성과 책임성을 강화하여 재판의 질을 높이는 것이 시대적 사명이어야 하는 이유다.

10. 실체적 경합의 처리기준

실체적 경합의 처벌에 대해 「형법」은 가중주의를 원칙으로 하고 흡수주의와 병과주의를 예외적으로 적용하고 있다.

가. 가중주의

가중주의란 수 개의 범죄 중 일정한 범죄의 형벌을 가중하여 처벌하는 방식이다. 우리 형법은 독일 형법과 같이 실체적 경합에서 각 죄에 정한 형이 사형 또는 무기징역이나 무기금고 이외의 같은 종류의 형인 경우에 가중주의를 채택하고 있다. 즉, 각 죄에 대하여 정한 형이 사형, 무기징역, 무기금고 외의 같은 종류의 형인 경우에는 가장 무거운 죄에 대하여 정한 형의 장기 또는 다액(多額)에 그 2분의 1까지 가중하되 각 죄에 대하여 정한 형의 장기 또는 다액을 합산한 형기 또는 액수를 초과할 수 없다. 다만, 과료와 과료, 몰수와 몰수는 병과할 수 있다(형법 제38조 제1항 제2호). 이 경우에 징역과 금고는 같은 종류의 형으로 간주하여 징역형으로 처벌한다(형법 제38조 제2항).

나. 흡수주의

흡수주의란 여러 개의 죄 가운데 가장 무거운 죄에 정한 형으로 처벌하고, 다른 죄에 정한 형은 여기에 흡수시키는 방식을 말한다. 형법은 상상적 경합의 경우 외에 실체적 경합 가운데 가장 무거운 죄에 정한 형이 사형, 무기징역, 무기금고인 경우에 흡수주의를 채택하고 있다(형법 제38조 제1항 제1호). 가장 무거운 죄에 대하여 정한 형이 사형, 무기형인 경우 여기에 다른 형을 병과하거나 그 형을 가중하는 것은 무의미하고 가혹하기 때문이다.

다. 병과주의

병과주의란 수 개의 범죄의 형벌을 합산하여 처벌하는 방법을 말한다. 영미법계국가에서 병과주의를 취한 입법례가 많다. 우리 형법은 실체적 경합에 있어서 "각 죄에 정한 형이 무기징역이나 무기금고 이외의 다른 종류의 형인 때에는 병과한다"고 규정하여(형법 제38조 제1항 제3호), 부분적으로 병과주의를 취하고 있다. 여기에서 다른 종류의 형이라 함은 유기자유형과 벌금 또는 과료, 벌금과 과료, 자격정지와 구류와 같은 것을 말한다.

11. 공소시효

공소시효는 형사시효의 하나이다.[919] 공소시효가 완성되면, 실체법상 형벌

---

919) 형사법상의 시효에는 형(刑)의 시효와 공소시효의 두 가지가 있다. 형의 시효는 판결이 확정된 후 일정한 기간이 경과함으로써 선고된 형이 소멸하고 그 집행이 면제되는 것이며, 공소시효는 범죄 후 확정판결 전에 일정한 기간이 경과함으로써 공소권이 소멸되는 제도이다. 다 같이 형사시효이지만, 형의 시효는 형을 선고한 뒤의 집행권을 소멸시키는 실체법상의 제도이고, 공소시효는 형의 선고 전에 형사소추권을 소멸시키는 절차법상의 제도이다(형법 제77조부터 제80조까지, 형사소송법 제249조부터 제253조의2까지).

권이 소멸되므로 검사는 공소를 제기할 수 없게 되고, 만약 공소제기 후에 이러한 사실이 발견된 때에는 실체적 소송조건의 흠결(欠缺)을 이유로 면소(免訴) 판결을 하게 된다(형사소송법 제326조).

공소시효 기간은 범죄의 경중에 따라 차이가 있는데, ① 사형에 해당하는 범죄는 25년, ② 무기징역 또는 무기금고에 해당하는 범죄는 15년, ③ 장기 10년 이상의 징역 또는 금고에 해당하는 범죄는 10년, ④ 장기 10년 미만의 징역 또는 금고에 해당하는 범죄는 7년, ⑤ 장기 5년 미만의 징역 또는 금고, 장기 10년 이상의 자격정지 또는 벌금에 해당하는 범죄는 5년, ⑥ 장기 5년 이상의 자격정지에 해당하는 범죄는 3년, ⑦ 장기 5년 미만의 자격정지, 구류・과료 또는 몰수에 해당하는 범죄는 1년으로 되어 있다. 그리고 공소가 제기된 범죄라고 하더라도 판결의 확정이 없이 공소를 제기한 때로부터 25년을 경과하면 공소시효가 완성된 것으로 간주한다(형사소송법 제249조).

「산업안전보건법」은 조항에 따라 형벌의 종류와 수준이 다르지만, 위반 시 7년 이하의 징역 또는 1억원 이하의 벌금이 가장 무거운 형벌에 해당하므로, 「산업안전보건법」의 공소시효는 ④(공소시효 7년) 또는 ⑤(공소시효 5년)에 해당하고, 특히 ⑤에 해당하는 것이 대부분이다.

2개 이상의 형을 병과하거나 2개 이상의 형에서 그 1개를 과할 범죄에는 중한 형을, 또 형법에 의하여 형을 가중・감경할 경우에는 가중・감경하지 않은 형을 기준으로 각각 시효기간을 정한다(형사소송법 제250・제251조).

[칼럼] 갈림길에 선 산재예방정책[920)]

지난 4월 29일에 발생한 이천 냉동창고 사고를 계기로 소위 '중대재해기업처벌법' 제정 움직임이 급물살을 타고 있다. 문제는 법안 내용의 타당성에 대해서는 묻지 않고 기업에 대한 처벌을 강하게만 하면 산업재해 문제가 쉽게 해결될 수 있을 것이라는 생각이 근저에 강하게 깔려 있다는 점이다. 약한 처벌이 우리나라의 많은 사망사고 발생의 주범이라는 생각이다. 과연 그럴까. 우리보다 낮은 처벌수준으로도 훌륭한 사망사고 성적을 거두고 있는 독일이나 일본을 보면, 이 주장에 논리적 비약이 있다는 점을 쉽게 알 수 있다.

중대재해기업처벌법 제정을 주장하는 사람들은 그 모델로 영국의 '법인과실치사법'을 꼽고 있다. 문제는 적지 않은 사람들이 영국의 법인과실치사법의 제정 효과에 대해 사실 확인도 하지 않은 채 과장하고 있다는 점이다. 영국 내부에서는 이 법의 시행 전후로 크게 달라진 것은 없다는 차분한 평가를 하고 있는데도 말이다. 과학은 없고 주장만 넘쳐 나는 형국이다. 우리나라의 안전에 관한 접근방법과 실력의 한 단면을 보는 것 같아 못내 씁쓸하다.

영국의 사망사고 발생률이 크게 낮은 것이 주로 법인과실치사법의 영향인 것처럼 말하는 주장 또한 사실과 다르다. 영국은 법인과실치사법 제정 이전부터 사망사고 발생률이 낮았고 꾸준히 감소돼 온 것이지 이 법 제정 이후에 본격적으로 낮아진 것이 아니다. 감소폭으로 보면 오히려 법인과실치사법 제정 이전보다 줄어든 것으로 나타나고 있다.

영국의 산재예방제도에서 배워야 할 것은 강한 처벌 수준만이 아니라 오히려 선진적인 산재예방행정시스템이다. 두 가지를 패키지로 도입하지 않고 입맛에 맞는 처벌 수준만을 맥락 없이 도입하는 것은 파편적인 접근방법이다. 수범자가 법을 잘 준수하기 위한 기반을 구축하는 일은 소홀히 한 채 처벌을 강화하는 것만으로는 대부분의 기업을 범법자로 만들뿐이고 사망사고를 줄이는 효과도 거두기 어렵다.

---

920) 정진우, 월간 노동법률 2020.6(Vol. 349).

또한 선진적인 산재예방행정시스템을 구축하려는 노력은 하지 않고 처벌을 강화하는 일에만 몰두하는 것은 정부가 스스로의 책임은 다하지 않으면서 수범자에게 책임을 전가하는 무책임한 처사다. '엄벌주의'가 정치사조로 이야기하면 '신자유주의 이데올로기'로 분류되는 이유다.

영국에서 법인과실치사법으로 처벌된 것은 대부분 중소기업이고 대기업(엄밀하게는 중견기업)에 대한 처벌 사례는 단 한 건뿐이라는 사실에도 주목할 필요가 있다. 중대재해기업처벌법이 제정되면 이 법의 실제 적용대상자는 대부분 중소기업일 가능성이 크다는 점을 시사한다. 따라서 법의 준수 여건을 강화하려는 노력이 반드시 선행되거나 최소한 병행돼야 한다. 그렇지 않으면 법의 의도와는 달리 중소기업 중심으로 무더기로 처벌되고 중소기업에 큰 타격을 입히는 법이 될 공산이 매우 크다.

법치주의에서는 처벌수준을 높이는 것보다 더 중요한 것이 구성요건을 정교하게 규정하는 것이다. 구성요건을 정교하게 규정하지 못한 상태에서 처벌 수준을 높이면, 수범자 입장에서 어떠한 행위를 해야 하는지 예측할 수 없게 만들고 과도한 처벌로 받아들여지기 쉽다. 형벌권의 남용 또는 과도한 형벌은 그 자체가 하나의 악이요, 국가에 의해 저질러지는 범죄라는 인식이 있어야 한다.

특히 준법의지가 강한 기업조차 도저히 지킬 수 없는 법을 만들어 놓고 이것을 안 지킨다고 처벌하는 것, 그것도 엄벌에 처하는 것은 국가에 의한 권력 남용이자 횡포다. 그런데 안전 분야에서는 정치인, 정부관계자부터 이러한 인권 의식이 매우 빈약하다. 그렇다 보니 제반 사정은 고려하지 않고 무작정 처벌을 강화하는 것이 정의로운 것인 양 착각하고 있는 사람들이 적지 않다.

무엇보다 구성요건이 허술하게 규정돼 있으면 소송으로 갈 경우 무죄로 판결되거나 솜방망이 처벌이 될 가능성이 크다. 구성요건이 허술하면 검찰과 법원이 아무리 강한 의지를 가지고 있어도 스스로 법치주의를 무시하지 않는 이상 피의자를 엄벌에 처하는 데 한계가 있을 수밖에 없다. 대형사고가 발생할 때마다 정치권과 행정기관에서 녹음테이프 틀어놓은 듯 반복되는 엄정 처벌의 주장이 구두선으로 끝나는 이유가 여기에 있다. 허술한 구성요건 문제를 해결하지 않는 이상 약한 처벌은 앞으로도 크게 달라

지지 않을 것이다.

"최선의 형사정책은 사회정책이다." 20세기 세계적으로 유명한 독일의 형법학자인 프란츠 폰 리스트의 말은 안전 분야에서도 그대로 적용돼야 하는 경구이다. 지금이야말로 어느 때보다 안전 분야의 사회정책에 해당하는 재해예방정책을 개선할 수 있는 좋은 기회다. 재해예방정책의 철학 또는 접근방법에 대한 선택지를 앞에 두고, 우리 사회는 힘겹고 다소 더디지만 시스템 개혁을 할 것인가, 반짝 효과를 기대하고 가장 손쉬운 엄벌주의를 택할 것인가의 갈림길에 서 있다. 훗날 역사가 어떻게 평가할 것인지를 의식한다면 선택은 자명하다.

[칼럼] 중대재해 '엄벌은 정의' 도그마에서 벗어나야[921)]

"배우기만 하고 생각하지 않으면 공허하고, 생각하고 배우지 않으면 위태롭다." <논어> 위정편에 나오는 말이다. 정치권과 행정부가 중대재해에 접근하는 방법을 보면 중대재해가 다발하는 심층적이고 종합적인 원인을 생각하거나 배우지 않고 생색내기에만 여념이 없는 것 같다. 그 압권이 소위 김용균법과 중대재해처벌법이다.

현 정부 들어서 중대재해 예방에 엄청난 인원과 비용을 쏟아 붓고 있다. 그런데도 왜 감소성과는 나타나지 않는 것일까. 현 정부는 중대재해 문제에 대한 처방으로 엄벌을 대표브랜드로 내걸고 있는데, 과연 효과가 있을까.

중대재해처벌법 제정 이전부터 우리나라 안전관계법의 법정형은 재해예방선진국과 비교할 때 결코 낮은 편이 아니었다. 그럼에도 법정형이 낮은 것이 중대재해가 다발하는 주된 이유이고, 그래서 처벌만 강화하면 이 문제가 해결될 듯이 강변한 것이 이 법의 주된 제정 배경이다.

법규의 실효성이 약하고 규범력도 부족한 데다 산재예방 인프라마저 엉성한 상태에서 이런 문제의 해결 없이 엄벌로 다스린다고 예방역량이 올

---

921) 정진우, 고대신문, 2021.5.17.

라갈 리가 없다. 그렇게 해서 예방역량이 올라갈 것 같으면 북한, 중국과 같은 사회주의 국가는 이미 재해예방선진국이 되었을 것이다. 게다가 '엄벌이 곧 정의'라는 도그마에 빠지면 시스템 개선이 방치되기 십상이다.

경영책임자를 처벌할 수 있는 법이 마치 없는 것처럼 여론을 호도한 대목에서는 법 제정의 진정성을 의심케 한다. 현재도 많은 경영책임자가 처벌되고 있지만, 이것이 진정 부족하다면 산업안전보건법 벌칙체계를 정비하여 이 문제를 해결할 수 있다. 그렇지만 정치권은 그러한 노력은 하지 않고 다분히 보여주기로 중대재해처벌법을 들고 나왔다.

잘못된 인식과 진정성 없이 출발한 입법이 올바른 내용을 담고 있을 리 없다. 무엇을 해야 할지 예측할 수 없는 법, 도저히 지킬 수 없는 법을 만들어 놓고 이를 위반할 경우 엄벌하겠다고 하는 법을 우리는 '악법'이라고 부른다. 악법의 문제는 언제든지 처벌할 수 있다고 잔뜩 겁을 주지만 실질적 효과는 거두지 못한다는 것이다.

강도, 폭행과 같은 자연범과 달리 행정범에 대해선 명확하게 규정해야 수범자에게 예방의 행동기준으로 작용할 수 있다. 특히 형벌이 강할수록 명확하게 규정돼야 한다. 법치주의는 불명확한 규정을 통해 무너진다. 지나친 형벌을 규정하는 법도 문제지만 이보다 무서운 것이 이현령비현령 해석이 될 수 있는 규정이다. 특히 의무주체인 경영책임자가 누구인지부터가 모호하고, 경영책임자가 어디부터 어디까지를 조치해야 할지 그 누구도 알 수 없다.

중대재해처벌법은 경영책임자에게 현실적으로 불가능한 것을 강제하고 있는 부분도 적지 않다. 안전조치의무는 모든 계층이 이행해야 하는 것이다. 그럼에도 경영책임자가 이를 직접 다 이행하라는 식으로 규정하는 것은 안전원리에 맞지 않고 과잉금지원칙에도 반한다. 불법의 정도, 비난가능성 등의 측면에서 기존 안전관계법보다 강하게 처벌할 규범적 근거가 없는데도 강하게 처벌하겠다는 건 형벌체계의 정당성과 균형을 상실한 것이다. 도급, 용역 등과 관련해서는, '위험의 외주화'라는 프레임에 갇혀 원청에게 하청종사자에 대해 형사책임에서는 허용되지 않는 위험책임, 대위책임을 부과하고 있다. 이는 자기책임의 원칙에 위배된다. 원청이 모든 안전조치를 다 하라는 식의 불합리한 규제로는 하청문제를 풀 수 없다.

중대재해처벌법에 헌법원칙과 안전원리에 맞지 않는 부분이 많다는 건 이 법이 실효성과 수범자 입장은 안중에도 없는 포퓰리즘 입법임을 보여주는 증좌이다. 이런 접근으로는 중대재해를 줄이기는커녕 사회적 비용과 혼란만 증가시킬 뿐이다.

중대재해를 실질적으로 줄이고자 한다면, 엄벌만능주의 접근에서 벗어나 산재예방법제의 실효성을 높이고 비현실적 규정을 대대적으로 정비하는 한편 법규제의 공백을 최소화하는 데 집중해야 한다. 산재예방행정의 예측가능성을 높이고 전문성을 향상시키는 것도 중요한 일이다. 또한 기업의 재해예방역량을 끌어올릴 수 있는 재해예방프로그램을 다양하게 개발하여 널리 보급해야 한다. 중대재해 문제해결의 열쇠는 멀리 있지 않다. 실력과 진정성이라는 기본에 있음을 명심하자.

Ⅲ. 행정질서벌(과태료)

1. 개 설

행정질서벌이라 함은 행정법규 위반에 대하여 「형법」에 형명이 없는 과태료가 과하여지는 행정벌이다. 행정질서벌을 법령 및 실무에서는 과태료라고 한다. 「산업안전보건법」 제175조에서는 본법의 위반에 대한 과태료를 경중에 따라 다음과 같이 6가지로 구분하여 규정하고 있다.

① 5천만원 이하의 과태료

② 3천만원 이하의 과태료

③ 1천500만원 이하의 과태료

④ 1천만원 이하의 과태료

⑤ 500만원 이하의 과태료

⑥ 300만원 이하의 과태료

행정질서벌인 과태료는 형벌과는 성질을 달리하는 것이다. 일반적으로 행정형벌은 행정목적을 직접적으로 침해하는 행위에 대하여 과하여지고, 행정질서벌은 신고·등록·서류비치 등의 의무를 태만히 하는 것과 같이 행정목적을 간접적으로 침해하는 행위에 대하여 과하여진다. 그런데 행정형벌의 행정질서벌화 정책에 의해 행정형벌을 과하여야 할 행위에 행정질서벌을 과하는 경우도 있는 등 실무적으로는 행정형벌과 행정질서벌의 부과 대상이 논리적 기준에 의해 명확하게 구분되어 있지는 않다.

2. 부과요건

가. 고의 또는 과실

형벌이든 과태료이든 국민에게 불이익한 처분을 과하기 위해서는 반드시 적당한 이유가 있어야 하고, 불이익한 처분의 이유가 과거의 의무위반 행위라면 당사자에게 책임을 물을 수 있는 근거 또는 당사자를 비난할 수 있는 근거가 있어야 한다. 즉, 행위자의 고의 또는 과실과 같은 주관적 요건과는 관계없이 단순히 객관적인 법규 위반 사실이 발생하면 질서위반행위가 성립하고 과태료를 부과할 수 있다고 하는 것은 타당하지 않다.

「질서위반행위규제법」 제정 전에는 과태료 부과에 고의 또는 과실을 요하지 않는다는 입장을 취하는 판례[922]도 있었는데, 이는 일반국민이 행정의무

922) "행정질서벌과 행정형벌은 다 같이 행정법령에 위반하는 데 대한 제재라는 점에서는 같다 하더라도 행정형벌은 그 행정법규 위반이 직접적으로 행정목적과 사회공익을 침해하는 경우에 과하여지는 것이므로 행정형벌을 과하는 데 있어서 고의·과실을 필요로 할 것이냐의 여부의 점은 별문제로 하더라도 행정질서벌인 과태료는 직접적으로 행정목적이나 사회공익을 침해하는 데까지는 이르지 않고 다만 간접적으로 행정상의 질서에 장해를 줄 위험성이 있는 정도의 단순한 의무태만에 대한 제재로서 과하여지는 데 불과하므로 다른 특별한 규정이 없는 한 원칙적으로 고의·과실을 필요로 하지 않는다고 해석하여야 할 것이다."(대법원 1969.7.29. 69마

위반의 발생을 방지하기 위해 끊임없이 주의를 기울이도록 함으로써 행정상 의무이행 가능성을 높이려는 정책적 고려에서 나온 것이라고 할 수 있다. 그러나 최선의 주의를 기울였으나 법규 위반의 결과가 발생한 경우에도 과태료에 처해지게 된다면, 국민은 법규 위반의 방지 노력을 무의미한 것으로 인식할 가능성이 있고, 오히려 행정상 의무이행을 확보하지 못할 가능성도 있다.

따라서 질서위반행위가 성립되기 위해서는 법규 위반이라는 객관적 사실 외에 행위자의 고의 또는 과실이라는 주관적(심리적・내심적) 요건의 존재가 필요하고, 고의 또는 과실이 없는 경우에는 과태료를 부과하지 않는 것이 타당하다.

위와 같은 점을 고려하여 「질서위반행위규제법」[923]은 질서위반행위 성립에 고의 또는 과실이 필요함을 명문으로 규정하고 있다(제7조). 판례 역시 "위반자가 그 의무를 알지 못하는 것이 무리가 아니었다고 할 수 있어 그것을 정당시할 수 있는 사정이 있을 때 또는 그 의무의 이행을 그 당사자에게 기대하는 것이 무리라고 할 수 있는 사정이 있을 때 등 그 의무 해태를 탓할 수 없는 정당한 사유가 있는 때에는 이를 부과할 수 없다."[924]고 판시하면서 사실상 무과실인 경우에는 처벌하지 못한다고 보는 입장을 취하고 있다.[925]

나. 위법성의 착오

자신의 행위가 위법하지 아니한 것으로 오인(위법성의 착오)하고 행한 질서위반행위는 그 오인[판례상으로는 흔히 '법률의 부지(不知)'라 한다]에 정당한 이유가 있는 때에 한하여 과태료를 부과하지 아니 한다(질서위반행위규

---

400 판결).

923) 「질서위반행위규제법」은 과태료 부과의 근거법률은 아니며, 질서위반행위를 한 자에 대한 과태료 부과의 요건, 절차, 징수 등을 정한 법률이다.

924) 대법원 2005.5.26. 98두5972 판결 ; 대법원 2006.4.28. 2003마715 결정.

925) 「형법」에서는 이미 고의 또는 과실이 없는 행위에 대해서는 원칙적으로 처벌(형벌)하지 못한다고 명시하고 있다(형법 제13조, 제14조 참조).

제법 제8조). 이는 자신의 행위가 적법하다고 믿은 데에 대하여 정당한 이유가 있었다고 수긍될 수 있는 경우까지 행위자를 처벌하는 것은 타당하지 않다는 점을 고려한 입법으로 판단된다.

다. 법 적용의 시간적 범위

질서위반행위의 성립과 과태료 처분은 행위 시의 법률에 따르는 것이 이론상 타당하며, 「질서위반행위규제법」도 그렇게 규정하고 있다(제3조 제1항). 다만, 질서위반행위 후 법률이 변경되어 그 행위가 질서위반행위에 해당하지 아니하게 되거나 과태료가 변경되기 전의 법률보다 가볍게 된 때에는 법률에 특별한 규정이 없는 한 변경된 법률을 적용하고(질서위반행위규제법 제3조 제2항), 행정청의 과태료 처분이나 법원의 과태료 재판이 확정된 후 법률이 변경되어 그 행위가 질서위반행위에 해당하지 아니하게 된 때에는 변경된 법률에 특별한 규정이 없는 한 과태료의 징수 또는 집행을 면제한다(질서위반행위규제법 제3조 제3항).

라. 제척기간

제척기간(除斥期間)이란 권리를 행사할 수 있는 법정기간을 의미하는데, 행정청의 과태료 부과권한이 장기간 행사되지 않고 있음에도 부과권한을 소멸시키지 않는 것은 당사자의 법적 안정성을 해할 가능성이 있는 점을 고려하여 「질서위반행위규제법」은 제척기간을 명시하고 있다.

행정청은 질서위반행위가 종료된 날(다수인이 질서위반행위에 가담한 경우에는 최종행위가 종료된 날을 말한다)부터 5년이 경과한 경우에는 해당 질서위반행위에 대하여 과태료를 부과할 수 없다(질서위반행위규제법 제19조 제1항).

3. 부과 대상자

행정형벌에서 처벌 대상자는 형사책임의 원칙에 따라 위반행위를 한 자이다. 그러나 행정질서벌의 경우에는 그 일반법인 「질서위반행위규제법」에서 법인의 대표자, 법인 또는 개인의 대리인·사용인 및 그 밖의 종업원이 업무에 관하여 법인 또는 그 개인에게 부과된 법률상의 의무를 위반한 때에는, 당해 위반행위자가 아니라 법률상의 의무주체인 법인(법인회사의 경우) 또는 그 개인(개인회사의 경우)에게 과태료를 부과한다고 규정하고 있다(제11조 제1항). 즉, 의무주체(수범자)의 종업원에 의한 의무위반에 대하여 수범자인 법인 또는 개인에게 과태료를 부과하도록 명문의 규정을 둠으로써, 수범자의 종업원에게는 과태료를 부과하지 않는 것으로 하고 있다. 이처럼 「질서위반행위규제법」은 사업주[법인(법인회사) 또는 개인(개인회사)] 단독 제재주의를 취하고 있다.

4. 수 개의 질서위반행위의 처리

하나의 행위가 수 개(2 이상)의 질서위반행위에 해당하는 경우에는 「형법」 제40조의 상상적 경합과 마찬가지로 각 질서위반행위에 대하여 정한 과태료 중 가장 중한 과태료를 부과한다(질서위반행위규제법 제13조 제1항 참조). 이 경우를 제외하고 2 이상의 질서위반행위가 경합하는 경우, 즉 수 개의 행위가 수 개의 질서위반행위(실체적 경합)에 해당하는 경우에는 각 질서위반행위에 대하여 정한 과태료를 각각 부과한다(질서위반행위규제법 제13조 제2항).

5. 과태료의 시효

과태료는 행정청의 과태료 부과처분이나 법원의 과태료 재판이 확정된 후 5년간 징수하지 아니하거나 집행하지 아니하면 시효로 인하여 소멸한다(질서위반행위규제법 제15조 제1항). 다시 말해서, 과태료 징수권의 소멸시효는 5년이다. 과태료 소멸시효의 중단·정지 등에 관하여는 「국세기본법」 제28조를 준용한다(질서위반행위규제법 제15조 제2항).

6. 부과기준

「산업안전보건법」상의 과태료 부과기준은 「시행령」 별표 35에서 정하고 있다(시행령 제119조). 과태료 부과기준은 i) 일반기준, ii) 특정 사업장(중대재해 또는 중대산업사고 발생 사업장)에 대한 부과기준, iii) 사업장 규모 또는 공사 규모에 따른 감경기준, iv) (위반행위별) 개별기준으로 구분되어 있다.

이 중 특정 사업장(중대재해 또는 중대산업사고 발생 사업장)에 대한 부과기준은 「산업안전보건법」 제167조(벌칙)와 마찬가지로 중한 결과를 발생시킨 것에 대해 처벌을 가중하는 구조[926]를 취하고 있다. 즉, 중대재해 또는 중대산업사고가 발생한 사업장에 대하여 「산업안전보건법」 제56조(중대재해 원인조사 등) 제1항에 따라 실시하는 발생원인 조사 또는 이와 관련된 감독에서 적발된 위반행위에 대해서는 그 위반행위에 해당하는 위반행위별 개별기준 중 3차 이상 위반 시의 금액에 해당하는 과태료를 부과한다.

926) 과태료의 부과기준[시행령 별표 35(제119조 관련)] 제4호의 개별기준 중 3차 이상 위반 시의 금액에 해당하는 과태료를 부과한다(시행령 별표 35 제2호).

7. 부과절차

행정질서벌인 과태료는 형벌이 아니므로 그 과벌절차는 「형사소송법」에 의하지 않는다.

행정청이 과태료를 부과하고자 하는 때에는 미리 당사자에게 대통령령으로 정하는 사항을 통지하고, 이 경우 지정된 기한까지 의견 제출이 없는 경우에는 의견이 없는 것으로 본다(질서위반행위규제법 제16조 제1항). 당사자는 의견 제출 기한 이내에 대통령령으로 정하는 방법에 따라 행정청에 의견을 진술하거나 필요한 자료를 제출할 수 있다(질서위반행위규제법 제16조 제2항). 행정청은 의견 제출 절차를 마친 후에 서면으로 과태료를 부과하여야 한다(질서위반행위규제법 제17조 제1항).

8. 이의제기

가. 이의제기권자, 이의제기기간 및 이의제기효과

「질서위반행위규제법」은 과태료 부과에 대하여 당사자로 하여금 이의를 제기할 수 있도록 명확히 규정하고 있다. 이의제기기간은 「질서위반행위규제법」 제정 전에는 개별 법률에서 통상 30일로 정하고 있었는데, 실무경험상 단기간이라는 의견이 있어, 현행 「질서위반행위규제법」은 이를 60일로 연장하여 규정하고 있다(질서위반행위규제법 제20조 제1항 참조). 당사자의 이의제기는 서면으로 하여야 하고(질서위반행위규제법 제20조 제1항), 이의제기가 있는 경우에는 행정청의 과태료 부과처분은 그 효력을 상실한다(질서위반행위규제법 제20조 제2항).

당사자는 행정청에 대하여 제기한 이의를 행정청이 관할법원에 이의제기를 통보하기 전까지는 서면으로 철회할 수 있다(질서위반행위규제법 제20조 제3항). 이의제기를 철회하게 되면, 행정청은 이의제기 사실을 관할법원에 통보할 필요가 없고(질서위반행위규제법 제21조 제1항 참조), 과태료 부과처분은 그대로 확정되게 된다.

나. 이의제기에 대한 행정청의 조치

종래의 개별 법률은 과태료 부과에 대하여 당사자의 이의제기가 있는 경우 관할법원에 그 사실을 무조건 통보하도록 규정하고 있었으나, 「질서위반행위규제법」은 이의제기가 타당한 경우에는 관할법원에 통보할 필요가 없도록 하였다.

(1) 이의제기가 부적합한 경우

이의제기가 부적합한 경우는 i) 당사자가 아닌 자에 의한 이의제기, ii) 이의제기 기간 도과 후의 이의제기, iii) 이의제기 방식에 미비점이 있는 경우로 구분할 수 있다. 이의제기가 부적합한 경우에는, 행정청으로부터 이의제기를 통보받은 관할법원에서 이의제기 각하결정으로 처리한다.

(2) 이의제기가 적합한 경우

과태료 부과처분에 대하여 당사자의 이의제기가 있는 경우에는 행정청이 우선 그 과태료 부과가 유지되는 것이 타당한지 여부를 심사하여 과태료 부과가 잘못된 것으로 판단되는 경우에는 이의제기 사실을 법원에 통보할 필요가 없다(질서위반행위규제법 제21조 제1항 참조). 행정청은 당사자가 제출한 의견에 상당한 이유가 있는 경우에는 과태료를 부과하지 아니하거나 통지한 내용을 변경할 수 있다(질서위반행위규제법 제16조 제3항). 과태료 사건의 신속·경제적인 처리를 도모하기 위한 규정으로서 이때에는 굳이 행정청이 취소처분을 할 필요가 없다.

다. 법원에의 통보 및 과태료 사건의 관할

이의제기를 받은 행정청은 이의제기를 받은 날부터 14일 이내에 이의제기에 대한 의견과 증빙서류를 첨부하여 관할법원에 통보하여야 한다(질서위반행위규제법 제21조 제1항). 관할법원은 다른 법령에 특별한 규정이 있는 경우를 제외하고는 당사자의 주소지의 지방법원 또는 그 지원이다(질서위반행위규제법 제25조).

「질서위반행위규제법」에 따른 과태료 재판과 관련하여, 「질서위반행위규제법」은 「비송사건절차법」 제2조(관할법원), 제3조(우선관할 및 이송), 제4조(관할법원의 지정), 제6조(대리인), 제7조(대리권의 증명), 제10조(민사소송법의 준용. 단 인증과 감정을 제외한다) 및 제24조(비용의 부담), 제25조(비용에 관한 재판), 제26조(관계인에 대한 비용부담명령)의 규정을 준용하도록 하고 있다(제28조).

Ⅳ. 양벌규정

1. 의 의

「산업안전보건법」은 제173조에서 다음과 같은 양벌규정(쌍벌규정)을 두고 있다.

법인의 대표자나 법인 또는 개인의 대리인, 사용인, 그 밖의 종업원이 그 법인 또는 개인의 업무에 관하여 제167조 제1항 또는 제168조부터 제172조까지의 어느 하나에 해당하는 위반행위를 하면 그 행위자를 벌하는 외에 그 법인에게 다음 구분에 따른 벌금형을, 그 개인에게는 해당 조문의 벌금형을 과한다. 다만, 법인 또는 개인이 그 위반행위를 방지하기 위하여 해당 업무에 관하여 상당한 주의와 감독을 게을리 하지 아니한 경우에는 그러하지 아니하다.

① 제167조 제1항의 경우 : 10억원 이하의 벌금[927)]

② 제168조부터 제172조까지의 경우 : 해당 조문의 벌금형

이와 같이 「산업안전보건법」은 다른 많은 행정형법과 마찬가지로 기본적으로 범죄행위자와 함께 행위자 이외의 자, 즉 법인(법인회사인 경우) 또는 개인경영자(개인회사인 경우)까지도 처벌하는 양벌규정을 두고 있다.

형사범에서는 범죄를 행한 자만을 벌하지만, 행정범에서는 범죄행위자 이외의 자를 벌하는 것으로 규정하는 경우가 있는데, 양벌규정이 그 대표적인 예이다.

형사범에서는 법인은 범죄능력이 없고 형사벌의 대상이 되지 않는다고 보는 것이 일반적 견해이다. 그러나 「산업안전보건법」과 같은 행정형법에서는 법인의 범죄능력을 인정하고 있는 경우가 많다. 「산업안전보건법」상 법인에 대한 처벌수단은 다른 행정형법과 마찬가지로 법인의 성질상 금전벌인 벌금이다. 「산업안전보건법」에서 일반형사벌과 달리 양벌규정을 통해 법인을 처벌할 수 있게 한 것은, 행정형벌이 행정목적 달성이라는 정책적 견지에서 과하는 측면이 강하다는 점을 고려한 것으로서, 법인을 처벌하지 아니하고는 목적을 달성할 수 없기 때문이라 하겠다.

---

927) 행위가 고의에 의한 것과 과실에 의한 것 사이에는 비례의 원칙상 그에 따른 책임의 정도를 다르게 판단하여야 할 것이므로, 선임감독상의 과실밖에 없는 법인 사업주를 고의의 본범(행위자)보다 오히려 무거운 법정형으로 처벌하는 것은 각자의 책임에 비례하는 형벌의 부과라고 보기 어려운(그 책임의 정도에 비해 무거운 법정형을 규정하는) 것으로서, 형벌에 관한 책임원칙(책임주의)에 반한다고 할 수 있다(헌법재판소 2007.11.29. 2005헌가10 결정 참조).

2. 사업주 처벌의 근거

양벌규정에 대해서는, 종래에는 학설상 과실책임설과 무과실책임설의 대립이 있었고 무과실책임이 다수설이었지만, 현재는 과실책임설이 지배적이다. 「산업안전보건법」의 양벌규정 법문에서 법인이 위반행위를 방지하기 위하여 상당한 주의와 감독을 게을리 하지 아니한 경우에는 면책된다고 명시하고 있는 것에서 알 수 있듯이, 사업주가 위반행위를 방지하기 위하여 상당한 주의와 감독을 하였음을 입증하면 면책될 수 있으므로 사업주의 과실을 전제로 하고 있고, 반대로 사업주가 무과실을 입증하지 못할 경우 형사책임을 지게 되는 구조이므로 과실책임설이 타당하다고 할 것이다.[928] 과실책임설에 의하면, 사업주의 처벌은 사업주 자신의 행위에 기초를 둔 것으로서 사업주의 업무상의 과실책임을 묻는 것이 바로 양벌규정이다. 다시 말해서, 양벌규정에 따라 사업주가 처벌되는 것은 종업원의 책임을 대위(代位)하여 지는 것이 아니고, 종업원이 위반행위를 하지 않도록 상당한 주의와 감독을 게을리 하지 아니할 의무를 태만히 한 책임, 즉 자기 자신의 주의·감독의무를 태만히 한 과실책임이다.

헌법재판소 역시 "구 산업안전보건법(2006. 3. 24. 법률 제7920호로 개정되고, 2009. 2. 6. 법률 제9434호로 개정되기 전의 것) 제71조 본문 중 '법인의 대리인·사용인(관리감독자를 포함한다) 기타 종업원이 그 법인의 업무에 관하여 제67조[929] 제1호, 제69조[930] 제2호의 위반행위를 한 때에는 그 법인에

928) 양벌규정의 단서에 따라 법인 또는 개인이 무과실에 대한 입증을 부담한다. 즉, 법인 또는 개인이 면책되기 위해서는 위반행위의 방지를 위하여 상당한 주의와 감독을 하였다는 것에 대한 입증을 하여야 한다(대법원 2002.1.25. 2001도5595 판결 ; 대법원 1995.7.25. 95도391 판결 ; 대법원 1992.8.18. 92도1395 판결 ; 대법원 1980.3.11. 80도138 판결 등 참조). 그러나 상당한 주의·감독을 하지 않은 과실에 대한 입증책임은 여전히 검사가 진다고 보아야 할 것이다(대법원 2010.7.8. 2009도6968 판결 참조).

929) 현행 제168조에 해당한다.

930) 현행 제171조에 해당한다.

대하여도 동조의 벌금형을 과한다.'는 부분은 헌법에 위반된다."고 결정하여 같은 입장을 취하고 있다.[931), 932)]

구체적으로 헌법재판소는 위 결정문에서 "이 사건 심판 대상 조항들은 종업원 등의 범죄행위에 관하여 비난할 근거가 되는 법인의 의사결정 및 행위구조, 즉 종업원 등이 저지른 행위의 결과에 대한 법인의 독자적인 책임에 관하여 전혀 규정하지 않은 채, 단순히 법인이 고용한 종업원 등이 업무에 관하여 범죄행위를 하였다는 이유만으로 법인에 대하여 형사처벌을 과하고 있는바, 이는 다른 사람의 범죄에 대하여 그 책임의 유무를 묻지 않고 형벌을 부과하는 것으로서, 헌법상 법치국가의 원리 및 죄형법정주의로부터 도출되는 자기책임원칙에 반하여 헌법에 위반된다."고 판단하였다.

따라서 사업주는 종업원의 법령 위반행위를 방지하기 위하여 상당한 주의와 감독을 게을리 한 때에는 양벌규정의 적용을 면할 수 없지만, 사업주가 필요한 조치를 한 것을 증명하면, 그 사업주는 면책받게 된다.

「형법」 제14조는 과실범은 특별한 규정이 있는 경우에만 처벌하도록 하고 있다. 즉, 현행 「형법」상 과실범은 예외적으로 법률이 그 처벌을 명시하고 있는 경우에만 가벌적이다. 한편, 「산업안전보건법」과 같은 행정형법은 과실에 의한 행위에 대해 명문의 규정이 있는 경우뿐만 아니라 해석상 과실범도 벌할 뜻이 명확한 경우에도 처벌될 수 있다고 해석되고 있다.[933)] 해석상 과실범도 벌할 뜻이 명확한 것의 예는 종업원의 위반행위에 대하여 사업주(영업주)의 과실에 관한 규정 없이 당해 종업원 외에 사업주도 처벌한다고

---

931) 헌법재판소 2011.6.30. 2011헌가7 결정.

932) 헌법재판소는 2007년 말 「보건범죄 단속에 관한 특별조치법」 제6조의 양벌규정이 영업주의 과실 유무에 관계없이 처벌하는 까닭에 책임주의에 어긋난다는 취지로 '위헌'결정(헌법재판소 2007.11.29. 2005헌가10 결정)을 선고하였고, 그 이후에도 다수의 행정형법의 양벌규정에 대해 동일한 취지로 위헌결정을 내렸다.

933) 대법원 2010.2.11. 2009도9807 판결 ; 대법원 1993.9.10. 92도1136 판결 ; 대법원 1986.7.22. 85도108 판결 참조.

정하고 있었던, 헌법재판소 결정(2007.11.29. 2005헌가10) 이전의 많은 행정형법상의 양벌규정이다.[934)]

지방자치단체 등 공공단체도 양벌규정의 적용 대상이 되는 법인에 해당한다.[935)]

양벌규정에 따라 법인을 처벌할 때에는 형벌의 자기책임원칙에 따라 위반행위가 발생한 그 업무와 관련하여 법인이 법령의 위반행위를 방지하기 위하여 상당한 주의와 감독을 게을리 한 때에 한하고, 구체적인 사안에서 법인이 상당한 주의와 감독의 의무를 게을리 하였는지 여부는 당해 위반행위와 관련된 모든 사정 즉, 당해 법률의 입법 취지, 처벌조항 위반으로 예상되는 법익 침해의 정도, 그 위반행위에 관하여 양벌규정을 마련한 취지 등은 물론 위반행위의 구체적인 모습과 그로 인하여 실제 야기된 피해 또는 결과의 정도, 법인의 영업 규모 및 행위자에 대한 감독가능성 또는 구체적인 지휘·감독관계, 법인이 위반행위 방지를 위하여 실제 행한 조치 등을 전체적으로 종합하여 판단하여야 한다.[936)]

다시 말하면, 판례는 양벌규정에 따른 법인에 대한 책임추궁요건과 관련하여, 피고인 회사의 직원 수 등 규모와 직원들에 대한 지휘·감독관계, 평소 피고인 회사가 위험방지를 위하여 필요한 조치를 취하거나 시설을 설치하도록 관리·감독하였는지 여부, 피고인 회사가 현장소장의 위반행위를 예상하여 이를 방지하기 위한 상당한 주의를 기울이거나 관리·감독을 철저히 할

934) 대법원 1986.7.22. 85도108 판결. 2007.11.29 종전의 양벌규정 형식에 대한 헌법재판소의 위헌결정(헌법재판소 2007.11.29. 2005헌가10 결정)을 계기로 법무부는 총 428개의 양벌규정에 대하여 "다만, 법인 또는 개인이 그 위반행위를 방지하기 위해 해당 업무에 관하여 상당한 주의와 감독을 게을리하지 아니한 경우에는 그러하지 아니하다."라는 단서를 면책조항으로 추가하여 정비하였다.

935) 대법원 2005.11.10. 2004도2657 판결.

936) 대법원 2018.7.12. 2015도464 판결 ; 대법원 2011.7.28. 2009도6303 판결 ; 대법원 2010.12.9. 2010도12069 판결 ; 대법원 2010.7.8. 2009도6968 판결 ; 대법원 2010.4.15. 2009도9624 판결 ; 대법원 2010.2.25. 2009도5824 판결 등 참조.

필요가 있었는지, 그러한 필요가 있다면 그와 같은 의무를 충실히 이행하였는지 여부 등을 심리·판단할 필요가 있다는 입장이다.

한편, 양벌규정에서의 사업주의 의무는 '상당한 주의·감독'의 의무이므로, 일반적이고 추상적인 감독을 하는 것만으로는 양벌규정 단서의 면책사유에 해당하지 않는다.[937] 따라서 평상시에 종업원에게 안전수칙을 준수할 것을 의식교육하거나 주의를 환기시키는 정도로는 충분하지 않고, 종업원 등의 위반행위를 예상하여 이를 방지하기 위한 상당한 주의를 기울이거나 관리감독을 충실히 이행하는 정도이어야 한다.

3. 법인의 책임

가. 의의

형사범에서는 법인은 범죄능력이 없고 범죄행위자만이 처벌되므로 법인은 형사처벌의 대상이 되지 않는다. 그러나 행정범에서는 법인의 대표자 또는 법인의 대리인, 사용인, 그 밖의 종업원이 그 법인의 업무와 관련하여 행정범을 범한 경우에 행위자뿐만 아니라 법인도 아울러 처벌한다는 규정을 두는 경우가 많다.

행위자 이외에 법인도 처벌하는 것은 법인도 처벌함으로써 행정형벌의 일반예방적 효과를 강화하고, 행정형벌이 행정상 의무위반이라는 객관적 위법상태의 발생에 대한 사회적 비난의 귀속이라는 데 있다.

나. 법인의 책임의 성질

법인은 기관을 통하여 행위하므로 법인의 대표자의 행위로 인한 법률효과와 이익은 법인에 귀속되어야 하고, 법인 대표자의 범죄행위에 대하여는 법

937) 대법원 1992.8.18. 92도1395 판결.

인 자신이 책임을 져야 하는바, 법인 대표자의 법규위반행위에 대한 법인의 책임은 법인 자신의 법규위반행위로 평가될 수 있는 행위에 대한 법인의 직접책임(자기책임)이다. 따라서 법인 대표자의 고의에 의한 위반행위에 대하여는 법인 자신의 고의에 의한 책임을, 법인 대표자의 과실에 의한 위반행위에 대하여는 법인 자신의 과실에 의한 책임을 져야 한다.[938]

법인의 대리인, 사용인, 그 밖의 종업원의 범죄행위에 대한 법인의 책임은 전술한 바와 같이 대위책임이 아니라 종업원이 업무에 관하여 법령에 위반하지 않도록 주의·감독할 의무를 태만히 한 것에 대한 책임, 즉 과실책임이다.

4. 행위자 처벌의 근거

대부분의 행정형법과 마찬가지로 「산업안전보건법」도 벌칙규정에서 양벌규정을 두고 있지만, 「산업안전보건법」상의 양벌규정은 일반 양벌규정과 구조가 다르다. 양벌규정은 일반적으로 행위자의 처벌을 별도의 처벌규정(벌칙 각 본조)에서 규정하고, 양벌규정에서는 행위자 이외의 자의 처벌만을 규정하는 구조이지만, 「산업안전보건법」에서는 행위자가 아닌 법인(사업주)이 법률상 의무이행주체인 경우, 의무를 위반한 법인이 정범(正犯)에 해당하고 법인의 대표자, 대리인, 사용인, 그 밖의 종업원은 단순히 사실상의 행위자로서 의무이행주체가 아님에도 양벌규정에 의해 처벌되는 구조로 되어 있기 때문이다.

여기에서 법인의 대표자, 대리인, 사용인, 그 밖의 종업원 등 행위자가 「산

938) 헌법재판소 2010.7.29. 2009헌가25·29·36, 2010헌가6·25(병합) 결정 ; 대법원 2022.11.17. 2021도701 판결 ; 대법원 2010.9.30. 2009도3876 판결 ; 김동희/최계영, 『행정법 I (제27판)』, 박영사, 2023, 509쪽 ; 박균성, 『행정법론(상)(제23판)』, 박영사, 2024, 662쪽 ; 박윤흔, 『최신행정법강의(상)(개정24판)』, 박영사, 1998, 604~605쪽 ; 장태주, 『행정법개론(제9판)』, 법문사, 2011, 558~559쪽 등.

업안전보건법」에 의하여 처벌되는 근거는 「산업안전보건법」 제173조의 양벌규정 중 "그 행위자를 벌하는 외에"라는 부분이다. 다시 말해서, 벌칙 각 본조에서 사업주를 범죄주체로 규정하고 있는 경우(범죄주체로 사업주에게만 존재하는 일정한 신분을 요구하고 있는 경우), 행위자는 양벌규정에 의해 창설된 새로운 구성요건에 의해 비로소 처벌될 수 있다.[939)]

판례 또한 "구 산업안전보건법 제66조의2[940)], 제23조 제3항[941)] 또는 제68조 제1호[942)], 제29조 제2항[943)]에 정하여 벌칙규정의 적용 대상은 사업주이지만, 구 산업안전보건법 제71조[944)]는 법인의 대표자 또는 법인이나 개인의 대리인·사용인(관리감독자를 포함한다[945)]), 기타 종업원이 그 법인 또는 개인의 업무에 관하여 제66조의2[946)]내지 제70조[947)]의 위반행위를 한 때에는 그 행위자를 벌하는 외에 그 법인 또는 개인에 대하여도 각 본조의 벌칙규정을 적용하도록 양벌규정을 두고 있고, 이 규정의 취지는 각 본조의 위반행위를 사업주인 법인이나 개인이 직접 하지 아니하는 경우에 그 행위자나 사업주 쌍방을 모두 처벌하려는 데에 있으므로, 이 양벌규정에 의하여 사업주가 아닌 행위자도 사업주에 대한 각 본조의 벌칙규정의 적용 대상이 된다."[948)](밑

939) 실무상 행위자에 대해 벌칙 각 본조 위반의 죄를 묻는 경우에는 양벌규정도 적용범죄로 포함하는 것이 필요하다.

940) 현행 제167조에 해당한다.

941) 현행 제38조 제3항에 해당한다.

942) 현행 제169조 제1호에 해당한다.

943) 현행 제63조에 해당한다.

944) 현행 제173조에 해당한다.

945) 「산업안전보건법」상의 사업주의 조치의무는 기업조직에서 순차적으로 하위의 자(관리감독자)에게 위임되는 것이 실제이고, 현장의 안전보건관리의무를 수행하는 관리감독자 그 자신도 고용되어 있는 자이지만, 사업주로부터 위임을 받아 (근로자에게 지휘·명령을 하여) 사업주의 조치의무를 수행하고 있는 한, 「산업안전보건법」의 실행행위자로서의 형사책임을 지는 입장에 있음을 유의할 필요가 있다.

946) 현행 제167조에 해당한다.

947) 현행 제172조에 해당한다.

948) 대법원 2011.9.29. 2009도12515 판결. 같은 취지 : 대법원 2007.12.28. 2007도

줄은 필자)고 판시하여, 「산업안전보건법」에서 법인의 대표자, 법인 또는 개인의 대리인, 사용인, 그 밖의 종업원(위반행위자)을 처벌하는 근거는 양벌규정이라는 것을 확인하고 있다.

한편, 전술한 바와 같이 양벌규정에 의한 사업주의 처벌은, 위반행위자가 종업원인 경우 그의 처벌에 종속하는 것이 아니라 독립하여 그 자신의 종업원에 대한 선임감독상의 과실로 인하여 처벌되는 것이므로 종업원의 범죄 성립이나 처벌이 사업주 처벌의 전제조건이 될 필요는 없으며,[949] 위반행위자가 법인 대표자인 경우 그의 '책임(법규위반)'을 요건으로 하여 법인(사업주)을 처벌하는 것으로서 법인 대표자의 '처벌'까지가 법인(사업주) 처벌의 전제조건이 되는 것은 아니다.[950] 다시 말해서, 양벌규정에 의해 사업주를 처벌하는 경우, 그 대표자 또는 종업원이 그 법인 또는 개인의 업무에 관하여 소정의 위반행위를 한 것이 증명되면 그것으로 충분하고, 위반행위자가 처벌되는 것을 요건으로 하는 것은 아니다.

따라서 위반행위자에게 존재하는 책임조각사유들은 사업주의 형사처벌에 영향을 미치지 못한다. 책임조각사유는 구체적인 행위자를 놓고 그 사람에 대한 비난가능성을 배제하는 사유이기 때문이다.[951] 결국 위반행위자는 처벌되지 않고 사업주만이 처벌될 수도 있다.

대리인, 사용인, 그 밖의 종업원[952]의 범위에는 사업주와 정식 고용계약이

8401 판결 ; 대법원 2007.7.26. 2006도379 판결 ; 대법원 2004.5.14. 2004도74 판결 ; 대법원 1999.7.15. 95도2870 전원합의체 판결 ; 대법원 1995.5.26. 95도230 판결 ; 대법원 1991.11.12. 91도801 판결 등.

949) 대법원 2007.11.16. 2005다3229 판결 ; 대법원 2006.2.24. 2005도7673 판결 ; 대법원 1987.11.10. 87도1213 판결 등.

950) 대법원 2022.11.17. 2021도701 판결 참조.

951) 신동운, 『형법총론(제15판)』, 2023, 124쪽.

952) 입법론적 관점에서 볼 때, 개념상 '종업원'이 대리인, 사용인을 포함하지는 않으므로, '대리인, 사용인, 종업원'이라고 표현하거나 대리인, 사용인, 그 밖의 '종사자'로 표현하는 것이 타당하다.

체결되어 근무하는 자뿐만 아니라 그 법인 또는 개인의 업무를 직접 또는 간접으로 수행하면서 법인의 통제·감독하에 있는 자도 포함된다.[953)]

「산업안전보건법」 중에는 의무주체가 사업주에 한정되어 있지 않고 폭넓게 일반인을 규제의 대상으로 하고 있는 조항이 마련되어 있다. 예를 들면, 황린 성냥 등의 제조·수입·양도·제공 또는 사용을 금지하는 제117조가 그것이다. 본조에 위반하는 행위를 한 자에 대해서는, 설령 그것이 법인 또는 개인의 업무에 관하여 행하여진 경우라 하더라도, 양벌규정을 기다릴 필요도 없이 「산업안전보건법」 제117조의 위반자를 처벌하는 것을 규정하고 있는 「산업안전보건법」 제168조만을 근거로 하여 처벌할 수 있다.

5. 법인 대표자 처벌

전술한 바와 같이 「산업안전보건법」상의 양벌규정에 의한 처벌 대상은 사업주(법인사업주 또는 개인사업주)와 위반행위자 쌍방이다. 법인 대표자에 대해서는 양벌규정에 의한 법인에 대한 처벌과는 별개로 그가 행위자에 해당하는지 여부에 의해 결정되어야 한다.

만약에 법인 대표자가 산업안전보건법령에 규정된 위험성이 있는 작업을 같은 법령이 정하고 있는 바에 따른 안전조치를 취하지 않은 채 행하도록 지시하거나, 그 안전조치가 취해지지 않은 상태에서 작업이 이루어지고 있다는 사실을 알면서도 이를 방치하는 등 그 위반행위가 대표자에 의하여 이루어졌다고 인정되는 경우에는 대표자도 (위반)행위자가 될 수 있다.

그리고 법인 대표자가 사업장에서 산업안전보건법령상의 안전조치가 취해지지 않은 상태에서 작업이 이루어지고 있고 향후 그러한 작업이 계속될 것이라는 사정을 미필적으로 인식하고서도 이를 그대로 방치하고, 이로 인하

953) 대법원 2006.2.24. 2003도4966 판결 참조.

여 사업장에서 안전조치가 취해지지 않은 채로 작업이 이루어졌다면, 대표자가 그러한 작업을 개별적·구체적으로 지시하지 않았다 하더라도, 이 경우 대표자도 (위반)행위자가 될 수 있다.[954)]

이처럼 법인 대표자도 「산업안전보건법」상 위반행위자가 될 수 있다. 「산업안전보건법」 제173조(양벌규정)에서 법인 대표자가 위반행위자로 처벌될 수 있다는 점을 명시적으로 규정하고 있기도 하다. 실제에 있어 법인 대표자가 위반행위자로 처벌될 수 있을지는 상당 부분 「산업안전보건법」에 구성요건이 어떻게 규정되어 있느냐에 달려 있다. 즉, 구성요건을 규정하기에 따라서는 대표자도 「산업안전보건법」으로 처벌될 수 있다. 예컨대 본사가 공장과 분리되어 있는 회사의 경우에도, 법인 대표자가 위반행위자로 실제로 처벌되는 데 적합하게끔 구성요건이 규정되어 있다면 본사에 상주하는 법인 대표이사도 「산업안전보건법」에 의해 얼마든지 처벌될 수 있는 것이다. 이 점에서 「산업안전보건법」에 문제가 있다고 하면,[955)] 이 문제는 새로운 법을 만들지 않고도 기존 「산업안전보건법」을 개정하여 얼마든지 해소할 수 있다.

따라서 「산업안전보건법」으로는 법인 대표자와 같은 최고경영자, 특히 대기업의 대표이사를 처벌할 수 없다고 단정 짓고 「중대재해처벌법」을 제정한 것은 「산업안전보건법」에 대한 몰이해에서 비롯된 것이라고 하지 않을 수 없다. 「중대재해처벌법」이 제정되기 이전에도 「산업안전보건법」에 의해 실제로 중소기업, 중견기업의 대표자는 적지 않게 처벌되어 왔고, 대기업의 대표자 역시 실형은 아니지만 처벌되는 사례가 전혀 없었던 것은 아니다.

---

954) 대법원 2011.9.29. 2009도12515 판결 ; 대법원 2010.11.25. 2009도11906 판결 등. 중소기업을 중심으로 실제로 대표자가 위반행위자로서 적지 않게 처벌되고 있다.

955) 본사가 공장과 분리되어 있는 대기업의 법인 대표자를 처벌하기에는 현행 「산업안전보건법」이 구성요건 면에서 많은 문제가 있는 건 사실이다. 예컨대 안전보건관리체제 구축·운영 규정(산업안전보건법 제2장 제1절) 위반에 대해 형사처벌을 부과한다면 대기업의 법인 대표자를 처벌하기에 좀 더 용이할 수 있는데, 현재는 이를 과태료 부과 대상으로 규정하고 있다.

6. 공무원 처벌

「산업안전보건법」은 형사처벌에 예외를 두고 있지 않으므로, 공무원이 형사처벌이 수반되어 있는 「산업안전보건법」 규정을 위반한 경우에는, 행위자 처벌의 방침에 따라 행위자인 공무원이 형사처벌을 받게 되는 것은 당연하고, 양벌규정에 따르면 국가 또는 지방자치단체도 형사처벌(벌금)의 대상이 될 수 있다.

그러나 사업주가 국가[956]인 경우에는 형벌을 부과해야 할 입장에 있는 국가가 형벌을 부과받게 될 수 있는바, 형벌부과의 주체인 국가가 동시에 형벌부과의 대상이 되는 것은 해석론에 의해 취할 수 없으므로, 국가에 대해서는 양벌규정이 적용될 여지가 없다고 보아야 할 것이다. 다만 이런 경우에는 해당 국가기관에 대하여 법 위반 사실의 지적과 함께 시정을 권고할 필요가 있다.

지방자치단체는 국가기관의 일부가 아니라 국가기관과는 별도의 독립된 공법인이므로, 지방자치단체 소속 공무원이 「산업안전보건법」을 위반한 경우에는 해당 공무원뿐만 아니라 지방자치단체도 양벌규정에 따라 처벌 대상이 된다.[957]

과태료도 형벌과 마찬가지로 과태료 부과주체인 국가에 대해서는 부과할 수 없다고 보아야 할 것이다. 그렇다면 국가공무원의 「산업안전보건법」 위반 행위에 대해서는 누구에게도 과태료를 부과할 수 없게 되는바, 이런 경우에는 국가기관 또는 위반공무원에 대하여 징계 또는 주의·경고를 의뢰하는 것이 바람직하다고 할 것이다.

956) 공법학에 따르면 국가도 법적으로 법인에 해당한다.

957) 대법원 2009.6.11. 2008도6530 판결 ; 대법원 2005.11.10. 2004도2657 판결.

7. 적용법조 기재방법

「산업안전보건법」 위반으로 법인과 행위자에 해당하는 그 법인 대표자(대표이사) 등을 입건 수사하여 기소하는 경우 적용법조 기재방법이 실무상 종종 문제가 된다.

일부에서는 법인의 대표자 등에 대하여 「산업안전보건법」상의 형사처벌 규정인 제167조부터 제172조까지와 의무를 규정하고 있는 해당 조항(본조)을 각각 기재하고, 법인에 대해서는 위 조항들과 양벌규정인 제173조를 각각 기재하는 경우가 있다. 그러나 「산업안전보건법」상 양벌규정은 일반적인 양벌규정과 달리 행위자인 법인의 대표자, 대리인, 사용인, 기타 종업원에 대한 처벌 근거규정으로서의 성격도 아울러 가지고 있기 때문에, 법인에 대한 적용법조에서뿐만 아니라 행위자인 법인의 대표자, 대리인, 사용인, 기타 종업원의 적용법조에서도 양벌규정을 기재하는 것이 법리상 타당하다.

개인회사와 법인회사 각각에 대해 적용법조를 기재하는 방식을 정리하여 예시적으로[제38조(안전조치) 위반을 예로 들어] 제시하면 아래와 같다.

◦ **개인회사의 경우**
  - 위반행위자가 대표자인 경우
    * 피의자(대표자=행위자) : 제167조(또는 제168조 제1호) 및 제38조 제1항
      ※ 이 경우에는 양벌규정이 적용되지 않는다.
  - 위반행위자가 대표자가 아닌 공장장 등인 경우
    * 1 피의자(대표자) : 제167조(또는 제168조 제1호),
      제38조 제1항 및 제173조(양벌규정)
    * 2 피의자(행위자) : 제167조(또는 제168조 제1호),
      제38조 제1항 및 제173조(양벌규정)

◦ **법인회사의 경우**
  - 1 피의자(법인) : 제167조(또는 제168조 제1호),
    제38조 제1항 및 제173조(양벌규정)
  - 2 피의자(행위자) : 제167조(또는 제168조 제1호),
    제38조 제1항 및 제173조(양벌규정)

[칼럼] 고전으로 바라본 엄벌만능주의 안전법[958)]

"훌륭한 입법자는 죄에 대해 벌하기보다 그것을 예방하는 일에 힘쓰고, 신체형을 가하기보다 양속이 뿌리내리도록 하는 일에 노력할 것이다." 일찍이 몽테스키외가 법사상의 성서라고 불리는 '법의 정신'에서 역설한 경구이다. 문재인 정부 들어 시스템 개선보다는 엄벌로 치닫고 있는 안전법규를 보면서 정부에 무엇보다 알려주고 싶은 말이다.

엄벌을 중요한 수단으로 삼고 있는 중대재해처벌법으로 대표되는 우리사회의 엄벌만능주의 경향을 어떻게 바라보아야 할까. 근대형법의 금자탑이라고 평가받는 고전에서는 이 엄벌만능주의를 과연 어떤 시각으로 평가했을까.

몽테스키외는 규범 준수의 기강이 느슨해지는 원인은 범죄를 처벌하지 않은 결과이지 형벌을 경감한 결과가 아니라고 하면서 엄벌만능주의의 경향에 경종을 울렸다. 이는 규범 준수를 담보할 것으로 기대되는 요소로 더 큰 비중을 차지하는 것은 제재의 '강도'가 아니라 제재의 '개연성'이라는 것임을 말해 준다.

이 점에 대해서는 근대적 형사법제의 토대가 된 벡카리아의 '범죄와 형벌'에서도 "범죄를 예방하는 가장 효과적인 방법은 형벌의 잔혹성이 아니라 형벌의 확실성에 있다."며 유사한 주장을 한 바 있다.

엄벌만능주의에 대한 몽테스키외의 비판은 여기서 그치지 않는다. "권위주의 정부는 불편한 일이 생기면 그 일을 교정하고자 종전의 법을 집행하는 대신에 그 해악을 막을 가혹한 형벌을 새로 만든다. 그로 인해 정부는 힘을 낭비하고 국민들은 금세 그 무거운 형벌에 익숙해져 예전의 가벼운 형벌 정도로 느끼게 된다. 벌에 대한 공포는 점점 줄어들기 때문에 끊임없이 더 무거운 벌을 제정하지 않을 수 없다." 종전의 안전관계법을 보완하거나 제대로 집행하려는 생각은 하지 않고 중대재해처벌법을 졸속으로 제정한 우리나라 정부에 시사하는 점이 풍부하다.

몽테스키외의 엄벌만능주의에 대한 날카로운 지적은 계속 이어진다. 형

958) 정진우, 전기신문, 2021.7.12.

벌을 받고도 부끄럽지 않다고 생각하는 사람들이 많다면, 그것은 폭정의 나라이며 부당한 법집행에 대한 반응이라고 보았다. 더 나아가 잔혹한 형벌에 의해서만 그 나라의 범죄가 억제된다면 그것은 대부분 폭정의 결과라고 간주해야 한다고 지적하였다. 우리나라에서 안전관계법을 위반하였다고 처벌을 받은 사람 중에 과연 수치심을 느끼는 사람이 얼마나 될까. 대부분은 적발을 위한 적발에 걸려들었다고 생각하거나 재수가 없어 처벌받게 되었다고 생각할 뿐이다. 안전관계법의 규범력과 안전행정에 대한 신뢰가 땅으로 추락했다는 방증이다.

엄벌이 정의인 양 생각하면서 죄질을 고려하지 않고 무작정 강한 처벌에 의지하려고 하면, 얼마 안 있다가 역사 속에서 사라진 궁형, 태형, 화형과 같은 반인도적 형벌을 안전관계법에 부활해야 할 것이다.

몽테스키외와 벡카리아의 엄벌만능주의 비판은 주로 고의성이 강한 형사범(자연범)을 염두에 둔 것이었지만, 이 비판은 고의성이 약한 행정범(법정범)에 대해서도 그대로 적용될 수 있다. 아니 고의성이 약한 만큼 행정범에 대해선 더욱 설득력 있는 메시지라고 할 수 있다.

그런데 이 세상에는 엄벌보다 더 위험한 법이 있다. 바로 애매하고 명확하지 않은 법이다. 벡카리아는 불명확한 법조문의 위험성을 다음과 같이 꼬집었다. "법의 불명확성 역시 명백히 또 다른 해악이다. 법조문이 보통 사람들이 이해할 수 없는 표현으로 되어 있다면, 이는 최악이다. 그럴 경우 보통 사람들은 자신의 생명 · 신체 · 자유가 어떻게 될지를 스스로 예측할 수 없게 되고, 그 때문에 법조문을 다루는 몇몇 사람들의 처분에 맡겨지게 된다." 중대재해처벌법 등 안전관계법에 수두룩하게 존재하는 지나치게 불명확한 개념과 표현이 법치주의에 얼마나 위협적인 것인지를 호소한 말이라고 할 수 있다.

몽테스키외와 벡카리아는 250년도 더 지난 시기에 살고 있는 우리를 향해 힘주어 말한다. 안전법제의 실효성과 집행력을 높이고 재해예방의 인프라를 충실히 정비하는 것이 엄벌만능주의보다 훨씬 합리적인 일임을. 계몽주의 사상가의 법철학이 새삼 의미심장하게 느껴지는 요즘이다.

제9장

파견사업에서의 산업안전보건법 적용의 특례

1. 근로자파견 취지

근로자파견을 규제하는 법률이 「근로자파견법」이다. 이 법은 i) 파견업자에 의한 파견근로자의 부당한 착취를 방지하고, ii) 파견근로자의 근로조건을 정비하고 명확히 하며, iii) 파견취업을 둘러싼 노동보호법상의 책임주체를 명확히 하는 한편, iv) 근로자파견이 장기고용시스템을 침식하지 않도록 하기 위해 파견사업주에 대한 사업규제와 사용사업주에 대한 거래상・취업관리상의 규제를 하는 것이다.

2. 정 의

'근로자파견'이라 함은 파견사업주가 근로자를 고용한 후 그 고용관계를 유지하면서 근로자파견계약의 내용에 따라 사용사업주의 지휘・명령을 받아 사용사업주를 위한 근로에 종사하게 하는 것을 말한다(근로자파견법 제2조 제1호). '근로자파견사업'이라 함은 근로자파견을 업으로 행하는 것을 말한다(근로자파견법 제2조 제2호). 그리고 파견사업주라 함은 근로자파견사업을 행하는 자를 말하고(근로자파견법 제2조 제3호), 사용사업주라 함은 근로자파견계약에 의하여 파견근로자를 사용하는 자를 말한다(근로자파견법 제2조 제4호).

3. 근로자파견 금지

「산업안전보건법」 제58조(유해한 작업의 도급금지)에 따른 유해하거나 위험한 업무(근로자파견법 제5조 제3항 제4호), 「진폐의 예방과 진폐근로자의 보호 등에 관한 법률」 제2조(정의) 제3호에 따른 분진작업을 하는 업무(근로자파견법 시행령 제2조 제2항 제1호), 「산업안전보건법」 제137조(건강관리카드)에 따른 건강관리카드의 발급 대상업무(근로자파견법 시행령 제2조 제2항 제2호) 그리고 제조업의 직접생산공정업무(근로자파견법 제5조 제1항), 건설공사현장에서 이루어지는 업무(근로자파견법 제5조 제3항 제1호) 등은 근로자파견사업을 행하여서는 아니 된다(근로자파견법 제5조 제1항 · 제3항).[959]

누구든지 위 규정을 위반하여 근로자파견사업을 행하거나 그 근로자파견사업을 행하는 자로부터 근로자파견의 역무를 제공받아서는 아니 된다(근로자파견법 제5조 5항).[960]

4. 사용사업주를 산업안전보건법상 사업주로 간주

「근로자파견법」 제35조는 파견근로자에 대한 「산업안전보건법」의 적용에 관한 특례를 규정하면서, 파견근로자에 대하여 파견사업주와 사용사업주가 각각 준수하여야 할 「산업안전보건법」의 조항에 대하여 규정하고 있다.

사용사업주와 파견근로자 사이에는 근로계약은 없고, 단순히 파견계약에 근거한 지휘 · 감독관계가 있을 뿐이다. 따라서 사용사업주는 파견근로자에 대하여 「산업안전보건법」 제2조 제4호의 사업주로서 「산업안전보건법」을 준수할 입장에는 없지만, 「산업안전보건법」에는 기계 · 설비, 유해 · 위험작업, 직접적인 작업현장에의 종사 등에 관한 규정이 많고, 파견 중인 근로자의 파견근로에 관하여는 파견근로가 사용사업주의 사업장에서 사용사업주의 지휘 · 명령하에 이루어지는 점을 고려하여, 원칙적으로 사용사업주를 「산업안전보건법」상의 사업주(근로자를 사용하여 사업을 행하는 자)로 보아 이 법

---

959) 사용사업주가 근로자파견 대상업무에 해당하지 아니하는 업무, 파견금지업무 등에서 파견근로자를 사용하는 경우에는 해당 파견근로자를 직접 고용하여야 한다(근로자파견법 제6조의2).

960) 이를 위반한 자는 3년 이하의 징역 또는 3천만원 이하의 벌금에 처한다(근로자파견법 제43조 제1호 · 제2호).

을 적용한다. 이 경우 「산업안전보건법」 제29조(근로자에 대한 안전보건교육) 제2항의 규정을 적용함에 있어서는 같은 항 중 "근로자를 채용할 때"를 "근로자파견의 역무를 제공받은 경우"로 본다(근로자파견법 제35조 제1항).

그리고 사용사업주는 파견 중인 근로자에 대하여 「산업안전보건법」 제129조(일반건강진단), 제130조(특수건강진단 등), 제131조(임시건강진단명령 등)의 규정에 따른 건강진단을 실시한 때에는 같은 법 제132조(건강진단에 관한 사업주의 의무) 제2항에 따라 그 건강진단 결과를 설명하여야 하며, 그 건강진단 결과를 지체 없이 파견사업주에게 보내야 한다(근로자파견법 제35조 제3항).[961)]

파견근로자의 산업재해 발생보고 역시 사용사업주가 「산업안전보건법」 제57조 제3항에 따라 지방고용노동관서장에게 보고하여야 한다. 재해자가 파견근로자인 경우, 사용사업주가 산업재해 발생보고 시 제출하여야 하는 산업재해조사표(시행규칙 별지 제30호 서식)에 재해자가 파견근로자인 사실과 파견사업주 사업장명을 기재하여야 한다.

5. 파견사업주를 산업안전보건법상 사업주로 간주

「산업안전보건법」 제129조(일반건강진단) 제1항의 규정에 의하여 사업주가 정기적으로 실시하여야 하는 건강진단 중 일반건강진단에 대하여는 파견사업주를 「산업안전보건법」상의 사업주로 본다(근로자파견법 제35조 제4항).

파견사업주는 이 일반건강진단을 실시한 때에는 「산업안전보건법」 제132조(건강진단에 관한 사업주의 의무) 제2항에 따라 그 건강진단 결과를 설명하여야 하며, 그 건강진단 결과를 지체 없이 사용사업주에게 보내야 한다(근로자파견법 제35조 제5항).[962)]

961) 이를 위반한 자는 3백만원 이하의 과태료를 부과한다(근로자파견법 제46조 제5항 제5호).

6. 사용사업주 및 파견사업주를 산업안전보건법상 사업주로 간주

「산업안전보건법」 제5조(사업주 등의 의무), 제132조(건강진단에 관한 사업주의 의무) 제2항 단서(개별 근로자의 건강진단 결과는 본인의 동의 없이는 공개해서는 아니 된다), 같은 조 제4항(작업장소 변경, 작업 전환 및 근로시간 단축의 경우로 한정한다), 제157조(감독기관에 대한 신고) 제3항(감독기관에 신고한 근로자에 대한 불이익처우 금지)을 적용할 때에는 파견사업주 및 사용사업주를 같은 법 제2조 제4호의 사업주로 본다(근로자파견법 제35조 제2항).

파견사업주와 사용사업주가 「산업안전보건법」을 위반하는 내용을 포함한 근로자파견계약을 체결하고 그 계약에 따라 파견근로자를 근로하게 함으로써 같은 법을 위반한 경우에는 그 계약당사자 모두를 같은 법 제2조 제4호의 사업주로 보아 해당 벌칙규정을 적용한다(근로자파견법 제35조 제6항).

---

962) 이를 위반한 자는 3백만원 이하의 과태료가 부과한다(근로자파견법 제46조 제5항 제5호).

제10장

중대재해처벌법
- 중대산업재해 -

Ⅰ. 중대재해처벌법의 입법 배경
Ⅱ. 중대재해처벌법의 목적 및 성격
Ⅲ. 중대재해처벌법 축조해설

Ⅰ. 중대재해처벌법의 입법 배경

「중대재해처벌법」의 제정 배경으로는 그 주장의 옳고 그름을 떠나, 그간 노동·시민단체 등을 중심으로 「산업안전보건법」 등 기존 안전보건관계법으로는 경영책임자, 특히 대기업의 경영책임자에 대한 처벌이 제대로 되지 않아 왔고, 중대재해를 발생시킨 책임자에 대한 처벌수준이 매우 낮다는 인식이 강하게 작용한 것으로 보인다. 심지어는 「산업안전보건법」으로는 아예 경영책임자를 처벌할 수 없다는 명백히 사실과 다른 주장까지 「중대재해처벌법」을 제정하는 측에서 제기되기도 했다.[963]

그러나 법정형으로 보면 우리나라가 영국을 제외하곤 재해예방선진국에 비해 처벌수준이 낮은 것은 결코 아니었고, 「산업안전보건법」에 의해 중소기업의 경우 대부분 경영책임자들이 처벌되어 왔으며, 대기업의 경우에도 임원급이 적지 않게 기소되어 왔다. 다만, 대기업의 경우 전술한 바와 같이 본사의 경영책임자를 처벌하는 데 있어 「산업안전보건법」 구성요건, 벌칙체계의 엉성함, 위임원리에 대한 이해 부족 및 수사역량 미흡에 따른 위법사실에 대한 증거 부족 등으로 인해 처벌이 거의 이루어지지 않은 점은 있었다. 즉, 「산업안전보건법」으로 대기업의 경영책임자에 대한 형사처벌이 거의 이루어지지 않은 것은 「산업안전보건법」 구성요건, 벌칙체계의 문제 및 수사능력의 부족 등에 기인하는 것이지 「산업안전보건법」의 태생적 문제는 아니다.

한편, 영국의 사망재해 발생이 적은 것은 2007년에 「법인과실치사법」(Corporate Manslaughter and Corporate Homicide Act 2007)[964]이 제정

963) 고용노동부조차 대기업의 경우 「산업안전보건법」으로는 경영책임자를 처벌할 수 없는 것처럼 주장하여 왔고, 몇 년 전부터 실제 그렇게 운영하고 있다. 「산업안전보건법」 집행기관인 고용노동부가 「산업안전보건법」에 대해 기초적인 지식조차 가지고 있지 않다는 것을 방증하고 있다는 점에서 우려하지 않을 수 없다. 고용노동부의 이러한 무지와 직무태만이 「중대재해처벌법」의 제정을 불러온 측면이 크다.

964) 우리나라에서는 노동·시민단체와 일부 학자를 중심으로 이 법의 명칭을 「기업살인법」 또는 「기업과실치사 및 기업살인법」으로 부르고 있는데, 이는 이 법의 목적·

되었기 때문이라는 주장도 「중대재해처벌법」 제정을 찬성하는 측에서 제정의 당위성으로 내세운 근거 중의 하나이었다. 그러나 영국은 법인과실치사법 제정 훨씬 이전부터 사망재해가 적었던 것이지 법인과실치사법 제정 때문에 급격히 적어진 것은 결코 아니다. 영국의 사망재해가 적은 것은 산재예방행정시스템의 선진성에 기인하는 바가 크다는 것이 영국 내외부 전문가들의 일반적인 시각이다.

[칼럼] '안전카르텔' 더 이상 방치해선 안 된다[965)]

19세기 독일의 유명한 법률가 키르히만(Kirchmann)은 "법률가는 엉성한 실정법으로 말미암아 튼튼한 나무를 버리고 썩은 나무를 먹고 사는 벌레가 되고 말았다."고 일갈했다. 이 주장을 안전을 둘러싼 우리나라의 현 상황에 빗대어 말한다면, 로펌뿐만 아니라 정부, 안전컨설턴트, 안전학계 등이 '카르텔'을 형성해 중대재해처벌법과 같은 썩은 나무에 기생하고 있다고 할 수 있다. 이로 인해 우리 사회의 소중한 자원이 엉뚱한 곳으로 흘러 들어가고 안전이 뒤틀리고 있다.

아이러니하게도 안전카르텔의 중심에 학계가 있다. 안전학계는 우리 사회의 안전에 관한 중요이슈에 대해 학문적으로 대안제시는커녕 아무런 문제제기도 하지 못하고 있다. 학회 학술대회에 학술토론이 없고 학회가 친목단체와 다를 바 없는 건 어제오늘 일이 아니지만, 최근 들어와 더더욱 학계로서의 전문적 권위는커녕 존재감조차 없다. 문제는 여기서 그치지 않고 중대재해처벌법에 편승해 안전을 돈벌이 수단으로 삼는 데 급급한 자들로 넘쳐나고 있다는 점이다. 안전에 관한 학문적 역량이 의심스러운 무늬만 학자인 자들이 교수라는 감투를 쓰고 엉터리 연구와 자문, 평가를

내용과 영국 형법에서의 Manslaughter, Homicide의 의미에 대한 이해 부족에 기인한다. 이 법의 구성요건이 중대한 '과실'에 의해 사망에 이르게 한 경우로 규정되어 있고, 영국 형법에서 Manslaughter, Homicide는 살인 이외에 과실치사의 의미로도 사용되며, 나아가 이 법의 취지와 목적을 감안하면, 「법인과실치사법」으로 번역하는 것이 타당하다.

965) 정진우, 에너지경제, 2024.2.27.

하면서 안전을 오염시키고 있다. 학자라고 하기엔 민망할 정도이다. 심지어는 일부 대학을 중심으로 안전에 대한 높아진 사회적 관심을 악용해 아예 드러내놓고 '학위 장사'를 하고 있다. 학계로서의 양심과 자질은 도무지 찾아볼 수 없다.

로펌과 안전컨설팅기관은 공포마케팅을 통해 '묻지마' 컨설팅을 부추기고 있다. 안전을 제대로 공부한 적이 없는 이들은 실질적 안전이라는 염불보다는 돈벌이라는 잿밥에 여념이 없다. 엉성한 중대재해처벌법을 무기 삼아 기업을 대상으로 이번 기회에 한몫 챙기겠다는 생각으로 가득 차 있다. 안전관계기관이 우후죽순으로 생겨나고 아마추어들이 대놓고 전문가 행세를 한다. 중대재해처벌법의 모호성과 공포분위기 조성이 아마추어의, 아마추어에 의한, 아마추어를 위한 안전컨설팅 시장을 조장하고 있는 것이다. 물론 이들에게 휘둘리거나 전적으로 의존하다시피 하는 기업도 책임에서 벗어날 수 없다.

노동조합도 겉으로 내거는 명분과는 달리 안전카르텔을 간접적으로나마 조장하고 있다. 소위 강성노조일수록 중대재해처벌법의 실효성은 따지지도 않고 엄벌만능주의라는 도그마에 빠져 있다. 이들은 평상 시 노동자의 안전을 확보하는 데는 별 관심이 없고 안전을 주로 회사 측을 압박하는 수단으로 생각한다. 노동조합 입장에선 모호하고 지키기 어려운 법일수록 협상력이 커지기 때문에 중대재해처벌법만큼 좋은 법이 없을 것이다.

예측가능성과 이행가능성이 결여된 중대재해처벌법은 수사기관(특히 고용노동부)의 자의적 법집행에 날개를 달아줬다. 중대재해처벌법으로 수사기관은 CEO를 피의자로 소환하고 본사 압수수색을 손쉽게 할 수 있게 돼 권한과 위세가 하늘을 찌를 듯하다. 실제로 로펌과 대기업에서 수사기관 출신 '전관'의 몸값이 많이 올라갔다. 수사기관이 '지금 이대로'가 좋다고 생각하는 이유다. 법원칙에 맞지 않는 자의적 법집행의 남발은 기업으로 하여금 '전관'을 찾게 하는 주범이다. 기업에게 예방역량 강화라는 정공법보다는 편법을 동원하는 유혹을 느끼게 하고 있는 것이다. 게다가 어느 나라에서도 찾아볼 수 없는 '작업중지명령 해제위원회'라는 제도와 이의 자의적 운영이 전관을 이용해 작업중지명령을 빨리 해제하도록 로비하게 하는 꼼수를 쓰게 하고 있다. 중대재해 발생 후 남발하는 안전보건진단명령도 흑심을 품은 전관이 활개 치게 만드는 온상이 되고 있다. 경험상 실질적 재발방지보다는 전관을 활용한 대응을 하는 것이 효과적이라고 믿기 때문이다.

산업안전 주무부처인 고용노동부는 잘못된 법제도와 그 운영이 안전카르텔의 텃밭이 되고 있는 현실을 개선하려고 하기는커녕 되레 즐기고 있는 것 같다. 주무부처에 이 문제를 맡기는 것은 고양이한테 생선을 맡기는 꼴이다. 대통령과 총리가 적극 나서야 하는 이유이다. 안전카르텔 문제는 지난 정부에서 제공한 측면이 크지만, 이 문제를 방치하면 시간이 지날수록 윤석열 정부도 책임에서 자유로울 수 없을 것이다. 안전카르텔에 손을 대는 것은 현 정부의 국정철학인 정의와 공정과도 부합한다. 정부가 힘있게 문제해결에 나서도록 하려면 역시 국민이 깨어 있어야 한다.

「중대재해처벌법」의 특징은 처벌수준이 매우 높다는 점 외에도 보호 대상이 매우 넓다는 점이다. 도급, 용역, 위탁 등을 주는 측에 자사의 근로자뿐만 아니라 자사에 노무를 제공하는 특수형태근로종사자, 1인 사업자, 그리고 도급계열에 있는 타사의 근로자, 나아가 타사가 의뢰한 특수고용형태종사자, 1인 사업자에 대해서도 안전보건조치를 행할 의무가 부과되어 있다. 종전의 「산업안전보건법」 등 안전보건관계법보다 보호 대상이 훨씬 넓다는 것을 알 수 있다. 「중대재해처벌법」 제정을 찬성하는 측에서는 근로자와 일부 특수형태근로종사자 외의 다른 노무제공자들은 「산업안전보건법」 등 어느 안전보건관계법에 의해서도 보호 대상에서 제외되어 있다는 이유로 이들에 대해서도 「중대재해처벌법」의 보호 대상에 포함시킬 필요가 있다고 주장하였다. 그러나 이 주장 또한 사실과 부합하지 않는다. 이들에 대해서는 「산업안전보건법」 등 행정법의 보호 대상에는 포함되어 있지 않았지만, 형법의 과실치사상 또는 업무상과실치사상의 보호 대상에는 포함되어 있었기 때문이다. 비교법적으로 볼 때 근로자가 아닌 자를 행정법으로 보호할지 형법으로 보호할지에 대해서는 국가마다 차이가 있다.

이와 같이 「중대재해처벌법」 제정을 주장하는 측의 주장은 사실과 다른 부분이 적지 않았다. 그럼에도 불구하고 중대재해처벌법안은 노동·시민단체의 강한 압박과 정치권의 정치적 논리에 의해 본회의 통과 일정을 못 박은 상태에서 충분한 논의와 관계전문가의 참여 없이 졸속으로 심의·처리되고 말았다.

한편, 「중대재해처벌법」은 상시 근로자 5명 미만 사업 또는 사업장에 대해선 법 적용에서 아예 제외하고 상시 근로자 50명 미만 사업 또는 사업장에 대해선 공포 후 3년간 법 적용이 유예되었다. 우리나라의 사고성 사망재해의 약 80%가 상시 근로자 50명 미만 사업 또는 사업장에서 발생하는 사실을 감안할 때,[966] 정작 적용되어야 할 사업 또는 사업장이 법 적용에서 제외되거나 유예되는 모순이 발생한 것이다. 「중대재해처벌법」 자체의 당부를 떠나 법 적용 문제만을 논리적으로 따져보면, 법규의 요구수준을 전체적으로 낮추거나 일부조항을 적용 제외하는 방식으로 모든 사업 또는 사업장에 같이 적용하는 것이 타당하다.

「중대재해처벌법」이 다분히 대기업을 염두에 두고 제정된 결과, 이 법이 중소기업에 대해 얼마나 규범력을 가질 수 있을지에 대해서도 많은 의문이 있다. 형사처벌, 특히 강한 형사처벌이 수반되는 행정법규의 경우 규범력을 확보하고 범법자를 양산하지 않기 위해서는, 사회적으로 평균 정도의 규모에 해당하는 수범자에 초점을 맞추는 것이 필요하지만, 「중대재해처벌법」은 이를 충분히 고려하지 않았다.[967]

966) 고용노동부, 『산업재해 현황분석』, 각 연도.

967) 우리나라의 사고성 사망재해 발생상황을 사업장 규모별로 보면, 300명 미만 사업장에서 약 95%가 발생하고 있다(고용노동부, 『산업재해 현황분석』, 각 연도). 이 점을 감안하면 법정책이 어느 규모의 사업장(기업)에 초점이 맞춰져야 하는지는 자명하다고 할 수 있다.

[칼럼] 중대재해처벌법과 ISO 45001[968)]

중대재해처벌법(이하 중처법)은 '안전보건관리체계'의 구축 및 이행 조치를 핵심적인 내용으로 규정하고 있다(법 제4조 제1호, 영 제4조). 중처법상의 안전보건관리체계가 무엇을 의미하는지는 그 내용과 범위 모두 매우 불명확하지만, 국제적으로 메가트렌드라고 할 수 있는 'Occupational Safety and Health Management System(이하 'OSHMS')의 번역어라고 할 수 있다. 그렇다면 중처법의 안전보건관리체계와 OSHMS에 관한 국제규격인 ISO 45001은 어떤 관계라고 보아야 할까.

중처법과 ISO 45001의 관계는 교집합 벤다이어그램으로 나타낼 수 있다. 즉, 둘은 교집합 부분도 있지만 각각 차집합 부분도 갖고 있다. 중처법에는 ISO 45001에 규정돼 있지 않은 사항에 대해서도 일부 규정돼 있고(예 : 재해 발생 시 재발방지 대책의 수립 및 그 이행에 관한 조치, 중앙행정기관 · 지방자치단체가 관계 법령에 따라 개선, 시정 등을 명한 사항의 이행에 관한 조치, 대규모 조직 본사의 안전보건 전담조직 구축), ISO 45001에도 중처법에 규정돼 있지 않은 사항이 다수 규정돼 있다. 그런데 중처법과 ISO 45001의 교집합 부분, 즉 공통적인 사항도 구체적으로 보면 상당한 차이가 있다는 것을 알 수 있다. 둘 간의 차이에 대해 주요 사항을 중심으로 살펴보면 다음과 같다.

먼저, ISO 45001은 안전보건에 대한 역할과 책임의 명확한 설정을 강조하고 있으나, 중처법에서는 이러한 내용을 담고 있지 않다. ISO 45001에서는 안전보건의 이행 책임이 기본적으로 현업부서(Line management responsibility)에 있고 안전보건부서는 현업부서의 안전보건을 촉진 · 보좌하는 역할을 담당한다는 것을 전제하면서 작업자를 위시한 모든 구성원과 부서의 역할과 책임을 강조하고 있으나, 중처법에서는 이러한 내용을 전혀 담고 있지 않다.

ISO 45001에서는 '프로세스'라는 표현을 사용하고 있는 반면, 중처법에서는 '업무절차, 절차, 매뉴얼, 기준과 절차'라는 표현을 사용하고 있다.

968) 정진우, 안전저널, 2022.6.21.

ISO 45001은 '프로세스'와 '절차'를 다른 의미로 사용하고 있다. 프로세스는 절차뿐만 아니라 역량 있는 인력, 적절한 기계·설비, 안전보건프로그램 등을 포함하는 의미를 가지고 있다. 즉, '프로세스'는 '절차'가 있어도 사람, 기계·설비 등이 적합하지 않으면 절차대로 실시하는 것이 불가능하고 의도하는 결과를 얻을 수 없다는 의미를 내포하고 있다. 중처법이 ISO 45001의 '프로세스'와는 다르게 '절차'라는 표현을 사용한 것은 KOSHA-MS의 잘못된 영향인 것으로 보인다. 참고로, KOSHA-MS는 ISO 45001을 벤치마킹하였다고 하지만, 실제에 있어서는 여러 부분에서 ISO 45001을 엉성하게 반영하고 있다.

중처법에서는 사업 또는 사업장의 안전보건에 관한 목표와 경영방침을 설정할 것을 규정하고 있다(영 제4조 제1호). 목표는 경영방침을 토대로 설정되어야 하므로 경영방침이 먼저 규정돼야 함에도 목표가 먼저 규정된 것은 문제가 있다. 이에 반해, ISO 45001에서는 안전보건방침을 먼저 규정하고 이를 토대로 안전보건목표 및 그것을 달성하기 위한 계획수립까지를 규정하고 있다.

중처법에서는 안전보건에 관한 업무를 총괄·관리하는 전담조직을 둘 것이라고 규정하고 있지만(영 제4조 제2호), ISO 45001에서는 이러한 류의 규정을 두고 있지 않다.

중처법은 위험성평가 중 유해위험요인을 확인하여 개선하는 업무절차 마련과 업무절차에 따른 유해위험요인의 확인·개선 점검(반기 1회 이상) 및 필요한 조치를 규정하고 있다(영 제4조 제3호). 위험성평가는 유해위험요인 확인, 개선 외에도 위험성 추정(estimation)과 위험성 결정(evaluation)을 포함하는 것인데, 중처법은 후자에 대해선 규정하고 있지 않다. 반면, ISO 45001은 위험원의 파악, 위험성의 평가(assessment), 위험성 감소 등 위험성평가에 관한 모든 절차를 규정하고 있다.

또한 중처법은 경영책임자 개인을 안전보건조치의 유일한 의무주체로 설정하고 있지만, ISO 45001은 조직, 즉 최고경영자를 비롯하여 조직 내의 관련된 모든 자의 의무, 참여 및 역할을 강조하고 있다.

중처법은 절차(서) 또는 매뉴얼, 점검, 점검결과에 따른 필요한 조치 등 외형적인 것을 중심으로 단편적이고 체계성 없이 규정하고 있는 반면에,

ISO 45001은 절차(서)보다 넓은 의미의 프로세스, 역량, 실질적 효과(예 : 알게 해야 한다)에 초점을 맞춰 종합적이고 체계적으로 규정하고 있다.

한편, 중처법은 도급인과 수급인 중 누가 의무주체인지가 불명확하고 도급인의 의무범위 또한 불확실한 상태이지만, ISO 45001은 도급인과 수급인의 역할이 구분되어 있고 각 의무주체의 위상과 역할에 맞는 요구사항을 규정하고 있다.

이외에도 중처법에는 안전원리 면에서 ISO 45001과 괴리가 있는 부분이 적지 않은데, 이는 중처법이 안전원리에 대한 충분한 이해 없이 다분히 '처벌'에 주안점을 두고 있는 반면, ISO 45001은 자율안전보건관리의 중요한 수단이라는 위상하에서 '예방'에 주안점을 두고 있기 때문이다.

중처법의 안전보건관리체계에 관한 규정에 국제기준에 맞지 않은 내용이 다수 포함된 것은 중처법이 '경영책임자 개인'에 대한 엄벌을 염두에 둔 결과라고 할 수 있다. 안전원리의 실현과 엄벌. 어느 것을 목적으로 할 것인가. 답은 자명하다.

Ⅱ. 중대재해처벌법의 목적 및 성격

「중대재해처벌법」은 「산업안전보건법」 등 사업장 안전보건관계법과 달리 처벌을 재해예방의 수단으로 전면에 내세우고 있다. 예를 들면, 「산업안전보건법」의 경우 산업안전보건기준의 확립과 책임소재(체제)의 명확화를 통한 산업재해 예방 및 쾌적한 작업환경 조성이라는 수단을 규정하고 있는 것과 대비된다.

한편, 「중대재해처벌법」은 이 법에 규정된 안전보건확보(예방조치)의무 위반에 대해서는 형사처벌을 포함한 어떠한 제재 대상으로도 규정하고 있지 않아 법집행기관에서는 안전보건확보(조치)의무의 이행을 강제할 수 없다. 즉, 「중대재해처벌법」으로는 이 법에 규정된 안전보건확보의무의 이행을 위해 제재를 배경으로 한 예방적 지도감독을 할 수 없다. 그리고 「중대재해처벌법」은 다른 사업장 안전보건관계법과는 달리 중대재해가 발생하더라도 형사처벌만 할 수 있을 뿐 시정(개선)명령과 같은 행정조치를 발령할 수 있는 법적 근거를 가지고 있지 않다.

어떠한 법이 일정한 목적을 달성하기 위해 형벌을 주요한 수단으로 삼고 있는지, 형벌을 규정하고 있더라도 형벌이 아닌 다른 것(교육, 홍보, 지도 등)을 주요한 수단으로 삼고 있는지에 의해 당해 법의 성격이 판단된다. 전자에 해당하는 것이 좁은 의미의 형법과 형사특별법(특별형법)[969]이고, 후자에 해당하는 것이 행정형법이다.

「중대재해처벌법」은 형사특별법의 성격을 강하게 가지고 있지만, 처벌규정만을 두고 있는 것이 아니라 안전보건확보의무규정을 처벌규정과 별도로 두고 있고, 안전보건교육의 수강의무, 중대산업재해 발생사실 공표, 손해배상의 책임, 정부의 사업주 등에 대한 지원·보고의무를 규정하고 있는 등 사회의 안녕과 질서유지를 목적으로 행정법(행정작용법)적 내용도 적게나마 포함하고 있는 점을 감안할 때, 행정형법의 성격도 부분적으로 아울러 가지고 있다고 볼 수 있다. 형사특별법과 행정형법 모두 실질적 의미의 형법에 속하기 때문에 죄형법정주의와 같은 형법의 일반원리와 형법총칙은 「중대재해처벌법」에도 적용된다(형법 제8조).

한편, 「중대재해처벌법」은 기존 안전보건관계법과 달리 경영책임자라는 특정인(개인)에게 처벌의 초점을 맞추고 있다. 특히 형법상의 업무상과실치사상죄 및 「산업안전보건법」 위반죄, 특히 결과적 가중범(사망과 같은 중한 결과를 발생시킨 경우에 그 중한 결과로 인하여 형벌이 가중되는 범죄)의 처

969) (협의의) 형사특별법(특별형법)은 대부분 사회 일반에서 특히 비난을 받고 있는 특정한 범죄행위를 기존의 형법보다 무거운 형벌로 처벌하고자 제정된 법률이다. 그 예로 「폭력행위 등 처벌에 관한 법률」, 「특정범죄 가중처벌 등에 관한 법률」, 「특정강력범죄의 처벌에 관한 특례법」, 「특정경제범죄 가중처벌 등에 관한 법률」, 「성폭력범죄의 처벌에 관한 특례법」, 「보건범죄 단속에 관한 특별조치법」, 「환경범죄 등의 단속 및 가중처벌에 관한 법률」, 「교통사고처리 특례법」, 「국가보안법」 등이 있다.

벌을 강화시키려는 입법 의도와 성격이 강하다. 그렇다 보니 예방조치에 대한 의무는 빈약하게 규정되어 있다.

「중대재해처벌법」은 형법(업무상과실치사상죄) 및 「산업안전보건법」 등 사업장 안전보건관계법을 대체하는 것이 아니라 추가하는 관계라고 볼 수 있다. 즉, 각 법의 구성요건이 달라 「중대재해처벌법」이 시행된다고 하여 형법(업무상과실치사상죄) 및 「산업안전보건법」 등 사업장 안전보건관계법이 더 이상 적용되지 않는 것은 아니다. 다만, 동일인의 입장에서는 각 법의 구성요건 간에 배척현상이 일어나 하나의 구성요건만 적용되거나(법조경합 관계) 각 법의 (복수의) 위반행위가 소송법상[과형(科刑)상]으로 일죄로 취급되어 처리되는 경우(상상적 경합 관계)는 발생할 수 있다.[970)]

[칼럼] 규정보다 '감정'으로 처벌하는 중대재해법[971)]

"'건전한 국민감정'에 비추어 처벌할 필요가 있다고 인정되는 경우는 처벌한다."

불명확한 개념으로 유명한 나치 형법의 일부다. 중대재해처벌법 시행령을 보면서 제일 먼저 연상된 문구다. 기업의 군기(?)를 잡기 위해선 법치주의는 한낱 장식물로 취급해도 되는 것일까. 준법의지가 강한 경영책임자조차 누가 무엇을 어떻게 이행해야 할지 알 수 없는 규정을 만들어 놓고 준수를 강제하는 건 권위주의적 발상이자 실제 법 준수에는 무관심하다는 방증이다. 제재를 위해선 수범자의 인권과 실효성은 아랑곳하지 않는 포퓰리즘 입법의 민낯을 보는 것 같아 못내 씁쓸하다.

모호하고 불명확한 규정이 수두룩한 것은 물론이고 법령 상호 간에 그리고 다른 법과 상충되거나 모순되는 규정이 적지 않다. 수범자는 어느 장단에 맞춰 춤을 춰야 할지 헷갈릴 수밖에 없다. 단언컨대, 중대재해처벌법령에 규정되어 있는 안전조치의무를 준수할 수 있는 기업은 전 세계 어

---

970) 이에 대해서는 앞에서 이미 상세하게 설명하였다.

971) 정진우, 파이낸셜뉴스, 2021.8.17.

디에도 없을 것이다. 이런 내용의 법령이 버젓이 제정되는 건 법치주의 관점에서 수치스러운 일이 아닐 수 없다.

법에서 정의를 실현하고 실효성을 담보하기 위한 가장 좋은 방법은 구성요건을 정교하고 실효성 있게 규정하는 것이다. 이것을 엉성하게 규정한 채 엄벌에만 의존하는 것은 정의도 개혁도 아니다. 불의이자 개악일 뿐이다. 법정책의 기본은 예측가능성임에도 이를 도외시한 규정이 중대재해처벌법령 전반에 산재해 있다. '이에 준하여 안전보건에 관한 업무를 담당하는 사람' '충실하게' '적정한' '안전보건관계법령' '실질적으로 지배 · 운영 · 관리' 등과 같은 표현은 지나치게 광범위하고 불명확하여 사람마다 달리 판단될 수밖에 없다. 전문가에게 물어봐도 제각각의 답변이 나올 것이다. '관심법'이 판칠 것은 불을 보듯 훤하다.

일찍이 몽테스키외는 '법의 정신'에서 법 위반에 따른 수치와 비난에 대한 두려움이 범죄를 막는 동기가 된다고 역설했다. 중대재해처벌법령처럼 현실적으로 준수할 수 없고 예측 가능성이 없는 법령을 위반했다고 수치와 비난에 대한 두려움을 느끼지 않을 것이다. 법규범과 집행기관에 대한 신뢰가 추락해서는 준법의식을 높일 수 없다. 몽테스키외는 형벌을 받고도 부끄럽지 않다고 생각하는 나라가 있다면, 그것은 폭정의 결과라고도 주장했다. 엉터리 법을 만들어 놓고 처벌하는 데 급급하면 수범자들이 법을 준수하기는커녕 법을 위반하고도 죄책감을 느끼지 않게 된다는 의미이다. 그러한 법은 예방효과도 거두지 못하고 범법자만 양산하게 될 뿐이다.

종전의 안전관계법보다 특별히 강하게 처벌할 규범적 근거도 없이 처벌수준만 높인 형벌의 심각한 불균형도 곳곳에서 발견된다.

누군가를 강하게 처벌하려면 그에 맞는 합당한 이유가 있어야 함에도 이를 무시하고 있는 것이다.

산업안전보건법령에서는 하청에게 의무를 부과하면서 중대재해처벌법령에서는 원청에게 의무를 부과하고 있는 조항도 상당수 보인다. 이런 상태에서 어느 원청이 법을 온전히 준수할 수 있겠는가. 정부는 현실과 안전법리를 모르는 것인가. 알고서도 외면하는 것인가. 현실과 전문성을 무시한 이념과잉의 무리한 법정책이 어떠한 결과를 초래하는지는 '김용균법'(전부개정 산업안전보건법) 한 번으로 족하다. 역사는 반복되는가.

[칼럼] 중대재해처벌법 어떻게 해야 하나[972)]

중대재해처벌법 제정으로 어느 때보다 안전보건에 대한 관심이 높다. 기업들의 안전보건 투자도 중대재해처벌법 전과 비교하면 눈에 띄게 증가하였다. 중소기업은 별다른 변화가 감지되고 있지 않지만, 대기업의 경우는 대부분 안전보건 조직·인력과 예산을 크게 늘리고 있다.

문제는 그러한 투자가 안전역량을 높이고 안전보건에 실질적으로 도움이 되고 있느냐이다. 앞으로 더 지켜봐야겠지만, 현재까지의 모습만을 보면 중대재해처벌법이 급하게 제정·시행되다 보니 발등에 떨어진 불을 끄는 데 급급한 모습을 보이는 경우가 적지 않은 것 같다. 재정적으로 여력이 있는 대기업과 공기업은 안전보건 전문가라고 볼 수 없는 대형로펌에 주로 의지하면서 예방보다는 경영책임자 형사처벌을 피하는 데 주력하는 모습이다.

문제는 대부분의 대형로펌이 안전보건에 대한 전문성을 갖추지 못하고 있는데도 대외적으로 마치 많은 전문성을 갖춘 것처럼 행세를 하고, 기업들이 그러한 마케팅에 휘둘리고 있다는 점이다. 심지어는 산업안전 문외한임에도 운 좋게 개방직으로 산업안전국장을 잠시 담당했을 뿐인 자를 얼굴마담으로 내세워 컨설팅 수주와 영업에 노골적으로 활용하는 볼썽사나운 모습을 보이는 로펌도 있다. 그렇다 보니 기업들의 중대재해처벌법에 대한 많은 투자와 관심이 기업들의 실제 안전역량 향상보다는 대형로펌의 배 불리기로 이용되고 있는 건 아니냐는 비아냥이 이곳저곳에서 많이 들리고 있다.

중대재해처벌법 시행 전후로 이 법을 비웃기라도 하듯 대형사고가 잇따라 발생하고 있고, 정부에서 발표한 산재통계로도 금년 3월말 기준으로 전년도 동기보다 오히려 늘어난 것으로 나타나고 있는 것도 이러한 우려를 방증하고 있다. 사회적으로 종전보다 훨씬 많은 비용을 들이고도 중대재해가 줄어들기는커녕 늘었다는 것은 큰 문제라고 하지 않을 수 없다.

이러한 현실 외에도 중처법의 민낯이 이곳저곳에서 서서히 드러나고 있

---

972) 정진우, 전기신문, 2022.6.17.

다. 뭘 알고 만들어진 법이 아니기 때문이다. 중대재해처벌법을 알면 알수록 '멘붕'에 빠진다는 말까지 나오고 있다. 안전원리와 법리에 도무지 맞지 않는 내용이 많아 재해예방의 실효성뿐만 아니라 엄벌이라는 그들의 당파성조차도 달성하지 못할 것으로 예상된다. 입법참사라는 면에서는 전부개정 산업안전보건법의 데칼코마니이다.

중처법은 무책임한 정치인과 관료의 주연에 얼치기 전문가의 조연으로 만들어진 법이다. 무능한 주연은 재해예방의 실효성에는 관심이 없고 매표와 권한 확대에만 관심이 있었고, 조연은 안전원리도 제대로 이해하지 못한 채 들러리 역할을 했다. 이들의 무책임 또는 무능에 어떠한 형태로든 책임을 물어야 막무가내식 입법의 재발을 막을 수 있다. 정치인은 선거로라도 책임이 물어지지만 공무원과 사이비 전문가는 별도 조치가 없으면 아무런 일도 없었던 듯이 슬그머니 넘어간다.

중대재해처벌법 시행 전후로 노동부에서는 이 법을 부각시키고 산업안전보건법과 억지로 차별화하기 위해 중대재해처벌법은 안전보건관리체계를 규율하는 법이고 산업안전보건법은 구체적인 안전보건조치만을 규율하는 법이라고 엉터리 홍보를 해왔다. 산업안전보건법을 왜곡하고 격하시키는 정부의 이러한 어처구니없는 홍보와 중대재해처벌법에 대한 관심의 쏠림 현상으로 산업현장에서는 산업안전보건법에 대한 실질적인 관심이 종전보다 확연히 약화된 양상이다. 게다가 중대재해처벌법 자체가 처벌을 주요 수단으로 삼고 있는 데다가 집행기관이 처벌에 집중하다 보니, 산업현장에서는 처벌 회피에 초점을 맞추는 대응을 함으로써 예방활동이 오히려 소홀해지는 측면도 발견된다. 이에 따라 중대재해처벌법이 과연 안전수준 향상에 효과적인지에 대해 많은 의문이 제기되고 있다.

노동부 일선에서는 중대재해처벌법 수사에 상당한 곤란함과 피로감을 느끼고 있고, 예방인력을 중대재해처벌법 수사에 차출하고 있는 실정이다. 안전보건관계법 집행기관 간의 감독 · 수사의 중복도 심각하다. 집행기관의 비대함과 집행의 비효율 문제는 앞으로 반드시 해결되어야 할 과제이다.

중대재해처벌법은 이러한 점들 외에도 실무에서 법리적으로 많은 논란이 될 수 있는 여러 문제를 초래하고 있고, 곳곳에 불명확한 내용이 많아 그 해석을 놓고 현장에서 많은 혼란이 발생하고 있는 상태이다. 현장에서 문제로 되고 있는 사항이 제대로 정리되지 않은 상태에서는 수범자에게 이행의무에 대한 예측가능성을 제공하지 못하여 중대재해 예방이라는 법의 취지를 결코 살릴 수 없다.

산업안전보건법 등 기존의 안전보건관계법을 실효성 있게 개선하면서 중대재해처벌법을 대대적으로 정비하는 것만이 현재의 난맥상을 해소하고 안전보건관계법의 규범력을 높이는 방향이다. "악법도 법이다"는 말은 권위주의 정권이 즐겨 쓰는 레토릭이다. 정의롭지 않은 법은 없애거나 바꾸는 것이 마땅하다.

Ⅲ. 중대재해처벌법 축조해설

1. 정의 및 개념(법 제2조)

가. 중대산업재해(법 제2조 제2호)

「산업안전보건법」 제2조 제1호에 따른 산업재해 중 다음 어느 하나에 해당하는 결과를 야기한 재해를 말한다.
가. 사망자가 1명 이상 발생
나. 동일한 사고로 6개월 이상 치료가 필요한 부상자가 2명 이상 발생
다. 동일한 유해요인으로 급성중독 등 대통령령으로 정하는 직업성 질병자가 1년 이내에 3명 이상 발생

사망자 외에는 「산업안전보건법」의 중대재해와 기준이 다름에 유의할 필요가 있다. 특히, 다목의 직업성 질병자 요건은 「산업안전보건법」의 그것보다 대폭 완화되어 있는 점에 유의할 필요가 있다. 「산업안전보건법」은 직업성 질병자가 '동시에', '10명 이상' 발생한 재해라고 규정하고 있는 반면에, 「중대재해처벌법」은 직업성 질병자가 '1년 이내에', '3명 이상' 발생한 경우라고 규정하고 있어, 「중대재해처벌법 시행령」에 열거되어 있는 질병의 경우

'동시에' 기준이 '1년 이내에' 기준으로, '10명 이상' 기준이 '3명 이상' 기준으로 각각 대폭 완화되어 있다.

대통령령으로 정하는 직업성 질병자(24종)는 '급성으로 발현되는 질병', 즉 사고성 질병 중심으로 규정되어 있다(간염과 같이 급성으로 발현되지 않은 질병도 포함되어 있다). 그런데 중증도(치료기간)에 대한 기준(제한)이 없어 경미한 질병도 포함될 수 있음에 유의해야 한다. 즉, 입원하지 않고 간단한 치료만을 요하는 것[973]도 질병에 해당될 수 있음에 유의해야 한다.

직업성 질병 여부는 근로복지공단의 산업재해 승인을 통해 결정되는 것이 통례인 점을 감안할 때, '1년 이내에 3명 발생'이라는 요건 충족을 둘러싸고 많은 혼란이 있을 것으로 예상된다.

사망자는 급성, 만성에 관계없이 모두 해당될 수 있음에 유의해야 한다. 그리고 「산업안전보건법」상 산업재해에 해당하면, 예컨대 출퇴근재해, 체육행사・회식 참가 중 사망[974]과 작업관련 뇌심혈관계질환 사망, 업무로 인한 우울증 자살 등과 같은 사망도 중대산업재해에 해당됨에 유의해야 한다.[975]

---

973) 가벼운 증세로 병・의원에 방문하여 "며칠간의 가료(치료)를 요한다"는 진단을 받아도 질병에 해당한다. 치료에는 입원치료만이 아니라 통원치료, 약물치료 등도 포함된다.

974) 다만, 「중대재해처벌법」 제4조에서 경영책임자의 안전보건조치의무가 '사업 또는 사업장'(여기에서의 '사업장'은 사전적 의미로 "어떤 '사업'의 활동이 이루어지는 일정한 장소"를 가리키는바, '사업'의 장소적 개념이라고 할 수 있다. 따라서 '사업'과 '사업장'은 사실상 동일한 의미이므로 '사업'은 고려하지 않고 '사업장'만 고려해도 무방하다. 중대재해처벌법령의 여러 곳에서 사용되고 있는 '사업 또는 사업장'의 개념에 대한 상세한 설명은 후술한다)에서의 종사자의 유해・위험, 제5조에서는 시설, 장소에서의 제3자의 종사자의 유해・위험에 대한 것으로 각각 규정되어 있기 때문에, 이들 사고사망 중 경영책임자가 책임져야 할 것은 사업장(제4조) 또는 시설, 장소(제5조)에서 발생하는 것으로 한정된다.

975) 「중대재해처벌법」으로 인해 기업 측에서는 산업재해(특히 직업성 질병) 인정에 민감하게 대응하고, 근로복지공단의 직업성 질병 승인에 대해 취소소송을 많이 제기할 것으로 예상된다. 산업재해로 인정되면 아무래도 형사처벌로 이어질 가능성이 커지기 때문이다. 그리고 뇌졸중이나 심근경색에 취약한 기초질환자, 고령자의 채용을 꺼릴 가능성이 있다.

형사특별법의 성격이 강한 「중대재해처벌법」이 「산업안전보건법」과 비교하여 처벌수준이 훨씬 높음에도 불구하고(제6조, 제7조), 가중처벌의 대상인 중한 결과(중대산업재해)의 종류에 있어 「산업안전보건법」은 사망으로 한정되어 있는 데 반해(제167조)[976], 「중대재해처벌법」은 사망(제6조 제1항) 외에 사망보다 결과가 가벼운 부상과 질병(제6조 제2항)까지를 포함하고 있다.[977] 이는 형벌은 죄질과 책임에 상응하도록 적절한 비례성이 지켜져야 한다는 죄형균형의 원칙과 평등의 원칙에 위반된다고 할 수 있다.[978]

나. 중대시민재해(법 제2조 제3호)

> 특정 원료 또는 제조물, 공중이용시설 또는 공중교통수단의 설계, 제조, 설치, 관리상의 결함을 원인으로 하여 발생한 재해로서 다음 각 목의 어느 하나에 해당하는 결과를 야기한 재해를 말한다. 다만, 중대산업재해에 해당하는 재해는 제외한다.
> 가. 사망자가 1명 이상 발생
> 나. 동일한 사고로 2개월 이상 치료가 필요한 부상자가 10명 이상 발생
> 다. 동일한 원인으로 3개월 이상 치료가 필요한 질병자가 10명 이상 발생

사망자 외에는 중대산업재해와 기준이 다르다. 중대산업재해보다 다소 요건이 엄격한 편이다.

'원료'의 개념에 원료 사용과정에서 발산하는 가스, 증기, 분진과 부산물도 포함될 수 있음에 유의할 필요가 있다.

'관리상의 결함'이라는 표현이 매우 광범위한 개념임에 유의해야 한다.

---

976) 「산업안전보건법」은 사망이 발생한 경우가 아닌 부상, 질병이 발생한 경우에 대해서는 결과적 가중범의 대상으로 규정하고 있지 않다.

977) 처벌수준에 있어서는 부상, 질병이 발생한 경우와 사망이 발생한 경우를 달리 정하고 있다(중대재해처벌법 제6조, 제7조).

978) 헌법재판소 2019.2.28. 2016헌가13 결정 ; 헌법재판소 2015.9.24. 2015헌가17 결정 ; 헌법재판소 2015.2.26. 2014헌가16・19・23(병합) 결정 ; 헌법재판소 2014.4.24. 2011헌바2 결정 ; 헌법재판소 2008.12.26. 2007헌가10・16(병합) 결정 ; 헌법재판소 2004.12.16. 2003헌가12 결정 ; 헌법재판소 2003.11.27. 2002헌바24 결정 등 참조.

다. 제조물(법 제2조 제6호)

> "제조물"이란 제조되거나 가공된 동산(다른 동산이나 부동산의 일부를 구성하는 경우를 포함한다)을 말한다.

제조물의 개념은 제조물책임법상의 제조물의 정의(제2조 제1호)를 그대로 차용하고 있다.

제조물에 부동산(토지 및 그 정착물 : 민법 제99조 제1항) 및 제조・가공되지 않은 동산은 포함되지 않는다.

라. 종사자(법 제2조 제7호)

> 가. 근로기준법상의 근로자
> 나. 도급, 용역, 위탁 등 계약의 형식에 관계없이 그 사업의 수행을 위하여 대가를 목적으로 노무를 제공하는 자
> 다. 사업이 여러 차례의 도급에 따라 행하여지는 경우에는 각 단계의 수급인 및 수급인과 '가'목 또는 '나'목의 관계가 있는 자

종사자에는 근로자, 1인 사업자, 모든 직종의 특수형태근로종사자, 고용・도급(용역・위탁)관계 외에 위임관계에 있는 자도 포함되고, 하청, 재하청 등 도급계열에 있는 자(수급인, 하수급인, 재하수급인 등)의 근로자뿐만 아니라 도급계열에 있는 자와 업무관계를 맺고 있는 모든 노무제공자[1인 사업자(고용원이 없는 자영업자)이든 특수형태근로종사자이든 불문한다]가 포함됨에 유의해야 한다. 도급, 용역, 위탁 등의 사업을 위해 사장이 직접 노무를 제공하면 사장도 종사자에 해당한다.

나목의 자와 다목의 자는 일부 중복된다. 수급인이 1인 사업자 또는 특수형태근로종사자로서 직접 노무를 제공하는 위치에 있으면, 나목의 '노무를 제공하는 자'에 포함되기도 하고 다목의 '각 단계의 수급인'에도 해당되기 때문이다.

종사자 중 1인 사업자와 14개 직종 특수형태근로종사자는 「산업재해보상보험법」에 의한 산재보상, 「근로기준법」에 의한 재해보상의 대상이 아닌데도, 도급, 용역, 위탁 등을 주는 자는 이들에 대해 재해예방조치를 해야 하는 제도적 부조화가 발생하고 있다.

「중대재해처벌법」이 그 위반에 대해 「산업안전보건법」 위반(결과적 가중범을 포함한다)보다 강한 처벌을 규정하고 있음에도 그 보호(적용) 대상은 오히려 「산업안전보건법」보다 훨씬 넓음에 유의할 필요가 있다. 수범자의 입장에서 볼 때 「중대재해처벌법」의 보호 대상은 「산업안전보건법」의 주된 보호 대상[979]인 근로자(사용종속성이 강하다)보다 보호 필요성(당위성)에 있어 상대적으로 약한 1인 사업자, 모든 직종 특수형태근로종사자(사용종속성이 없거나 약하다), 노무를 제공하는 사장까지를 포함하고 있다. 즉, 죄질, 사회적 비난 가능성으로 볼 때 「중대재해처벌법」 위반죄가 「산업안전보건법」 위반죄보다 더 크다고 할 수 없음에도 처벌수준이 오히려 훨씬 더 높은 것은 책임과 형벌 간의 비례성 원칙(죄형균형의 원칙)과 평등의 원칙에 위배되는 측면이 크다.[980]

979) 2024.6.30 현재 「산업안전보건법」의 보호 대상은 근로자(관계수급인의 근로자를 포함한다), 14개 직종 특수형태근로종사자(특수형태근로종사자 관련 산업재해보상보험법 적용 대상은 2023년 7월 1일부터 전속성 요건이 폐지되고 특수형태근로종사자 개념이 '노무제공자' 개념으로 변경되면서 종전보다 많이 확대되었지만, 산업안전보건법상 적용되는 특수형태근로종사자는 14개 직종으로 한정되어 있다), 현장실습생, 배달종사자, 가맹점사업자로 한정되어 있다. 근로자가 주된 보호 대상이고 보호 대상에 포함되는 다른 사람은 적용되는 규정이 매우 한정적이다.

980) 헌법재판소 2019.2.28. 2006헌가13 결정 ; 헌법재판소 2015.9.24. 2015헌가17 결정 ; 헌법재판소 2015.2.26. 2014헌가16 · 19 · 23(병합) 결정 ; 헌법재판소 2014.4.24. 2011헌바2 결정 ; 헌법재판소 2004.12.16. 2003헌가12 결정 ; 헌법재판소 2003.11.27. 2002헌바24 결정 등 참조.

마. 경영책임자 등(법 제2조 제9호)

> 가. 사업을 대표하고 사업을 총괄하는 권한과 책임이 있는 사람 또는 이에 준하여 안전보건에 관한 업무를 담당하는 사람
> 나. 중앙행정기관의 장, 지방자치단체의 장, 지방공기업법에 따른 지방공기업의 장, 공공기관의 운영에 관한 법률 제4조부터 제6조까지의 규정에 따라 지정된 공공기관의 장

「중대재해처벌법」상의 경영책임자 등(이하 '경영책임자'라 한다)의 의무이행의 경우 보조자를 이용하는 것은 가능하지만, 경영책임자의 개념에 해당하지 않는 다른 자(종업원)에게는 위임하는 것이 허용되지 않는다고 해석된다. 본법이 경영책임자라는 특정의 지위에 있는 자에게 특정의 의무를 부과하는 것을 목적으로 하고 있고, 「산업안전보건법」의 양벌규정과 같이 경영책임자 외에 다른 자를 행위자로 예정하고 있는 것도 아니기 때문이다.

「중대재해처벌법」은 경영책임자라는 대표이사 등 (경영진에 해당하는) 특정의 자만을 선험적으로 의무주체 및 처벌 대상으로 삼고 있다는 점에서[981] 국내외 통틀어 그 유례를 찾아볼 수 없는 법임에 유의해야 한다.[982), 983)]

---

981) 경영책임자의 지위에 있지 않은 관리감독자는 「중대재해처벌법」의 의무를 직접적으로 부담하지는 않지만, 「중대재해처벌법」의 의무가 업무상과실치사상죄의 주의의무에 포섭되는 방식으로 「중대재해처벌법」의 의무를 간접적으로는 부담한다고 볼 수도 있다.

982) 사업장 안전보건업무의 종합적 성격, 다른 업무와의 유기적 연계성 등을 감안할 때 사업장 안전보건에 대한 책임, 그것도 형사책임을 특정의 자에게만 묻는 것으로 규정하는 것은 비교법적으로 유사한 입법례가 없다.

983) 예를 들면, 근로기준법은 의무주체인 사용자에 대해 "사업주 또는 사업 경영 담당자, 그 밖에 근로자에 관한 사항에 대하여 사업주를 위하여 행위하는 자를 말한다." 라고 광범위하게 정하고 있고(제2조 제2호), 호주의 모델 산업안전보건법[Model Work Health and Safety Bill(2022)] 역시 의무주체 중 하나인 'officer'에 대해 특정의 자로 한정하지 않고 Corporation Act 2001 section 9[Part 1.2-Interpretation Division 1-General 9(Dictionary)]를 차용하여 'ⅰ) 법인의 이사, ⅱ) 법인 사업의 전체 혹은 중요 부분에 영향을 주는 결정을 하거나 그러한 결정에 참여하는 사람, ⅲ) 법인의 재정상태에 상당히 영향을 미치는 지위에 있는 사람 등'이라고 폭넓게

통상적으로 조직(기업 등)을 대상으로 의무를 부과하고 있는 법의 의무 이행은 누구에 의해서든(1인에 의해 또는 복수의 자에 의해) 어떠한 방법으로든[직접적으로 또는 간접적으로(위임과 지휘·감독)] 법의 의도와 취지에 따라 충실하게 이루어지는 것을 요구하고 있다. 그런데 계획수립, 절차·기준·매뉴얼 마련, 점검 등의 조치를 특정의 사람(경영책임자)에게 총괄관리가 아닌 직접적인 행위에 의해서만 이행되도록 하는 것은 보고, 결재 중심의 서류작업(Paperwork)이 목적이 되어 버리는 부작용이 조장될 수 있다.[984)]

조직의 안전보건조치의무 이행은 일반적으로 위임과 지휘·감독, 관리자들에 의한 협의·합의(공동)결정 등 다양한 방식과 다양한 계층·부서의 복수 구성원에 의해 이루어지는 것이 합리적이고 효과적이다. 「중대재해처벌법」에 규정된 대부분의 안전보건조치의무도 경영책임자만에 의해서는 온전히 이행될 수 없고 조직의 여러 구성원에 의한 협동적 노력을 통해 비로소 이행될 수 있는 경우가 적지 않다(예 : 재해 발생 시 재발방지대책의 수립에 관한 조치, 유해·위험요인의 확인·개선 점검 후 필요한 조치, 안전보건관리책임자, 관리감독자 등 평가·관리). 따라서 「중대재해처벌법」에서 경영책임자만을 의무주체로 설정하고 있는 것은 조직의 위임원리뿐만 아니라 안전원리에도 부합하지 않는다.

경영책임자 개념 규정은 기업에서의 안전보건부서의 위상과 역할 또는 안전보건부서와 현업부서·기타 부서의 관계에 대한 몰이해에서 비롯된 잘못

정의하고 있으며, 영국의 법인과실치사법에서 사실상 의무주체에 해당하는 'senior management'도 특정의 자를 가리키는 것이 아니라 i) 사업활동의 전체 또는 중요 부분이 관리 또는 조직되는 방식에 대한 의사결정, 또는 ii) 사업활동의 전체 또는 중요 부분에 대한 실제의 관리 또는 조직화에서 중요한 역할을 하는 사람들을 의미한다(1(4)(c)). 즉, officer, senior manager 모두 많은 임원들(directors)을 포함하고 있다.

984) 「중대재해처벌법」상의 의무는 대부분 서류를 잘 구비하는 것만으로도 면책될 수 있어 웬만큼 서류작성능력이 있는 대기업의 경우는 중대재해가 발생하더라도 실제 처벌까지 가는 사례는 드물 것으로 판단된다.

된 규정이다. 법안 심의 과정에서 국회 법제사법위원회 법안심사소위원회 위원들과 고용노동부 등 행정기관이 안전의 기초원리와 기업에서의 안전의 이행 메커니즘을 이해하지 못한 상태에서 기업의 안전보건업무는 안전보건부서가 권한과 책임을 가지고 있다는 막연한 생각에 기초하여 "안전보건을 담당하는 사람"이라는 문구가 들어가게 되었다.[985]

「중대재해처벌법」상의 경영책임자의 개념은 '사업을 대표하고 사업을 총괄하는 권한과 책임이 있는 사람'(전자)[986]과 '이에 준하여 안전보건에 관한 업무를 담당하는 사람'(후자)으로 구분된다. 전자인 경영책임자는 본법에서 정하는 안전보건에 관한 의무를 후자인 경영책임자에게만 위임할 수 있다.

한편, 후자는 전자로부터 본법상의 의무를 위임받는지 여부에 관계없이 본법에서 말하는 경영책임자의 자격을 충족한다. 법문에서 그 내용의 타당성을 떠나 '또는'으로 규정하여 전자에 해당하는 자와 후자에 해당하는 자가 선택적으로 경영책임자가 될 수 있다고 명문으로 규정하고 있기 때문이다. '또는'의 사전적 의미가 앞 내용이거나 뒤 내용임을 나타낼 때 쓰여 앞뒤 어구를 이어 주는 말로서 '그렇지 않으면'의 뜻을 나타내는 점을 감안할 때, 전자와 후자는 당연히 선택적 관계에 있다고 해석해야 할 것이다.[987]

---

985) "이에 준하여 안전보건을 담당하는 사람"이라는 안전원리에 맞지 않는 불합리한 문구로 정해진 원인을 일차적으로 제공한 것은 국회 법제사법위원회 법안심사소위원회 심의과정에서 관련부처 의견으로서 '또는 안전담당이사'라는 문구를 제시한 고용노동부이다. 고용노동부의 이러한 의견은 기업의 안전보건업무에 대해 지원부서(참모조직)인 '안전보건부서'가 주된 권한과 책임을 가지고 있다는 잘못된 생각에 기초한 것이다.

986) 정부는 전자에 대하여 "형식상의 직위나 명칭에 관계없이 '실질적으로' 사업을 대표하고 사업을 총괄하는 권한과 책임이 있는 사람이 안전보건 확보의무 이행에 관한 최종적인 의사결정권을 가진다고 볼 수 있는 경우에는 그가 경영책임자에 해당할 수 있음"이라고 설명하고 있는바(고용노동부, 중대재해처벌법 - 중대산업재해 관련 -, 2021, 22쪽 ; 대검찰청, 중대재해처벌법 벌칙해설, 2022, 96~97쪽). 이들 정부 설명자료에서는 법문 어디에도 없는 '실질적으로'라는 표현을 사용하고 있음에 유의해야 한다.

987) 입법자의 의도 또한 전자와 후자가 선택적 관계를 의미한다는 것은 제383회 국회

「중대재해처벌법」상의 형사책임은 경영책임자로 합법적으로 설정된 자, 즉 의무주체의 의무이행 위반에 대한 '개별행위책임'으로 파악해야 한다.[988] 따라서 기관(법인) 내부적으로 경영책임자로 설정되어 있지 않은 대표(이사)가 단지 그 지위에 있다는 이유만으로 의무이행 위반에 대한 형사책임을 지는 것으로 파악해서는 안 된다. 「중대재해처벌법」상의 예방의무의 이행은 그 성격상 경영책임자의 자격에 해당될 수 있는 어느 누군가(후자에 해당하는 자를 포함한다)에 의해 이루어지면 되는 것이고 또 그렇게 이루어질 수 있도록 엄연히 규정되어 있음에도 불구하고, 대표(이사)가 경영책임자에 무조건 또는 반드시 포함되어야 한다고 보는 것은 자의적이고 불합리한 해석이라고 하지 않을 수 없다.

죄형법정주의의 원칙에 비추어 형벌법규의 해석·적용은 엄격해야 하고, 더욱이 행위자에게 불이익하게 해석하는 것은 허용되지 아니한다. 즉, 문언의 가능한 의미를 벗어나 피고인에게 불리한 방향으로 유추해석(적용)하거나 지나치게 확장해석하는 것은 죄형법정주의의 원칙에 따라 결코 허용될 수 없기(엄격히 금지되기) 때문에,[989] 선택적 의미가 명백한 전자와 후자를 선택적 관계가 아닌 다른 관계로 해석할 수는 없다고 보아야 한다. 형벌법규의 해석에서도 법률의 입법취지와 목적, 입법연혁 등을 고려한 목적론적 해석이 배제되는 것은 아니지만, 그것도 어디까지나 법률문언의 통상적인 의미를 벗어나지 않는 한도 내에서 가능한 것이다.[990] 언어의 가능한 의미를 넘는 해석은 국민의 법률에 대한 예측가능성을 보장할 수 없을 뿐만 아니라 형법해석에서

법제사법위원회 법안심사제1소위원회 제5차 회의록(57~59쪽)을 통해서도 분명히 알 수 있다.

988) 형법에서는 항상 '개별행위책임의 원칙'이 지배한다.

989) 대법원 2007.6.29. 2006도4582 판결 ; 2004.2.27. 2003도6535 참조(이재상/장영민/강동범, 『형법총론(제11판)』, 박영사, 2022, 35쪽).

990) 대법원 2013.6.27. 2013도4279 판결 ; 같은 취지 : 대법원 2018.7.24. 2018도3443 판결 ; 대법원 2003.1.10. 2002도2363 판결.

는 결코 허용될 수 없는 '법창조'이며 '유추'에 해당하는 것이므로 '입법'이 해결하여야 할 사항이지 '해석'이 감당할 수 없는 일이다.

따라서 전자가 이 법에서 정하는 의무를 후자에게 위임함과 아울러 권한을 부여하는 등 실질적으로 위임을 한다면, 후자가 「중대재해처벌법」상의 경영책임자가 되는 것이고, 전자를 더 이상 경영책임자로 볼 근거는 없으므로, 전자는 이 법상의 실행(자)책임에서 벗어날 수 있을 것이다. 물론 위임하지 않거나 위임만 하고 권한을 부여하지 않으면, 전자가 해당 의무를 이행해야 할 주체이자 위반 시 형벌의 책임주체(정범)가 되는 것으로 해석된다.

전자에 해당하는 사람은 공동의 대표(이사) 체제[991]가 아닌 한 한 명으로 해석될 가능성이 크고,[992] 후자에 해당하는 사람은 복수의 사람이 될 수도 있다. 전자는 한 명 또는 여러 명의 후자에게 업무(권한)를 위임할 수 있다. 후자의 경우 반드시 한 명만이 해당되어야 한다고 볼 이유는 전혀 없다. 구체적으로 말하면, '이에 준하여[993] 안전보건에 관한 업무를 담당하는 사람'은, 예컨대 대표이사로부터 안전보건에 관한 업무위임과 권한을 부여받은 한 명의 차상위자(부사장) 또는 복수의 차상위자(예 : 여러 명의 부사장이 있는 경우)를 가리킨다. 즉, '이에 준하여 안전보건에 관한 업무를 담당하는 사람'은 반드시 한 명일 필요는 없고 복수가 될 수도 있다. 그러나 차차상위자는 이에 '준하는' 자라고 보기는 어려울 것으로 판단된다.

---

991) 대규모 회사나 단체에 따라서는 대표(이사)가 2명 이상으로 되어 있는 경우도 적지 않다. 이런 경우에는 전자의 경영책임자 개념에 "안전보건에 관한 업무를 담당하는"이라는 수식어가 붙어 있지 않기 때문에, 전자에 해당하는 경영책임자(사업을 대표하고 사업을 총괄하는 권한과 책임이 있는 사람)부터가 여러 명이 될 수 있다. 이 경우 복수의 대표(경영책임자)가 업무영역을 구분하여 분담할 수도 있을 것이다.

992) 상법상의 회사의 경우 전자는 반드시 대표이사만 해당하는 것은 아니고 회장이 해당될 수도 있다.

993) '이에 준하여'는 형벌조항의 구성요건으로서는 모호하고 막연한 개념인 관계로 그 적용범위(해당하는 자)가 법 집행기관의 자의적 판단에 맡겨져 있어 죄형법정주의의 명확성 원칙에 위배될 소지가 있다.

경영책임자에 해당하는 자는 전자이든 후자이든 단독으로 「중대재해처벌법」 각 조에서 정하는 사항에 관한 현실의 행위자(실질적인 책임자)이고, 그가 각 조 위반의 책임주체(형벌의 책임주체)가 된다. 즉, 법인 또는 기관 내부의 실질적 위임관계에 따라 후자에 해당하는 자가 얼마든지 단독으로 「중대재해처벌법」 각 조에서 정하는 의무에 대한 실질적 권한을 가지는 자(실질적 책임자)에 해당될 수 있고, 후자의 실질적 책임자 해당 여부에 관계없이 전자가 경영책임자에 상수(常數)로 포함되는 것은 아니다.

근로기준법에서도 의무주체인 사용자에 해당하는 자로서 세 부류가 '또는'의 형식으로 규정되어 있는데(사업주 또는 사업 경영 담당자, 그 밖에 근로자에 관한 사항에 대하여 사업주를 위하여 행위하는 자), 이들 간의 관계가 선택적 관계라는 점에 대해서는 의문의 여지없이 받아들여지고 있는 점을 참고할 필요가 있다.[994)]

법문에서 "또는"이라는 표현을 통해 명시적으로 전자와 후자가 선택적으로 경영책임자가 될 수 있는 것으로 규정하고 있음에도 불구하고 고용노동부에서는 언어의 일상적인 사용례를 무시하고 후자로의 위임 여부에 관계없이 전자와 후자는 선택적 관계를 규정한 것이 아니고, 후자가 있더라도[대표(이사)의 권한을 위임받아 안전보건에 관한 업무를 담당하는 사람이 있더라도] 전자가 경영책임자로서의 책임에서 면책되는 것은 아니라고 자의적인 해석을 하고 있다.[995)] 이러한 해석은 '문언의 가능한 의미 내'라고 하는 한계선을

994) 근로기준법은 의무주체인 사용자에 대해 "사업주 또는 사업 경영 담당자, 그 밖에 근로자에 관한 사항에 대하여 사업주를 위하여 행위하는 자를 말한다."로 정의하고 있는바(제2조 제2호), i) 사업주, ii) 사업 경영 담당자, iii) 그 밖에 근로자에 관한 사항에 대하여 사업주를 위하여 행위하는 자가 상호 간에 선택적 관계라는 점에 대해서는 논란이 없다. 즉, 근로기준법 각 조에서 정하는 의무주체는 현실의 행위자(실질적 책임자)로 해석되고 있으며, 법인 내부의 실질적 위임관계를 묻지 않고 사업주나 경영책임자가 상수로 의무주체(사용자)에 포함되는 것으로 해석되지 않는다.

995) 고용노동부, 중대재해처벌법 시행령 제정안 주요내용 설명자료, 2021, 12쪽. 대검

넘어 범죄구성요건을 유추적용하는 것과 같은 결과가 초래되므로 죄형법정주의의 파생원칙인 유추해석(적용)금지의 원칙에 정면으로 위배되는 불합리한 해석이자 엄격해석을 원칙으로 하는 형벌법규의 해석 원칙에 맞지 않는 해석으로서 허용될 수 없다.[996), 997)]

정부는 후자가 경영책임자가 되기 위한 요건으로 "사업 또는 사업장 전반의 안전 및 보건에 관한 조직・인력・예산 등에 관하여 대표이사 등 경영책임자에 준하여 총괄하는 권한과 책임을 가지는 등 최종 결정권을 가진 사람을 의미함", "사업 또는 사업장 전반의 안전 및 보건에 관한 조직・인력・예산 등에 관한 총괄 관리 및 최종 의사결정권을 위임받은 경우로 평가받을 수 있는 경우가 아니라면 '이에 준하여 안전보건에 관한 업무를 담당하는 사람'으로 볼 수 없음"이라고 설명하면서[998), 999)] 사업 전반의 안전 및 보건에 관한

찰청도 공식입장은 아니지만 변호사의 글을 인용하는 형식으로 '또는'을 아무런 논리적 근거를 제시하지 않은 채 전자와 후자 모두 안전보건확보의무의 주체로서 의무 불이행의 책임을 진다고 해석함이 상당하다고 설명하고 있다(대검찰청, 중대재해처벌법 벌칙해설, 2022, 100쪽). 대검찰청의 해설자료는 전반적으로 대검찰청의 독자적인 견해는 사실상 거의 없고 고용노동부 등 관계부처와 안전관계법의 전문가라고 할 수 없는 외부 법률가의 글을 거의 그대로 옮겨 놓은 것에 불과하다. 그렇다 보니 대검찰청 스스로도 '알림'을 통해 해설자료에서의 평가나 주장 등이 공식입장이 아니라고 밝히고 있다.

996) 전술한 대로 법해석은 법개념 또는 법규범의 의미내용을 분명히 하고자 하는 것이므로 문언적 의미라고 하는 한계를 벗어나서는 안 된다. 법문의 외연을 확장하고 법의 흠결을 충전하는 것은 '법형성'이고 '법창조'이자 일종의 '입법'에 속하는 것으로서 법해석의 범위를 뛰어넘는 것이고, 죄형법정주의의 원칙상 금지되는 '유추해석'에 해당하는 것이기도 하다(대법원 1994.12.20. 94모32 전원합의체 판결 참조). 피고인에게 불리한 유추해석(적용)은 엄격히 금지된다.

997) 해석이 올바르게 이루어졌는지를 판단함에 있어 최후에 주목해야 할 척도는 법문언의 의미한계이다. 문리적 해석방법은 법해석의 출발점을 제공하지만 동시에 다른 해석방법에 대하여 최후의 한계로 기능하기도 한다. 해석을 통하여 얻어진 법적 표현의 의미내용은 어떠한 형태로든지 법문언과 조화를 이루지 않으면 안 되기 때문이다(신동운, 『형법총론(제15판)』, 법문사, 2023, 17쪽).

998) 고용노동부, 중대재해처벌법 해설 – 중대산업재해 관련 –, 2021, 23쪽 ; 대검찰청, 중대재해처벌법 벌칙해설, 2022, 99쪽

조직·인력·예산 등에 관하여 '최종 의사결정권'을 가진 사람인 것을 전제하고 있는바, 안전보건업무와 생산·효율, 품질, 신뢰성[1000], 인사·기획[1001] 업무가 밀접하게 관련되어 있어 양자가 두부 자르듯이 명확하게 구분할 수 없고 조직 전체를 조망·고려하면서 안전보건에 관한 조직·인력·예산을 결정할 수밖에 없는 경영현실에서 사업 전반의 안전 및 보건에 관한 조직·인력·예산 등에 관한 '최종 의사결정권'은 구조적으로 대표(이사)가 불가피하게 가질(행사할) 수밖에 없다. 따라서 후자가 안전보건에 관한 조직·인력·예산에 대한 '최종 의사결정권'을 가질 것을 전제하는 것은 후자의 존재 가능성을 사실상 부정하는 것이고,[1002] 아니면 대표(이사)의 역할을 부정하는 것이나 진배없으며, 기업의 경영현실과도 많이 동떨어진 해석이기도 하다.[1003] 게다가 법규정으로도 법리상으로도 그렇게 해석할 수 있는 아무런 근

999) 「중대재해처벌법 시행령」 제정안을 입법예고(2021.7.12~2021.8.23)하면서 발표한 설명자료(고용노동부, 중대재해처벌법 시행령 제정안 주요내용 설명자료, 2021, 12쪽)에서는 "안전·보건에 관한 예산·조직·인력 등 안전보건체계 구축 등에 '전적인' 권한과 책임을 가지는 등 안전 및 보건 의무 이행에 최종적인 의사결정권을 가진 사람임"이라고 해석한 것과 비교하면, '전적인 권한과 책임'에서 '총괄하는 권한과 책임'으로 표현이 크게 바뀌었다. 이는 고용노동부가 경영책임자 개념에 대해 논리적으로 정확한 이해를 하지 못하고 있음을 방증하는 하나의 예에 해당한다.

1000) 정부의 논리대로라면, 설비의 보전업무는 설비의 신뢰성을 확보하기 위한 업무로서 설비보전부서의 업무이고 좁은 의미의 안전보건업무로 분류되지 않지만 안전보건과 밀접한 관련을 가지고 있는바, 회사[대표(이사)]가 '이에 준하여 안전보건에 관한 업무를 담당하는 사람'에게 안전보건에 관한 업무와 권한을 위임한 후 대표(이사)가 설비보전업무에 관한 권한 행사를 한 것에 대해 수임인이 안전보건에 관한 최종적인 의사결정권을 가지고 있지 않다고 자의적으로 해석할 가능성이 있다.

1001) 대표(이사)는 직위의 성격상 기업 전체적으로 부서 간 인력배치, 예산배분 등을 하게 되는바, 그렇다면 기업 전체적인 결정이 안전보건에 관한 인력배치, 예산에 영향을 미칠 수밖에 없는 점을 고려할 때, 대표(이사)를 부정하지 않는 이상 수임인이 안전보건에 관하여 최종적인 의사결정권을 갖는 것은 현실적으로 존재할 수 없다.

1002) 그 결과, 경영책임자에 대한 정의 중 "또는 이에 준하여 안전보건에 관한 업무를 담당하는 사람"이라는 규정을 둔 입법취지가 몰각되어 버린다.

1003) 정부는 「중대재해처벌법 시행령」 제정안을 입법예고(2021.7.12~2021.8.23)하면

거가 없다.[1004] 이는 어떻게든 전자를 경영책임자의 개념에 끌어들이거나 전자만을 경영책임자로 보려고 하는 (입법자의 의도가 아닌) 집행기관의 의도(억지)가 다분한 해석으로서 법문의 가능한 의미범위를 벗어나는 지나친 확대해석(유추해석)에 해당한다. 고용노동부의 이 같은 자의적인 해석은 기업의 안전보건조직의 구축에 지침을 제공해주기는커녕 도리어 큰 혼란을 부추길 것으로 예상된다.

경영책임자의 책임과 관련하여 정부에서는 "'이에 준하여 안전보건에 관한 업무를 담당하는 사람'이 선임되어 있다는 사실만으로 사업을 대표하고 사업을 총괄하는 권한과 책임이 있는 사람의 의무가 면제된다고는 할 수 없음"이라고 설명하고 있는바,[1005] 마치 후자의 선임 여부에 관계없이 전자에게 이행의무가 있는 것처럼 해석하고 있다.[1006]

서 발표한 설명자료(고용노동부, 중대재해처벌법 시행령 제정안 주요내용 설명자료, 2021, 12쪽)에서 후자의 요건으로 안전보건체계 구축 등에 전적인 권한과 책임을 가지는 등 안전보건 의무이행에 최종적인 의사결정권을 가진 사람이라고 설명하면서 후자의 대표적인 예로 (이러한 요건을 본질적으로 가질 수 없는) 안전보건담당 임원, 생산담당 대표 등을 들었던 것은 기업의 (안전보건경영을 포함한) 경영현실에 대한 인식부족에 기인한 모순된 설명이자 경영책임자 개념에 대한 정부의 혼란스러운 입장을 드러내는 것이다.

1004) 법문에서는 후자에 대하여 단지 안전보건에 관한 업무를 담당하는 사람으로서 '전자에 준하는 사람'일 것만을 요구하고 있을 뿐이고, 사업 전반의 안전 및 보건에 관한 조직·인력·예산 등에 관하여 '최종 결정권을 가진 사람'이어야 한다거나 '최종 의사결정권을 위임받은 경우'이어야 한다는 등의 전제는 법문 어디에서도 요구하고 있지 않다.

1005) 고용노동부, 중대재해처벌법 해설 - 중대산업재해 관련 -, 2021, 23쪽; 대검찰청, 중대재해처벌법 벌칙해설, 2022, 100쪽.

1006) 중대재해처벌법 해설서(고용노동부, 중대재해처벌법 해설 - 중대산업재해 관련 -, 2021, 22쪽; 대검찰청, 중대재해처벌법 벌칙해설, 2022, 97쪽)에서 경영책임자의 개념에 대해 "해당 사업에서의 ① 직무, ② 책임과 권한 및 ③ 기업의 의사결정 구조 등을 종합적으로 고려하여 최종적으로 경영책임자 등에 해당하는지를 판단하여야 함"이라는 해설은 경영책임자, 특히 후자인 경영책임자의 개념·범위(자격)에 대해 사실상 예측가능한 구체적인 입장이 없고 법률에 기술된 문언에 관계없이 정부가 사후적이고 자의적으로 판단하겠다는 것이나 다름없는 설명으로서

후자가 본법에서 정하는 의무에 대한 현실의 행위자(실질적 권한을 가지고 있는 자)라 하더라도, 전자는 사업주를 대외적으로 대표하는 자의 자격으로서 양벌규정(본법 제7조)에 의해 적정한 안전보건조치가 이행되도록 후자를 지휘·명령을 하는 데 있어 상당한 주의감독을 게을리하지 않을 의무가 있지만,[1007] 양벌규정에 따라 전자가 후자에 대해 주의감독을 게을리하지 않을 책임이 있다는 이유로, 전자가 경영책임자, 즉 본법상의 현실의 행위자(안전보건확보의무의 직접적인 이행책임자)에 해당한다고 보는 것은 논리적 비약으로서 타당하지 않다.

본법에서 정하는 의무의 사실상의 행위자(실질적인 책임자)에 해당하는 경영책임자의 개념·범위(자격)와 양벌규정에 의한 전자의 후자에 대한 주의감독의무는 구분하여(별개로) 논의되어야 한다. 즉, 전자가 후자에 대해 양벌규정에 의해 주의감독을 해야 한다는 사실을 토대로, 후자로의 위임 여부에 관계없이(후자의 경영책임자로서의 자격요건 충족 여부에 관계없이) 전자는 후자와 함께 경영책임자(안전보건확보 의무주체)의 범주에서 벗어날 수 없다는 주장은 성립하기 어렵다.[1008] 즉, 현실의(사실상의) 행위책임과 관리감독책임은 구분되어야 한다.

법인인 '사업주'가 법적 의무주체인 경우에는 사업주의 안전보건조치의무(이행)를 다른 자(현실의 행위자)에게 위임하더라도 위임인인 사업주에게 본연의 법적 의무주체로서 수임인에 대해 위임된 의무의 위반을 방지하도록 주의감독을 게을리하지 않을 의무는 의무의 위임에 동반하여 사업주에게 있다

유추해석(적용)금지의 원칙에 위배되는 무책임한 입장이라고 할 수 있다.

1007) 법인의 경우 사업주는 대표(이사)가 아니라 법인 자체를 가리킨다. 따라서 양벌규정에서의 사업주의 주의감독의무는 대표(이사)에 의해서만 이행되는 것이 아니라 대표(이사)로부터 업무위임을 받은 다른 관리자(상급·중급·하급관리자) 등에 의해서도 이행되는 것이 통상적이다.

1008) 양벌규정에 따른 의무주체인 사업주는 법인의 경우 법인 자체이므로, 법인의 대표(이사)만이 관리감독의무를 이행해야 하는 것은 아니고 최고경영진에 해당하는 다른 자도 관리감독의무를 이행할 수 있다.

고 보아야 하지만, 애당초 안전보건확보 의무주체가 사업주가 아닌 경영책임자 개인(전자 또는 후자)으로 명확히 선택적으로 규정되어 있는 데다가,[1009] 전자만이 안전보건확보 의무주체로 설정되어 있거나 전자가 후자와 공동으로 안전보건확보 의무주체로 설정되어 있지 않은 「중대재해처벌법」에서는, 후자의 요건에 부합하는 사람이라면 안전보건확보 의무주체는 후자가 되고 전자는 안전보건확보 의무주체가 아니게 된다.

정부의 주장대로 전자가 후자에게 실질적인 위임을 하더라도 전자에게 대표(이사)로서의 안전보건확보의무가 있는 것처럼 보게 되면,[1010] 수임인인 후자는 '최종적인' 의사결정권을 가질 수 없게 되어 정부가 주장하는 경영책임자로서의 요건을 충족하지 못하게 된다. 즉, 정부는 수임인이 경영책임자가 되기 위해선 수임인이 안전보건에 관하여 최종적인 의사결정권을 가져야 한다고 하면서, 다른 한편으로는 전자가 후자에 대해 관리감독을 해야 할 책임이 있다고 하는 상호 모순된 설명을 하고 있다. 전술한 바와 같이 전자[대표(이사)]를 어떻게든 경영책임자로 무리하게 끌어들이려 하다 보니 자의적이고 일관성이 없는 법해석을 하고 있는 것으로 보인다. 후자에게 실질적으로 위임했음에도 불구하고 전자에게 여전히 이행책임이 있다는 식의 정부 해석은 '법률의 의사'[1011]뿐만 아니라 '입법자의 의사'에 배치되는 것이기도 하다.[1012]

1009) 「산업안전보건법」과 같이 사업주(법인기업인 경우 법인 자체, 개인기업인 경우 경영자 개인)가 의무주체로 설정되어 있는 경우에는 법인인 사업주가 행위자에 해당하는 법인 구성원에게 업무를 위임하더라도, 위임이 실질적으로 이루어져 있지 않거나 위임에 따른 권한 부여가 제대로 되어 있지 않으면, 사업주를 대표하는 자(전자) 또한 행위자로서 책임을 물을(처벌할) 수 있지만, 「중대재해처벌법」에서는 애당초 의무주체가 경영책임자 개인으로 설정되어 있어, 전자와 후자 중 후자가 경영책임자로 설정되어 있는 경우에는 위임 또는 권한 부여의 부적절성을 이유로 전자에 대해서까지 행위자로 책임을 묻는(처벌하는) 것은 불가능하다.

1010) 고용노동부, 중대재해처벌법 해설 - 중대산업재해 관련 -, 2021, 23쪽 ; 대검찰청, 중대재해처벌법 벌칙해설, 2022, 100쪽.

1011) 법률은 의사(意思)를 가질 수 없으므로, '법률의 의사'란 법률문언의 의미가 될 것이다.

의무주체의 설정과 책임주체의 획정은 별개의 문제로 구분하여 보아야 한다. 후자가 경영책임자로 설정되어 있는 경우에도, 전자에 해당하는 대표이사, 회장 등이 경영책임자와 '함께(공동으로)' 의무위반을 하거나(공동정범)[1013] 경영책임자의 의무위반을 교사(교사범) 또는 방조(방조범)하는 경우에는, 전자에 해당하는 자에 대해 공범으로 책임을 물을 수 있을 것이다. 책임의 문제가 의무주체의 설정 문제에 영향을 미쳐서는 안 된다. 즉, 책임의 문제를 의무주체의 설정 문제에 끌고 들어오는 것은 법리적으로 타당하지 않다.

전자가 경영책임자로 설정되지 않더라도 사업주를 대외적으로 대표하는 위치에 있는 전자에 대해서는 이 법의 양벌규정(제7조)에 의해 사실상 감독상의 책임[1014]을 물을 수 있음에도 불구하고, 후자로의 위임에 관계없이 전자는 무조건적으로 안전보건확보의무의 직접적인 행위주체(이행의무주체)가 될 수밖에 없다고 보는 것은 실정법적 근거가 없거니와 법리적으로도 불합리하다.

법의 의무주체를 사실상 1인의 경영책임자로 상정하여 규정하고 있는 입법례는 외국에서는 발견되지 않는다. 조직, 특히 대기업의 경우 경영에 관한 사항이 유기적으로 맞물려 있기 때문에 경영에 관한 제반 결정이 일반적으로는 집단적으로 이루어지는 경우가 많고 최고경영자 1인이 전적인 권한과 책임을 가진다고 볼 수 없다.[1015] ISO 45001에서도 조직의 top management를

1012) 제383회 법제사법위원회 법안심사제1소위원회 제5차 회의록, 57~59쪽.

1013) 이 경우 비신분자인 전자가 신분자인 후자와 '함께(공동으로)' 신분범을 범한 경우에 특별히 공동정범이 성립될 수 있다는 것이지, 신분자인 후자의 범죄성립 없이 비신분자인 후자가 단독으로 정범이 될 수 있다는 것은 아니다.

1014) 법상의 의무이행을 충실히 하도록 주의감독하여야 함에도 불구하고 이를 게을리 한 경우에 대한 과실책임(법인의 주의감독의무 불이행책임).

1015) 안전보건사항에 대하여 사실상 1인의 특정 경영책임자가 최종적인 의사결정권을 가지는 것을 전제로 하는 정부의 설명자료(고용노동부, 중대재해처벌법 해설 – 중대산업재해 관련 –, 2021.11,17, 22쪽 ; 대검찰청, 중대재해처벌법 벌칙해설, 2022, 96~99쪽)는 이 점에서도 조직, 특히 기업의 경영현실과 큰 괴리가 있다고 볼 수 있다.

1인으로만 상정하지 않고 집단이 될 수도 있다고 규정하고 있다.[1016] 1인의 경영책임자만을 의무주체로 설정하는 것은 실제 많은 대기업에서 창업의 초기를 벗어나면 원맨(one-man) 최고경영자 개념으로 운영되지 않고 최고경영자의 직무가 팀 방식으로 운영되는 상식(현실)과 부합하지도 않는다.[1017]

기업 등 법인 또는 기관에서는 누구를 '이에 준하여 안전보건을 담당하는 사람'으로 할 것인지를 명확히 설정해 놓을 필요가 있다. 의무주체가 불명확하면 의무이행과 그 책임을 둘러싸고 기관 간에, 기관 안의 경영진 간에 많은 불협화음과 알력이 발생할 가능성이 크다. 그리고 이를 잘못 설정하면 의무를 이행하고도 헛물을 켜거나 의도치 않게 불이행한 것이 되어 낭패를 볼 수도 있을 것이다.

경영책임자의 선임을 집행기관에 보고하여 확인을 받는 규정을 두고 있다면, 경영책임자의 개념을 둘러싼 불명확성의 리스크를 다소나마 해소할 수 있을 것인데, 하위명령에서도 이러한 절차를 규정하고 있지 않아 누구를, 어떻게 경영책임자로 선임할지에 대한 혼란은 두고두고 발생할 것으로 예상된다.

[칼럼] 중대재해처벌법이 지속 가능하지 않은 이유[1018]

안전영역에서 법치주의가 형해화(形骸化)될 위기에 놓여 있다. 새 정부가 들어서면서 중대재해처벌법 위반 피의자에 대한 '묻지 마' 압수수색은 많이 줄었지만, 수사기관의 자의적인 법집행은 크게 달라지지 않고 있다. 법 위반이 확인되지도 않았는데 교육수강을 강제하는 횡포를 부리기도 하고 최고안전책임자(CSO)가 엄연히 경영책임자의 요건을 충족하고 있는데도 법규정을 무시하고 최고경영책임자(CEO)를 처벌하려고 덤벼들고 있다. 대놓고 법치행정을 능멸하고 있는 것이다.

1016) ISO, ISO 45001(2018) 3.12.

1017) Peter F. Drucker, *The Practice of Management*, Happer. 1986, pp. 161~181.

1018) 정진우, 오피니언뉴스, 2022.7.4.

노동단체, 얼치기 전문가를 비롯한 많은 사람들이 여전히 처벌을 산업재해 예방의 '알파와 오메가'라고 생각하고 있다. 산업재해가 다발하는 주범이 약한 처벌에 있다고 여기면서 처벌 강화만이 마치 유일한 답인 양 접근한다. '엄벌만능주의'가 종교화된 수준이다. 정치권과 행정기관은 이를 악용하여 엄벌을 책임 있는 대응을 회피하는 알리바이로 삼고 있다. 우리나라의 처벌수준이 낮은 편도 아닐뿐더러 처벌수준을 높이는 것보다 예방기준의 실효성을 높이는 것이 훨씬 정의로운 일인데도 이에 대해선 입을 다물고 있다. 이념 이전에 무지와 무책임의 소치다.

산업재해에 대한 엄벌주의 접근은 학습역량이 부족한 자녀에게 공부할 여건 조성은 해주지 않으면서 당장 좋은 성적을 못 내면 매질하겠다고 윽박지르는 부모와 매한가지다. 정부는 중대재해처벌법 제정 이전에 이 법에 규정된 안전보건관리체계를 위해 사실상 아무런 일도 하지 않았다. 그렇다 보니 현재 산업현장은 부모의 겁박에 주눅 들어 공부하는 척만 하는 자녀와 비슷한 모습을 보이고 있는 것이다.

산업재해 예방에서 각 주체의 위상과 역할에 맞는 의무를 부과해야 한다는 건 상식에 속한다. 그런데 중대재해처벌법은 각 주체의 위상과 역할에 맞지 않게 의무가 부과돼 있다는 점에서 상식에 맞지 않는 법이다. 장소를 실질적으로 지배 · 운영 · 관리하는 자에게만 의무를 부과하고 있다. 고용관계에 있는 자가 엄연히 있는데도 그 자에겐 아무런 의무를 부과하지 않으면서 단지 장소적 관점으로 의무를 부과하는 이분법적 접근을 하고 있다. 가장 적합한 자에게 가장 적당한 의무를 부과해야 한다는 안전원리를 깡그리 도외시하고 있는 것이다. 그 결과 다른 의무주체는 뒷짐을 지고 있어도 된다. 안전이 제대로 확보될 리가 없다.

게다가 지배자, 운영자, 관리자가 다를 경우 누가 안전조치의무를 이행해야 하는지 알 수 없다. 지배자만 하더라도 수급인이 도급인의 사업장에서 작업을 하는 경우 소유자가 지배자인지, 점유자가 지배자인지 알 수 없다. 이 문제에 대해 많은 사람이 정부에 수차례 질문 했지만 아직까지 답변을 받지 못했다. 자신들도 누가 의무주체인지 답변을 하지 못하면서 수범자에게 법을 지키라고 하는 건 무책임하기 짝이 없는 일이다.

중대재해처벌법의 무작스러움은 여기에서 그치지 않는다. 중대재해처벌법과 산업안전보건법 간에 의무주체가 충돌되는 경우도 적지 않다. 예컨대 산업안전보건법에선 하청에게 의무를 부과하고 있는 사항을 중대재해처벌법에선 원청에게 의무를 부과하고 있다. 중대재해처벌법만 보면 우리나라가 과연 법치주의 국가인지 의심이 들 수밖에 없다.

이렇게 엉성하고 조잡한 법을 만들어 놓고 기업들에게 윽박지르기로 일관하다 보니, 대기업조차 예방보다는 '처벌 회피'에 주력하고 있는 것이다. 돈 냄새를 맡은 로펌이 이 혼란을 놓칠 리가 없다. 로펌이 횡재를 할 수밖에 없는 구조를 정부가 조장하고 있는 셈이다. 법기술이 예방을 삼켜버리면서 안전원리가 뒤틀려지고 형식적인 안전이 판을 치고 있다.

이런 식의 산재예방행정이 '가성비'가 좋을 리 없다. 지난해 사망사고가 조금 감소한 것을 놓고 마치 행정이 기여한 것으로 착각하지만, 지난 정부에서 행정인원과 예산이 대폭 늘어난 점을 감안하면 감소실적은 부끄러운 수준이다. 중장기적으로 사망사고는 줄어들기 마련이다. 산업의 서비스화, IT기술의 발전, 자동화, 근로자의 비근로자로의 전환 경향 등이 사망사고 감소요인으로 작용하기 때문이다. 더구나 코로나의 영향으로 고용원 있는 자영업자와 취약근로자가 줄어든 것도 근로자 사망사고 감소의 한 원인으로 작용했다. 배달종사자, 택배종사자 등 특수형태근로종사자가 대폭 증가했지만 이들은 사망사고 통계에 잡히지도 않는다.

정부의 중대재해처벌법 해설서에는 안전원리와 법리에 맞지 않는 설명, 앞뒤가 맞지 않는 설명이 차고 넘친다. 이는 형벌권의 자의적 행사로 이어지고 있다. 법 설명회를 자주 열기만 하면 무슨 소용인가. 현장에서 정작 궁금해하는 쟁점에 대해선 답을 내놓지 못하거나 자의적인 설명만 늘어놓을 거면서.

고용노동부는 산업현장에서 안전이 어떻게 멍들고 곪아가고 있는지 알기는 하는가. 모른다면 무지이고 알고도 방치한다면 무책임한 것이다. 모르는 건 차라리 낫다. 알고 있음을 자신하는 것이 더 섬뜩하다.

2. 중대산업재해

가. 적용범위(법 제3조)

> 상시 근로자가 5명 미만인 사업 또는 사업장의 사업주(개인사업주에 한정한다. 이하 같다) 또는 경영책임자등에게는 이 장의 규정을 적용하지 아니한다.

상시 근로자가 5명 미만인 개인사업주에 대해서는 중대산업재해에 관한 규정(제2장)은 적용되지 않고[1019] 중대시민재해에 관한 규정만 적용된다. 중대산업재해와 중대시민재해를 달리 적용할 논리적 이유가 없음에도 중대산업재해가 많이 발생하지만 영세한 5명 미만 조직에 적용하는 것에 대한 현실적 곤란과 정치적 부담을 고려한 것이다.

논리적으로 볼 때 상시 근로자 5명 미만 조직을 법 적용에서 제외할 근거는 없다. 논리적으로 보면 상시 근로자 5명 미만 조직이 중대재해에 가장 취약하기 때문에 본법을 적용할 필요성이 가장 크다고 할 수 있다. 비교법적으로 볼 때도 현실적이고 실효성 있는 법인 것을 전제로 법의 일부를 적용하는 방법으로라도 모든 규모의 조직에 적용하는 것이 타당하다.

5명 미만 여부를 판단할 때 이 법의 보호 대상인 '종사자'가 아닌 '근로자'를 기준으로 하고 있는 점에 유의할 필요가 있다.

'상시 근로자'에서 '상시'라 함은 '상태(常態)'라는 의미이며, '상시 근로자 수'란 상시 근무하는 근로자 수를 뜻하는 것이 아니고, 일정한 사업장에서 사용하는 근로자가 '상태적'으로 보아 몇 명인지를 의미한다.[1020] 사업장에서 사용되고 있는 근로자라면, 임시직・일용직 근로자, 단시간 근로자 등 고용형태를 불문하며, 파견근로자도 사용사업주의 상시 근로자에 포함된다.[1021]

1019) 상시 근로자가 5인 미만이더라도 '법인'인 경우에는 중대산업재해에 관한 규정이 적용 제외되지 않는다.

1020) 대법원 2000.3.14. 99도1243 판결 ; 대법원 1987.4.14. 87도153 판결 등.

상시 근로자와 관련해서는, 근로기준법(근로기준법 제11조 제3항 및 같은 법 시행령 제7조의2)과 달리 「중내새해처벌법」에서는 별도로 규정하고 있지 않지만, 근로자에 대해선 「중대재해처벌법」(제2조 제7호 가목)이 근로기준법상의 근로자 정의를 원용하고 있는 점을 감안할 때, 「중대재해처벌법」상의 상시 근로자 수 산정방법도 근로기준법의 상시 근로자 수 산정방법을 그대로 사용하는 것이 무방할 것이다.

다만, 파견근로자에 대해서는 「근로자파견법」 제35조 제1항에서 사용사업주를 「산업안전보건법」의 사업주로 보고 있는 점을 감안할 때, 「산업안전보건법」과 그 성격이 유사한 「중대재해처벌법」에서는 근로기준법(근로기준법 시행령 제7조의2 제4항)이 아닌 「산업안전보건법」의 해석에 따라 파견근로자도 상시 근로자에 포함되는 것으로 보아야 하고, 동거하는 친족 근로자 역시 위에서 설명한 바와 같이 「중대재해처벌법」에서는 제외하여야 할 이유가 없기 때문에, 동거하는 친족 근로자도 「중대재해처벌법」에서는 근로기준법(근로기준법 시행령 제7조의2 제4항)과 달리 다른 근로자의 종사 여부에 관계없이 상시 근로자에 포함되어야 할 것이다.

한편, 개인사업주는 개인사업자 또는 자영업자라고도 하는데, 회사 등의 법인을 설립하지 않고 스스로 사업을 하는 자를 말한다. 법인사업주에 대비되는 사업주이다. 사업 규모에 관계없이 고용원이 있는 개인사업주(자)(자영업자)와 고용원이 없는 개인사업주(자)(자영업자)로 구분된다. 고용원이 없는 개인사업주(자)(자영업자)를 1인 개인사업주(자), 1인 사업주(자) 또는 1인 자영업자라고도 한다.

1021) 노동부 질의회시, 산보 68340-125, 2000.2.17.

나. 경영책임자의 안전보건확보의무(법 제4조, 시행령 제4조 제1호~제8호 및 제5조)

〈법 제4조(사업주와 경영책임자등의 안전 및 보건 확보의무)〉

① 사업주 또는 경영책임자등은 사업주나 법인 또는 기관이 실질적으로 지배·운영·관리하는 사업 또는 사업장에서 종사자의 안전·보건상 유해 또는 위험을 방지하기 위하여 그 사업 또는 사업장의 특성 및 규모 등을 고려하여 다음 각 호에 따른 조치를 하여야 한다.

1. 재해예방에 필요한 인력 및 예산 등 안전보건관리체계의 구축 및 그 이행에 관한 조치
2. 재해 발생 시 재발방지 대책의 수립 및 그 이행에 관한 조치
3. 중앙행정기관·지자체가 관계법령에 따라 개선, 시정 등을 명한 사항의 이행에 관한 조치
4. 안전·보건관계법령에 따른 의무이행에 필요한 관리상의 조치

② 제1항 제1호·제4호의 조치에 관한 구체적인 사항은 대통령령으로 정한다.

〈시행령 제4조(안전보건관리체계의 구축 및 그 이행에 관한 조치)〉

1. 사업 또는 사업장의 안전·보건에 관한 목표와 경영방침을 설정할 것
2. 「산업안전보건법」 제17조부터 제19조까지 및 제22조에 따라 두어야 하는 인력이 총 3명 이상이고 다음 각 목의 어느 하나에 해당하는 사업 또는 사업장인 경우에는 안전·보건에 관한 업무를 총괄·관리[1022]하는 전담 조직을 둘 것. 이 경우 나목에 해당하지 않던 건설사업자가 나목에 해당하게 된 경우에는 공시한 연도의 다음 연도 1월 1일까지 해당 조직을 두어야 한다.
   가. 상시 근로자 수가 500명 이상인 사업 또는 사업장
   나. 「건설산업기본법」 제8조 및 같은 법 시행령 별표 1에 따른 토목건축공사업에 대해 같은 법 제23조에 따라 평가하여 공시된 시공능력의 순위가 상위 200위 이내인 건설사업자
3. 사업 또는 사업장의 특성에 따른 유해·위험요인을 확인하여 개선하는 업무절차를 마련하고, 해당 업무절차에 따라 유해·위험요인의 확인 및 개선이 이루어지는지를 반기 1회 이상 점검한 후 필요한 조치를 할 것. 다만, 「산업안전보건법」 제36조에 따른 위험성평가를 하는 절차를 마련하고, 그 절차에 따라 위험성평가를 직접 실시하거나 실시하도록 하여 실시 결과를 보고받은 경우에는 해당 업무절차에 따라 유해·위험요인의 확인 및 개선에 대한 점검을 한 것으로 본다.

1022) 산업안전보건법 설명 부분에 설명하였듯이 법문에서의 '총괄'과 '관리'는 '총괄하여 관리'한다는 의미이기 때문에, '총괄'과 '관리'는 총괄·관리와 같이 병렬적으

4. 다음 각 목의 사항을 이행하는 데 필요한 예산을 편성하고 그 편성된 용도에 맞게 집행하도록 할 것
   가. 재해 예방을 위해 필요한 안전・보건에 관한 인력, 시설 및 장비의 구비
   나. 제3호에서 정한 유해・위험요인의 개선
   다. 그 밖에 안전보건관리체계 구축 등을 위해 필요한 사항으로서 고용노동부장관이 정하여 고시하는 사항
5. 「산업안전보건법」 제15조, 제16조 및 제62조에 따른 안전보건관리책임자, 관리감독자 및 안전보건총괄책임자(이하 이 조에서 "안전보건관리책임자 등"이라 한다)가 같은 조에서 규정한 각각의 업무를 각 사업장에서 충실히 수행할 수 있도록 다음 각 목의 조치를 할 것
   가. 안전보건관리책임자 등에게 해당 업무 수행에 필요한 권한과 예산을 줄 것
   나. 안전보건관리책임자 등이 해당 업무를 충실하게 수행하는지를 평가하는 기준을 마련하고, 그 기준에 따라 반기 1회 이상 평가・관리할 것
6. 「산업안전보건법」 제17조부터 제19조까지 및 제22조에 따라 정해진 수 이상의 안전관리자, 보건관리자, 안전보건관리담당자 및 산업보건의를 배치할 것. 다만, 다른 법령에서 해당 인력의 배치에 대해 달리 정하고 있는 경우에는 그에 따르고, 배치해야 할 인력이 다른 업무를 겸직하는 경우에는 고용노동부장관이 정하여 고시하는 기준에 따라 안전・보건에 관한 업무 수행시간을 보장해야 한다.
7. 사업 또는 사업장의 안전・보건에 관한 사항에 대해 종사자의 의견을 듣는 절차를 마련하고, 그 절차에 따라 의견을 들어 재해 예방에 필요하다고 인정하는 경우에는 그에 대한 개선방안을 마련하여 이행하는지를 반기 1회 이상 점검한 후 필요한 조치를 할 것. 다만, 「산업안전보건법」 제24조에 따른 산업안전보건위원회 및 같은 법 제64조・제75조에 따른 안전 및 보건에 관한 협의체에서 사업 또는 사업장의 안전・보건에 관하여 논의하거나 심의・의결한 경우에는 해당 종사자의 의견을 들은 것으로 본다.
8. 사업 또는 사업장에 중대산업재해가 발생하거나 발생할 급박한 위험이 있을 경우를 대비하여 다음 각 목의 조치에 관한 매뉴얼을 마련하고, 해당 매뉴얼에 따라 조치하는지를 반기 1회 이상 점검할 것
   가. 작업 중지, 근로자 대피, 위험요인 제거 등 대응조치
   나. 중대산업재해를 입은 사람에 대한 구호조치
   다. 추가 피해방지를 위한 조치

로 표현할 것이 아니라 '총괄'이 '관리'를 수식하는 형태(즉, 총괄관리)로 표현하는 것이 타당하다. 따라서 '총괄'과 '관리' 사이의 가운뎃점은 빠지는 것이 맞다.

〈시행령 제5조(안전 · 보건 관계 법령에 따른 의무이행에 필요한 관리상의 조치)〉
① 법 제4조제1항제4호에서 "안전 · 보건 관계 법령"이란 해당 사업 또는 사업장에 적용되는 것으로서 종사자의 안전 · 보건을 확보하는 데 관련되는 법령을 말한다.
② 법 제4조제1항제4호에 따른 조치에 관한 구체적인 사항은 다음 각 호와 같다.
1. 안전 · 보건 관계 법령에 따른 의무를 이행했는지를 반기 1회 이상 점검(해당 안전 · 보건 관계 법령에 따라 중앙행정기관의 장이 지정한 기관 등에 위탁하여 점검하는 경우를 포함한다. 이하 이 호에서 같다)하고, 직접 점검하지 않은 경우에는 점검이 끝난 후 지체 없이 점검 결과를 보고받을 것
2. 제1호에 따른 점검 또는 보고 결과 안전 · 보건 관계 법령에 따른 의무가 이행되지 않은 사실이 확인되는 경우에는 인력을 배치하거나 예산을 추가로 편성 · 집행하도록 하는 등 해당 의무 이행에 필요한 조치를 할 것
3. 안전 · 보건 관계 법령에 따라 의무적으로 실시해야 하는 유해 · 위험한 작업에 관한 안전 · 보건에 관한 교육이 실시되었는지를 반기 1회 이상 점검하고, 직접 점검하지 않은 경우에는 점검이 끝난 후 지체 없이 점검 결과를 보고받을 것
4. 제3호에 따른 점검 또는 보고 결과 실시되지 않은 교육에 대해서는 지체 없이 그 이행의 지시, 예산의 확보 등 교육 실시에 필요한 조치를 할 것

「중대재해처벌법」 제4조 제2호의 경우 단순히 재해로만 규정되어 있고 '산업'재해로 한정되어 있지 않으며 '중대'재해로 한정되어 있지도 않다는 점에 유의해야 한다. 즉, 재해의 '유형'이 매우 넓고(자연재해, 교통재해, 과로사, 개인질병, 고객 등에 의한 상해 등을 포함한다), 재해의 '강도'도 매우 다양(찰과상, 타박상 등도 포함한다)한 점에 유의해야 한다. 따라서 재발방지 대책의 수립 및 그 이행에 관한 조치의 대상이 '산업재해' 또는 '중대재해'로 한정되어 있지 않음에 유의해야 한다.[1023)]

도급, 용역, 위탁 등을 받은 자(이하에서는 '관계수급인 등'이라 한다)의 근로자가 재해를 입어 재해 재발방지대책을 수립해야 하는 경우, 「중대재해

1023) 재발방지 대책의 수립 및 그 이행에 관한 조치의 대상을 중대재해로 한정하지 않고 모든 재해로 한 것을 논리적으로 해명하자면, 중대재해를 방지하기 위해서는 평상시 중대재해의 전조가 될 수 있는 경미한 재해까지를 포함한 다양한 재해의 원인을 분석하여 이에 대처해야 하기 때문이다.

처벌법」은 원칙적으로 사업장을 실질적으로 지배·운영·관리하고 있는 도급, 용역, 위탁 등을 준 자(이하 '도급인 등'이라 한다)(경영책임자)[1024]가 이 의무를 이행해야 하는 것으로 규정하고 있는 반면, 「산업안전보건법」(제15조 제1항, 제57조 제2항·제3항)은 이 의무를 관계수급인 등이 이행해야 하는 것으로 규정하고 있다. 결국 두 법 간에 의무주체가 충돌하는 문제가 발생하고 있는 것이다.

이는 「중대재해처벌법」이 「산업안전보건법」과 동일하거나 유사한 사항을 규정하고 있는 것에서 기인하는 태생적 문제라고 할 수 있다.

중대산업재해 영역에서의 '안전보건관계법령'[1025]은 재해(부상, 질병)의 종류에 관계없이 「중대재해처벌법」상의 보호 대상인 종사자의 안전·보건을 확보하는 데 관련되는 법령, 즉 종사자의 부상 또는 질병(건강장해)의 예방과 관련되는 법령을 모두 가리킨다. 종사자를 부상 또는 질병으로부터 보호하는 내용을 규정하고 있는 법령은 모두 해당된다. 법령의 목적이 안전보건이 아닌 사항, 즉 품질, 환경, 위생 등이라 하더라도 종사자의 안전보건에 영향을 미치는 내용을 담고 있다면 안전보건관계법령에 해당된다고 보아야 한다.[1026]

따라서 '안전보건관계법령'의 범위가 매우 넓은 점(좁게 보더라도 법률만

1024) 이하에 언급되어 있는 '도급인 등'은 정확하게 말하면 '도급인 등의 경영책임자'를 지칭한다.

1025) 「중대재해처벌법」 제4조 제3호에서는 제4호와 달리 "안전·보건관계법령"이 아니라 "관계법령"이라는 표현을 사용하고 있는바, '안전·보건'이라는 수식어를 실수로 빠뜨린 입법 흠결이라고 보아야 할 것이다. 졸속으로 제정되다 보니 「중대재해처벌법」에는 이러한 입법 흠결이 적지 않다.

1026) 「중대재해처벌법」에서는 안전보건관계법령의 구체적인 범위는 물론 그 범위를 한정할 수 있는 기준에 대해서조차 아무런 규정도 하지 않고 있어, 구체적으로 무엇이 과연 안전보건관계법령에 해당하는지(즉, 안전보건관계법령의 범위)에 대하여 통상의 판단능력을 가진 일반인이 알기가 매우 어려울 뿐만 아니라 법률전문가들조차도 안전보건관계법령의 범위를 확정하기가 결코 쉽지 않고 애매모호한 상태이다. 이는 적어도 형벌법규에 적합하지 아니한 것으로서 죄형법정주의의 명확성 원칙에 위반된다고 할 것이다[헌법재판소 1997.9.25. 96헌가16 결정 참조].

약 30개)에 유의할 필요가 있다. 이에 해당하는 법률을 명확히 제시하기는 어렵지만, 대체로 다음과 같은 법이 이에 해당한다고 볼 수 있다. 화학물질관리법, 화학물질의 등록 및 평가 등에 관한 법률, 생활화학제품 및 살생물제의 안전관리에 관한 법률, 석면안전관리법, 실내공기질 안전관리법, 소규모 공공시설 안전관리 등에 관한 법률, 소방기본법, 소방시설공사업법, 정보통신공사업법, 문화재 수리 등에 관한 법률, 위험물안전관리법, 화재의 예방 및 안전관리에 관한 법률, 소방시설 설치 및 관리에 관한 법률, 송유관 안전관리법, 교통안전법, 광산안전법, 철도안전법, 항공안전법, 항만안전특별법, 원자력안전법, 원자력시설 등의 방호 및 방사능 방재 대책법, 방사성폐기물 관리법, 생활주변방사선 안전관리법, 전기안전관리법, 기계설비법, 전기사업법, 전기공사업법, 전력기술관리법, 전기용품 및 생활용품 안전관리법, 고압가스 안전관리법, 액화석유가스 안전관리법, 도시가스사업법, 에너지이용합리화법, 선원법, 선박안전법, 해사안전법, 해운법, 연안사고 예방에 관한 법률, 승강기 안전관리법, 감염병의 예방 및 관리에 관한 법률, 환경관계법,[1027), 1028)] 재난 및 안전관리 기본법, 자연재해대책법, 초고층 및 지하연계 복합건축물 재난관리에 관한 특별법, 지진·화산재해대책법, 학교안전사고

1027) 대기오염, 수질오염, 폐기물오염 등 환경오염에 의해 근로자 등 종사자가 건강장해를 입는 경우를 얼마든지 상정할 수 있다.

1028) 환경관계법은 대기분야(대기환경보전법, 소음 진동관리법, 환경기술 및 환경산업 지원법, 다중이용시설 등의 실내공기질관리법, 수도권 대기환경개선에 관한 특별법, 악취방지법), 수질분야(수질 및 수생태계 보전에 관한 법률, 하수도법, 가축분뇨의 관리 및 이용에 관한 법률, 먹는물관리법, 습지보전법, 토양환경보전법, 물의 재이용 촉진 및 지원에 관한 법률), 폐기물분야(폐기물관리법, 자원의 절약과 재활용촉진에 관한 법률, 전기·전자제품 및 자동차의 자원순환에 관한 법률, 폐기물의 국가 간 이동 및 그 처리에 관한 법, 잔류성오염물질 관리법, 방사성폐기물 관리법), 기타 분야(환경정책기본법, 환경분쟁조정법, 환경개선비용부담법, 환경분야 시험 검사 등에 관한 법률, 환경영향평가법, 화학물질관리법, 화학물질의 등록 및 평가 등에 관한 법률, 환경친화적 산업구조로의 전환촉진에 관한 법, 환경친화적 자동차의 개발 및 보급촉진에 관한 법률, 해양환경관리법, 자연환경보전법, 환경범죄 등의 단속 및 가중처벌에 관한 법률)로 분류된다.

예방 및 보상에 관한 법률, 학교보건법, 교육시설 등의 안전 및 유지관리 등에 관한 법률, 식품위생법,[1029] 연구실 안전환경 조성에 관한 법률, 건설기술 진흥법, 건설기계관리법, 건축법, 건설산업기본법, 건축물관리법, 시설물의 안전 및 유지관리에 관한 특별법, 주택법, 도시 및 주거환경정비법, 급경사지 재해예방에 관한 법률, 사방사업법, 지하안전관리에 관한 특별법, 총포·도검·화약류 등의 안전관리에 관한 법률, 근로기준법,[1030] 매장문화재 보호 및 조사에 관한 법률, 근로자파견법 등이 그것이다.[1031]

「중대재해처벌법 시행령」 제5조 제2항 제1호의 '안전보건관계법령에 따른 의무 이행'의 점검 대상에는 벌칙이 부과되는 조항뿐만 아니라 벌칙이 부과되지 않는 조항까지도 포함됨에 유의해야 한다. 그리고 법령에서 세부적인 사항을 행정규칙(고시, 예규, 훈령)으로 위임하고 있는 경우에는 행정규칙의 내용 또한 포함됨에 유의해야 한다.[1032]

'안전보건에 관한 업무', '유해·위험요인의 개선', '필요한', '관리', '안전보건을 위한 관리비용' 등 불명확한 개념이 곳곳에 산재되어 있음에 유의해야 한다.

민사법이나 형벌이 수반되어 있지 않은 규정과는 달리 형사법, 그중에서도 강한 형사처벌이 수반되는 규정은 특히 엄격하게 해석되어야 하는 것이 죄형법정주의 원칙(유추해석금지의 원칙)이다. 따라서 「중대재해처벌법」상 형사처벌과 직결되는 규정에 해당하는 "실질적으로 지배·운영·관리하는 사업 또는 사업장"에서의 '지배·운영·관리'[1033]는 엄격해석에 입각해야 하

1029) 식중독 등에 의해 근로자 등 종사자가 건강장해(질병)를 입을 수 있다.

1030) 근로시간·휴식·휴가, 직장 내 괴롭힘에 관한 규정 위반에 의한 질병, 사망이 문제될 수 있다.

1031) 고용노동부의 「중대재해처벌법」 해설서에서 안전보건관계법으로 10개 법을 제시하고 있는 것(고용노동부, 중대재해처벌법 해설 - 중대산업재해 관련 -, 2021, 104쪽)은 어디까지나 예시에 불과한 점에 유의해야 한다.

1032) 결국 안전보건관계법령의 범위가 지나치게 광범위하고 포괄적이라고 할 수 있다.

1033) 「산업안전보건법」(제10조 제2항)에서는 "도급인의 사업장(도급인이 제공하거나

는 형법해석의 원칙상 '또는(or)'의 관계가 아니라 '그리고(and)'의 관계로 보아야 할 것이다. 따라서 지배하고 운영하며 관리하는 자만이 의무주체가 된다.

대법원도 형벌법규에 표현되어 있는 가운뎃점을 '와/과'의 의미로 해석하고 있다. 즉, "가운뎃점(·)은 단어 사이에 사용할 때 일반적으로 '와/과'의 의미를 가지는 문장부호이다. 따라서 위 조항에서 말하는 '복제·배포'는 그 문언상 '복제하여 배포하는 행위'라고 해석할 수 있다. (중략) 죄형법정주의의 원칙상 형벌법규는 문언에 따라 해석·적용하여야 하고 피고인에게 불리한 방향으로 지나치게 확장해석하거나 유추해석해서는 안 된다. 이러한 견지에서 '복제·배포'의 의미를 엄격하게 해석하여야 한다. 결국 저작물을 '복제하여 배포하는 행위'가 있어야 저작물의 발행이라고 볼 수 있고, 저작물을 복제한 것만으로는 저작물의 발행이라고 볼 수 없다."고 판시한 바 있다.[1034]

그리고 '지배·운영·관리'를 '와/과(and)'의 관계가 아닌 '또는(or)'의 관계로 보게 되면, 예컨대 지배자(A)와 운영자(B), 지배자(A)와 관리자(C) 또는 지배자(A)와 운영자(B) 및 관리자(C)가 각각 따로 존재하는 경우에는,[1035]

지정하는 경우로서 도급인이 지배·관리하는 대통령령으로 정하는 장소를 포함한다)"(밑줄은 필자)이라고 규정하고 있는바, 「중대재해처벌법」은 「산업안전보건법」과 엄연히 다른 법이기 때문에, 「산업안전보건법」상의 '지배·관리하는 장소'의 의미를 「중대재해처벌법」상의 '실질적으로 지배·운영·관리하는 사업 또는 사업장'이나 '시설, 장비, 장소 등을 실질적으로 지배·운영·관리하는 책임이 있는 경우'에 그대로 차용할 수는 없다.

1034) 대법원 2018.1.24. 2017도18230 판결.

1035) 지배자만 하더라도 시설, 장비, 장소 등의 '소유자'와 '점유자'가 따로 존재할 수도 있는데, 이 경우 누구를 지배자로 보아야 할지(즉, 누구를 예방의무를 부담하는 것으로 보아야 할지) 혼선이 발생하고 있다. 민법은 공작물의 설치 또는 보존의 하자로 인하여 타인에게 손해를 가한 때에는 공작물 점유자가 손해를 배상할 책임이 있고, 점유자가 손해의 방지에 필요한 주의를 해태하지 아니한 때에는 그 소유자가 손해를 배상할 책임이 있다고 소유자와 점유자의 책임관계를 명확히 규정하고 있다(제758조 제1항). 이와 같이 민법에서조차 소유자와 점유자의 책임관계를 명확히 규정하고 있는데, 명확성의 원칙이 강하게 요구되는 형벌법규에서 이들 간의

작위의무, 즉 예방(이행)의무의 주체(현실의 행위책임자)를 특정하는 것이 매우 곤란하여 '예방(이행)의무'의 주체가 누구인지 판단할 수 없게 된다.[1036),1037)] 관계자들이 공동의무를 진다는 말도 없기 때문이다. 게다가 각자가 어떤 의무를 어디에서부터 어디까지 이행해야 할지도 매우 불명확해진다. 따라서 '지배·운영·관리'의 상호관계를 '또는'의 의미로 보게 되면 이 부분이 명확성의 원칙에 정면으로 위배된다는 것을 자인하는 셈이 된다.[1038)]

"실질적으로 지배·운영·관리하는 사업 또는 사업장"에서의 '사업장'은 도급인(발주자)이 소유하고 있는 경우, 전술한 바와 같이 '소유'의 관점에서는 도급인이 지배하는 사업장(도급인의 사업장)이라고 할 수 있지만, 수급인의 작업장소가 도급인의 사업장 내 다른 작업장소와 공간적으로 확연히 구분되고 수급인의 작업내용이 도급인의 그것과 현저히 다르며 노무관리 등이 명확하게 구분되는 경우에는, 당해 장소는 수급인이 점유하는 장소로서 '점유'의 관점에서는 수급인이 지배하는 사업장(수급인의 사업장)이라고 볼 수도

책임관계를 불명확하게 규정하고 있는 것은 명확성의 원칙에 위배된다고 할 수 있다. 게다가 형사책임은 공작물의 소유자나 점유자가 아니라 그 공작물의 위험을 직접 관리하는 자(소유자이든 점유자이든 관계없이)가 해당 안전조치의무를 위반했을 경우에 그에게 귀속된다고 보아야 한다. 이 점에서 경영책임자가 안전보건확보의무를 위반했다고 하여 그에게 중대재해의 책임을 묻는다면 이는 책임주의 원칙에 어긋난다(이상돈, 『형법강론(제4판)』, 박영사, 2023, 393쪽 참조).

1036) 예컨대 발주자가 소유하고 있는 장소에서 신축공사를 하는 경우, 발주자(경영책임자)가 본법상의 의무주체인지, 원수급인이 의무주체인지, 또는 하수급인이 의무주체인지 도저히 구분할 수 없게 된다.

1037) 가운뎃점의 의미는 부작위의무보다는 작위의무, 즉 이행의무에서 문제될 수 있다.

1038) 정부는 '실질적으로 지배·운영·관리'의 의미에 대하여 "하나의 사업 목적하에 해당 사업 또는 사업장의 조직, 인력, 예산 등에 대한 결정을 총괄하여 행사하는 경우를 의미함"이라고 설명하고 있는바(고용노동부, 중대재해처벌법 해설 - 중대산업재해 관련 -, 2021, 41쪽 ; 대검찰청, 중대재해처벌법 벌칙해설, 2022, 159쪽), '사업 또는 사업장'의 의미를 설명하고 있을 뿐 정작 '실질적으로 지배·운영·관리'의 의미에 해당하는 설명은 누락된 자의적인 해석을 하고 있다. '경영책임자'의 개념과 더불어 「중대재해처벌법」에서 가장 혼란스러운 개념인 '실질적으로 지배·운영·관리'에 대해서는 사실상 아무런 설명을 하지 않고 있는 셈이다.

있다. 즉, 관점에 따라 도급인의 사업장의 일부일 수도 있고 수급인의 사업장일 수도 있다. 사업장이란 간단히 말해(사전적 의미) "어떤 사업의 활동이 이루어지는 일정한 장소"를 가리키므로, 수급인이 어떤 작업을 한다면 어디에서 작업을 하든 수급인에게도 사업장이 존재할 수밖에 없다. 따라서 수급인의 작업이 도급인의 사업장 내에서 이루어지더라도, 그 작업의 장소가 도급인의 다른 장소와 공간적으로 확연히 구분되면서 수급인의 작업이 도급인으로부터 사실상 영향을 받은 것 없이 이루어지는 경우에는, 해당 작업장소는 수급인의 사업장이기도 하고 그 관리범위는 수급인에게 있다고 볼 수 있다.[1039] 즉, 도급작업의 성격·양태에 따라서는 도급인의 사업장 안에서 이루어지는 수급인의 작업장소는 수급인의 사업장에 속한다고 할 수 있다.[1040), 1041]

입법자는 다분히 도급인의 위치에 있는 자를 의무주체로 의도한 것으로 보이지만, 형법해석은 엄격해석을 원칙으로 하고 '입법자'의 의사(의도)보다는 '법률'의 의사, 즉 문언의 의미를 중시하여야 하므로 법문언의 통상적인 의미를 벗어난 목적론적 해석(법률의 입법취지·목적, 입법연혁 등을 고려한 해석)은 엄격히 금지된다는 점에 유의할 필요가 있다.[1042] 해석이 올바르게 이루어졌는가를 판단함에 있어 최후에 주목해야 할 척도는 법문언의 의미한계이다. 문리적 해석방법은 법해석의 출발점이자 여타 해석방법에 대하여 최

1039) 공작물에 대해 점유자와 소유자가 다른 경우에는 「민법」상의 공작물책임(제758조 제1항) 규정을 참고할 때 일차적으로 점유자에게 책임이 있는 것으로 보는 것이 타당하다. 물론 '작업'에 대한 책임은 공작물, 장소 등에 대한 책임과 별개의 문제이다.

1040) 수원지방법원 2018.6.11. 2017노1871 판결 참조.

1041) 제2장 Ⅱ. 2. 가. (1)과 제3장 Ⅲ. 6. 부분을 참조하기 바란다.

1042) 법률 해석의 목표는 '입법자'의 의사가 아니라 '법률'의 의사, 즉 문언의 의미를 목표로 하는 것이 타당하다. 의회민주주의 정치체제에서 한 사람의 입법자와 같은 존재를 상정할 수 없고, 다수의 입법자(의원)를 생각할 때 누구를 기준으로 할 것인가도 문제이며, 입법 당시에 인식하지 못했던 사태의 발생이나 사정 변화가 일어날 수 있다는 점에서 입법자의 의사보다 법률의 의사를 중시해야 한다(이재상/장영민/강동범, 『형법총론(제11판)』, 박영사, 2022, 33쪽).

후의 한계로 기능하기도 한다. 전술한 바와 같이 해석을 통하여 얻어진 법적 표현의 의미내용은 어떠한 형태로든지 법문인과 조화를 이루지 않으면 안 되기 때문이다.[1043] 형벌법규의 목적론적 해석도 해당 법률문언의 통상적인 의미 내에서만 가능하다.[1044] 따라서 도급인이라 하더라도 지배하고 운영하며 관리하는 위치에 있지 않으면 의무주체라고 볼 수 없을 것이다.

범죄구성요건이 모든 자를 행위의 주체로 규정하고 있는 범죄와는 달리, 범죄구성요건이 행위의 주체로서 일정한 신분을 요구하는 범죄의 경우, 특히 작위의무의 경우 의무주체를 명확히 하지 않으면 의무주체의 중복과 혼선이 발생하게 된다.

「중대재해처벌법」은 관계수급인 등의 근로자 등에 대해 도급인 등이 안전보건확보의무를 이행해야 하는 것으로 규정하고, 관계수급인 등에게는 안전보건확보의무를 부과하고 있지 않은 것으로 해석된다. 사업장을 실질적으로 지배·운영·관리하고 있는 책임이 도급인 등에게 있다고 보면, 「중대재해처벌법」상의 안전보건확보의무가 도급인 등에게만 있는 것으로 해석되고 관계수급인 등에게는 안전보건확보의무가 있다고 볼 수 있는 근거가 없다. 「중대재해처벌법」상 도급인 등과 수급인 등에게 공동의무가 규정되어 있는 것도 아니고, 동일한 의무를 엄연히 다른 별개의 사업주에게 각각 부과할 수는 없기 때문이다. 반면, 「산업안전보건법」에서는 도급인 등에게도 안전보건확보의무를 부과하고 있는 경우도 있지만(법 제62조, 제63조, 제64조, 제125조 제2항 등), 기본적으로는 관계수급인 등에게 단독으로 안전보건확보의무를 부과하고 있다. 결국 두 법 간에 의무주체가 충돌하는 문제가 발생하고 있는 것이다.

한편, 「중대재해처벌법 시행령」 제4조의 안전보건관리체계의 구축 및 이행

1043) 신동운, 『형법총론(제15판)』, 법문사, 2023, 17쪽.

1044) 대법원 2013.6.27. 2013도4279 판결 ; 같은 취지 : 대법원 2018.7.24. 2018도3443 판결 ; 대법원 2003.1.10. 2002도2363 판결.

조치에 해당하는 사항을 관계수급인 등의 근로자 등에 대해서까지 도급인 등으로 하여금 직접 이행하도록 하면, 도급인 등에게 현실적으로 이행할 수 없는 과도한 부담이 수반될 뿐만 아니라, 관계수급인 등의 독자성과 자율성이 송두리째 무시되는 결과가 초래될 수 있다.

예를 들면, 도급인 등으로 하여금 관계수급인 등이 안전보건에 관한 인력, 시설 및 장비를 구입하고 유해·위험요인을 개선하는 데 필요한 예산을 직접 편성하고 그 편성된 용도에 맞게 집행하도록 한다든지, 「산업안전보건법」에 따라 관계수급인 등이 안전보건관리책임자, 관리감독자를 독자적으로 선임하고 있는데, 도급인 등으로 하여금 이들의 업무수행에 필요한 권한과 예산을 직접 주어야 한다든지, 나아가 관계수급인 등이 「산업안전보건법」에 따라 안전관리자, 보건관리자 등을 별도로 선임하고 있는데, 도급인 등에게 관계수급인 등의 안전관리자, 보건관리자를 직접 배치해야 한다고 강제하는 것은, 현실적으로 도급인 등이 이를 이행하는 것 자체가 불가능하고 관계수급인 등의 헌법상의 직업수행의 자유의 일부인 영업의 자유를 본질적으로 침해할 소지가 크기 때문에, 과잉금지의 원칙에 위반된다고 할 수 있다. 게다가 도급인 등에 대한 이러한 식의 의무부과는 관계수급인 등의 안전보건관리의 역량 강화와 관계수급인 근로자의 산업재해 예방에도 부정적인 영향을 끼칠 가능성이 크다.

다시 말해서, 안전보건관리책임자(안전보건총괄책임자), 관리감독자가 안전보건업무만을 수행하는 것이 아니고, 인력, 시설 및 장비가 안전보건에만 관계되는 것도 아니며, 도급인 등의 사업장에 일시적으로 들어와 작업을 하는 외부 관계수급인 등의 경우 (도급 등의 업무 수행 인력이) 여러 도급인 등의 업무를 수행하는 것이 통례인 상황에서, 도급인 등(경영책임자)에게 직접 관계수급인 등의 안전보건업무에 관한 예산을 구분하여 편성하고 집행하도록 하거나 해당 예산 등을 주어야 한다고 강제하는 것은 관계수급인 등의 영업의 자유를 본질적으로 침해할 소지가 클 뿐만 아니라 과잉금지의 원칙에도 위배될 소지가 크다. 특히 관계수급인 등 중 도급인 등의 사업장에서 단발적으로(일회성으로) 작업하는 1인 사업자나 특수형태근로종사자인 경우에 대해서까지 「중대재해처벌법 시행령」 제4조 제4호에 따라 인력, 장비(이미 구입한 장비를 포함한다)의 구입에 필요한 예산을 편성하고 집행하도록 하는 것은 위헌 소지가 보다 크다고 할 수 있다.

「중대재해처벌법 시행령」 제4조 제7호에서 종사자의 의견을 듣는 절차를 마련하고 그 절차에 따라 필요하다고 인정하는 경우에는 그에 대한 개선방안을 마련하여 이행하는지를 반기 1회 이상 점검한 후 필요한 조치를 하도록 규정하고 있는바, 종사자는 「중대재해처벌법」 제2조 제7호의 정의상 도급계열에 있는 모든 근로자, 특수형태근로종사자, 1인 사업자 등을 모두 포함하는데, 단서에서 자사 근로자만을 포괄하는 산업안전보건위원회나 도급인 사업주와 수급인 사업주(하수급인 사업주는 제외된다)만으로 구성되는 안전 및 보건에 관한 협의체로 갈음할 수 있다고 규정하고 있는 것은 상호 간의 정합성 측면에서 문제가 있다고 할 수 있다. 그렇다고 하여 단서를 「산업안전보건법」상의 산업안전보건위원회나 안전 및 보건에 관한 협의체 조항에서 규정하고 있는 것과 다르게 위원회 또는 협의체를 구성하고 운영하여야 하는 것으로 해석하는 것은 유추해석(적용)금지의 원칙에 위배된다. 이와 같이 구성하고 운영하도록 하려면 구성·운영방법에 관한 사항까지도 법령에 규정했어야 한다.

「중대재해처벌법 시행령」 제4조 제2호의 '안전·보건 전담조직'을 두는 단위가 '사업'인지 '사업장'인지, 아니면 둘 다인지 불명확하지만, 같은 조 같은 호 나목의 건설사업자가 '사업'을 단위로 규정되어 있는 점, '사업장'에 대해서는 이미 「산업안전보건법」에서 안전·보건 전담조직을 규정하고 있는 점 등을 고려하면, 이 조항은 안전·보건 전담조직을 '사업' 단위로, 즉 본사에 두는 것을 규정한 것으로 보아야 할 것이다.

'전담(專擔)'조직이라고 함은 안전보건업무를 '전문적으로 맡아 처리하는'

조직을 의미한다. 안전보건조직에 품질, 환경 등의 업무가 일부 포함되어 있더라도 안전보건업무를 전문적으로 맡아 처리하는 데 지장이 있을 정도가 아니면 무방하다고 할 수 있다. 전담조직 구성원의 고용형태는 일용직이든 계약직이든 파트타임이든 관계없다.

'안전·보건'에 관한 업무라고 표현되어 있기 때문에, '산업'안전·보건에 관한 업무만을 담당해야 하는 것으로 해석되지 않는다. 소방, 재난 등 안전·보건에 해당하는 다른 업무를 담당해도 무방하다.

한편, 전담조직의 직원 수를 최소 몇 명으로 구성해야 하는지에 대해서는 규정하지 않고 있기 때문에, 작은 규모라도 '조직'의 형태를 갖추기만 하면 되고 해당 조직의 직원 수는 불문한다.

참고로, 전술한 바와 같이 본호에서 '총괄·관리'는 '총괄관리'의 잘못된 표현이다. 안전·보건에 관한 업무의 '관리'는 안전·보건부서뿐만 아니라 모든 부서가 담당하므로 '총괄'과 '관리'를 병렬적으로 규정하는 것은 불합리하다. 안전·보건부서의 역할을 다른 부서와 구별하기 위해서는 '총괄관리' 또는 '총괄하여 관리'라고 표현하는 것이 타당하다.

「중대재해처벌법」 제4조 제1항 제3호의 "개선, 시정 등을 명한 사항"은 명령적 행정행위(처분)에 해당하는 사항만을 한정하여 가리키므로, 개선권고, 행정지도나 법적 근거 없는 시정지시[1045] 등은 해당하지 않는다. 그리고 행정청이 개선, 시정 등을 명할 때는 처분 행정청과 담당자의 소속, 성명 및 연락처(전화번호, 팩스번호, 전자우편주소 등)가 적힌 문서로 하는 것이 원칙이다(행정절차법 제24조).

개선, 시정 등을 명한 사항의 이행에 관한 조치의무의 경우도, 「산업안전보건법」에서는 개선·시정명령을 받은 당사자인 관계수급인 등이 이행하도

1045) 고용노동부 등 행정기관이 사업장 점검 후 사업장에 대해 시정지시, 경고를 내리는 경우가 종종 있는데, 이것들은 법적 근거가 없는 것으로서 법적 구속력 없는 행정지도 차원에서 내리는 것이다.

록 규정되어 있지만, 「중대재해처벌법」에서는 사업장을 실질적으로 지배·운영·관리하고 있는 도급인 등이 이행하도록 규정하고 있어, 두 법 간에 의무주체가 충돌하는 문제가 발생하고 있다.[1046)]

「산업안전보건법」 제14조(이사회 보고 및 승인 등)의 의무가 「중대재해처벌법 시행령」 제4조(안전보건관리체계의 구축 및 이행 조치) 제1호의 의무(사업 또는 사업장의 안전·보건에 관한 목표와 경영방침을 설정할 것)와 유사하기는 하지만 엄격하게 보면 차이가 있다. 「중대재해처벌법 시행령」 제4조 제1호는 사업 또는 사업장의 안전보건에 관한 '경영방침'뿐만 아니라 '목표'도 설정하도록 규정하고 있는 반면에,[1047)] 「산업안전보건법 시행령」 제13조 제2항 제1호는 회사의 안전보건에 관한 '경영방침'만을 포함하여 수립하도록 규정하고 있다. 「산업안전보건법」에 따라 대표이사가 안전보건에 관한 경영방침을 수립하면, 「중대재해처벌법」에 따라 대표이사 또는 대표이사로부터 위임을 받은 경영책임자가 이미 (대표이사에 의해) 설정된 경영방침을 그대로 받아들이고 거기에 추가하여 사업(회사) 또는 각 사업장의 목표를 수

1046) 「중대재해처벌법」 제4조 제1항 제1호·제4호 및 같은 법 시행령 제4조·제5조에 규정되어 있는 의무사항의 대부분에 대해서도, 「산업안전보건법」은 관계수급인 등이 이행해야 하는 것으로 규정하고 있는 반면에, 「중대재해처벌법」에서는 도급인 등이 이행해야 하는 것으로 해석되고 있다.

1047) 중대재해처벌법령에서는 여러 곳에서 '사업 또는 사업장'이라고 규정하고 있어 의무주체가 '사업'을 단위로 의무를 이행해야 하는지, '사업장'을 단위로 의무를 이행하는지 큰 혼선이 발생하고 있다. 더군다나 중대재해처벌법령에서 사용하고 있는 '사업 또는 사업장' 개념 중 '사업'의 의미가 법문의 맥락상 다르게 해석되어 혼란이 가중되고 있다. 사업이 어떤 경우(시행령 제4조 제1호)는 조직(기업 또는 법인·단체)을 의미하고, 어떤 경우(법 제3조, 제4조, 부칙 제1조, 시행령 제4조 제2호, 제3호, 제7호, 제8호, 제5조 제1항)는 '업으로서 계속적으로 이루어지는 것'을 의미하는 것으로 해석된다. 전자의 경우에는 '또는'의 사전적 의미나 일상적인 사용례(전자와 후자의 선택적인 관계)에 따라 사업을 단위로 의무이행을 해도 무방하고 사업장을 단위로 의무이행을 해도 무방한 것으로 해석된다. 후자의 경우에는 '사업'의 장소적 개념이 '사업장'인 점을 감안할 때 둘은 사실상 동일한 의미이므로 '사업'은 고려하지 않고 '사업장'만 고려해도 무방한 것으로 해석된다.

립하면 양법 간의 충돌을 피할 수 있을 것으로 생각된다.[1048] 따라서 양법의 시행령 간의 의무이행의 내용이 상반되는 것은 아니기 때문에, 「산업안전보건법」 제14조를 이유로 「중대재해처벌법」상의 이에 준하는 자에게 업무와 권한을 위임하는 것 자체를 부정할 수는 없다고 생각된다.

참고로, 목표는 경영방침을 토대로 수립하는 것이므로 경영방침을 목표보다 앞서 규정하는 것이 바람직한데, 「중대재해처벌법 시행령」 제4조 제1호는 목표가 경영방침보다 앞에 규정되어 있어 자칫 목표가 경영방침보다 우선하는 것인 양 잘못된 생각을 초래할 수 있다.[1049]

다. 도급, 용역, 위탁 등 관계에서의 안전보건확보의무(법 제5조, 시행령 제4조 제9호)[1050]

〈법 제5조(도급, 용역, 위탁 등 관계에서의 안전 및 보건 확보의무)〉
사업주 또는 경영책임자등은 사업주나 법인 또는 기관이 제3자에게 도급, 용역, 위탁 등을 행한 경우에는 제3자의 종사자에게 중대산업재해가 발생하지 아니하도록

1048) 안전보건에 관한 경영방침의 경우, 「산업안전보건법」(법 제14조, 시행령 제13조 제2항)에서 이미 규정하고 있는 사항인바, 「산업안전보건법」에서는 이를 위반한 경우 결과적 가중범(제167조)의 대상으로 규정하지 않고 (형사처벌 대상도 아닌) 과태료 부과 대상에 불과한 데 반해, 「중대재해처벌법」에서는 사실상 동일한 의무(안전보건에 관한 목표와 경영방침 설정) 위반에 대해 아무런 규범적 근거 없이 [불법의 정도, 죄질(사회적 비난가능성)을 고려하지 않고] 「산업안전보건법」상의 결과적 가중범보다 오히려 더 무거운 형벌의 대상으로 규정하고 있다(법 제4조 제1항 제1호 및 시행령 제4조 제1호, 법 제6조).

1049) 정부의 안전보건관리체계에 대한 이해가 많이 부족하다는 것을 방증하는 대목이기도 하다.

1050) 「중대재해처벌법 시행령」 제4조 제1호~9호와 제5조는 「중대재해처벌법」 제4조와 제5조 모두에 연결되어 있다. 즉, 「중대재해처벌법 시행령」 제4조 제1호~제8호와 제9호는 「중대재해처벌법」 제4조와 제5조 중 어느 한 조문에만 연결되는 것은 아니다. 다만, 여기에서는 설명의 편의상 「중대재해처벌법 시행령」 제4조 제9호를 「중대재해처벌법」 제5조 부분에 배치해 놓았다. 이 때문에 이 부분은 앞의 '나. 경영책임자의 안전보건확보의무' 부분과 설명이 일부 중복된다.

제4조의 조치를 하여야 한다. 다만, 사업주나 법인 또는 기관이 그 시설, 장비, 장소 등에 대하여 실질적으로 지배·운영·관리하는 책임이 있는 경우에 한정한다.

〈시행령 제4조(안전보건관리체계의 구축 및 그 이행에 관한 조치)〉

9. 제3자에게 업무의 도급, 용역, 위탁 등을 하는 경우에는 종사자의 안전·보건을 확보하기 위해 다음 각 목의 기준과 절차를 마련하고, 그 기준과 절차에 따라 도급, 용역, 위탁 등이 이루어지는지를 반기 1회 이상 점검할 것
   가. 도급, 용역, 위탁 등을 받는 자의 산업재해 예방을 위한 조치 능력과 기술에 관한 평가기준·절차
   나. 도급, 용역, 위탁 등을 받는 자의 안전·보건을 위한 관리비용에 관한 기준
   다. 건설업 및 조선업의 경우 도급, 용역, 위탁 등을 받는 자의 안전·보건을 위한 공사기간 또는 건조기간에 관한 기준

‘발주’는 대부분 ‘도급’의 성질을 가지고 있다. 사전적인 의미로는, 예컨대 건설공사 발주는 건설공사 도급과 동일한 의미를 가지고 있다. 따라서 「중대재해처벌법」에 ‘발주’라는 표현이 없다고 하여 발주에 해당하는 것은 본법의 규제 대상이 아니라고 생각하는 것은 잘못이다.[1051]

「중대재해처벌법」 제4조와 제5조의 의무주체와 관련해서는, 법문의 통상적인 의미 내에서 입법취지와 목적, 입법연혁 등을 고려한 해석을 한다면, 도급인 등의 지위에 있는 자에게만 의무를 부과하고, 수급인 및 하수급인 등 협력업체의 지위에 있는 자에게는 특수한 경우를 제외하곤 의무를 부과하고 있지 않다고 해석된다.[1052]

제3자의 종사자와 직접적인 근로관계, 도급·용역·위탁관계에 있는 자가 별도로 있음에도 불구하고 원칙적으로 도급·용역·위탁관계의 최상위 조직

1051) 국회 법제사법위원회 논의에서도 발주는 사실상 도급과 같은 개념이므로 도급과 별도로 발주를 규정할 실익이 없다고 판단하고 ‘발주’표현은 삭제하는 것으로 정리되었다[제383회 국회 법제사법위원회 법안심사제1소위원회 제5차 회의록(54~55쪽) 참조].

1052) 협력업체의 경영책임자는 「중대재해처벌법」의 의무를 직접적으로 부담하는 경우는 거의 없지만, 「중대재해처벌법」의 의무가 업무상과실치사상죄의 주의의무의 근거가 되는(주의의무에 포섭되는) 방식으로 「중대재해처벌법」의 의무를 간접적으로는 부담한다고 볼 수도 있다.

(법인 또는 기관)의 경영책임자에게 사실상 모든 영역(안전보건관리체계 영역, 시설 및 기계·설비적 영역, 작업관리적 영역, 작업행동적 영역)의 안전보건조치를 직접적으로 취하도록 하고 있음에 유의해야 한다.

이와 같이 「중대재해처벌법」 제4조와 제5조의 의무주체를 도급인 등으로 보게 되면, 도급인 등의 입장에선 동 규정이 헌법상의 원칙인 과잉금지원칙과 책임의 정도를 초과하지 않는 범위 내에서 형벌이 부과되어야 한다는 책임주의 원칙에 위배될 소지가 크다. 그리고 현실에서는 관계수급인 등이 도급인 등보다 규모가 큰 경우도 적지 않은데, 도급인이라는 이유만으로 강한 형사처벌을 배경으로 관계수급인 등의 종사자에 대해 작업행동적 영역을 포함한 모든 영역의 안전보건조치를 강제하는 것은 합리성과 실효성 면에서도 문제가 있다.

도급인 등과 관계수급인 등의 의무를 둘러싸고 「산업안전보건법」 등 기존 안전보건관계법과 「중대재해처벌법」 간에 의무주체가 달라 법률 간에 모순과 충돌이 발생하고 있고, 그 결과 도급인 등이 구체적으로 어느 범위까지, 어떻게 안전보건조치를 해야 하는지 매우 불명확한 상태이다. 예를 들면, 관계수급인 등의 근로자의 안전보건 확보를 위한 안전보건관계법령에 따른 각종 의무(중대재해처벌법 시행령 제5조 제2항 제1·2호 참조)와 안전보건교육 실시의무(중대재해처벌법 시행령 제5조 제2항 제3·4호 참조)의 경우, 산업안전보건법령(안전보건기준규칙 제외) 등 기존 안전보건관계법령에서는 기본적으로 관계수급인 등이 이행하도록 규정하고 있는 반면에, 「중대재해처벌법」에서는 시설, 장비, 장소 등에 대하여 실질적으로 지배·운영·관리하는 자로 간주될 가능성이 농후한 도급인 등이 이행해야 한다는 식으로 규정하고 있다. 다시 말해서, 안전보건교육뿐만 아니라 「안전보건기준규칙」을 제외한 산업안전보건법령(법률·시행령·시행규칙, 취업제한규칙)[1053]에 규

1053) 「산업안전보건법」 제63조(도급인의 안전조치 및 보건조치)에 따라 도급인은 고용노동부령으로 정하는 안전보건조치를 하여야 하는바, 고용노동부령에서 도급인의

정되어 있는 의무의 대부분에서 의무주체의 충돌이 발생하고 있다.

「산업안전보건법」에서는 도급인(발주자)의 의무로 해석되는 것이 「중대재해처벌법」에서는 수급인의 의무로 해석될 수 있는 경우도 있을 수 있다. 「중대재해처벌법」 제5조 단서에서 "실질적으로 지배·운영·관리하는 책임이 있는 경우에 한정한다"는 표현이 있는바, 수급인이 도급인(발주자)의 사업장에서 작업을 수행하더라도 도급작업의 전문성(도급인의 도급작업에 대한 비전문성) 도급인(발주자)의 사업과 도급작업의 비연계성 등 때문에 도급작업이 수급인에 의해 독립적으로 수행될 수밖에 없는 경우로서 수급인에 의해 하도급이 이루어지는 때에는, 「중대재해처벌법」 제5조의 의무주체는 하수급인에게 도급을 주는 수급인이라고 보아야 할 것이다.[1054), 1055)] 그런데 「산업안전보건법」에서는 이러한 경우에도 수급인이 도급인(발주자)의 사업장에서 작업을 한다는 이유만으로 도급인(발주자)에게 수급인의 근로자에 대한 안전보건확보의무, (그것도 수급인과 동일한 안전보건확보의무)를 부과하고 있는바, 결국 「중대재해처벌법」(특히 제5조)에서는 수급인의 의무로 해석되는 것이 「산업안전보건법」에서는 도급인(발주자)이 수행하여야 하는 의무로(도) 해석될 수 있다. 예컨대 도급인(발주자)의 사업장 내에서 도급에 의해

의무를 수급인의 의무와 구분하여 규정하고 있지 않아 안전보건조치의 내용은 수급인과 동일한 것으로 해석될 수밖에 없다(죄형법정주의의 명확성 원칙 위반 소지가 크다). 이 경우 고용노동부령은 「안전보건기준규칙」을 가리킨다. 고용노동부령 중 「시행규칙」과 「취업제한규칙」은 산업안전보건법 제63조를 위임 조문으로 규정하고 있지 않기 때문이다(즉, 안전보건기준규칙만 산업안전보건법 제63조를 위임 조문으로 규정하고 있기 때문이다).

1054) 이와 같은 경우, 의무와 별개로 책임에 있어서는 도급인, 수급인(하수급인) 어느 누구에 대해서도 중대재해처벌법 단서 규정에 의해 '시설, 장비, 장소 등을 실질적으로 지배·운영·관리하는 책임'이 있는 자라고 볼 수 없는 경우도 발생할 수 있다.

1055) 수급인의 작업형태에 관계없이 사업 또는 사업장에 대한 실질적인 지배·운영·관리자를 의무주체로 하는 「중대재해처벌법」 '제4조'에 의해서는 사업장을 점유의 관점에서 보지 않으면 수급인은 의무주체 및 처벌 대상이 될 수 없는 것으로 해석된다.

엘리베이터 설치공사가 이루어지고 수급인이 도급받은 공사의 일부를 하도급하는 경우, 수급인의 근로자에 대한 안전보건조치가 「산업안전보건법」에서는 도급인(발주자)의 의무로(도) 해석될 수 있지만, 「중대재해처벌법」(특히 제5조)에서는 수급인의 의무로 해석될 수 있다.

경우에 따라서는 발주자(도급인 등), 시공업체 모두 「중대재해처벌법」 제4조 또는 제5조의 의무주체에 해당하지 않는 경우도 얼마든지 생길 수 있다. 둘 중 어느 한 주체를 반드시 이 법에 따른 의무주체로 보아야 하는 것은 아니기 때문이다.[1056]

건설업의 경우 발주자(건설공사를 건설사업자에게 도급하는 자로서 수급인 중 도급받은 건설공사를 하도급하는 자는 제외)가 그의 사업장 밖에서 시공 중인 건설현장(시공업체)에 대해 감리를 하는 경우, 설령 직접 감리를 하더라도 시설, 장비, 장소 등을 지배, 관리 외에 운영까지 한다고는 볼 수 없으므로,[1057] 시설, 장비, 장소 등을 실질적으로 지배·운영·관리하는 책임이 있는 자에 해당한다고 볼 수 없을 것이다.[1058]

한편, "그 시설, 장비, 장소 등에 대하여 실질적으로 지배·운영·관리라

1056) 건설업의 경우 발주자(건설공사를 건설사업자에게 도급하는 자로서 수급인 중 도급받은 건설공사를 하도급하는 자는 제외)에게 시설, 장비, 장소 등을 지배·관리·운영하는 책임이 있다고 보기는 어렵다. 더군다나 지배·운영·관리 간의 관계를 '와/과(and)'의 관계로 본다면 발주자가 지배하고 관리하며 운영하는 위치에 있다고 보기는 더욱 어렵다. 발주자가 의무주체가 아니라고 해서 기계적으로 시공업체가 의무주체에 해당한다고 볼 것은 아니다. 발주자와 시공업체 중 어느 한 주체가 반드시 의무주체로 되어야만 하는 것은 아니기 때문이다. 즉, 의무주체의 법적 요건을 충족하는 자가 아예 존재하지 않는 경우도 발생할 수 있다.

1057) 이런 경우 지배, 관리도 발주자가 한다고 보기에는 어려움이 있다. 발주자가 지배, 관리하는 부분이 있더라도, 그 강도로 볼 때 수급인이 발주자보다 더 강하게(직접적으로) 지배, 관리하기 때문이다.

1058) 그렇다면 건설업에서 재해방지에 중요한 역할을 하는 발주자의 경우 「중대재해처벌법」의 의무 대상에서는 누락되어 있는 셈이다. 이러한 법적 공백이 입법자가 의도한 것이 아니고 객관적으로도 입법적 결함에 해당한다면, 이 문제는 법의 해석·적용자가 해석으로 해결할 일이 아니라 입법(부)이 해결해야 할 사항이다.

는 책임이 있는 경우"에서 시설, 장비, (작업)장소 간의 상호관계는 '또는(or)'의 관계로 해석되는바, '시설, 장소'를 실질적으로 지배・운영・관리하는 (책임이 있는) 자와 '장비'[1059]를 실질적으로 지배・운영・관리하는 (책임이 있는) 자가 서로 다른 자인 경우, 그중 누가 실질적으로 지배・운영・관리하는 자에 해당하는지가 매우 모호한 상태이다(그리고 각자가 어떤 의무를 어디에서부터 어디까지 이행해야 할지도 매우 불명확하다). 예컨대 시설, 장소는 도급인 등이 소유자로서 지배・운영・관리하고 장비는 관계수급인 등이 지배・운영・관리할 경우, 중대재해처벌법령상의 여러 의무를 누가 이행해야 할지 특정하는 것이 현실적으로 불가능하다. 이 문제는 의무주체를 실질적으로 '시설, 장소'를 지배・운영・관리하는 자와 '장비'를 실질적으로 지배・운영・관리하는 자로 구분하여 설정하고 있지 않은 데에서 기인한다. 입법론적으로 문제가 있다고 하지 않을 수 없다. 현 규정하에서는 시설, 장소를 실질적으로 지배・운영・관리하는 자는 시설, 장소에 대해서, 장비를 실질적으로 지배・운영・관리하는 자는 장비에 대해서 각각 「중대재해처벌법」 제5조의 예방의무를 부담한다고 해석해야 할 것으로 판단된다.[1060]

게다가 업무를 도급, 용역, 위탁 등을 준 경우 「중대재해처벌법」 제4조와 제5조가 사실상 동일한 보호 대상(제3자의 종사자 : 각 단계의 관계수급인 등의 근로자, 관계수급인 등에게 노무를 제공하는 특수형태근로종사자, 1인 사업자)[1061]에 대해 의무주체의 요건을 다르게 규정하고 있는 문제를 안고 있

1059) 장치와 설비를 가리킨다. 도구가 포함된다고 봐야 할지는 불명확하다.

1060) 물론 이 경우 이 법에 따른 이행의무의 부담자는 시설, 장소든 장비든 실질적으로 지배・운영・관리하는 책임이 있는 자가 도급, 용역, 위탁 등을 행한 경우를 전제로 한다.

1061) 「중대재해처벌법」 제4조에 '도급, 용역, 위탁 등을 행한 경우'라는 수식어가 규정되어 있지 않더라도, 이 제4조의 보호 대상인 종사자에 용어정의상 모든 형태의 노무제공자가 포함되어 있기 때문에(즉, 제4조의 '종사자' 개념에 제5조의 '제3자의 종사자'가 이미 포함되어 있기 때문에), 제4조의 '종사자'와 제5조의 '제3자의 종사자'는 도급, 용역, 위탁 등을 행하는 자의 직영근로자가 아닌 자의 경우 보호

다. '시설,[1062] 장소'를 실질적으로 지배·운영·관리하는 자와 '장비'를 실질적으로 지배·운영·관리하는 자가 다른 자인 경우, 제5조에 따르면 위에서 설명한 것과 같은 문제를 가지고 있고, 제4조에 따르면 '시설, 장비, 장소 등'이 아니라 '사업장'[1063]을 기준으로 하고 있기 때문에, '장비'를 실질적으로 지배·운영·관리하는 자에 대해서는 '사업장'을 실질적으로 지배·운영·관리하는 자와 별도로 의무를 진다고 해석할 수 있는 법적 근거가 전혀 없게 된다.

한편, 제4조의 '사업장'과 제5조의 '시설, 장소'가 유사하지만 동일한 개념이라고 볼 수 없다. 일반적으로 '사업장'이 '시설, 장소'보다 넓은 의미로 사용되고 있다. 즉, 시설, 장소는 사업장의 일부인 것으로 볼 수 있는 경우가 적지 않다. 따라서 사업장을 실질적으로 지배·운영·관리하는 자와 사업장의 일부인 '시설, 장소'를 실질적으로 지배·운영·관리하는 자를 달리 볼 수 있는 경우가 얼마든지 있을 수 있다. 예를 들면, 사업장 내의 일정한 장소에서 외부업체가 도급인(발주자)의 작업장소와 공간적으로 확연히 구분되는 신축공사, 증축공사, 대정비공사 등을 하는 경우, 해당 '사업장'의 '소유자'는 도급인(발주자)이지만 해당 '시설, 장소'의 '점유자'는 수급인(시공업체)인바, 대체적으로 '사업장 전체'에 대해서는 소유자[도급인(발주자)]가 실질적으로 지배·운영·관리하는 자에 해당하지만, 해당 '시설, 장소'에 국한해서는 점

대상의 범위에 있어 제5조에서 제3자(도급, 용역, 위탁 등을 받은 자)가 제외되는 점 외에는 동일하다(중복된다)고 할 수 있다. 따라서 제5조를 제4조와 별도로(다분히 중복적으로) 규정한 것에는 후술하는 논리적 정합성 측면에서의 문제 외에 입법기술적 측면에서도 문제가 있다고 하지 않을 수 없다.

1062) 시설은 예컨대 상하수도 시설, 저장 시설, 오락 시설, 캠핑 시설, 교육 시설, 교통 시설, 편의 시설 등의 용도로 사용되고 있다.

1063) 전술한 바와 같이 「중대재해처벌법」 제4조의 '사업 또는 사업장'과 관련해서는, '사업'의 장소적 개념이 '사업장'이므로 '사업'과 '사업장'은 사실상 동일한 의미인 것으로 해석되어 '사업'이라는 표현은 빼고 '사업장'이라는 표현만 사용해도 무방하다.

유자(수급인)가 실질적으로 지배·운영·관리하는 자에 해당한다고 보아야 할 것이다.

그렇다면 제3자에게 도급, 용역, 위탁 등을 준 경우로서 '사업장'을 실질적으로 지배·운영·관리하는 자와 '장비'를 실질적으로 지배·운영·관리하는 자가 다른 경우, 또는 '사업장'을 실질적으로 지배·운영·관리하는 자와 '시설, 장소'를 실질적으로 지배·운영·관리하는 자가 다른 경우, 「중대재해처벌법」상의 의무를 누가 이행해야 하는지를 둘러싸고 제4조와 제5조가 충돌되는 문제가 발생할 수 있다

입법의 흠결이라고 할 수 있지만, 현 규정을 기초로 해석을 한다면, 제3자에게 도급, 용역, 위탁 등을 준 경우에 대해선 제5조가 제4조에 대한 특별규정에 해당하는 것으로 보아 제5조에 따라 해석하는 것이 합리적이라고 판단된다. 그리고 실질적으로 지배·운영·관리하는 자의 책임을 한정한 제5조의 단서(면책규정)를 고려하면, 제4조와 제5조 본문에 의해 의무주체에 해당하더라도 제5조 단서의 면책규정에 해당하면 해당 책임에서 벗어날 수 있다고 보아야 할 것이다.

실질적으로 지배·운영·관리하는 주된 대상을 시설, 장비, 장소 등으로 규정하고 있고, 이론적으로 볼 때 보다 중요한 대상이라고 볼 수 있는 '작업(work)'이 사실상 누락되어 있다('등'이라는 표현이 있지만 '등'에 시설, 장비, 장소와 이질적인 '작업'이 포함되어 있다고 보는 것은 형벌규정의 엄격해석의 원칙상 불가능하다). 그 결과, 실질적으로 지배·운영·관리하는 의무주체에 대한 해석을 놓고 많은 불합리와 혼란이 불가피하게 발생할 수 있는 점에 유의할 필요가 있다.[1064]

1064) 정부는 "시설, 장비, 장소 등에 대하여 실질적으로 지배·운영·관리하는 책임이 있는 경우"에서 '실질적으로 지배·운영·관리하는 책임이 있는 경우'를 "중대산업재해 발생 원인을 살펴 해당 시설이나 장비 그리고 장소에 관한 소유권, 임차권, 그 밖에 사실상의 지배력을 가지고 있어 위험에 대한 제어 능력이 있다고 볼 수 있는 경우를 의미함"이라고 해설하고 있는바(고용노동부, 중대재해처벌법 해설 -

한편, 「중대재해처벌법」에서 의무·책임주체를 주로 노무가 제공되는 '공간'의 관점[사업장(법 제4조 또는 시설, 장소(법 제5조)]에서 정하고 있는 결과, 중대산업재해 영역의 위험관리에서 중요한 영향을 미치는(권한을 가지고 있는) 위치에 있지만 노무가 제공되는 공간과는 무관한 제조·수입·판매업체에 대해선 이 법으로 처벌할 수 없게 되는 불합리(공백)가 발생하고 있다.[1065] 즉, 노무가 제공되는 공간을 지배·운영·관리하는 자보다 사회유해성 또는 불법성이 보다 강할 수 있는 제조·수입·판매업체에 대해서는 아예 처벌을 할 수 없는 문제를 낳고 있다. 결국 제조·수입·판매업체에 대해서는 「산업안전보건법」 등에 의해 (중대재해처벌법상의 처벌보다) 상대적으로 약한 법정형이 규정되어 있어 책임과 관련된 형평성 문제가 발생하고 있다.[1066]

중대산업재해 관련 –, 2021, 109쪽 ; 대검찰청, 중대재해처벌법 벌칙해설, 2022, 241~242쪽), (예방)의무이행주체를 둘러싸고 발생할 수 있는 쟁점에 대하여 아무런 답을 주고 있지 못할 뿐만 아니라, "위험에 대한 제어 능력이 있다고 볼 수 있는 경우"라는 표현으로 법문의 가능한 의미를 벗어나 유추적용하는 것과 같은 결과를 초래하고 있다. 같은 대상을 놓고 소유권자와 임차권자가 다를 수도 있고, '위험에 대한 제어 능력'의 경우, 예컨대 도급인(발주자), 수급인, 하수급인 중 어느 한 주체만 가지는 것이 아니라 일반적으로는 정도 차이가 있을 뿐 관계되는 자 모두 위험에 대한 제어 능력을 가지기 마련이기 때문에, 정부의 설명으로는 도저히 (예방)의무이행주체를 특정할 수 없다. 그리고 위험에 대한 제어 능력이 여러 주체에게 있는 경우가 일반적인 점을 고려할 때, 예컨대 도급인이 위험에 대한 제어 능력을 일부 가지고 있다고 하여 도급인만을 (예방)의무이행주체로 설정하는 것은 이분법적 접근이다. 그렇다고 관계되는 자 모두를 「중대재해처벌법」상의 (예방)의무이행주체라고 보면 각 주체별 의무이행의 범위(내용)를 정할 수 없는 큰 문제가 발생한다. 게다가 중대재해 발생 전의 (예방)의무이행주체를 특정하는 문제에 대해 중대재해 발생 후에 "중대산업재해 발생 원인을 살펴" 특정하겠다는 것은 예방의무의 이행에는 관심 없고 처벌하는 데에만 초점을 맞추겠다는 발상에 다름 아니다.

1065) 법 제5조 단서에 따라 '장비'를 실질적으로 지배·운영·관리하는 자 또한 책임주체에 해당될 수 있다 하더라도 이 불합리와 관련된 사정은 달라지지 않는다.

1066) 2022년 실제로 발생한 세척제(트리클로로메탄)에 의한 근로자 집단 독성간염 사고에서도 세척제 사용업체(두성산업, 대흥알엔티)만 「중대재해처벌법」 위반 여부

'시설, 장비, 장소 등'을 지배·운영·관리한다는 이유로 발주자(도급인)에게만 의무를 부과하고 책임을 묻는 규정을 두면서 '작업'을 지배·운영·관리하는 관계수급인 등에게는 사실상 아무런 의무와 책임을 부과하고 있지 않은 것은 근대 형법의 철칙인 책임주의 원칙에 위배될 소지가 크다.

수급인의 발주(도급)작업이 발주자(도급인)가 사업장 내에서 운영하고 있는 작업과 공간적으로 확연히 구분되면서 발주자(도급인)의 작업과 업무적 관련성도 없고 발주(도급)업무의 특성상 발주자(도급인)에게 그 업무에 대한 전문성을 기대하기 어려운 건설공사를 발주(도급)하는 경우(예 : 구내식당의 보수공사를 외부업체에 도급 주는 경우, 엘리베이터 설치·해체공사를 외부업체에 도급 주는 경우)의 발주자(도급인)는 시설, 장비, 장소 등에 대하여 실질적으로 지배·운영·관리하는 책임이 있는 경우(중대재해처벌법 제5조 단서 참조)에 해당하지 않는다고 해석된다.[1067), 1068)]

그리고 예컨대 발주자(도급인)가 사업을 운영하고 있는 장소와 공간적으로 확연히 떨어져 있는 별개의 장소에서 시공업체에 건설공사를 발주(도급)하여 건설공사가 이루어지는 경우에는, 발주자(도급인)가 설령 해당 부지(premises)의 소유자라고 하더라도, 발주자(도급인)에게 해당 시설, 장비,

---

가 문제되었고, 세척제를 제조하여 양도·제공한 업체(유성케미칼)는 「산업안전보건법」 위반만 문제되었을 뿐 「중대재해처벌법」 위반 대상으로는 거론조차 되지 않았다.

1067) 이런 경우에는 발주자(도급인)가 발주(도급)업무가 이루어지고 있는 장소를 실질적으로 지배·운영·관리하고 있다고 보기 어려우므로[발주(도급)공사가 이루어지고 있는 동안에는 시공업체가 그 장소, 시설을 점유하고 있어 지배·운영·관리하고 있다고도 볼 수 있으므로, 또는 발주자(도급인)는 「중대재해처벌법」 제5조의 단서의 면책규정에 해당하므로], 해당 발주자(도급인)는 「중대재해처벌법」상 시설, 장비, 장소 등에 대하여 실질적으로 지배·운영·관리하는 책임이 있는 경우에 해당하지 않는다고 해석된다.

1068) 다만, 고용노동부는 전술한 바와 같이 「산업안전보건법」상 의무주체로서의 도급인과 건설공사 발주자의 개념에 대해 법적 근거 없이 자의적이고 불합리하게 해석하고 있다.

장소 등을 실질적으로 지배하고 운영하며 관리하는 책임이 있다고 볼 여지는 없다. 따라서 이러한 경우에는 발주자(도급인)에게 안전보건확보의무가 있다고 보기 어렵고 수급인이 시설, 장비, 장소 등을 지배·운영·관리한다고 보아야 할 것이다.

「중대재해처벌법」이 종사자를 보호 대상으로 한다는 점을 고려할 때, 「중대재해처벌법 시행령」 제4조 제9호의 도급·용역·위탁 시 기준·절차 마련 및 점검의무가 1차 수급인에 대해 한정된 의무인지, 2차 수급인, 3차 수급인에 대한 의무이기도 한지 불명확하다. 그러나 법문(시행령 제4조 제9호 가목~다목)에 기술된 문언의 의미로 보면(문언해석), 즉 법문상 안전보건확보의무의 대상이 "도급, 용역, 위탁 등을 받는 자"로 한정되어 있는 점을 고려하면, 본호의 의무 대상은 의무주체와 도급, 용역, 위탁 등의 계약을 체결한 1차 수급인에 한정되는 것으로 해석된다. 즉, 본호의 보호 대상은 의무주체의 계약 상대방(당사자)인 1차 수급인의 종사자에 한정되고, 의무주체의 계약 상대방이 아닌 2차·3차 수급인의 종사자는 보호 대상에 해당되지 않는다고 보아야 한다.[1069]

한편, 사업장 또는 시설, 장비, 장소 등을 실질적으로 지배·운영·관리하는 책임이 있는 자라고 보기 어려운 발주자, 예컨대 도급인 등의 업무장소가 도급, 용역, 위탁 등의 업무가 이루어지는 장소와 공간적으로 확연히 분리되어 있고 관계수급인 등에 대해 구체적 지휘·감독을 할 입장에 있지 않은 도급인 등은 「중대재해처벌법 시행령」 제4조 제9호의 의무주체에 해당한다고 볼 수 없다.

「중대재해처벌법」 제5조는 "제3자에게 도급, 용역, 위탁 등을 '행한' 경우

1069) 고용노동부에서는 「중대재해처벌법 시행령」 제4조 제9호의 대상자가 종사자로 규정되어 있음을 이유로 본호의 전체적인 문언(도급인 등으로부터 "도급, 용역, 위탁 등을 받는 자"라고 규정되어 있다)과 관계수급인 등의 영업의 자유 등을 고려하지 않고 2차·3차 수급인의 종사자에 대해서까지 보호 대상이라고 유추해석(적용)할 가능성은 상존하고 있음에 유의해야 한다.

에는"이라고 규정하고 있어 도급, 용역, 위탁 등의 '계약을 체결한 후'의 행위를 그 대상으로 하고 있다. 그러나 「중대재해처벌법 시행령」 제4조 제9호는 "제3자에게 도급, 용역, 위탁 등을 '하는' 경우에는"이라고 규정하고 있어 도급, 용역, 위탁 등의 '계약을 체결하기 전'인 계약 체결 시의 행위와 계약 체결 후의 점검까지를 그 대상으로 하고 있다. 이러한 「중대재해처벌법 시행령」의 규정은 모법의 위임규정에서 사용하고 있는 용어의 의미를 넘어 그 범위를 확장함으로써 위임내용을 구체화하는 단계를 벗어나 새로운 입법을 한 것으로 평가할 수 있다. 따라서 「중대재해처벌법 시행령」 제4조 제9호의 규정은 「중대재해처벌법」 제5조의 위임한계를 일탈한 것으로서 허용되지 아니한다고 보아야 할 것이다.[1070)]

입법론적으로는, 「중대재해처벌법」 제5조 단서의 경우 영국, 호주 등의 입법례를 참고하여 "다만, 이 의무는 사업장(작업장)을 실질적으로 지배・관리하는 사업주나 법인 또는 기관에 대하여 실질적으로 지배・관리하는 사항에 관해서만 적용된다."와 같이 규정하는 것이 바람직하다.[1071), 1072)]

제3자에게 업무를 도급, 용역, 위탁 등을 준 경우, 「중대재해처벌법 시행령」 제4조 제1호부터 제8호까지 및 제5조의 의무주체가 도급인 등인지 관계수급인 등인지, 그리고 도급인 등의 의무라면 도급인 등이 어느 영역까지 관

1070) 대법원 2019.5.30. 2016다276177 판결 ; 대법원 2016.8.17. 선고 2015두51132 판결 ; 대법원 2012.12.20. 2011두30878 전원합의체 판결 등 참조.

1071) 독일, 일본 등의 경우 도급인의 수급인 근로자에 대한 강한 의무는 도급인과 수급인의 근로자가 공간적, 시간적으로 혼재하여 작업하는 것을 전제로 하고 있다.

1072) 도급 관련 규제에 있어 「중대재해처벌법」과 「산업안전보건법」은 산재예방선진국의 법에서는 그 유례를 찾아볼 수 없을 정도로 도급인과 수급인(하수급인을 포함한다) 간의 역할과 책임이 구분되어 있지 않은 등 매우 거칠고 불합리하게 규정되어 있어 소위 하청근로자의 산업재해 예방에 오히려 큰 걸림돌로 작용하고 있다. 산재예방선진국의 법에서는 도급인과 수급인의 의무가 각자의 위상에 걸맞게 명확하게 구분되어 규정되어 있고 도급인에게 수급인과 동일한 의무를 부과하거나 도급인에게 수급인의 의무를 대신하여 모든 의무를 부과하는 접근은 찾아볼 수 없다.

여해야 하는지 매우 불명확한 상태임에 유의해야 한다.

「중대재해처벌법 시행령」 제4조 제1호~제8호와 제5조의 경우 「중대재해처벌법 시행령」 제9호와 달리 "제3자에게 업무의 도급, 용역, 위탁 등을 하는 경우에는"이라는 수식어가 규정되어 있지 않지만, 「중대재해처벌법 시행령」 제4조 제1호~제8호와 제5조의 의무주체 또한 이와 관계없이 「중대재해처벌법」 제4조 및 제5조의 '실질적으로 지배·운영·관리하는 자'라는 요건에 해당하는 자라고 보아야 하기 때문에, 특수한 경우를 제외하고는 일반적으로 도급인 등의 위치에 있는 자가 의무주체라고 보아야 할 것이다.

도급, 용역, 위탁 등을 받은 자가 이를 준 자의 사업장 또는 시설·장소에서 작업을 하면서 다른 자에게 재차 도급, 용역, 위탁 등을 주지 않는 경우에는, 도급, 용역, 위탁 등을 받은 자가 설령 중대재해 예방에 중요한 역할을 하는 지위에 있더라도, 제3자에게 도급, 용역, 위탁 등을 행한 경우를 전제로 하는 「중대재해처벌법」 제5조의 의무주체에 해당될 가능성은 아예 없고 「중대재해처벌법」 제4조의 의무주체 해당 여부만 문제될 수 있다. 따라서 이 자가 실제 중대재해 발생에 중요한 원인을 제공했다고 하더라도 「중대재해처벌법」 제5조 의무 위반에 따른 처벌 대상이 될 가능성은 없고 「중대재해처벌법」 제4조의 의무 위반에 따른 처벌 대상 여부만이 문제될 수 있다.

도급, 용역, 위탁 등을 받은 자가 이를 준 자의 사업장 또는 시설·장소에서 작업을 하면서 다른 자에게 재차 도급, 용역, 위탁 등을 주지 않아 「중대재해처벌법」 제4조에도 해당하지 않는 것으로 해석되면, 이 자는 「중대재해처벌법」상 아무런 의무주체에 해당하지 않고, 그 결과 처벌 대상도 전혀 되지 않는다. 이 점에서도 「중대재해처벌법」은 중대재해 예방의 실효성 면에서 큰 문제를 가지고 있다고 할 수 있다.

중요한 문제는 「산업안전보건법」과 「중대재해처벌법」 간에, 그리고 「중대재해처벌법」 제4조(사업주와 경영책임자등의 안전 및 보건 확보의무)와 제5조(도급, 용역, 위탁 등 관계에서의 안전 및 보건 확보의무) 간에 도급인(발주자)의 의무주체가 상충되는 경우가 적지 않음에 유의해야 한다. 다시 말해서, 「중대재해처벌법」의 도급인(발주자)과 「산업안전보건법」의 도급인/건설공사 발주자 간에, 그리고 「중대재해처벌법」 제4조와 제5조의 의무주체 간에 그 요건이 다르다는 점에 유의해야 한다.[1073] 예컨대 비건설업체에서 발주(도급)하는 50억원 미만의 유지보수공사의 경우, 안전보건관리체제(체계)(산업안전보건법에서는 안전보건관리체제, 중대재해처벌법에서는 안전보건관리체계로 각각 규정되어 있다)에 해당하는 의무에 대해 「산업안전보건법」상으로는 발주자(도급인)가 아닌 수급인(시공업체)이 의무주체이지만, 「중대재해처벌법」상으로는 발주자(도급인)가 의무주체인 것으로 해석될 가능성이 높고, 타워크레인 설치공사의 경우(수급인이 타워크레인을 임대업체로부터 임차를 하여 설치업체로 하여금 설치하도록 한 경우), 「중대재해처벌법」 제4조에 의해서는 사업 또는 사업장을 실질적으로 지배·운영·관리하는 자로 여겨지는 원수급인이 의무주체인 것으로 해석되지만, 같은 법 제5조에 의해서는 장비 지배자(소유자)로 여겨지는 임대업체 또는 장비 운영·관리자로 여겨지는 설치업체가 의무주체인 것으로 해석될 수도 있다. 그 결과, 건설공사를 도급(발주)하는 법인 또는 기관에서는 「중대재해처벌법」과 「산업안전보건법」 중 또는 「중대재해처벌법」 제4조와 제5조 중 어느 기준에 맞춰 안전보건조치를 해야 할지 알 수 없는 경우가 적지 않게 발생하고 있다.

- 「산업안전보건법」: i) 관계수급인 근로자가 도급인의 사업장(도급인이 지배·관리하는 장소를 포함한다)에서 작업을 하는 경우의 도급인(제63조 등), ii) 건설공사 발주자(건설공사를 도급하는 자로서 건설공사의 시공을 주도하는 총괄·관리를 하지 아니하는 자)(제67조 등)
- 「중대재해처벌법」: i) 법인 또는 기관이 실질적으로 지배·운영·관리하는 사업 또는 사업장의 경영책임자(제4조), ii) 법인 또는 기관이 그 시설, 장비, 장소 등에 대하여 실질적으로 지배·운영·관리하는 책임이 있는 경우의 경영책임자(제5조)

1073) 법률 간에 의무주체가 상충되는 것은 수범자의 입장에서 볼 때 누가 어떠한 행위를 어떻게 해야 하는지를 예측할 수 없게 하므로 명확성의 원칙에 위배될 소지가 크다.

그 결과, 건설공사를 도급(발주)하는 법인 또는 기관에서는 「중대재해처벌법」과 「산업안전보건법」 중 또는 「중대재해처벌법」 제4조와 제5조 중 어느 기준에 맞춰 안전보건조치를 해야 할지 알 수 없는 상태이다. 현재 상태에서는 도급인(발주자)으로서 합리적으로 실행 가능한 범위에서 최대한의 안전보건조치(As low as reasonably practicable : ALARP)를 하는 (위험성을 최대한 낮게 유지하는) 방향으로 접근하는 것이 바람직할 것으로 판단된다. 즉, 건설공사를 도급(발주)하는 경우 법인 또는 기관에서 자체적으로 도급인(발주자)으로서 어떤 의무를 어느 영역까지 어떻게 해야 하는지에 대해 면밀한 검토를 거쳐 상세기준을 마련하여 운영할 필요가 있다. 구체적으로 말하면, i) 도급인(발주자) 단독으로 안전보건조치를 해야 하는지, ii) 도급인(발주자)이 관계수급인과 공동으로 안전보건조치를 해야 하는지, iii) 관계수급인의 안전보건조치에 대하여 지도감독(관리)을 해야 하는지 등 도급인(발주자)이 해야 할 의무의 내용에 대해 자체적인 상세기준을 마련할 필요가 있다.

「중대재해처벌법」, 「산업안전보건법」, 「형법」(업무상 주의의무) 등 제정법에 명시적·묵시적으로 규정된 도급인 등의 안전보건조치의무로서 관계수급인 등의 근로자를 대상으로 하는 의무는 법정 의무에 해당하므로, 이 의무를 이행한다고 하여 이것이 근로자파견의 징표에 해당한다고 보는 것은 법리적으로 타당하지 않다.[1074)]

1074) 불법파견 문제에 대한 상세한 설명은 제4장 Ⅵ의 '7. 도급인의 안전보건조치와 불법파견'을 참조하기 바란다.

라. 경영책임자 처벌(법 제6조)

① 제4조 또는 제5조를 위반하여 제2조 제2호 가목의 중대산업재해에 이르게 한 경영책임자는 1년 이상의 징역 또는 10억원 이하의 벌금에 처한다. 이 경우 징역과 벌금을 병과할 수 있다.
② 제4조 또는 제5조를 위반하여 제2조 제2호 나목 또는 다목의 중대산업재해에 이르게 한 경영책임자는 7년 이하의 징역 또는 1억원 이하의 벌금에 처한다.
③ 제1항 또는 제2항의 죄로 형을 선고받고 그 형이 확정된 후 5년 이내에 다시 제1항 또는 제2항의 죄를 저지른 자는 각 항에서 정한 형의 2분의 1까지 가중한다.

「중대재해처벌법」상의 안전보건확보의무는 그 위반 자체만으로는 처벌되지 않는다. 이 법에서 정하고 있는 안전보건확보의무를 위반하여 중대산업재해에 이르게 한 경우에만 처벌 대상이 된다. 「산업안전보건법」의 경우 사망 등의 재해가 발생하지 않더라도 안전보건확보의무 위반만으로 처벌 대상이 되는 것과는 차이가 있다.

사망재해의 경우 징역형의 하한형을 설정하고 있으나 벌금과 선택적으로 부과할 수 있고, 임의적 병과규정을 두고 있다.

「산업안전보건법」에서는 다른 노동관계법과 달리 사업주 외에 근로자도 의무주체로 설정하고 있는바, 이는 산업재해 예방과 산업재해 발생과정에서 근로자 역시 중요한 역할을 하는 점을 고려한 것이다. 산업안전보건기준 위반행동과 산업재해의 경우에는, 대체로 위반행위자 단독의 행위(잘못)로 이루어지는 형사범 등과는 달리 사업주 측(제조자, 대여자 등을 포함한다)에게만 잘못이 있기보다는 근로자 측에도 부분적으로나마(법 위반까지는 아니더라도) 잘못이 있는 것이 통례이므로, 사업주의 법 위반 시 형사처벌의 하한형을 설정하는 것은 이론적으로 타당하지 않다. 비교법적으로 「산업안전보건법」(영국의 법인과실치사법을 포함한다)에서 하한형을 설정하고 있는 입법례가 발견되지 않는 이유이기도 하다. 이러한 점을 감안할 때, 하한형 설정은 상징적인 효과 외에는 실제에 있어 의미 있게 작용하지는 못할 것으로 예상된다.

경영책임자에 대한 처벌을 사망재해(제1호)와 부상·질병재해(제2호)로 구분하여 달리 정하고 있다.

도급인 등의 의무와 관련하여 「산업안전보건법」과 「중대재해처벌법」의 의무 중에는 현실적으로 준수할 수 없는 사항이 많고 두 의무의 내용이 상충되는 경우가 적지 않은 점을 고려하여, 도급인 등은 현행법의 의무내용에 구애받기보다 도급인 등으로서 취할 필요가 있는 안전보건조치에 대하여 합리적으로 실행 가능한 범위에서 최대한의 안전보건조치(As low as reasonably practicable : ALARP)를 취할 필요가 있다.

「중대재해처벌법」의 경우 법적으로 경영책임자가 아닌 부하직원에게는 위임이 불가능하지만, 회사(협력사를 포함한다)의 모든 계층과 부서에 대해 안전보건에 대한 (실행)의무와 (결과)책임을 명확히 설정할 필요가 있다. 이를 통해 본법이 경영책임자만의 문제가 아니라 회사 전체의 문제로 인식되도록 할 필요가 있다.

경영책임자의 안전보건확보의무에 해당하는 사항을 이행하여 왔다는 것에 대한 입증자료를 문서(매뉴얼, 절차서, 지시서 등), 기록의 작성/유지관리를 통해 철저히 준비할 필요가 있다.

수범자들은 대부분 무리한 수사를 우려하여 수사단계에서부터 변호사를 통해 적극적으로 대응(변호)하고 소송까지 가는 것을 각오할 것으로 예상된다. 그리고 소송으로 가는 경우에는 대법원까지 가는 것이 통례가 될 것으로 예상된다.

한편, 「중대재해처벌법」하에서는 중대재해가 발생하는 것만으로 처벌되는 것은 아니며, 다음과 같은 범죄(결과적 가중범) 성립요건이 충족될 때 비로소 범죄가 성립된다.

〈참고〉 중대재해처벌법 위반범죄(결과적 가중범) 성립요건[1075)]

1. 구성요건해당성
   ① 고의(미필적 고의를 포함한다)의 기본범죄(기본행위)[1076)]가 있어야 한다 : 「중대재해처벌법」에서 기본행위란 제4조·제5조(중대산업재해), 제9조(중대시민재해)의 안전보건조치의무 위반을 가리킨다.
   ② 중한 결과(중대재해)가 발생하여야 한다.
   ③ 기본범죄(기본행위)와 중대재해 사이에 인과관계가 있어야 한다 : 상당인과관계설이 판례의 입장이다.
   ④ 중한 결과의 발생에 대하여 예견가능성(과실)이 있었어야 한다. 중한 결과의 발생이 객관적으로 예견 가능한 경우에도 행위자 자신이 중한 결과를 예견할 수 없을 때에는 처벌하지 않는다.
2. 책임조각(면책)사유 : 행위 당시의 구체적 사정에 비추어 보아 구성요건에 해당하고 위법한 행위를 한 사람이 위법행위 대신에 적법행위로 나아갈 것을 기대할 수 없는 경우에는(기대불가능성) 책임이 조각된다. 기대가능성은 유무의 판단뿐만 아니라 정도의 판단도 있을 수 있는 개념이다. 기대가능성의 강약은 행위자 개인에 대한 책임을 무겁게 하거나 감경시킴으로써 법관의 양형에 직접 영향을 주게 된다.
3. 중한 결과에 대한 과실 유무의 판단의 기준시점은 기본행위, 즉 기본적 구성요건의 실행행위 시이다.

마. 양벌규정(법 제7조)

법인 또는 기관의 경영책임자등이 그 법인 또는 기관의 업무에 관하여 제6조에 해당하는 위반행위를 하면 그 행위자를 벌하는 외에 그 법인 또는 기관에게 다음 각 호의 구분에 따른 벌금형을 과(科)한다. 다만, 법인 또는 기관이 그 위반행위를 방지하기 위하여 해당 업무에 관하여 상당한 주의와 감독을 게을리하지 아니한 경우에는 그러하지 아니하다.
1. 제6조 제1항의 경우 : 50억원 이하의 벌금
2. 제6조 제2항의 경우 : 10억원 이하의 벌금

1075) 상세한 내용은 전술한 「산업안전보건법상의 결과적 가중범(제167조) 성립요건」(제8장 Ⅱ. 7. 결과적 가중범)을 참조하기 바란다.

1076) 전술한 바와 같이 「중대재해처벌법」은 일반적인 결과적 가중범과는 달리 기본행위, 즉 안전보건조치의무 위반을 처벌 대상으로 규정하고 있지 않아, 엄격히 볼 때 '기본범죄'라는 말은 성립하지 않는다.

법인 또는 기관에 대한 처벌을 사망이 발생한 중대산업재해와 부상・질병이 발생한 중대산업재해로 구분하여 전자에 대해선 50억 이하의 벌금, 후자에 대해선 10억원 이하의 벌금을 부과한다.

양벌규정의 처벌 대상이 '법인 또는 기관'으로 한정되어 있기 때문에 '개인사업주'는 양벌규정의 처벌 대상에서 제외된다.

행정법에서의 양벌규정과 마찬가지로 법인(회사)에 대한 면책사유를 두고 있는바, 회사 전체적으로 협력사 종사자를 포함하여 안전보건에 대한 '상당한' 주의감독(추상적인 수준의 주의감독만으로는 부족)의 노력을 기울일 필요가 있다. 법인, 기관에서는 이를 고려하여 본 법령상의 경영책임자의 안전보건확보의무 이행사항을 문서화, 기록 등으로 보존할 필요가 있다.

다만, 양벌규정에서의 면책사유는 그간 「산업안전보건법」 등 다른 행정법에서의 적용사례로 보건대 매우 엄격하게 해석되고 있음에 유의해야 한다.

「산업안전보건법」 등 다른 사업장 안전보건관계법에서도 양벌규정을 두고 있는바, 「중대재해처벌법」의 양벌규정은 다른 사업장 안전보건관계법의 양벌규정과 별개이므로,[1077] 「중대재해처벌법」과 다른 사업장 안전보건관계법의 양벌규정 각각에 의해 벌금이 병과되는 일은 얼마든지 있을 수 있다. 다만, 「중대재해처벌법」의 양벌규정에서 정한 벌금에 그 2분의 1까지 가중하되, 「중대재해처벌법」과 다른 사업장 안전보건관계법에서 정한 벌금을 합산한 액수를 초과할 수 없다[형법(경합범과 처벌례) 제38조 제1항 제2호 참조].

1077) 「중대재해처벌법」의 양벌규정과 「산업안전보건법」 등 사업장 안전보건관계법(특히 산업안전보건법)의 양벌규정에 의한 법인 처벌의 경우, 「중대재해처벌법」 위반죄와 「산업안전보건법」 등 사업장 안전보건관계법 위반죄의 관계는 각각의 처벌대상인 「중대재해처벌법」 위반행위와 「산업안전보건법」 등 사업장 안전보건관계법 위반행위가 별개의 위반행위이므로(단일하고 동일한 행위가 아니므로) 실체적 경합 관계에 있다고 보아야 할 것이다. 양벌규정에 의한 법인 처벌의 죄수관계를 벌칙 본조의 죄수관계와 달리 보아야 할 이유는 없다.

한편, 「중대재해처벌법」은 제6조(중대산업재해 사업주와 경영책임자 등의 처벌)에서 경영책임자가 실제행위자, 즉 위반행위자인 경우 경영책임자 개인을 처벌하는 것으로 규정하고 있다. 그런데도 양벌규정인 같은 법 제7조(중대산업재해의 양벌규정)에서 "…… 그 행위자를 벌하는 외에 ……"라고 위반행위자를 처벌하는 규정을 재차 두고 있는바, 양벌규정의 이 문구는 원래의 처벌규정인 제6조와 중복·충돌되는 잘못된 규정이라고 할 수 있다.

「산업안전보건법」은 대부분 사업주를 의무주체로 설정하고 있어 원래의 벌칙규정은 대부분 위반행위자가 아닌 사업주를 처벌하는 것으로 규정하고 있는바, 법인의 경우 법인 그 자체가 사업주이기 때문에 원래의 벌칙규정으로는 위반행위자를 처벌할 수 없는 경우가 대부분이다. 따라서 「산업안전보건법」 양벌규정에서 실제행위자인 위반행위자를 처벌한다는 규정("그 행위자를 벌하는 외에")이 필요한 것이다.

이에 반해, 「중대재해처벌법」은 실제행위자인 경영책임자를 의무주체로 설정하고 있고, 제6조에서 경영책임자를 위반행위자로 처벌한다는 규정("경영책임자등은 1년 이상의 징역 또는 10억원 이하의 벌금에 처한다. 이 경우 징역과 벌금을 병과할 수 있다.")을 두고 있기 때문에, 양벌규정에서 위반행위자로서의 경영책임자를 처벌한다는 규정을 중복적으로 규정할 필요가 없는 것이다. 즉, 현행 「중대재해처벌법」의 벌칙 구조하에서는 경영책임자를 원래의 처벌규정인 제6조로도 처벌할 수 있고 양벌규정인 제7조에 의해서도 처벌할 수 있어 처벌의 근거규정이 중복적으로 존재하게 되는 셈이다. 이 또한 입법적 흠결에 해당한다.

바. 안전보건교육 수강(법 제8조, 시행령 제6조)

〈법 제8조(안전보건교육의 수강)〉

① 중대산업재해가 발생한 법인 또는 기관의 경영책임자등은 대통령령으로 정하는 바에 따라 안전보건교육을 이수하여야 한다.

② 제1항의 안전보건교육을 정당한 사유 없이 이행하지 아니한 경우에는 5천만원 이하의 과태료를 부과한다.

③ 제2항에 따른 과태료는 대통령령으로 정하는 바에 따라 고용노동부장관이 부과·징수한다.

〈시행령 제6조(안전보건교육의 실시 등)〉

① 법 제8조제1항에 따른 안전보건교육(이하 "안전보건교육"이라 한다)은 총 20시간의 범위에서 고용노동부장관이 정하는 바에 따라 이수해야 한다.

② 안전보건교육에는 다음 각 호의 사항이 포함되어야 한다.

1. 안전보건관리체계의 구축 등 안전·보건에 관한 경영 방안
2. 중대산업재해의 원인 분석과 재발 방지 방안

③ 고용노동부장관은 「한국산업안전보건공단법」에 따른 한국산업안전보건공단이나 「산업안전보건법」 제33조에 따라 등록된 안전보건교육기관(이하 "안전보건교육기관등"이라 한다)에 안전보건교육을 의뢰하여 실시할 수 있다.

④ 고용노동부장관은 분기별로 중대산업재해가 발생한 법인 또는 기관을 대상으로 안전보건교육을 이수해야 할 교육대상자를 확정하고 안전보건교육 실시일 30일 전까지 다음 각 호의 사항을 해당 교육대상자에게 통보해야 한다.

1. 안전보건교육을 실시하는 안전보건교육기관등
2. 교육일정
3. 그 밖에 안전보건교육의 실시에 필요한 사항

⑤ 제4항에 따른 통보를 받은 교육대상자는 해당 교육일정에 참여할 수 없는 정당한 사유가 있는 경우에는 안전보건교육 실시일 7일 전까지 고용노동부장관에게 안전보건교육의 연기를 한 번만 요청할 수 있다.

⑥ 고용노동부장관은 제5항에 따른 연기 요청을 받은 날부터 3일 이내에 연기 가능 여부를 교육대상자에게 통보해야 한다.

⑦ 안전보건교육을 연기하는 경우 교육일정 등의 통보에 관하여는 제4항을 준용한다.

⑧ 안전보건교육에 드는 비용은 안전보건교육기관등에서 수강하는 교육대상자가 부담한다.

⑨ 안전보건교육기관등은 안전보건교육을 실시한 경우에는 지체 없이 안전보건교육 이수자 명단을 고용노동부장관에게 통보해야 한다.

⑩ 안전보건교육을 이수한 교육대상자는 필요한 경우 안전보건교육이수확인서를

> 발급해 줄 것을 고용노동부장관에게 요청할 수 있다.
> ⑪ 제10항에 따른 요청을 받은 고용노동부장관은 고용노동부장관이 정하는 바에 따라 안전보건교육이수확인서를 지체 없이 내주어야 한다.

중대산업재해 발생에 대해 안전보건교육을 규정한 것으로서, 중대산업재해가 발생하기만 하면 그 원인도 규명되기 전에 무조건 안전보건교육을 수강하도록 하는 것은 행복추구권(헌법 제10조)과 무죄추정의 원칙(헌법 제27조 제4항)을 침해할 가능성이 크다.

형이 확정된 사업장을 대상으로 중대산업재해 발생사실 공표(법 제13조)와 달리 중대산업재해가 발생하기만 하면 그 원인도 규명되기 전에 무조건 안전보건교육을 수강하여야 한다.

조사(수사)・재판 결과를 통해 경영책임자에게 잘못이 없는 것으로 밝혀질 가능성도 적지 않을 텐데, 잘잘못이 확정되기 전에 교육 수강을 강제하는 것은 사실상 결과책임을 묻는 것으로서 매우 불합리하다.

고용노동부의 안전보건교육 통보에 응하여 교육을 받게 되면 자신이 법 위반자임을 인정하는 것으로 인식되어, 죄의 유무가 확정되지 않은 상태에서는 많은 사람들이 안전보건교육을 받지 않고 과태료(1차 위반 시 1천만원)를 감수하거나 안전보건교육 수강명령에 대한 집행정지신청으로 대응하는 기업들이 적지 않을 것으로 예상된다.

과태료의 부과 대상자는 원칙상 질서위반행위를 한 자이다. 다만, 법인(법인이 아닌 사단 또는 재단으로서 대표자 또는 관리인이 있는 것을 포함한다. 이하 같다)[1078]의 대표자, 법인 또는 개인의 대리인・사용인 및 그 밖의 종업원이 업무에 관하여 법인 또는 그 개인에게 부과된 법률상의 의무를 위반한 때에는, 대표자 또는 종업원이 아니라 수범자인 법인 또는 그 개인에게 과태료를 부과하는 것으로 규정되어 있다(질서위반행위규제법 제11조). 그러나

1078) 질서위반행위규제법 제2조 제3호.

「중대재해처벌법」상 안전보건교육 수강의무를 포함한 각종 안전보건조치 의무의 수범자는 법인 또는 기관이 아니라 경영책임자 개인이므로, 경영책임자가 안전보건교육을 이수하지 않는 경우에는(수강명령에 따르지 않은 경우가 아니다), 질서위반행위를 한 자인 경영책임자가 과태료(1차 위반 1,000만원, 2차 위반 3,000만원, 3차 이상 위반 5,000만원)를 부과받게 된다.

안전보건교육 수강 대상자는 법인 또는 기관의 경영책임자로 한정되어 있고 개인사업주는 그 대상에서 제외되어 있다. 개인사업주를 안전보건교육 수강 대상에서 제외한 것은 논리적 이유보다는 영세하다는 현실적인 사정이 고려된 것이다.

[칼럼] 중대재해처벌법으로 우리가 잃고 있는 소중한 것들[1079)]

사물에는 양면이 있기 마련이다. 중대재해처벌법(중처법) 또한 부정적 측면 외에 긍정적 측면을 가지고 있을 것이다. 문제는 후자보다 전자가 훨씬 많다는 점이다. 중처법의 폐해는 고려치 않고 중처법으로 인해 안전에 대한 관심과 투자가 크게 높아진 것 아니냐고 반문할 수 있지만, 이러한 관점은 순기능만 보고 부작용과 기회비용은 생각하지 않는 유아적 사고라고 할 수 있다.

중처법으로 사회 전체가 처벌문제에 매몰되면서 역량을 강화하고 구조적 문제를 해결하는 진지한 노력은 되레 약화되고 있다. 공포분위기에 기생하는 자들이 안전을 오염시키기까지 하고 있다. 아이러니한 건 공공기관 출신들이 이에 앞장서고 있다는 점이다.

세월호 침몰사고(2014.4.16), 이천 물류창고 화재사고(2020.4.29)와 같은 대형참사 등으로 안전에 대해 크게 높아진 국민적 관심을 정부의 전문성과 진정성 부족으로 우리 사회의 안전을 선진화하는 절호의 기회로 활용하지 못하고 엄벌 위주의 미봉적이고 보여주기 대책으로 일관했다는 점에서 많은 반성이 필요하다. 중처법 제정이 아닌 보편적이고 비용효과적인

1079) 정진우, 글로벌 건설리더스 2024.7(Vol. 230).

대안을 얼마든지 마련할 수 있었는데도, 어떠한 방안이 가장 바람직했을지에 대한 성찰적 질문과 올바른 방안 마련을 위한 진지한 노력과 실력이 턱없이 부족했던 것이다.

중처법에는 우리 사회에서 중대재해가 다발하는 원인을 차분하게 진단하고 이에 대한 실효적인 대책을 깊이 있게 고민한 흔적이 없다. 중처법이 재해예방에 긍정적인 효과를 거두는 것은 태생적으로 기대하기 어려운 이유이다. 비교법적으로도 중처법과 같은 입법례를 찾아볼 수 없기도 하다.

재해예방의 선진성은 엄벌 정도가 아니라 예방 시스템과 인프라를 얼마나 충실하게 갖췄냐에 달려 있다. 그런데 이것은 시간이 많이 걸리고 전문성을 요하기 때문에, 쇼맨십이 강한 정부일수록 엄벌주의에 기대는 경향이 강하다. 정부가 이 유혹으로부터 하루빨리 벗어나지 않으면 선진적 안전과는 점점 거리가 멀어진다.

중처법의 폐해는 일일이 열거하기 어려울 정도로 많다. 중처법으로 인해 안전에 소중한 것들을 잃어버리고 있는 것이다. 중처법의 태생적 한계에 따른 것도 있지만 정부와 엉터리 전문가들이 조장하는 측면도 크다.

첫째, 행정자원을 처벌에 과도하게 집중시켜 취약부문에 대한 예방관리를 소홀히 하게 하는 등 행정자원의 배분을 왜곡하고 있다. 그리고 법리적 타당성을 묻지 않고 '닥치고 수사'를 하는 관계로 대기업을 중심으로 불기소 또는 무죄가 많이 나올 경우 행정자원의 큰 낭비로 이어질 수 있다.

둘째, 발등에 떨어진 형사처벌 문제에 대응하는 데 급급하게 하고 실질적인 안전을 위한 기본적이고 체계적인 활동은 한가한 일로 치부되어 관심에서 멀어지게 하고 있다. 그 결과, 사회 전체적으로 고비용 저효과의 안전이 조장되고 안전에 대한 냉소주의와 수동화가 만연되고 있다. 이런 분위기에서는 창의적이고 진정성 있는 안전관리가 이루어질 수 없다.

셋째, 법체계 · 내용의 불명확성으로 인해 자의적 법집행 · 해석이 남발되고 있다. 문제 있는 법은 정비 전에라도 그 폐해를 줄이기 위해 가급적 그 적용범위를 제한하는 방향으로 해석할 필요가 있다. 실체법적으로 법개념을 제한적으로 해석하거나, 절차법적으로 엄격한 증거의 요구 등 절차규칙을 엄격하게 적용하는 방법이 있다. 그러나 법집행기관과 법원은 대부분 그렇게 하지 않고 있다.

넷째, 중대재해 발생 기업은 억지로라도 범죄자로 만들어 내겠다는 수사편의주의가 횡행하면서 종래 산업안전보건법 위반으로 처벌받아 온 중소기업(사장) 중심으로 엄벌에 대한 규범적 근거 없이 '묻지마' 처벌이 이뤄지고 있다. 그리고 종전에도 산업안전보건법 위반으로 처벌받아 온 중소기업 사장만 처벌되고 있어 '유전무죄 무전유죄 법'이 되고 있다.

다섯째, 법집행기관에서 안전을 처벌 위주로 바라보는 결과, 작업을 발주 또는 도급하는 측에서 의무주체로 오인될 것을 우려하여 안전에 대한 적극적인 관여나 활동(자율안전)이 되레 위축되고 있다.

여섯째, 법의 모호성과 엄벌에 편승해 공포분위기를 조성하면서 재해예방에 대한 사명감 없이 안전을 돈벌이 수단으로만 삼는 자들로 넘쳐나고 있다. 엉터리 컨설팅과 심사 짬짜미가 사이비 학자들에게까지 성행하고 있다. 법률시장은 대형로펌에 일거리가 몰리면서 '부익부 빈익빈'이 심화되고 있다.

일곱째, 예측가능성과 이행가능성 부족으로 실질적 안전보다는 문서작성 위주의 형식적 대응을 조장하고 있다. 재해예방을 위해 정작 해야 할 일을 하기보다는 치장하고 겉멋 부리는 데 시간과 정력을 쏟아붓고 있는 것이다.

여덟째, 처벌문제에 집중할 뿐 사고원인 조사 · 규명에 대한 관심은 뒷전으로 밀리고, 중대재해 발생이 가십거리로 전락되고 있다. 재해예방 역량을 위한 귀중한 자산을 놓치고 있는 것이다. 산업안전보건의 기본법인 산업안전보건법의 실효성을 높이는 일에는 관심이 약화되고 그 중요성이 등한시되고 있다.

중처법이 기치로 내거는 중대재해 감소를 달성하기 위해선 엄벌주의에 의존할 것이 아니라, 기업의 안전역량을 강화하고 기업들이 올바른 방향으로 안전관리를 해나가도록 재해예방 시스템 개선과 인프라 구축에 초점을 맞춰야 한다.

이를 위해서는 중처법을 더 늦기 전에 산업안전보건법으로 일원화하는 방식으로 폐지하거나 대대적으로 정비해야 한다. 중처법은 정의롭다는 미몽에서 하루빨리 깨어나 현실을 직시하는 것이 그 출발점이다.

3. 보 칙

가. 중대산업재해 발생사실 공표(법 제13조, 시행령 제12조)

〈법 제13조(중대산업재해 발생사실 공표)〉
① 고용노동부장관은 제4조에 따른 의무를 위반하여 발생한 중대산업재해에 대하여 사업장의 명칭, 발생 일시와 장소, 재해의 내용 및 원인 등 그 발생사실을 공표할 수 있다.
② 제1항에 따른 공표의 방법, 기준 및 절차 등은 대통령령으로 정한다.

〈시행령 제12조(중대산업재해 발생사실의 공표)〉
① 법 제13조제1항에 따른 공표(이하 이 조에서 "공표"라 한다)는 법 제4조에 따른 의무를 위반하여 발생한 중대산업재해로 법 제12조에 따라 범죄의 형이 확정되어 통보된 사업장을 대상으로 한다.
② 공표 내용은 다음 각 호의 사항으로 한다.
1. "중대산업재해 발생사실의 공표"라는 공표의 제목
2. 해당 사업장의 명칭
3. 중대산업재해가 발생한 일시·장소
4. 중대산업재해를 입은 사람의 수
5. 중대산업재해의 내용과 그 원인(사업주 또는 경영책임자등의 위반사항을 포함한다)
6. 해당 사업장에서 최근 5년 내 중대산업재해의 발생 여부
③ 고용노동부장관은 공표하기 전에 해당 사업장의 사업주 또는 경영책임자등에게 공표하려는 내용을 통지하고 30일 이상의 기간을 정하여 그에 대해 소명자료를 제출하게 하거나 의견을 진술할 수 있는 기회를 주어야 한다.
④ 공표는 관보, 고용노동부나 「한국산업안전보건공단법」에 따른 한국산업안전보건공단의 홈페이지에 게시하는 방법으로 한다.
⑤ 제4항에 따라 홈페이지에 게시하는 방법으로 공표하는 경우 공표기간은 1년으로 한다.

중대시민재해는 공표 대상이 아니고 중대산업재해만 공표 대상이다. 「산업안전보건법」이 발생건수, 재해율 등을 공표내용으로 하고 있는 반면에, 이 법은 재해자 현황, 발생재해의 내용, 원인 및 경영책임자의 의무위반 사항, 5년 내 중대산업재해 발생 여부 등을 공표내용으로 하고 있다.

나. 손해배상의 책임(법 제15조)

① 사업주 또는 경영책임자등이 고의 또는 중대한 과실로 이 법에서 정한 의무를 위반하여 중대재해를 발생하게 한 경우 해당 사업주, 법인 또는 기관이 중대재해로 손해를 입은 사람에 대하여 그 손해액의 5배를 넘지 아니하는 범위에서 배상책임을 진다. 다만, 법인 또는 기관이 해당 업무에 관하여 상당한 주의와 감독을 게을리하지 아니한 경우에는 그러하지 아니하다.
② 법원은 제1항의 배상액을 정할 때에는 다음 각 호의 사항을 고려하여야 한다.
1. 고의 또는 중대한 과실의 정도
2. 이 법에서 정한 의무위반행위의 종류 및 내용
3. 이 법에서 정한 의무위반행위로 인하여 발생한 피해의 규모
4. 이 법에서 정한 의무위반행위로 인하여 사업주나 법인 또는 기관이 취득한 경제적 이익
5. 이 법에서 정한 의무위반행위의 기간·횟수 등
6. 사업주나 법인 또는 기관의 재산상태
7. 사업주나 법인 또는 기관의 피해구제 및 재발방지 노력의 정도

징벌적 손해배상책임을 규정한 것으로서 귀책사유로 '고의 또는 과실'을 요하는 일반 손해배상과는 달리 '고의 또는 중대한 과실'을 요구하고 있다.

고려사항은 제조물책임법(제3조 제2항)의 요인을 거의 그대로 차용하고 있다.

법인 또는 기관의 면책요건(상당한 주의와 감독을 게을리하지 않은 경우)이 규정되어 있다. 다만, 추상적인 주의와 감독을 하는 것만으로는 면책사유에 해당하지 않는다.

지금까지 징벌적 손해배상 제도가 도입되어 있는 법의 대부분이 '3배'를 상한으로 하고 있지만, 이 법에서는 '5배'를 상한으로 하고 있음에 유의해야 한다.

징벌적 손해배상을 인정하고 있는 영미법 국가에서도 형사처벌과 병과하여 징벌적 손해배상을 하는 경우는 발견되지 않는다. 게다가 이들 영미법 국가에서조차 상해가 아닌 인적 재해 영역 분야로 특정하여 징벌적 손해배상을 규정하고 있는 입법례와 인적 재해 영역에서 실제로 적용된 사례를 찾아볼

수 없어, 과연 법원에서 징벌적 손해배상책임을 실제 얼마나 인정할지, 징벌적 손해배상을 인정하더라도 실제 몇 배의 손해배상책임을 물릴는지는 예상하기 어렵다.

4. 시행일

① 이 법은 공포 후 1년이 경과한 날부터 시행. 다만, 이 법 시행 당시 개인사업자 또는 상시 근로자가 50명 미만인 사업 또는 사업장(건설업의 경우에는 공사금액 50억원 미만의 공사)에 대해서는 공포 후 3년이 경과한 날부터 시행한다.

개인사업자(회사 등의 법인을 설립하지 않고 개인적으로 사업을 경영하는 사람)[1080]는 상시 근로자 수와 관계없이 시행이 유예되고 개인사업자가 아닌 조직은 상시 근로자 수가 50명 미만인 경우에 한하여 시행이 유예되어 이 법 시행 후 2년이 경과한 날(2024.1.27)부터 시행되었다.

시행 유예 대상 여부를 판단할 때, 적용단위가 '사업조직'(법인 또는 개인사업체)인지 '사업장'인지 불분명하지만, 옳고 그름을 떠나 건설업은 사업장(현장) 단위, 기타 업종은 사업조직 단위로 판단할 것으로 생각된다. 참고로, 「산업안전보건법」은 사업장을 적용단위로 하고 있다.

중대재해가 시행일 이후 발생하였다고 하더라도 이 법에서 규정하고 있는 안전보건확보의무 위반이 시행일 이전에 발생한 경우에는 이 법의 처벌 대상에 해당하지 않는다.

논리적으로 볼 때 상시 근로자 50명 미만 조직을 유예할 근거는 없다. 실효성 있는 내용으로 개정하는 것을 전제로 상시 근로자 50명 미만 조직에도 동일한 시기에 적용하는 것이 타당하다.

1080) 전술한 것처럼 자영업자라고 하기도 하며, 법인사업자가 이에 대비되는 사업자에 해당한다.

상시 근로자 50명 미만 업체에 대한 법 적용 유예기간 동안 중대재해의 직접적 당사자 지위에 있는 상시 근로자 50명 미만 관계수급인 등은 처벌 대상에서 제외되는 반면, 간접적 당사자 지위에 있는 상시 근로자 50명 이상 도급인 등은 처벌되는 모순이 발생하고 있었다(상시 근로자 5명 미만 관계수급인 등은 이 모순이 항구적으로 발생한다).

50명 미만 여부를 판단할 때 이 법의 보호 대상인 종사자가 아닌 근로자를 기준으로 하고 있음을 유념할 필요가 있다.

한편, 상시 근로자 50명 미만 업체에 대한 법 적용 유예기간 동안 상시 근로자 50명 이상인 비건설업체에서 공사금액 50억 미만의 건설공사를 발주하는 경우 해당 건설공사의 법 적용 유예 여부에 대해 논란이 있었다. 판단컨대, 법문에서 '건설업의 경우 공사금액 50억 미만의 공사'에 대해서는 공포 후 3년이 경과한 날부터 시행한다고 명시적으로 규정하고 있는바, 건설공사를 발주하는 자의 규모와 성격을 묻지 않고 있고, 건설공사의 종류를 신축공사 등 특정 건설공사로 한정하고 있는 것도 아니며, 형법해석은 기본적으로 엄격해석에 입각해야 하므로, 공사금액 50억 미만의 건설공사는 발주자가 누구인지에 관계없이 유지보수성 건설공사를 포함한 모든 종류의 건설공사에 대해 법 적용이 2024년 1월 26일까지 유예된다고 보아야 할 것이다.[1081] 여기에서 '건설업'은 발주한 '자'를 기준으로 해당 여부를 판단하는 것이 아니라 발주한 '일'을 기준으로 해당 여부를 판단해야 한다. 즉, 법 적용 유예 대상 여부는 발주한 '자'가 건설업(체)에 해당하는지를 기준으로 삼는 것이 아니라 발주한 '일'이 건설공사에 해당하는지를 기준으로 삼아야 한다.

2024년 1월 27일부터는 상시 근로자가 50명 미만인 사업 또는 사업장(건설업의 경우에는 공사금액 50억원 미만의 공사)에 대해서도 「중대재해처벌

1081) 국회와 고용노동부는 상시 근로자 50명 이상인 비건설업체에서 공사금액 50억 미만의 건설공사를 발주하는 경우에도 시행 유예 대상이 될 수 있다는 점을 전혀 생각하지 못한 것으로 판단된다. 이 법이 얼마나 졸속으로 제정되었는지를 방증하는 또 하나의 대목이다.

법」이 적용되는바, 부칙에 경과조치가 별도로 규정되어 있지 않기 때문에 이들 사업 또는 사업장의 사업 개시 또는 건설공사 착공이 2024년 1월 27일 이전이라 하더라도 2024년 1월 27일부터는 「중대재해처벌법」이 전면 적용되어 이 법에 따른 안전보건확보의무를 이행해야 한다.

[칼럼] 실효성 없는 중대재해법, 소기업 확대 적용은 무책임[1082)]

50명 미만 사업장(소기업)의 중대재해처벌법 적용 유예에 대한 여야 합의가 결렬됐다. 한쪽에선 이 법은 그저 좋은 법이니 당연히 적용해야 한다고 하고, 다른 한쪽에선 경영에 많은 부담이 되니 유예해야 한다는 공방만 있었다. 이 법이 과연 중대재해 감소에 실효성이 있는지에 대한 분석과 논의는 없었다.

중대재해처벌법 시행 이후로 중대재해가 줄지 않는 사실을 외면해선 안 된다. 사망사고가 2022년에는 되레 늘었고, 2023년에는 소폭 줄 것으로 예상되지만 사망사고의 절반을 차지하는 건설현장이 반 토막 나고 제조업 생산이 외환위기 이후 최대 폭 감소한 사실을 감안하면 사망사고는 증가한 것이나 다름없다. 이 법 시행 전 5년간 산재예방 행정 인력과 예산이 2.3배, 안전보건공단 직원이 700여 명이나 증가한 점까지 고려하면 이 법은 중대재해를 줄이기는커녕 늘리는 쪽으로 작용했다고 볼 수 있다.

이 참담한 실적은 중대재해처벌법 제정 당시부터 예견됐다. 누가 무엇을 어떻게 해야 할지 전문가조차 알기 어려운 모호한 규정이 많기 때문이다. 주무부처조차 제대로 답변을 못 하는 사항이 수두룩하다. 주무부처와 정당 자신들도 이 법의 의무를 지키지 않으면서 특히 소기업에까지 그대로 강제하는 건 '내로남불' 아닌가.

의무 주체와 이행 범위의 모호성은 형식적 안전으로 치닫는 결과를 낳는다. 게다가 중대재해처벌법과 산업안전보건법이 중복되는 부분이 많고 동일 사항에 대해 의무 주체가 충돌하는 경우도 적지 않다. '군기'는 잡을지언정 재해예방으로 이어질 수 없는 구조다.

1082) 정진우, 동아일보, 2024.2.8.

다음은 실제 발생했고 앞으로도 흔히 발생할 수 있는 사례다.

#1 소기업 A가 기계 수리를 중견기업 B에 맡겼다. 수리작업에 대한 안전조치를 누가 해야 하는가. 정부는 개별 상황에 따라 판단해야 한다는 무책임한 답변을 한다. 중대재해가 발생하면 수사관의 입맛에 따라 해석된다.

#2 A기업이 B업체에 엘리베이터 설치를 의뢰한 경우, 설치작업 중 안전조치는 A가 해야 하는지 B가 해야 하는지 A와 B가 다 같이 해야 하는지 정부는 구체적인 답을 주지 않는다.

#3 원청 구내에서 하청 근로자가 재해를 입은 경우 재발방지대책을 산업안전보건법에선 하청이 수립해야 하지만, 중대재해처벌법에선 원청이 수립해야 하는 것으로 해석된다. 어느 법에 따라야 할지 도무지 알 수 없다.

#4 A기업이 시설 보수를 외부업체 B에 위탁했다. B의 관리감독자에 대한 안전평가는 A가 해야 하는지 B가 해야 하는지에 대해 정부는 답이 없다.

이처럼 법 자체에 예측 가능성과 이행 가능성이 결여된 상태에선 정부가 아무리 많은 지원을 하더라도 밑 빠진 독에 물 붓기가 될 가능성이 높다. 실제 지금까지의 중대재해처벌법 이행 지원 컨설팅에 기업들이 별 효과가 없다고 볼멘소리를 내는 이유다.

소기업은 산업안전보건법도 제대로 준수하지 못하고 있다. 이런 상태에서 서류작업이 많은 중대재해처벌법을 추가로 적용하는 것이 재해예방에 도움이 될까. 기본법인 산업안전보건법이라도 잘 준수하도록 하는 것이 우선이다.

중대재해처벌법의 적용 자체를 목적으로 삼고 예방의 실효성에는 뒷전인 사람들이 많다. 실효성은 따져 보지 않고 맹목적으로 이 법을 소기업에도 적용하자는 건 무책임하고 위험하기까지 하다. 엄벌 중심의 엉성한 법이 재해예방에 효과가 있다면 북한, 중국, 아랍 국가들은 이미 재해예방 선진국이 됐을 것이다.

중대재해처벌법의 폐해는 일일이 열거하기 어려울 정도다. 행정자원을 예방보다 처벌에 과도하게 집중시켜 자원을 낭비하는 문제, 종전에도 처벌

받아 온 중소기업(사장)에 처벌이 집중되는 문제, 공포 분위기와 법의 모호성에 편승해 안전이 돈벌이 수단으로 전락된 문제 등등.

하루빨리 '엄벌이 곧 정의'라는 도그마에서 벗어나야 한다. 소기업까지를 염두에 두고 법의 예측 가능성과 이행 가능성을 높이는 데 집중해야 한다. 이를 위해선 산업안전보건법의 대폭적인 개정을 전제로 중대재해처벌법을 폐지하거나 대대적으로 정비해야 한다. 특히 법의 모호성을 해소하고 두 법의 착종을 없애야 한다.

법 정비 전에라도 자의적 법 집행과 법 해석을 최소화해야 한다. 현재는 '법치'가 아니라 법을 무기로 한 수사기관의 '인치'가 횡행하고 있다. 수사기관은 그 속성상 모호하고 비현실적인 지금 이대로가 좋겠지만, 소기업일수록 그 폐해는 심각할 것이다. 대통령이 현재의 무질서를 바로잡는 데 나서야 하는 이유다.

중대재해처벌법이 소기업까지 적용되는 지금부터는 더 이상 진영 논리, 보여 주기와 수사 편의주의가 우선돼선 안 된다. 예방의 실효성이 본질임을 명심해야 한다.

[칼럼] 무지와 무책임의 산물, 중대재해처벌법 어떻게 해야 하나[1083)]

"배우기만 하고 생각하지 않으면 공허하고, 생각만 하고 배우지 않으면 위태롭다." 논어 위정편에 나오는 경구다. 배우지도 생각하지도 않으면 얻는 게 없을 뿐만 아니라 오만과 독선에 빠진다는 의미이기도 하다. 내년 1월 시행을 앞두고 있는 중대재해처벌법이야말로 배우지도 생각하지도 않아 탄생된 사생아라고 할 수 있다.

그렇다 보니 중대재해처벌법은 법의 핵심적 가치인 보편성과 실효성을 갖추고 있지 못하다. 문명국가에서는 그 유례를 찾아볼 수 없는 데다가 재해예방에 도움이 되기는커녕 오히려 걸림돌로 작용하지 않을까 하는 우려가 많다.

1083) 정진우, 글로벌 건설리더스 2021.11(Vol. 198).

중대재해처벌법은 영국 법인과실치사법이 그 제정의 모티브가 되었지만 체계와 내용이 영국법과는 판이하게 다른 데다 매우 조잡해 누가 무엇을 어떻게 해야 할지 알 수 없는 해괴한 내용의 '괴물법'이 되고 말았다. 알면 알수록 '멘붕'에 빠지는 식자우환 법이다.

먼저, 우리나라 산업안전보건법은 영국 산업안전보건법과 달리 안전조치를 위반해 사망에 이르게 한 경우 가중처벌하는 결과적 가중범을 이미 규정하고 있다. 따라서 영국과는 달리 결과적 가중범으로 처벌하기 위해 별도법을 만들 필요가 없었다. 산업안전보건법과의 중복이 필연적인 이유이다.

둘째, 우리나라 산업안전보건법은 경영책임자 외에 법인을 처벌하는 양벌규정을 이미 두고 있다. 중대재해처벌법은 산업안전보건법과 유사하게 경영책임자와 법인을 처벌하는 내용으로 돼 있다. 필요하면 산업안전보건법을 개정하면 될 일을 새 법을 만들어 법체계를 난삽하게 만들었다. 산업안전보건법, 형법(업무상과실치사죄)과 비교해 강하게 처벌할 규범적 근거도 없는데도 처벌수준만 잔뜩 올려놓았다.

산업안전보건법 등 다른 안전관계법과 의무주체 · 내용에 있어 상충되는 부분이 많다는 점에서 문제가 매우 심각하다. 어떤 법을 따라야 할지 전문가도 알 수 없다 보니 수범자 입장에선 아무리 의지가 강하고 노력을 해도 범법자가 될 수밖에 없는 처지에 놓여 있다. 이 법이 법치주의와는 거리가 멀다는 점을 적나라하게 드러내는 대목이다.

원청 경영책임자만을 의무주체와 처벌 대상으로 하다 보니 하청의 안전에 대한 무관심을 조장하는 심각한 문제를 낳을 것이다. 재해예방이 원청만의 노력으로 되지 않는다는 건 학계와 업계의 상식임에도, 이 법은 원청 그것도 경영책임자만 엄벌에 처하면 재해 문제가 해결될 거라고 보고 있다. 이 점 역시 선진국에선 찾아볼 수 없는 악법적 요소이다.

다섯째, 징벌적 손해배상에 관대한 국가에서조차 징벌적 손해배상은 형사처벌이 어려운 경우 이에 '대신'해 부과되는 반면에 이 법은 형사처벌에 '추가'해 부과된다는 점에서 그 유례가 없다. 중대재해가 발생했다는 이유만으로 잘잘못을 따지지도 않고 교육을 강제하는 것도 외국에서는 발견되지 않는 반헌법적 발상이다.

이런 태생적 문제 때문에 이 법은 재해예방에 실효성을 확보하기 어려울 뿐 아니라, 아무리 준법의지가 강한 경영책임자조차도 제대로 준수할 수 없다. 중대재해가 발생하기만 하면 해당 기업의 경영책임자는 피의자 신분이 될 수밖에 없는 처지에 놓이게 되었다. 준법의지가 있는 수범자에게도 예측가능성이 없고 현실적으로 준수할 수도 없는 법을 가리켜 우리는 악법이라 부른다. 의도가 어떻든 이 법은 악법의 조건에 들어맞는다는 점을 부정하기 어렵다.

중대재해처벌법은 한마디로 '이념법'이라고 할 수 있다. 기업을 적대시하지 않으면 탄생할 수 없는 법이다. 이 법안의 발의에 상당한 역할을 한 학자는 국회 토론회에서 기업에 타격을 입히는 것이 법의 제정목적이라고 했다. 문제는 그 학자가 안전에는 문외한이라는 점이다. 안전 문제에 대해서도 진영논리로 접근하는 이분법적 사고의 결과이다. 지금은 민주-반민주라는 일차방정식이 아니라 고차방정식을 풀어야 하는 시대이다. 우리 사회가 이념보다 전문성을 요구한 지 오래이다. 그런데도 여전히 이념이라는 낡은 가치에 갇혀 있는 게 안타깝고 씁쓸하다.

어떻게 보면 이러한 법이 제정되는 것은 이념 이전에 안전법이론과 현장에 대한 무지와 실효성은 안중에도 없는 진정성 부족이 근본적 원인이라고도 할 수 있다. 무지하면 진정성이라도 있어야 한다. 그렇지 못하면 낡은 이념과 생색내기에 집착하기 마련이다.

무슨 배짱으로 이런 막무가내 입법을 했는지 그 무모함에 놀라울 뿐이다. 무식하면 용감하다고 하였던가(더닝 크루거 효과). 과연 이 법의 제정에 앞장선 자들이 그 내용을 제대로 알고 있었을까. 처벌만 강화하면 문제가 쉽게 해결될 수 있을 거라고 단선적으로 생각한 건 아닌가. 엄벌이 곧 정의라는 도그마대로라면, 북한, 중국, 아랍국은 이미 재해예방선진국이 돼 있어야 하고 독일, 일본, 북유럽국은 재해예방후진국이 돼 있어야 한다.

중대재해처벌법 제정에 앞장선 자들은 법의 실효성이 중요하다는 주장엔 귀를 닫았다. 쟁점에 대해 잘 모르면 신중함이라도 가져야 한다. 새로운 법, 그것도 매우 광범한 규제와 강한 처벌이 수반되는 법을 제정하는 것이 애들 장난인가. 입으론 인권을 강조하면서 자신은 처벌될 일이 없다고 경영책임자 인권은 아랑곳하지 않아도 되는 것인가. 그야말로 '선택적' 정의이다. 자신들의 목적을 달성하기 위해선 민주주의 산물인 헌법원칙은 한낱 장신구 정도로 취급해도 되는 것인가. 실제 이 법은 명확성 원칙, 과잉금지 원칙, 범죄와 형벌 간의 균형 원칙 등의 헌법원칙을 깡그리 무시했다.

산업안전보건법 전부개정(소위 '김용균법')에 앞장선 자들과 마찬가지로 무지와 무책임의 산물인 중대재해처벌법 제정에 핏대를 세운 자들 역시 안전원리와 법원칙을 뒤틀리게 한 주역으로 역사에 아로새겨질 것이다. 역사의 법정에서 엄벌 선고를 받지 않기 위해선 이제라도 이 법을 폐지하거나 혁신하는 일에 나서는 것으로 속죄해야 한다. 동참하지는 못하더라도 최소한 훼방꾼만은 되지 말아야 한다. 지나친 기대일까.

[칼럼] 황당한 중대재해 해설서, 혼란 키운다[1084)]

'형식이 실질을 삼켜 버렸다.' '법 기술이 안전원리를 내몰았다.' 내년 1월 27일부터 시행되는 중대재해처벌법을 두고 기업에서 벌어지고 있는 살풍경을 두고 나오고 있는 말이다. 중대재해법 시행을 앞두고 기업들이 안전역량 강화보다는 처벌 회피에 골몰하고 있다. 실효성과 현실을 무시한 엄벌 중심 입법과 정부의 자의적 법 해석에 발등의 불부터 끄자는 것이다.

그런데 최근 발표된 정부의 중대재해처벌법 해설서는 이런 분위기에 기름을 끼얹었다. 법문의 의미를 벗어나는 이현령비현령 해석은 넘치는 반면, 정작 현장에서 궁금해하는 사항에 대해선 구렁이 담 넘어가듯 한다. 해설서가 의문을 해소하긴커녕 혼란을 부추기고 형식적 안전을 조장하는 양상이다.

직업공무원제에서 공무원은 정치에 휘둘리지 않고 전문성을 바탕으로 객관성을 확보하는 것을 생명처럼 여겨야 한다. 그런데 근래의 산재(産災) 예방 행정을 보면 그런 정신은 찾아보기 어렵고 되레 상황을 악화시킨다. 중대재해처벌법 자체가 태생적 한계를 안고 있어 해설서에 기대를 걸었지

1084) 정진우, 문화일보, 2021.12.21.

만 그마저도 물거품이 되고 말았다. 형법 해석의 기본인 엄격해석 원칙을 도외시하고 멋대로 해석하는 부분이 곳곳에서 눈에 띈다. 법리에 대한 무지도 놀랍지만 법치주의에 대한 불감증은 더욱 놀랍다.

특히 문제는, 어떻게든 대표이사를 끌어들여 처벌하려는 의도를 노골화하고 있다는 점이다. 대표이사 처벌을 위해선 헌법 원칙은 무시해도 된다는 생각인 듯하다. 대표이사에게 책임을 물으려면 합당한 법적 근거가 있어야 하는데도 '입법 취지'를 달성하기 위해선 법적 근거 따위는 아랑곳하지 않겠다는 독선마저 엿보인다. 자의적 법 집행은 예방조치를 하더라도 어차피 처벌될 것이란 생각에 기업을 자포자기로 내몬다.

현장에서 가장 혼란스러워하는 '실질적인 지배 · 운영 · 관리'의 의미에 대해서는 아무런 해설이 없다. 유사 판례도 무시하겠다는 태세다. 원청이 해야 하는지 하청이 해야 하는지, 원청이 해야 한다면 어디까지 해야 하는지에 대해 기준을 제시하지 않고 있다. 게다가, 이 법 조문 간에 충돌되는 문제(예컨대, 엘리베이터 설치공사의 경우 제4조는 원청에, 제5조는 하청에 의무를 부과하고 있다)에 대해서는 일언반구 설명이 없다. 중대재해처벌법과 산업안전보건법 간에 상충되는 문제(예컨대, 재해 재발방지대책 수립의 경우 전자는 원청에, 후자는 하청에 의무를 부과)에 대해서도 마찬가지다. 원청의 의무와 불법파견의 관계에 대한 해설조차 없다. 해설서의 분량은 많은데 알맹이가 없다는 냉소가 나오는 이유다.

중대재해처벌법을 부각하기 위해 기본법인 산업안전보건법을 구체적 조치만 규정한 '기술법'으로 격하시키는 건 점입가경이다. 산업안전보건법 개악과 엉터리 운영으로 중대재해처벌법 제정을 자초하더니, 기어이 산업안전보건법을 철학 없는 법으로 전락시킬 셈인가.

현장에 갈 때면 정부가 산재예방에 도움이 되기보다 걸림돌이라는 말을 자주 듣게 된다. 책임은 기업에 떠넘기면서 처벌에만 관심이 있고, 시스템 개선과 인프라 조성에는 너무 소홀하기 때문일 것이다. 이런 자세와 방식으로는 행정의 산재예방 기여는 기대난망이다. 큰 기대는 하지 않겠다. 법치 행정의 기본만이라도 지켜주기 바랄 뿐이다.

참고문헌

1. 국내문헌

고용노동부, 근로자파견의 판단기준에 관한 지침 개정안, 2019.

고용노동부, 도급 시 산업재해예방 운영지침, 2020.

고용노동부, 산업안전보건법 전부개정법률 주요내용 설명자료, 2019.

고용노동부, 『산업재해 현황분석』, 각 연도.

고용노동부, 중대재해처벌법 시행령 제정안 주요내용 설명자료, 2021.

고용노동부, 중대재해처벌법 해설 - 중대산업재해 관련 -, 2021.

고용노동행정개혁위원회, 『고용노동행정개혁위원회 활동결과보고서』, 2018.

곽윤직, 『채권각론(제6판)』, 박영사, 2005.

국회, 제383회 국회 법제사법위원회 법안심사제1소위원회 회의록, 2021.

김남진/김연태, 『행정법 I (제28판)』, 법문사, 2024.

김동희/최계영, 『행정법 I (제27판)』, 박영사, 2023.

김일수/서보학, 『새로쓴 형법총론(제13판)』, 박영사, 2018.

김형배, 『노동법(제27판)』, 박영사, 2021.

김형배, 『채권각론[계약법](신정판)』, 박영사, 2001.

김형배, 『채권총론(제2판)』, 박영사, 1999.

대검찰청, 중대재해처벌법 벌칙해설, 2022.

박균성, 『행정법론(상)(제23판)』, 박영사, 2024.

박상필, 『한국노동법(전정판)』, 대왕사, 1993.

박준서(편집대표), 『주석민법[채권각칙(4)](제3판)』, 한국사법행정학회, 1999.

박윤흔, 『최신행정법강의(상)(개정24판)』, 박영사, 1998.

박윤흔/정형근, 『최신행정법강의(상)(개정30판)』, 박영사, 2009.

배종대, 『형법총론(제17판)』, 홍문사, 2023.

손동권/김재윤, 『새로운 형법총론』, 율곡출판사, 2011.

송오식, 「사용자의 안전배려의무」, 『법률행정논총』 제23집 제1호, 2003.

신동운, 『형법총론(제15판)』, 법문사, 2023.

오영근/노수환, 『형법총론(제7판)』, 박영사, 2024.

이대근, 『해방 후 1950년대의 경제 공업화의 사적 배경 연구』, 삼성경제연구소, 2002.

이병태, 『최신노동법(2002년 전정판)』, 중앙경제, 2002.

이상돈, 『형법강론(제4판)』, 박영사, 2023.

이영희, 『노동법』, 법문사, 2001.

이은영, 「산업재해와 안전의무」, 『인권과 정의』 1991년 9월호, 변호사협회, 1991.

이은영, 『채권각론(제5판)』, 박영사, 2005.

이재상/장영민/강동범, 『형법총론(제11판)』, 박영사, 2022.

이정, 『노동법 강의』, 한국외국대학교출판부, 2009.

이주원, 『형법총론』, 박영사, 2022.

임웅/김성규/박성민, 『형법총론(제14정판)』, 법문사, 2024.

임웅/이현정/박성민, 『형법각론(제14정판)』, 법문사, 2024.

임종률, 『노동법(제18판)』, 박영사, 2020.

장태주, 『행정법개론(제9판)』, 법문사, 2011.

정진우, 『산업안전관리론 - 이론과 실제 - (개정5판)』, 중앙경제, 2023.

정진우, 『산업안전보건법론』, 한국학술정보, 2014.

정진우, 「외국에서의 작업거절권에 관한 법리와 그 시사점」, 『노동법포럼』 제8호, 2012.

정진우, 『위험성평가 해설(개정증보 제4판(보정))』, 중앙경제, 2023.

최창렬, 「안전배려의무에 관한 연구」, 『부동산법학』 제10집, 2004.

2. 일본문헌

片岡昇(村中孝史補訂), 『労働法(1)(第4版)』, 有斐閣, 2007年.

土田道夫, 『労働契約法(第2版)』, 有斐閣, 2016年.

野原石松, 『新版わかりやすい労働安全衛生法』, 労務行政研究所, 1979年.

山本敬三, 『民法講義Ⅳ-1』, 有斐閣, 2005年.

3. 구미문헌

Ministry of Justice, Corporate Manslaughter and Corporate Homicide Act 2007.

ILO, Guidelines on occupational safety and health management systems(ILO-OSH 2001), 2001.

ISO, Occupational health and safety management systems - Requirements with guidance for use(ISO 45001), 2018.

J. R. Chellius, Workplace Safety and Health : The Role of Workers' Compensation, 1977.

N. Kollmer, Arbeitsschutzgesetz und -verordnungen- Ein Leitfaden für die betriebliche Praxis, 3. Aufl., Verlag C. H. Beck, 2008.

Peter F. Drucker, The Practice of Management, Happer, 1986.

Richardi/Wlotzke(Hrsg.), Münchener Handbuch zum Arbeitsrecht, 2. Aufl., 2000.

R. Pieper, Arbeitsschutzrecht : Arbeitsschutzgesetz, Arbeitssicherheitsgesetz und andere Arbeitsschutzvorschriften(Kommentar für die Praxis), 7. Aufl., Bund-Verlag, 2022.

The Model Work Health and Safety(WHS) Act 2009.

색 인

ㄱ

ㄴ

ㄷ

ㄹ

ㅁ

ㅂ

ㅅ

ㅇ

ㅈ

ㅊ

ㅋ

A

F

G

H

I

M

O

P

S

T

저자소개

정 진 우

학 력

- 서울대학교 자연과학대학 치의예과 수료, 치과대학(본과) 2년 수료(자퇴)
- 고려대학교 노동대학원 노동경제학과 졸업(경제학석사)
- 일본 교토대학 대학원 법학과 법정이론과정(사회법) 졸업(법학석사)
- 고려대학교 대학원 법학과 박사과정(사회법) 졸업(법학박사)

경 력

- 행정고시 합격
- 고용노동부 본부 산재예방정책과장, 제조산재예방과장, 근로자건강보호과장, 산업보건과장, 국제협력담당관, 성남고용노동지청장
- 인사혁신처 · 서울시 · 경기도 안전방재 직렬 5급 · 7급 채용시험 출제위원
- 공공기관 안전관리등급 심사단장
- 경제사회노동위원회 산업안전보건분과 위원, 고용노동부 행정개혁위원회 위원
- (現) 서울과학기술대학교 안전공학과 교수(연구분야 : 안전관계법, 안전관리, 안전심리, 안전문화)

주요저서

- 산업안전보건법론(개정판, 한국학술정보(주))
- 산업안전보건법 국제비교(개정판, 한국학술정보(주))
- 위험성평가 해설[개정증보 제4판(보정), 중앙경제]
- 산업안전관리론 – 이론과 실제 – (개정5판, 중앙경제)
- 안전심리(4판, 교문사) (세종도서 우수학술도서 선정)
- 안전관리론(4판, 교문사) (세종도서 우수학술도서 선정)
- 안전과 법(3판, 교문사)
- 안전문화 이론과 실천(4판, 교문사) (대한민국학술원 우수학술도서 선정)
- (ISO 45001 해설을 중심으로 한) 안전보건관리시스템(2판, 교문사)
- 중대재해처벌법(개정3판, 중앙경제)